功能电子材料的电子输运模拟

——分子建模的艺术

赵健伟　刘洪梅　著

科 学 出 版 社

北　京

内 容 简 介

随着微电子器件尺寸逼近物理极限,传统硅基技术面临巨大挑战,利用单个分子构建电子器件已成为未来趋势。理解其电子输运行为是优化器件性能、开发新型功能分子的关键。本书系统介绍功能分子材料中电子输运行为的理论模拟方法及其应用。全书共15章,涵盖有机分子中的电子传递机理、电子传递的理论处理方法以及分子电子传递的研究进展。结合具体案例,详细阐述外电场对功能电子材料的影响,以及分子电子器件的电子输运特性,包括分子导线、分子整流、分子传感、分子开关、分子存储和分子场效应晶体管等。本书提出分子电子传递路径的调控方法,可为相关研究提供新的思路。

本书内容全面、图文并茂,具有较强的学术性和新颖性,可供物理化学、材料科学、凝聚态物理、电子工程等专业的科研人员及高校师生阅读参考。

图书在版编目(CIP)数据

功能电子材料的电子输运模拟 : 分子建模的艺术 / 赵健伟, 刘洪梅著. -- 北京 : 科学出版社, 2025. 8.
ISBN 978-7-03-082380-9
Ⅰ. TN04
中国国家版本馆 CIP 数据核字第 2025XS2270 号

责任编辑: 许 健 / 责任校对: 谭宏宇
责任印制: 黄晓鸣 / 封面设计: 殷 靓

科学出版社 出版
北京东黄城根北街16号
邮政编码: 100717
http: //www.sciencep.com
南京展望文化发展有限公司排版
上海颛辉印刷厂有限公司印刷
科学出版社发行 各地新华书店经销
*
2025年8月第 一 版 开本: 787×1092 1/16
2025年8月第一次印刷 印张: 37 1/4
字数: 856 000

定价: 200.00 元

(如有印装质量问题,我社负责调换)

前言
PREFACE

功能电子材料具有结构多样性，这种多样性对功能的多样化和性能的差异化产生了重要的影响。这既是该类材料的一个优点，也是其在潜在应用中面临的一个问题。因为多样性，作为电子器件材料时，所表现出的规律就会变得复杂。目前，电子器件仍然是基于硅基或其他无机半导体材料的。然而，随着半导体加工技术的迅速发展，加工精度已经进入数纳米的尺度范围。在这种情况下，传统半导体材料在器件应用中的表现可能会达到一个物理极限。因此，有机功能分子是否可以作为电子材料来组建器件，成为一个热议的话题。当然，反对的声音也很大，毕竟有机分子或有机-无机杂化分子的多样性，以及其化学键的脆弱性，都会给这类材料的应用带来挑战。但无论如何，基础研究都必须先行。对功能分子电子材料的电子输运性质及其规律进行系统研究，必然是判断这类分子电子材料能否应用的一个前置条件。

功能电子材料的电子输运性质研究可以从实验和理论模拟两个方面来进行，这两个方面只是考察电子输运行为的两个不同的角度，并没有主从之分。实验研究固然重要，但它有其自身的局限，其结果受许多客观条件的影响。很多实验的结果并非反映分子电子材料自身的性质，而是可能受到其他的干扰或污染。理论计算作为另一类研究方法，开辟了一个完全不同的路径。在理论计算方面，我们可以设计系列模型，只改变其中的一个参数，作为单变量来考察。这样得出的结论是可靠的，可以研究这个变量是如何影响分子电子材料输运性质的。例如，通过改变分子链长来观察电子输运行为随链长的衰减关系，这是实验难以完美呈现的。

在分子建模的过程中，需针对所要阐述的科学问题，秉持严谨的态度和精巧的设计思路，构建一系列分子模型。这一过程不仅是技术的简单应用，更是思想火花的闪烁。长期以来，我们在对分子电子材料的整流性质、场效应晶体管性质等的研究中体会到，分子建模的研究不仅需要严谨的科学方法，还需要一种艺术的精神。这种艺术精神体现在多个方面，其中尤为重要的是基于科学直觉的系列化和形象化思维，以及独辟蹊径、不随波逐流的执着。分子建模就像是一门科学中的艺术，它巧妙地将逻辑与创造融为一体。在遵循科学原理的基础上，发挥创造力和想象力，构建出既符合实际又新颖的分子模型。因此，我们将分子建模称为一种艺术。这就是本书副标题“分子建模的艺术”想要表达的意思。

本书汇聚了我们研究组近二十年持续努力取得的成果，其间众多同学展现出非凡的智慧，获得的宝贵的数据不仅为我们提供了丰富的思考素材，更在相互讨论中带来了无尽的喜悦。特别感谢每一位同学的精益求精，他们对每一个细节的执着，至今仍深深烙印在我的记忆中。还要感谢西北大学郑继明博士对 15.4 节的贡献，这一节的工作为本书增添了丰富的物理色彩。衷心希望读者在阅读本书时，能体会到我们在科研探索中所获得的那份快乐。科学研究绝非负担，而是一场寻觅内心宁静与快乐之源的旅程。

赵健伟　嘉兴大学教授

刘洪梅　临沂大学教授

目录
CONTENTS

第 1 章

绪 论

1.1 计算技术的发展及对分子电子材料研究的促进

1.1.1 计算机技术的发展趋势

摩尔(Moore)定律描述了以硅基材料为基础的电子器件的发展规律。随着电子工业中工艺水平的迅速提高,芯片上元件的集成度越来越高,元件的尺寸也越来越小。当器件的特征线宽小到十几纳米或几纳米时,将会遇到许多物理规律的限制。

目前广为流传的摩尔定律主要有以下三种含义:其一,集成电路芯片上所集成的晶体管的数目,每隔 18~24 个月就翻一番;其二,微处理器的性能每隔 18~24 个月提高一倍,而价格下降一半;其三,用一美元所能买到的电脑性能,每隔 18~24 个月翻一番。摩尔定律到底准不准?我们先来看几个具体的数据。据英特尔(Intel)公司公布的统计结果,单个芯片上的晶体管数目,从 1971 年 4004 处理器上的 2300 个,增长到 1997 年奔腾(Pentium)Ⅱ处理器上的 7.5 百万个,26 年内增加了 3200 倍。我们不妨对此进行一个简单的验证:如果按摩尔本人"每两年翻一番"的预测,26 年中应包括 13 个翻番周期,每经过一个周期,芯片上集成的元件数应提高 2^n 倍,因此到第 13 个翻番周期(即 26 年后)元件数应提高了 $2^{12}=4096$ 倍,作为一种发展趋势的预测,这与实际的增长倍数 3200 倍相当接近了。我们也对计算机中央处理器(central processing unit,CPU)的几个主要技术指标做了统计,如图 1.1 所示。尽管图中具体的数值与摩尔的预测有些变动,但是基本上我们可以看到这些性能指标随时间呈指数变化。这些变化的趋势表明了这些指标越来越接近其物理极限。从器件尺寸来看,一个氢原子的半径是 0.53 Å(埃,1 Å=0.1 nm),而半导体工业中最重要的材料硅,其原子半径也仅有 1.11 Å。5 nm 也不过排列了 20 余个硅原子层而已。半导体器件的缩小使得化学键的不连续性变得越来越重要,材料掺杂出现的掺杂密度的微观涨落也不能忽视。因此,未来的电子器件的研究在原理、方法、材料等方面都将面临革命性的飞跃。这无疑为物理学家、化学家、材料学家带来机遇。当然,多学科交叉的特点也为我们带来了挑战。

1.1.2 计算机软件的发展趋势

人们往往关注硬件的发展,却忽视了软件的进步。这与目前我们所看到的国内大环境是一致的,计算机硬件的发展日新月异,但是软件应用的创新和进步相对不那么显著。

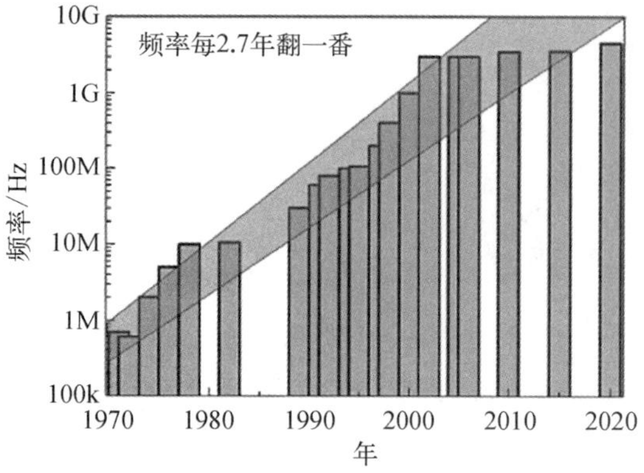

(a) 主流CPU主频的发展趋势

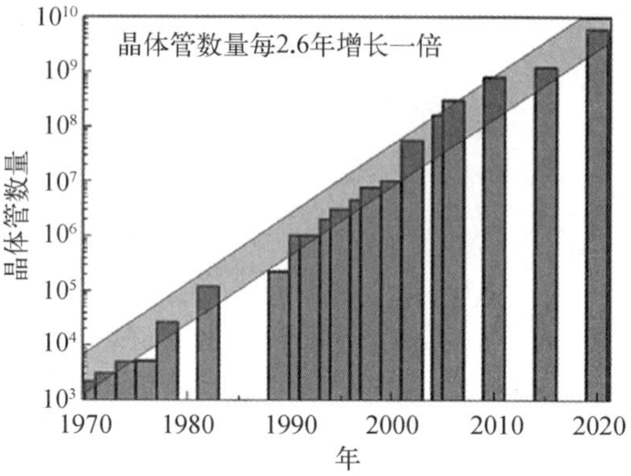

(b) 主流CPU所包含晶体管数量的发展趋势

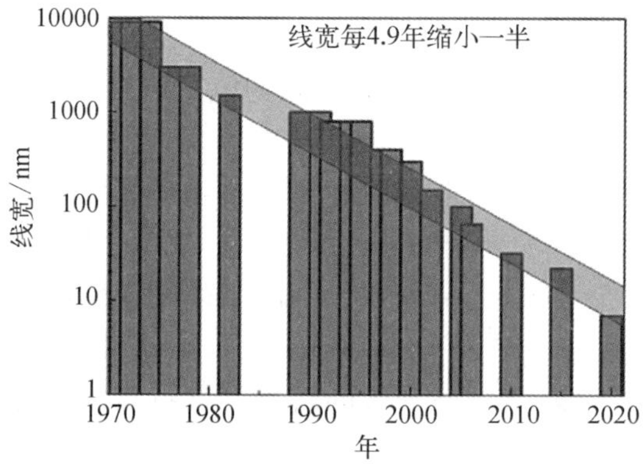

(c) 主流计算机CPU制造工艺的线宽的变化规律

图 1.1　计算机 CPU 的几个重要参数随时间的发展

然而从国际大环境来看,计算机软件方面的发展也异常迅速。早期的计算机由于存储容量的限制,系统软件的规模和功能受到很大限制,随着内存容量按照摩尔定律的速度呈指数增长,系统软件不再局限于狭小的空间,其所包含的程序代码的行数也剧增,功能也变得更全面。Basic 的源代码在 1975 年只有 4000 行,20 年后发展到大约 50 万行,软件的规模和复杂性的增长速度甚至超过了摩尔定律。软件的发展反过来又提高了对处理器和存储芯片的需求,从而刺激了集成电路的更快发展和电子产品的更新换代。专业的计算软件也是如此。例如,计算化学常用的高斯(Gaussian)程序自 1970 由 John Pople 研究组创立以来,历经 Gaussian 70、Gaussian 76、Gaussian 80、Gaussian 82、Gaussian 86、Gaussian 88、Gaussian 90、Gaussian 92、Gaussian 94、Gaussian 98、Gaussian 03、Gaussian 09 等,目前已经发展到 Gaussian 16,从计算效率和计算能力两个方面都得到了飞速发展。

1.1.3　摩尔定律的未来

摩尔定律问世至今已有 60 年。人们惊奇地看到半导体芯片制造工艺水平以一种令人目眩的速度提高。目前,Intel 和 AMD 的微处理器芯片的主频已超过 5 GHz,2020 年以来推出的产品多则集成了数百亿个晶体管,每秒可进行数千亿次浮点运算。人们不禁要问,这种令人难以置信的发展速度会无止境地持续下去吗? 不需要复杂的逻辑推理就可以知道,芯片上元件的几何尺寸不可能无限制地缩小下去。这就意味着,总有一天,芯片单位面积上可集成的元件数量会达到极限。问题只是这一极限是多少,以及何时达到这一极限。业界普遍预计,芯片制造工艺的提升速度将在今后几年趋缓。其制约的因素一是技术,二是经济。

从技术的角度看,随着硅片上线路密度的增加,其复杂性和差错率将呈指数增长,同时使全面而彻底的芯片测试几乎成为不可能。当芯片上线条的宽度达到纳米数量级时,相当于只有几个分子的大小,这种情况下材料的物理、化学性能将发生质的变化,致使采用现行工艺的半导体器件不能正常工作,基于二维半导体加工工艺的摩尔定律也就要走到它的尽头了。从经济的角度看,建立一条 14 nm 工艺的工厂就需要耗费 100 亿美元;而想要建立一条生产 5 nm 芯片的工厂,需要的资金更是提升到了 160 亿美元。

随着时间的不断推进,硅基材料的电子器件会变得越来越小。目前最先进的制程已经达到 3 nm。不难预计,在未来的 5 年或 10 年内,硅基材料器件的特征线宽将进入 2 nm 甚至 1 nm。这个后微电子时代(或称为纳电子时代)再往后将会是什么? 当然从尺寸上最简单的推论就是进入分子电子学时代。从我们目前的经验和能力还很难判断分子电子器件一定是硅基电子器件的终结者。因为相较于硅基材料电子器件,分子电子器件的制备和操作将有非常大的困难。对于分子电子器件的溢美之词实在是难以枚举。但是分子电子器件存在的问题可能比其优点更多。例如,分子是柔软的,在电场作用下会运动;分子是很小的,但是目前研究的方法中,电极的尺寸是很大的;有机分子中化学键的强度是不均匀的,某些敏感的化学键可能会在电场的作用下崩溃等。这里面有太多的困难等着我们去解决。然而,科学与技术必须要发展。无论分子电子器件是否可以完全代替硅基电子器件,我们还是看到了分子电子器件的希望。特别是某些以分子材料做成的“大”器件,例如,有机发光二极管(organic light emitting diode,OLED)等已经产业化。因此我们必须要对分子电子器件积累足够的研究,了解其特性,分析其不足。从而为将来的设计与制备奠定基础。分子电子器件的研究是化学家格外钟爱的。传统的硅基电子器件的研究是以物理学家为主,化学家的贡献不过是边缘化的工艺优化,材料优化等方面。对于可能的分子电子器件的研究,化学家有机会做更多工作。毕竟化学家是以研究分子为中心,而分子又具有多样性。处理纷繁复杂的分子及其组装体,化学家们获得了前所未有的机遇。

1.1.4 计算科学与技术的发展对分子电子材料计算研究的启示

计算技术的快速发展为材料模拟带来机遇。模拟的规模可以迅速扩大,对于分子动力学模拟来说,模拟的时间尺度也极大地扩展。可以很方便地利用自由边界条件模拟各种器件,甚至模拟器件-器件的复合体,即微纳系统。可以说计算技术的进步使理论模拟从分子模拟,发展到材料模拟,直到器件仿真。

计算材料学研究的内容要与时俱进,跟上计算科学与技术的进步。如果说 30 年前计算一个小分子反应过渡态还是一个高端计算化学的研究课题,现在这样的工作已经不再是软件培训的重点。所以,如今开展的工作要充分考虑到材料的应用环境,材料与其工作环境的联系,在设计研究课题时就应关注器件。这样的研究工作才有意义。

计算技术的进步要求我们深入了解材料的静态性质和动态行为。微纳米器件是否真能广泛地应用,这是一个虽具争议但已逐渐融入日常生活的话题。如何更好地开发微纳器件,如何使其稳定高效地工作,是材料基础研究的重要课题。

1.2 电子在有机单分子膜中传递研究的新进展

研究电子在有机单分子膜中的传递不仅在有机微电子学上有应用价值[1],而且对理解生物体系中电子的传递有重要意义[2],因此受到广泛关注。电子在有机单分子膜中传递的一个主要研究方面是电子传递过程中衰减系数,即电子隧穿系数 β。迄今,人们已经利用不同的以共价键相连的电子给-受体系(D-B-A)[3-6]测得肽链[7]、DNA[8]、饱和碳氢键[9]、不饱和的聚亚苯基[10]以及乙炔基[11]等的 β,结果表明,β 和分子链的结构息息相关。

自从 Nuzzo 报道了烷基巯醇可以在金表面形成高度有序的自组装单层(self-assembled monolayer,SAM)膜[12],自组装膜体系就成为研究界面电子传递的理想平台。此后人们使用各种具有氧化还原能力的探针分子通过电化学或计算的方法研究了自组装膜厚度与电子传递速率之间的关系[3,13-25]。

目前,有机分子结[包括金属-绝缘体-金属(metal-insulator-metal,MIM)结和金属-绝缘体-半导体(metal-insulator-semiconductor,MIS)结]用于有机分子膜中电子传递的研究[26],同时有机分子结对于正在兴起的纳米电学、纳米电化学研究也具有重要意义。我们着重论述电子通过固体电极间的有机单分子膜的传递过程。

1.2.1 电活性自组装膜在电子传递研究中的应用

修饰在不同固体基底(Si、Al_2O_3、Ag、Au 和 Hg)上的有机分子自组装膜为研究电子传递提供了一个传递距离可控的研究平台[27]。其中,金表面上制备的烷基巯醇自组装膜以其结构的有序性及基底良好的导电性,在分子识别、模拟生物膜、固定化酶、化学力显微镜、分子晶体增长、液晶排列和灵敏 pH 计等方面有广泛的应用前景。

Chidsey 等[17]和 Finklea 等[15]分别构筑了以二茂铁和钌为氧化还原中心的功能化自组装膜体系,从而深入研究了跨膜长程电子传递。此后,固定在自组装膜上的活性基团扩展到紫精[16]、萘醌[19]、醌[20]、偶氮苯[21]等。此外,二茂铁的 Langmuir-Blodgett(LB)膜和自组装膜的混合体系也用于研究跨膜长程电子传递[18]。由自组装膜电化学得到的平均电子隧穿系数 β 为 $1.1 \pm 0.4/-CH_2-$(除紫精自组装膜外),该值与理论计算值基本一致[23-25]。紫精自组装膜中的电子传递比较反常,从电子传递速率对链长的依赖关系得到 β 为 0.006 $Å^{-1}$,远小于其他体系的结果[16],这主要是因为它在电化学反应过程中要经历一个构象变化过程。我们曾利用偶氮苯衍生物自组装膜来考察电子传递速率对距离的依赖关系[28-30],证明电活性物质的构象变化在致密自组装体系的电子传递过程中起到了重要作用。例如,自组装膜的电子传递距离相同而尾链长度不同时,电子传递速率与尾链长度呈指数衰减关系[28];另外,随着自组装膜密度增加,电子的传递速率也显著降低[29]。

这些结果说明,具有较大幅度构象变化的电活性基团在自组装膜结构中产生一个额外的由结构导致的活化能,降低反应速度[30]。

Bakkers 等利用 CdSe 量子点作为官能团来研究电子传递速率与距离之间的关系[22],使用光电流谱(intensity modulated photocurrent spectroscopy,IMPS),测量光激发电子通过自组装膜与金电极之间传递速率。尽管缺少更多相关的实验报道,难以判定量子点体系的测定值是否可靠,但是 Bakkers 等的方法为研究电子传递速率与距离关系拓展了新思路。

1.2.2 金属-绝缘体-金属结在电子传递研究中的应用

尽管通过表面电化学方法能够非常方便地研究电子传递,但是溶剂和邻近电活性物质的影响会使电化学动力学结果的分析变得困难,用金属对电极替代电活性探针可以消除上述影响。

1.2.2.1 金属-绝缘体-金属结常规构造

金属-绝缘体-金属结(MIM)已广泛地用来研究有机分子材料[31]。这种类型的界面接触也是其他电子器件的基础,如发光二极管(light emitting diode,LED)[32]、场效应晶体管(field-effect transistor,FET)[33]和分子二极管[34]等。

目前有两种制造大尺寸 MIM 结的方法。一种是蒸镀法,首先用自组装技术在金属表面修饰有机分子薄层,然后在有机薄层表面蒸镀一层金属薄膜作为对电极。Mann 和 Kuhn[35]率先利用 MIM 结研究有序分子薄膜的性质,他们将金属(如 Pb、Ag 和 Al)高温蒸镀到 LB 膜表面。Cahen 等发展了另一种方法,即"lift-off/float-on"方法[36],先在一个固体基底上沉积一层金属薄膜,然后在溶剂中使其剥离、漂浮并转移到样品表面。他们使用这种方法研究了 Au/GaAs 表面的共轭分子[37]。

在微观层面,Reed 等创新性地提出了新的制备 MIM 结的方法,即断裂结(break junction)方法[38],将固定在绝缘基底上的金属细丝缓慢拉断,在拉断的瞬间,两个原子级尖锐的针尖会形成纳米尺寸的接触。他们利用这种接触研究了电子通过对苯二硫酚的输运行为[38]。而后,Joachim 等用同样方法研究了寡聚噻吩的电子传递[39],Park 等观察到了断裂结上的库仑阻塞效应和近藤(Kondo)效应[1],Zhitenev 等还报道了基于断裂结的单分子二极管行为[40]。

基于滴汞电极技术,Whitesides 等发展了另一种制备 MIM 结的方法,先在滴汞电极上自组装一层烷基巯醇自组装膜,然后将汞滴与另外一层修饰在固体基底上的自组装膜相接触,从而来研究电子通过两层物理接触的自组装膜的行为[41]。他们研究了电子在一系列介质中传递的情况,得到不同物质的 β。他们还报道了击穿电压($V_{击穿}$)与链长 d 的关系,根据介电强度 $K = V_{击穿}/d$,得到烷基自组装膜的介电强度约为 0.5 GV/m。该值虽然远大于聚乙烯的值,但是比我们曾获得的致密的自组装膜的介电强度小[42]。Slowinski 等也利用这种方法测量了双层的烷基巯醇自组装膜在两个汞电极之间的电子传递,得到 β 为 $0.89 \pm 0.10/-CH_2-$[43] 和 $1.29/-CH_2-$[44]。

1.2.2.2 扫描探针显微镜构造金属-绝缘体-金属结

常规方法很难制备出纳米级的重现性好、方便可控的 MIM 结，而纳米电子器件的研究和发展迫切要求提供一类在纳米尺寸构造和表征 MIM 结的方法。扫描隧道显微镜(scanning tunneling microscope, STM)的发明和在其基础上的各种扫描探针显微镜(scanning probe microscope, SPM)为满足这一要求提供了技术平台。

STM 以隧道电流为反馈信号，可以精确调节、控制 STM 针尖和基底之间的距离，从而构成 MIM 结。电子可以由金属探针尖端通过绝缘层传递至另一个金属表面[45]。许多研究小组使用 STM 来研究电子在有机薄层上的隧道效应[46]，还有一些小组使用现场 STM 研究授受复合体上的电子传递过程[47]。但是，以 STM 为基础的 MIM 结也存在难以弥补的缺点。例如，小的偏压会造成 STM 针尖与样品之间因摩擦造成的物理损伤[48]；而在较大的偏压下，针尖远离样品，它们之间会存在一个填充有气体、溶剂或真空的势垒等。

导电原子力显微镜(conductive atomic force microscope, C-AFM)基于接触式原子力显微镜(atomic force microscope, AFM)，结合 STM 有关电学表征的优点[49,50]，为利用 MIM 结研究通过有机单分子膜的电子传递提供了一种新方法。在导电针尖和样品间施加一个偏压后，将有电流产生，借助电流-电位关系可以绘制空间可分辨的样品导电分布图或者在固定的位置测量样品的纳米电学性质。与常规的表面分析方法相比，如 STM、AFM 和高分辨率透射电子显微镜(transmission electron microscope, TEM)，C-AFM 的应用更为广泛[51-53]。Fribie 等研究了一系列烷基巯醇自组装膜在金表面上的电子传递过程[54,55]。除烷基巯醇自组装膜外，C-AFM 也广泛地用来研究其他组装体系的电子传递[53,56,57]。

1.2.3 金属-绝缘体-金属结电子传递的理论研究

Sommerfeld 和 Bethe 用理论方法研究了高电压和低电压两个极端近似下，当两个电极被一个绝缘的薄层隔开时的电子隧道效应传递现象。随后 Holm 扩展了这一理论，将电子在一般电压下的行为也概括进来。Simmons 推导了一个可以广泛用于研究有机分子膜的电子传递的普适公式[58](即 Simmons 模型)：

$$I = \frac{e}{2\pi h L^2}\left\{\left(\varphi_0 - \frac{eV}{2}\right)\exp\left[-A\left(\varphi_0 - \frac{eV}{2}\right)^{1/2}\right] - \left(\varphi_0 + \frac{eV}{2}\right)\exp\left[-A\left(\varphi_0 + \frac{eV}{2}\right)^{1/2}\right]\right\} \tag{1.1}$$

式中，I 为电流；V 为偏压；e 为电子电量；h 为普朗克常量；L 和 φ_0 分别为势垒长度和平均势垒高度。其中，

$$A = \frac{4\pi L}{h}(2m)^{1/2} \tag{1.2}$$

式中，m 为电子质量。Simmons 模型的优势是它适用于任何符合 WKB 近似的势垒。反之，如果已知电流-电压曲线，则可以通过拟合得到势垒的平均高度。

式(1.1)给出了电流的一般表达式，在低偏压下作一级近似，可以简化为

$$I = \left(\frac{e}{h}\right)^2 \frac{(2m)^{1/2}}{L} \varphi_0^{1/2} V \exp(-A\varphi_0^{1/2}) \tag{1.3}$$

式(1.3)表明在低偏压下电流和电压呈线性关系。

上述理论处理(Simmons 模型)在某些时候与实验数据吻合得不是很好。为了解决这一问题,Whitesides 等[41]和 Cui 等[51]提出了一个修正公式[式(1.4)],其中加入了一个可调节的参数 α_m。从物理意义上说,就是用隧穿电子的有效质量代替式(1.1)中的电子质量 m。

$$I = \frac{e}{2\pi h L^2}\left\{\left(\varphi_0 - \frac{eV}{2}\right)\exp\left[-A\alpha_m\left(\varphi_0 - \frac{eV}{2}\right)^{1/2}\right] - \left(\varphi_0 + \frac{eV}{2}\right)\exp\left[-A\alpha_m\left(\varphi_0 + \frac{eV}{2}\right)^{1/2}\right]\right\} \tag{1.4}$$

Whitesides 等利用上述公式拟合了修饰有烷基自组装膜的 MIM 结的电流-电压曲线,得到了烷基的势垒高度为 2.1 eV,β 为 0.9 Å^{-1},α_m 为 0.62。Cui 等[51,52]模拟了夹在金基底和导电 AFM 针尖之间的烷基巯醇自组装膜,得到了有效电子质量为 $0.16m_e$($1m_e \approx 9.1\times10^{-31}$ kg),势垒高度为2.3 eV。

Simmons 的模型显然过于简化,特别是它忽略了界面结构。Mujica 和 Ratner[59]还提出了另一个基于无共振电子隧穿的模型,用来处理通过有机单分子膜的电子传递。尽管 Mujica 公式是由一个完全不同的物理模型导出的,但是它与 Simmons 模型[式(1.1)]在数学模拟上是相似的[60]。

1.2.4 金属-绝缘体-半导体结在电子传递研究中的应用

现代电子学的发展离不开硅基材料和金属-绝缘体-半导体结。随着器件线宽的不断减小,通过硅氧化物绝缘体的漏电流会逐渐增加。基于有机分子的高介电常数(high-k)材料是解决这个问题的一个途径。与全无机材料的 MIS 结相比,有机单分子膜基础上的 MIS 结有很多优点。其一,有机材料具有更大的电阻率;其二,有机-无机材料的界面非常清晰,只是碳-硅键等,这将导致电子传递的行为发生变化;其三,有机材料和无机材料在物理性质方面截然不同;其四,这也是最为重要的一点,有机-无机 MIS 结可以极其方便地通过有机合成实现功能化。因此基于上述优点,近年来有机分子膜基础上的 MIS 结的电子传递得到广泛重视。Cahen 等利用悬汞滴接触技术制备了 Si/SiO_x/有机单分子膜/汞异质结[61]。他们发现,当有机分子与金属有很好的化学接触时,电子传递的行为与有机单分子膜的厚度呈现有规律的变化,并得到电子传递对分子链长的依赖关系。我们利用一种新的表面合成方法制备了烷基单分子膜/单晶硅模型体系,利用导电原子力显微镜系统构筑了 MIS 结,并研究了它的电子传递特性[42,62]。可以发现,当 C-AFM 施加较小的力的时候,较大的界面电阻导致电子难以直接隧穿有机单分子膜。电荷在有机分子膜上的积累导致单分子膜的介电击穿[42]。较大的力可以使电接触更可靠,即当界面电导大于量子电导(G_0)时,电子可以直接隧穿过有机单分子膜。由隧穿电流对分子链长的依赖关系我们得到了电子隧穿系数,并发现它是接触压力和电压的函数。理论模拟进一步揭示了它们之间的内在关系[62]。

1.2.5 前景展望

目前,有序分子膜和单分子的电学及电化学的研究取得了很大的进展,这些研究一般利用金属作为基底。硅作为重要的半导体材料,使得基于金属-氧化物-半导体硅的场效应晶体管(MOSFET)成为现代大规模集成电路的基础。现代电子技术的快速发展正努力使器件的尺寸更小、性能更高。目前商品化的集成电路的线宽最小可以达到 90 nm。但是如果进一步减小尺寸,由于氧化硅材料的绝缘性不好,线路之间就会产生漏电流。而硅表面直接通过碳-硅键连接的致密、稳定的有机分子膜(金属-绝缘体-半导体结)体系可以克服上述缺点。不仅如此,通过有机合成技术还可以方便地将有机分子 MIS 结功能化,开发新型的分子电子器件。因此硅表面的有机单分子膜的电子传递研究显得更为重要。

此外,生物单分子的电子传递过程仍然是现今科学研究的热点[63-65],提供一个普适和可靠的研究平台还是一个巨大的挑战。本节中的技术和理论分析为从分子角度研究生物电子传递奠定了基础。

1.3 从分子水平研究电子传递

从分子水平研究电子传递是电化学的基础,同时为理解分子电子学和生命过程中电子传递的现象提供参考[66,67]。为了实现真正意义上的分子水平电子传递的研究,需要制备具有纳米级曲率半径的电极,建立可靠的电极-分子界面,同时要系统地考察分子在电场作用下,以及周围环境作用下的结构变化。最终,将这些静态的特征与动态的电子传输行为关联起来。图 1.2 给出了分子电子传递研究的对象以及研究方法。鉴于从分子水平理解电子传递的重要性,实验方面和理论模拟方面都开展了广泛的研究,逐步阐明电极、界面、分子本身以及环境的影响。

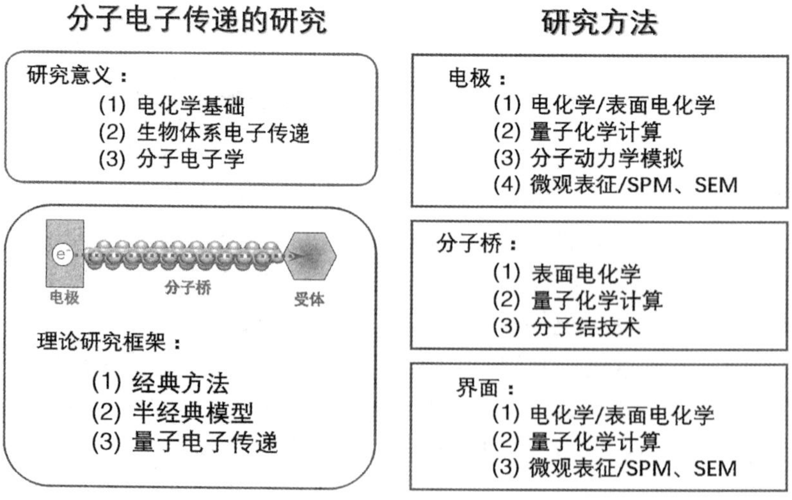

图 1.2 分子电子传递研究的方法示意图

1.3.1 纳米尺度电极的制备与结构

实现分子尺度电学测量的关键技术问题是制备纳米级的电极。断裂结技术的提出奠定了这一领域的基础[38]。此外,扫描探针显微镜的探针具有纳米级的曲率半径,也成为研究分子电子传递的重要工具之一[68]。然而以往的工作表明,对于具有多个分子态的纳米结,一次测量并不能给出可靠的分子电导,因此发展了具有统计特征的机械可控断裂结(mechanically controllable break junction,MCBJ)技术[66,67]。

无论采用机械可控断裂结技术[66,67],还是电化学控制的刻蚀/生长技术[69,70],纳米电极的形成瞬间均处于非平衡态。以 MCBJ 技术为例,利用机械方法将金属线拉伸,使其变细,直至几纳米。在断裂的瞬间形成单原子接触或单原子金属线[71,72]。单原子接触的金属线断裂后则可形成纳米尺度的电极。全部过程处于非平衡状态,即拉力对金属线做功,当部分机械能转化为分子热运动动能时,金属线内出现局部熔化的结构,同时改变力学性质。这也导致断裂的电极尖端处于瞬时的非晶态[73]。

拉力从宏观上表现为对金属线做功,而无序的分子热运动又从微观层次上表现了体系的不确定性。所以,纳米电极的制备,即金属纳米线的拉伸断裂,是否可以准确预测断裂位置是一个值得关注的问题。此项研究包含两个重要意义:其一,可控的金属纳米线断裂是制备纳米电子器件或分子电子器件的基础;其二,可以预知的断裂位置对于避免材料失效和微纳米机电系统中器件的失效至关重要。换句话说,如果可以预先知道一个纳米杆在应力作用下的断裂位置,完全可以通过对该部位做结构加强,从而避免失效的发生。对铜纳米线断裂位置的统计研究表明[73],一次拉伸的断裂位置具有不确定性;然而多次拉伸实验的断裂位置具有统计特征。具体而言,断裂位置遵循高斯函数分布,同时表现了一个“最可几”的断裂位置。这一发现具有两方面的重要意义,其一,在纳米世界(介观)里也有“最可几”分布的现象,而常识告诉我们这一现象只在微观世界中才能出现。其二,由于“最可几”断裂位置的发现,可以在材料最可能的断裂位置做结构加强,从而避免由应力集中导致的材料和器件失效。拉伸做功使得纳米电极在断裂瞬间处于非晶态,其断裂后必然发生回缩和重新结晶。MCBJ 实验[74]和超大规模分子动力学仿真[75,76]的研究表明,断裂后针尖发生回缩[74],理论模拟的结果与实验结论吻合,如图 1.3 所示。分

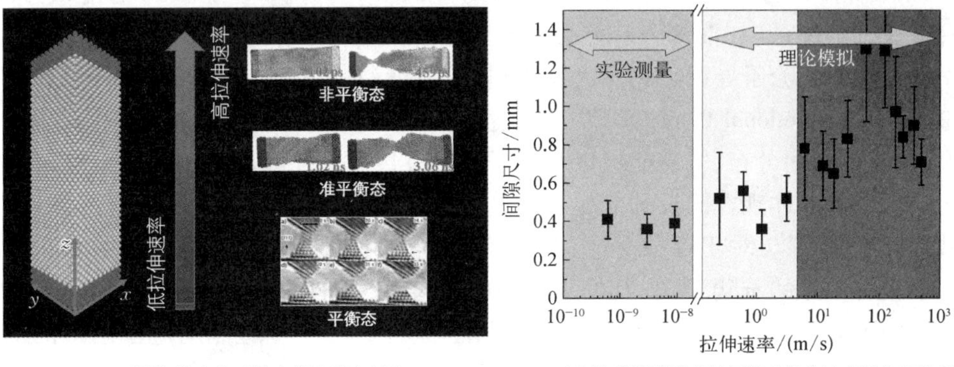

(a) 不同拉伸速率下纳米线的形变行为 (b) 纳米断裂形成的间隙对拉伸速率的依赖关系

图 1.3 分子动力学模拟电极拉伸的示意图

子模拟显示,针尖在回缩过程中出现了离散现象,它对应于原子级可分辨的针尖原子的结构重排。MCBJ 实验能够给出从几纳米每秒到几百纳米每秒的拉伸速率下针尖的断裂行为,分子动力学模拟能够给出从零点几米每秒到几百米每秒的快速拉伸断裂行为,两者同时揭示了断裂瞬间针尖原子簇的结构重排会导致 0.4 nm 的收缩[74]。上述理论模拟和实验观察给出了一个慢至纳米每秒,快至声速的大范围的断裂过程,这为阐述纳米电极的结构、制备,以及材料失效等问题提供了丰富的信息[77,78]。

1.3.2 电场作用下分子电子材料的构象分析

电子传递涉及众多体系,从传统的体相电化学、表面电化学、单分子膜,到单分子结的电子输运,这无疑增加了分子电子传递研究的难度。但所有体系均有一个显著特点,即电场环境。因此,系统地研究电场作用下的分子电子材料是理解电子传递的基础工作。

给出电势的空间分布是考察电子材料性质的出发点。电势分布分析可以从微观的原子层面和介观的物理模型两个角度入手。对于前者,可以利用从头算方法,计算电场作用下单分子结中每个原子上的电荷布局,同时结合外电场的梯度,编写程序模拟空间平面上的电势分布[79]。对于后者,是从经典的物理模型出发,考虑材料的介电性质或者输运性质,推导出相应的“电容模型”和“电阻模型”[80]。

研究电场对分子的作用可以揭示分子在电场下的变化[81]。分子构象的变化显著地影响体系的电子输运行为。由于电场和分子偶极的相互作用,分子电子材料的几何构型发生改变,因此电场与分子构象关系的研究(即“类现场”的构象分析[82])具有重要意义。通过构造一对点电荷形成的虚拟电极,可以模拟特定形状的电极所形成的电场环境。这种“类现场”的量子化学计算方法广泛应用于研究有机共轭分子。通过研究二噻吩在电场作用下的构象行为[83,84],确定了电场与分子相互作用的本质是电场-偶极相互作用。模拟结果还给出顺、反构象的能量差与电场的平方成正比,过渡态能量和稳定分子的能量差与电场的平方成正比等定量关系[85]。如果进一步考虑分子在电场作用下的转动问题,可以建立电场作用下的取向分析方法[86]。借助这两个“类现场”的理论分析技术,可以得到分子电子材料与电场作用的初步信息。

随着共轭体系长度的增加,其最高占据分子轨道(highest occupied molecular orbital, HOMO)和最低未占分子轨道(lowest unoccupied molecular orbital, LUMO)的能级差减小,这预示着长共轭体系(如聚苯[87]、聚乙炔[88-90]、聚噻吩[91]和聚呋喃[92])可以在未来的分子电子器件中充当分子导线。利用哈特里-福克方法(Hartree-Fock method, HF)和密度泛函理论(density functional theory, DFT)对上述线性共轭寡聚物的研究表明[87-94],分子的几何构型、轨道的空间分布、轨道能级以及分子偶极等性质与外电场相关。外电场对分子几何结构的影响主要体现在键长的变化上。电场的增强使共轭分子的单键变短、双键变长,导致共轭性增加[87]。对于部分分子导线,双键的变化量与电场强度的平方成正比[88]。由于分子具有离域的 π 电子,当其处于电场中时,骨架上的电荷易于重新排布,分子的自洽场能量则不断降低。外电场增强,诱导偶极也不断变大[88]。电场对电子结构的影响主要体现在降低了分子的能隙(LUMO 和 HOMO 的能级差,即 $\varepsilon_{\mathrm{LUMO}} - \varepsilon_{\mathrm{HOMO}}$),同时使 HOMO 的空间分布向低电势端移动,而 LUMO 向高电势端移动。此外,聚乙炔等分子的能隙与链

长的变化遵循线性关系[88]，即

$$(\varepsilon_{\text{LUMO}} - \varepsilon_{\text{HOMO}})_n = k_0/n + (\varepsilon_{\text{LUMO}} - \varepsilon_{\text{HOMO}})_\infty \tag{1.5}$$

这一点符合直链同系物的基本特征。式(1.5)中，n 为聚乙炔中重复单元数(即 π 键数目)；k_0为拟合数据得到的斜率。然而，引入外电场后，这种性质不复存在。由于分子电子传递的势垒近似等于能隙的一半，因此了解分子的能隙与外电场的定量关系对掌握分子电子传递至关重要。对上述系列分子导线的研究表明，外电场的增加可以使分子的能隙减小，减小量与电场强度的平方呈线性关系[88]，即

$$(\varepsilon_{\text{LUMO}} - \varepsilon_{\text{HOMO}})_{n,E} = k_n E^2 + (\varepsilon_{\text{LUMO}} - \varepsilon_{\text{HOMO}})_n \tag{1.6}$$

式中，k_n为线性系数；E 为外电场强度。

由于分子能隙还是链长的函数[式(1.5)]，而且 $k_n = k_s n^2 + b_s$(k_s与 b_s分别为线性拟合的斜率与截距)，因此 $(\varepsilon_{\text{LUMO}} - \varepsilon_{\text{HOMO}})_{n,E}$ 可以进一步表示为

$$(\varepsilon_{\text{LUMO}} - \varepsilon_{\text{HOMO}})_{n,E} = -(k_s n^2 + b_s)E^2 + k_0/n + (\varepsilon_{\text{LUMO}} - \varepsilon_{\text{HOMO}})_\infty \tag{1.7}$$

即电场作用下的能隙随电场强度的增加而减小，随分子链长的增加而减小[88]。

分子链中相邻芳环之间的扭转角是决定分子导电性的另一个关键因素。通过对二苯乙炔在电场下的构象分析，归纳出分子的扭转角 θ 与分子极化率 α 的定量关系[93]：

$$\alpha = f(\theta) = k_1 + k_2 \cos^2\theta \tag{1.8}$$

式中，k_1和 k_2分别为拟合直线的截距和斜率。扭转势垒 $\Delta\varepsilon^*$ 与电场强度的平方也呈现线性关系[93]：

$$\Delta\varepsilon^* = kE^2 + \varepsilon_0^* \tag{1.9}$$

式中，k 为与分子性质有关的比例系数；ε_0^* 为对二苯乙炔分子在零电场下的扭转势垒。

共轭大环分子骨架上具有大的 π 电子结构，同时骨架上的功能基团则赋予其更多的特殊性能，因此这类分子在材料科学[95]、主体-客体识别[96]，特别是分子电子器件领域[97]有着广泛的应用前景。依据尺寸和结构特点，环状共轭分子可以分为三类：苯和其他芳香环属于小环共轭分子；而卟啉分子具有中环共轭分子的特征，即中心空腔可以配合一个金属离子；大环共轭分子如苯乙炔大环分子(phenylacetylene macrocycle，PAM)或二乙炔基苯大环分子(diethynylbenzene macrocycle，DBM)，其中间近似 1 nm 的空隙可以容纳一个原子簇。利用高精度的从头算和密度泛函理论对 PAM[98]和 DBM[99]的研究表明，环越大，分子具有越多的构象，特别值得关注的一点是，船式构象比椅式构象更稳定。其原因可以由环张力分析方法来理解[29]。基于对分子结构单元的构象分析，总张力能可以分解为所有键角的剪切张力能[$E(\theta_i)$和 $E(\theta_j)$]和扭转张力能[$E(\phi_i)$]的加和[98]：

$$E_{\text{RS}}^{\text{new}} = \sum_{i=1}^{2n} E(\theta_i) + \sum_{i=1}^{2n} E(\theta_j) + \sum_{i=1}^{n} E(\phi_i) \tag{1.10}$$

式中，$E(\theta_i)$和 $E(\theta_j)$分别为因键角 θ_i($sp^2 - sp^2 - sp$)和 θ_j($sp - sp - sp^2$)偏离理想值($\theta_i^0 =$

120°, $\theta_j^0 - 180°$)而引起的张力能;$E(\phi_i)$为因分子中相邻苯环扭转而引起的扭转张力能;n为重复单元数。利用式(1.10),可以计算出船式构象比椅式构象能量更低,因此更稳定[98]。这种张力分析方法不需要对整个分子做庞大的从头算处理,只需要对其结构单元进行构象分析就可求得任意大小、任意构象的环张力能,同时可以预测稳定构象,因此该方法具有简单、易于程序化的优点,特别适合在分子动力学模拟中应用。

此外,碳纳米管材料[100]和石墨烯材料[101]也都是值得关注的分子电子材料。对它们性质的研究都非常重要,特别是材料缺陷的研究[102]。研究表明,不同直径的碳纳米管连接时会出现缺陷,采用5~7元环连接时,缺陷能最低[103,104]。

1.3.3 分子电子传递的理论研究

上文介绍了电场作用下的静态研究,而电子材料的动态输运才是最直接的电子传递特征。目前的理论和计算技术的发展,提供了DFT[105]结合非平衡态格林函数(non-equilibrium Green's function,NEGF)[106]方法的有效模拟手段,但是理论模拟的重点更应该阐述动态输运行为与静态结构之间的定量或定性关系,从而为器件设计打下基础。上述理论方法中,电流的计算可利用Landauer-Büttiker公式进行积分求解[106]:

$$I = \frac{2e}{h}\int_{-\infty}^{\infty} T(E,V_b)[f_L(E-\mu_L) - f_R(E-\mu_R)]\mathrm{d}E \tag{1.11}$$

式中,e为电子电量;h是普朗克常量;$T(E, V_b)$为透射系数,是特定偏压V_b下能级E的函数;f_L和f_R分别为左、右电极的费米-狄拉克分布函数;μ_L和μ_R为左右电极的化学势。$[\mu_L(V_b), \mu_R(V_b)]$为对电流积分有贡献的能量区域,称为偏压窗口,$\mu_L = E_F - eV_b/2$,$\mu_R = E_F + eV_b/2$,E_F为电极的费米能级。对寡聚苯乙炔撑分子导线的电子输运行为的研究[107]表明,由于接触金电极的作用,有机分子结的静态特征[如几何构型和能隙]都受到电场的显著影响,然而电子输运行为的变化很微弱。在二苯乙炔分子导线的研究中发现,导电性对苯环之间的扭转角有直接的依赖关系,扭转角为0°时分子结的电导是90°时的65倍[93]。

分子导线研究的核心内容之一是确定电子输运能力对电子传递距离的定量关系,即确定电子隧穿系数β。宏观金属导线的电阻随长度的增加呈线性增加,但是对于微观的分子导线,是否还遵循此种关系?Frisbie等[108,109]利用C-AFM研究了不同链长的饱和烷基硫醇,发现电导随分子链的增加呈指数衰减,β为8.8 nm^{-1}。Wandlowski等[110]考虑不同的烷基链构象,通过扫描隧道显微镜实验测量得到烷基链的β为7.5~7.3 nm^{-1}。Kaun和Guo[111]利用DFT/NEGF预测了烷基链的β为7.5 nm^{-1}。McDermott等[112]对比了$(SiH_2)_n$链通过巯基或氨基分别与电极连接,β分别为0.9 nm^{-1}和0.7 nm^{-1},相应的DFT/NEGF计算结果与实验相吻合。烷基链$HS(CH_2)_nSH$与硅基链$HS(SiH_2)_nSH$分子本身结构的差别,导致β差别非常大。我们通过对一系列不同结构、不同长度的分子导线的系统研究[113][模型如图1.4(a)所示],包括饱和的烷基链和共轭的聚苯、聚呋喃、聚乙炔等,发现分子导线的电阻随链长的增加呈指数增加,遵循如下公式,即电导随链长指数衰减[113]:

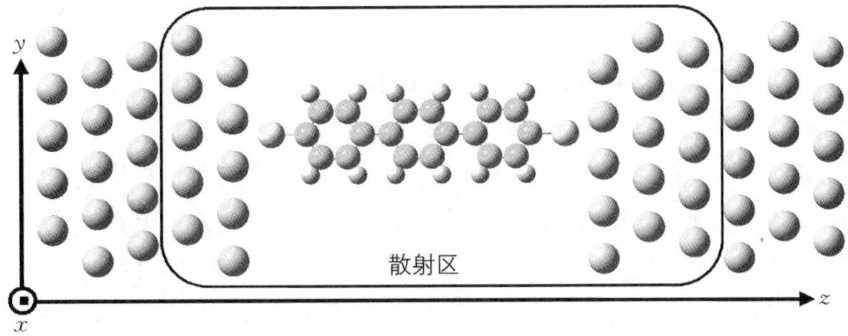

(a) 系列分子导线的电子传递模拟示意图[113]

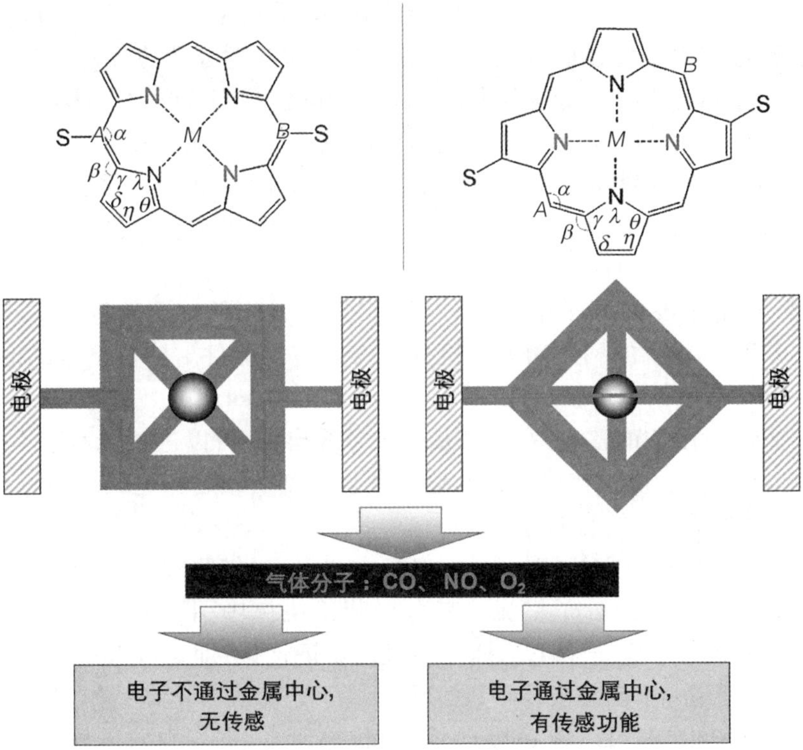

(b) 不同连接方式的金属卟啉中电子传递路径的计算
(水平连接时电子传递通过卟啉环。而对角连接时，电子传递经过金属中心[119])

图 1.4 分子电子输运的模拟

$$R = R_c \exp(\beta d) \tag{1.12}$$

式中，R 为分子导线的电阻；R_c 为接触电阻；d 为分子长度。其中，全反式聚乙炔的电导随链长衰减最慢，即 β 最小($0.36\ \text{nm}^{-1}$)。而饱和烷基分子的电导随链长的增加衰减最快，其 $\beta = 7.3\ \text{nm}^{-1}$。随后的研究表明，$\beta$ 与无穷链长分子的能隙$(E_g)_\infty$有如下定量关系：

$$\beta = -0.19 + 0.32(E_g)_\infty^{1/2} \tag{1.13}$$

该关系直接确定了分子结输运的动态参数(电子隧穿系数)和分子的静态特征(能隙)之

间的定量关系。确立此关系式极大地促进了对未知分子导线输运能力的预测。对公式外推的结果还显示，当能隙$(E_g)_\infty$小于 0.35 eV 时，β将小于或等于 0。这预示分子的电导可能是一个定值。据此可以认为此类分子[如碳纳米材料和低聚卟啉]将是非常有潜力的分子电子材料。

分子导线领域另一个值得关注的问题是电子传递的路径，尤其是环状分子可能会有不同的电子传递路径，如苯、卟啉和轮烯等。目前，一种解释环状共轭分子不同连接位点产生电导差别的理论模型是量子干涉效应[114-117]。Walter 等[115]发现 2,6-萘二硫醇的电导大于 2,7-萘二硫醇。在 2,6-萘二硫醇中，电子传递经过两条长度相同的路径，电子的相长干涉导致分子电导增加。但是在 2,7-萘二硫醇中，电子传递经过两条长度不同的路径，两个路径的相位差为π，电子相消干涉导致分子电导降低。另一种模型是根据电子传递势垒的高低，确定电子传递最可能路径。例如，在对卟啉分子的研究中发现，其中心金属离子对电导有影响[118,119]。分子与电极采用不同的连接方式时[119]，影响也不同。对角连接的影响最显著，由此可以确定，电子通过卟啉的金属中心传递，如图 1.4(b)所示。水平连接时，不同的金属卟啉具有相似的电子输运行为，所以电子只通过卟啉的共轭环传递。通过比较铁卟啉吸附 CO 分子前后的电子输运行为，电子传递路径的观点得到了进一步的确认。

分子二极管是重要的分子电子器件之一[120,121]。分子整流的思想源于 Aviram 和 Ratner[120]在 1974 年提出的利用功能有机分子作为整流器件。分子整流的形式众多，包括供体(donor)-σ-受体(acceptor)型[120]、donor-π-acceptor 型[122]、donor-acceptor 型[123]、构象转变[124]和界面引起的整流[125]等。从分子导线出发，可以进一步考察不对称取代对电子输运的影响[126,127]、质子转移引起的整流[128]、碱基对结合引起的整流[129]，以及电极与分子的耦合对整流效率的影响等[79]。

引入不对称基团是实现分子整流的最简单方式[126]。借鉴宏观半导体概念，我们可以定义这类整流为 p-n 结型分子整流。在寡聚苯乙炔撑中引入吸电子取代基($—NO_2$，—COOH)和给电子取代基($—NH_2$)，通过叁键或双键连接，即构成 Donor-π-Acceptor 结构的整流分子。利用非平衡态格林函数的理论计算表明，在外电场的作用下，分子能级和前线分子轨道的空间分布可以调节电子的不对称输运[126]。实现分子整流的另一个有效途径是从化学角度出发，通过构建合适的化学反应来调控电子传递。例如，调节由环境的 pH 诱导的质子转移可引起显著的整流效应[128]，质子转移之前分子只表现出微弱的整流，但是质子转移发生以后，整流效应明显增强。

从分子导线、分子二极管到分子开关和分子场效应管，这些概念都没有脱离传统的电子学范畴。分子电子学作为一门独立的分支，不但需要展示宏观器件与分子器件相同的一面，而且还要指出它们的差别，特别重要的是提出微观世界特有的新器件原型。例如，在宏观世界将两个二极管串联，并不能改善器件的整流效率，但是可以改变开关电压。与之对照的是，在分子尺度由于单元之间的电子耦合极大地影响了器件的性能，耦合使两个串联的分子二极管有更大的整流效率比[130]。增加串联单元的分子导线的长度可以去耦合，这一点与宏观串联的二极管有本质的不同[130]。这些规律的发现，可能对分子电子器件的设计有指导意义。

1.3.4 分子电子传递的实验研究

分子电子传递的实验研究包含两个方面的含义：① 利用微观的方法和技术，直接从分子操作和测量出发，了解分子电子传递的特点；② 利用宏观的方法，找到实验数据中蕴含的微观信息，间接地了解分子的结构和功能[131,132]。

扫描探针显微镜是研究和操纵分子的有力工具[133]。利用导电原子力显微镜可以构造金属-有机分子-金属（metal-molecule-metal，MMM）结，实现分子尺度的电学测量[62,134]。将有机分子组装在基底电极表面，在导电针尖和样品之间施加一个偏压后，将有电流产生，借助电流-电位关系可以绘制空间可分辨的样品导电分布图或在固定位置测量样品的纳米电学性质。Solomon 等[135]、Lindsay 等[136]和 Frisbie 等[54]利用此方法研究了大量的分子结电导，探索分子-电极界面、分子本身结构对分子电子传递的影响。形成 MMM 结的另一种方法是机械控制的纳米劈裂技术。利用改进的扫描隧道显微术，将针尖与基底接触后再拉断，形成 MMM 结。MCBJ 方法测量分子电导的优点是可以对数千次测量结果做统计分布处理，得到可靠、可重复性的结果。Tao[137]和 Venkataraman 等[138,139]利用 MCBJ 方法测量单分子结电导并得到许多有意义的结论，给出了分子电导与扭转角的定量关系[138]以及与分子能隙的关系[139]。

利用导电针尖修饰的方法形成 MMM 结，可以使分子电子传递的测量更稳定和更可靠，从而测量一些生物大分子的电学性质[63-65,140]。分子尺度的电子传递一般符合西蒙斯（Simmons）模型，通过对 I-V 曲线进行拟合，能够得到电子隧穿的势垒高度和宽度。例如，在对蛋白质分子的研究中，可以在短时间内对样品施加力脉冲，观察蛋白质分子的应力-应变性质，从而求出蛋白质的杨氏模量[63,64]；也可以在一个恒定的压力下，在约 1 h 的时间内考察分子形变，将分子结构、电学性质和生物活性关联起来[141-143]。

尽管表面电化学是宏观的实验方法，但经过深入的数据分析和比较，依然可以间接了解分子结构和电活性基团所处的微环境的信息[144-146]。其中，转移系数 α、转移电子数、重组能等参数与微观结构直接相关。例如，转移电子数既是宏观电化学的可测结果，又与蛋白质亚基之间的连接方式相联系，因此可以通过实验中的转移电子数，理解血红蛋白中亚基之间的连接方式[147]。当其与表面活性剂双癸基二甲基溴化铵发生相互作用时，随着双癸基二甲基溴化铵浓度的增大，转移电子数由 2 逐步向 1 过渡，表明电极过程由双电子到单电子转移，即蛋白亚基之间的连接更为松散。此外，体系的重组能则直接反映了电活性中心的溶剂化环境[148]。利用马库斯（Marcus）模型，拟合实验数据，可以得到溶剂化微环境的信息。例如，在研究直链烷基硫醇自组装膜对铜蓝蛋白的保护作用时，即使尿素的浓度增加到 9.0 mol/L，重组能降低幅度也不大，说明铜蓝蛋白变性轻微[148]，如图 1.5 所示。利用电化学宏观参数的变化来定性地理解电活性中心的微观性质可以拓展表面电化学这一经典学科的应用价值[149]。

1.3.5 总结

利用原子、分子来构建电子器件是人类的梦想，是否可以实现，则需要大量的分子尺度电子传递的基础研究。影响分子电子传递的因素复杂多样，因此单纯地考察分子本身

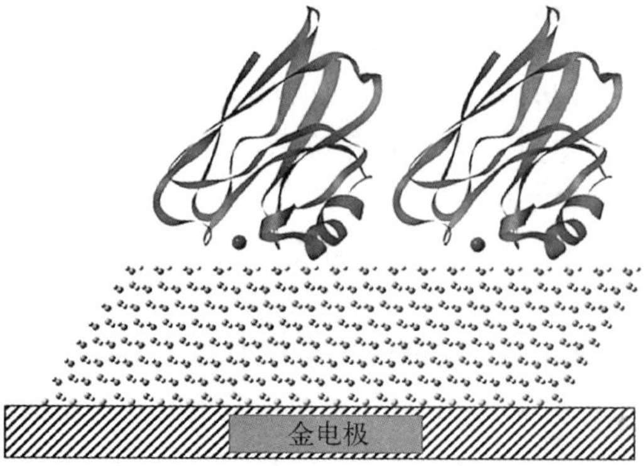

(a) 铜蓝蛋白组装在硫醇保护的金电极上示意图

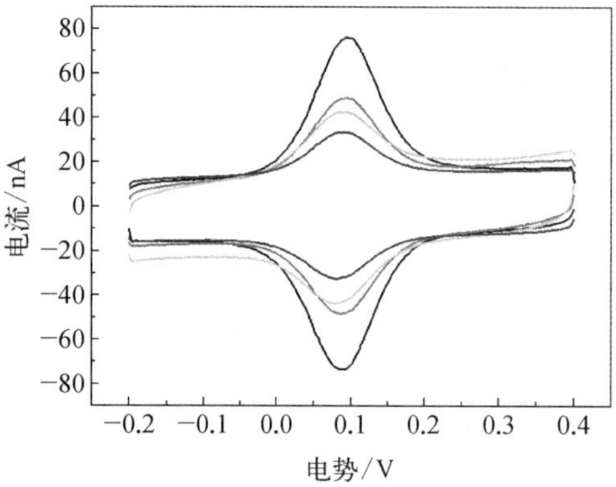

(b) 经尿素作用不同变性程度铜蓝蛋白的循环伏安曲线

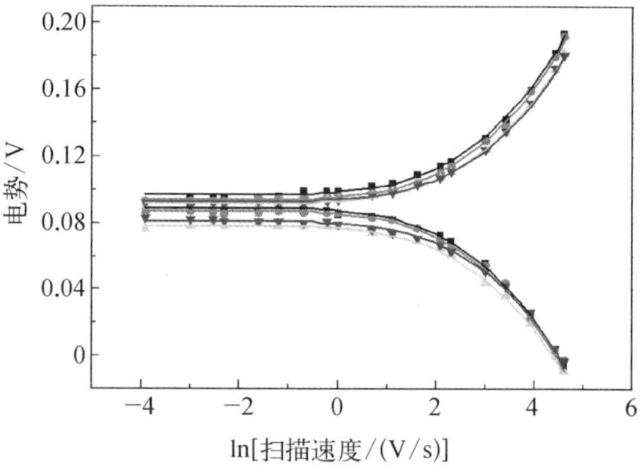

(c) 铜蓝蛋白的峰电势和扫速对数关系图

图 1.5 电化学研究蛋白质电子传递[148]

并不足以了解分子电子传递的本质。纳米电极、界面以及环境也是必须要系统考察的因素。本节从实验与理论模拟方面论述了分子水平研究电子传递的进展。第一,利用分子动力学模拟纳米电极的形貌和特性,探索电极对电子传递的影响。第二,利用量子化学模拟分子中电子传递,在忽略界面效应影响的假设下,探索分子本身的电子传递特性。第三,利用电化学和扫描隧道显微术研究蛋白质中电子传递。从微观实验测量到宏观实验,经过合理的分析推理,得到电子传递的信息,进一步结合计算化学的模拟,加深对分子水平电子传递机制的理解。

参 考 文 献

[1] Park J, Pasupathy A N, Goldsmith J I, et al. Coulomb blockade and the Kondo effect in single-atom transistors[J]. Nature, 2002, 417(6890): 722－725.

[2] Gray H B, Winkler J R. Electron transfer in proteins[J]. Annual Review of Biochemistry, 1996, 65(1): 537－561.

[3] Miller C, Cuendet P, Graetzel M. Adsorbed. omega.-hydroxy thiol monolayers on gold electrodes: Evidence for electron tunneling to redox species in solution[J]. The Journal of Physical Chemistry, 1991, 95(2): 877－886.

[4] Creager S, Yu C J, Bamdad C, et al. Electron transfer at electrodes through conjugated "molecular wire" bridges[J]. Journal of the American Chemical Society, 1999, 121(5): 1059－1064.

[5] Isied S S, Ogawa M Y, Wishart J F. Peptide-mediated intramolecular electron transfer: Long-range distance dependence [J]. Chemical Reviews, 1992, 92(3): 381 – 394.

[6] Williams T T, Odom D T, Barton J K. Variations in DNA charge transport with nucleotide composition and sequence[J]. Journal of the American Chemical Society, 2000, 122(37): 9048 – 9049.

[7] Winkler J R, Di Bilio A J, Farrow N A, et al. Electron tunneling in biological molecules[J]. Pure and Applied Chemistry, 1999, 71(9): 1753 – 1764.

[8] Lewis F D, Wu T F, Liu X Y, et al. Dynamics of photoinduced charge separation and charge recombination in synthetic DNA hairpins with stilbenedicarboxamide linkers[J]. Journal of the American Chemical Society, 2000, 122(12): 2889 –2902.

[9] Johnson M D, Miller J R, Green N S, et al. Distance dependence of intramolecular hole and electron transfer in organic radical ions[J]. The Journal of Physical Chemistry, 1989, 93(4): 1173 – 1176.

[10] Helms A, Heiler D, McLendon G. Electron transfer in bis-porphyrin donor-acceptor compounds with polyphenylene spacers shows a weak distance dependence[J]. Journal of the American Chemical Society, 1992, 114(15): 6227 – 6238.

[11] Grosshenny V, Harriman A, Ziessel R. Electronic energy transfer across ethynyl-bridged RuⅡ/OsⅡ terpyridyl complexes[J]. Angewandte Chemie (International Ed), 1995, 34(10): 1100 – 1102.

[12] Nuzzo R G, Allara D L. Adsorption of bifunctional organic disulfides on gold surfaces[J]. Journal of the American Chemical Society, 1983, 105(13): 4481 – 4483.

[13] Li T T T, Weaver M J. Intramolecular electron transfer at metal surfaces. 4. Dependence of tunneling probability upon donor-acceptor separation distance[J]. Journal of the American Chemical Society, 1984, 106(20): 6107 – 6108.

[14] Slowinski K, Chamberlain R V, Miller C J, et al. Through-bond and chain-to-chain coupling. Two pathways in electron tunneling through liquid alkanethiol monolayers on mercury electrodes[J]. Journal of the American Chemical Society, 1997, 119(49): 11910 – 11919.

[15] Finklea H O, Liu L N, Ravenscroft M S, et al. Multiple electron tunneling paths across self-assembled monolayers of alkanethiols with attached ruthenium(II/III) redox centers[J]. The Journal of Physical Chemistry, 1996, 100(48): 18852 – 18858.

[16] Katz E, Itzhak N, Willner I. Electron transfer in self-assembled monolayers of N-methyl-N′-carboxyalkyl-4, 4′-bipyridinium linked to gold electrodes[J]. Langmuir, 1993, 9(5): 1392 – 1396.

[17] Smalley J F, Feldberg S W, Chidsey C E D, et al. The kinetics of electron transfer through ferrocene-terminated alkanethiol monolayers on gold[J]. The Journal of Physical Chemistry, 1995, 99(35): 13141 – 13149.

[18] Guo L-H, Facci J S, McLendon G. Distance dependence of electron transfer rates in bilayers of a ferrocene Langmuir-Blodgett monolayer and a self-assembled monolayer on gold[J]. The Journal of Physical Chemistry, 1995, 99(21): 8458 – 8461.

[19] Mukae F, Takemura H, Takehara K. Electrochemical behavior of the naphtoquinone anchored onto a gold electrode through the self-assembled monolayers of aminoalkanethiol[J]. Bulletin of the Chemical Society of Japan, 1996, 69(9): 2461 – 2464.

[20] Hong H, Park W, Yu E. Electrochemical evaluation of electron tunneling constant in self-assembled monolayer of w-mercaptoalkylhydroquinone on gold[J]. Bulletin of the Korean Chemical Society, 2000, 21(1): 23 – 25.

[21] Yu H Z, Shao H B, Luo Y, et al. Evaluation of the tunneling constant for long range electron transfer in azobenzene self-assembled monolayers on gold[J]. Langmuir, 1997, 13(21): 5774 – 5778.

[22] Bakkers E P A M, Roest A L, Marsman A W, et al. Characterization of photoinduced electron tunneling in gold/SAM/Q-CdSe systems by time-resolved photoelectrochemistry[J]. The Journal of Physical Chemistry B, 2000, 104(31): 7266 –7272.

[23] Beratan D N, Hopfield J J. Calculation of tunneling matrix elements in rigid systems: Mixed-valence dithiaspirocyclobutane molecules[J]. Journal of the American Chemical Society, 1984, 106(6): 1584 – 1594.

[24] Newton M D, Sutin N. Electron transfer reactions in condensed phases[J]. Annual Review of Physical Chemistry, 1984, 35: 437 – 480.

[25] Liang C X, Newton M D. *Ab initio* studies of electron transfer. 2. Pathway analysis for homologous organic spacers[J]. The Journal of Physical Chemistry, 1993, 97(13): 3199 – 3211.

[26] Boulas C, Davidovits J V, Rondelez F, et al. Suppression of charge carrier tunneling through organic self-assembled monolayers[J]. Physical Review Letters, 1996, 76(25): 4797 – 4800.

[27] Ulman A. Formation and structure of self-assembled monolayers[J]. Chemical Reviews, 1996, 96(4): 1533 - 1554.

[28] Wang Y Q, Yu H Z, Cheng J Z, et al. End-group-dominated electrochemical kinetics of azobenzene self-assembled monolayers on gold[J]. Langmuir, 1996, 12(22): 5466 - 5471.

[29] Zhao J W, Yu H, Wang Y, et al. Structure-dependent electron transfer kinetics of azobenzene self-asembled monolayers on gold[J]. Acta Physcio-Chimica Sinica, 1997, 13(1): 42 - 47.

[30] 赵健伟，董绍俊，刘忠范. 偶氮苯衍生物自组装膜特征电化学的模拟[J]. 分析化学，2000，28(6)：661 - 665.

[31] Cahen D, Hodes G. Molecules and electronic materials[J]. Advanced Materials, 2002, 14(11): 789 - 798.

[32] Greenham N C, Friend R H. Semiconductor device physics of conjugated polymers[J]. Solid State Physics, 1996, 49(8): 1 - 149.

[33] Garnier F, Horowitz G, Peng X Z, et al. An all-organic 'soft' thin film transistor with very high carrier mobility[J]. Advanced Materials, 1990, 2(12): 592 - 594.

[34] Dantas S O, dos Santos M C, Galvão D S. Theoretical characterization of an all-organic molecular transistor[J]. Chemical Physics Letters, 1996, 256(1 - 2): 207 - 212.

[35] Mann B, Kuhn H. Tunneling through fatty acid salt monolayers[J]. Journal of Applied Physics, 1971, 42(11): 4398 - 4405.

[36] Moons E, Bruening M, Shanzer A, et al. Electron transfer in hybrid molecular solid-state devices[J]. Synthetic Metals, 1996, 76(1 - 3): 245 - 248.

[37] Wu D G, Ghabboun J, Martin J M L, et al. Tuning of Au/n-GaAs diodes with highly conjugated molecules[J]. The Journal of Physical Chemistry B, 2001, 105(48): 12011 - 12018.

[38] Reed M A, Zhou C, Muller C J, et al. Conductance of a molecular junction[J]. Science, 1997, 278(5336): 252 -254.

[39] Magoga M, Joachim C. Conductance of molecular wires connected or bonded in parallel[J]. Physical Review B, 1999, 59(24): 16011 - 16021.

[40] Zhitenev N B, Meng H, Bao Z. Conductance of small molecular junctions[J]. Physical Review Letters, 2002, 88(22): 226801.

[41] Holmlin R E, Ismagilov R F, Haag R, et al. Correlating electron transport and molecular structure in organic thin films [J]. Angewandte Chemie (International Ed), 2001, 40(12): 2316 - 2320.

[42] Zhao J W, Uosaki K. Dielectric properties of organic monolayers directly bonded on silicon probed by current sensing atomic force microscope[J]. Applied Physics Letters, 2003, 83(10): 2034 - 2036.

[43] Slowinski K, Fong H K Y, Majda M. Mercury-mercury tunneling junctions. 1. Electron tunneling across symmetric and asymmetric alkanethiolate bilayers[J]. Journal of the American Chemical Society, 1999, 121(31): 7257 - 7261.

[44] Slowinski K, Majda M. Mercury-mercury tunneling junctions: Part Ⅱ. Structure and stability of symmetric alkanethiolate bilayers and their effect on the rate of electron tunneling[J]. Journal of Electroanalytical Chemistry, 2000, 491(1): 139 -147.

[45] Wiesendanger R. Scanning probe microscopy and spectroscopy: Methods and applications[M]. Cambridge: Cambridge University Press, 1994.

[46] Bumm L A, Arnold J J, Dunbar T D, et al. Electron transfer through organic molecules[J]. The Journal of Physical Chemistry B, 1999, 103(38): 8122 - 8127.

[47] Kuznetsov A M, Ulstrup J. Mechanisms of *in situ* scanning tunnelling microscopy of organized redox molecular assemblies [J]. The Journal of Physical Chemistry A, 2000, 104(49): 11531 - 11540.

[48] Kim Y T, Bard A J. Imaging and etching of self-assembled n-octadecanethiol layers on gold with the scanning tunneling microscope[J]. Langmuir, 1992, 8(4): 1096 - 1102.

[49] Eigler D M, Schweizer E K. Positioning single atoms with a scanning tunnelling microscope[J]. Nature, 1990, 344 (6266): 524 - 526.

[50] Koinuma M, Uosaki K. AFM tip induced selective electrochemical etching of and metal deposition on p-GaAs (100) surface[J]. Surface Science, 1996, 357: 565 - 570.

[51] Cui X D, Primak A, Zarate X, et al. Changes in the electronic properties of a molecule when it is wired into a circuit [J]. The Journal of Physical Chemistry B, 2002, 106(34): 8609 - 8614.

[52] Cui X D, Zarate X, Tomfohr J, et al. Making electrical contacts to molecular monolayers[J]. Nanotechnology, 2002, 13 (1): 5 - 14.

[53] Ishida T, Mizutani W, Aya Y, et al. Electrical conduction of conjugated molecular SAMs studied by conductive atomic force microscopy[J]. The Journal of Physical Chemistry B, 2002, 106(23): 5886 - 5892.

[54] Wold D J, Frisbie C D. Formation of metal-molecule-metal tunnel junctions: Microcontacts to alkanethiol monolayers with a conducting AFM tip[J]. Journal of the American Chemical Society, 2000, 122(12): 2970 - 2971.
[55] Wold D J, Frisbie C D. Fabrication and characterization of metal-molecule-metal junctions by conducting probe atomic force microscopy[J]. Journal of the American Chemical Society, 2001, 123(23): 5549 - 5556.
[56] Fan F R, Yang J, Dirk S M, et al. Determination of the molecular electrical properties of self-assembled monolayers of compounds of interest in molecular electronics[J]. Journal of the American Chemical Society, 2001, 123(10): 2454 - 2455.
[57] Fan F R, Yang J P, Cai L T, et al. Charge transport through self-assembled monolayers of compounds of interest in molecular electronics[J]. Journal of the American Chemical Society, 2002, 124(19): 5550 - 5560.
[58] Simmons J G. Generalized formula for the electric tunnel effect between similar electrodes separated by a thin insulating film[J]. Journal of Applied Physics, 1963, 34(6): 1793 - 1803.
[59] Mujica V, Ratner M A. Current-voltage characteristics of tunneling molecular junctions for off-resonance injection[J]. Chemical Physics, 2001, 264(3): 365 - 370.
[60] Wang W, Lee T, Reed M A. Electronic transport in self-assembled alkanethiol monolayers[J]. Physica E: Low-dimensional Systems and Nanostructures, 2003, 19(1 - 2): 117 - 125.
[61] Yaffe O, Scheres L, Segev L, et al. Hg/molecular monolayer-Si junctions: Electrical interplay between monolayer properties and semiconductor doping density [J]. The Journal of Physical Chemistry C, 2010, 114(22): 10270 - 10279.
[62] Zhao J W, Uosaki K. Electron transfer through organic monolayers directly bonded to silicon probed by current sensing atomic force microscopy: Effect of chain length and applied force[J]. The Journal of Physical Chemistry B, 2004, 108(44): 17129 - 17135.
[63] Zhao J W, Davis J J. Force dependent metalloprotein conductance by conducting atomic force microscopy[J]. Nanotechnology, 2003, 14(9): 1023 - 1028.
[64] Zhao J W, Davis J J, Sansom M S P, et al. Exploring the electronic and mechanical properties of protein using conducting atomic force microscopy[J]. Journal of the American Chemical Society, 2004, 126(17): 5601 - 5609.
[65] Zhao J W, Davis J J. Molecular electron transfer of protein junctions characterised by conducting atomic force microscopy [J]. Colloids and Surfaces B: Biointerfaces, 2005, 40(3): 189 - 194.
[66] Yanson A I, Bollinger G R, van den Brom H E, et al. Formation and manipulation of a metallic wire of single gold atoms [J]. Nature, 1998, 395(6704): 783 - 785.
[67] Xu B Q, Tao N J. Measurement of single-molecule resistance by repeated formation of molecular junctions[J]. Science, 2003, 301(5637): 1221 - 1223.
[68] Kelley T W, Granstrom E, Frisbie C D. Conducting probe atomic force microscopy: A characterization tool for molecular electronics[J]. Advanced Materials, 1999, 11(3): 261 - 264.
[69] Li C Z, He H X, Bogozi A, et al. Molecular detection based on conductance quantization of nanowires[J]. Applied Physics Letters, 2000, 76(10): 1333 - 1335.
[70] Boussaad S, Tao N J. Atom-size gaps and contacts between electrodes fabricated with a self-terminated electrochemical method[J]. Applied Physics Letters, 2002, 80(13): 2398 - 2400.
[71] Li J Z, Kanzaki T, Murakoshi K, et al. Metal-dependent conductance quantization of nanocontacts in solution[J]. Applied Physics Letters, 2002, 81(1): 123 - 125.
[72] Kiguchi M, Konishi T, Murakoshi K. Conductance bistability of gold nanowires at room temperature[J]. Physical Review B, 2006, 73(12): 125406.
[73] Wang D X, Zhao J W, Hu S, et al. Where, and how, does a nanowire break[J]. Nano Letters, 2007, 7(5): 1208 - 1212.
[74] Zhao J W, Murakoshi K, Yin X, et al. Dynamic characterization of the postbreaking behavior of a nanowire[J]. The Journal of Physical Chemistry C, 2008, 112(50): 20088 - 20094.
[75] 唐玉兰，胡适，王东旭，等. 纳米工程中大规模分子动力学仿真算法的研究进展[J]. 机械工程学报，2008，44(2)：8 - 15.
[76] Zhao J W, Yin X, Liang S, et al. Ultra-large scale molecular dynamics simulation for nano-engineering[J]. Chemical Research in Chinese Universities, 2008, 24(3): 367 - 370.
[77] Tang Y L, Liang Y C, Liu X D, et al. Generation process of nanometric machined surfaces of monocrystalline Cu[J]. Key Engineering Materials, 2006, 315 - 316: 370 - 374.
[78] 蒋璐芸，尹星，赵健伟. 金纳米球热力学稳定性的理论研究[J]. 无机化学学报，2009，25(1)：176 - 179.

[79] Taylor J, Brandbyge M, Stokbro K. Theory of rectification in tour wires: The role of electrode coupling[J]. Physical Review Letters, 2002, 89(13): 138301.

[80] Zhao J W, Huang Z Q, Yin X, et al. Theoretical analysis of the potential distribution and transportation behavior of the ordered alkyl monolayer-silicon junction[J]. Physical Chemistry Chemical Physics, 2006, 8(48): 5653 - 5658.

[81] André J, Delhalle J, Brédas J L. Quantum chemistry aided design of organic polymers: An introduction to the quantum chemistry of polymers and its applications[M]. Singapore: World Scientific Publishing Company, 1991, 2: 392.

[82] Zhao J W, Yin G P, Wang N. Conformational analysis of oligothiophenes in the external electric field[J]. Synthetic Metals, 2004, 145(2): 253 - 258.

[83] Zhao J W. Theoretical simulation of the electric field influence on the molecular conformation and electronic structures [J]. Journal of Materials Science Letters, 2001, 20(15): 1385 - 1388.

[84] Zhao J W. Conformational analysis of 2, 2′-bithiophene under interaction of external electric field defined by point charges [J]. Chemical Physics Letters, 2002, 351(5 - 6): 481 - 485.

[85] Zhao J W, Li P, Li Y W, et al. Theoretical investigation on conformational behavior of 2, 2′-bithiophene under the influence of external electric field at *ab initio* levels[J]. Journal of Molecular Structure, 2007, 808(1 - 3): 125 - 134.

[86] Zhao J W. Conformational and orientational analyses of 2, 2′-bithiophene under interaction of external electric field constructed by point charges[J]. Synthetic Metals, 2002, 128(3): 261 - 266.

[87] 阚蓉蓉, 刘洪梅, 叶原丰, 等. 外电场作用下寡聚苯分子导线的性质[J]. 物理化学学报, 2007, 23(5): 671 - 675.

[88] Li Y W, Zhao J W, Yin X, et al. *Ab initio* investigations of the electric field dependence of the geometric and electronic structures of molecular wires[J]. The Journal of Physical Chemistry A, 2006, 110(38): 11130 - 11135.

[89] 李延伟, 章岩, 尹鸽平, 等. 电场作用下分子导线的理论研究[J]. 高等学校化学学报, 2006, 27(2): 292 - 296.

[90] Ye Y F, Zhang M L, Zhao J W. *Ab initio* investigations on three isomers of polyacetylene under the interaction of the external electric field[J]. Journal of Molecular Structure: THEOCHEM, 2007, 822(1): 12 - 20.

[91] Zhang Y, Ye Y F, Li Y W, et al. *Ab initio* investigations of quaterthiophene molecular wire under the interaction of external electric field[J]. Journal of Molecular Structure: THEOCHEM, 2007, 802(1 - 3): 53 - 58.

[92] 叶原丰, 张密林, 刘洪梅, 等. 电场对低聚呋喃的几何构型、电子结构和输运行为的影响[J]. 原子与分子物理学报, 2008, 25(1): 6 - 12.

[93] Li Y W, Zhao J W, Yin X, et al. Conformational analysis of diphenylacetylene under the influence of an external electric field[J]. Physical Chemistry Chemical Physics, 2007, 9(10): 1186 - 1193.

[94] Li Y W, Zhao J W, Yin G P. Theoretical investigations of oligo (phenylene ethylene) molecular wire: Effects from substituents and external electric field[J]. Computational Materials Science, 2007, 39(4): 775 - 781.

[95] Venkataraman D, Lee S, Zhang J S, et al. An organic solid with wide channels based on hydrogen bonding between macrocycles[J]. Nature, 1994, 371(6498): 591 - 593.

[96] Hosokawa Y, Kawase T, Oda M. 8, 16, 24, 32, 40, 48-hexamethoxy[2.6]metacyclophane-1, 9, 17, 25, 33, 41-hexayne: A novel near-planar ammonium-selective ionophore[J]. Chemical Communications, 2001, 33(19): 1948 - 1949.

[97] Błaszczyk A, Chadim M, von Hänisch C, et al. Synthesis of macrocyclic molecular rods as potential electronic devices [J]. European Journal of Organic Chemistry, 2006, 2006(17): 3809 - 3825.

[98] Li Y W, Zhao J W, Yin X, et al. Theoretical investigations on the geometric and electronic structures of phenylene-acetylene macrocycles[J]. Chemphyschem, 2006, 7(12): 2593 - 2600.

[99] Zhao J W, Li Y W, Liu H M, et al. A quantum chemistry study of diethynylbenzene macrocycles: Structural and electronic properties[J]. Journal of Molecular Structure: THEOCHEM, 2008, 861(1 - 3): 7 - 13.

[100] Dunlap B I. Relating carbon tubules[J]. Physical Review B, 1994, 49(8): 5643 - 5651.

[101] Novoselov K S, Geim A K, Morozov S V, et al. Electric field effect in atomically thin carbon films[J]. Science, 2004, 306(5696): 666 - 669.

[102] Reddy C D, Ramasubramaniam A, Shenoy V B, et al. Edge elastic properties of defect-free single-layer graphene sheets [J]. Applied Physics Letters, 2009, 94(10): 101904.

[103] Garau C, Frontera A, Quiñonero D, et al. Structural and energetic features of single-walled carbon nanotube junctions: A theoretical *ab initio* study[J]. Chemical Physics, 2004, 303(3): 265 - 270.

[104] Ye Y F, Zhang M L, Zhao J W, et al. *Ab initio* study on the structural, energetic and electronic features of the asymmetric armchair SWCNT junctions[J]. Journal of Molecular Structure: THEOCHEM, 2008, 861(1): 79 - 84.

[105] Koch W, Holthausen M C. A chemist's guide to density functional theory[M]. New York: John Wiley & Sons, 2001.

[106] Datta S. Electronic transport in mesoscopic systems[M]. Cambridge: Cambridge University Press, 1995.
[107] Yin X, Li Y W, Zhang Y, et al. Theoretical analysis of geometry-correlated conductivity of molecular wire[J]. Chemical Physics Letters, 2006, 422(1-3): 111-116.
[108] Beebe J M, Engelkes V B, Miller L L, et al. Contact resistance in metal-molecule-metal junctions based on aliphatic SAMs: Effects of surface linker and metal work function[J]. Journal of the American Chemical Society, 2002, 124(38): 11268-11269.
[109] Engelkes V B, Beebe J M, Frisbie C D. Length-dependent transport in molecular junctions based on SAMs of alkanethiols and alkanedithiols: Effect of metal work function and applied bias on tunneling efficiency and contact resistance[J]. Journal of the American Chemical Society, 2004, 126(43): 14287-14296.
[110] Li C, Pobelov I, Wandlowski T, et al. Charge transport in single Au/alkanedithiol/Au junctions: Coordination geometries and conformational degrees of freedom[J]. Journal of the American Chemical Society, 2008, 130(1): 318-326.
[111] Kaun C C, Guo H. Resistance of alkanethiol molecular wires[J]. Nano Letters, 2003, 3(11): 1521-1525.
[112] McDermott S, George C B, Fagas G, et al. Tunnel currents across silane diamines/dithiols and alkane diamines/dithiols: A comparative computational study[J]. The Journal of Physical Chemistry C, 2009, 113(2): 744-750.
[113] Liu H M, Wang N, Zhao J W, et al. Length-dependent conductance of molecular wires and contact resistance in metal-molecule-metal junctions[J]. ChemPhysChem, 2008, 9(10): 1416-1424.
[114] Baer R, Neuhauser D. Phase coherent electronics: A molecular switch based on quantum interference[J]. Journal of the American Chemical Society, 2002, 124(16): 4200-4201.
[115] Walter D, Neuhauser D, Baer R. Quantum interference in polycyclic hydrocarbon molecular wires[J]. Chemical Physics, 2004, 299(1): 139-145.
[116] Cardamone D M, Stafford C A, Mazumdar S. Controlling quantum transport through a single molecule[J]. Nano Letters, 2006, 6(11): 2422-2426.
[117] Ke S H, Yang W T, Baranger H U. Quantum-interference-controlled molecular electronics[J]. Nano Letters, 2008, 8(10): 3257-3261.
[118] Xu Z, Li N, Jin X, et al. First principle study of the electron-transport behavior of porphyrin and metalloporphyrin wires[J]. Chemistry Letters, 2007, 36(10): 1278-1279.
[119] Wang N, Liu H M, Zhao J W, et al. Theoretical investigation on the electron transport path through the porphyrin molecules and chemisorption of CO[J]. The Journal of Physical Chemistry C, 2009, 113(17): 7416-7423.
[120] Aviram A, Ratner M A. Molecular rectifiers[J]. Chemical Physics Letters, 1974, 29(2): 277-283.
[121] 刘洪梅，赵健伟. 分子整流的实验与理论研究进展[J]. 化学进展，2009，21(6)：1154-1163.
[122] Ashwell G J, Tyrrell W D, Whittam A J. Molecular rectification: Self-assembled monolayers of a donor-(π-bridge)-acceptor chromophore connected via a truncated Au-S-$(CH_2)_3$ bridge[J]. Journal of Materials Chemistry, 2003, 13(12): 2855-2857.
[123] Ng M K, Lee D C, Yu L P. Molecular diodes based on conjugated diblock co-oligomers[J]. Journal of the American Chemical Society, 2002, 124(40): 11862-11863.
[124] Troisi A, Ratner M A. Conformational molecular rectifiers[J]. Nano Letters, 2004, 4(4): 591-595.
[125] Li Z Y, Kosov D S. Dithiocarbamate anchoring in molecular wire junctions: A first principles study[J]. The Journal of Physical Chemistry B, 2006, 110(20): 9893-9898.
[126] Yin X, Liu H M, Zhao J W. Electronic transportation through asymmetrically substituted oligo(phenylene ethynylene)s: Studied by first principles nonequilibrium Green's function formalism[J]. The Journal of Chemical Physics, 2006, 125(9): 094711.
[127] Li Y W, Yin G P, Yao J H, et al. First-principles study of substituents effect on molecular junctions: Towards molecular rectification[J]. Computational Materials Science, 2008, 42(4): 638-642.
[128] Liu H M, Li P, Zhao J W, et al. Theoretical investigation on molecular rectification on the basis of asymmetric substitution and proton transfer reaction[J]. Journal of Chemical Physics, 2008, 129(22): 224704.
[129] 徐仲，李宁，崔燕平，等. 电场极化对碱基对质子转移和电子传递的影响[J]. 高等学校化学学报，2009，30(3)：588-592.
[130] Long M Q, Wang L, Chen K Q, et al. Coupling effect on the electronic transport through dimolecular junctions[J]. Physics Letters A, 2007, 365(5): 489-494.
[131] 郭彦，赵健伟. 自组装体系中分子间相互作用对其电化学行为的影响[J]. 化学通报，2007，70(12)：894-899.

[132] 郭彦，赵健伟. 有序分子组装膜电极非理想伏安图的理论研究[J]. 化学进展，2008，20(6)：821－827.
[133] 赵健伟，阚蓉蓉，章岩，等. 扫描探针显微术在巯醇自组装单分子膜纳米刻蚀中的应用[J]. 物理化学学报，2006，22(1)：124－130.
[134] Zhao J W, Uosaki K. Formation of nanopatterns of a self-assembled monolayer (SAM) within a SAM of different molecules using a current sensing atomic force microscope[J]. Nano Letters, 2002, 2(2): 137－140.
[135] Salomon A, Cahen D, Lindsay S, et al. Comparison of electronic transport measurements on organic molecules[J]. Advanced Materials, 2003, 15(22): 1881－1890.
[136] He J, Chen F, Li J, et al. Electronic decay constant of carotenoid polyenes from single-molecule measurements[J]. Journal of the American Chemical Society, 2005, 127(5): 1384－1385.
[137] Tao N J. Electron transport in molecular junctions[J]. Nature Nanotechnology, 2006, 1(3): 173－181.
[138] Venkataraman L, Klare J E, Nuckolls C, et al. Dependence of single-molecule junction conductance on molecular conformation[J]. Nature, 2006, 442(7105): 904－907.
[139] Venkataraman L, Park Y S, Whalley A C, et al. Electronics and chemistry: Varying single-molecule junction conductance using chemical substituents[J]. Nano Letters, 2007, 7(2): 502－506.
[140] Davis J J, Wrathmell C L, Zhao J, et al. The tunnelling conductance of molecularly ordered metalloprotein arrays[J]. Journal of Molecular Recognition, 2004, 17(3): 167－173.
[141] 赵健伟，王楠. 导电原子力显微镜对蛋白质在分子水平上的电学表征[J]. 高等学校化学学报，2005，26(4)：751－753.
[142] Davis J J, Wang N, Morgan A, et al. Metalloprotein tunnel junctions: Compressional modulation of barrier height and transport mechanism[J]. Faraday Discussions, 2006, 131: 167－179.
[143] Axford D, Davis J J, Wang N, et al. Molecularly resolved protein electromechanical properties[J]. The Journal of Physical Chemistry B, 2007, 111(30): 9062－9068.
[144] Zhao J W, Li N, Cui G, et al. Study on immersion tin process by electrochemical methods and molecular orbital theory [J]. Journal of the Electrochemical Society, 2006, 153(12): 848.
[145] Guo Y, Zhao J W, Zhu J J. Study on the intermolecular interactions between the functional moieties in ferrocene-terminated alkanethiol self-assembled monolayer on gold[J]. Thin Solid Films, 2008, 516(10): 3051－3057.
[146] Zhao J W, Zhang Y, Shi C G, et al. Electrochemical deposition of prussian blue on hydrogen terminated silicon(111) [J]. Thin Solid Films, 2006, 515(4): 1847－1850.
[147] 高筱玲，郭彦，田燕妮，等. 表面活性剂与血红蛋白的作用对转移电子数的影响[J]. 物理化学学报，2007，23(8)：1178－1182.
[148] Guo Y, Zhao J W, Yin X, et al. Electrochemistry investigation on protein protection by alkanethiol self-assembled monolayers against urea impact[J]. The Journal of Physical Chemistry C, 2008, 112(15): 6013－6021.
[149] 郭彦，高筱玲，赵健伟，等. 蛋白质分子的电学性质、结构与生物活性[J]. 化学进展，2008，20(6)：951－956.

第2章

分子电子材料的设计与理论模拟

2.1 分子电子传递的理论处理

2.1.1 分子结电子输运

随着电子学特征尺寸的持续缩减，纳米电子学与分子电子学作为未来科技发展的重要趋势，正日益吸引着广泛的关注。分子电子学不仅涵盖传统电子学的全部范畴，而且因其深入分子层级，从而与化学、物理学、材料科学及纳米制造技术等多个学科形成了紧密的交叉融合，成为纳米科技领域中的一个核心分支，体现了“自下向上(bottom-up)”的纳电子学理念。在推动分子电子器件实用化的进程中，首要面对的基本挑战是如何将分子有效地组织成具有电子学功能的电路，因为孤立的单个分子本身并不具备任何电子学应用价值。当前，无论实验探索还是理论研究，均致力于在单分子电子器件与导线方面取得关键性突破。一种广泛认可的研究策略是将分子置于两个电极之间，构建出电极-分子-电极的“分子结”结构，进而研究其电子传输特性或电流-电压响应。与此紧密相关的是分子内部电子传递过程的深入探究。

半个世纪以来，化学家在分子、分子组装体(即超分子)以及生物体系中的电子传递研究方面取得了显著的进展。Levich、Dogonadze、Marcus、Kuznetsov 等科学家在此领域做出了杰出的贡献，特别是 Marcus 因其开创性的电子传递理论而荣获了 1992 年的诺贝尔化学奖。在分子电子学领域，我们期望分子器件能够在稳定状态下工作，不会因为电子传递而发生不可逆的化学变化。因此，我们主要关注的是分子或超分子体系中的分子内电子传递过程。通常，涉及此过程的体系可以划分为三个部分：电子给体(donor，即 D)、电子受体(acceptor，即 A)以及连接两者的分子桥(bridge，即 B)，即通常所说的 DBA 体系[1]。在电子传递过程中，电子总是由给体通过分子桥迁移到受体上。例如，当电子受体一端因光激发等而出现空穴时，电子便会从给体端迁移到受体端，这一过程可以表示如下：

$$\mathrm{DBA} \longrightarrow \mathrm{D^+BA^-}$$

电子在给体的作用下被激发，并通过分子桥传递到受体，从而完成电子传递过程。

当我们将分子嵌入电极之间形成分子结时，整个分子便充当了电子传输的桥梁，而电极分别扮演了电子给体和电子受体的角色。由于在此配置下，电子可以由电极持续提供，因此,我们主要关注的是分子的稳态电导特性,即分子的电流−电压($I-V$)特性或电子输运性质。这一转变涉及传统上属于电子学的研究范畴。这两种体系的区别如图 2.1 所示。

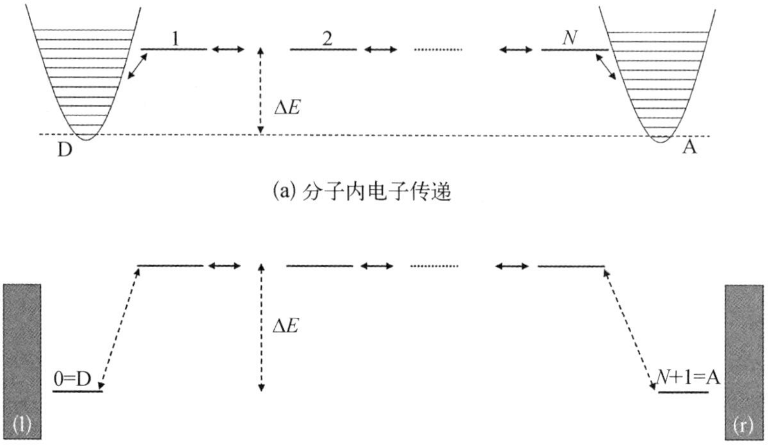

(a) 分子内电子传递

(b) 分子结电子输运

图 2.1　分子内电子传递和分子结电子输运(1、2、…、N 表示可能的中间状态;D 对应于左电极 l,A 相当于右电极 r;ΔE 为势垒高度)

分子内电子传递在体系上相对更为单一,且与传统化学学科的联系更为紧密。相比之下,分子结电子输运在当前的分子电子学研究中占据了更为重要的地位。在分子结电子输运过程中,分子内电子传递是不可或缺的环节,因此,从某种意义上讲,分子内电子传递构成了分子结电子输运的基础。然而,分子结中的分子在输运电子时,并不完全遵循孤立分子的电子传递机理,还需要考虑分子环境的影响,其中分子与电极的匹配关系是一个至关重要的因素。在分子与电极的界面处,接触形成的强度和形式都对电子输运产生重要影响。接触强度取决于电极的电子态与分子的电子态之间的耦合作用。在某一个特定的分子−电极作用距离,可以形成最稳定的结合关系;而在另一个距离,可能表现出更有效的电子传递特性。值得注意的是,这两个距离可能并不一致。就接触形式而言,欧姆接触视为较为理想的状态,但对于半导体电极或纳米尺度的电极,可能会出现类似肖特基势垒的结构[2]。此外,在分子内电子传递过程中,通常较少考虑外电场的影响,最多只是考虑溶剂化作用形成的均匀外场。然而,在分子结电子输运过程中,外电场成为一个不可忽视的重要因素。特别是在电压较大、远离平衡态的情况下,基于近平衡态推导的理论将很难适用。我们将首先探讨相对较为简单的分子内电子传递的机理,然后逐步过渡到更为复杂的分子结电子输运过程。

2.1.2　分子内电子传递

对于分子内电子传递,由于电子始终在体系内部进行转移,因此该过程实质上可视为电子态之间的(无辐射)跃迁。在处理这一体系时,采用量子力学的含时微扰理论来探讨电子跃迁概率是一种主要理论方法。在一般的电子传递理论中,对电子跃迁步骤的假设主要基于弗兰克−康登(Franck-Condon)原理。该原理的一种表述方式是:由于电子的运动速度远快于原子核的运动速度，因此在电子传递过程中，可以认为原子核的位置保持不变。此外，假设受体部分与给体部分之间的耦合作用较弱，它们之间的相互作用可以视为微扰，即

$$H = H_0 + V_{DA} \tag{2.1}$$

式中，H 是体系的哈密顿算符；V_{DA} 表示微扰项。

设电子传递前后系统状态是 $D-B_1B_2B_3\cdots-A$ 和 $D^+-B_1B_2B_3\cdots-A^-$，对应的量子态是 $\Psi_i\rangle$ 和 $\Psi_f\rangle$，而给体和受体的量子态分别为 $\Psi_D\rangle$、$\Psi_D^*\rangle$ 及 $\Psi_A\rangle$、$\Psi_A^*\rangle$，其中 * 表示带电的激发态。引入标准的玻恩-奥本海默（Born-Oppenheimer）近似：

$$\Psi_D = \chi_D\varphi_D, \quad \Psi_A = \chi_A\varphi_A \tag{2.2}$$

也就是电子波函数 φ 和核波函数 χ 可分离，再利用量子力学微扰理论，包括费米（Fermi）黄金规则，可以求出电子传递速率为[1,3]

$$k_{ET} = \frac{2\pi}{\hbar} | V_{DA} |^2 F \tag{2.3}$$

式中，$\hbar$ 为约化普朗克常量；k_{ET} 为电子传递速率，单位为 s^{-1}，它随着给体（D）与受体（A）之间距离的增加而呈指数型下降；微扰算符 V_{DA} 等价为一个耦合常数；F 为热平均核振动 Franck-Condon 因子（thermally averaged nuclear vibrational Franck-Condon factor）。通常意义上的 Franck-Condon 因子为初态与末态核波函数之间的重叠积分 $\langle\chi_i | \chi_f\rangle$。尽管这两者在物理意义上相近，但在具体细节上仍存在一定的差异。

式（2.3）描述了一类典型的"一步"电子传递机理。实际应用时 F 容易求出，而 V_{DA} 常作为拟合参数来使用。然而，在这个推导过程中，完全忽略了分子桥的作用。若我们在考虑给体与受体弱耦合的基础上，进一步纳入分子桥 $B_1B_2B_3\cdots$ 部分的一系列量子态 $|1\rangle$、$|2\rangle$、$|3\rangle\cdots$，并将这部分也视为耦合微扰的一部分，则式（2.1）就必须引入一个新的微扰算符 V_{supper}，用于表示一种新的相互作用机制，通常称为"超交换机制"[4]。"交换"一词表明这种机制源于电子之间纯量子力学范畴内的交换相互作用，而"超"意味着它不仅考虑给体与受体电子之间的直接交换，还考虑分子桥或化学键的介导作用[5]。这种机制最初是在解释芳香自由基分子内的电子传递现象时引入的。从物理含义上理解，电子在从给体传递到受体的过程中，会经过一系列分子桥上的"虚态"，如 $D^+-B_1^-B_2B_3\cdots-A$、$D^+-B_1B_2^-B_3\cdots-A$、$D^+-B_1B_2B_3^-\cdots-A$ 等。这些"虚态"并非一定是在真实时间内实际经历的中间态，而是用来形象地描述耦合过程的一种说法。当考虑这些"虚态"后，式（2.3）在形式上仍然保持适用，但需要对相关参数进行如下调整：

$$k_{ET} = \frac{2\pi}{\hbar} | V |^2 F, \quad V = V_{DA} + V_{supper} \tag{2.4}$$

因为式（2.4）包括了式（2.3），而实际中又不易区别，现在一般都将测出的 D、A 弱耦合下一步传递的无辐射跃迁机制称为"超交换机制"。又因为这些机制内实际包含了电子隧穿（tunneling）的过程，往往也笼统称为隧穿机制[6]。

超交换的重要特征是：① 电子传递是一个相干过程；② 电子传递正比于耦合常数且与 D、A 之间距离 R_{DA}呈指数关系，即

$$k_{ET}=\alpha\exp(-\beta R_{DA}) \tag{2.5}$$

式中，β 为衰减系数；电子传递速率常数随 D、A 距离 R_{DA}的增大而迅速减小。这一点决定了这类机制只在短程电子传递中有较大作用。在一些体系，如某些 DNA 和肽链[7]中，式(2.4)中的 F 基本是常量，式(2.5)也容易得到验证。

分子内电子传递的另一种重要机制为跳跃(hopping)机制。与上述的一步机制不同，跳跃机制是分多个步骤进行的。上文提及，在超交换机制中，电荷位于分子桥上的一系列状态视为“虚态”，而在跳跃机制中，这些状态实际上是真实且连续经历的。从电荷的角度来看，电子或空穴沿着分子桥每一步“跳跃”一个位点，从而传递至另一端。这种图像与经典的物质扩散过程颇为相似，因此也称为“扩散机制”[3]。在“扩散”过程中，电子很可能会受到电子-声子耦合(声子为原子核振动的一种量子化表述)等非弹性散射的影响，导致电子波在跳跃机制中呈现不相干性。这更倾向于一种经典的电子传递机制，若采用量子理论进行描述，其复杂性远超过超交换机制。幸运的是，经过简化后的推导结果相当简洁：

$$k_{ET\text{-hopping}}\propto\frac{1}{R_{DA}} \tag{2.6}$$

式中，$k_{ET\text{-hopping}}$为跳跃机制下电子传递速率常量。该过程表现出类似经典电子学的欧姆行为，$k_{ET\text{-hopping}}$与传递长度成反比，比超交换机制的电子传递速率常数随长度的下降要慢得多。可以想象，这种机制在长程分子内电子传递中起到重要作用。事实也正是如此，作为最典型的一个代表，DNA 的长程分子内电子传递讨论得相当多[8-10]，而跳跃机制正是最重要的一种机制。

在实际体系中，上述两种电子传递过程往往是同时发生的[11]，关键在于探讨它们各自产生的条件。为了不失一般性，假定 DBA 体系的分子桥部分($B_1B_2B_3\ldots$)由 N 个相同的重复单元构成，并且仅存在相邻且相同的单元之间的耦合 V_B(即遵循紧束缚模型)。我们定义 $\Delta E_B=E_B-E_D$，其中 E_B代表桥单元带电荷激发态的能量，而 E_D表示电子尚未从给体传递到分子桥时给体的能量。据此，式(2.5)中的 β 可以表达为如下形式[11]：

$$\beta=\frac{2N}{R_{DA}}\ln\left(\frac{\Delta E_B}{V_B}\right) \tag{2.7}$$

代入式(2.5)，则有

$$k_{ET\text{-supper}}\propto\exp\left[-2\ln\left(\frac{\Delta E_B}{V_B}\right)N\right] \tag{2.8}$$

可以看出，只有当 $\Delta E_B>V_B$时，k_{ET}才会随 N 呈指数衰减。通过详细论证，可以得到较大的 $\Delta E_B/V_B$是超交换发生的必要条件。而对于跳跃机制：

$$k_{\text{ET-hopping}} \propto \frac{1}{N}\exp\left(\frac{-\Delta E_{\text{B}}}{RT}\right) \tag{2.9}$$

当 ΔE_{B} 较小时，k_{ET} 较大。较小的 $\Delta E_{\text{B}}/V_{\text{B}}$ 是跳跃机制产生的必要条件。此外，从式(2.8)与式(2.9)可以看出，温度升高也会促使跳跃机制的贡献增加，而超交换下的 $k_{\text{ET-supper}}$ 对温度的依赖关系不明显，因此升高温度也将导致传递机理的改变。其物理含义是升温后电子波由相干变为不相干的失相效应[3]。

上文探讨的两类分子内电子传递机理是最为基础的。此外，还存在一些由这两种基本机制衍生出的机理，如无方向跳跃机制[3]和超交换媒介的跳跃机制[12]等。在高分子链的电子传递研究中，孤子、极化子等理论备受瞩目，且其实验体系与分子电导结存在显著差异[13]。

2.1.3　介观结和分子结电导的物理图象和处理方法

分子内电子传递向分子结电导的过渡过程中，所测量的物理量由电子传递速率转变为电流或电导。由于分子内电子传递不涉及电极，因此上述推导的速率常数表达式中都不包含电压项。这对应于分子结中接触电阻极小，且处于电压接近零的近平衡态。因此，实际上通过分子内电子传递速率仅能获得零偏压电导 g_0。在非相干区域（如跳跃机制）中，关系较为复杂；而在相干区域（如超交换机制）内，存在较为简单的关系[14]：

$$g_0 \approx \frac{8e^2}{\pi^2 \Gamma_{\text{D}}^{(\text{L})} \Gamma_{\text{A}}^{(\text{R})} F} k_{\text{ET}} \tag{2.10}$$

式中，g_0 为零偏压电导；e 为电子电量；$\Gamma_{\text{D}}^{(\text{L})}$ 和 $\Gamma_{\text{A}}^{(\text{R})}$ 为电极和受体/给体之间的耦合能，其中左电极与给体接触，右电极与受体接触。

上述结果建立了分子内电子传递与分子结电导两大领域之间的联系，具有重要的理论价值。然而，在实际的分子结测量中，电压范围通常限制在 0.5～3.0 V[15–17]，并且界面本身往往伴随着诸多不可忽视的物理现象，如接触电阻、肖特基势垒等，因此式(2.10)的实际应用受到一定限制。为了得出更具普遍性的结论，仍需基于电导理论进行推导。

鉴于分子结并非良导体，其输运理论可借鉴无机半导体输运理论进行对比分析。在经典理论中，电子输运视为载流子（电子或空穴）的扩散过程，电子主要展现出粒子性，而电阻（或电导）的本质源于载流子与晶格或原子核的散射（即碰撞）[18]。当前正在发展的“纳电子学”则进一步考虑了经典理论所未能涵盖的介观和微观尺度上电子的波动性。分子结的尺度为几埃到几十埃，正处于无机半导体的介观尺度范围，因此较为成熟的介观尺度电子学对此具有重要的参考价值。为了深入理解分子结的输运过程，我们首先需要了解描述介观和微观输运过程的几个关键长度和概念[19–21]。

2.1.3.1　费米波长

在介观和微观尺度上，电子最显著的特征是其波动性显著增强，从而展现出一系列独特的性质。电子的波长成为描述这些系统最为关键的参数之一。从电子输运的角度而言，处在或者接近费米能级 E_F（即连续化的能带中）的电子，相当于分子一系列分立轨道中的最高占据分子轨道（HOMO）的那些电子是最重要的，与之相对应的波长就是费米波长，其关系为

$$\lambda_F = h/\sqrt{2m^* E_F} \tag{2.11}$$

式中，λ_F为费米波长；m^*为电子的有效质量；h为普朗克常量。对于半导体中的电子，$E_F <$ 100 meV，$m^* < 0.1\ m_e$。λ_F在 10～100 nm 量级，而金属中的波长要小得多，在原子间距（Å）的量级。

2.1.3.2 平均自由程

动力学中常用自由程 l_e、热速度 v_F（低温下就是费米速度）、碰撞间隔时间 τ_c等平均量来描述宏观输运性质，其大小与电子系统遵从的统计规律相关。三者的关系可表述为

$$l_e = v_F \tau_c \tag{2.12}$$

平均自由程更本质的定义是电子初始动量被弛豫的平均长度。对于动量弛豫时间 τ_m，有

$$\frac{1}{\tau_m} \approx \frac{1}{\tau_c}\alpha_m \tag{2.13}$$

式中，$0 < \alpha_m < 1$，表示在动量破坏的过程中单独一次碰撞的效果。常常一次碰撞就足以使电子动量充分改变，碰撞也可能使电子散射了一个很小的角度，则 α_m就会很小，导致有效弛豫时间比碰撞时间长很多。严格定义平均自由程时，应该将式（2.12）中的 τ_c换为 τ_m，即

$$l_e = v_F \tau_m \tag{2.14}$$

在 l_e长度范围内电子可以认为不受散射。

2.1.3.3 相位弛豫长度

非弹性平均自由程、相位弛豫长度以及热扩散长度是描述电子波相干尺度的几个紧密相关的概念。相位弛豫（或称为退相干）主要由两个因素引起：一是相位的温度展宽，二是非弹性碰撞。由传播过程中的温度展宽导致的相位弛豫所需的长度即为热扩散长度。非弹性碰撞则包括电子-电子散射和电子-声子散射（即电子与振动原子核之间的非弹性碰撞）。在低温乃至室温条件下，电子-电子碰撞是主要的非弹性散射机制，其平均距离即为非弹性平均自由程。在低温下，热扩散长度通常远大于非弹性平均自由程，此时相位弛豫长度主要由非弹性平均自由程决定。为了计算相位弛豫长度，我们首先需要定义相位弛豫时间 τ_φ，有

$$\frac{1}{\tau_\varphi} \approx \frac{1}{\tau_c}\alpha_\varphi \tag{2.15}$$

式中，α_φ是相位因子，$0 < \alpha_\varphi < 1$。由于相位被破坏是一个渐进而非突变的过程，所以 τ_φ也

并非一个绝对的界限。当 τ_φ 与 τ_m 处于同一数量级,或 $\tau_\varphi < \tau_m$ 时(常意味着高迁移率半导体),有如下关系:

$$L_\varphi = v_F \tau_m \tag{2.16}$$

对于低迁移率的半导体/多晶金属膜,$\tau_\varphi \gg \tau_m$,动量弛豫时间远远小于相位弛豫时间(如 GaAs 和 Si),此时在相位弛豫长度内(可以认为就是相位相干的长度内)速度完全随机化,电子运动是呈量子扩散的。其中不同散射中心的干涉会导致电导的降低[21]。虽然这与经典的粒子扩散不同,但仍可定义扩散系数 D 为

$$D = \frac{v_F^2 \tau_m}{2} \tag{2.17}$$

并由扩散系数求出相位弛豫长度 L_φ:

$$L_\varphi^2 = D\tau_m \tag{2.18}$$

在低温条件下,非弹性散射的平均距离(即非弹性平均自由程)通常远大于弹性散射的平均自由程。以 GaAs 和 Si 的二维电子气结构(这是一种通过掺杂技术,使得高密度电子局限在纳米级厚度的平面内的结构,作为较早发展和广泛应用的介观输运研究模型)为例,其平均自由程分别为 1.05 μm 和 0.107 μm,而相应的非弹性平均自由程达到 5.0 μm 和 0.50 μm(相比之下,普通晶体 GaAs 和 Si 中的非弹性平均自由程为 0.12 μm 和 50~100 nm)[19]。这一现象的原因在于,非弹性散射必然伴随着能量的弛豫过程。对于一个具有过剩能量($\Delta = E - E_F$)的电子,其通过散射跃迁到更低能态的可能性极为有限,因为这些低能态几乎已被完全占据。因此,泡利不相容原理强烈地抑制了这种能量降低的跃迁过程,导致电子-电子散射的概率显著降低[21]。综上所述,这些特征尺度之间的一般关系为:费米波长(λ_F) < 平均自由程(l_e) < 相位弛豫长度(L_φ)。

相干现象的重要性在于,它最直接且根本地体现了电子的波动性,同时是介观尺度与宏观(经典)尺度之间最本质的区别所在。相位弛豫长度作为介观输运尺度的关键判据,具有重要地位。宏观输运过程主要基于载流子的扩散机制,而布洛赫-玻尔兹曼(Bloch-Boltzmann)准经典输运理论在电子波函数不相干假设的基础上,对这一现象进行了相当成功的描述,成为现代电子学的基石之一。然而,当系统尺寸 L 小于相位弛豫长度 L_φ 时,干涉效应变得至关重要,此时必须引入介观输运理论进行描述。例如,相干的一个重要物理后果是在计算电子透射概率时,可以不必考虑泡利不相容原理,因为包含泡利不相容原理相关因子的项在计算过程中会被自然消去[21]。根据系统尺寸的不同,介观系统可以分为以下四类。

三维(3D)介观系统:$L_\varphi > L_x,\ L_y,\ L_z \gg \lambda_F$。

二维(2D)介观系统:$L_\varphi > L_x,\ L_y \gg L_z \approx \lambda_F$,如二维电子气。

一维(1D)介观系统:$L_\varphi > L_x \gg L_y \approx L_z \approx \lambda_F$,又常称为纳米线或者量子线,如现在研究很多的碳纳米管。

零维(0D)介观系统:$L_\varphi \gg L_x \approx L_y \approx L_z \approx \lambda_F$,主要是量子点,如 C_{60} 和某些原子簇。

我们研究的分子结从尺度上讲应当属于一维系统。

有了以上的基本概念,我们进一步探讨介观和分子结输运的图象及计算方法。

2.1.4　弹道输运

弹道(ballistic)输运是二维及一维介观输运系统中最为简单且典型的情形。如上文所述,当介观系统的特征尺度小于电子非弹性散射的平均距离($L_\varphi > L$)时,可以认为器件内部的散射主要为弹性散射,而非弹性散射的影响可忽略不计。在 $L_\varphi > L > l_e$ 的条件下,电子因无序分布的杂质而发生弹性散射,此时电子输运以量子扩散方式为主,相应的输运理论较为复杂。随着 L 的进一步减小,当电子的平均自由程 l_e 与系统的尺度相当或更小时($L_\varphi > l_e \sim L$),杂质散射的影响变得可以忽略,而边界散射成为限制电流大小的主要因素,这种输运方式称为弹道输运[22]。从上述描述可以看出,在弹道输运过程中,电子的相位是完全相干的。弹道输运的电导特征表现为,电子透射过输运区域的概率达到 1,且随着电压的增加,电导呈现量子化的增长趋势[21]。为了深入理解弹道输运的性质,首先需要了解电导或电阻的微观解释。Landauer 提出了一种目前广泛接受的观点:电导可以看作保持不同费米能级电子库之间电子输运的能力,而电阻是由散射引起的[23]。图 2.2 展示了二维电子气系统中弹道输运的示意图[19]。在实验中较容易实现且便于理论分析的是长度 L 远大于宽度 W 的"准一维体系"。

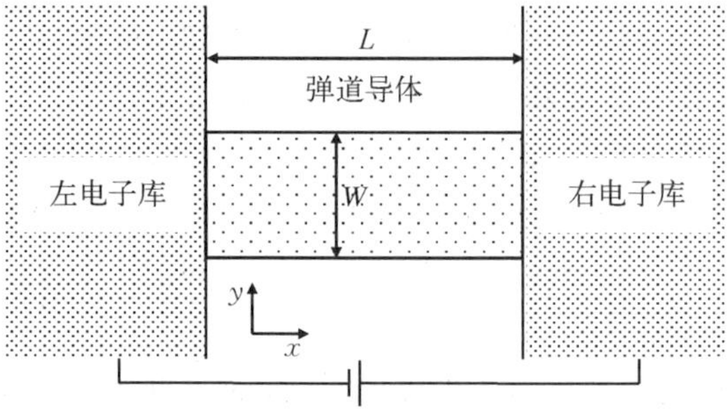

图 2.2　弹道输运夹层结构(电子库相当于宏观导体,电导比介观弹道导体大得多,使得测量电导时电压可以降落在介观弹道导体上。电子只在接触界面上有散射,形成接触电阻。接触是无反射的,即电子可以无反射地从导体进入电子库)

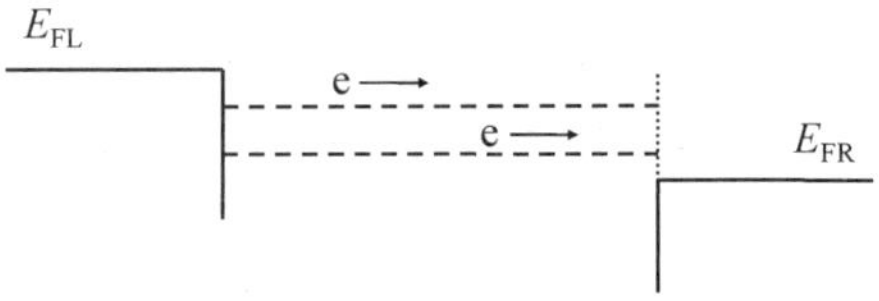

图 2.3　弹道输运能级图[虚线表示弹道导体导带分裂后导通的亚带,图中表示有两个亚带(模式)是导通的]

首先考察无电压且温度为 0 K 的特殊情况。此时,左侧与右侧电子库的费米能级(或称为电化学势 μ)相等,即 $E_{FL} = E_{FR}$。电子库在尺寸上不受限制,因此电子波在电子库中自由传播,无约束存在。相比之下,在弹道导体内部,电子波束缚于一个势阱之中。在稳态条件下,电子波必须以驻波的形式存在,这导致弹道导体中电子波的模式是有限的。有限模式意味着弹道导体中的导带并非连续,而是分裂成一系列亚带。当施加负向偏压 δV(导致左侧电子库能级升高)时,对电流产生贡献的是左侧处于填充态的电子向右侧空态的流动。然而,由于弹道导体导带具有分裂特性,仅有特定能量的电子能够沿着弹道导体中导通的亚带进行无能量损失的输运,最终到达右侧电子库,如图 2.3 所示。

在左电子库中，电子能够以极小的电阻输运至与弹道导体的接触界面。然而，弹道导体内部仅支持有限数量的输运模式，这要求界面处载流子的输运模式进行重新分布，从而引发界面电阻。这种重新分布可以通过电子在界面的散射，或者电子入射波的透射和反射来表征。符合特定模式的电子将完全透过界面势垒，而不符合的电子全部散射回电子库。在电子成功透过界面后，由于弹道导体内部无散射发生，因此导体内部不存在电阻。在导体与右电子库的接触界面处，情况与左侧对称，同样存在模式的匹配与透射，即接触是无反射的。因此，导体本身不具有电阻，所有电阻均源自电子库与导体之间的接触电阻，且该接触电阻由几何尺寸决定，与导体的具体材料无关[24]。

弹道导体的概念清晰且简洁，在介观物理和分子结构研究中得到广泛引用和对比。它所引入的一些概念，如通道、量子电导等，其适用范围已超出了弹道导体本身。例如，在分子结中，电子所受的约束与均匀电导结存在显著差异。但在理想情况下，分子中的固有电子以及从电极输运而来的电子，在稳态时仅能分别占据 HOMO 和 LUMO 等离散的分子轨道，而不能具有任意能量。这与弹道导体中分立的能量通道具有高度的相似性，因此，在分子结中那些能够输运电子的分子轨道也称为“通道”。

2.1.5　Landauer-Büttiker 输运理论

上文我们定性探讨了弹道输运机制，若要进行定量探讨，则必须借助 Landauer-Büttiker 输运理论[19,21,25]。实际上，Landauer-Büttiker 输运理论现在已经不仅是极为实用的计算工具，更重要的是，它能够为众多新物理现象提供合理的解释。该理论已成为讨论纳米结构时不可或缺的标准语言。

最初版本的 Landauer 公式是针对准一维单通道电导提出的。从前面的讨论中我们已明确，在理想弹道导体中，每个通道的电子将完全透射。然而，界面散射会导致模式匹配的电子波也具有一定的反射概率。此外，导体中可能存在的散射中心，如缺陷、杂质以及声子（当系统尺寸尚未充分减小时）等，也会使已经透射至纳米导体或半导体的电子波再次具有一定的反射概率。Landauer 将电子库视为理想导体，作为电子波的理想波导，而将样品视为较大的散射中心。在考虑了电子自洽屏蔽效应后，他得出以下简洁明了的电导公式：

$$G=\left(\frac{2e^2}{h}\right)\frac{T}{1-T} \tag{2.19}$$

式中，G 为电导；T 为通道上的电子透射概率，$1-T$ 为反射概率。这是一个四端测量的公式，即电流用两端测量，电压用另外独立的两端测量，由此求得电导。如果利用两端测量，则公式要修正为

$$G=\left(\frac{2e^2}{h}\right)T \tag{2.20}$$

如果 $T=1$，就意味着完全的弹道输运。当有多个独立通道时，电流是每个独立通道之和，简化的情况下为

$$G = \left(\frac{2e^2}{h}\right) MT \tag{2.21}$$

式中，M 为独立通道的数目；T 为平均每个通道的透射概率。写成电流的形式，即

$$I = \left(\frac{2e}{h}\right) MT(\mu_1 - \mu_2) \tag{2.22}$$

式中，μ_1 和 μ_2 是左右两端的电化学势（或费米能级）。推导此式的假设条件为 0 K 和零电压。

图 2.4 给出 0 K 和有限温度两种情况的图示。$f_L(E)$ 和 $f_R(E)$ 是左右电子库（电极）的电子能量分布函数。电子是费米子，根据常规的单电子，遵循费米-狄拉克（Fermi-Dirac）分布。0 K 时 Fermi 能级以下处于全占据态，而 Fermi 能级以上处于全空态，所以左电极不可能接受来自右电极的电子。在有限温度时，Fermi 能级上下都存在占据态和空态，使左右电极都可以接受电子。同时，电子可以占据中间态，能量通道也相应增加。推广到最一般情况，中间样品的能量通道很多且几乎是连续的，在 δE 能量范围内有 δM 个能量通道。此时可以定义函数 $M(E)$，其物理意义对应电子库中电子的态密度（density of state，DOS）。而每个通道的电子透射概率为 $T(E)$，也是能量的函数。定义总透射函数为

$$\bar{T} = M(E)T(E) \tag{2.23}$$

每个通道仍然都是独立的，把所有通道的电子透射加和就得到电流：

$$I = \frac{2e}{h}\int \bar{T}[f_L(E) - f_R(E)]\,dE \tag{2.24}$$

式（2.24）是著名的描述有限温度下两端器件电流的 Landauer-Büttiker 表达式。在推导该公式时，假设同一通道内从左至右与从右至左的电子透射概率相同。尽管这个假设

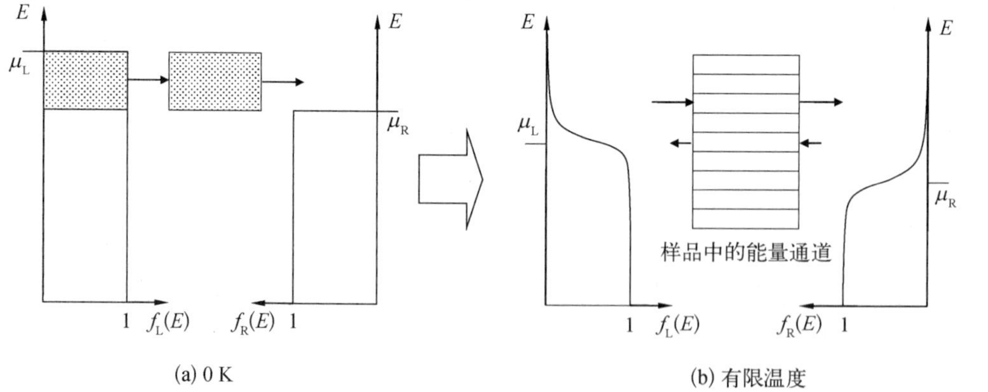

图 2.4　不同温度下的能量分布［0 K 时只有从左至右的电子流，且只有单一能量通道；有限温度时 Fermi 能级以上不再全部是空态的，有小量从右至左的电子流，但净电子流仍然向右。此时有多个能量通道（亚带）都开通且趋于连续。注意图（a）和（b）不是按同一比例绘制的］

是零电压下无电流的必要条件,但在有限电压条件下并非必需。更为细致的研究揭示,只要电子在样品内部不发生非弹性散射,Landauer-Büttiker 公式即可成立。值得注意的是,式(2.24)是一个广义积分,若需进行计算机数学处理,则需设定截断值。在低温环境下,积分区间可明确限定在[μ_L,μ_R]范围内,即可得出相对可靠的结果:

$$\int [f_L(E) - f_R(E)]\mathrm{d}E = \mu_L - \mu_R \tag{2.25}$$

Landuer-Büttiker 公式如果满足 $T(E)M(E)$ 为常量,可以化简为

$$I = \frac{2e}{h}\bar{T}(E_F)\int [f_L(E) - f_R(E)]\mathrm{d}E \tag{2.26}$$

将式(2.25)的简化结果代入,可以得到电流的最简形式之一:

$$I = \frac{2e}{h}\bar{T}(E_F)[\mu_L - \mu_R] \tag{2.27}$$

这是一个简化后的线性响应公式。然而,在分子电子学领域,研究者通常更期望分析包含分子结构细节信息的非线性 $I-V$ 特性,此时主要的研究途径是探究体系的透射函数 $T(E)$、或其平均值 $\bar{T}(E)$。求解透射函数的具体形式,正是所有基于 Landauer-Büttiker 理论的体系在计算其 $I-V$ 特性时的核心问题所在。

Landauer-Büttiker 公式为介观输运的计算提供了一个严格的框架,并得到了广泛的应用。那么,该公式具体有哪些适用条件? 在每种条件下又如何确定透射函数的具体形式呢? 首先,式(2.24)中未包含不相容原理因子,这是基于电子波相干性的结果。当整个输运过程保持相干时,可以直接从薛定谔(Schrödinger)方程出发来计算透射函数。此时,可以将散射视为定态过程,并引入 $\boldsymbol{T}$ 矩阵,或者引入 $\boldsymbol{S}$ 矩阵(即散射矩阵),将散射问题视为散射前后初态与末态之间的量子跃迁的非定态处理途径[26]。其次,如果电子非相干,是否仍能应用 Landauer-Büttiker 公式呢? 答案是肯定的,只要无非弹性散射即可应用。显然,这表明非弹性散射并不是导致电子波退相干的主要原因。无非弹性散射也称为无垂直电流,因为非弹性散射必然导致电子改变输运通道,在能级图上表现为电子垂直于输运方向的运动。在非相干弹性输运的情况下,则采用唯象描述,通过引入实验参数来计算透射函数。如果相干效应完全可以忽略,则可以引入半经典方法进行求解。最后,当输运过程中确实存在非弹性散射时,需要谨慎判断是否存在"净"垂直电流。若无"净"垂直电流(即电子在中间过程虽有能量弛豫,但入射和出射时的能量仍相同),则仍可按相干过程进行计算。否则,就很难使用 Landauer-Büttiker 公式,而最好采用下文将提到的非平衡格林函数方法。由于这种情况并不常见,因此我们总能用 Landauer-Büttiker 公式来简洁地理解输运问题[18]。

2.1.6　非平衡格林函数方法

格林函数作为一种普遍描述响应的方法,在诸多物理领域(如电路理论、电磁场理论以及量子力学等)得到了广泛的应用。在这些领域,可以定义体系的外加激励 S(这里的

激励,可简单理解为各种外加影响因素的统称,如电磁势、散射势等;当激励很小时,常视为微扰)和体系的响应 R。它们之间的关系可通过某种微分算符(即含有微分项的算符,记为 D_{op})来表示,具体形式如下:

$$D_{op}R = S \tag{2.28}$$

格林函数 G 为微分算符 D_{op} 的逆算符,即

$$R = D_{op}^{-1}S = GS, \quad G \equiv D_{op}^{-1} \tag{2.29}$$

对当前的电子输运而言,可以将式(2.28)写成具体的形式:

$$(E - H)\Psi = S \tag{2.30}$$

式中,H 是哈密顿算符;Ψ 是波函数;S 是来自引线电极的入射波产生的等效激励项。与之相应的格林函数可以写为

$$G = (E - H)^{-1} \tag{2.31}$$

式(2.29)和式(2.31)用算符形式定义了 G,计算时要通过某种方式将它求解为普通形式的函数或矩阵。但式(2.31)不能唯一确定格林函数的形式,必须考虑边界条件。这相当于在体系里加上一个无限小虚能量项 $\mathrm{i}\eta$,即

$$G^{\mathrm{R}} = (E - H + \mathrm{i}\eta)^{-1}, \quad G^{\mathrm{A}} = (E - H - \mathrm{i}\eta)^{-1} \tag{2.32}$$

式中,G^{R} 为延迟格林函数(retarded Green's function);G^{A} 为超前格林函数(advanced Green's function)。

对于最简单的单电子在一维方向上运动的情况,格林函数写为 $G(x,x')$。它表示在 x' 处加单位激励时在 x 处产生的波函数。像满足自由一维空间定态薛定谔方程的波函数有 $\pm k$ 两种方向一样,格林函数也有正负两个方向,G^{R} 和 G^{A},分别表示在激励点产生(边界条件为出射波)和在激励点消失(边界条件为入射波)的两种波函数[17,18]。而对于我们研究的电子输运,散射中心是最为重要的激励源。在量子散射理论中,可以不通过算符形式而直接定义一个散射中心的格林函数。

设散射中心具有中心力场 $V(\boldsymbol{r}) = \frac{2m}{\hbar}U(\boldsymbol{r})$,$\boldsymbol{r}$ 为从散射中心出发的位置矢量。从无穷远处入射的波矢为 $\boldsymbol{k}\left(k^2 = \frac{2mE}{\hbar}\right)$ 的电子,则其波函数满足定态薛定谔方程:

$$(\nabla^2 + k^2)\Psi(\boldsymbol{r}) = V(\boldsymbol{r})\Psi(\boldsymbol{r}) \tag{2.33}$$

为了化为积分方程以求解,定义(延迟)格林函数为

$$G^{\mathrm{R}}(\boldsymbol{r},\boldsymbol{r}') = -\frac{1}{4\pi}\frac{\mathrm{e}^{\mathrm{i}k|\boldsymbol{r}-\boldsymbol{r}'|}}{|\boldsymbol{r}-\boldsymbol{r}'|} \tag{2.34}$$

且满足下列方程:

$$(\nabla^2 + k^2)G(\boldsymbol{r},\boldsymbol{r}') = \delta(\boldsymbol{r}-\boldsymbol{r}') \tag{2.35}$$

δ是 Dirac 函数。在实际的电子输运过程中（如在分子结中）分子内的原子均可作为散射源，且散射势通常呈现不规则性。而在纳米半导体结中，散射中心则呈现周期性的点阵分布，且散射势并非中心力场。当散射势没有解析解时，就需要进行数值处理，即必须对其进行离散化，从而使得求得的哈密顿算符和格林函数均以矩阵的形式呈现。

一旦成功计算出格林函数，理论上即可推导出体系的所有物理量。当物理过程仅限于弹性碰撞时，可以利用格林函数与 $\boldsymbol{S}$ 矩阵之间的关系式，求得 $\boldsymbol{S}$ 矩阵的矩阵元，进而计算出透射系数，并通过 Landauer-Büttiker 公式得出电流。因此，格林函数可以被视为 $\boldsymbol{S}$ 矩阵的一种推广。当然，在任何条件下，都可以直接通过散射理论推导出非平衡态（即有限电压）下的电流表达式：

$$I = \frac{e}{\hbar}\int \frac{\mathrm{d}E}{2\pi}\sum_{\mathrm{p}}\sum_{\mathrm{in}}\mathrm{tr}[\boldsymbol{\Gamma}_{\mathrm{L}}G^{\mathrm{R}}\boldsymbol{\Gamma}_{\mathrm{R}}G^{\mathrm{A}}](f_{\mathrm{L}}(E) - f_{\mathrm{R}}(E)) \tag{2.36}$$

式中，I 为电流；tr 为对后面的矩阵求迹；G^{R} 和 G^{A} 为推迟和超前格林函数；$\boldsymbol{\Gamma}_{\mathrm{L}}$ 和 $\boldsymbol{\Gamma}_{\mathrm{R}}$ 是左右电极与分子之间的耦合矩阵；$\sum_{\mathrm{p}}$ 是对极化模式求和；$\sum_{\mathrm{in}}$ 是对入射状态求和；$f_{\mathrm{L}}(E)$ 和 $f_{\mathrm{R}}(E)$ 是左右电极的费米函数[27,28]。这就是非平衡态格林函数（non-equilibrium Green's function formalism，NEGF）理论的电流表达式。电流的计算可由专业计算软件完成，而不必手动求解。

与 Landauer-Büttiker 公式相似，NEGF 方法所反映的核心图像依然是 Landauer 所描绘的“电导即散射”。然而，两者之间存在显著差异：NEGF 方法在数学上实现了高度的完善性，它考虑了所有细节（即散射中心），并在计算方法和最终结果中均有所体现。相比之下，Landauer-Büttiker 公式则采用了较为唯象的透射函数来求解电流，其中隐含了对结构细节的平均化处理，从而等效于连续介质的描述。在无相互作用输运的情况下，NEGF 方法与 Landauer-Büttiker 体系是等价的，此时格林函数的语言并非必需。格林函数的引入，其意义在于提供了一个计算任意形状导体样品 $\boldsymbol{S}$ 矩阵的实用工具。而 NEGF 方法最具有价值之处，在于其理论上能够适用于强相互作用的情况，如电子–声子相互作用和电子–电子相互作用。

在 NEGF 的计算过程中，由于涉及复杂的积分方程，因此采用计算机迭代求解是最为可行的方法。目前，已有多种软件采用“从头算”NEGF 方法来计算电流（即结的散射势函数是通过从头计算得到的），如 NanoDCAL、TranSIESTA－C、ATK、ASCOT 和 SMEAGOL 等。这些软件目前的功能主要局限于使用 NEGF 计算 $\boldsymbol{S}$ 矩阵，进而通过 $\boldsymbol{S}$ 矩阵求得透射函数，并最终以 Landauer-Büttiker 体系来计算电流。因此，它们主要适用于电导结的相干区域[27]，如半导体介观结的弹道输运[28]。此外，对于某些分子结，当电子在分子内输运时，类似于分子内电子传递的超交换过程，这些软件也同样适用。然而，对于输运过程中的跳跃机制、非弹性散射等方面，无法进行有效模拟。

将 NEGF 体系的式(2.36)直接应用于分子结研究时，存在一个问题：由于计算中所采用公式的物理意义不够直观，因此除了最终的计算结果，难以从计算过程中提炼出更多易于被化学领域研究者理解的细节信息。相比之下，Landauer-Büttiker 公式则具有更为明确的物理意义，这也是在 NEGF 计算中倾向于采用式(2.24)的一个重要原因。

从现有的理论框架来看,就其自身的近似精度和适用范围而言,NEGF 无疑是最为先进的一种理论。然而,目前 NEGF 主要受计算复杂性的限制,仅能用于解决较小分子的弹性散射电子输运问题。本书着重探讨 NEGF 理论在分子电子输运研究中的应用,并对所得结果进行系统阐释,采用化学研究者较为熟悉的语言,如分子轨道的能量、空间分布特征、电荷密度分布、态密度以及隧穿谱等。

2.2 分子电子传递的半经典理论处理

2.2.1 Simmons 模型

Landauer-Büttiker 公式体系具有广泛的适用性,能够描述弹性散射过程。在已知散射区域的几何构型和弹性散射特性的前提下,理论上可通过 Landauer-Büttiker 公式精确计算出电流-电压(I-V)特性。然而,在诸多情形下,我们可以唯象地将介观结或分子结视为具有特定形状的势垒。此时,借助量子力学中广为人知的隧穿理论,便能够很好地阐释实验观测到的现象,尽管隧穿理论本身并非专为介观或分子体系而提出。例如,这一理论在解释有机自组装单分子膜(self-assembled monolayer,SAM)[29]和扫描隧道显微镜(STM)成像等实验中便发挥了重要作用。

最简单的隧穿情形莫过于单个电子穿越方形对称的一维势垒,即

$$U(x)=\begin{cases}U_0, & 0<x<a\\ 0, & x\leqslant 0,x\geqslant a\end{cases} \tag{2.37}$$

由不含时的定态 Schrödinger 方程可解出电子能量不太高时的电子透射系数为

$$T=T_0\exp\left(-\frac{2}{\hbar}\sqrt{2m(U_0-E_x)}\right),\ E_x\ll U_0+\frac{\hbar^2}{2ma^2} \tag{2.38}$$

式中,E_x是电子入射能量;T 是电子透射系数,即电子通过分子结的概率,T 随势垒宽度呈指数衰减,这与分子内电子传递的超交换过程类似。实际上,也可以采用类似超交换机理的“转移哈密顿法”[30]求解透射系数。其思想是把粒子隧穿前后的两个区域看作被势垒分开的接近独立的两部分,而这两部分之间存在弱耦合作用。这种弱耦合作用可用微扰哈密顿算符 V_T表示,即

$$H=H_0+V_T \tag{2.39}$$

毫无疑问,我们再次在形式上回到式(2.1)。接下来,依然可以采用 Fermi 黄金规则等微扰理论来进行处理。不过,此次的“给体”与“受体”均处于开放空间之中,初态与末态的电子在半无限的空间内分布,这与分子内电子传递过程中给体、受体限制在分子内部的情形截然不同。这一差异导致我们所关注的物理量(即电子转移速率常数 k_{ET}与透射系数 T)虽然概念有所不同,但在实质上相互关联。

金属-绝缘体-金属(MIM)结历经多年研究,其应用范围广泛,涵盖了从经典电子学到单分子有机膜等多个领域,是隧穿模型最为理想的应用对象之一。在一般情况下,模型势垒并不具备特殊的形状,此时需采用 WKB 近似来求解透射系数 T[图 2.5(a)]。该方法

的物理思想是将不规则的势垒划分为无数个矩形势垒的组合,同时忽略势垒之间电子波的多次反射(即假设一旦电子波在某个界面发生反射,它便失去了再次穿越势垒的机会,这就要求势垒不能存在突变)。如此一来,总的透射概率便可以通过计算每个矩形势垒透射概率的乘积来得到。

$$T(E)=\exp\left\{-\frac{2}{\hbar}\int_{s_1}^{s_2}\sqrt{2m[U(x)-E]}\,\mathrm{d}x\right\} \tag{2.40}$$

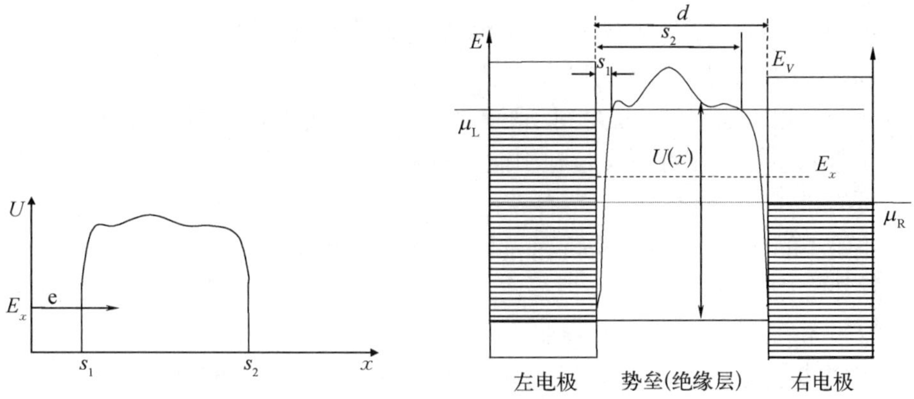

(a) WKB近似　(b) Simmons模型

图 2.5　MIM 结的 WKB 近似和 Simmons 模型[μ_L和μ_R是左右电极的电化学势;E_V为真空能级;$U(x)$是势垒;s_1和 s_2是势垒的起止点;电极中电子等同于具有同样动能的真空里的自由电子]

如图 2.5(b)所示,Simmons 利用 WKB 近似,将不规则势垒等效成一个高度给定的矩形势垒,得到了简洁的结果[31]:

$$\begin{aligned}J=&\frac{e}{4\pi^2\hbar\Delta s^2}\left(\varphi_0-\frac{eV}{2}\right)\exp\left[-\frac{2(2m)^{1/2}}{\hbar}\alpha\left(\varphi_0-\frac{eV}{2}\right)^{1/2}\Delta s\right]\\&-\frac{e}{4\pi^2\hbar\Delta s^2}\left(\varphi_0+\frac{eV}{2}\right)\exp\left[-\frac{2(2m)^{1/2}}{\hbar}\alpha\left(\varphi_0+\frac{eV}{2}\right)^{1/2}\Delta s\right]\end{aligned} \tag{2.41}$$

式中,J 为电流密度,不写成电流是因为测量的 MIM 结面积未知,可能从单分子(如用 STM 表征 SAM)到宏观尺度,写成电流密度更普适;φ_0为平均势垒高度;V 为施加的偏压;Δs 为势垒的宽度。α 因子是后来引入的[32,33],相当于考虑了电子的有效质量。在实验中,我们只能测出 J-V 曲线,等效方势垒的高、宽都不能精确得到,一般都用可以测量的绝缘层厚度 d 代替 Δs。这时由界面不可测产生的误差常常可以归并到 α 因子中,由此可以与实验值(包括电导-分子结长度的相关数据)吻合较好,甚至可由此推断界面的可能结构[34]。Simmons 还探讨了电子逸出金属电极表面到达真空区域后(s_1)后引起的“镜像力”问题,因为对最终结果影响不大且推导烦琐,化学界一般并不关心。

显然,$T(E)$与 J 之间并非简单的成正比关系。具体而言,$T(E)$随势垒宽度的增加呈指数型衰减,而 J 的衰减速度相对更快一些(这一差异在实验数据精度限制下往往难以明显体现)。值得注意的是,Simmons 公式具有奇函数的性质,这意味着只要势垒的形状不随电压的变化而改变,那么即使势垒本身不对称,也不会导致 I–V 曲线呈现不对称性。此外,还可以进一步推导出,Simmons 模型在小电压条件下与 Landauer-Büttiker 体系一样,也是呈现线性关系:

$$I=\left(\frac{e}{h}\right)^{1/2}\frac{(2m)^{1/2}}{\Delta s}V\varphi_0^{1/2}\exp\left[-\frac{2(2m)^{1/2}}{\hbar}\varphi_0^{1/2}\right] \tag{2.42}$$

Simmons 模型的另一个特点是电导与温度无关。这是由隧穿模型的本质决定的,并不局限于 Simmons 模型,有时可以作为隧穿类机制的判据之一。

Simmons 公式因其简洁性而得到了广泛应用,但其适用条件同样值得深入探讨。首先,Simmons 模型基于电子在隧穿过程中能量不发生变化的假设,因此它属于弹性隧穿或散射理论的范畴,即在隧穿过程中不存在电子-声子耦合等非弹性过程。其次,该模型忽略了势垒随偏压的变化。此外,Simmons 模型还忽略了电极与绝缘层之间的耦合作用,假定在绝缘层势垒中,电子的允许能量是任意的。然而,在实际应用中,当我们使用能带理论处理非金属无机薄膜时,价带和导带之间不允许电子存在的"禁带"导致了绝缘效应。同时,对于由少量分子组成的电极-分子-电极(MMM)结,如在 SAM 和 Langmuir-Blodgett 膜(LB 膜)中,分立的最高占据分子轨道(HOMO)和最低未占据分子轨道(LUMO)能级之间的电子态是无意义的(这与弹道导体只允许特定模式的电子波传播类似)。这些现象表明,Simmons 模型在某种程度上过于简化,只是在某些特定场合下适用。而这些适用条件,可以从更为严格的弗兰兹两能带模型(Franz two-band model)中推导得出[35]。该模型的结果显示,当 HOMO 或 LUMO 与金属的费米能级非常接近时,另一个能级对隧穿过程的影响可以忽略不计,此时 Simmons 模型便成为一个非常好的近似[36]。在这种情况下,隧穿势垒高度(φ_0)通常只有分子能隙(即 LUMO 和 HOMO 的能级差)的几分之一。

隧穿理论内容颇为丰富,Simmons 模型仅是其中最为基础且简单的一种。当前,在介观纳米结领域,研究者已经设计了多种多样的势垒结构,包括但不限于非对称单矩形势垒、双矩形势垒等;同时,探索了多种隧穿过程,如非相干的相继隧穿。这些理论模型相对复杂,且部分仍处于不断地发展和完善之中,因此本书不再对其进行详细讨论。在分子结的研究中,同样涌现了许多模拟半导体介观结的工作[37]。

势垒模型同样可以应用于分子内电子传递过程,只不过在这种情况下,电子在隧穿之前并非处于电极之中,而是位于分子内部。此外,分子内电子传递通常不涉及多个电子同时隧穿同一势垒的情形。超交换过程可以视为单一势垒的隧穿现象,而跳跃机制是指电子连续隧穿经过势垒与势阱的过程。在跳跃机制中,电子在隧穿过程中会失去相位记忆,其电子波表现出"非相干"特性,这与相继隧穿过程类似。

最后,我们探讨典型介观结构——弹道导体中的势垒-隧穿模型。尽管弹道导体存在接触电阻,看似应通过一个接触势垒进行模拟,但在如图 2.2 所示的弹道输运导体内部,需采用方形或抛物线形等势垒来模拟,以约束电子形成二维电子气,并产生有限的电子传输模式。值得注意的是,在电子的出射端并未观察到反射现象,这表明出射端不存在额外的势垒。鉴于输入端与输出端的对称性,可以推断入射端同样不存在势垒。因此,整个弹道输运系统更适合用势阱而非势垒来模拟。尽管双势垒共振隧穿也能实现 $T = 1$ 的透射概率,但其 I–V 特性与弹道导体截然不同。前者会导致负微分电阻现象[21],即在一定电压范围内,电流随电压的增加而减小;而后者表现为电导的量子化特征。

2.2.2　Simmons 模型的修正

电极1–分子–电极2结存在不对称性,这主要体现在电极材料的差异以及几何形状的不同,导致两端电极的界面接触特性各异。当施加偏压时,两个电极的费米能级会发生不同程度的移动。在此情形下,正负偏压下的 I–V 曲线呈现非对称性,电子输运特性展现出分子二极管的特征。因此,更为合理的处理方式是将偏压分割为不相等的两部分,并依据式(2.43)进行相应的处理[38]:

$$V = \alpha V + (1 - \alpha) V \tag{2.43}$$

式中,αV 为针尖的升高电位;$(1 - \alpha) V$ 为基底的降低电位。因此,净电流密度可表示为

$$\begin{aligned} J = \frac{e^2}{2\pi h L^2}\{ & (\varphi_0 - \alpha V)\exp[-K(\varphi_0 - \alpha V)^{1/2}] \\ & - [\varphi_0 + (1 - \alpha) V]\exp[-K(\varphi_0 + (1 - \alpha) V)^{1/2}]\} \end{aligned} \tag{2.44}$$

尽管在分子尺度上电导的测量实验已经积累了丰富的数据,但对于"分子整流"这一特定现象,可靠的实验观测仍相对稀缺。分子整流本质上是电流在正向和反向电压下的非对称性,数学上表达为 $I(V) \neq -I(-V)$。如果我们审视一个典型的对称方程,即式(2.41),会发现它无法预测这种非对称的电流行为,因为其本身是对称的。为了解释和拟合分子整流现象,需要引入一个能够打破这种数学对称性的修正公式,即式(2.44)。该修正公式提供了一个更为合理的框架,用于描述和预测分子整流效应中的电流–电压关系[39]。

2.2.3　Mujica-Ratner 模型

Mujica 和 Ratner 提出的理论模型创新性地将分子结构融入隧穿势垒的考量中,专注于探讨电子在金属–分子–金属结中的非共振隧穿过程。该模型基于以下假设构建:① 分子间相互独立,即总电流可视为单个分子电流与分子密度的直接乘积;② 静电势的分布需通过联立求解泊松方程与薛定谔方程来确定[40]。依据此模型,分子桥区域的静电势近似为恒定值,而显著的电压降发生在电极与分子的界面处。在此框架下,通过分子结的电流密度 J 可以描述为

$$J = \frac{4e^{2-2N}}{h}\frac{n\Delta_0^2 t^{2(N-1)}}{1 - 2N}[(\varphi_0 + V/2)^{1-2N} - (\varphi_0 - V/2)^{1-2N}] \tag{2.45}$$

其中,N 是组成均相分子桥的位点数;t 是位点间的转移积分;Δ_0是零偏压下两电极中任一电极的光谱密度;n 是单位面积上的分子数;φ 是电极的费米能级与分子桥的势能(假定为常量)之间的能量差;V 是施加的偏压。虽然考虑分子结构的程度不同,但 Mujica 的模

型与 Simmons 模型在数值模拟上是等价的[32,41-43]。

参 考 文 献

[1] Jortner J, Nitzan A, Ratner M A. Foundations of molecular electronics: Charge transport in molecular conduction junctions[J]. Lecture Notes in Physics, 2006, 680: 13-54.

[2] Shen Y L, Hosseini A R, Wong M H, et al. How to make ohmic contacts to organic semiconductors[J]. ChemPhysChem, 2004, 5(1): 16-25.

[3] Nitzan A. Electron transmission through molecules and molecular interfaces[J]. Annual Review of Physical Chemistry, 2001, 52(1): 681-750.

[4] McConnell H M. Intramolecular charge transfer in aromatic free radicals[J]. The Journal of Chemical Physics, 1961, 35(2): 508-515.

[5] 樊美公. 光化学基本原理与光子学材料科学[M]. 北京: 科学出版社, 2001.

[6] Giese B, Amaudrut J, Köhler A K, et al. Direct observation of hole transfer through DNA by hopping between adenine bases and by tunnelling[J]. Nature, 2001, 412(6844): 318-320.

[7] Long Y T, Abu-Irhayem E, Kraatz H B. Peptide electron transfer: More questions than answers[J]. Chemistry - A European Journal, 2005, 11(18): 5186-5194.

[8] Schuster G B. Long-range charge transfer in DNA Ⅱ[M]. Berlin: Springer-Verlag, 2004.

[9] Schuster G B. Long-range charge transfer in DNA I[M]. Berlin: Springer-Verlag, 2004.

[10] Giese B. Long-distance charge transport in DNA: The hopping mechanism[J]. Accounts of Chemical Research, 2000, 33(9): 631-636.

[11] Adams D M, Brus L, Chidsey C E, et al. Charge transfer on the nanoscale: Current status[J]. The Journal of Physical Chemistry B, 2003, 107(28): 6668-6697.

[12] Jortner J, Bixon M, Voityuk A A, et al. Superexchange mediated charge hopping in DNA[J]. The Journal of Physical Chemistry A, 2002, 106(33): 7599-7606.

[13] 薛增泉. 分子电子学[M]. 北京: 北京大学出版社, 2003.

[14] Nitzan A. A relationship between electron-transfer rates and molecular conduction[J]. The Journal of Physical Chemistry A, 2001, 105(12): 2677-2679.

[15] Zhao J W, Uosaki K. Formation of nanopatterns of a self-assembled monolayer (SAM) within a SAM of different molecules using a current sensing atomic force microscope[J]. Nano Letters, 2002, 2(2): 137-140.

[16] Cui X D, Zarate X, Tomfohr J, et al. Making electrical contacts to molecular monolayers[J]. Nanotechnology, 2002, 13(1): 5-14.

[17] Reed M A, Zhou C, Muller C J, et al. Conductance of a molecular junction[J]. Science, 1997, 278(5336): 252-254.

[18] 孟庆巨, 刘海波, 孟庆辉. 半导体器件物理[M]. 北京: 科学出版社, 2005.

[19] 杜磊, 庄奕琪. 纳米电子学[M]. 北京: 电子工业出版社, 2004.

[20] 蒋建飞. 纳电子学导论[M]. 北京: 科学出版社, 2006.

[21] Datta S. Electronic transport in mesoscopic systems[M]. Cambridge: Cambridge University Press, 1995.

[22] 薛增泉, 刘惟敏. 纳米电子学[M]. 北京: 电子工业出版社, 2003.

[23] Landauer R. Spatial variation of currents and fields due to localized scatterers in metallic conduction[J]. IBM Journal of Research and Development, 1957, 1(3): 223-231.

[24] Van Wees B, van Houten H, Beenakker C, et al. Quantized conductance of point contacts in a two-dimensional electron gas[J]. Physical Review Letters, 1988, 60(9): 848-850.

[25] Ferry D K, Goodnick S M, Bird J. Transport in nanostructures[M]. Cambridge: Cambridge University Press, 1999.

[26] 尹鸿钧. 量子力学[M]. 合肥: 中国科学技术出版社, 1999.

[27] Stokbro K, Taylor J, Brandbyge M, et al. Ab-initio non-equilibrium green's function formalism for calculating electron transport in molecular devices[J]. Introducing Molecular Electronics, 2005, 680: 117-151.

[28] Senger R T, Tongay S, Durgun E, et al. Atomic chains of group-Ⅳ elements and Ⅲ-Ⅴ and Ⅱ-Ⅵ binary compounds studied by a first-principles pseudopotential method[J]. Physical Review B, 2005, 72(7): 075419.

[29] 赵健伟, 史传国, 周毅, 等. 电子在有机单分子膜中传递研究的新进展[J]. 分析化学, 2005, 33(10): 1494-1498.

[30] 舒启清. 电子隧穿原理[M]. 北京：科学出版社，1998.

[31] Simmons J G. Generalized formula for the electric tunnel effect between similar electrodes separated by a thin insulating film[J]. Journal of Applied Physics, 1963, 34(6): 1793 - 1803.

[32] Holmlin R E, Ismagilov R F, Haag R, et al. Correlating electron transport and molecular structure in organic thin films [J]. Angewandte Chemie (International Ed), 2001, 40(12): 2316 - 2320.

[33] Cui X D, Primak A, Zarate X, et al. Changes in the electronic properties of a molecule when it is wired into a circuit [J]. The Journal of Physical Chemistry B, 2002, 106(34): 8609 - 8614.

[34] Li X L, He J, Hihath J, et al. Conductance of single alkanedithiols: Conduction mechanism and effect of molecule-electrode contacts[J]. Journal of the American Chemical Society, 2006, 128(6): 2135 - 2141.

[35] Brown W F, Franz W, Forsbergh P, et al. Dielectrics[M]. Berlin: Springer-Verlag, 1956: 155.

[36] Wang W Y, Lee T, Reed M A. Mechanism of electron conduction in self-assembled alkanethiol monolayer devices[J]. Physical Review B, 2003, 68(3): 035416.

[37] Heath J R, Ratner M A. Molecular electronics[J]. Physics Today, 2003, 56(5): 43 - 49.

[38] Tian W T, Datta S, Hong S, et al. Conductance spectra of molecular wires[J]. The Journal of Chemical Physics, 1998, 109(7): 2874 - 2882.

[39] Zhao J W, Davis J J. Molecular electron transfer of protein junctions characterised by conducting atomic force microscopy [J]. Colloids and Surfaces B: Biointerfaces, 2005, 40(3 - 4): 189 - 194.

[40] Mujica V, Roitberg A E, Ratner M. Molecular wire conductance: Electrostatic potential spatial profile[J]. The Journal of Chemical Physics, 2000, 112(15): 6834 - 6839.

[41] Holmlin R E, Haag R, Chabinyc M L, et al. Electron transport through thin organic films in metal-insulator-metal junctions based on self-assembled monolayers[J]. Journal of the American Chemical Society, 2001, 123(21): 5075 - 5085.

[42] Mujica V, Ratner M A. Current-voltage characteristics of tunneling molecular junctions for off-resonance injection[J]. Chemical Physics, 2001, 264(3): 365 - 370.

[43] Wang W Y, Lee T, Reed M A. Electronic transport in self-assembled alkanethiol monolayers[J]. Physica E: Low-dimensional Systems and Nanostructures, 2003, 19(1 - 2): 117 - 125.

第 3 章

电场对电子材料的影响

3.1 电场中的共轭小分子

共轭分子因其独特的物理化学性质成为非常有价值的电子材料，并在有机发光二极管、场效应晶体管、柔性电子器件、柔性储能和分子传感等领域具有潜在的应用，因此引起人们的持续关注。目前一系列的实验和理论模拟的方法用于研究共轭分子材料。其中，随着计算机技术的进步和理论方法的完善，计算机模拟方法在共轭分子材料的研究中表现了更大的优势。然而，早期的理论模拟工作没有考虑分子电子材料的工作环境，无法揭示电子器件中分子材料在经受强电场作用下的结构变化。没有考虑电场作用的环境称为理想条件，或者非“现场”的理论模拟。分子的几何构型和电子结构与在器件环境中有多大差异，我们无从得知。因此，提供合适的理论方法来模拟分子电子材料在电场情况下的静态特征成为有机共轭分子研究中的一个重要课题。本节中，我们提出一种简单的模拟电场的方法，以寡聚物 2,2′-二噻吩(2,2′-bithiophene, BT)为例来探讨电场作用对共轭分子材料的几何构型的影响，这种类“现场”的计算模拟方法为开展电子材料与器件的研究打下基础。

3.1.1 点电荷电场作用下的几何构型

图 3.1 给出了 BT 分子骨架结构和电场方向的示意图。我们通过一对点电荷来构造电场，电场方向与 BT 分子的长轴方向平行。虽然一对点电荷构建的电场不是绝对均匀的，但从分子中心到每个点电荷的距离(r)足够长，则围绕 BT 的电场可视为均匀电场。通过改变距离 r 可以非常简单地调节电场强度。在每个电场强度下，固定分子长轴与电场方向平行，对分子的几何构型进行全优化。建模中可以在 2 和 2′原子之间定义虚原子，灵活实现分子轴与电场方向上的平行。

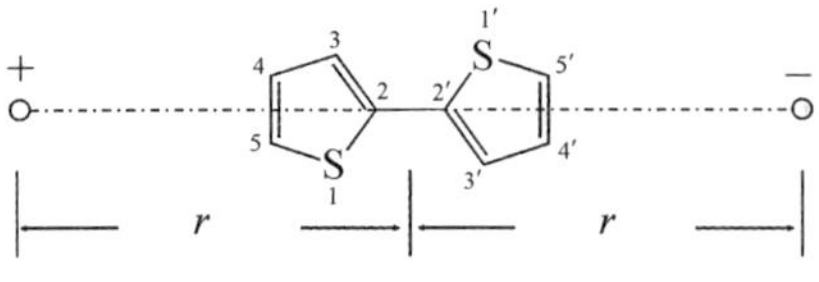

图 3.1　2,2′-二噻吩(BT)分子结构与一对点电荷构建的电场

自然条件下的分子称为中性分子。AM1、PM3 和 PM5 等半经验方法可以很好地预测共轭小分子的几何构型，对于 BT 模型体系，利用 AM1 和 PM3 方法分别对中性分子的平衡态构型进行优化。半经验方法对于缺乏参数化的体系可能会有较大误差，甚至出现自洽场迭代不收敛。选择计算方法时需谨慎。为了确保计算结果的准确性，构型优化过程

中可以逐步设置更高的收敛标准。AM1 和 PM3 计算得到的结果与更高计算水平[如哈特里-福克(Hartree-Fock,HF)6-31++G(d)和密度泛函理论(density functional theory,DFT) B3LYP/6-31++G(d)]的结果进行比较。表 3.1 比较了四种计算方法得到的一些结构参数,其中也包括气相中电子衍射的实验数据。通常,二面角以外的计算结构参数与实验测量值非常接近[1]。此外,表中给出的计算结果也与 Durocher 利用 AM1、PM3、STO-3G、HF/3-21G* 和 HF/6-31G* 等方法得到的计算结果一致[2]。

表 3.1　利用 AM1、MP3、HF 和 DFT 方法优化的中性 BT 分子的结构参数

计算方法	AM1	PM3	HF	B3LYP	实验值[1]
$B1$(C2-C2′)	1.4243	1.4402	1.4647	1.4513	1.456
$B2$(S1-C2)	1.6875	1.7457	1.7389	1.7560	1.733
$B3$(C2-C3)	1.3874	1.3754	1.3515	1.3778	1.370
$B4$(C3-C4)	1.4265	1.4319	1.4333	1.4239	1.452
$B5$(C4-C5)	1.3788	1.3661	1.3443	1.3673	1.363
$B6$(C5-S1)	1.6651	1.7213	1.7247	1.7357	1.719
$B7$(C3-H3)	1.0920	1.0912	1.0738	1.0842	1.124
$A1$(C2′-C2-C3)	126.6806	124.6161	128.2848	129.0771	126.3
$A2$(S1-C2-C3)	110.6769	111.2009	110.7704	110.1285	111.8
$A3$(C2-C3-C4)	111.5952	112.5916	113.1677	113.1855	111.9
$A4$(C3-C4-C5)	111.6326	112.3467	112.6461	112.9177	112.3
$A5$(C4-C5-S1)	111.8786	112.5080	111.8293	111.5685	112.3
$A6$(C5-S1-C2)	93.6240	91.0847	91.5805	91.3120	91.7
D(S1-C2-C2′-S1′)	151.8000	30.1571	147.4885	157.4610	148.4

注:键长、键角和二面角的单位分别为 Å、(°)和(°)。

计算值与实验值的标准偏差(σ)是衡量计算可靠性的重要标志之一。图 3.2 给出了不同计算方法得到的结构参数与实验值的偏差。明显地对比图中数据可以看出,两个半经验方法计算的 BT 分子的键长和键角与实验值偏差很小,仅有-0.05~0.03 Å 和-2°~3°,这就说明恰当的半经验方法与较高精度的从头算方法都可以准确地预测共轭电子材料的键长与键角。我们利用标准偏差公式:

$$\sigma = \sqrt{\frac{\sum(\text{计算值} - \text{实验值})^2}{n-1}} \tag{3.1}$$

根据上面的计算结果,对于分子键长变化,可以得到以下顺序:

$$\sigma_{\mathrm{PM3}}(0.017\ \text{Å}) < \sigma_{\mathrm{HF}}(0.021\ \text{Å}) < \sigma_{\mathrm{DFT}}(0.023\ \text{Å}) < \sigma_{\mathrm{AM1}}(0.028\ \text{Å})$$

对于分子键角变化:

$$\sigma_{\mathrm{PM3}}(0.83°) < \sigma_{\mathrm{AM1}}(1.08°) < \sigma_{\mathrm{HF}}(1.12°) < \sigma_{\mathrm{DFT}}(1.59°)$$

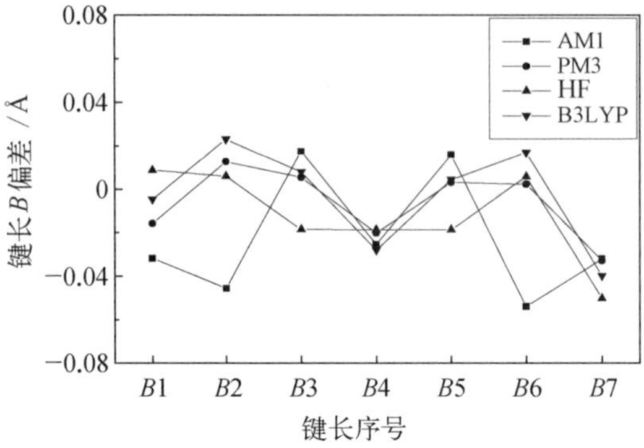

(a) 键长

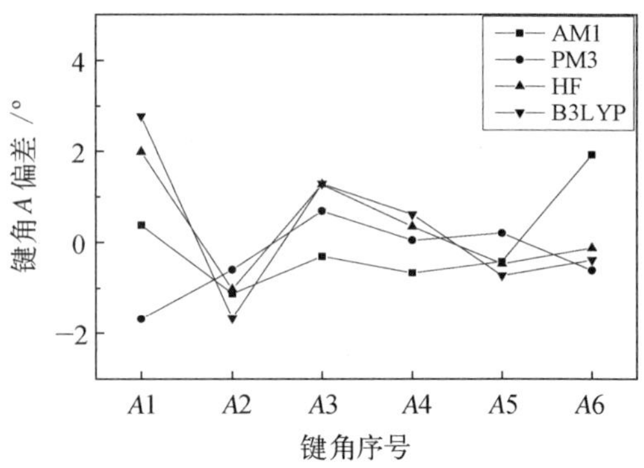

(b) 键角

图 3.2 不同理论方法计算的中性 BT 分子的结构变化(以实验测量的结果为参考)

通过上面分子键长和键角的对比分析可以得出,与较高水平的从头算方法相比,半经验计算方法具有令人满意的准确性。特别是 PM3,预测的结果与测量值更相近。然而,PM3 不能给出两个噻吩环间的合理的二面角。PM3 预测两噻吩环之间二面角约为 30°,呈顺式构象,这与实验测量和其他计算结果不同。这可能是由于 PM3 方法低估了不同环之间的原子排斥。AM1 方法可以准确地预测共轭电子材料的结构参数,在系列的有较大计算需求的工作中,可以代替高水平的从头算方法来预测分子性质。因此,在电场作用的模型中,我们选用 AM1 方法研究不同电场强度下共轭聚合物的几何构型和电子结构的变化。

为了预测电场对分子构象和电子结构的影响,用一对平行于分子长轴的异号点电荷来构建电场。其中,每个点电荷上的电量是固定的。通过逐渐增大距离 r 来调节电场强度。在每一个距离 r,固定分子长轴与电场方向平行,采用 AM1 方法对分子进行全优化。对于 BT 分子,近似认为距离 r 大于 8 Å 时,BT 分子在电场中受到的作用是均匀的。电场强度可以根据以下公式得到:

$$\boldsymbol{E} = \sum_{i=1}^{n} \boldsymbol{E}_i = \sum_{i=1}^{n} \frac{q_i}{4\pi\varepsilon_0 r_i^2}\boldsymbol{e}_i \tag{3.2}$$

式中, q_i 为一个点电荷的电量;r_i为点电荷到分子中心的距离;ε_0为真空介电常数; $\boldsymbol{e}_i$ 为从点电荷 q_i 指向分子中心位置的单位矢量。这个体系使用了等量异号的两个点电荷,所以 $n = 2$。当 r 从 8 Å 变化到 100 Å 时,电场强度范围可以从 1.44×10^7 V/m 增加到 2.25×10^9 V/m,这足够用来模拟电子器件中的真实电场环境。表 3.2 给出了不同电场强度下 BT 的几何参数。以中性分子的几何构型参数为基准,由电场微扰引起的构型参数变化为偏差,汇总结果如图 3.3 所示。当电场强度增加到 2.25×10^9 V/m 时,键长的最大偏差在 ± 0.005 Å。其中,$B2$ 和 $B6$ 的变化最大。值得注意的是,键 $B2$ 和 $B6$ 都是与具有高电子密度的硫原子相连的化学键,这意味着 BT 中易于极化的键更易受电场的扰动而变形。随着电场强度的增大,分子的键角变化不明显,仅有± 0.1°。

表 3.2　AM1 方法计算的不同电场强度下分子的几何参数

E/(×10^7 V/m)	225.3	100.1	64.08	36.04	23.06	16.02	5.76	1.44
B1/Å	1.4258	1.4249	1.4247	1.4245	1.4244	1.4244	1.4244	1.4243
B2/Å	1.6839	1.6862	1.6867	1.6870	1.6872	1.6873	1.6874	1.6875
B3/Å	1.3876	1.3874	1.3874	1.3874	1.3874	1.3874	1.3874	1.3874
B4/Å	1.4260	1.4264	1.4265	1.4265	1.4265	1.4265	1.4265	1.4265
B5/Å	1.3800	1.3792	1.3790	1.3789	1.3789	1.3788	1.3788	1.3788
B6/Å	1.6621	1.6640	1.6644	1.6647	1.6649	1.6649	1.6650	1.6651
B7/Å	1.0914	1.0917	1.0918	1.0919	1.0919	1.0920	1.0920	1.0920
A1/(°)	126.7035	126.7097	126.7056	126.6963	126.6874	126.6864	126.6803	126.6790
A2/(°)	110.7772	110.7207	110.7053	110.6940	110.6889	110.6847	110.6808	110.6779
A3/(°)	111.7443	111.7993	111.8145	111.8227	111.8302	111.8345	111.8368	111.8413
A4/(°)	111.5637	111.6136	111.6237	111.6305	111.6343	111.6346	111.6362	111.6382
A5/(°)	111.9087	111.8920	111.8887	111.8867	111.8854	111.8854	111.8854	111.8842
A6/(°)	94.0032	93.9731	93.9669	93.9624	93.9608	93.9604	93.9587	93.9580
D/(°)	130.6735	142.3139	145.5290	148.1338	149.4426	150.0861	151.1686	151.9345

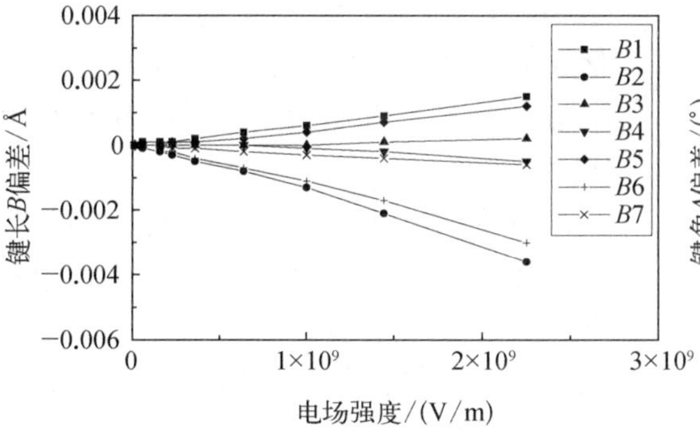

(a) 键长

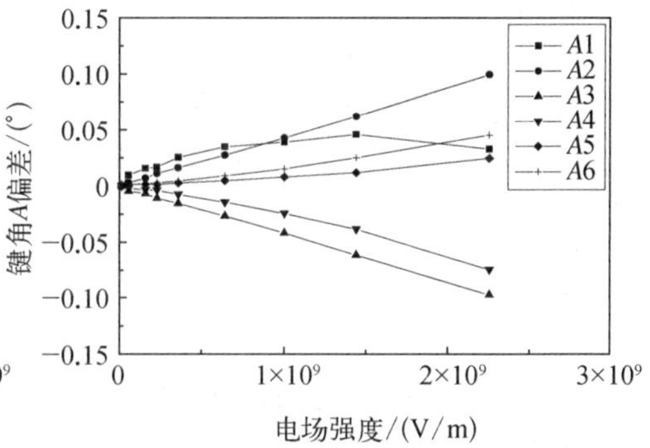

(b) 键角

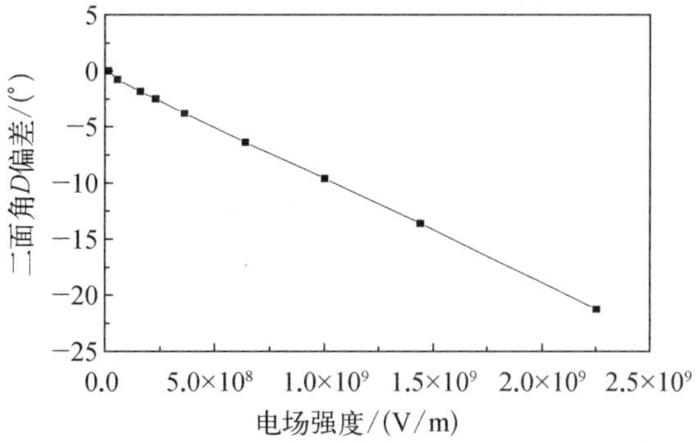

(c) 二面角

图 3.3　AM1 方法计算的电场对 BT 分子几何参数的影响

3.1.2 电场对共轭小分子电子结构的作用

在电场作用下,通过半经验和从头算可知中性 BT 的 C2 对称性被破坏。两个环上大部分结构向相反的方向变形。相对于分子的键长和键角,电场对分子二面角有极大的影响。当电场强度从 1.44×10^7 V/m 增加到 2.25×10^9 V/m 时,二面角变化为 21°,使得 BT 分子更为扭曲。在这种共轭分子中,两个噻吩环之间的 π 共轭有利于稳定共面构象,而两个环之间的空间排斥有利于非共面构象。这种具有一定二面角的 BT 构象体是由两种相互作用共同影响的。在没有电场作用的情况下,两个环上的对称 π 电子可以使共轭最大化有利于共面结构。当电场对 BT 分子产生扰动时,驱动高移动性的 π 电子发生迁移,从而产生新的分布。在这种情况下,共轭程度明显小于中性分子。因此,空间排斥使 BT 变得更加扭曲。应该指出,共轭聚合物的许多特有性质,如电导率、极化率和光谱特征,都是由这种分子的一维离域化主导的。在 BT 这个例子中,电场强度增大到 2.25×10^9 V/m 可使 BT 分子的二面角变化约 21°。这表明电场对共轭结构的影响是非常显著的。为了验证这一结论,我们进一步研究 BT 分子的最高占据轨道(HOMO)和最低未占轨道(LUMO)的能级。图 3.4 描述了 HOMO 和 LUMO 能级随电场强度的变化。电场强度的增加会导致 HOMO 和 LUMO 能级都增加,这意味着 HOMO 和 LUMO 变得不稳定,即共轭被削弱。此外,HOMO 和 LUMO 之间的能级差随着电场强度增加而增加,也会导致其第一光学跃迁发生蓝移。

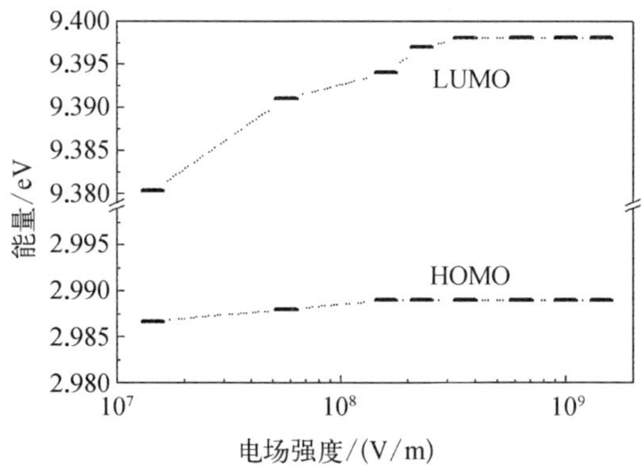

图 3.4 利用 AM1 方法得到的电场对 BT 分子的 HOMO 和 LUMO 能级的影响

本节以一种代表性的共轭小分子二噻吩为例,在近似现场的模拟环境下考察了它的几何构型和电子结构。这种理论研究方法可以为纳米和分子电子器件、电化学电极界面等多个研究领域提供有价值的参考。

3.2 电场中的聚乙炔分子导线

聚乙炔是最典型的线性 π 共轭聚合物,也是许多共轭高分子的结构基础,在分子电子器件领域具有广泛的应用前景,如制备分子导线和分子开关、发光二极管、场效应管等。因此,聚乙炔经常在研究中选作模型化合物,并对其进行了大量的实验研究和理论探讨。目前对聚乙炔的理论研究主要集中在取代、掺杂、极化、激发态等方面。但是应该看到,器件中的分子电子材料必须在电场下工作,然而过去的研究忽略了电场这一关键因素对分子电子材料的影响。我们可以把这类工作看成“非现场”(ex-situ)的理论研究。要想准确地把握器件材料在工作中的行为,从而有效地设计分子电子器件,就必须考虑电场的影响。鉴于此,我们以分子电子材料的器件应用为导向,提出了一种称为"现场"(in-situ)的理论计算方法,并在上一节初步研究了二噻吩在电场作用下的构象变化行为。

分子的几何构型、自洽场(self-consistent field,SCF)能量和分子轨道等性质与电场的定量关系,是我们设计和优化分子电子器件的关键性问题。本节利用从头算法对聚乙炔分子导线在电场作用下的行为进行理论研究,并给出聚乙炔分子导线的性质与电场强度变化的定量关系。图 3.5(a)给出了分子导线的模型结构。实际应用中,分子导线的最简单模型是其两端通过官能团连接在两个固定的金属电极上。分子自组装技术的发展为实现这一目标奠定了基础。为了准确模拟分子导线在电场中的行为,我们建立了如图 3.5(b)所示的分子模型。鉴于分子导线的功能性主体是其共轭部分,并且它在电场中的变化将直接影响分子导线的性质和功能,为了简化,我们略去了分子导线两端的连接官能团。在几何构型优化时固定 C1 和 C10 原子,其他部分的结构则保持了应有的柔性,可以在电场中移动。在 C1→C10 方向(z 方向)施加匀强电场,电场强度变化范围为 0~2.57×10^9 V/m,与分子电子器件的工作环境基本一致。本节将考察分子导线在恒定电场作用下的几何构型、自洽场(SCF)能量和分子轨道空间分布等静态行为。

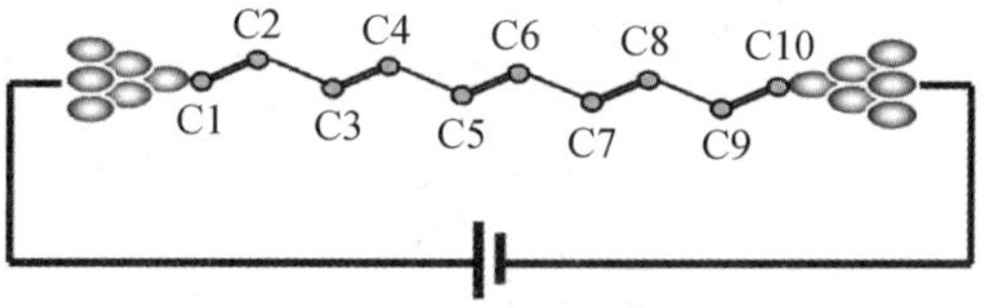

(a) 与两个金属电极连接的分子导线的示意图

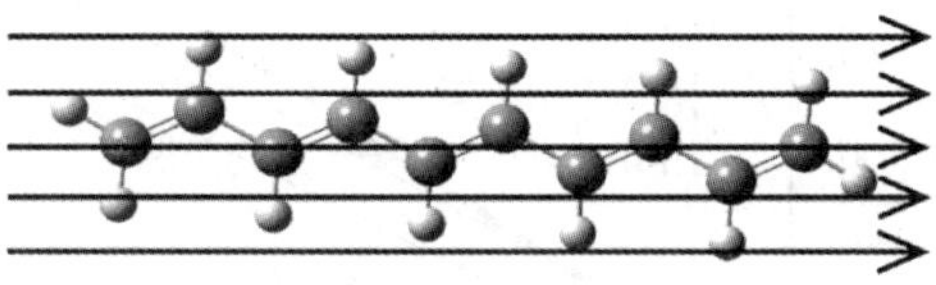

(b) 该器件的简化分子模型,电场强度的方向沿两端碳—碳原子C1→C10的方向

图 3.5　分子导线的研究方法与建模

利用 GAUSSIAN 03 程序,在 HF/6-31G、HF/6-31G*、HF/6-31G**、HF/6-31+G、HF/6-31++G、HF/6-31+G*、HF/6-31+G**、HF/D95+* 和 B3LYP/6-31G*、B3LYP/6-31+G* 水平,采用部分优化的方法(在电场中固定 C1 和 C10),计算不同电场强度下分子的几何构型等性质。对于每个基组,在不加电场时对聚乙炔分子进行严格标准的自由优化后得到 C1 和 C10 的距离。

3.2.1　外电场对分子的几何构型的影响

由于共轭作用,聚乙炔分子在无外电场时呈平面构型。尽管外电场的引入没有使这个几何特征发生改变,但分子的碳-碳单键(single bond,SB)和碳-碳双键(double bond,DB)的键长发生变化。图 3.6(a)以 HF/6-31G* 为例,给出了碳-碳双键随外电场的变化趋势。总体来看,双键随电场强度增大而伸长。其中,DB1-2、DB3-4、DB5-6 的伸长变化最为显著;DB7-8 次之,且在弱电场下有微弱的缩短;DB9-10 不仅变化的幅度小,而且有显著的先缩短再增长的趋势。在共轭体系中,π 电子具有离域性和流动性,因此外电场会使 π 电子向高电势方向移动,在分子内形成偶极,最终形成新的电子云分布,进而影响分子的几何构型。双键长度的变化受碳原子上所荷负电的排斥作用和共轭作用的双重影响。本节中，高电势施加在 C1 端，π 电子向 C1 端的流动不仅导致 C1 端双键的共轭性增强，而且积累更多的负电荷。低电势作用下 C10 端虽然共轭性降低，但所荷负电也减少。从图 3.6(a)的结果分析可知，电场使体系电荷重新分布，是双键变化的主要因素。

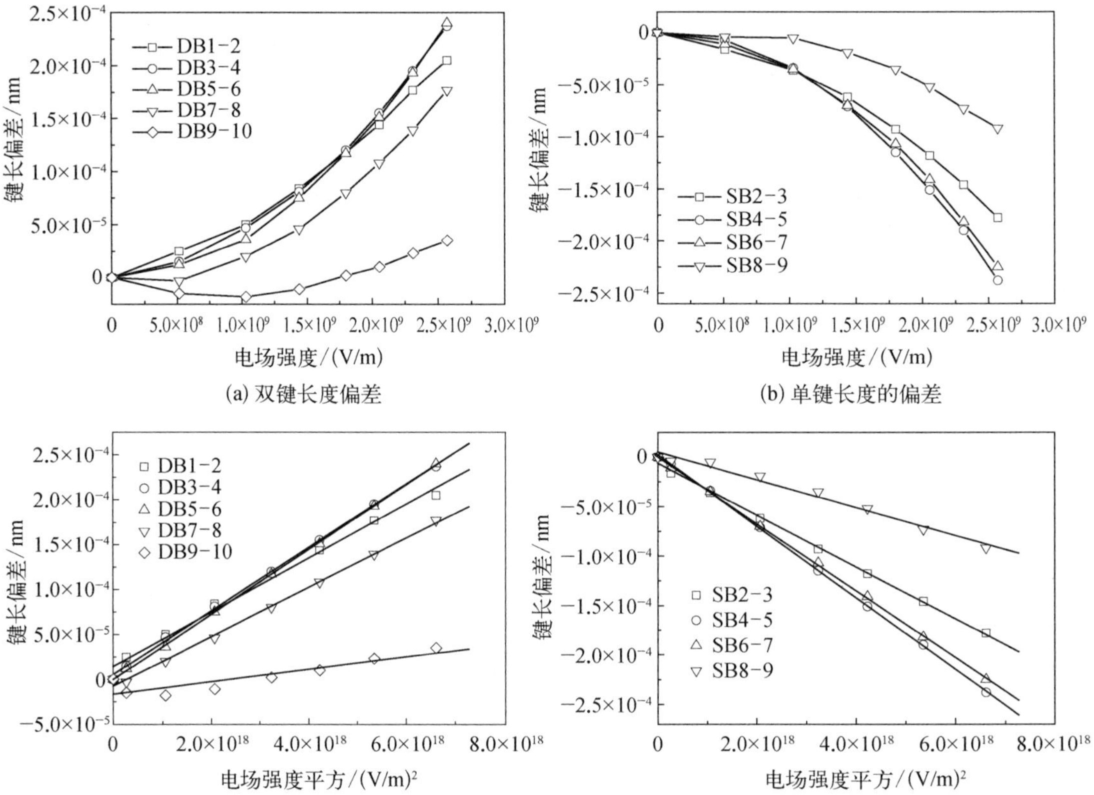

(a) 双键长度偏差

(b) 单键长度的偏差

(c) 双键长度偏差与电场强度平方（E^2）之间的关系

(d) 单键长度偏差与电场强度平方（E^2）之间的关系

图 3.6 相对于零电场时，不同电场强度下聚乙炔几何构型的变化

图 3.6(b)给出了碳-碳单键随外电场的变化趋势。可以看出，单键(SB)随电场强度增大而缩短。其中 SB4-5、SB6-7 变化幅度最大；SB2-3 次之，但在低电场处 SB2-3 的变化要比 SB4-5、SB6-7 显著；SB8-9 变化最小。从上述电场与 π 电子相互作用的角度也不难理解电场中局域共轭性增加使单键缩短的趋势。由图 3.6(a)和图 3.6(b)可知，在电场的作用下，分子导线中的双键增长，单键缩短，从而导致分子的共轭性增强。这对许多依赖于共轭结构的分子性质(如导电性、光谱等)必然产生显著的影响。进一步分析数据发现，分子中双键和单键的变化与电场强度的平方具有线性关系，如图 3.6(c)和图3.6(d)所示。对于其他几组的研究，也得到基本一致的结论。

3.2.2 电场对自洽场能量和偶极矩的影响

以 HF/6-31G* 的计算为例，图 3.7 给出了聚乙炔分子导线自洽场(self-consistent

field,SCF)能量和偶极矩随外电场的变化关系。从图中可以看出,随着外电场的增加,SCF 能量减小,偶极矩呈现线性增加。

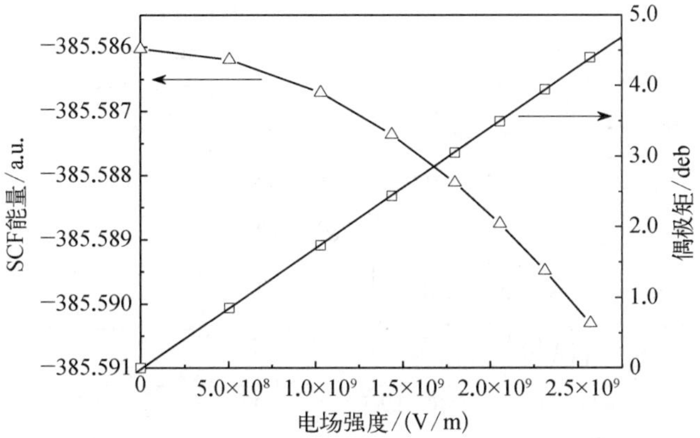

图 3.7　电场强度对聚乙炔自洽场能量和偶极矩的影响

注:1 deb = 3.33564 × 10^{-30} C·m。

在均匀地沿着分子纵向的外电场(E)中,中心对称分子体系的能量(ε)可以展开为

$$\varepsilon(E)=\varepsilon(0)-\mu(0)E-\frac{1}{2!}\alpha E^2-\frac{1}{3!}\beta E^3-\frac{1}{4!}\gamma E^4-\cdots \tag{3.3}$$

式中,$\varepsilon(0)$是零电场下分子的能量;$\mu(0)$是分子的永久偶极矩(即无外电场下的偶极矩);α 为极化率;β 为第一超极化率;γ 为第二超极化率;E 为沿着分子轴方向的电场强度。利用最小二乘法拟合 SCF 能量与电场的关系可以求得分子的极化率,结果表明,HF 计算得到的 α 在 339~371 a.u.范围内变化,HF 计算的结果从整体上小于由 B3LYP 计算得到的 α。此外,电场也改变了电荷在分子骨架上的分布,表现为诱导偶极在所考察的电场强度范围内呈现线性增长。

3.2.3　电场对能隙的影响

分子的最低未占轨道和最高占据轨道,以及它们之间的能量差(即能隙,E_g)是决定分子物理化学性质的关键因素。例如,LUMO 和 HOMO 与分子的化学活性相关;E_g是电子激发过程所需的最低能量,它也反映物质导电能力和光谱性质。图 3.8 总结了不同算法和基组计算所得的 LUMO 和 HOMO 能级随电场强度的变化关系。图 3.8(a)是 HF/6-31G、HF/6-31G* 和 HF/6-31G** 优化的结果。基组 6-31G* 又可写为 6-31G(d),一个“*”表示对非氢原子添加一个 d 轨道极化函数。基组 6-31G** 又可写为 6-31G(d,p),两个“*”表示对非氢原子添加一个 d 轨道极化函数的同时,对氢原子添加一个 p 轨道的极化函数。可以看出,与 HF/6-31G 相比,添加极化函数计算的 HOMO 整体上降低,LUMO 升高;LUMO 的变化比 HOMO 显著。而添加一个极化函数和两个极化函数的差别很小,如 HF/6-31G* 比 HF/6-31G** 计算的 LUMO 高 0.50%~0.55%,HOMO 高0.02%~0.03%。这是由于电场对聚乙炔共轭体系的影响主要体现在碳链骨架的 π 共轭体系上,

因此电场对加在碳原子上的极化函数作用显著，而对加在氢原子上的极化函数影响甚微。所以添加极化函数能够改善计算结果，但 HF/6-31G* 和 HF/6-31G** 的计算结果没有显著的差别。

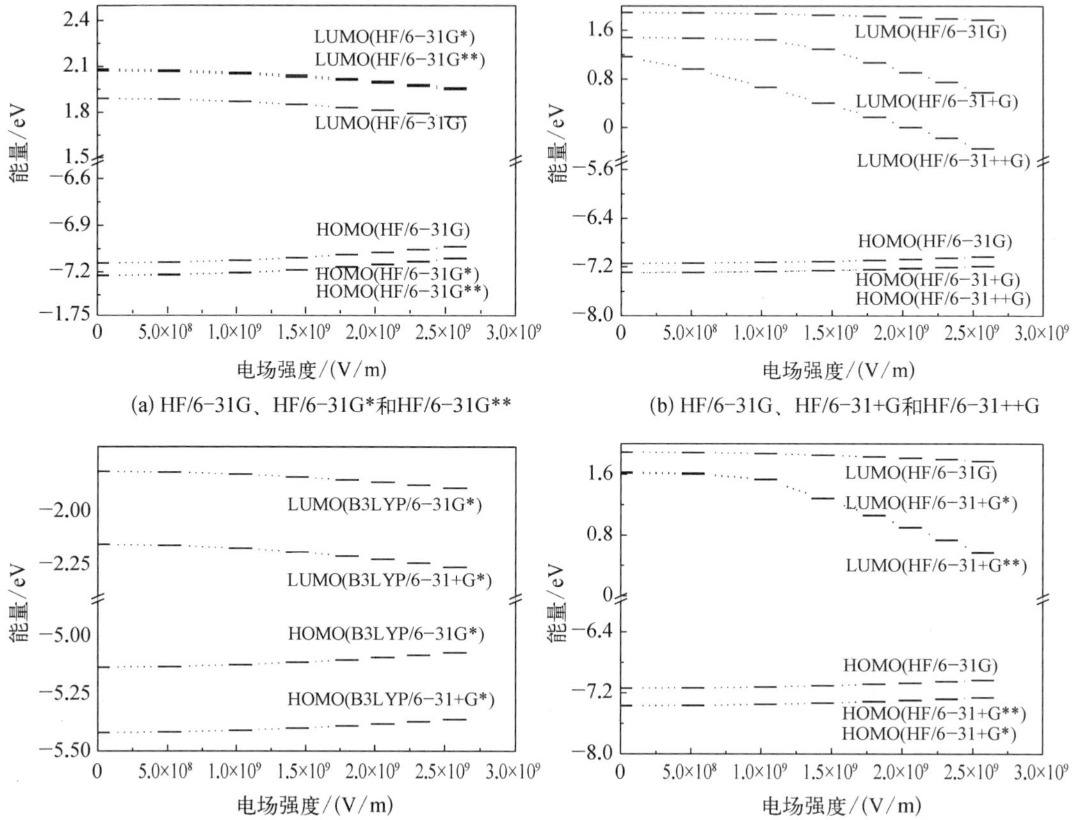

(a) HF/6-31G、HF/6-31G*和HF/6-31G**　(b) HF/6-31G、HF/6-31+G和HF/6-31++G

(c) B3LYP/6-31G*和B3LYP/6-31+G*　(d) HF/6-31G、HF/6-31+G*和HF/6-31+G**

图 3.8　不同方法计算的电场对聚乙炔 HOMO 和 LUMO 能级的影响

图 3.8(b)是以 HF/6-31G、HF/6-31+G、HF/6-31++G 为基组计算得到的 LUMO 和 HOMO 随电场强度的变化关系。基组中以“+”表示弥散函数，添加弥散函数可以改进轨道的径向分布，适用激发态和阴离子体系等，一个“+”表示对非氢原子添加一个弥散函数，两个“+”表示非氢原子添加一个弥散函数的同时，对氢原子也添加一个弥散函数。从图中可以看出，HF/6-31+G 和 HF/6-31++G 计算的 LUMO 和 HOMO 的能量都比 HF/6-31G 计算的低，其中 LUMO 变化更为显著，HOMO 能量变化相对较小。添加一个和两个弥散函数 HOMO 几乎没有变化，这与添加极化函数类似。由上面讨论可知，电场影响主要是通过对 π 共轭体系施加作用而实现的，H 原子的贡献不显著。然而由图 3.8(b)可知，LUMO 随弥散函数数量的增加而显著降低，特别是在高场强下，这说明添加弥散函数将夸大电场对共轭分子的作用。

图 3.8(c)是采用密度泛函理论 B3LYP/6-31G* 和 B3LYP/6-31+G* 方法优化后的 LUMO 和 HOMO 随电场强度的变化关系。首先，B3LYP 计算得到的 LUMO 明显比 HF 计

算的结果低，而 HOMO 高。此外，B3LYP/6-31+G* 计算的 LUMO 和 HOMO 比 B3LYP/6-31G* 计算的低，这与 HF 方法中添加弥散函数对计算结果的影响是一致的［图 3.8(b)］。此外，对比图 3.8(b) 和图 3.8(c) 可以看出，随着外电场的增加，HF 方法中弥散函数对 LUMO 的影响显著高于 B3LYP 方法，进一步说明 HF 方法中添加弥散函数夸大了电场对共轭分子的作用。

为了考察同时添加极化和弥散函数的影响，我们比较了 HF/6-31G、HF/6-31+G*、HF/6-31+G**，如图 3.8(d) 所示。从图中可以看出，HF/6-31+G* 和 HF/6-31+G** 计算的 LUMO 和 HOMO 均低于 HF/6-31G，并且 LUMO 的变化比 HOMO 更为显著，这与图 3.8(b) 的变化趋势是一致的。但 HF/6-31+G* 与 HF/6-31+G** 的计算结果差别非常小，如 HF/6-31+G* 比 HF/6-31+G** 计算的 LUMO 仅高 0.36%～0.90%，而 HOMO 仅低 0.01%～0.02%，图中显示两者重叠在一起。

从上文详细的数据对比中可以看出，在 HF 方法中，极化函数对 HOMO 和 LUMO 的能量有影响，但使用一个极化函数和使用两个极化函数对计算结果影响甚微，因此合理的选择是添加一个极化函数；尽管弥散函数对计算结果有显著的影响，但根据以上论述，我们可以认为添加弥散函数夸大了电场对共轭体系的极化作用，因此合理的选择是不添加弥散函数。这个原则同样适用于 B3LYP 的计算。

通过进一步分析，可以发现 HF/6-31G、HF/6-31G* 和 HF/6-31G** 计算的 LUMO-HOMO 能量差 E_g 的变化与电场强度平方具有很好的线性关系，相关系数均高达 0.9999，如图 3.9(a) 所示；B3LYP/6-31G* 和 B3LYP/6-31+G* 的计算结果也显示了同样的线性关系，如图 3.9(b) 所示。由于弥散函数夸大了电场对共轭分子的作用，HF/6-31+G、HF/6-31++G、HF/D95+*、HF/6-31+G* 和 HF/6-31+G** 则没有给出相应线性关系，如图 3.9(c) 和图 3.9(d) 所示。

通过比较不同计算方法和基组得到的能隙与电场强度平方的斜率的绝对值(k)，可以考察能隙随电场变化的敏感性。结果表明，采用 B3LYP/6-31+G* 和 B3LYP/6-31G* 计算得到的 k 相近，分别为 2.13×10^{20} eV·m^2/V^2 和 2.52×10^{20} eV·m^2/V^2；HF 算法中 6-31G、6-31G* 和 6-31G** 的 k 比 B3LYP 略大，分别为 3.40×10^{20} eV·m^2/V^2、3.50×10^{20} eV·m^2/V^2 和 3.50×10^{20} eV·m^2/V^2。k 的大小反映了 E_g 对外电场变化的敏感性，而 E_g 是反映物质导电性和光谱性质的一个重要参数，因此了解 k 值对准确地把握分子电子材料在器件工作中的表现、有效地设计分子电子器件和电致变色器件等具有重要意义。

计算结果表明，在外电场作用下，聚乙炔分子导线仍表现为共平面构型，与不加外电场时相比，外电场的作用可以使分子导线变得更共轭，具体表现为碳-碳单键变短，双键变长。除两端的化学键外，其余的键长变化均与电场强度的平方呈线性关系；随外电场的增加，聚乙炔分子导线的 SCF 能量降低，偶极矩线性增加；随外电场的增加，聚乙炔分子的 LUMO 能量降低，HOMO 能量升高。不使用弥散基组时，HF 方法计算的 E_g 与电场强度的平方具有线性关系；使用弥散基组时，这种关系有所偏离。然而无论是否添加弥散函数，B3LYP 计算的 E_g 与电场强度的平方都具有很好的线性关系。

由以上计算结果和论述可以看出，分子导线与人们常识中理解的金属导线有很大差异。这种差异的一个根本原因是电子的移动性(或者称为离域性)。对于分子导线，尽管

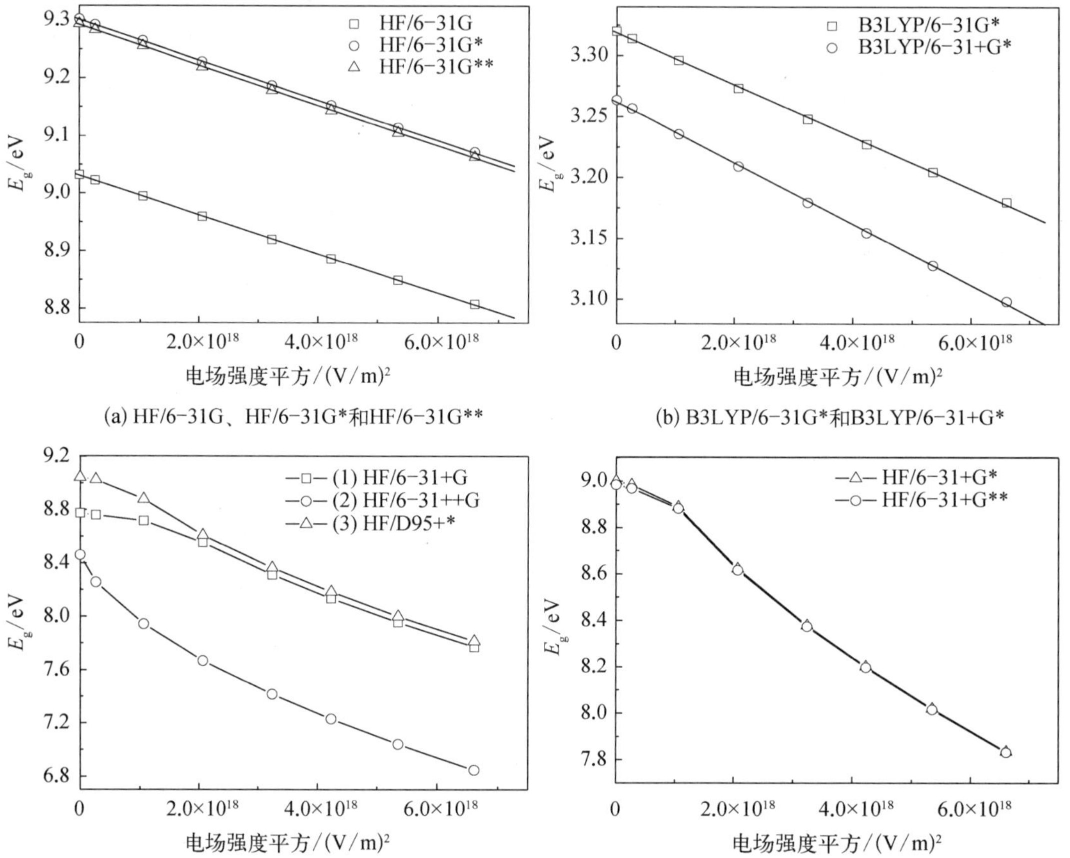

(a) HF/6-31G、HF/6-31G*和HF/6-31G**　　(b) B3LYP/6-31G*和B3LYP/6-31+G*

(c) HF/6-31+G、HF/6-31++G和HF/D95+*　　(d) HF/6-31+G*和HF/6-31+G**

图 3.9　不同方法计算的分子能隙(E_g)与电场强度平方(E^2)的关系

π 电子具有一定程度的离域性,但是相比于金属,离域能力或流动能力是有限的,而定域是本质的。因此在电场中,分子导线中的 π 电子受电场作用,重新分布,形成分子偶极,进而电场-偶极作用使体系能量降低。与此不同的是,宏观的金属中存在大量的自由电子,在电场的驱动下重新分布,使金属导线内部的电场为零。此外,对于绝大多数的有机分子导线,其几何构型受 π 电子重新分布的影响,产生共轭增强或排斥,导致柔软的分子构型发生变化。最为重要的是,表征分子导线导电能力的关键因素——分子能隙对电场有显著的依赖。因此经过修饰的分子导线有望实现分子整流、分子场效应管或其他分子电子器件的功能。

3.3　电场对不同长度分子导线的影响

目前对分子导线的理论研究大体上可以分为两类:静态的理论研究,通过量子化学计算方法研究分子宏观性质与微观电子结构的关系;动态电子传递过程研究,使用密度泛函理论(DFT)与非平衡态格林函数(NEGF)相结合的方法研究电子的传递机理。本节以

典型的 π 共轭结构聚乙炔(polyacetylene,PA)分子导线为主要研究对象,考察了外电场对不同长度分子导线的影响。聚乙炔是由—C_2H_2—单体聚合而成的长链共轭分子,每个碳原子有 4 个价电子,3 个价电子填充在 3 个 sp^2 杂化轨道中,其中 2 个与相邻的 C 原子成键,1 个与 H 原子成键。剩余 1 个 $2p_z$ 电子,其轨道延展方向垂直于碳平面。相邻的 $2p_z$ 轨道的重叠形成离域的 π 键。派尔斯(Peierls)相变有利于系统达到较低的能量状态,导致二聚化链结构,在 C 原子上,单键和双键交替出现,而且链上的 C 原子都位于一个平面上,因此聚乙炔是平面型高分子。图 3.10 给出了聚乙炔的 4 种同分异构体: 反-反式聚乙炔、顺-反式聚乙炔、反-顺式聚乙炔和顺-顺式聚乙炔。最常见的是反-反式聚乙炔和顺-反式聚乙炔,其中反-反式聚乙炔是热力学最稳定的体系,因此本节主要以反-反式聚乙炔为研究对象。

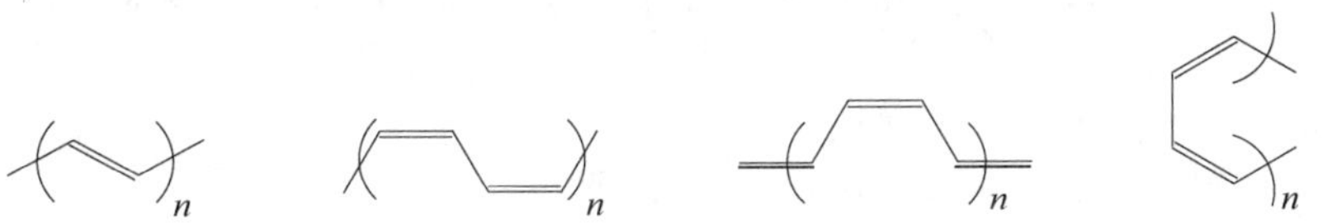

(a) 反-反式　(b) 顺-反式　(c) 反-顺式　(d) 顺-顺式

图 3.10　聚乙炔异构体

影响分子导线导电性质的因素有很多,研究中无法考虑到所有因素。图 3.11(b)给出了模拟分子导线在电场中的行为的分子模型(该模型中虚原子 X 位于 C9-C10 键的中点)。本节在几何构型优化过程中固定分子两端的 C 原子,从而实现分子在电场中的固定。匀强外电场施加在平行于两末端碳原子矢量的方向上,电场强度变化范围为 0~2.57×10^9 V/m,这基本与分子电子器件的工作环境一致。为了考察分子链长的影响,对一系列不同链长的聚乙炔分子导线[H—$(CH{=}CH)_n$—H,n = 3、5、7、9、11、13 和 15,如图 3.11(c)所示]在电场下的行为进行了研究。

3.3.1　电场对分子导线几何结构的影响

由于共轭作用,无外电场时,聚乙炔分子中所有原子呈平面分布。这个几何特征并没有因外电场的引入而发生改变。与未加外电场相比,外电场的引入使聚乙炔分子导线的碳-碳单键和碳-碳双键键长发生变化。以 9PA 的计算结果为例,图 3.12 给出了分子碳-碳键键长随外电场的变化趋势[图中键的标号见图 3.11(b)]。总体来看,与没有外电场时相比,碳-碳双键随电场强度增大而伸长,碳-碳单键随电场强度的增大而缩短。但这种变化与碳-碳键所处的位置有很大关系,其中位于分子共轭骨架中间部分的碳-碳键键长变化最为显著。这主要是因为分子骨架中间部分比两端的共轭性更好,电子的流动性更强,分子结构也更容易极化。

Bredas 等用半经验的间略微分重叠方法(intermediate neglect of differential overlap, INDO)研究了电场对给体-受体型共轭发色团的非线性光学性质的影响[3]。在他们的研究中,整个分子体系在电场中做全自由优化,电场变化范围为 0~1.0×10^{10} V/m。结果表明,在中等强度的电场条件下(0~6.5×10^9 V/m),随着电场强度的增加,分子的双

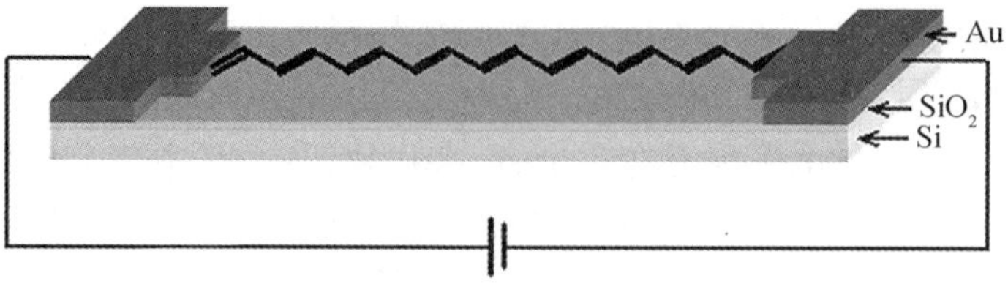

(a) 典型的分子导线示意图

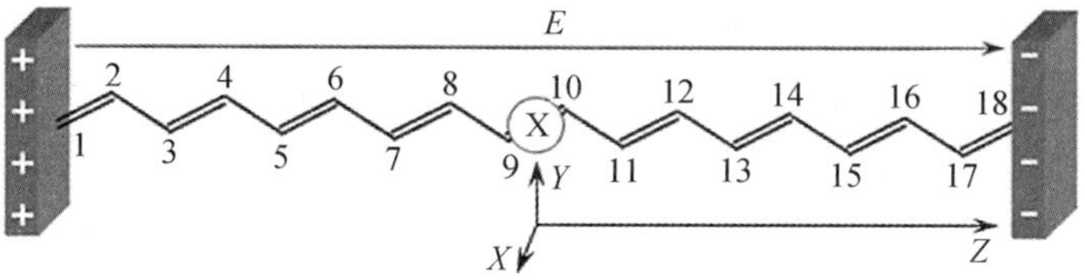

(b) 本节研究的简化分子导线的结构(外电场沿两个末端碳-碳原子间矢量C1→C18方向。虚拟原子X位于C9-C10键的中心)

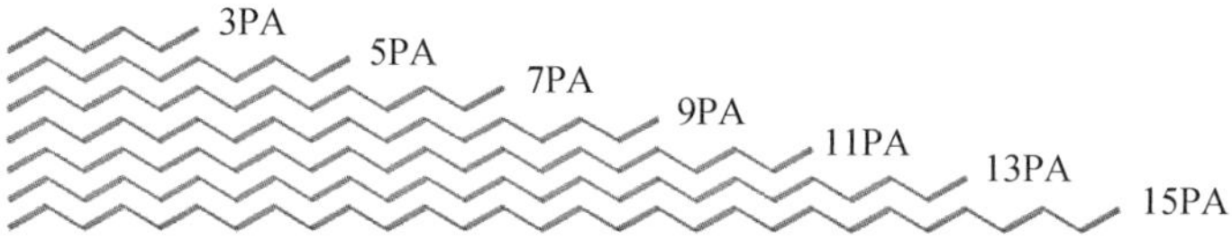

(c) 本节研究的系列PA分子的化学结构式

图 3.11 聚乙炔分子导线的器件模型与模拟模型

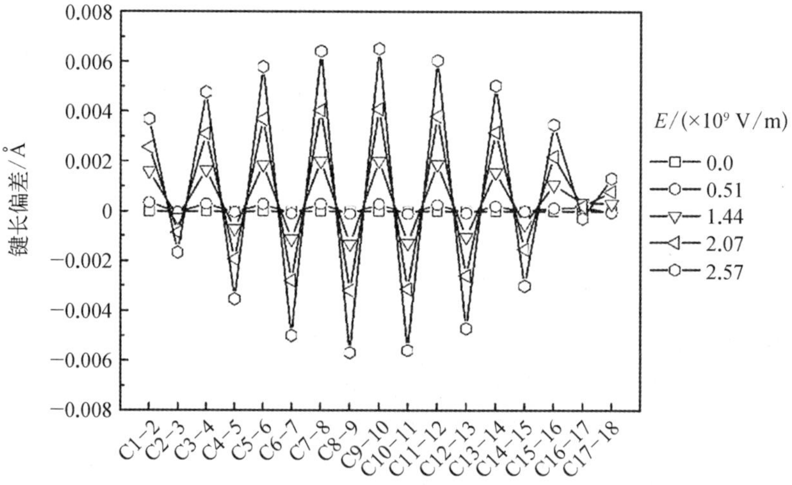

图 3.12 不同电场强度下 9PA 的键长相对于零电场时的偏差

键逐渐变长,单键逐渐变短。这种变化趋势与本章使用分子轨道从头算法(ab initio)对聚乙炔分子进行计算的结果一致。然而,在他们的计算中,当电场强度超过 6.5×10^9 V/m时,碳-碳单双键的位置出现了互换,最终,在电场强度达到 1.0×10^{10} V/m 时,所有的单键变成双键,而双键变成单键。应该指出的是,要到达 6.5×10^9 V/m 的场强,对 9PA(约 21 Å)相当于要对分子施加 13 V 的电压。显然,分子电子器件很难达到这么高的电压。本章的理论计算中用的是相对温和的电场强度（$0 \sim 2.57 \times 10^9$ V/m），这与分子电子器件实验中所用的电场强度大小是相当的。因此，本研究中没有观察到这种单双键互换的现象。

分子中的这种结构变化与分子骨架上的电荷分布是直接相关的，因此有必要考察分子中原子电荷分布随外电场强度的变化。图 3.13 给出了 9PA 分子的 Mulliken 原子电荷分布随电场强度的变化关系。从图中可以看出，所有奇数碳原子的 Mulliken 电荷减小，所有偶数碳原子的电荷增大。这是因为在外电场作用下碳-碳双键比碳-碳单键更容易极化。进一步分析数据可以发现，所有碳原子的 Mulliken 电荷变化与电场强度具有很好的线性关系。其变化趋势也与键长相似，位于分子共轭骨架中部的碳原子电荷变化最为显著。为了确定电荷在分子共轭骨架上的迁移程度，图 3.13 给出了在 2.57×10^9 V/m 电场强度下 9PA 分子中碳-碳双键上的净电荷分布。加入外电场后处于高电势端的碳-碳双键带负电荷，处于低电势端的碳-碳双键带正电荷，导致分子骨架上出现了电荷的分离。这种变化表现出很强的电场依赖性，电场强度越大，变化越明显。但是，与单个碳-碳双键相比，整个分子骨架上的电荷分离要弱得多，小了近一个数量级。即在外电场作用下，分子中的电荷分离主要发生在碳-碳双键上。

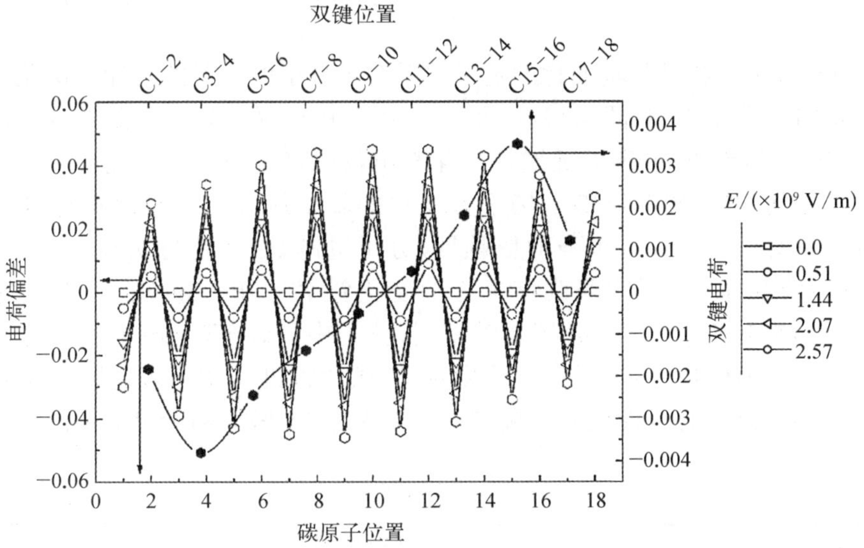

图 3.13　不同电场强度下 9PA 碳原子的马利肯（Mulliken）电荷相对于零电场时的偏差与 2.57×10^9 V/m 时双键净电荷的分布

作为一种柔性的分子电子材料，聚乙炔的几何结构很容易受外界环境的影响。在外电场的影响下，一个有趣的现象是分子骨架在整个共轭面内发生了弯曲。为了表征分子骨架的弯曲程度，我们定义了∠C1-X-C2n（X 是位于分子中央碳-碳双键的中点上虚原子，C1 和 C2n 分别表示分子两端的 C 原子）。图 3.14 给出了一系列聚乙炔分子∠C1-X-C2n 随外电场的变化关系。从图中可以看出，随着外电场的增加，∠C1-X-C2n 减小，即分子的弯曲程度增大。随着分子链长的增加，分子的弯曲程度也增大。然而，当链长达到 11PA 或更长时，变化特征趋于稳定。从上文关于分子 Mullken 原子电荷分布的分析中可以看出,在外电场作用下每个碳-碳双键都可以看成一个小的偶极,既然分子的碳-碳双键与外电场存在一个夹角,因此可以确定分子的这种结构弯曲是由外电场与分子共轭单元的诱导偶极相互作用引起的。

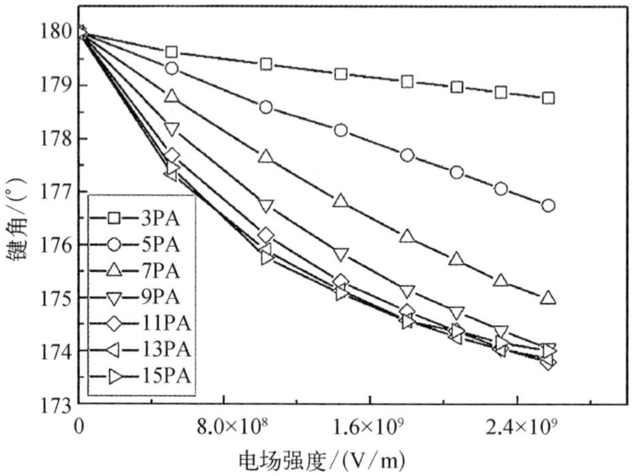

图 3.14 外电场对 PA 键角∠C1-X-C2n 的影响(反映分子的弯曲程度)

给出分子几何结构随外场变化的定量关系对于分子电子器件设计和优化有着重要的意义。以 9PA 分子为例,图 3.15(a)给出了分子中碳-碳双键键长随电场强度的变化关系。从图中可以看出碳-碳双键键长变化与电场强度平方具有很好的线性关系,其中位于分子中间的碳-碳双键随电场平方变化的斜率最大。双键键长与电场强度平方的线性关系对分子链长有很强的依赖性,分子链越长,变化也明显。此外,位于分子中段的碳-碳双键键长随电场强度平方的变化斜率与分子链长也具有很好的线性关系,如图 3.15(b)所示。与碳-碳双键不同,分子中的碳-碳单键则没有这样简单的线性关系。对数据作进一步分析,可以发现碳-碳单键键长变化与电场强度的 α 次方(α 是一个非整数)具有线性关系。随着分子链从 3PA 增加到 15PA,α 值从 1.6 增加到 3.1。

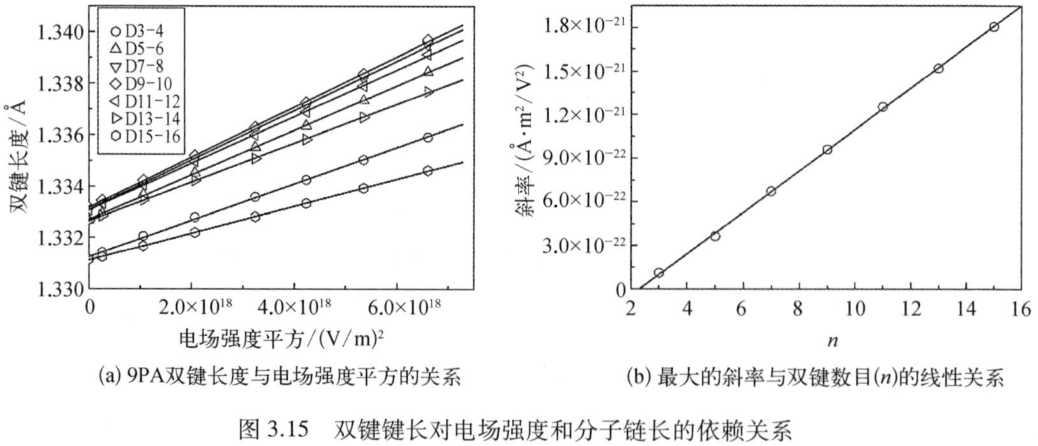

图 3.15 双键键长对电场强度和分子链长的依赖关系

3.3.2　电场对分子偶极矩和自洽场能量的影响

由于共轭分子具有离域的 π 电子,当处于电场中,分子骨架上的电荷分布很容易发生改变,因而会引起分子偶极矩和自恰场(SCF)能量的变化。图 3.16(a)是不同链长的聚乙炔分子偶极矩与外电场的变化关系。

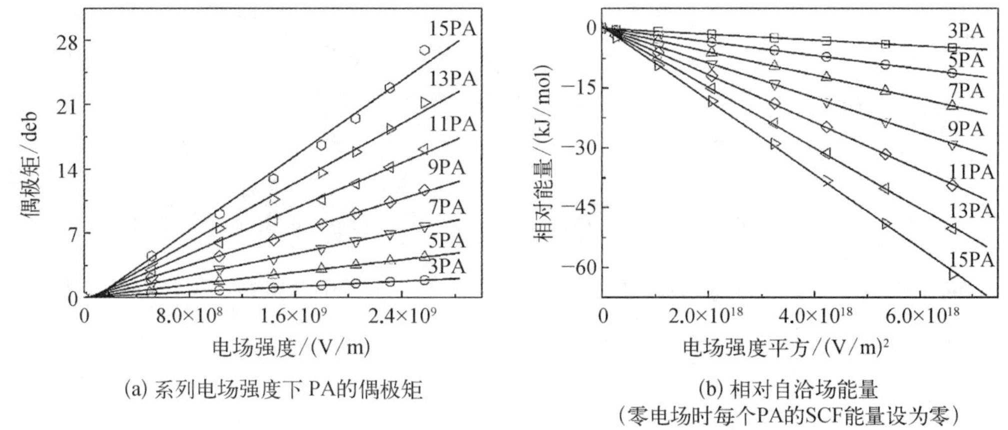

图 3.16　共轭分子性质随电场的变化

从图中可以看出,分子的诱导偶极矩随外电场的增加而线性地增长。分子链越长,这种变化越明显。这与上文聚乙炔分子的 Mulliken 电荷分布分析是一致的。

根据均匀外电场(E)的作用下分子总能量(ε)的展开式(3.3),通过最小二乘法拟合可以求出 α。因为高阶项的影响可以忽略[图 3.16(b)],所以这里只用二阶多项式进行拟合来求 α(表 3.3)。从表中可以看出,随着分子链的增长,分子的 α 也迅速增大。分子链长从 3PA 增加到 15PA 时,α 增加了将近 13 倍。这表明分子链越长,外电场对分子总能量影响也就越大。

表 3.3　不同链长的 α

分　子	3PA	5PA	7PA	9PA	11PA	13PA	15PA
α/a.u.	146.5	341.5	504.3	883.3	1195.7	1525.1	1868.8

3.3.3　电场对分子导线电子结构的影响

分子的 HOMO 和 LUMO 以及它们之间的能量差(E_g)是决定分子许多物理化学性质的关键因素。它们的大小不仅取决于分子自身的性质,还与分子所处的外界环境密切相关。尤其是当分子处在强的外电场环境中时,这些参数将发生变化。因此详细地了解这些参数随外电场的变化关系对于理解和预测分子的导电行为是重要的。图 3.17(a)给出了一系列不同长度的聚乙炔分子导线 HOMO 和 LUMO 随电场强度的变化关系。从图中可以看出,随着电场强度的增加,所有分子的 HOMO 能级上升,而 LUMO 能级降低,从而

导致分子能隙 E_g减小。对于 3PA 和 5PA，HOMO 和 LUMO 的变化并不明显。然而，当分子链长增加到 7PA 或更长时，HOMO 和 LUMO 变化得越来越显著，表明分子链越长，分子的 HOMO 和 LUMO 能级对外电场越敏感。

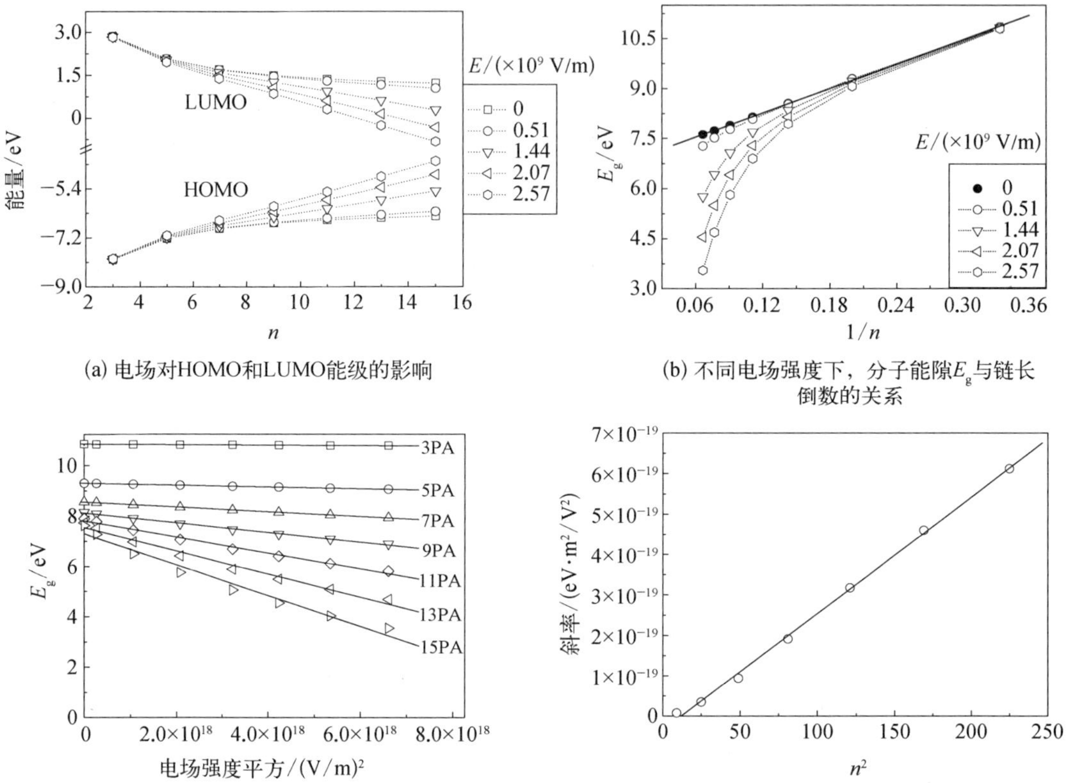

(a) 电场对HOMO和LUMO能级的影响

(b) 不同电场强度下，分子能隙E_g与链长倒数的关系

(c) E_g与电场强度平方的关系

(d) 图(c)中斜率与链长平方的线性关系

图 3.17 聚乙炔分子的轨道能级和能隙与电场强度及分子链长的关系

众所周知，直链同系物的很多性质都是分子的链长倒数的函数。图 3.17(b)给出了聚乙炔能隙 E_g与分子链长的变化关系曲线(n 是分子中的双键数)。从图中可以看出，零电场时，分子的 E_g与分子链长的倒数具有很好的线性关系。然而引入外电场后，则不再保持这种性质。这主要是因为不同链长分子的 HOMO 和 LUMO 在外电场作用下发生了能级移动。在零电场条件下，根据图 3.17(b)通过外推可以得到零电场下任意长度聚乙炔分子的$(E_g)_n$，即

$$(E_g)_n = k_0/n + (E_g)_\infty \tag{3.4}$$

式中，k_0和$(E_g)_\infty$分别是图 3.17(b)中拟合直线的斜率和截距；n 是分子中的双键数。本节中对聚乙炔分子外推，得到$(E_g)_\infty$约为 6.81 eV，这比文献中使用半经验全略微分重叠(CNDO)方法得到的值(7.46 eV)[4]和使用从头算精确交换分子轨道线性组合方法得到的值(7.24 eV)[5]略低。然而，所有这些理论计算值都要比实验值 1.35 eV[6]和 1.8 eV[7]大得多。

在近似情况下，分子电子传递的势垒高度相当于分子能隙E_g的一半。因此，了解分子能隙E_g与电场强度的变化关系对理解分子电子传递性质有参考意义。图3.17(c)给出了分子E_g与电场强度的变化关系。可以看出，随着外电场的增加，分子的LUMO-HOMO减小，而且E_g与电场强度平方具有很好的线性关系。图中还表明，线性斜率随着链长的增加而变大，这表明分子链越长，E_g对电场越敏感。例如，当电场强度从0增加到2.57×10^9 V/m时，3PA、5PA、7PA、9PA、11PA、13PA和15PA分子的E_g分别降低了0.052 eV、0.231 eV、0.619 eV、1.253 eV、2.086 eV、3.046 eV和4.077 eV。进一步分析还表明，斜率与分子链长的平方具有很好的线性关系，如图3.17(d)所示(n是分子中的双键数)。由此可见，分子的E_g不仅是外场的函数，还是分子链长的函数。根据图3.17(c)，分子在不同的电场强度(E)时，$(E_g)_{n,E}$可以表示为

$$(E_g)_{n,E}=-k_nE^2+(E_g)_n \tag{3.5}$$

式中，k_n是图3.17(c)中各直线的斜率；n是分子中的双键数；$(E_g)_n$是零电场下给定长度分子的E_g。

由图3.17(d)可知，k_n可表示为

$$k_n=k_sn^2+b_s \tag{3.6}$$

式中，k_s和b_s分别是图3.17(d)中直线的斜率和截距。近似条件下，b_s可以看作0。

将式(3.4)和式(3.6)代入式(3.5)中，则电场作用下不同链长的分子的$(E_g)_{n,E}$可以表示为

$$(E_g)_{n,E}=-(k_sn^2+b_s)E^2+k_0/n+(E_g)_\infty \tag{3.7}$$

由此可见，电场作用下分子E_g能量差随着电场强度的增加而减小，随着分子链长的增加而减小。式(3.7)给出了分子的E_g与电场强度和分子链长的定量关系。这种定量关系对理解分子电子器件电子传递过程以及分子电子器件的优化和设计提供了重要的理论参考。在以往的研究中，分子的电子传递势垒当作一个不变的常量来处理。这对于饱和烷烃是基本正确的，因为饱和烷烃的电子是定域的。然而，如式(3.7)所示，对于共轭分子，我们必须考虑外电场的影响，尤其是当分子链较长的情况。

除了分子的HOMO、LUMO以及E_g，分子轨道(尤其是费米能级附近的几条分子轨道)的空间分布也是决定分子许多物理化学性质的重要因素。对分子导线来说，分子轨道的空间分布直接决定分子的隧穿谱形状，进而决定分子的导电性质。完全离域的分子轨道可以看作电子能够导通的通道；而完全定域的轨道则阻碍电子传递。图3.18以15PA为例给出了分子的LUMO+2、LUMO+1、LUMO、HOMO、HOMO-1和HOMO-2在不同电场下的空间分布。从表中可以看出，零电场时6个分子轨道都是完全离域的；加入外电场后，所有未占据轨道(LUMO+2、LUMO+1和LUMO)都向高电势端移动，所有占据轨道(HOMO、HOMO-1和HOMO-2)都向低电势端移动，并且越是靠近HOMO、LUMO的分子轨道，这种移动越明显；电场强度越大，这种移动也越明显。分子轨道空间分布随外电场的这种变化对分子链长也表现出很强的依赖性，分子链越长，变化越明显。

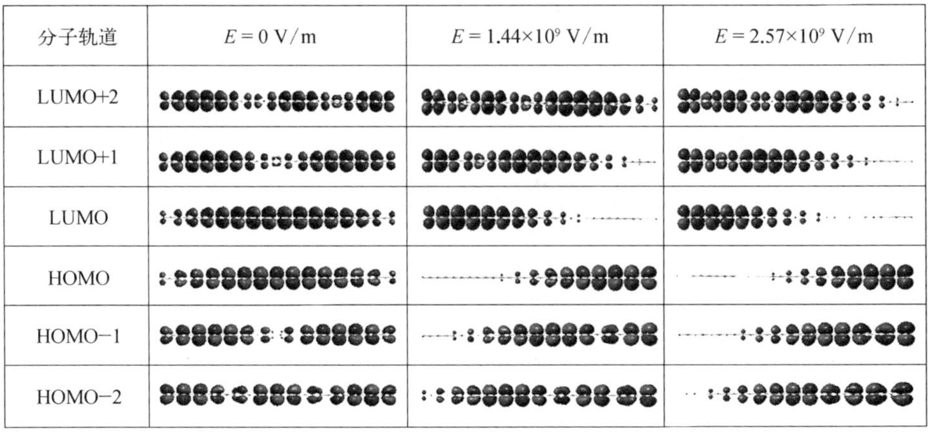

图 3.18　不同场强下 15PA 的分子轨道空间分布（包括 LUMO+2、LUMO+1、LUMO、HOMO、HOMO−1 和 HOMO−2）

3.4　电场对不同构象分子导线的影响

在众多的分子导线材料中，如共轭碳链、低聚卟啉、碳纳米管等，必须具有一个共同的功能，即允许电子由一个器件流向另一个器件，或由一个功能基团流向另一个功能基团，起到连接整个分子电子系统的作用。其中共轭分子由交替的碳-碳单双（或单三）键组成，能通过 π 体系传递电子。

聚乙炔是共轭分子中的典型代表分子，其他的许多共轭分子从本质上讲，都是从聚乙炔骨架上衍生而来的。因此，人们在实验和理论方面对其开展了很多的工作。聚乙炔有 4 种同分异构体（图 3.10）：反-反式聚乙炔（*trans*-transoid polyacetylene，Tt-PA）、顺-反式聚乙炔（*cis*-transoid polyacetylene，Ct-PA）、反-顺式聚乙炔（*trans*-cisoid polyacetylene，Tc-PA）和顺-顺式聚乙炔（*cis*-cisoid polyacetylene，Cc-PA）。其中前三种比较稳定，同时这三者的单双键排布代表了三类不同的共轭方式，我们以此为基础模型，从计算模拟角度研究这种共轭差异所带来的几何构型、电子结构等的不同。

分子导线的性质受很多因素的影响，如自身的性质、分子和电极之间的作用、电极的材料以及电极的形状等。在一个模型中考虑到所有的因素显然不具有可操作性，而且来自电极和表面的影响可以通过在分子导线两端引入饱和长链来消除。在此前提下，为了模拟分子导线在电场中的静态特性，建立了如图 3.19 所示的分子模型。因为分子导线的功能性主体是其共轭部分，并且它在电场中的变化将直接影响分子导线的性质和功能，为了简化，略去分子导线两端的连接官能团，将分子导线直接桥连在两个惰性电极之间。这种简化在很多情况下是合理的，尤其是在分子导线较长或者分子-电极耦合较弱的条件下。匀强外电场施加在平行于两末端分子矢量的方向上，电场强度变化范围为 0～2.57×10^9 V/m，这基本与分子电子器件的工作环境一致。为了考察分子链长的影响，对一系列不同链长的聚乙炔分子导线［H—（CH═CH）$_n$—H，n = 4、6、8、10、12、14 和 16］在电场下的行为进行了研究。

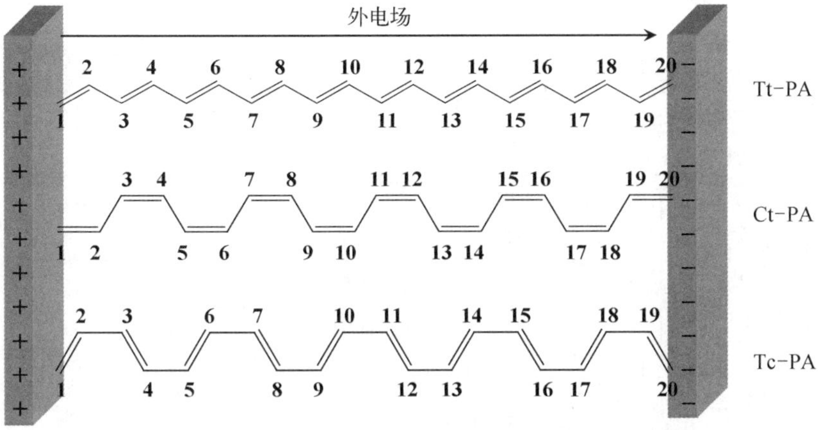

图 3.19　代表性分子导线 10-PA 的模拟结构示意图

3.4.1　电场对分子导线几何结构的影响

一般来讲,本节所考察的模型分子的构型受两个因素决定:空间排斥作用使分子扭曲,共轭作用使分子趋向平面化。在零电场下,反-反式和顺-反式聚乙炔呈平面构型,而反-顺式聚乙炔由于相邻的双键之间较强的空间排斥作用呈螺旋或交叉摆动排布。通过比较后者的一系列二面角的值可知,分子链中间的二面角最小而两端的最大,这说明反-顺式聚乙炔的中心位置的共轭性较好。当施加外电场以后,反-反式和顺-反式聚乙炔仍然保持平面性,而反-顺式聚乙炔仍然保持非平面性,但是扭曲程度变小了,即电场提高了它的平面性。这实际上是电场驱动了共轭骨架上电荷的重新排布,降低了排斥作用。图 3.20(a)给出了二面角随电场强度的变化关系。从中可以看到,D17-18-19-20 表现出先略有增加,而后降低的趋势,这是因为它位于分子链的终端,处于低电势,且端基效应比较强。其余所有的二面角均随着电场强度的增加而减小。由于分子中间位置较强的共轭性,其二面角对电场的作用表现得更为敏感。另一点需要指出的是,这些二面角的变化与电场的平方有着很好的线性关系,如图 3.20(b)所示,这在下文(4.1 节)我们对二噻吩的二面角随电场变化的研究中详细解释。

沿着共轭分子骨架的键长交替变化量,定义为相邻单双键键长之差(bond length alternation,BLA),对电子传输行为很重要。对于金属单原子线,当其呈均匀排列时,由于结构的周期性,其能带结构中不存在能隙,因此表现为导体行为。然而,一旦受到拉伸等扰动,原子会两两聚集,导致单双交替的现象,即派尔斯转变。这一转变降低了系统的总能量。值得注意的是,这种过程会引起布里渊区的改变,进而使费米能级落于新的布里渊区边界。布里渊区边界存在能带断裂现象,可能导致费米能级上升或下降,最终使得原本的金属体系发生转变,从而转变为半导体或绝缘体。另外,考虑本研究所涉及的碳原子链的情况。在电场的作用下,如果单键缩短而双键拉长,将发生逆派尔斯转变。这一反向的转变会增加分子链的导电性。因此,电场作用于单双键的长度改变碳原子链的电导性质,可为其在电子传输方面的新应用提供可能性。此外,许多其他的性质(如非线性光学性质以及光谱等)也对键长交替有着极大的依赖作用。因为三种聚乙炔异构体由相似的单双

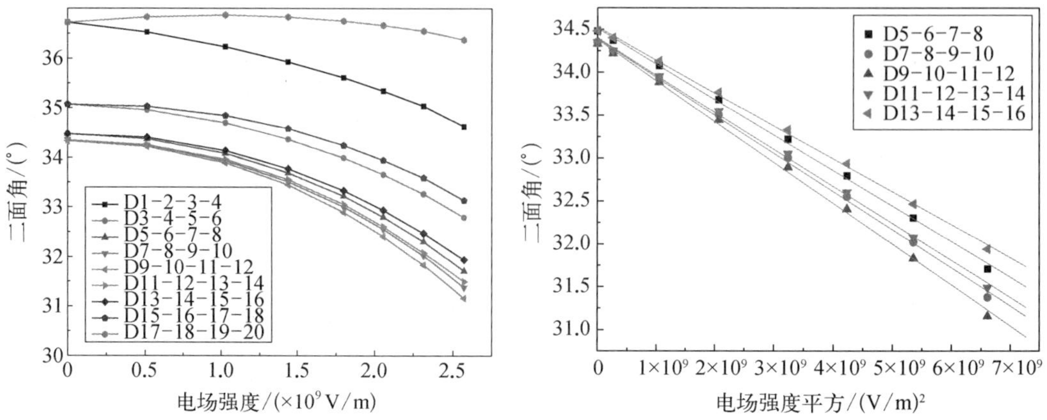

(a) 与电场强度的关系　　(b) 与电场强度平方的关系

图 3.20　施加外电场时 10-Tc-PA 二面角的变化

键构成，所以对其键长在电场作用下的变化展开详细的研究来进一步理解分子结构和分子性质之间的关系。图 3.21 展示了三个具有代表性的聚乙炔分子（10-反-反式、10-顺-反式和 10-反-顺式）在电场作用下的键长值的变化。在零电场下，反-顺式聚乙炔具有较短的双键和较长的单键。随着电场的增加，所有聚乙炔的单键开始变短，双键开始变长，共轭性增加。但是这种变化与键所处的位置有着较大的关系，变化最显著的键处于分子的中间位置，这是因为相比于两端，中心位置的 p 轨道电子云有更大程度的重叠，从而也具有更好的共轭性和流动性。

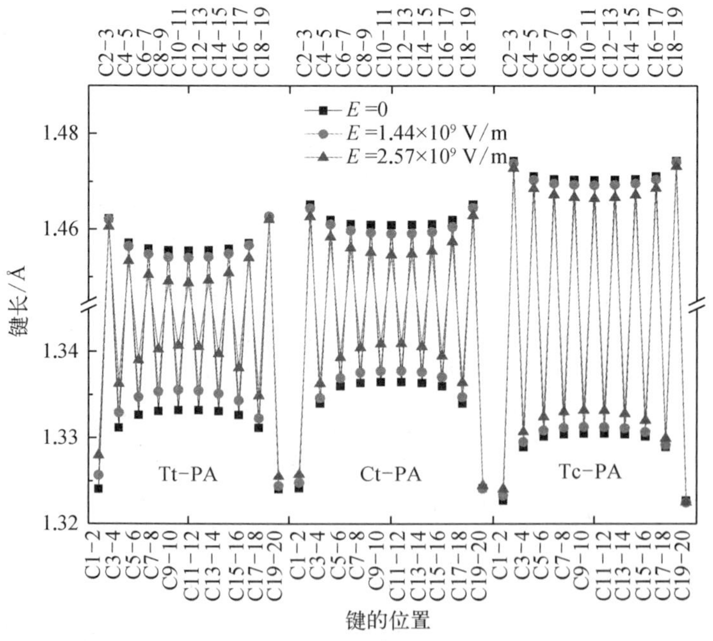

图 3.21　施加外电场时 10-PA 的键长的变化（化学键编号见图 3.19）

图 3.22 给出了三种聚乙炔在不同电场强度下的键长的相对变化，以零电场自然状态下的结构参数为参考。从图中可知，三种共轭结构对电场作用表现的敏感度是不同的。其中 Tt-PA 变化最大，而 Tc-PA 对电场最不敏感，显然这种差异来源于三者共轭性的不同，共轭性越强，则键变化越显著。这里我们仅以 10-PA 为例，不同长度的聚乙炔的键长变化展现出相似的规律。

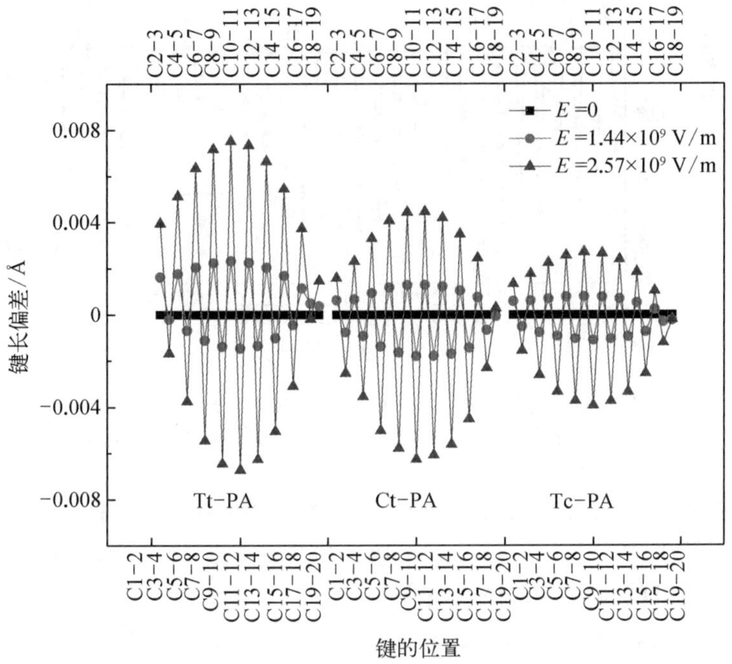

(a) 不同电场强度下10-PA键长相对于零电场时的偏差
（E为零时10-PA的键长设为参考零点）

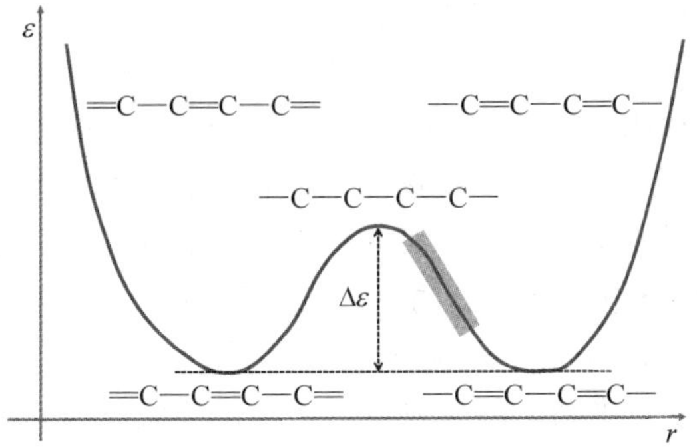

(b) 单键和双键的相对伸缩导致的碳原子链能量变化
（阴影表示模型分子键长的伸缩变化区间）

图 3.22　电场作用下键长变化与能量变化关系

图 3.23 给出了分子的 Mulliken 原子电荷分布的分析结果。图中可得出相似的结论，即双键与电场方向平行的 Ct-PA 和共轭性好的 Tt-PA 电荷变化较大，分子中段的变化较大。

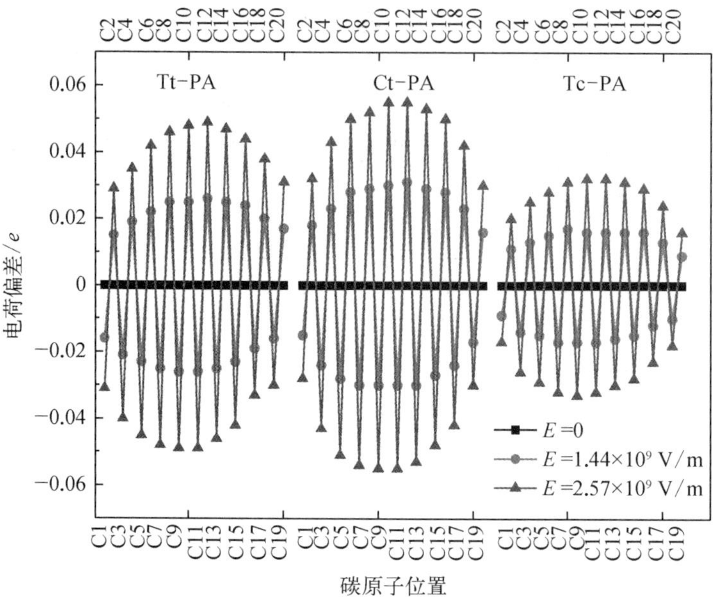

图 3.23 电场强度对 10-PA 碳原子的相对 Mulliken 电荷的影响(以 E 为零时的 Mulliken 原子电荷为参考)

3.3 节中对反-反式聚乙炔的研究表明,其双键变化与电场强度的平方存在较好的线性关系。这个特征也适用于其他两种聚乙炔异构体。我们从图 3.24(a)~(c)可以看出,这种线性特征还与键的位置有着极大的关系。共轭性最强的中间位置斜率最大,同时与链长也有着很大关系。图 3.24(d)表明,反-反式聚乙炔变化最大的双键斜率与链长有着很好的线性关系,但是另外两种构型出现了轻微的偏离。同等长度时,三者斜率大小依次为反-反式>顺-反式>反-顺式。我们也对单键键长的变化做了类似的数据分析,发现单键的变化与电场之间并不存在简单的线性关系。

作为一种柔性的分子电子材料,聚乙炔的几何结构很容易受到外界环境的影响。随着电场的增加,一个有趣的特征是反-反式聚乙炔分子骨架在整个共轭面内发生了弯曲。虽然对于较短链长的分子,它的弯曲弧度不是很大,但是当链长较长时,这一现象变得明显。但是其他两种异构体并没有发生这种弯曲,即使当我们把电场强度增加到 2.57×10^9 V/m。我们可以用外电场和分子诱导偶极之间的作用来理解这种现象。在零电场下,由于对称性,分子不具有偶极矩,但施加偏压以后,原子核与电子沿着电场向相反的方向发生了移动,并达到新的平衡。由于双键的局域诱导偶极远大于分子的全局诱导偶极,因此可以通过把双键的偶极矢量进行加和来分析由双键的诱导偶极和电场的作用而产生的分子内张力,从而理解电场作用下线性共轭分子发生的弯曲变形。

3.4.2 电场对聚乙炔偶极矩的影响

外电场的施加会使共轭有机分子的 π 电子离域移动,从而导致整个分子链的电荷产生重新分布,进一步改变分子的偶极矩。共轭性越好的分子偶极矩变化越明显。所以研究偶极矩随电场的变化对更好地理解电子传输能力起到辅助作用。图 3.25(a)给出了顺-

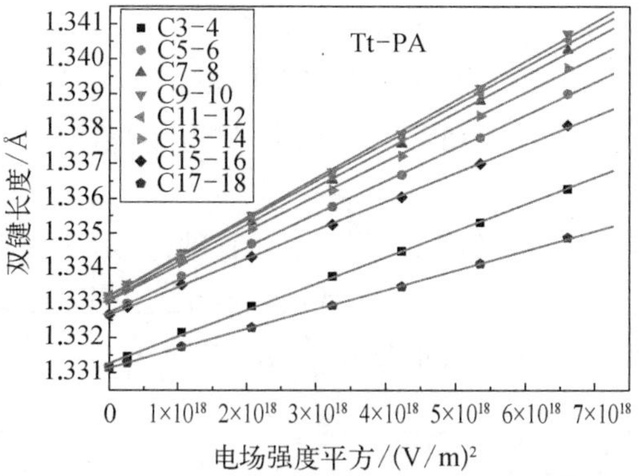

(a) 10Tt-PA双键长度（d_{double}）与E^2的线性关系

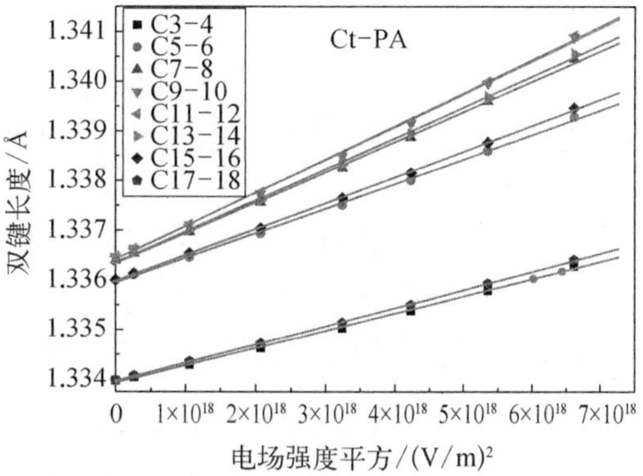

(b) 10Ct-PA双键长度与E^2的线性关系

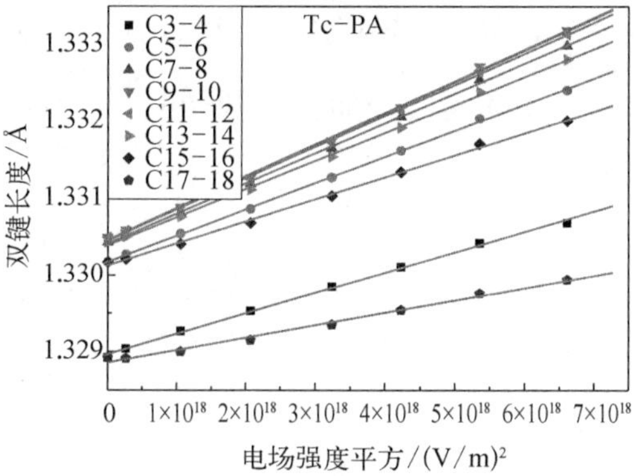

(c) 10Tc-PA双键长度与E^2的线性关系

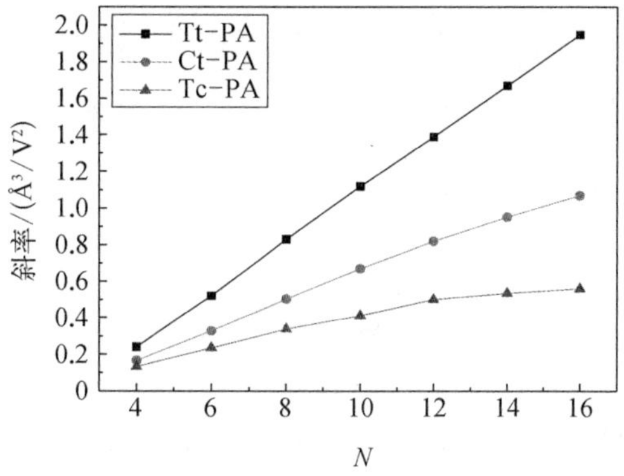

(d) 三种异构体d_{double}~E^2的最大线性斜率和双键数（N）的关系

图 3.24　电场作用下分子结构的变化

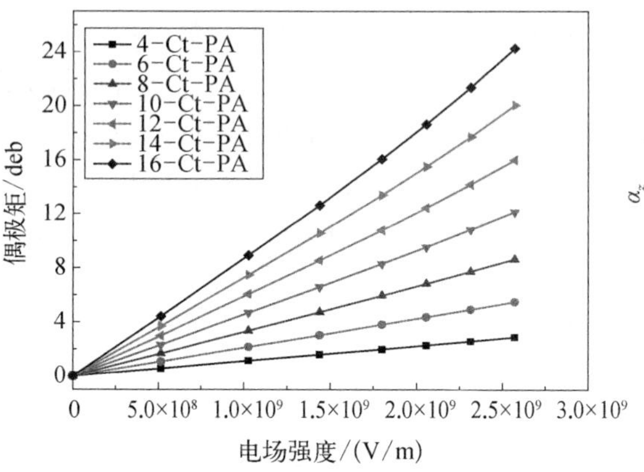

(a) 不同电场强度下系列Ct-PA分子的偶极矩

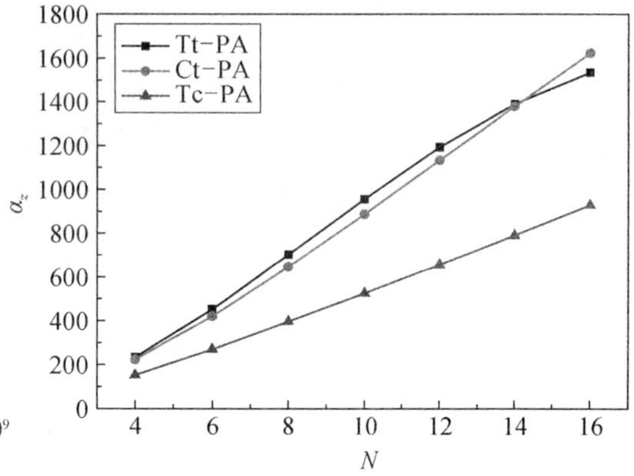

(b) 三种PA异构体的偶极矩对电场的一阶导数α_z与双键数（N）的关系

图 3.25　分子偶极矩的变化

反式聚乙炔的偶极矩随电场的变化情况。从图中可知,分子的偶极矩变化与电场有着很好的线性关系,而且分子链越长,这种变化越剧烈。尽管 Kirtman 等的研究表明,在极高的电场下[8],这种线性关系是不存在的,但是他们模拟的高达 2.57×10^{10} V/m 的电场强度在分子电子器件的实际应用中难以达到。本节采用从 $0\sim2.57\times10^{9}$ V/m 的电场强度,在实践中是可以获得的[9,10]。

表 3.4 列出了不同长度的三种聚乙炔异构体的偶极矩。我们可以看到,三者大小依次为反-反式>顺-反式>反-顺式,这和上文中三者的共轭性是一致的。我们还可以发现,反-顺式聚乙炔的偶极矩明显小于其他两个,这一点与其扭曲的分子链结构有关。

表 3.4 三种不同链长的 PA 分子在不同电场下的偶极矩
(偶极矩单位为 deb,E 单位为 V/m)

PA	0	0.51×10^9	1.03×10^9	1.44×10^9	1.80×10^9	2.06×10^9	2.32×10^9	2.57×10^9
4-Tt-PA	0	0.60	1.20	1.68	2.10	2.40	2.71	3.02
10-Tt-PA	0	2.59	5.18	7.31	9.25	10.70	12.23	13.85
16-Tt-PA	0	4.84	9.87	14.08	18.12	21.38	25.18	30.14
4-Ct-PA	0	0.57	1.14	1.60	2.00	2.29	2.58	2.87
10-Ct-PA	0	2.33	4.68	6.59	8.30	9.54	10.84	12.16
16-Ct-PA	0	4.42	8.93	12.65	16.07	18.63	21.35	24.28
4-Tc-PA	0.05	0.39	0.78	1.09	1.37	1.57	1.77	1.97
10-Tc-PA	0.06	1.40	2.82	3.99	5.05	5.84	6.66	7.51
16-Tc-PA	0.01	2.52	5.08	7.05	9.19	10.67	12.24	13.85

根据泰勒展开公式,在均匀外电场(E)作用下,分子的诱导偶极矩 $\mu(E)$ 可以表示为

$$\mu(E)=\alpha_z E+\frac{1}{2!}\beta_z E^2+\frac{1}{3!}\gamma_z E^3+\cdots \tag{3.8}$$

式中,α_z、β_z、γ_z 分别是分子偶极矩对外电场的一阶导数、二阶导数、三阶导数。Champagne 等的研究指出,这个关系式对于共轭体系的特殊极化并不准确[11],例如,当共轭体系的极化是由供体/受体取代、外电场或者两者同时作用而引发的。所以必须指出,α_z、β_z、γ_z 不是直接对应着分子的极化率、第一超极化率和第二超极化率。因为高阶项的影响可以忽略,所以这里只用二阶多项式进行拟合来求取 α_z 的值。图 3.25(b)给出了 α_z 随长度的变化,从中我们看到,三种聚乙炔的一阶导数随着链长的增长而增加,而且顺-反和反-顺式聚乙炔都有着很好的线性关系。反-反式聚乙炔的分子结构在高电场下的弯曲可能导致 α_z 偏离线性关系。

3.4.3 电场对聚乙炔电子结构的影响

分子的几何构型决定其电子结构,也对其性质产生本质的影响。其中,最高占据轨道和最低未占轨道是关键因素。HOMO 包含分子中最高能级的占据电子,其在光激发或化学反应中起着关键作用,促使电子从 HOMO 向 LUMO 跃迁,并会触发新的激发态

分子构型。分子的反应活性也与 HOMO 能级有关，较高的 HOMO 能级使分子更易失去电子，参与电子的给予反应。相反，LUMO 是未占据的最低能级轨道，受激过程中可以接收来自 HOMO 的电子。在许多化学反应中，LUMO 也是电子接受的位置。分子的反应活性也与 LUMO 的能级相关，具有较低 LUMO 能级的分子更易接受电子，参与电子接受反应。而在本研究中，HOMO 和 LUMO 的相对能级决定了分子的电子传递能力，其在电场作用下的移动规律对于理解分子输运性质具有重要的意义。图 3.26 给出不同长度的顺-反聚乙炔分子导线的 HOMO 和 LUMO 随外电场的变化关系。

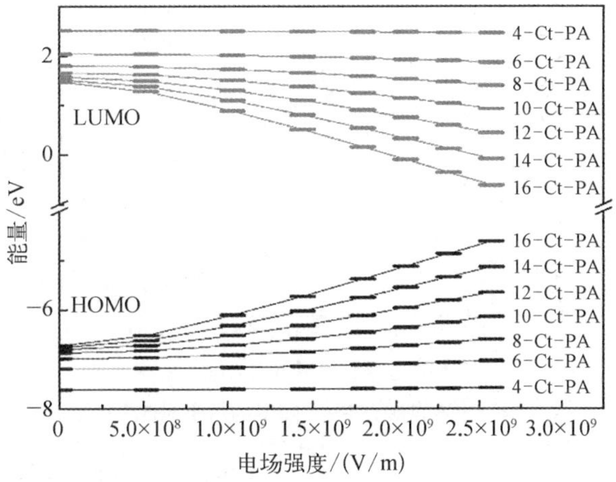

图 3.26　不同电场强度下系列 Ct-PA 分子的 HOMO 和 LUMO 能级

从图中可以看出，随着外电场的增加，短链分子的变化并不明显，如 4-Ct-PA 和 6-Ct-PA。然而，当分子链长增加到 8-Ct-PA 或更长时，分子的 HOMO 和 LUMO 随外电场的变化而变得越来越显著，表现为 HOMO 上升，LUMO 降低，而且两者几乎呈对称变化，从而导致它们的能量差减小。当电场强度从零增加到 2.57×10^9 V/m 时，七个不同链长的顺-反聚乙炔分别降低了 0.1 eV、0.33 eV、0.78 eV、1.46 eV、2.29 eV、3.22 eV 和 4.21 eV，最大(16-Ct-PA)值和最小(4-Ct-PA)值相差超过 42 倍。反-反聚乙炔和反-顺聚乙炔也具有相似的变化趋势，且 E_g 的变化更加剧烈。反-反聚乙炔和反-顺聚乙炔分别相差 80 倍和 50 倍。这表明，反-反式聚乙炔的共轭性更强，对电场更敏感。

在以往电子材料的研究中，分子桥的隧穿势垒高度当作常量来处理的[12,13]。这个假设对于某些分子(如饱和烷烃)是适用的，因为电场对它的 HOMO 和 LUMO 以及两者之差几乎没有什么影响。对于短的共轭分子影响也不大。但是当链长增加到一定程度时，这种影响是不能被忽视的。3.3 节的研究得出反-反聚乙炔的分子能隙 E_g 与外电场以及链长之间存在明确的函数关系(式 3.7)，对于另外两种聚乙炔，函数关系同样适用。

图 3.27(a)和(b)分别给出了一系列聚乙炔的 E_g 随电场和链长的变化关系。通过比较三种聚乙炔的 E_g，我们看到，不管有无电场，它们总是具有如下的相对大小：Tt-PA < Ct-PA < Tc-PA。E_g 越小，越有助于电子转移和给体-受体相互作用，电子也越容易从基态跃迁至激发态，也意味着电子密度在电场作用下越容易发生重排。因此，上述结果表明，由这三种聚乙炔异构体所构成的分子导线的电导大小有 Tt-PA > Ct-PA > Tc-PA 的顺序。

除了分子的 HOMO、LUMO 以及 E_g，分子轨道(尤其是邻近分子 Fermi 能级的分子轨道)的空间分布也是决定分子许多物理化学性质的重要因素。对分子导线而言，分子轨道的空间分布直接决定分子的隧穿谱形状，也决定着电子隧穿概率在空间上的分布，进而决定分子的导电性质。完全离域的分子轨道可以看作电子能够导通的通道，而完全定域的轨道阻碍电子传输。图 3.28 列出了 16-Tt-PA、16-Ct-PA 和 16-Tc-PA 的 HOMO 和

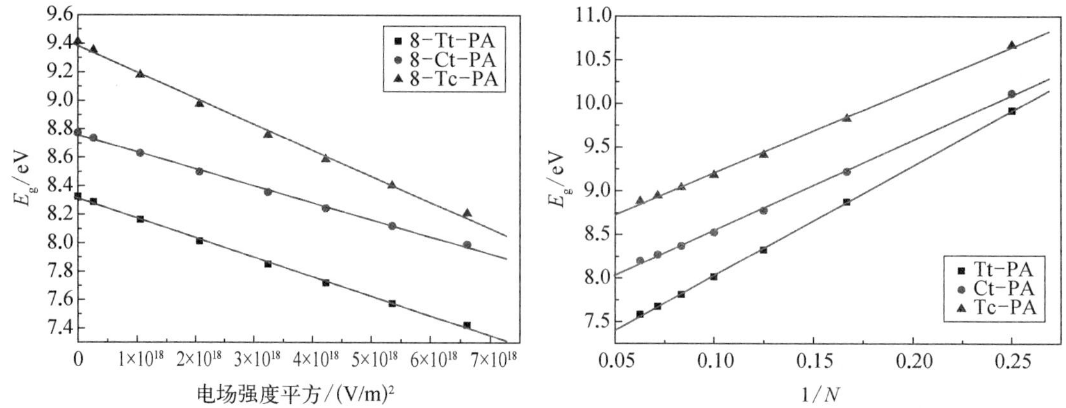

(a) 8-PA的分子能隙E_g随电场强度平方的变化　　(b) 零电场时E_g与双键数目的倒数(1/N)的函数关系

图 3.27　分子能隙与电场强度和链长的关系

LUMO 的空间分布。我们看到，在零电场时，所有分子的 HOMO 和 LUMO 是完全离域的，且对称分布在整个分子骨架上。施加外电场后，LUMO 都向高电势端移动，HOMO 向低电势端移动，电场强度越大，这种移动也越明显。分子轨道空间分布随外电场的这种变化对链长也表现出很强的依赖性，分子链越长，变化越明显。我们知道，如果分子的前线轨道离域在整个分子上，则电子传递的势垒更加均匀、平缓，有助于提升隧穿概率。同时，对于几种其他可能的电荷传输机理，如热激发或跃迁等，分子轨道的分布特点也会对传输效率带来影响。

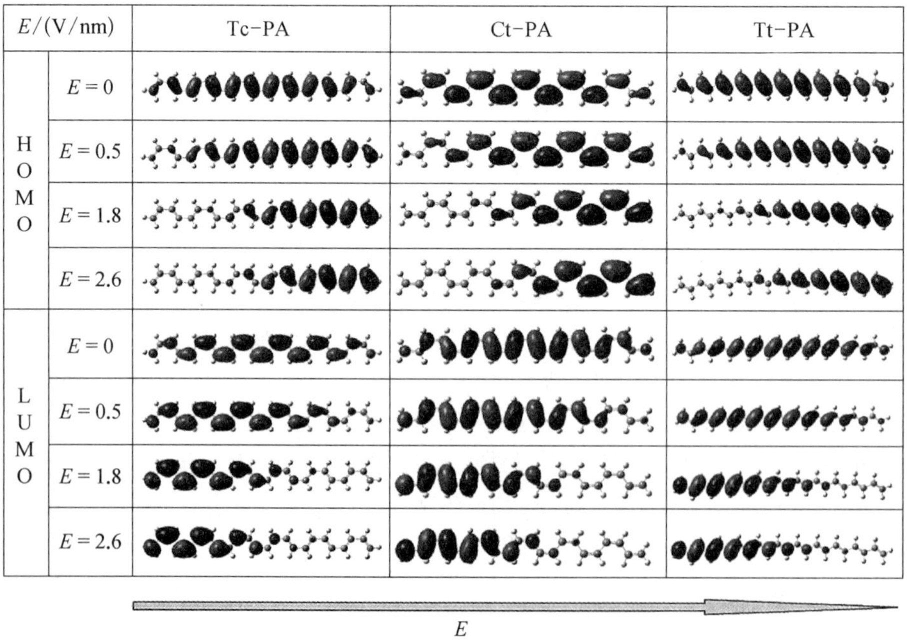

图 3.28　不同电场强度下 16-PA 的三种异构体的 HOMO 和 LUMO 的空间分布

本节使用量子化学从头算法在 HF/6-31G* 水平上研究了三种聚乙炔异构体分子导线在外电场作用下的几何结构和电子性质变化。结果表明，三种聚乙炔异构体的几何结构受外电场作用而发生明显的变化。随着外电场的增加，碳-碳单键变短，而碳-碳双键变长。非平面的反-顺式聚乙炔的平面性增强，从而分子共轭性增加。并且双键的变化与外电场的平方具有线性关系，线性相关系数与构型有关。反-反式聚乙炔有着最显著的变化。分子共轭单元的诱导偶极与外电场存在一个夹角，电场偶极相互作用，使得分子受力，在共轭面内发生弯曲。在外电场的作用下分子中离域的 π 电子重新分布，从而引起分子偶极矩的变化。外电场的增加使分子的偶极矩增大，故总能量降低。三种聚乙炔异构体由于不同的共轭单元取向，偶极矩变化也不相同，依次为反-反式 > 顺-反式 > 反-顺式，与三者的共轭程度是一致的。外电场作用下，分子的 HOMO 能量升高，LUMO 能量降低，分子能隙 E_g 减小，而且这种变化随着分子链的加长变得明显。三种聚乙炔异构体的 E_g 随分子链长和电场强度的变化有着严格的定量关系。外电场作用下，分子轨道的空间分布也发生了变化。电场强度为零时分子的 HOMO 和 LUMO 都是完全离域在整个分子骨架上。引入外电场后，HOMO 向低电势端移动，LUMO 向高电势端移动。电场强度越大，变化越明显。

3.5　电场对低聚苯乙炔分子导线的影响

寡聚亚苯基乙炔撑[oligo(phenylene ethynylene)，OPE]分子不仅具有良好的导电性，还具有一定的刚性，在一系列分子电子器件的应用中表现出很大的潜力。例如，线性苯乙炔分子的寡聚物经过功能基团修饰后可以制备分子共振隧穿二极管、分子开关、存储器件和数字计算器。因此这一类分子从实验和理论模拟两个方面得到广泛研究。

分子电子材料的电学性质与它们的几何构型和电子结构密切相关。在分子中引入不对称性是调控分子电子结构的一条途径。对于不对称修饰的低聚苯乙炔分子，外电场与诱导偶极的相互作用也可以调控它的电子输运行为。因此，理解分子的几何构型和电子结构与外电场的关系在设计及优化分子器件中具有重要的意义，目前已有大量的理论模拟工作讨论了分子的几何构型和电子结构，但是只有少部分关注了分子电子材料工作时的电场环境。值得注意的是，电子器件的每一个组件都处于较强的外电场中。毫无疑问，在这种特殊的环境下，分子的几何构型和电子结构与在零电场是不同的。而恰恰是这些在电场中的变化决定了分子电子材料的性质。本节将进一步了解外电场对取代低聚苯乙炔分子的几何构型和电子结构的影响。

在分子结中，夹在两个电极中的分子的电学行为受很多因素的影响，例如，分子的性质、分子与电极之间的界面、电极材料以及电极的形状等。以往的一些实验都力图表征分子结宏观的电学特征，如分子整流，但是在电极和分子之间建立稳定的电学接触比较困难。因此，这种金属-分子界面的整流行为可能起源于肖特基(Schottky)势垒或阴极、阳极之间功函数的差异。在许多金属-分子-金属结中，Schottky 势垒和电极功函数差异比分子自身的性质更重要。为了给出分子的电学行为的可靠证据，本节研究一系列夹在金属电极之间的简化分子导线模型，如图 3.29 所示。

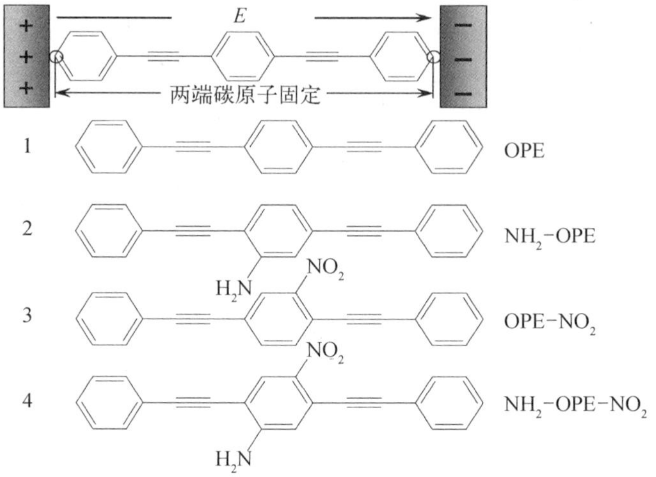

图 3.29 低聚苯乙炔分子结模型的示意图和不同取代分子的化学结构式

对这些模型的理论计算步骤如下：所有的模型分子在引入电场之前利用 B3LYP/6-31G * 基组全优化，随后两端的碳原子在空间内固定，用来模拟它们与电极的刚性连接。施加外电场后，其他原子的位置在相同计算标准下自由优化。匀强电场的强度在 0 ~ 2.57×10^9 V/m 的范围内改变，施加在两个端基碳原子的连线上。上述理论模拟方案和一些可实现的实验测量方法基本一致。为了讨论方便，当电场的方向指向分子左边时为左向电场(L-direction)，当电场的方向指向分子右边时为右向电场(R-direction)。

对共轭分子的理论研究证明了电子相关效应的重要性，为了更可靠地计算分子的电子结构，特别是 LUMO-HOMO(即能隙 E_g)，我们开展了包含电子相关能的密度泛函理论的计算，采用 B3LYP 泛函和 6-31G * 基组。

3.5.1 取代分子导线的几何构型和电子结构

为了准确理解分子导线的取代效应，比较未取代的 OPE 分子 1 与经过官能基团取代的分子 2~4，图 3.29 分别给出了它们的化学结构。OPE 分子是具有 D_{2h} 对称性的共平面结构，当一个—NH_2基团引入中间苯环上时(NH_2—OPE)，分子的对称性被打破，同时中间的苯环发生一定的扭转。—NH_2侧的扭转角是 7.84°，而另一侧的扭转角是 1.90°，这一几何特征在一定程度上降低了 OPE 分子骨架的共轭性。此外，含有一对孤对电子的氨基具有四面体结构，不能与苯环碳骨架形成良好的 p-π 共轭。与之对比，当一个—NO_2基团引入中间苯环上时(OPE—NO_2)，分子保留了原来的共平面构型。但是硝基与分子骨架存在较强的空间位阻，导致了分子骨架发生轻微的弯曲。连接—NH_2的两个相邻碳-碳键长分别是 1.43 Å 和 1.40 Å；连接—NO_2的两个相邻碳-碳键长分别是 1.42 Å 和 1.39 Å。可见，吸电子基团比给电子基团更能改善苯环骨架上的电子排斥作用。但两者均比没有取代的 OPE 的碳-碳键长大，OPE 分子的碳-碳键长分别是 1.41 Å 和 1.39 Å。此外，NH_2—OPE 分子和 OPE—NO_2分子中碳-氮键长分别为 1.39 Å 和 1.47 Å。

而 NH_2—OPE—NO_2分子中包含了更复杂的双取代作用（中间苯环上同时引入一个—NH_2 和一个—NO_2）。它具有与 NH_2—OPE 分子类似的扭曲构型，同时骨架上出现一点弯曲。分子 NH_2—OPE—NO_2中—NH_2一侧的扭转角是 2.74°，在—NO_2一侧是 0.28°，意味着比单取代 NH_2—OPE 分子的共轭作用增强了。本节中 NH_2—OPE—NO_2分子的优化结构与 Seminario 等利用 B3PW91/6-31G* 所得到的结果一致[14]（氨基一侧的扭转角是 2.8°，在硝基一侧是 0.4°）。NH_2—OPE—NO_2分子中与氨基和硝基相连的碳-碳键长也与 NH_2—OPE 分子和 OPE—NO_2分子一致。但是，NH_2—OPE—NO_2分子中连接氨基和硝基基团的碳原子的碳-氮键长（1.37 Å 和 1.46 Å），稍微比分子 NH_2—OPE（1.39 Å）和分子 OPE—NO_2（1.47 Å）略短。

表 3.5 给出了 HOMO、LUMO 能级和分子能隙（E_g）。取代基团显著影响了 OPE 分子轨道能级。例如，当 OPE 分子—NH_2取代时，HOMO 和 LUMO 都会升高，但是 HOMO 升高得更多一点，说明—NH_2主要影响了 HOMO。与之相反，对于 OPE—NO_2分子，—NO_2的引入降低了 HOMO 和 LUMO 的能级，并且 LUMO 降低的幅度更大，说明—NO_2 主要影响 LUMO。HOMO 和 LUMO 的移动是由于 OPE 分子上引入给电子基团（—NH_2）或吸电子基团（—NO_2）后分子骨架上局域电子密度产生变化。无取代基团的 OPE 分子的 E_g 是 3.69 eV，与 Seminario 等利用 B3PW91/6-31G* 报道的 E_g（3.69 eV）一致[14]。引入—NH_2 使其 E_g降低到 3.57 eV，而引入—NO_2进一步降低到 3.23 eV。但是，当 OPE 分子上同时引入—NH_2和—NO_2时，E_g又略增到 3.45 eV，这个值与 Seminario 等在上述研究方法中的计算值（3.48 eV）基本相同[14]。此外，取代也改变了 OPE 分子的偶极，例如，NH_2—OPE 分子的偶极矩只有 1.62 D，而 OPE—NO_2和 NH_2—OPE—NO_2分别是 4.26 D 和 6.53 D。更大的偶极矩反映了分子中更高的电荷分布的不对称性，也就意味着分子的电子结构更容易受外加电场的影响。

表 3.5　无外电场时四个分子的 HOMO 和 LUMO 能级及分子能隙 E_g

	分子缩写	HOMO/eV	LUMO/eV	E_g/eV
1	OPE	−5.43	−1.74	3.69
2	NH_2—OPE	−5.19	−1.62	3.57
3	OPE—NO_2	−5.78	−2.55	3.23
4	NH_2—OPE—NO_2	−5.65	−2.20	3.45

分子轨道的空间分布对于理解电子输运性质非常重要。图 3.30 展示了四个分子 HOMO 和 LUMO 的空间分布。对于 OPE 分子，HOMO 和 LUMO 都离域在整个分子骨架上。当引入—NH_2后，分子的 HOMO 出现轻微定域效应，但是对于 LUMO 几乎没有影响。与之相反，当引入—NO_2后，分子的 HOMO 几乎没有变化，而 LUMO 倾向于定域化。换句话说，—NH_2作为典型的供电子基团，对 HOMO 的影响微弱或略使其定域化，而—NO_2作为吸电子基团使 LUMO 定域化。并且硝基取代的影响比氨基更显著。NH_2—OPE—NO_2 分子则展现了氨基和硝基取代的共同作用，即 HOMO 仍然完全离域，但是 LUMO 发生了

显著的定域化效应，这些特征与 OPE—NO_2分子更相似。基于这些结果我们可以得出结论：吸电子的—NO_2基团对 OPE 类分子的电子性质起到更显著的调节作用，这在后续电场作用下分子的电子结构变化中将进一步讨论。

分子缩写	HOMO	LUMO
OPE		
NH_2—OPE		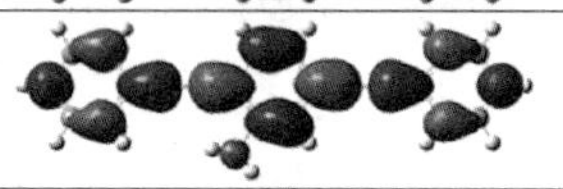
OPE—NO_2	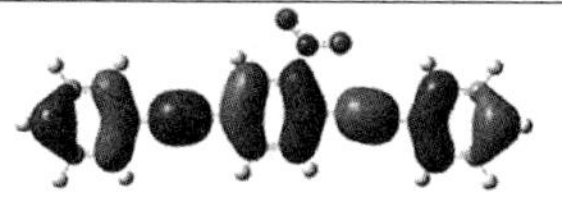	
NH_2—OPE—NO_2		

图 3.30　无外电场时四个模型分子 HOMO 和 LUMO 的空间分布

3.5.2　电场对分子导线几何结构的影响

共轭有机分子中存在离域 π 电子，当施加外电场时，它们的电荷分布很容易改变，从而导致分子结构的变形。因此，研究电场对分子几何结构的影响具有重要意义。以 OPE 分子为代表性示例，图 3.31(a)描述了该分子在不同电场强度下相对于零电场时每个碳原子上的 Mulliken 电荷改变量。可以看出，每个碳原子上的 Mulliken 电荷随电场强度的增加而变化，表明电场引起碳-碳键极化，奇数碳原子上的 Mulliken 电荷趋向于减少，偶数碳原子上的 Mulliken 电荷增加。最大变化出现在叁键中，因为叁键中 π 共轭程度更高，更容易被极化。叁键中迁移的电荷值大约是双键的三倍。图 3.31(b)描述了电场对 OPE 分子

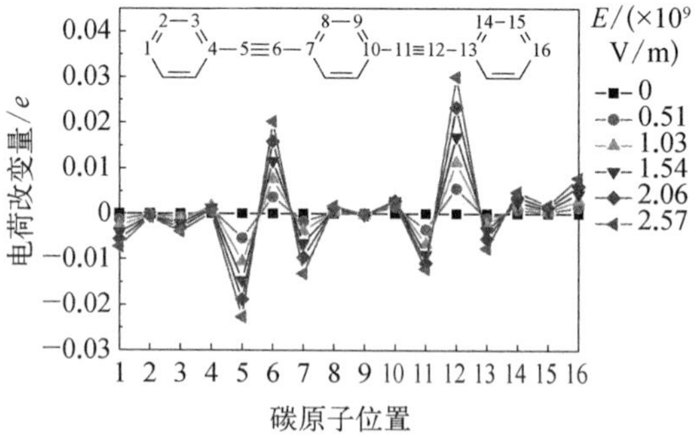

(a) 以零电场为参考，OPE分子在不同电场强度下每个碳原子上的Mulliken电荷的改变量

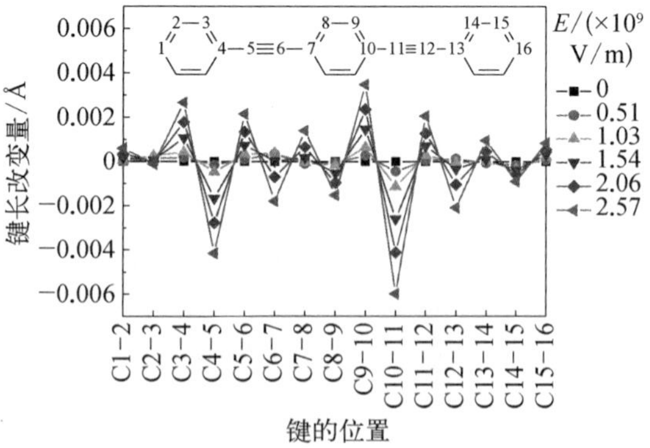

(b) OPE分子的键长在不同电场强度下相对于零电场时的变化

图 3.31　电场对分子电荷分布和键长的影响

中键长的影响。随着电场强度的增加，大多数碳骨架上的叁键和双键变长，单键变短，表明体系共轭性增强。在另三个取代的 OPE 分子中也观察到类似的趋势。此外，—NH_2取代的 OPE（分子 2 和 4）中的扭转角也受外电场的影响，并且与电场强度的方向有关。例如，从 0 增至 2.57×10^9 V/m，施加左向电场时，NH_2—OPE—NO_2分子中—NH_2侧的扭转角增加1.6°，而施加右向电场时扭转角降低了 1.8°。然而，—NO_2侧的扭转角与电场强度的方向无关。这种差异是由于—NH_2中 N 原子形成四面体构型，而—NO_2中的 N 原子形成平面结构。

3.5.3　电场对分子导线电子结构的影响

图 3.32 给出了不同电场强度下系列分子的 HOMO 和 LUMO 能级以及分子能隙 E_g的变化，其中左向电场为负，右向电场为正。从图 3.32(a)可以看出，HOMO 和 LUMO 能级的移动与取代基团和电场强度的方向有关。对于 OPE 分子，随着右向电场强度的增加，HOMO 能级升高，LUMO 能级降低，导致分子能隙 E_g降低。这一结果也与 3.4 节中聚乙炔分子的特征一致。由于分子的对称性，OPE 分子的 HOMO 和 LUMO 能级在左向电场与右向电场下对称变化。当引入—NH_2基团时，分子的 LUMO 保持对称变化，然而，HOMO 在左向电场的升高幅度略大，表明—NH_2基团的不对称效应主要发生在 HOMO 上。这一特征与图 3.30 中对分子轨道空间分布特征的分析一致。

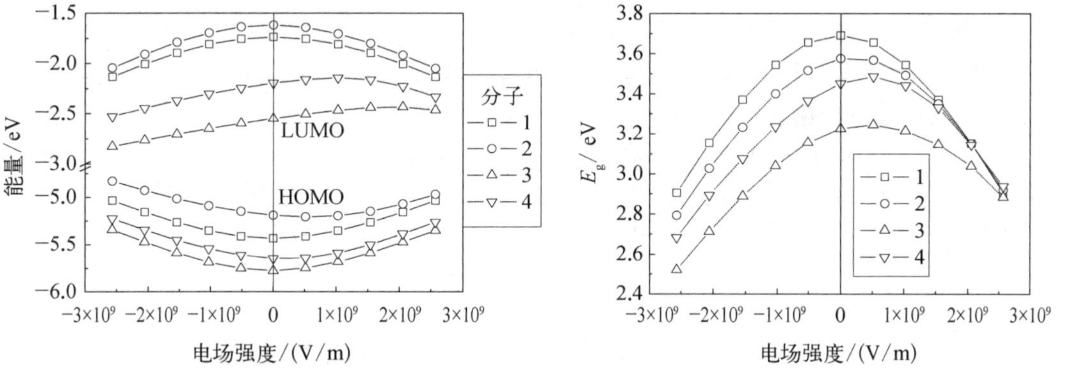

(a) HOMO和LUMO能级随不同方向偏压的变化　　(b) 分子能隙E_g随电场的变化

图 3.32　外电场对四个分子轨道能级的作用（图中电场的正和负分别对应于右向电场和左向电场）

与 NH_2—OPE 分子的情况相反，OPE—NO_2的 LUMO 在不同方向的电场影响下发生不对称变化，而 HOMO 几乎是对称变化。LUMO 随左向电场强度的增加而单调减小。然而，在右向电场下，$E = 2.06\times10^9$ V/m 时 LUMO 表现为最大。与上文分析的取代基对几何结构的影响类似，在双取代分子 NH_2—OPE—NO_2中观察到两个取代基的共同影响。然而，HOMO 在电场中的不对称性略有减弱；LUMO 出现最大值时的电场强度也有所减弱（$E = 1.03\times10^9$ V/m）。这些结果表明在外电场的作用下，—NO_2基团更显著地影响 NH_2—OPE—NO_2分子的电子结构。

为了便于比较，图 3.32(b)分别给出了四个分子的 E_g随电场强度的变化。OPE—NO_2

比 NH_2—OPE 表现出更明显的不对称性。由于在电极-分子-电极分子结中有机分子内的电子输运机制主要是禁带内的非共振电子隧穿，我们可以预测，该修饰的分子导线在施加正向和反向电压时存在电流差异，即实现分子整流。显然，—NO_2基团的引入促进了这种电子输运的不对称性。上述结果为我们提供了调节分子的电子结构和输运行为的一条途径，即通过引入特定的官能团使分子具有一些新的电学性质。

前线分子轨道的空间分布，特别是 HOMO 和 LUMO 随电场的变化，也是影响分子导线电子输运的重要因素，因为前线分子轨道的空间分布关系到分子与电极的耦合和电子隧穿的通道。前线分子轨道的空间分布通常用于解释单分子的电学行为，如分子开关和负微分电阻。上文表明，HOMO 趋向于向低电势端移动，而 LUMO 趋向于向高电势端移动。因此，OPE 分子和 NH_2—OPE 的 HOMO 和 LUMO 无论在左向电场还是在右向电场下都变得更加局域。然而，分子 OPE—NO_2和双取代分子 NH_2—OPE—NO_2的 LUMO 没有延伸到末端苯环，因此不同方向的电场将产生不同性质的空间分布。图 3.33 给出了在不同电场强度下双取代分子的 LUMO 的空间分布。施加左向电场时，LUMO 主要定域在吸电子基团一侧，且受场强的影响不大。相反，施加右向电场时，电场驱使 LUMO 向高电势一端移动，并在较弱电场下也变得更加离域，而在强电场下，轨道分布重新定域到高电势一侧。对于分子结的电子传输，HOMO 和 LUMO 可能是有效的电子隧穿通道。沿着分子主链完全离域的分子轨道可能是良好的导电通道；相反，一个局域的分子轨道可能是非导电通道，不能构建良好的分子-电极界面耦合。因此，由于前线分子轨道空间分布的变化，我们可以预测，分子 OPE—NO_2和分子 NH_2—OPE—NO_2可能具有不对称的电流-电压曲线、分子整流或负微分电阻。Seminario 等结合密度泛函和格林函数理论对双取代分子 NH_2—OPE—NO_2进行了电流-电压计算，预测该分子在中性状态下存在负微分电阻[15]。这些结果可为其他官能团取代的新型分子电子器件的设计提供参考。

E/(V/m)	左向电场	右向电场
0		
0.51×10^9		
1.03×10^9		
2.57×10^9		

图 3.33 双取代分子 NH_2—OPE—NO_2的 LUMO
在不同电场强度下的空间分布

本节利用 B3LYP 泛函和 6-31G* 基组研究了外电场对取代 OPE 分子导线的几何结构和电子结构的影响。结果表明，引入给电子基团和吸电子基团导致分子出现不对称性，从而得到不对称的电学性质。与—NH_2基团相比,—NO_2基团在 OPE 分子中产生更强的不对称性。取代分子的几何结构和电子结构都对外电场敏感。随着电场强度的增加,单键变短,双键和叁键变长。HOMO 和 LUMO 能级及其空间分布也在外电场的作用下发生移动。通过分析外电场影响下的前线分子轨道能级和空间分布,可以预测其不对称的电流-电压特性。因此,在研究或设计新型分子电子器件时,基于密度泛函理论或 Hartree-Fock 方法的“静态”处理方法来分析电子结构,可以作为利用非平衡格林函数直接计算电流方法的有效补充。

3.6　电场中的寡聚苯分子导线

线型聚苯(polyphenylene,PP)分子因其独特的大共轭体系成为一种理想的分子电子材料,同时它是很多分子电子材料,特别是低维碳基纳米材料的构成单元。因此除了具有分子导线的性质,聚苯分子及其衍生物还可以借助适当的修饰来制备分子共振隧穿二极管、分子开关和分子存储器件等,因而在实验和理论上都得到了广泛的研究。本节将建立系列聚苯的计算模型,考察该共轭体系在电场作用下的系列静态性质。

聚苯是由多个苯单体以单键直接相连而成的化合物,本节研究的为对位取代的直线型低聚物。苯分子中六个碳原子都以 sp^2轨道互相重叠,形成碳-碳 σ 键,并排列成正六边形,每个碳原子再以一个 sp^2轨道分别与六个氢原子的 1s 轨道重叠,形成六个碳-氢 σ 键,所有的原子都在同一平面上,形成分子的骨架。在每个碳原子上各剩下一个 p 轨道和一个电子。这六个 p 轨道在侧面重叠,形成六个分子轨道(图 3.34)。联苯分子中,两个苯环在同一个平面上,组成一个大的共轭体系,使分子的势能降低,但四个邻位氢原子之间的斥力又使分子产生一定的张力。所以在晶体中,两个苯环共平面,而在溶液和气相中,苯环平面之间约成 45°的二面角。大多数多聚苯及其衍生物都是以扭曲构象存在的,电磁场、温度等外界环境将会使苯环之间的扭转角发生变化,从而影响分子的导电性质[16,17]。因此构象分析是研究该类分子的扭转势垒、分子稳定构型等性质的重要方法,也是理解分子的扭转行为与分子宏观性质变化的重要理论工具。

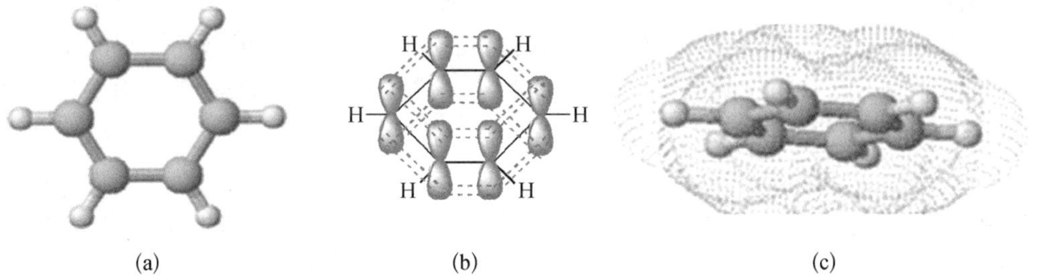

图 3.34　苯分子结构(a)、分子轨道(b)以及电子云(c)分布示意图

半经验 AM1 方法可以提供相对可接受的精度与足够高的计算效率。构象分析是通过扫描二聚苯(联苯)分子的一系列不同构象,即两苯环之间的二面角得到分子势能曲线。该零电场下的联苯分子的扭转势能面,为后续研究分子构象与外电场的关系提供了很好的参考。

除了分子自身的结构和性质,分子电极界面的结构、电极形状和电极材料等也都会影响分子导线的性质。但是考虑到在聚苯分子导线中,功能性主体是其共轭部分,并且它在电场中的变化对分子导电性质的影响最为直接,因此本节的模型中忽略了电极与分子界面的影响,构建了没有连接官能团的简化模型。以聚苯分子为研究对象,考察具有对称扭转构象的共轭分子在电场作用下分子键长、扭转角、前线轨道能量和空间分布等决定分子导电性质的关键性因素的变化。为了考察导线长度的影响,对一系列不同链长的聚苯分子导线{[C_6H_5—$(C_6H_4)_{n-2}$—C_6H_5],n = 3、5、7、9 和 13}进行了研究,分子链长分别为 1.36、2.23、3.10、3.96 和 5.70 nm。

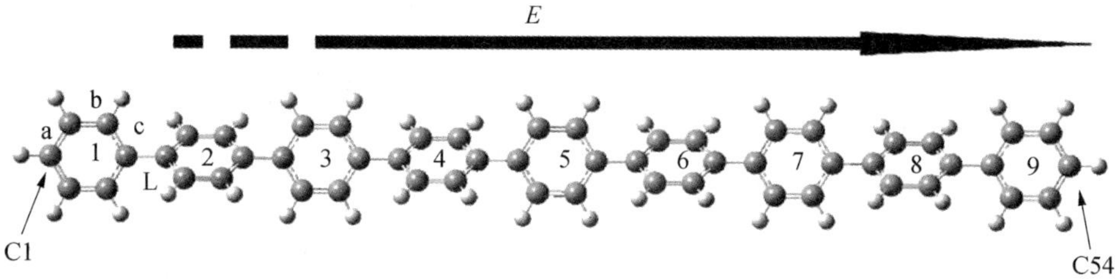

图 3.35 聚九苯分子模型示意图

计算主要包括利用 Hartree-Fock(HF)方法和密度泛函理论(DFT)计算了聚苯分子的几何结构和电子结构特性,以及在外加电场中上述性质的变化。以聚九苯为例,图 3.35 给出了聚苯分子模型的结构示意图。模型首先在 HF/6-31G* 水平零电场下进行严格收敛标准的自由优化,由优化结果得到分子两端碳原子的位置(C1 和 C54),然后采用部分优化的方法,在电场中固定 C1 和 C54,计算不同电场强度下分子的几何构型及其他性质。匀强电场的方向平行于分子的主轴,如图 3.35 所示,箭头所指的方向,电场强度的变化范围为 0~2.57×10^9 V/m。

3.6.1 电场对聚苯分子几何构型的影响

聚苯分子在零电场时为非平面构型,随着电场强度的增加,分子的二面角、键长都发生了变化。图 3.36 是联苯分子在零电场下的扭转势能面,因为分子的几何对称性,势能曲线相对于平面构象(0°和 180°)都是对称的,即分子的平面构象对应能量的最高点。联苯分子在势能曲线上的能量最低点是一对具有非平面的稳定构型,这主要是相邻芳环间的 π 共轭效应和环间相邻原子的空间位阻共同作用的结果,这个特点也与二吡咯、二噻吩等二聚体分子相同。本节使用 AM1 方法计算得到的分子的扭转势垒为 3.3 kJ/mol,相对较低的扭转势垒说明在室温下(RT≈2.5 kJ/mol),分子将很容易发生扭转,越过势垒。施加电场作用后所有分子的扭转势垒增加,并且分子的扭转势垒的增量与电场强度的平方有线性关系。

聚苯分子在零电场下最稳定构型为非共平面构型,这主要是因为连接相邻苯环的碳-碳单键较短(约 0.15 nm),它们之间的静电排斥作用强于共轭作用。聚对苯撑乙炔和聚苯乙炔分子在零电场下的最稳定构型为平面构型,这是因为连接两苯环的—CH ═CH—(约 0.39 nm)和—C ≡C—(约 0.43 nm)较长,分子中的共轭作用比静电排斥作用更强。图 3.37 给出了 HF/6-31G* 水平计算的聚九苯分子相邻苯环之间的扭转角随电场强度的变化关系。可以看出,在零电场时,两端的扭转角 $\phi1$ 和 $\phi8$ (44.604°)要明显大于其他的扭转角,这是由于在分子两端的周期性或连续性被破坏,从而共轭性较差。处于分子中间位

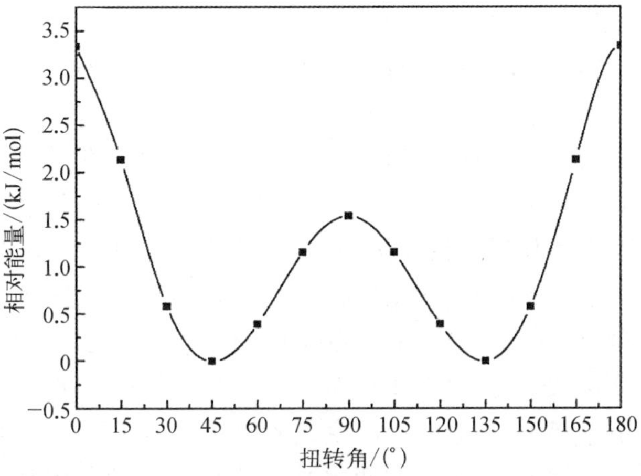

图 3.36　AM1 方法计算得到的联苯分子在零电场下的势能曲线

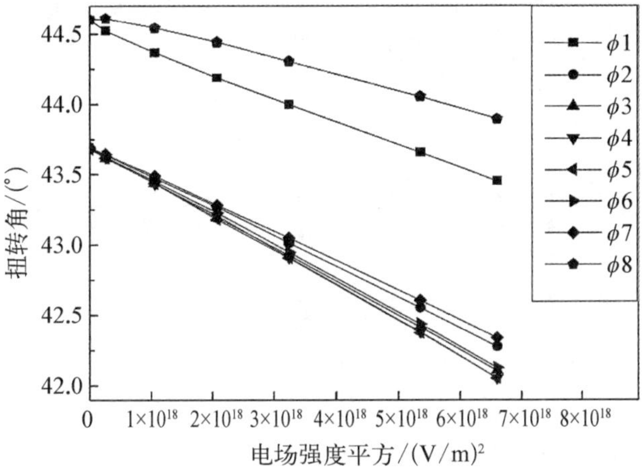

图 3.37　聚九苯分子扭转角随电场强度平方的变化关系

置的扭转角($\phi2\sim\phi7$)基本相等,$\phi2\sim\phi7$ 的统计结果为 $43.690°\pm0.005°$,说明他们处于相似的共轭环境中。这意味着末端对共轭的影响基本上通过一个苯环就消除了。沿分子轴施加外电场后,所有的扭转角都变小,整个分子趋向于平面化,分子的共轭性增强。在聚九苯分子导线中,尽管电场施加于 C1→C54 方向,由于分子具有对称性,$\phi2$ 和 $\phi7$、$\phi3$ 和 $\phi6$、$\phi4$ 和 $\phi5$ 在外电场下表现出几乎相同的变化趋势。众所周知,在电场的作用下分子会极化,产生新的电荷分布,高电势一端带有负电荷,而低电势一端带有正电荷,这一点对于共轭分子尤为明显。然而上述结果表明,$\phi2$ 和 $\phi7$、$\phi3$ 和 $\phi6$、$\phi4$ 和 $\phi5$ 虽然处于不同的电势中,但是它们的变化程度是相近的,分子内电荷的重新分布并没有影响位置对称的苯环之间的扭转角变化的大小,说明整条聚苯分子线的极化比每一个苯环的极化要弱得多,也说明决定扭转角变化程度的是电势梯度,并非其绝对值。通过进一步的分析可以发现,各扭转角(ϕ)与电场强度平方(E^2)均成很好的线性关系,$\phi2\sim\phi7$ 的线性相关度为0.9999,而 $\phi1$ 和 $\phi8$ 由于受到边缘效应的影响,线性略差。在扭转角与电场平方的关系图中,各条直线的斜率绝对值由大到小依次为 $\phi4\approx\phi5>\phi3\approx\phi6>\phi2>\phi7>\phi1>\phi8$,由此可以看出,分子中间位置的扭转角对电场的变化更为敏感,这可以由 π 电子更容易在中间苯环的大共轭体系中流动来解释。$\phi1$ 和 $\phi2$ 分别比 $\phi8$ 和 $\phi7$ 对外电场的敏感度高,这归因于 $\phi1$ 和 $\phi2$ 处于高电势一端,具有较大的电子密度。加外电场后,扭转角变小,平面性增强,这也进一步增强分子的共轭性,有利于其作为分子导线时的电子传输。

图 3.38 分别给出了苯环上 a、b 和 c 三个位置,以及聚苯分子间 L 位置键长随电场强度的变化。总体来说,电场作用导致 a 键缩短,并且随场强增大有明显的先缩短后增加的趋势。高电势端的 a 键($a1$)变化相对较小,而低电势一端的 a 键($a9$)变化明显。在中间的苯环上,低电场强度时 $a3$~$a7$ 键变化趋势接近;随着场强增加,中间 a 键缩短的趋势出现反转,比低场强有所增长。与 a 键相比,b 键缩短呈现规律性的变化,中间苯环上的变化最为显著,其次为低电势端,高电势端的变化依然是最小。与 b 键相比,c 键的变化正好相反,表现在键长呈规律性增加,中间的变化最为显著,其次为高电势端,而低电势端变化最小。键长变化受电子的排斥作用和共轭作用的双重影响。以往的研究表明,每个共轭单元内的极化要远远大于分子整体的极化[18]。在聚苯系列分子中,我们也观察到对于每一个苯环分子,处于高电势端的化学键(即 a 键和 b 键)缩短;而处于低电势端的键(即 c

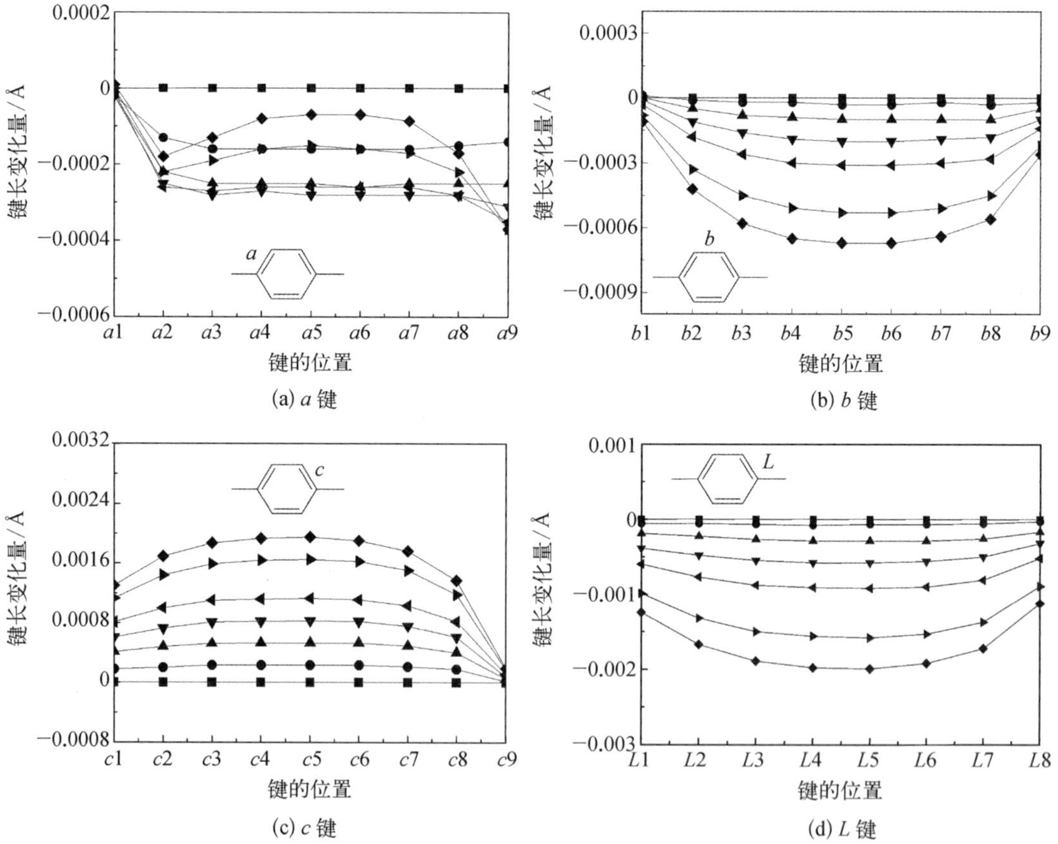

图 3.38 电场对聚九苯分子键长的影响(正方形、圆形、正三角、倒三角、左三角、右三角和菱形分别表示电场强度为 0、0.51×10^9 V/m、1.03×10^9 V/m、1.44×10^9 V/m、1.80×10^9 V/m、2.31×10^9 V/m 和 2.57×10^9 V/m)

键)伸长,使单个苯环内键的平均化程度更好,从而提高了苯环的共轭性。施加电压后,π 电子向高电势的移动积累了更多的负电荷,使得高电势端苯环的共轭性增强。

图 3.38(d)显示连接苯环的 L 键随电场强度增加的变化趋势。L 键是连接相邻苯环的单键,电场强度的增加导致 L 键减小,意味着体系的共轭作用增强。综上所述,当电压施加到聚苯分子导线的两端时,聚苯分子的苯环间扭转角减小,单键缩短,每个苯环的共轭性提高,也促进分子整体的共轭性增强,从而有利于电子输运。

3.6.2　电场对聚苯分子偶极矩和自洽场能量的影响

聚苯分子具有离域的 π 电子,当其处于电场环境中,分子骨架上的电荷分布很容易发生改变,进而会引起分子偶极矩和自洽场(SCF)能量的变化。图 3.39 给出不同链长的聚苯分子的偶极矩与电场强度的变化关系。从图中可以看出,分子的诱导偶极矩随电场强度的增加呈线性增大。分子链越长,共轭性越强,这种变化也越明显。这与不同链长聚苯分子的 Mulliken 布居分析的结果是一致的。

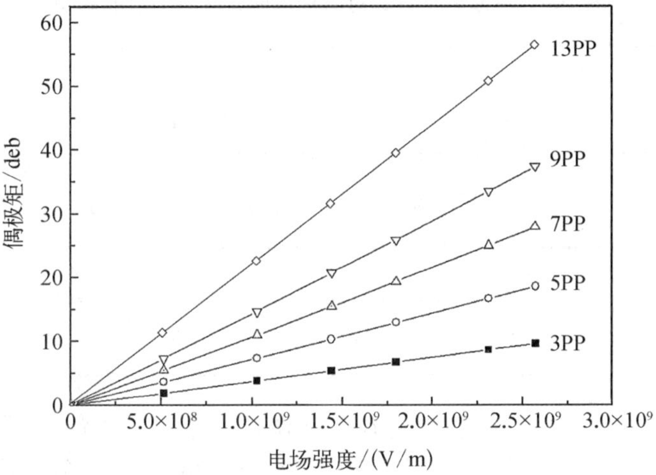

图 3.39　分子偶极矩与电场强度的关系

外电场与分子诱导偶极矩的相互作用会降低分子的总能量。图 3.40 给出分子能量随电场强度的变化关系,图中是以分子在零电场时的总能量作为参考。可以看出,分子总能量与电场强度平方呈现线性关系。

利用泰勒展开公式,在均匀外电场作用下,分子的诱导偶极矩 $\mu(E)$ 和总能量 $\varepsilon(E)$ 与电场强度(E)的关系可以用式(3.8)和式(3.3)表示。对于聚苯分子,式(3.8)中高阶项的影响可以忽略(图 3.39),诱导偶极展开式的一阶系数的值可以通过最小二乘法线性拟合得到。表 3.6 给出了拟合得到的不同链长的聚苯分子的一阶系数。从表中可以看出,随着分子链的增长,一阶系数也迅速增大。结合聚苯分子扭转角(图 3.37)的变化趋势,我们可以看出,分子链越长,分子在外电场驱动下的平面化程度越大。而处于平面构象的分子共轭程度最高,π 电子的流动性更强,因而分子的诱导偶极矩变化也就最明显。表 3.7 给出了最小二乘法拟合能量数据得到的不同链长聚苯分子的极化率 α 值,也得到类似的结果。

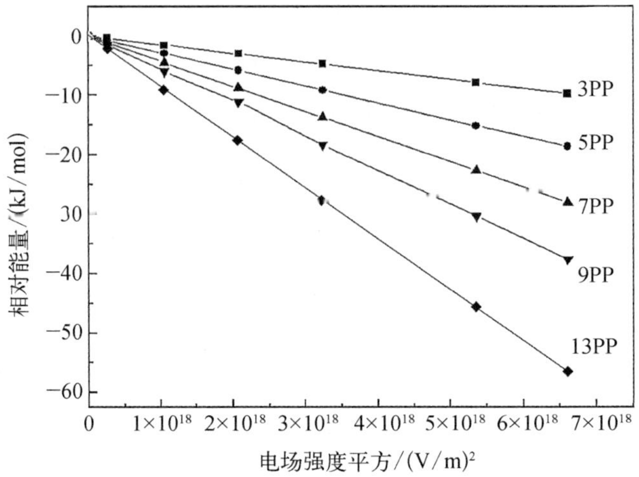

图 3.40　分子总能量与电场强度平方关系

表 3.6　聚苯分子链长对偶极矩展开一阶函数的影响

分　　子	3PP	5PP	7PP	9PP	13PP
$\alpha_z/(\times 10^{-8}$ deb·m/V)	0.372	0.719	1.083	1.452	2.192

表 3.7　聚苯分子链长对分子极化率 α 的影响

分　　子	3PP	5PP	7PP	9PP	13PP
$\alpha/[\times 10^{-18}$ kJ·m^2/(mol·V^2)]	2.936	5.647	8.480	11.374	17.147

此外,以联苯分子为参照,我们利用 DFT 方法计算了二苯乙炔、联苯、二吡咯、二噻吩等分子的性质与其扭转角的关系,结果列于表 3.8。这些静态性质为理解系列分子电子材料的电子输运性能提供了参考。

表 3.8　外电场作用下分子扭转势垒变化以及扭转角对分子电子结构性质的影响

分　子	 二苯乙炔	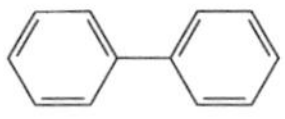 联苯	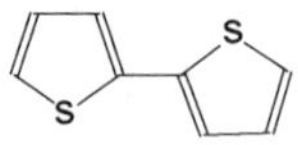 二噻吩	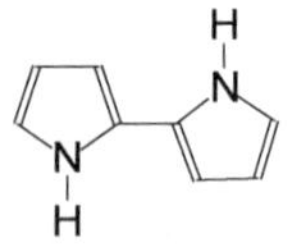 二吡咯
稳定构型	平面	扭转	反式扭转	反式扭转
扭转势垒	分子扭转势垒随电场强度增加而增大,与电场强度平方具有线性关系			
分子偶极	分子诱导偶极随扭转角的增加而减小			
前线轨道能级	随着扭转角的增大,HOMO 能级下降,LUMO 能级升高,能隙增大			
前线轨道空间分布	随着扭转角的增加,HOMO、LUMO 形状对电场强度变化的敏感性增强			

3.6.3　电场对聚苯分子轨道空间分布及轨道能级的影响

分子的 LUMO 和 HOMO 以及它们之间的能量差(E_g)是决定分子许多物理化学性质的关键因素,特别是在分子电子器件中起到至关重要的作用。它们的取值不仅来自分子自身的性质,还与分子所处的局域环境有密切的关系。当分子处于较强的外电场环境中,这些参数也将随之发生变化。然而以往的研究往往忽略了外界条件对分子电子结构的影响。为了更准确地把握电场环境中分子电子材料的性质,图 3.41 给出了 HF/6-31G* 水平下计算得到的不同长度的聚苯分子导线 LUMO 和 HOMO 能级随电场强度的变化关系。从图中可以看出,随着电场强度的增加,所有分子的 LUMO 降低,HOMO 则近似对称地升高,其最终结果是能隙减小。并且,分子链越长,分子的能级对外电场的变化也越敏感。这一特征与前几节所模拟的共轭分子材料一致。

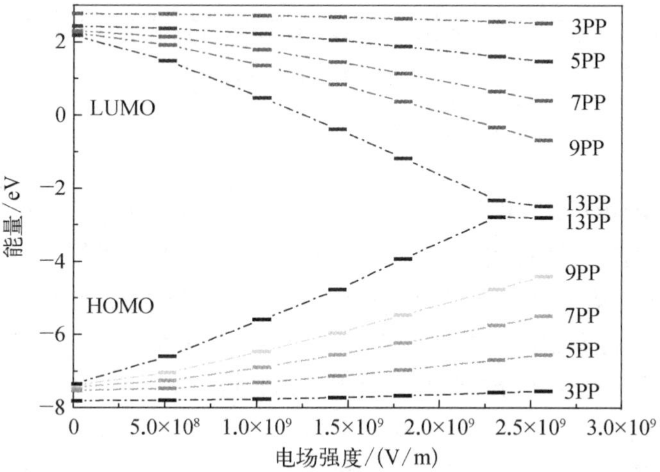

图 3.41　外电场对聚苯分子 HOMO 和 LUMO 轨道能量的影响

在近似考虑时,分子电子传递的势垒高度相当于分子能隙 E_g 的一半[14],在以前的研究中,往往认为对于一个分子桥,电子隧穿势垒的高度在很大的电势范围内是一个常量,这个结论对饱和烷烃分子是适用的,因为饱和烷烃的电子离域能力小,外电场对其 HOMO 和 LUMO 能级几乎没有影响。然而,这一假设并不适用于共轭的聚苯分子导线。这一点与本章研究的聚乙炔和聚噻吩体系一致。因此了解分子能隙与电场强度的变化关系对理解分子电子传递有重要参考价值。图 3.42 给出了外电场下分子 E_g 与电场强度平方的关系。可以看出,随着电场强度的增加,分子的 E_g 减小,当分子链长为 3PP 时,分子的 E_g 随电场强度的变化并不明显;然而,当分子链长达到 5PP 或更长时,分子的 E_g 随电场强度的变化逐渐显著。例如,当电场强度从 0 增加到 2.57×10^9 V/m 时,3PP、5PP、7PP、9PP 和 13PP 分子的 E_g 分别降低了 0.523 eV、1.945 eV、3.852 eV、5.923 eV 和 9.214 eV。这表明分子链越长,分子的 E_g 对电场强度的变化也越敏感。对于不同构型的聚乙炔和聚噻吩体系,能隙与外加电场的平方呈现很好的线性关系(见本书 3.3 节、3.4 节和 3.7 节),而对于聚苯分子,没有这种关系。对比两者结构的特征及分子构型在电场中的变化,我们认为,苯环内部的共轭以及施加电场后分子扭转角的改变可能是产生这种差异的重要原因。

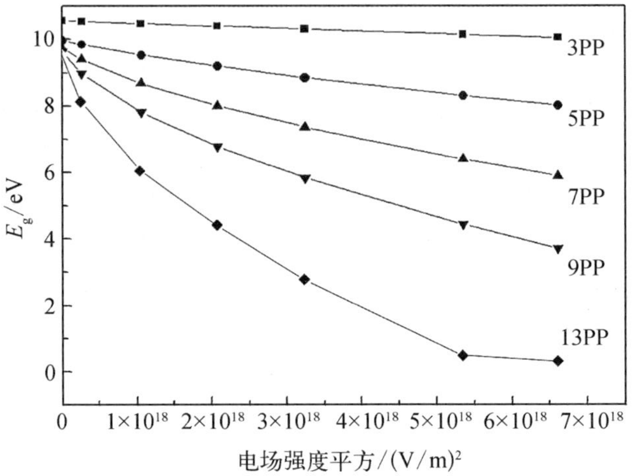

图 3.42　不同链长聚苯分子的分子能隙与电场强度平方的关系

除了分子的 HOMO、LUMO 及 LUMO−HOMO(E_g),分子轨道(尤其是前线分子轨道)的空间分布也是决定分子中特定通道的电子输运效率的重要因素。对分子导线来说,分子轨道的空间分布直接影响了分子的隧穿谱,进而决定分子的导电性质。完全离域的分子轨道才可以看作电子能够导通的通道。图 3.43 以 9PP 为例,给出分子的 LUMO 和 HOMO 在不同电场下的空间分布形状。图中电场方向为从左指向右。零电场时 HOMO 和 LUMO 都是完全离域的;施加外电场后,LUMO 分布向高电势端移动,HOMO 向低电势端移动,电场强度越大,移动越明显。分子轨道空间分布随外电场的这种变化对分子链长也表现出很强的依赖性,分子链越长,这种变化越明显。

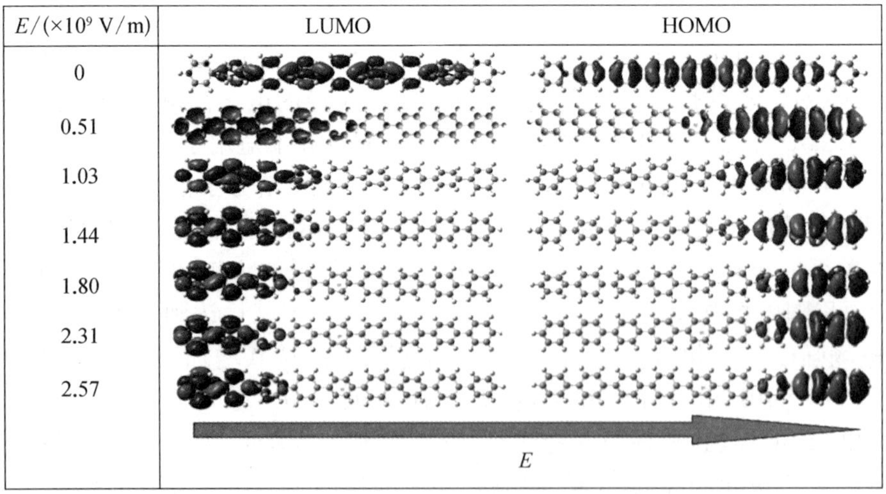

图 3.43　九聚苯分子(9PP)的前线轨道空间分布随着电场强度的变化

我们进一步将聚苯与其他四种重要的线性共轭分子做了比较,包括聚乙炔(PA)、寡聚亚苯基乙烯撑[oligo(phenylene vinylene),OPV]、寡聚亚苯基乙炔撑(OPE)、聚噻吩(polythiophene,PTP)。聚乙炔是线性的碳-碳单双键交替的共轭结构;聚噻吩是在聚乙炔分子结构基础上引入硫原子衍生而来的;聚苯乙炔可以看成苯环和碳原子线交替的分子骨架;寡聚亚苯基乙炔撑是苯环和乙炔交替的分子骨架。表3.9列出了这五类分子的几何构型、电子结构参数随外电场的变化规律。

表3.9 系列共轭分子导线随外电场的变化

分 子	碳-碳单/双键	前线轨道能级	能隙	轨道空间分布移动	其他性质
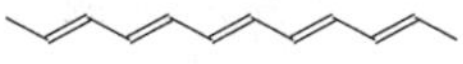 (PA)	单键变短; 双键变长	HOMO升高; LUMO降低	减小	HOMO→低电势 LUMO→高电势	分子主轴弯曲
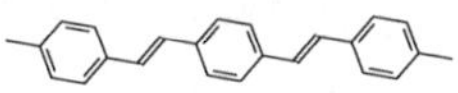 (OPV)	单键变短; 双键变长	HOMO升高; LUMO降低	减小	HOMO→低电势 LUMO→高电势	分子主轴弯曲
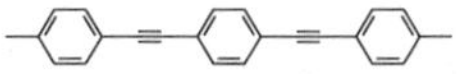 (OPE)	单键变短; 双/叁键变长	HOMO升高; LUMO降低	减小	HOMO→低电势 LUMO→高电势	—
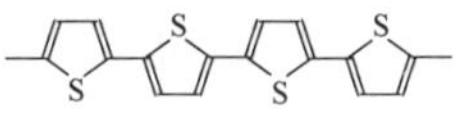 (PTP)	单键变短; 双键变长	HOMO升高; LUMO降低	减小	HOMO→低电势 LUMO→高电势	相邻环扭转角变小
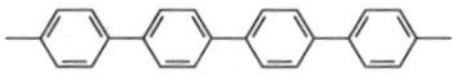 (PP)	单键变短; 苯环变形	HOMO升高; LUMO降低	减小	HOMO→低电势 LUMO→高电势	相邻环扭转角变小

可以看出,与聚苯分子相似,在电场作用下所有分子的碳-碳单键变短,碳-碳双键变长;HOMO升高,LUMO降低,能隙减小;HOMO空间分布向低电势端移动,LUMO向高电势端移动。以上规律对线性共轭分子具有普遍的适用性。需要指出的是,由于苯环内部的环状共轭特征,聚苯分子中的能隙与电场强度的平方不具有线性关系,这是与其他几种共轭体系的区别。此外,在外电场作用下PA、OPV分子主轴在共轭平面发生了弯曲,而OPE、PTP、PP分子没有这种弯曲。从分子的共轭单元和电场的取向上分析,PA、OPV分子中共轭单元的诱导偶极与电场有夹角,而OPE、PTP、PP分子的诱导偶极与电场平行(这一点也可以从分子的Mulliken布居分析和分子偶极取向分析得到验证)。对于PTP、PP分子,另一个重要的几何参数就是分子中相邻环的扭转角。随着电场强度的增加,PTP、PP分子的扭转角变小,分子更趋于平面。分析表明,这种变化也是外电场与分子诱导偶极相互作用的结果。此外,随着分子链的增长,以上参数的变化也都显著加强。

本节在HF/6-31G*水平上系统研究了聚苯体系的几何构型和电子结构在外加电场中的变化。聚苯分子在平行的外电场中,单键缩短。苯环上的三个位置的键长变化各不相同,其中a键和b键总体表现为缩短,c键伸长。苯环之间的二面角减小,分子趋于平面。所有上述变化增强了体系的共轭性,促进了分子轨道的空间分布在电场作用下的重新分布。外电场对分子的 HOMO 和 LUMO 能级有显著影响，直接导致其能隙变小。这些特征有助于理解分子电子材料的构象变化、电子结构特征和输运行为，对准确把握分子电子材料在器件中的性能，设计和优化分子电子器件、电致变色显示器件和发光器件等具有参考价值。

3.7 电场对寡聚噻吩分子导线的影响

本节以聚噻吩分子导线为研究对象，考察外电场对聚噻吩分子导线性质的影响。图 3.44 给出了分子导线的器件示意图和四聚噻吩的分子骨架结构，同时标识了电场强度的方向。

最简单的分子导线的模型，就是导线两端通过官能团连接到两个固定的金属电极上，并且在两个电极之间施加一个偏压。由于分子导线的主要功能主体是共轭部分，并且共轭部分在电场中的性质变化直接影响了分子导线的行为，因此在建立模型时略去分子两端的固定基团。这样虽然简化了模型，但是忽略了两端官能团对共轭体系的影响，特别是当两端官能团的外层电子有较高的离域性时。因此，这一简化并不适用于所有模型。为了模拟模型中分子两端与电极连接而相对固定的情况，我们把分子两端的碳原子（C1 和 C16）的空间位置加以限定。

在平行于分子共轭链的方向上，施加一个均匀的外电场，方向如图 3.44 所示。所加电场强度的大小为 0、0.001、0.002、0.0028、0.0035、0.004、0.0045 和 0.005 a.u.，也就是电场强度变化范围为 0~2.57×10^9 V/m，基本符合分子结实验中电场强度的范围。含一个分子导线的分子结可以等效成一个并联的电阻和电容，当忽略分子结的隧穿电流时，可以着重考察分子导线在恒定电场作用下的几何构型、SCF 能量和分子轨道等的静态行为。

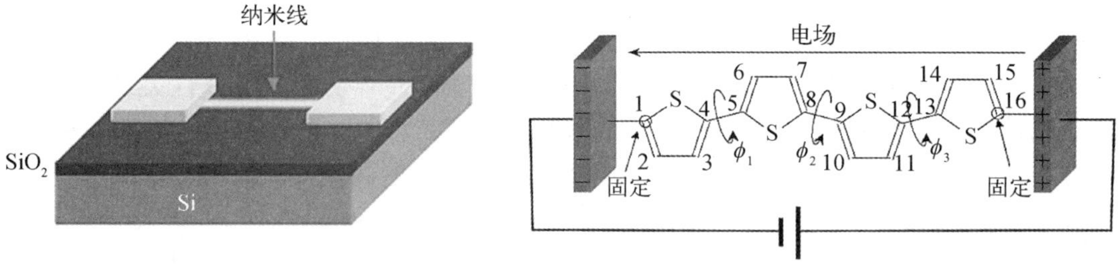

图 3.44 分子导线与噻吩分子模型模拟示意图

3.7.1 聚噻吩的几何构型优化

模型可以通过 Gaussian View 软件建立，也可以进一步在输入文件中修改。因为两端原子需要在电场中固定，所以只能用部分结构优化的功能，对于聚噻吩这样的分子量较小的体系，几何构型优化建议使用 opt(tight) 关键词，以提高收敛精度。为了确定适合聚噻吩体系计算的基组，同时权衡计算时间与计算精度，先以四噻吩体系为研究对象，在

HF/6-31G、HF/6-31G*、HF/6-31G**、HF/6-31+G、HF/6-31++G、HF/6-31+G*和B3LYP/6-31G*基组下进行研究，并与MP2/6-31G*计算结果比较。

利用不同基组对四噻吩的结构进行完全弛豫，三个二面角的计算结果列于表3.10。将这些不同方法得到的计算结果进行综合比较可为我们选择合适的方法提供参考，即保证足够的精度和可接受的计算时间。由于分子扭转角对计算条件非常敏感，因此可以将其作为优选计算方法的依据。表3.10给出了几种方法优化的四噻吩的三个扭转角，将更高精度的MP2/6-31G*方法得到的二面角作为参考值。四聚噻吩的分子扭转是π电子的共轭效应和相邻噻吩环的空间排斥作用平衡的结果。由于HF/6-31G基组低估了空间斥力，因此HF/6-31G的结果是全平面构型的，这与杂原子硫存在较大的空间位阻的事实不符。当添加极化函数或弥散函数时，噻吩环之间的二面角减小，呈现不同程度的扭曲。特别是极化函数，比弥散函数对分子扭转角的影响更大。因此，从表中我们可以看出，添加一个极化函数可以显著改善二面角的模拟结果，即HF/6-31G*基组也可以得到接近MP2/6-31G*精度的结果，但增加两个极化函数几乎没有更多改善。应用弥散函数仅略微改善四噻吩的扭转角，而且不需要再多加一个弥散函数。另外，B3LYP/6-31G*方法预测的二面角高于HF/6-31G*的结果，与MP2/6-31G*得到的扭转角差距更大。因此，我们认为HF/6-31G*方法更适用于预测独立的聚噻吩分子的性质，该方法在分子的几何构型和电子结构的计算中兼顾计算精度及效率。

表3.10　利用不同方法对四噻吩结构优化后二面角的结果

计算方法	ϕ1/(°)	ϕ2/(°)	ϕ3/(°)
HF/6-31G	180.00	180.00	180.00
HF/6-31+G	173.09	179.99	173.14
HF/6-31++G	170.79	179.94	170.54
HF/6-31G*	148.87	150.43	148.87
HF/6-31G**	148.77	150.23	148.90
HF/6-31+G*	147.02	148.33	147.05
B3LYP/6-31G*	162.74	167.50	164.65
MP2/6-31G*	144.21	146.71	144.21

利用HF/6-31G*基组对五、六、八和十噻吩进行几何构型全优化，其结构如图3.45所示。聚噻吩分子几何构型表现为全非螺旋结构，此构型的自洽场能量最低，如十噻吩的侧面图。图3.46给出了八噻吩全自由优化得到的不同构象。按照硫原子的轨迹，可把稳定构象分为全非螺旋、部分螺旋和全螺旋三种结构。全螺旋结构的聚噻吩中S-C-C-S二面角均为正，其侧视图显示分子处于一条直线上；而全非螺旋结构中S-C-C-S二面角从左到右正负交替，其侧视图显示分子为弧形结构。全非螺旋的能量最低，部分螺旋能量比其高0.215 kcal/mol，全螺旋比其高0.324 kcal/mol。其他聚噻吩分子的计算结果同样证实了全非螺旋构型最稳定。因此，后续在电场中的性质研究均基于此构型。

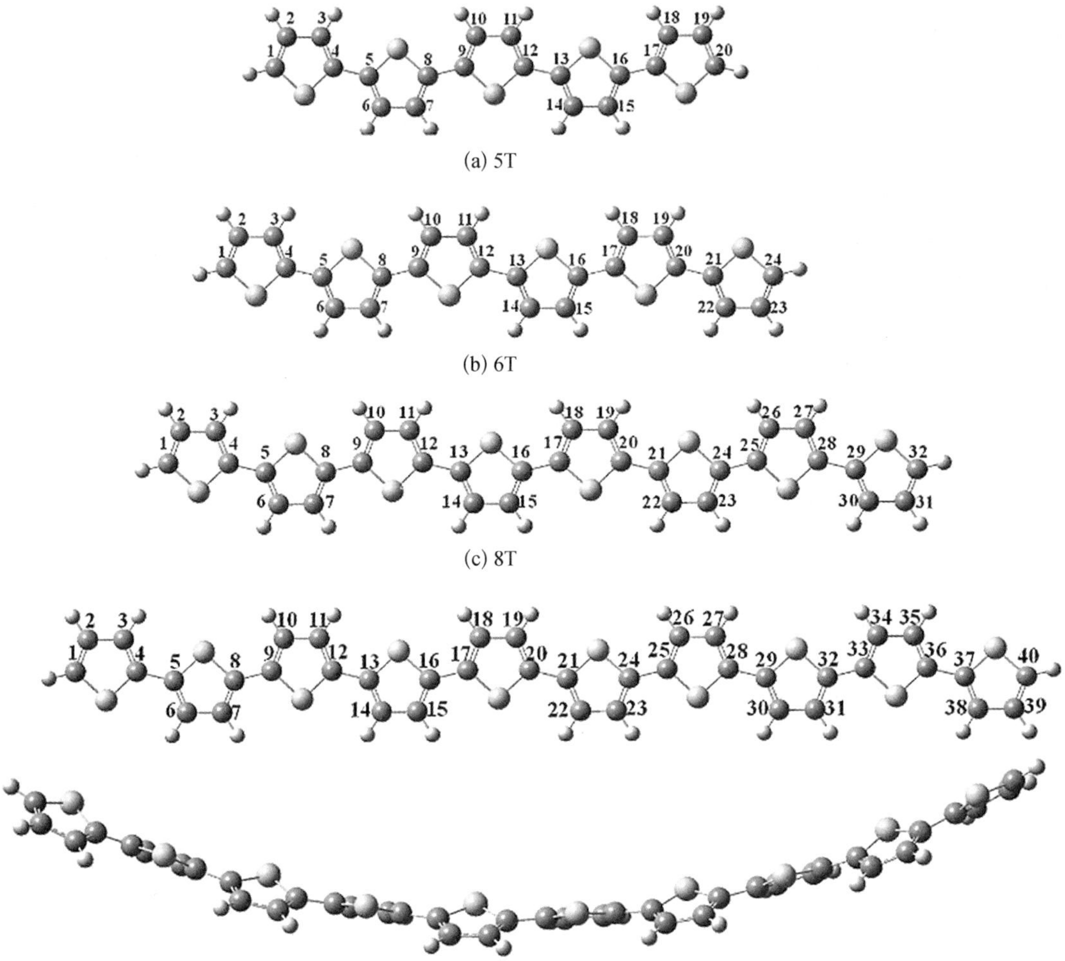
(a) 5T

(b) 6T

(c) 8T

(d) 10T

图 3.45　五、六、八和十噻吩的模型结构和原子编号（十噻吩给出了俯视图和侧视图）

偶数个单体的聚噻吩分子的初始建模具有全平面的 C_2 对称性，自由优化后失去该对称性，这与我们的一般认识（即对称性高的体系往往更稳定）有所不同。即使在输入文件中强制加入 C_2 对称性，优化后的分子能量也高于弯曲的构型。此外，奇数个单体的聚噻吩经过结构优化后，也均表现为弯曲构型。

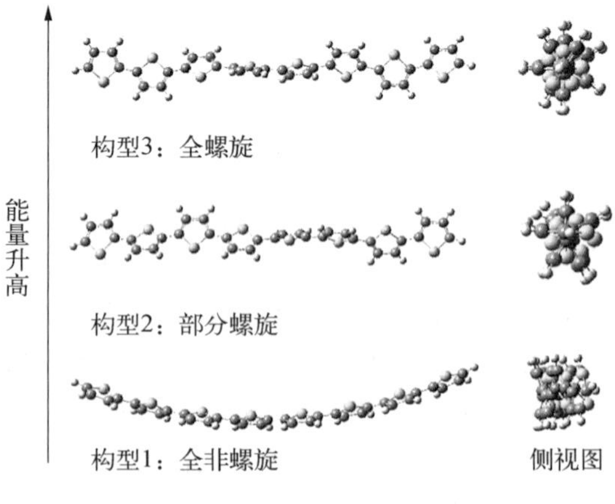

图 3.46　八噻吩的不同几何结构

3.7.2　四噻吩的结构特征与电场的关系

众所周知，沿着共轭分子骨架上的键长交替（定义为相邻单键和双键之间的平均差)是调节分子导线电学性能的关键参数。键长的平均化虽不利于体系的能量,但有利于减小材料的带隙,使导电能力得到增强。许多其他性质,如非线性光学性质和光谱,也会受键长交替程度的影响。因此,详细研究键长随外加电场的变化对理解分子电子器件具有重要的意义。表 3.11 给出了零电场下四聚噻吩的单键和双键长度,图 3.47 给出了不同电场强度下四聚噻吩的键长相对于零电场下键长的偏差。一般来说,双键(DB)在较高电场强度下拉长,但位于噻吩环高电势端的 DB7-8、DB11-12 和 DB15-16 除外。双键的这种变化可以理解为 π 电子在电场驱动下,共轭作用和静电排斥重新达到平衡。在电场的作用下,π 电子从双键的低电势端迁移到高电势端,这也可以通过原子的 Mulliken 电荷布局分析进一步证实。DB15-16 在高电场强度下略有缩短意味着此时共轭效应比静电排斥更显著。在这些双键中,位于两个中间噻吩环上的 DB5-6 和 DB9-10 的伸长程度最大,这是因为分子中心的 π 共轭作用更强。

表 3.11　用 HF/6-31G* 方法计算得到的四噻吩在零电场下的键长

单　　键	键长/Å	双　　键	键长/Å
SB2-3	1.4333	DB1=2	1.3445
SB4-5	1.4635	DB3=4	1.3519
SB6-7	1.4295	DB5=6	1.3512
SB8-9	1.4624	DB7=8	1.3515
SB10-11	1.4295	DB9=10	1.3515
SB12-13	1.4635	DB11=12	1.3512
SB14-15	1.4333	DB13=14	1.3519
		DB15=16	1.3446

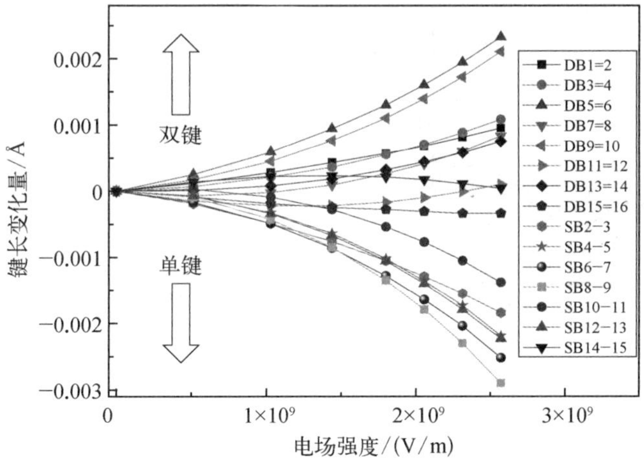

图 3.47　四噻吩在不同电场强度下双键和单键相对于零电场时的变化

与双键的变化相反,电场作用使单键缩短,只有靠近高电势端的 SB14-15 例外。此外,由于分子中心良好的 π 共轭特征,SB8-9 的变化比 SB4-5 和 SB12-13 更显著。

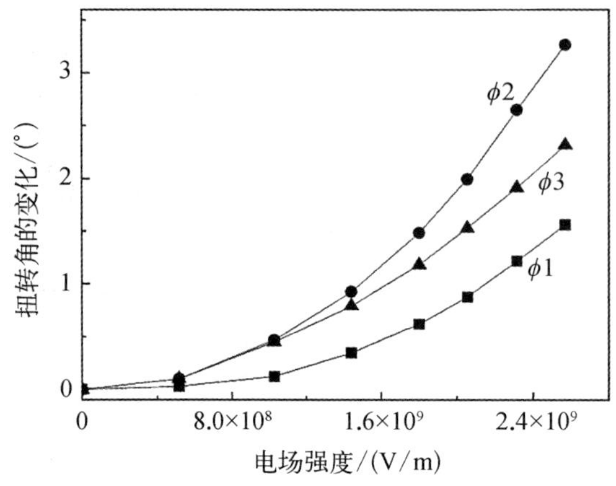

图 3.48 利用 HF/6-31G* 方法得到的四聚噻吩的扭转角随电场强度的变化

在零电场下，由于分子的对称性，扭转角 $\phi1$ 和 $\phi3$ 完全相同(表 3.10)。位于分子中间的扭转角 $\phi2$ 更大，因为分子中间的共轭程度更高。图 3.48 给出了四聚噻吩的扭转角随电场强度的变化。可以看出，当电场强度增加时，三个扭转角 $\phi1$、$\phi2$ 和 $\phi3$ 都增加，即分子趋向于平面结构。在三个扭转角中，$\phi2$ 对电场最敏感，这是由于中间两个噻吩环的 π 电子更容易移动。在相同的电场下，$\phi3$ 比 $\phi1$ 的变化更大，这是由于 $\phi3$ 位于高电势端，电子密度更高。扭转角的增加，说明分子趋向于平面，增强了噻吩环之间的共轭，可以改善聚噻吩分子导线的电子输运能力。

3.7.3 五、六、八和十噻吩的几何特征与电场的关系

图 3.49 给出了在 HF/6-31G* 基组下计算得到的五、六、八和十噻吩键长与电场强度的关系。为了使各个分子的电场强度与分子长度的乘积保持在同一范围，也就是模拟分子导线两端的电势差在同一范围，我们对每个分子使用了不同的电场强度。各个聚噻吩单键键长随电场强度的变化与几何位置有关，除高电势端的单键外，其余单键在电场作用下缩短，和四噻吩的变化规律相同。而双键键长的变化也与位置有关，除了高电势端的双

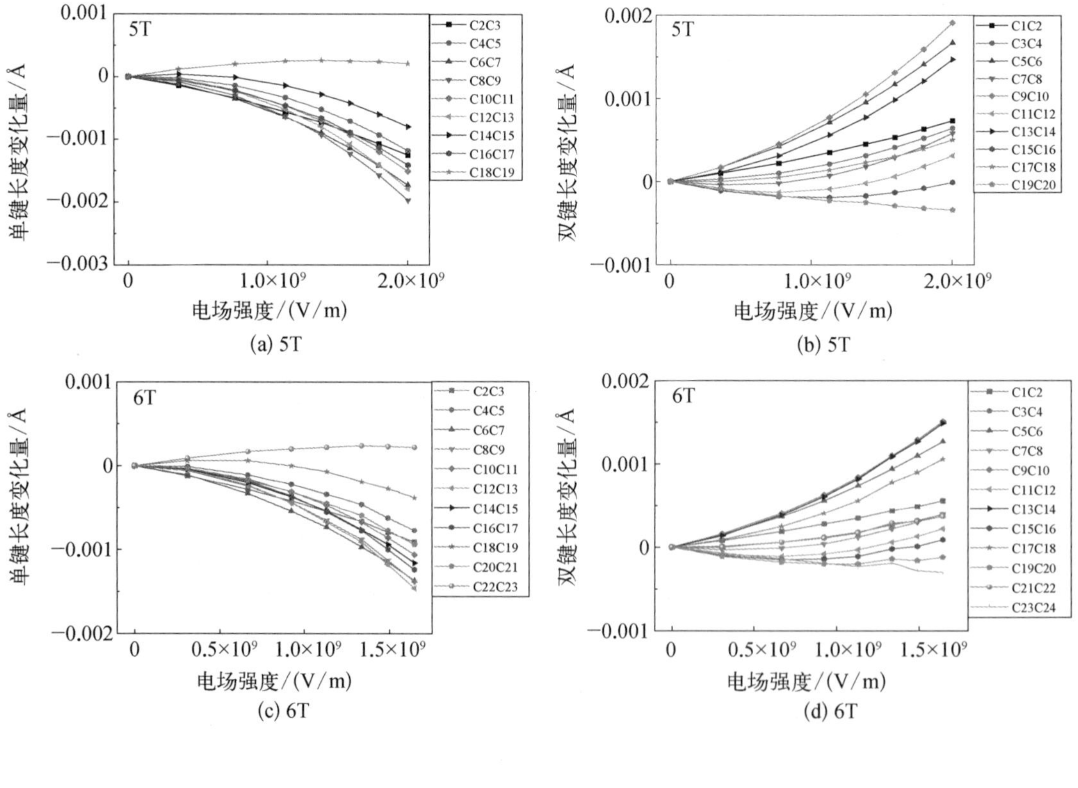

(a) 5T (b) 5T

(c) 6T (d) 6T

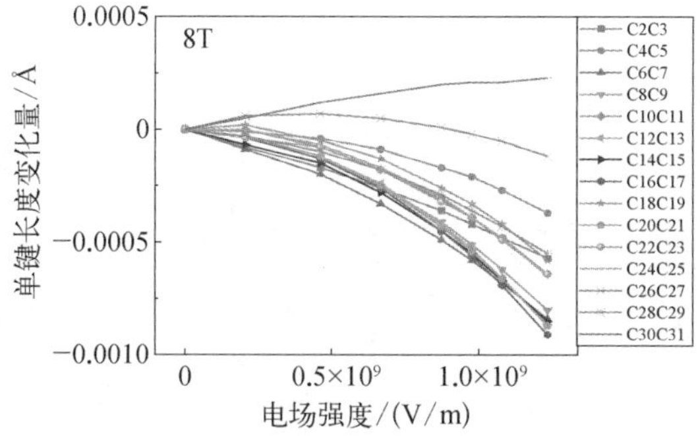

(e) 8T

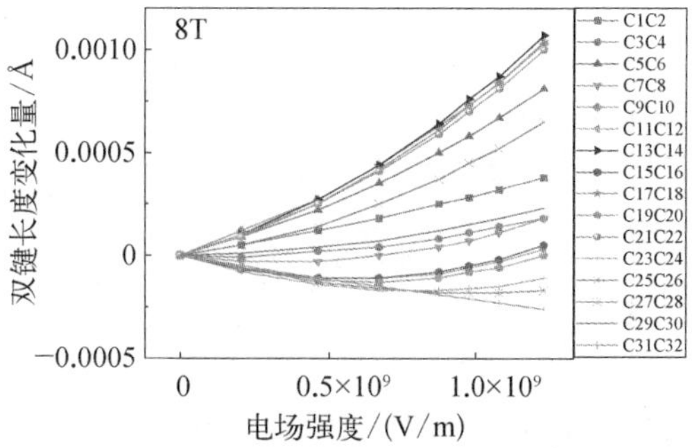

(f) 8T

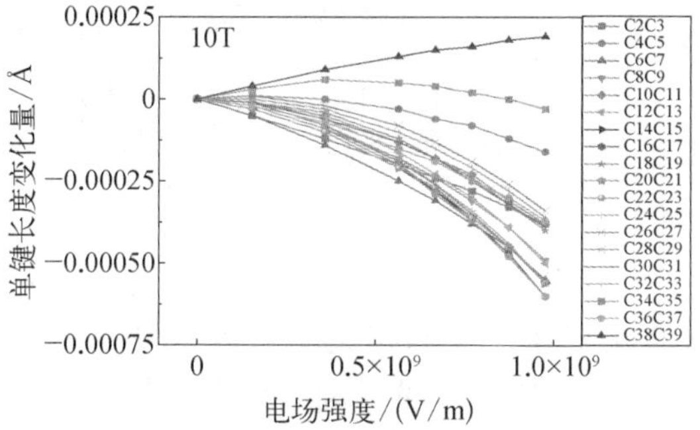

(g) 10T

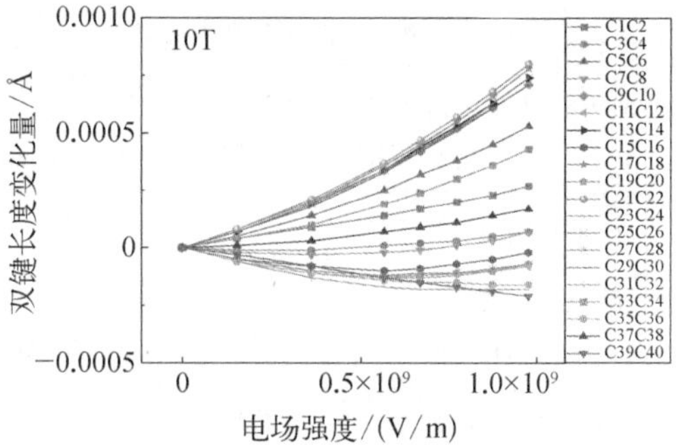

(h) 10T

图 3.49　五、六、八和十噻吩的单键和双键键长在电场中的变化量

键键长随场强增加而缩短，其他双键均变长，中间噻吩环上的双键伸长程度最大。噻吩环间的二面角的变化也同四噻吩类似，即除了高电势端的二面角随电场略有增加，其他二面角都增加显著。

3.7.4　聚噻吩偶极矩、自洽场能量与电场强度的关系

分子骨架上的 π 电子流动性强，当施加外电场时，电荷分布容易改变，可以用分子诱导偶极矩来描述。根据泰勒展开公式（Talor's expansion），在均匀外电场作用下，分子的诱导偶极矩 $\mu(E)$ 和总能量 $\varepsilon(E)$ 与电场强度（E）的关系可以用式（3.8）和式（3.3）表示。对于聚噻吩分子，式（3.8）中高阶项的影响可以忽略，通过最小二乘法拟合得到其一阶线性系数，如图 3.50 所示，α_z 为 2.23×10^{-9} deb·m/V（1 deb·m/V = 3.33564×10^{-30} $C\cdot m^2/V$）。

四噻吩在不同的基组下，自洽场能量都随电场的增加而减小，也就是说，极化的分子与电场作用后趋向于更加稳定，HF/6-31G* 计算的分子自洽场能量有类似二次曲线的变化，如图 3.51 所示。在电场作用下，模型分子中的电子发生偏移，产生诱导偶极。例如，根据 HF/6-31G* 基组的计算结果，四噻吩在电场强度为零时的偶极矩为 0.98 D，而在电场强度为 2.57×10^{-9} V/m 时变为 5.29 D。分子的电荷分离会使分子能量升高，其与电场作用又使体系的能量降低，显然后者是决定因素。

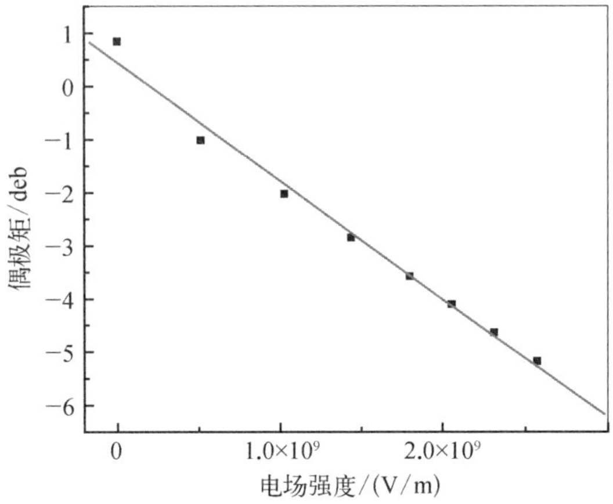

图 3.50 利用 HF/6-31G* 方法计算的四噻吩偶极矩随电场强度的变化

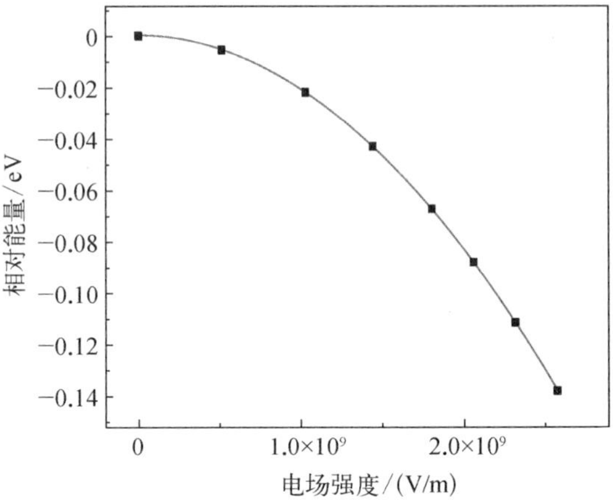

图 3.51 利用 HF/6-31G* 方法计算的四噻吩自洽场能量随电场强度的变化（以零电场时的能量为参考）

表 3.12 是不同基组下的极化率。从表中可以看出，HF 方法计算的极化率小于 B3LYP/6-31G* 的结果。这主要是由于 DFT 计算考虑了电子的相关能。图 3.52 是利用 HF/6-31G* 方法计算的不同长度聚噻吩的极化率。该值与噻吩环的个数有良好的线性关系。

表 3.12 四噻吩在不同基组下计算的极化率

基组	B3LYP/6-31G*	HF/6-31G	HF/6-31G*	HF/6-31G**	HF/6-31+G*	HF/6-31+G	HF/6-31++G
极化率/a.u.	318.302	228.376	202.573	206.127	216.498	238.661	238.573

3.7.5 聚噻吩分子的前线分子轨道和能隙与电场强度的关系

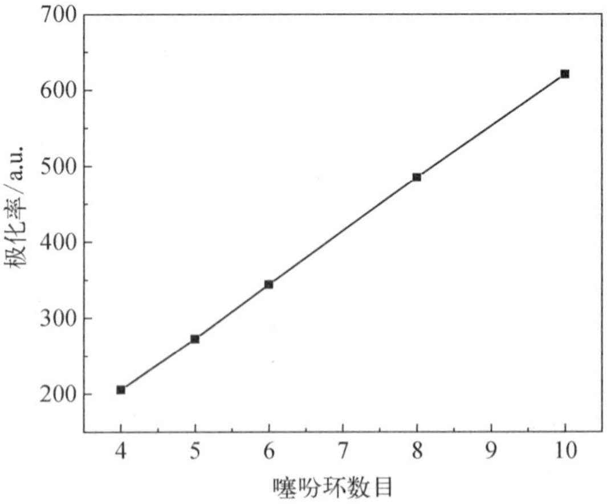

图 3.52 利用 HF/6-31G* 方法计算得到的四、五、六、八和十噻吩的极化率

在半导体物理中，导带、价带和带隙是其重要的参数，决定了半导体的基本性质。而在分子电子材料中，HOMO 和 LUMO 具有类似导带和价带的特点，它们之间的能量差，即分子能隙（E_g）也决定许多分子的性质，如分子电导、吸收光谱等。因此，为了理解分子线的导电性，考察外部电场对分子能隙 E_g 的影响非常必要。图 3.53(a) 给出了 HF/6-31G* 方法计算的四个前线分子轨道（HOMO-1、

HOMO、LUMO 和 LUMO+1）的能级变化。我们可以看到，占据分子轨道（HOMO−1 和 HOMO）随着电场强度的增加而升高，未占分子轨道（LUMO 和 LUMO+1）随着电场强度的增加而降低，导致分子能隙 E_g减小。在这四个分子轨道中，HOMO 和 LUMO 因其更好的离域特征对电场更敏感。这一特点也类似于其他线性共轭分子，如聚乙炔。图 3.53(b) 描述了分子能隙与电场强度平方的线性关系。随着电场从 0 增加到 2.57×10^9 V/m，E_g减小了 0.83 eV。经典的和半经典的电子输运理论模型都认为分子桥的隧穿势垒是常量[19,20]，对饱和烷基分子来说，这一假设是可以接受的，因为它们的 E_g对外电场不敏感。我们也可以将这类分子链称为分子电阻。然而，这一假设不适用于共轭分子导线。从图 3.54 可以看出，分子链长越长，E_g变化越明显。

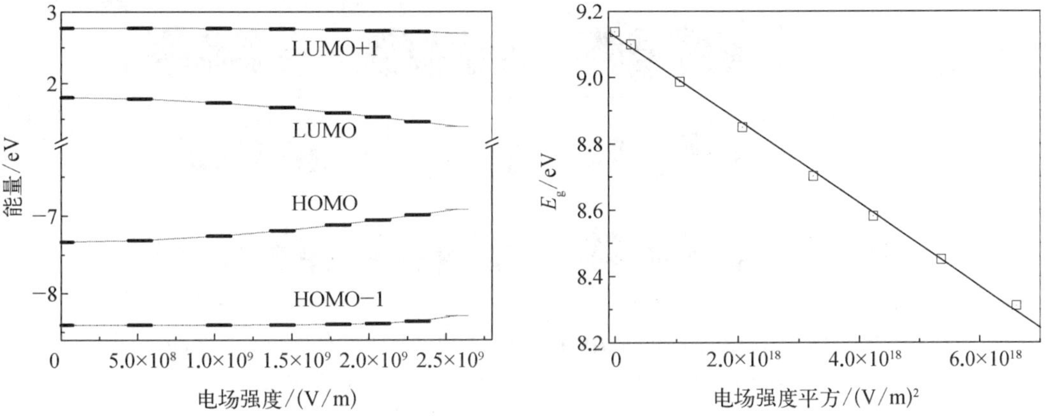

(a) 轨道能级随电场强度的变化　(b) 分子能隙与电场强度平方的关系

图 3.53　HF/6-31G* 方法计算得到的四噻吩分子轨道能级和能隙随电场强度的变化

对于金属-共轭分子-金属结，其电子输运行为的研究中一般在金属电极上施加偏压，并记录电流的变化，得到 I-V 响应关系。为了理解在电极两端施加偏压后系列聚噻吩电子材料能隙的变化，图 3.54 比较了从 4T 到 10T 几个不同长度低聚噻吩分子链的 E_g随偏压的变化关系。从图中可以看出，几个不同长度分子链的 E_g均呈抛物线形式，随电压的升高而降低，且分子链越长，对电压也越敏感。这也与其共轭程度一致。该图也表明，较长共轭链的 E_g 即使在温和的偏压范围内也会有显著的改变。例如，对于 10T，施加 2.0 V 偏压后，其 E_g降低约 0.7 eV。这一变化已经可以显著地改变其电子传递的势垒高度。

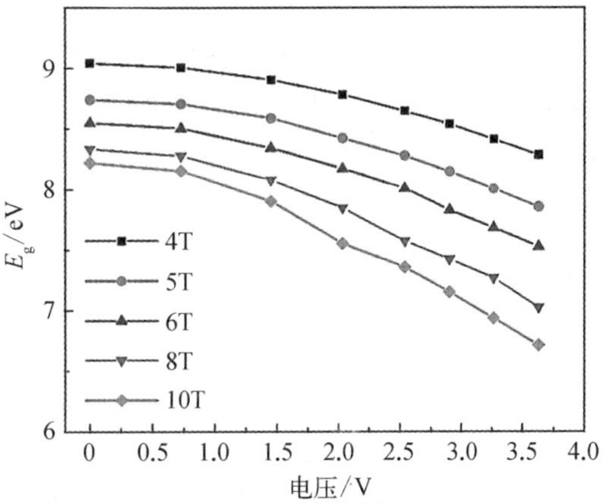

图 3.54　HF/6-31G* 方法计算得到的不同长度的聚噻吩分子能隙随电压的变化

分子轨道的空间分布，特别是 HOMO 和 LUMO 轨道的空间分布，也是衡量分子导线电子输运能力的一个重要指标，因为它主导着与电极和电子隧穿通道的耦合，以及隧穿通道的连续性。图 3.55 展示了在不同电场强度下四噻吩的 HOMO−1、HOMO、LUMO 和 LUMO+1 的空间分布。在零电场下，LUMO、HOMO 及其邻近轨道（LUMO+1 和 HOMO−1）完全离域，对称分布于整个分子中。然而，随着电场强度的增加，HOMO 和 LUMO 分别向相反的方向移动，导致离域性减弱。其中，HOMO−1 和 HOMO 向低电势端移动，而 LUMO 和 LUMO+1 向高电势端移动。这些特征会在一定程度上影响该分子导线的导电行为。

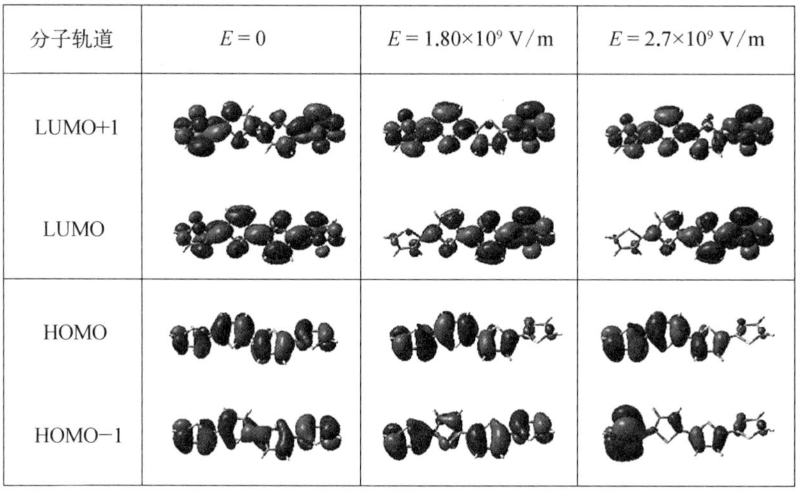

图 3.55 不同电场强度下 HF/6−31G* 方法计算得到的四噻吩分子的 HOMO−1、HOMO、LUMO 和 LUMO+1 轨道的空间分布

本节研究了四噻吩在电场作用下的几何构型和电子结构。对比 HF 和 DFT 方法，以及基组中极化函数和弥散函数对优化分子结构的影响，通过将 HF 和 B3LYP 计算结果与高精度 MP2/6−31G* 进行比较，证明 HF/6−31G* 基组是可靠且高效的方法。在此基础上，研究不同电场强度下系列聚噻吩的几何结构和电子结构。我们发现，随着电场强度的增加，大多数单键变短，双键变长，表明分子导线的共轭程度增强。外电场影响 HOMO 和 LUMO 能级，导致聚噻吩的分子能隙减小。此外，外电场也改变了前线分子轨道的空间分布。

本节贯穿着计算化学研究中方法检验的思想。计算模拟同实验科学一样都需要对所使用的方法做可靠性验证。体系不同，所对应的研究方法也可能有很大差异，所以不能简单地沿用某个文献的方法考察新体系。可靠性验证往往花费较多的时间，但为获得可靠的结果，计算方法之间的比较是必须的。除此之外，在可靠的诸多方法中应选用计算效率最高的那一个，这样可以在有限时间内获得更完整更丰富的数据，为理解体系打下基础。本节对系列聚噻吩分子导线的研究，也有助于理解后续章节分子导线的电子输运行为。

参考文献

[1] Samdal S, Samuelsen E J, Volden H V. Molecular conformation of 2, 2′-bithiophene determined by gas phase electron diffraction and *ab initio* calculations[J]. Synthetic Metals, 1993, 59(2): 259−265.

[2] Di Césare N, Belletête M, Leclerc M, et al. A conformational study of ethyl-substituted bithiophenes. Semi-empirical versus *ab initio* methods[J]. Synthetic Metals, 1998, 94(3): 291−298.

[3] Meyers F, Marder S, Pierce B, et al. Electric field modulated nonlinear optical properties of donor-acceptor polyenes: Sum-over-states investigation of the relationship between molecular polarizabilities (alpha, beta, and gamma) and bond length alternation[J]. Journal of the American Chemical Society, 1994, 116: 10703 - 10714.

[4] Fink H W, Schönenberger C. Electrical conduction through DNA molecules[J]. Nature, 1999, 398(6726): 407 - 410.

[5] Storm A J, van Noort J, de Vries S, et al. Insulating behavior for DNA molecules between nanoelectrodes at the 100 nm length scale[J]. Applied Physics Letters, 2001, 79(23): 3881 - 3883.

[6] Berlin Y A, Kurnikov I V, Beratan D, et al. DNA electron transfer processes: Some theoretical notions[M]. Berlin: Springer, 2004: 1 - 36.

[7] Porath D, Cuniberti G, Di Felice R. Charge transport in DNA-based devices[M]. Berlin: Springer, 2004: 183 - 228.

[8] Kirtman B, Champagne B, Bishop D M. Electric field simulation of substituents in donor-acceptor polyenes: A comparison with *ab initio* predictions for dipole moments, polarizabilities, and hyperpolarizabilities[J]. Journal of the American Chemical Society, 2000, 122(33): 8007 - 8012.

[9] Zhao J W, Uosaki K. Dielectric properties of organic monolayers directly bonded on silicon probed by current sensing atomic force microscope[J]. Applied Physics Letters, 2003, 83(10): 2034 - 2036.

[10] Akkerman H B, Blom P W M, de Leeuw D M, et al. Towards molecular electronics with large-area molecular junctions [J]. Nature, 2006, 441(7089): 69 - 72.

[11] Champagne B, Perpète E A, Jacquemin D, et al. Assessment of conventional density functional schemes for computing the dipole moment and (hyper)polarizabilities of push-pull π-conjugated systems[J]. The Journal of Physical Chemistry A, 2000, 104(20): 4755 - 4763.

[12] Cui X D, Primak A, Zarate X, et al. Reproducible measurement of single-molecule conductivity[J]. Science, 2001, 294(5542): 571 - 574.

[13] Holmlin R E, Haag R, Chabinyc M L, et al. Electron transport through thin organic films in metal-insulator-metal junctions based on self-assembled monolayers[J]. Journal of the American Chemical Society, 2001, 123(21): 5075 - 5085.

[14] Seminario J M, Zacarias A G, Tour J M. Theoretical study of a molecular resonant tunneling diode[J]. Journal of the American Chemical Society, 2000, 122(13): 3015 - 3020.

[15] Seminario J M, Zacarias A G, Derosa P A. Analysis of a dinitro-based molecular device[J]. The Journal of Chemical Physics, 2002, 116(4): 1671 - 1683.

[16] Venkataraman L, Klare J E, Nuckolls C, et al. Dependence of single-molecule junction conductance on molecular conformation[J]. Nature, 2006, 442(7105): 904 - 907.

[17] Seminario J M, Derosa P A. Molecular gain in a thiotolane system[J]. Journal of the American Chemical Society, 2001, 123(49): 12418 - 12419.

[18] Tsuzuki S, Tanabe K. *Ab initio* molecular orbital calculations of the internal rotational potential of biphenyl using polarized basis sets with electron correlation correction[J]. The Journal of Physical Chemistry, 1991, 95(1): 139 - 144.

[19] Mujica V, Nitzan A, Datta S, et al. Molecular wire junctions: Tuning the conductance[J]. The Journal of Physical Chemistry B, 2003, 107(1): 91 - 95.

[20] Ulman A. An introduction to ultrathin organic films: From langmuir-blodgett to self-assembly[M]. Amsterdam: Elsevier, 1991.

第4章

电场作用下的构象与取向分析

4.1　电场作用下二噻吩分子的构象分析

构象异构是具有一定构型的有机物分子的 C—C 的旋转或扭曲(不是把键断开)使得分子各原子或原子团在空间产生不同排列方式的一种立体异构现象。有的文献中称为旋转异构。

构象分析是研究构象对分子的理化性质影响的理论。运用构象分析可以解释一些复杂的反应现象,可以推测许多有机物的理化性质,可以帮助我们认识某些具有生理活性的有机分子。因此构象分析对于糖类、萜类、甾体和生物碱等中药有效成分的研究,具有相当的重要性。

在环己烷衍生物中,基团的反应活性是直立键强还是平伏键强?这是一个曾经令人感到困惑的问题。1969 年诺贝尔化学奖授予奥德·哈塞尔(Odd Hassel)和德里克·哈罗德·理查德·巴顿(Derek H. R. Barton),正是由于他们解决上述问题做出的贡献,开创了有机化合物构象分析的研究,从而获此殊荣。

20 世纪 20 年代,运用物理方法得到了分子的许多重要的物理量的特征。用现代电子显微成像、X 射线和光谱分析的方法研究有机物分子和结晶体中原子的空间排布,证明了立体化学观念的正确性。构象分析的建立有两个基础:一是绕碳-碳单键旋转问题的研究,二是环状化合物平面结构的研究。光谱分析和电子显微成像方法的运用,偶极矩的测量,以及物质比热容的测定,使经典有机化学分子中原子围绕单键而自由转动的观念向精确化发展。电子衍射方法测定了环己烷的非平面结构,表明了环状化合物中的取代基在直立键和平伏键的能量有差别。因此,物理测量方法的使用为构象分析提供了实验依据。随着化学知识的不断积累,有机化合物的知识(尤其是甾族和萜类的知识)与物理化学的知识开始结合,这就造成了对理论的需求。

Odd Hassel 从 1930 年就开始研究环己烷及其衍生物的结构,开始使用偶极距测量和 X 光衍射的方法,1938 年以后又采用了电子衍射的方法。他得出环己烷主要以椅式构象存在,环己烷的衍生物中,取代基可以以直立键和平伏键两种形式存在,取代基处于平伏键位置的构象是更稳定的。Derek H R Barton 解决了 Fieser 提出的甾体化学中难于理解的一个立体化学问题,指出处于直立键的取代基空间位阻大于处于平伏键的取代基,因此处于平伏键的羟基更容易发生酯化反应，两个相邻碳原子上处于直立键的羟基和氢原子在空间中是共平面的，更容易发生消除反应。他得出的规律得到了许多的实验事实的支持。构象分析的提出对后来天然产物化学的发展具有深刻的影响。很快，构象分析的概念应用到几乎所有的有机化学和生物化学的各个分支。20 世纪 50 年代以后，构象与构象分析广泛应用于化学反应机理的物理方法及化学方法证明，合理解释了许多过去不易理解的反应机理，并且可以凭借构象推断反应历程。目前构象和构象分析已经成为化学研究领域的热门的研究课题之一。

由于分子构象与分子的理化性质有着极为紧密的联系，构象分析作为研究分子构象的手段也被引入分子电子学的研究领域。目前，构象分析在分子电子学中的应用主要集中在研究分子电子器件材料的构象变化规律、电学及力学性质随构象变化的规律以及它们在工作状态的构象变化。目前所研究的分子电子器件主要是以共轭体系为基础的有机分子，一方面是由于这类分子大多具有较好的电学性质，便于制作成各种功能器件；另一方面是由于大共轭分子的合成相对要容易一些，可以使用聚合反应大规模生产，其中以聚乙炔和聚噻吩为代表。聚乙炔属于刚性分子，其分子一般情况下不易发生扭转，用于分子器件设计的主要是其衍生物或对其进行掺杂。聚噻吩则是柔性分子，在室温下可以自由扭转，并且可以弯曲，因此研究其构象，有助于理解其在电场作用下的扭曲及电学性质的变化。

α-共轭聚噻吩是众多分子中较为典型的一个，已有的研究表明，α-共轭聚噻吩及其衍生物的半导体性质使它们在发光二极管、场效应晶体管、分子整流器以及分子导线等方面有着广泛的应用前景。α-共轭聚噻吩的电学性质主要是由沿着分子的共轭链方向上的 π 电子的离域效应决定的，而 π 电子的离域效应主要由 C 原子 p_z 轨道的重叠程度来决定，也就是说，两个噻吩环围绕 C_α-$C_{\alpha'}$ 的扭转对 α-共轭起决定性的作用。2,2′-二噻吩是最简单的 α-共轭聚噻吩，因此它便成为用于研究聚噻吩在电子传递中几何构型变化的最合适的模型。目前，2,2′-二噻吩在自然状态、离子态、激发态的几何构型已经得到广泛研究。

2,2′-二噻吩的扭转对其电学性质的影响可以使用构象分析的方法，通过扫描 2,2′-二噻吩分子的扭转势能曲线进行理论研究。但是，以往的研究都是处于自然状态的分子，而不是在分子电子器件中的“工作状态”，在“工作状态”下，器件分子处于一定的电场环境。而在电场作用下的构象与其他状态有所不同，因此在理论研究中，必须要考虑电场的影响。为了达到上述目的，在上一章中，我们提出了一种新的理论模型方法来构建计算体系，以达到在接近真实条件下模拟分子电子材料的结构和性质。本节中，我们使用 HF 以及 DFT/B3LYP 方法，使用点电荷构建的外电场，提出电场作用下的构象分析方法，并进一步研究电场作用下 2,2′-二噻吩的扭转势能曲线，以及它的几何构型和电子结构。

4.1.1　建模与计算

为了方便地讨论分子的几何结构和计算势能面，对于二噻吩分子，可以采用内坐标建立如下分子模型。

X						
C	1	R1				
X	1	1.0	2	90.0		
S	2	R3	1	A1	3	D0
C	4	R4	2	A2	1	D1
C	5	R5	4	A3	2	D2
C	2	R6	4	A4	5	D3
C	1	R1	3	90.0	2	180.0
S	8	R7	2	A5	4	DC
C	9	R8	8	A6	2	D4
C	10	R9	9	A7	8	D5
C	8	R10	9	A8	10	D6
H	5	R11	4	A9	2	D7
H	6	R12	5	A10	4	D8
H	7	R13	2	A11	4	D9
H	10	R14	9	A12	8	D10
H	11	R15	10	A13	9	D11
H	12	R16	8	A14	9	D12

在该分子模型中,X 是为了方便建立所需模型而设的虚原子,以 C、S 为分子骨架,H 原子仅与骨架关联。在优化过程中,虚原子位置固定不变,除 $S-C_{\alpha}-C_{\alpha'}-S'$二面角(DC)外,所有变量均采用自由优化,DC 的设定使用扫描方法,自 0°到 180°,每 15°做一次几何构型优化。

考虑到在实际分子器件工作时,器件位于两个电极之间,所处电场不是匀强电场,为了更真实地模拟分子在电路中的状态,模型中的电场没有采用匀强电场,而是使用 5 对沿分子轴线对称的点电荷来构建近似于真实条件下的非匀强电场。这一结构可以近似模拟利用机械可控制断裂结(mechanically controllable break junction,MCBJ)技术制备的电极-分子结。

如图 4.1 所示,分子两端的点电荷分别带等量异号电荷。为了方便计算,电场强度近似用如下公式表示:

$$\boldsymbol{E} = \sum_{i=1}^{n} \boldsymbol{E}_i = \sum_{i=1}^{n} \frac{q_i}{4\pi\varepsilon_0 r_i^2}\boldsymbol{e}_i \tag{4.1}$$

其中,q_i 为一个点电荷的电荷量;r_i为点电荷到分子中心的距离(本节中 $r_i \approx d_i/2$);ε_0为真空介电常数;$\boldsymbol{e}_i$ 为从点电荷 q_i 指向分子中心位置的单位矢量。这个体系使用了 5 对等量异号的点电荷,所以 $n = 10$。由公式可知,电场强度由点电荷电量和位置控制。在计算中,点电荷电量固定不变,为单位电量,电场强度的调节主要依靠改变两组点电荷之间的距离(d_i)得到,分别在两组点电荷距离为 35 Å、40 Å、50 Å、70 Å 和 100 Å 以及零电场时进行了几何构型优化,其电场强度依次为 4.69×10^9 V/m、3.59×10^9 V/m、2.30×10^9 V/m、1.17×10^9 V/m、0.58×10^9 V/m 和 0 V/m。

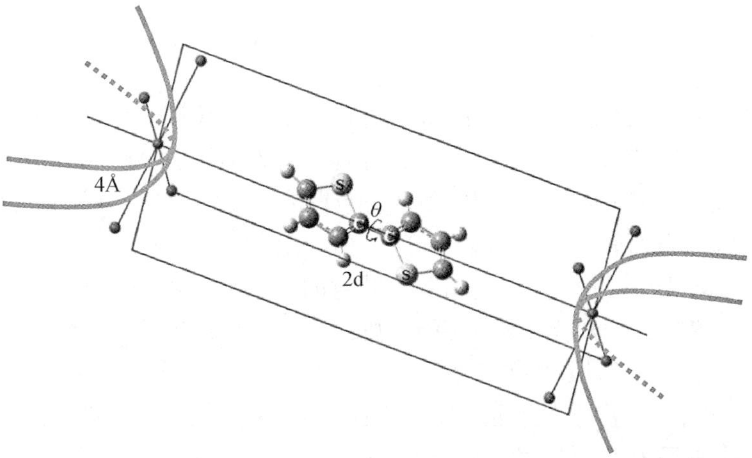

图 4.1　2,2′-二噻吩分子结构与电极间电场作用的模型

本节计算均使用 Gaussian 03 完成。在该软件中,可以使用扫描方法进行几何构型优化,且可以描述施加点电荷电场的有 HF、DFT 等方法。从 HF 和 DFT 的能量来看,HF 没有考虑电子相关能,而 DFT 理论通过电子密度形式的泛函来模拟电子相关以达到比较精确的结果,相比而言,DFT 所计算的结果具有较高的能量精度,可以绘制较为准确的势能面曲线,但无法确定其所给出的几何构型是否同样精确。因此,本研究中 HF 和 DFT 方法均有使用。虽然 DFT 给出较高的能量精度,但其所能使用的基组较少。

基组是体系内轨道的数学描述。用于电子结构计算的标准基组使用线性组合的高斯函数来模拟轨道。Gaussian 软件提供大量的已经定义好的基组,STO-3G 是最小基组,但这种简单的基组并不能给出足够的计算精度,对于本体系的计算必须使用分裂基组,增加基函数的数量。对于二噻吩体系,利用 HF 和 DFT 方法,6-311G 级别的基组能够获得非常精确的计算结果,但需要消耗大量的机时,而较低级别的分裂基组,如 3-21G,其计算结果与实验值有一定的偏差。为了更好地进行分子电子器件的理论化学研究,必须找到既能提供较高精度又消耗较少机时的合适基组。分裂基组允许轨道改变其大小,但不能改变形状。在分裂基组上添加极化函数则取消了这样的限制,增加了角动量上的修正。例如,在碳原子上增加 d 轨道的成分,在过渡金属上增加 f 轨道成分,有些在氢原子上增加 p 轨道成分。弥散函数扩大了 s 和 p 轨道函数的作用范围,允许轨道占据更大的空间。在外加电场作用下,电子密度的空间分布在电场诱导下发生偏离,如果使用原轨道函数描述,则会有较大误差,添加极化函数可以使电子在更大角动量范围内重新分布,使计算结果更接近真实值。本节计算过程中不涉及阴离子、自由基或激发态,弥散函数的积极效果不太明显,但在某些基组中可能会有轻微的修正。因此,本节比较了添加及未添加极化函数和弥散函数的基组。

4.1.2　基组的比较

合适基组的选择可以通过对比极高精度基组的计算结果来判断,也可以通过比较计算值与实验值得出。目前,关于二噻吩的实验数据主要集中在零电场条件下的分子构象分布,即稳定态的扭转角,以及部分过渡态的扭转势能。而对于电场作用下的分子构象,暂时没有可用的实验数据。

实验数据显示,由于原子的相互排斥以及 π 电子共轭作用的共同影响,气相的二噻吩分子倾向于以一种反式非平面的构象稳定存在。在早期的一项气相电子散射实验中,Tannenbaum 等发现二噻吩的最稳定构象是扭转 146°的反式构象,但分子可以在二面角为 95°~146°的范围内自由转动[1]。紫外-可见光谱的测定也支持反式非平面稳定态的存在[2]。近年来,Samdal 等同样使用气相电子散射的方法对二噻吩分子的几何构象进行测定,结果表明,二噻吩分子共存在两个稳定构象,顺式稳定态和反式稳定态,其二面角分别为(36 ± 5)°和(148 ± 3)°,其中反式稳定态为全局最稳定构象[3]。在其他条件下,例如 133 K 的固体条件下,二噻吩呈完全的反式平面构象;液晶状态的二噻吩的核磁共振显示,该分子存在顺式平面和反式平面两个稳定状态,而且反式平面构象更加稳定,占据了(70 ± 5)% 的比例[4,5]。

计算条件主要模拟的是分子气相条件下的性质,此条件与固态以及液晶环境相差较大,固态与液晶条件下的分子呈有序晶格排布及比较密集的堆积状态,与分子内原子相互作用相比,分子间作用更明显,导致分子为了以密集状态排列而呈现平面构象。用于比较二噻吩稳定态扭转角的实验数据只使用了气相条件下的测定结果,由于几个气相测定结果相差不大,数据选用了 Samdal 等测定的较为精确的结果,即反式稳定态二面角为(148 ± 3)°,顺式稳定态二面角为(36 ± 5)°,同时考虑到顺式稳定态是较少占据的构象,实验误差较大,在比较中,反式稳定态的实验数据应当比顺式稳定态的实验数据更可靠。

二噻吩分子顺式稳定态与反式稳定态二面角的计算值与实验值的比较如图 4.2 所示。由图可以看出,对于反式稳定构象,未添加极化函数和弥散函数的基组 HF/3-21G、HF/6-31G、HF/6-311G、B3LYP/6-31G 均不能做出很好的预测,即使使用了较复杂的分裂价基 6-311G 或考虑电子相关能校正的 B3LYP 方法。但随着基函数的增加,扭转角有向实验值方向变化的趋势。只添加弥散函数的基组 HF/3-21+G、HF/6-31+G、HF/6-31++G、HF/6-311+G、HF/6-311++G、B3LYP/6-31+G、B3LYP/6-31++G,也不能对反式稳定态的扭转角做出准确的预测,而且添加更多的弥散函数并不能使计算结果向实验值方向变化。只添加极化函数的基组 HF/3-21G*、HF/6-31G*、HF/6-31G**、HF/6-311G*、HF/6-311G** 的计算结果均在实验值范围内或接近实验值。而 B3LYP/6-31G*、B3LYP/6-31G** 的结果虽然与实验值有一定差距,但添加极化函数的改善作用明显。既添加极化函数又添加弥散函数的基组 HF/6-31+G*、HF/6-31+G**、HF/6-311+G* 计算所得的结果均在实验值范围内。B3LYP/6-31+G*、B3LYP/6-31+G** 和 B3LYP 的其他基组相比,预测结果提升作用明显。但 HF/3-21+G* 的计算结果与实验值有一定差距,其高估了环与环之间的排斥作用,预测了扭转更严重的构型。对于顺式稳定态,未添加极化函数和弥散函数的基组 HF/3-21G、HF/6-31G 均在实验数据范围内,HF/6-311G、B3LYP/6-31G 都有一定偏差,考虑到更大的环间排斥作用,基函数的增加有使顺式扭转角增大的趋势。只添加弥散函数的基组中,仅有 B3LYP/6-31+G、B3LYP/6-31++G 的计算值与实验值相当，HF/3-21+G、HF/6-31+G、HF/6-31++G、HF/6-311+G、HF/6-311++G的计算值均有一定偏差，仅添加弥散函数同样有使顺式扭转角增大的趋势，但该趋势也不指向实验值。只添加极化函数的基组，其计算值均偏离实验数据，除HF/6-311G*、HF/6-311G**外，HF/3-21G*、HF/3-21G**、HF/6-31G*、HF/6-31G**、B3LYP/6-31G*、B3LYP/6-31G**的计算值均接近实验数据，添加极化函数也有使顺式扭转角增大的趋势，但其效果小于添加弥散函数。既添加极化函数又添加弥散函数的基组中，除了B3LYP/6-31+G*、B3LYP/6-31+G**能够做出与实验相符的预测，其他基组计算结果均有偏差。

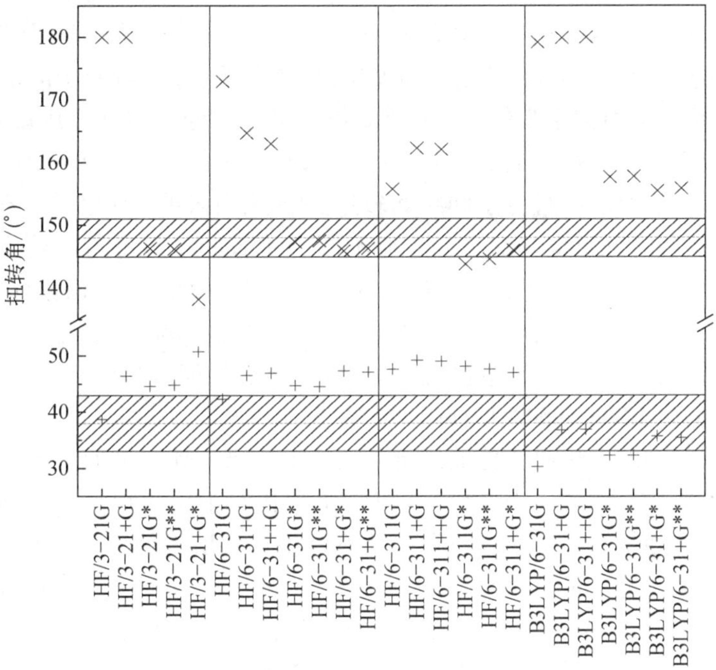

图4.2 零电场下2,2′-二噻吩稳定构象二面角与实验值的比较（×为反式稳定态二面角，+为顺式稳定态二面角，阴影为实验数据范围）

由以上分析可知，HF方法对反式稳定态的预测较为准确，DFT/B3LYP对顺式稳定态的预测较为准确。简单分裂基组HF/3-21G、HF/6-31G、HF/6-311G、B3LYP/6-31G，无法给出令人信服的结果，不适合用于系列的模拟计算。仅添加弥散函数在大多数情况下对计算结果没有积极的改善。仅添加极化函数在大多数情况下能够提供令人满意的结果，如HF/3-21G*、HF/3-21G**、HF/6-31G*、HF/6-31G**，而HF/6-311G*、HF/6-311G**也较好。既添加弥散函数又添加极化函数，能够进一步改善计算结果。DFT/B3LYP需要同时添加极化函数和弥散函数，才能获得令人满意的结果。图中结果还表明，添加一个或两个极化函数以及添加一个或两个弥散函数没有明显差别，这是由于第一个极化函数是对p轨道添加d轨道成分以增加轨道的变形性，第二个极化函数是对s轨道添加p轨道成分，对于二噻吩，其骨架原子是C和S原子，s轨道是内层轨道，p轨道是价轨道，原子间的相互作用对内层轨道影响不大，所以第二个极化函数主要作用于H原子,而H原子之间距离比较远,相互作用很弱,因此第二个极化函数基本没有效果,添加一个或两个弥散函数的影响也类似,此外,添加弥散函数扩大了轨道的延展范围,也增加了环与环之间的排斥作用。

从二噻吩稳定态的扭转角来看,HF/3-21G*、HF/3-21G**、HF/6-31G*、HF/6-31G**、HF/6-311G*、HF/6-311G**、B3LYP/6-31+G*和B3LYP/6-31+G**计算所提供的数据基本能够符合精确度的要求,适于进行大规模计算。

除顺式稳定态和反式稳定态的扭转角外,二噻吩分子反顺过渡态的扭转势垒以及顺式稳定态和反式稳定态的能量差也有人进行了测定。Veracini 等测定液晶环境下的二噻吩分子的顺反扭转势能为(21.0 ± 8.4) kJ/mol[5]。Samdal 等的气相电子散射实验支持顺式稳定态和反式稳定态的能量差为0.75 kJ/mol[3]。Kohler 等进行的荧光实验则认为该能量差应该是(4.85 ± 0.54) kJ/mol[2]。由于在液晶状态下,二噻吩分子间的相互作用比较强,分子基本以反式平面构象为最稳定构象,分子扭转受分子相互作用影响大,其反顺扭转势垒应明显大于气相环境中的二噻吩分子。Samdal 等的气相电子散射实验是在100℃进行的,分子能量相对较高,且分子间距离较远、相互作用很弱,其扭转比室温条件下更加容易,分子稳定状态的分布也与室温有明显不同。而 Kohler 等进行的荧光实验是在溶液环境下进行的,分子间相互作用使二噻吩分子倾向于以一种最稳定构象存在,分子间的相互作用使分子不易扭转,长时间处于一种构象,其分布也区别于室温气态。因此可以推断,理想条件下二噻吩分子的顺式稳定态和反式稳定态的能量差应介于两者之间,即大于0.75 kJ/mol 而小于(4.85 ± 0.54) kJ/mol。

我们将计算所得的二噻吩势能曲线上的五个特征点(顺式平面构象、顺式稳定态、反顺过渡态、反式稳定态、反式平面构象)的扭转角和相对于反式稳定态的相对能量以及所有可得的实验数据列于表4.1。比较可知,所有基组计算所得的反顺过渡态的扭转势垒均小于13.66 kJ/mol,远小于液相环境下的扭转势垒(21.0 ± 8.4) kJ/mol,但大于其他气相条件下的值,基本符合对于该条件的反顺扭转势垒的预测。而对于顺式稳定态与反式稳定态的能量差,绝大多数基组的计算数值也都在预期范围内,只有HF/3-21G、HF/6-31G、B3LYP/6-31G有显著偏差。从计算值与实验值相对能量的比较可以看出,由于相对能量的实验值并不十分完善,实验误差还比较大,而且现有实验数据的测定条件都与计算所设定的条件有差距,所进行的比较虽然有一定的可信度,但是精度较低,仅具有参考价值。

表4.1 各计算基组下2,2′-二噻吩特征构象的二面角 θ(°)与相对反式稳定态的相对能量 $\Delta\varepsilon$(kJ/mol)

基组	顺式平面构象		顺式稳定态		反顺过渡态		反式稳定态		反式平面构象	
	θ	$\Delta\varepsilon$	θ	$\Delta\varepsilon$	θ	$\Delta\varepsilon$	θ	$\Delta\varepsilon$	θ	$\Delta\varepsilon$
HF/6-31G	0	9.38	42.3	5.42	89.8	10.07	172.9	0	180.0	0.00
HF/6-31+G	0	9.94	46.5	4.44	90.4	8.42	164.7	0	180.0	0.06
HF/6-31++G	0	9.49	46.9	4.19	90.3	8.13	163.0	0	180.0	0.10
HF/6-31G*	0	8.08	44.7	2.84	89.0	7.08	147.3	0	180.0	1.56

续表

基组	顺式平面构象		顺式稳定态		反顺过渡态		反式稳定态		反式平面构象	
	θ	$\Delta\varepsilon$	θ	$\Delta\varepsilon$	θ	$\Delta\varepsilon$	θ	$\Delta\varepsilon$	θ	$\Delta\varepsilon$
HF/6-31G**	0	8.10	44.5	2.85	88.9	7.20	147.5	0	180.0	1.55
HF/6-31+G*	0	8.48	47.3	2.59	88.8	5.73	145.9	0	180.0	1.82
HF/6-31+G**	0	8.49	47.1	2.63	89.0	5.85	146.3	0	180.0	1.77
MP2/6-31G*	0	7.70	44.0	2.06	88.5	6.60	141.5	0	180.0	3.61
MP2/6-31+G**	0	12.16	53.6	1.24	89.6	3.71	134.3	0	180.0	7.36
HF/6-311G	0	9.49	47.6	4.25	90.3	7.55	155.8	0	180.0	0.46
HF/6-311+G	0	10.28	49.2	4.43	89.4	8.22	162.3	0	180.0	0.45
HF/6-311++G	0	10.52	49.0	4.54	89.0	8.18	162.1	0	180.0	0.07
HF/6-311G*	0	8.31	48.1	2.59	89.4	5.49	143.8	0	180.0	2.24
HF/6-311G**	0	8.24	47.6	2.68	89.4	5.69	144.6	0	180.0	2.06
HF/6-311+G*	0	8.43	47.0	2.83	88.5	6.00	146.0	0	180.0	1.75
HF/6-311+G**	0	8.27	46.3	2.92	88.7	6.28	147.0	0	180.0	1.57
MP2/6-311+G**	0	8.27	46.3	2.92	88.7	6.28	147.0	0	180.0	1.57
BLYP/6-31+G**	0	4.23	32.6	2.55	89.5	9.85	159.4	0	180.0	0.28
B3LYP/6-31G	0	6.49	30.3	5.30	89.6	13.66	179.2	0	180.0	0.00
B3LYP/6-31+G	0	6.74	36.8	4.54	89.7	11.03	180.1	0	180.0	0.00
B3LYP/6-31++G	0	6.48	36.9	4.41	89.6	10.84	180.0	0	180.0	0.00
B3LYP/6-31G*	0	4.59	32.3	2.83	89.4	11.29	157.7	0	180.0	0.43
B3LYP/6-31G**	0	4.59	32.3	2.82	89.4	11.42	157.8	0	180.0	0.40
B3LYP/6-31+G*	0	4.89	35.7	2.61	89.2	9.08	155.5	0	180.0	0.57
B3LYP/6-31+G**	0	4.87	35.4	2.63	89.4	9.20	155.9	0	180.0	0.55
BHHLYP/6-31+G**	0	6.00	39.2	2.79	89.0	8.29	152.4	0	180.0	0.96
B3PW91/6-31+G**	0	4.86	35.4	2.53	89.4	9.13	154.4	0	180.0	0.72
实验值[a,b,c,d]			(38 ± 5)[a]	0.75[a] (4.85 ± 0.54)[b]		(2.1 ± 8.4)[c]	(148 ± 3)[a] 159[d]			0.30[d]

注：a 见参考文献[3]，b 见参考文献[2]，c 见参考文献[5]，d 见参考文献[6]。

从以上分析可知，使用 HF/3-21G*、HF/3-21G**、HF/6-31G*、HF/6-31G**、HF/6-311G*、HF/6-311G**、B3LYP/6-31+G*、B3LYP/6-31+G** 等基组可以得到较好的计算结果，为了保证一定的精度，大规模计算不宜使用 HF/3-21G*、HF/3-21G**，同时为了提高模拟效率，节约计算资源，大规模计算也不应使用 HF/6-31G**、HF/6-311G*、HF/6-311G**、B3LYP/6-31+G**。因此，大规模计算所适宜基组可以是 HF/6-31G*、B3LYP/6-31+G*。

4.1.3 零电场与电场作用下二噻吩的构象分析

我们可以进一步对所有基组计算所得的势能面分类。图 4.3 给出的是第一类曲线，其中包括 HF/3-21G、HF/3-21+G、HF/3-21+G*、HF/6-31G、B3LYP/6-31G、B3LYP/6-31+G

和 B3LYP/6-31++G。这些曲线在二面角为 180°时，势能曲线的斜率为负，即势能在下降。除了 HF/3-21+G*，其他所有基组均得到最稳定的反式平面构象，该系列计算结果不同于实验数据，以及更高精度基组的结果。出现这种现象的原因是这些基组使用的基函数少，对原子间的排斥作用估计不足，夸大了分子的共轭效应。而 HF/3-21+G* 的计算结果比较特殊，首先，它计算的反顺过渡势垒只有 3 kJ/mol，是所有基组中最低的；其次，它计算的两个平面构象都是稳定的，且离开这两个稳定构象所需的能量很低，这也表明在邻近两个平面构象的地方，还存在两个过渡态，这与其他基组明显不同。此外，它计算的反式稳定态扭转角远小于实验值，而顺式稳定态扭转角又远大于实验值，这也是所考察基组中仅有的。

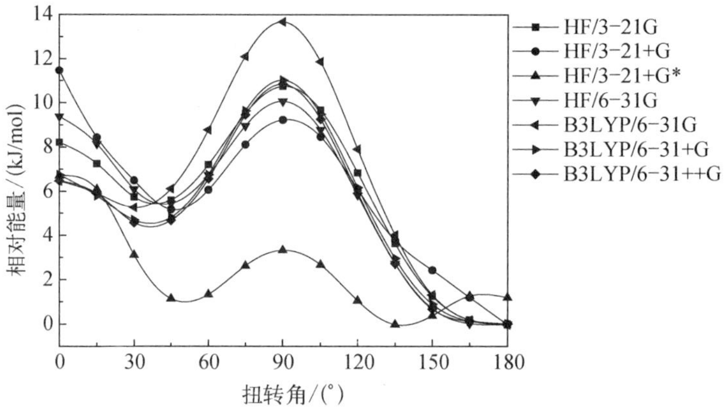

图 4.3 第一类二噻吩扭转势能曲线

第二类曲线包括 HF/3-21G*、HF/3-21G**、HF/6-31+G、HF/6-31++G、HF/6-31G*、HF/6-31G**、HF/6-31+G*、HF/6-31+G**、HF/6-311G、HF/6-311+G、HF/6-311++G、HF/6-311G*、HF/6-311G** 和 HF/6-311+G*，如图 4.4 所示。该系列势能曲线都有五个特征点，两个平面构象均为扭转过渡态。顺式平面过渡态的扭转势能大于反顺扭转势能为其显著特点，且该系列均由 Hartree-Fock 方法计算完成。该系列计算方法可以较好地平衡体系的 π 共轭效应和原子之间的排斥作用。

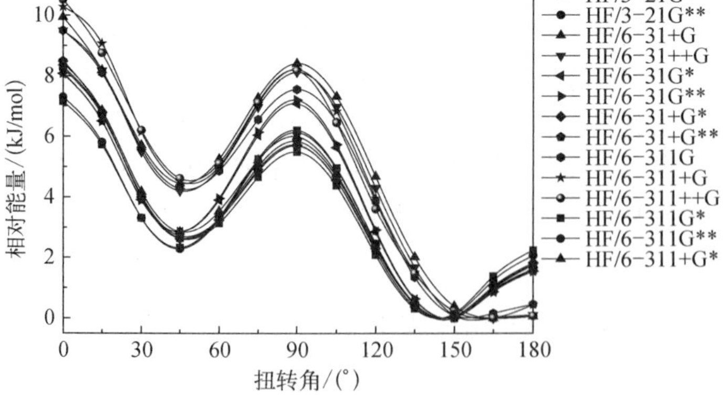

图 4.4 第二类二噻吩扭转势能曲线

第三类曲线如图 4.5 所示，包括 B3LYP/6-31G*、B3LYP/6-31G**、B3LYP/6-31+G*、B3LYP/6-31+G**。该系列势能面大体上与第二类相近，唯一的不同是顺式平面过渡态的扭转势能小于反顺扭转势能，且该系列均由 DFT/B3LYP 方法计算。其反顺扭转势垒为 9~11 kJ/mol，略大于第二类方法（图 4.4），顺式平面与反式平面能量之差反映了对 S-S 原子互斥能的估计。显然 DFT/B3LYP 方法对互斥能的估计小于 HF 方法。

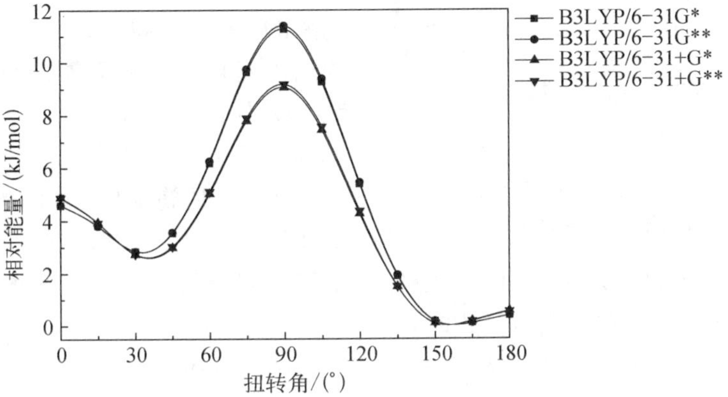

图 4.5　第三类二噻吩扭转势能曲线

由于目前没有关于顺式平面过渡态的扭转势垒的实验数据，尚无法比较第二类和第三类的计算结果。DFT 和 HF 理论框架的主要差别是 HF 计算中的电子交换能被 DFT 中的交换-相关泛函所代替，DFT 中还计算了 HF 所不包含的电子相关能。被交换-相关泛函所代替的电子交换能在 HF 理论中是以精确的单行列式表示的，虽然交换-相关泛函具有更为普遍的意义，但是其计算精度可能不高，所计算的电子交换能不如 HF 准确。此外，DFT 还计算了 HF 理论所忽略的电子相关能，能够为体系能量提供更为准确的解，总体来说，DFT 的能量计算更为准确，但考虑到电子交换能的精确度，HF 与 DFT 计算所得的势能曲线都具有讨论价值。

4.1.4　电场作用下二噻吩分子的构象

从二噻吩的扭转势能曲线来看，当分子的两个噻吩环以 $C_\alpha-C_{\alpha'}$ 为旋转轴转动时，二噻吩在顺式与反式时均有一个能量低点，两个平面态与垂直态均显示为过渡态。

研究电场对扭转势能面的影响也需要选择合适的计算条件。前文已经讨论了零电场下比较准确的基组，包括 HF/3-21G*、HF/3-21G**、HF/6-31G*、HF/6-31G**、HF/6-311G*、HF/6-311G**、B3LYP/6-31+G*、B3LYP/6-31+G**，这些基组均适用于电场作用下的构象分析，其中 HF/6-31G* 和 B3LYP/6-31+G* 精度高，且与现有计算能力匹配，是开展大规模计算的理想基组。

在对分子施加电场后，其扭转势能曲线发生变化。Hartree-Fork 方法的多数基组计算的势能曲线与 6-31G* 相似，故以其为代表进行讨论。图 4.6 是该方法计算的不同电场下二噻吩的扭转势能曲线。各条曲线均以反式稳定态的能量为零点。从图中可见，顺式与反式平面构象的相对能量均随电场强度的增加而减小，反顺扭转势垒随着场强增加而增

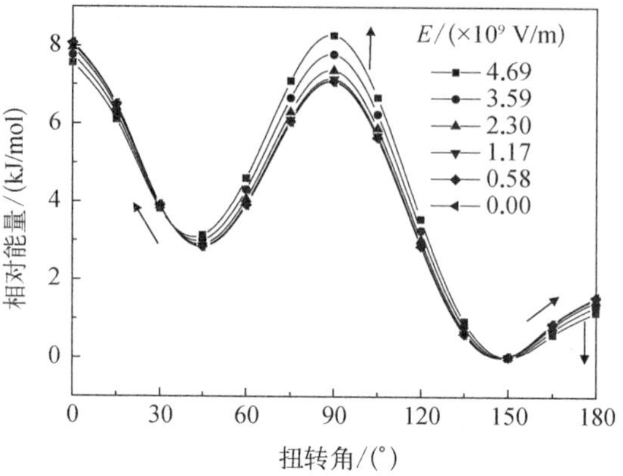

图 4.6　HF/6-31G* 计算的电场作用下二噻吩的扭转势能曲线

大,且增幅明显大于两个平面过渡态的能量减小值。能量最高点也随着电场强度的增加从顺式平面过渡态转变成反顺过渡态。反式与顺式的两个稳定构象的扭转角也随场强的增加而改变,即顺势稳定构象的扭转角减小,且相对能量增加,反式稳定构象的扭转角增大。两个稳定构象均向平面构象变化。所有势能曲线在扭转角 34°和 149°附近相交于一点,表明在这两点分子的相对能量基本不变。

图 4.7 是施加电场后分子势能曲线相对能量的变化,该图以零电场的势能曲线为参考,可以更直观地展示电场对二噻吩各构象相对能量的影响。电场作用下各势能曲线与零电场的势能曲线在顺式与反式时均有交点,当电场强度增加时,顺式的交点左移,反式的交点右移,焦点位置向平面构象方向移动,但变化幅度非常小。

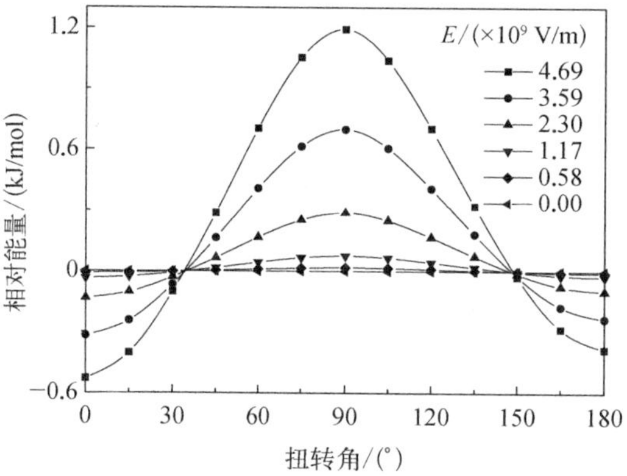

图 4.7　施加电场后二噻吩分子势能曲线相对能量变化

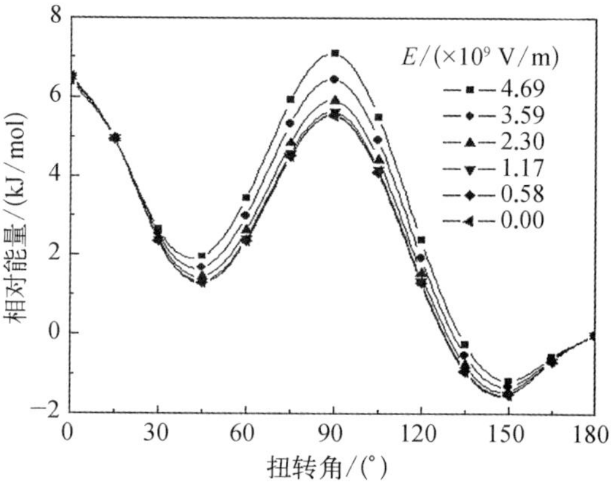

图 4.8　以反式平面构象为相对能量零点的分子势能曲线

数据的不同表现形式可以帮助我们从不同侧面获得有用的信息,图 4.8 与图 4.9 分别以反式平面构象及反顺过渡态作为相对能量零点的势能曲线。图 4.8 中六条曲线相交于 16°左右,表明在电场作用下,这一构象具有与反式平面构象相似的势能变化趋势。此外,顺式平面构象的相对能量略有减小。图 4.9 则展示了各构象相对于反顺过渡态的相对势能变化。在电场强度约为 3.5×10^9 V/m 时,顺式平面过渡态与反顺过渡态相对能量相等,电场继续增大,则反顺过渡态成为全局的能量最大值。

图 4.10 是 B3LYP/6-31+G* 计算的电场作用下二噻吩的扭转势能曲线,显示出与 HF 方法的差异。从图中可知,B3LYP 计算的反顺过渡态的能量随电场的变化更大,是 HF 方法的两倍以上。同时,B3LYP/6-31+G* 计算的两个平面过渡态的相对能量的变化量比 HF/6-31G* 小,该值与顺式稳定态相对能量的变化值相近,而不是像 HF/6-

31G* 所计算的 2∶1 的关系。反顺过渡态的相对能量始终比顺式平面过渡态的相对能量高出一倍以上,说明在 DFT/B3LYP 计算条件下,反顺扭转势垒始终比较高,围绕分子轴经垂直构象扭转受到的阻力更大。当电场强度增加时,该势垒增加了 27.6%,使扭转阻力增大。

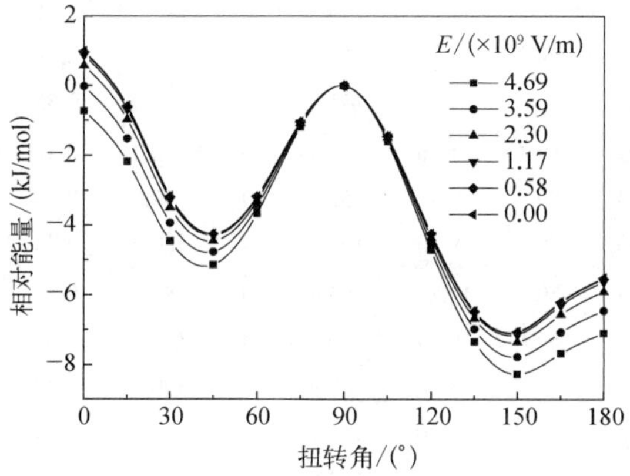

图 4.9　以反顺过渡态为相对能量零点的分子势能曲线

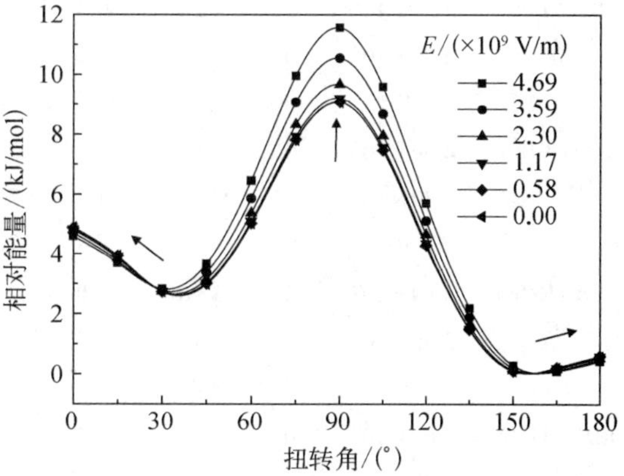

图 4.10　B3LYP/6-31+G* 计算的电场作用下二噻吩的扭转势能曲线

表 4.2 列举了在零电场下可得到较好几何构型的基组在不同电场作用下二噻吩的五个特征构象与相对能量。表中所给基组的计算结果都有相同的指向：随着电场强度的增大,二噻吩趋向于平面构象,反顺扭转势垒增大,分子朝着有利于电子传递的方向变化。稳定态的扭转角和扭转过渡态势能对计算方法和基组比较敏感,选择合适的计算方法和基组对获得准确的计算结果有着重要的意义。

表 4.2　利用优选基组计算的不同电场作用下的二噻吩全优化扭转二面角 θ(°)与各构象对反式稳定态的相对能量 $\Delta\varepsilon$(kJ/mol)

	电场强度/(V/m)	顺式平面构象		顺式稳定态		过渡态		反式稳定态		反式平面构象	
		θ	$\Delta\varepsilon$	θ	$\Delta\varepsilon$	θ	$\Delta\varepsilon$	θ	$\Delta\varepsilon$	θ	$\Delta\varepsilon$
HF/6-31G**	4.69×10^9	0	7.57	41.8	3.10	89.0	8.40	150.3	0	180.0	1.17
	2.30×10^9	0	7.97	42.9	3.00	89.0	7.90	149.2	0	180.0	1.32
	0	0	8.10	44.5	2.85	88.9	7.20	147.5	0	180.0	1.55
HF/6-31+G**	4.69×10^9	0	8.13	44.0	2.89	88.9	7.08	149.0	0	180.0	1.57
	2.30×10^9	0	8.40	46.4	2.70	89.0	6.14	147.0	0	180.0	1.72
	0	0	8.49	47.1	2.63	89.0	5.85	146.3	0	180.0	1.77
HF/6-311G**	4.69×10^9	0	7.69	44.6	2.94	89.4	6.82	147.3	0	180.0	1.66
	2.30×10^9	0	8.11	46.8	2.75	89.4	5.96	145.3	0	180.0	1.96
	0	0	8.24	47.6	2.68	89.4	5.69	144.6	0	180.0	2.06
HF/6-311+G**	4.69×10^9	0	7.92	43.3	3.20	88.8	7.53	149.9	0	180.0	1.39
	2.30×10^9	0	8.18	45.6	2.99	88.7	6.58	147.7	0	180.0	1.52

续表

	电场强度/(V/m)	顺式平面构象		顺式稳定态		过渡态		反式稳定态		反式平面构象	
		θ	$\Delta\varepsilon$	θ	$\Delta\varepsilon$	θ	$\Delta\varepsilon$	θ	$\Delta\varepsilon$	θ	$\Delta\varepsilon$
	0	0	8.27	46.3	2.92	88.7	6.28	147.0	0	180.0	1.57
B3LYP/6-31+G**	4.69×10^9	0	4.58	30.8	2.84	89.4	11.70	159.8	0	180.0	0.41
	2.30×10^9	0	4.79	34.2	2.69	89.4	9.81	156.9	0	180.0	0.51
	0	0	4.87	35.4	2.63	89.4	9.20	155.9	0	180.0	0.55
B3PW91/6-31+G**	4.69×10^9	0	4.54	31.2	2.72	89.4	11.56	158.4	0	180.0	0.52
	2.30×10^9	0	4.78	34.3	2.58	89.4	9.72	155.5	0	180.0	0.66
	0	0	4.86	35.4	2.53	89.4	9.13	154.4	0	180.0	0.72
BLYP/6-31+G**	4.69×10^9	0	3.98	28.0	2.74	89.5	12.88	163.7	0	180.0	0.17
	2.30×10^9	0	4.16	31.3	2.62	89.5	10.59	160.6	0	180.0	0.25
	0	0	4.23	32.6	2.55	89.5	9.85	159.4	0	180.0	0.28
BHHLYP/6-31+G**	4.69×10^9	0	5.68	35.2	3.00	89.1	10.20	155.6	0	180.0	0.79
	2.30×10^9	0	5.92	38.0	2.84	89.0	8.75	153.3	0	180.0	0.91
	0	0	6.00	39.2	2.79	89.0	8.29	152.4	0	180.0	0.96

4.1.5 电场作用下分子构象变化的定量分析

零电场条件下扭转势能曲线符合六阶傅里叶展开方程：

$$\varepsilon(\theta)=\sum_{i=1}^{6}\frac{\varepsilon_i}{2}[1-\cos i(180^\circ-\theta)]+\varepsilon(0) \tag{4.2}$$

式中，ε 是体系能量；ε_i是拟合常数；θ 是扭转角；$\varepsilon(0)$是扭转角为 0 时的能量。该方法源于 Pople 和 Veillard 所开创的分子内扭转势能方程，该方法被证明是获得势能面特征点相对能量的准确而简单的方法。在不同电场条件下的分子势能曲线也可以通过这种方法得到。

施加电场时，体系能量(ε_{sys})包括三部分，分别是点电荷的静电势能(ε_{chg})、电场与分子偶极矩相互作用能($\varepsilon_{E-\mu}$)和二噻吩的扭曲能(ε_{molec})，其中点电荷的静电势能在分子扭转时保持不变。

$$\varepsilon_{sys}=\varepsilon_{chg}+\varepsilon_{E-\mu}+\varepsilon_{molec} \tag{4.3}$$

考虑到在电场作用下点电荷的静电势能及二噻吩的扭转势能基本保持不变，体系能量的变化主要由电场与偶极矩作用能决定。而电场与偶极作用能可以表示为

$$\varepsilon_{E-\mu}=-\mu_E E=-\varepsilon_0\chi(\theta)E=-f(\theta)E^2 \tag{4.4}$$

式中，μ_E 是分子偶极矩；E 是电场强度；ε_0是真空介电常数；$\chi(\theta)$是体系极化率，是随分子扭转变化的函数；$f(\theta)$是随扭转角变化的系数。所以电场作用导致体系能量的变化可以

表示为

$$\varepsilon_{\text{sys}}(E) - \varepsilon_{\text{sys}}(0) \approx \varepsilon_{E-\mu}(E) - \varepsilon_{E-\mu}(0) = -f(\theta)E^2 \tag{4.5}$$

可以看出,顺式稳定态与反顺过渡态的相对能量(分别表示为 $\Delta\varepsilon_{\text{syn-anti}}$、$\Delta\varepsilon_{\text{TS}}$)与电场强度的平方有线性关系:

$$\Delta\varepsilon_{\text{sys-anti}} \approx [f(\theta_{\text{anti}}) - f(\theta_{\text{syn}})]E^2 = f_{\text{syn-anti}}E^2 \tag{4.6}$$

$$\Delta\varepsilon_{\text{TS}} \approx [f(\theta_{\text{anti}}) - f(\theta_{\text{TS}})]E^2 = f_{\text{TS-anti}}E^2 \tag{4.7}$$

图 4.11 是所有优选的基组所计算的反顺过渡态的相对能量与电场强度平方的线性关系,与前面的理论预测符合,这也说明在一定条件下,理论计算可以准确地对分子能量变化进行预测。图 4.12 是所有优选的基组所计算的顺式稳定态的相对能量与电场强度平方的线性关系,该图与图 4.11 一样,进一步证实了理论预测的合理性。从理论上分析,我们很容易得到,除了顺式稳定态和反顺过渡态这两个特征点,两个平面过渡态也同样符合这个规律,甚至二噻吩势能曲线上的任何一点,都能从理论上得到它们的相对能量与电场强度的平方有线性关系。以往对分子电子材料构象分析的研究得出的主要是定性结论,而对于电场作用下分子构象变化的定量规律则是材料设计与优化、器件设计与性能评估的基础。

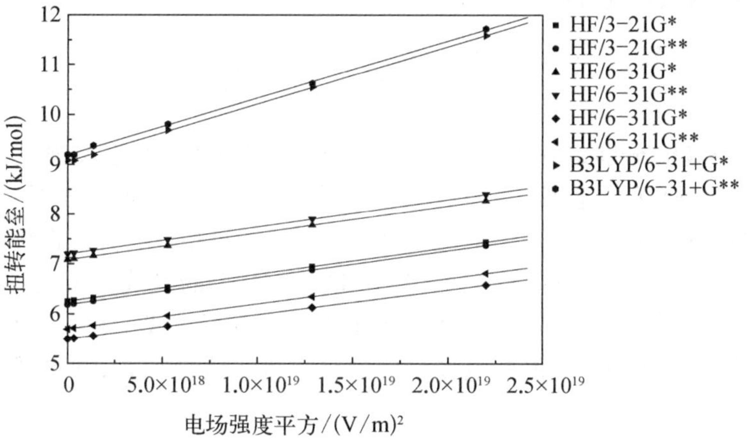

图 4.11　反顺过渡态的相对能量与电场强度平方的线性关系

除此之外,结合式(4.2)~式(4.4)可得

$$\varepsilon_{\text{sys}} \approx f(\theta)E^2 + \sum_{i=1}^{6} \frac{\varepsilon_i}{2}[1 - \cos i(\theta - \theta_{\text{syn}})] \tag{4.8}$$

在这个公式中,我们使用了两个近似。一个是 ε_i,它是与电场强度无关的独立参数;另一个近似是在 θ 接近 θ_{syn} 时,能量变化可以忽略。

给出式(4.8)的微分形式,其在顺式稳定态为

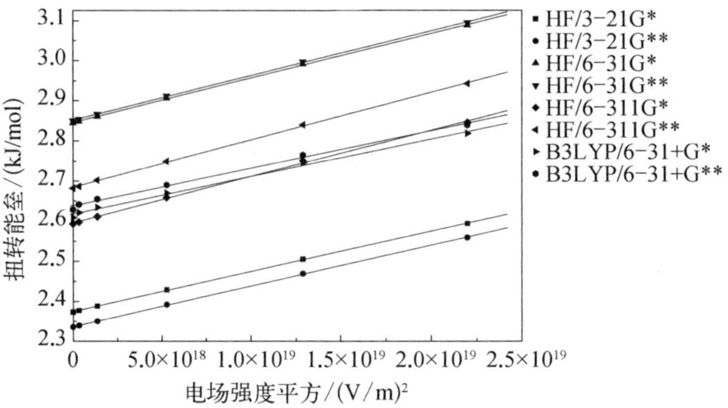

图 4.12 顺式稳定态的相对能量与电场强度平方的线性关系

$$\frac{\partial \varepsilon_{\text{syn}}}{\partial \theta} = f'(\theta_{\text{syn}})E^2 + \sum_{i=1}^{6} \frac{i\varepsilon_i}{2}\sin[i(\theta - \theta_{\text{syn}})] = 0 \tag{4.9}$$

由于 $\theta-\theta_{\text{syn}}$接近于零,可以近似得

$$\sum_{i=1}^{6} \frac{i^2\varepsilon_i}{2}(\theta - \theta_{\text{syn}}) = -f'(\theta_{\text{syn}})E^2 \tag{4.10}$$

同样,对于反式稳定态的扭转角可以得

$$\sum_{i=1}^{6} \frac{i^2\varepsilon_i}{2}(\theta - \theta_{\text{anti}}) = -f'(\theta_{\text{anti}})E^2 \tag{4.11}$$

图 4.13(a)和(b)分别是顺式稳定态与反式稳定态扭转角与电场强度平方的线性关系,说明上述理论分析的合理性。进一步分析拟合数据,我们发现,对于图 4.11 和图4.12,拟合的直线的斜率与计算方法关系密切。对于反顺扭转势垒,HF 方法拟合的直线斜率为$(5.2\pm0.2)\times10^{-20}$ kJ·m^2/(mol·V^2),而 DFT/B3LYP 拟合的直线斜率为$(1.15\pm0.01)\times10^{-19}$ kJ·m^2/(mol·V^2),约是前者的两倍。为了更好地分析直线斜率与计算方法的关系,我们把所有计算的反顺扭转势能与电场强度的平方进行线性拟合,并将斜率及拟合误差汇总于图 4.14。

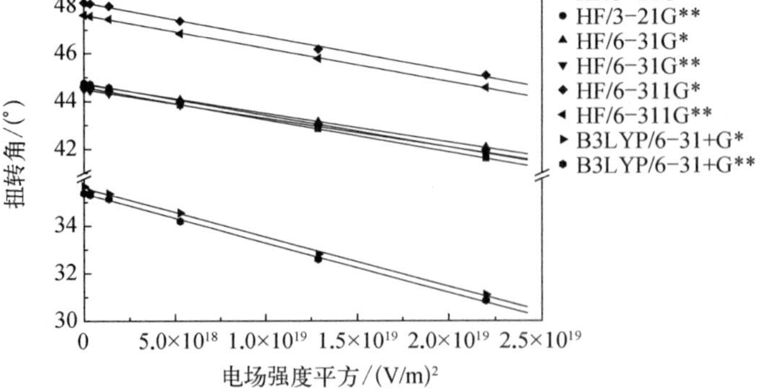

(a) 顺式稳定态

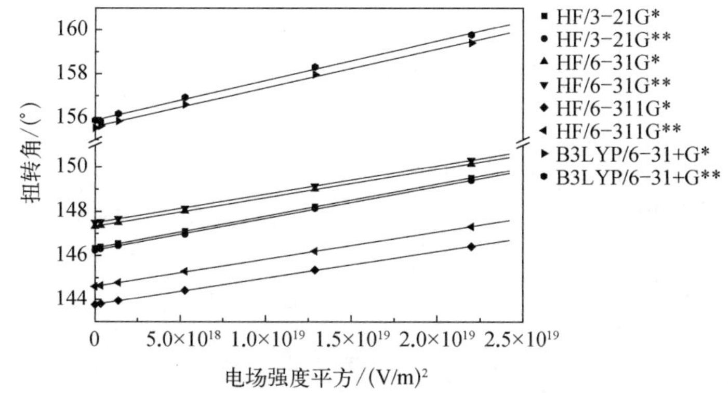

(b) 反式稳定态

图 4.13　稳定态的扭转角与电场强度平方的线性关系

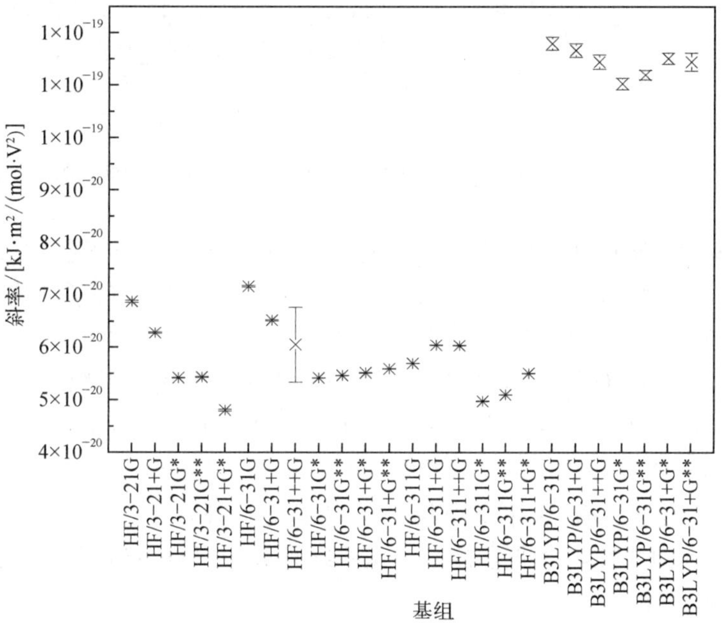

图 4.14　所有计算的反顺扭转势垒与电场强度平方线性关系的斜率与误差

从图 4.14 可以看出，HF 计算得到的斜率集中在 $5\times10^{-20}\sim7\times10^{-20}$ kJ·m^2/(mol·V^2)，而 DFT/B3LYP 在为 $1.1\times10^{-19}\sim1.2\times10^{-19}$ kJ·m^2/(mol·V^2)，约是前者两倍，所以 DFT/B3LYP 计算的扭转势垒对电场更敏感。HF 方法得到的斜率的误差除 HF/6-31++G 外，均非常小，而 DFT/B3LYP 所得到的斜率的误差稍大。HF/6-31++G 的误差可以认为是较低级的分裂价基添加了过多不适当的弥散函数，从而夸大了电场的作用。

我们用相同的方法处理了顺式稳定态的相对能量与电场强度平方的线性关系，得到了所有基组的斜率与误差，如图 4.15 所示。该斜率比反顺扭转势垒的拟合直线的斜率要小。加极化函数基组的斜率都非常接近，在 1.0×10^{-20} kJ·m^2/(mol·V^2)左右，其余结果分布较大。添加弥散函数对斜率的作用规律不明显，而添加极化函数会使斜率减小。

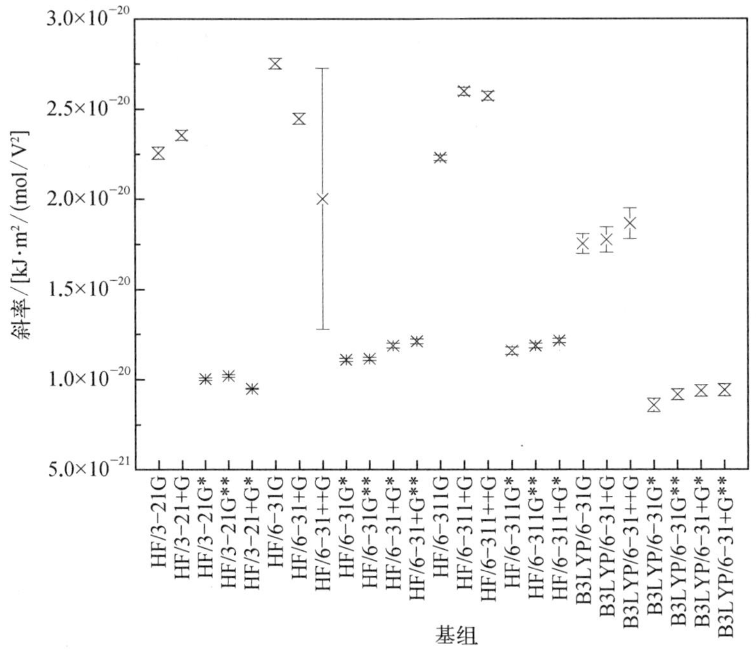

图 4.15 所有计算的顺式稳定态能量与电场强度平方直线关系的斜率与误差

最高占据轨道(HOMO)和最低未占轨道(LUMO)的能级及分子能隙(E_g)是决定分子导线导电能力的关键因素。HOMO 和 LUMO 的能级不仅取决于分子结构,而且与外加电场密切相关。图 4.16(a)给出 DFT 方法计算的二噻吩的 HOMO 和 LUMO 能级在不同电场强度下的变化。其中 HOMO 随电场强度的增加而升高,LUMO 则降低。它们的移动几乎是对称的,导致 E_g减小。计算方法和基组对计算结果有不同程度的影响。尽管绝对数值存在差异,但 HOMO 和 LUMO 的变化趋势相同。此外,E_g的降低与电场强度的平方成正比,如图 4.16(b)所示。而且,本节所用方法对于基组都存在这种变化关系。最重要的是,它们计算得到的线性斜率非常接近。这些结果表明,外电场增加时,分子能隙的降低是分子导线的固有性质。

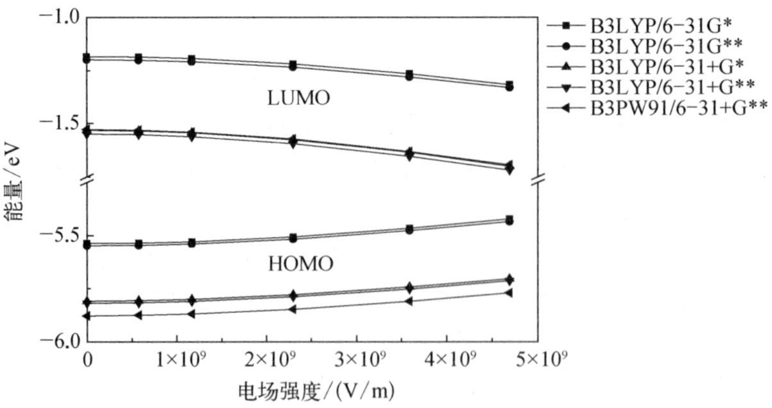

(a) HOMO、LUMO能级随电场强度的变化

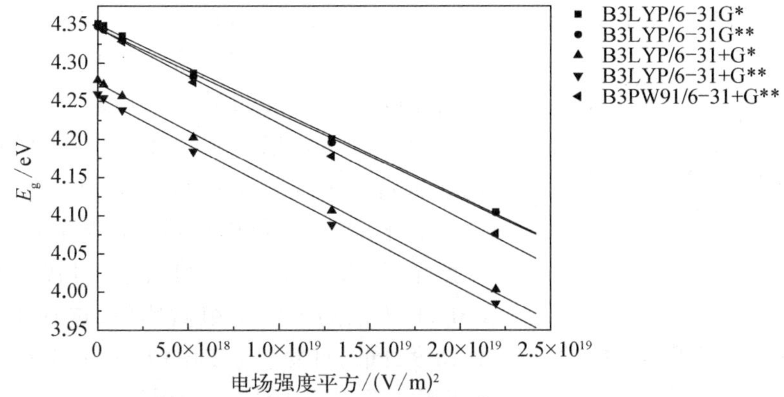

(b) 分子能隙与电场强度平方的线性关系

图 4.16　二噻吩分子的轨道能级与电场关系

本节利用 HF 和 DFT 理论研究了电场对二噻吩分子扭转构象的影响，对比了不同基组(从 6-31G 到 6-311G)及极化和弥散函数的影响。通过与实验数据比较，确定 6-31G 以及更高基组添加极化函数和弥散函数能够提供良好的计算精度。基于优选的基组，研究了二噻吩在多组点电荷形成的电场中的扭转行为。根据电场和诱导偶极的相互作用，讨论了扭转角、三个特征点(反式稳定态、过渡态和顺式稳定态)的相对能量与电场强度平方之间的线性关系。

4.2　点电荷作用下 2,2′-二联吡啶分子的构象分析

二联吡啶(bipyridine,BP)作为配体，能与多种金属离子形成配合物，具有不同的功能，例如，钌(Ⅱ)-联吡啶配合物作为常见的电致化学发光试剂，锰的配合物可以作为生物体内氧化还原过程的催化剂。

分子构象的变化显著地影响着体系的物理化学行为。电场和分子偶极的相互作用，导致分子电子材料的几何构型发生改变，因此电场与分子构象关系的研究，即“类现场”的构象分析具有重要意义。通过构造由点电荷形成的虚拟电极，可以模拟特定形状的电极形成的电场环境。相比于匀强电场，它具有更大的灵活性和适应性。这种“类现场”的量子化学计算方法可以应用于研究有机共轭分子。如果进一步考虑分子在电场作用下的转动问题，可以建立电场作用下的取向分析方法，为研究各种界面电场的作用打下基础。

从配体分子结构讲，BP 有共轭 π 键，能使分子趋于平面化；同时两个环之间的排斥作用使其发生扭转。因此在气相条件下 BP 分子有 40°左右的扭转角。当其作为配体时，中心原子同时产生配位与静电双重作用。因此，金属离子的存在是否能使 BP 平面化，深入考察这一问题有助于功能化无机材料的设计与合成。本节将利用量子化学计算，通过研究点电荷作用下 BP 分子的势能面和几何构型，对该类配位化合物性质做初步的探讨。

对 2,2′-二联吡啶结构影响最大,也在分子电子输运过程中起重要作用的是共轭性(即共平面性),它可以由两个吡啶环的 N-C_{α}-$C_{\alpha'}$-N 二面角(θ)来定义,如图 4.17 所示。

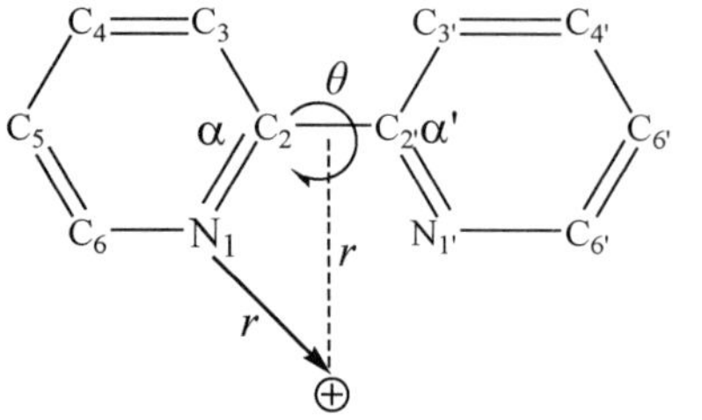

图 4.17 2,2′-二联吡啶分子结构参数及点电荷位置

为了在零电场下和气相环境中计算 2,2′-二联吡啶旋转势垒对计算条件的依赖关系,首先对分子做全优化,得到稳定构型后,冻结分子,然后 θ 从 0° 开始依次增加 10°,做势能面扫描。采用 HF 和 B3LYP 方法的不同基组做比较,选择出有足够的计算精度,同时计算量合理的方法和基组,并用此基组模拟电场环境下的构象分析行为。

金属离子电场对分子影响的研究可以简化为施加点电荷作用,如图 4.17 所示。本节中选用固定电量,改变点电荷位置来调整分子中心场强的大小。

根据式(4.1)计算电场强度。这个体系使用了 1 个点电荷,所以 $n=1$。当点电荷为 0.667 个原子单位电荷(单位电荷是 1.069×10^{-19} C), r 分别取 2.3 Å、2.5 Å、3.0 Å、4.0 Å、5.0 Å 和 6.0 Å 时,依次得到 18.13 GV/m、15.38 GV/m、10.67 GV/m、6.00 GV/m、3.85 GV/m 和 2.67 GV/m 的电场强度。用零电场条件下确定的基组计算不同场强下的旋转势能面。

研究金属离子的配位作用时,以不同金属离子代替点电荷,用 UHF/LANL2DZ 基组,固定 BP 优化金属离子的位置。通过比较能量,采用金属离子-配体能量最低的自旋量子态。

4.2.1 零电场环境下构象分析

图 4.18(a)给出了不同计算方法和不同基组条件下 2,2′-二联吡啶的旋转势能面。计算结果表明,在非氢原子上加极化和弥散函数对结果有显著影响。图 4.18(b)给出了 HF/6-31G 和 HF/6-311G 与 B3LYP/6-31G* 和 B3LYP/6-311G* 的比较结果。结果表明,增加原子价层电子基函数并没有对结果产生很大的影响。因此选用 HF/6-31G*、B3LYP/6-31G* 和 HF/6-31+G* 基组均可以得到满足计算精度需要的结果。

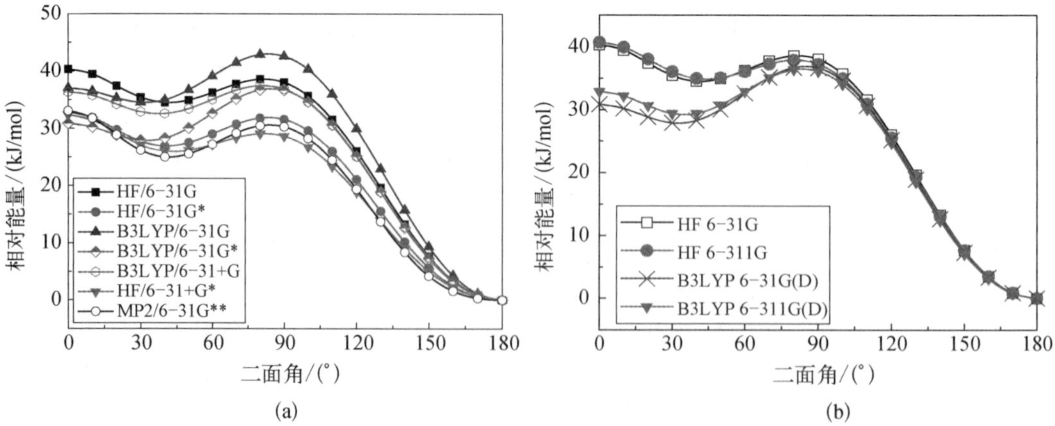

图 4.18 不同计算方法和基组得到的 2,2′-二联吡啶的旋转势能面

通过改变方法和基组的计算得知，2,2′-二联吡啶有四种特殊构象：顺式平面态、反式平面态、顺式非平面稳定态，对应的二面角分别为 0°、180°和大约 40°；此外在 80°附近还有一个由顺式到反式的旋转过渡态。这些与其他的二元环结构有类似的特征。

从结果看到，这个旋转过渡态相对于反式平面态的能垒远大于顺式非平面稳定态。由此可见，顺式构象都不够稳定，该分子在气态条件下以反式平面为主要构象。这与 2,2′-二联吡啶共轭结构有关。当两个分子环处于同一平面时，π-共轭程度最大，稳定性高；当两个分子环垂直时，π-共轭结构被破坏，稳定性降低，对应能量高。

表 4.3 和表 4.4 给出了计算结果与实验数据的比较。因为几何结构是决定分子性质的关键，所以我们详细比较结构参数，同时参照了更高精度 MP2/6-31G** 方法对于旋转能垒计算的结果。在分子结构的预测上，不同方法和基组的主要差别体现在 C_6—N_1 的键长上。与固相的实验数值[7]比较，各基组计算的结果均偏小，更接近在气相下测到的结果[8]。对于 N_1—C_2 的键长，B3LYP 方法优化的结果更接近实验值，而 HF 方法优化的键长略短。

表 4.3　反式 2,2′-二联吡啶的键长键角实验数据与计算结果的比较

C_{2h}	固相实验值[7]	气相实验值[8]	HF/6-31G	HF/6-31G*	B3LYP/6-31G	B3LYP/6-31G*	B3LYP/6-31+G	HF/6-31+G*
				键长/Å				
C_2C_3	1.37	1.389(2)	1.395	1.393	1.408	1.406	1.410	1.395
C_3C_4	1.37	1.389(2)	1.385	1.383	1.397	1.392	1.398	1.384
C_4C_5	1.37	1.389(2)	1.385	1.381	1.398	1.393	1.399	1.383
C_5C_6	1.4	1.389(2)	1.386	1.385	1.399	1.397	1.400	1.387
C_6N_1	1.41	1.352(4)	1.327	1.316	1.346	1.333	1.347	1.317
N_1C_2	1.35	1.352(4)	1.334	1.324	1.357	1.345	1.358	1.324
$C_2C_{2'}$	1.50	1.496(3)	1.490	1.503	1.492	1.500	1.493	1.504
C_3H	1.08	1.108(3)	1.069	1.071	1.083	1.084	1.083	1.071
C_4H	1.08	1.108(3)	1.073	1.075	1.085	1.087	1.086	1.076
C_5H	1.08	1.108(3)	1.071	1.074	1.084	1.086	1.085	1.074
C_6H	1.08	1.108(3)	1.071	1.076	1.086	1.090	1.085	1.076
				键角/(°)				
$N_1C_2C_3$	122.04		120.34	121.31	120.80	121.40	120.75	121.29
$C_2N_1C_6$	116.06	116.2(7)	120.33	119.24	119.10	118.54	119.14	119.33
$N_1C_6C_5$	124.03	124.6(6)	122.74	123.79	123.38	124.05	123.36	123.74
$C_4C_5C_6$	118.05		117.78	117.41	117.86	117.60	117.85	117.41
$C_3C_4C_5$	119.06		119.30	119.09	119.20	118.98	119.18	119.07
$N_1C_2C_{2'}$	116.01	116.1(5)	117.34	116.66	117.06	116.60	117.20	116.75
$C_{2'}C_2C_3$	121.4	120.9(3)	122.31	122.03	122.14	122.00	122.05	121.96

表 4.4 HF 与 B3LYP 方法在给定 2,2′-二联吡啶二面角时体系优化后的相对能量

计算条件	相对能量/(kJ/mol)			
	二面角 θ/(°)			
	0	40	80	180
HF/6-31G	40.33	34.53	38.59	0
HF/6-31G*	32.82	26.94	31.82	0
B3LYP/6-31G	37.05	34.97	42.90	0
B3LYP/6-31G*	30.88	28.30	36.73	0
B3LYP/6-31+G	36.34	32.61	37.47	0
HF/6-31+G*	32.37	26.02	29.09	0
MP2/6-31G**	34.3	24.8(44.9°)	30.4(83.3°)	0

从计算结果来看,所有基组都能得到上述的四种特征构象,只是相对能量上略有差别。HF/6-31G*、HF/6-31+G*计算的势能面与高精度计算结果相近,B3LYP/6-31G*对于顺式平面能量的计算接近 MP2/6-31G**的结果,但当 N-C_α-$C_{\alpha'}$-N 二面角大于 40°时,相对能量偏高。同时考虑到计算时间,我们认为 HF/6-31G*方法的计算效率较高,同时能保证较高的精度,便于开展系列电场作用下的计算比较研究。

4.2.2 点电荷电场作用下的构象分析

零电场中势能面的研究是一套相对成熟的方法,但在电场条件下的情况需要进一步探索。作为对 2,2′-二联吡啶性能的一个初步探讨,施加背景点电荷是一种有益的尝试。根据前面提到的计算电场的方法,改变点电荷位置,保持背景电荷的电量 1.069×10^{-19} C 不变,由 HF/6-31G*进行优化与势能面扫描,所得到的势能曲线如图 4.19 所示,图 4.19(b)是用图 4.19(a)中的相对能量减去零电场的能量。

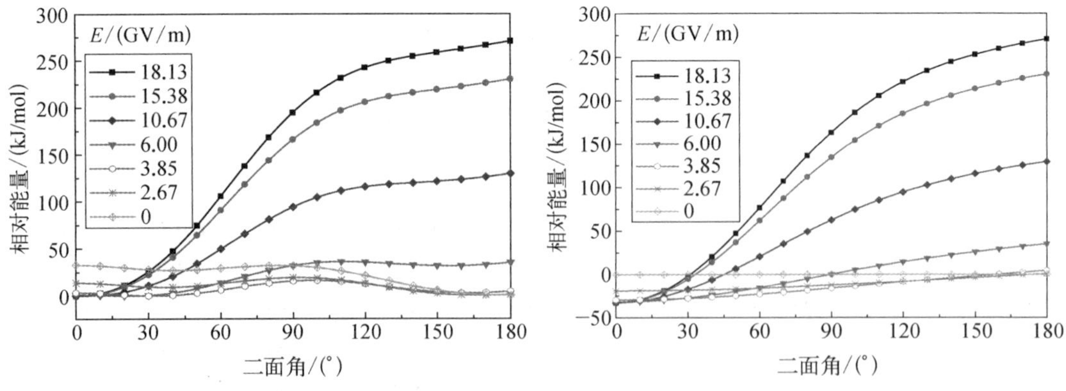

(a) 不同电场强度下HF/6-31G*计算的2, 2′-二联吡啶势能曲线

(b) 以零电场势能面为参照，势能曲线的变化

图 4.19 电场对旋转势能面的影响

如图 4.19 所示，在电场强度小于 3.85 GV/m 时，顺式构象的相对能量逐渐降低。当电场强度大于 6.0 GV/m 时，势能曲线与零电场的差值急剧变大。相对能量最低点由反式平面转变为顺式非平面。这是由于 2,2′-二联吡啶是一个极性分子，电场增强，其感受到电场的作用不同。把分子看作一个偶极，扭转过程中，随着二面角的改变，偶极的方向和大小也发生变化。以点电荷来模拟配位中心，虽然是一个简单近似，但也不失为一种有效的研究手段。通过前面的计算可知，在电场作用下，顺式到反式构象的势垒较大，因此在强的电场环境中，2,2′-二联吡啶分子的旋转受到电场的束缚，只能以顺式平面结构存在。

通过以上分析得知，在电场下的构象取决于三个因素，即电场的方向、强度和分子偶极。在电场强度不大的情况下，如果偶极与电场方向一致，则有利于分子旋转，更加容易越过势垒；若偶极与电场作用相反，则会增加分子扭转势垒，使分子保持顺式平面构型。

4.2.3　不同中心原子对配体的影响

为了便于研究比较，我们对配合物的能量给出如下定义：金属离子的能量为 E_1；顺式 2,2′-二联吡啶分子能量为 E_2；配体与中心原子组成的配合物能量是 E_0；结合能为 $\Delta E = (E_1 + E_2) - E_0$，未考虑其他的因素，如基组误差校正等。各计算结果见表 4.5。金属与 2,2′-二联吡啶配位键键长 r(M−N) 也列于表中。

表 4.5　金属与 2,2′-二联吡啶配位键键长和结合能

	r(M−N)/Å	E_0/(kJ/mol)	E_1/(kJ/mol)	E_2/(kJ/mol)	ΔE/(kJ/mol)
Cr(Ⅲ)	2.05	-1.51×10^6	-2.20×10^5	-1.29×10^6	1857.2
Mn(Ⅱ)	2.06	-1.56×10^6	-2.69×10^5	-1.29×10^6	933.79
Fe(Ⅱ)	1.97	-1.61×10^6	-3.20×10^5	-1.29×10^6	1119.22
Co(Ⅱ)	1.92	-1.67×10^6	-3.76×10^5	-1.29×10^6	678.5
Cu(Ⅱ)	2.02	-1.80×10^6	-5.10×10^5	-1.29×10^6	533.9
Zn(Ⅱ)	2.08	-1.46×10^6	-1.64×10^5	-1.29×10^6	569.7
Ni(Ⅱ)	2.07	-1.73×10^6	-4.39×10^5	-1.29×10^6	540.7
Ru(Ⅱ)	2.05	-1.53×10^6	-2.42×10^5	-1.29×10^6	979.42

以钌元素为例，已有系列配合物电子结构、电化学性质的理论研究[9]。当配体与中心离子形成三-(2,2′-二联吡啶)钌(Ⅱ)配合物时，每个 2,2′-二联吡啶分子除了受到金属离子产生的平均电场，还有离子的配位作用。通过上文电场下构象分析的研究可知，由反式到顺式已经没有旋转势垒。同时在电场下，顺式平面构型最稳定，因此结合能主要反映电场偶极作用和配位作用。然而，配体分子自身因扭转而增加的能量或者没有或者可以忽略。

对于分子电子器件和传感器件，电极构造了具有纳米尺寸的局域电场环境。由于尺寸小，即使毫伏级的电压也会在分子周围产生较大的外电场，对分子的几何结构、电子结构和输运行为产生影响,从而影响器件的性能。过高的电场甚至可以降低分子的稳定性。本节通过零电场下的构象分析,得到 2,2′-二联吡啶分子的 4 种特征构象:顺式平面态、顺式非平面稳定态、顺式到反式的旋转过渡态和反式平面态,对应的 N-C_α-$C_{\alpha'}$-N 二面角依次在 0°、40°、80°和 180°。同时结合实验数据并与更高精度的计算方法做比较,研究了不同计算基组对结果的影响。优选了 HF/6-31G* 用于模拟点电荷电场的环境下,分子构象随电场的变化。结果表明,与金属离子配位后分子旋转势垒变大(大于100 kJ/mol)。用不同金属离子取代点电荷,计算形成配合物的结合能,该值远大于旋转势垒,意味着 2,2′-二联吡啶作为配体呈平面构型。

4.3 电场作用下的寡聚物构象分析

α-共轭低聚噻吩和聚噻吩在分子电子器件中有着广泛的应用前景,如发光二极管、场效应晶体管、分子晶体管以及分子导线等。低聚噻吩被广泛研究,是因为它们不仅容易合成,也为理解聚噻吩中电荷传输特性提供了参考模型。低聚噻吩和聚噻吩的电学性质主要由共轭链上的离域 π 电子决定。这种离域作用取决于相邻噻吩环的 α 和 α′位置上碳原子的 p_z轨道之间的重叠程度,因此,主要由 C_α-$C_{\alpha'}$键的扭转决定。为了理解扭转在电子结构中的主导作用,构象分析是一种有效的方法,可以用于研究中性、荷电以及激发态的低聚噻吩。

共轭分子在电子器件中的应用很广泛,而器件中的分子在工作时处于强度较大的外电场中。在这些特殊的条件下,分子的几何构型和电子结构与中性情况不同。前两节介绍了用一组点电荷来构造外电场,并对典型的共轭小分子 2,2′-二噻吩和 2,2′-二联吡啶进行了构象分析。结果表明,分子几何结构和电子结构都对外电场敏感。显然,这种"现场"的构象分析方法对于探索电子材料的性质具有更现实的意义。

模拟外电场的方法有几种,如在分子的某个取向上定义强度均匀的外电场,这种方法已广泛用于研究直链聚合物的极化。另外,利用点电荷组来模拟电极的方法更方便和灵活,因为外电场的形状和取向都可以自由设定,使得模拟单分子 FET 中的四电极系统成为可能。本节研究了低聚噻吩(nT,n = 2、4 和 6)在外电场中绕单键的扭转行为,重点研究位于点电荷之间的一系列低聚噻吩的构象与链长的关系。

图 4.20 给出了 nT 分子的结构和点电荷组的相对位置。由 5 对异号点电荷形成的外电场与 nT 分子中心的 C_α-$C_{\alpha'}$键平行。通过改变分子中心到点电荷的距离(d_i)来调节外电场的强度。因为 d_i比分子的尺寸大得多(d_i> 23 Å),可以合理地认为 nT 周围存在均匀的外电场,电场强度(E)根据式(4.1)估算。这个体系使用了等量异号的 5 对点电荷,所以 n = 10。

利用 Mopac 程序进行外电场下的构象分析,分别采用半经验 AM1 方法(Austin model 1)和 PM3 方法(parametric model number 3)。设置 R.M.S 能量梯度小于 0.01 kcal/(mol·Å)。

通过改变扭转角(θ,两个中心噻吩环之间的二面角,S-C_α-$C_{\alpha'}$-S)进行构象分析,θ 从 0°(顺式平面)增加到 180°(反式平面),步长为 10°。对于每种构象,结构优化时 θ 保持固定,而其余变量完全优化,即不采用刚性转子近似。解除对扭转角 θ 的约束进行几何结构

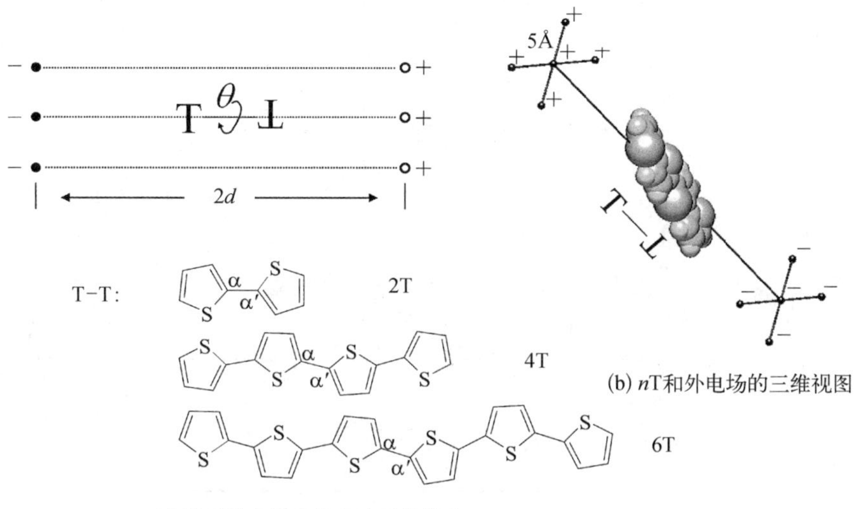

图 4.20　低聚噻吩(nT,n = 2、4 和 6)的几何结构以及由5 对点电荷形成的平行于分子骨架的外电场

优化,得到最稳定的分子构型,对应于势能面(potential energy surface,PES)上的能量极小值。通过本征向量追踪程序(an eigenvector following routine),搜索扭转过渡态,然后对中性分子进行振动分析,以确保只存在一个虚频率。每个 PES 的全局能量最小值定义为零。

本节研究采用半经验的 AM1 和 PM3 方法替代高水平的从头算来进行构象分析。不同的从头算方法或不同基组得到的 PES 有一定的差异。相反,基于忽略双原子微分重叠(neglect of diatomic differential overlap,NDDO)近似的 AM1 和 PM3 方法不仅能够准确预测二噻吩和类似分子的结构,而且节省了大量时间。因此,它们可以作为一个可行的工具对大量的构象分析进行系统的研究。此外,如图 4.20 所示,使用 5 对点电荷构建外电场。d_i 的数值大于 23 Å,使电荷对之间有足够大的间隔。因此,可近似认为分子周围是均匀的外电场。电场强度从零增加到 2.72×10^9 V/m(d_i从无限远减小到 23 Å),合理地表示了分子电子器件中施加的电场。

4.3.1　利用 AM1 方法研究外电场效应

图 4.21 给出了三个 nT 在不同外电场强度下的扭转 PES。零电场 PES 代表自然状态 nT 分子的扭转行为,其曲线形状都很相似。在 E = 0 时,AM1 和 PM3 方法计算得到的三个 nT 分子的扭转角[$\theta_{\mathrm{syn}(0)}$ 和 $\theta_{\mathrm{anti}(0)}$]和相对能量在表 4.6 中给出。中性 2T 分子的 PES,有两个能量最低点,分别为 36.39°和 151.80°。正如预期的那样,反式非平面(anti-gauche)的极量最小值是一个全局最小值,比顺式非平面(syn-gauche)的最小值低 0.21 kcal/mol,可以得到顺式非平面和反式非平面的相对丰度分别为 43%和 57%。与实验测量结果非常接近。PES 曲线的基本趋势也与高精度从头算的结果相似,只是半经验方法得到的曲线更平坦。半经验和从头算方法的结果均表明,室温下分子的扭转势垒较低,说明温度、

溶剂、相邻分子的相互作用和外部电场等环境因素都可能使其产生新的构象分布。

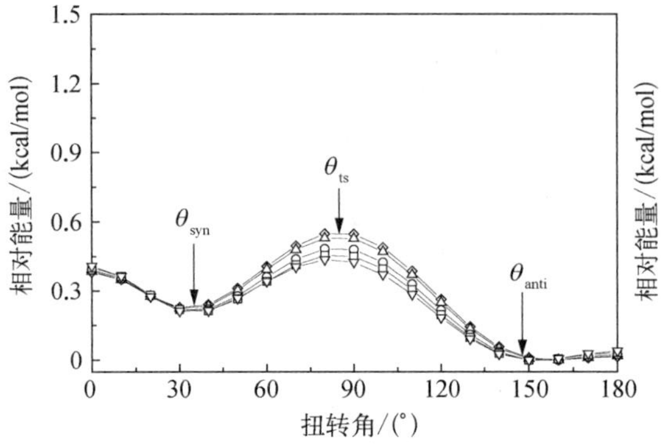

(a) 2T

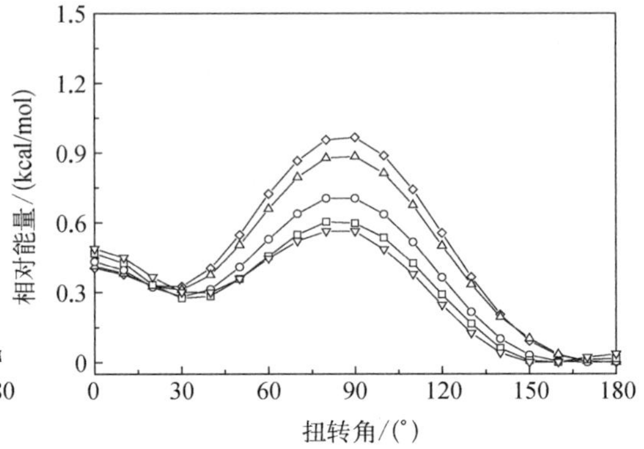

(b) 4T

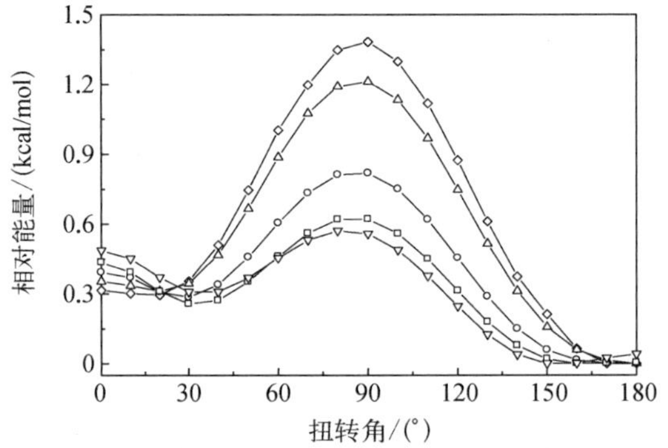

(c) 6T

图 4.21 AM1 计算的平行外电场下 nT 的构象分析(电场强度为 0、1.18×10^9 V/m、1.84×10^9 V/m、2.50×10^9 V/m 和 2.72×10^9 V/m,分别用下三角、正方形、圆形、上三角和菱形表示)

表 4.6 nT 分子在零电场和 2.72×10^9 V/m 电场中的几何参数和能量值

		$E = 2.72\times10^9$ V/m		$E = 0$	
		AM1	PM3	AM1	PM3
θ_{syn}/(°)	2T	33.0	27.6	36.5	30.2
	4T	25.8	21.1	35.7	30.0
	6T	17.2	0.1	34.8	29.8
θ_{anti}/(°)	2T	158.2	152.7	151.8	141.6
	4T	179.9	175.3	155.3	145.2
	6T	179.8	179.7	154.4	145.7
θ_{ts}/(°)	2T	84.9	98.7	83.7	102.9
	4T	86.2	95.7	82.8	99.5
	6T	87.7	95.6	82.6	100.3

续表

		$E=2.72\times10^9$ V/m		$E=0$	
		AM1	PM3	AM1	PM3
$\Delta E^*=E_{ts}-E_{syn}$ /(kcal/mol)	2T	0.3302	0.7063	0.2322	0.5870
	4T	0.6518	1.0586	0.2916	0.6229
	6T	1.0942	1.5698	0.2945	0.6418
$\Delta E^{\#}=E_{anti}-E_{syn}$ /(kcal/mol)	2T	−0.2250	0.5294	−0.2065	0.5139
	4T	−0.3189	0.4820	−0.2605	0.5068
	6T	−0.3116	0.5563	−0.2690	0.5187

当施加外电场时，所有的模型分子都发生一致的变化。对于稳定的构象，顺式非平面的扭转角（θ_{syn}）和反式非平面的扭转角（θ_{anti}）分别向 0°和 180°移动，说明在平行外电场下，分子更趋于平面。在所研究的场强范围内（0～2.72×10^9 V/m），2T、4T 和 6T 的 θ_{syn} 分别降低了 3.5°（从 36.5°到 33.0°）、9.9°（从 35.7°到 25.8°）和 17.6°（从 34.8°到 17.2°）。显然共轭链越长，θ_{syn} 的降低值［$\theta_{syn}=\theta_{syn(2.72\times10^9V/m)}-\theta_{syn(0)}$］越大。之前的研究也发现，平行的外电场对 nT 分子的几何结构的影响源于电场和诱导偶极之间的相互作用，作用越强，构象越趋于平面。由于诱导的偶极矩随共轭链的增长而增加，因此对于更长的共轭链（如 6T），θ_{syn} 降低也越明显。在反式稳定构象中也观察到类似的变化，2T、4T 和 6T 的 θ_{anti} 分别增加了 6.4°（从 151.8°到 158.2°）、24.6°（从 155.3°到 179.9°）和 25.4°（从 154.4°到 179.8°）。$\Delta\theta_{anti}$ 比 $\Delta\theta_{syn}$ 大得多，这可归因于反式相邻噻吩环间更弱的空间位阻作用。

三个分子的扭转势垒（$\Delta E^*=E_{ts}-E_{syn}$）出现在相近的扭转角（$\theta_{ts}$）。对于每个 nT 分子，ΔE^* 随着电场增强而显著增加，表明在较高的电场强度下，噻吩绕 $C_\alpha-C_{\alpha'}$ 键的旋转变得更加困难。在本节的电场强度变化范围内，2T、4T 和 6T 的 ΔE^* 分别增加 0.0980 kcal/mol、0.3602 kcal/mol 和 0.7997 kcal/mol，说明共轭链越长，外电场对扭转势垒的影响越明显，这一点也与电场-偶极相互作用有关。

与扭转势垒相比，顺式非平面和反式非平面的稳定构象的相对能量（$\Delta E^{\#}=E_{anti}-E_{syn}$）受外电场的影响较小（表 4.6）。

4.3.2　利用 PM3 方法研究外电场效应

由于 PM3 与 AM1 仅在参数的数值上有所不同，因此 PM3 方法得到的 PES（图 4.22）表现出与 AM1 类似的特点。对于中性的 2T 分子，全局能量最小值出现在 30.2°，比141.6°扭转角的局域能量最小值低 0.5139 kcal/mol。这是由于在 PM3 计算中，非键的原子排斥作用估计过小。ΔE^*（$E_{ts}-E_{syn}$）比 AM1 得到的结果大 0.3548 kcal/mol。尽管在能量极小值的预测上与 AM1 不同，但 PES 在外电场作用下的变化趋势与 AM1 计算的结果一致。

PM3 的结果还表明在高电场下，稳定的 nT 分子构象也趋于平面结构。2T、4T 和 6T 分子的 θ_{syn} 分别降低了 2.6°（从 30.2°至 27.6°）、8.9°（30.0°至 21.1°）和 29.7°（从 29.8°至 0.1°），而 θ_{anti} 分别增加了 11.1°（从 141.6°至 152.7°）、30.1°（从 145.2°至 175.3°）和 34.0°（从 145.7°至 179.7°）。两种方法预测的外电场下分子构象的变化是一致的，说明平面构

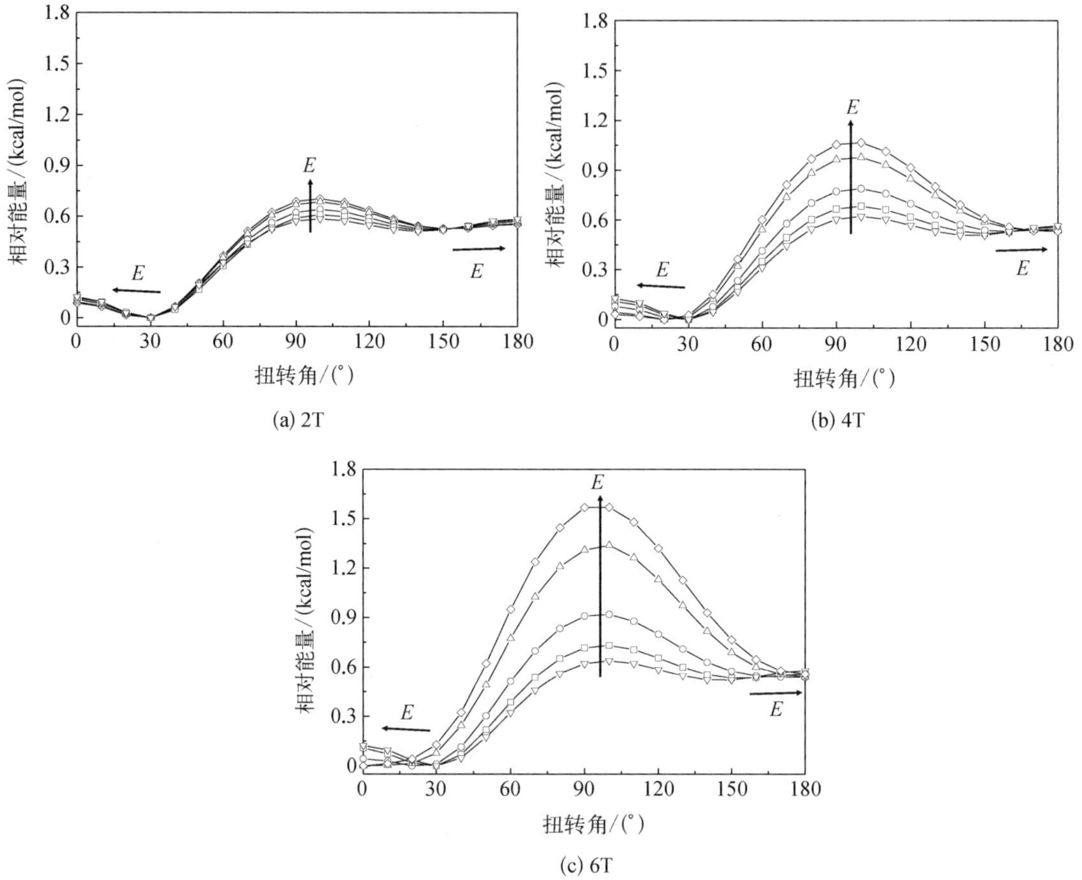

图 4.22　PM3 计算的平行外电场下 nT 分子的构象分析(电场为 0、1.18×10^9 V/m、1.84×10^9 V/m、2.50×10^9 V/m 和 2.72×10^9 V/m,分别用下三角、正方形、圆形、上三角和菱形表示)

象在高电场强度下具有能量优势。由于分子趋于平面时的共轭程度提高,这会影响分子的导电性。从键长数据中观察到分子骨架的碳-碳单键缩短,碳-碳双键增长。由于电场可以增强分子共轭,因此当 nT 分子链连接两个电极时,就不能作为简单的刚性电阻来处理。理论上,当电场增强时,电导率增加得更快。

PM3 方法得到的扭转势垒(ΔE^*)随着电场强度和共轭长度的增加而增加。在电场强度变化范围内,2T、4T 和 6T 的 ΔE^* 分别增加了 0.1193 kcal/mol、0.4357 kcal/mol 和 0.9280 kcal/mol。扭转势垒的增加有可能提高电子器件中分子的热刚度。由于扭转势垒较低,环境温度可能导致分子具有不同扭转构象。这也是一些由共轭分子构成的分子电子器件必须在低温下工作的一个原因。对扭转势垒与电场强度关系的研究可为优化或设计高稳定性分子电子材料提供参考。

4.3.3　外电场对 HOMO 和 LUMO 的影响

图 4.23(a)出示了三个模型分子的 HOMO 和 LUMO 能级随电场的变化。对于 2T 分

子，我们可以观察到非常轻微的能级移动。然而，当共轭链为 4T 或更长时，随着电场强度的增加，LUMO 降低，而 HOMO 升高。如图 4.23(b)所示，在电场强度变化范围内，2T、4T 和 6T 分子的能隙 E_g(LUMO－HOMO)分别降低了 0.18 eV、1.00 eV 和 2.78 eV。显然，电场对长共轭链电子结构的影响更大。

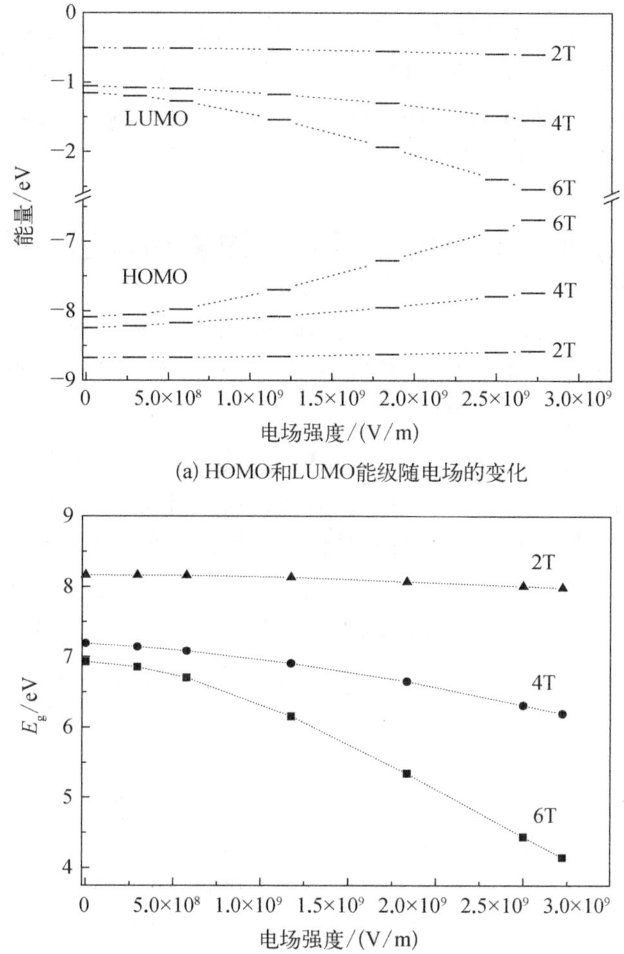

(a) HOMO和LUMO能级随电场的变化

(b) 分子能隙(E_g)随电场的变化

图 4.23　外电场对 nT 分子轨道能量的作用

这一结果对于理解共轭分子导线的电子传递具有重要意义。根据 Samanta 等提出的简化隧穿模型[10]，连接两个金属电极的分子线的电导(G)随着能隙的减小而呈指数增加，即

$$G = \frac{2e^2}{h}\exp\left[-1.025d\left(\frac{E_g}{2}\right)^{1/2}\right] \tag{4.12}$$

式中，e 是电子电量；h 是普朗克常量；d 是分子导线的长度，即隧穿距离。大量的实验证实了这个模型的有效性。如果这个隧穿模型也适用于 nT 分子导线，则按上述公式估计的

2T、4T、6T 分子的 $G_{(2.72\times10^9V/m)}/G_{(0)}$ 值分别为 1.2×10^4、9.6×10^4、2.6×10^4。显然长共轭分子的电导增加的幅度更大。

本节采用半经验的 AM1 和 PM3 方法研究了不同平行外电场下 nT($n=2$、4、6)系列分子的扭转行为。结果表明,分子的扭转行为对电场敏感。特别是在高电场下,稳定的分子构型更趋向于平面,扭转过渡态的相对能量增加。分子的共轭链越长,对电场越敏感。相比于量子化学从头算或第一性原理 DFT 方法,半经验的方法依然具有广阔的适用空间,半经验方法的参数化经过广泛的检验,准确性满足一定的要求,特别是对短周期主族元素的计算,甚至达到一般精度的 HF 和 DFT 方法。对于数据量大的系列比较、趋势分析等计算工作,半经验方法依然有强大的生命力。

4.4　电场对二苯乙炔分子导线构象和输运行为的影响

第 3 章中我们对聚乙炔分子导线的几何构型和电子结构在电场作用下的变化进行了系统的研究,结果表明在电场作用下分子的碳-碳单键变短,碳-碳双键变长,分子能隙减小。值得注意的是,对于具有扭转构型的分子导线,如聚苯乙炔、聚噻吩、聚苯等,除了上述性质,分子中相邻环间的扭转也是决定分子链导电性质的关键因素。分子构象的变化显著地影响着体系的电子输运性质,而构象分析是研究分子的扭转势垒、稳定构型等的重要方法,是理解分子的扭转行为与材料宏观性质关系的重要工具。对于分子电子材料,外电场的影响不容忽视。分子尺度器件的制备和性质表征困难、复杂,所以迫切要求发展理论方法去模拟器件行为,预测它们在电场中的变化。正是基于上述考虑,本节以二苯乙炔(diphenylacetylene,DT)为模型分子,考察外电场中的分子扭转势垒、前线轨道能级、能隙、轨道空间分布等决定分子导电性质的关键因素,并进一步基于非平衡态格林函数(NEGF)方法研究不同构象的电子输运行为。

线性苯乙炔低聚物[图 4.24(a)]具有良好的导电性和刚性,是一种理想的分子电子材料,在分子电子学领域具有广泛的应用前景。例如,除了具有分子导线性质,通过适当的功能修饰,这类分子还可以作为分子共振隧穿二极管、分子开关、存储器件等。此外,刚性的苯乙炔大环分子[图 4.24(b)]因具有识别功能和配位金属离子/分子团簇等性质,也是一类非常重要的分子电子材料。二苯乙炔(DT)[如图 4.24(c)]是最小的聚合物之一,可以看作上述功能分子的基本结构单元,为研究提供了一个很好的理论模型。

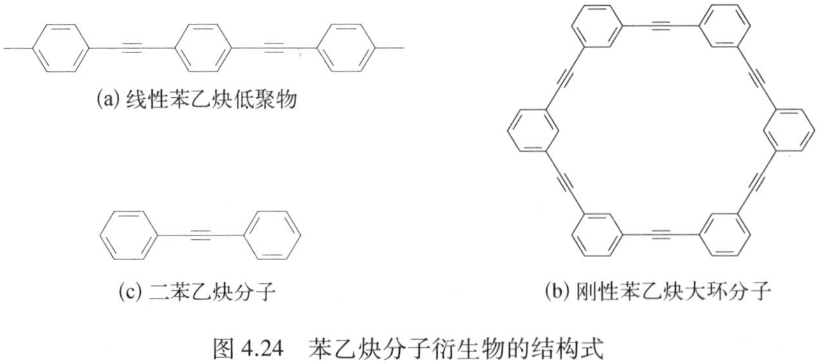

(a) 线性苯乙炔低聚物　(b) 刚性苯乙炔大环分子　(c) 二苯乙炔分子

图 4.24　苯乙炔分子衍生物的结构式

4.4.1　模型建立与计算方法

电极材料和形状、电极与分子连接的界面以及连接方式等均影响体系的输运行为。但是当分子导线足够长时，或采用其他界面修饰的方法，可以消除或部分消除上述因素对分子导线的影响。鉴于分子导线的功能主体是其共轭部分，并且它在电场中的变化将直接影响导线的性质和功能，为了简化，将分子两端的连接官能团略去，给出了一个相对简化的模型。考察二苯乙炔在电场作用下的扭转势垒、前线分子轨道能量和空间分布等关键因素的变化。进行构象分析时二苯乙炔分子直接桥连在两个惰性电极之间，如图 4.25(a) 所示，外电场平行于分子主轴，变化范围从 0 到 2.57×10^9 V/m，这与分子电子器件的工作环境基本一致。由于计算体系相对较小，分子的构象分析计算采用精度相对较高的 B3LYP/6-311+G** 方法。势能面扫描过程中除二面角(C1–C2–C3–C4)固定外，其余参数均自由优化，二面角的变化步长为 10°。

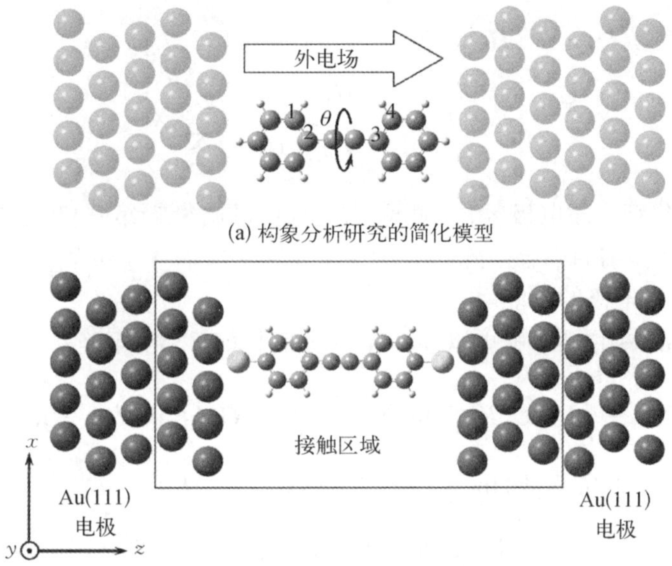

(a) 构象分析研究的简化模型

(b) 非平衡态格林函数方法计算电流电压曲线的模型

图 4.25　分子导线的计算模型

为了进一步考察分子构象对输运行为的影响，利用全自洽场非平衡态格林函数(NEGF)与密度泛函理论(DFT)方法计算了二苯乙炔在一系列构象下(C1–C2–C3–C4 = 0°、10°、30°、50°、70°、90°)的电流–电压曲线。计算过程包括如下两个基本步骤：首先在二苯乙炔分子的两端引入巯基(—SH)，它可以通过化学吸附作用在 Au 电极上形成 S—Au 键。Au 电极的(111)面先用 3 个 Au 原子形成的原子簇替代，Au 原子组成边长为 0.288 nm 的等边三角形，S 原子则位于其中心空位，即 hollow 位，Au–S–Molecule–S–Au 的长轴定义为 z 方向(Molecule 代表分子)。在 B3LYP/6-31G* 水平上对 Au–S–Molecule–S–Au 进行结构优化，其间所有 Au 原子的 x 和 y 坐标固定，但在 z 方向上可以自由移动。然后从上述优化结果中提取出–S–Molecule–S–的坐标，将其转移到两个半无限 Au(111) 电极间,Au(111)面用带有周期性边界条件的(3×3)单元来表示,如图4.25(b)所示的分子结。分子耦合在两个Au(111)半无限电极间,即两电极在x和y方向上周期性重复,在z方向上$z=\pm\infty$,方框内的分子及表面金原子进行全自洽场迭代计算,电极上的其他原子使用自能算符处理。末端S原子与电极表面的距离设为0.2 nm,这与大多数研究者所选用的值(1.90~2.39)一致。进一步在两个电极之间施加偏压,用全自洽的NEGF与DFT方法计算电流。分子(S、C、H原子)和电极(Au原子)分别采用带有极化函数的双ζ基组(double zeta polarization,DZP)和带有极化函数的单ζ基组(single zeta polarization,SZP)。

在电子输运计算中,分子结分成三个部分,即左电极区、接触区、右电极区,见图4.25(b)。其中,接触区域包括分子和不同数目的电极原子层,这些电极原子层起着电荷屏蔽作用,使得左电极区和右电极区的电荷分布与电极材料的本体电荷分布不相同。利用全自洽场迭代计算来处理接触区,利用电极的自能来处理左右电极与半无限电极之间的相互作用,这样整个体系就可以用一个有限维数的格林函数来描述。体系的格林函数可由式(4.13)求出:

$$\boldsymbol{G}=\begin{pmatrix}\boldsymbol{H}_{\mathrm{L}}+\sum_{\mathrm{L}} & \boldsymbol{V}_{\mathrm{CL}} & 0\\ \boldsymbol{V}_{\mathrm{LC}} & \boldsymbol{H}_{\mathrm{C}} & \boldsymbol{V}_{\mathrm{CR}}\\ 0 & \boldsymbol{V}_{\mathrm{RC}} & \boldsymbol{H}_{\mathrm{R}}+\sum_{\mathrm{R}}\end{pmatrix}^{-1} \tag{4.13}$$

式中,$\boldsymbol{H}_{\mathrm{L}}$、$\boldsymbol{H}_{\mathrm{C}}$、$\boldsymbol{H}_{\mathrm{R}}$分别为左电极区、接触区、右电极区的哈密顿矩阵;$\boldsymbol{V}_{\mathrm{CL}}$和$\boldsymbol{V}_{\mathrm{CR}}$分别为左右电极与接触区相互作用的耦合矩阵($\boldsymbol{V}_{\mathrm{LC}}$和$\boldsymbol{V}_{\mathrm{RC}}$分别对应着$\boldsymbol{V}_{\mathrm{CL}}$和$\boldsymbol{V}_{\mathrm{CR}}$的共轭转置矩阵);$\Sigma_{\mathrm{L}}$和$\Sigma_{\mathrm{R}}$分别是左右电极的自能。

得到体系的格林函数后,就可以计算体系的非平衡态密度矩阵:

$$\begin{aligned}\boldsymbol{D}=\frac{1}{\pi}\int \mathrm{d}E[\,G(E,V)\,\mathrm{Im}\sum\nolimits_{\mathrm{L}}(E,V)\cdot\boldsymbol{G}^{+}(E,V)f(E-\mu_{\mathrm{L}})\\ +\boldsymbol{G}(E,V)\,\mathrm{Im}\sum\nolimits_{\mathrm{R}}(E,V)\cdot\boldsymbol{G}^{+}(E,V)f(E-\mu_{\mathrm{R}})\,]\end{aligned} \tag{4.14}$$

式中,Im是一个求复数虚部的算符;f是费米-狄拉克(Fermi-Dirac)分布函数;μ_{L}和μ_{R}分别是左右电极的电化学势;$\boldsymbol{G}^{+}$是$\boldsymbol{G}$的转置共轭矩阵。

在全自洽计算过程中,用密度泛函方法获得哈密顿矩阵,由非平衡态格林函数方法计算非平衡态下体系的密度矩阵。新的密度矩阵重新应用到密度泛函计算中,如此迭代,直至得到全自洽的密度矩阵$\boldsymbol{D}$,此时,由式(4.15)得到体系的非平衡态电子密度:

$$n(r)=\sum\nolimits_{\mu,\nu}\phi(r)\boldsymbol{D}_{\mu\nu}\phi_{\nu}(r) \tag{4.15}$$

式中,ϕ为局域化的数值基组。

此外,体系的透射系数可由式(4.16)来计算:

$$\boldsymbol{T}(E,V_{\mathrm{b}})=\mathrm{tr}[\,\boldsymbol{\Gamma}_{\mathrm{L}}(E,V_{\mathrm{b}})\boldsymbol{G}(E,V_{\mathrm{b}})\boldsymbol{\Gamma}_{\mathrm{R}}(E,V_{\mathrm{b}})\boldsymbol{G}^{+}(E,V_{\mathrm{b}})\,] \tag{4.16}$$

式中,tr为矩阵求迹;$\boldsymbol{\Gamma}_{\mathrm{L}}$和$\boldsymbol{\Gamma}_{\mathrm{R}}$分别为左右电极与分子之间的耦合矩阵;$V_{\mathrm{b}}$为施加的偏压。对透射函数进行积分就可得到非平衡态下的电流:

$$I = \frac{2e}{h}\int_{-\infty}^{\infty} T(E, V_b)[f_L(E - \mu_L) - f_R(E - \mu_R)]dE \tag{4.17}$$

式中，e 是电子电量；h 是普朗克常量；$T(E, V_b)$ 为透射系数，是特定偏压 V_b 下能级 E 的函数；f_L 和 f_R 分别是左、右电极的费米-狄拉克分布函数；μ_L 和 μ_R 是左右电极的化学势，$[\mu_L(V_b), \mu_R(V_b)]$ 表示对电流积分有贡献的能量区域，称为偏压窗口，$\mu_L = E_F - eV_b/2$，$\mu_R = E_F + eV_b/2$，E_F 是电极的费米能级。

4.4.2　外电场对分子扭转势能面的影响

构象分析是研究与空间效应密切相关的分子几何构型、电子结构、反应活性、稳定性等的工具。在外电场条件下对分子进行构象分析是准确把握和理解分子电子材料性质的关键。图 4.26(a) 是二苯乙炔在一系列电场下的扭转势能面。因为分子的对称性，所有势能曲线相对于垂直构象（90°）是对称的，即分子在平面构象（0°和 180°）时能量最低，在垂直构象能量最高（过渡态）。在零电场下，B3LYP/6-311+G** 方法计算得到的扭转势垒为 3.3 kJ/mol，这比 Seminario 和 Tour 等使用 B3PW91/6-311G** 方法计算的值（3.60 kJ/mol）略低[11]。Okuyama 等使用超声速自由射流方法测定了二苯乙炔的单电子振动能级荧光光谱，得到分子的扭转势垒为 2.43 kJ/mol[12]。理论计算与实验结果均表明，该分子有较低的扭转势垒（2.43～3.6 kJ/mol），因此在室温下（RT≈2.5 kJ/mol）将很容易发生扭转。苯乙炔低扭转势垒主要是因为连接两苯环的刚性乙炔基（—C≡C—）较长（4.0 Å），从而显著降低了苯环间的空间位阻效应。

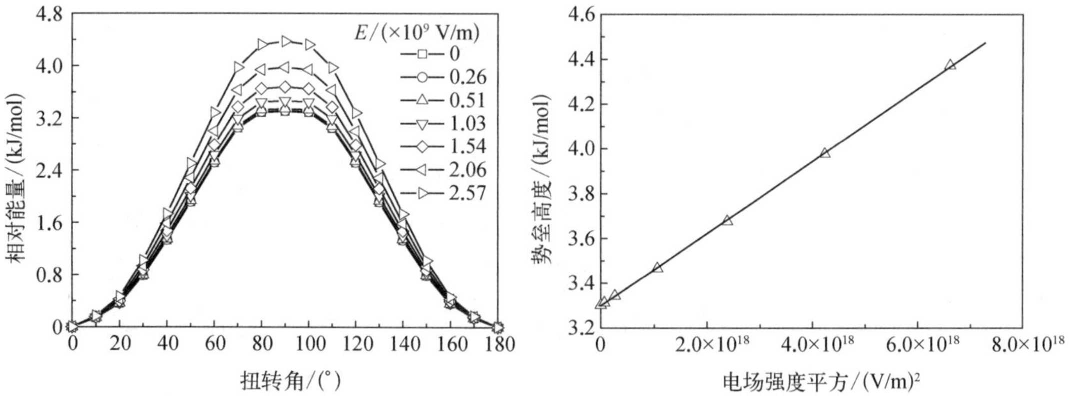

(a) 利用B3LYP/6-311+G**方法计算得到的不同电场强度下的扭转势能面

(b) 扭转势垒高度与电场强度平方的关系

图 4.26　二苯乙炔分子的扭转行为

施加外电场后，分子的扭转势能面仍然保持零电场时的基本特征，即在 0°和 180°时对应能量的最低点，在 90°对应能量的最高点。随着电场强度的增加，分子的扭转势垒（$\Delta\varepsilon^* = \varepsilon_{90°} - \varepsilon_{0°}$）逐渐增大，如图 4.26(a) 所示，表明二苯乙炔分子扭转变得困难。当电场强度从 0 增加到 2.57×10^9 V/m 时，扭转势垒增加了 1.07 kJ/mol。此外，分子扭转势垒的大小与电场强度的平方具有很好的线性关系，如图 4.26(b) 所示，即外电场作用下分子

的扭转势垒可以表示为

$$\Delta\varepsilon^* = kE^2 + \varepsilon_0^* \tag{4.18}$$

式中，k 是与分子性质有关的一个常量；ε_0^* 是零电场时的扭转势垒高度。这种定量关系对我们理解分子的导电性至关重要。尤其是当体系的扭转势垒较低时，分子构象在室温条件下容易发生变化，此时实验测得的分子导电行为应该是各种构象的统计平均。分子的扭转势垒与电场强度平方的线性关系可以用分子的诱导偶极与电场的相互作用来解释。

4.4.3　分子诱导偶极与外电场的相互作用

共轭分子具有离域的 π 电子，在外电场作用下骨架上的电荷分布易于发生改变，进而导致分子偶极矩和总能量的改变。图 4.27(a)给出了不同构象二苯乙炔的偶极矩与外电场的关系。从图中可以看出，所有构象的偶极矩都随电场呈线性增大。并且随着分子由平面构象(0°)到垂直构象(90°)，其诱导偶极矩减小。这是因为平面构象的共轭程度最高，分子中 π 电子流动性强，所以诱导偶极矩随电场的变化也就最明显；而垂直构象的共轭程度最低，π 电子流动受阻，因而诱导偶极矩变化最小。外电场与诱导偶极的相互作用导致分子的总能量发生相应的变化，图 4.27(b)给出了分子不同构象总能量随外电场的变化关系(零电场时的总能量为参考)。从图中可以看出，分子的总能量随着外电场的平方呈线性下降，随着分子由平面构象(0°)变化到垂直构象(90°)，分子总能量的降低程度略有减小。

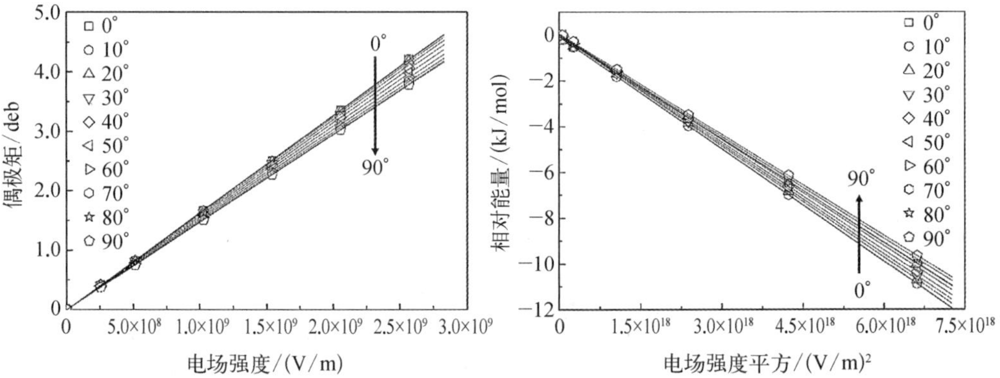

(a) 不同构象下分子偶极矩与外电场的关系　　(b) 不同构象的相对能量与外电场平方的关系

图 4.27　二苯乙炔分子与电场的作用

根据泰勒展开(Taylor's expansion)公式，在外电场(E)作用下分子的诱导偶极矩[$\mu(E)$]和分子的总能量[$\varepsilon(E)$]可以表示为

$$\mu(E) = \alpha E + \frac{1}{2!}\beta E^2 + \frac{1}{3!}\gamma E^3 + \cdots \tag{4.19}$$

$$\varepsilon(E) = \varepsilon_0 - \frac{1}{2!}\alpha E^2 - \frac{1}{3!}\beta E^3 - \frac{1}{4!}\gamma E^4 - \cdots \tag{4.20}$$

式中，α、β、γ 分别为分子诱导偶极矩对电场强度的一阶导数、二阶导数和三阶导数；ε_0 为分子在零电场下的能量。

对于二苯乙炔分子，式(4.19)中高阶项影响可以忽略(图 4.27)，因此不同构象下分子的 α 可以通过式(4.19)的一阶多项式拟合得到。图 4.28(a)给出了 B3LYP/6-311+G** 计算得到的 α 与扭转角的关系。正像预期的那样，平面构象时 α 最大，垂直构象时最小。对数据的进一步分析可以发现，分子的 α 与扭转角近似有如下的定量关系[图 4.28(b)]：

$$\alpha = f(\theta) = k_1 + k_2\cos^2\theta \tag{4.21}$$

式中，k_1 和 k_2 分别对应图 4.28(b)中拟合直线的截距和斜率。

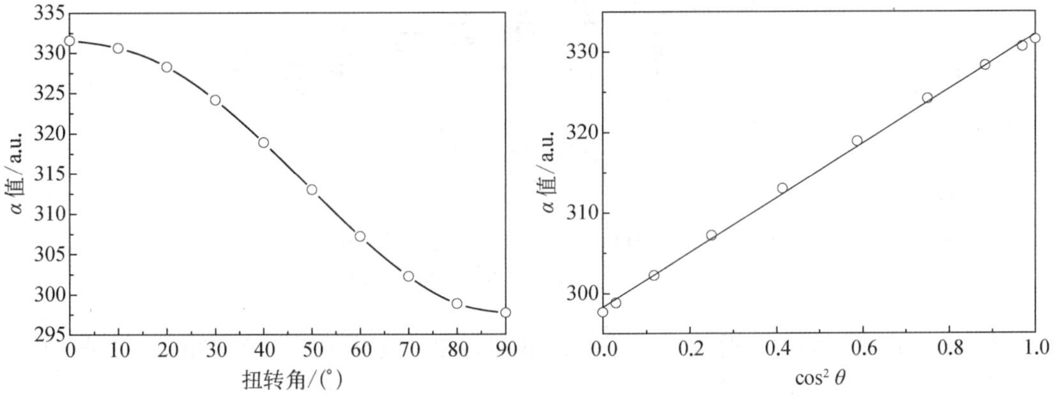

(a) B3LYP/6-311+G**方法计算得到的α与扭转角的关系　　(b) 分子的α与$\cos^2\theta$的线性关系

图 4.28　诱导偶极的一阶导数与扭转角的关系

现在来分析分子扭转势垒随外电场的变化关系。根据式(4.20)，可以得到分子总能量与外电场的关系，因为式(4.20)中高阶项的影响可以忽略，结合式(4.21)，扭转势垒($\Delta\varepsilon^*$)可以表示为

$$\begin{aligned}\Delta\varepsilon^*(E) &= \varepsilon(E)_{90^\circ} - \varepsilon(E)_{0^\circ} = \left[\varepsilon_0(90^\circ) - \frac{1}{2}f(90^\circ)E^2\right] - \left[\varepsilon_0(0^\circ) - \frac{1}{2}f(0^\circ)E^2\right] \\ &= k_3 + k_4E^2\end{aligned} \tag{4.22}$$

式中，$k_3 = \varepsilon_0(90^\circ) - \varepsilon_0(0^\circ)$，$k_4 = \dfrac{1}{2}[f(0^\circ) - f(90^\circ)]$。显然，$k_3$ 就是分子在零电场下的扭转势垒(ε_0^*)。因为 $f(0^\circ) - f(90^\circ) > 0$，$k_4 > 0$，因此分子在电场作用下的扭转势垒 ε_0^* 随电场强度的平方呈线性增加，这与式(4.18)给出的结论一致。此外，任一扭转构象的能量都与电场强度平方有线性关系。

4.4.4　外电场对分子不同构象的 HOMO 和 LUMO 能级的影响

图 4.29 给出了分子的 HOMO 和 LUMO 能级在不同的电场强度下随分子扭转角的变化(图中箭头指向电场强度的增加方向)。从图中可以看出，随着扭转角从 0°增加到 90°，

HOMO 能级降低，而 LUMO 升高，分子能隙增大。另外，在固定的扭转角下，随着电场的增强，HOMO 升高，LUMO 下降，能隙减小，并且分子越接近垂直构象，其 HOMO 和 LUMO 对外电场越敏感。

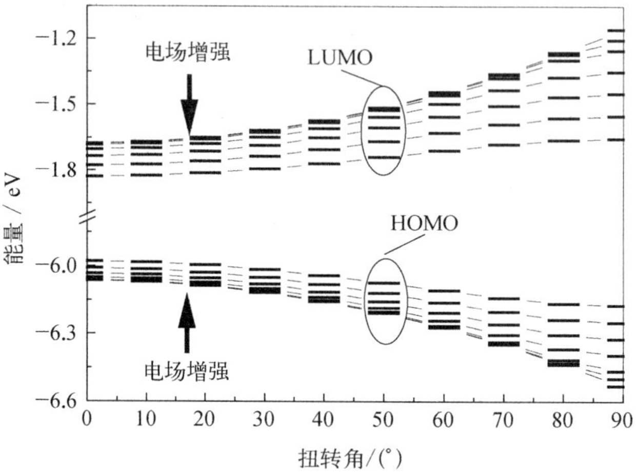

图 4.29　B3LYP/6-311+G** 方法计算得到的不同电场强度下 HOMO 和 LUMO 能级随扭转角的变化关系

图 4.30(a)是不同电场强度下分子能隙随扭转角的变化关系。在零电场时，分子的能隙随着扭转角近似呈指数增加，从 0° 增大到 90°，分子能隙增加了 0.99 kJ/mol，这与 Seminario 和 Tour 等使用 B3PW91/6-311G** 方法计算得到的差值(1.01 kJ/mol)一致[11]。引入外电场后，能隙随扭转角增加的幅度变小。图 4.30(b)给出了不同构象分子能隙与电场强度平方的变化关系。从图中可以看出，当扭转角低于 60° 时，能隙与电场强度平方有很好的线性关系，这与聚乙炔等分子导线一致。

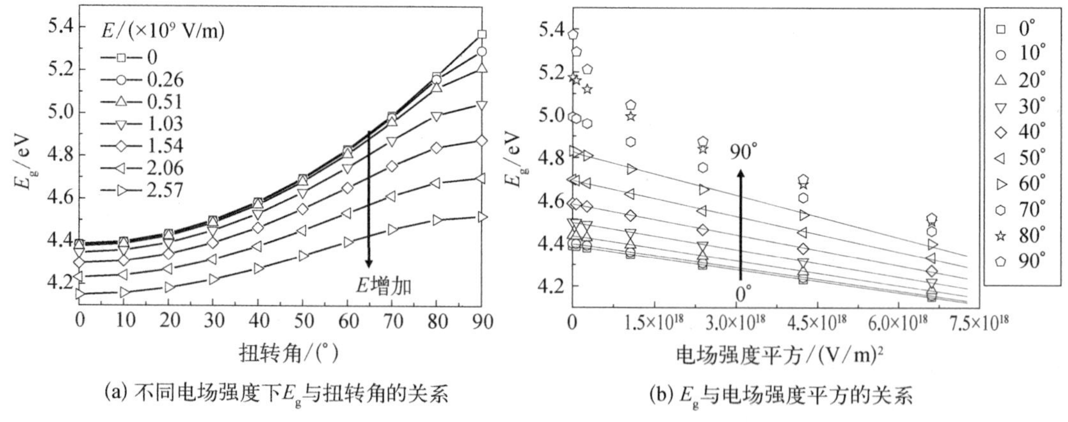

图 4.30　二苯乙炔分子能隙(E_g)与电场和扭转角的关系

在对聚乙炔分子导线的研究中发现，分子轨道的空间分布与电场强度的方向和大小有关，同时与分子的构象有很大关系。图 4.31 比较了五种不同构象(0°、30°、60°、80° 和

90°）二苯乙炔的 HOMO 和 LUMO 在不同电场强度下的空间分布。从图中可以看出，在零电场所有构象的 HOMO 和 LUMO 都是完全离域。施加电场后，HOMO 向低电势端移动，LUMO 向高电势端移动，这与第 3 章聚乙炔分子轨道的变化规律一致。值得注意的是，分子构象对轨道分布影响很大，当扭转角小于 30°时，HOMO 和 LUMO 随电场的变化很小；但当扭转角达到 60°或更大时，HOMO 和 LUMO 移动明显。以垂直构象（90°）为例，施加电场后 HOMO 定域在低电势端的苯环和中间的炔基上，LUMO 则定域在高电势端的苯环和中间的炔基上，并且这种定域特征在较小的场强时就已经变得显著。从轨道的定域特征可以推断垂直构象的导电性要比平面构象小得多，这与下文计算的电流−电压曲线趋势一致。

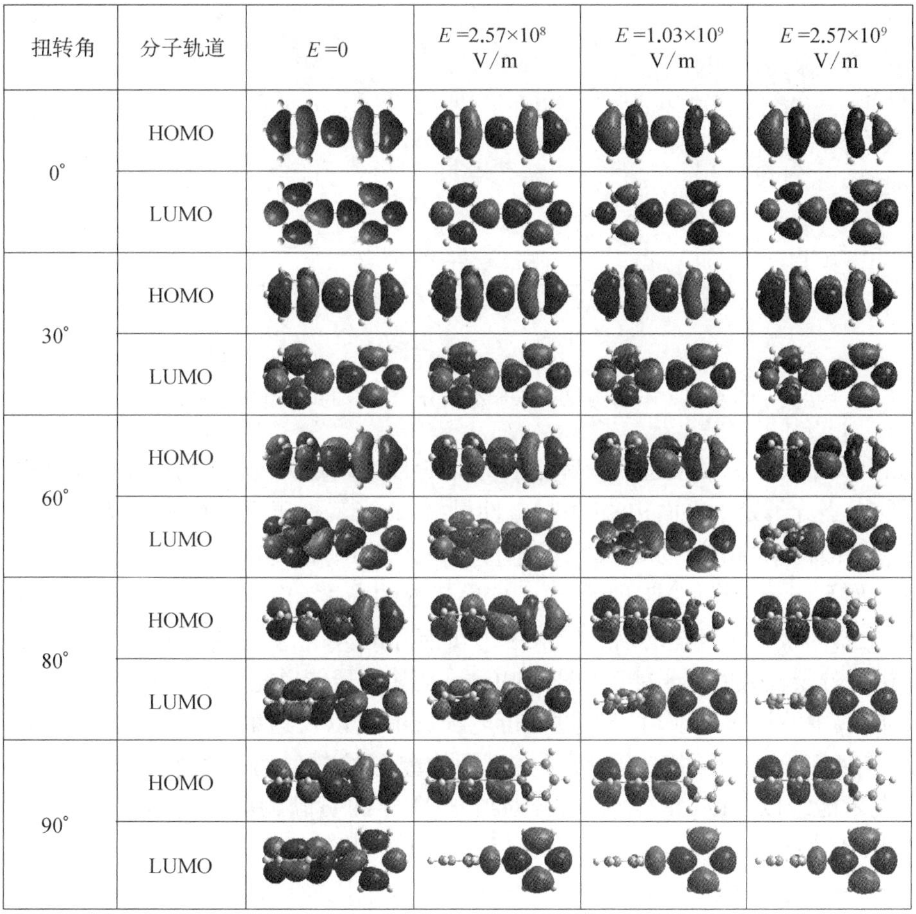

图 4.31　分子在不同构象下 HOMO、LUMO 空间分布随外电场的变化

4.4.5　分子在不同构象下的电流−电压曲线

为了进一步考察分子构象与电子输运的关系，在分子两端键合巯基（—SH），然后连接到金属电极上。电极两端施加偏压，其变化范围为 0~2.0 V，利用非平衡态格林函数方法计算得到不同构象的电流−电压（$I-V$）曲线，如图 4.32 所示。从图中可以看出，该系列

I-V曲线具有非常明显的非线性特征，这一点与宏观纯电阻材料的线性行为有本质的不同。分子中价电子的移动性(或者称为离域性)是这一行为的重要原因。对于分子导线，尽管 π 电子具有一定程度的离域性，但离域能力或移动能力是有限的。因此在电场中，π 电子受电场驱动而重新分布，形成分子偶极，进而电场-偶极作用使体系能量降低。与此不同的是，宏观的金属导体中存在大量的自由电子，在电场的驱动下长程移动，重新分布，使得金属导线内部的电场为零。

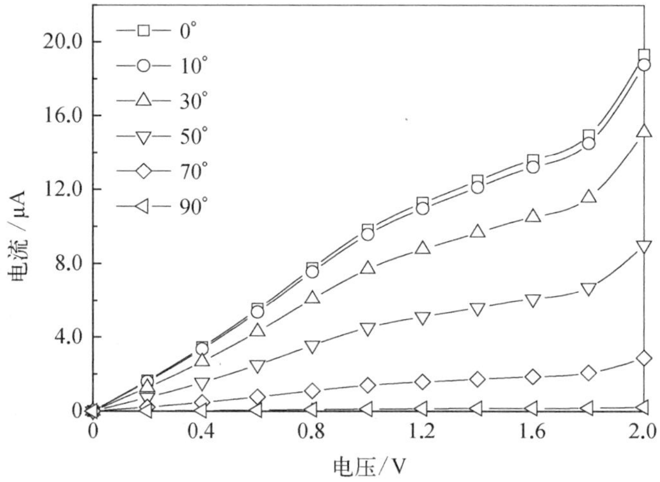

图 4.32　不同构象下二苯乙炔分子导线的电流-电压曲线

正如上文中关于分子轨道能级和空间分布所预期的那样，分子的构象对电子传递行为有很大影响，当分子处于平面构象时，导电性最好；而当其处于垂直构象时，导电性变差。在零偏压下，平面构象的电导为 8.3 μS，是垂直构象(0.1 μS)的 80 多倍。从半经验的分子电子传递模型(如 Simmons 模型)来理解，电子传递势垒的高度和宽度是决定分子电子传递性质的两个最主要因素。而势垒的高度取决于分子能隙的大小，势垒的宽度是分子的长度。显然，垂直构象分子较大的分子能隙[图 4.30(a)]是其电子传递能力变弱的主要原因。

I-V 曲线中的许多细节可以通过分析电子透射谱以及透射谱所对应的电子隧穿通道来理解。图 4.33 给出了零偏压下分子在不同构象时的透射谱。图中 0 eV 对应体系的费米能级，费米能级以下的第一个透射峰对应 HOMO 的贡献，其上面的第一个透射峰对应的则是 LUMO 的贡献。隧穿电流可以通过式(4.17)计算求得。既然流经分子的电流主要是通过对左右电极电化学势之间($-eV/2 \sim +eV/2$ 为偏压窗口，其间的积分占主要贡献)的透射谱积分得到，因此这里只需要关注 HOMO 共振峰。从图 4.33 可以看出，随着分子扭转角的增加，HOMO 透射峰显著降低。这将导致流经分子的电流变小。以 1.0 V 的偏压为例，平面构象的电导为 8.813 μS，而垂直构象仅为 0.135 μS。Seminario 等使用格林函数结合密度泛函的方法对相同分子在平面构象和垂直构象时的电流电压曲线进行了计算，并且在外偏压为 1.0 V 时得到两种构象的电导分别为 20.4 μS 和 0.36 μS[13]。尽管模型和计算方法的差异导致电导绝对数值上的不同，但是两种方法均表明，共轭分子的扭转对电子传递的能力有重要的影响。

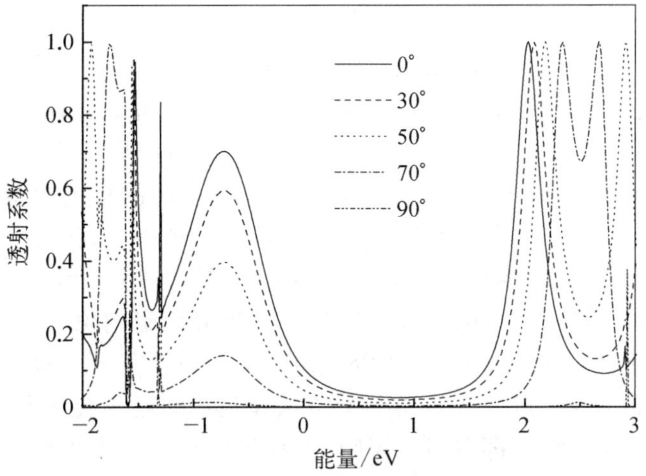

图 4.33　零偏压下不同构象二苯乙炔分子导线的透射谱

为了更直观地了解扭转角对分子电子传递性质的影响，图 4.34 给出了不同偏压下电流随扭转角(θ)的变化关系。从图中可以看出，在一定范围的外加偏压下，电流与 $\cos^2\theta$ 具有很好的线性关系。Woitellier 等[14]使用有效哈密顿方法(effective Hamiltonian method)研究了 π 共轭体系电子耦合程度与分子扭转二面角的关系，结果表明，随着二面角的增大，体系的共轭程度降低，并且电子的耦合程度与扭转角的余弦平方成正比。图 4.34 中的定量关系表明分子的导电性质可以通过改变两苯环间的扭转角(降低两苯环间的 π 轨道重叠程度)来调控。上文的计算也表明，静态的研究方法同样具有实用价值。Venkataraman 等使用金点接触劈裂法(breaking Au point contacts)研究了一系列具有不同扭转角的联苯分子输运行为，发现随着扭转角的增大，分子电导降低，并且电导与扭转角余弦的平方具有线性关系[14]，这也与本节的计算结果有一致的趋势。

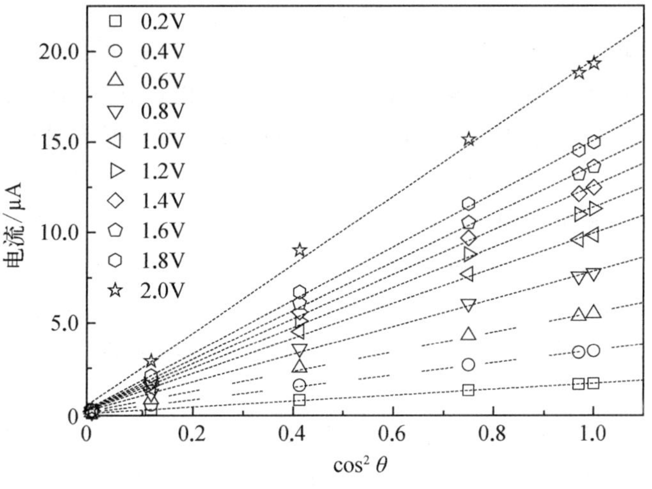

图 4.34　不同偏压下分子的电流随扭转角的变化关系

4.4.6 其他具有扭转构象分子的对比研究

为了进一步验证上述对二苯乙炔分子的理论研究方法的适用性，本节还计算了其他三种典型的分子，包括联苯、二吡咯和二噻吩分子。模型的建立和计算方法与上文相同。

与平面构型的二苯乙炔分子不同，使用 B3LYP/6-311+G** 方法在零电场下计算得到的联苯、二吡咯、二噻吩分子在势能面上具有一对非平面的稳定构型，这主要是相邻芳环间的 π-共轭效应和环间原子的空间位阻共同作用的结果。其中，二吡咯、二噻吩的反式稳定构象为分子的最稳定构象。Duarte 等使用 HF、MP2、MP4(SDQ)和 CCSD 方法研究了二噻吩分子的扭转势能面，表明反式稳定构象比顺势稳定构象的能量更低[15]；Karpfen 等使用 MP2、B3LYP、BLYP、B3PW91、B3P86、BPL 等方法研究了二噻吩、二吡咯等分子的扭转势能面，也证明了这一点[16]。尽管计算方法和基组的差异会导致扭转角在数值上存在一定的差别，但是这些结果都表明二噻吩、二吡咯分子的反式非平面构象最稳定，这与我们的计算结果一致。Samdal 等使用气相电子衍射(gas electron diffraction，GED)方法测得的二噻吩反式稳定结构的扭转角为(148±3)°，这也与我们使用 B3LYP/6-311+G** 方法计算得到的扭转角(153°)基本一致[3]。

加上外电场后，以上分子的扭转势垒和电子结构都发生了相应的变化。其中分子的扭转势垒增加，并且与电场强度的平方有线性关系。随着扭转角的增大，分子的诱导偶极减小，HOMO 下降，LUMO 上升，分子的能隙变小，HOMO 和 LUMO 的空间分布对外电场的敏感性增强。

本节利用非平衡态格林函数方法计算二苯乙炔、联苯、二吡咯、二噻吩分子电子传递性质与分子扭转角的变化关系。随着扭转角的增大，所有分子的电子传递能力降低，在给定电压下分子电流与扭转角余弦平方有线性关系；随着扭转角的增加，费米能级附近的透射峰明显降低。

4.5 电场作用下的构象和取向分析

α-共轭低聚噻吩和聚噻吩在分子电子器件中有广泛的应用。它们的电学性质依赖共轭链上 π 电子。这种离域作用取决于相邻噻吩环 α 和 α′碳原子的 p_z 轨道之间的重叠程度，因此，C_α-$C_{\alpha'}$ 键的扭转决定了 π 电子的离域程度。为了理解扭转角对分子电子结构的影响，构象分析是一种有效的方法。

电子器件中的共轭分子通常在一定强度的外电场中工作。然而以往的研究却将分子参照中性条件下处理，这显然难以获得准确的认识。本章的前几节中，我们提出了一种称为“现场”(in-situ)的理论模拟方法来考察器件中工作的共轭分子。理论上可以采用多种方法施加外电场。其中，使用一系列点电荷构建外电场是一种灵活方便的方法。

众所周知，聚合物中的 π 共轭具有各向异性。不同取向的外电场对分子的扭转行为有不同的影响。因此，扭转行为与外电场取向的关系同样是有重要意义的课题。本节利用半经验方法计算了平行和垂直方向的外电场对扭转势能面(potential energy surface，

PES）的影响。利用具有清晰几何结构的 2，2′-二噻吩（BT）分子作为研究模型。气相电子衍射研究发现，BT 存在顺式和反式两种非平面稳定构象，扭转角分别为（36 ± 5）°和（148 ± 5）°，相对丰度分别为（44 ± 4）%和（56 ± 4）%。从相对丰度估算两个构象的能量差为 0.18 kcal/mol。本节将重点模拟外电场不同取向时分子的构象分析，为研究电子器件中共轭分子的性质提供更有效的方法。

4.5.1　模拟与计算方法

图 4.35 描述了 BT 分子结构和外电场的相对位置。外电场由 3 对平行的等量异号点电荷形成，点电荷与 BT 长轴（C_α-$C_{\alpha'}$键）位于同一平面上，中间的一对异号点电荷位于 BT 长轴的延长线上，每对点电荷的水平间距为 4 Å。通过点电荷之间的距离（d_i> 34 Å）调节电场强度。分子中心的电场强度（E）根据式（4.1）近似计算，其中 $r_i \approx d_i/2$。这个体系使用了等量异号的 3 对点电荷，所以 $n = 6$。

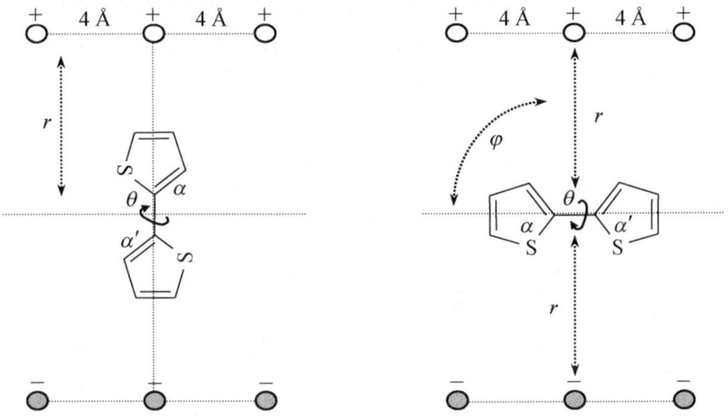

(a) 外电场与反式构型的BT（φ=0°，θ=180°）

(b) 外电场垂直于平面顺式构型的BT（φ=90°，θ=0°）

图 4.35　BT 与由 3 对异号点电荷构成的外电场的结构示意图

利用 Mopac 程序，采用半经验 AM1 和 PM3 方法进行构象分析研究。在两个环之间无对称性限制，R.M.S.能量梯度以 0.01 kcal/（mol·Å）作为优化标准。为了考察外电场方向的影响，设置外电场与 C_α-$C_{\alpha'}$键的取向角 φ 在 0°～180°范围，每间隔 10°取值一次。进行构象分析时，改变扭转角（θ，即二面角 S-C_α-$C_{\alpha'}$-S′）从 0°（平面顺式构象）到 180°（平面反式构象），增量间隔为 10°。对于每一个构象，结构优化时扭转角 θ 和取向角 φ 固定不变，而分子的其余部分完全优化。当取向角 φ 固定在 0°或 90°时，外电场与 BT 平行［图 4.35（a）］或垂直［图 4.35（b）］。为了绘制 PES，定义相对能量，即每个构象的能量减去势能面上的能量最小值。为了绘制二维（2D）PES，同样以能量最小值作为零点。

本节中采用半经验 AM1 和 PM3 方法代替高精度从头算进行构象与取向分析，因为这两种方法可以较准确地预测 BT 和类似物的几何结构。最重要的是，两种方法对计算资源的需求较低。AM1 方法得到 PES 虽然比高精度从头算的 PES 更平坦，但是曲线形状基本一致。在 PM3 计算中，非键排斥作用低于 AM1 方法，因此 BT 中两个硫原子之间的排斥作用被低估,从而预测顺式最稳定构象。

为了构造外电场,使用点电荷是最简便的方法之一。使用 3 对点电荷与 $C_{\alpha}-C_{\alpha'}$ 键在同一平面内,如图 4.35 所示。本节中只使用了 3 对点电荷,但使用 5 对或更多对点电荷时,得到 PES 并没有明显差异。此外,点电荷与分子中心之间的距离大于 17 Å,远大于分子尺寸。因此,我们可以近似认为 BT 处于均匀的电场中。电场强度在 $0\sim2.88\times10^9$ V/m 范围内变化。

4.5.2 平行外电场作用

为了理解平行方向外电场的作用,取向角 φ 固定为 0°。图 4.36 展示了由 AM1 方法和 PM3 方法在不同电场强度下计算得到的系列扭转构象的 PES。在图 4.36(a)所示的 AM1 方法中,零电场 PES 表现出两个局域能量最小值,对应 36.39°和 151.80°扭转角。反式构象比顺式构象的能量更低,相差 0.21 kcal/mol,由此可求得顺式稳定态和反式稳定态的相对丰度分别为 43%和 57%。所有这些理论预测与实验测量结果十分吻合。然而,观察图 4.36(b)中 PM3 方法计算的零电场 PES,可看到反式能量的极小值(对应 141.5°)要高于顺式能量的极小值(对应 30.2°)。

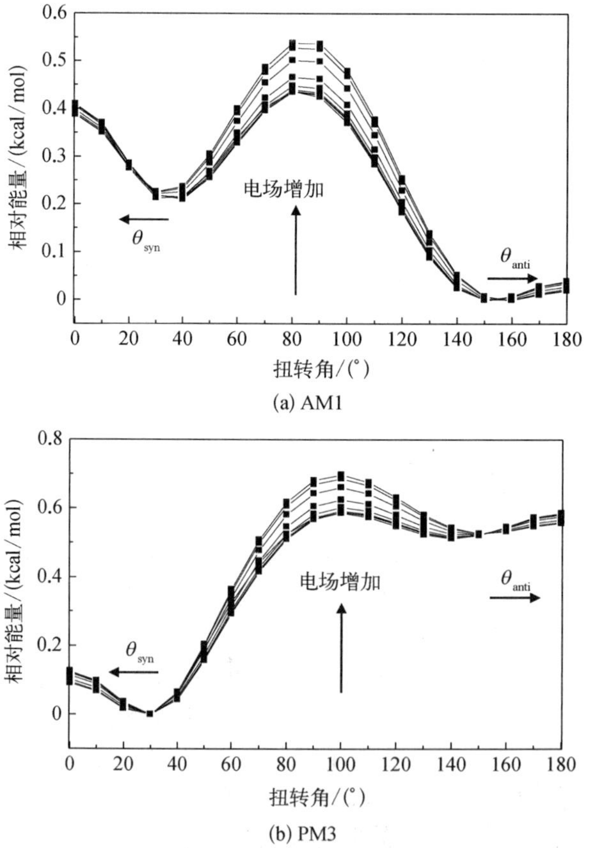

图 4.36 BT 在平行外电场作用下的 PES(电场强度从下到上分别为 0、0.20×10^9 V/m、0.35×10^9 V/m、0.57×10^9 V/m、0.96×10^9 V/m、1.50×10^9 V/m、2.16×10^9 V/m 和 2.53×10^9 V/m)

如图 4.36 的箭头所示，当施加电场时，AM1 和 PM3 得到的 PES 均呈现相同的变化趋势。随着电场强度的增加，顺式稳定构象的扭转角(θ_{syn})减小，反式稳定构象的扭转角(θ_{anti})增加，使分子更趋于平面。在 0~2.53×10^{9} V/m 的电场强度范围内，AM1 和 PM3 预测的 θ_{syn} 分别下降了 3.6°和 2.7°，θ_{anti} 增加了 7.0°和 11.5°。θ_{anti} 的变化明显大于 θ_{syn}。顺式稳定构象和反式稳定构象的相对能量仅有轻微变化。扭转势垒($\Delta\varepsilon^{*}$)随着电场强度增加而显著提高，意味着围绕 C_{α}—$C_{\alpha'}$ 键的旋转变得更加困难。在本节施加的电场范围内，AM1 和 PM3 预测的 $\Delta\varepsilon^{*}$ 的最大增量分别为 0.10 和 0.11 kcal/mol。

为了理解外电场作用下 PES 的特征，我们根据式(4.3)研究了体系的能量各组分的贡献。因为 ε_{chg} 对所有扭转角都相同，所以 PES 仅反映能量组分中 $\varepsilon_{E-\mu}$ 和 ε_{molec} 的贡献。计算 PES 时采用相对能量，以最低能量的构象为基准，ε_{chg} 的贡献被抵消。$\varepsilon_{E-\mu}$ 可通过式(4.23)得到：

$$\varepsilon_{E-\mu}=-n\frac{q_{chg}\mu_{E}}{4\pi\varepsilon_{0}d^{2}} \tag{4.23}$$

在外电场方向上的诱导偶极矩(μ_{E})可通过式(4.24)得到：

$$\mu_{E}=\sum_{i=1}^{n}q_{i}\times r_{i,E} \tag{4.24}$$

式中，q_i 是 BT 分子中每个原子的净电荷；$r_{i,E}$ 是原子在外电场方向上的矢量投影。图 4.37 给出了不同电场强度下 AM1 方法计算的 $\varepsilon_{E-\mu}$ 和 ε_{molec} 与扭转角的关系。如图 4.37(a)所示，由于外电场与偶极的相互作用降低了体系的能量，因此 $\varepsilon_{E-\mu}$ 为小值。$\varepsilon_{E-\mu}$ 的最大值位于 $\theta=90°$，即两个噻吩环互相垂直时 $\varepsilon_{E-\mu}$ 最大。随着 BT 趋向平面，$\varepsilon_{E-\mu}$ 变得更小。与 $\varepsilon_{E-\mu}$ 相比，ε_{molec} 随外电场的变化较小，如图 4.37(b)所示。外电场提高了顺式稳定构象和反式稳定构象的相对能量，但 ε_{molec} 提高的能量远小于 $\varepsilon_{E-\mu}$ 的降低值。因此，如图 4.36(a)所示，当我们合并考虑 $\varepsilon_{E-\mu}$ 和 ε_{molec}，并以最低能量的构象为基准时，PES 的扭转势垒 $\Delta\varepsilon^{*}$ 随着电场强度增加而增加。此外，由于 $\varepsilon_{E-\mu}$ 在垂直构象的两侧单调减小，θ_{syn} 和 θ_{anti} 向着全平面的方向移动。

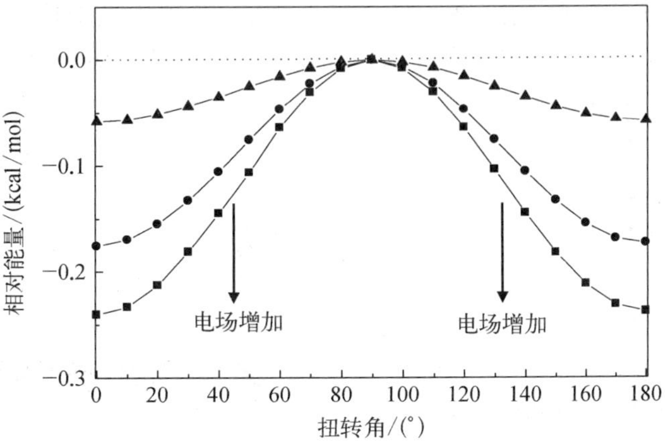

(a) 电场偶极作用能 ($\varepsilon_{E-\mu}$) 与扭转角的关系

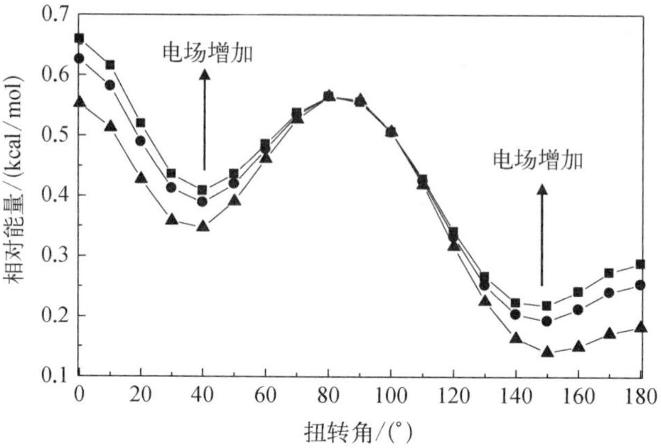

(b) 分子的能量（ε_{molec}）与扭转角的关系

图 4.37　体系中各能量组分的分析(正方形、圆形和三角形分别表示电场强度为 2.53×10^9 V/m、2.16×10^9 V/m、1.50×10^9 V/m)

从 π 电子的迁移也可以直观地理解外电场对分子扭转的影响。由于 π 共轭沿分子轴向延展,且沿共轭链有很高的移动性,易于被极化,因此平行的外电场导致 π 电子在两个噻吩环之间重新分布。例如,利用 AM1 方法得到中性 BT 分子的 C_α上的净电荷为 $-0.302e$,而施加 2.53×10^9 V/m 的电场时,靠近高电势的 C_α净电荷变为 $-0.254e$,靠近低电势的 C_α净电荷变为 $0.348e$。在这种情况下,BT 分子内产生与外电场方向相反的诱导偶极。它与外电场相互作用,降低了体系的能量。显然,BT 分子越趋于平面,越有利于 π 电子移动,即有利于能量的降低。因此,外电场使分子趋于平面结构,电场强度越高,分子变得越平面化。

4.5.3　垂直外电场的作用

与平行外电场相似,垂直外电场(取向角 φ = 90°)也显著影响分子的构象特征,图 4.38 给出了施加垂直外电场时的 PES。图 4.38(a)是利用 AM1 方法计算的结果,随着电场增强,可以观察到三个明显的变化阶段。在较低的电场强度下($E<1.0\times10^9$ V/m,点状虚线所示),反式稳定构象的能量仍然是全局最小值,但顺式稳定构象的能量有所降低。当电场强度达到 1.0×10^9 V/m 时,顺式构象和反式构象的两个极小值位置几乎相同,如实线所示。随后,反式构象的极小值高于顺式极小值,全局最小值变为顺式构象,如虚线所示。垂直外电场的影响可以用外电场与分子永久偶极的相互作用来解释。相互作用能由偶极矩的大小和方向决定。利用 AM1 方法计算的中性 BT 分子,顺式稳定态的偶极矩为 0.521 deb,而反式稳定态的偶极矩为 0.214 deb。此外,顺式稳定态相对于中心轴(外电场方向)具有 C2 对称性,两个带正电的硫原子位于负电荷一侧,导致偶极矩方向与外电场相反。因此,顺式构象中外电场与偶极的相互作用比反式构象更强。如图 4.38(a)所示,这种相互作用会降低系统能量,电场强度越大,顺式构象的相对能量越低。

利用 PM3 方法计算的扭转 PES 曲线与 AM1 得到的明显不同,但也具有相似的变化趋势,如图 4.38(b)所示。反式构象的能量随着电场强度的增加而升高。其临界值为

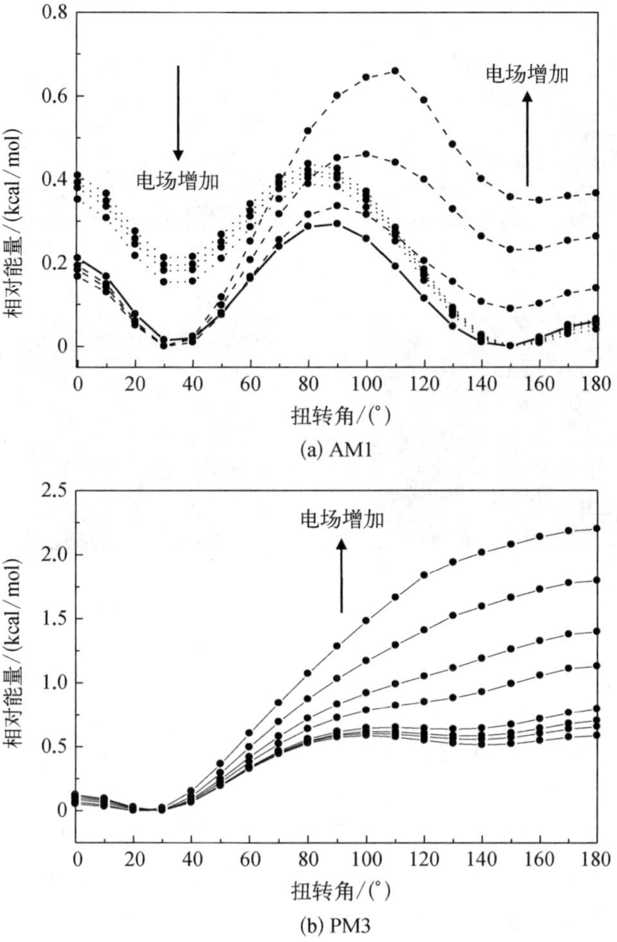

图 4.38　BT 分子在垂直外电场下的构象分析(电场强度按箭头指示分别为 0、0.12×10^9 V/m、0.20×10^9 V/m、0.35×10^9 V/m、0.96×10^9 V/m、1.44×10^9 V/m、2.16×10^9 V/m 和 2.88×10^9 V/m)

4.3×10^8 V/m,当电场强度大于此值时,反式构象的极小值消失,唯一的能量最小值出现在顺式构象。对于扭转角为 140°的构象(接近中性 BT 分子反式构象的能量极小值),相对能量在电场强度变化范围内增加了 1.5 kcal/mol,约为 AM1(0.56 kcal/mol)计算值的 2.7 倍。对于中性的 BT 分子,利用 PM3 方法得到顺式构象能量最小值的偶极矩为 1.195 deb,反式构象能量最小值的偶极矩为 0.466 deb,是 AM1 预测值的 2 倍以上。进一步证实了外电场与永久偶极的相互作用导致 PES 的变化。

4.5.4　外电场中 BT 的取向分析

当完全无束缚的 BT 分子与外电场作用时,它可能在电场内旋转,即改变取向角 φ,以达到最低的能量状态。为了了解 BT 分子的取向和构象与外电场的关系,我们进一步研究了 BT 分子在不同电场强度下的取向和构象。θ 和 φ 在 0°~180°变化,间隔为 10°,得到二维能量矩阵并绘制等高线图,如图 4.39 所示。

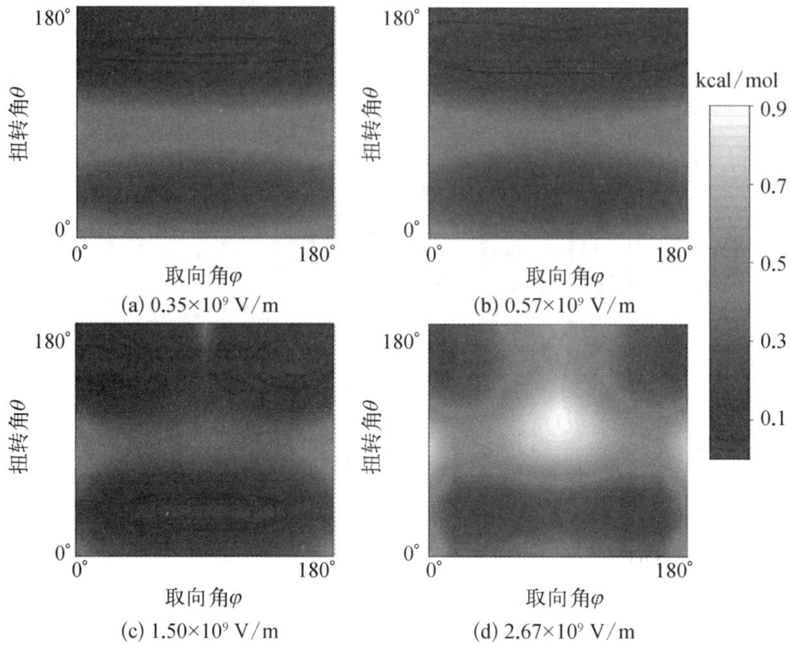

图 4.39　利用 AM1 方法计算的 BT 分子在不同外电场作用下的取向和构象分析

图 4.39(a)表明在较小的电场强度(0.35×10^9 V/m)下,分子的构象分析仅表现出微弱的取向依赖性。全局最小能量总出现在反式非平面构象中。随着取向角 φ 的变化,全局最小能量只有轻微地改变。$\varphi=90°$时的扭转能量剖面比其他剖面小得多,意味着垂直方向的外电场使 BT 分子更稳定。随着电场强度增加到 0.57×10^9 V/m,在图 4.39(b)中可以清楚地观察到取向角 $\varphi=90°$时暗色的反式构象区域变形为哑铃形,扭转剖面能量略有增加。尽管顺式构象和反式构象的极小值之间的相对能量差减小,例如,约 $\theta=35°$处的色带变得更暗,但全局能量极小值仍然为反式构象,能量最有利的取向为 $\varphi=90°$,即垂直于外电场方向。当外电场进一步增大到 1.50×10^9 V/m 时,图 4.39(c)中反式的暗区分裂为两个部分。虽然全局能量最小值会出现在反式构象的某个非垂直的外电场方向上,但在大多数情况下能量最小值都转移到了顺式非平面构象。特别是在垂直外电场取向下,顺式非平面已经成为最稳定构象。整个等高线图的全局能量最小值对应于 $\varphi=106.74°$和 $\theta=34.92°$,它与 $\varphi=17.64°$和 $\theta=148.94°$的局域能量极小值非常接近,两者仅相差 0.004 kcal/mol。当电场强度足够大(2.67×10^9 V/m)时[图 4.39(d)],顺式构象和反式构象的暗区都出现了分裂,这意味着垂直方向的外电场不再成为体系能量的低点。全局能量最小值出现在 $\varphi=10.64°$和 $\theta=153.40°$,略低于局域能量极小值($\varphi=20.64°$和 $\theta=32.90°$),两者相差 0.016 kcal/mol。此外,顺式构象和反式构象能量极小值之间的色度差别降低,表明外电场更显著地提高了反式构象的相对能量。

在这种二维构象和取向分析中,描述 BT 分子的构象扭转角 θ 和与电场的取向角 φ 涉及了两种相互作用,即外电场与诱导偶极和永久偶极的相互作用。由于诱导偶极矩小于永久偶极矩,$\varphi=90°$处的能量曲线对外电场更敏感。

综上所述,本节利用半经验的 AM1 和 PM3 方法系统地研究了 BT 分子在不同强度和方向的外电场中的扭转行为。通过两个典型的外电场取向,即一维的共轭分子与外电场平行和垂直,我们可以分别考察不同取向外电场作用的机理。当电场与分子的共轭链平行时,π 电子的高迁移能力使其沿共轭链重新分布。当外电场与分子垂直时,电场与永久偶极的相互作用提高了反式构象的能量。

在第 3 章和第 4 章中,我们提出了分子电子材料的静态研究方法,即通过对分子施加合适的外电场,考察分子的几何构型和电子结构,对于环状共轭单元的寡聚物和多聚物,提出了电场作用下的构象分析方法。上述的静态研究方法与本书后续章节的非平衡态电子输运研究可以形成互补的研究策略。

在实验中,已经发展出多种制备纳米尺寸分子结的方法。其中,机械可控断裂结(MCBJ)技术、基于扫描探针显微术的分子结制备技术(scanning tunneling microscope break junction,STM−BJ)和电迁移制备分子结技术是最常用的三种(图 4.40)。在这三种方法中,MCBJ 和 STM−BJ 属于非平衡的暂态制备方法。电极在拉伸的瞬间形成纳米间隙,分子可以瞬时连接两电极,而后通过追踪导电曲线的变化来评估分子电导。电迁移制备分子结技术则可以制备相对稳定的纳米结,分子−电极连接界面的结构也更稳定,可进一步通过施加不同的偏压来获得分子的 $I-V$ 曲线。此外,利用石墨烯或碳纳米管作为电极制备的 Cn−分子−Cn 单分子结方法(C−SMJ)也是一种结构稳定的静态测量方法。

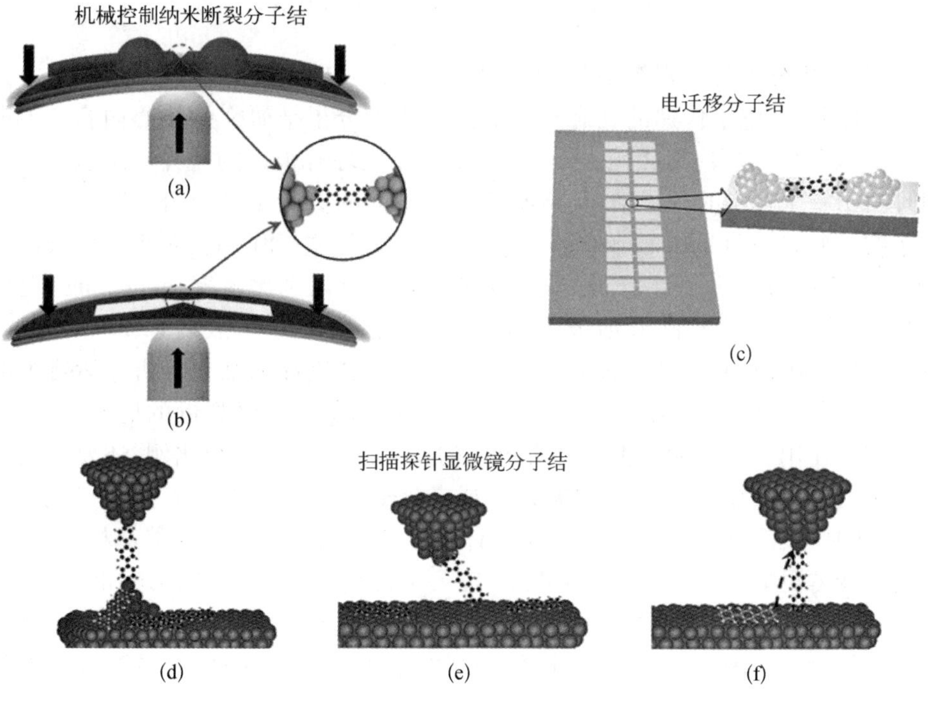

图 4.40　实验制备分子结的三种基本方法

分子结电子输运的理论处理,如图 4.41 所示,可以将其简化为电阻和电容的并联模型。这种模型可以帮助我们更好地理解分子结的电学性质。分子作为有机材料,其导电能力通常较弱,因此电流较小。当电流趋近于零时,电容模型更为适用。特别是在交流信号的作用下,考察电流和电压之间的关系时,静态模型具有更突出的合理性。对于我们下文要考察的有机分子电阻,即饱和烷基链形成的分子结,由于其阻值大,测量的电流一般在数十或数百皮安(pA,1 pA = 10^{-12} A),因此电容模型是准确的。即使对于共轭的分子电子材料,在施加较小的偏压或分子链较长时,电流通常也在纳安(nA,1 nA = 10^{-9} A)级。采用静态的电容模型来考察分子的几何构型和电子结构仍然不失其参考价值。此外,电容模型还可以用于研究分子的电荷分布、分子偶极等性质。通过改变外部电场或偏压,可以进一步了解分子结的动态行为和稳定性。这些研究均有助于理解有机分子电子学的原理和应用,为分子电子器件的发展提供支撑。

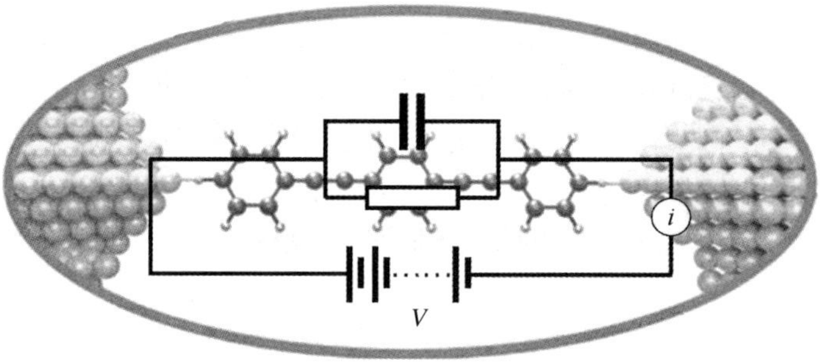

图 4.41 有机分子结的简化电路模型

另外,当有机分子的电阻较小时,可以产生较大的电流,此时电阻模型在其中起到更大的作用。因此,对电子传递的动态行为的探索成为分子结研究的核心内容。根据分子的尺寸、性质、条件和环境等因素,分子的电子传递机理有很大的差异。这些不同的电子输运机理对于一个真实的分子结,其贡献比例是不同的。对于完全由金属原子构成的金属单原子线,弹道输运(ballistic transport)行为可能占据主导作用。对于一般长度的有机分子,如果不考虑或较少关注分子的原子轨道细节,可以利用隧穿(tunneling)理论来处理;如果考虑分子的原子轨道细节,则可以利用非弹性电子散射(non-elastic electron scattering)或弹性的电子散射(elastic electron scattering)机理来细化分析输运行为的精细特征。而对于分子之中有势阱且其能级水平与电极的费米能级相近的情况,共振隧穿可能起到一定的作用。但具体能否起到决定性的作用或占据更大的比例,还要看具体的体系和条件。当有机共轭分子的分子链较长,或者分子内有多个势阱时,则更可能发生跃迁(hopping)机理。如果两侧的电极选用半导体或其他导电能力较差的碳基材料,则电子输运的行为会变得更加复杂。在这种情况下,需要考虑其他因素,如界面态和杂质等对电子输运的影响、电极的能带结构等。这些因素可能导致电子输运行为的异常,如负微分电阻效应或整流行为等。因此,在研究有机分子结的电子输运机理时,需要综合考虑各种因素,把握其中的主导因素,进一步简化模型,并开展理论模拟。

参 考 文 献

[1] Bak B, Christensen D, Rastrup-Andersen J, et al. Microwave spectra of thiophene, 2- and 3-monodeutero, 3,3′-dideutero, and tetradeuterothiophene. Structure of the thiophene molecule[J]. The Journal of Chemical Physics, 1956, 25(5): 892–896.

[2] Chadwick J E, Kohler B E. Optical spectra of isolated *s-cis-* and *s-trans*-bithiophene: Torsional potential in the ground and excited states[J]. The Journal of Physical Chemistry, 1994, 98(14): 3631-3637.

[3] Samdal S, Samuelsen E J, Volden H V. Molecular conformation of 2, 2′-bithiophene determined by gas phase electron diffraction and *ab initio* calculations[J]. Synthetic Metals, 1993, 59(2): 259-265.

[4] Khetrapal C L, Kunwar A C. The conformation of 2, 2′-bithiophene as determined from P.M.R. studies in a nematic solvent[J]. Molecular Physics, 1974, 28(2): 441-446.

[5] Bucci P, Longeri M, Veracini C A, et al. Nematic phase nuclear magnetic resonance investigations of rotational isomerism. Ⅲ. Conformational preferences and interconversion barrier of 2, 2′-bithienyl[J]. Journal of the American Chemical Society, 1974, 96(5): 1305-1309.

[6] Takayanagi M, Gejo T, Hanazaki I. Geometry and torsional potential of 2, 2′-bithiophene in a supersonic jet[J]. The Journal of Physical Chemistry, 1994, 98(49): 12893-12898.

[7] Merritt L L, Schroeder E. The crystal structure of 2, 2′-bipyridine[J]. Acta Crystallographica, 1956, 9(10): 801-804.

[8] Almenningen A, Bastiansen O, Gundersen S, et al. Structure and barrier to internal rotation of biphenyl derivatives in the gaseous state. Part 6. On the molecular structure and internal rotation of 2, 2′-bipyridine[J]. Acta Chemica Scandinavica, 1989, 43: 932-937.

[9] 俞马宏，靳松，杨绪杰，等. 配体结构对钌(Ⅱ)联吡啶配合物的电子结构的影响[J]. 无机化学学报，1998, 14(3): 276-280.

[10] Samanta M P, Tian W, Datta S, et al. Electronic conduction through organic molecules[J]. Physical Review B, 1996, 53(12): 7626-7629.

[11] Seminario J M, Zacarias A G, Tour J M. Theoretical interpretation of conductivity measurements of a thiotolane sandwich. A molecular scale electronic controller[J]. Journal of the American Chemical Society, 1998, 120(16): 3970-3974.

[12] Okuyama K, Hasegawa T, Ito M, et al. Electronic spectra of tolan in a supersonic free jet: Large-amplitude torsional motion[J]. The Journal of Physical Chemistry, 1984, 88(9): 1711-1716.

[13] Seminario J M, Derosa P A. Molecular gain in a thiotolane system[J]. Journal of the American Chemical Society, 2001, 123(49): 12418-12419.

[14] Venkataraman L, Klare J E, Nuckolls C, et al. Dependence of single-molecule junction conductance on molecular conformation[J]. Nature, 2006, 442(7105): 904-907.

[15] Duarte H A, Dos Santos H F, Rocha W R, et al. Improved quantum mechanical study of the potential energy surface for the bithiophene molecule[J]. The Journal of Chemical Physics, 2000, 113(10): 4206-4215.

[16] Karpfen A, Choi C H, Kertesz M. Single-bond torsional potentials in conjugated systems: A comparison of *ab initio* and density functional results[J]. The Journal of Physical Chemistry A, 1997, 101(40): 7426-7433.

第 5 章

分子电阻与分子半导体

5.1　有机分子电阻

分子自组装膜(self-assembled monolayer,SAM)是活性分子通过化学键合作用自发吸附固定在异相表面而形成的热力学稳定、紧密排列、二维有序的单层膜,是调控界面物理化学性质的有效方法,广泛用于界面催化、防腐、润滑、润湿等领域。自组装采用"自下而上"的方式,实现了在分子水平上设计和构筑具有特定组成、结构和厚度的纳米结构,可以大规模生产,减少成本。同时,它完美地解决了功能材料和基体表面之间的连接问题。功能分子通过自组装膜能形成具有特定功能的组件,而不同组件又能通过自组装方法组成各种微型电子器件。因此,分子自组装膜在纳米电子器件和分子电子器件领域具有广泛的应用前景,其电子输运机理及其他相关特性的研究受到人们的极大关注。分子自组装膜的电子输运性质与多种因素有关,如分子的尺度、前线分子轨道能级的空间分布等,还与成膜分子间的相互作用和分子-基底间的耦合程度有关。目前,关于分子自组装膜电子输运性质的研究报道很多,但对于自组装膜中分子与电极的界面性质、电子如何在膜中传递等问题仍需更多更深入的认识。

分子自组装膜电子输运性质的研究方法大体上可分为两类,即实验研究方法和理论计算研究方法。其中,实验研究方法主要有以下几种:电化学方法、扫描隧道显微镜(STM)术、机械可控断裂结(MCBJ)技术、纳米微孔法、交叉金属导线法、导电原子力显微镜(C-AFM)法等。电化学方法不需要苛刻的实验条件和昂贵的实验设备,因而在早期的研究中得到了广泛的应用。相比于 MCBJ 和纳米微孔法,C-AFM 方法不需要复杂的微加工工艺,具有操作简单的优点。同时,C-AFM 方法中探针针尖和样品表面直接接触,确保了电压全部施加在针尖和基体之间的分子膜上,从而克服了 STM 方法中针尖和基体之间真空势垒隧穿效应影响。此外,C-AFM 方法还可以控制施加到探针针尖上的外压力,从而可以用来研究分子膜电子输运性质对外压力的依赖关系。

由于烷基硫醇分子结构简单,易于在金属表面形成稳定有序的单层膜,因此是一种非常重要的自组装膜体系,并且经常用作分子电子输运研究的模型。本节以自组装烷烃硫醇分子为研究对象,分别利用电化学方法和 C-AFM 方法研究了 Au(111)电极上不同链长硫醇自组装膜的电子输运性质。此外,结合理论计算研究了针尖压力对分子电子输运性质的影响。

5.1.1　烷基硫醇分子自组装膜的电化学研究

实验中使用 Clavilier 法[1]制备 Au(111)单晶电极并在电极表面上组装不同长度的烷基硫醇分子[$CH_3(CH_2)_{n-1}SH$, n = 8、10、12 和 14],组装溶液为 1.0 mmol/L 硫醇的乙醇溶液,组装时间为 12 h,温度为(24 ± 1)℃。所有的电化学测试都在三电极体系的电解池中进行,参比电极为饱和 Ag/AgCl 电极,对电极为铂片电极。每次测试前,电解液中通高纯 Ar 30 min,并且在测试过程中体系始终处于 Ar 气氛中。

自组装膜的微分电容采用快速循环伏安法。电解液为 1.0 mol/L KCl 溶液,扫描速率为 1.0 V/s。扫描电位为 −0.5 ~ 0.6 V。微分电容的计算采用几乎不随电极电位变化的 −0.2 ~ 0.2 V 电位区间的电流值,计算公式如下:

$$C = \frac{1}{2}\frac{|i_+| + |i_-|}{S \times \boldsymbol{v}_{\text{scan}}} \tag{5.1}$$

式中,C 为电容;i_+和 i_-分别为双层充电区的阳极电流和阴极电流;S 为电极面积;$\boldsymbol{v}_{\text{scan}}$为扫描速率。Au(111)单晶电极的循环伏安测试在 0.1 mol/L H_2SO_4溶液中进行,扫描速率为 50 mV/s。自组装膜的循环伏安测试在 0.01 mol/L $Fe(CN)_6^{4-/3-}$ 和 0.5 mol/L KNO_3混合溶液中进行,扫描速率为 100 mV/s。所有的测试都在同一个 Au(111)电极上进行。

图 5.1 是扫描速率为 50 mV/s,在 0.1 mol/L H_2SO_4溶液中测得的 Au(111)电极的循环伏安曲线。图中点线是在双层充电区(−200 ~ 900 mV)扫描的特征循环伏安曲线,为了便于观察,在图中将其纵坐标放大了 40 倍。图中实线是在整个扫描电位(−200 ~ 1450 mV)的循环伏安曲线。从双层充电区的循环伏安曲线上可以看出,在 0.33 V 和 0.50 V 有两个较宽的阳极电流峰,这两个峰分别对应 Au(111)面的结构重整峰[从($\sqrt{3}$ × 22)到(1 × 1)]和硫酸根吸附峰。在 0.85 V 处的一对可逆电流峰对应于吸附的硫酸根阴离子的有序−无序相转移峰。这与文献中报道的 Au(111)单晶的特征完全一致[2-4]。在电位扫描区间,1.34 V 和 0.90 V 处的两个突出的电流峰分别对应 Au(111)面的氧化峰和还原峰。对循环伏安曲线上 Au 还原峰电量积分(图 5.1 中阴影部分),计算得到该电极表面积为 0.038 cm²。

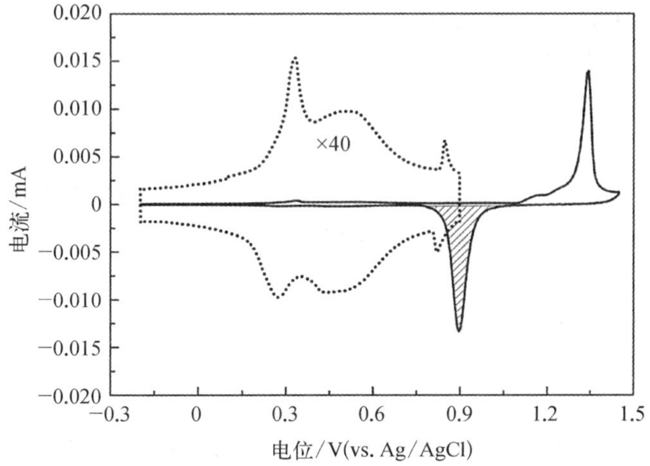

图 5.1　在 0.1 mol/L H_2SO_4溶液中测得的 Au(111)电极的循环伏安曲线

测定自组装膜的微分电容是考察自组装膜结构和离子渗透性的有效方法。对于电化学界面双电层,其微分电容随着电极表面与溶液中最靠近电极的离子平面之间的距离的减小而增大。充放电电流由扫描速率、微分电容和电极表面积决定[式(5.1)]。图 5.2 是 C8、C10、C12 和 C14 自组装膜在 1 mol/L KCl 溶液中双层充电区的循环伏安图。从图中可以看出,所有的自组装膜的电流曲线都表现出相似的变化趋势,随着分子链的增长,充放电电流减小,因此膜电容降低。当电位大于 0.3 V 时,电流明显升高,表明此时已有少量的离子渗入自组装膜中。随着分子链长的增加,这部分电容电流的增加程度逐渐变小,说明分子链长越长,所形成的自组装膜有序程度越高,缺陷越少,因而离子渗透性降低。

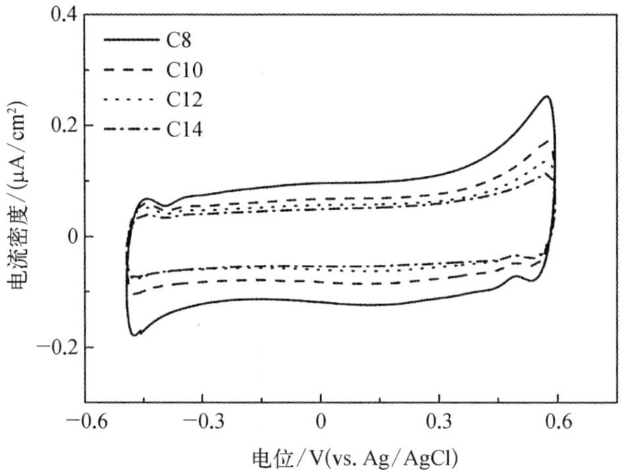

图 5.2　在 1.0 mol/L KCl 溶液中测得的不同链长的烷基硫醇自组装膜充放电电流密度

图 5.3 给出了利用式(5.1)的自组装膜的微分电容与分子链长的变化关系。可以看出,微分电容的倒数与分子链长具有很好的线性关系。由图中拟合直线的斜率可知,分子链长每增加一个—CH_2—,其电容的倒数增大 0.065 $cm^2/\mu F$,这与 Porter 等[5]对组装在蒸镀金基体上的饱和硫醇分子自组装膜(C_nSH, $n>9$)的微分电容测试结果(0.055 $cm^2/\mu F$)基本一致。Helmholtz 双电层理论将电极界面双电层用理想的平板电容器来描述,因此单位面积上微分电容可用式(5.2)来表示:

$$C^{-1}=\frac{d}{\varepsilon\varepsilon_0} \tag{5.2}$$

式中,d 为两导电平板之间的绝缘介质的厚度;ε 是绝缘介质的介电常数;ε_0是真空介电常数(8.85×10^{-12} F/m)。根据这一理论,自组装膜的微分电容的倒数应随着自组装膜厚度的增加而增大,随着膜介电常数的增加而减小。这与图 5.3 的测试结果一致。

为了考察分子链长对自组装膜中电子传递过程的影响,对不同链长(C8、C10、C12 和 C14)的硫醇自组装膜在 0.01 mol/L $Fe(CN)_6^{4-/3-}$和 0.5 mol/L KNO_3混合溶液中进行循环伏安测试,结果如图 5.4 所示。从图中可以看出,没有组装的金电极表现出很高的氧化还原电流峰,经 C8 组装后的金电极的氧化电流峰明显降低并且向右移动,而还原电流峰几乎观察不到,经 C10、C12 和 C14 组装的金电极已完全观察不到氧化还原电流峰,并且随着

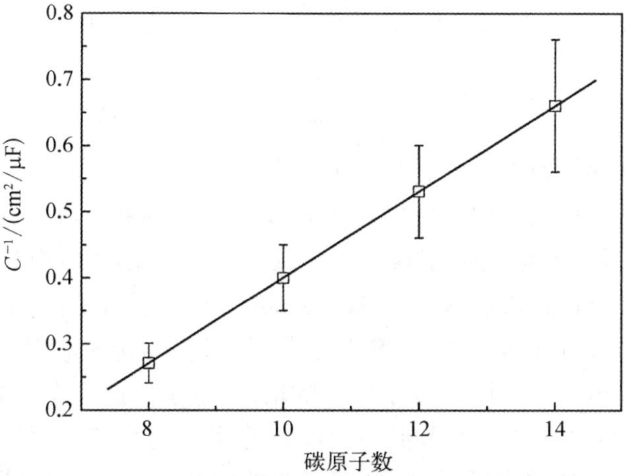

图 5.3　不同链长分子自组装膜的电容倒数与自组装分子链长的变化关系

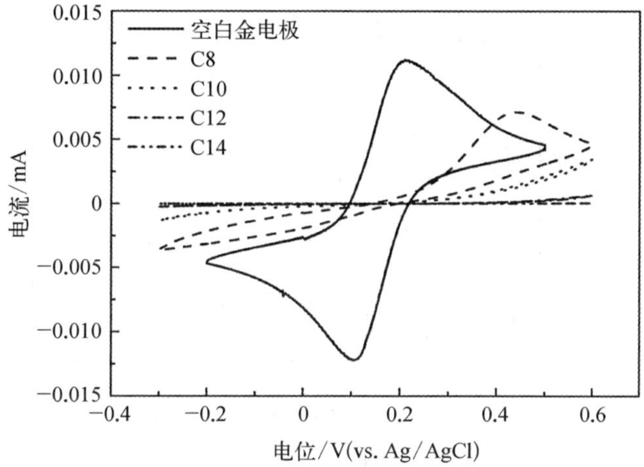

图 5.4　空白金电极以及组装不同链长烷基硫醇自组装膜后金电极的循环伏安曲线

分子链长的增加,氧化还原电流显著降低。这表明电极表面上的自组装膜有效地阻碍了界面上的电子传递过程。

金电极表面上的烷基硫醇自组装膜具有非常好的绝缘性质,说明烷基长链为良好的分子电阻。如果自组装膜跨膜电子传递符合简单的隧穿机理,则不同膜厚在给定偏压的电流可以用式(5.3)描述:

$$i = i_0 e^{-\beta d} \tag{5.3}$$

式中,i_0是在未经组装的金电极上测得的电流;β 是电流的衰减系数;d 是自组装膜的厚度。因此 β 可以通过测量不同厚度自组装膜在给定电位下的电子传递速率来计算。应该注意的是,使用这种处理方法的前提是必须消除扩散传质对电子传递的影响。扩散对伏安曲线峰的影响可以通过卷积积分法(convolution techniques)来校正[6]。在伏安测试过

程中的任意时刻 t,电极表面氧化还原物质的浓度可以用式(5.4)计算:

$$C_0(0,t)=C_0^*-\frac{1}{nFAC_0^*D_0^{1/2}}\int_0^t\frac{i(u)}{(t-u)^{1/2}}du \tag{5.4}$$

式中,C_0^* 和 D_0 分别是溶液中氧化还原物质在体相中的浓度和室温的扩散系数(7.6×10^{-6} cm^2/s);n 是电子得失数;F 是法拉第常量;A 是电极面积;$i(u)$ 是在时刻 u 的电极电流。因此,为了获得准确的电化学控制的电流,必须将实验测得的电流乘以 $C_0^*/C(0,t)$。

图 5.5 是在 0.01 mol/L $Fe(CN)_6^{4-/3-}$ 和 0.5 mol/L KNO_3 混合溶液中测得的线性扫描伏安曲线,扫描速率为 100 mV/s。对于 C8 自组装膜,扩散对电流仍然有很大影响,并且在 0.43 V 有一个明显的电流峰。随着分子链长的增加,电子传递速率明显降低,扩散对电流的影响越来越小,表明此时电子传递步骤已成为速率控制步骤。对图 5.5 中的伏安电流使用式(5.4)进行校正,之后使用式(5.3)在不同的电压下将校正后的电流的自然对数与分子链长进行线性拟合可求得 β,如图 5.6 所示。

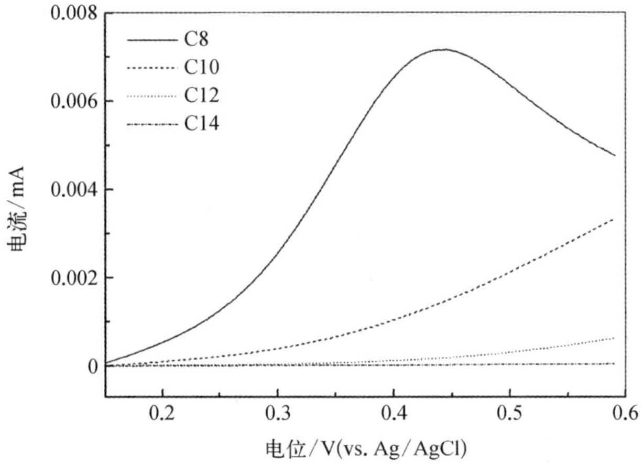

图 5.5 不同链长的硫醇分子自组装膜在 0.01 mol/L $Fe(CN)_6^{4-/3-}$ 和 0.5 mol/L KNO_3 混合溶液中的线性扫描伏安曲线

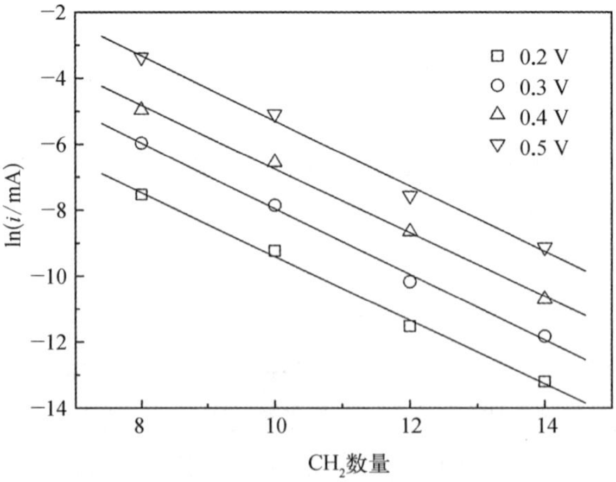

图 5.6 较正后的电流对数值与分子链长的关系

表 5.1 列出了从图 5.6 中拟合直线的斜率求得的 β。从表中可以看出,β 并不依赖于电极电位。在 0.2~0.5 V 电位范围内,β 的平均值为 0.978/—CH_2—,这与文献中在多晶电极上测得的 β(0.90/—CH_2—至 1.20/—CH_2—)基本一致)[7-9]。

表 5.1　金表面硫醇分子自组装膜在不同电极电位下电流衰减常数

电极电位（V vs. Ag/AgCl）	β/—CH_2—$^{-1}$
0.2	0.965
0.3	0.995
0.4	0.965
0.5	0.988

对于一个理想的方形势垒,可根据式(5.5)通过 β 估算势垒的高度:

$$\beta = \frac{4\pi(2m)^{1/2}}{h}\phi_0^{1/2} \tag{5.5}$$

式中,m 是电子质量;h 是普朗克常量;ϕ_0是势垒的高度(单位为 eV)。将 m 和 h 对应的值代入式(5.5)中可得

$$\beta = 1.025\phi_0^{1/2} \tag{5.6}$$

式中,能垒宽度和能垒高度单位分别取 Å 和 eV。若取每个—CH_2—的长度为 1.25 Å,那么当 β = 0.978/—CH_2—时,通过式(5.6)可以求得势垒高度为 0.58 eV。这与 Miller 等测得的势垒高度值(0.5 eV)[7]和 Li 等测得的能垒高度值(0.6 eV)[10]一致。

5.1.2　自组装膜电子传递的 C-AFM 研究

以真空蒸镀的金为基体,将其浸泡在 1.0 mmol/L 的烷基双硫醇[$SH(CH_2)_nSH$,n = 6、8 和 10]的乙醇溶液中组装 12 h 后取出,用乙醇溶液冲洗样片表面,之后用氮气吹干。

使用导电原子力显微镜对自组装膜的 $I-V$ 特性进行测量,其测量示意图如图 5.7 所示。测量过程是在同样的针尖压力下从样品表面不同区域采集 10 条 $I-V$ 曲线,然后取平均值作为该压力下样品的 $I-V$ 特性。所有的导电性测量都使用同一个镀金导电针尖,针尖曲率半径为 50 nm,悬臂的力常数为 0.12 N/m。

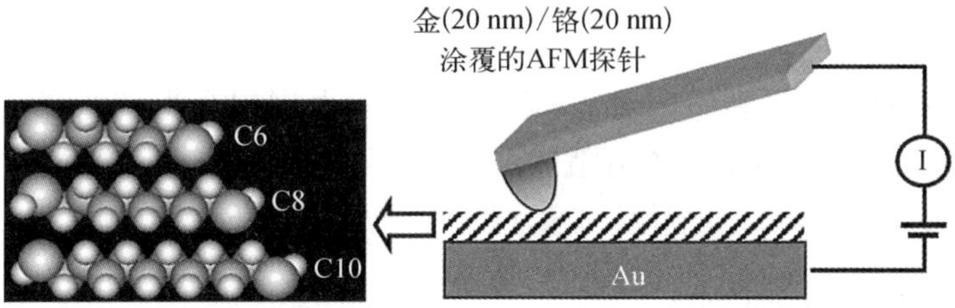

图 5.7　C-AFM 测量硫醇自组装膜示意图

以 C8 为例,图 5.8 给出了在保持 2 nN 的针尖压力 C-AFM 测得的自组装膜的 $I-V$ 曲线。图中的平滑曲线是利用 Simmons 隧穿模型对实验数据拟合得到的曲线。从图中可以看出,自组装膜电流随着电压的增大而升高,正负偏压下的 $I-V$ 特性基本对称。在低偏压下(−0.2~0.2 V),分子表现出线性的欧姆行为,如图 5.9 所示。图中直线是使用最小二乘法拟合得到的,由斜率可得自组装膜的电阻为 8.47×10^9 Ω,大于 Cui 等的测量结果($0.27\times10^9\sim0.52\times10^9$ Ω)[11]。显然,C-AFM 的测量对操作条件依赖较大,不同的针尖、不同压力,甚至不同环境的测量值均可产生较大差异。因此 C-AFM 测量需保证在同一条件下同系列的样品开展比较研究,才可获得有价值的结果。随着偏压的继续增大(大于 0.2 V),$I-V$ 表现出明显的非线性特征。这一点与宏观电阻材料的线性行为有着显著的不同。

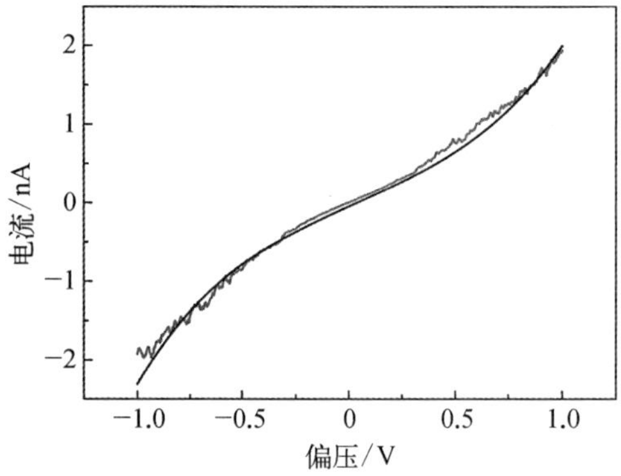

图 5.8 使用 C-AFM 测得的 C8 分子自组装膜的 $I-V$ 曲线

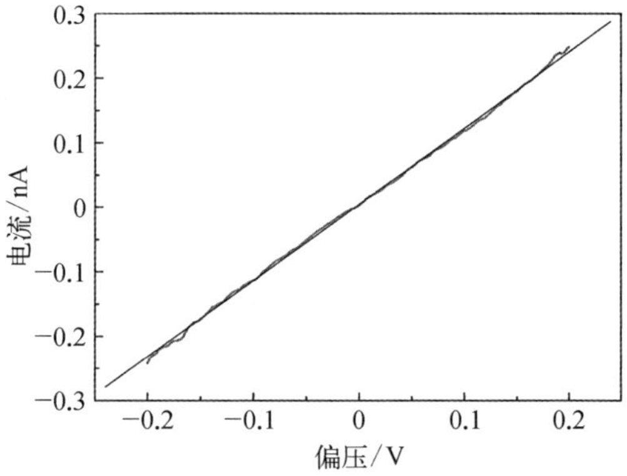

图 5.9 小偏压下 C8 分子自组装膜的 $I-V$ 特性

饱和烷烃分子具有很大的分子能隙,因此其电子输运主要遵循直接隧穿机理。通常,夹在两个金属电极之间的有机膜的电子输运行为可以使用半经典的 Simmons 模型来处理[11],如式(5.7)所示:

$$I=\frac{e}{2\pi hL^2}\left\{\left(\varphi_0-\frac{eV}{2}\right)\exp\left[-\frac{4\pi L(2m)^{1/2}}{h}\alpha\left(\varphi_0-\frac{eV}{2}\right)^{1/2}\right]-\left(\varphi_0+\frac{eV}{2}\right)\exp\left[-\frac{4\pi L(2m)^{1/2}}{h}\alpha\left(\varphi_0+\frac{eV}{2}\right)^{1/2}\right]\right\}\tag{5.7}$$

式中,L 和 φ_0 分别是势垒的宽度和高度;e 和 m 分别是电子电量和质量;h 是普朗克常量;V 是外加偏压;α 是校正参数,用于校正因势垒形状偏离理想的方形势垒或隧穿电子有效质量变化对模型的影响。

图 5.8 中的平滑曲线是利用 Simmons 模型对实验数据拟合得到的,两者符合得很好,表明 Simmons 模型基本适用于分子电阻体系。

在低偏压下,式(5.7)可以简化为

$$I=\left(\frac{e}{h}\right)^2\frac{(2m)^{1/2}}{L}(\varphi_0)^{1/2}V\exp\left[-\frac{4\pi L(2m)^{1/2}}{h}\alpha\varphi_0^{1/2}\right]\tag{5.8}$$

从式中可以看出，此时电流正比于外加偏压。因此，在小的偏压范围内，自组装膜的电阻可从线性拟合的斜率得到。

通过改变硫醇分子的链长研究了隧穿行为的变化。图 5.10 给出了在针尖压力为2 nN时，使用 C-AFM 测得的 C6、C8 和 C10 分子的半对数电流-电压曲线。从图中可以看出，当偏压一定时，电流随分子链长的增加明显下降。

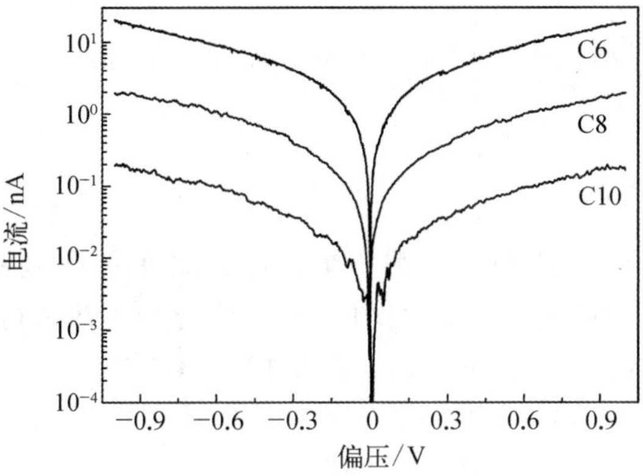

图 5.10　不同链长硫醇分子自组装膜电流-电压曲线

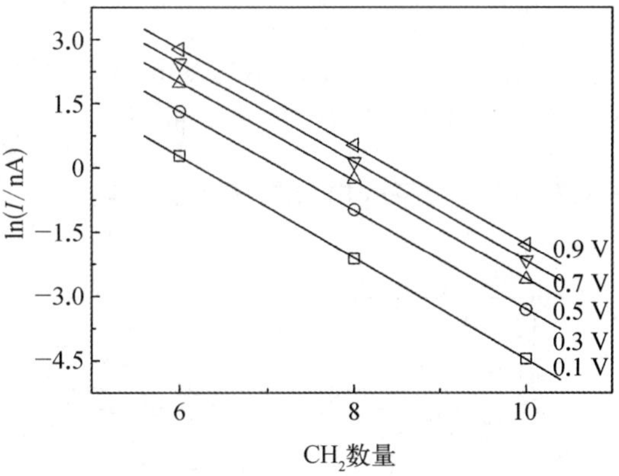

图 5.11　不同电压下电流的自然对数值与分子链长的关系

分子自组装膜的电流与隧穿势垒宽度具有式(5.3)所示的指数关系，势垒宽度即为分子链长，因此 β 可以通过式(5.3)对一系列不同链长的硫醇分子所对应的隧穿电流拟合得到。图 5.11 给出了电流的对数值随分子链长的变化关系。图中直线是对数据进行的拟合。从图中可以看出，随着分子链长的增加，电流呈指数下降，其变化关系符合式(5.3)的描述。拟合直线的斜率可以得出不同偏压下的 β，见表 5.2。通过对比可以看出，β 几乎不随偏压变化，这与前文使用电化学方法测得的结果一致，但 C-AFM 得到的 β(1.16/—CH_2—)要比电化学方法(0.98/—CH_2—)略高，即电流衰减更快，这也说明两种方法的表征机理不完全一致。与无压力作用的电化学方法不同，C-AFM 虽然仅施加了 2.0 nN 的力，但对于相对疏松的短链 SAM，其影响仍不可忽视。因此，C-AFM 测得的电流衰减对分子链长更敏感。另外，Akkerman 等使用光刻孔组装分子结法对硫醇分子导电性质进行了测量，并比较分子在不同偏压下的 β[12]，也与我们的结果一致。

表 5.2　C-AFM 方法测得的不同偏压下硫醇分子的 β

施加偏压/V	β/—CH_2—$^{-1}$
0.1	1.182
0.3	1.154
0.5	1.146
0.7	1.153
0.9	1.141

式(5.7)较好地描述了对称的 $I-V$ 曲线行为,然而对于 C-AFM 或其他由非对称电极所形成的分子结,由于两电极的尺寸不同、形状不同或导电材质不同,因此电极与分子接触处的局域态密度有较大差异,于是在施加给定偏压后,电势水平(即电极的 Fermi 能级)在两电极上并不能对称移动。因此需要依据局域态密度的比例关系定义偏压的分配系数 γ_L(施加左侧电极),则右侧电极上的分配系数为 γ_R。显然 $\gamma_L+\gamma_R=1$,即总偏压 V 为

$$V=\gamma_L V+(1-\gamma_L)V \tag{5.9}$$

利用式(5.9)修正原始的 Simmons 模型,可以用于模拟和拟合不对称的 $I-V$ 曲线。当 $\gamma_L=0.5$ 时,即得到对称的 $I-V$ 曲线。

5.1.3　硫醇分子的电流与压力的关系

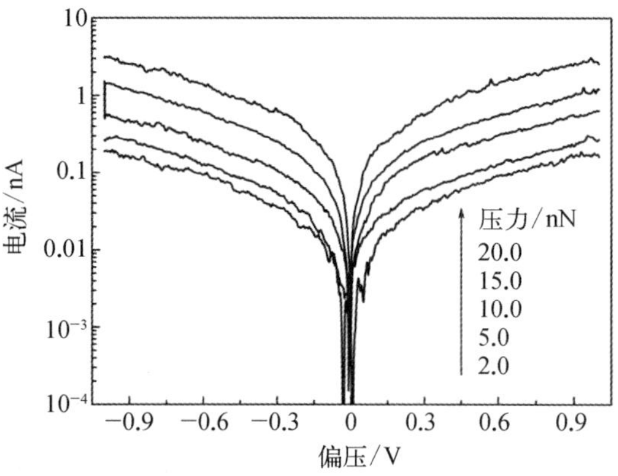

图 5.12　不同针尖压力下 C8 自组装膜的 $I-V$ 曲线

C-AFM 的另一个独特的优势是可以控制针尖与样品之间的压力,研究分子输运行为与压力的关系。图 5.12 是 C8 自组装膜在不同压力下的 $I-V$ 曲线。从图中可以看出,电流随压力的增加而明显变大。需指出的是,随针尖压力的增加,自组装膜被压缩,导致针尖与样品的接触面积增大,因此电流的增大应该是这两种作用的共同结果。Cui 等[13]基于 Hertzian 模型[14]推导出电流随压力的变化关系可表示为

$$I=BF^{\frac{2}{3}}\exp(CF^{\frac{2}{3}}) \tag{5.10}$$

式中,F 是针尖压力;B 和 C 是常量。式(5.10)可以较好地描述自组装膜电流与针尖压力之间的变化关系。

5.1.4　硫醇分子结电子输运的理论模拟

为了与 C-AFM 实验结果进行对比,我们从理论计算上考察烷基双硫醇分子[$SH(CH_2)_8SH$]的链长对 $I-V$ 曲线的影响,模拟分子压缩形变对 $I-V$ 特征的影响,并计算电流衰减系数(β)。

首先在 B3LYP/LANL2DZ 水平上优化分子[—S—$(CH_2)_8$—S—](简称为 C8)的初始几何结构。利用两个金原子团簇模拟金属电极,每个团簇由三个金原子组成,分别处于边长为 2.88 Å 的等边三角形的三个顶点,用于模拟 Au(111)面。硫原子固定在三角形中心的上方。在构型优化过程中,金原子的相对位置固定,但两个团簇平面之间的距离可以自由弛豫。构型优化后,中间分子[—S—$(CH_2)_8$—S—](长度为 12.42 Å)被转移到两个半无限 Au(111)电极中(图 5.13),进一步利用第一性原理结合非平衡态格林函数的方法计算输运行为。为了模拟分子的压缩形变对 $I-V$ 曲线的影响,将分子末端 S 原子与电极表面的初始距离分别取 2.25 Å、2.00 Å、1.75 Å 和 1.50 Å,对应两个金电极的间距为 16.92 Å、

16.42 Å、15.91 Å 和 15.41 Å，模拟电子传递方向（z 方向）的压缩（应变分别为 0、3.0%、5.9% 和8.9%）。然后，—S—$(CH_2)_8$—S—分子自由弛豫至应力小于 0.05 eV/Å。在上述计算中，对碳、硫、氢原子使用 DZP，而金使用 SZP。

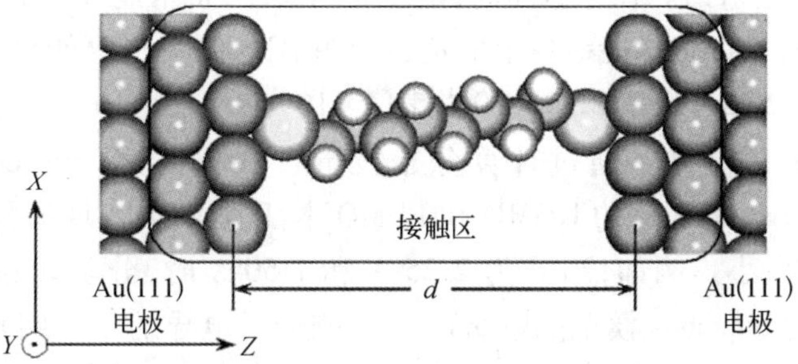

图 5.13　夹在两个 Au(111)电极之间的 C8 分子示意图

图 5.14 (a)给出了不同 S-Au 间距(d)的 C8 分子结的 I-V 曲线。当偏压小于 0.1 V 时，电流线性增加。而后，观察到非线性的特征。当偏压在 0.4 V 范围以内时，随着分子的压缩，分子结的电流明显增大。偏压进一步增加时（0.4~0.8 V），电流的增幅变缓。但当偏压增加到 0.9 V 时，d 为 2.25 Å 的电流比 d 为 2.00 Å 的电流还要高，表明分子受到压缩时可能会降低高偏压下的电流。这一现象与 C-AFM 实验观察到的结果不同，在 C-AFM 实验中通过分子的隧穿电流总是随着针尖力的增加而增加。理论计算结果与实验的差异可能来自以下几个原因：① 理论模型只考虑了一个分子，而在实验中，针尖可能接触了多个分子，并且针尖与分子的接触面积随着压力而增大，导致更多的分子进入到纳米结中；② 在压力的作用下，C-AFM 实验中可能出现烷基链之间的电子隧穿；③ 压力作用下，自组装分子发生较大的结构形变。

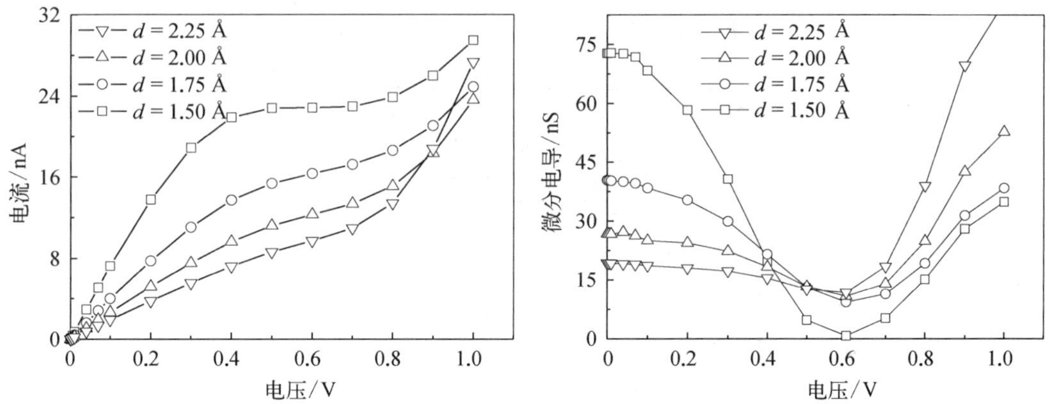

(a) 不同d的电流-电压（I-V）曲线　　(b) 微分电导-电压（G-V）曲线

图 5.14　C8 分子结的输运行为

不同间距 d 的微分电导如图 5.14(b)所示，从图中我们可以看出，微分电导在低偏压区减小，在 0.5~0.6 V 的极小值后又增加。d 分别为 2.25 Å、2.00 Å、1.75 Å 和 1.50 Å 时计算得到的零偏压微分电导依次增大为 19.30 nS、26.68 nS、40.26 nS 和 72.76 nS。而上述理论计算得到的电导值略大于实验中对单分子电导的测量(1~20 nS)[15,16]。

为了进一步理解分子的压缩程度对 I–V 曲线的影响,图 5.15 给出了 C8 分子结在0 V、0.5 V 和 1.0 V 下的透射谱。在零偏压时,随着 d 的减小,费米能级以下的宽透射峰逐渐增大,且向费米能级移动。费米能级以上的透射峰明显减小,并向高能级移动。费米能级处的透射系数分别为 2.45×10^{-4}、3.39×10^{-4}、5.11×10^{-4}和 9.25×10^{-4}。这与图 5.14(b)给出的零偏压电导的顺序一致。通过计算分子投影自洽哈密顿(molecular projection self-consistent Hamiltonian,MPSH)的 HOMO 和 LUMO 本征值,我们发现随着 d 减小,HOMO 和 LUMO 之间的能隙减小。例如,当 d 为 2.25 Å 和 1.50 Å 时,分子能隙分别为 5.7 eV 和 4.8 eV。根据简化的 Simmons 模型[式(5.7)],影响分子电导的主要因素是势垒高度和宽度,压缩时两者同时减小,无疑增加了分子的电导。

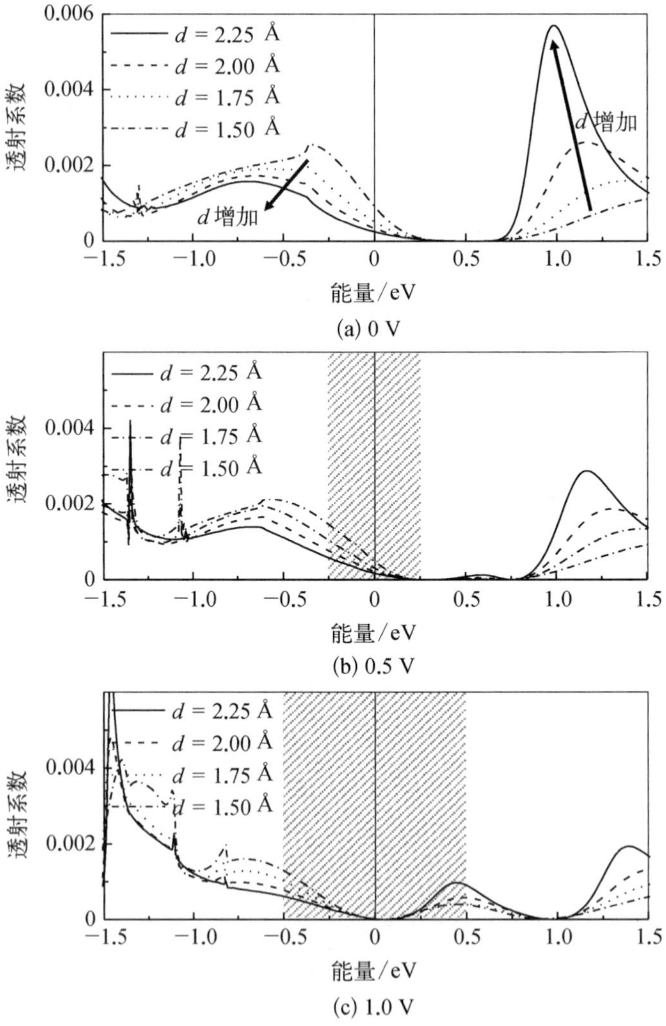

图 5.15 具有不同 S-Au 间距 d 的 C8 分子结的透射谱(阴影区域代表偏压窗口)

由于电流是对费米能级两侧$\pm eV/2$(偏压窗口)范围内透射谱的积分,因此窗口内的透射峰高度和延展宽度决定了电流的大小。当偏压为0.5 V时,费米能级之下的透射峰的尾部进入偏压窗口,导致电流增加。另一个值得注意的特征是在费米能级之上0.5 eV处出现了一个新的小透射峰,尽管此时尚未进入偏压窗口。当偏压增加到1.0 V时,费米能级以下的透射峰减小并偏离费米能级,但0.5 eV处的透射峰变强并进入偏压窗口,因此对电流的快速增长起到重要贡献。但随着d的减小,该处的透射峰的高度减小。因此,当分子受到压缩时,随着S-Au距离d的减小,分子结的电导变小。

本节以饱和烷基硫醇分子链为研究对象,分别利用电化学方法、C-AFM方法和NEGF方法考察了分子的电子输运性质。三种方法的结果都表明随着分子链长的增加,电流呈指数衰减。三种方法得到的β基本一致,其中电化学方法和NEGF模拟得到的β非常吻合(分别为0.98/—CH_2—和0.99/—CH_2—),C-AFM方法得到的β(1.16/—CH_2—)比前两者略高。C-AFM方法测得的I-V曲线可以很好地用半经典的Simmons模型来描述,表明分子输运的机理主要是电子隧穿。针尖压力对分子的I-V曲线有很大影响,分子电流随着压力增加而变大。NEGF方法可以较好地模拟分子结的电子输运特征。理论计算表明,较低的偏压下,电流随着分子压缩程度的增加而变大。

5.2　分子电阻到分子半导体

理解单分子中的电子传递,对于利用单分子构建电子器件至关重要。此外,分子电子传递也与许多化学和生物体系中的电子转移现象有关。在电子元件中,电阻非常重要,因为它可以阻滞电流、调节信号水平、分压、偏置有源元件,以及帮助其他元件实现更复杂的功能。与传统电阻不同,分子电阻器通常具有非线性的电流-电压特征。分子电导随长度的增加呈指数减少,如式(5.11)所示:

$$G = G_c \exp(-\beta d) \tag{5.11}$$

式中,G_c为纳米结的接触电导;β为衰减系数;d为分子长度。衰减系数β与分子桥的性质直接相关,尤其是平均势垒高度ϕ,可用式(5.5)表示,电子隧穿的平均势垒高度是一种表观的物理量,它可以通过拟合实验测得的电流-电压数据得到。

饱和烷基链具有较大的能隙和较高的衰减系数。在分子电子器件的概念中,它通常看作分子电阻。相反,共轭分子的能隙窄,因此视为分子导线。在这两类分子线之间,探索具有半导体特性的分子线在理论和实践上都具有重要意义。由Si或Ge原子构成的σ键分子链是此类研究有潜力的候选材料。这些聚合物的许多性质与聚乙烯等碳基体系有显著的不同。

迄今为止,人们通过理论计算或实验测量对饱和分子电阻的β进行了大量的研究。一些研究考察了不同长度的烷烃通过胺或硫醇连接在金电极之间的隧道结。其电导按式(5.11)呈指数衰减,且函数的指前因子对端基高度敏感,但衰减系数几乎不依赖端基。Kaun等[17]和Basch等[18]通过NEGF/DFT方法发现,烷烃二硫醇体系的衰减系数分别为0.95 $Å^{-1}$和1.0 $Å^{-1}$,这与5.1节讨论的结果一致。

目前实验上合成和表征了其他类型由σ键连接的分子线,特别是聚硅烷和聚锗烷。早期的研究工作利用 Slater-Koster 原子轨道线性组合(linear combination of atomic orbitals, LCAO)方法计算了理想的聚硅烷链的电子结构,结果表明,链状聚硅烷是一种具有直接宽带隙的半导体材料[19]。文献中对六锗烷的从头算结果表明,聚锗烷是具有直接带隙的准一维半导体[20]。在另一项理论工作中,Michl 等证明,聚硅烷和聚锗烷中的 σ 键具有比饱和的碳基链有更明显的电子离域性质[21]。George 等使用 DFT/NEGF 和多电子相关散射计算了二硫醇和二胺锚定的烷烃和硅烷链的电子输运特性,发现硅烷比烷烃纳米结具有更高的电导值[22]。

实验上,Su 等使用扫描隧道显微镜裂结(scanning tunneling microscope break junction, STM−BJ)技术,证明了 Si−Si 和 Ge−Ge 的 σ 键比 C−C 族的 σ 键的导电性更高[23]。他们发现低聚锗烷的衰减系数(β_{Ge} = 0.36 Å^{-1})与低聚硅烷(β_{Si} = 0.39 Å^{-1})非常相近,但比烷烃(β_C = 0.74 Å^{-1})的衰减系数要小得多。在近期一项工作中,发现硅基和锗基分子线的电导衰减与 π 共轭的分子导线(如对位连接的苯烯)的电导衰减幅度相似,并且受分子线与电极间的连接基团的影响[24]。这些实验和理论研究表明,硅基和锗基的分子线的电子输运更可能表现为半导体特征。

虽然文献中已经有一些报道,但是目前对于 σ 键连接的分子线的电子输运的细节尚不清晰。在本节中,通过研究一系列 σ 键形成的分子线,阐明沿骨架 Si 或 Ge 原子的 σ 离域性对电子传递的作用。

5.2.1 模型与计算方法

图 5.16 给出了分子线的结构。为了得到稳定的分子构型,首先对系列分子进行结构优化,采用 B3LYP 泛函和 LANL2DZ 基组。然后在每个模型分子的两端引入巯基(—SH),分子上的巯基脱氢以后通过化学吸附与 Au 电极形成 S−Au 键。利用 3 个 Au 原子形成的原子簇模拟 Au(111)面,3 个 Au 原子组成边长为 2.88 Å 的等边三角形,S 原子

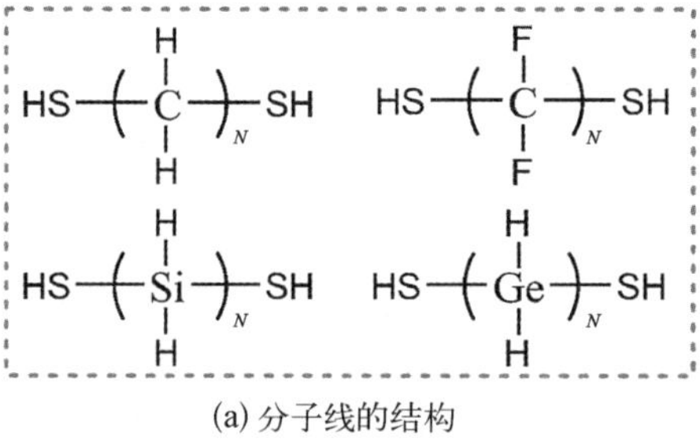

(a) 分子线的结构

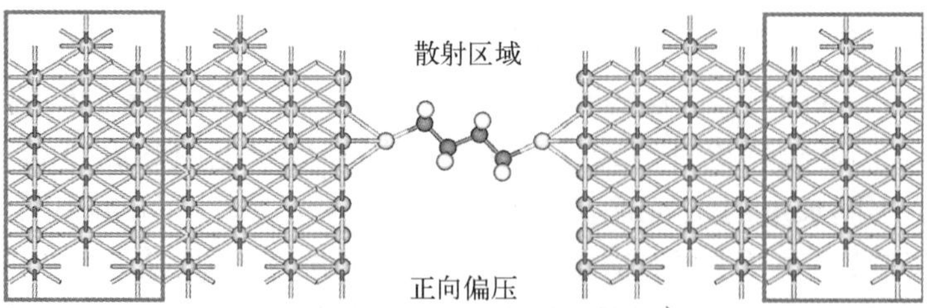

(b) 分子结输运行为的模拟模型

图 5.16 分子与分子结的计算模型

则位于三角形的中心空位(hollow 位),Au−S−Molecule−S−Au 的长轴定义为 z 方向。在 B3LYP/LANL2DZ 水平上对 Au−S−Molecule−S−Au 再次构型优化,优化时所有 Au 原子的 x 和 y 坐标固定,但在 z 方向上两个原子簇平面间的距离自由优化。

而后,将优化的分子置于一个金纳米结中,S 原子与 Au 电极表面的距离设为 2.0 Å,分子结分为三部分:左电极、散射区和右电极。利用周期性结构的 3×3 Au(111)面作为电极,每侧的金电极采用 3 层 Au(111)面,每层 Au 含有 9 个原子,中心散射区的缓冲层采用 4 层 Au 原子。再次完全优化中心分子的结构以及两个金电极之间的距离,金电极的相对位置固定,分子优化的收敛标准为 0.05 eV/Å。交换关联泛函用 PBE 形式的广义梯度近似(generalized gradient approximation,GGA)泛函。对金原子采用 SZP,其他原子均采用 DZP,用于平衡计算效率和精度。实空间的网格截止能为 300 Ry。

5.2.2　分子轨道性质

为了深入了解由 σ 键连接的分子线的性质,我们考察了系列分子的电子结构和电子传递性质。图 5.17 展示了投影到分子桥上的 HOMO 和 LUMO 的空间分布。总体而言,4 个系列分子的 HOMO 比 LUMO 定域特征更明显,尤其是绝缘的分子线更为突出。例如,烷基链和全氟烷基链的 HOMO 只定域在末端巯基上。无论分子链的长度如何改变,所有烷基链和全氟烷基链中都普遍存在这种分布特征。HOMO 的定域化特征与其较低的分子轨道能级(−2.0 ± 0.2 eV)均表明,饱和分子变成阳离子比 π 共轭分子更困难。因此,烷基链和全氟烷基系列分子具有很好的绝缘性能。相反,聚硅烷的 HOMO 分布在全部分子上,可以预测其具有更好的导电性。对 HOMO 轨道的线性组合系数的进一步分析证明,HOMO 由硅原子的 3p 和 3s 原子轨道组成,形成沿分子骨架方向轻微离域的杂化 σ 键。聚锗烷也存在类似的特征。然而,我们注意到 HOMO 的空间分布在部分 Si 或 Ge 原子处受阻,表明聚硅烷和聚锗烷的 HOMO 电子并不是完全离域分布。这也表明,相邻 σ 键之间的轨道重叠仅形成了较弱的共轭,与 π 键更广泛的离域特征存在显著差异。根据 HOMO 的空间分布特征,所研究的四种分子线可分为两个系列,一类是缺乏 σ 共轭的碳原子形成的绝缘分子链,另一类是由 σ 共轭贡献的具有一定导电能力的聚硅烷和聚锗烷分子链。

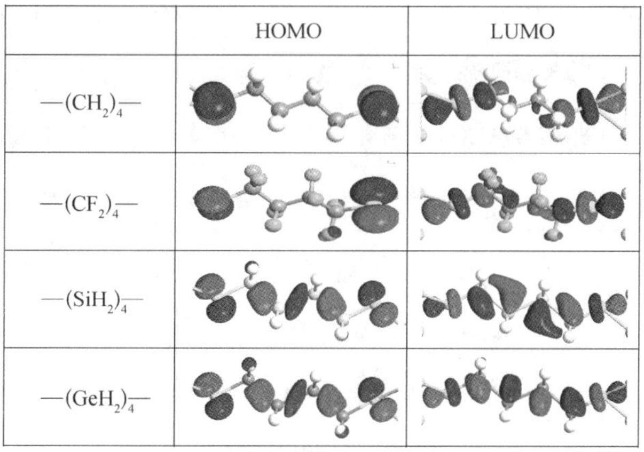

图 5.17　零偏压下所有模型分子 HOMO 和 LUMO 的空间分布

对于所有分子，LUMO 表现出更广的分布特征，但需要强调的是，这种分布并非具有像 π 电子那样的离域特点。然而，这两个系列的分子之间仍然存在显著差异。对于第一个系列，LUMO 主要分布在包括巯基在内的两个末端片段上。相反，在第二系列中，尤其是聚硅烷，中心部分的分布占主导。由于分子电导与分子轨道的离域程度相关，更好的离域性表明分子结的导电能力更强。HOMO 和 LUMO 之间的能隙与电子传递效率直接相关，因为能隙的一半通常与电子隧穿势垒高度有关。两个碳基分子线—$(CH_2)_4$—和—$(CF_2)_4$—的能隙分别为 4.933 eV 和 4.731 eV，而—$(SiH_2)_4$—和—$(GeH_2)_4$—的能隙降低至 4.141 eV 和 3.563 eV，可以预测聚硅烷和聚锗烷比碳基分子链的导电性更好。

分子轨道空间分布随外加偏压的变化，特别是 HOMO 和 LUMO 轨道，也能够直观地反映分子线中的电子态对偏压的响应，即离域能力。虽然这种静态的特征不能直接代替动态的输运行为，但对于输运行为中所展现出的一些细节变化，可以给出很好的解释说明。图 5.18 展示了 HOMO 和 LUMO 的空间分布对不同偏压的响应。图 5.18(a)是第一

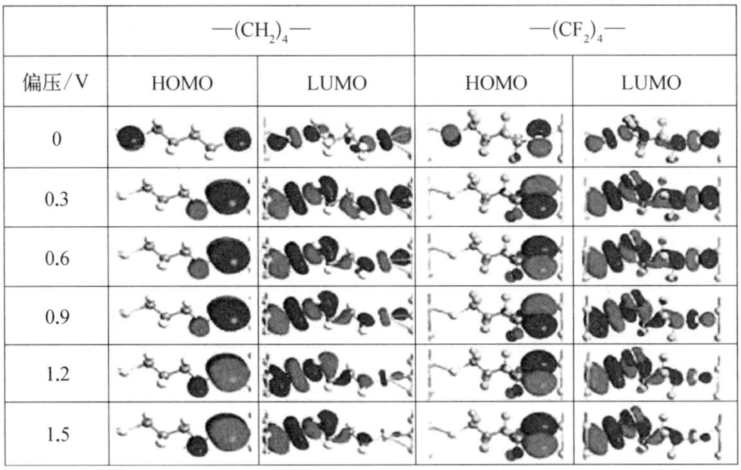

(a) 第一类分子链—$(CH_2)_4$—和—$(CF_2)_4$—

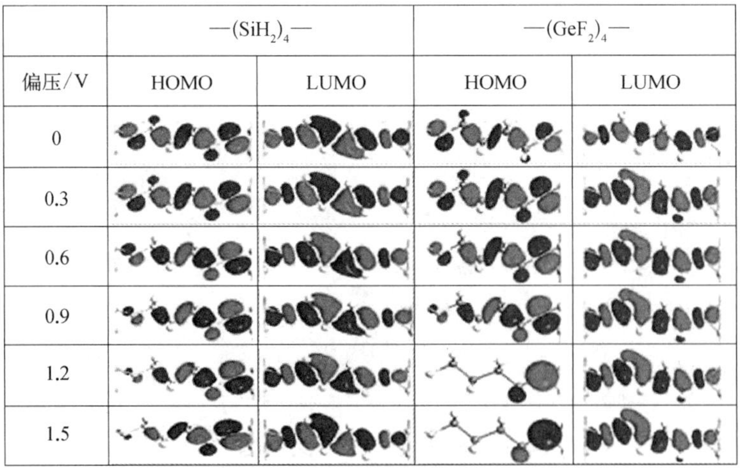

(b) 第二类分子链—$(SiH_2)_4$—和—$(GeH_2)_4$—

图 5.18　分子轨道分布随偏压的变化

个系列分子轨道的空间分布,零偏压时 HOMO 对称地定域在两边的巯基上。施加偏压后,HOMO 移动到负电位端。由于 LUMO 部分离域分布在烷基链和全氟烷基链上,其在偏压下的移动表现出连续的特征,这一点类似于共轭体系。图 5.18(b)给出了第二类饱和的分子线聚硅烷的 HOMO 和 LUMO 的变化。类似于 π 共轭分子导线,HOMO 在偏压的作用下逐渐移动到负电位端。然而,即使在 1.5 V 或更高电压下,LUMO 的变化也不明显。这一特点不同于大多数导电分子线,如聚乙炔、聚噻吩和聚苯。因此,聚硅烷和聚锗烷更适合归属于半导体特征的分子线。

5.2.3　电子输运性质

通过分子结的电流可以用 Landauer-Büttiker 方程来描述[25,26]:

$$I = \frac{2e}{h}\int_{-\infty}^{\infty} T(E,V_b)[f_L(E-\mu_L)-f_R(E-\mu_R)]\,\mathrm{d}E \tag{5.12}$$

式中,e 是电子电量;h 是普朗克常量;$T(E,\ V_b)$为透射系数,是特定偏压 V_b 下能级 E 的函数;f_L 和 f_R 分别是左、右电极的费米-狄拉克分布函数;μ_L 和 μ_R 是左右电极的化学势,$[\mu_L(V_b),\ \mu_R(V_b)]$表示对电流积分有贡献的能量区域,称为偏压窗口,$\mu_L = E_F - eV_b/2$,$\mu_R = E_F + eV_b/2$,$E_F$ 是电极的费米能级。图 5.19(a)中这些分子结的电流-电压(I-V)曲线描绘了分子尺度电子传递行为的特征。整体上四个分子的 I-V 曲线形状比较相似,特别是烷基长链的 I-V 模拟结果与 C-AFM 的实验测量结果相吻合。电流在一个小的偏压区域内线性增加,然后缓慢增加。当偏压高于 1.0 V 后,电流又快速增加。因为实验上对烷基链性质的表征已经非常全面,所以烷基链常用来作为参考。在我们的计算中,烷基链的电流在 1.5 V 时增加到 4.5 μA,该值比实验值大两个数量级[25-28]。有两个原因可以解释这种差异:第一个原因是在大多数实验测量中,分子结构并不像模拟中使用的模型完美,这可能会使理论计算的电流偏高。第二个原因是实验中存在污染,即使有些实验是在真空中进行的,实验中的污染可能削弱金属电极和分子之间的电耦合,降低分子结的电流。当所有氢原子都被氟原子取代时,全氟烷基链的电流在研究的偏压范围内比烷基链略有减小。即使它们具有相同的主链,氟的强电负性也会降低碳链的电子密度,从而提高电子

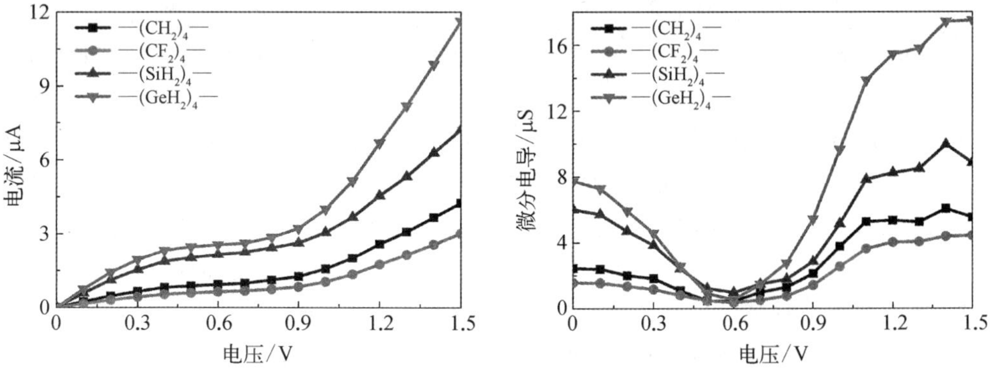

(a) I-V 曲线　　(b) 微分电导-电压曲线

图 5.19　四种分子导线—(CH_2)$_4$—、—(CF_2)$_4$—、—(SiH_2)$_4$—和—(GeH_2)$_4$—的导电性

传递的势垒。聚硅烷和聚锗烷体系具有更高的电子密度和更高的电子迁移率,因此,电流大大增加。值得注意的是,第二个系列分子的电流几乎是第一个系列的两倍,表现出更高的导电能力。

图 5.19(b)给出了从四种分子线的 $I-V$ 曲线得出的微分电导随偏压的变化。在零偏压下,两种碳基分子的电导在 2.0 μS。聚硅烷的电导提高到 6.0 μS,是烷基链的两倍多。聚锗烷的分子电导进一步增加,几乎达到 8.0 μS。微分电导表现出对偏压的依赖性。在 0.5~0.7 V 的偏压范围内,电导曲线下降到 0.5~1.5 μS,四种分子之间的差别变小。当偏压高于 0.7 V 以后,电导曲线又呈现新的快速增长。四种分子的电导差异重新变大。在 1.2 V以后,都出现电导平台。

5.2.4 投影态密度和透射谱

为了阐明饱和分子线的电子传递机制,我们进一步研究了零偏压下分子结的投影态密度(projected density of state,PDOS)和透射谱,如图 5.20 所示。图 5.20(a)给出了四个分子的 PDOS。在-0.5~0.5 eV 的能量范围内,四条曲线非常接近。当能量达到± 1.0 eV 时,它们开始呈现少许的不同。与共轭体系相比,所有饱和分子的 PDOS 数值都非常低。这可以从四种分子的骨架结构的相似性来理解。因此,我们可以得出结论,四种饱和分子线的电子传递通道数量并没有明显差异。

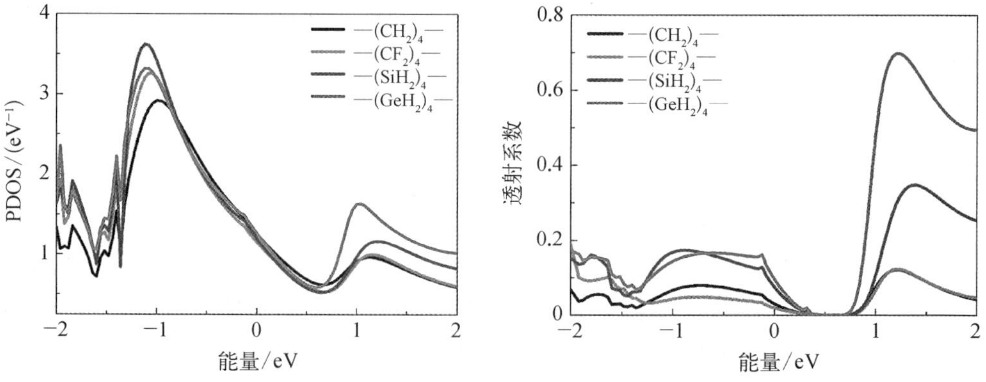

(a) 分子区域的PDOS　　(b) 透射谱

图 5.20 在零偏压下—$(CH_2)_4$—、—$(CF_2)_4$—、—$(SiH_2)_4$—和—$(GeH_2)_4$—的电子结构特征

相反,从图 5.20(b)的透射谱中可以清楚地看到四个分子的差异。透射谱是分子电子传递模型中描述电子在不同能级通过势垒的概率的图谱。通过研究透射谱,可以了解电子在分子中传递的可能路径和概率分布。这对于理解分子电子传递机理和优化电子传递路径非常重要。通过调整分子结构和电子能级,可以控制电子隧穿某些能级上的通道的概率,从而改善器件的性能。因此,透射谱在设计和优化分子电子器件时起着关键的作用。透射系数的大小可以反映分子对电子传导的能力。总体来说,四种分子的曲线形状具有类似的特征。在费米能级处,透射系数的增加顺序与电流和电导的变化相同。在低于费米能级的能量区域,聚硅烷和聚锗烷的透射系数是烷烃和全氟烷的两倍多。当能量

高于费米能级时,两类分子导线透射系数的差别变得更加突出。在 1.2 eV 左右时,—$(GeH_2)_4$—的透射系数约为—$(CH_2)_4$—和—$(CF_2)_4$—的 7 倍,聚锗烷的高透射峰使其在较高电压下的电流能够快速提升。值得注意的是,—$(GeH_2)_4$—的透射系数接近于其他 π 共轭体系(参见本书的后续章节)。这一结果表明,与饱和碳基分子线相比,具有 σ 共轭的聚硅烷和聚锗烷具有更高的电子传递效率,因此,可以将其视为具有半导体性质的分子线。

图 5.21 给出了外加偏压对透射谱的影响。高电压可能会导致分子结出现其他物理或化学问题,如介电击穿和针尖诱导的电化学反应,因此本研究仅考虑相对温和的偏压区间。为便于观察,图中的偏压窗口用阴影表示。对于饱和分子线,HOMO 和 LUMO 的能级都远离费米能级,不包含在偏压窗口中。因此,电子传递主要遵循非共振隧穿。这一特性不同于主要由 HOMO 共振峰贡献的 π-共轭体系。从这个角度来看,聚硅烷和聚锗烷并不属于具有良好导电性的分子导线。然而,非共振隧穿也可能形成一些有效的电子传递通道,如 PDOS 所示,这些电子通道有助于提高分子结的电流。比较图 5.21(a) 和 5.21(b),我们发现透射谱的特征有规律性变化。应该注意的是,这两个系列透射谱图中纵轴刻度的差别为 2.7 倍,表明在长度相同的情况下聚硅烷比烷基链导电性高得多。施加偏压时,烷烃和聚硅烷的透射峰都随偏压的增加向偏离费米能级方向移动。低于费米能级的透射峰向左移动且高度降低,导致费米能级处的透射系数降低,这是分子结的电导在小偏压范围内降低的原因。在 0.4~0.7 V 的偏压范围内,透射曲线的波谷正好落入偏压窗口,导致电导最小(电流增加缓慢,微分电导最小)。当偏压增加到 0.7 V 以上时,另一个透射峰(0.5 eV)进入偏压窗口并不断增高,导致随后的电导增加(电流增加变快,微分电导增高)。这种变化不同于大多数 π 共轭体系。因此,可将其合理地划分为半导体性质的分子导线。这与聚硅烷[29]和聚锗烷[20]的从头算结果一致。

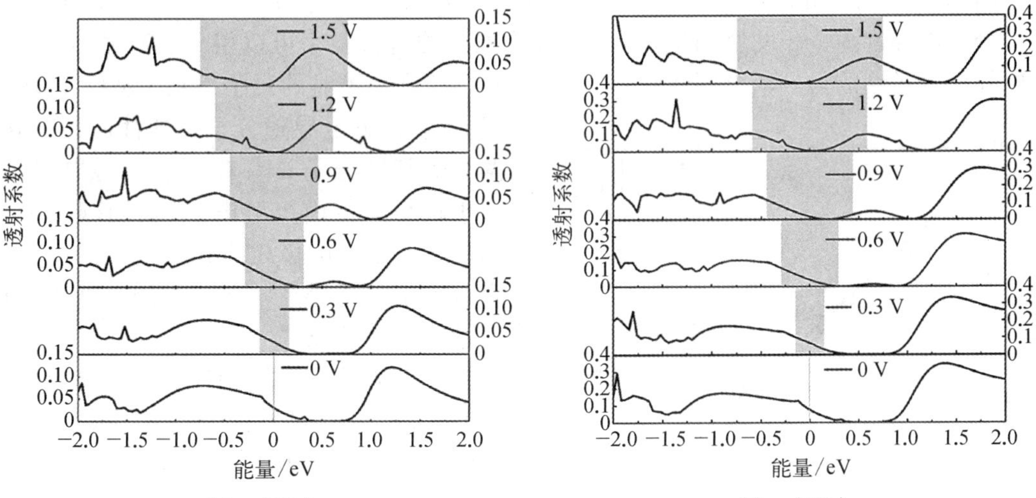

(a) —$(CH_2)_4$—　　(b) —$(SiH_2)_4$—

图 5.21　不同偏压下的透射谱

5.2.5　分子电导与链长的关系

在考察电导与链长关系之前，我们先考察—$(CH_2)_4$—和—$(SiH_2)_4$—分子的不同长度($N=1\sim6$)的透射谱。图 5.22(a)中饱和烷烃的透射谱对链长的变化非常敏感，随着链长的增加，各能级的透射系数都快速下降。例如，在费米能级处，透射系数基本是按照指数降低，这也对应了零偏压电导的类似变化。当然图中在约 0.6 eV 处有一个很深的透射系数谷，对应了 $I-V$ 曲线上 0.4～0.9 eV 偏压下电流的缓慢增长阶段。作为对比，图 5.22(b)中的聚硅烷的透射谱随链长的增加有较为缓慢的降低，例如，在费米能级处，当 N 从 1 增至 6 时，透射系数减少不到 2 个数量级，远小于烷烃的降幅，说明其导电性更好。这与 π 共轭分子导线的特征有相似之处。

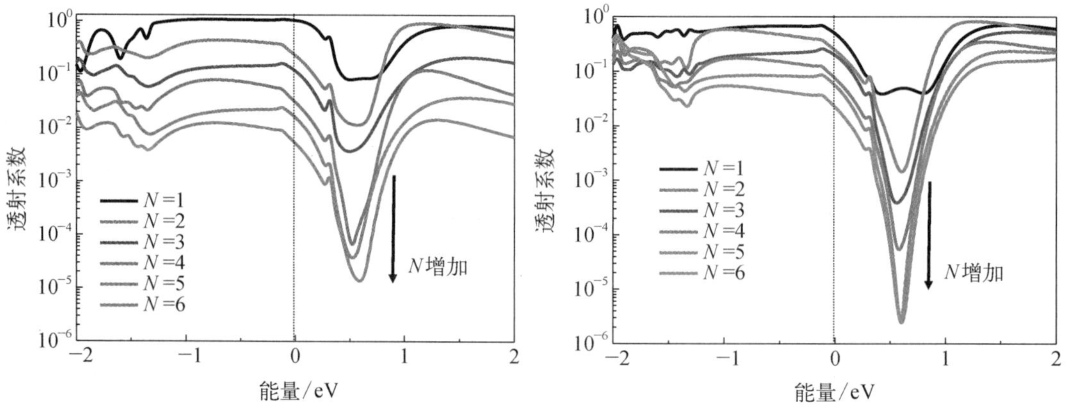

(a) —$(CH_2)_N$—　　(b) —$(SiH_2)_N$—

图 5.22　系列分子线在零偏压下的透射谱随链长的变化

图 5.23 中的电导以对数坐标给出了与链长的函数关系。如式(5.11)所预测，四个系列的分子电导都随链长的增加呈指数衰减，从拟合的直线斜率可以得到衰减系数 β。接触电导是分子结的另一个重要参数，可以通过外推长度为零时的截距得到。从图 5.23 可以看出，接触电导随分子桥的性质而变化。两个碳基链分子具有较大的接触电导，对应于较小的界面接触电阻，表明碳基分子通过 S 原子与电极之间存在较强的电子耦合。由于分子结中有两个电极，每个电极贡献的接触电导应为截距的两倍。因此，烷基和全氟烷基分子的接触电导值分别为 1209.8 μS 和 1376.0 μS。它们明显高于量子电导，量子电导由符号 G_0 表示，定义为

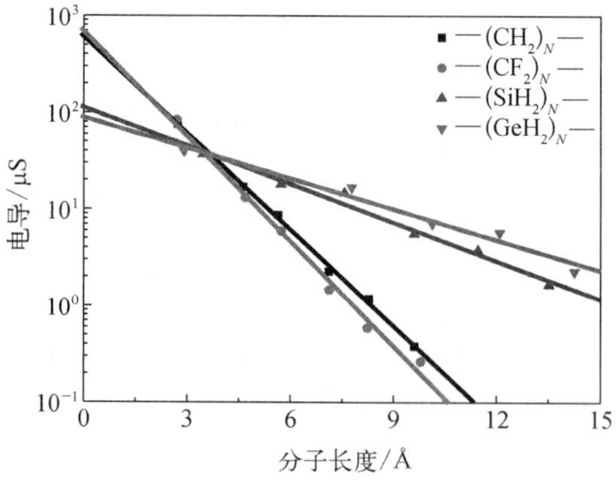

图 5.23　系列分子长度的电导

$$G_0 = 2e^2/h = 77.48\ \mu S \qquad (5.13)$$

式中，e 是电子电量；h 是普朗克常量。因

此，碳基分子线与金属电极之间的巯基能够在分子结的电子传递中提供可靠的连接。然而，聚硅烷和聚锗烷的主链原子比碳原子的体积大，因此，分子与电极界面的电子耦合程度降低，其接触电导降低到 225.0 μS 和 177.4 μS，仍然高于量子电导，意味着隧穿机理占电子输运的主导。

通过拟合直线的斜率，得到四种分子的衰减系数。烷基链的 β 为 0.77 $Å^{-1}$（0.96/—CH_2—），这与用类似方法计算的结果一致（见 5.1 节）。当分子烷烃中的氢原子完全被氟原子取代时，β 增加到 0.83 $Å^{-1}$（1.04/—CF_2—），说明绝缘性增强。然而，聚硅烷和聚锗烷的衰减系数仅为饱和烷烃分子的一半，分别是 0.30 $Å^{-1}$ 和 0.24 $Å^{-1}$，与 STM-BJ 技术测得的低聚硅烷（0.39 $Å^{-1}$）和低聚锗烷（0.36 $Å^{-1}$）的结果一致[30]。聚硅烷和聚锗烷呈现较低的 β，与许多 π 共轭分子导线的 β 类似，例如，扭转聚苯为 0.33 $Å^{-1}$，平面聚苯为 0.24 $Å^{-1}$，聚蒽为0.32 $Å^{-1}$，聚吡咯为 0.38 $Å^{-1}$等（见 6.5 节）。尽管聚硅烷和聚锗烷与大多数 π 共轭分子具有相似的衰减系数，但它们的电导却远低于相同长度的 π 共轭分子。这一结果表明，σ 键合的聚硅烷和聚锗烷仅是具有半导体性质的分子线。

另外，我们的研究表明可以从分子能隙（E_g）确定 β，如以下经验关系所示：

$$\beta = -0.19 + 0.32(E_g)_{\infty}^{1/2} \tag{5.14}$$

式中，$(E_g)_{\infty}$ 是通过 E_g 与链长的倒数关系外推得到的无限链长的能隙。β 和 E_g 之间的定量关系提供了从量子化学估算衰减系数和平均势垒高度 ϕ_0 的可能性。利用式（5.14）可以得到这两种半导体分子线的无限长链的能隙 $(E_g)_{\infty}$。烷烃、全氟烷烃、聚硅烷和聚锗烷的 $(E_g)_{\infty}$ 分别为 8.92 eV、10.23 eV、2.39 eV 和 1.83 eV。显然，硅和锗原子分子线的能隙远低于碳基分子线的能隙。

本节利用 DFT-NEGF 方法研究了一系列由饱和分子构建的分子结。从分子轨道的空间分布、透射谱以及电导的衰减系数等方面阐明了不同的导电特征。从 HOMO 和 LUMO 的空间分布可以看出，骨架由 Si 或 Ge 原子组成的分子线形成了较强的 σ 共轭，有利于电子传递。虽然 σ 共轭不如 π 共轭强，但与饱和烷烃相比，电流仍有较大的提高。聚硅烷和聚锗烷的电导衰减系数低于烷烃和全氟烷烃，也表明 σ 共轭比 σ 键合的碳基分子线具有更好的导电能力。这些结果证明饱和分子线在电子传递中表现出多样性，具有 σ 共轭的分子线可能表现出更多的半导体特征。

参考文献

[1] Clavilier J, Armand D, Sun S G, et al. Electrochemical adsorption behaviour of platinum stepped surfaces in sulphuric acid solutions[J]. Journal of Electroanalytical Chemistry and Interfacial Electrochemistry, 1986, 205(1-2): 267-277.

[2] Hamelin A. Cyclic voltammetry at gold single-crystal surfaces. Part 1. Behaviour at low-index faces[J]. Journal of Electroanalytical Chemistry, 1996, 407(1-2): 1-11.

[3] Gewirth A A, Niece B K. Electrochemical applications of *in situ* scanning probe microscopy[J]. Chemical Reviews, 1997, 97(4): 1129-1162.

[4] Itaya K. *In situ* scanning tunneling microscopy in electrolyte solutions[J]. Progress in Surface Science, 1998, 58(3): 121-247.

[5] Porter M D, Bright T B, Allara D L, et al. Spontaneously organized molecular assemblies. 4. Structural characterization of n-alkyl thiol monolayers on gold by optical ellipsometry, infrared spectroscopy, and electrochemistry[J]. Journal of the American Chemical Society, 1987, 109(12): 3559-3568.

[6] Oldham K B. Signal-independent electroanalytical method[J]. Analytical Chemistry, 1972, 44(1): 196 – 198.
[7] Miller C, Cuendet P, Graetzel M. Adsorbed. omega.-hydroxy thiol monolayers on gold electrodes: Evidence for electron tunneling to redox species in solution[J]. The Journal of Physical Chemistry, 1991, 95(2): 877 – 886.
[8] Brevnov D A, Finklea H O, van Ryswyk H. Ac voltammetry studies of electron transfer kinetics for a redox couple attached *via* short alkanethiols to a gold electrode[J]. Journal of Electroanalytical Chemistry, 2001, 500(1 – 2): 100 – 107.
[9] Slowinski K, Chamberlain R V, Miller C J, et al. Through-bond and chain-to-chain coupling. Two pathways in electron tunneling through liquid alkanethiol monolayers on mercury electrodes[J]. Journal of the American Chemical Society, 1997, 119(49): 11910 – 11919.
[10] Xu J, Li H L, Zhang Y. Relationship between electronic tunneling coefficient and electrode potential investigated by using self-assembled alkanethiol monolayers on gold electrodes[J]. The Journal of Physical Chemistry, 1993, 97(44): 11497 – 11500.
[11] Simmons J G. Generalized formula for the electric tunnel effect between similar electrodes separated by a thin insulating film[J]. Journal of Applied Physics, 1963, 34(6): 1793 – 1803.
[12] Akkerman H B, Blom P W M, de Leeuw D M, et al. Towards molecular electronics with large-area molecular junctions [J]. Nature, 2006, 441(7089): 69 – 72.
[13] Cui X D, Zarate X, Tomfohr J, et al. Making electrical contacts to molecular monolayers[J]. Nanotechnology, 2002, 13 (1): 5 – 14.
[14] Burnham N A, Colton R J. Measuring the nanomechanical properties and surface forces of materials using an atomic force microscope[J]. Journal of Vacuum Science & Technology A: Vacuum, Surfaces, and Films, 1989, 7(4): 2906 – 2913.
[15] Cui X D, Primak A, Zarate X, et al. Reproducible measurement of single-molecule conductivity[J]. Science, 2001, 294(5542): 571 – 574.
[16] Xu B Q, Tao N J. Measurement of single-molecule resistance by repeated formation of molecular junctions[J]. Science, 2003, 301(5637): 1221 – 1223.
[17] Kaun C-C, Guo H. Resistance of alkanethiol molecular wires[J]. Nano Letters, 2003, 3(11): 1521 – 1525.
[18] Basch H, Cohen R, Ratner M A. Interface geometry and molecular junction conductance: Geometric fluctuation and stochastic switching[J]. Nano Letters, 2005, 5(9): 1668 – 1675.
[19] Takeda K, Matsumoto N, Fukuchi M. Energy-band structure of chainlike polysilane (SiH_2)$_n$ alloys[J]. Physical Review B, 1984, 30(10): 5871 – 5876.
[20] Fa W, Zeng X C. Polygermanes: Bandgap engineering via tensile strain and side-chain substitution[J]. Chemical Communications, 2014, 50(65): 9126 – 9129.
[21] Fogarty H A, Casher D L, Imhof R, et al. σ Bonds: Electronic structure, photophysics, and photochemistry of oligosilanes[J]. Pure and Applied Chemistry, 2003, 75(8): 999 – 1020.
[22] McDermott S, George C B, Fagas G, et al. Tunnel currents across silane diamines/dithiols and alkane diamines/dithiols: A comparative computational study[J]. The Journal of Physical Chemistry C, 2009, 113(2): 744 – 750.
[23] Su T A, Li H X, Zhang V, et al. Single-molecule conductance in atomically precise germanium wires[J]. Journal of the American Chemical Society, 2015, 137(38): 12400 – 12405.
[24] Su T A, Li H X, Klausen R S, et al. Silane and germane molecular electronics[J]. Accounts of Chemical Research, 2017, 50(4): 1088 – 1095.
[25] Datta S. Electronic transport in mesoscopic systems[M]. Cambridge: Cambridge University Press, 1995.
[26] Meir Y, Wingreen N S. Landauer formula for the current through an interacting electron region[J]. Physical Review Letters, 1992, 68(16): 2512 – 2515.
[27] Zhao J W, Uosaki K. Formation of nanopatterns of a self-assembled monolayer (SAM) within a SAM of different molecules using a current sensing atomic force microscope[J]. Nano Letters, 2002, 2(2): 137 – 140.
[28] Salomon A, Cahen D, Lindsay S, et al. Comparison of electronic transport measurements on organic molecules[J]. Advanced Materials, 2003, 15(22): 1881 – 1890.
[29] Nelson J T, Pietro W J. Mechanism of extensive electron delocalization in linear polysilanes[J]. The Journal of Physical Chemistry, 1988, 92(5): 1365 – 1371.
[30] Su T A, Li H X, Steigerwald M L, et al. Stereoelectronic switching in single-molecule junctions[J]. Nature Chemistry, 2015, 7(3): 215 – 220.

第 6 章

共轭分子导线与单电子传递路径

6.1　低聚呋喃分子导线

共轭有机聚合物的导电性和非线性光学性质的发现开创了现代材料科学的一个重要领域。其中,杂环类聚合物(如聚噻吩、聚吡咯)因其掺杂物表现出较好的导电性和在空气中的稳定性,从而引起了人们较多的关注和研究。聚呋喃在掺杂的情况下同样表现出良好的导电性和非线性光学性质,且因其主要来源于可再生的农副产品,从而比聚噻吩、聚吡咯等更具有价格优势。然而在过去的数十年中,人们只是在聚呋喃及其衍生物的合成方面做了研究,对于其电子输运机理的研究较少。在已有的一些理论研究工作中,电子材料存在的一个重要环境——外电场很少被考虑。基于零电场的理论处理无法提供分子电子器件和电子材料工作时的准确信息,这一点在前文对其他共轭有机材料的研究中已经得到很好的证明。本节利用量子化学的从头算方法,考虑外电场的影响,研究了一系列聚呋喃的几何构型和电子结构,并进一步基于非平衡态格林函数方法研究该体系的电子输运行为。

尽管有很多因素(如电极材料、电极形状、电极与分子连接的界面和连接方式)影响体系的电子输运行为,但是当分子链足够长,或采用其他界面修饰的方法时,可以消除或部分消除上述因素对分子链电子输运的影响,所以我们以六聚呋喃为例,建立简化模型来研究聚呋喃分子自身性质随电场的变化(图 6.1)。首先,在零电场进行分子结构的全优化。为了更真实地模拟分子导线的工作环境,先将优化后的分子两端(C1 与 C24)固定,再沿 C1 到 C24 方向施加均匀电场,其变化范围从零到 2.57×10^{9} V/m,在 HF/6-31G* 和 B3LYP/6-31G* 水平完成相关计算。

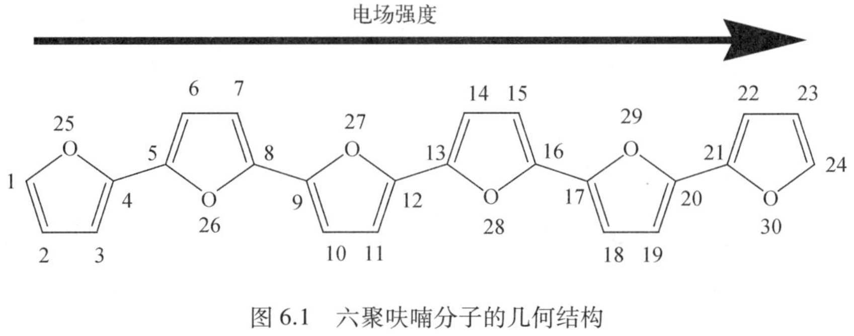

图 6.1　六聚呋喃分子的几何结构

为了考察分子导线的输运行为,在分子的两端引入了巯基(—SH)。该基团可以通过化学吸附作用与金电极形成硫-金键。结构优化时先用三个金原子形成的原子簇模拟Au(111)面对分子带来的影响,三个金原子组成边长为0.288 nm的等边三角形,硫原子则位于三角形的中心上方(即hollow位)。分子的长轴定义为z方向。为了开展电子输运的计算,需先构筑金属-分子-金属结,我们提取零电场下优化的分子坐标,然后将其连接到两个沿金(111)面劈开的裂隙间,硫原子与电极的距离取0.2 nm,对应于体系的能量最小值,并进一步优化,使分子在电极间的受力最小。模拟输运行为时,在两电极间施加偏压,用全自洽的非平衡态格林函数方法(NEGF)计算电流,分子和电极分别采用DZP和SZP。

6.1.1 外电场对分子几何构型的影响

利用HF/6-31G*与B3LYP/6-31G*方法计算的结果表明,在零电场下聚呋喃分子表现为平面构型。进一步通过频率进行分析,没有观察到虚频,也确认这一构象为能量最低点。利用其他的方法,如半经验的AM1和PM3方法,也得到相同的结论。与其他聚杂环分子(如聚噻吩)相比,呋喃环中的氧原子电负性更强,原子半径更小,这导致环的等效直径变小,环与环之间的排斥作用降低。此外,氧原子与邻近氢原子的静电相互作用,也有助于稳定分子的平面构型。随着外电场的引入和逐渐加强,这种平面构型继续保持,但是每个环内部的碳-碳单双键和碳-氧键以及环与环之间的单键键长都发生了一系列规律性的变化。如图6.2(a)所示,对于碳-碳双键,由于C1 ═C2处于分子链的一端,受端基效应影响较大,因此除表现出不同的变化趋势外,其余所有的双键都随着电场的增加而变长。变化最强烈的双键位于分子链的中间位置,这是由于该处的双键共轭效应最显著。同时,电势的高低对双键的变化也有着明显的作用,在同一个呋喃环中,处于低电势的双键的变化明显要强于高电势,这也说明分子内的极化作用更强烈。在聚乙炔体系中曾发现其双键键长变化和电场的平方之间存在良好的线性关系,然而这一特点在呋喃体系中并没有发现,显然是受到氧原子成环的影响,这也从侧面表明氧原子也在一定程度上参与了分子的共轭。

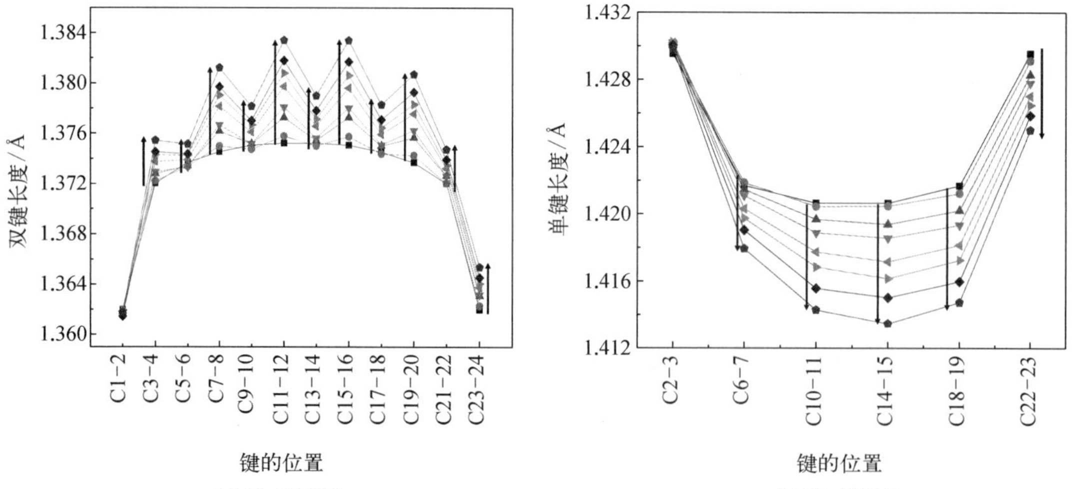

(a) 碳-碳双键

(b) 碳-碳单键

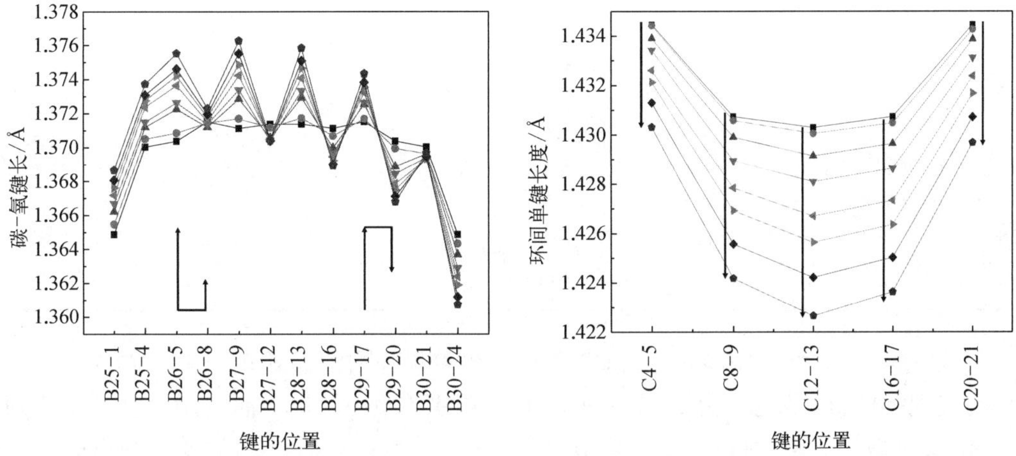

(c) 碳-氧键　　(d) 环间单键

图 6.2　在不同的电场强度下六聚呋喃的键长变化(原子编号见图 6.1;图中箭头表示键长随电场强度的变化趋势)

0　0.51×10^9　1.03×10^9　1.44×10^9　1.80×10^9　2.06×10^9　2.31×10^9　2.57×10^9

进一步通过自然键轨道(natural bond orbit,NBO)分析分子的共轭相互作用。Lowdin 于 1955 年提出自然轨道的概念,而后由 Weinhold 和 Reed 等发展完善成一套理论,即 NBO 理论。通过 NBO 分析可以方便地找出分子中每个原子上的电子布居,分子内各原子间的化学作用,以及超共轭相互作用等。表 6.1 列出部分电子给体(donor)轨道 i、电子受体(acceptor)轨道 j,以及它们之间相互作用的稳定化能 E_s。E_s越大,表明它们之间相互作用越强,即轨道 i 供给轨道 j 电子的倾向越大。从表中可以看到氧原子上的孤对电子与环上相应的键有一定作用,说明是参与了整个环的共轭。其中 BD 表示成键轨道,BD* 表示反键轨道,LP 表示孤对电子对,稳定化能取大于 10.0 kJ/mol 的结果。

表 6.1　六聚呋喃自然键轨道分析部分结果

供体 NBO(i)	受体 NBO(j)	E_s/(kJ/mol)	供体 NBO(i)	受体 NBO(j)	E_s/(kJ/mol)
BD(2)C13-C14	BD*(2)C15-C16	15.81	LP(2)O27	BD*(2)C12-C11	26.63
BD(2)C15-C16	BD*(2)C13-C14	15.88	LP(2)O27	BD*(2)C10-C9	26.71
BD(2)C15-C16	BD*(2)C17-C18	16.76	LP(2)O28	BD*(2)C13-C14	26.63
BD(2)C17-C18	BD*(2)C15-C16	16.87	LP(2)O28	BD*(2)C15-C16	26.71
BD(2)C17-C18	BD*(2)C19-C20	15.66	LP(2)O29	BD*(2)C17-C18	26.63
BD(2)C19-C20	BD*(2)C17-C18	15.83	LP(2)O29	BD*(2)C19-C20	26.97
BD(2)C19-C20	BD*(2)C21-C22	16.42	LP(2)O26	BD*(2)C5-C6	26.63
BD(2)C8-C7	BD*(2)C9-C10	16.87	LP(2)O26	BD*(2)C7-C8	26.97
BD(2)C8-C7	BD*(2)C6-C5	15.66	LP(2)O25	BD*(2)C1-C2	27.43
BD(2)C6-C5	BD*(2)C8-C7	15.83	LP(2)O25	BD*(2)C3-C4	27.69

续表

供体 NBO(i)	受体 NBO(j)	E_s/(kJ/mol)	供体 NBO(i)	受体 NBO(j)	E_s/(kJ/mol)
BD(2)C6-C5	BD*(2)C4-C3	16.42	LP(2)O30	BD*(2)C23-C24	27.43
BD(2)C4-C3	BD*(2)C1-C2	16.49	LP(2)O30	BD*(2)C21-C22	27.69
BD(2)C4-C3	BD*(2)C6-C5	16.36	—	—	—
BD(2)C21-C22	BD*(2)C24-C23	16.49	—	—	—
BD(2)C21-C22	BD*(2)C20-C19	16.36	—	—	—

与双键伸长相对应，呋喃环中的碳-碳单键随着场强增加而缩短[图 6.2(b)]，而且与双键的表现类似，也是位于分子链中间环上的单键变化更明显，而在端基附近(特别是C2-C3)变化微弱。碳-氧键的变化要显得复杂一些[图 6.2(c)]，它的变化与所处位置有极大的关系，也就是说，电势的高低对它有着较大的影响。随着电势的降低，碳-氧键先伸长后缩短，这是因碳-氧键受电子的排斥作用和共轭作用的双重影响。引入的电场改变了排斥作用和共轭作用的相对强度，从而使键长发生相应的变化。

再来观察连接呋喃环的单键 L 的变化。从图 6.2(d)可以清楚地看到，随着外电场的增加，L 键明显减小，而且电场强度越大，变化幅度越大，且表现出一定的对称性，变化最强烈的键也是位于分子链中间。L 键的缩短拉近了相邻两个呋喃环的距离，增加了 p_z 轨道 π 电子云的重叠程度，从而提高了整个分子链的共轭性。综上所述，当一定强度的外电场施加于聚呋喃分子链两端时，不仅没有改变其平面的构型，而且增加了环与环之间的共轭性，利于电子传输。

6.1.2 外电场对分子的自洽场能量和偶极矩的影响

有机共轭分子的 π 电子具有较强的离域能力，所以当受到外电场作用时，电荷将重新分布，从而使偶极矩、自洽场(SCF)能量等性质也发生相应的改变。图 6.3(a)和(b)分别给出了一系列不同链长(用呋喃环的单体数 n 表示)的聚呋喃分子的偶极矩和自洽场能量随电场的变化关系。从图 6.3(a)中可以发现，当聚呋喃链长较短时，其偶极矩随电场的增加而线性增长；但是对于较长的分子($n>7$)，这种线性关系出现了偏离。这一现象与聚乙炔等简单线性共轭体系不同，说明呋喃环中由氧原子的孤对电子参与的共轭和聚乙炔体系中由 p_z 电子形成的共轭存在本质上的差异。图 6.3(b)给出了各体系自洽场能量与电场平方的关系。在零电场下，SCF 能量和链长有着很好的线性关系(见插图)。短链分子的能量与电场强度的平方有较好的线性关系，这一结论和第 3 章的研究结果一致。同样，对于较长的聚呋喃，这种线性关系产生一定偏离，且向着能量更低的趋势发展。

6.1.3 外电场对分子轨道能级以及空间分布的影响

分子的最低未占轨道(LUMO)和最高占据轨道(HOMO)以及它们之间的能量差，即分子能隙(E_g)决定和影响了分子的许多物理化学性质，特别是与电子输运相关的一些性质。它们的大小主要由分子自身的性质决定，但是也会受到外界因素的影响。为了更好地预测聚呋喃的电子输运性质，详细地研究外电场作用下能隙的变化有重要的参考价值。

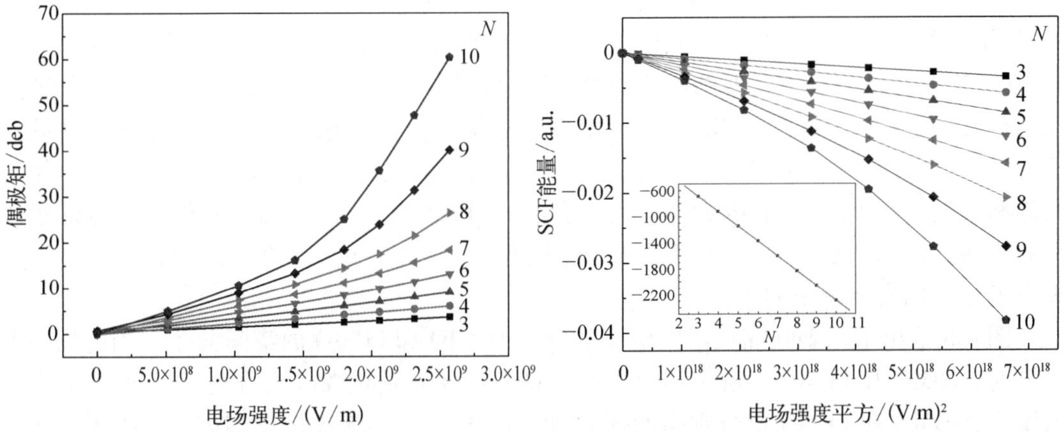

(a) 偶极矩随电场强度的变化

(b) 自洽场能量随电场强度的变化，插图为零电场自洽场能量与分子长度的线性关系

图 6.3　系列不同链长聚呋喃分子的性质随电场强度的变化

借鉴前面的工作，我们还研究了聚呋喃能隙和链长的变化关系。图 6.4(a)给出了 B3LYP/6-31G* 计算的一系列不同链长的聚呋喃分子的 LUMO 和 HOMO 能级随电场强度的变化。可以看到，随着场强增加，HOMO 不断升高，而 LUMO 几乎对称地降低，从而使分子能隙不断减小，这一特征与第 3 章描述的众多链状共轭分子一致。

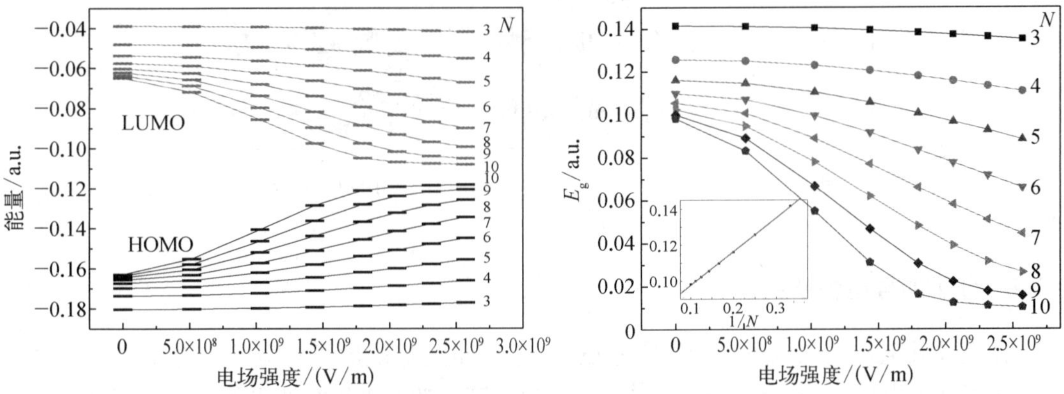

(a) 轨道能级与电场强度的关系

(b) 分子能隙（E_g）与电场强度的关系（插图是零电场下E_g与分子链长倒数的关系）

图 6.4　外电场对系列长度的聚呋喃分子轨道的能级与能隙的影响

从图 6.4(b)可以看到，随着电场的不断增加，E_g不断减小，而且链长越长，这种变化越明显。比较十聚呋喃和三聚呋喃的数据，可以发现当电场强度从零增加到 2.57×10^9 V/m 时，两者的分子能隙值分别变化了 2.39 eV 和 0.17 eV(1 a.u. = 27.2114 eV)，前者是后者的 10 多倍。但是电场强度的变化也存在一个范围，观察十聚呋喃的变化可发现，当电场强度达到 2.06×10^9 V/m 后，其分子能隙变化的幅度变得很小，几乎不再受电场的影响，整体呈现一个反“S”形。这说明对于长链的聚呋喃分子，其能隙随电场强度的变

化将存在一个渐进值，当电场强度达到上述临界值后，能隙将不再随电场显著降低。此外，从第 3 章对聚乙炔体系的研究可得出分子能隙的变化和电场强度的平方存在线性关系，在这里同样没有发现类似的简单线性关系，可能是氧原子的成环改变了整个分子链共轭结构，这一点也预示了聚呋喃分子导线的电子输运行为比聚乙炔更复杂。在以往的一些研究中，往往认为电子遂穿势垒的高度在一个很大的电势范围内是一个常量，这个结论对饱和烷烃分子是适用的，因为外电场对它们的 HOMO 和 LUMO 影响甚微。但是通过以上分析我们可以明显地看到，对于聚呋喃，上述假设并不适合，理论研究中必须充分考虑外电场这个因素所带来的影响。

图 6.5 给出了六聚呋喃在不同电场强度下 HOMO 和 LUMO 的空间分布。当电场强度为零时，HOMO 和 LUMO 对称离域分布在包括氧原子在内的整个分子链上。随着场强逐渐增大，HOMO 和 LUMO 也分别向两侧移动。两者的变化趋势相反，其中 HOMO 向低电势方向移动，而 LUMO 向高电势方向移动。仔细对比各个场强下的电子分布，可以看到，当电场达到一定强度（1.80×10^{9} V/m）之后，这种移动变得不再明显，这也与图 6.4(b) 中能隙随电场强度的变化一致。

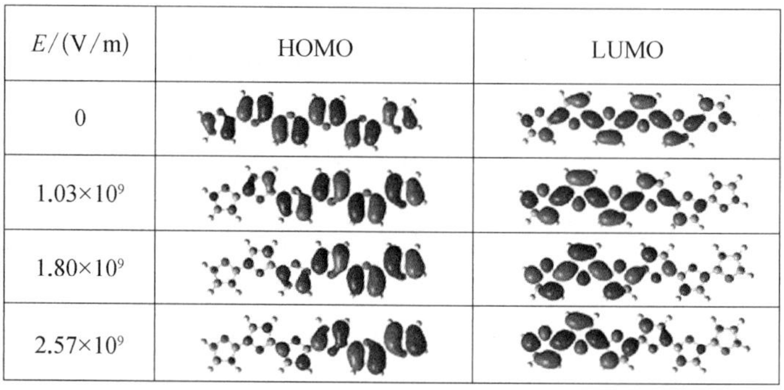

图 6.5　六聚呋喃分子的前线分子轨道随电场强度的变化

6.1.4　分子的导电性研究

在上述几何构型和电子结构研究基础上，进一步通过硫原子将分子与金电极连接并在电极两端施加电压，其变化范围为 0~2.0 V。利用第一性原理结合非平衡态格林函数方法得到了聚呋喃分子的电流随偏压的变化关系，如图 6.6(a) 所示。一般情况下，分子电导主要由其自身的共轭性和能隙决定：共轭性越好，能隙越小，则分子的导电性越强。从上文的讨论我们已经知道，电场强度的增加提高了分子的共轭性，减小了能隙值，也就是说，电压增加将提高分子的导电性能。但是这两个影响因素贡献的比例在不同的电压范围内是不一样的。从图中可以看出，在低偏压区域（低于 0.8 V），电流近似线性增长，而后增长变得缓慢，直到 1.5 V 左右。这之后，电流又快速上升。聚呋喃分子中的电子传递的非线性特征非常明显，这一点与宏观电阻材料的线性行为有着显著的不同。经过进一步分析我们可以得到，零电压下聚呋喃分子的电导（G）随链长的增加呈指数衰减[图6.6(b)]，从而可以得到其隧穿系数 β 为 0.13 Å^{-1}，该值远小于饱和烷基长链的 β（0.8~1.0 Å^{-1}）（见 5.1 节）。

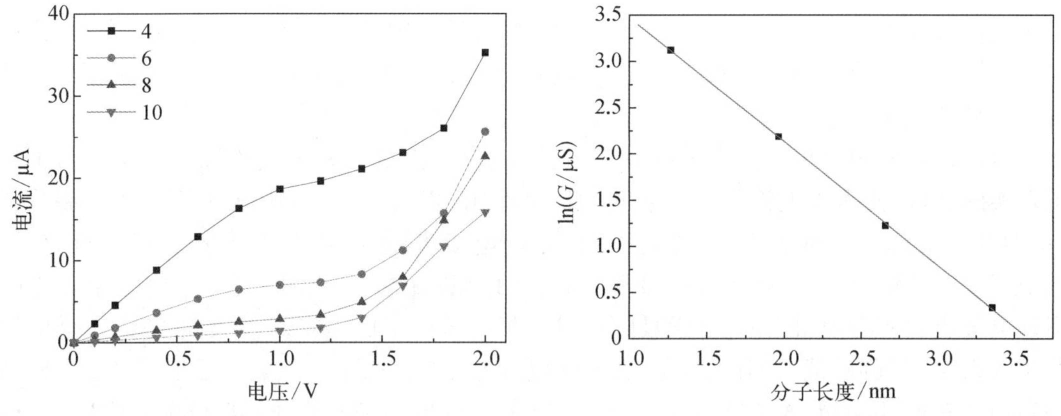

(a) 4、6、8和10呋喃分子结的电流-电压曲线

(b) 电导与链长的半对数关系

图 6.6 聚呋喃分子的导电性

本节在 B3LYP/6-31G* 水平上研究了外电场对一系列不同链长的聚呋喃分子的几何构型和电子结构的影响,基于非平衡态格林函数方法研究该体系的电子输运行为。聚呋喃分子在不断增强的与分子链平行的外电场作用下,保持了平面构型,呋喃环中的碳-碳键和碳-氧键都发生了规律性变化,环之间的单键缩短,从而共轭性增强;外电场的引入还增加了分子的偶极矩,减小了自洽场能量。聚呋喃分子中的电子传递的非线性特征明显,在零电压下电导随链长的增长呈指数衰减,从而可以得到其衰减系数β为 0.13 $Å^{-1}$。电场对 HOMO 和 LUMO 有显著影响,直接导致其能隙变小,而且改变了它们的空间分布。体系的电流-电压等输运行为与静态的分子轨道和能隙有很大相关性。这些研究对理解聚呋喃等电子材料有一定的参考作用。

6.2 OPE 分子导线

在单分子电子器件方面,人们已经可以实际测量某些特定条件下的单个分子或有限少数分子的 $I-V$ 曲线。而发展单分子器件的精确理论计算模型,对于输运机理和器件应用都有着重要的意义。在众多的分子电子材料中,一种典型的共轭分子,寡聚亚苯基乙炔撑(oligo phenylene ethynylene,OPE)及其衍生物,在实验[1-3]和理论[4]方面都得到了广泛研究。

由于分子器件的长度小(0.1~10 nm),工作电场可达 10^9~10^{10} V/m,此时分子的几何构型和电子结构是否和零电场下保持一致是值得考虑的。然而,以往的理论研究很少考虑电场对分子几何结构的影响。在这些研究当中,分子结构首先在没有电场(零电场)的情况下进行优化,进而固定所有的几何参数(我们称为"冻结")来进行电流-电压曲线计算。显然,那些理论计算看起来更像是非现场(ex-situ)的,它完全忽略了柔性有机分子在实际环境中的弛豫,很难反映模拟结果与真实情况的差异。

本节将尝试一种更近似原位的理论模拟方法,并用它来研究典型的 OPE 分子导线的电子输运行为,模型分子是 4,4′-(1,4-phenylenedi-2,1-ethynediyl) bis-benzenethiol(简称

TB)。这种方法结合了 DFT 和非平衡态格林函数(NEGF)方法。在不同的电场强度下,除了末端的连接原子,其他的原子都自由优化,然后计算电流。为了比较电场的影响,我们同时计算了冻结分子的 $I-V$ 曲线,即在零电场下优化结构,然后保持固定,再施加电场计算分子结的电流。

具体计算分为两步。首先进行 DFT 计算,以寻找零电场分子线的最优结构。为了模拟真实的器件,并考虑电极和分子之间的耦合作用,我们设计了如图 6.7 所示的扩展分子 Au-OPE-Au 的计算模型,以模拟吸附在两个金电极表面的 OPE 分子链。所研究的分子链由三个苯环组成,这也是实验中最常见的。两边的硫原子(巯基)是为了将分子化学吸附到电极表面而必须引入的,化学吸附通过先失去氢原子再形成硫-金键来完成。金电极按照 Yaliraki 等的建议[5,6]用三个金原子形成的原子簇表示,三个金原子形成边长2.88 Å的等边三角形,以模拟 Au(111)面,硫原子位于三角形的中心空位(即 hollow 位)[7]。位于三角形顶点的金原子相对位置固定,对其他原子则进行全优化。Au-OPE-Au 的长轴定义为 z 方向。首先设定两个金三角形之间的距离为 24.3 Å,然后固定两个金平面,将该模型在零电场下进行构型优化。再沿 z 方向施加 $0\sim8.22\times10^8$ V/m 的电场,对应的电压值为 0~2.0 V。所有的几何优化和电子结构计算均用 B3LYP 方法和 LANL2DZ 基组。

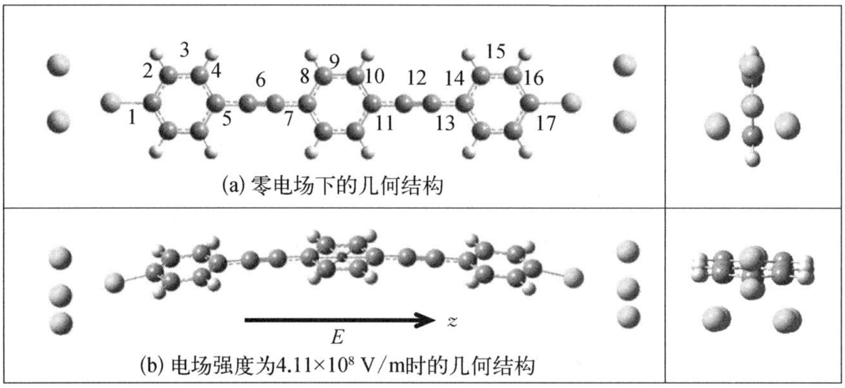

图 6.7 OPE 分子导线的计算模型

模拟 OPE 分子导线的 $I-V$ 曲线时,先从每一个电场的优化构型(弛豫的 Au-OPE-Au)中取出 OPE 分子坐标(不含模拟电极的金原子簇),再将其导入两个金(111)面的电极之间。为了模拟实际情况,不同电场下电极间的距离保持定值。该值是零电场优化后的 OPE 长度(末端两个硫原子距离)再加上硫原子与电极平面间的距离。硫原子与电极的距离取 1.95 Å,对应了能量的最小值。而后,在两个电极之间施加电压,用全自洽 NEGF 方法计算电流,采用 SZP 基组。为了方便比较,我们也进行了冻结 OPE 的计算,即将零电场下优化好的几何构型按照 Au-OPE-Au 扩展分子的桥接方式,连到两电极上形成分子结,再直接计算各个电压下的电流。

6.2.1 OPE 几何特性

Au-TB-Au 在零电场下的优化结构如图 6.7(a)所示,中间的有机分子是一个 D_{2h}对称的平面构型，垂直于金三角形的底边。硫原子位于三角形中间，硫和金平面间的距离为 2.34 Å。然而，以上特征在电场下都发生了变化。因为分子绕着长轴的旋转势垒（由旋转势能面估算）非常低，约为 3.0 kJ/mol，施加电场后，分子变为平行于底边的构型，且当电场强度达到 1.03×10^8 V/m 时朝着共轭平面法线方向发生平面外弯曲，显然这将导致共轭程度的降低。这种弯曲的方向不同于典型的共轭分子聚乙炔，后者在电场下发生的是平面内弯曲，因此对共轭影响不大。我们认为这种现象是由苯环间的—C ≡ C—炔基连接桥的刚性 sp 杂化轨道起的作用。为了表征弯曲的程度，我们在分子中间苯环的中心放置了一个虚原子 X，并把∠S-X-S 定义为弯曲角。可以看到，在不同强度的电场下，弯曲角几乎总是保持 167°，同时两边的 S-Au 距离也从 2.34 Å（E = 0 V/m）增长至 2.40 Å（E 约为 10^8 V/m），硫原子从面心立方的空位有轻微移动（约为 0.3 Å）。图 6.8 给出了键长的相对变化关系，从图中可以看到，随着电场强度的增加，绝大多数叁键和双键被拉长而单键缩短，这是体系共轭性增加的标志之一。

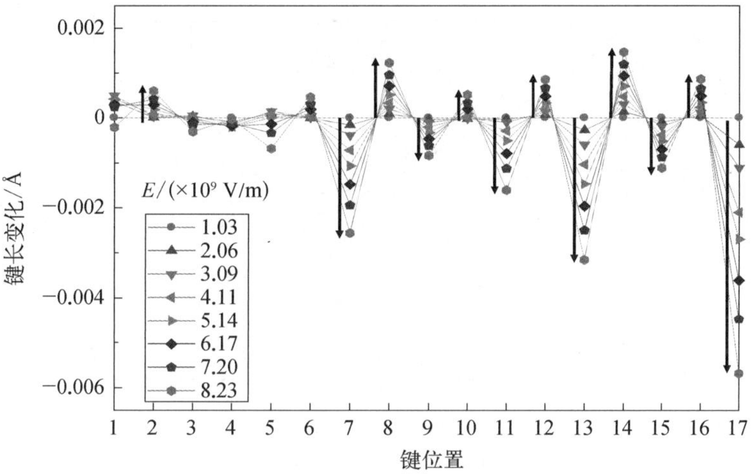

图 6.8 OPE 分子在不同电场下的键长变化（所有的数值都是与电场强度为 1.03×10^8 V/m 时的差值）

金硫界面的空间排布特征会强烈影响电流-电压曲线。5.1 节利用导电原子力显微镜对烷基硫醇自组装膜施压测 I-V 曲线的系列研究也证明了此观点。因此，电子器件的理论模型单独考虑分子桥或者接触界面都是不完备的。本节理论模拟的方法结合了两个方面，从而可以较为准确地预测体系的电子结构和透射谱，即 Landauer-Büttiker 体系中的透射函数。

6.2.2 OPE 电子结构

HOMO 和 LUMO 对分子导线的化学活性和电子输运都起着重要的作用，它们的空间分布如图 6.9（a）所示。由图可见，几何构型弛豫与否对同一电场下的轨道空间分布的影响较为显著。对于冻结的 Au-OPE-Au，直至 E 为 8.23×10^8 V/m 时轨道只产生了轻微的移动。与之相反，弛豫体系的轨道空间分布随电场变化十分明显。HOMO 向低电势端移动，LUMO 向高电势端移动。这一现象与其他共轭体系的研究结果一致（详见前三章），可能是由于电场使处于低能级的电子偏向高电势端，从而将 HOMO 电子排斥到低电势端。

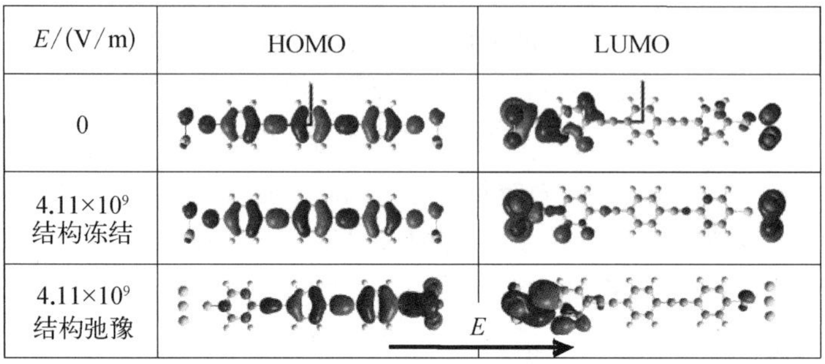

(a) 电场下轨道分布的变化

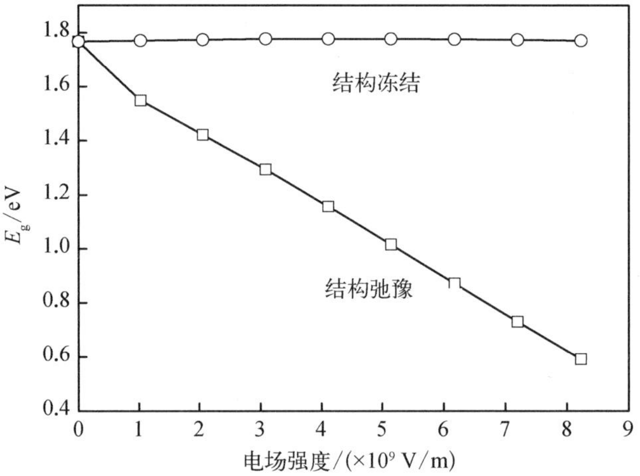

(b) 分子能隙（E_g）的变化

图 6.9　前线分子轨道在电场中的变化

分子轨道移动的结果就是轨道的定域性增强，离域性减弱。在上文我们提到分子的键长交替在电场的作用下有所减小，因此共轭似乎应有所增加。实际上，我们应该区别共轭性和离域性两个概念。共轭本身是一个很难以定义的概念，但是共轭强度的增加将导致电子流动性的增加，在零电场下电子将表现为离域性增强。而在有电场，特别是分子电子器件所面临的极强的电场时，电场是驱使电子重新分布的强大动力，越是强的共轭，电子越容易移动，越可能导致电子的重新分布，增加体系的偶极矩。在零电场下离域的轨道在电场中就越容易向某一方向偏移，反而表现出定域化。

为了得到更多的电子输运信息，图 6.9（b）给出了 HOMO 与 LUMO 的差值，即分子能隙 E_g 随电场的变化。可以看出随着电场的增强，冻结分子的 E_g 几乎不变，而弛豫体系明显减小。其实这是由于 HOMO 能量的升高和 LUMO 能量的降低。分子能级变化的原因，可以从分子轨道空间变化的分布来考虑。对于电子云或轨道，电势低处能量较高，HOMO、LUMO 正是分别移动到了能量较高和能量较低的位置，从而减少两者的差值。

是不是单纯的几何构型变化导致了电子结构的变化呢？我们将在电场下弛豫过的扩展分子重新在零电场下做了单点能计算，发现轨道并没有明显的不对称。这表明弛豫的 Au–OPE–Au 的分子轨道空间分布和分子能隙对于电场的作用比冻结体系敏感得多。

利用大 π 共轭体系作为分子导线或分子器件的研究很多，根据我们对一些分子体系（如聚乙炔、聚噻吩等）的研究，它们的电子结构在电场作用下发生类似于 OPE 的变化是非常普遍的。而电子结构又很大程度上决定了体系的 *I–V* 性质。所以，在电流计算中，电场作用下分子结构的优化是非常必要的。

6.2.3　OPE 分子结的 *I–V* 性质

本节在计算电流时，硫与金平面距离采用 1.95 Å，这是经过一系列的计算根据受力最小原则筛选的结果。在电子输运计算中电极具有半无限的边界条件，虽然这里只用 3 个金原子，但也近似地考虑到了两侧金电极对分子的影响。而由于计算软件架构的限制，目前的几个商品化软件不能自由优化两个电极之间的距离，所以才用常规的量子化学计算软件（如 Gaussian 或 Gamess 等）进行优化计算。图 6.10 给出了冻结和弛豫体系 *I–V* 曲线的对比，它们差距最大值在 20%左右。从图中可以观察到两者电子输运的非线性特征。在低偏压区域（低于 1.5 V），弛豫和冻结的 Au–OPE–Au 都表现出电流的缓慢增长和平缓的微分电导。当偏压高于 1.5 V 时，两者都快速增加，但弛豫分子的 *I–V* 行为看起来对电压更为敏感。

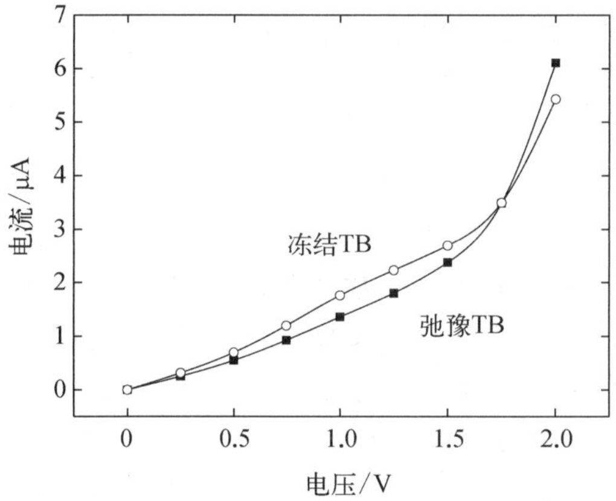

(a) *I–V*曲线

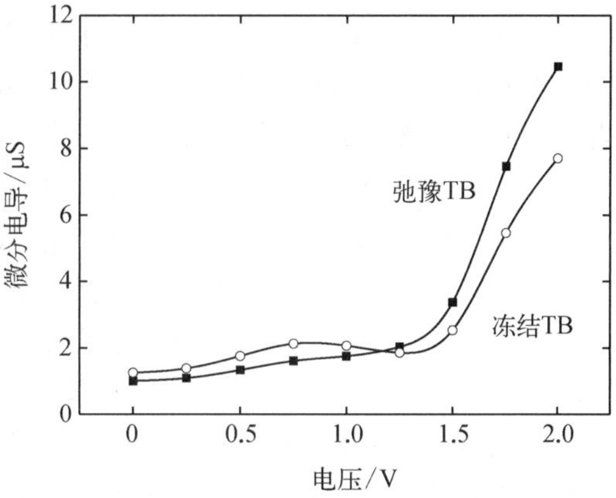

(b) 微分电导随电压的变化

图 6.10　OPE 分子结的输运行为

以上特征可以从扩展分子的电子结构来理解。前线分子轨道的离域性和分子能隙是决定分子导线电导的两个关键因素。离域的 π 共轭在电子输运以及分子内电子传递中扮演着重要的角色。一般而言，离域程度越高，分子内电子传递效率越高，反之亦然。从图 6.9 中可以看到，分子构型弛豫之后，弯曲的分子使前线轨道定域化，导致 π 共轭被削弱。另外，分子的电导和分子能隙有关。在这样的包含电极的扩展体系中，金电极的费米能级位于 HOMO 和 LUMO 之间，因此，电子输运的势垒和 E_g 相关。当其他因素保持相同时，其

近似和 E_g是成正比的。通过共轭结构和分子能隙,我们可以直观地理解几何优化对 $I-V$ 性质的影响。在低偏压时,LUMO 远离费米能级,电子输运的势垒高度对偏压是不敏感的。在此情况下,定域效应决定了电流,弛豫的分子结比冻结的分子结给出了更小的电流。然而当偏压足够大时,LUMO 能级下降,且 E_g也显著降低[图 6.9(b)]。因为 E_g和电子输运势垒直接相关,对于弛豫的分子结,高偏压下势垒有大幅度降低,所以电流增长快,并最终超过冻结分子。

总之,扩展分子的弛豫对前线分子轨道的离域性和分子能隙两个竞争因素有相反的影响,导致低偏压和高偏压下的主导因素不一致,使弛豫的扩展分子电导先小于而后大于冻结的 OPE 体系。应该注意的是,以上分析是基于 Au-OPE-Au 的扩展分子,包含了 OPE 和金硫接触界面,所以尚难以分清每个部分的电场效应。

6.2.4 OPE 分子结的透射谱

透射谱是 Landauer-Büttiker 公式里透射函数的直观展示。电子结构对电子输运的影响本质上也是对透射谱的影响,而且分析透射谱还可以得到更多的细节,大大加深对分子体系 $I-V$ 特征的认识。通过 Landauer-Büttiker 公式计算分子结的电流[8,9]:

$$I = \frac{2e}{h}\int_{-\infty}^{\infty} T(E,V_b)[f_L(E-\mu_L)-f_R(E-\mu_R)]\mathrm{d}E \tag{6.1}$$

式中,e 是电子电量;h 是普朗克常量;$T(E, V_b)$为透射系数,是特定偏压 V_b下能级 E 的函数;f_L和 f_R分别是左、右电极的费米-狄拉克分布函数;μ_L和 μ_R是左右电极的化学势,[$\mu_L(V_b)$, $\mu_R(V_b)$]表示对电流积分有贡献的能量区域,称为偏压窗口。这样,我们只需要分析一段有限能量区间的透射谱。

图 6.11 给出了在 0.25 V、1.0 V、1.75 V 和 2.0 V 偏压下,弛豫和冻结两种状态分子结的透射谱。图中所有的能量都是相对于费米能级的。为了更易于比较,在这个特定体系中,把透射谱分成三个部分,即能量低于-1 eV(左边区域)、大于 1 eV(右边区域),以及两者之间(中间区域)。左边区域主要由 HOMO 及更低的轨道贡献,右边则由 LUMO 和更高的轨道贡献,中间区域的电子主要由隧穿透射。在低偏压下,如 0.25 V 和 1 V,偏压窗口比较狭窄,在这个范围内透射系数相当小且变化平缓,导致电流和电导缓慢增长。当所施加的偏压达到 1.75 V 或更高时,弛豫和冻结模型的偏压窗口都扩大到可以部分包含左右两边的透射峰,这意味着电子开始通过一些高效率的通道,导致在这个偏压范围电流和电导的快速增长。

透射谱对于理解低偏压下弛豫和固定 Au-OPE-Au 的电流差别也是有益的。在图 6.11 中,我们可以看到在典型的偏压区域-0.5~0.5 V,弛豫体系的透射系数一般要略小于冻结体系[图 6.11(a)和(b)],所以弛豫分子的电流要小一点,反映了前线轨道定域化的影响。然而,当偏压增加到 1.75 V 以上时,由于分子能隙变化的关系,这个特征将反转[图 6.11(c)和(d)]。在这个偏压区域内,弛豫 Au-OPE-Au 的透射概率更大,所以电流也较大。

精确的分子电子器件的理论模拟方法与技巧是分子电子学关注的焦点。本节提出了一种简单的方法,使 NEGF 计算可以包含电场作用下的分子几何弛豫的影响。作为一个

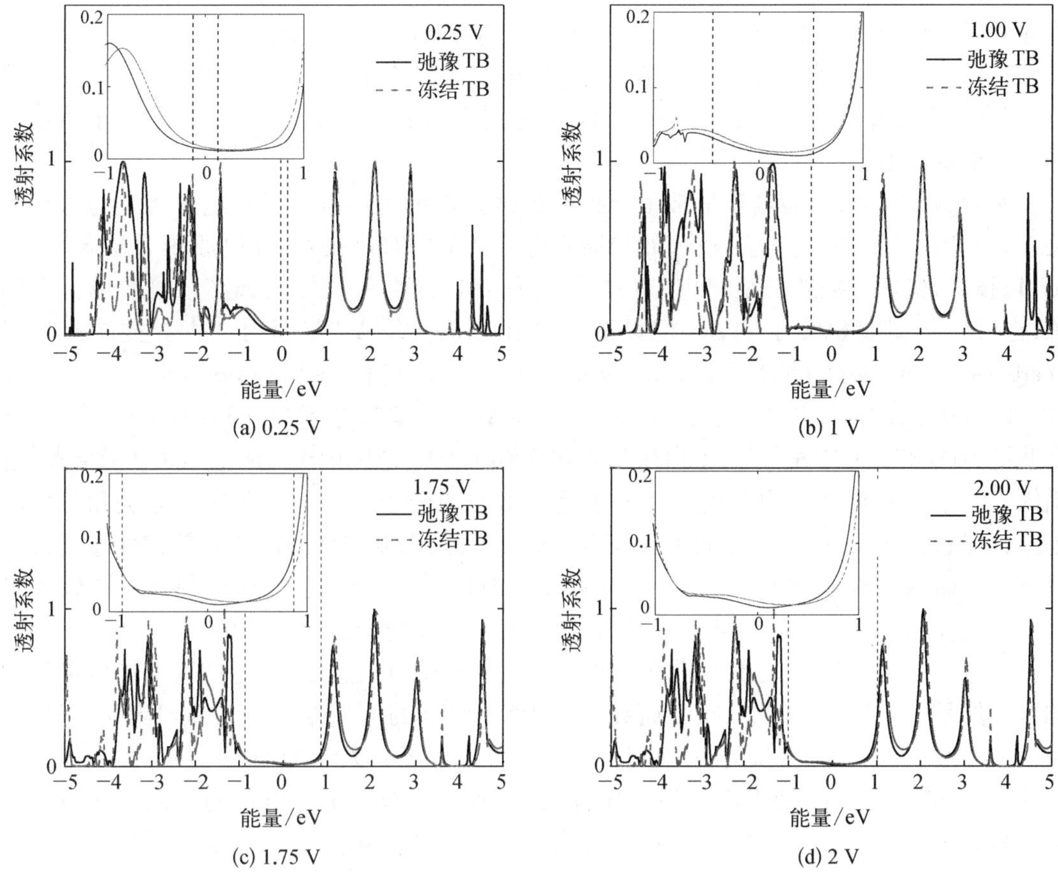

图 6.11　分子结在不同偏压下的透射谱(插图显示的是[-1, 1]区间的透射谱,虚线表示偏压窗口)

例子,用这个方法研究了典型的分子导线 OPE。结果发现,在电场作用下,分子几何构型和金硫接触面的结构弛豫可以导致电子结构(如 HOMO 和 LUMO 的空间分布及分子能隙)的明显变化,从而引起和冻结模型略有不同的输运行为。我们的模型大约修正了最高20%的绝对电流。从扩展分子的电子结构和几何弛豫效应出发,我们分析了这些现象的原因。尽管绝对误差对 OPE 体系不算大,曲线形状的差别更小(如忽略之,则对 OPE 的性质应该没有本质上的影响)但是对其他体系却难以下结论。因此,对于精确研究单一分子的电子输运性质,考虑其在电场中几何结构的弛豫还是很有必要的。

6.3　分子导线中电导与长度的关系

有机功能分子组装在两个金属电极之间,即构成一个简单的分子电子器件。分子导线是最基本的器件之一。金属导线的电阻随长度线性增加,但是分子导线与宏观金属导线有本质上的区别。揭示两者之间的差异既是一个重要的科学问题,也有助于建立分子电子器件的设计原则。研究已证明一些分子的电导随长度的增加呈指数衰减[10,11],衡量分子电导衰减的一个重要参数是衰减系数(β)。但是由于有机分子结构的多样性,电子传递的规律呈现多样性。而且当分子长度增长到某个临界值后,电子传递的机理也可能发生转变。因此,在设计分子电子器件之前,我们首先要掌握分子导线随长度的变化关系,即衰减系数β。此外,控制分子-电极界面也非常关键,因为界面也是影响分子结电导的一个重要因素。

实验测量方面,表面电化学常用于测量β,通过β的大小预测长程电子传递与链长的关系。而后发展的一些实验方法,如扫描隧道显微镜(STM)技术、导电原子力显微镜(C-AFM)技术、机械可控断裂结(MCBJ)技术、金属封口的纳米孔方法和滴汞接触单分子层等,也可以测得有机分子的β。烷烃链的β在0.8~1.1 $Å^{-1}$范围内[10,11]。类胡萝卜素(carotenoid polyenes)的β为(0.22 ± 0.04) $Å^{-1}$[12],炔烃桥(alkyne-bridged complex)为(0.04 ± 0.02) $Å^{-1}$[13],并苯分子为(0.50 ± 0.09) $Å^{-1}$[14],聚苯分子为0.35~0.5 $Å^{-1}$[10,15],单个肽链为(0.87 ± 0.7) $Å^{-1}$[16],蛋白质的β在0.8~1.4 $Å^{-1}$范围内[17],DNA在0.2~1.4 $Å^{-1}$范围内[18,19]。具有离域π电子的共轭分子是有潜力的分子导线。由于实验方法和条件的不同,文献报道的有机分子衰减系数也不一致。因此,需要提供相同的测量条件才可彼此对比。然而,由于工作量较大,统一的实验条件难以实现。而且,分子的热运动导致测量数据分散,因此需要对每一类分子进行大数据的统计才能给出可靠结果。

在过去的几十年中,尽管单分子电导测量技术有了巨大进步,但是实验上提供可靠的测量仍然是一个挑战。例如,很多研究组对DNA电导的测量结论不一致,Debije等认为DNA是绝缘体[20],Joy等认为DNA是半导体[21],另外还有人认为DNA是导体[22]甚至超导体[23]。实验测量的DNA电导的差异说明一个问题,即分子与电极的界面接触对分子电导具有重要的作用。另外,界面接触影响分子结的电流-电压($I-V$)曲线,例如,当碳纳米管的两端与不同金属连接时,正、负方向的$I-V$特点不同[24]。分子结的界面接触影响了电子传递机制,而界面又受到诸多因素的影响。其中连接基团是一个重要因素,如硫醇、胺基、羧基、吡啶和硒醇等。此外,STM和C-AFM测量中,针尖施加在自组装单分子层的压力也很重要。我们的研究证明,对针尖轻微施压,单分子层仅能形成物理接触,从而阻碍电子隧穿,导致电介质击穿[11,25]。由于上述种种因素,不同的实验方法获得的接触电阻数据不一致。因此,有机分子和电极之间的界面接触是另一个需要澄清的问题。

计算化学的发展对研究电子传递机制提供了有效方法。理论模拟方法的优势是可以构建可靠的界面接触,确保不同分子结具有相同的界面结构,抵消该因素的影响。本节的目的是系统地给出饱和分子与共轭分子的电子传递特点。利用DFT结合非平衡态格林函数(NEGF)方法考察系列代表性分子线的计算模型,包括烷烃(alkane)、扭转的聚苯(twisted polyphenylene, *t*-PP)、平面的聚苯(planar polyphenylene, *p*-PP)、聚呋喃(poly furan, PF)、寡聚亚苯基乙炔撑(oligo phenylene ethynylene, OPE)、寡聚亚苯基乙烯撑(oligo phenylene vinylene, OPV)、顺-反式聚乙炔(*cis-trans*-polyacetylene, *ct*-PA)和全反式聚乙炔(*trans*-polyacetylene, *t*-PA)。图6.12给出了相关分子的结构示意图。

为了得到稳定的分子构型,首先利用B3LYP杂化密度泛函理论,对所有原子使用赝势LANL2DZ基组进行几何结构的优化。然后在分子的两端引入巯基(—SH),其脱氢后通过化学吸附可与Au电极形成硫-金键。图6.12(a)给出了扩展分子的模型示意图,其

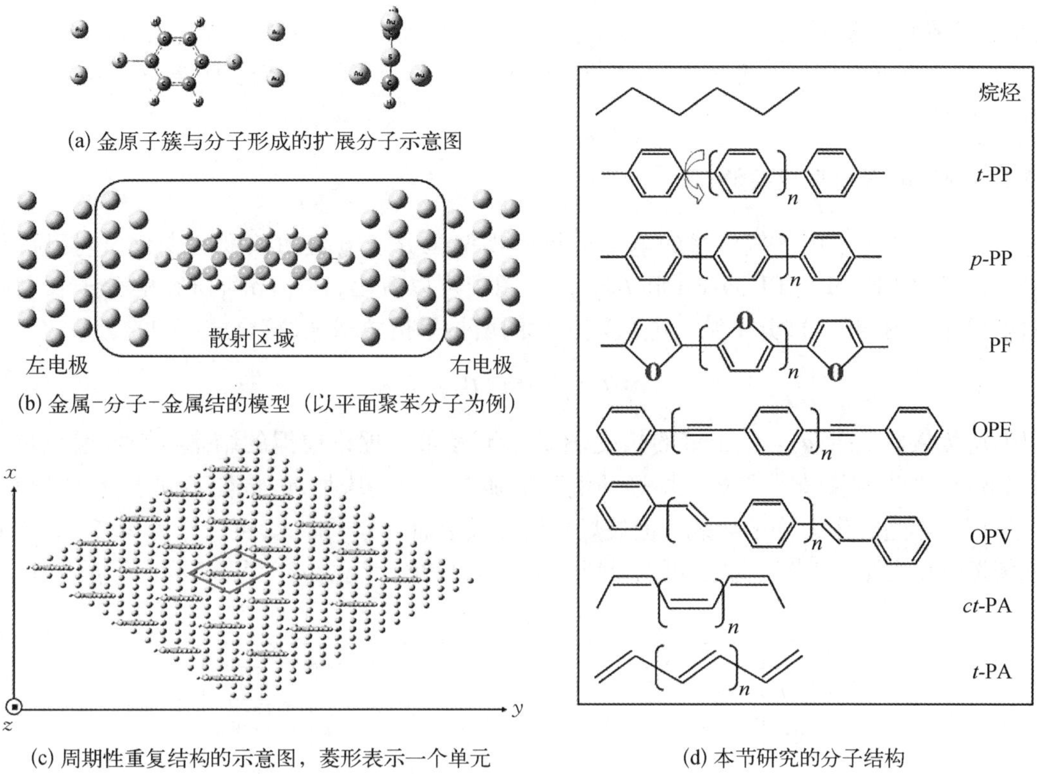

(a) 金原子簇与分子形成的扩展分子示意图

(b) 金属-分子-金属结的模型（以平面聚苯分子为例）

(c) 周期性重复结构的示意图，菱形表示一个单元

(d) 本节研究的分子结构

图 6.12　分子结的模拟模型与分子结构

中 Au 电极的(111)面用 3 个 Au 原子形成的原子簇表示，位于边长为 0.288 nm 的等边三角形的顶点，S 原子则位于三角形的中心（hollow 位），Au-S-Molecule-S-Au 的长轴定义为 z 方向。在 B3LYP/LANL2DZ 水平上对 Au-S-Molecule-S-Au 进行进一步的结构优化，优化中所有 Au 原子的相对位置固定，但金原子簇平面在 z 方向上自由移动。

为了考察界面与分子结构对电子传递的影响，利用密度泛函理论（DFT）结合非平衡态格林函数（NEGF）方法计算共轭分子的电导和电流-电压（I-V）曲线。首先从上述优化构型中提取出-S-Molecule-S-的坐标，将其转移到两个半无限 Au(111)电极之间。整个体系分为三部分，左电极、中心散射区和右电极，如图 6.12(b)所示。Au(111)面的(3×3)单包作为电极，分子耦合在两个 Au(111)半无限电极之间，即两电极在 x 和 y 方向上周期性重复。中心散射区的分子及电极表面原子进行全自洽场迭代计算。末端 S 原子与电极表面的距离设为 2.0 Å，对应体系的最低能量。进一步在两个电极之间施加偏压，用全自洽的非平衡态格林函数方法计算体系的电流。利用局域密度近似（local density approximation，LDA）方法计算电子相关-交换能，对内核电子使用 Troullier-Martin 赝势。对分子和电极（Au 原子）分别采用带有极化函数的双 ζ 基组（DZP）和带有极化函数的单 ζ 基组（SZP）。

为了在计算过程中保证分子结的周期性，中心散射区左边的表面层采用两层 Au 原子，而右边的表面层采用 3 层 Au 电极。其中 Au 电极为(111)面的 3×3 结构，每层 Au 含有 9 个原子。根据 Au 的面心立方结构，中心散射区的左边为(BC)密堆积，右边为(CBA)密堆积。在中心散射区以外，左边 Au 电极为 3 层 Au 原子的(BCA)堆积，而右边 Au 电极为 3 层 Au 原子的(CBA)堆积。因此，单个金属-分子-金属结的结构为(BCA) BC-分子-CBA (CBA)。

6.3.1　分子电导的衰减系数

图 6.13 给出了由零偏压时的电导换算的零偏压分子电阻随长度的变化，包括烷烃、*t*-PP、*p*-PP、OPE、OPV、PF、*ct*-PA 和 *t*-PA。从图中可以看出，在本节所研究的分子长度范围内(链长小于 40 Å)，分子结的电阻随长度的增长呈指数增加，符合式(6.2)：

$$R = R_c \exp(\beta d) \tag{6.2}$$

式中，R_c为接触电阻；d 为分子链的长度；β 为衰减系数。理论模拟的结果也与实验测量一致，如烷烃[10,11]和聚苯[10,15]等。烷烃的电阻值随链长急剧增加，该特征不同于其他共轭分子链，所以不适合作为分子导线。但烷烃是研究最全面的分子体系，可以作为参考。图 6.13 中，将拟合直线外推到长度为零，可以得到接触电阻 R_c和衰减系数β。表 6.2 列出了β 和 R_c。

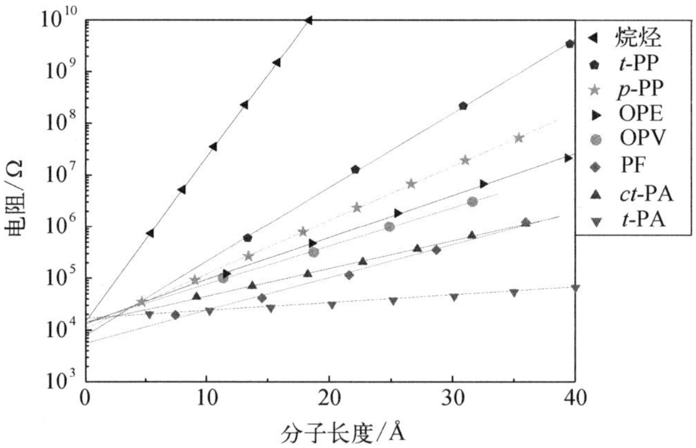

图 6.13　零偏压下的分子电阻与分子长度的关系

表 6.2　八个系列分子的β、R_c和无穷链长的能隙$(E_g)_\infty$

	烷烃	*t*-PP	*p*-PP	OPE	OPV	PF	*ct*-PA	*t*-PA
β/Å^{-1}	0.73	0.33	0.24	0.19	0.17	0.16	0.13	0.036
R_c/kΩ	7.3	3.9	5.5	6.6	7.0	2.5	7.1	8.2
$(E_g)_\infty$/eV	—	2.33	1.83	1.56	1.24	1.17	0.85	0.47

从表 6.2 中可以看出，饱和烷烃具有最大的β(0.73 Å^{-1})，与 Kaun 等理论模拟的结果 0.76 Å^{-1}一致[26]。然而，Müller 采用 S 与 Au 的顶点(top 位)连接的模型计算得到β 为 0.97 Å^{-1}[27]，理论模拟中不同的计算方法以及不同的分子构型和界面导致了这种差异。在 Müller 建立的模型中，烷基硫醇吸附在金电极的 top 位，该构型可对应 MCBJ 等暂态技

术测量单分子电导时分子与电极的瞬时连接。由于分子通过硫原子与一个 Au 原子连接，分子与电极之间的耦合较弱。因此，这种构象下会有更大的接触电阻。本节的模型基于稳定的自组装分子膜结构，而 STM 的成像观察已证明分子能够在 Au(111)面的 hollow 位进行有序组装。在这种构型下，分子与电极的耦合较强，因此分子结得到较小的界面电阻。

表 6.3 对比了实验测量和理论计算得到烷基长链的 β。例如，Xu 和 Tao 用 MCBJ 方法测得 $\beta\approx0.78$ Å^{-1}[28]，而 Haiss 得到 $\beta\approx0.41$ Å^{-1}[29]，显然该值过低，这反映出研究者所用的测量体系的可靠性有问题。Wandlowski 和 Evers 考虑单分子结的不同构型，发现测量得到衰减系数的差别来源于不同的构型，测得 β 分别为 0.75 Å^{-1}和 0.35 Å^{-1}[30]。我们利用 C-AFM 测量在金电极[31]和硅基底[11]表面通过组装的烷烃分子，β 分别为(0.88 ± 0.10) Å^{-1}和 1.48 Å^{-1}。尽管不同实验条件得到的结果有差别，但是本节得到的烷烃 β 是在文献给出的范围内。

表 6.3　文献中实验测量和理论计算得到的分子链的 β[部分文献中烷基链的 β 单位是每亚甲基($—CH_2—^{-1}$)，此处换算为 Å^{-1}，换算时亚甲基单元的长度采用 1.28 Å]

研究方法	β/Å^{-1}	研究方法	β/Å^{-1}
	烷烃	分子/纳米粒子桥技术	0.76 ± 0.05[32]
电化学	0.85[33]	自组装膜	0.87 ± 0.10[34]
电化学	1.0[35]	金属包覆纳米孔	0.79 ± 0.10[36]
电化学	0.91、1.31[37]	DFT/NEGF	0.69、0.66[30]
C-AFM	0.63 ± 0.10[38]	DFT/NEGF	0.74[26]
C-AFM	0.86 ± 0.10[31]	DFT/NEGF	0.97[27]
C-AFM	1.48[11]	Ab-initio	0.5~0.9[39]
C-AFM	0.94 ± 0.06[10]	DFT	0.70[40]
C-AFM	1.13[41]		**聚苯**
C-AFM	1.10[42]	交流伏安法	0.36[43]
C-AFM	0.88[44]	自组装膜	0.61 ± 0.10[34]
STM	0.41 ± 0.05[29]	C-AFM	0.35~0.50[15]
STM-BJ	0.78 ± 0.10[45]	C-AFM	0.42 ± 0.07[10]
STM-BJ	0.84[46]	DFT/格林函数	0.16 (平面) 0.26 (非平面)[47]
STM-BJ	0.79、0.77[48]	DFT/NEGF	0.40 (平面)[49] 0.51 (非平面)
STM-BJ	0.75、0.73、0.35[30]		**低聚并苯**
SPM	1.37 ± 0.03[50]	C-AFM	0.51[14]

从图 6.13 可以看出，在研究的八个系列分子中，同样长度时烷烃的电阻最大，不适于作分子导线。从分子的电子结构上，烷烃虽具有等间距的碳-碳单键，但不含有离域的电子，因此应归为分子电阻。而共轭分子具有交替的单-双键和离域的 π 电子，导电性比烷

烃好,更适于作分子导线。由于β与分子自身的电子结构密切相关,饱和分子的β与共轭分子差别很大,从烷烃的 0.73 $Å^{-1}$降低到 t-PA 的 0.036 $Å^{-1}$,遵循如下顺序:烷烃≫t-PP > p-PP > OPE > OPV > PF > ct-PA > t-PA。

在这些由共轭环组成的分子导线中,聚苯的空间位阻效应导致环间存在排斥作用,形成扭转构象。Grave 等认为分子内的扭转角不仅影响分子的电子结构,而且影响分子电导[51]。4.4 节阐述了分子电导与扭转角的关系,发现苯环之间的扭转角越大,分子导电性越弱。Venkataraman 等[52]和 Mishchenko 等[53]通过 STM 的研究发现,联苯类分子的电导与扭转角(θ)余弦的平方($\cos^2\theta$)有定量关系,当扭转角增大时分子电导降低。分子的扭转构象破坏了环间的共轭,也因此削弱了分子的导电能力。本节中,我们在真空条件下优化聚苯分子,苯环之间的扭转角为 31.2°~31.9°。而实验中的联苯自组装单分子层由于分子间的强相互作用,更倾向于平面结构[10,15,54,55]。由于扭转角破坏了分子上的 π 共轭,对于相同链长的分子,扭转聚苯分子的导电性低于平面构型。例如,当 $n = 7$ 时,p-PP 的电导是 t-pp 的 10 倍。而且,t-PP 的β为 0.33 $Å^{-1}$,p-PP 的β为 0.24 $Å^{-1}$,扭转聚苯的电导随链长衰减得更快。实验测量的聚苯自组装单分子层的β在 0.35~0.50 $Å^{-1}$[10,15]。Kaun 等理论计算得到的平面和扭转的聚苯分子β分别为 0.40 $Å^{-1}$和 0.51 $Å^{-1}$[49]。Kondo 等利用 DFT 和格林函数方法计算的β分别为 0.16 $Å^{-1}$和 0.26 $Å^{-1}$(表 6.3)[47]。通过与文献结果对比,可以发现本节对聚苯分子的研究与文献基本吻合,并且本节系列分子的比较采用完全相同的计算方法和界面结构,结果更具比较价值。

平面构型的共轭分子的输运行为比较相似,共轭环之间通过碳–碳单键连接(如 PP、PF),或者通过碳–碳双键和碳–碳叁键连接(如 OPV 和 OPE),形成刚性的分子骨架。由于此类分子的 π 共轭结构类似,β的差别较小,在 0.16~0.24 $Å^{-1}$。p-PP 和 PF 的重复单元之间通过碳–碳单键连接,因此在相同的链长条件下,电阻大于其他分子。由于两个苯环间的碳–碳键为 1.491 Å,大于两个呋喃间碳–碳键(1.425 Å),因此降低了 p-PP 中苯环之间的共轭,导致电阻较大。而 OPE 和 OPV 分子中的重复单元通过 π 键连接,在相同链长的情况下,分子电阻相似。

分子导线的电子结构也与几何构型密切相关。以上几类分子的重复单元都包含芳香环,与它们相比,聚乙炔分子(PA)的结构属于简单的线性共轭分子。聚乙炔由于其交替的单双键结构和良好的共轭,π 电子的移动能力最强,导电性也最好,因此掺杂的聚乙炔与铜导线的导电性相似,是一类有潜力的分子导线。从图 6.13 可以看出,t-PA 的电阻远小于相同长度的烷烃和其他共轭分子。在所研究的八个分子体系中,t-PA 的衰减系数最小,仅为 0.036 $Å^{-1}$。

t-PA 的 HOMO 与 LUMO 之间的能隙窄导致其极小的衰减系数,分子中的长程电子传递更有效。尽管 t-PA 和 ct-PA 都是平面构型,但是二者电子传递的特点差别较大。例如,ct-PA 的β为 0.13 $Å^{-1}$,而 t-PA 的β仅为 0.036 $Å^{-1}$,说明 t-PA 更适合用于分子导线。造成这种差别的原因是分子中的双键与电场的相对方向。从图 6.14 中可以看出,t-PA 分子具有连续的 HOMO,而 ct-PA 的 HOMO 不连续,且 ct-PA 的双键与电场平行,更易被极化,其单–双键长在电场中的差异会更显著,不利于电子传递。

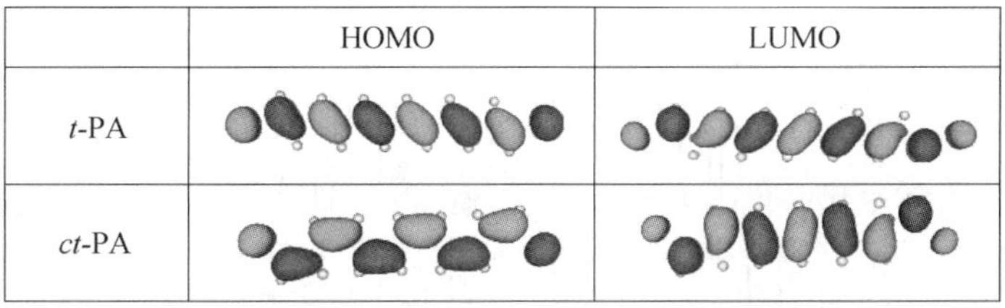

图 6.14　*t*-PA 和 *ct*-PA($n = 6$)的 HOMO 与 LUMO

6.3.2　透射谱

为了解释分子结构对电子传递的影响，我们绘制了分子的透射谱。根据 Landauer-Büttiker 公式[56]，分子电流近似看作对偏压窗口内的透射系数 $T(E, V_b)$ 的积分。图 6.15(a) 给出了烷烃(C4、C6 和 C8)在零偏压下的透射谱。由于烷烃的电子透射概率小，透射系数用对数坐标表示。电极的费米能级固定为 $E_F = 0$ eV。费米能级附近的两个透射带分别由 HOMO 和 LUMO 贡献。C4 透射带的宽度和高度都大于 C6 和 C8。从 C4 到 C8，HOMO 贡献的透射带的高度迅速降低，从 0.1 降低到 0.01，再到 0.001，近似呈指数变化。LUMO 透射带也有类似的衰减。但是，随着链长的增加，两者的位置基本不变。由于透射带的高度决定了该能级的透射系数，而零偏压下的分子电导又取决于费米能级处的透射系数，因此烷烃的电导随链长呈指数衰减。根据以上分析，我们可以发现，饱和烷烃的 β 与透射带高度的变化密切相关。

与饱和烷烃相比，共轭分子的透射谱表现出不同的特点。图 6.15(b) 给出了 *t*-PA ($n = 4$、8 和 12)的透射谱。当长度增加时，HOMO 和 LUMO 共振峰的高度(接近 1.0)都没有降低，但是峰位发生移动。HOMO 和 LUMO 都向费米能级靠近，尤其是 LUMO，表现更显著。而且，*t*-PA 的 HOMO 和 LUMO 的空间分布都离域在整个分子上，导致 *t*-PA 的共振峰高度远大于烷烃，说明 *t*-PA 的电子透射概率大。可见，理想共轭体系的 β 与前线分子轨道的移动有关。透射谱的不同变化规律说明在线性共轭分子与饱和烷烃内电子传递的机制有区别。Hu 等[57]和 Kaun 等[26]也指出共轭线性分子中电子传递是经过离域的 π 轨道，而饱和烷烃中电子传递经过定域的 σ 键。但其给出的这一直观理解并未涉及分子电子结构的本质。

与饱和烷烃和完美共轭的 *t*-PA 相比，大部分共轭分子导线的透射谱兼有二者的特点。图 6.15(c) 给出了聚呋喃 PF($n = 4$、8 和 12)的透射谱。PF 中的重复单元在一个平面结构内，可以称为平面共轭分子。当长度增加时，HOMO 共振峰的高度略有降低，透射系数减小。而且从 $n = 4$ 到 $n = 12$，LUMO 峰的位置向费米能级的方向移动。因此，平面共轭分子的 β 与两个因素有关。PF 的 HOMO 高度降低的幅度比烷烃小，说明 PF 的 β 小于饱和烷烃。此外，HOMO 共振峰与费米能级更近，其对零偏压电导的贡献也比 LUMO 的共振峰更大。

从以上三种类型的分子透射谱分析可以得到 β 与前线分子轨道的共振峰高度和峰位移动有关。图 6.15(d) 描述了不同性质的分子线中峰高和峰位对输运行为的决定关系。

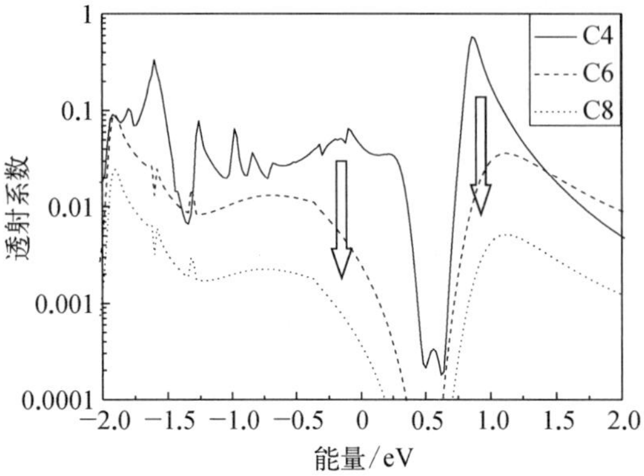

(a) 烷烃（C4、C6和C8）的透射谱

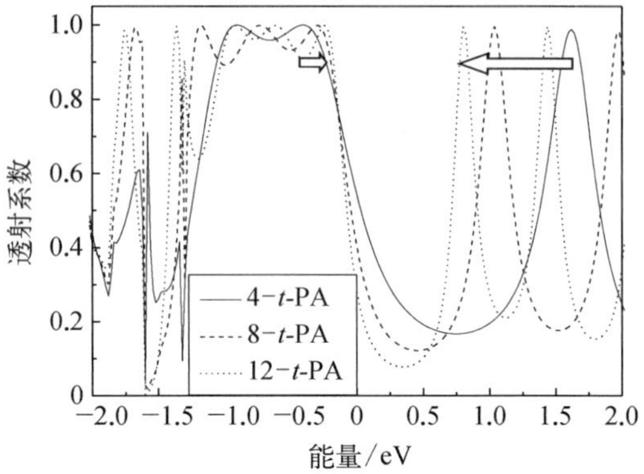

(b) 反式聚乙炔t-PA（n=4、8和12）的透射谱

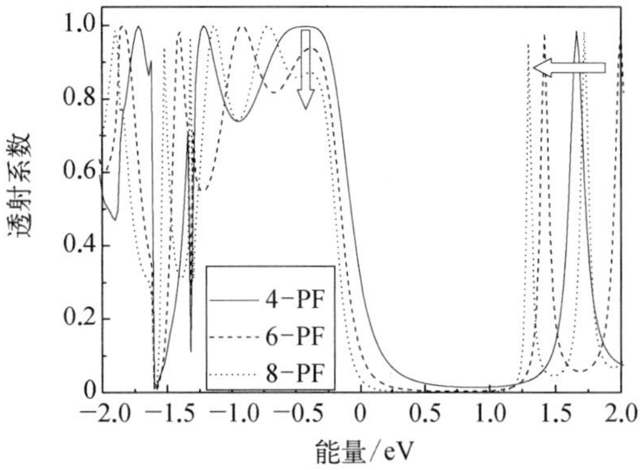

(c) 聚呋喃PF(n=4、8和12)的透射谱

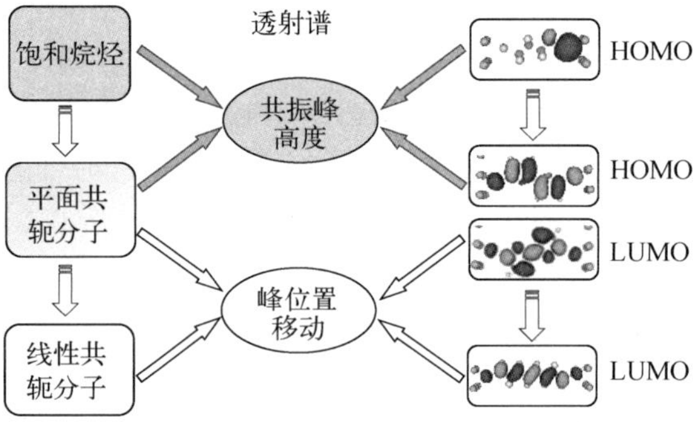

(d) 三个代表性体系中β与共振峰强度和峰位移动的关系

图 6.15 不同性质分子线的隧穿谱及其电子传递行为的本质

对于饱和烷烃，电子以直接隧穿为主，随着链长的增加，费米能级附近的弱透射带的降低决定了β。当分子的前线轨道完全离域时，如 t-PA，共振峰的位置的变化起主导作用。而对于平面共轭的其他分子，即介于饱和烷烃和高度共轭的 t-PA 之间的分子，前线轨道共振峰高度的降低和位置的移动都对β有贡献。因此，可以根据饱和分子和共轭分子在透射谱中的不同特征，理解分子线中的电子传递特征。

6.3.3 衰减系数与能隙的关系

当分子与金属电极之间有可靠的导电接触时，电子传递主要由分子自身性质决定，包括分子长度、分子构型、分子能隙(E_g)以及分子能级与电极费米能级的匹配等。能隙是分子电导的一个关键因素，与分子导线中电子隧穿的势垒密切相关[56]。

图 6.16(a)给出了共轭分子的能隙与分子长度倒数的线性关系。分子能隙E_g随长度的增加而降低，两者成反比关系。对E_g与链长的倒数进行线性拟合，并外推到 0 时，可以得到无穷链长的分子能隙$(E_g)_\infty$。无穷链长的能隙代表了分子链在绝对均匀的状态下的极限值。它完全消除了两端连接基团以及电极对分子链的作用。这些影响在链长较短时还是很明显的。在有限链长中，靠近两端的重复单元也与中间部分有差异，前几章的静态

研究中对此予以充分的展示。这些差异在无穷链长的极限中得到消除。共轭分子的 $(E_g)_\infty$ 值在表 6.2 中给出。其中,*t*-PP 的 $(E_g)_\infty$ 为 2.33 eV,大于本节中研究的其他共轭分子。而 *t*-PA 的 $(E_g)_\infty$ 最小,仅为 0.47 eV。

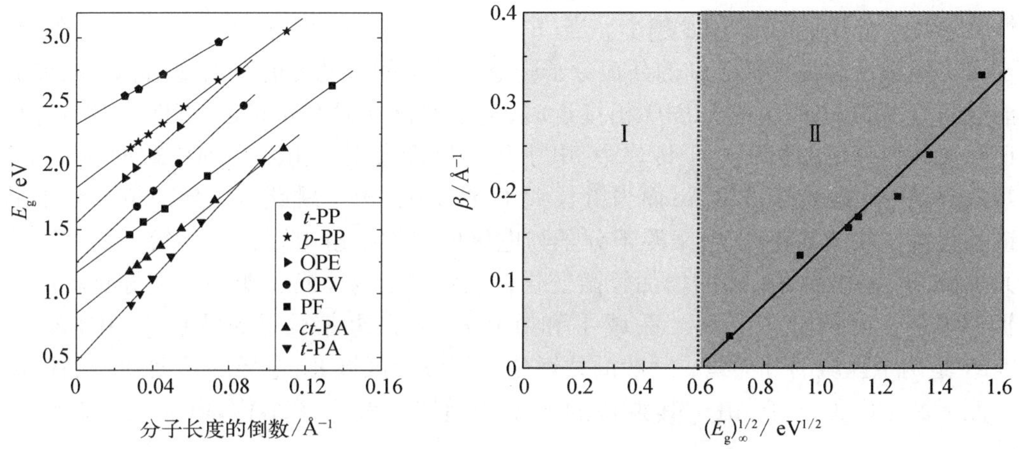

(a) 分子能隙与分子长度倒数的线性关系　　(b) 系列共轭分子的 β 与 $(E_g)_\infty$ 的关系

图 6.16　分子能隙与分子链长的关系

分子电阻随链长的增加呈指数升高,说明本节所研究的分子体系中隧穿机理占主导。而 Simmons 模型是简化的电子隧穿物理模型之一,得到广泛应用。它描述了电子隧穿过一个具有一定高度和宽度,且满足 WKB 近似的势垒的电流。在零偏压附近,通过一级近似得到线性的 $I-V$ 公式:

$$I = \frac{e^2AV}{h^2d}(2m\phi)^{1/2}\exp\left[\frac{4\pi d}{h}(2m\phi)^{1/2}\right] \tag{6.3}$$

式中,A 是界面接触面积;V 是施加的偏压;d 是势垒宽度;m 是电子质量;e 是电子电量;h 是普朗克常量;ϕ 是势垒的平均高度。从 Simmons 模型中可以得到 β 为[44]

$$\beta = \frac{4\pi}{h}\sqrt{2m\phi} \tag{6.4}$$

势垒 ϕ 与无穷链长的能隙 $(E_g)_\infty$ 相关,因此 β 也是 $(E_g)_\infty$ 的函数[56]。图 6.16(b)给出了系列共轭分子的 β 与 $(E_g)_\infty$ 的关系,两者之间符合式(6.5):

$$\beta = -0.19 + 0.32(E_g)_\infty^{1/2} \tag{6.5}$$

在本节研究的共轭分子中,β 的顺序为 *t*-PP > *p*-PP > OPE > OPV > PF > *ct*-PA > *t*-PA,而 $(E_g)_\infty$ 也遵循同样的规律。因此,根据经验公式(6.5),通过对比 $(E_g)_\infty$ 即可得到衰减系数,可以进一步预测分子电导随长度的变化情况。于式(6.5)把分子静态特征即分子能隙与动态的电子传递的行为联系起来,为研究分子导线的结构与电子输运提供了一条新途径。

通过以上研究我们可知，连接两电极间有限长度的有机分子的电子传递与金属导线显著不同。从图 6.13 可以看出，分子电阻随长度的增加呈指数升高，对应于图 6.16(b)的区域Ⅱ。在区域Ⅱ中的分子，当电极的费米能级位于分子能隙之间时，电子隧穿机理(tunneling)占主导，因此分子电阻随长度的增加而呈指数升高。式(6.5)中$(E_g)_\infty$和β的线性关系说明分子能隙越小，β越小。当$(E_g)_\infty$小于 0.35 eV 时，β为 0 或者不存在，此时分子属于区域Ⅰ。具有极小β的共轭分子中电子传递的机理可能发生变化。当电极的费米能级与分子的 HOMO 或 LUMO 相接近时，电子跳跃机理(hopping)可能占主导。Choi 等证明在共轭分子的长程电子传递中，电子传递机理会发生由隧穿到跳跃的转变[58,59]。在短链分子中电子隧穿占主导；而当链长大于 5 nm 时，电子跳跃占主导地位。对于电阻随链长缓慢增加的共轭分子，来源于分子与电极的界面接触电阻占比会较大。在区域Ⅰ的共轭分子，其电阻随长度的增加轻微变化，或者不变，这个特征类似于超导材料。此类共轭分子是良好的分子导线。区域Ⅰ和Ⅱ内的分子具有不同的特点，其中$(E_g)_\infty \approx$ 0.35 eV 是两个区域的分界线。一般的共轭分子都位于区域Ⅱ，电导随长度的增加迅速衰减。而区域Ⅰ内的分子，由于其独特的电子传递路径和电子结构，电导衰减缓慢或不衰减。

6.3.4 接触电阻与分子-电极耦合

金属-分子-金属结的电导也包含界面接触的贡献。表 6.2 给出了系列分子结的接触电阻R_c。对于本节研究的分子，都是通过巯基与 Au 电极连接，分子结的接触电阻R_c = (6.0 ± 2.0) kΩ，不同系列的分子结的接触电阻R_c都相似，并且实验测量的分子/金电极接触电阻约为 10 kΩ[10]，也与模拟的结果一致。Frisbie 等测量了烷烃通过巯基吸附在 Au 基底上的接触电阻为 18.5 kΩ[37]。而 STM 实验[48]结果表明，Au 电极上的烷烃自组装单分子层在高导电区和低导电区的R_c分别为 22 和 130 kΩ，Si(111)表面上自组装烷烃分子的R_c为(84 ± 15) kΩ[11]。这些实验测量都是采用巯基实现分子与电极的连接，与模拟有相似的结构。实验测量结果的波动范围较大，均大于计算模拟得到的R_c，这种差异一方面来源于模拟中完美的界面模型，另一方面可能来源于交换-相关泛函中的近似处理。例如，Li 等利用 NEGF/DFT 研究了对苯二胺的电导[60]，计算结果比实验测量结果大 6 倍[61]。Evers 等对交换-相关泛函的影响做了较详细的理论论述[62]。

Frisbie 等[44]和 Tao 等[63]已证明R_c与分子结构的关系较小，而电极材料、电极表面、连接基团和分子-电极之间的距离等对R_c的影响较大。例如，对于组装在不同金属电极上的烷基硫醇(分子两端都通过巯基与电极连接)，当金属功函增加时，R_c显著降低。而且分子两端都通过巯基与金属连接时，其R_c小于只有一端连接的分子结[44]。这是由于分子两端都是化学吸附时界面接触良好，因此R_c较小。

对比分子结的接触电阻与分子电阻，我们发现接触电阻对饱和烷烃和共轭分子的电子输运有不同的影响。饱和烷烃分子结的电阻较大，在 10^5 ~ 10^{10} kΩ 范围内。因此分子电阻主要来源于分子桥，接触电阻的影响非常小，可以忽略不计。但是高度共轭的 *t*-PA 分子结的电阻在 20~60 kΩ 范围内，其中接触电阻(约 12 kΩ)对其贡献了近一半。对于低电阻的分子结，界面耦合效应起主导作用；对于高电阻的分子结，界面耦合的作用更小。

通过 Landauer 公式[44,64]可以理解界面电阻的作用：

$$R = \frac{h}{2e^2NT} \tag{6.6}$$

式中，R 为分子电阻；e 为电子电量；h 为普朗克常量；N 为通道数量；T 为电子透射系数。根据式(6.6)，分子电阻取决于电子透射概率。金属-分子-金属结的总透射系数为 $T = T_{\mathrm{cL}}T_{\mathrm{m}}T_{\mathrm{cR}}$。其中，$T_{\mathrm{cL}}$和 T_{cR}分别表示左、右接触界面的透射系数，T_{m}表示分子的透射系数。共轭分子的 T_{m}近似为 1.0，如图 6.15 所示。在这种情况下，界面处的透射系数 T_{cL}和 T_{cR}对总透射系数 T 影响较大。因此，共轭分子结中界面接触电阻对分子结电阻的贡献较大。

由于分子与电极之间的耦合是接触电阻的主要因素，我们考察了共轭 t-PA 和饱和烷烃分子结的界面耦合效应。耦合的强度通过改变 S－Au 的距离来调节。图6.17(a)给出了 t-PA 分子不同 S－Au 距离下的分子电导。当 S－Au 在一定范围内增加时，t-PA 的电导首先增加。在 1.8～2.2 Å 的变化过程中，4-t-PA 的电导增加了 62%。在 2.6 Å 时电导达到最大。继续增加 S－Au 距离，电导降低。但是图 6.17(b)中烷烃分子的电导随 S－Au距离的增加而单调降低，在 1.8～2.2 Å 的变化过程中，C4 的电导降低了 15%。

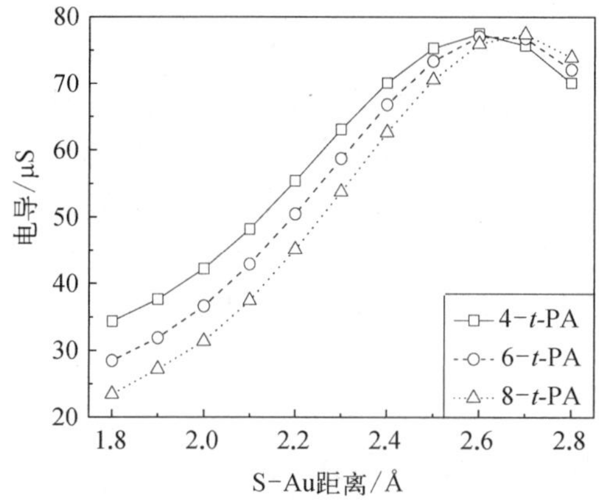

(a) 不同S－Au距离时t-PA（n=4，6和 8）的电导

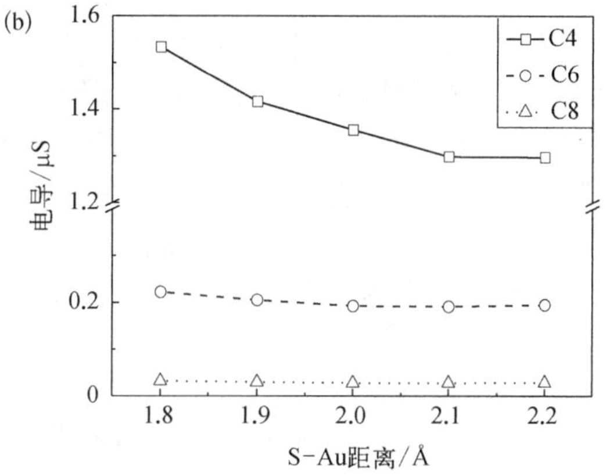

(b) 不同S－Au距离时烷烃（C4，C6和C8）的电导

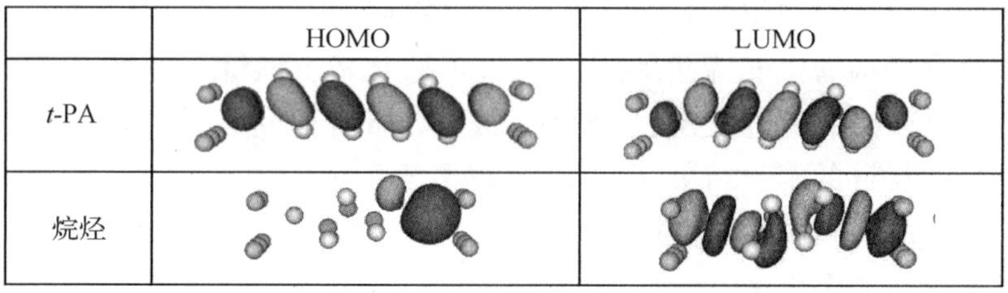

(c) t-PA和烷烃（n=4）HOMO与LUMO的轨道空间分布

图 6.17　分子-电极界面耦合对分子电导的影响

烷烃与 t-PA 的电导随 S－Au 距离的不同变化主要是界面处的不同耦合特征导致的。S 原子与 Au 的 d 轨道耦合，形成 d 带模型[65]。S 原子的 2p 轨道易于和 Au 的 3d 轨道作用，在 t-PA 分子结中分子与电极之间可以形成 π 共轭，如图 6.17(c)所示。因此，t-PA 倾

向于给 Au 的 3d 轨道贡献 π 电子。当 S–Au 距离增大时，这种贡献变弱。另外，随着 S–Au距离的增加，分子与电极的耦合变弱，但是利于分子内部的电子流动，因此电导增加。当耦合效应进一步减弱时，接触电阻的增加阻碍了电子传递，因此在 2.6 Å 后电导降低。

对于烷烃分子，HOMO 和 LUMO 定域在分子的一部分，如图 6.17(c)所示。Au 的轨道与 S 的 s、p_z和 p_y杂化，进一步与烷烃的 sp^3杂化轨道相互作用[26]。当 S–Au 距离较近时，分子与电极的作用较强，利于电子传递，但当 S–Au 距离增大时，作用减弱，所以分子电导单调降低。

离域的 π 电子对共轭分子 *t*-PA 的电子隧穿有主要贡献，而分子与电极的连接影响 π 电子的流动性。因此，当分子共轭长度增加时，电导与 S–Au 距离的关系也略有改变，但从图 6.17(a)中可知，三个长度之间差别并不显著。对于烷烃分子，界面处的轨道空间分布对电子隧穿有影响。HOMO 轨道定域在界面处的 S 原子上，当分子长度增加时，分子电阻占比要比界面电阻大得多，因此长链烷烃的电导随 S–Au 距离的变化更小。

本节中利用 DFT 结合 NEGF 方法研究了系列有机分子的电导及分子能隙。研究表明，分子电导随长度的增加呈指数衰减，八个系列分子的衰减系数 β 为 0.036 ~ 0.73 $Å^{-1}$。其中烷烃的 β 最大，而共轭 *t*-PA 的 β 最小。β 与分子结构密切相关。经过对分子透射谱的分析，发现饱和烷烃的 β 与透射带的衰减有关。但是在线性共轭分子 *t*-PA 中共振峰的移动占主导。研究还给出了 β 与分子能隙之间的定量关系。无穷链长时的分子能隙$(E_g)_\infty \approx 0.35$ eV 是一个分界线，当共轭分子的$(E_g)_\infty$小于该值时，分子电导随长度衰减缓慢或不衰减。本节中分子结的界面接触电阻为(6.0 ± 2.0) kΩ。尽管分子结构不同，但是分子都通过巯基与 Au 电极相连，形成稳定的硫–金化学键，因此接触电阻相似。饱和烷烃和共轭 *t*-PA 通过界面耦合与电极的作用不同，共轭体系受电极的影响更大。

6.4 分子导线中导电机理的转变

单分子电子输运机制中的若干精细环节能够通过实验手段得以验证。为了直接量化金属–分子–金属结构的伏安特性，科研人员在实验技术上取得了进展，开发了导电原子力显微镜(C–AFM)、扫描隧道显微镜(STM)以及机械可控断裂结(MCBJ)等高精度方法。基于一系列精心设计的实验结果，研究者提出了多种电子输运机制假说，包括共振隧穿、非共振隧穿、跳跃传导以及热激发过程等。这些机制深受分子尺寸、分子结构、环境温度以及界面接触状况等多重因素的影响。

实验和理论都预测，在较短的 D–B–A 体系中(D 表示电子给体，B 表示连接桥，A 则表示电子受体)，共振隧穿在电子输运中占主导地位[44,66,67]。而隧穿机理是表示电子透过一定高度和宽度的势垒的概率[图 6.18(a)]，并且穿过势垒后能够保持电子的相位。换句话说，在没有原子核运动的情况下，在势垒另一侧发现电子的概率是有限的。低偏压下的电流可以通过 Simmons 公式来表示[68]。分子的电阻随长度的增加呈指数增加，可由式(6.2)表示。

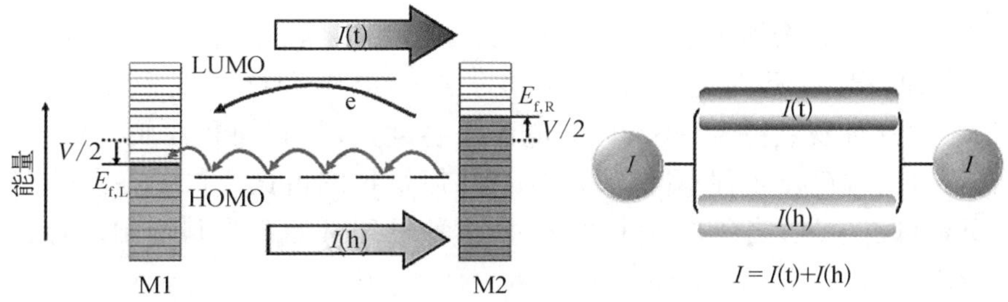

(a) 隧穿和跳跃机理的示意图

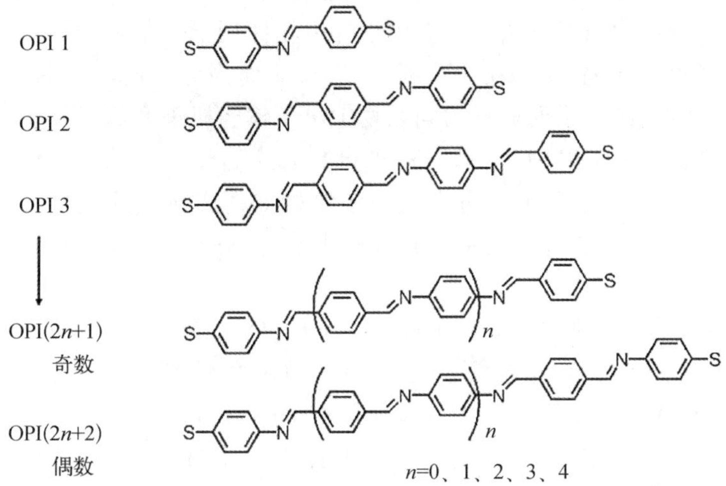

(b) OPI系列分子的结构

图 6.18　电子传递的主导机理及研究模型

注：M1 和 M2 表示金属电极。当在分子结上施加偏压 V 时，M2 的费米能级提高 $V/2$ eV，而 M1 的变化相反。I(t)是电子隧穿贡献的电流，I(h)是电子跳跃机理的贡献。

在长链分子的电子输运中，跳跃(hopping)机理占主导[图 6.18(a)]，其与温度的关系遵循经典的阿伦尼乌斯(Arrhenius)公式：

$$k_{ET} = k_{ET}^{\circ}\exp(-E_a/kT) \tag{6.7}$$

式中，k_{ET}是电子传递速率；k_{ET}°为指前因子；E_a 为活化能；k 为玻尔兹曼常量。由于跳跃机理是电子或空穴在相邻的相对稳定的位点之间的一系列转移，分子电导(电阻)没有表现出与分子长度 d 的指数关系[69,70]。

6.4.1　电子输运机制的转变

Choi 等通过实验测量了一系列共轭分子的电阻，直接观测到电子输运机理从隧穿转变为跳跃[58,59]。短链分子的电阻随长度的增加呈指数增加，属于隧穿机理。而长链分子的电阻随长度呈线性增加，对应跳跃机理。Lu 等在寡聚对苯乙炔撑[oligo(p-phenylene ethynylene)s]的研究中发现类似现象[71]，Tao 等在其他长链共轭分子中利用 STM-BJ 也发现类似现象[72]。通常认为，在分子体系中电子隧穿和跳跃机制可以在一定条件下转变。然而，Lambert 等认为两种电子输运机制并不互相排斥[73]，在同一个体系中两种电子输运可以同时出现，此时总电流等于电子隧穿电流和电子跳跃电流之和，如图 6.18(a) 所示。这种观点更合理些，因为电流是容度量，具有加和性质。对于一个特定的分子结，可以同时存在多种不同的传递机理，但每种的占比不同。在某些条件下，一种机理的贡献可占主导；当条件发生变化时，这种机理可能会受到抑制，而其他机理相对变成主导因素。

除了实验测量，还能够利用理论计算研究分子的电导，特别是在微观理论框架下，利用弹性散射理论描述隧穿机理，并且利用非平衡态格林函数(NEGF)[8]结合密度泛函(DFT)的处理方法。NEGF-DFT 方法广泛应用于外电场作用下分子电子器件的量子输运计算[74,75]。当分子长度较短时，模拟结果可靠[26,76,77]，然而当分子链较长时，尚无法明确模拟结果的可靠性。而且在一系列长度的同系物中电子输运机理在何时发生转变也需要从理论模拟结合实验数据来予以确认。另外，实验上电导随分子链长的变化关系只是电子输运机理转变的一个表观证据，但是分子的电子结构如何影响隧穿机理转变为跳跃机理还需深入探讨。因此，本节通过模拟系列的特征体系，阐明与电子跳跃机理相关的内在因素。

我们计算了寡聚亚苯基亚胺撑(oligophenyleneimine，OPI)分子结的输运行为，实验上已经利用 C-AFM 方法测量了其电导[58]。分子导线的长度从 12.9 增加到 71.7 Å，如图 6.18(b) 所示。每个 OPI 分子通过两端的巯基连接在金(111)电极上，形成金属-分子-金属结。巯基脱氢后化学吸附在 Au 电极上，S 原子吸附在 3 个 Au 原子组成的等边三角形的中心空位(hollow 位)。然后进行分子的结构优化，弛豫后的分子-电极之间的距离在 2.04~2.06 Å。

利用 NEGF 结合 DFT 方法计算分子结的电子输运性质，采用局域密度近似(LDA)泛函，对分子采用 DZP，对 Au 电极采用 SZP。电子输运计算的模型由三部分组成：左电极、中间散射区和右电极。半无限电极由两个周期性重复的(3×3) Au(111)面模拟。图 6.19(a) 和(b)展示了理论模型和一些重复单元。中间散射区包括左边 2 层 18 个金原子和右边 3 层 27 个金原子组成。实践证明，两层 Au(111)面能够屏蔽电极对分子的影响。然后，利用 Landauer-Büttiker 公式计算电导[8,9]。电导 $G = G_0T(E_F)$，G_0是量子电导，$G_0 = 2e^2/h$(e 是电子电荷，h 是普朗克常量)，$T(E_F)$是在费米能级 E_F处的透射系数。对金属-分子-金属结进行完全自洽计算，运用 NEGF-DFT 理论计算夹在金电极中分子的 $I-V$ 曲线。

为了寻找电子结构和电子传递机理之间的关系，我们也计算了分子能级、透射谱和重组能，因为分子导线传递电荷的能力在很大程度上取决于重组能[78]。采用传统量子化学计算方法计算电荷转移过程中所涉及的重组能。利用 B3LYP/6-31G* 基组优化中性态的几何结构，计算离子结构和能量时采用非限制性的 DFT 方法。

由于 OPI 分子含有胺基，N 原子导致分子呈现扭转的构象，如图 6.19(c) 所示。在 OPI 分子线中碳-氮键的扭转角绝对值在 27°~32°范围内。通过 DZP 获得的扭转角比 Frisbie 等利用 B3LYP/6-31G** 方法计算的结果略小。表 6.4 中列出了 OPI 低聚物的分

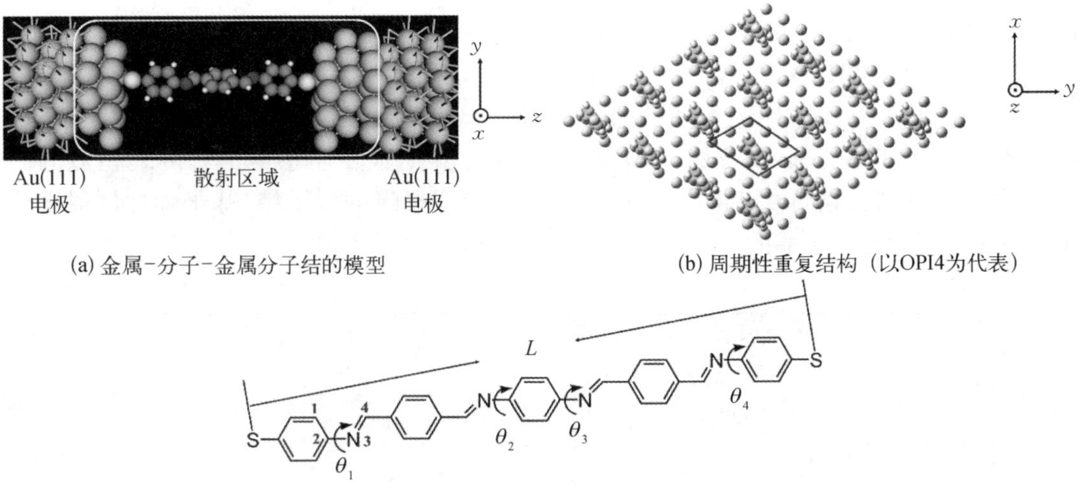

(a) 金属-分子-金属分子结的模型

(b) 周期性重复结构（以OPI4为代表）

(c) 分子的扭转角示意(分子长度L为两个硫原子之间的距离)

图 6.19　OPI 分子结构与分子结模型

子长度和二面角 θ 的详细数据。由于交错的构象破坏了分子链的 π 共轭结构，在一定程度上降低了分子的电导。因此，OPI 分子的电导小于相同长度的具有平面结构的寡聚亚苯基乙烯撑（OPV）的电导（见 6.3 节）。而且 OPI 的共轭结构因扭转被分割成几部分，对于长链分子，电子在势阱之间的跃迁成为输运的主要方式。同时，扭转的结构导致分子间的 π 堆叠作用减弱，因此分子间作用也可以忽略。

表 6.4　优化后的 OPI 系列分子的扭转角

	OPI 1	OPI 2	OPI 3	OPI 4	OPI 5	OPI 6	OPI 7	OPI 8	OPI 9	OPI 10
长度/Å	12.9	19.5	26.0	32.5	39.1	45.6	52.1	58.7	65.2	71.7
θ_1/(°)	−32.1	−30.5	−31.3	−30.7	−31.0	−31.4	−31.5	−31.2	−31.3	−31.2
θ_2/(°)		31.2	27.2	29.5	28.8	28.4	28.8	29.0	28.9	29.0
θ_3/(°)			−31.1	−28.7	−29.6	−29.3	−30.0	−29.2	−30.0	−29.4
θ_4/(°)				31.2	27.3	29.3	29.6	29.1	28.1	29.0
θ_5/(°)					−31.1	−27.9	−29.9	−29.0	−30.0	−29.1
θ_6/(°)						31.5	28.2	29.2	28.3	29.1
θ_7/(°)							−30.7	−28.9	−29.9	−28.8
θ_8/(°)								31.6	27.5	29.6
θ_9/(°)									−30.9	−28.7
θ_{10}/(°)										31.7

注：所有的扭转角单位为度(°)，分子的长度(L)是指两个硫原子之间的距离，如图 6.19(c)所示。

OPI 分子的电阻可以表示成分子长度（或重复单元的数目）的函数，图 6.20(a)描述了分子电阻与分子长度的半对数关系。在图中虚线左侧区域，理论计算得到的短链分子的电阻随长度呈指数增加，从 OPI 1 到 OPI 6 的线性拟合，符合式(6.2)。而且计算得到的短链 OPI 分子的衰减系数 β 为 0.25 Å^{-1}，与 C-AFM 的实验结果 0.30 Å^{-1} 接近[58]，略大于平面共轭性更好的 OPE 和 OPV 分子链(见 6.3 节)。电阻随长度的指数增加说明分子链长度小于 50 Å 时电子输运以隧穿机理为主，以往在其他很多体系中也观测到相似的结果[26,76,77,79]。因此，我们可以得出结论，由短分子导线构筑的分子结，基于弹性散射理论框架的模拟是合理和可靠的。

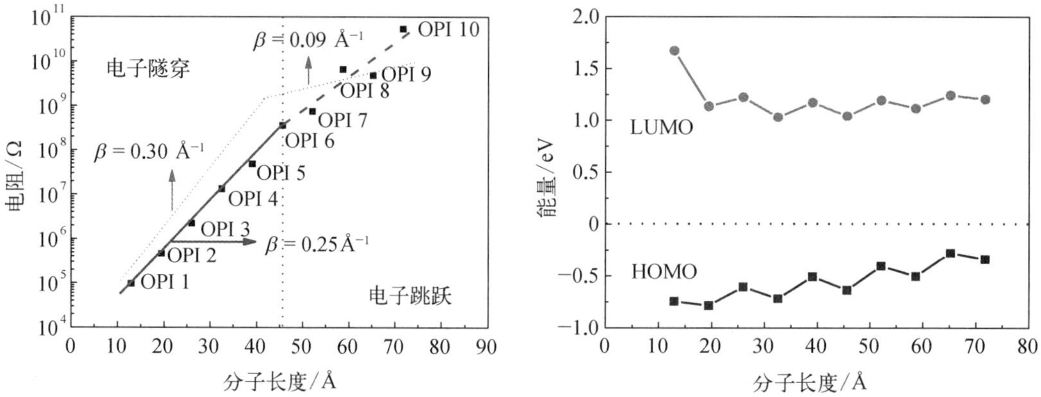

(a) 理论计算获得的分子电阻的半对数图［方形点表示计算的电导数据，实线是OPI1到OPI6的线性拟合，从斜率得到 β 为0.25 Å^{-1}。垂直的虚线将链长分成两部分，左右分别对应隧穿和跳跃机理。点线表示实验测量结果，拟合得到 β 为0.30 Å^{-1} 和0.09 Å^{-1}[58]，分子长度 L 见图6.19(c)］

(b) 分子的HOMO和LUMO能级

图 6.20　OPI 分子链的电阻和能隙与其长度的关系

当分子链长超过 50 Å 时，基于弹性散射理论模拟的电阻仍然快速增加，如图 6.20(a)虚线的右侧所示。当电阻达到 GΩ 级别(从 OPI 6 的 0.35 GΩ 到 OPI 10 的 54 GΩ)，电阻的波动非常明显，这显然与计算软件的计算精度、收敛标准等有关。例如，OPI 9 的电阻甚至小于 OPI 8。基于相同理论框架的模拟预测并没有给出电阻随分子链长增加的转变点。相反，在 Choi 等的实验中，当分子链长达到 40 Å 时，电阻与长度的关系转变点非常明显［图 6.20(a)中的点线］，说明电子输运机理从隧穿变为跳跃[58]。为了便于比较，我们在图 6.20(a)中给出了实验测量的转变点之后的 β(0.09 Å^{-1})[58]。该值接近于 0，说明电阻对链长的依赖性很弱，甚至这一区间电阻的对数不再与链长呈线性关系，符合跳跃模型的特点。此外，还可以观察到，当分子长度处于临界点附近，体系内隧穿和跳跃机理可能同时存在[67]，转变点只是显示了主导机制的变化。对于 OPI 6 分子，跳跃机理占主导，贡献比隧穿大。然而理论计算中只考虑了电子隧穿的贡献，因此 Choi 等测量的转变点出现在计算的转变点(50 Å)之前。

此外，理论计算得到的电阻一般低于实验结果，部分原因是交换相关泛函中采用的近似[62]。以往的研究也发现实验测量的对苯二胺的电阻[80]是 NEGF-DFT 的模拟值[61]的 6 倍。对于短链的 OPI 1 分子，其电阻计算值大约为 10^5 Ω，也稍低于实验值，如图 6.20(a)

所示。然而，对于长链的分子，理论计算得到的电阻逐渐大于实验值(当重复单元为 8 时，计算值超过实验值)。分子链长较大时，电子跳跃机理对电流的贡献变大，而理论模拟忽略了这部分贡献，导致模拟的电阻较大。实验测量的长链分子具有较低的 β 也表明，跳跃机理在长链分子中逐渐占主导地位。通过理论模拟与实验测量的对比可以得出，如果只考虑隧穿机理，则理论计算不能准确地预测长链分子的导电性。

宏观表现的(唯象的)电阻与链长关系可以由更本质更微观的分子性质来阐明。分子前线轨道能级与电子输运行为密切相关，与电子输运机理的转变也有联系。图6.20(b)描述了前线分子轨道能级随链长的变化。对于 OPI 分子，HOMO 能级比 LUMO 更靠近体系的费米能级，而且 HOMO 相对费米能级的距离($E_F - E_{HOMO}$)随着分子链长的增加呈奇偶性波动，并持续减小，从 OPI 1 的 0.74 eV 变为 OPI 9 的 0.38 eV。HOMO 能级越来越靠近费米能级，表示从 HOMO 轨道失去一个电子比较容易。另外，当分子长度增加时，分子的 LUMO 能级同样向费米能级移动，表明电子更容易从电极跳跃到 LUMO 轨道，它也同样表现出奇偶振荡。因此，环境的热激发(kT 在 300 K 时为 0.026 eV)有利于从分子到电极的电子跃迁，促进了跳跃机理。

分子能级反映的是分子结的静态性质，而透射谱体现了动态的输运特征。如图6.21(a)所示，费米能级($E_F = 0$)左侧第一个峰为主要由 HOMO 贡献的共振峰，右侧第一个则为 LUMO 共振峰。由图 6.20(b)可知，随链长增加，HOMO 能级更加靠近费米能级，然而透射谱还表现了另外一个特点，即链长增加后，HOMO 的透射峰变得更陡峭，导致费米能级处的透射系数也急剧衰减。例如，OPI 1 分子在费米能级处的透射系数为 0.13，说明短链分子的隧穿概率较高。而 OPI 6 的透射系数衰减到 3.6×10^{-5}，这么低的透射概率

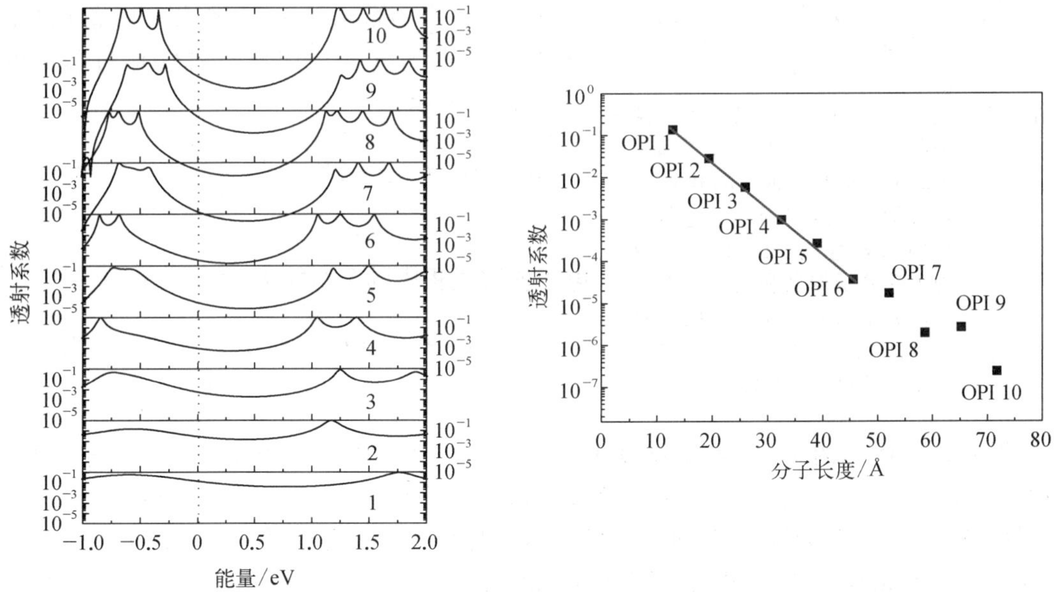

(a) OPI系列分子在零偏压下透射谱的半对数图

(b) 费米能级处的透射系数随长度变化的半对数图(实线是OPI 1至OPI 6透射系数的线性拟合)

图 6.21　分子结的透射谱随链长的变化

说明隧穿对电流的贡献变小,在长链分子中电子更倾向于采用跳跃机理传输。图6.21(b)给出了 OPI 系列分子在费米能级的透射系数,其中 OPI 1~OPI 6 的透射系数呈明显的指数衰减,但分子链长增大到 50 Å 以后,透射系数非常低,与链长的指数关系不再明显。

6.4.2　重组能对输运机制的影响

电子跳跃机理是由多步电子转移组成的,包括电子从电极注入分子桥以及电子在 π 共轭单元之间的转移。单步电子跳跃相当于一个电子转移反应,而相邻单元交换电子或空穴,则一个单元是中性,另一个单元是离子态。电子以跳跃机理流动的速率比隧穿慢得多,也会在分子链上短暂地停留,甚至改变分子的构型。根据 Lambert 等[73]和 Sakanoue 等[81]的研究,在 σ 键连接的 π 共轭分子中,重组能 λ 是决定载流子迁移率的一个重要因素。因此,我们考察了 OPI 分子的重组能,以阐述电子输运机理转变的内在因素。

对于每个分子,我们计算了 4 个能量值:结构弛豫后中性分子的能量(E)对应于中性分子势能曲线的最低点(1);采取离子构型的中性分子的能量(E^*),因为其为中性分子,在中性分子的势能曲线上,但采用离子态的构型,所以对应离子态势能曲线能量最低点的分子坐标,即点(2);中性分子构型下的离子态能量($E_{\pm}^*$),对应离子态势能曲线上的位置(3);构型弛豫后离子态的能量($E_{\pm}$),即离子态势能面上的最低点(4)。空穴和电子迁移,分别对应氧化态 λ_+和还原态 λ_-。如图 6.22 所示,这两个过程可以分别表示为重组能 λ_1(OPI 分子电离)和 λ_2(OPI 离子得到电子),因此空穴转移过程中的重组能 λ_+表示为

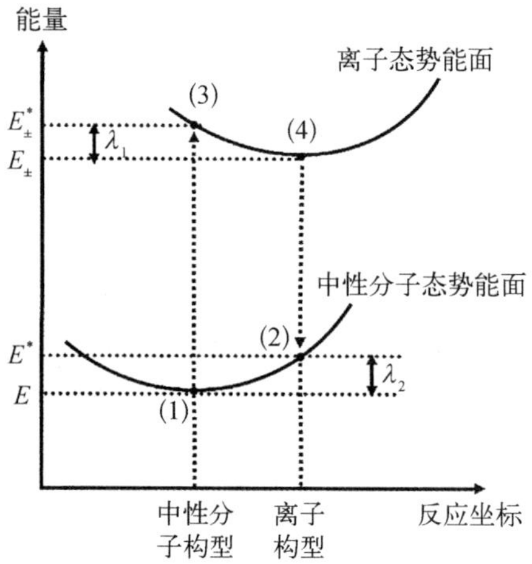

图 6.22　电荷转移过程中的重组能(两条曲线分别代表中性分子和离子态分子的势能面。λ_1和 λ_2分别表示失去或得到一个电荷过程中的重组能。E 和 E^* 分别为中性分子构型和离子构型下中性分子的能量,$E_{\pm}^*$ 和 $E_{\pm}$分别为中性分子构型和稳定离子态构型下的离子态的能量)

$$\lambda_+ = \lambda_1 + \lambda_2 = (E_+^* - E_+) + (E^* - E) \tag{6.8}$$

电子转移过程中的重组能 λ_-可以表示为[78,81]

$$\lambda_- = \lambda_1 + \lambda_2 = (E_-^* - E_-) + (E^* - E) \tag{6.9}$$

根据结构优化的结果,大部分 OPI 分子的离子结构中扭转角小于中性分子,只有 OPI 1阳离子的二面角较大,θ 为 90°。短链 OPI 离子态的扭转角 θ 在 10°~20°,比中性分子明显降低,结构趋向平面。这种巨大的结构差异导致短链分子的总重组能非常大。图 6.23(a)和(b)描述了系列 OPI 分子在空穴和电子转移过程的 λ,从图中可以看出两个重要的特征。首先,同一长度的分子链(OPI 1 除外),空穴迁移过程的重组能 λ_+低于电子迁移过程的重组能 λ_-,表示空穴迁移对于 OPI 分子更为显著。其次,当分子链增加时,λ_+和 λ_-基本都减小,与扭转角变化一致。对于空穴迁移过程,λ_+从 OPI 1 的 0.991 eV 减小为

OPI 10 的 0.120 eV,长链分子较低的重组能更利于空穴跃迁在输运过程中占主导。因此,多步电子跳跃机理占主导的长链分子的电阻与长度的关系不符合式(6.2),弹性散射理论并不能很好地处理非连续的多步电子跳跃过程。

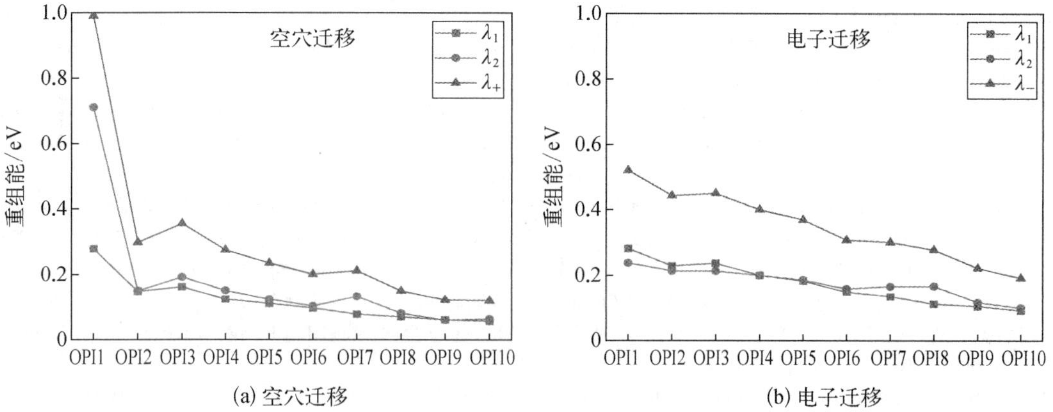

图 6.23 OPI 系列分子的重组能(利用非限制性的 UDFT,采用 B3LYP 泛函和 6-31G* 基组计算)

电子隧穿与跳跃机理对分子结的总电流都有贡献,当分子链长增加时,电子输运可能会逐渐从隧穿变化到跳跃机理。在理论模拟中,弹性散射理论能够很好地预测电子隧穿对电流的贡献,因此,对短链分子的电导计算结果是可靠的。然而,当电子跳跃机理占主导时,用同样的方法计算,结果将偏离实验测量值。此外还发现,电子输运机理的类型与前线分子轨道的能级和重组能有关。长链 OPI 分子的低重组能利于电子跳跃机理占主导。本节的研究为选择合适的理论方法模拟分子结的电子输运提供重要的指导。

参 考 文 献

[1] Zangmeister C D, Robey S W, van Zee R D, et al. Fermi level alignment and electronic levels in "molecular wire" self-assembled monolayers on Au[J]. The Journal of Physical Chemistry B, 2004, 108(41): 16187-16193.

[2] Chen J, Reed M A, Rawlett A M, et al. Large on-off ratios and negative differential resistance in a molecular electronic device[J]. Science, 1999, 286(5444): 1550-1552.

[3] Zhou C, Deshpande M R, Reed M A, et al. Nanoscale metal/self-assembled monolayer/metal heterostructures[J]. Applied Physics Letters, 1997, 71(5): 611-613.

[4] Seminario J M, Zacarias A G, Derosa P A. Theoretical analysis of complementary molecular memory devices[J]. The Journal of Physical Chemistry A, 2001, 105(5): 791-795.

[5] Hall L E, Reimers J R, Hush N S, et al. Formalism, analytical model, and a priori Green's-function-based calculations of the current-voltage characteristics of molecular wires[J]. The Journal of Chemical Physics, 2000, 112(3): 1510-1521.

[6] Yaliraki S N, Roitberg A E, Gonzalez C, et al. The injecting energy at molecule/metal interfaces: Implications for conductance of molecular junctions from an *ab initio* molecular description[J]. The Journal of Chemical Physics, 1999, 111(15): 6997-7002.

[7] Taylor J, Brandbyge M, Stokbro K. Theory of rectification in tour wires: The role of electrode coupling[J]. Physical Review Letters, 2002, 89(13): 138301.

[8] Datta S. Electronic transport in mesoscopic systems[M]. Cambridge: Cambridge University Press, 1995.

[9] Meir Y, Wingreen N S. Landauer formula for the current through an interacting electron region[J]. Physical Review Letters, 1992, 68(16): 2512-2515.

[10] Wold D J, Haag R, Rampi M A, et al. Distance dependence of electron tunneling through self-assembled monolayers measured by conducting probe atomic force microscopy: Unsaturated versus saturated molecular junctions[J]. The Journal of Physical Chemistry B, 2002, 106(11): 2813-2816.

[11] Zhao J W, Uosaki K. Electron transfer through organic monolayers directly bonded to silicon probed by current sensing atomic force microscopy: Effect of chain length and applied force[J]. The Journal of Physical Chemistry B, 2004, 108(44): 17129-17135.

[12] He J, Chen F, Li J, et al. Electronic decay constant of carotenoid polyenes from single-molecule measurements[J]. Journal of the American Chemical Society, 2005, 127(5): 1384-1385.

[13] Grosshenny V, Harriman A, Ziessel R. Towards the development of molecular wires: Electron localization, exchange, and transfer in alkyne-bridged multinuclear complexes[J]. Angewandte Chemie (International Ed), 1996, 34(23-24): 2705-2708.

[14] Kim, Beebe J M, Jun Y, et al. Correlation between HOMO alignment and contact resistance in molecular junctions: Aromatic thiols versus aromatic isocyanides[J]. Journal of the American Chemical Society, 2006, 128(15): 4970-4971.

[15] Ishida T, Mizutani W, Aya Y, et al. Electrical conduction of conjugated molecular SAMs studied by conductive atomic force microscopy[J]. The Journal of Physical Chemistry B, 2002, 106(23): 5886-5892.

[16] Xiao X Y, Xu B Q, Tao N J. Conductance titration of single-peptide molecules[J]. Journal of the American Chemical Society, 2004, 126(17): 5370-5371.

[17] Winkler J R, Gray H B. Electron transfer in ruthenium-modified proteins[J]. Chemical Reviews, 1992, 92(3): 369-379.

[18] Kelley S O, Barton J K. Electron transfer between bases in double helical DNA[J]. Science, 1999, 283(5400): 375-381.

[19] Meggers E, Michel-Beyerle M E, Giese B. Sequence dependent long range hole transport in DNA[J]. Journal of the American Chemical Society, 1998, 120(49): 12950-12955.

[20] Debije M G, Milano M T, Bernhard W A. DNA responds to ionizing radiation as an insulator, not as a "molecular wire"[J]. Angewandte Chemie (International Ed), 1999, 38(18): 2752-2756.

[21] Joy A, Guler G, Ahmed S, et al. Polaronic semiconductor behavior of long-range charge transfer in DNA oligomers in solution: Controlling barriers to long-distance radical cation migration in DNA with thymine analogs[J]. Faraday Discussions, 2006, 131: 357-365.

[22] Lindegaard D, Wood D O, Wengel J, et al. Electron injection from the side of an M-DNA duplex [J]. Journal of Biological Inorganic Chemistry, 2006, 11(1): 82-87.

[23] Kasumov A Y, Kociak M, Guéron S, et al. Proximity-induced superconductivity in DNA[J]. Science, 2001, 291(5502): 280-282.

[24] Yang M H, Teo K B K, Milne W I. Carbon nanotube schottky diode and directionally dependent field-effect transistor using asymmetrical contacts[J]. Applied Physics Letters, 2005, 87(25): 253116.

[25] Zhao J W, Davis J J, Sansom M S P, et al. Exploring the electronic and mechanical properties of protein using conducting atomic force microscopy[J]. Journal of the American Chemical Society, 2004, 126(17): 5601-5609.

[26] Kaun C C, Guo H. Resistance of alkanethiol molecular wires[J]. Nano Letters, 2003, 3(11): 1521-1525.

[27] Müller K H. Effect of the atomic configuration of gold electrodes on the electrical conduction of alkanedithiol molecules [J]. Physical Review B, 2006, 73(4): 045403.

[28] Xu B Q, Xiao X Y, Tao N J. Measurements of single-molecule electromechanical properties[J]. Journal of the American Chemical Society, 2003, 125(52): 16164-16165.

[29] Haiss W, Nichols R J, van Zalinge H, et al. Measurement of single molecule conductivity using the spontaneous formation of molecular wires[J]. Physical Chemistry Chemical Physics, 2004, 6(17): 4330-4337.

[30] Li C, Pobelov I, Wandlowski T, et al. Charge transport in single Au/alkanedithiol/Au junctions: Coordination geometries and conformational degrees of freedom[J]. Journal of the American Chemical Society, 2008, 130(1) 318-326.

[31] Zhao J W, Uosaki K. Formation of nanopatterns of a self-assembled monolayer (SAM) within a SAM of different molecules using a current sensing atomic force microscope[J]. Nano Letters, 2002, 2(2): 137-140.

[32] Chu C, Na J S, Parsons G N. Conductivity in alkylamine/gold and alkanethiol/gold molecular junctions measured in molecule/nanoparticle/molecule bridges and conducting probe structures[J]. Journal of the American Chemical Society, 2007, 129(8): 2287-2296.

[33] Weber K, Hockett L, Creager S. Long-range electronic coupling between ferrocene and gold in alkanethiolate-based monolayers on electrodes[J]. The Journal of Physical Chemistry B, 1997, 101(41): 8286 - 8291.

[34] Holmlin R E, Haag R, Chabinyc M L, et al. Electron transport through thin organic films in metal-insulator-metal junctions based on self-assembled monolayers[J]. Journal of the American Chemical Society, 2001, 123(21): 5075 - 5085.

[35] Sachs S B, Dudek S P, Hsung R P, et al. Rates of interfacial electron transfer through π-conjugated spacers[J]. Journal of the American Chemical Society, 1997, 119(43): 10563 - 10564.

[36] Lee T, Wang W Y, Reed M A. Mechanism of electron conduction in self-assembled alkanethiol monolayer devices[J]. Annals of the New York Academy of Sciences, 2003, 1006(1): 21 - 356.

[37] Slowinski K, Chamberlain R V, Miller C J, et al. Through-bond and chain-to-chain coupling. Two pathways in electron tunneling through liquid alkanethiol monolayers on mercury electrodes[J]. Journal of the American Chemical Society, 1997, 119(49): 11910 - 11919.

[38] Cui X D, Zarate X, Tomfohr J, et al. Making electrical contacts to molecular monolayers[J]. Nanotechnology, 2002, 13 (1): 5 - 14.

[39] Liang C X, Newton M D. *Ab initio* studies of electron transfer. 2. Pathway analysis for homologous organic spacers[J]. The Journal of Physical Chemistry, 1993, 97(13): 3199 - 3211.

[40] Picaud F, Smogunov A, Corso A D, et al. Complex band structures and decay length in polyethylene chains[J]. Journal of Physics Condensed Matter, 2003, 15(22): 3731 - 3740.

[41] Wold D J, Frisbie C D. Formation of metal-molecule-metal tunnel junctions: Microcontacts to alkanethiol monolayers with a conducting AFM tip[J]. Journal of the American Chemical Society, 2000, 122(12): 2970 - 2971.

[42] Wold D J, Frisbie C D. Fabrication and characterization of metal-molecule-metal junctions by conducting probe atomic force microscopy[J]. Journal of the American Chemical Society, 2001, 123(23): 5549 - 5556.

[43] Creager S, Yu C J, Bamdad C, et al. Electron transfer at electrodes through conjugated "molecular wire" bridges[J]. Journal of the American Chemical Society, 1999, 121(5): 1059 - 1064.

[44] Engelkes V B, Beebe J M, Frisbie C D. Length-dependent transport in molecular junctions based on SAMs of alkanethiols and alkanedithiols: Effect of metal work function and applied bias on tunneling efficiency and contact resistance[J]. Journal of the American Chemical Society, 2004, 126(43): 14287 - 14296.

[45] Xu B Q, Tao N J. Measurement of single-molecule resistance by repeated formation of molecular junctions[J]. Science, 2003, 301(5637): 1221 - 1223.

[46] Li X L, He J, Hihath J, et al. Conductance of single alkanedithiols: Conduction mechanism and effect of molecule-electrode contacts[J]. Journal of the American Chemical Society, 2006, 128(6): 2135 - 2141.

[47] Kondo M, Tada T, Yoshizawa K. Wire-length dependence of the conductance of oligo(*p*-phenylene) dithiolate wires: A consideration from molecular orbitals[J]. The Journal of Physical Chemistry A 2004, 108(42): 9143 - 9149.

[48] Fu M D, Chen I-W P, Lu H C, et al. Conductance of alkanediisothiocyanates: Effect of headgroup-electrode contacts [J]. The Journal of Physical Chemistry C, 2007, 111(30): 11450 - 11455.

[49] Kaun C C, Larade B, Guo H. Electrical transport through oligophenylene molecules: A first-principles study of the length dependence[J]. Physical Review B, 2003, 67(12): 121411.

[50] Fan F R F, Yang J P, Cai L T, et al. Charge transport through self-assembled monolayers of compounds of interest in molecular electronics[J]. Journal of the American Chemical Society, 2002, 124(19): 5550 - 5560.

[51] Grave C, Risko C, Shaporenko A, et al. Charge transport through oligoarylene self-assembled monolayers: Interplay of molecular organization, metal-molecule interactions, and electronic structure[J]. Advanced Functional Materials, 2007, 17(18): 3816 - 3828.

[52] Venkataraman L, Klare J E, Nuckolls C, et al. Dependence of single-molecule junction conductance on molecular conformation[J]. Nature, 2006, 442(7105): 904 - 907.

[53] Mishchenko A, Vonlanthen D, Meded V, et al. Influence of conformation on conductance of biphenyl-dithiol single-molecule contacts[J]. Nano Letters, 2010, 10(1): 156 - 163.

[54] Reed M A, Zhou C, Muller C J, et al. Conductance of a molecular junction[J]. Science, 1997, 278(5336): 252 - 254.

[55] Xiao X Y, Xu B Q, Tao N J. Measurement of single molecule conductance: Benzenedithiol and benzenedimethanethiol [J]. Nano Letters, 2004, 4(2): 267 - 271.

[56] Samanta M P, Tian W, Datta S, et al. Electronic conduction through organic molecules[J]. Physical Review B, 1996,

53(12): R7626.
[57] Hu Y B, Zhu Y, Gao H J, et al. Conductance of an ensemble of molecular wires: A statistical analysis[J]. Physical Review Letters, 2005, 95(15): 156803.
[58] Choi S H, Kim B, Frisbie C D. Electrical resistance of long conjugated molecular wires[J]. Science, 2008, 320(5882): 1482-1486.
[59] Choi S H, Frisbie C D. Enhanced hopping conductivity in low band gap donor-acceptor molecular wires up to 20 nm in length[J]. Journal of the American Chemical Society, 2010, 132(45): 16191-16201.
[60] Li Y W, Zhao J W, Yin G P. Theoretical investigations of oligo (phenylene ethylene) molecular wire: Effects from substituents and external electric field[J]. Computational Materials Science, 2007, 39(4): 775-781.
[61] Venkataraman L, Klare J E, Tam I W, et al. Single-molecule circuits with well-defined molecular conductance[J]. Nano Letters, 2006, 6(3): 458-462.
[62] Evers F, Weigend F, Koentopp M. Conductance of molecular wires and transport calculations based on density-functional theory[J]. Physical Review B, 2004, 69(23): 235411.
[63] Chen F, Li X L, Hihath J, et al. Effect of anchoring groups on single-molecule conductance: Comparative study of thiol-, amine-, and carboxylic-acid-terminated molecules[J]. Journal of the American Chemical Society, 2006, 128(49): 15874-15881.
[64] Landauer R. Can a length of perfect conductor have a resistance[J]. Physics Letters A, 1981, 85(2): 91-93.
[65] Hammer B, Nørskov J K. Why gold is the noblest of all the metals[J]. Nature, 1995, 376(6537): 238-240.
[66] McCreery R L. Electron transport and redox reactions in molecular electronic junctions[J]. ChemPhysChem, 2009, 10(14): 2387-2391.
[67] Nijhuis C A, Reus W F, Barber J R, et al. Charge transport and rectification in arrays of SAM-based tunneling junctions[J]. Nano Letters, 2010, 10(9): 3611-3619.
[68] Simmons J G. Generalized formula for the electric tunnel effect between similar electrodes separated by a thin insulating film[J]. Journal of Applied Physics, 1963, 34(6): 1793-1803.
[69] McCreery R L. Molecular electronic junctions[J]. Chemistry of Materials 2004, 16(23): 4477-4496.
[70] Sedghi G, Sawada K, Esdaile L J, et al. Single molecule conductance of porphyrin wires with ultralow attenuation[J]. Journal of the American Chemical Society, 2008, 130(27): 8582-8583.
[71] Lu Q, Liu K, Zhang H M, et al. From tunneling to hopping: A comprehensive investigation of charge transport mechanism in molecular junctions based on oligo(p-phenylene ethynylene)s[J]. ACS Nano, 2009, 3(12): 3861-3868.
[72] Hines T, Diez-Perez I, Hihath J, et al. Transition from tunneling to hopping in single molecular junctions by measuring length and temperature dependence[J]. Journal of the American Chemical Society, 2010, 132(33): 11658-11664.
[73] Lambert C, Nöll G, Schelter J. Bridge-mediated hopping or superexchange electron-transfer processes in bis(triarylamine) systems[J]. Nature Materials, 2002, 1(1): 69-73.
[74] Stokbro K, Taylor J, Brandbyge M. Do aviram-ratner diodes rectify[J]. Journal of the American Chemical Society, 2003, 125(13): 3674-3675.
[75] Zhang Y H, Chen Y B, Zhou K G, et al. Improving gas sensing properties of graphene by introducing dopants and defects: A first-principles study[J]. Nanotechnology, 2009, 20(18): 185504.
[76] Kaun C C, Larade B, Guo H. Electrical transport through oligophenylene molecules: A first-principles study of the length dependence[J]. Physical Review B, 2003, 67(12): 121411.
[77] Liu H M, Wang N, Zhao J W, et al. Length-dependent conductance of molecular wires and contact resistance in metal-molecule-metal junctions[J]. ChemPhysChem, 2008, 9(10): 1416-1424.
[78] Berlin Y A, Hutchison G R, Rempala P, et al. Charge hopping in molecular wires as a sequence of electron-transfer reactions[J]. The Journal of Physical Chemistry A, 2003, 107(19): 3970-3980.
[79] Liu H M, Yu C, Gao N Y, et al. The diversity of electron-transport behaviors of molecular junctions: Correlation with the electron-transport pathway[J]. ChemPhysChem, 2010, 11(9): 1895-1902.
[80] Li Z, Kosov D S. Nature of well-defined conductance of amine-anchored molecular junctions: Density functional calculations[J]. Physical Review B, 2007, 76(3): 035415.
[81] Sakanoue K, Motoda M, Sugimoto M, et al. A molecular orbital study on the hole transport property of organic amine compounds[J]. The Journal of Physical Chemistry A, 1999, 103(28): 5551-5556.

第 7 章

多路径分子导线

7.1 连接方式对并苯分子电子输运的影响

电子器件的终极目标是实现以分子为单元构建器件，而揭示电子输运对分子结构的依赖关系是最基础、最重要的一步。为此，实验上发展了许多研究方法，例如，机械控制的纳米结劈裂技术、扫描隧道显微镜技术、导电原子力显微镜技术、交错金属纳米线和滴汞接触等。理论模拟的发展也为电子传递的研究提供了另外一条途径。第一性原理结合非平衡态格林函数的方法可以对分子结的输运行为进行全自洽的模拟。

实验和理论研究表明许多因素影响分子结的电子输运能力，包括分子的长度、构象、荷电状态、最高占据轨道(HOMO)和最低未占轨道(LUMO)以及两者的能级差、分子与电极能级的匹配、相邻分子的相互作用、连接基团及在电极的定位等。Walter 等[1] 和 Maiti[2,3] 发现在多环分子中，分子与电极的连接位置显著影响分子电导。我们在环状共轭分子的研究中也发现电子传递的路径极大地影响着电子的传递行为[4,5]。

共轭大环分子骨架上具有大的 π 电子结构，骨架上的功能基团又赋予其更多的特殊性能，因此这类分子有着广泛的应用前景。依据尺寸和结构特点，环状分子可以划分为三类：① 大环分子，如苯乙炔大环分子(phenylacetylene)或二乙炔基苯大环分子(diethynylbenzene)，其中间近似 1 nm 的空隙可以容纳一个原子簇；② 卟啉，具有中等环状共轭分子的特征，即中心空腔可以配合一个金属离子；③ 苯和其他芳香环属于小环共轭分子，常作为结构单元形成更大的一维或二维聚合体。

对于环状共轭分子中的电子传递机理，Baer 和 Neuhauser[6] 提出了量子干涉(quantum interference，QI)效应，即通过相长干涉或相消干涉来调节分子的电导，他们分别利用休克尔模型(Hückel model)和密度泛函理论(DFT)描述了环状分子中的量子干涉效应。Walter 等[1] 设计了系列的芳香分子，用于证明电子的透射系数与量子干涉密切相关，通过控制分子与电极的连接方式得到反式(*trans*-)取代萘的电导大于顺式(*cis*-)，从而推测前者发生了相长的量子干涉，而后者为相消干涉。此后，Cardamone 等[7] 发现在单环芳香性的轮烯中也存在因连接位置导致的电流变化。Ke 等[8] 的研究也对轮烯中存在量子干涉效应予以支持。尽管量子干涉效应成功地解释了单环分子中的电子传递特点，但是对于多环的复杂结构，量子干涉无法给出明确的解释。

因此，我们将以另一个角度考察共轭分子中电子传递路径特征，研究分子与电极连接方式的不同以及分子内部连接方式的不同对分子电导的影响。第一个研究系列是并苯分子，分子采用两种方式与金电极连接，如图7.1所示。我们定义硫醇取代在分子长轴的同侧为顺式结构（*cis*-），硫醇在分子长轴的异侧为反式结构（*trans*-）。对于苯二硫醇，对位取代（*para*-）用 *trans*-1 表示，间位取代（*meta*-）则表示为 *cis*-1。第二个系列是基于平面的4,4′-联苯二硫醇分子体系 BP-n（$n = 1 \sim 8$），两个苯环之间采取不同的连接方式，如图7.2所示。我们发现 *trans-n* 和 *cis-n* 系列分子的导电行为差异巨大，与文献中 DFT 计算的结果一致[1]。但是，BP-n 系列的分子的导电行为却非常相近，表明分子内电子传递遵循特定的路径。基于这些研究我们提出了有机共轭分子内电子传递的路径模型。

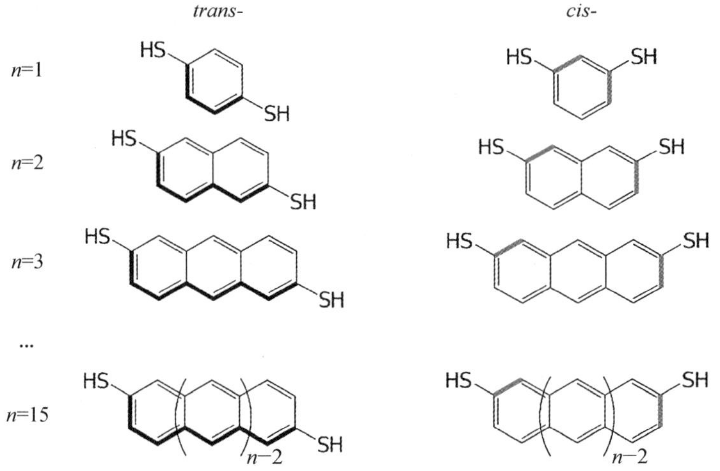

图7.1 系列并苯分子的结构图[分别为 *trans-n* 和 *cis-n*（$n = 1 \sim 15$），*trans-n* 中黑色粗线条表示电子传递经过的路径，*cis-n* 中的红色粗线条表示阻碍电子传递的路径]

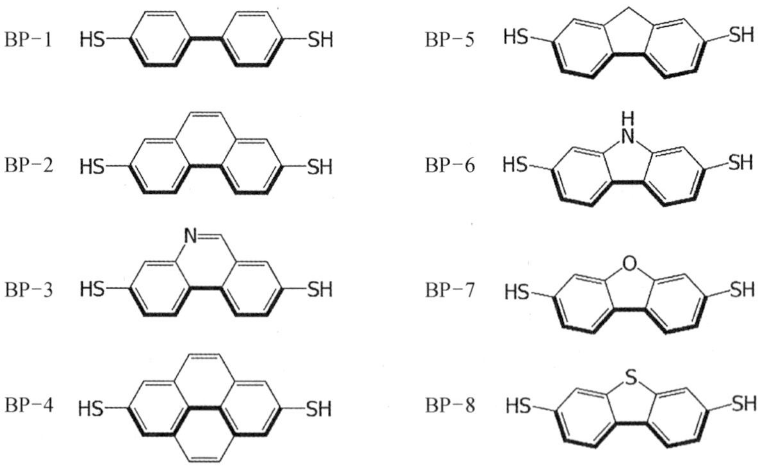

图7.2 BP-n（$n = 1 \sim 8$）系列的分子结构（黑色粗线表示电子传递通过的路径）

分子结构的优化和电导的计算方法详见 6.3 节。图 7.3 给出了计算模型示意图，首先用常规量子化学计算程序优化扩展的分子模型，如图 7.3(a)所示。然后利用 DFT 结合非平衡态格林函数方法计算分子电导和电流，分子结的模型如图 7.3(b)所示。分子结的自洽计算完成后，在未施加偏压时计算分子的电导，即零偏压下的分子电导。对部分分子结施加 0~1.4 V 的偏压，每隔 0.2 V 计算相应偏压下的电流。

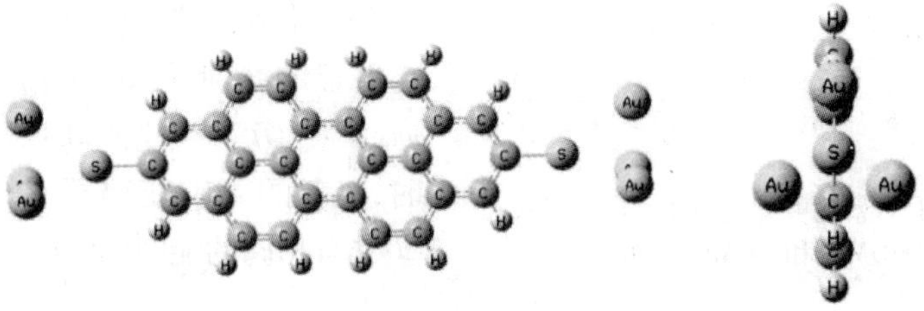

(a) 电极-分子-电极的分子结模型示意图

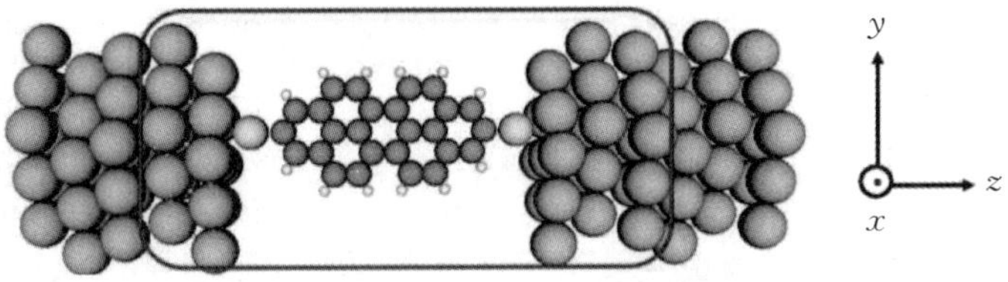

Au (111)
电极

散射区域

Au (111)
电极

(b) 计算分子电导的分子结模型

图 7.3　扩展分子和分子结的计算模型

7.1.1　分子与电极的不同连接：不同电子传递路径

并苯分子含有多个苯环，构成电子传递通道的主体。模型 *trans-n* 和 *cis-n*($n = 1 \sim 15$)的分子主体相同，但是巯基的取代位置不同。对于 *trans-n* 系列，两个巯基位于分子长轴的异侧，称为反式构型。而 *cis-n* 系列的并苯分子中两个巯基位于分子长轴的同侧。Walter 等[1]和 Maiti[2,3]在并苯分子的理论研究中，提出了环状芳香性体系中存在量子干涉效应。电子在 *trans*-和 *cis*-构型的分子中均各有两条路径，*trans*-构型中两条路径的相位相同，产生电子相长干涉，电导增加；而 *cis*-构型中两条路径的相位差为 π，产生电子相消干涉，电导降低。所以 *cis*-构型的分子电导低于 *trans*-构型。电子既具有粒子性，也具有波动性，传播路径长度的不同似乎可以导致波传播的不同相位。量子干涉理论看似有其合理性。但电子的波动性是一种概率波，我们无法明确指明每条路径上电子的相位。

我们从分子结构和性质入手，考察连接位置对分子性质产生的作用，并进一步提出更为合理可靠的模型。分子能隙(E_g)和前线分子轨道的空间分布是有关分子结的静态性

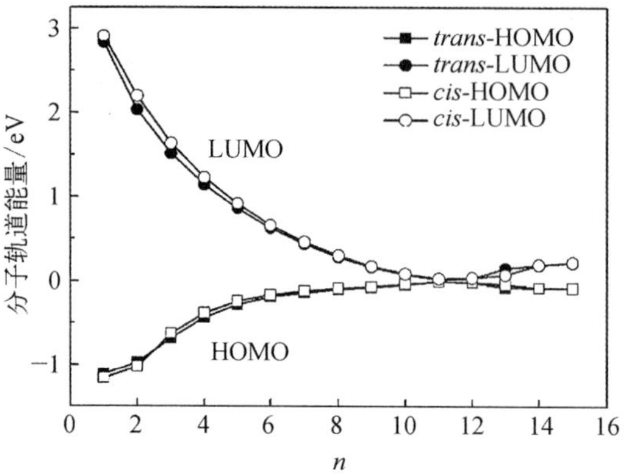

图 7.4 零偏压下系列并苯分子(n = 1~15)的 HOMO 和 LUMO 能级

质,可以成为影响其电导的重要因素。图7.4和表 7.1 给出了系列并苯分子在零偏压下的HOMO、LUMO 能级和 E_g。当 $n<12$ 时,分子的 LUMO 能级随分子长度的增加而降低,HOMO 能级表现则相反。因此,当 $n<12$ 时,分子 E_g 随长度的增加而显著降低,这与其他共轭分子相似。但是 *trans-n* 和 *cis-n* 之间并没有明显的差别,例如,*trans*-1 的 E_g(3.95 eV)与 *cis*-1 (4.07 eV)仅差 0.12 eV。尤其长度增加时,二者的差别变得更小。例如,*trans*-7 和 *cis*-7 具有相同的能隙(表 7.1)。

表 7.1 零偏压下顺式和反式连接的并苯分子(n = 1~15)的电导、长度和 E_g

n	电导/μS		长度/Å (S-M-S)		E_g/eV	
	trans-	*cis-*	*trans-*	*cis-*	*trans-*	*cis-*
1	28.5	2.4	6.52	5.78	3.95	4.07
2	17.5	0.5	8.76	8.26	3.01	3.22
3	13.1	0.2	11.11	10.74	2.19	2.27
4	11.8	0.7	13.50	13.23	1.59	1.61
5	12.3	1.7	15.92	15.71	1.14	1.16
6	13.6	2.7	18.36	18.19	0.82	0.83
7	15.5	3.0	20.80	20.69	0.58	0.58
8	12.3	2.5	23.26	23.16	0.38	0.39
9	24.9	1.6	25.72	25.64	0.24	0.23
10	48.2	1.0	28.18	28.13	0.12	0.12
11	48.2	14.0	30.65	30.61	0.03	0.03
12	77.2	6.1	33.11	33.09	0.05	0.05
13	13.6	1.2	35.63	35.58	0.11	0.23
14	10.5	0.3	38.10	38.10	0.27	0.27
15	9.1	0.08	40.57	40.58	0.30	0.30

分子结的另一个静态特征是分子轨道的空间分布,它直观地反映了 π 电子的离域性,可以观察到轨道的相位以及节点的状态。图 7.5 给出了并苯分子(n = 1~5)的分子轨道空间分布,*trans*-1 和 *cis*-1 的 HOMO 和 LUMO 存在显著差别。作为电子注入和输出端的硫原子对分子桥的 HOMO 产生明显的拉扯作用,因此 *trans*-连接时苯环上的轨道部分呈对称分布,且相位与硫原子相反。但 *cis*-连接展现了一定排斥作用,邻近硫原子的碳原子贡献小于次邻近的碳原子。但是随着长度的增加,中间的并苯链成为 HOMO 和 LUMO 的主体,并对两端基团不再敏感。从 *trans*-2 和 *cis*-2 就可以明显观察到这种特征。而在更长的体系中,*trans-n* 和 *cis-n* 的区别已经不再明显。分子与电极连接位置的

不同，对电子传递主体的电子密度、电子结构、原子轨道组合的相位等静态特征均没有明显影响。但连接位置的不同对分子电导的影响巨大，因此需要进一步分析动态的输运行为。

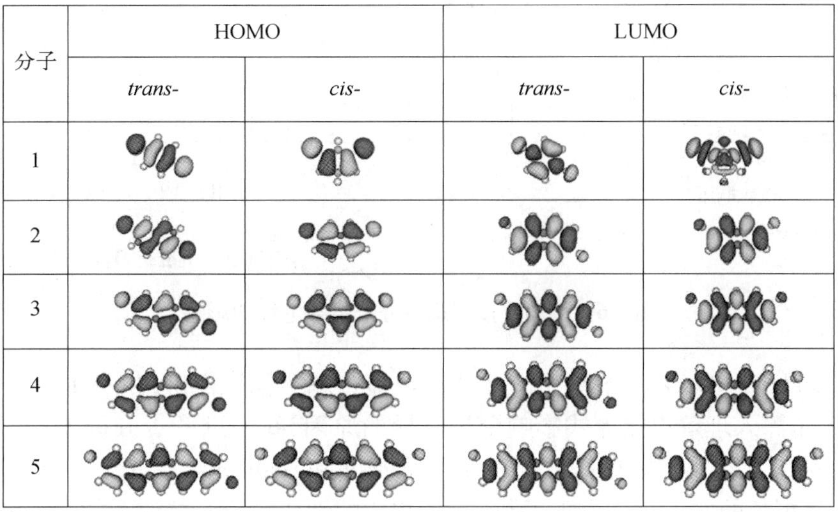

图 7.5　*trans-n* 和 *cis-n*(n = 1~5)的 HOMO 与 LUMO 的空间分布

表 7.1 列出了所有模型分子在零偏压下的电导，其中 *trans*-1 的电导为 28.5 μS，是*cis*-1 (2.4 μS) 的 12 倍。实验上对萘胺分子电导的测量也得到一致的结论，*trans*-取代的萘胺分子电导大于 *cis*-取代的萘胺[9]。当并苯分子长度增加时，*trans-n* 和 *cis-n* 的电导都先降低，当长度增加到一定值时反而升高。两种模型之间的电导差异始终较大，*trans*-连接的分子中电子传递效率更高。

图 7.6(a) 描述了 *trans-n* 和 *cis-n*(n = 1~3) 分子结的电流–电压(I–V) 曲线。在低偏压区域(小于 1.0 V)，所有并苯分子的 I–V 曲线表现出线性特点。对 I–V 曲线求微分，得到图 7.6(b) 的微分电导。总体表现为 *trans-n* 的微分电导远大于相应的 *cis-n* 的并苯。电压增加到 1.0 V 以后，*trans-n* 分子的微分电导降低，*cis-n* 系列略有增加。高偏压缩小了两种模型分子电导的差距。*cis-n* 分子的电导普遍较小，说明电子输运因分子与电极连接位置而受阻。对于 *trans-n* 和 *cis-n* 两个分子系列，电子传递的主体是完全相同的。并且在一定长度后，分子主体几乎所有的电子结构特征也是相同的。但结果表明，*trans-n* 的连接可使电子传递的效率远高于 *cis-n* 的连接，说明分子主体中存在依赖更为细分空间的传递路径。而且这些路径传输电子的效率差异很大。连接基团就像一个闸门，分别开启了某一个特定的路径，*trans-n* 连接开启了一条高效路径，*cis-n* 则因连接方式构造了一条低效路径。尽管分子主体中还存在其他多条可能的路径，但在 *trans-n* 中，一条高效的路径就可以决定分子结的导电行为。而 *cis-n* 中，即使有更多条低效的路径，也不会对分子结的电导有实质性的改善。分子结中的电子依次顺序传输，粒子性要强于波动性，且电流本身具有加和性，因此我们更倾向于以路径模型来代替文献中出现的量子干涉模型。

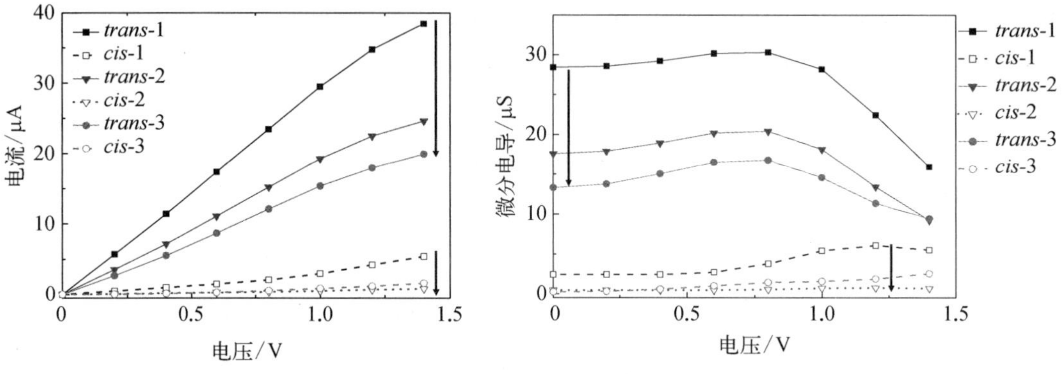

(a) *trans-n*和*cis-n*（*n*=1~3）的电流-电压曲线

(b) 微分电导-电压曲线(图中箭头指示了电流和电导随链长的变化趋势)

图 7.6　不同连接方式对分子结导电性的影响

依据 Landauer-Büttiker 公式(见 5.2 节),电流依赖于偏压窗口内一定能级下透射系数的积分。为了深入理解连接方式影响分子电导的原因,我们进一步分析了系列并苯分子的透射谱。图 7.7 给出了零偏压下代表性的 *trans-n* 和 *cis-n*(n = 1~3)的透射谱,从图 7.5 中也可发现,更长的并苯分子表现了与 n = 3 相似的性质。分子结体系的费米能级设定为 0 eV,费米能级附近的两个峰分别是 HOMO 和 LUMO 所贡献的透射峰。

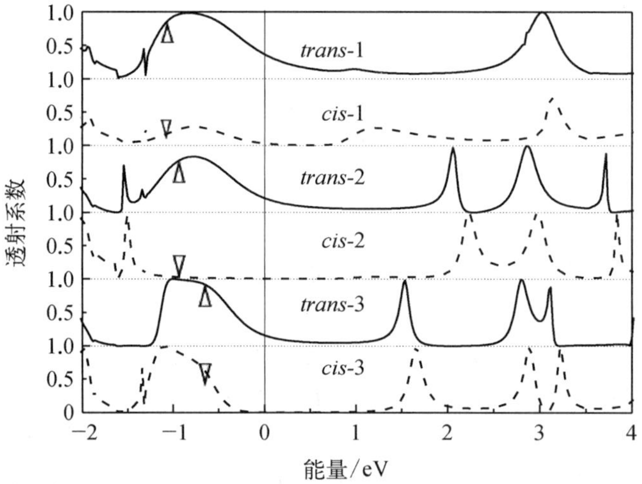

图 7.7　零偏压下 *trans-n* 和 *cis-n*(n = 1~3)模型分子的透射谱(上三角和下三角分别代表 *trans-n* 和 *cis-n* 系列的 HOMO 能级位置,实线和虚线分别表示 *trans-n* 和 *cis-n* 系列分子)

由图 7.7 可以看出,HOMO 共振峰靠近费米能级,对分子电导的贡献更大。对比*trans*-和 *cis*-模型,我们发现两者 HOMO 峰位置非常相似,图中三角形标出 HOMO 峰位置。例如,*trans*-1 和 *cis*-1 的 HOMO 峰都位于-1.0 eV 附近,与图 7.4 中分子轨道的能级一致。然而,HOMO 峰高以及向费米能级处的延展特征差别显著,透射系数反映了特定能级电子传输效率的大小。某一特定能级会对应着一定数量的电子传输通道,一般与 PDOS 对应,因此可以认为，当电子沿性质完全相同的两条路径传递时，必然有相同的传输效率，即透射系数相同。反之，透射系数相差巨大，也必然反映出路径的差异。这种差异既可能来自路径的端口，也可能来自路径的中段。从图 7.7 可以看出，*trans-n* 分子具有非常强的共振峰，例如，*trans*-1 的 HOMO 峰约为 1，而 *cis*-1 的 HOMO 峰降低到 0.28。此外，*cis-n* 的 HOMO 共振峰在费米能级处急剧衰减，而 *trans-n* 的 HOMO 共振峰在费米能级处仍然较大。例如，*trans*-3 在费米能级处的透射系数是 0.17，是 *cis*-3(0.0024) 的 70 倍，导致 *trans-n* 分子结的电导远大于相应的 *cis-n*。对于其他的共轭分子，分子与电极连接方式的不同对电导也有影响。Quinn 等[10]利用 STM 测量了胺基连接的萘分子电导，发现 2,7-萘胺分子(*cis*-)由于缺乏芳香稳定性，比 2,6-萘胺分子(*trans*-)的导电性差。Yoshizawa 等[11,12]通过对芳香性分子的 HOMO 和 LUMO 轨道相位和大小的计算也证实了 2,7-连接(*cis*-)的蒽分子中电子传输受阻，因而导电性较差。Perrine 等[13]在并五苯的研究中也发现类似的取代效应对分子电导的影响。

以上结果表明 *trans-n* 和 *cis-n* 在零偏压下的透射谱差别显著，意味着两者通过了不同的细分空间的通道。图 7.8 给出了 *trans*-3 和 *cis*-3 在不同偏压下透射谱的变化。我们发现，在研究的偏压范围(小于 1.4 V)内，峰高和峰位置都没有明显变化。图 7.8(a)中，

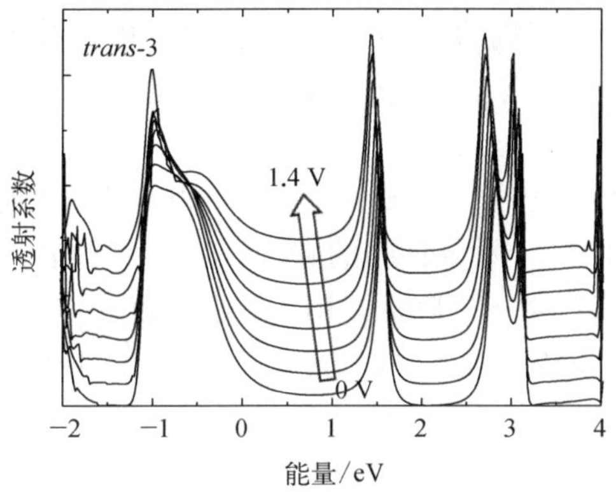

(a) *trans*-3

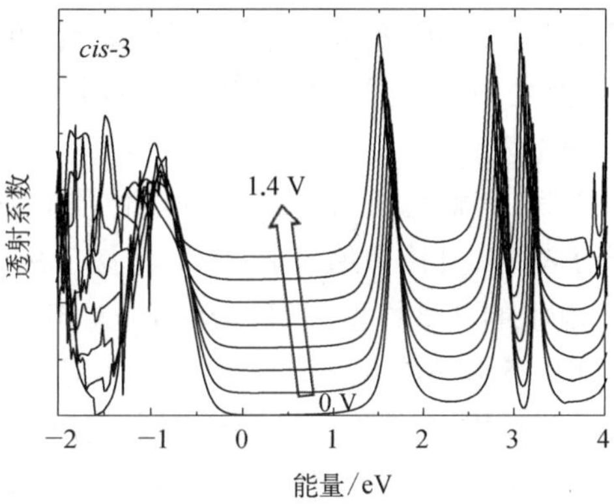

(b) *cis*-3（为了显示清晰，每条曲线的数值在*y*轴向上平移了0.1）

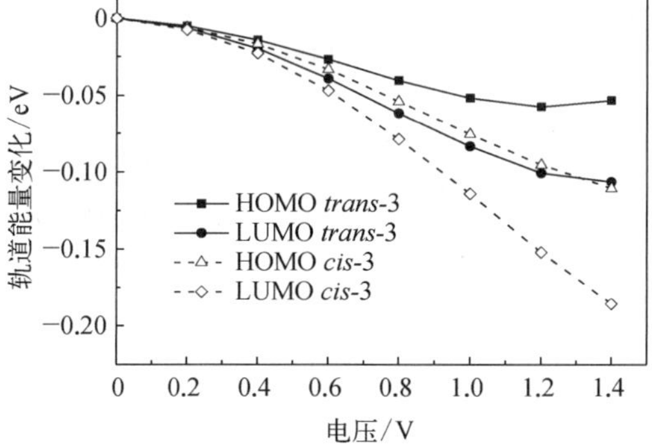

(c) *trans*-3和*cis*-3的HOMO和LUMO能级相对于零偏压的变化

图 7.8　不同偏压下的透射谱

LUMO 峰从 1.56 eV 移动到 1.44 eV，而 HOMO 峰从 -0.68 eV 移动到 -0.73 eV。图7.8(b)中 *cis*-3 表现出相同的特点。图 7.8(c)给出了分子的 HOMO 和 LUMO 能级随偏压的相对变化(以零偏压为参考)。相对于零偏压的 HOMO 和 LUMO 能级，*trans*-3 和*cis*-3 的变化都较微弱。由于 HOMO 和 LUMO 能级一般对应于透射谱中共振峰的位置，因此透射谱中共振峰的位置变化也不显著。

综上所述，*trans-n* 和 *cis-n* 具有相同的电子传递主体，分子与电极的连接位置的化学环境也相同，即电子注入与流出的端口相同。但透射系数的巨大差异预示着电子传递主体中存在不一样的空间细分通道，电子沿 *trans*-模型中的通道效率更高，而 *cis*-模型中的通道受阻。

7.1.2 分子内部的连接：相同电子传递路径

以上结果可知，并苯分子不同于聚乙炔之类的简单的线性共轭分子，其内部存在多条可能的电子传递路径，而分子与电极的连接方式如闸门一样决定了电子沿哪条具体的道路隧穿过分子桥。那么分子内是否真的有不同的通道？且通道有主有次，电子是否只沿主要通道传递？为了进一步理解电子传递路径模型，我们设计了基于平面联苯分子的 BP-n (n = 1~8)系列分子，两个苯环以一个碳-碳键连接，扩展到多个键和多种键相连，如图 7.2 所示。BP-n 系列分子中巯基取代在两个苯环的对位，分子与电极之间的连接方式相同，但是不同于并苯系列分子。两个苯环之间的多条电子传递通道可以更直观更明显地展现出来。

首先，我们分析分子结的静态性质。图 7.9 给出了 BP-n 分子的 HOMO、LUMO 能级和分子能隙，具体数值见表 7.2。由图 7.9(a)可看出，两苯环间的碳-碳键数目的增加，导致 π 电子的离域性增强，分子的 E_g 从 BP-1 到 BP-4 逐渐降低。BP-4 的 E_g 仅为2.70 eV。对于 BP-5 到 BP-8，NH、O 和 S 基团对分子的 HOMO 和 LUMO 能级影响很小，四个分子的 E_g 都与 BP-1 接近。结果说明中间碳-碳键之外的多种连接对分子轨道的能级有一定的影响。在施加偏压时，HOMO 和 LUMO 能级变化微弱[图 7.9(b)]。HOMO 能级随偏压略有升高，而 LUMO 变化相反，导致分子的 E_g 随偏压降低，如图 7.9(c)所示，最大改变量约为 130 meV。

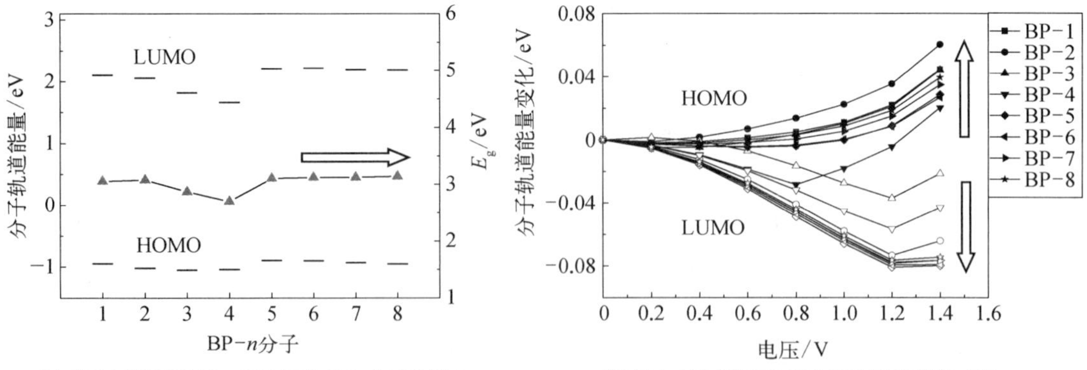

(a) 零偏压时HOMO、LUMO能级和分子能隙E_g

(b) 施加偏压时HOMO和LUMO能级的变化

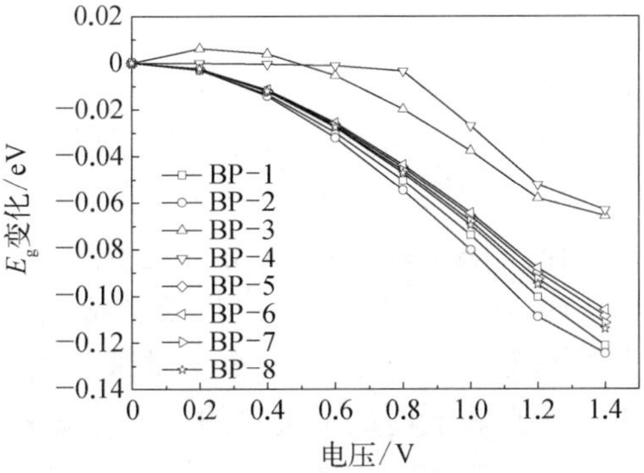

(c) E_g的变化

图 7.9　BP−n(n = 1~8)系列分子的分子轨道能级

图 7.10 给出了 BP−n 系列分子的轨道空间分布。由于 BP−4 的两苯环之间有三个碳−碳键连接,它的 HOMO 与其他分子有明显的不同。两个苯环中间的上下两个碳−碳键对 HOMO 都有贡献,有趣的是中间碳−碳键却对 HOMO 无贡献,前文已多次强调,HOMO 更靠近费米能级,对电子输运行为的影响更大。BP−2 和 BP−3 则相反,中间的碳−碳键对 HOMO 的贡献大。对于 BP−5 到 BP−8,额外的连接几乎对 HOMO 无贡献。然而,不同的连接位置对 LUMO 的影响差异较大。对于联苯(BP−1)分子,由于两个苯环之间只有一个碳−碳键连接,LUMO 通过它延展在全部分子上。对于 BP−2 到 BP−4,侧边的碳−碳键也参与其分布,特别是 BP−4,中间碳−碳键上的分布反而不明显。从 BP−5 到 BP−8,可以看出中间碳−碳键仍然有较大贡献,但是侧边对 LUMO 的贡献也渐渐增大。因此,LUMO 的多样性促使我们进一步探究 8 个模型之间电子传递行为的差异。

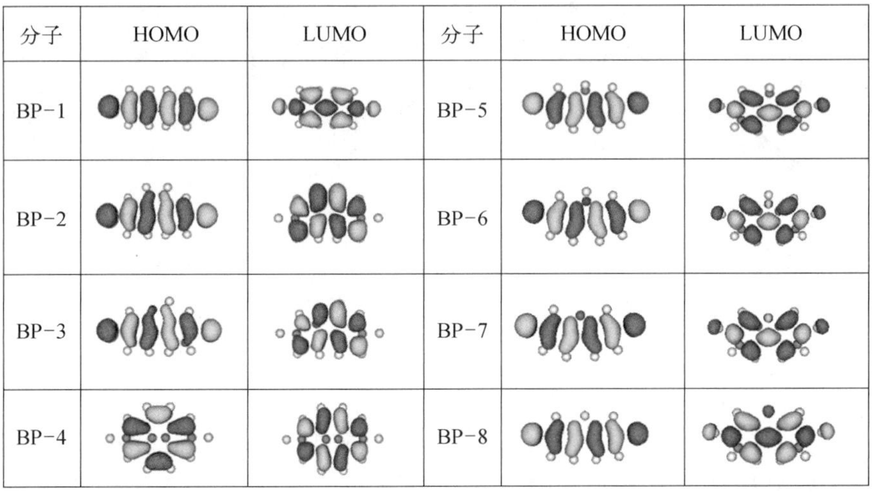

图 7.10　分子 BP−n(n = 1~8)在零偏压下 HOMO 和 LUMO 的空间分布

表 7.2 同时给出了 BP−n 系列分子结在零偏压下的电导和长度。八个模型分子结的长度相似,在 10.49~10.92 Å。零偏压下的分子电导在 8.4~12.5 μS,相比上文并苯分子的电导变化要小很多。图 7.11(a)描述了所有分子的电流变化趋势,八个分子的 $I-V$ 曲线表现出极为相似的特征,彼此靠近。偏压在 0.8 V 以下时,分子结的电流近似线性增加,但是当偏压继续增大时,可以观察到非线性的特征。从图 7.11(b)中的微分电导曲线也可以看出系列 BP−n 电子传递的相似性。当偏压小于 0.8 V 时,微分电导变化不大,但是偏压在 0.8 V 以上时,呈现下降趋势。尽管 BP−4 的 HOMO 和 LUMO 能级以及轨道空间分布与其他分子不同,但是导电行为与其他分子非常相似,其 $I-V$ 曲线和 $G-V$ 曲线均落在其他模型之间。可以看出,苯环之间增加的连接键虽然直观上增加了更多的电子传输路径,但这并未显著提高分子结的电子输运能力,说明中间位置的碳−碳键连接是主要的电子通道。它的效率更高,即使再增加更多的低效率的通道,对输运行为的整体表现也不会有明显的改善。

表 7.2　零偏压下分子 BP−n(n = 1~8)的电导、长度(S−M−S)、HOMO 和 LUMO 能级以及分子能隙 E_g

分　子	电导/μS	长度/Å	HOMO/eV	LUMO/eV	E_g/eV
BP−1	10.8	10.92	−0.95	2.10	3.05
BP−2	8.8	10.87	−1.02	2.06	3.08
BP−3	8.4	10.85	−1.05	1.82	2.87
BP−4	9.9	10.81	−1.04	1.66	2.70
BP−5	12.2	10.62	−0.90	2.21	3.11
BP−6	12.5	10.54	−0.90	2.22	3.12
BP−7	11.9	10.49	−0.93	2.19	3.12
BP−8	12.2	10.73	−0.95	2.19	3.14

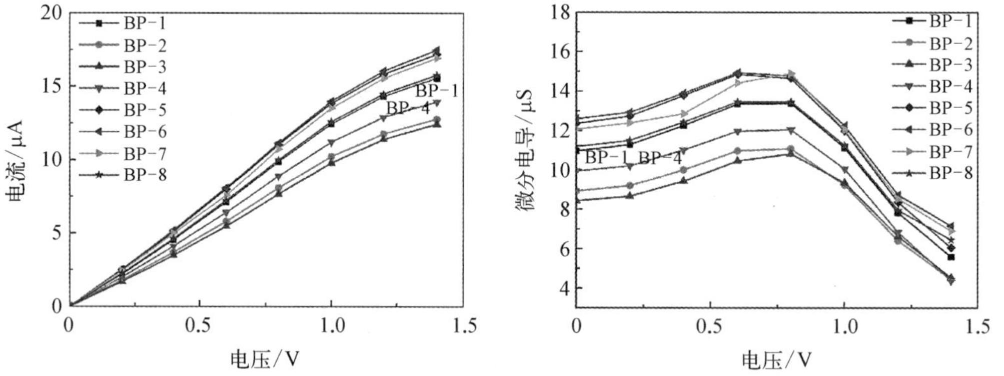

(a) $I-V$曲线　　(b) $G-V$曲线

图 7.11　BP−n(n = 1~8)分子的导电性

图 7.12 给出了 BP−n(n = 1~5)分子在零偏压下的透射谱。在能级为−1.0~1.0 eV 区域内,五条透射谱曲线非常相似。费米能级以下的透射峰是 HOMO 的共振峰,均位于−0.8 eV附近。HOMO 峰延展到费米能级,对分子的零偏压电导起主要贡献。在费米能级

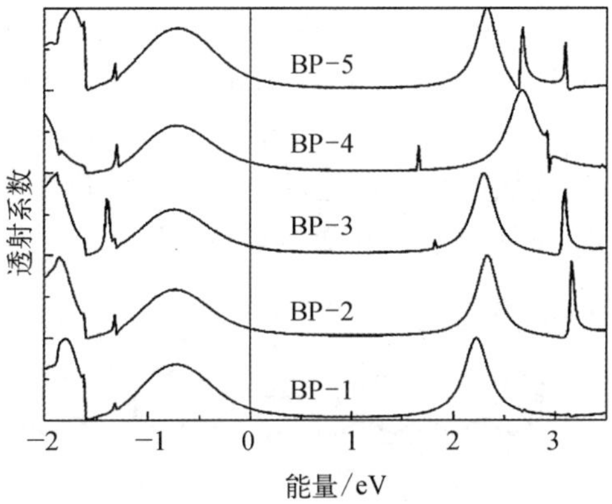

图 7.12　BP-n (n = 1~5) 系列的分子在零偏压下的透射谱

处,电子的透射系数在 0.10~0.15,对应于表 7.2 中五个分子相似的电导。BP-2、BP-3 和 BP-4 虽然多了传输的通道,但整体的效率不增反降,说明额外的通道并不利于电子流动,可视为无效或低效路径。对于多条路径的电子输运体系,起主要贡献的路径之外的通道又可以分为两类,一类是有效的但低效率的路径,依据电流的加和性,低效率路径的存在也会对体系电导的增加起到积极作用。另一类则是无效的,完全没有作用的路径,如 BP-2、BP-3 和 BP-4 中的附加通道。

所以仅从表面结构上看,通过增加共轭分子内的连接,BP-n 分子存在多条电子传递通道。但是对比并苯分子,BP-n 系列八个模型分子的电导相似,说明分子内只有一个有效的电子传递路径。由于这种特殊的现象已不能从量子干涉的角度来解释,下文我们从电子传递路径的角度分析这个问题。

7.1.3　电子传递路径分析

在宏观电路中,电荷易于在低电阻的导线中传递。而介观体系中也具有相似特点,例如,蛋白质(氧化酶)中电子传递易于在低电阻的氨基酸链中传递[14]。而分子尺度的环状分子中,如环状的卟啉分子,电子在势垒较低的路径中传递更有效[4]。

对于本节中研究的线性共轭分子,如何确定电子传递路径? 有效的电子传递路径取决于势垒,包括势垒高度和势垒宽度。在 Simmons 模型中,势垒高度决定分子内单位长度的电子传递效率[15],因此与势垒宽度相对比,势垒高度显得更重要。我们的研究结果表明,全反式聚乙炔分子由于低能隙,衰减系数远远小于其他共轭分子,仅为 0.036 Å^{-1}(见 6.3 节)。Solomon 等[16]也证明了线性共轭分子的导电性比交错式分子的导电性更高,主要原因是线性共轭分子由交替的碳-碳单键和碳-碳双键构成,而交错式分子中存在单键-单键的结构。从这些研究结果中,我们提出具有交替的单键、双键的共轭分子,如聚乙炔分子,更容易通过共振作用,使单双键平均化,从而使势垒更低,即电子传递的效率更高。因此,单键和双键交替的重复结构是电子易于经过的路径。

所有的芳香分子都可用多个共振结构表示。以蒽分子为例,图 7.13 给出了 *trans*-3 和 *cis*-3 的共振结构式。*trans*-3 有五种贡献不同的共振结构,其中 E 共振态的 S 原子通过双键与苯环连接,两个 S 原子分别带有 0.12e 的正电荷,对结构的贡献较大。图 7.13 中的粗线表示 *trans*-3 中的电子传递通道,即交替的-S-(双键-单键)$_n$-双键-S-结构。对于 *trans*-3 的每一个共振结构,都存在至少一条有效且高效率的通道。但是,*cis*-3 有四个贡献相同的共振结构,每个共振结构都不含有-S-(双键-单键)$_n$-双键-S-的结构。因此,电子注入或流出的通道受到两个连续单键的阻碍,图 7.13 用红色加粗线条表示。因此 *cis*-3 中的电子传递受阻,导致 *cis*-3 的电导远远小于 *trans*-3。对于长度更长的并苯分子,两种连接方式之间的差别随着共振态的增多而减小。对于不同连接的并苯分子,Walter 等[1]提出的量子干涉模型也可以解释 *trans*-和 *cis*-构型电导的差别。依据量子干涉模型,*trans*-连接的分子中两条电子传递的路径相同,产生电子相长干涉,导致 *trans*-连接的分子电导较大。反之,在 *cis*-连接的分子中,两条电子传递的路径相位差为 π,产生电子相消干涉,削弱了 *cis*-连接的分子导电性。量子干涉模型成功解释了两条电子传递通道的分子中的电导差别,如不同连接位置的轮烯[8,17]。

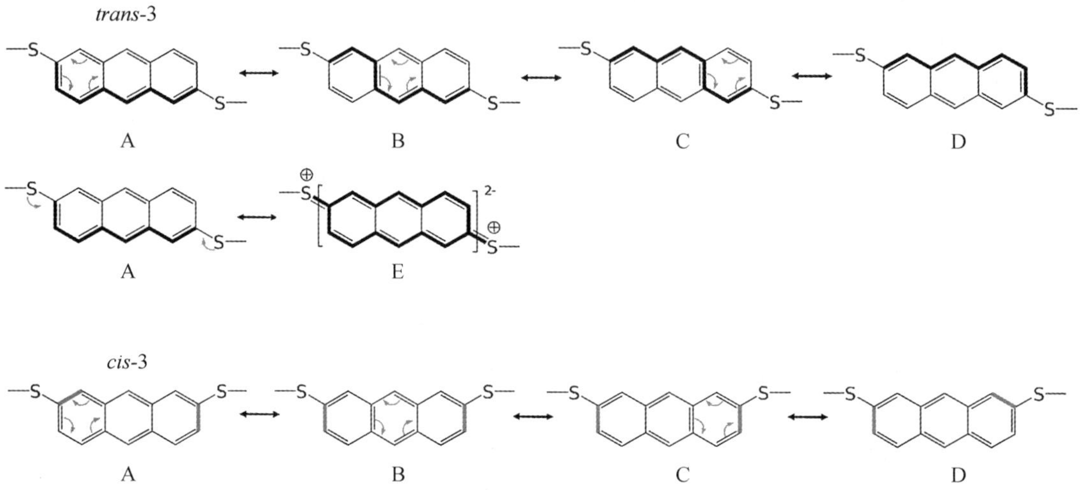

图 7.13 *trans*-3 和 *cis*-3 的共振结构式(巯基脱氢与金电极连接。*trans*-3 有五个共振态,黑色粗线条表示有效电子传递路径;而 *cis*-3 有四个共振态,红色粗线条表示阻碍电子传递的路径)

对于 BP-*n* 系列,分子内的连接有区别,但是分子与电极的连接位置完全相同,两端的 S 原子在苯环上相同的位置。按照并苯分子中的电子传递路径模型,电子从碳-碳单键注入,再经过碳-碳双键。所有的 BP-*n* 分子,都含有-S-(双键-单键)$_3$-双键-S-的结构,如图 7.2 中的粗线条所示。然而,其他的路径中,单键-单键的相连阻碍了电子传递。在这种情况下,除了两苯环中间的碳-碳连接,其他的路径对电子传递都没有显著的贡献。系列 BP-*n* 与并苯分子的结果都说明了-S-(双键-单键)$_n$-双键-S-的结构是电子传递最有效的路径。

本节中我们利用 DFT 结合 NEGF 方法研究了多路径共轭分子的电导,对比了分子与电极连接方式与分子内部连接方式对电子传递的影响。尽管 *trans*-和 *cis*-连接的并苯分子长度相似,但是由于两者电子传递路径的效率不同,电导有显著差别,*trans*-连接的并苯分子电导是相同长度下 *cis*-连接的 5~110 倍。此外,虽然 BP-*n* 系列的分子中两个苯环间碳-碳键数目不同,但是八个分子的电导非常相似,额外的化学键连接对分子电导的贡献很小。这两种不同的表现均支持了我们提出的电子传递路径的模型,即在多路径共轭分子中碳-碳单键和碳-碳双键交替的结构,且两端均为双键的是高效电子传递路径。由于 *trans*-和 *cis*-连接的并苯分子具有不同效率的电子传递路径,电导有显著差别。而 BP-*n* 系列分子的高效率的电子传递路径相同,因而具有相似的电导。

本节的研究结果表明,电子传递路径的模型适用于多路径的共轭分子,也包括更为复杂的类石墨烯大片共轭结构。并且分子与电极的不同连接方式会导致电子传递路径的差异。因此在设计分子导线时，不仅要考虑功能基团的连接，更要考虑分子与电极的连接位置对电子传递路径的影响。

7.2　连接方式对并苯并二噻吩体系电子输运的影响

分子导线作为电路中最基本的元件，引起了广泛的关注。在过去的三十多年中，人们利用实验测量和理论模拟等手段对分子中电子传递的众多影响因素进行了细致的研究。这些影响因素包括分子长度、构型、轨道能级、连接基团和连接位点、电极种类和形状等。然而，对于分子结构与导电行为之间的关系仍然缺乏全面的理解。此外，通常认为线性共轭分子是分子导线最有潜力的候选分子，电导对分子长度的依赖性仍然是一个值得思考的问题。

分子末端与电极之间的连接方式会对通过分子的电流产生明显的影响，对共轭分子的影响更为显著。一方面，分子末端的取代基团会改变分子轨道能级，也就会影响电子传递的平均势垒高度。另一方面，它会改变轨道的空间分布特征，影响分布的对称性。与电极相连的一侧，则决定了分子与电极的耦合程度。对所研究的分子来说，共轭体系的拓扑结构意味着电子输运可以通过多条路径，其化学性质的不同会使电子传输效率有较大差别。因此，可能存在单个路径占主导，或多个路径都有贡献的情况。因而对于复杂结构的分子体系，量子干涉（quantum interference，QI）模型实在难有作为。

在分子长度对电导的影响方面，两者的关系可以分为几种。对于电子隧穿占主导作用的分子，随链长增加，电导呈指数下降。通常用衰减系数（β）来衡量衰减的快慢，β 与分子轨道能级差有关。但是，在一些较长的共轭体系中，电子跳跃机制占主导。从而分子的电导随长度线性减小，即出现宏观的欧姆特征。除此之外，在一些共轭体系中，电导与长度还存在其他类型的关系。Visontai 等[18]发现基于并苯分子的大共轭分子的电导，随着分子长度的增加，表现出振荡现象，并用量子干涉模型解释了这一现象。对于一定宽度的剪裁石墨烯分子带，其电导与长度的关系则更复杂。

本节中，我们将线性共轭分子通过三种不同方式与电极相连，系统地研究分子-电极之间的连接方式以及分子链的长度对体系电导的影响。这些分子具有共同的主体结构，二噻吩嵌在并苯分子链上。图 7.14 展示了三个系列的分子结构式。分子链两端的—SH 基团形成硫-金键与电极相连接。根据不同的端基连接，这些分子分成了 T-C、T-T 和 C-C 三个系列（T 和 C 分别代表 *trans*-和 *cis*-）。例如，当 $n = 1$ 时，在 T-C 系列中，并噻吩中的 S 原子和分子两端的—SH 相对于苯环排列成对位和间位；而在 T-T 系列中，它们排列在对位和对位；在 C-C 系列中，它们排列在间位和间位。我们通过在并噻吩两边增加相同数目的苯环来增加分子链的长度。因此，可以用每一边的苯环数目（n）来衡量分子链的长度，例如，当 $n = 4$ 时，分子链中共有 8 个苯环。本节所研究的分子链的长度范围是 $n = 1 \sim 6$。

图 7.14（b）中的每个分子都在 B3LYP/6-31G* 水平上进行结构优化。然后，分子末端巯基失去氢原子，剩下的部分通过形成硫-金键与两个金电极连接。为了简化计算，将金电极用由三个金原子组成的等边三角形来表示。三角形的边长（也就是 Au-Au 原子间

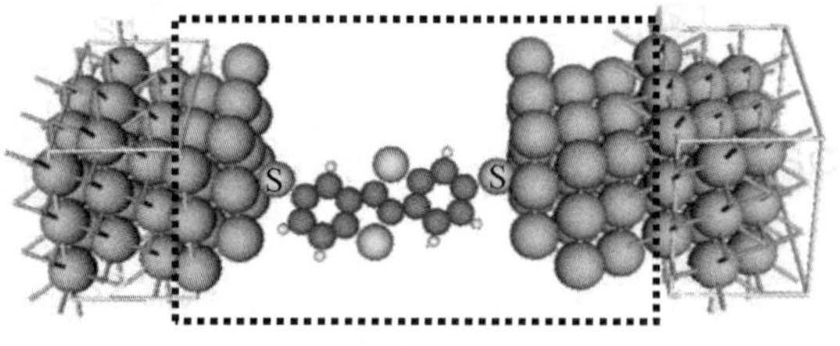

(a) 金电极–分子–金电极构成的分子结示意图(以T–C1为例)

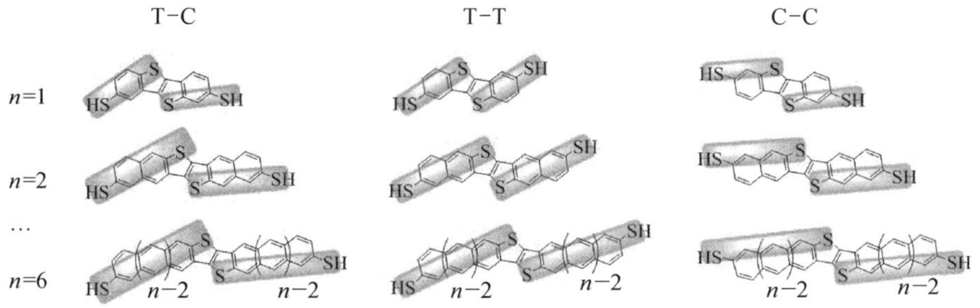

(b) 三种连接方式的系列长度分子导线

图 7.14　分子结的模拟模型与系列分子结构

距)为 2.88 Å。硫原子化学吸附在 Au 原子三角形的中心空位(即 hollow 位),通过对分子的局部优化使其具有最低的能量。这样的连接方式简单地表示了分子连接在一对由 Au (111) 面形成的电极间的构型。优化同样利用 B3LYP 泛函,使用 LANL2DZ 基组。

为了研究分子导线的导电特性,利用密度泛函理论结合非平衡态格林函数方法计算了金电极–分子–金电极分子结的输运行为。图 7.14(a)展示了分子结的模型,使用沿(111)面半无限周期性延展的金电极取代构型优化时使用的金原子簇。散射区左电极的一个晶胞中包含两层 Au,共 18 个原子;右电极包含三层 Au,共 27 个原子。有机分子垂直于金电极的表面,通过两端的硫原子连接在 hollow 位。为了保持分子与电极之间的接触电阻相同,硫原子和电极表面的间距固定在 2.0 Å。在所有的电流计算中,我们对金原子采用了带有极化函数的单 ζ 基组(SZP),对其他非金属原子采用了带有极化函数的双 ζ 基组(DZP)。在金电极上施加的偏压范围为-1.0~1.0 V(负号表示右电极的电势高于左电极电势)。电流是根据 Landauer 方程对偏压窗口内的透射系数积分得到的,偏压窗口定义为 $\left[-\frac{eV_b}{2},\frac{eV_b}{2}\right]$, V_b为电极上施加的偏压。

7.2.1　不同的端基连接:电子传递路径的作用

三种不同的端基连接方式(T–C1、T–T1 和 C–C1)表现出不同的电子输运行为。从图 7.15(a)可见,T–C1 和 T–T1 的 I–V 曲线平缓,它们的电流都远远低于相同电压下 C–C1 的电流。插图给出了微分电导(dI/dV)曲线,从中可以看到,C–C 连接方式的导电性明显更强。例如,在零偏压下 C–C1 的电导(10.1 μS)大约是 T–C1(0.5 μS)的 20 倍,是 T–T1

(0.3 μS)的 30 倍。此外,当分子长度增加时,C−Cn(n = 1~6,表示分子中噻吩每侧的苯环个数)方式连接的电导全部大于另外两种连接方式。

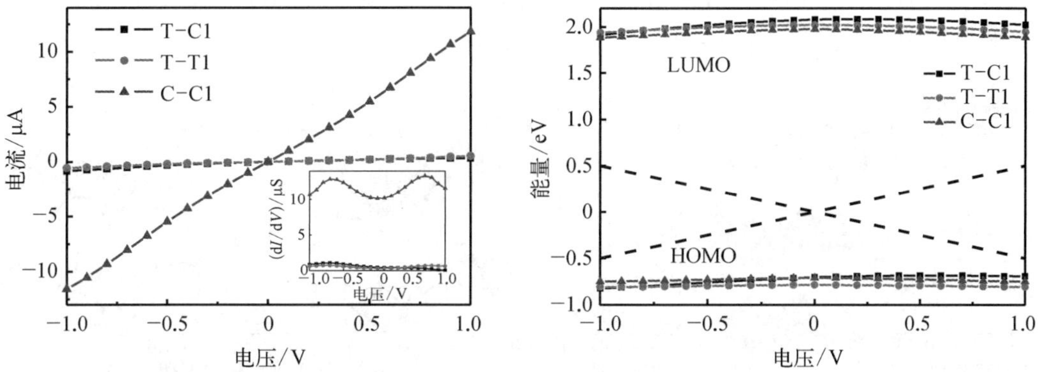

(a) I−V曲线(插图是微分电导)　　(b) 分子轨道能级

图 7.15　T−C1、T−T1 和 C−C1 的导电性

通常认为,在界面接触电阻固定的情况下,金属-分子-金属结的电子传递行为主要受到分子本身的影响。然而端基的连接位置对长链分子性质的影响甚微。为了证实这一点,我们首先分析一个重要的静态特征——分子投影的自洽哈密顿量(molecular projected self-consistent Hamiltonian, MPSH),它表示的是有电极作用时的分子轨道能级。图7.15(b)描述了 T−C1、T−T1 和 C−C1 的最高占据轨道(HOMO)和最低未占轨道(LUMO)的能级随偏压的变化。可以看出,不同的端基取代位置对体系的影响并不显著。HOMO 更接近费米能级,但在±1.0 V 的偏压范围内,三个模型的 HOMO 和 LUMO 均未进入偏压窗口,且三个体系之间的差异并不明显。这说明端基连接位置,对主要反映中间分子特征的轨道能级无显著影响。HOMO 和 LUMO 的能级差,即分子能隙(E_g),反映了电子在隧穿时的势垒高度。通常认为,势垒低时分子的电导较高。零偏压时 T−C1、T−T1 和 C−C1 的 E_g分别是 2.78 eV、2.81 eV 和 2.69 eV。虽与电导的顺序一致,但三者偏离平均值最大仅为2.5%,这不足以产生如此巨大的差异,说明还有其他更关键的因素控制着电子输运。

由于透射谱在偏压窗口内的积分直接决定了分子结的电流,它不仅与分子的电子结构有关,也与具体的几何构型有关,能够为理解分子结电子输运的现象提供更丰富的信息。图 7.16(a)~(c)右侧展示了 T−C1、T−T1 和 C−C1 的透射谱。电极的费米能级设为零点,用虚线表示。在图 7.16(c)的透射谱中,在−1.0 eV 处有一个很强的透射峰,该峰延伸到费米能级处。相反,对于 T−C1 和 T−T1,它们在−1.0 eV 处的峰的延展特征要弱得多。而 C−C1 费米能级以上的透射峰不仅强度接近 1.0,而且要宽得多。因此在费米能级处 T−C1、T−T1 和 C−C1 的透射系数分别是 0.0058、0.0038 和 0.13,这与三者的电导顺序相一致。费米能级下面和上面的两个透射峰分别对应于分子的 HOMO 和 LUMO 共振峰,这可以通过比较透射峰的位置和分子轨道能级得出。但是,对于三种连接方式,HOMO 共振峰的位置(−1.0 eV 附近) 都离费米能级较远。而且图 7.15(b)表明,当施加−1.0~1.0 V 的偏压后,这些轨道能级并没有进入偏压窗口(两条交叉虚线之间的区域),更加表明了这些分子轨道对电子传递的直接贡献很小,因此,T-C1 和 T-T1 的电导很小。但是,分子能级极为相似的 C-C1 在费米能级有较强的透射系数,为追究其原因,我们进一步分析了投影态密度(PDOS)。

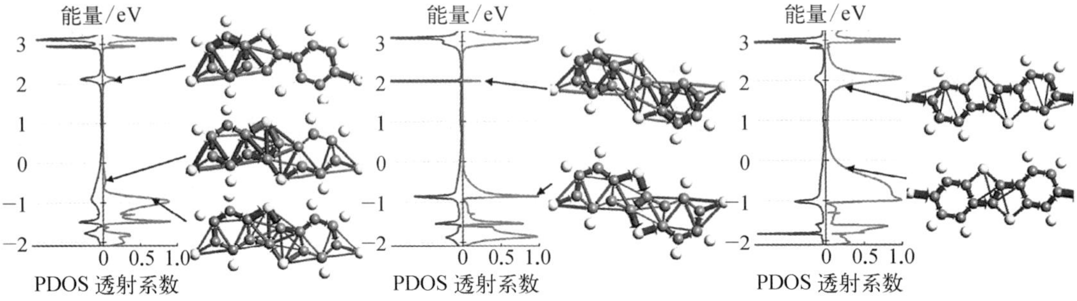

图 7.16 分子结投影态密度、透射谱和透射图

图 7.16(a)~(c)左侧展示了 T-C1、T-T1 和 C-C1 的 PDOS 谱。通过投影处理,PDOS 只包括了分子的贡献。对于三个模型分子,在−1.0 eV 的 PDOS 峰与透射峰基本对应,其由 HOMO 贡献,这仅表明在 HOMO 能级附近有较多的电子传输通道,而且有较高的传输效率。对于 T-C1 和 T-T1,PDOS 谱在费米能级附近的快速衰减说明大部分的传输通道被关闭,而仅存的数条通道也不具有高传输效率。然而,对于具有相同分子主体结构的 C-C1,虽然 PDOS 谱的变化趋势和前二者相仿,但降低速率并没有那么快,说明C-C1 分子结构中仍保留有少量可用的传输路径。透射谱也表明这些路径尚有较高的传输效率。此外,从前线分子轨道空间分布可以发现,C-C1 的 HOMO 离域分布在分子主体和两端的硫原子上,说明有很强的界面耦合。这使得 HOMO 共振峰更宽,能够扩展至费米能级。LUMO 也有类似的特点,但因离费米能级更远,所以贡献也不大。然而,对于其他两种连接方式,界面耦合相对较弱。

分子与电极之间的不同连接,导致电子沿不同的路径传递,这可以很好地解释这三个系列的电导差异。但是半经典模型,如 Simmons 模型,却对此无能为力。基于物理概念的量子干涉模型虽然可以部分解释分子的输运行为,但应该看到,该模型源于理想环境中的电子波动概念,对于纳米尺度、结构高度复杂的分子体系,适用范围非常有限。

但如果进一步分析较长分子的情况,还需要考虑更多细节。随着分子长度的增加,前线分子轨道在两端硫原子上的分布略有降低,三个不同系列的分子轨道分布变得相似。然而,对于本节所研究的所有链长的分子,C-C 系列分子的导电能力一直高于其他两个系列,因此我们需要分析连接方式与具体路径的关系。图 7.16(a)~(c)中也给出 T-C1、T-T1 和 C-C1 在分子能隙内的局部透射图,该图代表着透射系数较高的空间连接形成的通道,从而可以勾勒出直观、形象的电子传递路径。换言之,基于唯象的电子传递路径模型也对应着由量子化学计算所获得的电子隧穿概率最大的连续空间。唯象的直观模型虽不能定量地给出数值做比较,但其易于理解,在电子输运介质的设计和输运行为的分析中仍具有重要的价值。图中局部透射分量用原子之间的箭头表示。为了更清晰地显示共轭单元内的环电流的影响,对局部透射图进行归一化处理,即无论在该能级下总隧穿系数是多少,每个图中的最大箭头均相同。但在同一图中,箭头的大小与隧穿系数成正比,因此可以从图中识别出主要透射通道。画图时设定一个阈值(如 40%),即只有当一对原子之间的局部透射系数至少为该能级下总隧穿系数的 40%时画出该箭头。箭头的颜色表示局部透射分量的方向,蓝色表示正向透射,红色表示负向。对于 T-C1,LUMO 共振峰和-0.5 eV 处的小透射峰出现环电流,而-0.5 eV 处的小峰与 HOMO 共振峰之间也有环电流的特征。前者发生在六元环和五元环上;后者不仅包括通过化学键的环电流,还包括通过空间(非键原子之间)的电流。这些特征均源于量子力学中电子云的长程相互作用,但其作用强度要弱于通过化学键,特别是共轭的化学键。对于 T-T1,在 HOMO 和 LUMO 的共振峰之间也存在环电流。这一定程度上抑制了费米能级附近的电子隧穿系数。相比之下,C-C1 在 HOMO 和 LUMO 能级之间不存在明显的环电流。特别是通过碳-碳键的连续粗箭头构成两条等长的路径,类似于对位取代苯环的情况[19],对电流起到积极的贡献,这一点也可以用相长的量子干涉效应来解释。短链的 T-C1 和 T-T1 中通过空间的反转环电流还不十分明显,但随着分子长度的增加,这种现象变得显著。图 7.17 展示了每侧 6 个苯环分子的局部透射图。对于 T-C6 和 T-T6,在费米能级附近的局域透射图中观察到通过苯环的环电流和通过空间的三角形反转电流。但对于 C-C6,这些在阈值之上的反转电流非常弱。因此,电子传输的有效路径和每条路径的传输效率是 C-C*n* 与其他两个系列电导差异的重要原因。

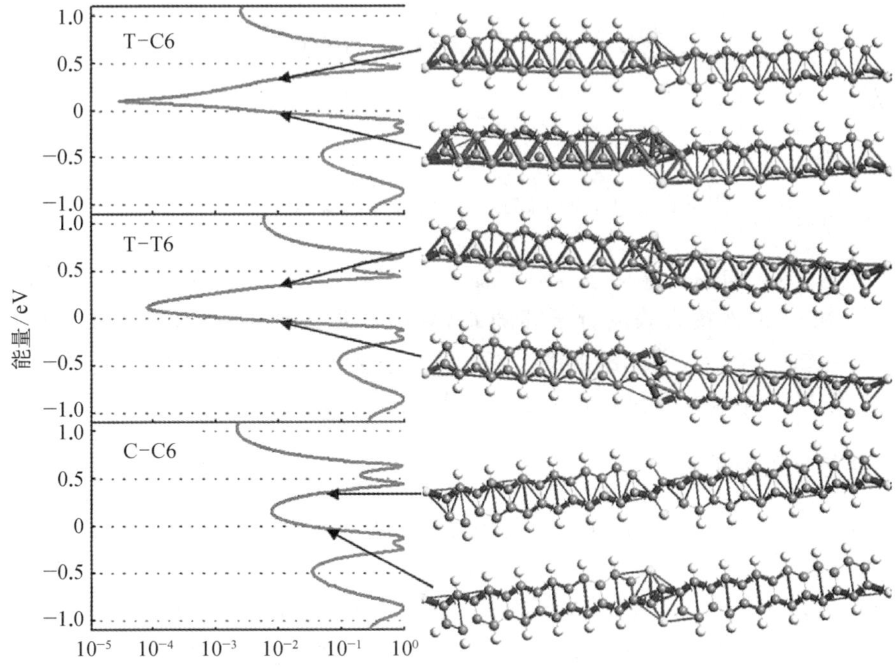

图 7.17　T-C6、T-T6 和 C-C6 的透射谱和局部透射图

我们希望能提供一种不依赖复杂且耗资源的量子化学计算的直观模型来理解和分析巯基连接位置的影响。如上一节所言,交替的单双键连接,并以双键终结于两端的结构是一条有效且高效的电子传递路径。我们进一步用共振式画出本节分子可能的电子传递路径,如图7.18所示。粗线表示了电子传输概率最大的路径。对于C-C6,至少有四个能量稳定的共振式结构,从左边硫原子到右边硫原子存在碳-碳单键和碳-碳双键交替连接而成的连续路径(粗线)。但另外两种连接方式不存在这种连续的路径。这种连续交替的碳-碳单键和碳-碳双键在分子中提供一个完全共轭的路径,能够高效地传输电子。T-C*n* 和 T-T*n* 两个系列分子中无法获得相似的共振结构。计算也表明,两者内出现的环电流、反转电流等类似流体中出现的涡流减弱了电子传递的能力。此外,通过比较图7.18中C-C1(或C-C6)的连续共轭路径与图7.16(c)和图7.17中的局部透射图,可以发现电子传递路径分析与计算获得的透射系数分布图有一致性,即忽略较小的环状空间产生的透射分布,可在一个更大的尺度获得直观的有效电子传递路径。由交替的单双键组成的路径贡献主要的局部透射分量。

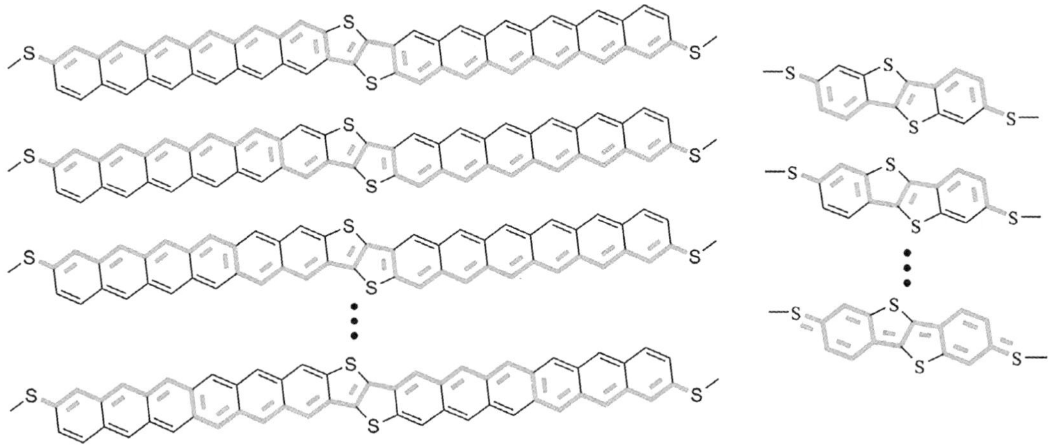

图7.18 电子传递路径模型对分子结输运行为的解释

综上所述,不同的端基连接方式对共轭分子导线的电导有很大的影响,我们分析了多种因素。其中,三种连接方式的分子能隙差异很小,即隧穿势垒的差异小,不是引起巨大电导差异的主要原因。从局部透射图分析,两个连接位点间具有连续交替的单双键的分子构型具有更好的导电性。这种空间细分结构对应了有效的电子传递路径。

7.2.2 电导与长度的关系

通过在分子两端增加苯环的数量来增加分子导线的长度。图7.19(a)~(c)给出了T-C*n*、T-T*n* 和C-C*n*(n = 1~6)电流随电压(−1.0~1.0 V)的变化曲线。插图是[−0.2 eV,0.2 eV]区间的放大图。图7.19(d)显示了零偏压下的微分电导。对于三种连接方式,所有分子的电导都是先降低(n = 1→2),然后升高(n = 4→5→6)。这种变化趋势不同于其他的简单线性的共轭有机分子。这种不同寻常的电导变化与其结构中存在多条电子传递的路径有关。

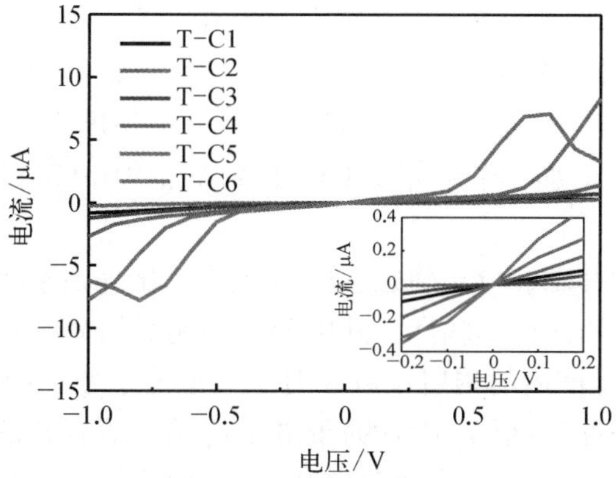

(a) T-Cn的I-V曲线

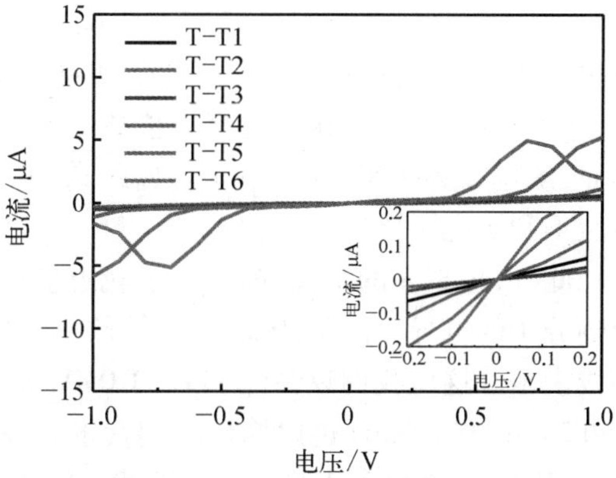

(b) T-Tn的I-V曲线

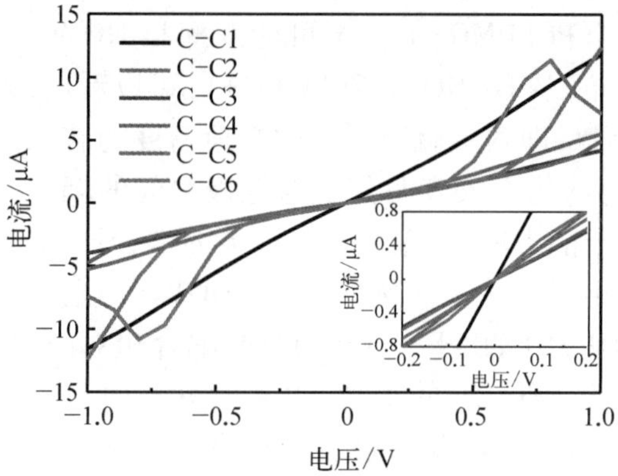

(c) C-Cn的I-V曲线，插图是[−0.2 V, 0.2 V]区间的放大

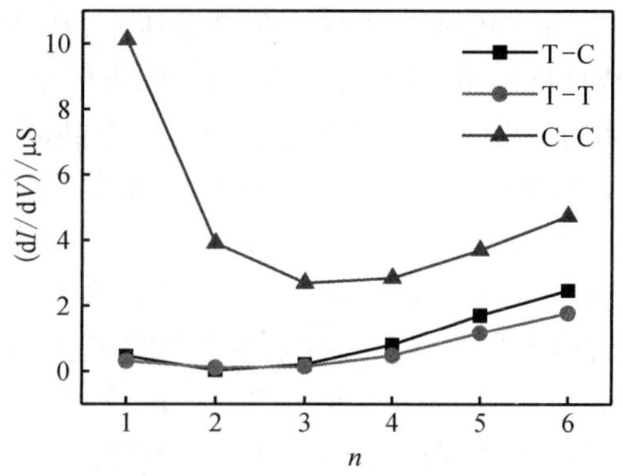

(d) 零偏压微分电导随分子链长（苯环个数 n）的变化

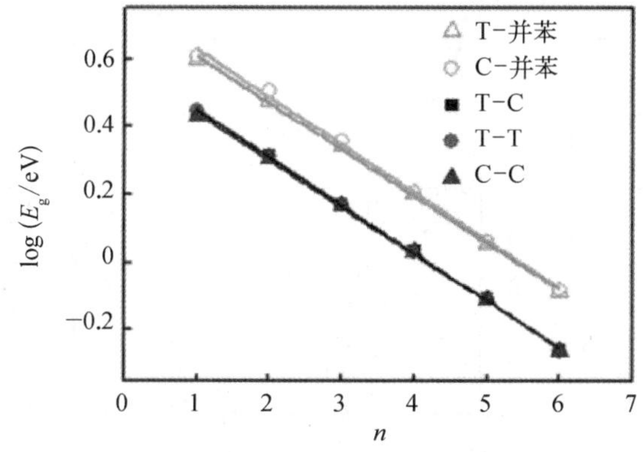

(e) 三种不同连接方式的分子和T-连接并苯、C-连接并苯分子的能隙（E_g）随分子链长的半对数关系

图 7.19　分子链长对导电性的影响

对于许多有机共轭分子，其 E_g 通常随着链长的增加而降低，并且 E_g 与链长的倒数成正比。但是本节所研究的分子导线的能隙表现了不同的特点，E_g 随 n 的增加呈近似指数的下降[图 7.19(e)]。由于本节的分子模型是由并二噻吩连接两边的并苯组成的，我们也给出并苯片段的 log E_g 作为对照。两种不同连接方式的并苯分子(T-连接表示两个巯

基在对位,C−连接表示两个巯基在间位)的数据都来自7.1节。图中五条直线具有相同的斜率(−0.14),说明并苯片段对分子体系的能隙起到决定性的作用。随着苯环数目的增加,E_g呈指数下降,意味着隧穿势垒高度迅速下降,这是有利于提高电导的一个积极因素。然而,从隧穿势垒宽度(即电子传递距离)来看,增加一个苯环使传递距离增加约4.9 Å,这显然不利于电子传递。

此外,随着n的增加,前线分子轨道能级的移动和分子轨道空间分布的变化等因素也影响分子的电导。图7.20展示了所有分子在零偏压的透射谱,其中分子的能级用垂直短实线表示。这里我们只关注−1.0~1.0 eV能量范围内的透射系数。对于短链分子(如n = 1和2),只有HOMO透射峰延展到费米能级附近(虚线),这有助于电子传递。随着n的增加,HOMO和LUMO都逐渐接近费米能级,它们之间的能量差也减少,这说明对于长链分子,即使在分子结上施加小的偏压,HOMO−1和LUMO+1等共振峰也有可能进入偏压窗口,并对电流有贡献。在高偏压下,HOMO−1和LUMO+1甚至可能发挥与HOMO和LUMO同等重要的作用。从分子轨道的空间分布(从HOMO−1到LUMO+1)可以看出,大多数邻近费米能级的分子轨道有一个共同的趋势,即两端硫原子上的电荷密度随着n的增大而减小。一个分子轨道在末端原子上的局域化不仅表明分子与电极之间的耦合强度,更说明分子本体容纳电子的能力。容纳电子能力弱,表现两端与电极的耦合强,透射峰较宽;而容纳电子能力强,则两端耦合变弱,透射峰变窄。例如,由于HOMO与电极之间的强耦合,C−C2具有宽的HOMO透射峰;相比之下,由于C−C6的末端耦合相对减弱,HOMO和HOMO−1变为两个窄的透射峰。因此,随着n的增加,更多的分子轨道进入偏压窗口,但是分子与电极之间的耦合可能变弱。这两种因素也会给电导带来相反的影响。

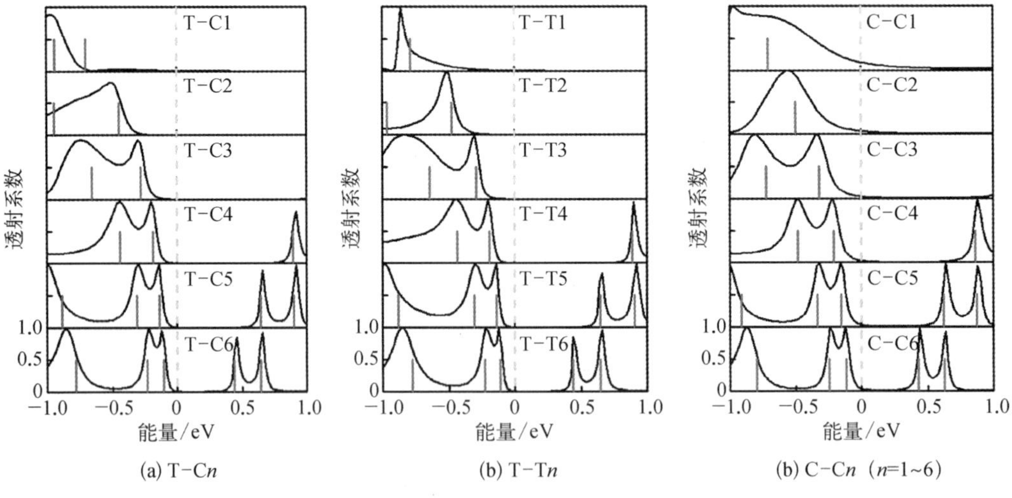

图7.20 零偏压时分子的透射谱(短竖实线表示分子轨道能级,虚线表示体系的费米能级)

综上所述,随着n的增加,会有相反的两种因素影响分子的电导。它们之间的竞争使电导随着链长的增加先下降后上升。当n = 1或2时,势垒宽度的增加这一不利因素占主导,导致电导降低;当n = 3~6时,分子内出现了更多的有效传递路径,分子导电性又有所提高。

本节利用 NEGF-DFT 方法研究了三种不同连接方式的共轭分子导线的电子传递行为。分子的主体结构相同,两端的连接基团通过三个不同的位点与电极连接。其中,C-C*n* 系列的分子比其他两种连接表现出更高的导电性。C-C*n* 的一个显著结构特征是在两个连接基团之间形成了连续而高效的电子传递路径。此外,随着分子长度的增加,所有分子的电导先下降后上升。这种独特的变化趋势是由两个相反的因素造成的。短链分子电导的下降是由势垒宽度增加而决定的。而长链分子电导的增加,一方面是由于分子能隙的下降,另一方面是由于有更多的分子轨道进入偏压窗口,形成了更多的电子传递路径。

7.3　多条电子传递路径的分子导线

分子导线与金属导线的电子传递机理存在差异,金属导线的电阻随长度呈线性增长,简单的线性有机分子导线由于只有一条电子传递的路径,其电阻随长度呈指数增长,然而多路径的有机分子导线的电阻随长度有更复杂的关系。阐明分子中电子传递的效率与其结构的关系,是分子导线研究的焦点。设计具有高效电子输运的分子导线是分子电子器件的一个重要目标,而要确定电子在分子内的传输能力,其中一个重要参数是电导的衰减系数,它由分子桥的化学性质决定。

通常情况下,分子电导随长度的衰减遵循指数关系:

$$G = G_c \exp(-\beta d) \tag{7.1}$$

式中,指前因子 G_c 为接触电导;G 为分子电导,随分子桥长度 d 的增加而呈指数衰减;β 为衰减系数。根据文献报道和 6.3 节的研究,可以知道饱和分子链的 β 约为 1.0 Å^{-1},例如,烷烃为 0.7~1.3 Å^{-1},肽链为(0.87 ± 0.7) Å^{-1},蛋白质为 0.8~1.4 Å^{-1},DNA 为(0.2~1.4) Å^{-1}。对于共轭分子,β 一般在 0.1~0.5 Å^{-1},例如,并苯分子为(0.50 ± 0.09) Å^{-1},聚苯分子为(0.35~0.5) Å^{-1},类胡萝卜素多烯分子为(0.22 ± 0.04) Å^{-1}。高度共轭分子由于能隙非常窄,其 β 小于 0.1 Å^{-1},例如,炔烃分子桥的 β 为(0.04 ± 0.02) Å^{-1},低聚锌卟啉的 β 为(0.04 ± 0.006) Å^{-1},低聚炔烃分子的 β 为(0.06 ± 0.03) Å^{-1}。根据各种不同的 β,我们可以发现分子内的电子传递行为复杂多样,与分子的构型和电子结构密切相关。这说明分子内存在不同的电子传递机理,如常见的隧穿(tunneling)和跳跃机理(hopping)。

分子作为导线的一个基本要求是其电导随长度变化不大,或者衰减非常缓慢,具有较小 β。6.3 节中,我们发现电子传递具有多样性,而且 β 与能隙相关。通过 DFT 结合 NEGF 的研究得出,共轭分子在无穷链长时的能隙 $(E_g)_\infty$ 与 β 有定量关系:

$$\beta = -0.19 + 0.32(E_g)_\infty^{1/2} \tag{7.2}$$

分子能隙 E_g 是分子的最高占据轨道(HOMO)和最低空轨道(LUMO)的能级差。通过这个线性关系,我们发现当 $(E_g)_\infty$ 小于临界值 0.35 eV 时,分子的 β 接近于 0 或者不存在。此时,分子电导随长度的衰减非常慢或者电导不降低,因而分子的长程电子传递效率很高。

然而,目前的报道表明只有很少分子在这个范围内,实验测量已经明确了几种较低衰减系数的分子,如卟啉低聚物[20-22]、聚噻吩[23]和并苯分子[24]。

卟啉低聚物不仅具有 π 共轭特点,而且具有多个电子传递路径。这将导致分子内电子传递与单路径分子导线的不同,如图 7.21 所示。本节主要研究组装在金电极之间的系列共轭分子的电导,侧重于考察不同的电子传递行为和分子结构的关系。图 7.22 给出了本节研究的分子结构,根据电子传递路径的不同,模型分子划分为两类。左边一列为单条电子传递路径的共轭分子,重复单元之间通过碳-碳单键连接,如低聚噻吩、低聚吡咯和低聚苯。低聚菲和低聚芴的重复单元之间含有多个碳-碳键连接,但是 7.1 节的研究已经证明低聚菲和低聚芴的电子传递主要通过中间的碳-碳键,因此这两者可以称为单条有效电子传递路径的分子。右边一列表示多条电子传递路径的共轭分子。当重复单元之间通过多个化学键并联连接时,可以形成多条电子传递路径,如低聚卟啉、并噻吩和并苯。

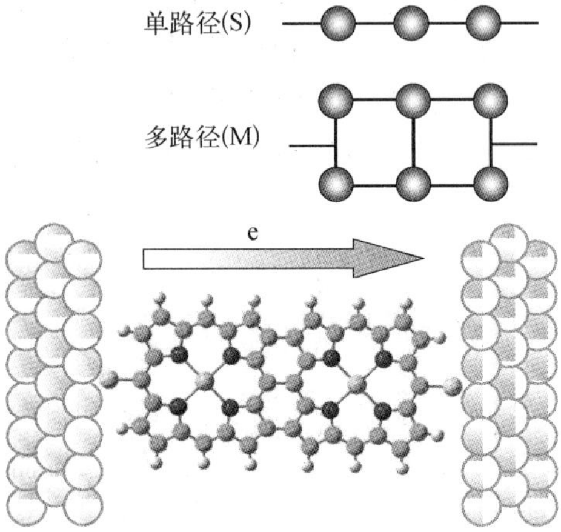

图 7.21　电子传递的路径模型和分子结输运行为模拟的模型

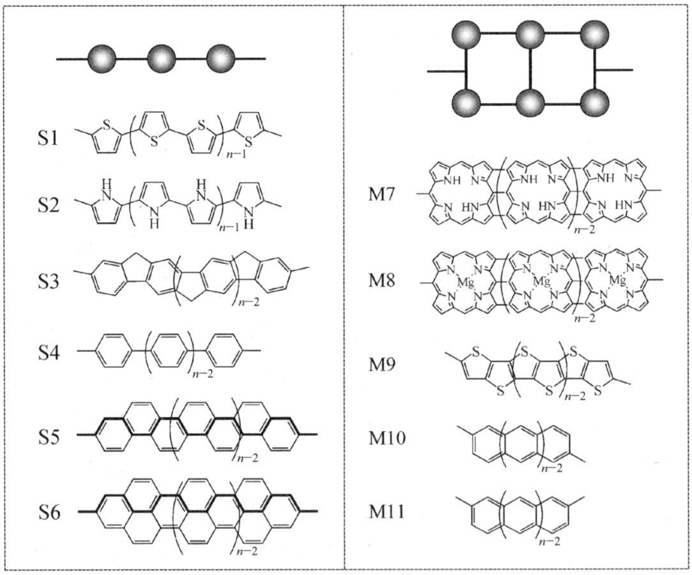

图 7.22　本节所研究的分子结构(S1～S6 具有单条电子传递路径,M7～M11 具有多条电子传递路径。其中,S1、S5、S6、M7 和 M8,n = 1～5;S2～4 和 M9,n = 1～6;M10 和 M11,n = 1～15)

分子结的结构优化详见 6.3 节。基于 DFT 结合 NEGF 方法计算金属-分子-金属结的电子输运。利用 Landauer-Büttiker 公式计算得到分子电导,可以表示为 $G = G_0T(E_F)$,其中 $G_0 = 2e^2/h$ 是量子电导,$T(E_F)$ 是费米能级 E_F处的透射系数,e 是电子电荷,h 是普朗克常量。

7.3.1　分子能隙

通过式(7.2)以及 6.3 节的讨论,我们可以发现共轭分子的静态性质,即无穷链长时的分子能隙$(E_g)_\infty$决定单路径的电子的传递效率。我们首先分析系列共轭分子的静态性质。图 7.23 给出了分子能隙E_g与分子长度的关系。从图 7.23(a)可以看出分子 S1~S6 和 M7~M9 的E_g随长度的增加而减小。对E_g与链长的倒数$(1/L)$进行拟合,可以发现两者有线性关系。进一步将拟合的直线外推到 0,得到链长无穷时的分子能隙$(E_g)_\infty$。表 7.3 给出了系列分子的$(E_g)_\infty$值,低聚菲 S5 的$(E_g)_\infty$为 2.39 eV,在 S1~S6 和 M7~M9 中最大;而低聚卟啉 M7 的$(E_g)_\infty$仅为 0.042 eV,系列分子中最小。图 7.23(b)给出了 M10 和 M11 的E_g与分子长度的关系。当重复单元为 12 时,M10 和 M11 的E_g接近 0,而后随链长的增加又变大,这与其他 9 个系列的分子不同。

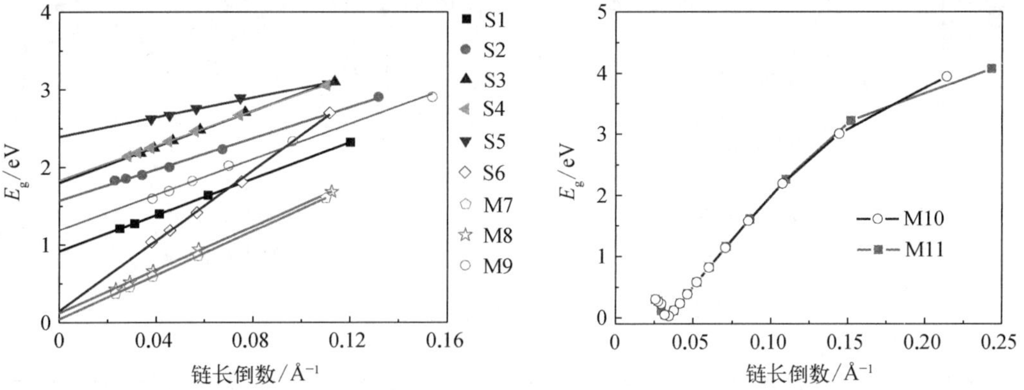

(a) S1~S6和M7~M9　　(b) M10和M11

图 7.23　分子能隙与链长倒数的关系

表 7.3　系列分子的 β 和$(E_g)_\infty$

分　子	$(E_g)_\infty$/eV	β/Å^{-1}	实验 β/Å^{-1}	理论 β/Å^{-1}
S1	0.92	0.11	0.16/0.09[25] 0.11[23] 0.10[26]	0.329[27] 0.211[28]
S2	1.57	0.17	—	0.257[28]
S3	1.80	0.22	—	—
S4	1.83	0.24	0.42 ± 0.07[29]	0.165[30]
S5	2.39	0.32	—	0.371, 0.406[31]
S6	0.15	0.38	—	—
M7	0.042	—	0.04 ± 0.006[20] (ZnP)	—
M8	0.11	—	0.047[21] (ZnP)	—
M9	1.16	—	—	—
M10	—	—	0.51[32]	0.089,　0.032[31]
M11	—	—		—

7.3.2 电导随长度的指数降低：衰减系数 β

为了对比系列共轭分子电子传递行为的多样性，我们进一步分析电导与长度的关系。图 7.24 给出了分子 S1～S6 的电导随长度的关系，包括线性坐标和半对数坐标。从图 7.24(a) 中可以看出，分子电导随长度的增加迅速衰减。对分子电导的对数与长度进行拟合，可以得到电导的衰减系数 β，如图 7.24(b) 所示，这一特征符合式(7.1)，因此分子 S1～S6 与 6.3 节所研究的分子有相同的特点，即沿单条路径传输。

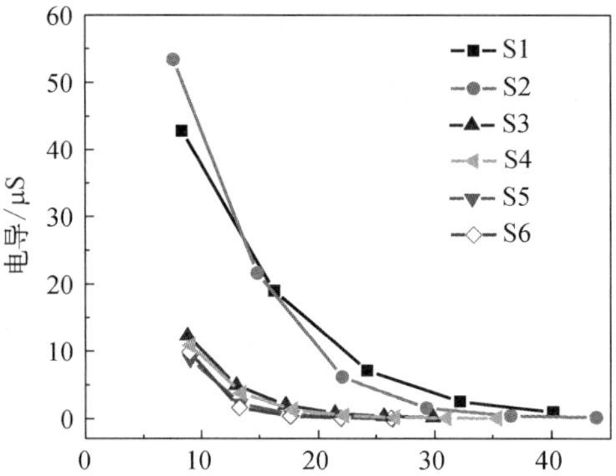

(a) 线性坐标

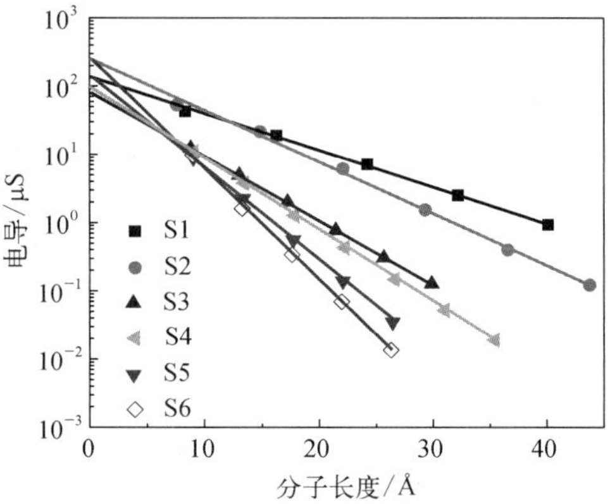

(b) 半对数坐标

图 7.24 分子 S1～S6 的电导随长度的变化

分子 S1～S6 的 β 在 0.11～0.38 $Å^{-1}$。β 与分子的结构密切相关，包括分子共轭单元之间的共平面性、共轭单元的结构、共轭通道上的杂原子修饰等。表 7.3 列出了本节研究分子的 β 与相关文献报道的结果。例如，对于低聚噻吩 S1，Yamada 等[26]利用扫描隧道显微镜(STM)测量得到其 β 为 0.10 $Å^{-1}$，与我们计算得到的 β(0.11 $Å^{-1}$)非常接近；但电子散射方法[27]得到 0.329 $Å^{-1}$。文献中的理论计算由于方法和基组的不同，得到低聚噻吩的 β 也有差异，例如，Peng 等利用 DFT/NEGF[28]方法得到低聚噻吩的 β 为 0.211 $Å^{-1}$。由于 β 越小，分子电导随长度的衰减越慢，因此通过对比 β 的大小可以推断 S1 中的电子传递比在 S2～S6 中传递的效率更高。而 6.3 节研究的全反式聚乙炔分子具有更低的 β 值，为 0.036 $Å^{-1}$，比低聚噻吩的电子传递效率更高。

此外，当图 7.24(b) 的拟合直线外推到分子长度为 0 时，可以得到式(7.1)的指前因子 G_c，即接触电导。6.3 节对接触电阻的研究表明，G_c 取决于分子与电极的界面接触，即连接基团的性质。本节研究的金属–分子–金属结中，分子通过巯基化学吸附在 Au 电极上，形成稳定的界面连接。因此 S1～S6 的 G_c 在 1.2～3.5G_0 范围内，其中量子电导 $G_0 = 2e^2/h = 77.5$ μS。S1～S6 的接触电导相似，说明硫–金键能够提供良好的分子–电极耦合。因此，电子传递行为的多样性来源于共轭分子不同的几何构型和电子结构，特别是其所形成的多条传输路径。

7.3.3 电导随长度的非指数降低

式(7.1)表示的指数关系适用于分子 S1～S6，但是并不适用于另一类具有复杂电子传递路径的分子导线。图 7.25 给出了模型 M7~M11 的电导与分子长度的关系,为了与 S1~S6 对比,图 7.25 同样给出了线性坐标和半对数坐标。从图 7.25(a)中可以看出,当分子长度增加时,M7、M8 和 M9 的电导近似线性降低,不存在指数关系,这一点与金属导线很相似。而 M10 和 M11 的长度增加时电导仅在链长较短时略有降低,然后基本保持恒定。在长度为 3.0 nm 时电导再次升高形成峰形。总体而言,这类复杂的分子电导随链长降低得不显著。以低聚卟啉 M7 为例,当 n = 1 增加到 n = 5 时,M7 的电导降低了 33%,即从 46.1 μS(n = 1)降低到 31.1 μS(n = 5)。这种近似线性的缓慢降低说明此类分子导线具有极低的 β,而 M10 和 M11 甚至无法获得 β。然而,到目前为止只有很少文献报道此现象。Anderson 等[20]通过 STM 测量得到 Zn(Ⅱ)卟啉低聚体的 β 为(0.04 ± 0.006) $Å^{-1}$,Meier[21]也发现 Zn(Ⅱ)卟啉衍生物的 β 为 0.047 $Å^{-1}$。对于卟啉衍生物的电导与分子长度的关系,实验测量和计算模拟都表明其具有极低的衰减系数。电导随长度变化缓缓,可以作为电子长程传递的导线。

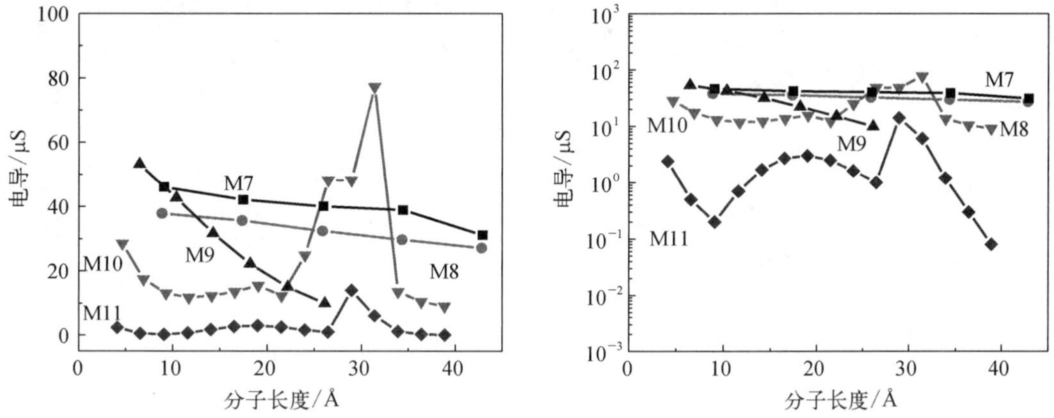

(a) 线性坐标　　(b) 半对数坐标

图 7.25　M7~M11 的分子电导随长度的变化

M10 和 M11 的电导与链长的关系明显不同于 M7~M9。当分子长度从 n = 1 增加到 n = 4 时,分子电导降低。当分子长度继续增加,电导开始变大,尤其增加到 n = 12 时,出现电导突然上升的现象。因此 M10(n = 12)的电导在所研究的范围内最大,M11 也表现出相似的特点。电导突然增加的原因可能是特定能量的隧穿电子的波长与隧穿距离相匹配,产生了某种共振隧穿现象,从而引起电导-分子长度曲线出现峰值。由于计算能力的限制,尚不能确定这种峰值的出现是否随长度增加具有周期性,不过可以肯定的是,链长更长时,电子输运也会由隧穿转变为跳跃机理。尽管 M10 和 M11 中,分子与电极的连接位置有区别导致电导存在差异,但是电子传递的主体结构相同,因此随长度的增加,两者的电导突升出现在相同的分子长度。以上结构都表明指数关系的式(7.1)不适用于 M7~M11。而这五种共轭分子有一个共同的结构特点,即重复单元之间都通过多个交替的单双键连接,由此形成了多个电子传递路径。M7~M10 的电导随长度衰减缓慢,电子传递更有效。

7.3.4 单条电子传递路径分子的能隙与 β 的定量关系

由于分子桥的平均势垒影响电子隧穿的概率，而分子桥的势垒取决于分子的能隙。因此，衰减系数 β 与 $(E_g)_\infty$ 密切相关，如式(7.2)所示。图 7.26 给出了分子 S1~S5 的 β 与 $(E_g)_\infty$ 的平方根的关系，对 S1~S5 的 β 与 $[(E_g)_\infty]^{1/2}$ 进行线性拟合，与式(7.2)一致。图 7.26(b)给出了 S1~S5 和 6.3 节中研究的共轭分子，可以得到一致的结果。将拟合直线外推到 $\beta=0$ 时，$(E_g)_\infty \approx 0.35$ eV。因此，拟合直线将图 7.26 划分为两个区域，以 $(E_g)_\infty \approx 0.35$ eV 为临界值。当 $(E_g)_\infty$ 大于 0.35 eV 时，共轭分子属于区域Ⅱ，其 β 大于 0，分子电导随长度的增加而指数降低。大部分线性共轭分子都属于区域Ⅱ，如分子 S1~S5，以及 6.3 节中的分子链。这个区域内的共轭分子，其链长在数纳米之内电子隧穿的机理都占主导。因此，分子电导随长度的增加呈指数衰减。

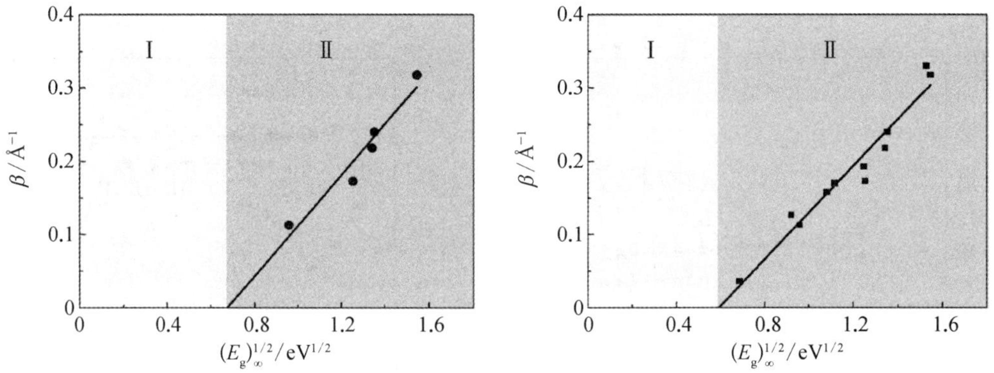

(a) M1~M5　　(b) 包含6.3节中分子的数据

图 7.26　分子的 β 与 $(E_g)_\infty$ 的关系

分子 S1~S5 具有一个共同的特点，即只有单条有效的电子传递路径。特别明显的是分子 S1、S2 和 S4，芳香环之间通过碳-碳单键连接，电子传递经过仅此一个通道。因此，我们可以得出对于单条电子传递路径的共轭分子，当 $(E_g)_\infty$ 大于 0.35 eV 时，分子属于区域Ⅱ。当然，需要另外指出的是，S1~S6 系列分子中，从总体上来看，存在一条有效的电子传递路径。但是路径中的部分单元内，如苯环、噻吩环、吡咯环内，电子的传递会复杂一些。通过共振式的分析，存在二条或一主一次的两条路径。

7.3.5 具有单电子传递路径的扩展共轭分子

分子 S6 除了沿分子轴方向有共轭结构，在垂直于分子长轴方向上，共轭结构也有延展，我们可以称为扩展的共轭分子，对其研究也为理解后续的石墨烯纳米带等准二维共轭材料打下基础。S6 的共轭程度很高，分子的能隙更低，无穷链长时的分子能隙 $(E_g)_\infty$ 为 0.15 eV，低于图 7.26(a)中的临界值。因此，根据图 7.26，S6 应该属于区域Ⅰ，衰减系数 β 为 0 或不存在。但是 S6 的 β 竟然达到 0.38 Å^{-1}，与 S1~S5 类似，其电子传递以隧穿机理占主导。因此，β 与 $(E_g)_\infty$ 之间的定量关系[式(7.2)]不适用于 S6。我们认为单电子传递路径与扩展的大于一维的 π 共轭结构是 S6 偏离式(7.2)的主要原因。

为了阐明 S6 中的电子传递机理,我们比较计算了 S4~S6 的前线分子轨道分布,如图 7.27(a)所示。为了在相同的条件下对比,我们选择长度相似的分子,分别为 S4($n = 3$)、S5($n = 2$)和 S6($n = 2$)。从轨道的空间分布中可以看出三个分子的 HOMO 和 LUMO 都离域在全部分子上。S6 的 HOMO 能级为-0.50 eV,LUMO 为 1.31 eV。HOMO 更靠近费米能级,可与金属费米能级部分匹配,是电子输运的主导能量通道。图 7.27(b)给出了不同长度的三个系列分子的 HOMO 和 LUMO 能级。分子长度相同时,S6 的 HOMO 明显高于 S4 和 S5,其 LUMO 也更低。因此,S6 的能隙$(E_g)_\infty$较小,从图 7.23(a)的线性拟合得到$(E_g)_\infty$为 0.15 eV。

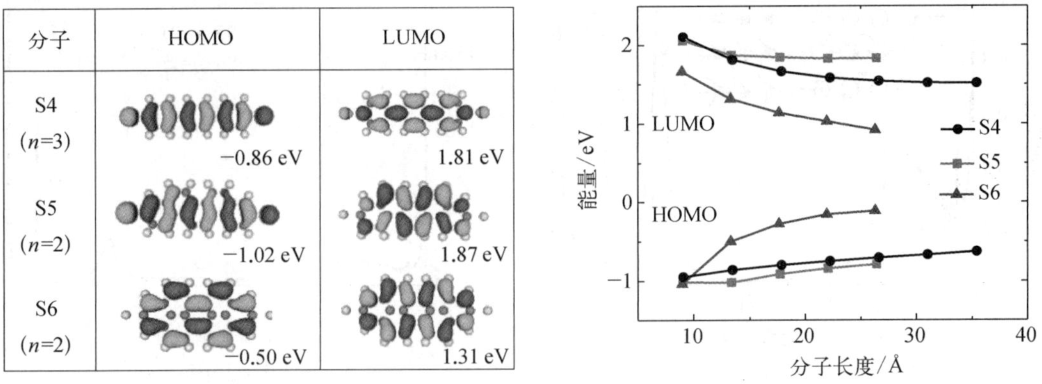

(a) HOMO、LUMO的空间分布(右下角的数字表示分子轨道的能级)

(b) S4~S6的能级差随分子长度的变化

图 7.27 S4、S5 和 S6 分子轨道的比较

对比 S4、S5 和 S6 的分子结构,可以看出在低聚苯 S4($n = 3$)中,苯环间通过一个碳-碳键连接,而 S5($n = 2$)和 S6($n = 2$)的苯环间存在多个碳-碳键。本章前几节的研究表明,在 S5 和 S6 中主要的电子传递路径是分子中间交替的(双键-单键)$_n$-双键,图 7.22 中采用加粗的线条,因此它们的电导与长度的关系相似。即使看起来更复杂的 S6 也具有式(7.1)描述的电导随长度呈指数衰减的特征。但对于 S6 分子,其 HOMO 与 LUMO 的空间分布已证明,分子长轴以外扩展的 π 共轭结构也对分子的多种静态特征产生显著影响,其中就包括能隙。但是扩展的 π 共轭结构并不参与电子传递,这就提示我们,只有投影到电子传递路径上的静态特征才可以用于评估电子传递的能力。而 HOMO 和 LUMO 的能级与能隙体现了全部分子的特征,而非电子传递路径的特征。因此具有扩展共轭结构的单路径分子链具有电导随长度指数衰减的特征,同时反映分子整体的静态特征并不能准确地反映电子传递路径。

透射谱和投影态密度(PDOS)则基本反映了电子传递路径的特征,特别是主导路径的特征。从这两者也可以观察到 S4~S6 所具有的相似特征。图 7.28(a)给出了分子 S4($n =$ 3)、S5($n = 2$)和 S6($n = 2$)的透射系数 $T(E, V_b)$与能级 E 的关系(透射谱)。低于费米能级的第一个峰是 HOMO 贡献的共振峰,峰高从 S4 的 0.46 降低到 S6 的 0.18。S6 的透射系数的降低可以归因于苯环之间其他的碳-碳键的连接,即多个碳-碳键使电子由主传递路径向外散射出去，而散射出去的电子又不能顺利地回归到主传递路径上，因此削弱了主路径上的效率，见图 7.28(a)的插图。而 S4 ~ S6 的电子传递效率也可以从β评估,β越小，电子传递的效率越高，其从 S6 的 0.38 $Å^{-1}$降低到 S4 的 0.24 $Å^{-1}$。图 7.28(b)给出相应的 PDOS 谱，三个分子的 HOMO 峰在相似的能级(-0.8 eV)处，而且 HOMO 共振峰的态密度较大，并且延伸到费米能级处，因此在电子传递中起决定性的作用。在费米能级处，S4、S5 和 S6 的 PDOS 数值分别为 66.69、65.62 和 62.20，与透射系数的大小顺序一致，但总体上差别不大，说明 HOMO 在费米能级所贡献的传输通道数量彼此相当。证实了 S6 中除了主传递路径，其他碳-碳连接均不形成有效路径。

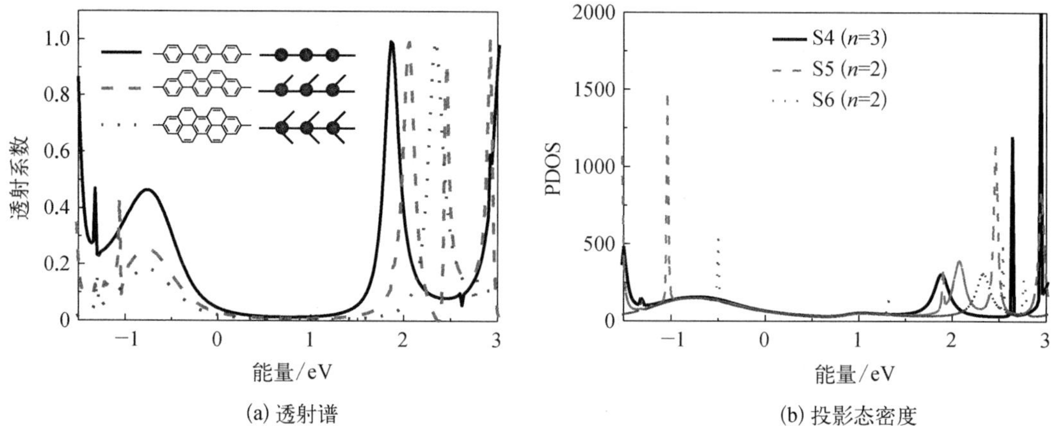

图 7.28 S4、S5 和 S6 的透射谱和投影态密度

7.3.6 多条电子传递路径的共轭分子

由于分子中存在二维延展的 π 共轭结构，低聚卟啉 M7 和低聚镁卟啉 M8 的能隙非常小，$(E_g)_\infty$ 分别为 0.042 eV 和 0.11 eV。图 7.29 给出了 M7 和 M8 的 HOMO 和 LUMO 空间分布和相应的分子轨道能级，HOMO 和 LUMO 分布在整个分子上。低聚卟啉较小的分子能隙利于电子传递，例如，M7($n = 2$)的 HOMO 能级为-0.24 eV，非常靠近费米能级。由于 M7 和 M8 的$(E_g)_\infty$低于临界值 0.35 eV，M7 和 M8 均属于图 7.26(a)的区域Ⅰ，不存在衰减系数β。由此即可预测两者的电导与分子长度不遵循指数关系，如图 7.25 所示。由于低聚卟啉的电导基本不受长度的影响，所以更适宜作为分子导线。我们也可以稍微扩展讨论一下分子导线的分类与意义。作为单纯的电子输运载体，其电子传递行为理应越接近宏观的金属导线越好，从这一角度来看，位于图 7.26(a)的Ⅰ区内的分子材料更适宜。但文献普遍将位于Ⅱ区的分子材料称为分子导线，然而从其电导指数衰减的特点以及分子链过长存在输运机理的转变这两点来看，Ⅱ区材料更适宜作为功能化的主体结构。

除了 M 系列分子链具有极低的能隙，多条电子传递路径也是其重要的特征。Prociuk 等[33]证明在金属卟啉分子结中，当分子与电极采用对角连接(beta-连接)时金属中心具有活性，而水平连接(meso-连接)时金属中心不起作用，电子传递经过卟啉环。我们在 12.1 节金属卟啉分子的电子传递路径研究中也发现同样的规律，只有当金属卟啉与电极采用

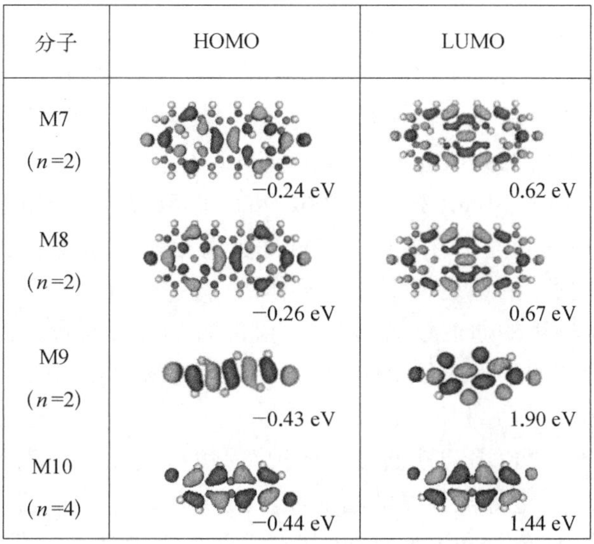

图 7.29　模型 M7～M9(n = 2)和 M10(n = 4)的 HOMO 和 LUMO 的空间分布(右下角数字表示轨道的能级)

对角连接时,金属中心电子密度的改变才影响分子结的电导,而在水平连接时电子传递经过卟啉环,有两条或多条可能的电子传递路径,但可能不通过金属中心。本节中 M7 和 M8 分子中的重复单元通过水平连接,多条电子传递通路使电子传递更高效。因此,多样的电子输运行为既与分子能隙有关,也与电子传递路径有关。对于并噻吩 M9 和并苯 M10、M11,重复单元之间也通过两个化学键连接,形成了多个电子传递的通道。尽管 M9 的$(E_g)_\infty$为 1.16 eV,远大于临界值 0.35 eV,但电导随长度的衰减仍比较缓慢。此类分子也不遵循式(7.1)描述的电导与长度的指数衰减关系。当分子电导随链长线性降低时,一般来说,跳跃机理会占主导地位。对于 M10 和 M11,不仅发现电导与长度无关,而且受连接位置的影响很大。

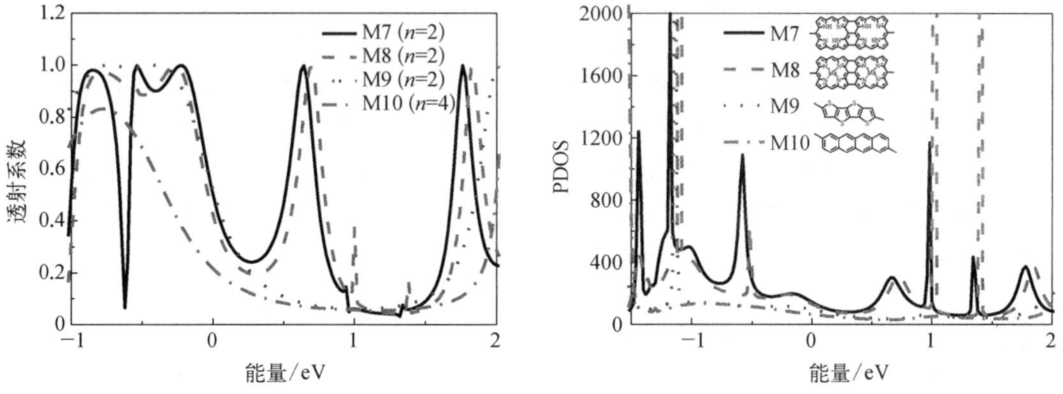

(a) 透射谱　(b) 投影态密度

图 7.30　M7～M9 和 M10 的透射谱和投影态密度

为了进一步理解区域Ⅰ共轭分子电子传递的特点，图 7.30 给出了 M7～M10 的透射谱和 PDOS 谱。从图 7.30(a) 的透射谱中，可以看出 M7～M10 的透射峰很高，HOMO 和 LUMO 峰的透射系数约为 1.0，HOMO 峰的位置靠近费米能级，并且延伸到费米能级时依然保持较高的透射概率。分子 M7～M10 的透射谱与 S4～S6 明显不同，前者的透射系数不仅较大，而且共振峰很宽。另外，在图 7.30(b) 的 PDOS 曲线中，M7～M10 在费米能级处的 PDOS 数值也很高，分别为 142.0(M7)、129.6(M8)、95.8(M9) 和 63.6(M10)。从数据中可以看出，低聚卟啉因单元间连接方式更为多样而具有更多的输运通道。而在 M9 中，富电子的 S 原子也为提供更多的通道起到了积极作用。需补充说明的是，由 PDOS 给出的局域态密度数值与电子输运的通道数量有较为直接的相关性，而我们提出的电子传递路径概念又是众多输运通道的平均或是整体表现。它更为直观地体现了分子结中电子输运的特点。

本节利用 DFT 结合 NEGF 方法研究了两种类型的共轭分子。对于单个电子传递路径的共轭分子 S1～S6，分子电导随长度的增加而呈指数降低，符合式(7.1)的特征，也进一步证实了 6.3 节的结果，即分子的$(E_g)_\infty$与β有式(7.2)的定量关系。但是式(7.2)不适用于扩展共轭分子 S6，因此公式有一定的适用范围。同时，具有多个电子传递路径的共轭分子 M7～M9 的电导随长度的增加而衰减缓慢。而并苯分子 M10 和 M11 的电导随长度的变化没有明显规律。通过对两类分子电导的研究，我们得出分子电导与长度的关系不仅取决于分子能隙，而且与电子传递路径密切相关，从而导致分子电子传递行为的多样化。而有机分子的多样性所带来的电子传递行为的多样性恰是有机分子电子学的魅力所在。

7.4 平行聚苯分子-分子导线的并联

石墨烯等大共轭碳材料的电子具有很高的迁移率，能够承载很高的电流密度，这些优异性质使其成为纳米器件的重要材料。基于大共轭碳材料的器件研究成为目前关注的热点。当两层石墨烯堆叠在一起时，通过电场可调节其带隙，实现场效应晶体管。在研究大共轭碳体系的电子输运性质时，也需要考虑体系间的 $\pi-\pi$ 重叠作用。近年来，含 $\pi-\pi$ 重叠结构的纳米复合材料在晶体管、传感器、超级电容器、燃料电池，太阳能电池等应用方面都产生了一定的影响。

双层石墨烯是由两层二维石墨烯平行堆叠而成的，以 sp^2 杂化的碳原子牢固地束缚在六元环上。碳层若继续增加，双层石墨烯片就变成块状石墨。单层石墨烯、双层石墨烯和块状石墨中的电子表现出不同的输运特征。电荷在单层石墨烯中的传递遵循线性散射的规律。许多文献也报道了双层石墨烯中能量传递的现象[34]，但是双层石墨烯的电学特性还有很多细节需要澄清。对于 $\pi-\pi$ 重叠对电子结构的影响，在过去二十年中已经发现了更直接的光谱证据。精确的 X 射线衍射也可以观察到许多聚合的层状结构，扫描隧道显微镜(STM)能够定量地分析 $\pi-\pi$ 耦合和电子输运性质。STM 和光谱技术都发现 $\pi-\pi$ 重叠体系的禁带越窄，电子传输就越有效[35]。

迄今在 $\pi-\pi$ 重叠体系中还有两个问题无法通过实验方法得到解答：① $\pi-\pi$ 重叠单元个数(N)是如何影响 $\pi-\pi$ 重叠体系的电子输运行为的？② 分子间的 $\pi-\pi$ 重叠作用随

分子间距离(d)是如何变化的？在本节中，我们采用密度泛函理论和非平衡态格林函数方法研究了一系列平行的聚苯体系，如图 7.31 所示。通过改变 d 和 N，探索 π-π 重叠的聚苯体系的电子输运性质。

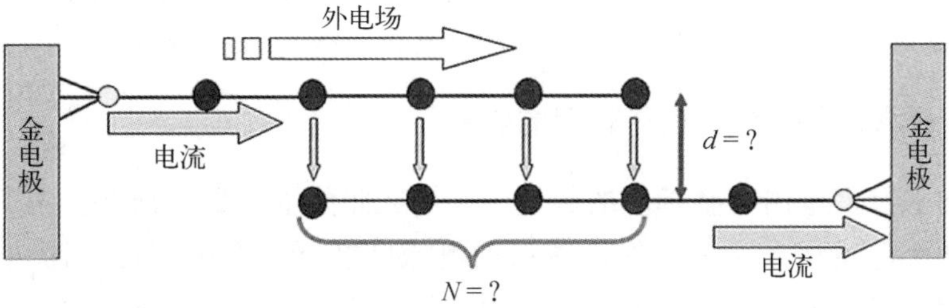

图 7.31　平行聚苯体系内电子传输路径的结构示意图

图 7.32 描述了不同数量 π-π 重叠单元的平行聚苯分子与金电极的连接的模型。两个平行的聚苯分子链以硫-金键夹在两个半无限金电极之间。为了便于计算处理，先将一条聚苯链连接金电极，再将其固定在一个平面，在 B3LYP/LANL2DZ 水平上进行结构优化。优化后的聚苯链复制，再反转移动，与前一条聚苯链平行重叠并保持一定的间距。优化的细节可参考其他章节。为了保证平行分子间有很好的 π-π 重叠作用，除了与电极直接相连的一个苯环，两个聚苯分子链的其他苯环全都两两上下重叠，如图 7.32 所示。以重叠苯环数(N)来命名平行聚苯体系。例如，$N = 3$ 表示每个聚苯分子链上有 4 个苯环，其中有 3 个苯环与另一条聚苯链的 3 个苯环重叠。为了评估 π-π 重叠作用的强度，我们利用式(7.3)计算分子间的结合能(E_{ads})：

$$E_{ads} = E_{parallel} - 2E_{single} \tag{7.3}$$

式中，$E_{parallel}$ 是平行聚苯体系的总能量；E_{single} 是单条分子链的能量。

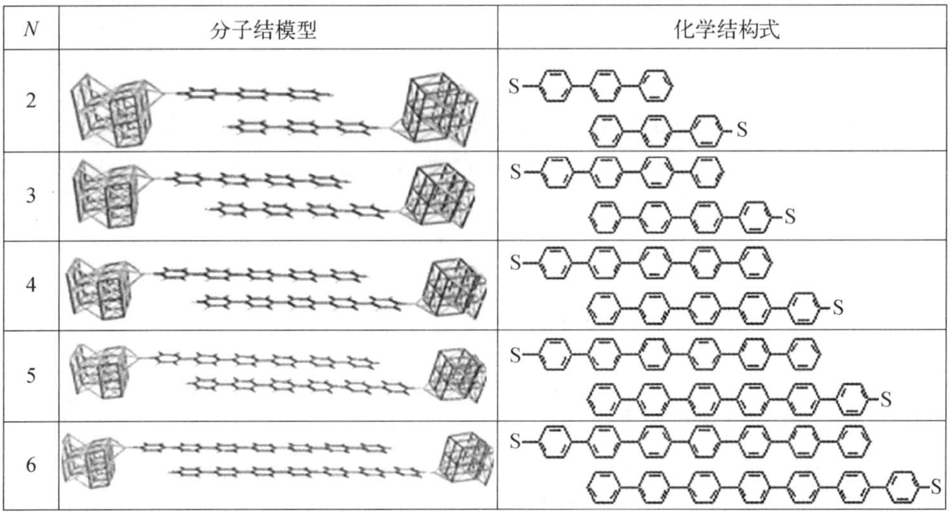

图 7.32　平行聚苯分子以硫-金键与两个(3×3)金电极相连的分子结模型和化学结构式

电子输运的理论计算是基于密度泛函理论(DFT)结合非平衡态格林函数(NEGF)的方法。在计算中,分子与金电极间的初始键长设为 2.0 Å,然后再进行优化。大多数学者使用的键长范围在 1.90~2.39 Å。金原子采用 SZP,其他原子采用 DZP。两个金电极间施加的偏压在−0.3~0.3 V,负号表示右电极的电势比左电极高。电流曲线是根据 Landauer-Büttiker 函数从透射谱中得到的,电导 dI/dV 是电流曲线的数值微分。

7.4.1 π 电子重叠单元数量对电子输运的影响

通过增加平行聚苯内重叠苯环的数量(N)来延伸分子的重叠长度。图 7.33 给出了偏压 0~0.3 V、N = 2~6 的几个平行聚苯体系的电流曲线。平行分子的间距为 3.0 Å。以往研究表明,石墨烯层间距在 2.7~3.5 Å 才能保持稳定[36,37]。由于平行聚苯结构的中心对称性,其 $I-V$ 曲线也在零点呈中心对称。所以这里只展示 0~0.3 V 偏压范围内的 $I-V$ 曲线。电流曲线略显非线性特征。更多的计算也表明,链间距在 2.7~3.5 Å 变化时 $I-V$ 曲线都保持了相似的特征。不同的是,随着间距的扩大,电流急剧下降。

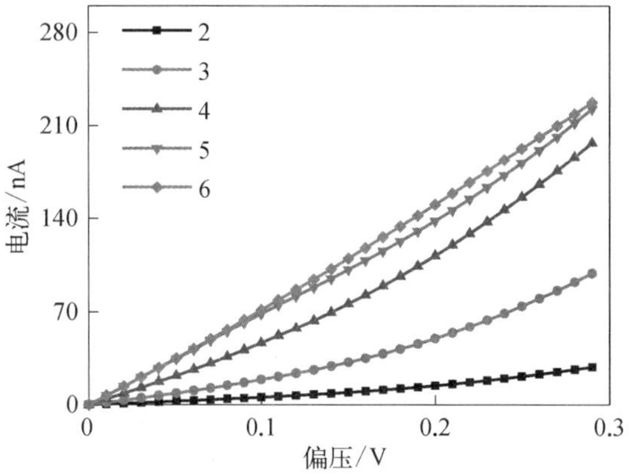

图 7.33 不同数量重叠单元(N)间距为 3.0 Å 的平行聚苯体系的 $I-V$ 曲线

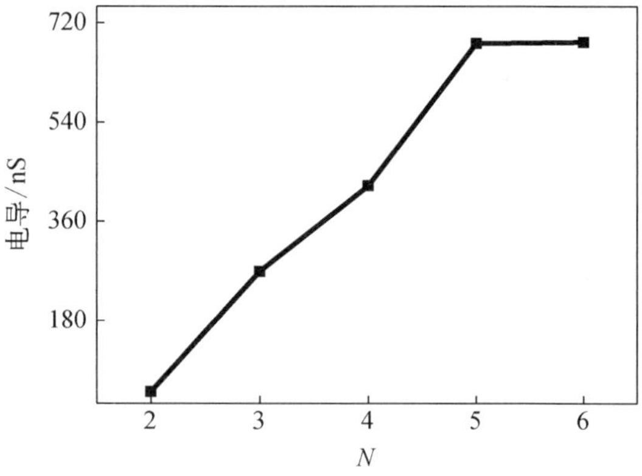

图 7.34 在零偏压下,平行间距为 3.0 Å 时,平行聚苯体系的电导随 π 重叠单元个数(N)的变化趋势

图 7.34 给出零偏压电导的变化趋势。当 N 为 2~5 时,电导随 N 的增大而线性升高,增长了近 10 倍。但是当 N 为 5 和 6 时,电导的差别并不明显。过去的理论研究和实验数据都表明[38],在聚苯单分子体系中,电导随着分子链长的增加呈指数降低。但在平行的聚苯体系中,电导的变化趋势更复杂。从其变化趋势来看,π−π 的重叠作用对电子输运的贡献更大。

为了对平行分子体系的输运行为给出清晰的解释,我们绘出了零偏压下的透射谱和投影态密度(PDOS)。图 7.35(a)给出平行间距为 3.0 Å 时,不同长度平行聚苯的透射谱。费米能级两侧的透射峰分别由 HOMO 和 LUMO 贡献。由于 HOMO 更靠近费米能级,因此对零偏压电导的贡献也更大。随着 N 的增加,HOMO 和 LUMO 共振峰均向费米能级移动,且 HOMO 的峰形变得更尖锐。在费米能级处,N = 2~6 的透射系数分别为 0.0011、0.0030、0.0055、0.0041 和 0.0036,这与电导的变化规律一致。透射谱的变化表明，π-π 重叠使 HOMO 向费米能级移动，从而提高了电子传递的效率。

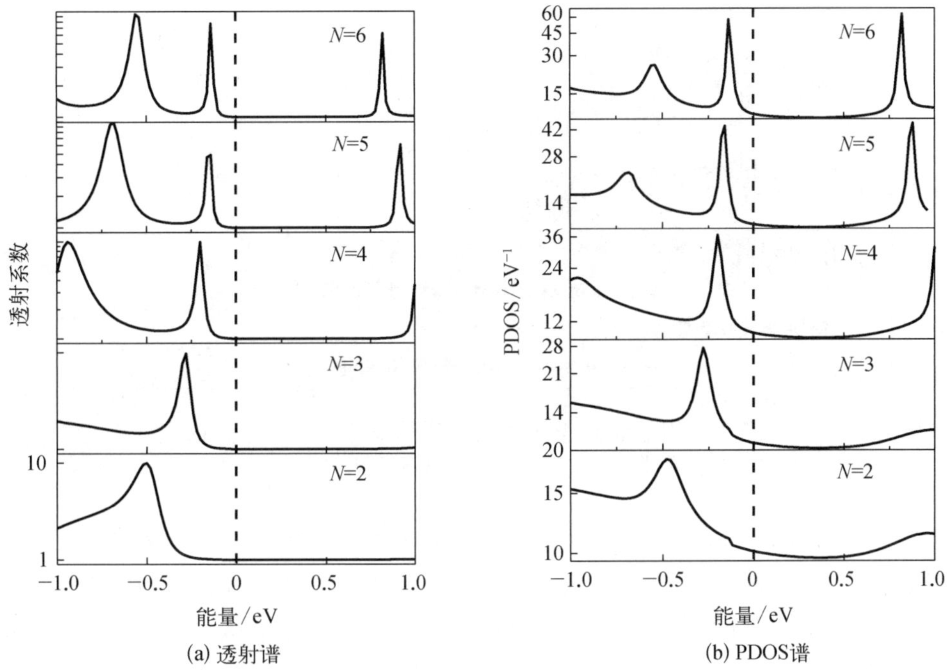

图 7.35　平行间距为 3.0 Å 时，不同重叠单元数量（N）的平行聚苯体系的性质

PDOS 表示给定能量下分子分立能级的密度，涵盖了分子与电极间耦合对能级的移动和谱带展宽的影响[39]。通过比较透射谱和 PDOS 谱，可以看出在[−1.0, 1.0] eV 能量范围内，两者的峰型和变化趋势都极为相似。在费米能级处，N = 2~6 的全部分子的 PDOS 值均在 10.16~10.39，彼此之间差别极小。这说明在零偏压下 π-π 的重叠长度并未改变电子传递通道的数量。此外，需要强调的是，N = 5 和 6 时，无论是透射谱还是 PDOS 谱，都非常相似，因此这两者的电导差异也变得更小。

通过计算平行分子间任意原子对的传输概率，绘制传输概率较大的连续空间，可对理解电子传递路径提供更直观的认识。图 7.36 显示了零偏压下，分子间距为 3.0 Å 时，平行聚苯体系的电子传输概率空间分布随 N 的变化趋势。电子传输通道用分布在分子中的箭头表示，箭头的阈值为 0.3。为了便于观察和比较，电子传输通道图都采用归一化，即图中最大的箭头设置成相同直径。连接两个苯链的箭头主要来源于聚苯分子间的 π-π 重叠作用。当 N 小于 5 时，两条苯链之间的箭头数量随 N 的增加而增多。与此同时，与净电流方向一致的箭头在平行聚苯分子上的分布则更连续，提高了电子在平行聚苯体系中的传递效率，所以总透射系数增加。但是当 N 大于 5 时，由于电极-分子的耦合作用变弱，影响了电子输运的效率，因此两苯链之间的箭头数量减少。

7.4.2　平行间距对电子输运的影响

Rochefort 等用 DFT 方法进行的理论计算表明，改善层状堆叠聚合物层与层之间的

N	电子传输路径	总透射系数
2		1.1×10^{-3}
3		3.0×10^{-3}
4		5.5×10^{-3}
5	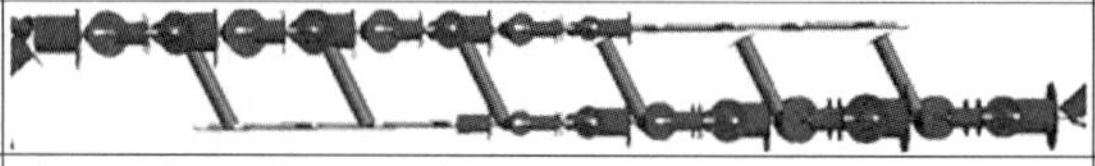	4.1×10^{-3}
6		3.6×10^{-3}

图 7.36　在零偏压，分子间距为 3.0 Å 的平行聚苯体系中，费米能级处电子传输概率密度的分布

π−π 堆叠有助于增加 STM 图像的对比度，并削弱表层聚合物原子结构的精细排布特征[35]，他们的理论计算还给出了平行分子体系的详细结构，包括层高和层间距。但聚合物层间的电子隧穿受层间距影响很大。因此我们进一步讨论了微分电导、结合能与平行间距(d)的关系。

图 7.37 给出 $N = 3$ 的平行聚苯体系中，电导和结合能随 d 的变化曲线。从该图可知，两者都随 d 的增加近似呈指数减小。在含不同重叠单元的平行聚苯体系中，电导衰减的速率都很相似。在 2.7～3.0 Å 的层间距内，平行聚苯间的 π−π 重叠作用很强，对电导的贡献很大。但是当平行间距扩大到 3.0～3.5 Å，链间就只有范德瓦耳斯力在起作用，而 π−π 重叠衰减至可以忽略。2.7～3.5 Å 电导的变化如此之大证明了分子间 π−π 重叠作用是按指数形式快速衰减的。这也与 Sengupta 等之前的报道一致[36]。石墨烯片是由 sp^2 杂化的碳原子紧密键合在六元环上形成的，石墨又是由多个石墨烯片平行堆叠而成的。π 电子离域分布在石墨烯片上，因此它在热力学和电学上有良好的传导性。在块状石墨中石墨

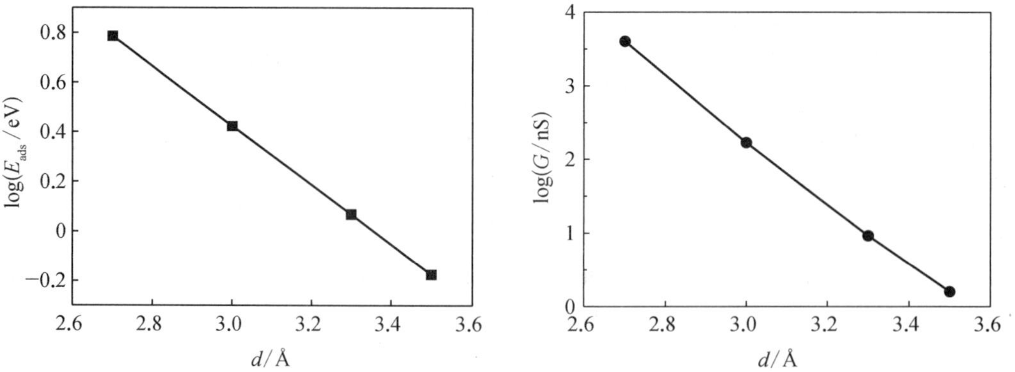

(a) 结合能　　(b) 电导 (G)

图 7.37　在零偏压下，$N = 3$ 的平行聚苯体系的性质随间距 d 的变化关系

烯层间距为 3.35 Å,正好是碳六元环晶格距离的一半,相邻石墨烯片在范德瓦耳斯力作用下结合在一起,导致了石墨电导的各向异性。

N = 3 的平行聚苯体系在零偏压下透射谱和 PDOS 谱随平行间距的变化如图 7.38 所示,它们也能反映平行间距对电子输运的影响。从图 7.38(a)可以得到两条有价值的规律。首先,随着平行间距增大,HOMO 峰和 LUMO 峰逐渐衰减,并向远离费米能级的方向移动,这表明平行间距增大引起更宽更高的势垒阻碍了电子传递。其次,在间距为 2.7 Å 的平行聚苯体系的透射谱上可以观察到一个尖锐的 LUMO 峰,其随距离增加迅速地移出所考察的能量范围。在图 7.38(b)的 PDOS 谱中,费米能级的局域态密度同样主要由 HOMO 贡献,并且随链间距增加,PDOS 值变化极小,在 10.01~11.18,可以认为电子传递的通道数量并不会因链间距的增加而改变。显然这与我们的常识一致,增加链间距主要增加的是势垒宽度,因 π-π 重叠作用的减弱,势垒高度仅略有升高。因此增加链间距只能改变电子隧穿的概率,即表现在透射系数上。

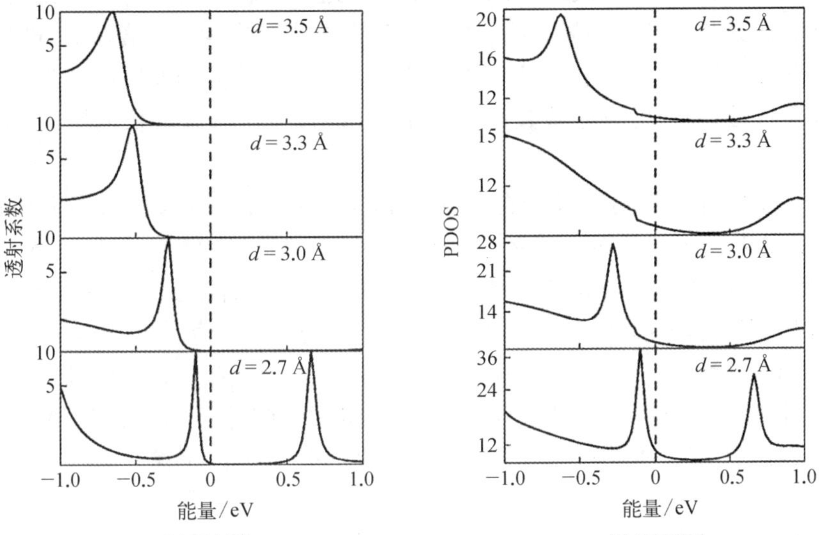

(a) 透射谱　　(b) PDOS谱

图 7.38　在零偏压下,N = 3 的平行聚苯在不同间距下的性质

为了理解石墨烯层间的 π-π 重叠作用对层间电子输运行为的影响,本节设计了一系列平行聚苯体系,并运用 NEGF-DFT 方法模拟了层间的电子输运行为。当重叠苯环个数小于 5 时,链长增加提高了路径上电子传递的效率,增加导电能力,但路径的数量无显著变化。当重叠苯环个数为 5 个及以上时,传递效率不再提升。当层间距从 2.7 Å 增大到 3.5 Å时,分子间的 π-π 重叠作用呈指数衰减。超过 3.5 Å 时,层间的电导可以忽略不计,验证了石墨体系中电导的各向异性现象。

7.5　并联聚苯与单链聚苯分子

理解分子导线的电子输运对于设计和构建纳米器件至关重要。衡量分子导线中电子输运能力的一个重要参数是电导随分子长度的衰减系数。一般来说,隧穿机理在短链分子输运中占主导地位时,分子电导(G)随着长度的增加呈指数衰减,如式(7.1)所示。各种不同类型的分子(如紫罗碱分子的衍生物[40]、低聚锌卟啉[20]、低聚并苯[32]、饱和烷烃等)的电导衰减系数β在0.006~1.0 $Å^{-1}$。

除了分子长度,分子内或分子导线间的耦合作用(如π-π相互作用)也影响着分子结的电导。7.4节我们研究了两条平行分子链间的电子输运行为。对于平行的两条或多条分子导线,Reuter等[41,42]发现分子之间的相互作用可能引起量子干涉效应,该效应可提高或减小单个分子的电导。Vazquez等[43]和Wang等[44]利用基于扫描隧道显微镜的断裂结技术观察到分子结中双链分子的电导是单链分子的两倍以上,并利用量子干涉效应予以解释。

另外,电子能否有效率地进行长距离传输对于并联的分子线也很重要。然而,由于分子的多样性,其并联电导随长度的变化还不完全清楚。在本节中,我们通过研究一系列不同长度的π-π堆积的苯环组成的共轭体系来阐明这一问题。为了与之对比,我们还研究了系列单链的低聚苯分子。结果表明,并联体系的电导是单链的两倍以上,这是由于分子导线间的相互交叉传递,提升了电子传递路径的效率。随着分子长度的增加,并联体系的分子电导也呈指数衰减,但衰减系数远小于单链体系,表明随着链长的增加,链间的耦合作用也增强。

图7.39(a)给出了不同链长的并联和单链分子的几何结构。采用B3LYP泛函和6-31G* 基组优化其构型。对于单链的低聚苯,在弛豫过程中相邻苯环间的二面角θ固定为90°,参考了并联体系中相邻苯环的结构。而后,利用优化分子构建了一个双电极的分子结,研究其电子输运性质。分子两端的巯基与金电极耦合时失去氢原子,S原子位于Au(111)面上的中心空位(hollow位),与金平面的距离为2.0 Å。图7.39(a)给出了电子输运计算中使用的分子结模型(以P1为例)。该分子结可以划分为三个区域,即左电极区、散射区和右电极区。散射区域包含部分电极以屏蔽左右电极和分子之间的耦合效应。

对分子结进行优化时,电极固定,分子中的所有原子可自由弛豫,直到每个原子受力小于0.1 eV/Å。弛豫结束后,S原子与Au表面之间的距离在1.993~2.014 Å。基于非平衡态格林函数(NEGF)和密度泛函理论(DFT)计算电子输运行为。采用Perdew-Zunger参数化的局域密度近似泛函,实空间网格的截断能为150 Ry,对有机分子采用DZP,金电极采用SZP。

结构优化后两个平行堆积的苯环中心的距离d_1[见图7.39(b)的侧视图]在3.012~3.028 Å,略大于两个平行苯环中C1和C1′之间的距离d_2(2.735~2.744 Å),表明在空间位阻和π-π重叠作用下平行的苯环发生弯曲。并联分子环内的扭转角[C1-C2-C3-C4的二面角,见图7.39(b)的俯视图]在168.3°~169.4°。这种结构变形降低了苯环平面上的π电子共轭。

7.5.1 并联分子与单链分子的电导与长度的关系

图7.40给出了不同重复单元数(n = 1~4)的单链分子和并联分子的电导变化趋势。

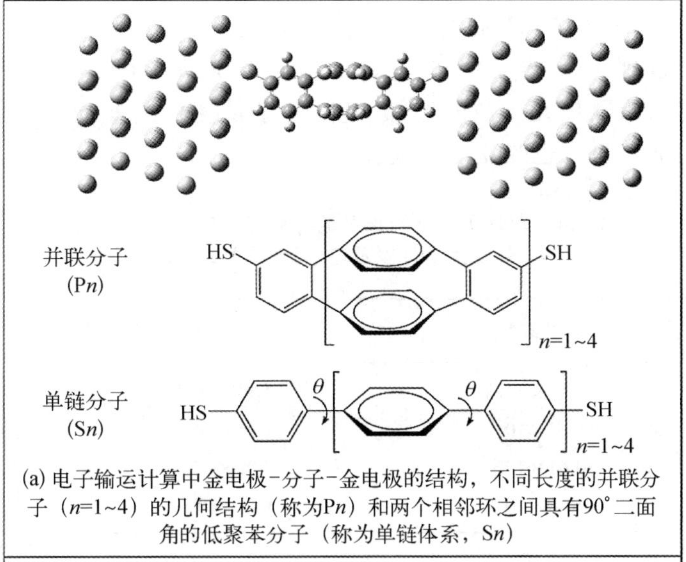

(a) 电子输运计算中金电极–分子–金电极的结构，不同长度的并联分子（n=1~4）的几何结构（称为Pn）和两个相邻环之间具有90°二面角的低聚苯分子（称为单链体系，Sn）

(b) 优化后P1分子的几何结构的侧视图和俯视图

图 7.39　并联分子的结构与计算模型

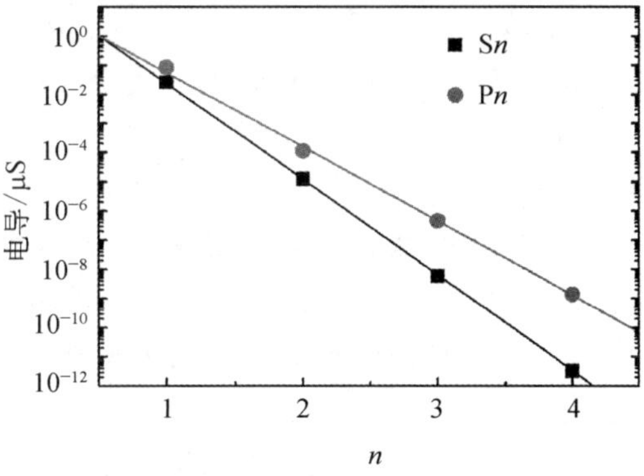

图 7.40　分子电导与重复单元数量的半对数关系(对于单链分子和并联分子,电导随长度的增加呈指数降低,衰减系数 β 分别为每单元 7.60 和 5.92)

对于这两个体系,电导随链长的增加都呈指数衰减。对数据进行拟合可以得到并联分子的衰减系数 β 为 5.92/单元(0.74 Å^{-1}),远小于单链分子的 β(7.60/单元,0.88 Å^{-1})。这一差异表明并联体系的电导在单位长度上的衰减速率比单链分子小得多。在单链低聚苯分子中,相邻苯环之间 90°的二面角破坏了芳香环之间的共轭作用,比同长度全平面构型的低聚苯分子的电导显著降低,文献中报道全平面构型的低聚苯具有较小的 β(0.16 ~ 0.40) Å^{-1}[30,45]。在 6.3 节我们计算出全平面低聚苯的 β 为 0.24 Å^{-1},自然扭曲的低聚苯为 0.33 Å^{-1}。

表 7.4 列出了两个体系在零偏压下的电导,并定义两个体系的电导比为 $G(\mathrm{P}n)/G(\mathrm{S}n)$。当 $n=1$ 时,P1 和 S1 的电导分别为 8.45×10^{-2} μS 和 2.57×10^{-2} μS,电导比为 3.3。传统电子学中两个并联电阻的电导是单个的电导之和,但本节所研究的并联分子表现出不同的特点,即 P1 的电导是 S1 电导的三倍以上,说明并联体系中存在链间的电子相互作

用。这一结果与 Vazquez 等[43]和 Wang 等[44]报道的单分子电路中的电导叠加现象一致，他们观察到两个平行分子链与单链分子的电导比接近 3。当重复单元增加到 $n = 2$ 时，P2 与 S2 的电导比增加到 9.3。当 $n = 3$ 时电导比达到 77，而 $n = 4$ 时甚至达到 433。这表明，在平行分子中，随着重复单元个数的增加，链间电子传递作用变强，甚至成为主导因素。这不仅增加电导的绝对值，也改变了衰减系数 β。

表 7.4 零偏压下不同长度的并联和单链分子的电导（单位为 μS）以及电导比 $G(Pn)/G(Sn)$

	$G(Pn)$	$G(Sn)$	电导比
$n = 1$	8.45×10^{-2}	2.57×10^{-2}	3.3
$n = 2$	1.13×10^{-4}	1.21×10^{-5}	9.3
$n = 3$	4.61×10^{-7}	5.99×10^{-9}	77
$n = 4$	1.40×10^{-9}	3.23×10^{-12}	433

7.5.2 并联分子中的电子耦合

为了更清晰地理解单链分子与并联分子电导的内在差异，我们分析不同链长的透射谱。图 7.41 给出了零偏压下单链和并联分子的透射谱，费米能级为能量零点。两个体系的透射峰都远离费米能级，而且非常尖锐，导致费米能级处的透射系数较低。对于具有同样重复单元的分子结，并联分子在费米能级的透射系数高于单链分子，显然平行苯环间的电子耦合作用对此做出了重要贡献。随着重复单元数量的增加，两个体系的透射系数都急剧减小，但同时两者之差不断增大，与表 7.4 中电导比一致。另外，比较 S1 和 P1，可以发现并联分子前线分子轨道的透射峰发生了分裂，特别是费米能级以上的 LUMO 峰，这与文献的报道一致[46]。对于链长较长的分子，由于相互作用的苯环数目增加，电子耦合作用增强，LUMO 透射峰的分裂形式更加复杂。前线分子轨道的分裂导致更多共振峰向费米能级移动，一定程度上提高了并联分子在费米能级处的电子透射系数。此外，在−1.0 eV 附近，并联体系也呈现一尖锐的透射峰，其主要由 HOMO 贡献，并在链间的 π−π 重叠作用下也出现了分裂，成为链间电子态相互作用的又一个直接证据。

为了进一步直观地说明并联分子中平行苯环间的电子耦合作用，图 7.42 给出了并联分子的 HOMO 和 LUMO 的空间分布。因为两平行苯环与垂直苯环的结构破坏了芳香环之间大的共轭，它们都表现出定域的特征。HOMO 和 LUMO 的空间分布主要集中在平行的苯环上，在 HOMO 和 LUMO 中都存在明显的头对头式的 π−π 重叠。这种链间的轨道重叠对平行苯环间的电子传递起重要作用，能够提高电子透射概率[47]。我们发现 LUMO 中同相位的 π−π 重叠导致前线分子轨道的透射峰分裂，而异相位轨道重叠的 HOMO 没有显示此特征。此外，随着重复单元数的增加，分子间耦合增强，并联的电导随长度增加时的衰减比单链分子更缓慢，因而并联分子与单链分子的电导比随长度的增加而增加。

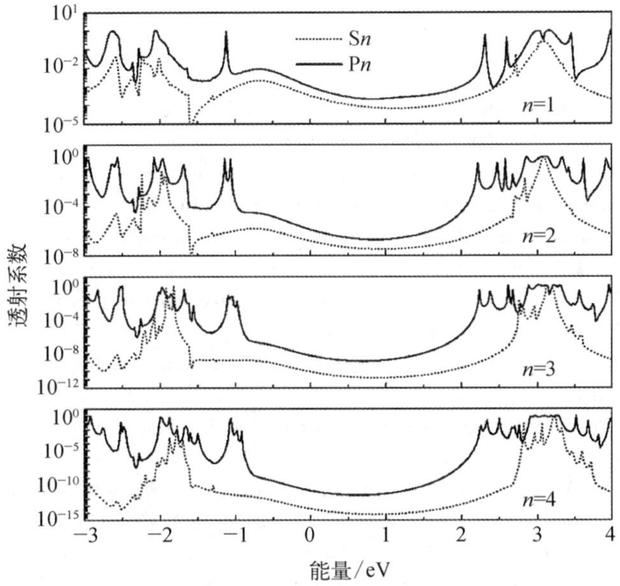

图 7.41　零偏压下具有不同链长的单链分子和并联分子的透射谱

分子	HOMO	LUMO
P1	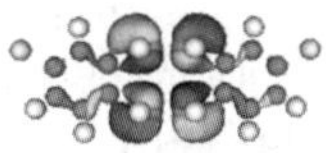	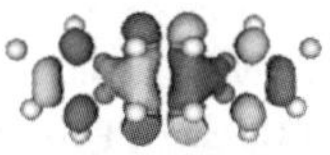
P2	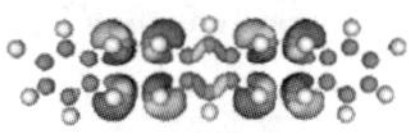	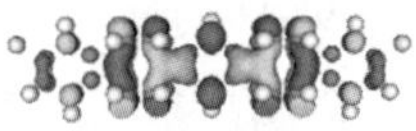
P3	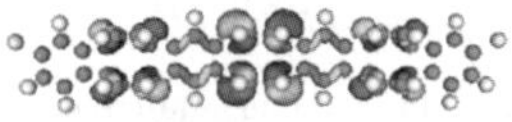	
P4	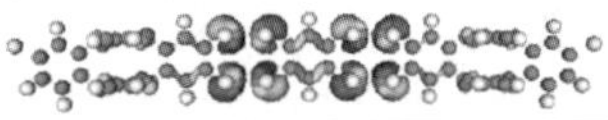	

图 7.42　并联分子的 HOMO 和 LUMO 轨道的空间分布

在本节中我们用第一性原理结合非平衡态格林函数方法研究了具有平行苯环结构的共轭分子的电导随长度的变化关系。为了与并联分子进行比较，同时计算了对应结构的单链低聚苯的电子输运性质。我们发现并联分子的电导是单链低聚苯的两倍以上，说明在并联分子中存在有效的链间电子传递通道。在并联分子中，由于平行苯环之间的轨道重叠，前线分子轨道的透射峰发生分裂，从而提高了并联分子中电子透射概率。对于两个体系，电导随长度的增加都呈指数衰减，但并联分子的衰减系数 β(0.74 $Å^{-1}$)远小于单链分子(0.88 $Å^{-1}$)。衰减系数的差异说明，随着重复单元数的增加，平行苯环间的总的电子耦合作用逐渐增强，提升了链间电子传递的效率。

参 考 文 献

[1] Walter D, Neuhauser D, Baer R. Quantum interference in polycyclic hydrocarbon molecular wires[J]. Chemical

Physics, 2004, 299(1): 139-145.

[2] Maiti S K. Quantum transport through polycyclic hydrocarbon molecules[J]. Physics Letters A, 2007, 366(1-2): 114-119.

[3] Maiti S K. Electron transport through polycyclic hydrocarbon molecules: A study of shot noise contribution to the power spectrum[J]. Organic Electronics, 2007, 8(5): 575-583.

[4] Wang N, Liu H M, Zhao J W, et al. Theoretical investigation on the electron transport path through the porphyrin molecules and chemisorption of CO[J]. The Journal of Physical Chemistry C, 2009, 113(17): 7416-7423.

[5] Xu Z, Li N, Jin X, et al. First principle study of the electron-transport behavior of porphyrin and metalloporphyrin wires [J]. Chemistry Letters, 2007, 36(10): 1278-1279.

[6] Baer R, Neuhauser D. Phase coherent electronics: A molecular switch based on quantum interference[J]. Journal of the American Chemical Society, 2002, 124(16): 4200-4201.

[7] Cardamone D M, Stafford C A, Mazumdar S. Controlling quantum transport through a single molecule[J]. Nano Letters, 2006, 6(11): 2422-2426.

[8] Ke S H, Yang W T, Baranger H U. Quantum-interference-controlled molecular electronics[J]. Nano Letters, 2008, 8 (10): 3257-3261.

[9] Quinn J R, Foss F W Jr, Venkataraman L, et al. Oxidation potentials correlate with conductivities of aromatic molecular wires[J]. Journal of the American Chemical Society, 2007, 129(41): 12376-12377.

[10] Quinn J R, Foss F W Jr, Venkataraman L, et al. Single-molecule junction conductance through diaminoacenes[J]. Journal of the American Chemical Society, 2007, 129(21): 6714-6715.

[11] Yoshizawa K, Tada T, Staykov A. Orbital views of the electron transport in molecular devices[J]. Journal of the American Chemical Society, 2008, 130(29): 9406-9413.

[12] Li X Q, Staykov A, Yoshizawa K. Orbital views of the electron transport through polycyclic aromatic hydrocarbons with different molecular sizes and edge type structures[J]. The Journal of Physical Chemistry C, 2010, 114(21): 9997-10003.

[13] Perrine T M, Smith R G, Marsh C, et al. Gating of single molecule transistors: Combining field-effect and chemical control[J]. The Journal of Chemical Physics, 2008, 128(15): 154706.

[14] Regan J J, Ramirez B E, Winkler J R, et al. Pathways for electron tunneling in cytochrome c oxidase[J]. Journal of Bioenergetics and Biomembranes, 1998, 30(1): 35-39.

[15] Simmons J G. Generalized formula for the electric tunnel effect between similar electrodes separated by a thin insulating film[J]. Journal of Applied Physics, 1963, 34(6): 1793-1803.

[16] Solomon G C, Andrews D Q, Hansen T, et al. Understanding quantum interference in coherent molecular conduction [J]. Journal of Chemical Physics, 2008, 129(5): 054701.

[17] Stafford C A, Cardamone D M, Mazumdar S. The quantum interference effect transistor[J]. Nanotechnology, 2007, 18 (42): 424014.

[18] Visontai D, Grace I M, Lambert C J. Electron transport through ribbonlike molecular wires calculated using density-functional theory and Green's function formalism[J]. Physical Review B, 2010, 81(3): 035409.

[19] Solomon G C, Herrmann C, Hansen T, et al. Exploring local currents in molecular junctions[J]. Nature Chemistry, 2010, 2(3): 223-228.

[20] Sedghi G, Sawada K, Esdaile L J, et al. Single molecule conductance of porphyrin wires with ultralow attenuation[J]. Journal of the American Chemical Society, 2008, 130(27): 8582-8583.

[21] Meier H. High electrical conductance of single molecules: A challenge in the series of conjugated oligomers[J]. Angewandte Chemie International Edition, 2009, 48(22): 3911-3913.

[22] Kang B K, Aratani N, Lim J K, et al. Length and temperature dependence of electrical conduction through dithiolated porphyrin arrays[J]. Chemical Physics Letters, 2005, 412(4-6): 303-306.

[23] Ikemoto J, Takimiya K, Aso Y, et al. Porphyrin-oligothiophene-fullerene triads as an efficient intramolecular electron-transfer system[J]. Organic Letters, 2002, 4(3): 309-311.

[24] Wang G, Kim T W, Jang Y H, et al. Effects of metal-molecule contact and molecular structure on molecular electronic conduction in nonresonant tunneling regime: Alkyl versus conjugated molecules[J]. The Journal of Physical Chemistry C, 2008, 112(33): 13010-13016.

[25] Yamada R, Kumazawa H, Tanaka S, et al. Electrical resistance of long oligothiophene molecules[J]. Applied Physics Express, 2009, 2: 025002.

[26] Yamada R, Kumazawa H, Noutoshi T, et al. Electrical conductance of oligothiophene molecular wires[J]. Nano Letters, 2008, 8(4): 1237 - 1240.
[27] Magoga M, Joachim C. Conductance and transparence of long molecular wires[J]. Physical Review B, 1997, 56(8): 4722 - 4729.
[28] Peng G W, Strange M, Thygesen K S, et al. Conductance of conjugated molecular wires: Length dependence, anchoring groups, and band alignment[J]. The Journal of Physical Chemistry C, 2009, 113(49): 20967 - 20973.
[29] Wold D J, Haag R, Rampi M A, et al. Distance dependence of electron tunneling through self-assembled monolayers measured by conducting probe atomic force microscopy: Unsaturated versus saturated molecular junctions[J]. The Journal of Physical Chemistry B, 2002, 106(11): 2813 - 2816.
[30] Kondo M, Tada T, Yoshizawa K. Wire-length dependence of the conductance of oligo(p-phenylene) dithiolate wires: A consideration from molecular orbitals[J]. The Journal of Physical Chemistry A 2004, 108(42): 9143 - 9149.
[31] Tada T, Nozaki D, Kondo M, et al. Oscillation of conductance in molecular junctions of carbon ladder compounds[J]. Journal of the American Chemical Society, 2004, 126(43): 14182 - 14189.
[32] Kim, Beebe J M, Jun Y, et al. Correlation between HOMO alignment and contact resistance in molecular junctions: Aromatic thiols versus aromatic isocyanides[J]. Journal of the American Chemical Society, 2006, 128(15): 4970 - 4971.
[33] Chen Y Q, Prociuk A, Perrine T, et al. Spin-dependent electronic transport through a porphyrin ring ligating an Fe(Ⅱ) atom: An *ab initio* study[J]. Physical Review B, 2006, 74(24): 245320.
[34] Liu M, Yin X B, Zhang X. Double-layer graphene optical modulator[J]. Nano Letters, 2012, 12(3): 1482 - 1485.
[35] Rochefort A, Bedwani S, Lopezbezanilla A. Evidence for π-interactions in stacked polymers by STM simulations[J]. The Journal of Physical Chemistry C, 2011, 115(38): 18625 - 18633.
[36] Sengupta R, Bhattacharya M, Bandyopadhyay S, et al. A review on the mechanical and electrical properties of graphite and modified graphite reinforced polymer composites[J]. Progress in Polymer Science, 2011, 36(5): 638 - 670.
[37] Yanovsky O, Ananina O, Butrimov P. Quantum-chemical simulation of graphite nanoclusters stability[J]. Computational Materials Science, 2012, 58: 214 - 217.
[38] Dou R F, Ma X C, Xi L, et al. Self-assembled monolayers of aromatic thiols stabilized by parallel-displaced π-π stacking interactions[J]. Langmuir, 2006, 22(7): 3049 - 3056.
[39] Shi X Q, Zheng X H, Dai Z X, et al. Changes of coupling between the electrodes and the molecule under external bias bring negative differential resistance[J]. The Journal of Physical Chemistry B, 2005, 109(8): 3334 - 3339.
[40] Kolivoška V, Valášek M, Gál M, et al. Single-molecule conductance in a series of extended viologen molecules[J]. The Journal of Physical Chemistry Letters, 2013, 4(4): 589 - 595.
[41] Reuter M G, Solomon G C, Hansen T, et al. Understanding and controlling crosstalk between parallel molecular wires [J]. The Journal of Physical Chemistry Letters, 2011, 2(14): 1667 - 1671.
[42] Reuter M G, Seideman T, Ratner M A. Molecular conduction through adlayers: Cooperative effects can help or hamper electron transport[J]. Nano Letters, 2011, 11(11): 4693 - 4696.
[43] Vazquez H, Skouta R, Schneebeli S, et al. Probing the conductance superposition law in single-molecule circuits with parallel paths[J]. Nature Nanotechnology, 2012, 7(10): 663 - 667.
[44] Wang Y H, Li D F, Hong Z W, et al. Conductance of alkyl-based molecules with one, two and three chains measured by electrochemical STM break junction[J]. Electrochemistry Communications, 2014, 45: 83 - 86.
[45] Kaun C C, Larade B, Guo H. Electrical transport through oligophenylene molecules: A first-principles study of the length dependence[J]. Physical Review B, 2003, 67(12): 121411.
[46] Long M Q, Chen K Q, Wang L L, et al. Negative differential resistance induced by intermolecular interaction in a bimolecular device[J]. Applied Physics Letters, 2007, 91(23): 233512.
[47] Tsuji Y, Yoshizawa K. Current rectification through π-π stacking in multilayered donor-acceptor cyclophanes[J]. The Journal of Physical Chemistry C, 2012, 116(50): 26625 - 26635.

第 8 章

掺杂对多电子传递路径的调控

8.1 杂原子对共轭稠环电子输运行为的影响

分子导线领域研究较多的是以苯环为基础的链状化合物。此类化合物含有能够离域的 π 电子,同时碳骨架易于通过杂原子取代来调节其电学特性。共轭环状分子中若存在多条电子传输通道,其电子输运行为也呈现多样性,目前有两种解释模型。Baer 和 Neuhauser 等提出的量子干涉效应是一种基于物理概念的微观解释[1,2]。当分子中两条电子传递的路径相同时,产生相长干涉,增强了分子的电导;而当分子中两条电子传递的路径相位相差 π 时,产生相消干涉,电导降低。Walter 等进一步展示了电子的透射系数与量子干涉的相关性,通过改变分子与电极的连接方式对量子干涉作用进行调控,从而改变分子的输运性质[3]。共轭环中杂原子的取代也会对分子电导产生影响。但量子干涉模型难以合理解释这些差异。另一种是我们提出的电子传递路径模型。有效电子传递路径是基于密度泛函理论的计算结果,利用价键理论的概念表述电子传递概率最大的连续空间,它以直观的方式将电子传递行为与分子结构相关联。电子传递路径可以方便地利用共振结构分析获得。本书将系统介绍我们利用该模型开展的分子传感、多路径导线和分子整流等研究。此外,多环共轭分子中电子输运行为的多样性也可以由有效电子传递路径来分析。这些研究为进一步理解二维或准二维碳基材料的电子输运打下基础。

杂原子取代是在分子尺度上实现对材料电学性质进行调控的一条重要途径。一维共轭碳基材料上的硫取代掺杂可以有效地提高材料的电荷迁移率[4,5]。有机光电材料中氮原子的取代可以增强材料的空穴或电子传输能力[6,7]。呋喃和吡咯环具有与噻吩环相似的共轭电子结构,同样展现出潜在的应用价值。共轭并聚物分子的电子输运行为也得到了广泛的研究。利用导电原子力显微镜对并三噻吩分子的研究表明,其电流-电压曲线呈现非线性的阶梯特征[8]。对五元杂环的研究表明,杂原子会改变杂环分子的电子结构,进而影响分子的电子输运行为[9]。

本节以并四噻吩(Th4)、并四呋喃(Ox4)和并四吡咯(Py4)分子为研究体系,利用密度泛函理论(DFT)结合非平衡态格林函数(NEGF)方法,系统地研究了杂原子取代对一维材料的电子结构和电子输运行为的影响,并研究了分子端基连接方式对体系的电子传递效率的作用。研究发现,并聚物的电子传输效率主要取决于电子传输路径。α-位连接和β-位连接的分子都具有多条可能的电子传输通道,其中 α-位连接的分子中存在一条有效的电子传递路径，更有利于电子的传输。而对于 β-位连接的分子，两端环中的杂原子对电子传输起抑制作用。

分子电子材料的局域电子密度可通过杂原子取代来进行调控。N、O 和 S 杂原子的引入可以提高共轭体系的局域电子密度。在本节中，我们以并四噻吩（Th4）、并四呋喃（Ox4）和并四吡咯（Py4）为研究体系[图 8.1(a)]，探讨了杂原子取代和分子端基连接方式对分子电子输运行为和传输路径的影响。并聚体端基有两种连接方式，α-位连接定义为 T-type，β-位连接定义为 C-type，并通过硫原子与金电极相连形成类似自组装的稳定界面结构。作为对比，我们把去掉杂原子加氢饱和的模型称为“empty”。

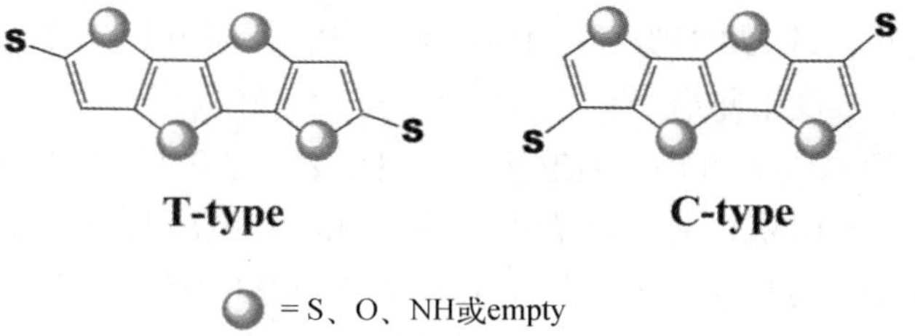

(a) 并四聚体Th4、Ox4和Py4的分子结构图

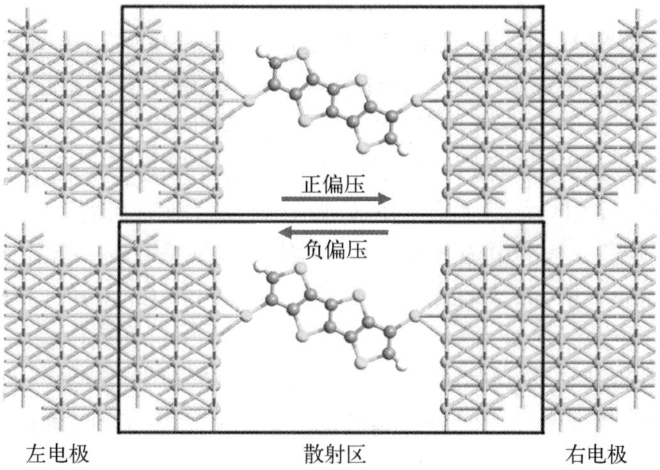

(b) C-type连接的分子结示意图，使用3×3的Au(111)面模拟金电极

图 8.1　分子结构与计算模型

分子构型的初步优化在 B3LYP/6-31G(d)水平上完成。分子两端引入巯基，脱氢以后通过化学吸附与 Au(111)电极形成金-硫键，其中 Au(111)电极用 3 个 Au 原子构成的 0.288 nm 等边三角形原子簇来表示，硫原子位于金原子簇中心，即空位。金-硫-分子-硫-金的长轴定义为 z 方向。然后利用 B3LYP/Lan2DZ 方法对 Au3-分子-Au3 简化器件模型进行进一步的几何结构优化。该过程中金原子簇的相对位置保持固定，但其所在平面在 z 方向上可以移动，使得金-硫界面受力最小。

初步优化的分子转移至两个金电极间，如图 8.1(b)所示。器件分为三部分：左电极、中心散射区和右电极。利用 DFT 结合 NEGF 方法研究分子结的电子输运行为。电子结构的计算中,利用广义梯度近似(generalized gradient approximation,GGA)方法计算电子交换关联势。对分子和电极分别利用带有极化函数的双 ζ 基组(DZP)和带有极化函数的单 ζ 基组(SZP)进行优化。分别考察器件的输运性质,包括电流-电压曲线、态密度和透射谱。

8.1.1 系列稠环的输运行为

杂原子氧、氮和硫比碳具有更大的电负性和更强的吸电子能力,共轭环中杂原子的引入会诱导共轭体系中 π 电子重新分布。氮的电负性比氧小,则其吸电子能力比氧弱,故吡咯环中 π 电子密度比呋喃大,例如,Th4、Ox4 和 Py4 中杂原子硫、氧和亚氨基上的平均 Mulliken 电荷值分别为 0.295*e*、-0.228*e* 和-0.070*e*。从原子结构看,硫原子半径较大,且其 $3p_z$与碳的 $2p_z$形成共轭,因此噻吩环中共轭效应较弱。而氮原子半径与碳原子相近,其 $2p_z$与碳的 $2p_z$能更大程度上重叠,即五元环的共轭性更好。

图 8.2 给出了 Th4、Ox4 和 Py4 的电流-电压曲线。在 0.2 V 的偏压内,所有模型分子的电流-电压曲线表现出线性特点;随着偏压增大,电流-电压曲线则呈现非线性的变化趋势。这一特征与利用导电原子力显微镜对并三噻吩体系的测量结果一致[8]。在分子端基连接方式方面,比较图 8.2(a)和(b)可知,相对于 β-位连接的 C-type 体系,T-type 体系的电流有数量级上的增加。例如,在 1.0 V 偏压下 Th4-T、Ox4-T 和 Py4-T 的电流为 45.6 μA、56.5 μA 和 57.6 μA,而 Th4-C、Ox4-C 和 Py4-C 的电流为 3.4 μA、8.0 μA 和 12.5 μA,前者分别是后者的 13.4 倍、7.1 倍和 4.6 倍。这说明分子端基连接方式对电子输运行为有本质上的影响,即 T-type 连接中存在有效的电子传递路径,而 C-type 中缺乏有效路径。

在同一种连接方式内,不同的杂原子取代对输运行为的影响也不同。对于缺乏有效电子传递路径的 C-type 体系,杂原子的取代位置可显著影响其输运行为。由图 8.2(a)可知,硫原子取代的分子导线的电流最低,这与其共轭性差相一致。氧原子取代的电流约是相应偏压下硫取代的 2 倍,而氮取代是其 3 倍。这说明在 C-type 连接下,杂原子在其电子传递中的参与度较高。尽管 C-type 连接方式下无有效的电子传输路径,但每个五元环中杂原子通过环内的量子干涉效应发挥作用。这与并苯[10]和萘胺[11]的研究结果一致,T-type 连接的电导远大于 C-type,即分子端基的连接方式导致了不同的电子传递路径,对分子电导有显著的影响。

参考吡啶和苯分子的电学性质可发现,在六元环中氮原子对量子干涉有显著影响。为开展对比研究,我们依次去掉四个杂原子建立对比模型。以 Py4-C 为例,依次去掉四个氮原子 N1、N2、N3 和 N4 后定义为 Py4-C-empty-1、Py4-C-empty-2、Py4-C-empty-3 和 Py4-C-empty-4。去掉杂原子时保留原有分子构型,同时加氢饱和,并仅对氢原子进行优化,然后计算得到这些体系的电流-电压曲线,如图 8.2(c)所示。由图可知,相同偏压下,Py4-C-empty-1 和 Py4-C-empty-2 的电流几乎相同,略低于 Py4-C,说明 1 号和 2 号氮原子在并四聚物中间环中通过轻微的相长干涉对电子输运有积极贡献。继续去掉 3 号氮原子,在低于 0.7 V 偏压下,Py4-C-empty-3 与 Py4-C 的电流几乎相同;而在高偏压下,Py4-C-empty-3 有显著增长。当 4 个氮原子都去掉后,与 Py4-C 相比,Py4-C-empty-4 的电流明显增大。说明两端环中的氮原子通过相消干涉对电子输运起抑制作用。总体而言,C-type 体系中杂原子的引入构建出一条额外的电子传输路径,尽管效率低、电流小,但所有

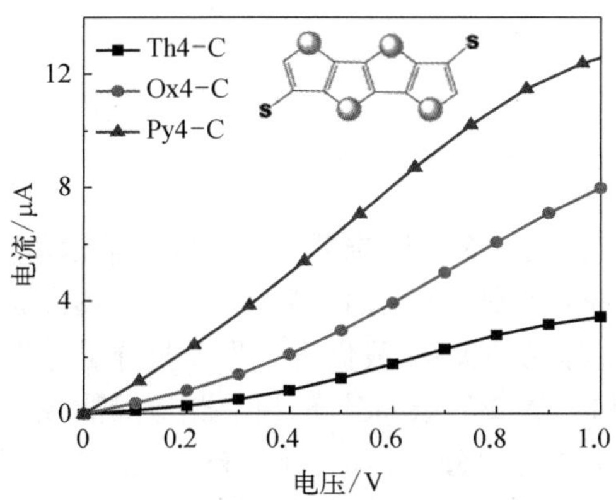

(a) 三种C-type连接的并四聚体

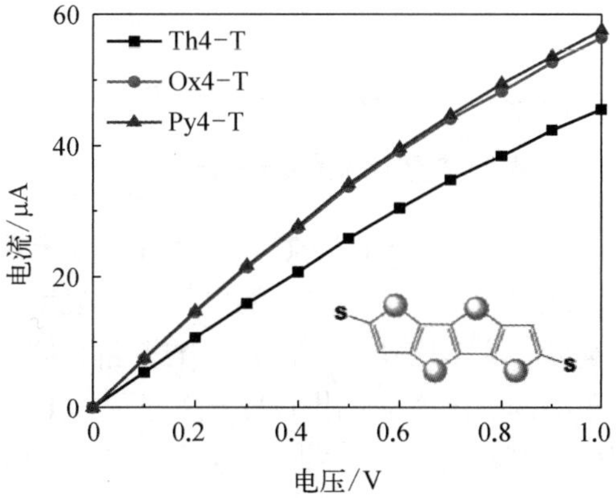

(b) 三种T-type的并四聚体

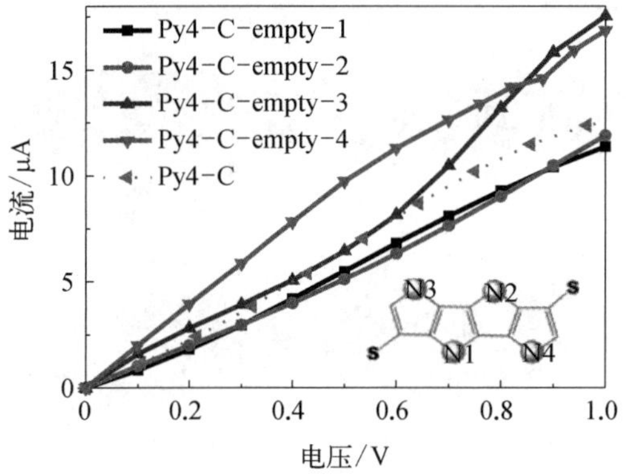

(c) 依次去掉氮原子得到的Py4-C-empty

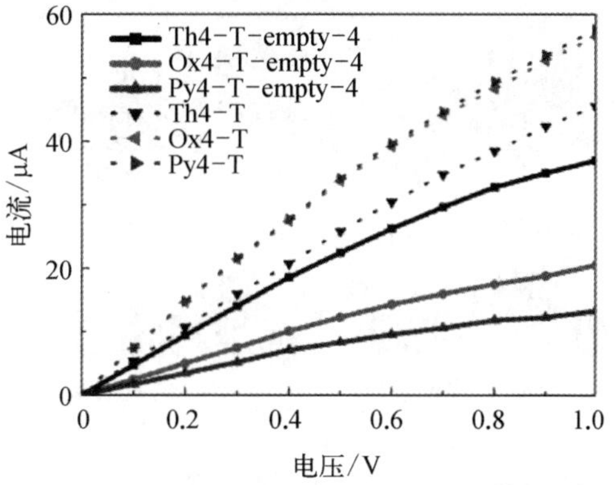

(d) 去掉杂原子后的T-type体系

图 8.2　不同连接方式的分子结的电流-电压曲线

杂原子都在电子传递路径上有贡献，通过相长或相消干涉对分子的电子传输起到一定的修饰作用。

对于含有效电子传递路径的 T-type 体系，三个体系间的输运行为差别不大。由图 8.2(b) 可以看出，硫原子取代的分子导线的电流还是略小，而氧和氮原子取代体系的电流几乎相同，仅比硫原子取代体系有 30%左右的增加。这一点与单体输运的研究结果一致[9]。他们发现呋喃分子的电导远大于吡咯和噻吩，但这些分子的电流都非常小，在 0.1 V 偏压下小于 1.0 μA。但当五元杂环分子形成共聚物后，其导电性得以增强。Zahedi 研究发现，在 1.0 V 偏压下并二呋喃的电流达到 50 μA，略大于并二噻吩[12]。从上面的研究结果可以推测，T-type 体系中除了存在有效的电子传递路径（碳原子共轭链），还存在杂原子与相邻碳原子构成的额外通道。

按照与 C-type 体系相似的处理，去掉 T-type 分子中共轭环上的所有杂原子，建立对比模型，其电流-电压曲线如图 8.2（d）所示。由于杂原子并没有处在电子传递的主路径上，去掉它们后的电流比之前有所降低。其中 Th4-T-empty-4 的电流降低较少，而 Ox4-T-empty-4 和 Py4-T-empty-4 的电流则降低明显。例如，在 0.5 V 偏压下，Th4-T-empty-4

的电流是 Th4-T 的 85%，而 Ox4-T-empty-4 和 Py4-T-empty-4 的电流仅分别是 Ox4-T 和 Py4-T 的 36%和 24%。这是因为氮、氧和硫原子的电子密度较大，杂原子的引入增强了体系的共轭性，进而增加了分子的导电能力。

8.1.2 系列模型体系的电子结构

一般认为，分子能隙(E_g)和前线分子轨道的空间分布都影响分子结的电子输运能力。这一认识与基于一维隧穿的电子传递模型(Simmons 模型)一致。能隙的一半看作隧穿势垒的高度。为考察这一认识与一维多路径电子传递体系的关系，我们进一步考察分子静态的电子结构。图 8.3 给出了四聚体分子的 HOMO 和 LUMO 的空间分布，以及相应的能级。从图中可以看出，三个并四聚体的 HOMO 和 LUMO 的空间分布相似，都分布在全部分子上。分子端基连接方式与杂原子掺杂对电子传递主体的轨道空间分布都没有本质的影响。

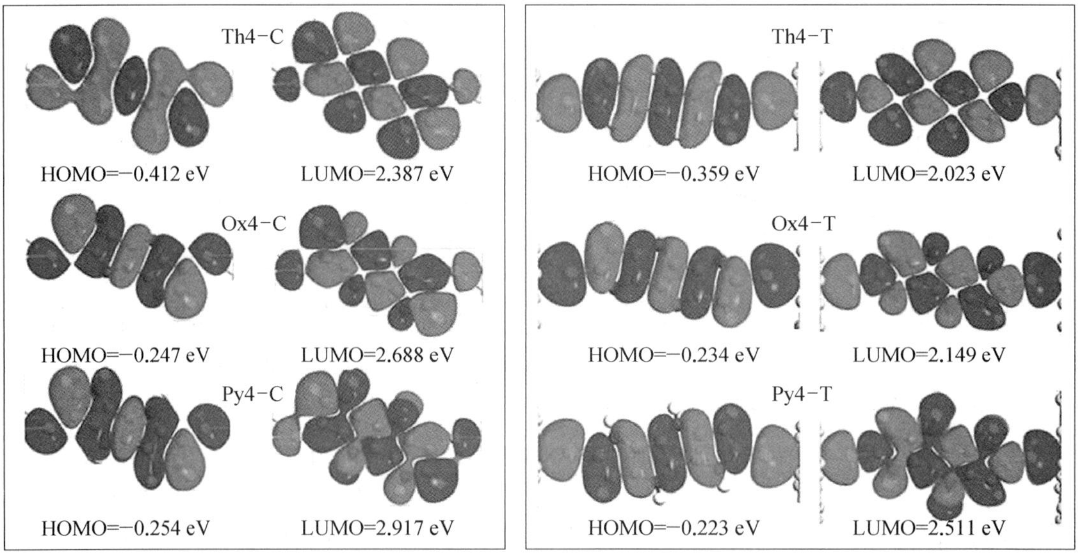

(a) C-Type体系　　(b) T-Type体系

图 8.3 零偏压下分子轨道的空间分布与能级

虽然杂原子和端基连接位置对分子轨道的空间分布影响不大，但轨道能级和 E_g 表现出较明显差别。从图 8.3 可知，分子端基连接对 HOMO 能级的影响较小，而对 LUMO 能级的影响较大。例如，Th4-C 的 HOMO 和 LUMO 分别为-0.412 eV 和 2.387 eV，而 Th4-T 的 HOMO 和 LUMO(-0.359 eV 和 2.023 eV)比前者分别降低了 0.067 eV 和 0.364 eV，能隙 E_g 也相应降低了 0.431 eV。研究发现，T-type 连接会使分子能隙 E_g 降低 0.4~0.7 eV，有利于分子内电子传递，这与 T-type 分子有较大的电流相一致。

对于简单的单路径电子传递体系，LUMO 可以用于评估电子传递路径的平均势垒高度。但对于复杂的多路径电子传递体系，LUMO 能级仍然可以作为该评估的一个参考。研究发现，随杂原子序数的减小，HOMO 和 LUMO 能级逐渐升高，即 HOMO 能级逐渐移向费米能级，而 LUMO 逐渐远离。但不同杂原子对 HOMO 的影响略小，例如，Ox4-T 和Py4-T

的 HOMO(−0.234 eV 和−0.223 eV)仅比 Th4−T 增加 0.12~0.13 eV。值得注意的是,杂原子的引入对分子 LUMO 能级的影响较大。因此分子能隙随杂原子序数的增加而增大,即 E_g(Py4) < E_g(Ox4) < E_g(Th4)。显然这与前面分析的电流−电压曲线不符,说明能隙或平均势垒高度对电子传递并非起主导作用。简而言之,杂原子对研究体系的静态特征产生了直接的影响,但杂原子的引入对分子电导的影响还需进一步研究电子传递的动态特征。

8.1.3　共轭稠环体系的态密度与透射谱

根据 Landauer-Büttiker 公式[13],电流是给定偏压下一定能级区间的态密度与透射系数乘积的积分。图 8.4 给出了并四聚体的器件态密度(DDOS)和透射谱。总体而言,两种不同的连接方式对 DDOS 影响微弱,特别是在费米能级附近,以及正能级区域。在费米能级附近,两种连接体系的 DDOS 均为 11~12 eV^{-1}。说明在两者连接中体系可以容纳的电子态是相似的,每个态如果具有较高的透射系数,则可以成为一条有效的电子传递路径,但如果透射效率低,则无法成为有效的路径。但 C−type 系列分子的 DDOS 谱在−0.5~−0.2 eV 呈现峰形分布,而 T−type 体系的这一特征表现得不明显。在−1.0~1.0 eV 的能量区间内,C−type 的 DDOS 变化主要在 10~24 eV^{-1},而 T−type 在 9~15 eV^{-1}。

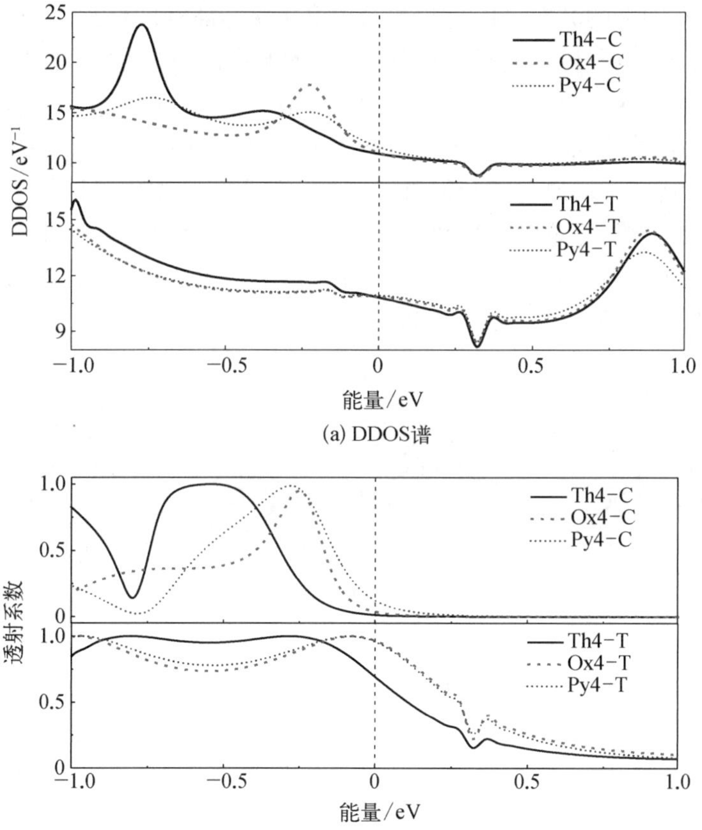

(a) DDOS谱

(b) 透射谱

图 8.4　零偏压下 C−type 和 T−type 连接分子的输运行为

与 DDOS 对比,透射系数对电流的贡献更为直接。图 8.4(b)比较了两种连接方式的三个分子的透射谱,从中可以明显地观察到连接方式以及杂原子的作用。费米能级附近的透射系数对零偏压电导有主要贡献。在费米能级,C-type 分子的透射概率均较低。从透射谱可知,这部分的透射系数由分子 HOMO 的透射峰的尾部延伸构成。这一特征使 C-type 系列分子更接近分子电阻(见 5.1 节)。

不同杂原子对费米能级附近的透射系数的贡献不同。其中,氮取代掺杂(0.12)为氧取代掺杂(0.04)的 3 倍,而氧取代掺杂为硫取代掺杂(0.01)的 4 倍。这与它们共轭结构的讨论一致。在费米能级附近仅观察到 HOMO 的透射峰。氮取代分子的透射峰更尖锐,而共轭差的硫取代分子的透射峰更宽,且向低能级方向移动。

与 C-type 对照,T-type 分子在费米能级处的透射概率均较大,这是由于分子 HOMO 的透射峰位于费米能级处。这与 T-type 分子有较大的电流一致。从透射谱可知,氮和氧取代分子的透射谱基本相同,在费米能级处的透射系数接近 1.0,而硫取代分子在费米能级处的透射系数也达到 0.8,略低于前两者。透射谱的这些特征也与电流-电压曲线一致。从 T-type 的透射谱特征可知,α-位连接的分子更接近分子导线(见 5.2 节),即在费米能级处有接近 1.0 的透射系数,且 HOMO 的透射峰在费米能级附近。所以,即使分子结构完全相同,但连接方式也可对电子输运行为产生本质的影响。

透射概率在空间上的分布可以直观地给出电子输运路径的信息。透射概率较大的连续空间构成了有效的电子传递路径。此外,从透射概率的方向性也可以进一步分析在多条通道上的电子相长或相消干涉的信息。图 8.5 给出了 C-type 和 T-type 分子的透射路径。对于 C-type 分子,其零偏压下透射概率很低,说明该连接体系下缺乏有效的电子传递路径。为观察方便,我们放大了透射概率的显示比例。从图中可以看出,两端五元环中弥散着反方向的透射概率,说明存在相消干涉。当去除两端环中杂原子时,可屏蔽此相消干涉,所以电流有所增加。而中间两个五元环中透射概率走向一致,说明存在相长干涉,因此去除中间两环的杂原子后,电流降低。

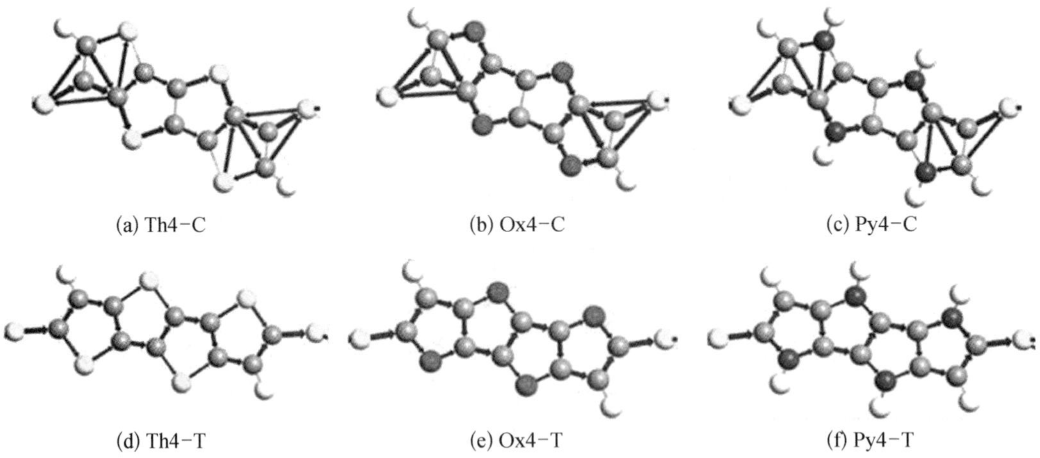

图 8.5 在零偏压下费米能级处的电子传输路径(T-type 体系中电子传输路径的阈值设置为 0.2,C-type 为 0.4)

而 T-type 连接体系中存在一条有效的电子传递路径，为单双键分布的共轭碳链，与第 7 章的研究结果一致。另外，杂原子与相邻碳原子也构筑了一条电子传输路径（图 8.5），即杂原子的引入增加了额外的电子传递通道。从图 8.5 中可以观察到沿碳链的透射概率走向与通过杂原子的透射概率走向一致，说明两者存在相长干涉。所以当移除杂原子时，电流显著降低。其中，通过硫原子的透射概率低于氮、氧形成的通道。因此移除硫原子时电流虽然降低，但降低的幅度不大。

本节利用密度泛函理论结合非平衡态格林函数方法，研究了杂原子取代对共轭并聚物的电子传输效率的影响。结果表明，分子端基连接方式对电子输运行为的影响显著，T-type 连接分子的电流比 C-type 有三倍甚至十几倍的增加。这一特征主要与电子传输路径和杂原子取代引起的量子干涉效应有关。在 T-type 连接分子中，电子即可通过由碳原子共轭链形成的主要传输通道，也可以通过由杂原子参与的额外通道，因此表现了多路径输运的特点。在 C-type 连接中，虽无有效的电子传递路径，但杂原子借助量子干涉对电子传递产生显著的影响。

8.2　杂原子分离对并苯衍生物电子输运行为的影响

随着实验技术的提高，扫描隧道显微镜技术和机械可控断裂结技术被认为是测量分子电子器件输运性质最为有效的方法之一。例如，通过测量五元杂环化合物的电导，发现对称五元杂环分子结的导电性要优于其不对称异构体的分子结[3]，造成这一现象的主要原因是在不对称异构体中存在量子相消干涉。由此可知，在共轭环中可通过杂原子掺杂来调控导电行为。

基于芳香族环状分子设计电子器件备受关注。大多数的这类分子是由交替的单双键组成的。7.1 节的研究表明，并苯分子结中不同的末端连接方式对电导有重要的影响。其中反式连接的电导比顺式连接要高出十倍。这表明在反式连接的分子结中存在更有效的电子传递路径。第 6 章的研究也表明，交替的单双键结构会形成高效的电子传递路径。

通过在并苯分子中掺杂原子能有效地改变分子结的电导。文献报道了并苯分子结和杂原子取代后电子输运性质方面的差异[14]。研究表明，铍原子取代的蒽分子结的电导为 $0.64G_0$，这几乎是无取代（$0.36G_0$）的两倍[15]。然而当取代发生在分子边缘时，例如，当并五苯一个氢原子被羟基取代时，电流没有明显改变[16]。这表明取代位置也会影响分子结的电子输运。实验上合成了大量含杂原子的并苯（如氮、氧、硫和硅等杂原子）用以研究其结构和性质[17,18]。研究发现，当中性杂并苯的基态中出现醌式共轭结构（quinoidal-conjugated structure）时，其电子输运性能会大幅提高。另外，由于 5，12－二硫杂并五苯（5，12－dithiapentacene）中硫醚键的给电子性质，它表现出比并五苯更高的导电性[19]。此外，将杂原子（硫或氧）掺入并苯骨架中会有醌式结构的出现，这会增强其电学性能（见 8.4 节）。这些几何结构和电子结构的特点展示了杂并苯分子在功能化分子导线中的应用价值。

本节将研究硫原子相对位置对并五苯分子（dithiapentacene，DPA）电子输运行为的影响。图 8.6（a）给出对称和不对称 DPA 的结构示意图。硫原子取代不同位置的碳原子时，会出现不同性质的醌式共轭结构，这将导致分子结的电子输运性质发生变化。

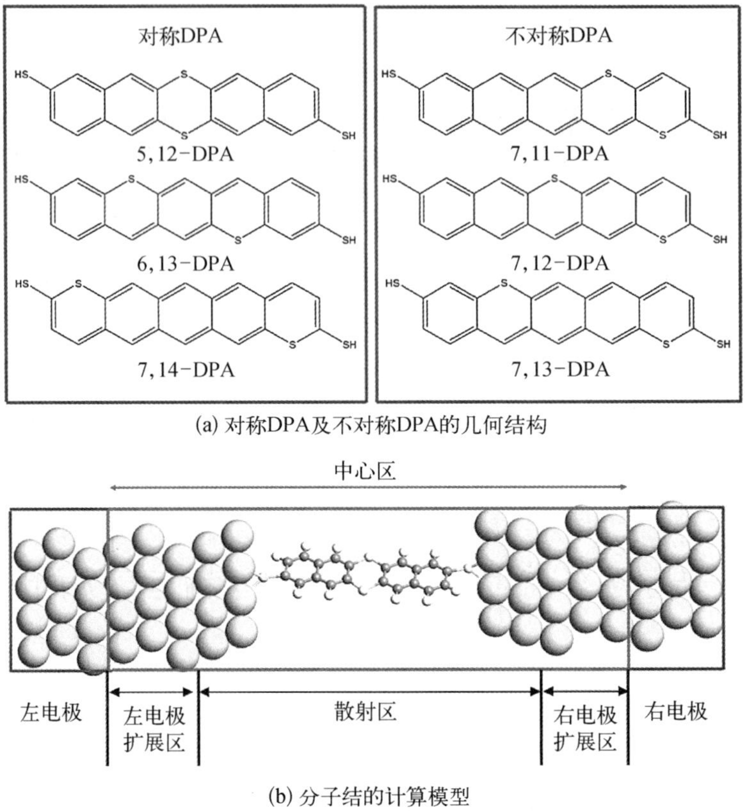

图 8.6 分子结构与计算模型

计算分为两步。首先用 B3LYP 泛函和 6-31G* 基组对所有的分子进行构型优化。电极使用金原子簇模拟，即截取 Au(111)面上相邻成等边三角形(边长 2.88 Å)的三个原子，硫原子位于其正上方。构型优化时两个金原子簇间的相对距离自由优化。

利用 DFT 结合 NEGF 方法计算分子结的电导和电流-电压曲线。先将优化后的分子通过巯基连接到左右两个半无限的金电极。如图 8.6(b)所示，分子结分为三个部分，为左电极、中心散射区及右电极，其中中心散射区又可以分为左右电极扩展区和散射区。然后通过 NEGF 方法计算分子结的电子结构和输运行为，电子相关交换能采用局域密度近似(local density approximation，LDA)泛函，其中碳、氢和硫原子采用 DZP，而金原子采用 SZP。

8.2.1 对称 DPA 的电子结构和电子输运性质

π-共轭体系中取代杂原子会显著改变局域电子密度和成键类型，从而影响系列分子性质。图 8.7 的静电势分析表明，在 DPA 分子中，硫杂原子的静电势最负。在 5，12-DPA 中，两个硫原子都位于中心环上，而在 6，13-DPA 和 7，14-DPA 中，两个硫原子被一个苯环和三个苯环隔开。对于 5，12-DPA，静电势分布由两个硫原子分为两个片段。在 6，13-DPA 中，当两个硫原子被一个苯环分隔开时，两段静电势分布在分子中心连接起来。随着两个杂原子的分隔距离增大，7，14-DPA 的静电势分布整体连接起来。

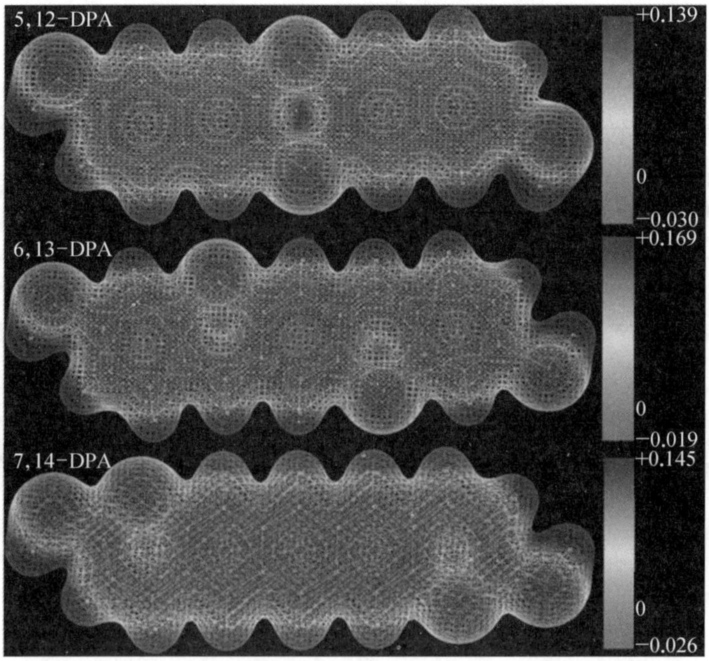

图 8.7　5, 12-DPA、6-13-DPA 和 7, 14-DPA 的静电势分布

最高占据轨道(HOMO)、最低未占轨道(LUMO)以及能隙也经常用来协助预测分子结的电子传递特性。根据以往的研究,当杂原子引入并苯中,硫和氧原子采用 sp^2 杂化,其中两个电子占据一个 p_z 轨道会导致并苯形成较大的 π-共轭。图 8.8 为给定偏压下 HOMO 和 LUMO 的轨道空间分布。就 5, 12-DPA 而言,它的两个硫原子位于分子中心同一个苯环上,形成一个对称结构且具有良好的共轭性。它的 HOMO 和 LUMO 对偏压变化较为敏感,这一特性和一些线性共轭分子和分子导线较为类似(见第 3 章)。随着偏压的增加,5, 12-DPA 的 HOMO 向着低势能端移动,LUMO 则相反。当两个杂原子间的距离为 5.13 Å 时,即 6, 13-DPA,在零偏压下 HOMO 和 LUMO 离域分布在分子上,而且随偏压的变化较小,因此推断出它的导电性要高于 5, 12-DPA。进一步分析两个分子结的共振结构式,发现形成醌式共轭结构,这将有助于电子传递。随着两个硫原子的进一步分离,带负电荷的硫原子导致醌式结构的延长。7, 14-DPA 与 6, 13-DPA 类似,在给定偏压下 7, 14-DPA 的 HOMO 和 LUMO 也完全离域分布在分子上。由此可以得出,随着两个硫原子的分离,HOMO 和 LUMO 的分布变得更加离域。

图 8.9 为三个分子结的分子轨道能级随偏压的变化,包括 HOMO-1、HOMO、LUMO 和 LUMO+1。对于 5, 12-DPA,四条轨道都远离偏压窗口,意味着该分子缺少有效的电子传递通道。当两个硫原子分离开后,HOMO 和 LUMO 与偏压窗口联系更为紧密。对于 6, 13-DPA,HOMO 在偏压窗口的边缘,特别是在较高的偏压下。而 7, 14-DPA 表现得更为明显,即使在低偏压,其 HOMO 也在偏压窗口内,显示出该分子中存在有效的电子传递通道。以上的数据表明可以通过两个杂原子之间的分离来调控前线分子轨道。

<table>
<tr><th rowspan="2">偏压/V</th><th colspan="2">5,12-DPA</th><th colspan="2">6,13-DPA</th><th colspan="2">7,14-DPA</th></tr>
<tr><th>HOMO</th><th>LUMO</th><th>HOMO</th><th>LUMO</th><th>HOMO</th><th>LUMO</th></tr>
<tr><td>0</td><td>
−0.53 eV</td><td>
1.83 eV</td><td>
−0.24 eV</td><td>
0.92 eV</td><td>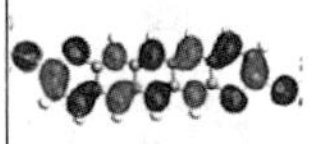
−0.02 eV</td><td>
0.58 eV</td></tr>
<tr><td>0.5</td><td>
−0.54 eV</td><td>
1.77 eV</td><td>
−0.32 eV</td><td>
0.85 eV</td><td>
−0.04 eV</td><td>
0.57 eV</td></tr>
<tr><td>1.0</td><td>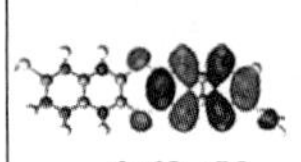
−0.62 eV</td><td>
1.59 eV</td><td>
−0.38 eV</td><td>
0.79 eV</td><td>
−0.07 eV</td><td>
0.59 eV</td></tr>
</table>

图 8.8　对称模型在不同偏压下 HOMO 和 LUMO 的轨道空间分布

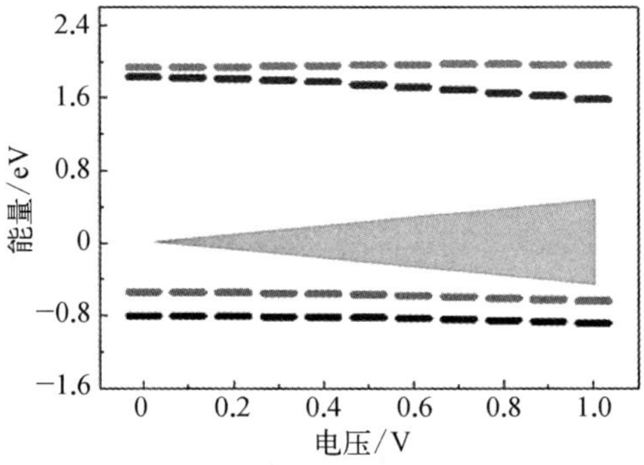

(a) 5,12-DPA

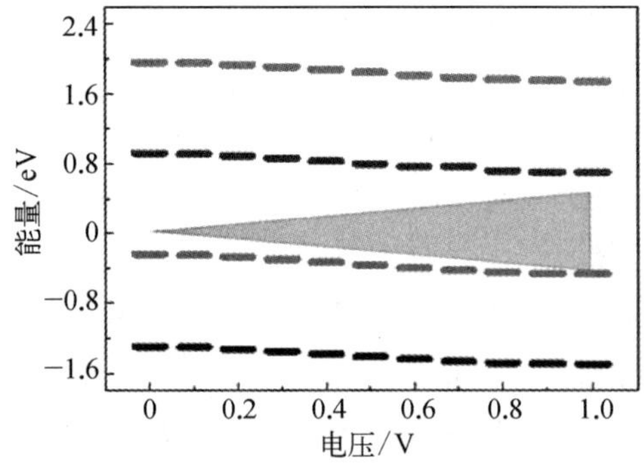

(b) 6,13-DPA

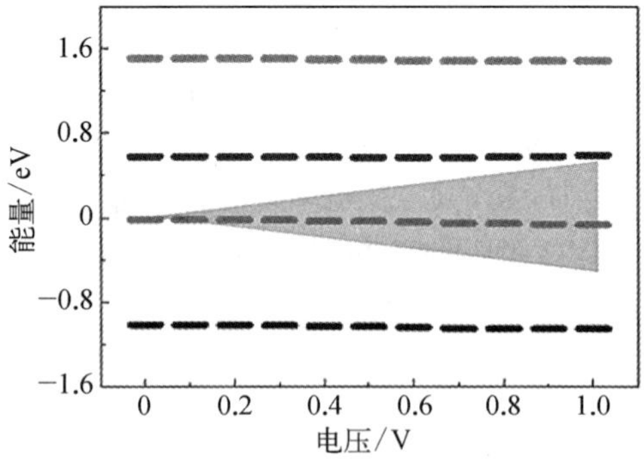

(c) 7,14-DPA

图 8.9　分子结的前线分子轨道能量随偏压的变化

分子结的电流-电压曲线可通过 Landauer-Büttiker 方程得到(见 5.2 节)。图 8.10(a)为对称 DPA 分子的电流-电压曲线。总体而言,随着两个硫原子的分离,分子结的电流-电压曲线变化明显。5, 12-DPA 的电流在三个对称分子中最小,在 1.0 V 时电流低至 0.26 μA。出现这一现象的主要原因是其前线分子轨道处于偏压窗口之外。此外,由于两个杂原子将并苯分子分隔开,电子隧穿经过杂原子形成的势垒,导致隧穿概率较低。随着两个硫原子的分离,通过分子结的电流显著提高。在 1.0 V 时,6, 13-DPA 和 7, 14-DPA 的电流分别为 25.32 μA 和 33.69 μA,这两者几乎是 5, 12-DPA(0.26 μA)的 100 倍。研究结果清楚地表明了可以通过改变两个杂原子之间的位置来调控分子结的导电性质。

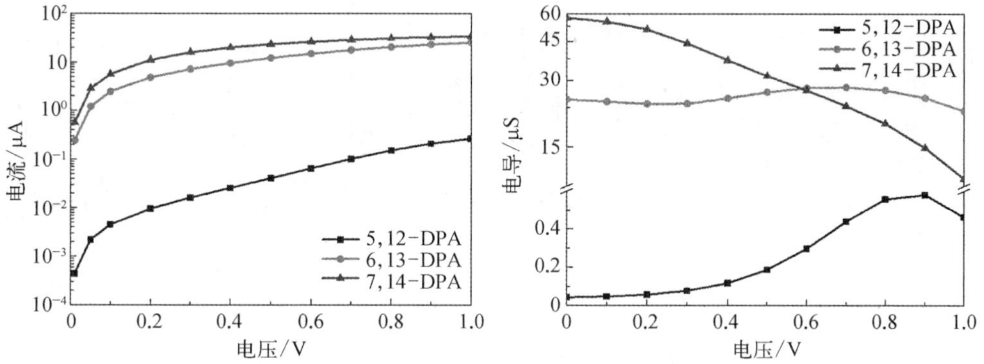

(a) 电流电压曲线　　(b) 电导电压曲线

图 8.10　5, 12-DPA、6, 13-DPA 和 7, 14-DPA 分子结的导电行为

图 8.10(b)为电导随偏压变化的曲线图。在零偏压下,随着杂原子的分离,分子结的电导会逐渐增加。其中 6, 13-DPA 和 7, 14-DPA 的电导分别为 24.5 μS 和 57.5 μS,明显高于并五苯的电导(12.3 μS)(见 7.1 节),所以引入杂原子可以显著增加分子结的电导。随着偏压的增加,三个分子结的电导表现出不同的变化趋势。5, 12-DPA 的电导随偏压增加,但在 0.9 V 后又降低;6, 13-DPA 则先降低再增加,最后再降低;7, 14-DPA 的电导则单调降低。

构型优化的结果表明三个模型分子的长度相似(差别小于 0.3 Å),它们都具有相似的结构和一对杂原子,它们的区别仅在于杂原子的位置。先前的研究表明分子结的电子输运行为依赖于电子传输路径,当分子结的电子传递路径相同时,无论它们的分子结构是否一致,电流-电压曲线始终相似。当电子传递经过不同的路径时,电流-电压曲线表现出不同的趋势(见 7.1 节)。在本节中,并五苯分子与金电极连接方式相同,唯一的差异就是杂原子的位置会影响电子传递路径。

为了理解杂原子引起的电子输运性质的变化,我们进一步分析了分子结的投影态密度(PDOS)。图 8.11 给出了不同偏压下的 PDOS 图。对 5, 12-DPA 而言,在-0.48 eV 处存在一个 PDOS 峰,来源于 HOMO 轨道的贡献;在 1.88 eV 时出现的 PDOS 峰,来源于 LUMO 的贡献;在 0~1.5 eV 的范围内,不仅没有 PDOS 峰,其值也远小于 1,说明在这个能量区间不存在有效的电子传递路径。随着偏压的增加,HOMO 峰逐渐降低,略有远离费米能级;LUMO 峰虽向费米能级移动,但仍与之甚远,对费米能级处的透射通道没有贡献。随着杂原子的分离，以 6, 13-DPA 为例，在费米能级处的 PDOS 值有所升高，接近 1，意味着低偏压也会存在有效的电子传输通道。其 HOMO 峰位于-0.25 eV 处，这表明在高偏压下此峰可进入偏压窗口，意味着高偏压时 6, 13-DPA 的电子传递通道要多于 5, 12-DPA。在 7, 14-DPA 分子中，两个硫原子的间距离进一步增加，HOMO 峰移动到费米能级，这意味着更多的电子传递通道被打开。通过比较上述三个分子结的 PDOS 图，我们发现，随着两个杂原子间距离的增加，通过分子的电子传递通道也增加。

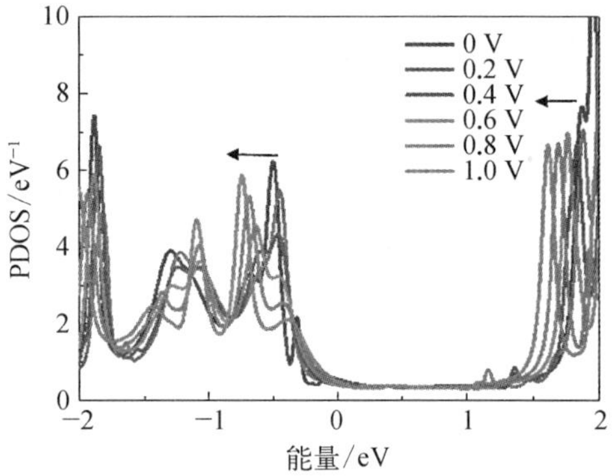

(a) 5, 12-DPA

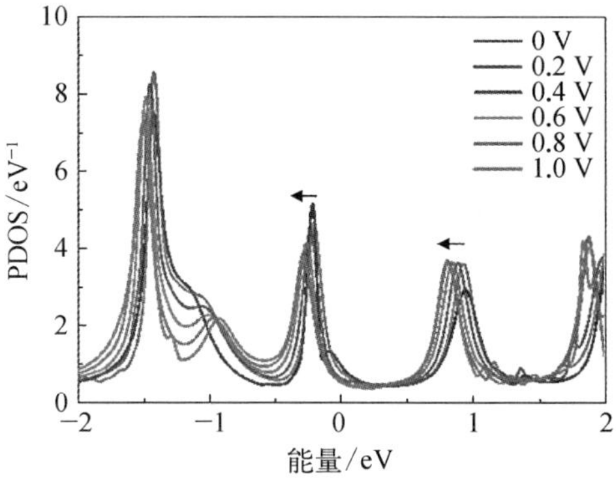

(b) 6, 13-DPA

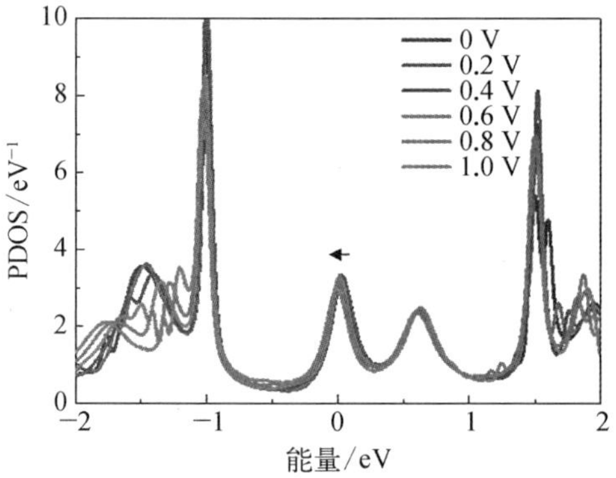

(c) 7, 14-DPA

图 8.11 三个分子的投影态密度图（箭头方向和长度表示峰移动的方向和大小）

透射谱常用来描述在一定能级下电子通过所有传输通道的概率。根据 Landauer-Büttiker 方程，电流是偏压窗口内透射系数的积分。因此，分析偏压窗口内的透射谱，有助于理解杂原子分离对分子结电子输运性质的影响。图 8.12(a) 为零偏压下三个分子结的透射谱。总体而言，三个模型的最大透射系数都接近于 1，这意味着在特定的能量范围内存在着高效的电子传递通道。在接近费米能级处的较大能量范围内，5, 12-DPA 的透射系数很小。这一现象表明当两个杂原子同时位于中间的苯环时，电子的隧穿概率较低。电子结构的差异是这一现象的主要原因，掺杂的原子阻碍了电子传递。然而另外两个模型分子在透射谱中表现出了不同的特征，特别是在费米能级处。6, 13-DPA 的 HOMO 和 LUMO 共振峰分别位于-0.19 eV 和 0.98 eV，较宽的 HOMO 峰使其在费米能级处的透射系数仍较高。7, 14-DPA 的 HOMO 和 LUMO 共振峰更加靠近费米能级，且费米能级处的透射系数也高于 6, 13-DPA。图 8.12(b)～(d)为不同偏压下的透射谱，三个模型分子的变化趋势不同。其中 5, 12-DPA 的 HOMO 和 LUMO 共振峰都向低能级移动且峰值减小。当两个硫原子分离时，会在分子内构建有效的电子传递通道。图 8.12(c)中 6, 13-DPA 的透射谱随偏压的变化较小，当偏压增加至 1.0 V 时，它的 HOMO 和 LUMO 峰仅向低能级移动了 0.12 eV，透射峰的形状和高度则几乎没有变化。根据上述特征，在 1.0 V 偏压范围内 6, 13-DPA 的电导不应发生显著的变化。与 6, 13-DPA 不同，7, 14-DPA 的透射谱随偏压变化显著，特别是 HOMO 共振峰峰明显降低，这可以解释 7, 14-DPA 的电导随偏压降低的现象。

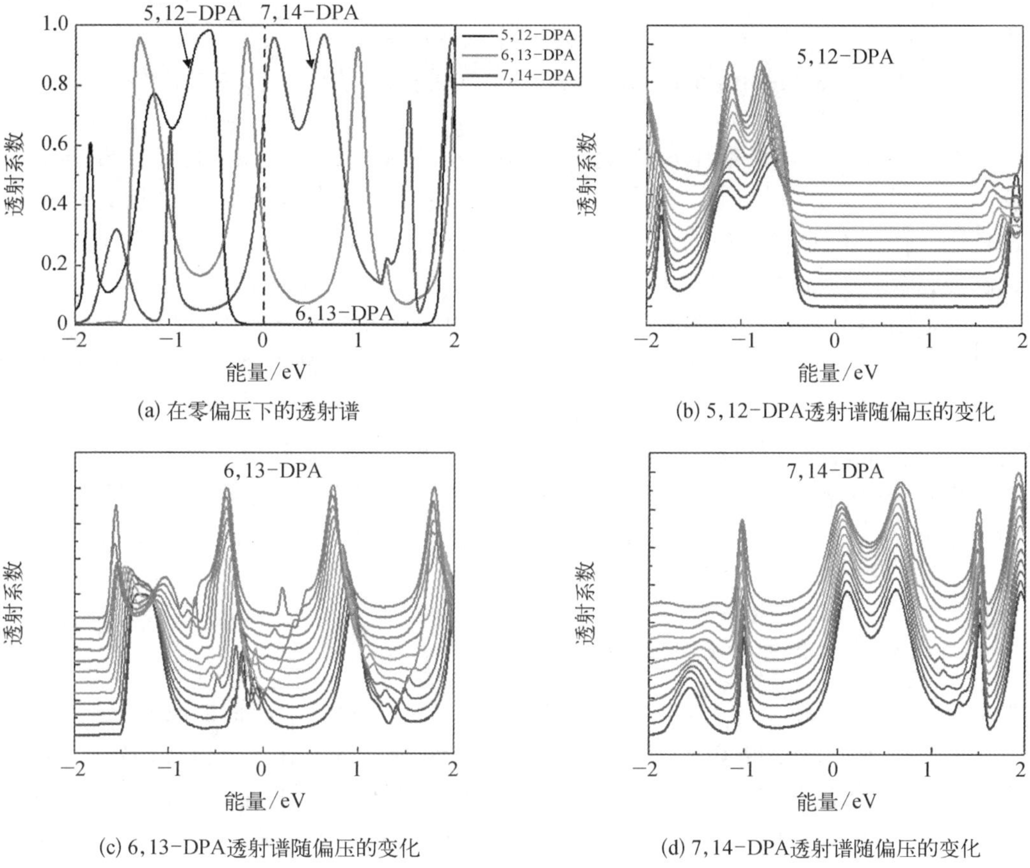

(a) 在零偏压下的透射谱　(b) 5, 12-DPA透射谱随偏压的变化

(c) 6, 13-DPA透射谱随偏压的变化　(d) 7, 14-DPA透射谱随偏压的变化

图 8.12　三个对称 DPA 分子结的透射谱

根据在费米能级处的透射系数，6, 13-DPA 和 7, 14-DPA 分子结的电子传递通道的效率要高于 5, 12-DPA。除了透射谱，还可以进一步分析局域隧穿通道，即分子中原子对之间的隧穿分量[20]。将透射谱根据 Landauer-Büttiker 公式分解成若干条传输通道并投影到分子结构中，即得到分子的电子传输路径，以箭头表示。为了更清晰地显示环电流，对局域隧穿系数进行归一化处理，即无论透射系数是多少，每个图中的最大箭头都归一化为相同值。图 8.13 给出了三个分子结的电子传输路径。由于特殊的延展共轭结构，分子中存

在多条可能的电子传输路径。当分子结中两个掺杂硫原子垂直于电子输运方向时，形成电子隧穿的势垒，导致透射系数的降低，但不会改变电子传输路径的数量或方向。5, 12-DPA 有两个相同的电子传输路径，因此会发生相长量子干涉。但是，它的透射系数小，相长干涉对电导的积极作用比杂原子的势垒阻挡效应小得多。

电子传输路径		
5,12-DPA	6,13-DPA	7,14-DPA
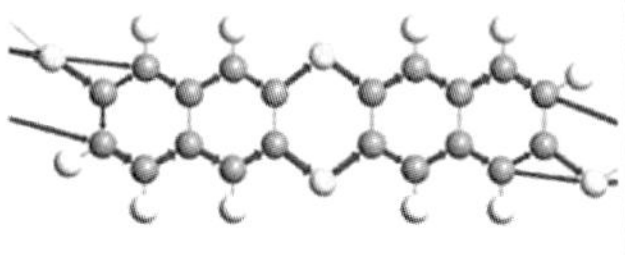	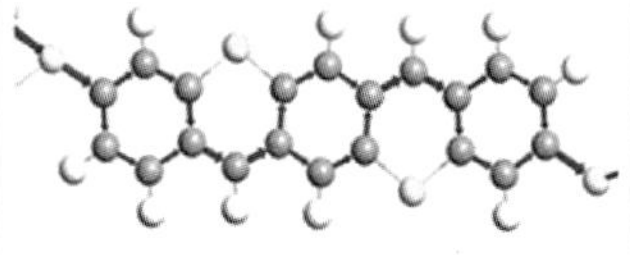	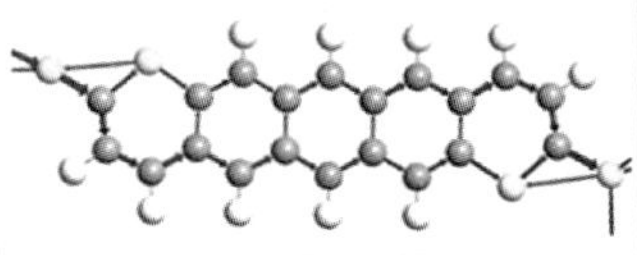

图 8.13　5, 12-DPA、6, 13-DPA 以及 7, 14-DPA 在 0 V 偏压下的电子传输路径

当两个杂原子被一个苯环分隔时（6, 13-DPA），分子中出现有效的电子传输路径。由于硫和碳原子之间化学性质的差异，电流绕过了硫原子。通常，醌式共轭结构更有利于电子的传输。由于 6, 13-DPA 分子具有醌式共轭结构，在中心苯环处存在两条同向的电子传输路径，当电子通过这两条路径时会产生相长量子干涉。当两个杂原子被三个苯环分隔时（7, 14-DPA），则存在两条电子传输路径，也出现相长量子干涉。尽管在中间三个苯环中存在两条有效的电子传输路径，但与 6, 13-DPA 相比，它的电子输运性质并未发生明显改变。原因是杂原子分隔距离的增加仅扩展醌式共轭的结构，并没有改变分子的结构特征。以上分析表明，可以通过改变分子中的高电子密度原子的距离来控制量子干涉和电子传递路径，从而调控电子输运行为。为了验证这一结论并阐明分子结电导与杂原子分离之间的关系，我们进一步设计了一系列不对称的 DPA 模型分子，并研究其电子输运性质。

8.2.2　不对称 DPA 的电子输运性质

为了考察两个硫原子位置的不对称分布对取代并五苯分子传输性质的影响，我们设计了一系列的模型，如图 8.6(a) 所示。首先将一个硫原子固定在 7 号位置，另一个硫原子逐渐向左移动，从位置 11 移动向位置 14。以往的研究结果表明，醌式共轭结构能够将 π 键扩展到苯环外，与金电极形成更好的电子耦合，有利于提高分子结的电导[21,22]。此外，电导还与分子的芳香性相关。对于环戊二烯、呋喃和噻吩等五元环分子，有研究表明它们的电导和芳香性呈负相关关系[21]。然而，进一步的研究发现，当五元环和乙炔基之间存在亚甲基单元时，该分子的电导和芳香性呈正相关关系[23]。因此，通过调节芳香族单元和连接基团，芳香环状分子内的相消量子干涉可以转变为相长量子干涉。对于系列模型分子（7, 11-DPA、7, 12-DPA、7, 13-DPA、7, 14-DPA），随着醌式共轭结构的增长，芳香性和共轭特性也得到了增强[17,18]。

图 8.14 给出了零偏压下 7, 11-DPA、7, 12-DPA、7, 13-DPA 和 7, 14-DPA 的前线分子轨道空间分布。四个分子的 HOMO 和 LUMO 都离域在整个分子链上，这表明分子与电极

间具有较强的电子耦合。其中 7, 11-DPA、7, 12-DPA、7, 13-DPA 和 7, 14-DPA 的 HOMO 能级分别为-0.17 eV、-0.11 eV、-0.13 eV 和-0.02 eV，都比较接近费米能级。

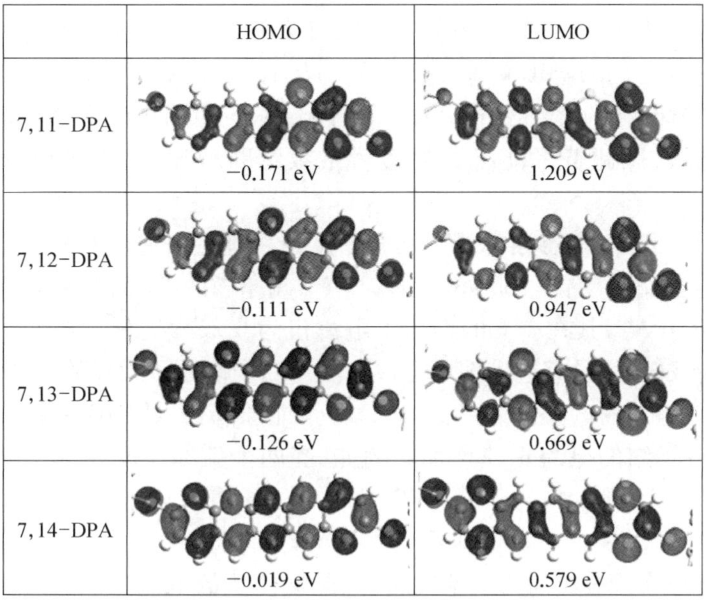

图 8.14　零偏压下 7, 11-DPA、7, 12-DPA、7, 13-DPA 和 7, 14-DPA 的 HOMO 和 LUMO 的轨道空间分布

图 8.15 给出了硫原子不对称取代的 DPA 分子的电流-电压曲线和透射谱。由于不对称的分子结构，7, 11-DPA、7, 12-DPA 和 7, 13-DPA 出现微弱的整流特征，如图8.15(a) 所示。整流比定义为 $RR = |I(V)/I(-V)|$，3 个模型分子在所研究的偏压范围内整流比均小于 2。在三个不对称分子中，7, 11-DPA 的电流最小，分子中的两个硫原子仅由半个苯环分隔。随着两个杂原子分离加剧，导电性增强，即在相同的偏压下电流依次增大。但对于 7, 13-DPA 和 7, 14-DPA，两者的电流曲线在正偏压差别已经不大。这些结果进一步表明杂原子距离的增加有利于电子输运行为。

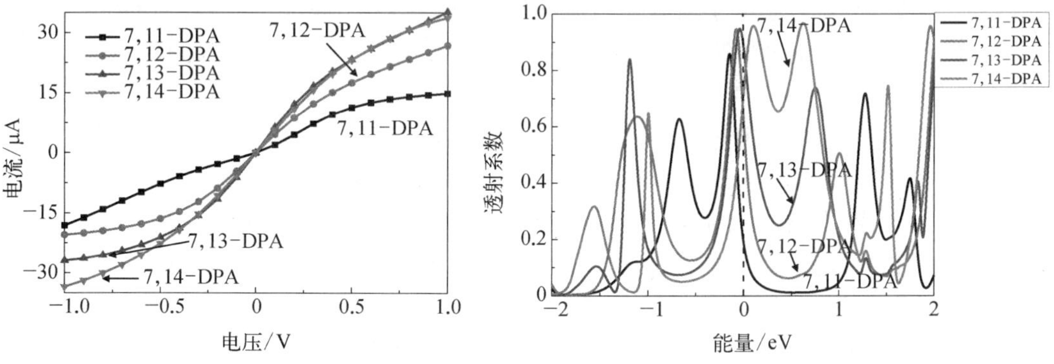

(a) 电流-电压曲线　　(b) 透射谱

图 8.15　7, 11-DPA、7, 12-DPA、7, 13-DPA 和 7, 14-DPA 的输运行为

图 8.15(b)为零偏压下四个分子的透射谱。在费米能级附近的透射峰对零偏压下分子结电导的贡献最大。其中 HOMO 峰的透射系数接近 1,这一特性与其他分子导线相似(见 6.3 节)。随着两个硫原子的分离,HOMO 和 LUMO 透射峰都逐渐向费米能级处移动。例如,7, 11-DPA 的 HOMO 峰位于-0.15 eV,LUMO 峰位于 1.27 eV。当硫原子间距离为一个苯环时,7, 13-DPA 的 HOMO 峰和 LUMO 峰分别移至-0.05 eV 和 0.74 eV。透射峰的移动趋势与分子轨道能级的移动方向一致。由于硫原子分隔距离增加时 HOMO 和 LUMO 峰更靠近费米能级,因此费米能级处的透射系数不断增加,这也导致分子结电流随之变大。

在本节中,利用非平衡态格林函数结合密度泛函理论研究了对称及不对称硫掺杂的 DPA 分子结的电子输运性质。对于对称掺杂两个硫原子的 DPA,当两个硫原子位于中心苯环上时(5, 12-DPA),其在 1 V 的偏压下电流仅为 0.26 μA,低导电性可归因于 HOMO 共振峰离费米能级较远,没有进入偏压窗口。随着两个硫原子距离的增加,分子内醌式共轭结构延长,形成有效的电子传输路径,而且分子能隙降低,HOMO 共振峰更加靠近费米能级,因而通过分子结的电流迅速增加。例如,当两个硫原子间距为一个苯环时(6, 13-DPA),电流提高到 25.32 μA,几乎是 5, 12-DPA 的 100 倍。随着分离度的增加,电流的增长有所减缓。7, 14-DPA 的电流仅是 6, 13-DPA 的 2 倍。对于不对称掺杂的 DPA 分子,硫原子间距从半个苯环增加到两个苯环时,相同偏压下的电流依次增加。硫原子间距大于两个苯环时,电流不再进一步增加。研究结果表明,改变掺杂硫原子的间距能够调控 DPA 分子结的电子输运性质。

8.3 噻吩环取代掺杂一维共轭碳基材料的电子输运

近年来,以石墨烯为代表,碳基材料以碳原子的 sp^2杂化轨道为骨架,剩余 p 轨道参与大范围共轭,表现出结构稳定、导电性佳等优点,是理想的分子电子材料。分子电子器件的进一步发展要求分子电子材料在高导电性的基础上,兼具富电子或少电子特征,为分子整流、分子场效应晶体管、分子存储等器件的开发打下材料基础。提高或降低宏观材料的电子密度虽然可以利用物理掺杂的方式来实现,但是掺杂的不均匀性会严重降低材料的导电性能。而直接对分子电子材料进行杂环取代则可以在确保掺杂均匀性的前提下,更好地在分子尺度实现对材料电学性能的调控。大量文献报道,在石墨烯的苯六元环上掺入其他杂原子形成五元杂环可以有效打开石墨烯的带隙,实现对其电学特性的有效调控[24,25]。五元杂环化合物(如噻吩、呋喃及吡咯)在环上都有六个 π 电子,符合休克尔规则,具有芳香性。噻吩的电子云密度要比其他两种高,因此噻吩具有独特的电学性质和电子传输能力。随着光电材料研究的迅猛发展,噻吩类化合物以其良好的光电性质,越来越多地应用在光电材料领域。噻吩类化合物不仅在电致发光材料和光敏材料方面得到广泛的应用,而且在其他方面(如二阶非线性光学材料、光致发光材料等领域)也多有报道。研究五元杂环化合物的电子输运行为,尤其是其多电子传输路径,将有助于科学工作者理解杂环取代对一维共轭碳基材料的电学特性调控机理,为促进一维共轭碳基材料在高性能光电器件方面的应用提供理论指导。

在一维共轭碳基材料的电子输运机理研究方面,也已经取得了初步进展。通过设计有机电子给受体复合物,分子内的电荷转移赋予一维共轭碳基材料很强的负微分电阻效应,使其有望应用于新型的负微分电阻开关器件[26]。多孔石墨烯中,随着孔隙直径逐渐增大,带隙在 0.57~1.75 eV 变化。使用 C 和 N 原子共掺杂多孔石墨烯的孔隙边缘可以极大地提升其导电能力,使其成为理想的电子器件材料[27]。在石墨烯纳米带间连接两条平行的碳原子线,通过改变碳原子线的间距,体系的导电性得到有效调控,并实现了自旋过滤效应,为设计高性能自旋过滤器件提供了重要思路[28]。理论模拟结合扫描隧道显微镜表征的结果表明,卟啉低聚物的高导电性是由于中心分子上最低空轨道(LUMO)的离域分布为电子传输提供了有效路径,这个发现激励了人们使用卟啉低聚物构建单分子器件[29]。现阶段,人们针对一维共轭碳基材料的电子输运研究还主要以电子器件应用为导向。为了发展一维共轭碳基材料在光电器件上的应用,通过电子或空穴掺杂可以有效地调控其光电特性。在分子尺度上,基于一维共轭碳基材料的光电器件性能不仅与材料自身的电子密度有关,而且受具体的电子传输路径的制约。然而,如图 8.16(a)所示,五元杂环取代掺杂对一维共轭碳基材料电子传输路径的影响仍是一个亟需解答的课题。

在本节中,我们以具有重复苯环单元的寡聚苯并[1,2-b: 4,5-b']二噻吩分子[B_mT (m = 1~6)]模拟碳骨架两端被噻吩环取代的材料结构,如图 8.16(b)所示。为了进一步加大取代掺杂程度,以具有重复噻吩单元的寡聚噻吩[T_nP (n = 2~7)]分子模拟碳骨架被噻吩环饱和取代的材料性质,如图 8.16(c)所示。采用密度泛函理论结合非平衡态格林函数方法研究了这两种类型的分子,并对取代掺杂与碳基材料电子输运行为的影响机制加以了解。通过改变杂环上硫原子的相对位置,逐渐增加分子中苯环和噻吩环重复单元的个数,我们探索了顺反连接对噻吩类化合物电子传输路径的影响。噻吩类化合物的共轭程度决定了相应分子结器件的电子传递效率。通过对分子结的电流和电导随分子链长的变化趋势的分析,我们发现 B_mT 和 T_nP 分子的电子传输不仅取决于分子能隙,而且与电子传输路径密切相关。反式-B_mT(*trans*-B_mT)和反式-T_nP(*trans*-T_nP)分子具有多个电子传输路径,而顺式-B_mT(*cis*-B_mT)和顺式-T_nP(*cis*-T_nP)分子随着分子链长增加,经历了由单个电子传输路径转变为多个电子传输路径的过程。

模拟计算首先采用 B3LYP/6-31G* 基组优化顺反连接 B_mT 和 T_nP 的分子结构。例如,在 B_2T 分子中,由 2 个苯环构成的寡聚并苯夹在 2 个噻吩环之间;在 T_3P 分子中,三个噻吩环彼此连接在一起。用三个金原子形成的原子簇代表金电极的(111)面,三个金原子组成边长为 2.88 Å 的等边三角形,硫原子则位于 Au 三角形中心空位(即 hollow 位),该位置对应体系的能量最小值,同时保证分子体系在电极间的受力最小。结构优化的分子以巯基连接在 2 个金(111)电极的平行截面上,形成金电极-分子-金电极分子结。金原子在原子簇上的相对位置保持不变,将硫原子与 Au(111)面的距离初始值设置为 1.71 Å,进一步在 B3LYP/LANL2DZ 理论水平上优化左右电极金原子簇之间的距离。

图 8.16(a)显示了分子结器件的结构示意图,其中一维共轭碳基材料位于 2 个金电极之间。金电极-分子-金电极分子结体系分为左电极、中心散射区和右电极三个部分。半无限周期性重复的电极单独计算得到晶胞的自能。散射区引入部分电极原子,其目的是屏蔽分子和电极的相互影响,使电极区域可以作为理想晶体处理。基于第一性原理的密

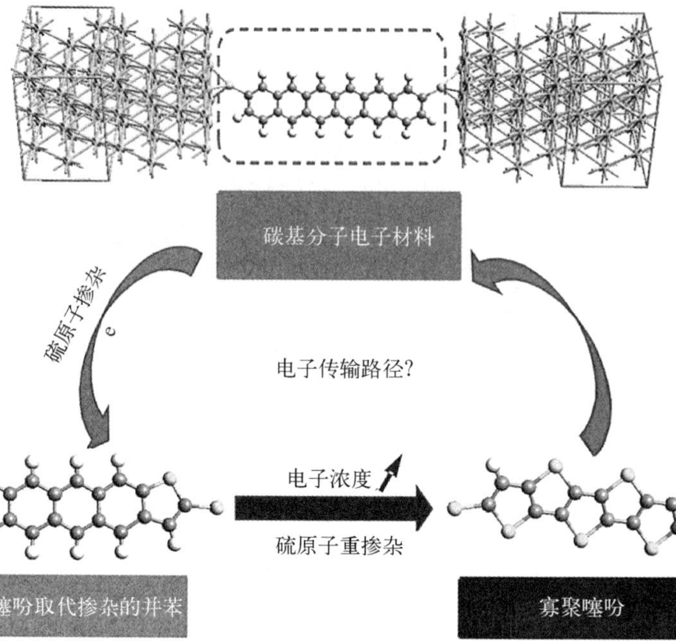

(a) 噻吩环取代掺杂一维碳基分子电子材料的器件结构示意图

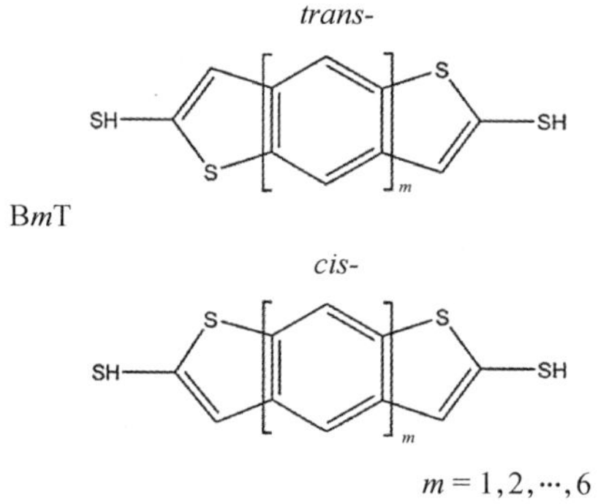

(b) 顺反连接的B_mT分子结构，其中m从1增加至6，代表苯环的个数

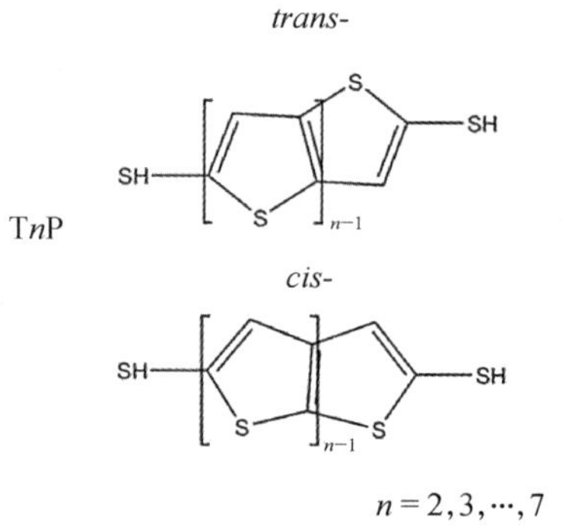

(c) 顺反连接的T_nP分子结构，其中n从2增加至7，代表噻吩环的个数

图 8.16　计算模型

度泛函理论结合非平衡态格林函数方法，计算体系的电子输运行为。电子交换关联势为广义梯度近似（generalized gradient approximation，GGA），其具体形式为 PBE 近似。为了在计算效率和精度之间达到平衡，除了金原子采用 SZP，其他所有原子采用 DZP 进行结构优化，实空间网格的截断能设置为 300 Ry。在两个电极之间设置偏压的范围为 −1.0～1.0 V，每隔 0.1 V 计算一次电流，正偏压代表电场方向是由左电极指向右电极。

分子结体系的透射函数 $T(E, V_b)$ 是在偏压为 V_b 和能量为 E 时，分子上所有传输通道的透射概率总和，即[23,30]

$$T(E,V_b) = \mathrm{tr}[\boldsymbol{\Gamma}_L G^R(E,V_b)\boldsymbol{\Gamma}_R G^A(E,V_b)] \tag{8.1}$$

式中，G^R 和 G^A 分别是延迟格林函数和提前格林函数；耦合函数 $\boldsymbol{\Gamma}_L$ 和 $\boldsymbol{\Gamma}_R$ 分别是左右电极与

分子之间的耦合矩阵。自能取决于电极区域的表面格林函数,来源于电极和扩展中间区域的最近邻相互作用。

零偏压电导可由零偏压下的透射概率计算得到,即[23,30]

$$G = G_0 T(E, V_b = 0) \tag{8.2}$$

式中,$G_0 = 2e^2/h$ 是电导的量子化单位,h 是普朗克常量,e 是电子电荷。

电流值根据 Landauer-Büttiker 公式计算得到,即[23,29]

$$I = \frac{2e}{h}\int_{-\infty}^{\infty} T(E, V_b)[f_L(E - \mu_L) - f_R(E - \mu_R)]\mathrm{d}E \tag{8.3}$$

式中,f_L和f_R分别是左、右电极的费米-狄拉克分布函数;μ_L和μ_R是左右电极的化学势,$[\mu_L(V_b), \mu_R(V_b)]$表示对电流积分有贡献的能量区域,称为偏压窗口,$\mu_L = E_F - eV_b/2$,$\mu_R = E_F + eV_b/2$,E_F是电极的费米能级。

8.3.1　噻吩环取代掺杂与导电性质的关系

以苯环为基本单元构成的一维共轭碳基材料具有良好的导电性,这是其作为分子电子材料可以应用于电子器件的基础,对一维共轭碳基材料的电学性能进行调控时,必须确保其导电性能不会随之发生严重损失。因此我们选择在寡聚苯分子的两端进行修饰,使分子中间的苯环仍可作为电子传输的主要路径。我们将寡聚苯分子中的端基苯环取代掺杂为噻吩环构成 B_mT 分子,在此基础上进一步进行极限的饱和掺杂,即将苯环全部取代掺杂为噻吩环,从而构成 T_nP 分子。B_mT 分子在 2 个噻吩环间有至少 1 个苯环,而 T_nP 分子内仅存在噻吩环的重复单元,它们构成了电子传输路径的主体。顺反连接的 B_mT 或 T_nP 分子间的不同之处在于噻吩环上硫原子的空间位置。对于 *trans*-B_mT 系列分子,硫原子分别位于分子链的两侧,而 *cis*-B_mT 位于同侧。硫原子在 *trans*-T_nP 和 *cis*-T_nP 系列分子中的位置也与之相同。图 8.17(a)、(b)、(d)和(e)绘出了 B_mT 和 T_nP 体系半对数的电流-电压曲线。由图可见,在小于 0.1 V 的低偏压下,电流随偏压急剧增大,但在 0.5~1.0 V 偏压范围内,电流增长缓慢。一方面,*trans*-B_mT/T_nP 的电流都比对应顺式的更大。例如,在 1.0 V 偏压下,*trans*-B_3T 的电流为 21.85 μA,是 *cis*-B_3T 电流(3.21 μA)的 6.8 倍;而 *trans*-T_3P 的电流为 36.47 μA,是 *cis*-T_3P 电流(5.64 μA)的 6.5 倍。另一方面,随着 B_mT 和 T_nP 分子中单元个数增加,分子逐渐变长,反式构型的分子电流未出现明显变化,而顺式构型的分子电流呈现各自不同的变化。其中 *cis*-T_nP 系列电流先减小后增大,而 *cis*-B_mT 的电流在不同偏压区间也不相同。上述结果导致反式与顺式连接的 T_nP 的电流比($R_{trans/cis} = I_{trans}/I_{cis}$)在整个偏压范围内呈现出 $T_3P > T_4P > T_2P$ 的变化规律,如图 8.17(f)所示。在 B_mT 分子中,$R_{trans/cis}$的变化趋势更为复杂[图 8.17(c)],总体来看,B_2T 的 $R_{trans/cis}$ 更大。以上结果表明,当噻吩环以反式构型取代一维共轭碳基材料骨架上的苯环时,能更有效地减轻对其导电性能的损害;而当五元噻吩环全部取代掺杂于一维共轭碳基材料中的六元苯环时,非但不会削弱材料的电导性能,反而能显著提升其导电性。据此,利用噻吩环取代作为策略,将其掺入一维共轭碳基材料中,将极大程度地优化纳米器件的性能,为高性能纳米器件的设计与开发提供了一种有效的途径。

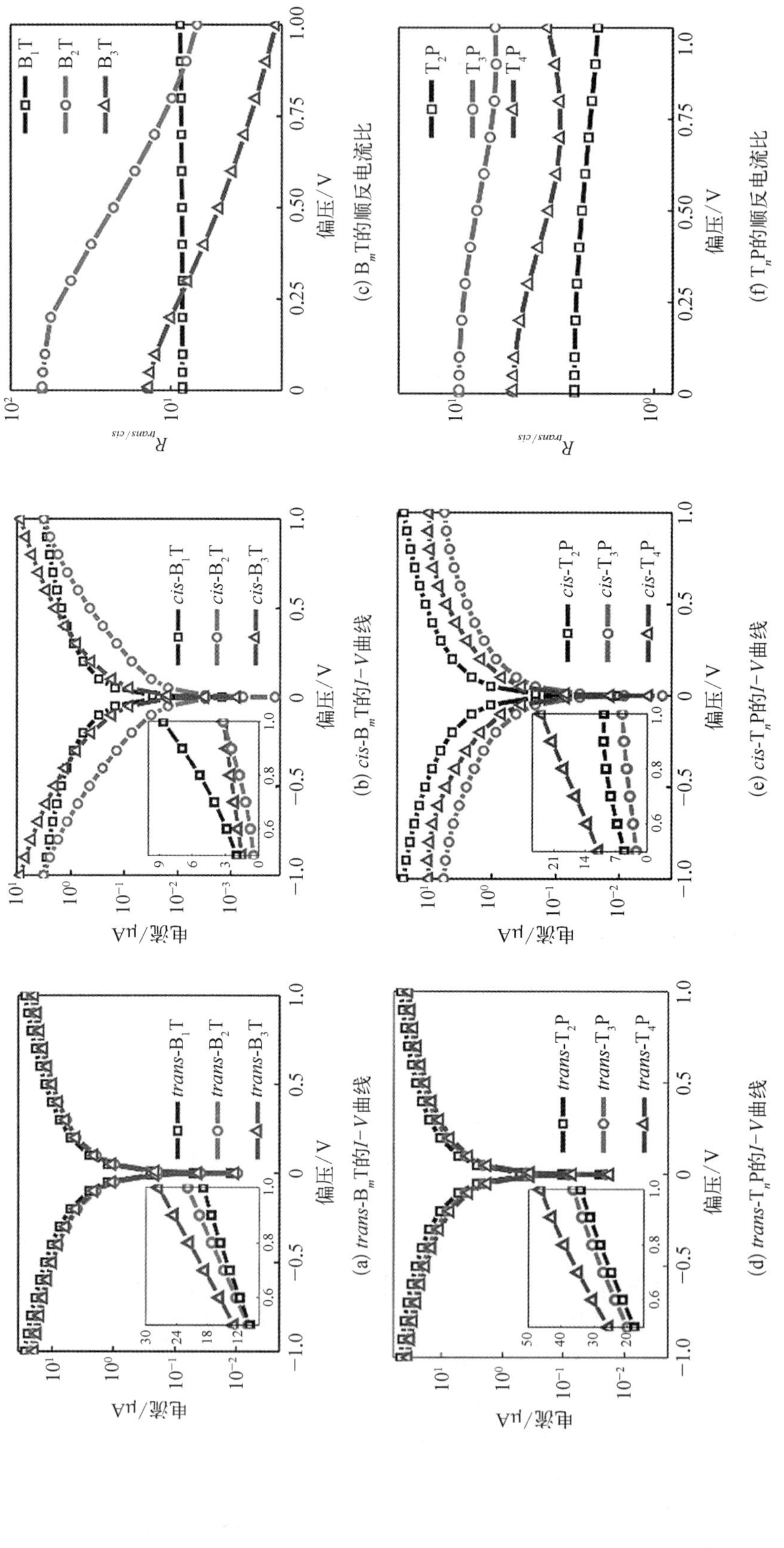

图 8.17 分子结的输运行为

以往的工作表明，通过研究一维共轭碳基材料的电导随材料长度的衰减变化规律，可以定性地考察材料内的电子输运机制。通常情况下，一维共轭碳基材料的电导随材料长度的衰减遵循指数关系：

$$G = G_c \exp(-\beta d) \tag{8.4}$$

式中，G_c 是接触电导；一维共轭碳基材料的电导 G 随材料长度 d 的增加而呈指数衰减；β 称为衰减系数。根据材料的不同 β，可以分析分子内存在的传输机理，如隧穿或跳跃机理。但是上述公式并不适用于所有的一维共轭碳基材料。图 8.18(a)、(b)和(c)给出了 *trans*-B_mT、*cis*-B_mT 和 *trans*-T_nP 零偏压电导与碳链长度的关系。*cis*-T_nP 分子随噻吩环数的增加逐渐变为环形，无法反映链长度对电子输运行为的影响，因此未作讨论。从图中可以看出，对于 *trans*-B_mT、*cis*-B_mT 和 *trans*-T_nP，随着链长增加，电导均不表现出单调降低。以 *trans*-B_mT 为例，当 m 从 1 增加至 2 时，电导降低。而后电导逐渐变大，在 $m = 6$ 时达到最大值后又突然降低；*cis*-B_mT 的电导变化也类似。与此对照的是，*trans*-T_nP 的电导呈非线性非指数性地衰减，但是当 $n = 7$ 时，电导略有升高。

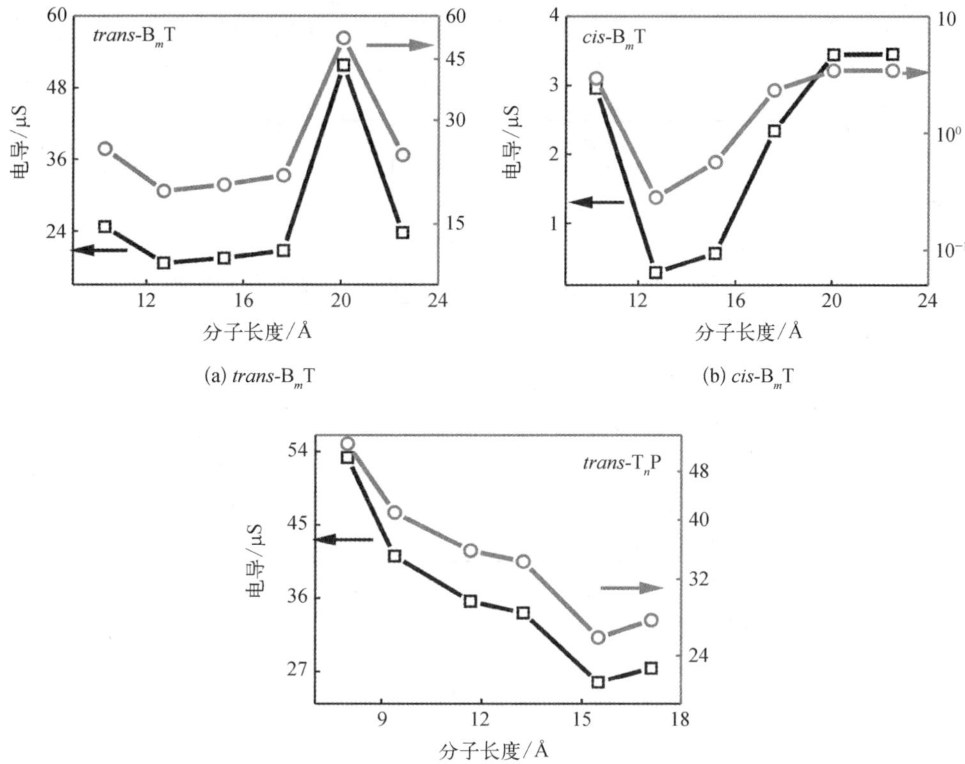

(a) *trans*-B_mT　　(b) *cis*-B_mT

(c) *trans*-T_nP

图 8.18　不同分子结的零偏压电导与碳链长度关系

8.3.2　噻吩环取代掺杂与静态能隙的关系

分子链作为导线应用的一个核心要求是，其电导应维持恒定或仅表现出极其微弱的衰减，噻吩环取代掺杂的一维共轭碳基材料视为理想的分子导线候选。基于前述讨论，我们观察到噻吩环取代掺杂一维共轭碳基材料能显著拓宽其电子输运行为的多样性。电子输运特性与分子能隙间存在着固有的关联性，促使我们深入研究噻吩环取代对共轭碳基材料能隙的影响。分子的能隙(E_g)是评估电子穿越中心分子平均势垒高度的关键指标。在其余条件恒定的前提下，能隙越小，意味着电子穿越中心分子的效率越高。以苯环为基本结构单元的一维共轭碳基材料，因其 π 共轭程度很高，展现出较低的分子能隙，从而赋予了材料优异的电导性能。图 8.19(a)~(c)展示了 *trans*-B_mT、*cis*-B_mT 和 *trans*-T_nP 分子的 E_g 随碳链长度呈指数变化的趋势。对于顺式与反式连接的 B_mT 分子，其 E_g 均随碳链长度的增加而呈指数衰减。随着苯环数量的增加，整个分子结构的 π 共轭程度逐渐加强，预示着平均隧穿势垒的显著降低。因此，共轭程度的增加对提升分子的导电性能具有积极作用。然而需注意的是，苯环数量的增加也伴随着分子链长度的增长，这直接导致电子传输距离的增加，成为分子导电性的不利因素。因此，碳链长度的增加对 B_mT 体系的电导产生了两种相反的作用。在 *cis*-B_3T 分子中，由苯环数量增加引发的 π 共轭程度增强超越了隧穿距离增加所带来的负面影响，展现出比 *cis*-B_1T 和 *cis*-B_2T 更为优异的导电性能。而对于 *trans*-T_nP 分子导线，其 E_g 值的变化趋势有所不同，该值随碳链长度的对数呈线性

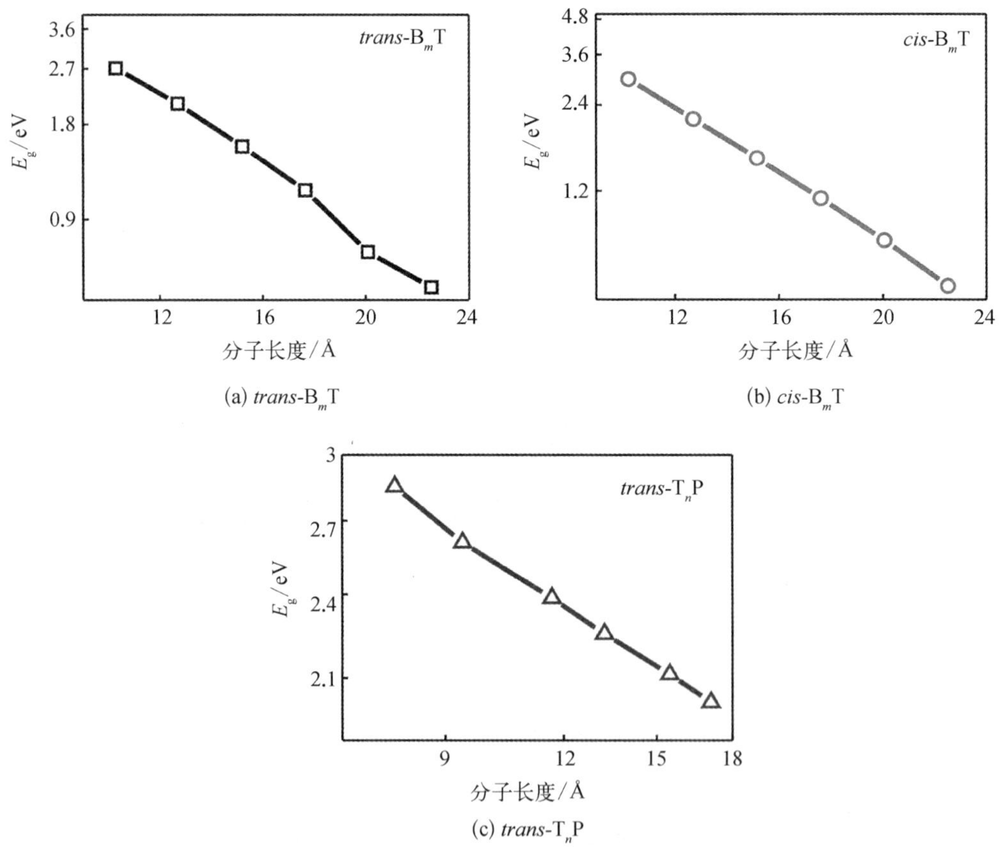

(a) *trans*-B_mT　　(b) *cis*-B_mT

(c) *trans*-T_nP

图 8.19　分子结的能隙(E_g)与碳链长度的关系

衰减。将苯环全部替换为噻吩环导致 E_g 的绝对值有所上升，尽管这一变化不利于电子传输，但电导计算结果表明，*trans*-T$_n$P 的导电性能优于顺式与反式连接的 B$_m$T 分子。

8.3.3　噻吩环取代掺杂与透射谱的关系

以苯环为基本单元的一维共轭碳材料在噻吩取代掺杂前后，相邻芳香环间均是通过两个共价键连接在一起的，形成多条电子传输路径。B$_m$T 和 T$_n$P 的电导与链长关系不仅取决于分子能隙，而且与电子传输路径有关。根据 Landauer-Büttiker 公式，电流是偏压窗口内透射系数的积分，为了进一步理解上述分子电子传输的特点，图 8.20 给出了零偏压下，顺反连接的 B$_m$T 和 T$_n$P 的透射谱和器件态密度（device density of state，DDOS）。费米能级附近的两个峰分别是 HOMO 和 LUMO 贡献的共振峰。从图 8.20（a）和（b）的透射谱可以看出，B$_m$T 和 T$_n$P 的 HOMO 共振峰更靠近费米能级，对分子电导贡献更大。对比顺反连接，可以观察到 HOMO 峰位非常相近，例如，*trans*-B$_3$T 和 *cis*-B$_3$T 的 HOMO 峰都处在 −0.21 eV；*trans*-T$_3$P 和 *cis*-T$_3$P 的 HOMO 峰在 −0.35 eV。然而，顺反连接导致 B$_m$T 的 HOMO 峰高差异显著，这一现象尤其体现在 B$_1$T 分子上，*trans*-B$_1$T 的 HOMO 峰高约为 1，而 *cis*-B$_1$T 的 HOMO 峰高降低到 0.06。另外，随着苯环个数增加，*trans*-B$_m$T 在费米能级的透射系数未发生明显变化，而 *cis*-B$_m$T 先衰减后增强。对于顺反连接的 T$_n$P 分子，*trans*-

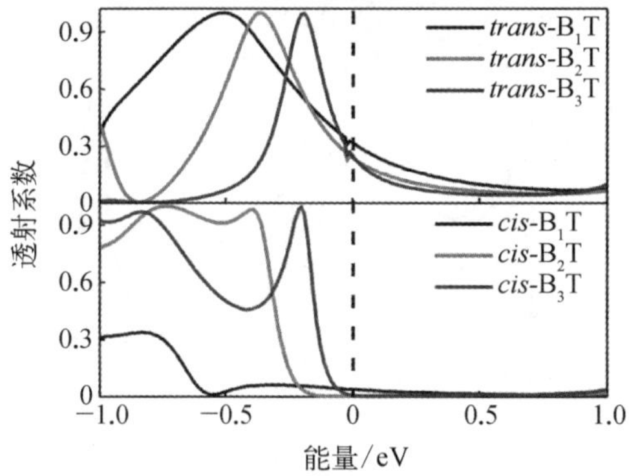

(a) B$_m$T的透射谱

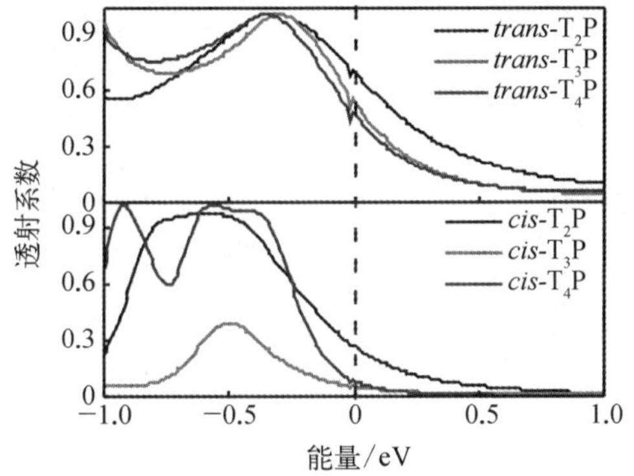

(b) T$_n$P的透射谱

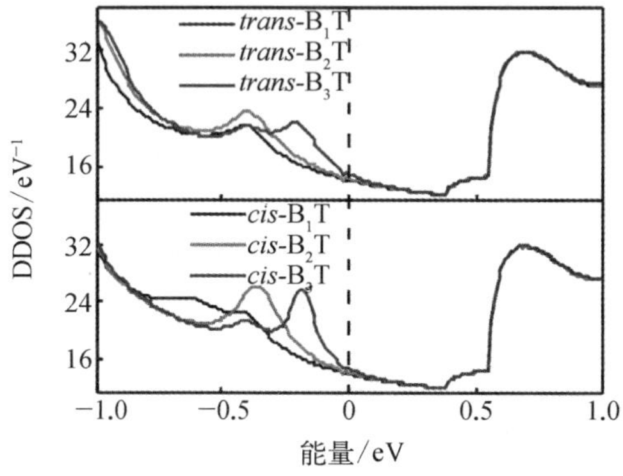

(c) B$_m$T的DDOS谱

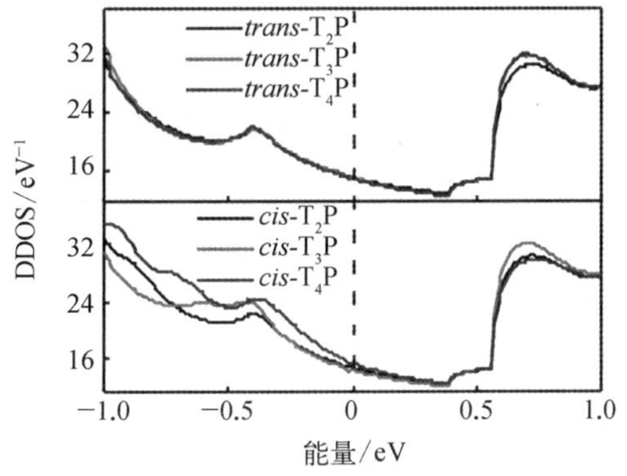

(d) T$_n$P的DDOS谱

图 8.20　分子结在零偏压的输运性质

T_nP 透射谱的变化规律与 *trans*-B_mT 相似。由于 *cis*-T_nP 的构型随着噻吩环 数的增加有逐渐变成环形的趋势,因此当 m 由 3 增至 4 时,分子链长变化并不明显,表明电极与中心分子间的耦合未发生显著衰减。但中心分子上的共轭程度随噻吩环数的增加而逐渐增强。在这两个因素的共同影响下,*cis*-T_3P 的导电性能最弱。图 8.20(c)和(d)给出相应的 DDOS 谱,顺反连接 B_mT 和 T_nP 的 HOMO 峰位置相近,并且延伸到费米能级,进一步表明其对电导有主要贡献。从图中还可看出,在费米能级两个分子的顺反连接的 DDOS 均在 16 左右,说明电子传递的通道数量相当,分子间导电能力的差异源于电子传递通道的效率。

此外,我们单独计算了由 5 个苯环构成的并苯分子(B_5)的电流-电压曲线,并与两端苯环被噻吩环取代的 B_3T 以及苯环全部被取代的 T_5P 做对比。在图 8.21(a)的 I-V 曲线中,B_5的电流总体上更小;两端被取代后,电流得到显著提升;当全部被取代后电流更大。因此,噻吩环在一维共轭碳材料上的取代掺杂能有效提升材料的导电性。为了给出更深入的理解,图 8.21(b)比较了三种分子在零偏压下的透射谱。当 B_5分子的两端被噻吩环取代时,HOMO 峰向费米能级方向移动,对电子传输的贡献增大。当 B_5分子上的全部苯环被噻吩取代时,虽然 HOMO 峰的位置略有远离费米能级,但峰明显变宽,在费米能级处的透射系数更大。这种关系与三者的 I-V 曲线一致。

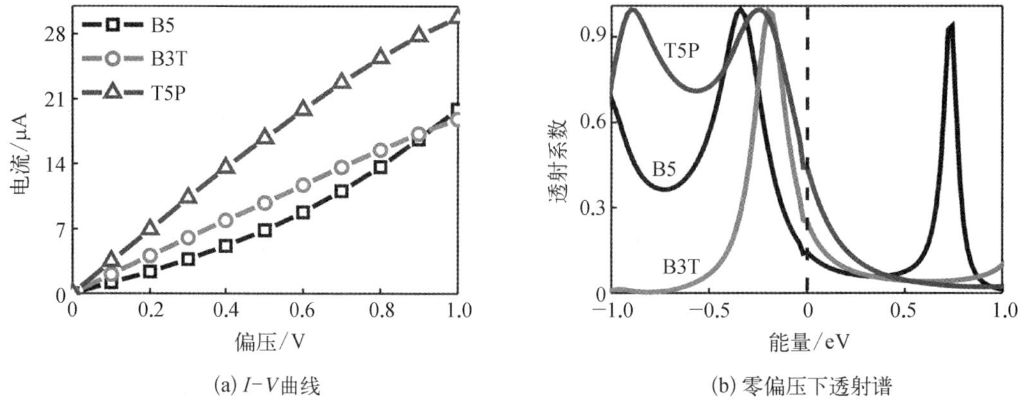

图 8.21 B_5、B_3T 和 T_5P 分子输运性质的比较

8.3.4 噻吩环取代掺杂与电子传输路径的关系

为了进一步考察分子链中的取代掺杂在多电子传输路径中的具体作用,我们以顺反连接的 B_2T 和 T_3P 为例,通过分析分子的前线轨道空间分布、电势梯度、局域态密度(local density of state,LDOS)和电子传输路径,来获得多电子传输路径的特点。图 8.22(a)给出了零偏压下,顺反连接 B_2T 和 T_3P 分子的 HOMO 空间分布,从图可知连接方式和掺杂浓度对中心分子的 HOMO 空间分布均存在一定影响。尽管轨道能级和原子轨道组合系数略有差异,HOMO 的离域分布特征对于四个分子是一致的。

图 8.22(b)展示了偏置电压为 1.0 V 时,分子结内部的电势梯度分布状况。由于富电子硫原子的存在,电场梯度分布的均匀性受到了显著破坏。具体而言,中心对称的 *trans*-

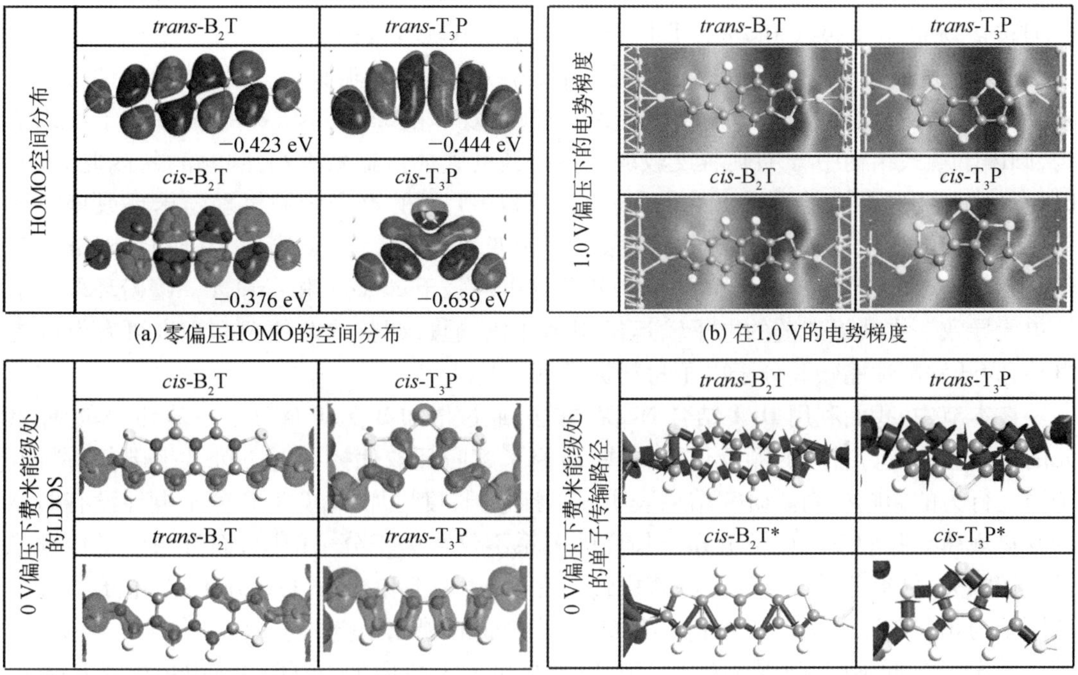

(a) 零偏压HOMO的空间分布　(b) 在1.0 V的电势梯度

(c) 在零偏压费米能级处的LDOS空间分布　(d) 电子传输路径分布

图 8.22　顺反连接的 B_2T 和 T_3P 分子的性质（* 顺式分子电子传输路径的阈值设置为 0.01，反式分子均为 0.05）

B_2T 分子对电场分布的扰动相对较小；*cis*-B_2T 分子则在分子轴两侧展现出显著的不对称性。相比之下，T_3P 分子周围的电场梯度分布均匀性进一步恶化。对于 *trans*-T_3P 分子，其 π 电子不仅在硫原子与相邻碳原子上具有较高的离域程度，而且在共轭碳链上也呈现强烈的离域分布，因此，其电势梯度的变化相较于 *cis*-T_3P 分子更为均匀。

由于零偏压分子电导只与费米能级处的透射系数有关，将费米能级处的电子态投影到分子结的结构上即可得到 LDOS 的空间分布。LDOS 图可以直观地展现分子结上具体由哪些原子组成的原子链有较高的电子态密度分布，而电子通常经由高电子态密度的路径传输。图 8.22(c)为零偏压费米能级处电子态密度在顺反连接 B_2T 和 T_3P 的局域空间分布图，等值面设置为 0.06 个态/(Å^3·eV)。由该图可以观察到顺反连接的 B_2T 和 T_3P 中电子传输路径的差异。在 *trans*-B_2T 和 *trans*-T_3P 分子中，电子态密度不仅分布在由碳原子组成的共轭链上，而且在硫原子上也有一定的分布，特别是分布具有连续性，因此在 *trans*-B_2T 和 *trans*-T_3P 上存在至少两条有效的电子传输路径。然而，在 *cis*-B_2T 分子上，电子态仅分散分布在共轭碳原子上；在 *cis*-T_3P 分子上，电子态主要分布在分子下部的碳原子上，其连续性并不好。

根据 Landauer-Büttiker 公式，透射谱分解为若干传输通道并映射至分子结构，得到如图 8.22(d)所示的顺反连接 B_mT 和 T_nP 分子的电子传输路径。电子传输路径以分子结构上的箭头表示，顺式分子箭头阈值设为 0.01，反式设为 0.05。所有与电流方向一致的箭头半径均归一化。箭头颜色依据与净电流方向的关系设为蓝色(一致)、红色(相反)和紫色(垂直)。观察 *trans*-B_2T 和 *trans*-T_3P 分子,由于其共轭程度高,存在两条主要电子传输路径:一条通过硫原子与相邻碳原子构成的链,另一条通过共轭碳链,确保高导电性。相比之下,顺式结构分子的电子传输路径变为一条,且效率在 *cis*-B_2T 和 *cis*-T_3P 中低于反式结构,归因于顺式结构中 π 共轭程度较弱。多路径的整体传输效率高于单路径,因此 *trans*-B_2T 和 *trans*-T_3P 导电性更强。然而,*cis*-B_mT 和 *cis*-T_nP 的电子传输机理随苯环或噻吩环单元数增加而变化,从单一硫原子-碳原子链转变为包含硫原子-碳原子链和纯碳链的两条路径。这一转变导致 *cis*-B_3T 和 *cis*-T_4P 的导电性强于 *cis*-B_2T 和 *cis*-T_3P。噻吩环取代苯环单元导致一维共轭碳链的电子输运机制多样化,通过调整掺杂位置和程度可有效调控电导,为开发高性能碳基分子电子材料提供理论基础。

在本节中,我们利用 DFT 结合 NEGF 方法,通过增加 B_mT、T_nP 分子中苯环、噻吩环单元的个数和改变芳香环的顺反连接方式,研究了噻吩环取代掺杂对一维共轭碳基材料电子输运行为的影响机制。研究结果表明,随着碳链长度增加,B_mT、T_nP 分子电导没有明显的变化规律。我们发现分子电导与长度的关系不仅取决于分子能隙,而且与电子传输路径密切相关,导致分子电子输运的多样性。在 *trans*-B_mT 和 *trans*-T_nP 分子中,电子通过由硫原子与相邻碳原子构成原子链和由碳原子构成的碳原子链,呈多路径传输。*cis*-B_mT、*cis*-T_nP 分子与此不同,随着苯环和噻吩环重复单元个数增加,电子逐渐由单电子传输路径转变为与 *trans*-B_mT、*trans*-T_nP 分子相类似的多个电子传输路径。通过对 B_mT 和 T_nP 分子的研究,我们提出了利用噻吩环取代掺杂对一维共轭碳基材料进行电学性能调控的方法,为高性能碳基分子电子材料的发展提供了理论基础。

8.4 醌式共轭结构的芳杂环聚并苯的电子输运行为

硅基电子器件的小型化进程正趋近物理尺寸极限,因此促进了系列单分子器件的研发,涵盖分子开关、整流器、场效应晶体管及存储器等,其中,分子导线构成分子电子器件的基础元件。为揭示分子导线内部的电子输运机制,近数十年间,大量实验与理论研究得以开展。研究表明,电极材料、界面结构、连接基团及分子本征特性均对分子输运性质有显著影响。分子结构的多样性导致了多样的输运行为:结构相似的分子可展现相似的电流-电压特性(见 7.1 节),然而,改变与电极的连接基团或连接方式,电导可发生数量级的变化[31,32]。电子输运路径模型与量子干涉模型已成功阐释此类现象。

当电子经由多条通道发生隧穿时,量子干涉(quantum interference,QI)效应随之显现,其中不同路径的电子波函数可能呈现相位相同或相反的状态。Sautet 与 Joachim 探究了电子穿越苯-聚乙炔链时的 QI 效应,发现 QI 显著影响间位与邻位取代苯的电子输运特性,而对位取代苯的电子输运则保持不变[33]。Baer 和 Neuhauser 等则聚焦于结构简单分子器件中的 QI 效应,如不同长度的聚乙炔环及连接位置各异的多环芳香环等[1,3]。他们通过分析不饱和碳链、吡啶、蒽醌及薁分子结的电导性质,阐述了 QI 与分子轨道形状及能级间的紧密联系,并指出通过化学设计可以有效调控 QI 效应[34]。因此,QI 效应为解释分子结中的电子输运提供了依据。尽管如此,相较于有效电子传递路径的方法,QI 效应在直观性上稍显不足。

电子传递路径是指电子隧穿概率较高的连续空间区域,该概念基于价键理论。此概念能更直观地揭示电子传递与分子结构之间的内在联系。本书第 7 章已证实,夹持于两个金电极间的有机分子内存在特定的电子传递通道,且分子结的电导性能显著依赖于这些有效的电子传递路径。

低聚并苯及其衍生物作为一类关键的有机半导体材料,凭借其独特的物理性质,在有机电子器件与能量储存领域展现出潜在应用前景。相较于经典芳香族分子,醌式环状化合物因含有开壳或闭壳双自由基,而展现出独特的光、电、磁性质。目前,已合成含 N、O、Si 或 S 杂原子的杂环醌式化合物,并对其结构与电子特性进行了探究[18]。研究揭示,基态中性芳杂环聚并苯呈现醌式共轭结构,且双自由基特性随中心醌式六环单元延长而增强[17]。与并五苯相比,5,12-二硫代并五苯因主链硫醚键的供电子特性,展现出更高的 HOMO 能级与电子传递效率[19]。鉴于芳杂环聚并苯的特殊电子结构与输运特性,其在有机电子学领域具有潜在应用价值。本节以并四苯(tetracene,TC)及含双硫或双氧原子的芳杂环聚并苯为模型,研究不同端基连接的该类分子结的电子输运行为,通过引入杂原子,探讨量子干涉效应与电子传递路径对分子电导特性的影响。

将 S 或 O 杂原子掺入并苯骨架中将导致醌式共轭的形成,醌式共轭结构可以增强材料的电学特性。图 8.23(a)给出了本节研究的并四苯和芳杂环聚并苯的结构,即 O 原子取代的 TC(O-TC)和 S 原子取代的 TC(S-TC)。通过研究这些模型分子,探讨杂原子取代和不同末端连接对分子电子输运行为的影响。此外,为了研究杂原子和传递路径的影响,我们将 α-S-TC 分子中的特定的硫或碳原子去掉,构建了五种模型分子,如图 8.23(b)

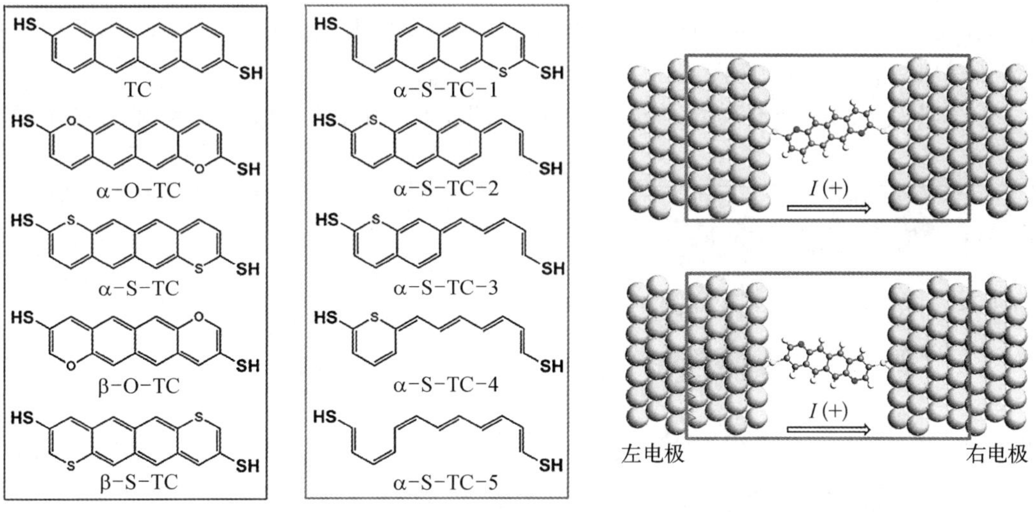

(a) 并四苯(TC)、α-和β-连接的芳杂环聚并苯的分子结构　(b) 通过去除特定位置的硫原子或碳原子而设计的五种分子模型　(c) TC分子结示意图,采用4×4的Au(111)面模拟金电极

图 8.23　分子模型与器件模型

所示，分别命名为 α-S-TC-1、α-S-TC-2、α-S-TC-3、α-S-TC-4 和α-S-TC-5。计算首先利用 B3LYP 泛函和 Lanl2DZ 基组优化模型分子的结构。再将每个分子嵌入两个由 Au 原子构成的等边三角形结构的金原子簇中，金-金键长为 2.88 Å。分子两端的 S 原子位于 Au 三角形的中心。结构优化时，金原子团簇的原子相对位置冻结，但两个团簇平面间的距离自由弛豫。

图 8.23(c)为 Au-分子-Au 分子结的示意图，分子两端被巯基取代，巯基脱氢后与金电极连接。分子结的几何构型初步优化后，进一步利用 DFT-NEGF 方法研究分子结的电子输运行为。金属电极采用具有周期性重复结构的(4×4)Au(111)面。电子交换和相关泛函采用广义梯度近似的 PBE(Perdew-Burke-Ernzerhof)泛函。C、H、O 和 S 原子采用 DZP，Au 原子采用 SZP。基于优化的分子结，最后利用 DFT-NEGF 方法计算电流-电压(I-V)曲线、态密度(density of state，DOS)和透射谱等输运性质。

8.4.1 并四苯及掺杂聚并苯的电学性质

有机 π 共轭材料的电子结构与电学性质紧密相关，掺杂杂原子是调节其电子结构的有效手段。为探究杂原子对 TC 及取代 TC 电子结构特性的影响，我们首先分析了各模型分子的 HOMO 与 LUMO 的空间分布，如图 8.24(a)所示。对于 TC，HOMO 与 LUMO 均匀分布于分子链，显示了良好的离域性。相比于碳原子，硫原子与氧原子多两个价电子，因此能参与主链碳原子的共轭。O/S 取代的 TC 展现出醌式 π 共轭结构，其不同于 TC 的二烯式共轭。在 S/O-TC 中，氧原子和硫原子以 sp^2 杂化成键，一个孤对电子在六元环内离域，导致 S/O-TC 的分子轨道空间分布与 TC 明显不同。观察图 8.24(a)可知，O-TC 与 S-TC 的 HOMO 和 LUMO 相似，预示两者可能具有相近的电子输运特性。然而，α-和 β-连接的 O/S-TC 前线分子轨道分布差异显著。对于 α-连接的 O/S-TC，其 HOMO 和 LUMO 遍布整个分子链，包括两端的硫连接基团，表明 α-连接分子能与金电极有效耦合。相比之下，β-连接的 O/S-TC 的 HOMO 和 LUMO 在硫连接基团上无分布。因此，预期α-连接的分子结电导将高于 β-连接。

除了具有不同的分子轨道分布，O/S-TC 和 TC 的分子轨道能级也有明显的差异。TC

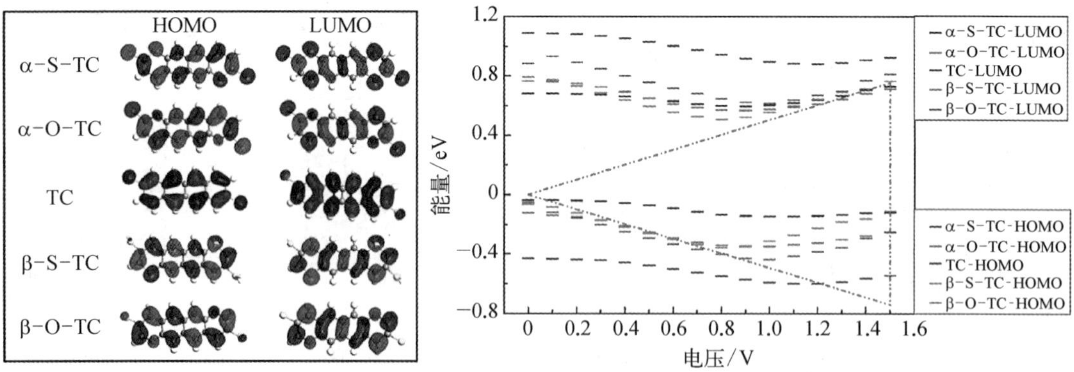

(a) 零偏压下HOMO和LUMO的空间分布　　(b) 不同偏压下HOMO和LUMO的能级

图 8.24 模型分子的分子轨道性质

的 HOMO 能级最低，LUMO 能级最高，如图 8.24（b）所示。杂原子掺杂后，S/O−TC 相比于 TC，其 HOMO 能级上升，LUMO 能级下降，表明杂原子取代减小了聚并苯的能隙（E_g）。此外，轨道能级对偏压敏感。图 8.24（b）也展示了 HOMO 和 LUMO 能级随偏压的变化。随着偏压增大，HOMO 逐渐进入偏压窗口，而 LUMO 始终保持在外。当偏压达到0.9 V时，O/S−TC 的 HOMO 均进入对电流有贡献的偏压窗口。相比之下，TC 的 HOMO 在低于 1.2 V 时仍处于窗口之外，而此偏压下芳杂环聚并苯的 HOMO 已进入，预示 TC 与 O/S−TC 将展现不同的电子输运特性。

以上结果证实，引入两个杂原子能有效改变电子传递路径的局域电子态，进而调控电子输运特性。图 8.25 展示了各模型分子的 *I−V* 曲线。在低偏压（<0.3 V）下，TC、α−O−TC 和 α−S−TC 的电流随偏压近乎呈线性增长。然而，在较高偏压下，所有模型分子的*I−V*曲线均呈现非线性，这符合稠合共轭分子的典型特征。理论预测 TC 的 *I−V* 曲线也与 Kim 等的实验结果一致[35]。以 TC 分子结为基准，分子结的导电性可划分为三类：α−连接的芳杂环聚并苯导电性最优，TC 次之，β−连接的芳杂环聚并苯最差。例如，在 1.0 V 偏压下，α−S/O−TC 的电流约为 30 μA，是β−S/O−TC（5 μA）的 6 倍，表明α−连接分子中的电子传输效率更高。值得注意的是，O 取代和 S 取代分子结的 *I−V* 曲线无明显差异，暗示分子结的导电性可能只与杂原子的最外层电子结构有关。

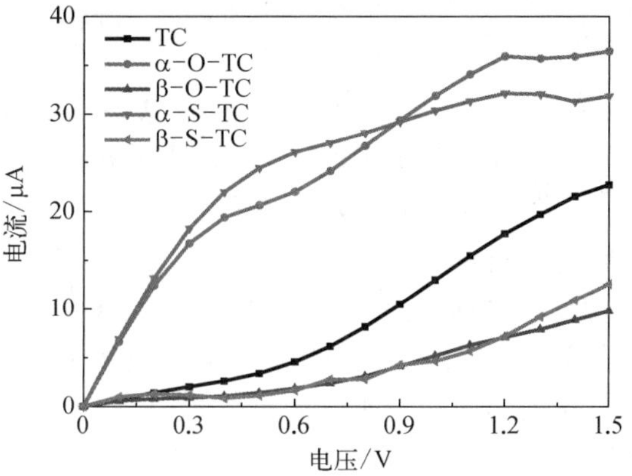

图 8.25　TC、O−TC 和 S−TC 分子结的 *I−V* 曲线

结合休克尔模型与 DFT 计算结果，可阐释 TC 及取代 TC 系列分子电子输运行为的多样性。在 TC 与 α−S/O−TC 体系中，电子传递依赖于有效的路径，未出现相消量子干涉。相比之下，β−连接体系则存在相消量子干涉，导致电导降低。依据 7.1 节的研究，TC 分子具有两条相位相同的电子传递路径，引发相长量子干涉。本研究中，TC 与 α−连接体系虽同样拥有两条电子传递路径，但其电流特性各异。这些特性可通过分析分子结的 DOS 与透射谱来深入理解。

除了分子轨道的电子云分布，态密度也能揭示分子结的特性。有机分子在器件中夹于两个金属电极之间，电极的影响不容忽视。由于电极对 DOS 的贡献远超分子，常掩盖分子结构差异对器件整体 DOS 的影响。为探究分子结构对态密度的作用，需将包含电极影响的态密度投影至分子上，即分析投影态密度（PDOS）。图8.26（a）展示了所有分子的 PDOS，分析费米能级（E_F）附近的 PDOS 有助于阐释电子输运性质。对于 TC，最接近费米能级的峰位于−0.4 eV，其次是费米能级之上 1.12 eV 的峰。TC 中掺杂 O 或 S 原子后，这些 PDOS 峰向费米能级移动。β−连接和 α−连接的 O/S−TC 体系的 HOMO 峰分别移至约 −0.08 eV 和 0 eV。PDOS 峰的高度则主要受分子两端锚定基团连接位置的影响，而取代原子的影响很小。

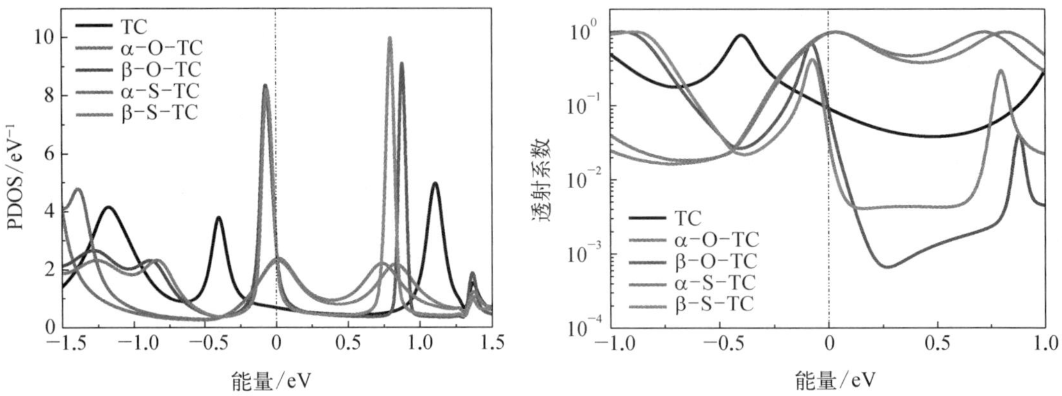

(a) 投影态密度（PDOS） (b) 透射谱

图 8.26 不同模型分子的输运性质

为阐明醌式芳杂环聚并苯的电子输运机制，我们研究了分子结的透射谱，如图 8.26(b) 所示。依据 Landauer-Büttiker 方程[23,30]，分子结的电流可通过式(8.3)计算。透射系数 $T(E, V_b)$ 是能级 E 和偏压 V_b 的函数，费米能级附近的透射峰对分子结总电流有主要贡献。分析透射谱能揭示电子输运的细节，有助于理解杂原子取代对电子输运的影响。透射曲线的特征与 PDOS 相似。例如，TC 在费米能级以下 −0.4 eV 处展现较大的透射峰值，与 PDOS 一致。透射峰高近 0.9，表明电子隧穿几率高。TC 中 C 原子被 O 或 S 原子取代时，透射峰向费米能级移动，也与 PDOS 峰特征相似。相比于取代效应，锚定基团的连接位置对电子输运影响更显著。β-位连接时，透射峰小而窄，但向费米能级的移动补偿了峰宽变化，使得 TC 与 β-连接分子结在零偏压下电导相近。而 α-连接的分子结，透射峰不仅向费米能级移动，且峰高增至接近 1，因此 α-连接的芳杂环聚并苯在零偏压下电导远超过 TC 和 β-连接的体系。

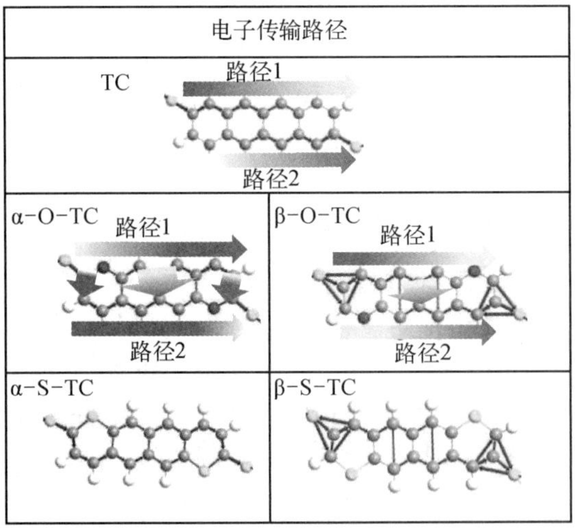

图 8.27 所有模型分子在费米能级处的电子传输路径（红色粗体箭头表示电流的方向和强度）

将透射系数分解至分子局域键，可揭示电子传输路径。绘制透射几率的空间分布图，有助于从微观层面理解端基连接与杂原子取代效应。尽管理论上电子能穿越分子内的任意位置，但受局部化学环境影响，各传输路径上的隧穿几率各异。图 8.27 展示了五个模型分子在费米能级处的电子传输路径，即高透射几率的连续空间。图中蓝色箭头（阈值0.2）表示电子传输路径。无取代情况下，电子流经两条平行路径，其间存在微弱的电流交换。由于 TC 两条路径均具高透射几率，展现出良好的导电性。在 α-取代分子中，杂原子促进电子向路径 2 注入，归因于两路径间电流交换。与 TC 不同，α-连接的 O/S-TC 体系中路径 1 与路径 2 间电流交换更为有效,表明电流流向右电极时,路径 1 增宽而路径 2 收窄,最终导致路径 1 在总电流中占主导。由此可见,右侧杂原子对电子输运影响较小,此观点将在后文进一步论证。电子传输路径分析表明,α-连接的分子结导电性优于 TC。

对比 O 和 S 取代的芳杂环聚并苯,α-连接的两个模型分子中透射系数的空间分布无明显差异,β-连接体系也相似,表明两者调控电子输运的机制一致。然而,β-连接的芳杂环聚并苯展现出与 α-连接截然不同的电子输运路径。杂原子在路径 1 中阻碍电流流动,对透射系数贡献甚微;在路径 2 中,透射系数沿路径显著衰减,右侧杂原子贡献小。此外,两路径间电流交换效率低,导致 β-连接分子结导电性较差。

8.4.2　电子传递路径和量子干涉效应的研究

我们基于 α-S-TC 分子,通过移除特定硫和碳原子,构建了一系列具有独特电子传递路径的分子模型[图(8.23(b)]。移除原子后,采用氢原子饱和边界,并在结构优化中仅允许氢原子自由弛豫。这些模型有助于深入探究杂原子在 α-S-TC 分子六元环电子输运中的作用。在图 8.24(a)中可知,硫原子对 HOMO 和 LUMO 有显著贡献,因此移除杂原子破坏了体系良好的共轭结构。为阐明杂原子的位置效应,我们进一步比较了 α-S-TC-1、α-S-TC-2 与 α-S-TC,如图 8.28 所示。移除左侧 S 原子导致体系电流显著降低,尤其在高偏压。具体而言,偏压超过 0.9 V 时,α-S-TC-1 电流减至 α-S-TC 的一半。这表明高偏压下,左侧 S 原子对分子结电子输运至关重要。根据图 8.27 所示电子传输路径,电流从左电极注入后分两条路径,其中一条经过左侧 S 原子。两路径等长汇合时,产生相长量子干涉效应,增加体系电流。因此,移除左侧 S 原子导致相长量子干涉消失,体系电流减小。相反,右侧 S 原子对分子结输运影响甚微,α-S-TC 与 α-S-TC-2 的 *I*-*V* 曲线相近,表明它们遵循相同电子输运机制。

根据对 *I*-*V* 曲线的分析,当偏压低于 0.3 V 时,α-S-TC-1 和 α-S-TC-2 的电流值差异微小,表明杂原子影响与偏压关系密切。仅在偏压较高时,杂原子作用显著,此时分子结电场足够强,能驱动大电流通过两条电子传递路径。低偏压下电场弱,电流小,流过杂原子的电流可忽略。这与图 8.25 数据相符,显示相同连接位置的 O 和 S 取代分子结在低偏压下电流相似。图 8.28(c)的零偏压透射谱亦呈现此特征,α-S-TC-1 和 α-S-TC-2 曲线重叠。然而,两模型分子导电性均低于 α-S-TC,可能归因于结构弛豫或杂原子对前线分子轨道能级的影响。

图 8.28(d)中高偏压的透射谱可以解释 α-S-TC-1 和 α-S-TC-2 之间的电导差异。在 1.0 V 偏压下,α-S-TC-2 在费米能级上方的透射峰向高能级方向移动,而且峰高显著增加。相反,α-S-TC-1 在费米能级以上的透射峰向低能级方向移动,移到费米能级以下,且透射峰的高度显著降低。从 *I*-*V* 曲线还可以看出,α-S-TC-1 表现出负微分电阻的特征,这是由费米能级附近的透射峰降低引起的。

为评估路径 1 与路径 2 间的电流交换,我们构建了模型分子 α-S-TC-2、α-S-TC-3 和 α-S-TC-4,如图 8.29(a)所示。通过移除苯环中的部分碳原子,缩短了路径 2 的长度。观察图 8.29(b)的 *I*-*V* 曲线可知,α-S-TC-2 与 α-S-TC-3 曲线相似,尤其在偏压小于 0.3 V 时,右侧两苯环对路径 2 至路径 1 的电流交换贡献较小。然而,在 α-S-TC-4 中,路径 2 于左侧第二

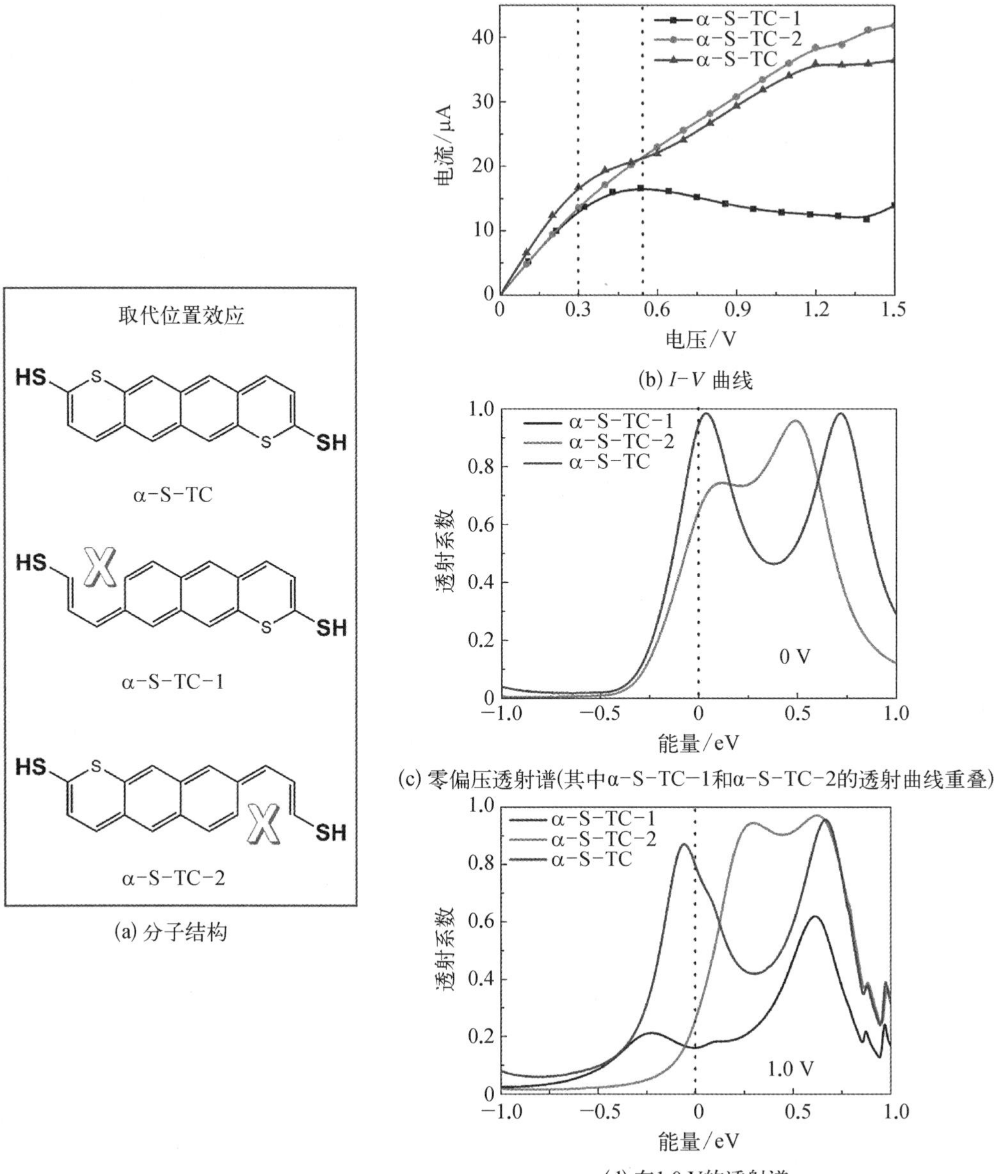

(a) 分子结构

(b) *I*−*V* 曲线

(c) 零偏压透射谱(其中α-S-TC-1和α-S-TC-2的透射曲线重叠)

(d) 在1.0 V的透射谱

图 8.28 α-S-TC、α-S-TC-1 和 α-S-TC-2 的输运性质比较

个苯环断开,其电流几乎减至 α-S-TC-2 和 α-S-TC-3 的一半,说明第二个苯环对两路径间电流交换至关重要,且第一、二环贡献相当。图8.29(c) 展示了三种模型分子在零偏压下的透射谱。尽管 α-S-TC-2 与 α-S-TC-3 在费米能级以上的透射峰形状不同,但是费米能级处的透射系数相近,导致低偏压下电导相似。α-S-TC-3 与 α-S-TC-4 峰形相似,但 α-S-TC-4 透射峰高度明显降低,表明其低偏压下电导较低。图 8.29(d) 为 1.0 V 时三模型分子的透射谱,α-S-TC-2 与α-S-TC-3 透射峰向高能级移动且变高,而 α-S-TC-4 仅向高能级移动,峰高变化不大。因此,α-S-TC-2 与 α-S-TC-3 电流随偏压增大而增大,α-S-TC-4 电流则在较大偏压范围内保持稳定。

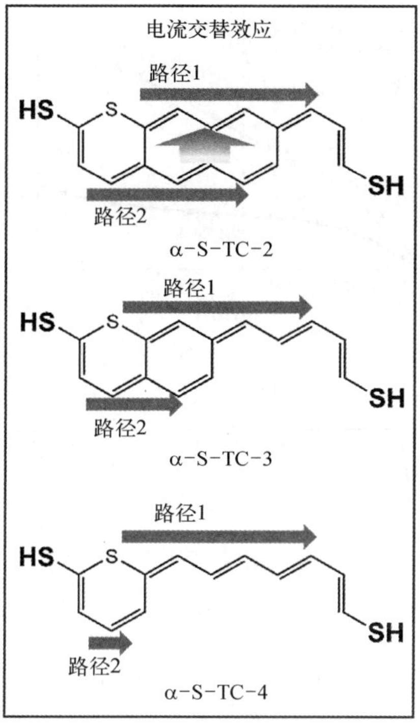

(a) 分子结构

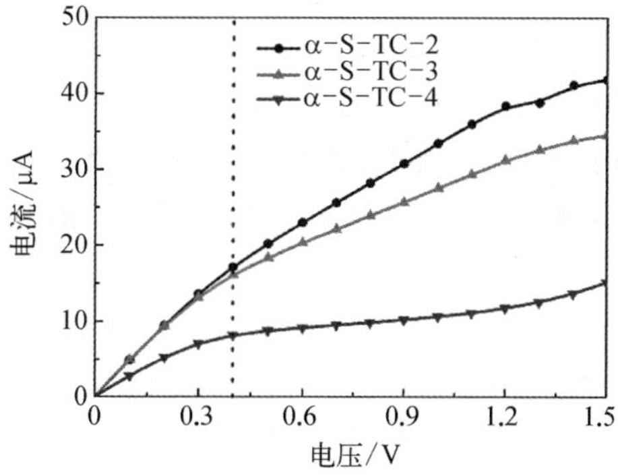

(b) I-V 曲线

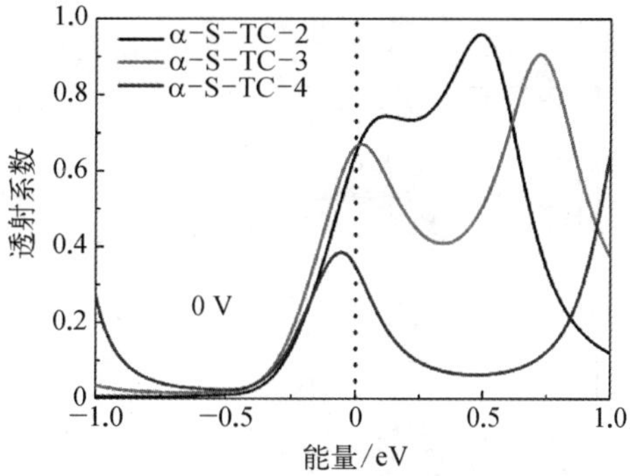

(c) 零偏压透射谱

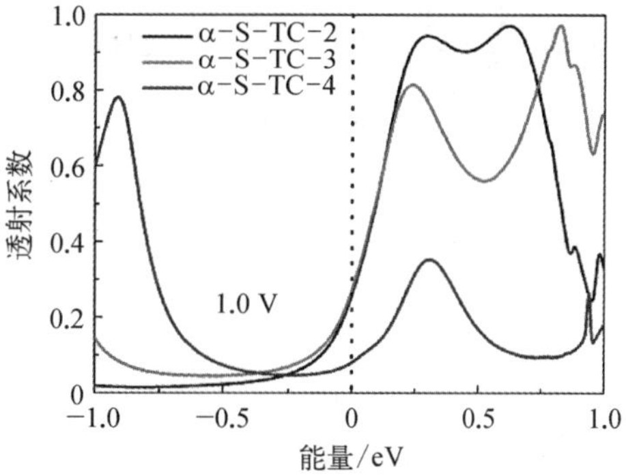

(d) 1.0 V时的透射谱

图 8.29　α-S-TC-2、α-S-TC-3 和 α-S-TC-4 输运性质的比较

从上文分析可知,靠近左电极(正极)的杂原子比右侧的杂原子更重要。虽然分子结具有对称的结构,但这两个杂原子在电子输运中起着不同的作用。这种不对称优势可能用于设计分子整流器。为了进一步阐明左侧杂原子的作用,我们将 α-S-TC-4、α-S-TC-5 与 α-S-TC 分子进行了比较(图 8.30)。如上所述,左侧杂原子通过相长量子干涉发挥积极作用,表现出 α-连接的杂原子取代聚并苯相比于 TC 的电流是增加的。从图 8.27 给出的电子传输路径来看,相长量子干涉的特定点位于红色圆圈所示的杂原子的间位。然而,杂原子邻位的作用还不清楚。比较 α-S-TC-4 和 α-S-TC,可以看出,当左侧第二个环存在时,电流交换贡献显著。这表明相长量子干涉发生在硫原子的间位处。当从 α-S-TC-4

中除去左侧硫原子时，量子干涉效应消失。因此，分子结中只存在通过交替的双键和单键的电子传递路径，在第 7 章中已证明这是非常高效的电子传递路径。因此，α-S-TC-5 与 α-S-TC 具有相似的电导。然而，在不同的偏压下，它们仍存在微小差异。当偏压小于 0.7 V时，α-S-TC 的电流稍微高于 α-S-TC-5，表明在间位存在较弱的相长量子干涉。相反，当偏压大于 0.7 V 时，可能存在轻微的相消量子干涉。

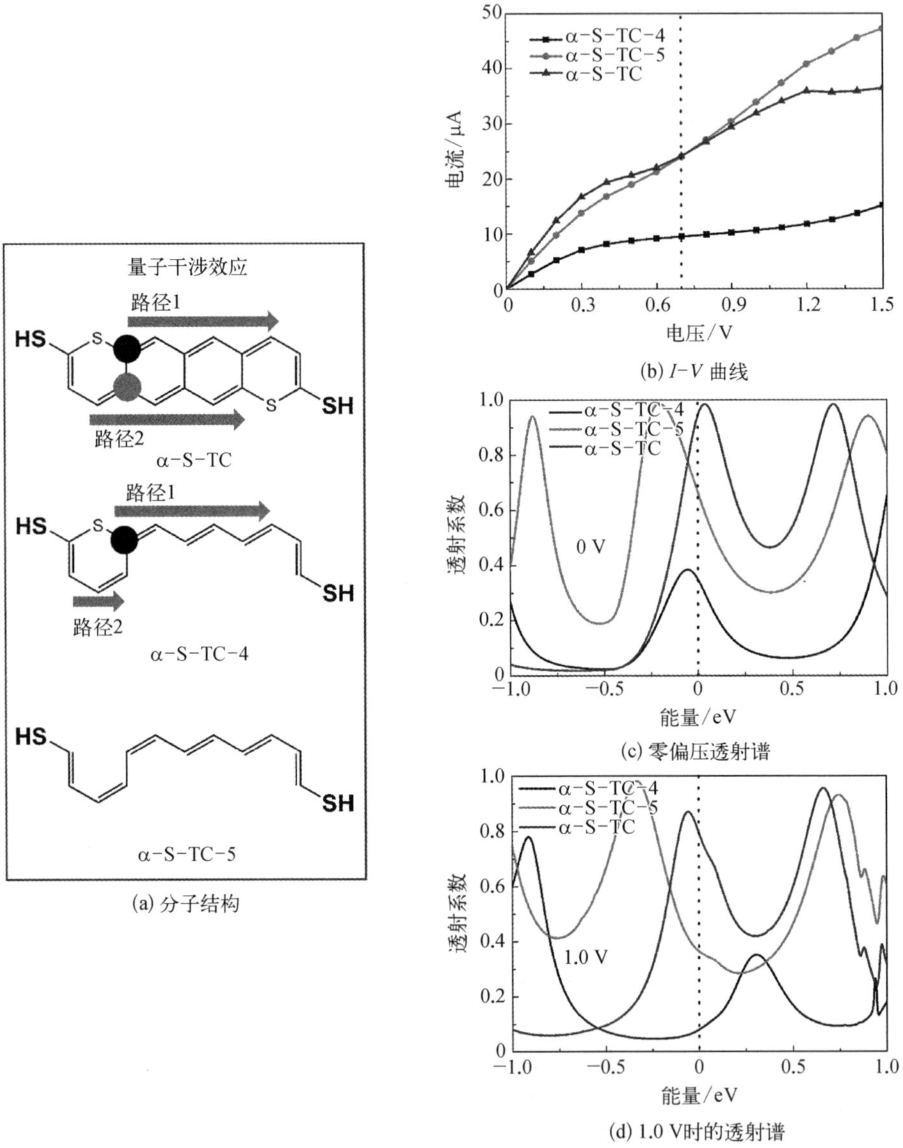

(a) 分子结构

(b) *I*-*V* 曲线

(c) 零偏压透射谱

(d) 1.0 V时的透射谱

图 8.30 α-S-TC、α-S-TC-4 和 α-S-TC-5 输运行为的比较

图 8.30(c)给出了 α-S-TC、α-S-TC-4 和 α-S-TC-5 在零偏压下的透射谱。在费米能级处透射系数的大小顺序为 α-S-TC > α-S-TC-5 > α-S-TC-4，这与图8.30(b) 中低偏压下的导电性顺序一致。当偏压为 1.0 V 时，α-S-TC 在费米能级的透射系数下降到零偏

压时的 90%。由于分子结的电流为偏压窗口内的透射系数的积分,当偏压高于 0.7 V 时,α-S-TC-5 的电流高于 α-S-TC-4。这些结果表明,杂原子在聚并苯的电子输运中发挥多重作用,与所施加的偏压大小有关。

本节探讨了具有共轭二烯结构的并四苯(TC)及含醌式共轭结构的芳杂环聚并苯(O/S-TC)的电子输运特性。依据导电性能,这些分子结构可分为三类:α-O/S-TC 导电能力最好,TC 次之,β-O/S-TC 最低。相较于共轭二烯结构,具备双自由基特性的醌式共轭结构对电子输运更为有利。此外,连接基团位置能有效调控分子的导电性,而杂原子种类对此影响相对较小。为进一步探究杂原子对电子输运的影响,我们构建了五种模型分子(α-S-TC-1 至 α-S-TC-5)。计算结果显示,α-S-TC 分子中,左侧 S 原子通过相长量子干涉提升导电能力,而右侧 S 原子无此效应。在芳杂环聚并苯中,观测到两条电子传输路径,其间存在电流交换。其中,交替的双键与单键路径电阻最小。电子传输路径直观体现了电子传输特性与分子结构的关系,其研究有助于深入理解芳杂环聚并苯体系中的电子输运机制,并为高性能分子电子器件的设计提供指导。

参考文献

[1] Baer R, Neuhauser D. Phase coherent electronics: A molecular switch based on quantum interference[J]. Journal of the American Chemical Society, 2002, 124(16): 4200 - 4201.

[2] Ke S H, Yang W T, Baranger H U. Quantum-interference-controlled molecular electronics[J]. Nano Letters, 2008, 8(10): 3257 - 3261.

[3] Walter D, Neuhauser D, Baer R. Quantum interference in polycyclic hydrocarbon molecular wires[J]. Chemical Physics, 2004, 299(1): 139 - 145.

[4] Ma Y S, Shi Z Q, Zhang A D, et al. Self-assembly, optical and electrical properties of five membered O- or S-heterocyclic annulated perylene diimides[J]. Dyes and Pigments, 2016, 135: 41 - 48.

[5] Stępień M, Gońka E, Żyła M, et al. Heterocyclic nanographenes and other polycyclic heteroaromatic compounds: Synthetic routes, properties, and applications[J]. Chemical Reviews, 2017, 117(4): 3479 - 3716.

[6] Winkler M, Houk K N. Nitrogen-rich oligoacenes: Candidates for n-channel organic semiconductors[J]. Journal of the American Chemical Society, 2007, 129(6): 1805 - 1815.

[7] Zhao C B, Ge H G, Yin S W, et al. Theoretical investigation on the crystal structures and electron transport properties of several nitrogen-rich pentacene derivatives[J]. Journal of Molecular Modeling, 2014, 20(4): 2158.

[8] Bao Q L, Lu Z S, Li J, et al. Theoretical and experimental studies of electronic transport of dithienothiophene[J]. The Journal of Physical Chemistry C, 2009, 113(28): 12530 - 12537.

[9] Cheng W W, Liao Y X, Chen H, et al. Electron transport through heterocyclic molecule: *Ab initio* molecular orbital theory[J]. Physics Letters A, 2004, 326(5): 412 - 416.

[10] Liu H M, Ni W B, Zhao J W, et al. Nonequilibrium Green's function study on the electronic structure and transportation behavior of the conjugated molecular junction: Terminal connections and intramolecular connections[J]. Journal of Chemical Physics, 2009, 130(24): 244501.

[11] Quinn J R, Foss F W Jr, Venkataraman L, et al. Oxidation potentials correlate with conductivities of aromatic molecular wires[J]. Journal of the American Chemical Society, 2007, 129(41): 12376 - 12377.

[12] Zahedi E. DFT-NEGF study of transport properties and NDR behavior in fused furan and thiophene dimmers[J]. Physica B: Condensed Matter, 2012, 407(23): 4503 - 4511.

[13] Büttiker M, Imry Y, Landauer R, et al. Generalized many-channel conductance formula with application to small rings[J]. Physical Review B, 1985, 31(10): 6207 - 6215.

[14] Chen J H, Kampf J W, Ashe Ⅲ A J. Syntheses and structures of 6, 13-dihydro-6, 13-diborapentacenes: π-stacking in heterocyclic analogues of pentacene[J]. Organometallics, 2008, 27(15): 3639 - 3641.

[15] Kaur R P, Sawhney R S, Engles D. First principle electron transport modeling of Be-doped organic molecular junctions[J]. Journal of Molecular Graphics & Modelling, 2017, 75: 199 - 208.

[16] Ghosh B, Gramin A. First principle study of the effect of defects on performance of single-molecule pentacene field effect transistors[J]. Journal of Theoretical and Applied Physics, 2015, 9(3): 213-219.
[17] Dong S Q, Herng T S, Gopalakrishna T Y, et al. Extended bis(benzothia)quinodimethanes and their dications: From singlet diradicaloids to isoelectronic structures of long acenes[J]. Angewandte Chemie (International Ed), 2016, 55(32): 9316-9320.
[18] Shi X L, Chi C Y. Heterocyclic quinodimethanes[J]. Topics in Current Chemistry, 2017, 375(4): 68.
[19] Ye Q, Chang J J, Shi X L, et al. Stable 7,14-disubstituted-5,12-dithiapentacenes with quinoidal conjugation[J]. Organic Letters, 2014, 16(15): 3966-3969.
[20] Saraiva-Souza A, de Souza F M, Aleixo V F P, et al. A single molecule rectifier with strong push-pull coupling[J]. The Journal of Chemical Physics, 2008, 129(20): 204701.
[21] Chen W B, Li H X, Widawsky J R, et al. Aromaticity decreases single-molecule junction conductance[J]. Journal of the American Chemical Society, 2014, 136(3): 918-920.
[22] Breslow R, Foss F W. Charge transport in nanoscale aromatic and antiaromatic systems[J]. Journal of Physics: Condensed Matter, 2008, 20(37): 374104.
[23] Meir Y, Wingreen N S. Landauer formula for the current through an interacting electron region[J]. Physical Review Letters, 1992, 68(16): 2512-2515.
[24] Bronstein H, Chen Z Y, Ashraf R S, et al. Thieno[3,2-b]thiophene-diketopyrrolopyrrole-containing polymers for high-performance organic field-effect transistors and organic photovoltaic devices[J]. Journal of the American Chemical Society, 2011, 133(10): 3272-3275.
[25] Hendriks K H, Heintges G H L, Gevaerts V S, et al. High-molecular-weight regular alternating diketopyrrolopyrrole-based terpolymers for efficient organic solar cells[J]. Angewandte Chemie (International Ed), 2013, 52(32): 8341-8344.
[26] Geng H, Hu Y B, Shuai Z G, et al. Molecular design of negative differential resistance device through intermolecular interaction[J]. The Journal of Physical Chemistry C, 2007, 111(51): 19098-19102.
[27] Li S, Yang Z D, Zhang G, et al. Electronic and transport properties of porous graphene sheets and nanoribbons: Benzo-CMPs and BN codoped derivatives[J]. Journal of Materials Chemistry C, 2015, 3(37): 9637-9649.
[28] Zhou Y H, Chen C Y, Li B L, et al. Characteristics of classical Kirchhoff's superposition law in carbon atomic wires connected in parallel[J]. Carbon, 2015, 95: 503-510.
[29] Kuang G, Chen S Z, Wang W, et al. Resonant charge transport in conjugated molecular wires beyond 10 nm range[J]. Journal of the American Chemical Society, 2016, 138(35): 11140-11143.
[30] Datta S. Electronic transport in mesoscopic systems[M]. Cambridge: Cambridge University Press, 1995.
[31] Hariharan R M, Thiruvadigal D J. Effect of anchoring atom and electrostatic gating on the electronic transport properties in single molecular electronic devices[J]. Journal of Materials Science: Materials in Electronics, 2017, 28(1): 601-609.
[32] Solomon G C, Andrews D Q, Hansen T, et al. Understanding quantum interference in coherent molecular conduction[J]. Journal of Chemical Physics, 2008, 129(5): 054701.
[33] Sautet P, Joachim C. Electronic interference produced by a benzene embedded in a polyacetylene chain[J]. Chemical Physics Letters, 1988, 153(6): 511-516.
[34] Schwarz F, Koch M, Kastlunger G, et al. Charge transport and conductance switching of redox-active azulene derivatives[J]. Angewandte Chemie (International Ed), 2016, 55(39): 11781-11786.
[35] Kim B, Choi S H, Zhu X Y, et al. Molecular tunnel junctions based on π-conjugated oligoacene thiols and dithiols between Ag, Au, and Pt contacts: Effect of surface linking group and metal work function[J]. Journal of the American Chemical Society, 2011, 133(49): 19864-19877.

第 9 章

电子传递路径的修饰与分子整流

9.1 分子整流的研究进展

分子器件可分为分子导线、分子整流器、分子开关、分子存储器和分子场效应晶体管等。分子整流的思想源于 Aviram 和 Ratner，他们在 1974 年提出了利用供体(donor，D)、桥(bridge，B)、受体(acceptor，A)组成的 D-B-A 型有机分子作为整流器件。此后，这种“自下而上”的设计思想，即从分子结构设计到器件功能设计，开始受到广泛的关注。大量的实验工作以 Aviram 和 Ratner 的模型为基础。1990 年，Ashwell 等在实验上观测到 $C_{16}H_{33}Q$-3CNQ 分子的整流行为，发现 D-π-A 型的整流分子[1]；此后，Yu 等发现基于吸电子低聚体和供电子低聚体(即供体和受体)构成的有机分子(D-A 型)，也表现出整流特征[2]。随着测量技术的提高，人们不断拓展着 Aviram 和 Ratner 提出的分子整流研究。从单纯的小分子整流扩展到分子片和分子对接式整流；由设计分子到设计界面。虽然人们设计出一系列整流分子并制成器件，观察到了整流现象，但是尚存在一些根本问题，特别是电学表征的重现性和器件的稳定性。为了克服这些问题，人们发展了一些新方法和新工具，如扫描探针显微镜技术等。随着这些分析和测量技术的进步，以及器件制备工艺的提升，人们对整流问题的研究也由原来的宏观薄膜向单层分子整流发展，甚至单分子整流。

分子整流的理论研究方面，已经发展了一些方法，试图从分子的几何构型和电子结构入手来理解分子整流器件的工作原理。Datta[3]、Ratner 等[4]和 Taylor 等[5]在分子电子传递的理论模拟方面做出了前瞻性工作，他们将格林函数方法和电子弹性输运理论联立起来，利用扩展分子(在功能型分子两端加一些金属电极原子)的团簇模型来模拟分子器件。最近十几年，这种处理方法成为分子水平电子输运研究的主流，并对理解分子水平电子传递起到了巨大的作用。Stokbro 等[6]、Staykov 等[7]和 Kosov 等[8]利用密度泛函与非平衡态格林函数相结合的方法拓展了分子整流行为的研究。

实验上测量分子整流遵循从宏观到微观的过程，从研究体系上我们可以归纳如下的发展顺序：① 多分子层 Langmuir-Blodgett(LB)膜。将可成膜的两亲性分子溶解在不溶于水的有机溶剂中，然后滴到纯水或含有金属离子的亚相上展开，形成 Langmuir 单分子膜，将其转移到固体基片上可得 LB 膜。它是实验上广泛用于研究分子电子传递的体系之一。Kuhn 等在 1980 年首次制备了多分子层的 LB 膜整流器[9]。② 单分子层的 LB 膜。从多

分子层 LB 膜发展而来,1985 年 Fujihira 等实现了单分子层 LB 膜的光整流器[10]。Metzger 也利用单分子层的 LB 膜研究了多种分子整流行为[11,12]。通过在金电极上制备有机分子膜,进而利用循环伏安法测量其电化学性质。其中,D-σ-A 型的有机分子实现了最高达到 28 的整流比[13]。该体系稳定性较好,扫描 40 圈后整流现象仍然能够重现。③ 自组装单分子膜(SAM)。通过特定的共价键,将分子固定在某种基底上,使之形成二维或三维的结构。特别是将分子沉积在金属基底上,可测量金属-分子-金属结的电学性质。电极与分子的化学结合既不破坏分子,又不产生可测的界面位垒,是一种有效的方法。Ashwell 等测量了多种有机分子 SAM 的整流行为[14],扫描隧道显微镜(STM)测量自组装在金电极上的 D-π-A 结构,得到整流比达到 12。④ 单分子接触测量。STM 等可以实现纳米或分子尺度的点接触测量。杨金龙等证明双势垒隧道结中的单分子具有整流现象[15]。通过 STM 将氮掺杂富勒烯(azafullerene,$C_{59}N$)单分子置于烷基硫醇组装的 Au 电极上,烷基硫醇 SAM 起到绝缘势垒的作用。分子结 Pt-Ir|C_{59}N-SAM|Au 的正向导通电压为0.5~0.7 V,负向导通电压为 1.6~1.8 V。相应的理论计算证明,$C_{59}N$ 分子的半占据费米能级与不同充电情况下费米能级的不对称移动是形成整流效应的主要原因。

研究分子整流的实验技术主要有以下几种:① 蒸镀形成金属-有机分子-金属结。用自组装技术在金属表面修饰有机分子层,然后在有机薄层表面蒸镀一层金属作为对电极。Cahen 等提出“lift off/lift on”的方法,先在一个固体基底上沉积一层金属薄膜,然后在溶剂中使其剥离、飘浮并转移到样品表面,用这种方法研究了 Au/GaAs 表面的共轭分子[16]。② 金属汞接触。基于滴汞电极技术,Holmlin 等发展了一种制备分子结的方法[17],先在滴汞电极上自组装一层烷基硫醇自组装膜,然后将滴汞与另外一层修饰在基底上的自组装膜接触,研究电子通过两层物理接触的自组装膜行为。③ STM 测量。STM 以隧道电流为反馈信号,可以精确调节、控制 STM 针尖和基底之间的距离,从而构成分子结。电子可以由金属探针尖端通过绝缘层传递至另一个金属表面,使用 STM 研究电子在有机薄层上的隧道效应。Wang 等用 STM 发现 4-甲基吡啶取代的 C_{60}具有非对称的电流曲线[18],相关的理论计算表明分子的 HOMO 轨道分布在给电子的吡啶端,而 LUMO 定域在电子受体的 C_{60}端,符合 Aviram 和 Ratner 提出的分子整流模型。④ 导电原子力显微镜(C-AFM)技术。C-AFM 技术基于接触式原子力显微镜,它结合了 STM 有关电学表征的优点,是研究有机单分子膜的电子传递的一种便利的方法。在导电针尖和样品间施加偏压,产生可测的电流。借助电流-电压关系可以绘制空间分辨的样品导电分布图或在固定的位置测量样品电学性质。刘忠范等利用导电 AFM 制备了在空气中能够稳定存在的单壁碳纳米管二极管[19],碳管与金属间的肖特基势垒导致整流行为,整流比达到 10^4。⑤ 机械可控断裂结(MCBJ)技术。这是目前一种广泛用于测量分子电导的技术,Tao 等利用 MCBJ 做了大量的相关工作[20]。Elbing 等通过 MCBJ 制备了长链 π 体系的 D-A 分子结[21],两部分可以看作两个不同极化度的弱耦合量子点,这与传统的 p-n 结对应。

9.1.1 D-σ-A 型分子整流

Aviram 和 Ratner 提出的整流器是分子电子学的起源。1974 年,Aviram 和 Ratner(A-R)提出单分子整流器的初步设想[22],他们描述了一种在有机电子给体(D)和受体(A)之间由饱和键桥(σ 桥)连接的一种非对称结构(D−σ−A),分子结构如图 9.1(a)所示。此处电子给体 D 是 TTF(tetrathiafulvalene),电子受体 A 是 TCNQ(7, 7, 8, 8, −teracyano−*p*−quinodimethane),三个亚甲基作为 σ 桥使分子具有一定刚性。这种整流行为可以用体系的能级图解释[图 9.1(b)],供电子基团的 HOMO(D)和 LUMO(D)比吸电子基团的 HOMO(A)和 LUMO(A)高。在适当的正偏压下[图 9.1(c)],电极的费米能级(E_F)发生移动,左电极的费米能级靠近给体的 HOMO(D),而右电极的费米能级和受体 LUMO(A)也接近。电子首先从右电极转移到受体的 LUMO(A),接着电子从给体的 HOMO(D)转移到左电极,最后受体 LUMO(A)上的电子隧穿转移到给体的 HOMO(D),即从两性离子态 D^+−σ−A^-转变到中性态 D^0−σ−A^0,完成最终的电子转移。

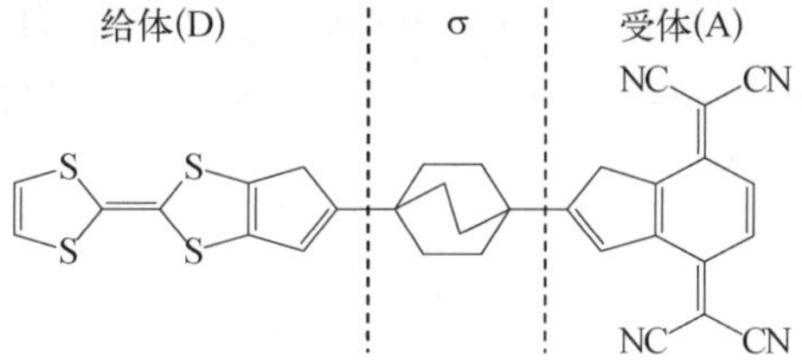

(a) 分子结构式

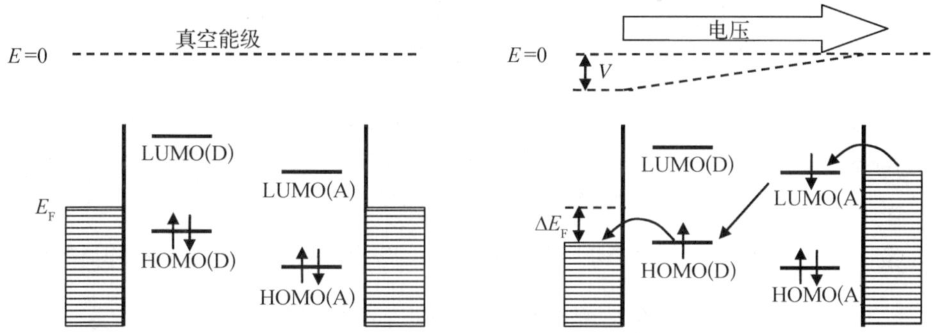

(b) 未施加偏压的A−R模型能级图($E=0$是真空费米能级,E_F是金属电极的费米能级,HOMO(D)、LUMO(D)、HOMO(A)和LUMO(A)分别是给体和受体部分的最高占据轨道和最低空轨道)

(c) 施加适当正向偏压下的A−R分子能级图(V是施加的正向偏压)

图 9.1　Aviram-Ratner 提出的 D−σ−A 型整流模型[22]

施加相反偏压时,上述电子转移步骤将受到阻碍。左电极的费米能级与给体的 LUMO(D)匹配,以及受体的 HOMO(A)与右电极的费米能级匹配需要较大的负向偏压,导致了分子整流行为。

由于 A−R 模型分子的不稳定性,实验上未能合成此分子,但其他结构的 D−σ−A 型整流分子被提出和系统研究,包括很多以富勒烯为电子受体的有机分子。例如,Metzger 制备了 *N*,*N*−二甲基−苯胺取代的 C_{60}(dimethylanilinoazafullerene,DMA−NC_{60})的 LB 单分子层[23],中间 N 原子作为 σ 桥,电子易于从苯胺(D)到 C_{60}(A)传递;共轭长链取代的富勒烯制备成单分子层,可以达到 16.5 的整流比[24];二茂铁作为电子给体的化合物的整流比最高达 28[13]，一个亚甲基作为 σ 桥的 C_{60}NPy 中也观测到不同程度的整流现象[18]，D 与 A 的分子轨道相对于费米能级的非对称移动是形成整流的一个重要原因。

9.1.2 D-π-A 型分子整流

继 Aviram-Ratner 提出单分子电子器件的设想以后，很多研究者借鉴 D-σ-A 整流结构提出分子整流器的新设想。1990 年，Ashwell 等提出以 LB 单分子层的两性离子 γ-(n-hexadecyl) quinolinium tricyanoquinodimethanide($C_{16}H_{33}$Q-3CNQ)作为整流器[1]。图9.2(a)给出了该分子的结构，它由四部分组成：一个长烷基尾链—$C_{16}H_{33}$和喹啉构成的给体部分，π 桥、3CNQ 为受体。采用非饱和键桥(π 桥)来代替 A-R 提出的饱和键桥(σ 桥)。实验中也实现了 D-π-A 分子的整流行为。由于实验中分子两端与 Mg 和 Pt 电极接触，电极功函的差异可能会导致肖特基势垒的产生。Martin 等延续了上述研究，并在$C_{16}H_{33}$Q-3CNQ 与电极间插入脂肪酸(ω-tricosenoic acid)LB 膜[25]，整流效应仍然存在，初步证明这种 D-π-A 型整流不是由电极功函的不同引起的。

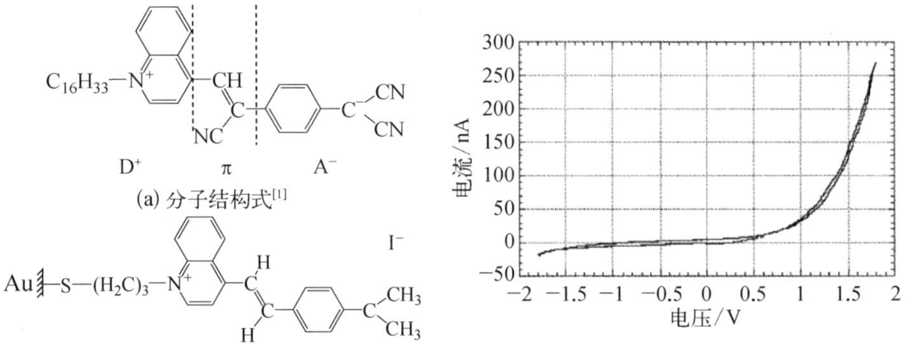

(a) 分子结构式[1]

(b) Au-S-$(CH_2)_3$-D-π-A分子[14]

(c) $C_{16}H_{33}$Q-3CNQ分子的电流-电压曲线[26]

图 9.2 基于 $C_{16}H_{33}$Q-3CNQ 的整流模型

随后的研究中，Ashwell 等又缩短了上述分子的烷基链，研究了具有相似结构的有机分子，即 Au-S-$(CH_2)_3$连接的 D-π-A 型器件[14]，如图 9.2(b)所示。他们用化学反应使整流分子的功能基团发生变化，SAM 浸在 HCl 蒸气中，功能基团质子化[C_6H_4-$N(CH_3)_2 \longrightarrow C_6H_4$-$N^+H(CH_3)_2$]，分子的整流特性也随之消失。而当 SAM 沉浸在 NH_3蒸气中时，胺基去质子化，整流重现，从而证明整流是由分子中功能基团所引起的，而不是由烷基链引起的。

Metzger 等对此类分子整流器进行了深入研究，测得两性离子态 $C_{16}H_{33}$Q-3CNQ 分子的整流比最高为 26.4[26]，电子易于从 A 到 D 方向的传递，与 A-R 模型的整流方向一致。图 9.2(c)给出了循环伏安法测得的电流-电压曲线。电子传递的非对称性是由两性离子的基态到中性激发态的跃迁引起的。Metzger 等分析了电子传递的过程[26]，正向电压($M_1 \longrightarrow M_2$)时：

$$M_1 \mid D^+\text{-}\pi\text{-}A^- \mid M_2 \longrightarrow M_1 \mid D^0\text{-}\pi\text{-}A^0 \mid M_2 \longrightarrow M_1^- \mid D^+\text{-}\pi\text{-}A^- \mid M_2^+$$

反向电压($M_2 \longrightarrow M_1$)时:

$$M_1 \mid D^{+}-\pi-A^{-} \mid M_2 \longrightarrow M_1^{+} \mid D^{0}-\pi-A^{0} \mid M_2^{-} \longrightarrow M_1^{+} \mid D^{+}-\pi-A^{-} \mid M_2^{-}$$

但是反向电压的势垒更高,电子传递受阻。

9.1.3 D-A 型分子整流

一般认为,分子结构的不对称可以导致器件整流。迄今,很多理论和实验的工作也集中在分子的不对称修饰这一点。Yu 等提出一种简单的设计分子二极管的方法[2],基本要点相当于传统的半导体材料 p-n 结。利用吸电子低聚体(p)和供电子低聚体(n)组成整流分子,称为“二嵌段”(diblock)分子整流器,分子结构如图 9.3(a)所示。STM 和扫描隧道谱研究表明,该体系有明显的整流行为[图 9.3(b)]。后继工作中,该组进一步发展了这种方法,通过对两端硫醇进行保护,使单分子层能够有序地组装,根据预先设计的整流方向组装单分子层,可以控制整流方向[27],合成工艺较为简单。

在此基础上,有人提出了利用溶液 pH 可逆地控制“diblock”分子整流的方法[28]。富电子的联苯与缺电子的联嘧啶分别作为电子给体和电子受体。由于嘧啶环上氮原子在酸性溶液中质子化,通过调节溶液 pH 来调节 N 原子的质子化程度,从而达到可逆控制整流方向的目的。研究表明“diblock”型分子电流-电压曲线的非对称性是由电子传递中的共振特点引起的[29],理论模拟得到了与实验近似一致的结果。这种“diblock”分子整流器结构简单,易于合成,是一种很独特的有机分子电子器件,但是整流特征不够显著,实验测量的整流比最高可达 10。

Mukherjee 等提出另一种 D-A 型的分子结构[30,31],将电子给体和电子受体对接,不采用中间的桥连片段。实验中,供体为酞菁铜(CuPc),受体为玫瑰红染料(rose bengal)[图 9.3(c)]。实验观测到 CuPc/rose bengal 的整流现象,无论是 D/A 还是 A/D 对接[31],电子都趋向于从给体(D)传递到受体(A),与 A-R 整流方向相反。从实验上证明了 Ellenbogen 和 Love 提出的整流模型[32]。这种分子避免了复杂的有机合成,但是由于两个单分子层的对接,重现性欠佳。

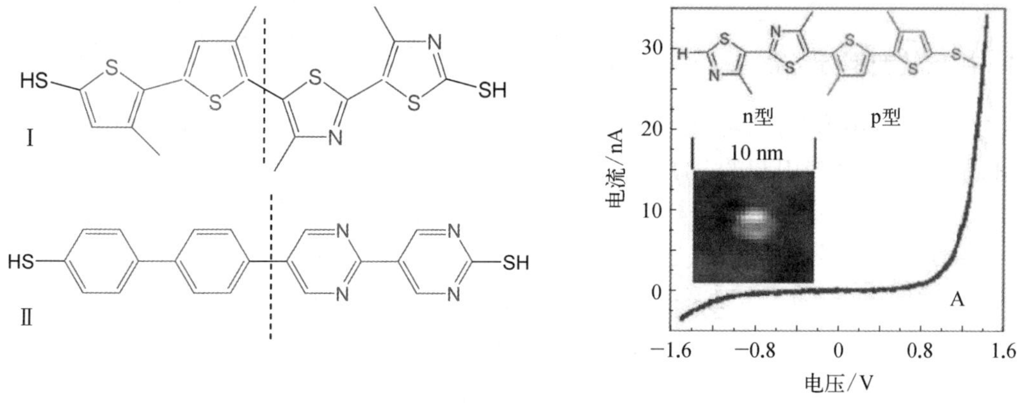

(a) 分子结构式(分子 I 由噻吩与噻唑基团构成[2],分子 II 由联苯与联嘧啶构成[28])

(b) 分子 I 的电流-电压曲线[2](插图为其结构式)

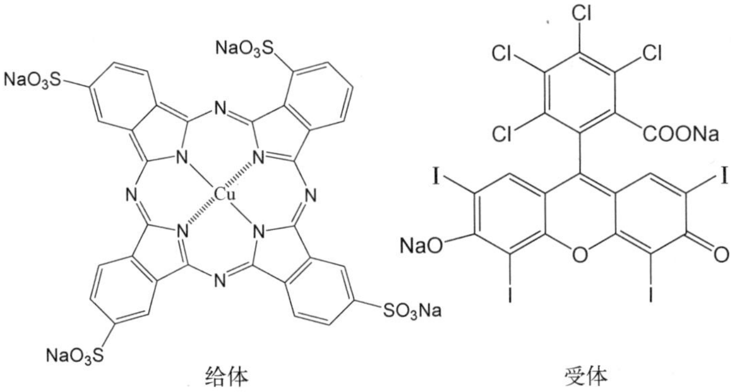

(c) CuPc与Rose Bengal的分子结构式[30]

图 9.3 “diblock”型分子整流的模型

与此同时，基于碳材料的各种 D-A 型分子整流器也得到广泛研究，包括富勒烯和碳纳米管材料。Nishino 等利用富勒烯分子针尖检测单个卟啉分子的电子隧穿[图 9.4(a)]，研究表明单个富勒烯和卟啉对之间的电子传递存在整流行为，电子只能由卟啉分子传递到富勒烯分子[33]。而碳纳米管材料的 D-A 型整流器可以通过掺杂的方式实现。Esfarjani 等利用掺杂的方法实现碳纳米管整流器[34]，其模型分子如图 9.4(b)所示。碳纳米管的一半掺杂电子给体原子，另一半掺杂电子受体原子。他们采用自洽紧束缚法对锯齿型纳米管进行了理论的研究，电子结构性质表明，两种不同的掺杂会形成类似二极管的电势降。

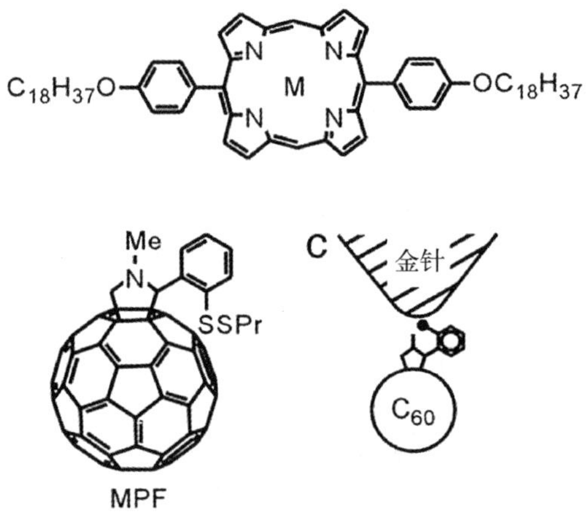

(a) 取代富勒烯-卟啉整流结构[33]

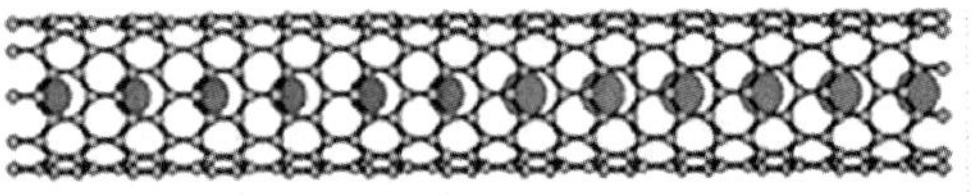

(b) p-n掺杂的锯齿型碳纳米管结构[34]

图 9.4 基于碳材料的 D-A 型分子整流

9.1.4 构象转变型分子整流

在分子中引入不对称因素是构建分子整流器的一个基本出发点。Troisi 和 Ratner 从理论上提出，构象转变引起的分子不对称可以产生整流现象[35]。在不同方向的外场作用下，分子会发生构型变化(如异构体转变)，如果两种状态的电导率差别很大，也可以实现整流。此外，他们还发展了模拟电流-电压曲线的方法。图 9.5(a)给出了其分子模型，分子在两种构象(A 与 B)下具有不同的电导与偶极矩。电流可以通过式(9.1)计算[35]：

$$I \approx g_A\left(\frac{1+\exp(-\alpha V-\beta)g_B/g_A}{1+\exp(-\alpha V-\beta)}\right)V \tag{9.1}$$

依据此公式预测的电流-电压曲线具有明显的非对称特点。此后，Troisi 和 Ratner 对此类整流机制进行了深入研究，模拟了偶极控制的构象变化[36]。由于连接在苯环上的乙氰基（—CH_2CN）是强偶极基团，在不同方向的电场下偶极的变化引起碳-碳键的旋转，如图 9.5(b) 所示。这导致分子与电极接触的变化或者分子之间相互作用的变化，当—CN 基团与针尖电极接触时，分子电导剧烈增加。图 9.5(c) 给出了理论预测的电流-电压曲线，整流比达到 10^2。这种结构变化引起的整流不同于传统半导体 p-n 结的整流机制。本书所提出的电场作用下的构象分析方法在这个研究方向上有很大的参考价值。

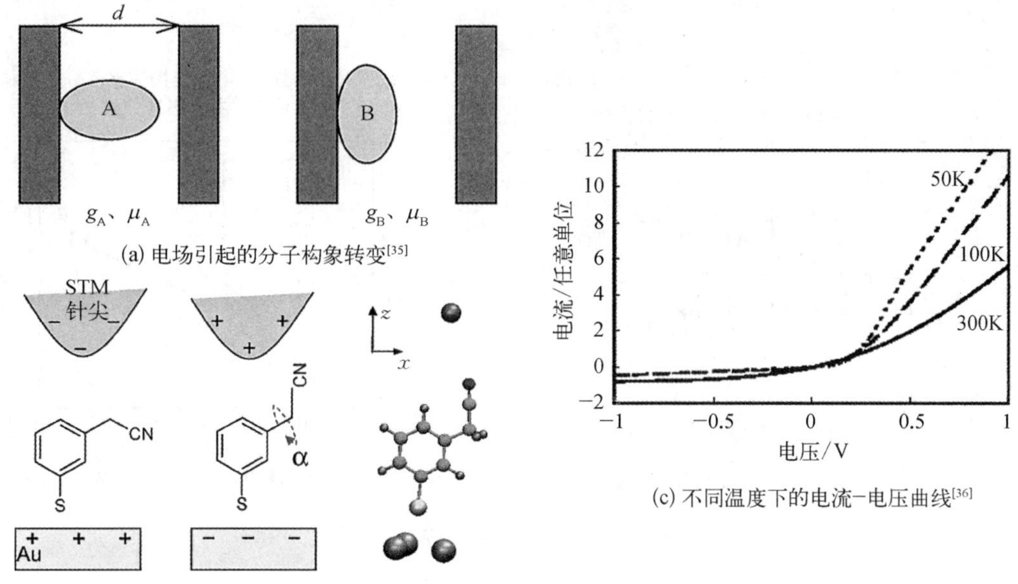

(a) 电场引起的分子构象转变[35]

(b) $HS-C_6H_4-CH_2CN$在相反方向电场下的构象变化

(c) 不同温度下的电流-电压曲线[36]

图 9.5　构象转变的分子整流器示意图

很多实验工作证实了这种预测，例如，Ashwell 和 Gandolfo 得出，阳离子引起的偶极可逆变化会导致整流（$D-\pi-A^+-C_nH_{2n+1}$）$\longrightarrow$（$D^+=\pi=A-C_nH_{2n+1}$）[37]。基于构象发生转变的思想，Yasuda 等研究了外加电场下有机分子 N-(2-mercaptoethyl)-4-phenylazobenzamide(Azo) 发生顺反结构之间的转变[38]，STM 测量结果表明反式结构呈现对称的电流，但是光致异构化以后分子具有整流效应，印证了 Troisi 和 Ratner 的理论设想[35]。

9.1.5　界面型分子整流

由于在分子电子器件中，有机分子的尺寸比电极小得多，两者的界面对电子传递也存在很大影响，分子与电极之间的非对称耦合是形成整流的重要因素之一。界面的影响包括几种不同类型，一种是分子两端的电极材料不同；另一种是电极材料相同，但是分子与电极的接触方式不同；还可能是电极材料相同，但其尺寸和形状不同。

如果分子两端采用不用的金属电极，则由于金属的功函不一样，器件两端的肖特基势垒差会引起整流。Chang 等研究了 Pt|有机分子|Ti 器件[39]，首先萘分子通过烷基硫醇组

装在 Pt 基底上，然后 SAM 顶端沉积 2 nm 厚度的 Ti，整流比最高达到 5×10^5。这是由于 Pt 电极的功函（5.6 eV）与 Ti 的功函（4.3 eV）差别较大，因此由肖特基势垒导致整流的产生。

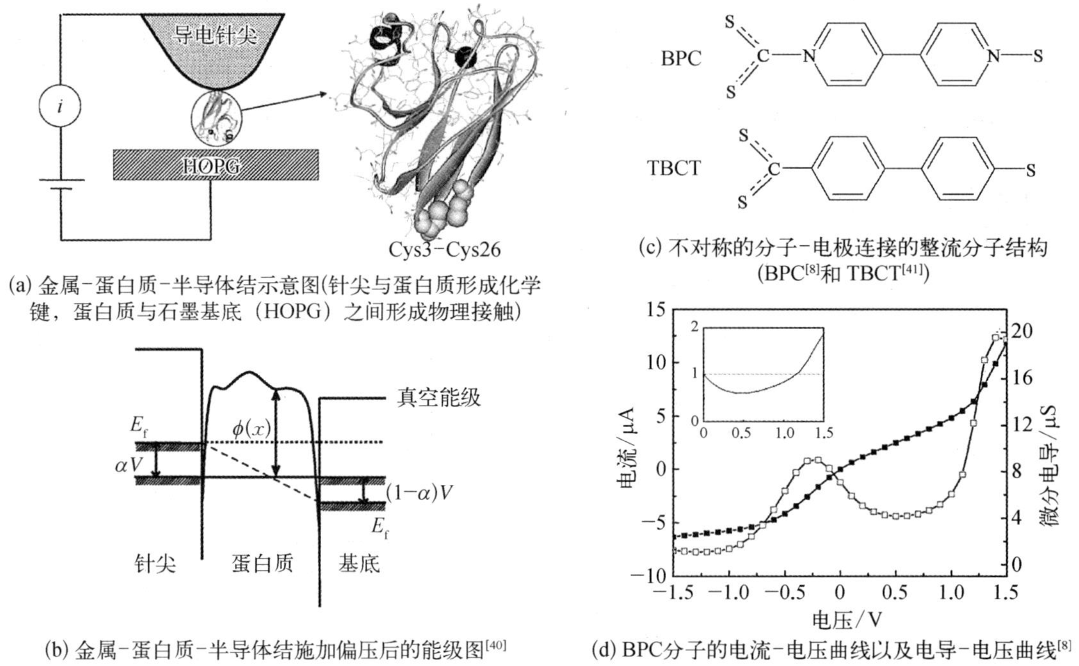

(a) 金属-蛋白质-半导体结示意图(针尖与蛋白质形成化学键，蛋白质与石墨基底（HOPG）之间形成物理接触)

(b) 金属-蛋白质-半导体结施加偏压后的能级图[40]

(c) 不对称的分子-电极连接的整流分子结构(BPC[8]和 TBCT[41])

(d) BPC分子的电流-电压曲线以及电导-电压曲线[8]

图 9.6　界面导致的不对称电子传递

我们在蛋白质的电子传递研究中发现，针尖与基底的费米能级不同的移动程度也是分子整流的一种机理[40]。在金属-蛋白质-半导体结的实验中[图 9.6(a)]，蛋白质的电流-电压曲线表现出不对称特点。利用修正的 Simmons 公式模拟蛋白质的隧穿电流，结果表明由于半导体的低载流子特性，施加偏压时针尖费米能级移动程度大于基底[40]，如图 9.6(b)所示。因此不同方向的偏压下出现不同的隧穿势垒高度，这导致非对称的电子传递发生。

分子与器件连接形成的不对称也是整流的因素之一。Taylor 等专注于利用对称分子设计不对称的界面结构以实现整流[42]。他们采用第一性原理与非平衡态格林函数方法研究了寡聚亚苯基乙炔撑（“tour 线”）。非平衡态格林函数方法可以很好地处理量子点结构中的输运问题，常用于计算纳米尺寸的电导器件（包括分子和半导体）外加偏压后的电流及电荷密度。通过求解格林函数得到体系的透射系数，然后利用 Landauer-Büttiker 公式积分得到体系的电流[3,43]：

$$I=\frac{2e}{h}\int_{-\infty}^{\infty}T(E,V_b)[f_L(E-\mu_L)-f_R(E-\mu_R)]dE \tag{9.2}$$

式中，e 是电子电量；h 是普朗克常量；$T(E,\ V_b)$ 为透射系数，是特定偏压 V_b 下能级 E 的函数；f_L 和 f_R 分别是左、右电极的费米-狄拉克分布函数；μ_L 和 μ_R 是左右电极的化学势，$[\mu_L(V_b),\ \mu_R(V_b)]$ 表示对电流积分有贡献的能量区域，称为偏压窗口，$\mu_L=E_F-eV_b/2$，

$\mu_R = E_F + eV_b/2$，E_F是电极的费米能级。

Taylor 模拟 tour 分子导线一端的硫醇脱 H，与金电极形成化学吸附，另一端的硫醇未脱 H，与金电极形成物理吸附。理论预测了非对称的电极耦合（即界面不对称）也会导致整流。Tivanski 制备了自组装单分子层并进行了导电 AFM 测量，发现分子的每端都以两个 S 原子与电极连接的体系，电流大于单个 S 原子连接的体系[44]。后来 Kosov 通过非平衡格林函数的计算验证了实验的结果，利用二硫代氨基甲酸盐连接 4,4-联嘧啶与金电极（BPC）[8]，二硫代甲酸盐连接联苯与金电极（TBCT）[41]，结构如图 9.6(c)所示。分子一端采用一个硫原子形成电子隧穿通道，另一端采用两个硫原子形成两个电子隧穿通道，结果也展示出微弱的整流，正负向电流比接近 2，如图 9.6(d)所示。我们研究了非对称连接的卟啉分子，尽管共轭分子的结构完全对称，但是分子两端连接基团数目的不同，也导致非对称的电流-电压曲线[45]。

通过对碳纳米管的两端实行非对称功能化，界面的差别也导致了分子整流。顶端取代羧基（—COOH）、底端采用酯基（$—CO_2R$）保护，整流方向与 A-R 模型的方向相同，整流比大于 10^3[46]。但是他们的结果不能排除分子与电极之间的非对称耦合，即一端物理吸附，另一端范德瓦耳斯力接触，或者由肖特基势垒产生对整流的贡献。

9.1.6　负微分电阻

负微分电阻（negative differential resistance，NDR）是分子整流的另一种形式，同时是分子共振隧穿二极管的特征表现，在分子电子器件的研究中也备受关注。主要包括以下几类：① 分子荷电效应；② 构象因素；③ 分子水平双量子点；④ 分子间电荷转移；⑤ 极化子耦合。

（1）分子荷电效应：Chen 等在 1999 年发现了一类含有共轭体系的寡聚苯乙炔低聚体（OPE）具有负微分电阻特性[47]，以 2′-氨基-4,4′-二-乙基苯基-5′-硝基-1-苯硫醇盐自组装在金电极上，结构见图 9.7。$—NH_2$和$—NO_2$取代在 OPE 中间的苯环，形成一个氧化还原中心[48]。因为在分子中部的苯环上引入$—NH_2$和$—NO_2$两种基团，分别位于苯环的两边，并指向分子外侧，这种不对称的结构使得分子的电子云易受干扰。Chen 等认为分子经历两步还原，其荷电状态的改变导致 NDR 现象的产生。基于实验的结果，很多理论研究也阐述了取代基对分子电子结构的影响以及在 NDR 形成中的作用。例如，Seminario 等利用密度泛函理论研究了取代的 OPE，供电子取代基与吸电子取代基使苯环上电子结构重组，因而产生 NDR 现象[49]。Taylor 等通过理论计算发现$—NH_2$与$—NO_2$可以调节前线分子轨道电子云的分布[50]。Luo 等通过弹性散射格林函数的计算，发现取代苯分子表现的 NDR 行为由单电子的还原引起[51]。此外，Long 等论证了取代基引起卟啉中的 NDR 行为，与前面结果不同的是，给电子的$—NH_2$取代更容易产生 NDR 现象[52]。

（2）构象因素：Cornil 等发现 OPE 中苯环之间的扭转角是形成 NDR 的另一个重要原因，偏压引起分子轨道的重新分布[53]。Di Ventra 等则报道了苯分子上的取代基发生偏转[54]，极性的$—NO_2$旋转时与苯环的 π 共轭相互影响，从而导致共振隧穿电压的显著改变。Bandyopadhyay 和 Wakayama 通过 STM 测量发现 Rose Bengal 的二聚体、三聚体存在 DNR 行为，但是单体没有[55]。

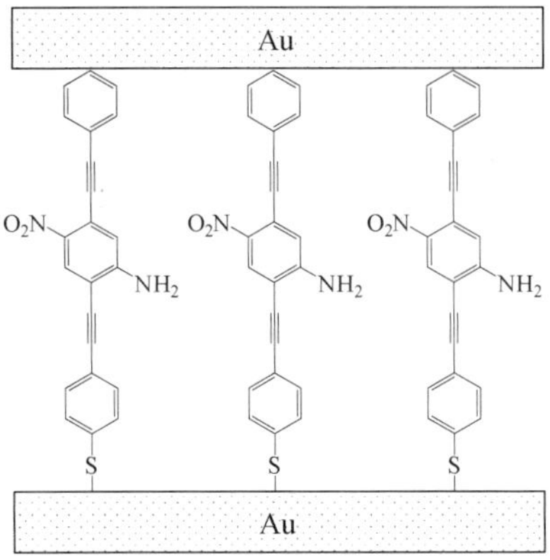

(a) 取代的OPE分子自组装在Au电极上

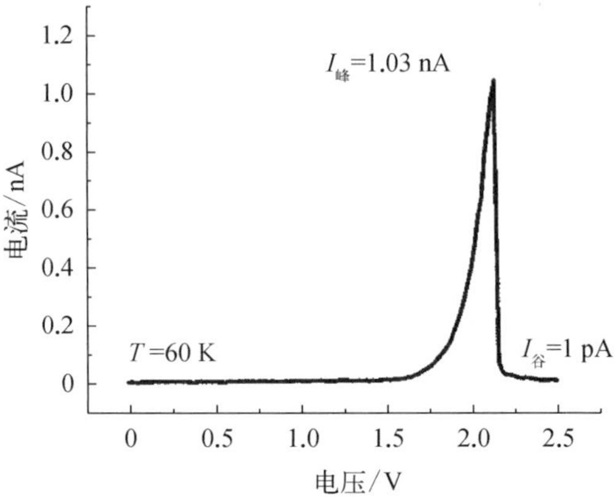

(b) 取代的OPE分子的电流-电压曲线(表现出显著的NDR效应[47])

图 9.7 形成 NDR 特征的分子结与电流-电压曲线

(3) 分子间电荷转移：Geng 等提出了一种新的功能有机分子结构，即 D-A 分子间电荷转移[56]。电子给体(BEDT-TTF)和电子受体(TCNQ)形成 TTF-TCNQ 复合物。密度泛函理论结合非平衡格林函数的研究证明分子以单体连接于电极之间时没有 NDR 效应。两分子之间的电荷转移导致复合物的最低空轨道 LUMO 分布在两个分子上。复合物在 1.6 V时电流降低到低谷，因为右电极没有与分子以及左电极相匹配的共振态。分子与电极之间轨道的不匹配引起该复合物的 NDR 效应。

(4) 分子水平双量子点：在半导体双量子点基础上，Liu 等设计了二茂铁与二茂钴夹心的共轭分子[57]。二茂铁与二茂钴形成分子内双势阱，理论模拟表明分子内双量子点体系在 1.2 V 偏压处电流突降，表现出显著的 NDR 行为。

(5) 极化子耦合：Galperin 等提出极化子耦合是也是产生 NDR 现象的一种机制[58]。基于平均场模型，考虑在分子导线上形成极化子，而极化子耦合导致能级位置的移动，会在电流-电压特性中产生迟滞或开关或 NDR 特性。

综上所述，随着实验观察范围的缩小和测量技术的提高，人们不断拓展着 Aviram 和 Ratner 提出的分子整流概念。研究方法由单纯的实验发展到理论与实验相结合的方法。分子器件整流机理的研究主要包括 D-σ-A 型、D-π-A 型、D-A 型分子整流、构象转变和界面引起的整流，以及负微分电阻。但是我们应该看到，这些研究仍然具有局限性。分子的多样性及易变性，造成了整流机理的复杂。例如，除了以上论述的主要整流机理，Souza 等还提出 π 桥长度对分子整流的作用[59]，Stadler 等指出 D 与 A 之间的 π 桥较长时利于整流[60]。因此，对个别分子而言，一个机理的提出可以说是成功的，但是从器件的设计来讲，还没有一个统一的认识。分子整流器件的研究中尚存在以下待解决的问题：① 在分子整流的基础研究方面，由于分子整流机理的复杂性以及众多的影响因素，对分子整流器基本原理的理解是研究的重点内容。探索潜在的、高效的整流分子仍是要解决的重点问题。② 虽然实验上观测到整流现象，但是从现象的发现到器件的应用还有一个很漫长的过程。主要的困难在于分子器件同外部电路的连接，制备纳米器件并把它们高密度组装是潜在的技术难点之一。

9.2　取代基团对 OPE 分子整流的影响

多数分子器件是由含有单键-双键(或叁键)等交替的共轭结构组成的。在这些分子电子材料中,寡聚亚苯基乙炔撑(OPE)性质独特,它含有被碳-碳叁键分隔开的苯环,导致 OPE 的旋转势能面平坦,苯环可以绕分子轴旋转,产生一些由结构控制的物理化学性质。此外,已经证明 OPE 及其衍生物在实验合成上具有可行性,包括较长的低聚体。

分子结功能化是调控其传输特性的有效手段,据此能够实现分子整流效应、负微分电阻(NDR)、分子开关以及信息存储等功能。二极管作为电子学领域内应用极为广泛的元件之一,其分子级别的设计在于通过引入不对称的功能基团,并借助外加电场的作用,来调控电子在分子结内的传输。在分子结中,不对称的因素众多,涵盖电极材料、电极的形状、界面特性、分子的连接方式,以及分子自身的结构等。然而,在本节的研究中,我们专注于探讨分子桥这个因素,而其他变量保持恒定。现有研究表明,通过在分子桥中巧妙地引入给电子基团和吸电子基团,可以构建出类似于半导体 p-n 结的不对称分子结构。这类具有特殊性质的分子材料已被广泛开发并应用于多种电子器件,包括二极管、场效应晶体管、太阳能电池、传感器等。

本节将探究一系列连接于金电极之间的不对称取代分子的特性,旨在揭示分子整流的内在机理及其可达到的整流性能。整个计算流程分为两个关键步骤。首先是对这些取代分子导线的几何构型进行优化。在此过程中,我们采用了 Hartree-Fock(HF)近似方法,并以 LANL1MB 基组进行计算。为了模拟分子与电极的实际接触情况,我们选用了两个金原子簇作为模型。这种模型设计能够较为真实地反映分子在金电极表面的结合状态。在具体构型中,每个金原子簇由三个金原子构成,它们放置在边长为 2.88 Å 的等边三角形的顶点上,以此来模拟金(111)面。而硫(S)原子位于这个等边三角形的中心位置,即空穴位,这符合金-硫键在自然界中的常见结合方式。在构型优化中,每个三角形中的金原子的相对位置固定,以保持模型的稳定性,而两个金原子簇之间的距离作为自由变量进行优化调整,以确保分子受力最小。图 9.8 直观地展示了不同取代基团下的模型分子结构。

每个优化好的取代分子置入金(111)面之间,这是电子输运计算通常使用的方法,基组为带有极化函数的单 ζ 基组(SZP)。Au 电极之间的距离仍然是由无取代的 OPE 的长度及 S 原子与 Au 平面的距离决定的。S 原子与 Au 平面之间的距离定为 1.95 Å。取代 OPE 分子略有缩短,故 S 原子与 Au 平面的距离设在 2.0 Å,但彼此之间的差别不超过0.5%。为了模拟实验,所加的最大电压为 2.0 V。采用非平衡态格林函数方法计算电流。

要注意的是,由于分子在电场下的构象优化计算量较大,本节中只在零电场时优化分子构象。我们比较的是各个分子之间的相对差异而非单个分子的绝对性质,主要考察不对称电子输运行为的控制因素。因此 OPE 系列分子中有限的电流绝对误差以及更小的相对误差不会对结论产生本质上的影响。

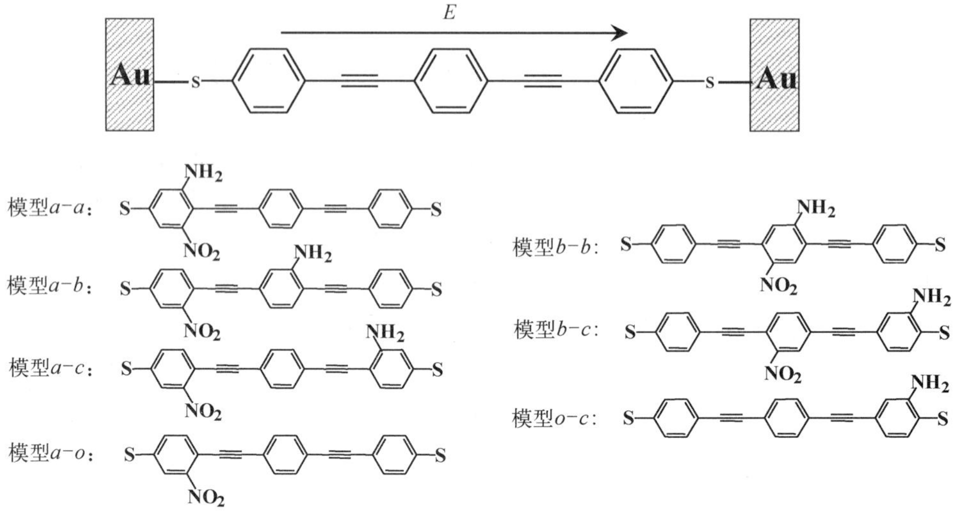

图 9.8 OPE 分子结模型示意图(苯环从左至右分别定义为 a、b、c 环。为了方便表述,模型名称的第一个字母表示—NO_2的位置,第二个字母表示—NH_2的位置,无取代用“o-”表示)

9.2.1 分子桥的前线分子轨道

分子结可以分为三部分,即左电极、分子桥和右电极。图 9.9 给出了一系列分子桥前线分子轨道的空间分布。从图中可以观察到几个重要特征。首先,对于未取代的 OPE 分子,HOMO 和 LUMO 都完全离域[图 9.9(a)]。引入取代基后,HOMO 完全定域在被—NO_2取代的苯环上,不管该苯环是在一侧还是在中间,如图 9.9(b)和(c)所示。在共轭分子中,电子的传递主要由离域的 π 共轭贡献。半经典的模型,如 Simmons 模型,对电子透射几率给出一种直观的解释,即隧穿电流是由势垒的高度和宽度决定的。因势垒高度直接与分子的共轭性有关,离域程度越高,电子传递的效率也越高。电子传递通道的量子化学解释则给出了更微观的细节。一般来说,HOMO 与 LUMO 能级很可能是输运通道的主要提供者。当这些前线分子轨道完全离域时,透射几率会更大。从这种角度看,半经典的解释与量子理论的解释是一致的。此外,在图 9.9(b)中发现,*a-x* 系列由于—NO_2的取代位置相同,有极为相似的空间分布,这表明了—NO_2的重要性。图 9.9(c)中的 *b-x* 系列也可以观察到相似的特征。图 9.9(d)对比了只有—NH_2取代的情况,它与无取代的分子有相似的空间分布,这种现象再次说明—NO_2在分子的电子结构中占主要地位,其作用远比—NH_2大。

尽管—NO_2在调控分子轨道的空间分布上占主导作用,但仔细对比仍可观察到—NH_2的轻微排斥作用。以模型 *a-a*/*a-c* 和模型 *b-b*/*b-c* 为例,当—NH_2在不同的取代位置时,空间分布略有不同。在仅有—NH_2取代时,这种效应表现得更加明显。

一般来说,在外电场的作用下,HOMO 会沿着电场强度的方向移动,LUMO 会向相反的方向移动。这种重新分布与其他共轭分子导线一致,如我们已经讨论的聚乙炔、聚噻吩以及二苯乙炔。既然 HOMO 表现了定域的特征,其对总电流的贡献可能较小,因此在图

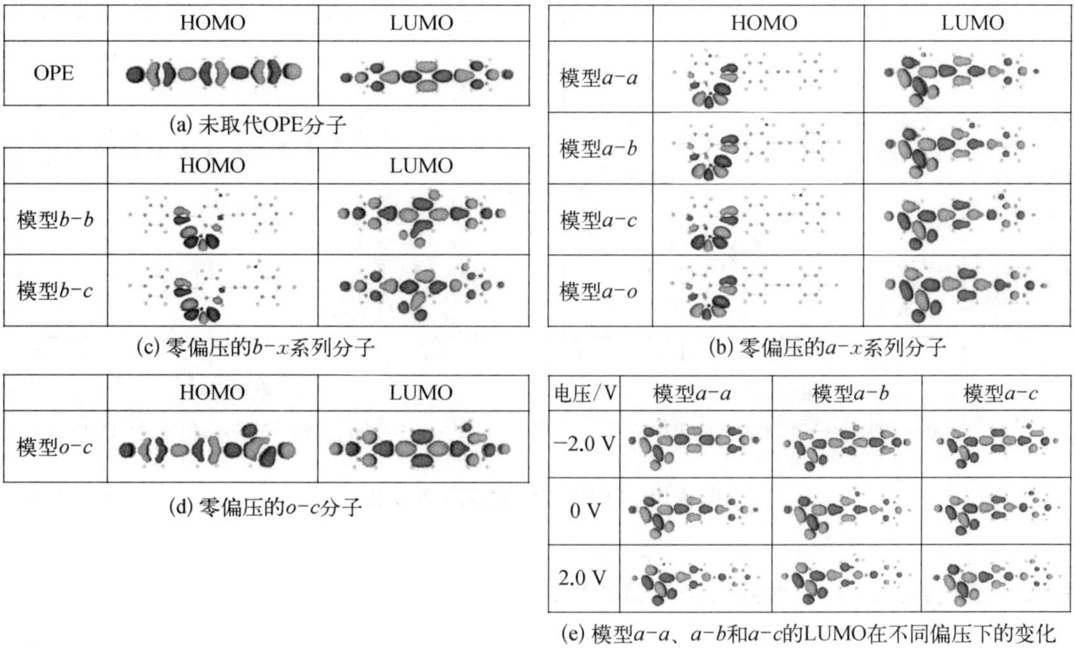

图 9.9　分子桥的轨道空间分布

9.9(e)中几个典型的分子模型仅给出了 LUMO 的图像。零电场时—NO_2有强烈的定域效果。当施加负向偏压时，LUMO 右移(高电势)，使其在分子桥上的离域性变得更好；当施加正向偏压时，LUMO 倾向于左移，定域特征更加明显。*b*−*x* 系列具有相似的空间分布，分子对电场的响应也是相似的。

9.2.2　分子轨道能级的移动

分子轨道能级相对于费米能级(E_F)的移动是影响 $I-V$ 曲线的另一个重要因素。因为 HOMO 的定域特征，所以图 9.10 中只考虑 LUMO 能级。图中给出的所有能级都是相对于由 Au 电极决定的平均费米能级的。图 9.10(a)比较了 *a*−*x* 系列分子及未取代分子，可以看出各取代分子之间彼此很相似，而且 LUMO 在较大偏压范围内(−2.0~0.5 V)线性下降。这种线性关系与已研究过的不对称界面耦合 OPE 非常相似[42]。但是，正向偏压下的特性与之不同，偏压为 1.8 V 时 LUMO 能级出现极大值，之后随着电压的升高又略有下降。这种非对称性特征可以看作导致分子整流的主要因素之一。

当—NO_2取代在中间的苯环上时[图 9.10(b)]，这种对称性基本消失，进一步说明—NO_2 在分子整流中的重要性，且其作用还与取代位置有关。图 9.10(b)中还可以观察到其他的几个特征。首先，当只有—NH_2取代时，即使是在右边的苯环上(模型 *o*−*c*)，与未取代的 OPE 无显著差别，进一步证明了—NH_2的作用小。其次，在有—NO_2取代的情况下，—NH_2虽没有改变空间的分布特征，但仍可与—NO_2通过 π 共轭产生一定的耦合作用。因此 *b*−*c* 与 *a*−*x* 系列分子也表现出相似的变化。

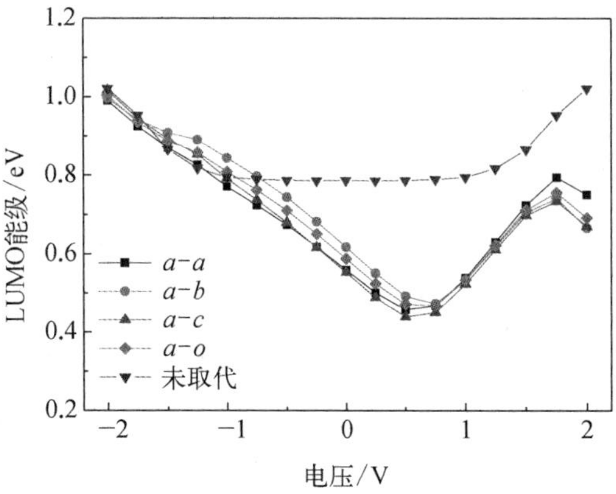

(a) $a-x$系列分子和未取代OPE分子

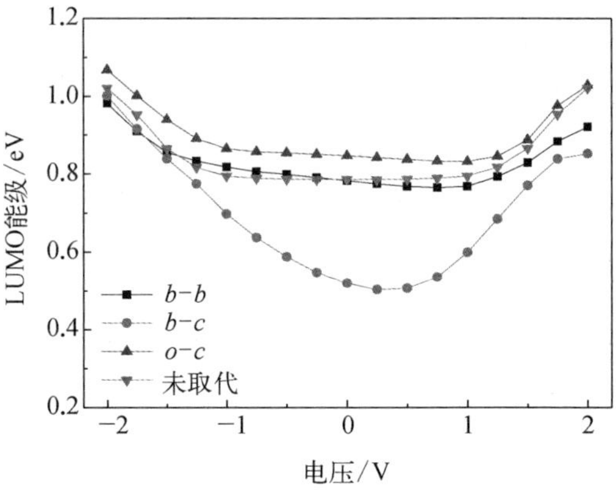

(b) $b-x$系列分子、$o-c$和未取代OPE分子

图 9.10　LUMO 能级随偏压的变化

9.2.3　取代效应对 $I-V$ 曲线及透射谱的影响

分子结的 $I-V$ 曲线及透射谱给出分子整流最直接的依据，电流通过式(9.2)积分得到。从图 9.11(a)可以观察到取代分子的电流一般要小于未取代分子，尤其在正偏压。这可以通过前线分子轨道部分定域特征来理解。此外，所有取代分子都显示出微弱的不对称输运特征。为了表征分子整流，我们定义整流比(R)为

$$R = \frac{|I_+| - |I_-|}{|I_+| + |I_-|} \tag{9.3}$$

其中，I_+和 I_-分别为正向电流和负向电流。

图 9.11(b)给出了所有模型分子的 $R-V$ 曲线。除了模型 $b-b$，其他分子在很大偏压范围内都有正的 R。R 小于 1，说明整流的性能不佳。值得一提的是，模型 $a-x$ 系列的 $R-V$ 曲线彼此相似。当偏压小于 1.3 V 时，R 随偏压而增大，但是当偏压大于 1.3 V 时，R 反而降低。而按照 Ratner 提出的 D-σ-A 分子二极管的模型，整流方向是从受体 A 到供体 D。本节中—NH_2为供体，—NO_2为受体，如果以 Ratner 整流模型来判断，则 R 应为负值。这表明，Ratner 分子二极管的规律不适用于这些 D-π-A 体系。但即使对于原始的 D-σ-A 体系，Ratner 的设想在理论计算中也没有得到完全的验证[6]。

分子轨道离域程度以及分子轨道能级的移动对分子结的电子传递都非常重要。它们的作用可以通过透射谱来体现，如图 9.12 所示。透射峰来源于分子轨道的贡献。轨道的离域程度影响了透射峰高度，轨道的能级则大体对应了透射峰的位置。以模型 $a-a$ 为例，由于 HOMO 的定域特征，其透射峰太弱以至于观测不到。相反，LUMO 的透射峰很强，形成了主要的电子输运通道。图中的三角形指示了 HOMO 和 LUMO 在不同偏压下的具体位置。偏压小于−1.0 V 或大于 1.0 V 时，LUMO 峰就至少部分落入偏压窗口内，说明其对电流有主要贡献。

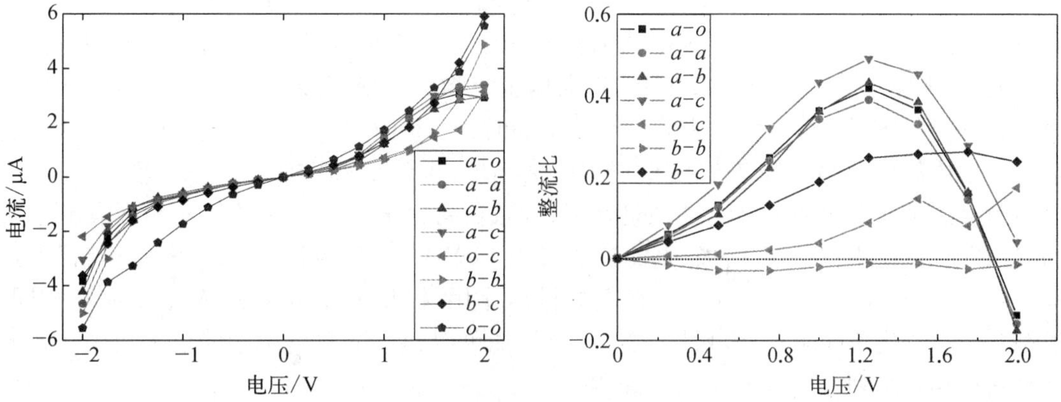

(a) 所有模型分子的 $I-V$ 曲线　　(b) 整流比随电压的变化

图 9.11　分子结的整流性能

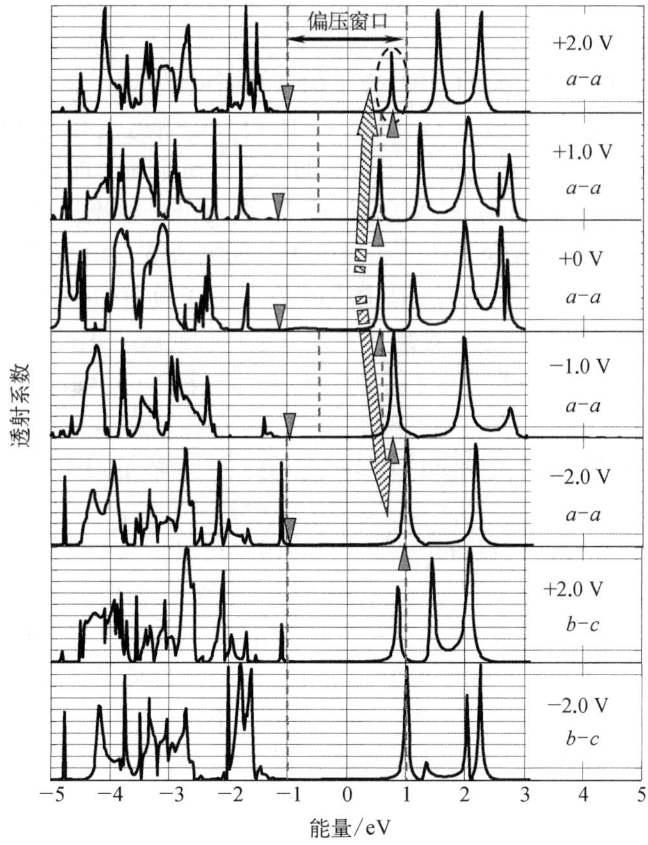

图 9.12　模型分子 a-a 和 b-c 在不同电压下的透射谱(三角形表示分子桥的 HOMO 和 LUMO 能级的位置,竖虚线表示偏压窗口)

通过透射谱,我们可以进一步分析不对称取代引起的整流现象。对于模型 $a-x$ 系列,当偏压小于 1.3 V 时,偏压窗口范围窄,LUMO 峰的主体不在其内,其延展的尾部的大小就对电子输运有决定性的影响。这也意味着 LUMO 透射峰越接近窗口,窗口内的积分面积就越大,即电流越大。如图 9.12 所示,正向偏压使 LUMO 峰更接近偏压窗口,因此正向电流更大,得到了正的 R。然而,当偏压继续增加时,窗口变得更宽,在正负偏压下 LUMO 透射峰的主体都处于偏压窗口内,因此透射峰的高度,也就是 LUMO 的离域程度,就成了决定性因素。负向偏压使 LUMO 离域性增强,导致负向偏压下的电流更大,这样就得到了负的 R。我们看到,随着偏压增加,电流经历了由 LUMO 的"能级控制"到"离域控制"的过程。由于—NH_2对分子轨道分布有轻微的排斥作用,模型 $a-x$ 系列的 R 也不完全相同。模型 $a-c$ 在给定偏压下的离域性最弱,这个特征可以通过透射谱中的峰值来反映。这可能是它在这一系列分子中 R 最大的原因。

对于模型 $b-x$ 系列,由于—NO_2取代在中间的苯环上,所以无论是正向偏压还是负向偏压,LUMO 在中间苯环附近的分布都更广。因而透射峰高没有明显的差异。所以,当施加小偏压时,$b-x$ 系列的整流比总体低。除此以外,模型 $b-c$ 分子的轨道空间分布的延展以及 LUMO 能级的移动都与 $a-x$ 相似,所以在研究的偏压范围内都有正的 R。然而当两个取代基都位于中间苯环时($b-b$),不仅电流的整流效率最低,而且负向电流还略大于正向。

通过对一系列不对称取代的 OPE 分子的计算研究,发现—NO_2具有很强的吸电子特性,并使分子桥的前线分子轨道定域化,而—NH_2对分子轨道仅有轻微的排斥作用。对于取代 OPE 分子,电子从给体到受体的传递更加容易。整流是由前线分子轨道的离域性和能级的不对称移动共同作用的。—NO_2是主要基团,对分子整流的贡献比—NH_2更大。

本节证实了通过引入给电子基团和吸电子基团来改变导电分子链的电子结构,由此获得不对称的电子输运行为。通过计算施加电压下分子轨道的空间分布以及能级的移动也能粗略估计出整流特征,甚至定性地对系列分子进行比较。因此,利用基于密度泛函理论和 HF 方法的静态处理是研究设计新型分子电子器件的一种辅助方法。

9.3 取代基团对聚乙炔分子整流的影响

类似于半导体材料,通过在分子桥上巧妙地引入供电子基团和吸电子基团,我们能够构建出具有非对称特性的分子,这些分子的结构与 p-n 结相似。这些特殊材料已得到广泛开发并应用于多种电子器件中,包括二极管、晶体管、光电太阳能电池、传感器以及二极管激光器。本节内容将聚焦于典型的共轭分子——聚乙炔分子,以其作为模型分子,在分子骨架上分别引入供电子基团(—NH_2)和吸电子基团(—NO_2),以此探究不对称取代对分子电子输运行为的影响。图 9.13 清晰地展示了聚乙炔分子(PA)以及经过—NH_2和—NO_2取代后的聚乙炔分子(Sub-PA)的结构。

9.3.1 取代基聚乙炔的整流特性

图 9.14(a)给出了没有取代基的聚乙炔分子导线和—NH_2、—NO_2双取代聚乙炔分子

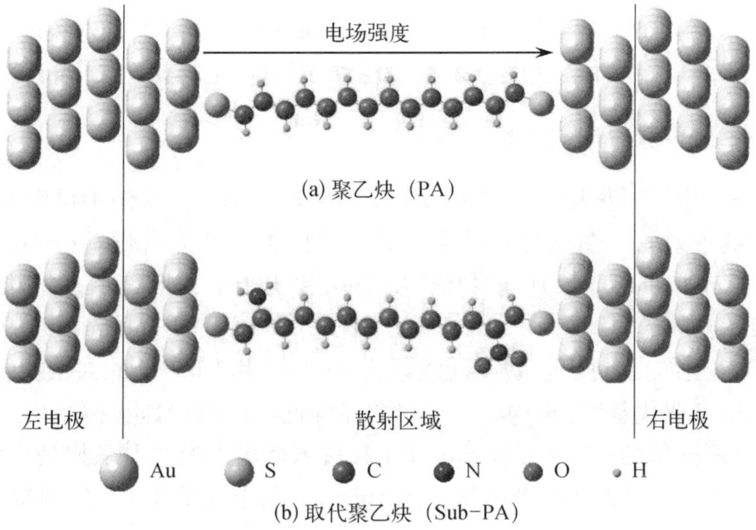

图 9.13　分子结的计算模型

导线的电流-电压曲线。由于取代基改变了聚乙炔完美的共轭结构，因此从图中可以看出在所研究的电压范围内（-2.0~2.0 V）Sub-PA 的电流都低于 PA，而且 Sub-PA 分子导线的电流-电压曲线表现出较明显的不对称性。显然，不对称的取代对此现象起到作用。这也可以用前线分子轨道的离域特征及其所对应的透射谱来解释。

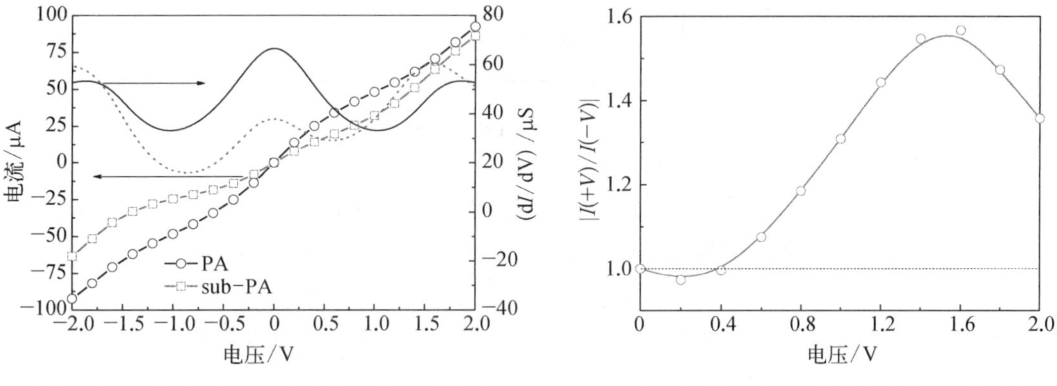

(a) 聚乙炔分子和取代聚乙炔分子的电流-电压曲线和电导-电压曲线

(b) 取代聚乙炔分子整流系数随电压的变化

图 9.14　分子的输运特征

为了表征取代聚乙炔分子导线在正负偏压下电子传递的不对称性，这里定义另一种形式的整流系数：

$$R = \frac{|I_+|}{|I_-|} \tag{9.4}$$

$R = 1$ 时分子没有整流特征。图 9.14（b）描述了 Sub-PA 在不同电压下的整流系数。从图中可以看出,当电压小于 0.4 V 时,R 略小于 1;当电压大于 0.4 V 时,R 开始大于 1,并且随偏压增加而增大,在 1.6 V 达到极大值,R = 1.7;而后,R 再次降低。这说明分子只有在较大的电压(V >0.5 V)下,才表现明显的整流现象,即电子更容易从右电极流向左电极。

9.3.2 取代聚乙炔整流机理的分析

图 9.15(a)给出了零偏压下取代基对分子透射谱的影响。从图中可以看出,费米能级附近存在较宽的透射峰。图 9.15(a)给出了分子投影自洽哈密顿量(molecular projected self-consistent Hamiltonian,MPSH)的数值(实心点和实心正方形表示占据轨道,空心点和空心正方形表示空轨道)。PA 和 Sub-PA 分别在-0.06 eV 和-0.08 eV 处的宽共振峰,这是来自 HOMO 轨道的贡献;而在费米能级以上 1.02 eV 和 1.03 eV 的共振峰,则来自 LUMO 轨道的贡献。引入取代基后,HOMO 透射峰明显降低,导致费米能级附近的透射系数大幅降低,但 LUMO 峰降低的幅度不大。Sub-PA 在费米能级处的透射系数是 0.54,远低于 PA 的透射系数(0.95),这可以解释低电压范围 Sub-PA 的电流低于 PA 的现象。

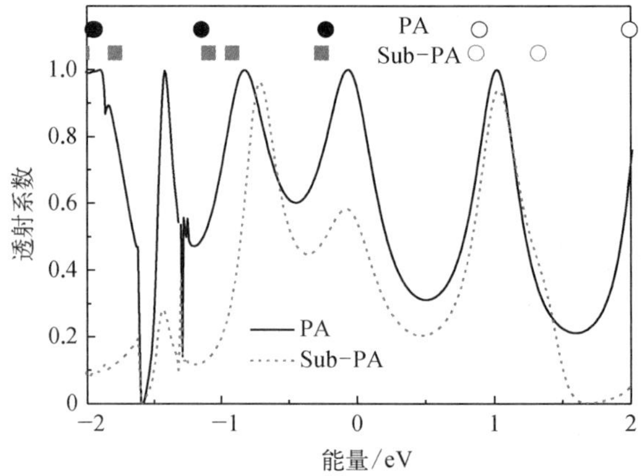

(a) 零偏压下聚乙炔分子和取代聚乙炔的透射谱

分子	HOMO	LUMO
PA	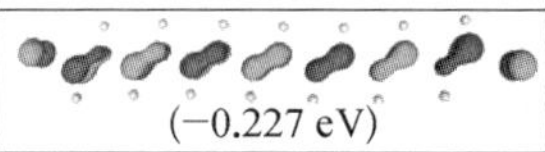 (−0.227 eV)	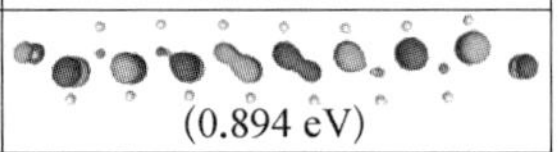 (0.894 eV)
Sub-PA	 (−0.257 eV)	 (0.870 eV)

(b) HOMO和LUMO的轨道空间分布

图 9.15 分子的透射谱和轨道空间分布的比较

图 9.15(b)比较了 PA 和 Sub-PA 分子导线在零偏压下的 HOMO 和 LUMO 的轨道空间分布。从图中可以看出,引入取代基后 HOMO 主要分布在分子骨架的左端(供电子基团—NH_2端),由原本的完全离域变为部分定域,因此 Sub-PA 对应的 HOMO 透射峰明显降低;而 LUMO 只是略微地向供电子基团移动,共轭特征变化不大,因此对应的透射峰变化很小。以上分析表明,在分子骨架两侧引入供电子基团和吸电子基团可以对共轭结构产生不对称的影响。

施加电压后，体系偏离原来的平衡态，左电极和右电极的电势分别为 $\mu_L = \mu_L(0) - \frac{eV}{2}$ 和 $\mu_R = \mu_R(0) + \frac{eV}{2}$，分子的轨道能级和空间分布也发生了相应的变化。图 9.16(a) 给出了 Sub-PA 分子在不同偏压下的透射谱，图中阴影部分表示偏压窗口，实心圆点表示分子的 HOMO 和 LUMO 的能级位置。通过透射谱，可以进一步分析非对称效应引起的整流现象。当偏压小于 0.4 V 时，偏压窗口窄，HOMO 透射峰在偏压窗口边缘，而 LUMO 离偏压窗口较远，因此只有 HOMO 对电流有贡献。从图中可以看出，负偏压使 HOMO 透射峰比正偏压时更靠近偏压窗口中心。因此，负向电流比正向电流大，整流比 $R<1$。当偏压足够大时，偏压窗口也扩大，此时 HOMO 和 LUMO 的透射峰都逐渐进入偏压窗口。因此，透射峰的主体高度，即 HOMO 和 LUMO 的离域程度就成了决定性的因素。正向偏压使分子 HOMO 和 LUMO 的离域程度增加，而负向偏压使其变小，导致正向电流要比负向电流大。因此，整流系数 $R>1$。随着外加偏压由小变大，分子电流经历了由分子轨道“能级控制”到“离域控制”的过程。

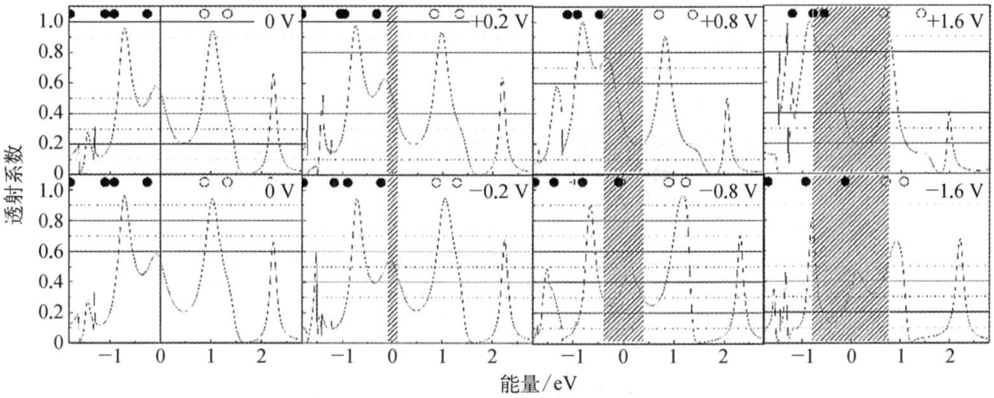

(a) 不同偏压的透射谱

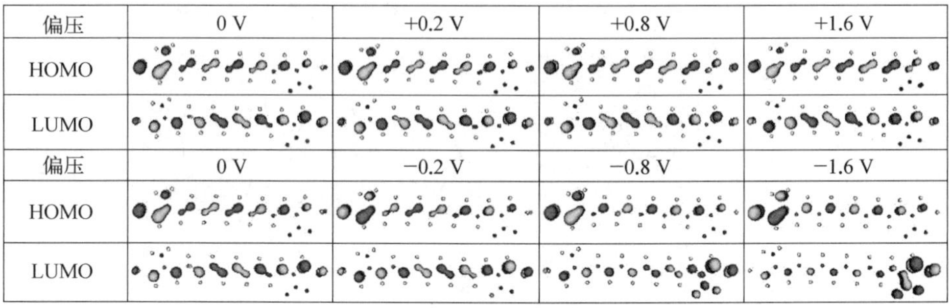

(b) 不同偏压的轨道空间分布

图 9.16　取代聚乙炔分子(Sub-PA)的透射谱和轨道分布与偏压的依赖关系

图 9.16(b) 比较了分子的 HOMO 和 LUMO 在不同偏压下的空间分布。在正偏压下，Sub-PA 的 HOMO 向分子骨架的右端(低电势端)移动，使原来部分定域的轨道变得越来越离域；而 LUMO 向分子的左端(高电势端)移动，尤其是原来在—NO_2上的分布随着正偏压的增大，变得越来越小，但 LUMO 在共轭骨架上的变化很小。在负偏压下，HOMO 和

LUMO 分别向分子的左端和右端移动,这使得它们变得越来越定域。分子轨道的能级移动和空间分布的变化对体系的电子传递非常重要,它们在偏压下的变化可以通过透射谱来体现。一般来说,每一个分子轨道都对应一个潜在的透射通道,分子轨道的离域程度决定了透射峰的峰高,而轨道的能级对应了透射峰在谱图中的位置。

图 9.17 给出了分子轨道能级随偏压的变化。两个分子的轨道能级在正负偏压下表现出不对称的移动。在所研究的偏压范围内(−2.0~2.0 V),Sub−PA 只有 HOMO、LUMO 和 HOMO−1 进入了偏压窗口,因此只需要关注它们随外加偏压的变化即可。在施加偏压下,Sub−PA 的 HOMO 分别在−0.4 V 和 1.2 V 进入偏压窗口,LUMO 则分别在−1.4 V 和 1.2 V 进入偏压窗口。而 HOMO−1 在−2.0 V 和 1.6 V 也进入了偏压窗口。分子轨道能级的不对称移动有助于理解分子结的不对称 $I-V$ 特征。

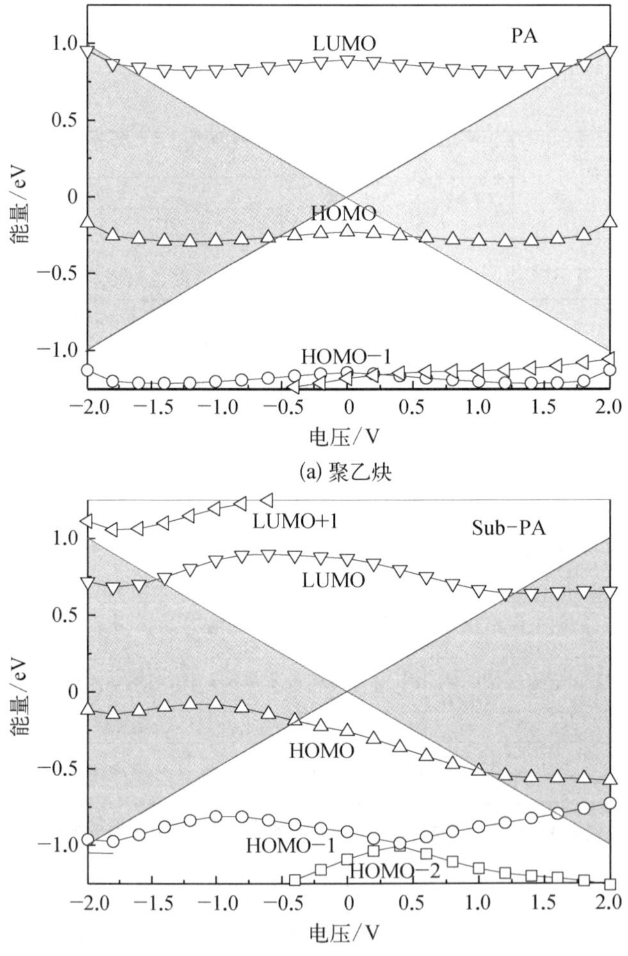

(a) 聚乙炔

(b) 取代聚乙炔

图 9.17　分子导线在不同偏压下的分子轨道能级

本节利用非平衡态格林函数(NEGF)方法对线形 π−共轭分子的电子输运性质进行了理论研究,考察了功能取代基团对分子电子结构和输运行为的影响。在线形共轭骨架上引入供电子基团($—NH_2$)和吸电子基团($—NO_2$)可以改变分子的电子结构,使分子表现出非对称特征,从而获得不对称的电子输运行为。

9.4　取代基团与质子转移引起的分子整流

早期关于分子整流的研究集中在 Aviram 和 Ratner(A-R)提出的模型,即分子供电子基团(Donor,D)和吸电子基团(Acceptor,A)之间通过一个饱和 σ 桥连接,σ 桥起隧穿能垒的作用。除了 A-R 模型,其他类型的分子整流器也备受关注。例如,利用分子 $C_{16}H_{33}$-Q3CNQ 组装到两个金属电极之间,构成 D-π-A 型的分子整流器[1,25]。如果不采用中间的 π 桥,可使供电子和吸电子基团直接耦合,例如,利用噻吩和噻唑二聚体组成 D-A 类型的单分子也可以实现整流。而扫描隧道显微镜(STM)技术的研究发现,N 取代的富勒烯($C_{59}N$)也具有单分子整流特点。此外,其他类型的整流器,包括不对称的连接基团、非对称的无机-有机分子复合物、库仑阻塞分子整流等也有一定的研究。但是由于有机分子结构的复杂性,分子整流的内在机理还需进一步研究。

线性 π 共轭分子,如寡聚亚苯基乙炔撑(OPE),展现出优异的导电性能。对这些分子进行进一步的化学修饰,特别是在分子上引入供电子基团和吸电子基团,可以有效地调控其电子传输特性[61]。这些修饰后的分子通过巯基官能团与金电极形成稳定的硫-金键连接。为了理论模拟这些纳米电子器件的电子传输性质,广泛采用了密度泛函理论(DFT)与非平衡态格林函数(NEGF)方法相结合的手段,这是一种行之有效的模拟方法。

然而,Stokbro 等通过理论计算发现 D-σ-A 类型的分子没有整流现象[6],其中 Donor 和 Acceptor 两部分通过饱和的二亚甲基连接。分子中的 σ 桥降低了分子电导,为了提高电子输运效率和整流效果,我们利用 π 桥(碳-碳双键或碳-碳叁键)连接 Donor 和 Acceptor 两部分,形成 D-π-A 结构,如图 9.18 所示。通过分析电流-电压(I-V)曲线和透射谱,我们发现在有苯环参与的线性共轭分子上取代功能基团后,分子的电导增加。由于取代的功能基团没有改变电子传递的主要路径,整流现象不明显。因此,本节的重点集中在不改变电子传递路径的条件下,分子上取代功能基团发生质子转移反应对非对称电子传递的影响。

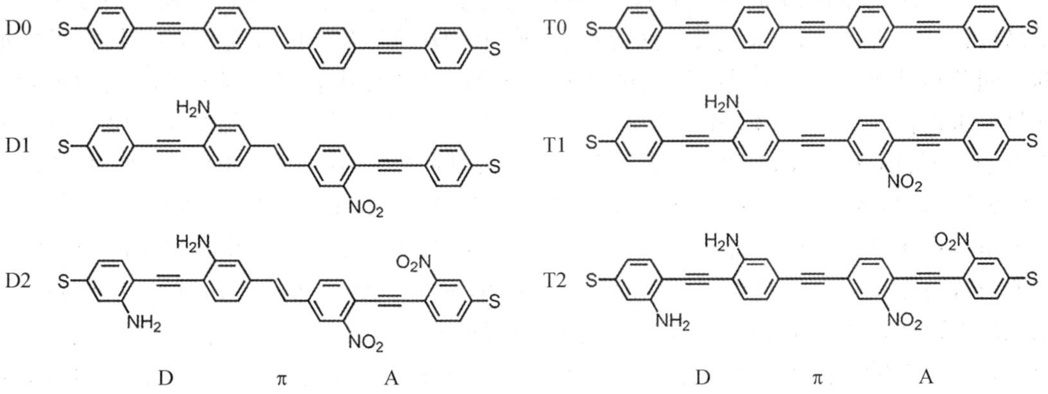

图 9.18　二苯乙炔通过碳-碳双键或叁键连接的分子结构(未取代的分子用 D0 和 T0 表示,取代 1 对$—NH_2$和$—NO_2$的分子用 D1、T1 表示,取代 2 对的用 D2 和 T2 表示)

电子输运计算前先对分子进行结构优化，然后建立电极-分子-电极模型（图 9.19），再次对有机分子进行结构优化，收敛标准为每个原子上的受力小于 0.05 eV/Å。优化完成之后在分子结上施加 0~2 V 的偏压，利用 NEGF 方法计算分子结的电流。

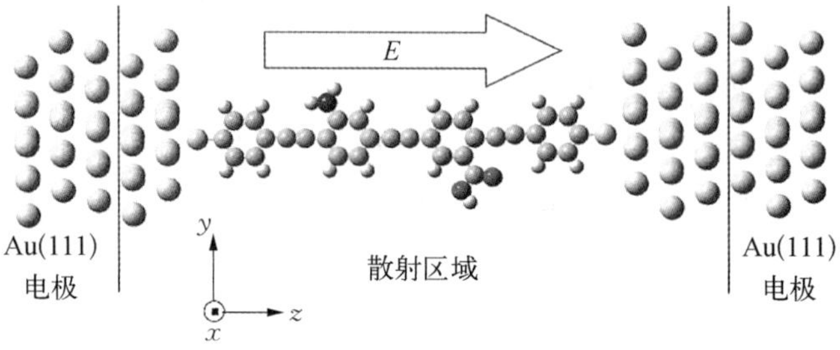

(a) 金属-分子-金属结示意图

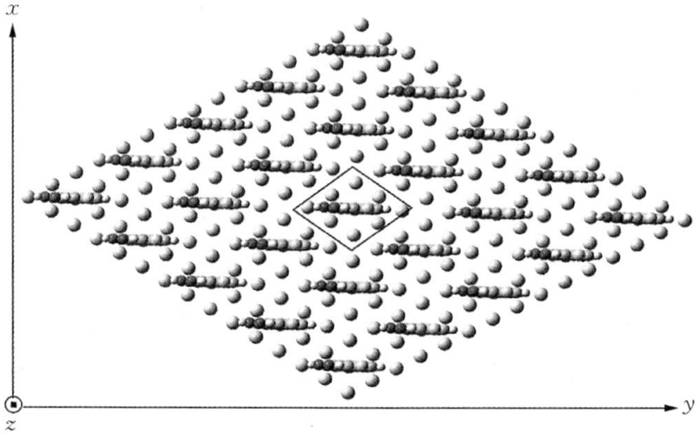

(b) 周期性重复结构的模型

图 9.19　计算模型与分子结构

9.4.1　非对称取代功能基团

分子轨道的空间排布是分子的一种静态属性，通过它我们可以直接观察到分子的电子结构特征。在图 9.20(a)中，分别展示了 D0、T0、D1、T1、D2 和 T2 分子的前线分子轨道的空间分布情况。对于未进行取代的共轭分子 D0 和 T0，其最高占据分子轨道（HOMO）和最低未占据分子轨道（LUMO）都遍布于整个分子之中。然而，一旦引入供电子基团和吸电子基团，HOMO 和 LUMO 就会呈现出局部化的特点，其中 HOMO 主要集中在供体（D）部分，而 LUMO 主要集中在受体（A）部分。HOMO 和 LUMO 的分布特征与取代基团的数量存在关联。具体而言，每当增加一对供电子基团和吸电子基团时，HOMO 和 LUMO 的非对称分布就会变得更加明显。通过对 HOMO 和 LUMO 分布的变化进行分析，我们可以推测 D2 和 T2 分子可能具有非对称的电子传输特性。

取代的功能基团不仅改变了分子轨道的空间分布，还对能级产生了影响，特别是最高占据分子轨道（HOMO）和最低未占据分子轨道（LUMO）之间的能隙（E_g）。图 9.20(b)展示了 D0 至 T2 系列分子的 E_g 随偏压的变化。对于没有取代基团的共轭分子，T0 的 E_g 比

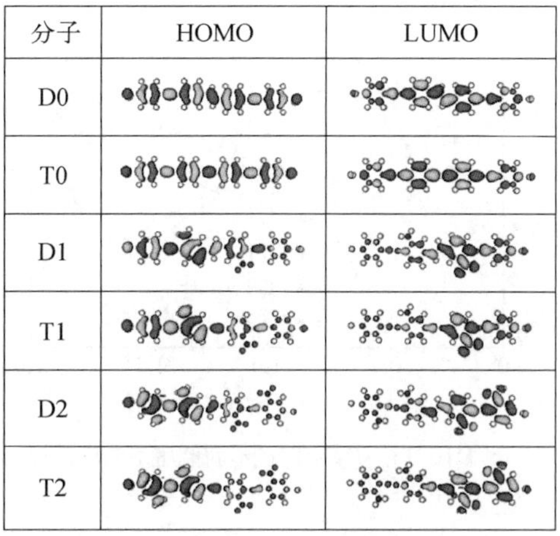

(a) 零偏压下分子轨道的空间分布

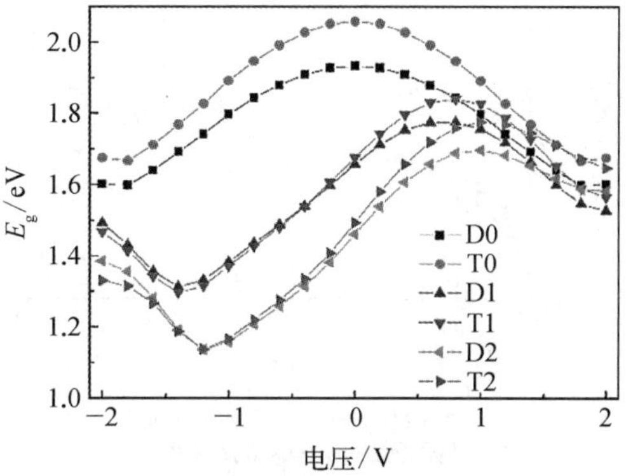

(b) 分子能隙E_g随偏压的变化

图 9.20　D0、T0、D1、T1、D2 和 T2 的电子结构特征

D0 要大。取代基团不仅减小了 D1 和 T1 分子的 E_g，而且这两个分子 E_g 的差值也变小。在 D2 和 T2 分子中，这种现象更加明显。另外，D0 和 T0 分子的 E_g 在正负偏压下的变化是对称的。但是，引入取代基团后，分子的 E_g 随正负偏压的变化呈现不对称性。例如，在负偏压下，D1 和 T1 分子的 E_g 首先减小，当偏压超过 −1.4 V 后，E_g 开始缓慢增加。因此，在所研究的负偏压范围内，E_g 存在一个最小值。当对分子结施加正偏压时，E_g 首先增加，在 0.8 V 时达到最大值，然后逐渐减小。因此，取代分子在负偏压下的 E_g 要低于相应正偏压下的值。由此我们可以推断，分子结在负偏压下的势垒较小，有利于电子的传递。因此，负偏压下的电流可能会大于相应正偏压下的电流。

图 9.21(a)和(b)展示了这一系列分子的电流-电压曲线(I-V)以及整流比，其中整流比是正向偏压下的电流与负向偏压下电流的比值。在图 9.21(a)中，D1、T1、D2 和 T2 分子的 I-V 曲线走势一致，且电流也相差不多。尽管电流表现出一定的非对称性，但整流效应并不显著。这些分子的电子传递主体由其线性的共轭结构承担，而取代基团只是对其几何结构和电子结构进行了轻微的修饰。因此，这四个分子在零偏压下的电导相似，而且在低偏压下电流的非对称特点也不明显。对于 D1 和 T1 分子，其整流比接近 1，这表明当分子上取代 1 对—NH_2 和—NO_2 时，分子并不表现出整流效应。然而，当再增加 1 对取代基团时，分子的整流效应略有增强。例如，在偏压为 1.6 V 时，D2 和 T2 的整流比为0.5，这意味着分子在负向偏压下的电流是正向偏压下电流的 2 倍。这表明电流更倾向于从受体流向供体，也就是说，电子更容易从供体传递到受体，这与 Stadler 等[60]的研究结果相一致。对比所有取代分子，我们发现线性共轭分子上的非对称取代基团对电子传递的影响较小，只能引起微弱的整流效应。

上述讨论的金属-分子-金属结中的电流是通过 Landauer-Büttiker 公式(9.2)计算得出的。图 9.22 展示了分子 D1 和 D2 在不同偏压下的透射谱。对于分子 D1，当偏压小于 1.0 V时，由于此偏压窗口较窄，偏压窗口为[−0.5 eV, 0.5 eV]，HOMO 和 LUMO 的共振峰

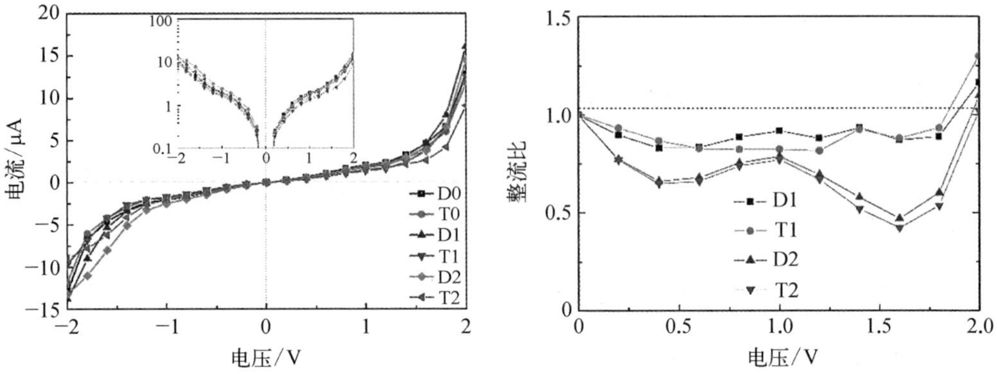

(a) 取代分子D0-T2的$I-V$曲线（插图是对数坐标的$I-V$曲线）

(b) D1、T1、D2和T2在不同偏压下的整流比

图 9.21 模型分子的输运行为

均未落入该窗口内。因此，在此低偏压下，分子未展现出整流效应。随着偏压的增加，HOMO 和 LUMO 的共振峰也移动，同时偏压窗口相应拓宽，导致部分共振峰进入偏压窗口。对于图 9.22(a) 中的分子 D1，在−2.0 V 时，HOMO 和 LUMO 均位于偏压窗口[−1.0 eV, 1.0 eV]内；而在 2.0 V 时，HOMO 和 LUMO 的部分也对电流有所贡献。因此，正负偏压下分子结的电流相近，整流效果不明显。对于图 9.22(b) 中的分子 D2，在−1.6 V 时，部分 HOMO 和 LUMO 位于偏压窗口[−0.8 eV, 0.8 eV]内；而在 1.6 V 时，偏压窗口不包含 HOMO 和 LUMO 共振峰。因此，D2 分子在 1.6 V 时表现出整流现象，但整流效应相对较弱。上述分析揭示，在共轭分子上取代供体和受体基团对电子传递的影响较小，即D-π-A 型分子结的整流效应较为微弱。

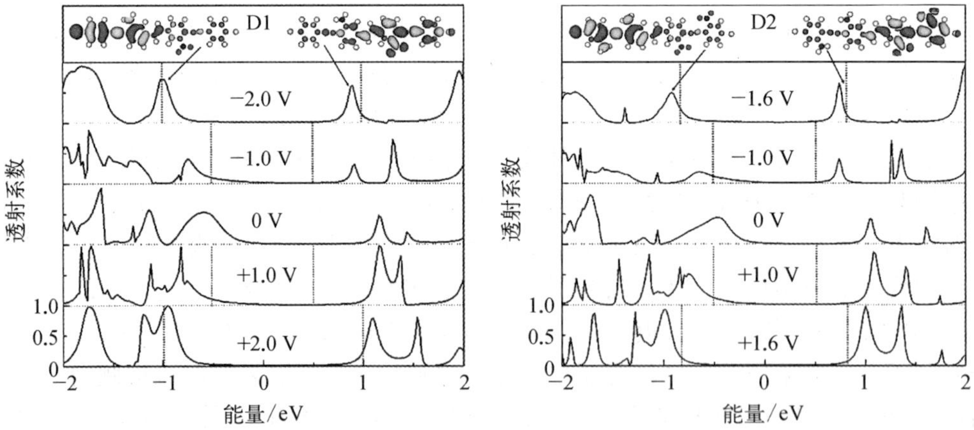

(a) D1

(b) D2

图 9.22 不同偏压下的透射谱（短竖线表示偏压窗口$[-eV_b/2,\ eV_b/2]$）

由于 D-π-A 型的分子具有良好的共轭结构，容易储存或提供电子。在 D-π-A 分子结中，电子传递的主要路径是共轭链，分子两侧修饰的功能基团并没有改变电子传递的路

径。因此取代基团对电子传递的影响较小,整流效应微弱。但是两对取代基团的 D2 和 T2 的整流效应比一对取代的 D1 和 T1 略有增加,说明极化掺杂程度增加时,电流的非对称性变高。那么,如何通过电荷掺杂使共轭分子的整流作用更有效?为了解决这个问题,下文将研究伴随化学反应的电子传递,特别是考虑分子中的质子转移反应。当共轭分子中发生质子转移后,共轭分子链上的电荷分布将发生改变。

9.4.2　功能基团发生质子转移

我们发现对于分子尺度的电子传递,电子传递路径起重要作用。此外,通过对 D-π-A 类型分子结的研究,我们发现在共轭链上功能基团的取代对电子输运的影响较小。那么,是否通过电荷掺杂使共轭分子的整流更有效?

我们知道,在共轭分子中取代供电子基团—NH_2 和吸电子基团—COOH,可以构成 D-π-A 类型的分子结,如图 9.23 中的模型 TN 所示。由于分子中引入了酸性和碱性的功能基团,当环境的 pH 改变时,分子中的质子会发生转移反应,形成两性离子 TI。本节的研究重点是质子转移反应对分子整流的影响。

TN

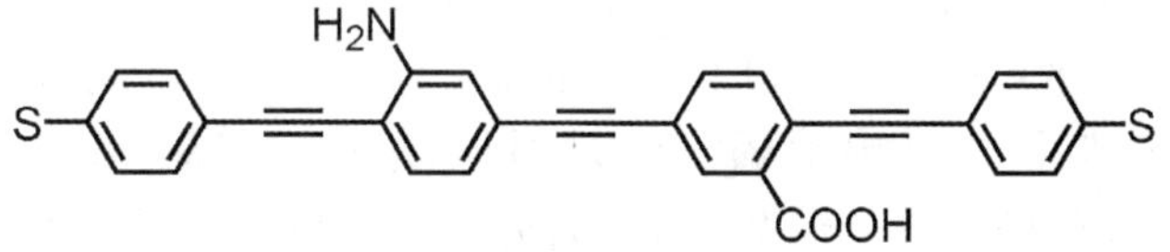

TI

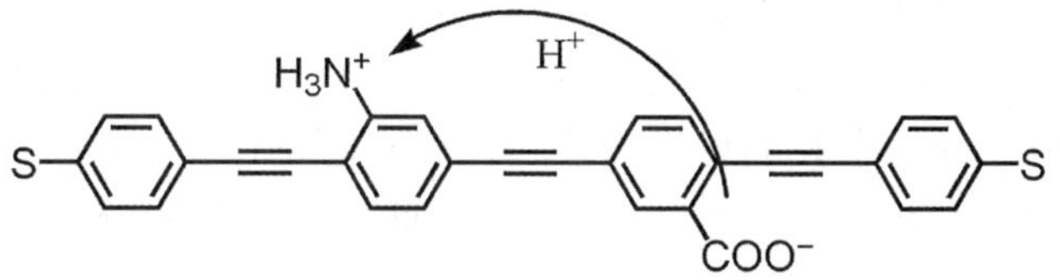

图 9.23　TN 和 TI 的分子结构(取代—NH_2 和—COOH 的 OPE 分子为 TN,质子转移以后为 TI)

由于本节研究的共轭分子中,苯环之间通过 C═C 或 C≡C 连接,分子内的扭转势垒较低,取代分子之后可能会导致分子的扭转。而扭转角能够降低分子的电导[62],例如,Grave 等[63]和 Venkataraman 等[64]发现分子电导与扭转角有定量关系。因此,我们通过构象分析方法研究分子内的扭转效应。图 9.24(a)给出了势能面(potential energy surface, PES)研究的模型,即二苯乙炔上取代不同的基团。扭转角定义为 C1-C2-C3-C4 的二面角 θ, θ 为 0°~180°,每隔 5°计算分子的能量。PES 可以通过傅里叶级数展开,如式(9.5)所示,拟合曲线绘制在图 9.24(b)中。

$$\varepsilon(\theta) = \sum_{i=1}^{6} \frac{\varepsilon_i}{2}[1 - \cos i(\pi - \theta)] + \varepsilon(0) \tag{9.5}$$

式中,$\varepsilon(\theta)$ 为分子的扭转角为 θ 时的能量;$\varepsilon(0)$ 是分子的扭转角为 0°时的能量,平面构型的能量定义为 0。

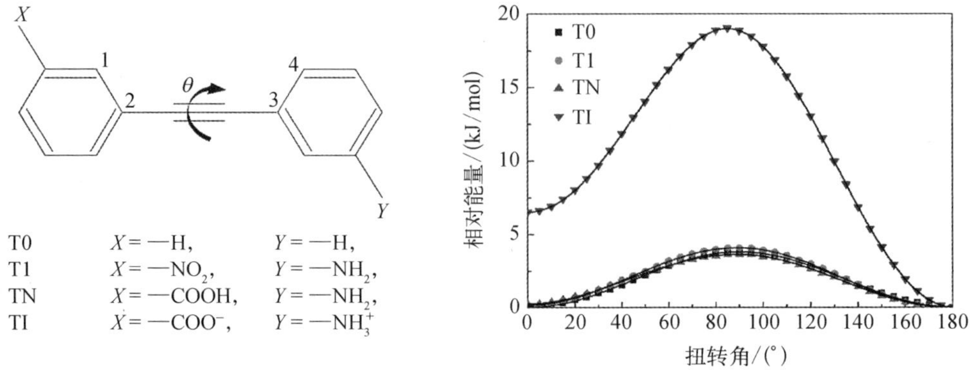

(a) 分子结构图　　(b) 扭转势能面分析

图 9.24　取代二苯乙炔的构象分析

从图中可以看出,当两个苯环之间的扭转角为 0°时,即分子构型为平面时能量最低。对于 T0、T1 和 TN 分子,它们的 PES 曲线很相似,而且曲线相对于 $\theta = 90°$对称,表明当 $\theta =$ 0°或 180°时,分子能量最低,而 $\theta = 90°$时能量最高。零偏压下,T0、T1 和 TN 三个分子的扭转势垒分别为 3.78 kJ/mol、4.07 kJ/mol 和 3.62 kJ/mol。三个分子的扭转势垒相近,说明取代基团对扭转势垒的影响微弱。但是对于质子转移后的 TI 分子,扭转势垒升至 18.85 kJ/mol,远高于其他三个模型分子,说明离子化的基团增加了苯环之间的扭转难度。因此,室温下分子中的苯环较难扭转,倾向于保持平面构型,而且当氨基和羧基在分子同侧时能量低于异侧的构型,能量差为 6.50 kJ/mol,正、负电荷基团之间的静电吸引降低了分子能量。从 PES 分析中我们可以得出,几种分子均倾向于平面构型。根据 4.4 节的研究,扭转角增加时电子的透射系数也会降低,因此平面构型的分子具有更高的导电性。

从半导体物理学的角度出发,D-π-A 型分子中的供体电子基团替代可视为 n 型掺杂,而吸电子基团替代相当于 p 型掺杂。因此,D-π-A 型分子在某种程度上可以类比为微型的 p-n 结。然而,经过上述分析,我们认识到,通过非对称取代共轭分子来形成 p-n 结的方法,其效率并不理想。原因在于,在纳米级的共轭分子结构中,掺杂基团难以在分子内部实现有效分离,故需将整个分子视为一个整体来处理,而非几个独立的分子片段。此外,供电子部分与吸电子部分通过 π 桥紧密相连,它们之间的电子耦合作用较强,这导致 D-π-A 型共轭分子的整流效应并不显著。

上述研究提出了一种新颖的设计分子电子器件的方法,这种方法是基于化学反应来实现的。一个具体的实例是利用质子转移反应来构建分子电子器件。在这个例子中,在分子导线中引入两个特定的基团,一个能提供质子,另一个能接受质子,如模型分子 TN,它在寡聚亚苯基乙炔撑上取代了羧基(—COOH)和氨基($—NH_2$)。当外界环境的 pH 发生变化时,分子内部会发生质子转移,使得 TN 转变为 TI,进而调整分子的带电状态。与简单的非对称取代相比,质子转移反应能够显著地改变电荷在共轭分子中的分布状况,有望获得更高的整流效率。

图 9.25(a)给出了分子在质子转移前(TN)和转移后(TI)的 I-V 曲线。未发生质子转移时,中性分子 TN 的特点与前文介绍的非对称取代的 D1 和 T1 类似,I-V 曲线基本对称,

正负偏压下的电流差别较小。因此,整流特征不明显。但是,当分子内—COOH 上的质子转移到—NH_2上,荷电的 TI 分子的 I–V 曲线发生了显著变化。它在 1.0 V 时的电流是相应负偏压下电流的 6 倍,整流效果明显,并且在较宽的偏压范围内都可以获得较为显著的整流效果,如图 9.25(b)所示。另外一点值得注意,在 TI 分子中,电子易于从带有负电荷的—COO^-一端传递到带有正电荷的—NH_3^+一端。Morales 等曾观测到 N 原子的质子化会影响电子传递[28],甚至可以改变二嵌段体系的整流方向。这也证实了通过控制化学反应,中性的共轭分子变为两性离子,从而表现出不对称的电子传递行为。

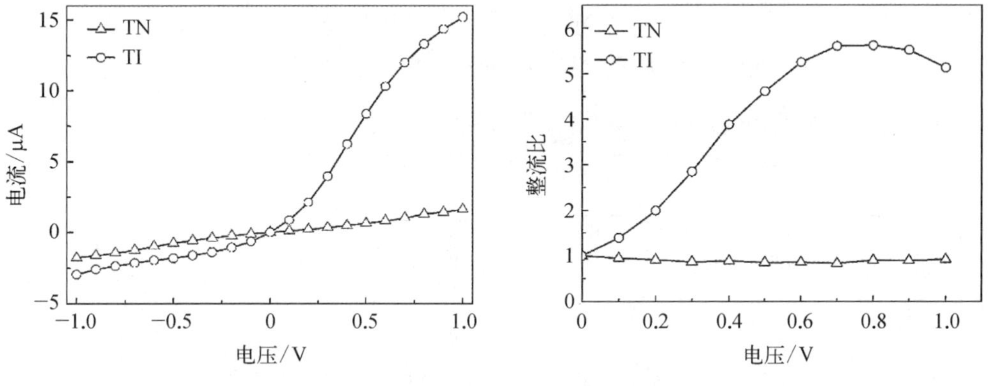

(a) I–V曲线　(b) 不同电压下的整流比

图 9.25　TN 和 TI 分子的输运行为

通过对前线分子轨道的空间分布以及透射谱的深入分析,我们可以进一步揭示两性分子 TI 的独特性质。图 9.26(a)展示了 TN 和 TI 的 HOMO 和 LUMO 的空间分布特征。在 TN 分子中,尽管取代基团在一定程度上减弱了 HOMO 和 LUMO 的离域性,例如,HOMO 更倾向于分布在—NH_2端,而 LUMO 更倾向于分布在—COOH 端,但 HOMO 和 LUMO 仍然遍布整个分子,这与 D1 和 T1 的特性相吻合。当分子内部发生质子转移后,两性分子 TI 的 HOMO 变得局限于羧基取代的部分,而 LUMO 主要分布在氨基取代的部分。值得注意的是,尽管如此,相比于 HOMO,LUMO 的 π 电子仍然表现出较高的离域性。当离域的分子轨道能级位于偏压窗口之内时,它们能够形成电子隧穿的通道。从分子轨道的分布来看,TI 的 LUMO 是电子隧穿的主要通道,而 HOMO 由于其定域性特点,对电子隧穿的贡献相对较小。因此,我们将主要以 LUMO 的共振峰进行分析。另外,LUMO 的能级在正负偏压的作用下会发生不对称的移动。LUMO 轨道的离域性以及轨道能级在偏压下的不对称移动,共同构成了 TI 分子整流效应的主要原因。

图 9.26(b)和(c)给出了 TN 和 TI 分子在系列偏压下的透射谱,偏压范围为$-1.0\ \mathrm{V} < V_b < +1.0\ \mathrm{V}$(每条曲线平移 0.1)。对于中性的 TN 分子,HOMO 和 LUMO 分布在整个分子上,C 原子 p_z轨道的 π 电子可以在电场下自由流动,导致 HOMO 和 LUMO 的共振峰都较宽。对分子结施加偏压后,HOMO 和 LUMO 峰的能级随偏压移动,HOMO 的能级都低于 −0.5 eV,而 LUMO 都高于 1.0 eV。图中的阴影部分表示偏压窗口,我们可以看出 HOMO 和 LUMO 都分布在偏压窗口[−0.5 eV, 0.5 eV]以外,对电流的贡献较小。图 9.26(c)中 TI

的透射谱具有明显不同的特点，由于 HOMO 是定域分布，它的共振峰非常微弱，但是 LUMO 有较强的共振峰。此外，质子转移导致 LUMO 的能级降低，在正偏压下 LUMO 共振峰进入偏压窗口，对电流有贡献。但是负偏压下，LUMO 不在偏压窗口内。正负偏压下的不同特点，导致 TI 分子表现出单向电子传递的特征。Langer 和 Martyński[65] 曾报道“质子纳米整流器”，它是基于两个单分子层对接形成的 p−n 结，两个单分子层分别以胺基末端和羧基末端对接，形成 N···H—O 氢键，氢键形成隧穿势垒，产生分子整流。这种发生在界面的由质子转移反应引起的整流与我们提出的分子内质子转移反应整流有所不同。

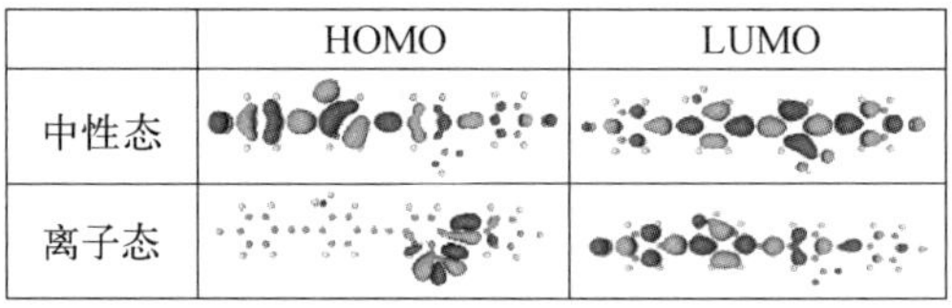

(a) 零偏压的轨道分布

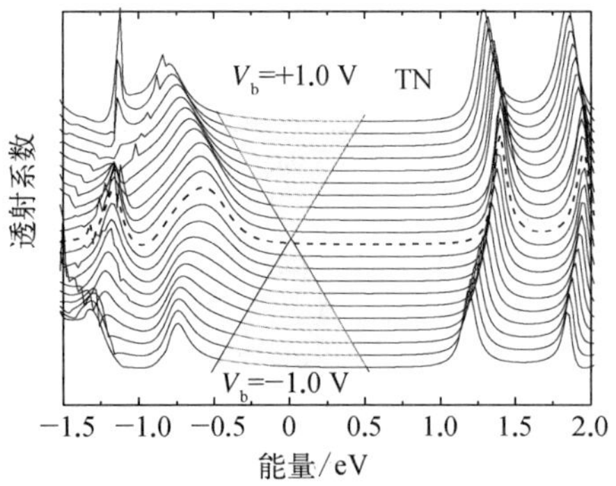

(b) 不同偏压TN的透射谱

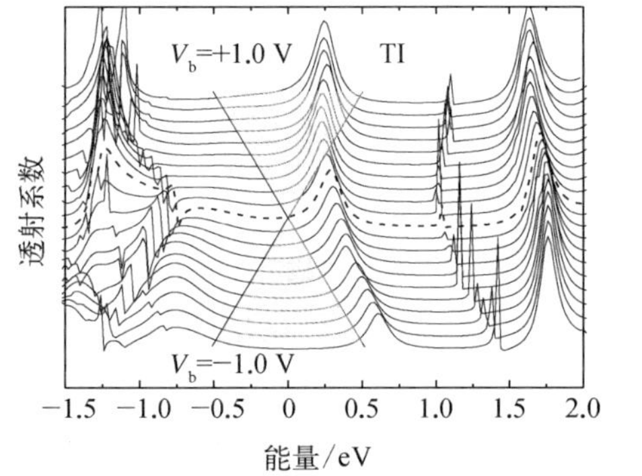

(c) 不同偏压TI的透射谱(每条曲线平移了0.1，阴影区域表示偏压窗口，虚线表示V_b = 0 V时的透射谱)

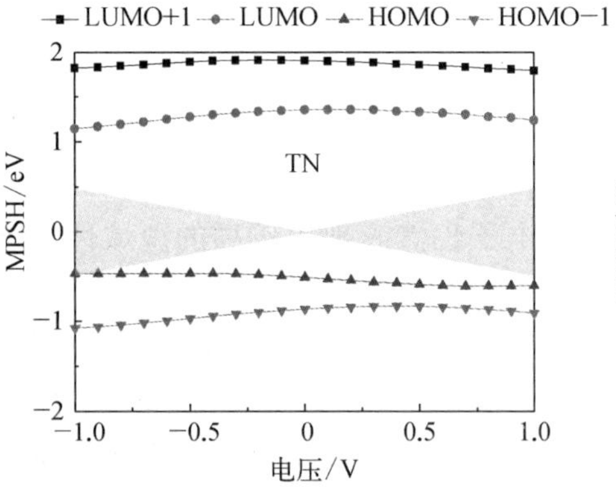

(d) 不同偏压TN的轨道能级

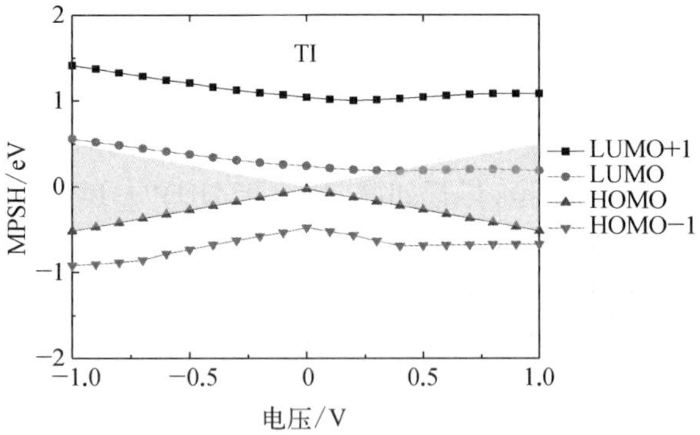

(e) 不同偏压TI的轨道能级

图 9.26 TN 和 TI 的轨道分布与透射谱

通过透射谱的分析，我们确定了共振峰的强度和位置为影响分子 TI 整流特性的两个关键因素。因此，我们对分子部分的自洽哈密顿量进行了对角化处理，这一过程计算出了分子轨道能级，接着给出了分子投影自洽哈密顿量(MPSH)随偏压变化的情况，如图 9.26(d) 和(e)所示。图中阴影部分表示偏压窗口，它以费米能级为中心呈现对称分布，并随着偏压的增大向两端扩展。对于中性分子 TN,其分子轨道能级在正负偏压下呈现对称移动,且主要分布在偏压窗口之外。这与图 9.26(b)中透射谱的结果相吻合。因此,分子 TN 的 *I*−*V* 曲线在正负偏压下呈现对称性。然而,对于两性离子 TI,其 LUMO 能级随偏压的变化呈现非对称性移动。具体来说,LUMO 能级随负偏压的增加而上升,远离偏压窗口;随正偏压的增加而下降,并在 0.4 V 时进入偏压窗口。由于 HOMO 的共振峰较弱,所以在正向偏压下,LUMO 共振峰起主导作用。这导致电流在 0.4 V 之后急剧增加,从而使得 TI 表现出显著的整流效应。

此外,为了验证本节中分子模型的可靠性,我们计算了分子在 Au 电极表面定位方式以及 Au 表面层数对电子传递的影响。以 TN 分子为例,图 9.27(a)给出了分子计算模型。上文研究的 TN 分子结模型定义为 A;把分子绕长轴旋转 15°,得到模型分子 B;增加 Au 电极的表面原子层数目,即左边和右边的 Au 表面层均为三层原子,得到模型分子 C。图 9.27(b)给出了三个模型分子的 *I*−*V* 曲线。在研究的偏压范围内,三个模型分子的 *I*−*V* 曲线基本相同,说明计算的模型可靠。

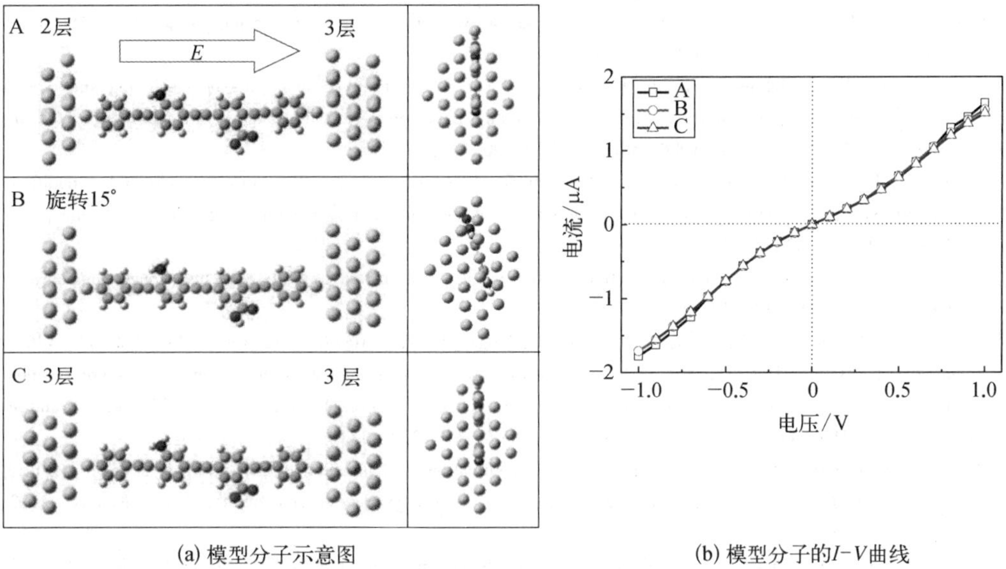

(a) 模型分子示意图　　(b) 模型分子的*I*−*V*曲线

图 9.27　计算模型的可靠性验证

在本节中,我们运用 DFT 结合 NEGF 研究了一系列 D−π−A 型共轭分子结的电子输运特性。通过在共轭分子上分别取代供电子基团—NH_2和吸电子基团—COOH,我们构建了 D−π−A 结构的分子整流器。然而,这些取代的功能基团对电子输运的影响相对较小,导致中性分子 TN 的整流效应较为微弱。但是,通过调控化学反应,即实现分子内的质子转移,可以获得显著的整流效果。具体而言,当—COOH 上的质子转移到—NH_2上后,形成的两性离子 TI 表现出明显的整流现象。在研究的偏压范围内,该分子的整流比达到了 6,电子更倾向于从—COO^-流向—NH_3^+。通过对分子轨道和透射谱的分析,我们发现 TI 的 LUMO 对整流效应起到了重要贡献。LUMO 具有离域分布特性,且在正向偏压下,LUMO 的共振峰位于偏压窗口内,这导致正向电流较大,成为分子 TI 整流的主要因素。本节中提出的通过化学反应调控分子结内电子输运的方法，可为设计新型的分子整流器提供参考。

参考文献

[1] Ashwell G J, Sambles J R, Martin A S, et al. Rectifying characteristics of Mg|($C_{16}H_{33}$-Q3CNQ LB film)|Pt structures[J]. Journal of the Chemical Society, Chemical Communications, 1990(19): 1374-1376.

[2] Ng M K, Lee D C, Yu L P. Molecular diodes based on conjugated diblock co-oligomers[J]. Journal of the American Chemical Society, 2002, 124(40): 11862-11863.

[3] Datta S. Electronic transport in mesoscopic systems[M]. Cambridge: Cambridge University Press, 1995.

[4] Troisi A, Ratner M A. Modeling the inelastic electron tunneling spectra of molecular wire junctions[J]. Physical Review B, 2005, 72(3): 033408.

[5] Taylor J, Guo H, Wang J. *Ab initio* modeling of quantum transport properties of molecular electronic devices[J]. Physical Review B, 2001, 63(24): 245407.

[6] Stokbro K, Taylor J, Brandbyge M. Do aviram-ratner diodes rectify[J]. Journal of the American Chemical Society, 2003, 125(13): 3674-3675.

[7] Staykov A, Nozaki D, Yoshizawa K. Theoretical study of donor-π-bridge-acceptor unimolecular electric rectifier[J]. The Journal of Physical Chemistry C, 2007, 111(31): 11699-11705.

[8] Li Z Y, Kosov D S. Dithiocarbamate anchoring in molecular wire junctions: A first principles study[J]. The Journal of Physical Chemistry B, 2006, 110(20): 9893-9898.

[9] Polymeropoulos E E, Möbius D, Kuhn H. Monolayer assemblies with functional units of sensitizing and conducting molecular components: Photovoltage, dark conduction and photoconduction in systems with aluminium and barium electrodes[J]. Thin Solid Films, 1980, 68(1): 173-190.

[10] Fujihira M, Nishiyama K, Yamada H. Photoelectrochemical responses of optically transparent electrodes modified with Langmuir-Blodgett films consisting of surfactant derivatives of electron donor, acceptor and sensitizer molecules[J]. Thin Solid Films, 1985, 132(1): 77-82.

[11] Metzger R M. One-molecule-thick devices: Rectification of electrical current by three langmuir-blodgett monolayers[J]. Synthetic Metals, 2003, 137(1): 1499-1501.

[12] Metzger R M. Unimolecular rectifiers: Methods and challenges[J]. Analytica Chimica Acta, 2006, 568(1): 146-155.

[13] Shumate W J, Mattern D L, Jaiswal A, et al. Spectroscopy and rectification of three donor-σ-acceptor compounds, consisting of a one-electron donor (*pyrene* or ferrocene), a one-electron acceptor (perylenebisimide), and a C_{19} swallowtail[J]. The Journal of Physical Chemistry B, 2006, 110(23): 11146-11159.

[14] Ashwell G J, Tyrrell W D, Whittam A J. Molecular rectification: Self-assembled monolayers of a donor-(π-bridge)-acceptor chromophore connected via a truncated Au-S-(CH_2)$_3$ bridge[J]. Journal of Materials Chemistry, 2003, 13(12): 2855-2857.

[15] Zhao J W, Zeng C G, Cheng X, et al. Single $C_{59}N$ molecule as a molecular rectifier[J]. Physical Review Letters, 2005, 95(4): 045502.

[16] Wu D G, Ghabboun J, Martin J M L, et al. Tuning of Au/n-GaAs diodes with highly conjugated molecules[J]. The Journal of Physical Chemistry B, 2001, 105(48): 12011-12018.

[17] Holmlin R E, Haag R, Chabinyc M L, et al. Electron transport through thin organic films in metal-insulator-metal junctions based on self-assembled monolayers[J]. Journal of the American Chemical Society, 2001, 123(21): 5075-5085.

[18] Wang B, Zhou Y, Ding X, et al. Conduction mechanism of Aviram-Ratner rectifiers with single pyridine-σ-C_{60} oligomers[J]. The Journal of Physical Chemistry B, 2006, 110(48): 24505-24512.

[19] Jiao L Y, Xian X J, Fan B, et al. Fabrication of carbon nanotube diode with atomic force microscopy manipulation[J]. The Journal of Physical Chemistry C, 2008, 112(20): 7544-7546.

[20] Xu B Q, Xiao X Y, Tao N J. Measurements of single-molecule electromechanical properties[J]. Journal of the American Chemical Society, 2003, 125(52): 16164-16165.

[21] Elbing M, Ochs R, Koentopp M, et al. A single-molecule diode[J]. Proceedings of the National Academy of Sciences of the United States of America, 2005, 102(25): 8815-8820.

[22] Aviram A, Ratner M A. Molecular rectifiers[J]. Chemical Physics Letters, 1974, 29(2): 277 - 283.
[23] Metzger R M. Unimolecular electrical rectifiers[J]. Chemical Reviews, 2003, 103(9): 3803 - 3834.
[24] Honciuc A, Jaiswal A, Gong A, et al. Current rectification in a Langmuir-Schaefer monolayer of fullerene-bis-[4-diphenylamino-4′′-(n-ethyl-n-2′′′-ethyl) amino-1, 4-diphenyl-1, 3-butadiene] malonate between Au electrodes[J]. The Journal of Physical Chemistry B, 2005, 109(2): 857 - 871.
[25] Martin A S, Sambles J R, Ashwell G J. Molecular rectifier[J]. Physical Review Letters, 1993, 70(2): 218 - 221.
[26] Metzger R M, Chen B, Höpfner U, et al. Unimolecular electrical rectification in hexadecylquinolinium tricyanoquinodimethanide[J]. Journal of the American Chemical Society, 1997, 119(43): 10455 - 10466.
[27] Jiang P, Morales G M, You W, et al. Synthesis of diode molecules and their sequential assembly to control electron transport[J]. Angewandte Chemie (International Ed), 2004, 43(34): 4471 - 4475.
[28] Morales G M, Jiang P, Yuan S W, et al. Inversion of the rectifying effect in diblock molecular diodes by protonation[J]. Journal of the American Chemical Society, 2005, 127(30): 10456 - 10457.
[29] Oleynik I I, Kozhushner M A, Posvyanskii V S, et al. Rectification mechanism in diblock oligomer molecular diodes[J]. Physical Review Letters, 2006, 96(9): 096803.
[30] Mukherjee B, Pal A J. Rectification in molecular assemblies of donor-acceptor monolayers[J]. Chemical Physics Letters, 2005, 416(4): 289 - 292.
[31] Mukherjee B, Mohanta K, Pal A J. Tuning of molecular rectification in donor/acceptor assemblies via supramolecular structures[J]. Chemistry of Materials, 2006, 18(14): 3302 - 3307.
[32] Ellenbogen J C, Love J C. Architectures for molecular electronic computers. I. Logic structures and an adder designed from molecular electronic diodes[J]. Proceedings of the IEEE, 2000, 88(3): 386 - 426.
[33] Nishino T, Ito T, Umezawa Y. A fullerene molecular tip can detect localized and rectified electron tunneling within a single fullerene-porphyrin pair[J]. Proceedings of the National Academy of Sciences of the United States of America, 2005, 102(16): 5659 - 5662.
[34] Esfarjani K, Farajian A A, Hashi Y, et al. Electronic and transport properties of N-P doped nanotubes[J]. Applied Physics Letters, 1999, 74(1): 79 - 81.
[35] Troisi A, Ratner M A. Molecular rectification through electric field induced conformational changes[J]. Journal of the American Chemical Society, 2002, 124(49): 14528 - 14529.
[36] Troisi A, Ratner M A. Conformational molecular rectifiers[J]. Nano Letters, 2004, 4(4): 591 - 595.
[37] Ashwell G J, Gandolfo D S. Molecular rectification: Dipole reversal in a cationic donor-(π-bridge)-acceptor dye[J]. Journal of Materials Chemistry, 2002, 12(3): 411 - 415.
[38] Yasuda S, Nakamura T, Matsumoto M, et al. Phase switching of a single isomeric molecule and associated characteristic rectification[J]. Journal of the American Chemical Society, 2003, 125(52): 16430 - 16433.
[39] Chang S C, Li Z Y, Lau C N, et al. Investigation of a model molecular-electronic rectifier with an evaporated Ti-metal top contact[J]. Applied Physics Letters, 2003, 83(15): 3198 - 3200.
[40] Zhao J W, Davis J J. Molecular electron transfer of protein junctions characterised by conducting atomic force microscopy [J]. Colloids and Surfaces B: Biointerfaces, 2005, 40(3): 189 - 194.
[41] Li Z Y, Kosov D S. Orbital interaction mechanisms of conductance enhancement and rectification by dithiocarboxylate anchoring group[J]. The Journal of Physical Chemistry B, 2006, 110(39): 19116 - 19120.
[42] Taylor J, Brandbyge M, Stokbro K. Theory of rectification in tour wires: The role of electrode coupling[J]. Physical Review Letters, 2002, 89(13): 138301.
[43] Meir Y, Wingreen N S. Landauer formula for the current through an interacting electron region[J]. Physical Review Letters, 1992, 68(16): 2512 - 2515.
[44] Tivanski A V, He Y F, Borguet E, et al. Conjugated thiol linker for enhanced electrical conduction of gold-molecule contacts[J]. The Journal of Physical Chemistry B, 2005, 109(12): 5398 - 5402.
[45] Zhao J W, Yu C, Wang N, et al. Molecular rectification based on asymmetrical molecule-electrode contact[J]. The Journal of Physical Chemistry C, 2010, 114(9): 4135 - 4141.
[46] Wei Z, Kondratenko M, Dao L H, et al. Rectifying diodes from asymmetrically functionalized single-wall carbon nanotubes[J]. Journal of the American Chemical Society, 2006, 128(10): 3134 - 3135.
[47] Chen J, Reed M A, Rawlett A M, et al. Large on-off ratios and negative differential resistance in a molecular electronic device[J]. Science, 1999, 286(5444): 1550 - 1552.
[48] Chen J, Reed M A. Electronic transport of molecular systems[J]. Chemical Physics, 2002, 281(2): 127 - 145.

[49] Seminario J M, Zacarias A G, Tour J M. Theoretical study of a molecular resonant tunneling diode[J]. Journal of the American Chemical Society, 2000, 122(13): 3015-3020.

[50] Taylor J, Brandbyge M, Stokbro K. Conductance switching in a molecular device: The role of side groups and intermolecular interactions[J]. Physical Review B, 2003, 68(12): 121101.

[51] Luo Y, Wang C K, Fu Y. Effects of chemical and physical modifications on the electronic transport properties of molecular junctions[J]. The Journal of Chemical Physics, 2002, 117(22): 10283-10290.

[52] Long M Q, Chen K Q, Wang L L, et al. Negative differential resistance behaviors in porphyrin molecular junctions modulated with side groups[J]. Applied Physics Letters, 2008, 92(24): 243303.

[53] Cornil J, Karzazi Y, Brédas J L. Negative differential resistance in phenylene ethynylene oligomers[J]. Journal of the American Chemical Society, 2002, 124(14): 3516-3517.

[54] Di Ventra M, Kim S G, Pantelides S T, et al. Temperature effects on the transport properties of molecules[J]. Physical Review Letters, 2001, 86(2): 288-291.

[55] Bandyopadhyay A, Wakayama Y. Origin of negative differential resistance in molecular junctions of Rose Bengal[J]. Applied Physics Letters, 2007, 90(2): 023512.

[56] Geng H, Hu Y B, Shuai Z G, et al. Molecular design of negative differential resistance device through intermolecular interaction[J]. The Journal of Physical Chemistry C, 2007, 111(51): 19098-19102.

[57] Liu R, Ke S H, Baranger H U, et al. Negative differential resistance and hysteresis through an organometallic molecule from molecular-level crossing[J]. Journal of the American Chemical Society, 2006, 128(19): 6274-6275.

[58] Galperin M, Ratner M A, Nitzan A. Hysteresis, switching, and negative differential resistance in molecular junctions: A polaron model[J]. Nano Letters, 2005, 5(1): 125-130.

[59] Saraiva-Souza A, Sumpter B G, Meunier V, et al. Electrical rectification in betaine derivatives[J]. The Journal of Physical Chemistry C, 2008, 112(31): 12008-12011.

[60] Stadler R, Geskin V, Cornil J. A theoretical study of substitution effects in unimolecular rectifiers[J]. Advanced Functional Materials, 2008, 18(7): 1119-1130.

[61] Marx E, Walzer K, Less R J, et al. Optical constants and self-assembly of phenylene ethynylene oligomer monolayers [J]. Organic Electronics, 2004, 5(6): 315-320.

[62] Li Y W, Zhao J W, Yin X, et al. Conformational analysis of diphenylacetylene under the influence of an external electric field[J]. Physical Chemistry Chemical Physics, 2007, 9(10): 1186-1193.

[63] Grave C, Risko C, Shaporenko A, et al. Charge transport through oligoarylene self-assembled monolayers: Interplay of molecular organization, metal-molecule interactions, and electronic structure[J]. Advanced Functional Materials, 2007, 17(18): 3816-3828.

[64] Venkataraman L, Klare J E, Nuckolls C, et al. Dependence of single-molecule junction conductance on molecular conformation[J]. Nature, 2006, 442(7105): 904-907.

[65] Langer J J, Martyński M. Protonic nano-rectifier: STM imaging[J]. Advanced Materials for Optics and Electronics, 1999, 9(1): 15-18.

第10章

电子传递路径的调控与分子整流

10.1 阻断共轭分子与电极耦合实现分子整流

在分子器件领域,多种因素均会对分子内部的电子传递过程产生影响,这些因素包括电极材料、界面特性、连接基团的结构、分子与电极的连接位置,以及所处的环境等。其中,分子与金属电极之间的电子耦合对于电子传递尤为关键。因此,调控界面上的电子耦合成为设计分子整流器的一个有效策略。Basch 等通过调整电极的几何形态和接触面积,发现分子电导可发生高达 3 倍的变化[1]。此外,通过创建不对称的界面接触,可以观察到分子整流效应[2]。Taylor 等[3]的理论研究进一步证实,当分子的一端通过化学吸附(如硫-金键)与电极相连,而另一端以物理吸附与电极接触时,这种不对称的分子-电极耦合同样能够引发分子整流现象。

尽管分子与电极间的物理吸附减弱了它们之间的耦合强度,但这种较弱的耦合破坏了电极费米能级与分子桥轨道能级之间的匹配,进而可能触发其他电子输运机制,尤其是可能导致介电击穿,从而造成永久性损伤。为解决这一问题,我们提出了在分子与电极之间构建可控势垒的方案。在分子结中,分子通常通过硫-金键与电极相连,这种化学键具有较强的电子耦合能力。若分子末端连接饱和基团,则可削弱界面的耦合强度。本节将采用密度泛函理论(DFT)结合非平衡态格林函数(NEGF)方法,研究由饱和化学键形成的隧穿势垒在线性共轭分子结和环状共轭分子结中的作用。图 10.1 展示了模型分子的结构。其中,线性分子为寡聚亚苯基乙炔撑(OPE),OPE 能形成刚性的长共轭分子桥。在共轭 OPE 分子的末端连接笼状饱和分子,由于饱和分子的能隙较大,因此在分子结中形成了隧穿势垒。另一系列的环状共轭分子由卟吩(prophine,Por)构成,Por 的末端也连接了饱和笼状分子。鉴于势垒的高度和宽度均对电子隧穿有影响,我们在考察势垒高度的同时,研究了其宽度在分子中的不同占比。为便于比较两个系列的模型分子,我们定义了共轭分子长度(L_c)与饱和分子长度(L_s)的比值 R,即 $R = L_c/L_s$。对于线性和环状分子系列,R 分别为 6.4 和 2.9。通过调整分子与电极的耦合强度以及分子长度比值 R,研究分子的整流行为。

为了揭示势垒高度和宽度的影响,我们研究两个分子系列,即线性共轭分子和环状共轭分子。由于两类分子的长度不同,比值 R 不同。分子两端通过巯基与 Au 电极连接,因而在界面处具有较强的电子耦合。对于线性分子,第一个片段是对称的 OPE 分子,第二

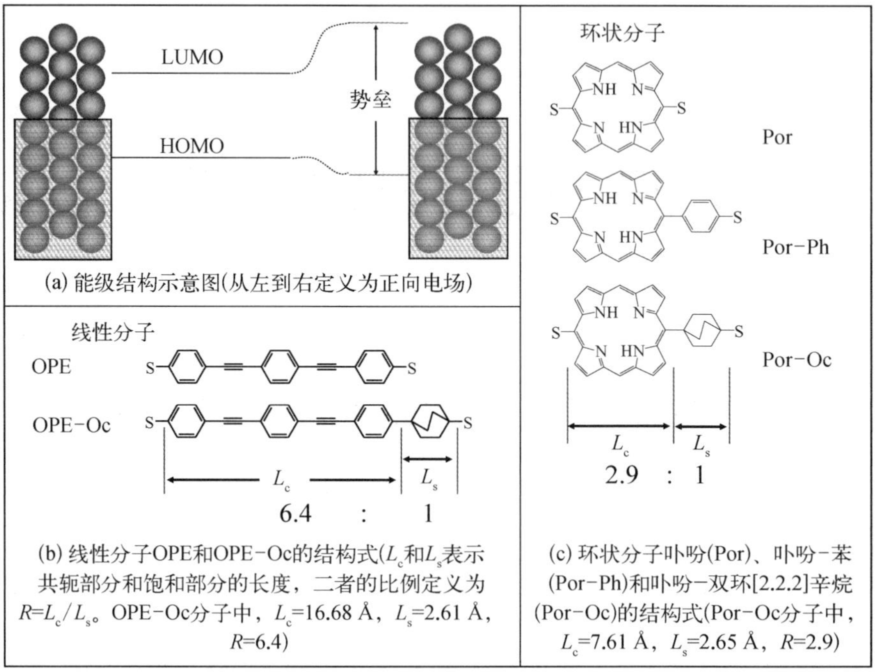

(a) 能级结构示意图(从左到右定义为正向电场)

(b) 线性分子OPE和OPE-Oc的结构式(L_c和L_s表示共轭部分和饱和部分的长度，二者的比例定义为$R=L_c/L_s$。OPE-Oc分子中，L_c=16.68 Å，L_s=2.61 Å，R=6.4)

(c) 环状分子卟吩(Por)、卟吩-苯(Por-Ph)和卟吩-双环[2.2.2]辛烷(Por-Oc)的结构式(Por-Oc分子中，L_c=7.61 Å，L_s=2.65 Å，R=2.9)

图 10.1 分子结模型

个片段是双环[2.2.2]辛烷(bicyclo[2.2.2]octane)模型,简写为 OPE-Oc。对于环状分子系列,对比了三种连接方式。首先是对称的 Por,其共轭性好,两端与电极的耦合相同;然后在其一端连接苯环,简写为 Por-Ph,卟吩与苯环之间存在扭转角,分子内的扭转角在一定程度上减弱了共轭性;最后在 Por 一端连接双环[2.2.2]辛烷,简写为 Por-Oc。由于 σ 桥的引入,分子与电极的耦合进一步被削弱。

分子几何结构的优化方法详见前面章节。将优化后的分子转移至两个 Au 电极之间,再对分子结进行优化,其中 Au 电极固定不动,分子自由弛豫,收敛标准为每个原子上的受力小于 0.05 eV/Å。优化完成之后对分子结施加偏压,基于 NEGF 方法计算电流-电压关系及电子透射性质。

10.1.1 线性共轭分子结

前线分子轨道的空间分布是分子结的静态性质之一,通过三维的图像给出可视化的分子轨道形状、延展性,以及分析原子轨道组合时节点的相位,从而直观地描述共轭分子中 π 电子的离域程度。图 10.2 给出了线性分子的最高占据轨道(HOMO)和最低空轨道(LUMO)的轨道分布,以及在零偏压下的投影态密度(PDOS)。

图 10.2(a)的左边是 OPE 的 PDOS 曲线。在给出的能级范围内,我们可以观察到位于-0.5 eV 和 1.6 eV 附近的两个峰,分别对应 HOMO 和 LUMO 的贡献。从轨道的空间分布图可以看出,OPE 的 HOMO 和 LUMO 都离域分布在全部分子上。由于 OPE 中 π 电子的离域性好,HOMO 表现出较宽的分布特征,并延伸到费米能级,提供了电子传递的主要

通道。对于图 10.2(b)中的 OPE-Oc 分子结,HOMO 和 LUMO 只分布在共轭片段。其中左边 S 原子对分子与左电极的耦合有贡献。右侧的环状饱和片段对 HOMO 和 LUMO 都没有贡献,即 σ 桥阻隔了分子与右电极的耦合。由于 σ 桥的阻隔作用,HOMO 显著负移,且其 PDOS 峰变得尖锐,意味着所能提供的电子通道数量减少。因此,从空间分布可以推测引入的势垒阻断了电子耦合,从而改变分子结的电子传递性质。

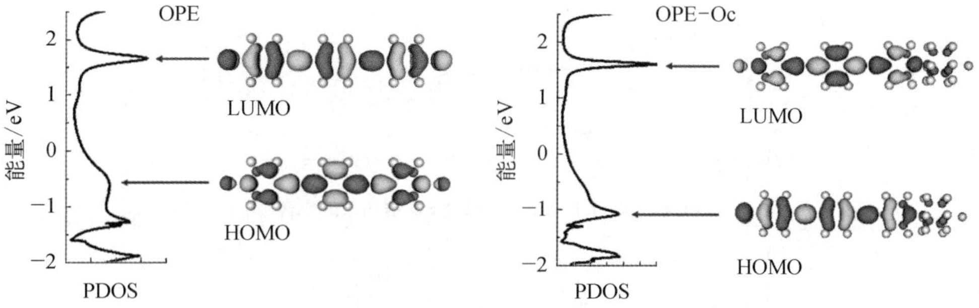

(a) OPE　　(b) OPE-Oc

图 10.2　模型分子的 PDOS 谱和前线分子轨道的空间分布

如果单纯地比较共轭片段与饱和片段的绝缘性,可知后者的电阻更大,这也会导致其电势梯度更大。图 10.3(a)给出了 OPE-Oc 分子结在 1.5 V 偏压下的电势分布。由于共轭结构中的电子流动性更强,其电势梯度小,且分布均匀。与右电极相连的饱和片段则出现更密的等势面,即电势梯度更大。因而分子结的电势降变得不均匀。饱和 σ 桥阻断了电子耦合,使分子结中产生非线性的电势分布,这些特征都有可能引起分子整流。

金电极与电场的共同作用会导致其中有机分子的电荷分布发生变化。为了便于比较,我们将分子 OPE-Oc 划分为八个片段,并在图 10.3(a)中用虚线进行分隔。电场作用时[图 10.3(b)],共轭片段在高电势端的电荷增加,而在另一端减少,这与其他共轭分子链在电场中的表现相似;饱和的烷烃片段在电场中基本保持不变,但其两侧的电荷因靠近低电势端而呈现减少的趋势。当电极对分子产生影响时,分子结的上述特征变得更加明显,如图 10.3(c)所示。位于高电势端的共轭片段的电荷均有不同程度的增加,而另一侧的电荷显著减少。饱和的 σ 桥位于分割点附近,其成键特性使得电子牢固地局限在该片段内,这表明 σ 桥在阻碍共轭分子与右侧电极的耦合中起到了关键作用。

图 10.3 是利用 B3LYP 方法,分子采用 6-31G*,电极采用 LANL2DZ 基组计算的电荷,由于该方法存在自相互作用误差(self-interaction error),计算的结果会高估共轭分子的极化[4,5]。因此,Baer 等改进了 DFT 方法并进行了自相互作用修正[6,7]。为了验证自相互作用对 OPE-Oc 电荷的影响,我们通过其他方法计算了电荷分布,包括 B3PW91、X3LYP 和 HF 方法以及相同的基组,用以确认电极的存在对分子的影响,结果如图 10.4 所示。HF 方法不存在自相互作用,可以与其他杂化密度泛函理论的结果进行对比。与 HF 方法计算的电荷相比,DFT 方法略高估电荷的相对变化,但是几种方法的结果趋势一致,证明共轭片段更易被外电场极化,饱和片段可有效地分离共轭片段与右电极的耦合。图 10.5 给出了不同

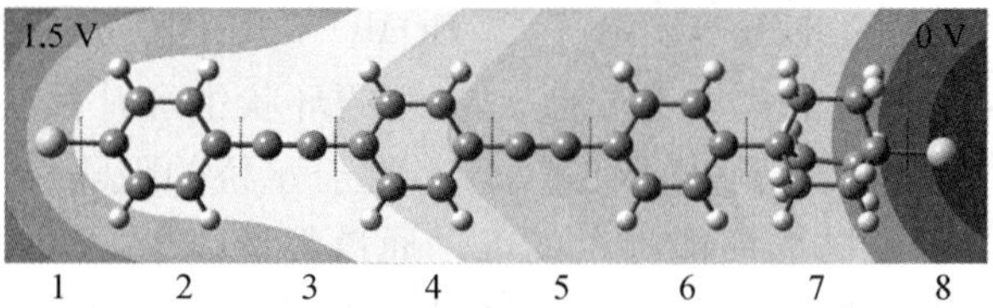

(a) OPE-Oc 分子结在1.5 V 时的电势分布（OPE-Oc 分子划分为8个片段，用虚线分隔）

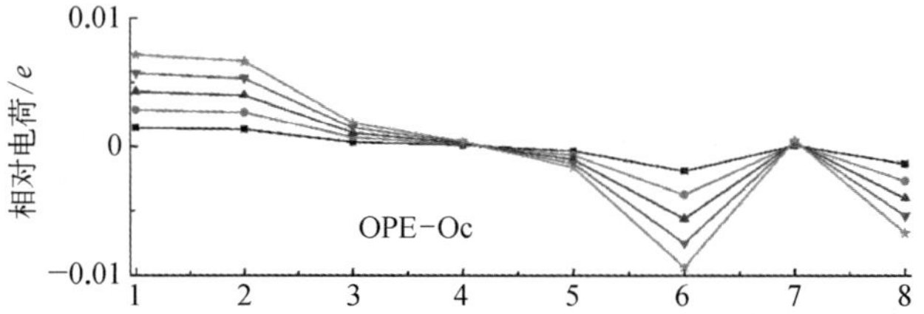

(b) 孤立的OPE-Oc分子相对于零电压时的电荷

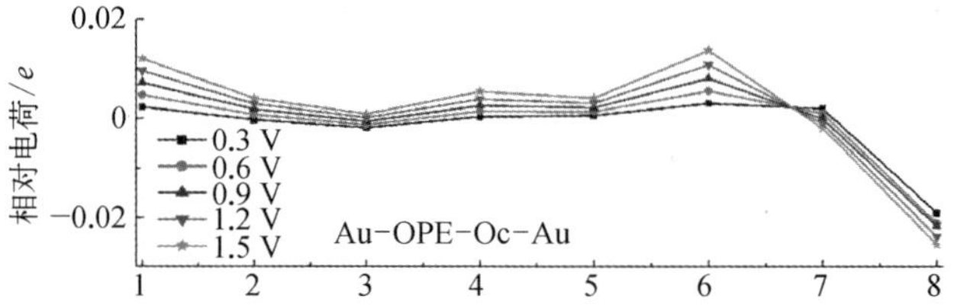

(c) Au-OPE-Oc-Au相对于零电压时的电荷

图 10.3　分子结中的电势分布与电荷分布

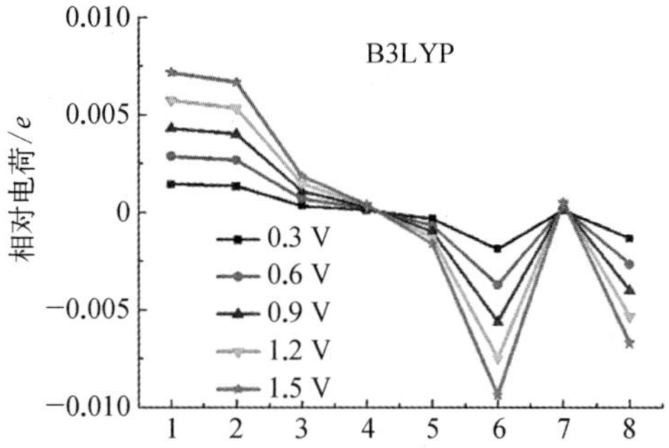

(a) B3LYP

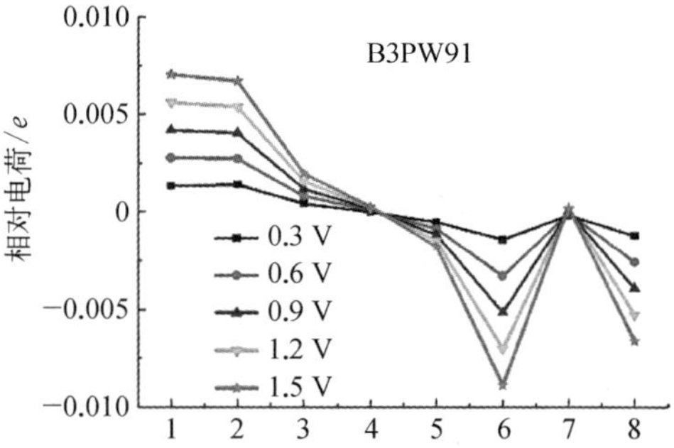

(b) B3PW91

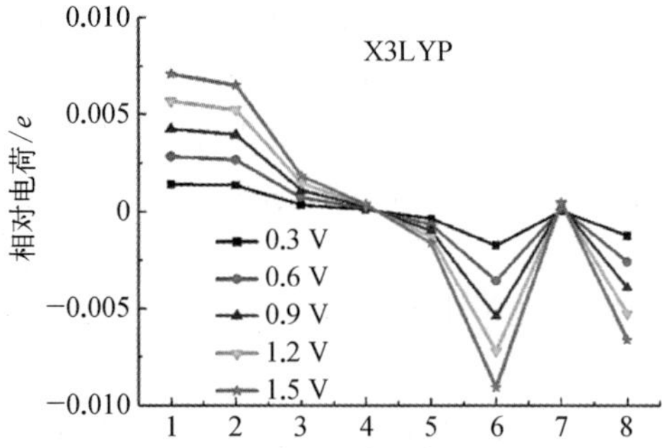

(c) X3LYP

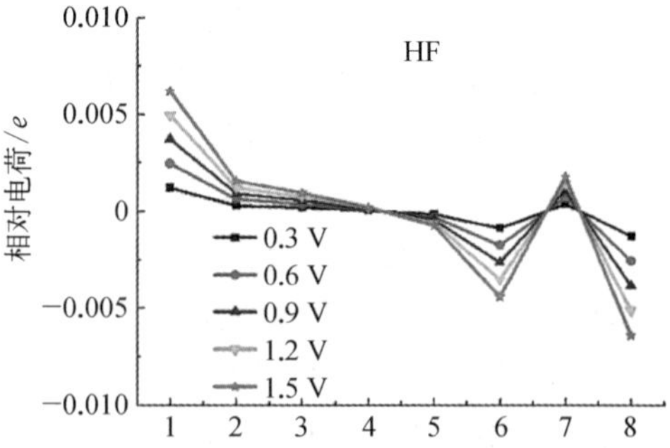

(d) HF

图 10.4　Au-OPE-Oc-Au 分子结各部分相对于零电场的电荷计算方法的可靠性验证

方法计算的 Au-OPE-Oc-Au 分子结在 1.5 V 电场下的电势分布,其结果也与上述结论一致。

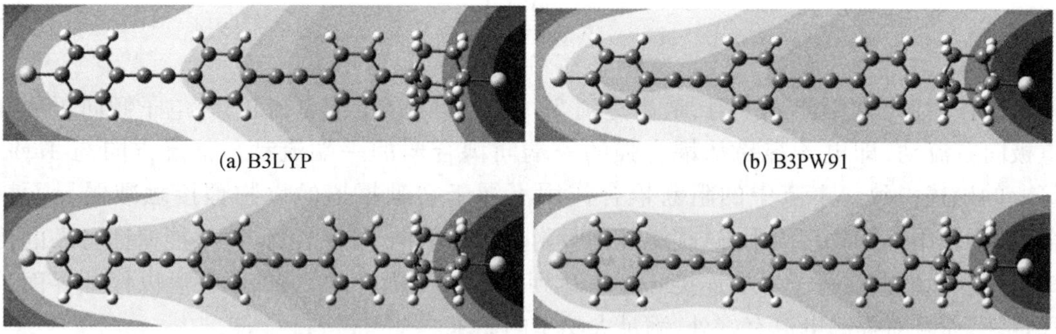

图 10.5　不同方法得到的 Au-OPE-Oc-Au 在−1.5 V 时的电势分布

分子结的电流-电压(I–V)曲线直观地反映了饱和环的嵌入对线性共轭分子电子输运性质的影响。观察图 10.6(a)中线性分子的 I–V 曲线,我们可以发现 OPE 的导电性能明显优于 OPE-Oc。OPE 的两端与金(Au)电极之间形成了强烈的耦合,而且其分子共轭性良好,因此展现出了较强的导电能力。具体来说,OPE 在零偏压下的电导达到了 3.4 μS,这是 OPE-Oc(0.005 μS)的 680 倍。这一显著差异表明,OPE-Oc 分子一侧的 σ 桥构成了一个高势垒,严重阻碍了分子内部的电子传递。另外,由于 OPE 分子结的结构对称性,其半对数的 I–V 曲线关于零偏压呈现对称性。然而,当分子结的一侧嵌入饱和的 σ 桥后,这种结构对称性被打破,进而导致电流的不对称性。插图展示了在线性坐标下 OPE-Oc 的 I–V 曲线,其中电流取绝对值。当偏压超过 1.2 V 时,分子结在负向偏压下的电流显著大于正向偏压下的电流。因此,OPE-Oc 分子结表现出了整流效应,这进一步说明在电子传递路径上引入势垒能够显著改变线性共轭分子的输运行为。

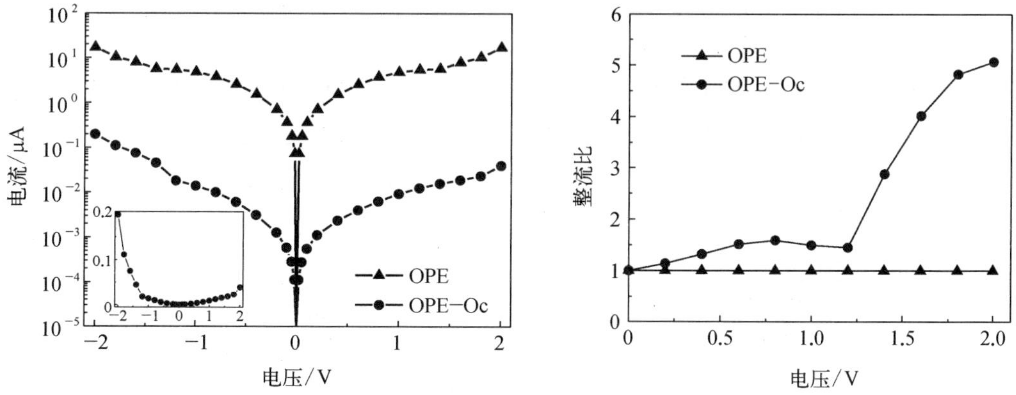

(a) 半对数坐标的电流−电压(I−V)曲线(插图是OPE−Oc线性坐标的I−V曲线)　(b) 不同偏压下的整流比

图 10.6　OPE 和 OPE-Oc 的整流特征

为了逐步阐明 OPE-Oc 中势垒引起的整流行为,我们给出了不同偏压下分子结的整流比,如图 10.6(b)所示。本节的整流比定义为负向偏压的电流与正偏压电流之比,即

$$R = \frac{|I_-|}{|I_+|} \tag{10.1}$$

整流比在 1.2 V 以后迅速上升,最高达到 5。由于负偏压下的电流较高,电子倾向于从左电极向右流动,即电子容易从耦合强的一端向耦合弱的一端流动。整流方向与 Taylor 等[3]的论述一致。本节中的阻断耦合作用不同于文献报道的以物理接触减弱界面耦合[3],文献中采用物理吸附,这很难控制吸附分子的取向、稳定性,同时不能保证可靠的传输机理。而通过在分子一端连接 σ 桥来达到阻断电子耦合的效果,不但可以保证界面的稳定性,而且对提高电流有好处,满足大功率的需求。

图 10.7(a)和(b)给出了 OPE 和 OPE-Oc 在不同偏压下的透射谱,可以进一步理解不对称电子传递的机理。分子结的电流是在一定能级内电子透射系数的积分,即通过 Landauer-Büttiker 公式积分得到。对电流有主要贡献的能级区间称为偏压窗口,在透射谱图中用灰色阴影表示。当以电极的费米能级为参考时,其左侧第一个峰是 HOMO 参与的

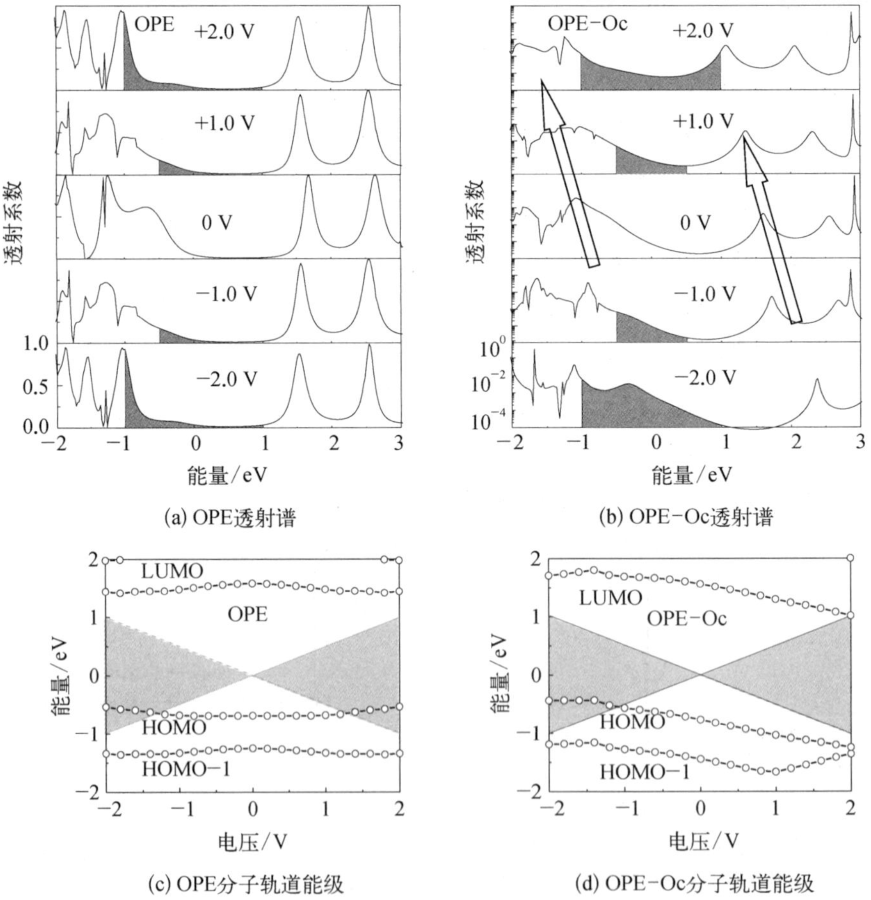

图 10.7　透射谱与分子轨道能级随偏压的变化

共振峰，右侧第一个峰是 LUMO 共振峰。从 OPE 的透射谱中可以看出，HOMO 更靠近费米能级，对电流的贡献更大。此外，在不同方向的偏压下，透射谱基本保持了对称的特征。

在 OPE-Oc 分子结中，饱和的 σ 桥阻隔了分子与电极的耦合，导致电子的透射几率小，因此图 10.7(b)给出了半对数形式的透射谱。正负偏压下 LUMO 的共振峰都在偏压窗口外。但在 2.0 V，因峰位移动，已很接近偏压窗口，所以 LUMO 在正向高偏压对电流有一定的贡献。负偏压使 HOMO 的共振峰进入偏压窗口，其峰高约为 5×10^{-3}。然而，在正偏压时 HOMO 不仅移出偏压窗口，且透射系数也低于 10^{-4}，表现了较明显的不对称特征。因此，负偏压的电流大于正偏压的电流，OPE-Oc 分子表现了明显的整流行为。

与透射谱紧密相关的是分子轨道能级，这通常可以通过分子投影自洽哈密顿量(MPSH)来反映。在金属电极的作用下，我们需要对分子部分的 MPSH 进行对角化处理，从而得到分子轨道能级。图 10.7(c)和(d)展示了 OPE 和 OPE-Oc 分子的轨道能级随偏压变化的情况。图中的阴影区域表示的是偏压窗口。对于 OPE，其轨道能级随偏压的变化并不明显，而且在正负偏压下呈现对称性。当偏压逐渐增大时，最高占据分子轨道(HOMO)会向费米能级移动，并在偏压达到±1.4 V 时进入偏压窗口。而在 OPE-Oc 分子结中，分子与电极之间的耦合存在不对称性，导致 HOMO 从-2.0 V 到 2.0 V 范围内单调下降，并逐渐移出偏压窗口。

综上所述，分子一端的饱和环有效地阻隔了线性共轭结构与电极的电子耦合，起到隧穿势垒的作用，进而导致分子结中不对称的输运现象。结果已经证明，在线性共轭分子的一端引入具有一定势垒高度的 σ 桥能够改变电子传递，那么势垒宽度与共轭分子长度的比例对电子传递有何影响是尚需进一步解答的问题。

10.1.2　相对势垒宽度对电子传递的影响

在 OPE-Oc 分子结中，共轭片段与饱和片段的长度比为 $R=6.4$，我们进一步研究了具有不同 R 的分子结，即不改变 σ 桥，缩短共轭片段的长度，如图 10.8 所示。M3 是 OPE-Oc 分子结，依次减掉苯乙炔片段形成 M2 和 M1，其 R 也依次降为 3.7 和 1.1。分子结的优化和电流的计算方法和上文相同。

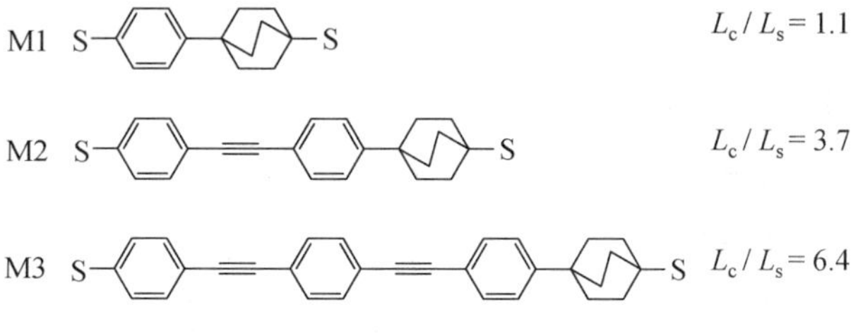

图 10.8　不同 R 的线性分子结构式(分别命名为 M1、M2 和 M3)

图 10.9 给出了分子 M1 和 M2 的 HOMO 和 LUMO 的空间分布，可以看出两个分子的前线分子轨道与 OPE-Oc 相似。分子中轨道的离域被 σ 桥阻断，HOMO 和 LUMO 都分布在共轭片段，同样说明饱和 σ 桥减弱了共轭片段与电极的电子耦合。根据该静态特征，可

以推测 M1 和 M2 分子结中也存在不对称的电子传递行为。

	M1	M2
HOMO	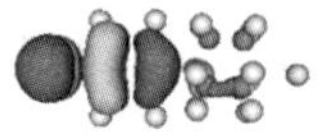	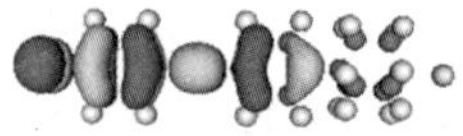
LUMO	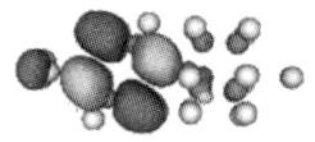	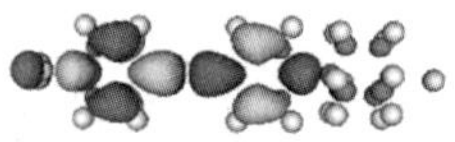

图 10.9 零偏压下 M1 和 M2 的 HOMO、LUMO 空间分布

图 10.10 给出了三个模型分子的 $I-V$ 曲线和整流比。与 M3 相对比，长度更短的 M1 和 M2 有更大的电流，以及零偏压电导。这也符合分子的导电性随隧穿距离呈指数降低的一般规律。三条曲线中，M3 的不对称性更明显些，M1 和 M2 仅表现了微弱的不对称特征。由于电子在长链的共轭结构中流动性更好，更容易极化，因此整流性能也表现出对共轭长度的依赖性。

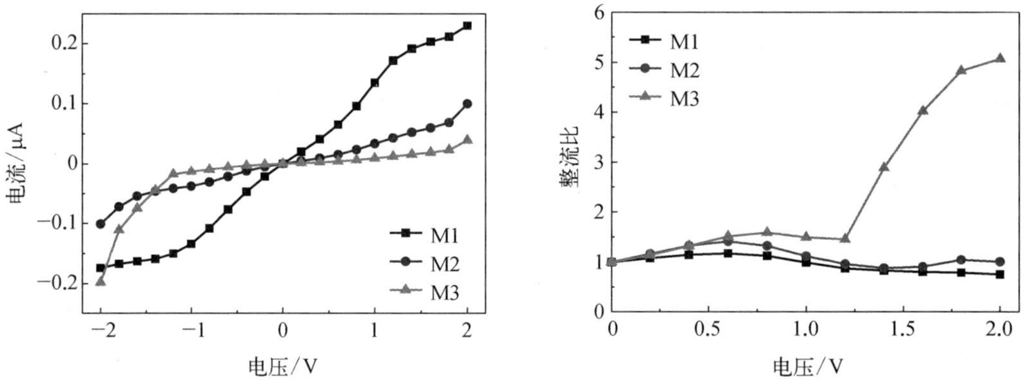

(a) M1、M2和M3的$I-V$曲线 (b) M1、M2和M3在不同偏压下的整流比

图 10.10 共轭长度对整流性能的影响

10.1.3 环状共轭分子

与线性的 OPE 相比，环状的卟吩分子具有多条电子传递路径，而且分子的共轭性更好，能隙较低（1.74 eV），使其具有更好的导电性[8]。零偏压下，Por 和 OPE 的电导分别为 73.8 μS 和 3.4 μS，相差约 20 倍。卟吩分子的长度短（7.61 Å），因此 Por-Oc 分子结中共轭片段与饱和 σ 桥的比值较小［$R=2.9$，见图 10.1(c)］。图 10.11(a)给出了卟吩系列的$I-V$曲线，插图是 Por-Oc 的放大图。Por 和 Por-Ph 在零偏压下的电导差别较小，分别为 73.8 μS 和 44.5 μS，说明卟吩环与苯环仍可形成良好的共轭结构。但是引入饱和 σ 桥以后，导电性显著降低。σ 桥阻断了卟吩环上的 π 电子与 Au 电极 d 轨道的相互作用。由于分子结内电子耦合的减弱，Por-Oc 在零偏压下的电导仅为 0.17 μS，比 Por 降低了两个数

量级。从图 10.11(a)中的插图可以看出,Por−Oc 的 I−V 曲线在正负偏压下略显不对称性。

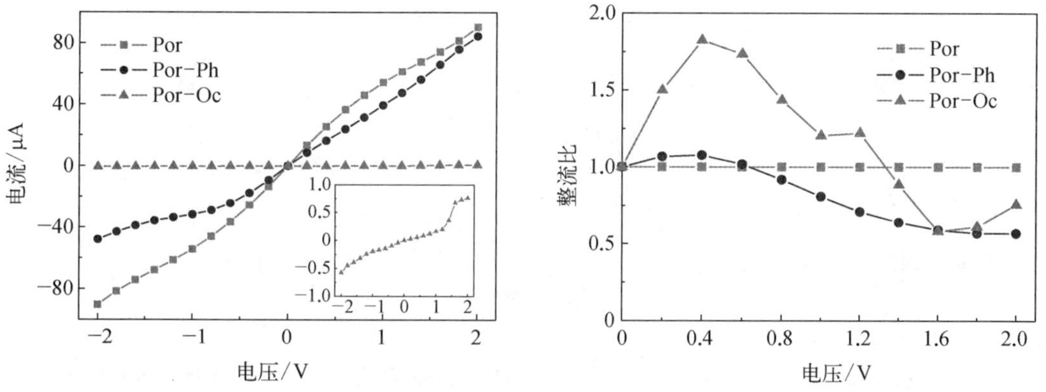

(a) Por、Por−Ph和Por−Oc的I−V曲线(插图为Por−Oc的放大图)　(b) 不同偏压下的整流比

图 10.11　卟吩系列分子结的导电性与整流能力

图 10.11(b) 给出了 Por 系列分子结在不同偏压下的整流比。Por 分子结因结构的对称性而无整流行为。对于 Por−Ph 分子结,两共轭环之间的扭转在一定程度上减弱了分子的共轭性,可以观察到微弱的整流特征。在较大偏压时,正向电流可达负向电流的 2 倍,表明电子更易于由苯环向卟吩环方向流动。由于 Por−Oc 分子结的耦合被阻断,其最佳整流效率与 Por−Ph 相当,但表现在不同的偏压区间。具体而言,在偏压为 0.4 V 时,Por−Oc 的整流比达到 1.7,但整流方向与 Por−Ph 不同。偏压继续增大到 1.4 V 时,Por−Oc 的整流方向逆转。通过对环状共轭分子的研究,可以进一步证实势垒宽度占比与分子整流密切相关,即 R 越小,整流效率越弱。

为了更深入地理解分子整流的机制,我们展示了卟吩系列模型的透射谱,如图 10.12 所示,阴影区域代表偏压窗口。由于卟吩分子与电极之间存在强烈的耦合作用,透射系数维持在较高水平。当施加不同方向的偏压时,透射谱保持一致。因此,该分子结的导电性良好,但不具备整流特性。

Por−Ph 也具有良好的共轭性,且与电极的耦合作用也较强。在图 10.12(b)中,当施加负偏压时,HOMO 的共振峰基本稳定在费米能级附近。尽管其透射系数稍小,但由于该共振峰位于偏压窗口内,因此对电流的贡献依然很大。在施加正偏压的情况下,尽管共振峰的峰位略向负方向移动,但透射峰的一部分仍然处于偏压窗口内,特别是其峰高显著增加,这对正向电流起到了主要的贡献。因此,在高偏压下,正向电流超过了负向电流。

对于 Por−Oc 分子结,其透射系数衰减得非常迅速,因此在图 10.12(c)中我们采用半对数坐标。在零偏压下,Por−Oc 的 HOMO 共振峰位于−0.5 eV 附近。当施加低偏压时,部分 HOMO 共振峰会落入偏压窗口,但 LUMO 共振峰距费米能级较远,对电流没有贡献。因此,在这种情况下,共振峰位及其强度的变化会对电子流动的不对称性产生影响,从而可以观察到较弱的整流现象。当偏压增加到 1.0 V 及以上时,在负偏压下,偏

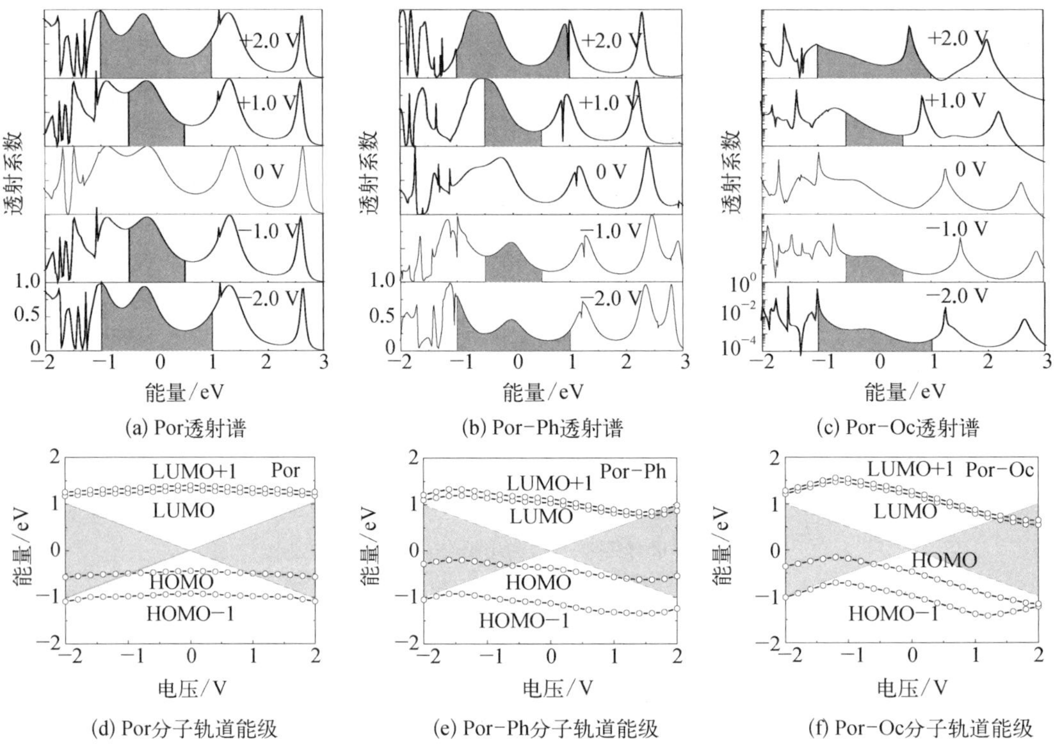

图 10.12　透射谱与分子轨道能级

压窗口会包含全部的 HOMO 共振峰；而在正偏压下，部分 HOMO 和全部的 LUMO 会进入偏压窗口。因此，正偏压下的电流会略大于相应负偏压下的电流，整流的方向也会发生改变。与OPE−Oc 相比，Por−Oc 的势垒宽度占分子总长度的比例较大，因此其整流效率并不高。

分子轨道能级随偏压的变化，可以间接地展示透射谱中共振峰的移动情况。图10.12(d)～(f)展示了卟吩系列分子在外部电场作用下，其分子轨道能级的变化。在外部电场的作用下，Por 分子的轨道能级在正负偏压下呈对称移动，且变化幅度较小。此外，当施加高偏压时，HOMO 进入偏压窗口，成为电流的主要贡献者。对于 Por−Ph 和 Por−Oc 分子，其分子轨道能级在正负偏压下都表现出明显的不对称移动。从总体趋势上看，在低偏压下，轨道能级都呈现倾斜下降的趋势，同时 HOMO 距离费米能级更近，因此，在负偏压产生的电流会大于正偏压的电流。根据式(10.1)的定义，此时的整流比大于 1。随着偏压的增大，在正偏压下，LUMO 逐渐接近并最终进入偏压窗口，这促进了正向电流的迅速增加，因此整流比会出现逆转。然而，由于 HOMO 与费米能级的距离不同，以及能级随偏压下降的速度不同，Por−Ph 和 Por−Oc 的整流比−电压(R−V)曲线表现出较大的差异。

上述结果显示，即使共轭分子上没有不对称的取代基，通过阻断电子传递路径与某一端电极之间的耦合，仍然可以实现一定程度的整流效果。此外，分子的整流性能与其特征结构比 R，即隧穿势垒的相对宽度，存在着紧密的联系。当共轭片段的比例较小时,整流效应会减弱,并且在较高的偏压下,整流的方向也可能会发生变化。在经典的隧穿理论框架下,位于两电极之间的分子视为隧穿势垒。如果满足 WKB 近似(Wentzel-Kramers-Brillouin 近似)的条件,不论势垒的具体形状如何,通过积分得到的电流都是对称的。显然,这一经典的隧穿理论无法为分子整流现象提供合理的解释。

为了进一步阐述环状分子的整流现象,图 10.13 给出了 PDOS 和 HOMO 与 LUMO 的空间分布。由于卟吩环的共轭特性,三个分子的 HOMO 和 LUMO 主要分布在卟吩环上。在 Por-Ph 中,苯环和卟吩环之间有一定的扭转角,减弱了两共轭环之间的联系,但是由于两者的能级接近,苯环对分子的 HOMO 和 LUMO 也有贡献。当利用饱和的 σ 桥阻断分子与电极的耦合后,分子的 HOMO 和 LUMO 只定域在 Por 片段上。

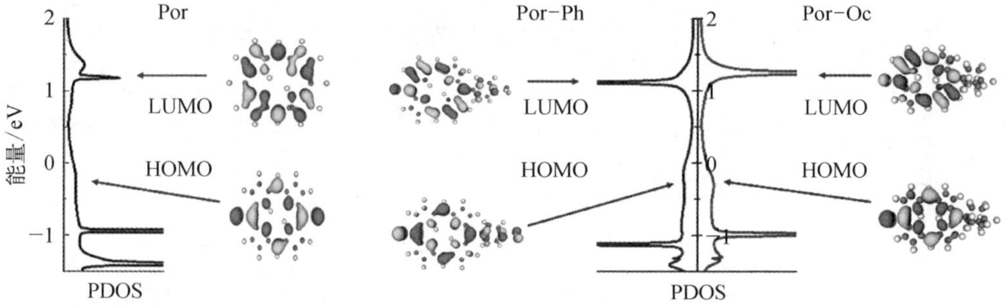

(a) Por　　(b) Por-Ph和Por-Oc

图 10.13　卟吩系列分子的 PDOS 谱与轨道的空间分布

另外,我们发现在 PDOS 谱中,LUMO 的共振峰较强,说明透射谱中 LUMO 的共振峰包含更多的透射通道。因此在高偏压下,当 LUMO 进入偏压窗口后,会有更多的透射通道被开启。此外,Por-Oc 的 PDOS 谱不同于线性的 OPE-Oc,后者的 HOMO 峰较强且尖锐,而 Por-Oc 较低,且更平坦。这可能与分子的特征结构比 R 的关系更大。

图 10.14 展示了在 1.5 V 偏压下,Por-Oc 分子结的电势分布情况。从图中可以明显看出,Por-Oc 分子结的电势降分布得非常不均匀。在共轭的卟吩环部分,电势梯度相对平缓,而在饱和的 σ 环上,电势梯度较为陡峭。特别地,硫原子与左电极之间的界面处,电势梯度非常大,这与 OPE-Oc 的情况有显著区别。为了更清晰地分析上述特征,我们将 Por-Oc 划分为四个部分:两个硫原子、卟吩环和 σ 桥,这几部分在图中用虚线进行了标示。通过考察分子结各部分的电荷分布,我们可以更清楚地理解电势梯度的特征。图 10.14(b)和(c)分别展示了 Por-Oc 和 Au-Por-Oc-Au 结构在电场作用下相对于零电场的电荷变化情况。从中我们可以发现,共轭的卟吩环上的电荷变化较大,相较于饱和的 σ 桥,它更容易被外电场极化。这一现象在电极的作用下被进一步放大。当偏压增加到 1.5 V 时,Au-Por-Oc-Au 分子结中卟吩环上的电荷比零电场时减少了 0.06 e。共轭片段与饱和片段在电场作用下不同的极化程度,是电势分布不均匀的主要原因。

在本节中,我们在分子与电极之间插入了双环[2.2.2]辛烷。由于这个引入的 σ 桥具有较高的能隙,因此它起到了隧穿势垒的作用。这样一来,分子内部的电子传递路径就被

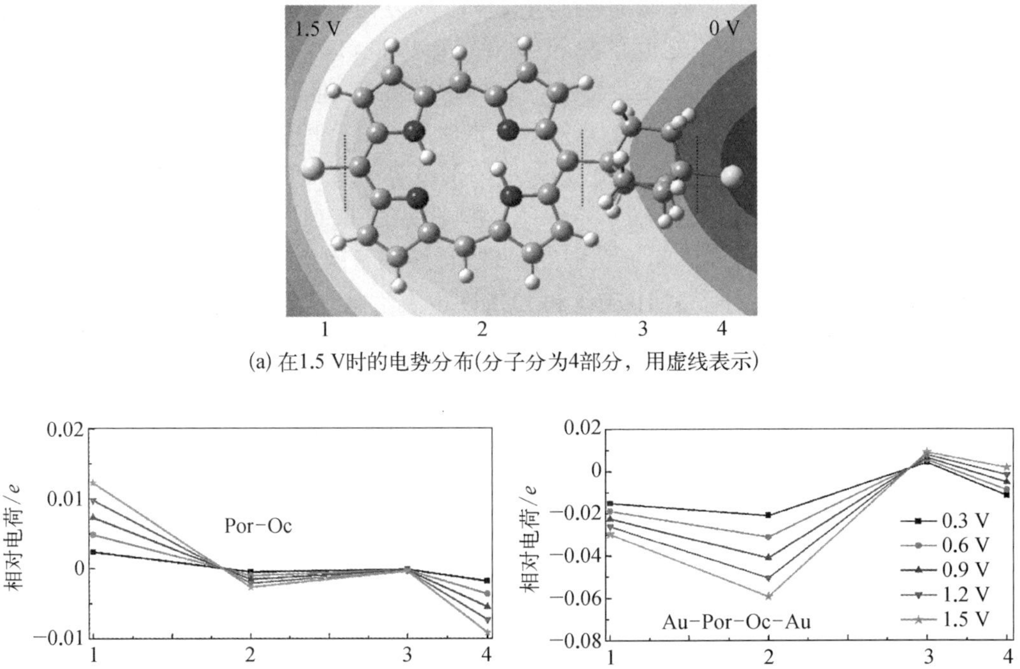

(a) 在1.5 V时的电势分布(分子分为4部分，用虚线表示)

(b) 孤立的Por−Oc分子的电荷分布

(c) Au−Por−Oc−Au分子结的电荷分布

图 10.14　Por−Oc 的电势分布与电荷分布

阻断,同时,这个 σ 桥减弱了分子与一侧电极的耦合作用。由于电子在界面注入时受到了限制,因此展现出整流特征。通过对比线性分子结和环状分子结,我们发现减弱分子与电极之间的耦合是实现整流的一种有效方法。此外,共轭片段相较于饱和片段更容易被外部电场极化,导致了电势梯度的不均匀分布。

对于线性分子结 OPE−Oc,我们通过引入势垒来改变电子的传递路径。虽然这样做使得电流比 OPE 降低了两个数量级,但在 2.0 V 的偏压下,分子的整流比达到了 5。电子更倾向于从与电极耦合强的一端传递到耦合弱的一端。这表明,在耦合弱的一端,分子轨道与金属的费米能级匹配不佳,电子容易流出却难以注入。此外,整流效应不仅与势垒的高度有关,还与势垒宽度占分子总长的比例有关。当这个比例较大时,分子的整流性能会减弱。

10.2　嵌段分子线与整流

整流器是一种能让电子单向传输的元件,它在电路中扮演着重要角色。分子整流器主要分为三种类型:第一种是基于不对称的分子结构设计。这种方法通过在共轭分子导线上添加吸电子和给电子基团,来调控不同方向的电流。例如,D−π−A、D−σ−A 和 D−A 等结构,它们可以类比 p−n 结型的分子二极管,如图 10.15(a)所示。但需要注意的是,这种类型并不能严格保证整流行为的产生。第二种是基于不对称的电极设计。在这种方法中,分子结的两个电极采用不同的材料或形状来实现整流,这种类型可以称为肖特基(Schottky)型的分子二极管,如图 10.15(b)所示。第三种则是基于不对称的连接基团设计。例如,在分子与电极的两侧使用不同的连接基团(如巯基、氨基、吡啶、羧酸盐和异氰基等),或者两侧使用不同数量的连接基团、设置不同的接触距离等,以实现分子整流。对比这三种分子整流器,第一种类型在整流行为的产生上存在一定的不确定性,而第二种和第三种都可以归结为界面设计,已有实验证明它们具有较好的整流效果。

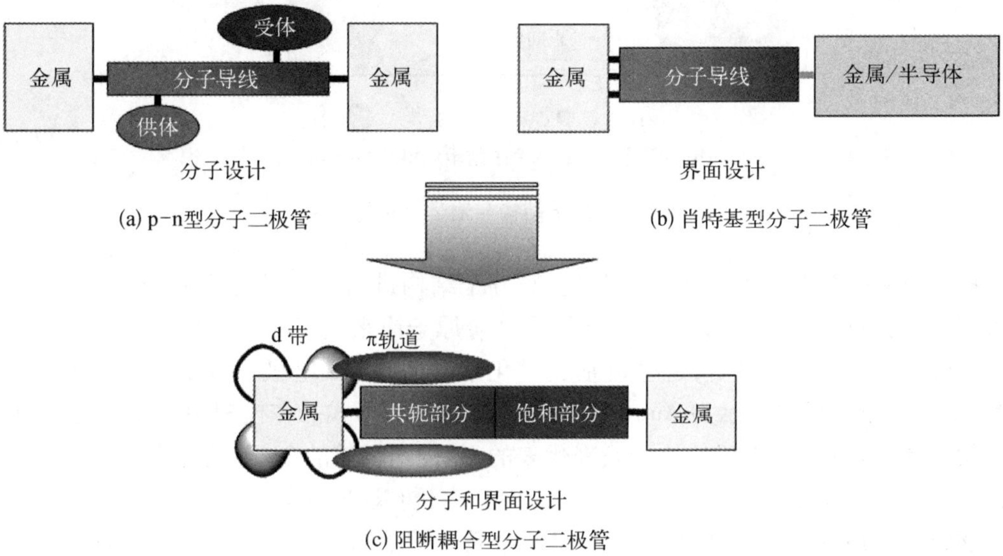

图 10.15　分子整流的类型

分子电子器件的初衷是将所需功能集成到单个分子器件中。为了实现这一目标,我们应当首先聚焦于分子本身结构的设计,而不是过多关注电极或界面的设计。因此,我们需要探索一种方法,仅通过设计分子本身就能达到整流的效果。本节将尝试通过调整分子与电极界面之间的耦合,即 π-d 耦合,来实现整流行为。

当使用巯基将共轭的线性分子与金电极连接起来时,可以形成稳定的硫-金键。这种连接在金属 d 带和分子的 π 轨道之间建立了较强的电子耦合。如果在分子的一端引入一个饱和的碳氢化合物片段,这种电子耦合就会被阻断,从而实现界面的设计与调制效果。图 10.15(c)给出了这一过程的示意图。在 10.1 节的研究中,我们发现分子的整流系数与共轭片段的占比存在一定的关系。但 10.1 节仅考虑了共轭片段的长度,而没有考虑饱和片段长度变化可能带来的影响。

为了全面研究共轭片段和饱和片段对分子整流的影响,并深入探索隧穿势垒在电子传递过程中所起的作用,以及进一步讨论在单分子器件中集成所需功能的可行性,我们设计了一系列由碳氢化合物片段构成的分子。这些分子通过硫-金键与金电极相连,具体结构如图 10.16(a)所示。这些分子的饱和片段长度各不相同,导致电子在传递过程中需要经过宽度不同的隧穿势垒。根据共轭片段(E)和饱和片段(A)的比例差异,我们将这些模型简称为 Em-An(其中 $m+n=8$),并且保持分子的总长度大致一致。

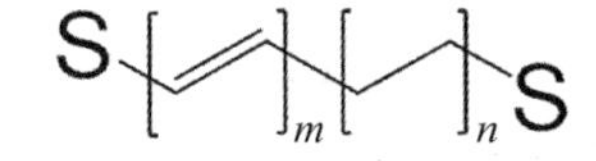

(a) Em-An 系列分子的结构图(其中$m+n=8$)

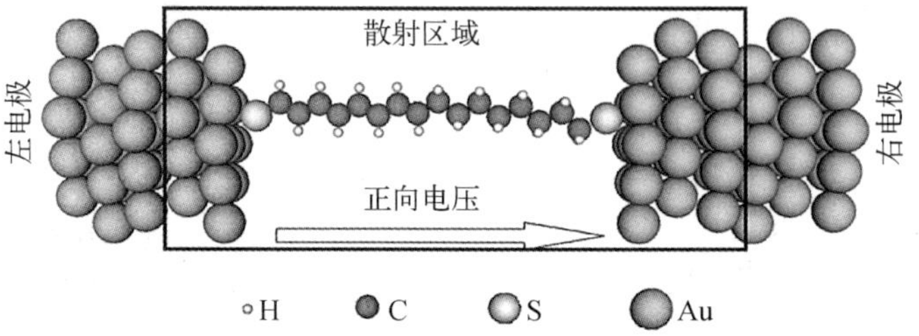

(b) 计算电子输运的分子结示意图(以E4-A4为例)

图 10.16　分子结构与输运计算的模型

模拟研究分为两个主要部分。首先,对分子结构进行初步的优化处理。在每个分子结中,分子与电极的接触部分是通过硫原子和金原子簇来模拟的。具体来说,在分子的两端引入巯基(—SH),脱氢后,这些巯基通过化学吸附与 Au 电极形成了稳定的硫-金键。因此,整个分子结可以表示为 Au-S-Molecule-S-Au 的形式。在模拟中,Au 电极的(111)面是用由 3 个 Au 原子组成的原子簇来代表的,并设定相邻的金-金键长为2.88 Å,该长度保持不变。硫原子则被放置在金原子簇的中心空位(即 hollow 位),这样的金-硫接触方式在能量上是最优的。在计算过程中,将两个金原子簇的中心连线定义为 z 轴,并允许金原子簇在 z 轴方向上自由移动。同时,我们对分子的几何构型进行了自由优化。计算采用的是 B3LYP 杂化密度泛函理论,对于金原子,我们使用了 LANL2DZ 赝势基组,而对于其他原子,使用了 6-31G* 基组。

随后,对分子结器件的构型进行优化,并进行电子输运特性的计算。该计算基于密度泛函理论(DFT)和非平衡态格林函数(NEGF)方法,该方法专门用于电子输运的计算。从初步几何优化的结果中提取-S-Molecule-S-的构型参数,并将其置于两个半无限的Au(111)电极之间,电极由 3 × 3 的金原子单胞构成。整个体系被划分为三个部分:左电极、中心散射区以及右电极,具体结构如图 10.16(b)所示。硫原子与金平面的初始间距设定为 2.0 Å,这一距离对应于体系的最低能量状态。在计算过程中,对于分子部分,我们采用了带有极化函数的双 ζ 基组(DZP),而对于电极(即 Au 原子),使用了带有极化函数的单 ζ 基组(SZP)。完成构型优化后,在两个电极之间施加了一个偏压,并利用全自洽的非平衡态格林函数方法来计算体系的电流。其中,正向偏压是从左电极指向右电极的偏压,负向偏压则方向相反。在电子结构的计算环节,我们采用局域密度近似(LDA)方法来计算电子的交换-相关能,而对于内核电子,使用了 Troullier-Martin 赝势进行处理。

10.2.1　隧穿势垒对前线分子轨道的影响

分子的前线轨道空间分布是其一项关键的静态特性,与分子传递电子的能力密切相关。图 10.17 展示了所有模型分子在零偏压条件下，其最高占据轨道（HOMO）和最低未占轨道（LUMO）的空间分布情况。观察该图可以发现，对于所有模型分子，左侧的硫原子直接连接到共轭片段上，这促使硫原子的孤对电子与共轭片段的 π 轨道发生耦合。随后，通过硫原子与左侧电极的连接，使得金属的 d 带与分子的共轭部分形成较强的相互作用。而相比之下，右侧的硫原子与共轭片段之间被一段饱和的分子桥隔断，这导致共轭片段与右侧电极之间的相互作用减弱或消除。这段饱和的片段在分子结中充当了一个内置的隧穿势垒，阻碍了分子与右侧电极的接触。由此，便构建出一系列具有不同长度隧穿势垒，且呈现不对称耦合特征的分子结。

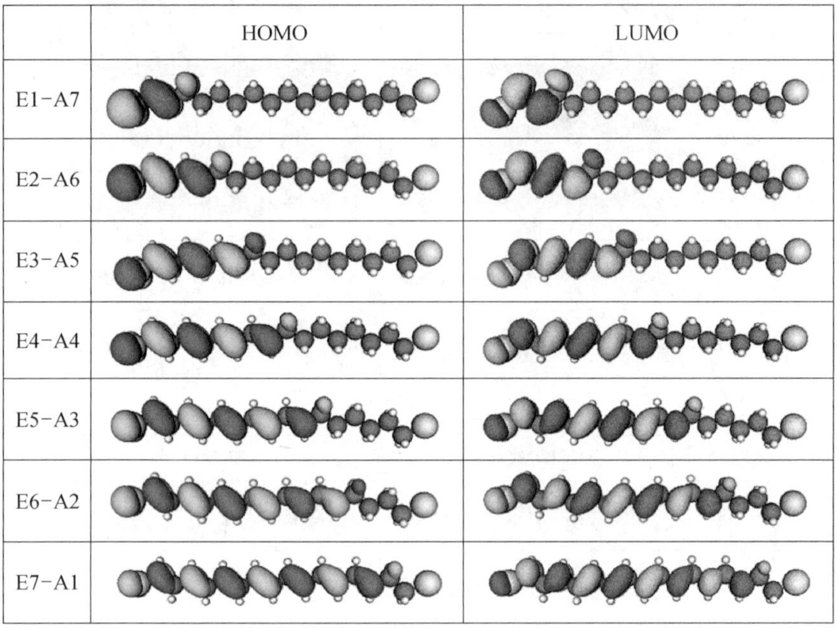

图 10.17　模型分子在零偏压下的 HOMO 和 LUMO 空间分布

为了进一步定量地了解饱和片段隧穿势垒，图 10.18 给出了所有模型在零偏压下 HOMO 和 LUMO 的能级。从图中可以看出，随着饱和片段长度占比的减小，LUMO 能级降低，HOMO 能级升高，并更接近费米能级。分子的能隙，即 LUMO 与 HOMO 的能级差（E_g）也减小。由于分子的 E_g 与电子的隧穿势垒呈现正相关，因而隧穿势垒也降低。

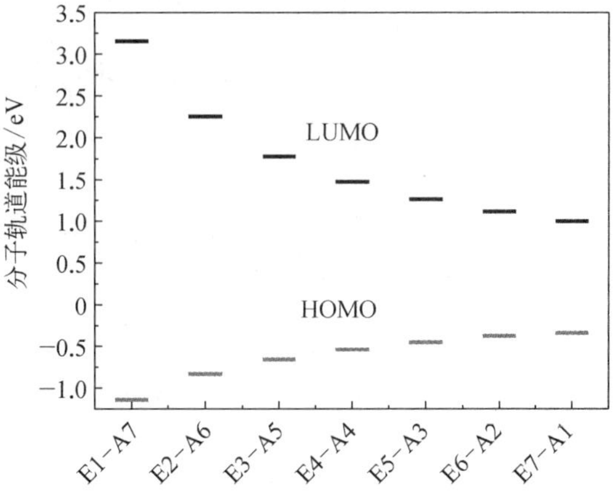

图 10.18　在零偏压下，各模型分子的 HOMO 和 LUMO 能级

分子的整流效应往往与前线分子轨道在偏压作用下的能级移动相关联。图10.19 展示了两个典型例子，E1 - A7 和 E7 - A1

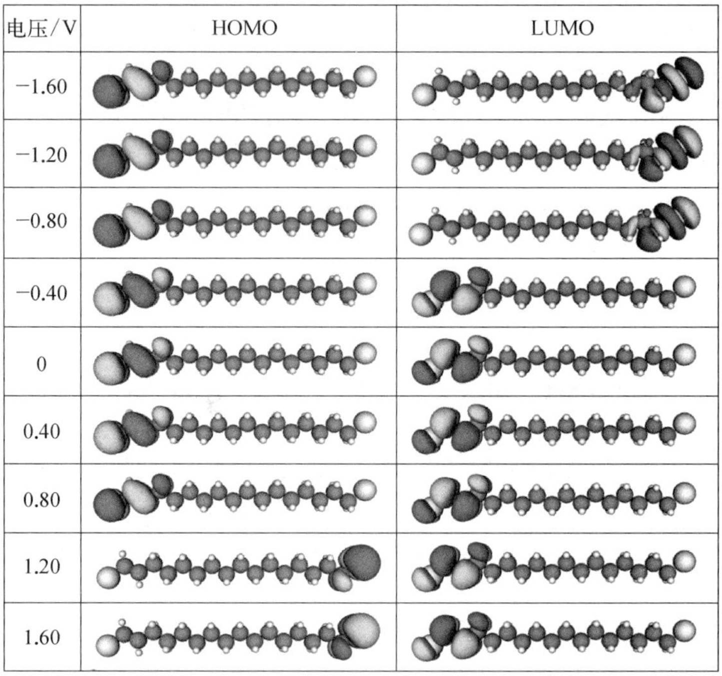

(a) E1−A7

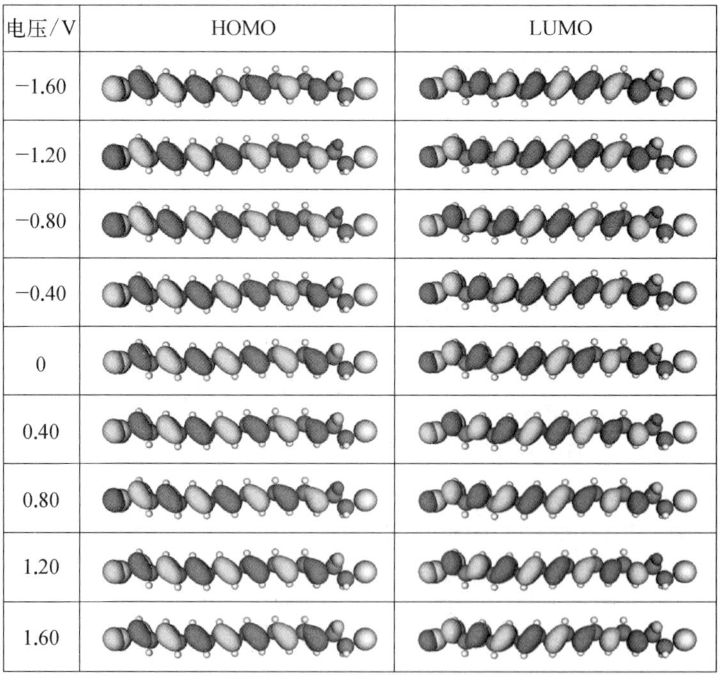

(b) E7−A1

图 10.19　在不同偏压下分子轨道的空间分布

在不同偏压下前线分子轨道的空间分布情况。在零偏压状态下，两者的 HOMO 和 LUMO 均分布在共轭片段上。当正向偏压增加至 1.2 V 时，E1-A7 的 LUMO 保持不变，而 HOMO 向右侧的硫原子移动；相比之下，E7-A1 的 HOMO 和 LUMO 仍维持在共轭片段上。在施加负向偏压的情况下，E1-A7 的 HOMO 保持稳定，但其 LUMO 在-0.8 V 时移动到右侧的硫原子上。与之相对照，共轭长度占比较大的 E7-A1 则未出现明显变化。因此，仅从分子轨道分布对偏压的响应来看，共轭长度占比较小的 E1-A7 展现出更大的不对称特性。然而，轨道的空间分布仅在其能级位于偏压窗口内时才具有实际意义。

为了更深入地探究偏压对分子前线轨道的影响，图 10.20(a)、(b)和(c)分别呈现了分子 E1-A7、E4-A4 和 E7-A1 在不同偏压下的轨道能级。随着偏压由负转正，E4-A4 和 E7-A1 的 HOMO 和 LUMO 能级单调递减，而 E1-A7 的 HOMO 和 LUMO 能级分别在 0.8 V 和-0.4 V 处出现拐点。这预示着 E1-A7 和 E7-A1 在正负偏压下可能表现出不同的行为，即可能具有不同的整流特性。从轨道能级与偏压窗口的关系来看，仅在高偏压下，轨道能级的不对称性才得到体现。此外，图 10.20(d)展示了所有模型分子的 E_g 随偏压变化的关系图。在此图中，前三个模型的 E_g 在高偏压下均出现转折点，而其余模型分子的 E_g 微弱地单调变化。结合图 10.19 和图 10.20(d)可以观察到，HOMO 和 LUMO 空间分布发生变化时的偏压与 E_g 出现转折点的偏压相吻合，这表明当饱和片段比例较高时，前线轨道在高偏压下更易于发生不对称变化。

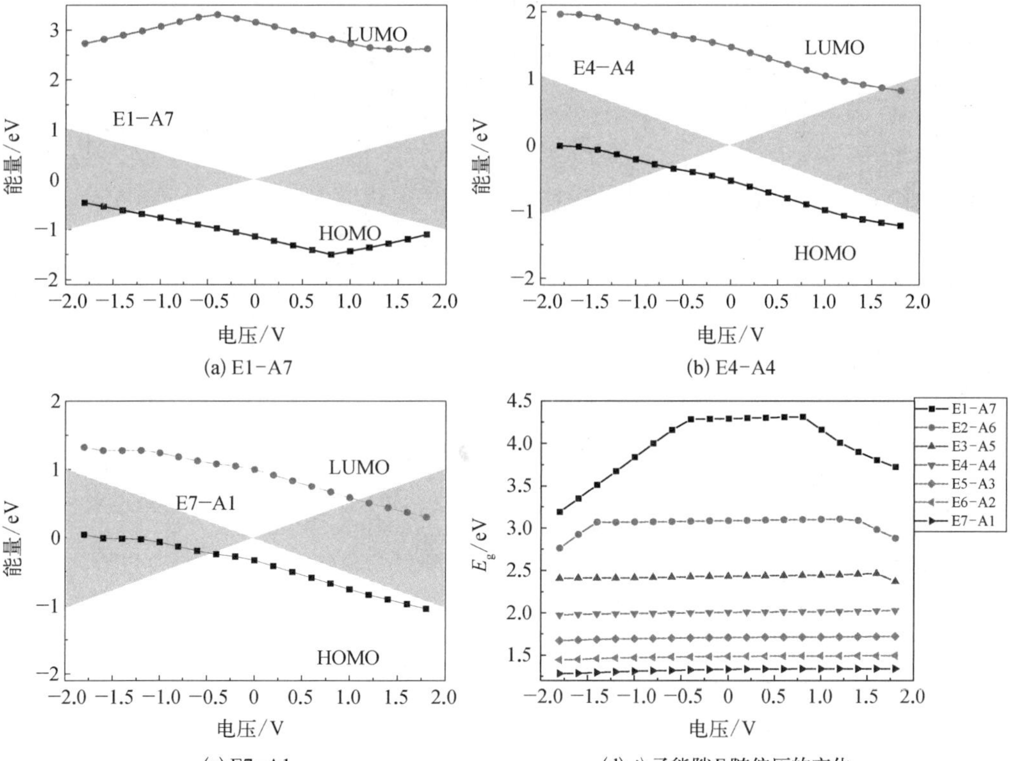

(a) E1-A7　(b) E4-A4　(c) E7-A1　(d) 分子能隙 E_g 随偏压的变化

图 10.20　分子轨道的能级随偏压的移动

10.2.2 隧穿势垒对电子输运的影响

为了进一步研究隧穿势垒对电子输运的影响，图 10.21(a)给出了不同偏压下系列模型的电流-电压曲线，其中电流坐标以对数形式表示。通过分子结中的电流利用 Landauer-Büttiker 公式计算可得

$$I = \frac{2e}{h}\int_{-\infty}^{\infty} T(E, V_b)[f_L(E - \mu_L) - f_R(E - \mu_R)]\,dE \tag{10.2}$$

式中，e 是电子电量；h 是普朗克常量；$T(E, V_b)$为透射系数，是特定偏压 V_b下能级 E 的函数；f_L和 f_R 分别是左、右电极的费米-狄拉克分布函数；μ_L 和 μ_R 是左右电极的化学势，$[\mu_L(V_b), \mu_R(V_b)]$表示对电流积分有贡献的能量区域，称为偏压窗口，$\mu_L = E_F - eV_b/2$，$\mu_R = E_F + eV_b/2$，E_F是电极的费米能级。从图 10.21(a)可以看出一个显著的特征，即电流曲线随共轭片段长度占比的增加而提高。然而仅从该图还难以分辨电流的不对称性。由此可见，该系列分子的整流效率并不高。图 10.21(b)给出了零偏压下各分子结的电导，从图中可以获得饱和片段占比和导电性的关系。随 Em-An 中的 m 的增加，分子结的电导近似呈指数上升，符合简化的隧穿模型。图 10.21(c)给出了所有模型分子的整流系数。本节中，整流系数采用式(10.1)的定义。从图中可知，共轭片段占比高的几个分子在低偏

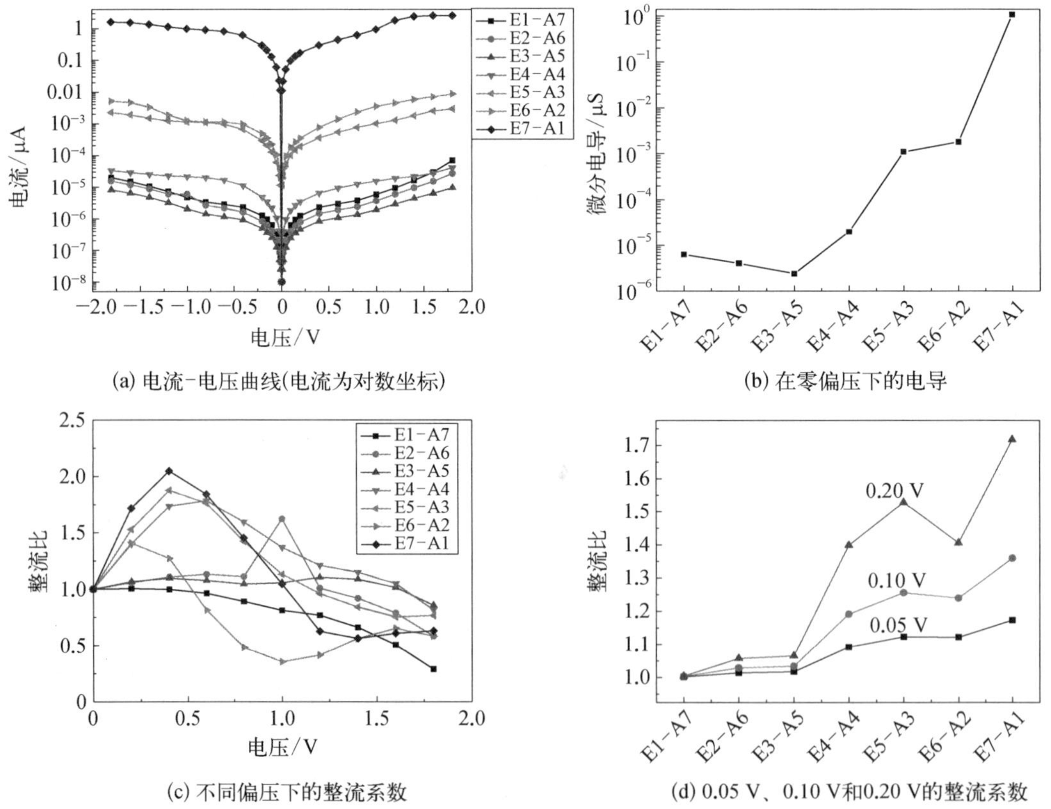

(a) 电流-电压曲线(电流为对数坐标)

(b) 在零偏压下的电导

(c) 不同偏压下的整流系数

(d) 0.05 V、0.10 V和0.20 V的整流系数

图 10.21 模型分子的输运行为与整流特征

压下都表现出 $R>1$ 的整流特征,说明电子更易于从左边传递到右边,即从耦合强的一端传递到耦合弱的一端。同时,随饱和片段的增加,整流效果变差[图 10.21(d)]。这说明通过改变隧穿势垒的相对宽度,可改变分子结的整流行为。

为了进一步了解分子整流的本质,图 10.22 给出了不同偏压的透射谱。图中的灰色区域为偏压窗口,费米能级附近的两个峰分别对应于 HOMO 和 LUMO 的共振峰。由于 HOMO 共振峰靠近费米能级,所以 HOMO 轨道为电子输运提供了主要的通道。从 E3-A5 的透射谱[图 10.22(a)]可以看出,无论施加的是正偏压还是负偏压,HOMO 共振峰的位置保持不变,E1-A7 和 E2-A6 的透射谱也有同样的现象。HOMO 峰位的稳定性高是饱和片段占比大的分子的共同特征。此外,正负偏压下偏压窗口内的透射系数相似。而电流的大小又取决于偏压窗口内透射系数的积分,因此饱和片段占比大的三个分子的整流系数都较小。但对于 E4-A4、E5-A3 和 E7-A1 的透射谱[图 10.22(b)、(c)和(d)],当施加负偏压时,HOMO 共振峰位向费米能级移动;而当施加正电压时,HOMO 共振峰位置向相反的方向移动。这一现象是分子整流的主要原因。结合图 10.18 和图 10.22 可知,HOMO 共振峰更靠近费米能级,并且当饱和势垒较短时,HOMO 共振峰在正偏压下更易离开偏压

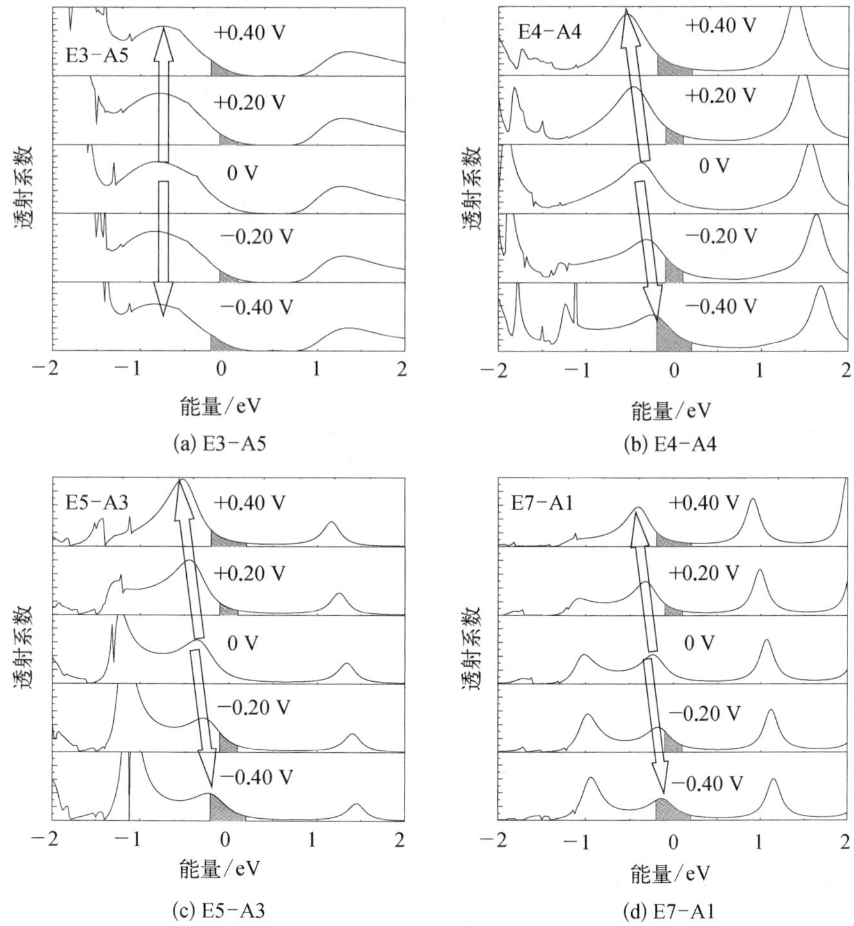

图 10.22　分子结的透射谱

窗口,而在负偏压下进入偏压窗口。因此,减小饱和长度可以提高整流效率。

为了进一步了解两端电子耦合作用的强度对整流的影响,我们进一步设计了两端都连有饱和势垒的模型[图 10.23(a),简称为 A1-E4-A4],以此来削弱两端与电极的耦合。分子结中只留下位置不对称的饱和与共轭片段。利用同样的方法对此模型进行构型优化和电子输运计算,结果表明,在 A1-E4-A4 的投影态密度谱[图 10.23(a)]和透射谱[图 10.23(b)]中都有两个尖峰,对应着 HOMO 和 LUMO 共振峰。但两峰之外的 PDOS 和透射系数均大幅降低。对比 A1-E4-A4 可知,E4-A4 的 HOMO 和 LUMO 共振峰虽较低但更宽,这是由共轭片段与电极的作用引起的,这也表明 A1-E4-A4 与电极的耦合作用很弱。图 10.23(c)对比了两者在低偏压下的整流系数,可以发现,当偏压低于 0.6 V 时,A1-E4-A4 的整流系数小于 E4-A4。这说明左电极与分子共轭片段的耦合作用对分子整流具有一定的影响。但在高偏压下,包括分子轨道的移动、PDOS 谱的变化以及透射谱的变化均更加复杂,整流的行为也更加难以预测。

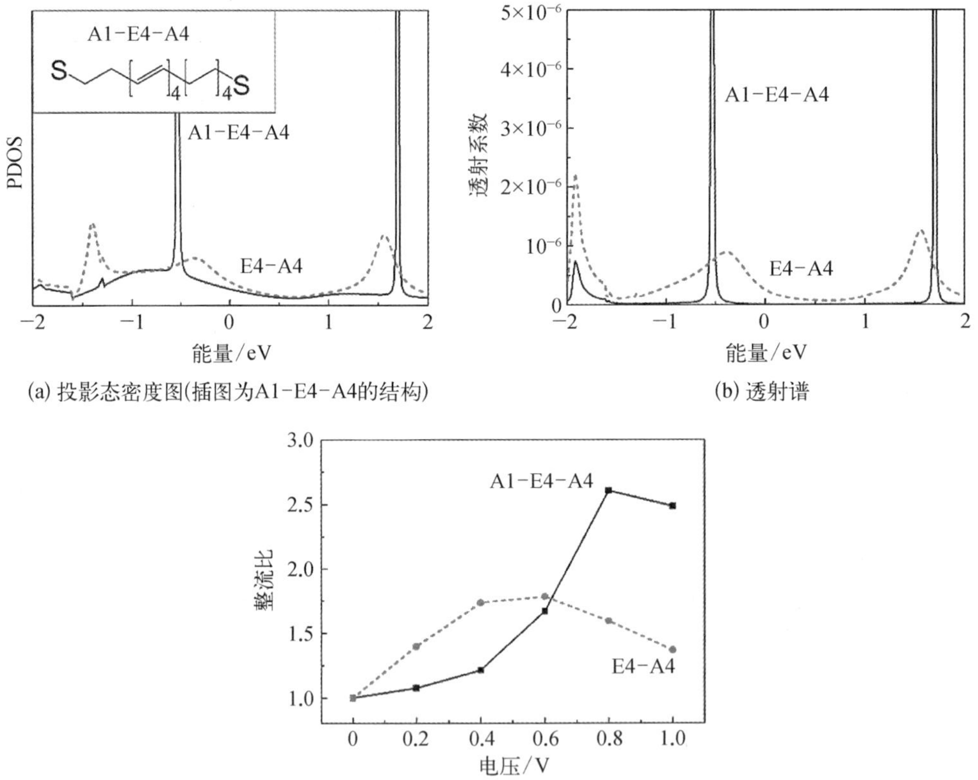

(a) 投影态密度图(插图为A1-E4-A4的结构)　(b) 透射谱

(c) 不同偏压下的整流系数

图 10.23　E4-A4 和 A1-E4-A4 分子的对比

图 10.24 对比了各模型分子在偏压为 1.0 V 和−1.0 V 的电势分布。图中展示出分子部分的电势降平缓且近乎线性,而在界面附近的电势降更为陡峭,且 1.0 V 右界面电势降比−1.0 V 左界面的更为陡峭。Taylor 等也指出在耦合较弱的界面处电势降的变化更剧烈[3]。这也表明界面耦合的强弱不同是导致分子整流的重要因素之一。

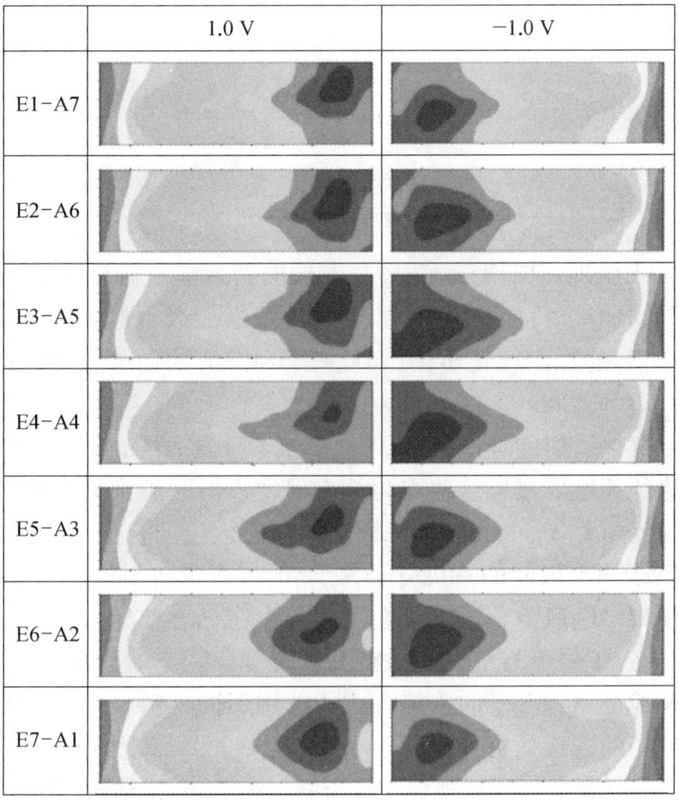

图 10.24　模型在分子 1.0 V 和−1.0 V 的电势分布图

在本节中，我们研究了由饱和烷烃片段相对宽度导致的分子整流，并用电极与分子耦合的强弱解释了分子整流效应的机理。通过调节饱和片段的相对长度可以微弱地调节电子的不对称输运。

10.3　不对称电极连接导致的分子整流

自从 Aviram 和 Ratner 首次提出利用给电子和吸电子基团的不对称取代作为分子整流器，A−R 型分子二极管得到了广泛的研究。其分子结构类似于半导体的 p−n 结，其中给电子基团作为 n 掺杂，吸电子基团作为 p 掺杂。但是，很多关于 A−R 型分子整流的理论研究没有明确显著的整流特征[9]，相比之下，实验研究中却频繁观察到明显的单分子整流现象[10]。这表明，实验中观测到的 A−R 模型展现出的不对称电流行为，可能归因于器件内部分子与电极之间不对称的耦合效应。

多种理论可以用来阐述 A−R 模型中分子整流现象缺失的原因。Mujica 等利用非平衡态格林函数（NEGF）方法，从理论上分析了分子结在正反向电压下的电势降情况，并得出结论，该分子结不具备整流特性[11]。此外，半经典理论模型也能够说明，简单的 A−R 模型不会产生强烈的整流效应。在电子传递遵循隧穿机制的情况下，Simmons 提出，有机介质可以视为连续的势垒[12]。电子隧穿通过高度为 $U(x)$ 的势垒的概率 $T(E_x)$，可以通过 WKB 近似方法来计算：

$$D(E_x) = \exp\left\{-\frac{4\pi}{h}\int_{s_2}^{s_1}\left[2m(V(x) - E_x)\right]^{\frac{1}{2}}dx\right\} \tag{10.3}$$

式中，$E_x = \frac{1}{2}mv_x^2$ 为电子在 x 轴方向上的能量分量；m 为电子质量；S_1 和 S_2 为 x 轴上从 S_1 到 S_2 的势垒宽度。当施加正向偏压 V 时，左电极的费米能级降低 $V/2$，右电极增加 $V/2$。相反，负向电压降低右电极费米能级，增加左电极费米能级。但是在 S_1 和 S_2 区域间积分得到的平均势垒是偶函数，因此正负偏压时的积分相同，因而 A-R 模型不会有明显的整流效应。

尽管当前缺乏直接适用的理论解释，但众多实验证据表明，分子与电极间的不对称界面是导致分子整流的关键因素。这些实验结果促使人们联想到另一种半导体二极管，即肖特基二极管。与 p-n 结不同，肖特基二极管的整流效应源自金属与半导体间界面连接的差异。相比于置于两电极间的有机分子，金属电极富含自由电子，其电子态密度极高，符合自由电子气模型。电极与分子不仅在尺寸上存在显著差异，其电子态密度也截然不同，这种本质区别导致了分子与电极间独特的耦合现象。不对称耦合能够引发分子整流效应，例如，通过调控金属与分子的连接方式或选用不同材料、尺寸的金属电极均可实现整流。在金属与分子的连接研究中，采用一端为巯基，另一端为硝基[13]、羧基[14]或异氰基[15]的连接方式，可以观察到整流现象。在金属-分子-金属结中，利用二硫代氨基甲酸盐[16]或二硫代甲酸盐[2]的两个巯基与一端金电极相连，而另一端通过巯基或氮原子与另一金电极相连，同样能观察到整流效应。此外，理论研究表明，通过调整分子与电极间的距离也可实现整流[17,18]，但实验上实现这种整流的操作难度较大。因此，对界面电子结构的深入研究有助于理解和改进分子电子器件的性能。

本节中，我们提出一个关于电极-分子不对称界面整流现象的理论解释，该整流现象由电极费米能级的不对称移动所引发。研究采用非平衡态格林函数（NEGF）方法，探究了具有不同界面耦合基团的卟啉分子的电子传递特性。设计含有不同数量巯基的耦合界面，如图 10.25 所示。由于分子结的一端连接有两个硫原子，因此该端与电极的耦合效果更佳。相应地，这一端的金属费米能级与分子轨道的匹配程度，相比于仅含一个硫原子的另一端，更为优越。当施加偏压时，分子两侧能级的移动会呈现不对称的特征。

图 10.25 给出了分子结的示意图。所有的模型以卟啉环为基础，右端以一个硫原子与电极相连接，左电极则与不同数量的巯基相连。模型 A 左右对称，以一个硫原子连接电极。模型 B 和 C 左边有两个硫原子，比模型 A 多一条电子注入（或流出）通道。其中模型 B 的两个硫相邻，而模型 C 中两个硫原子隔开。

在进行电子传递的计算之前，需首先对所有分子进行几何结构优化。这一步骤采用 B3LYP 杂化密度泛函理论，并对所有原子应用赝势基组。随后，每个分子被耦合于由三个金原子构成的金平面之间，其中 Au-Au 键的长度设定为 2.88 Å。各模型分子均保持与

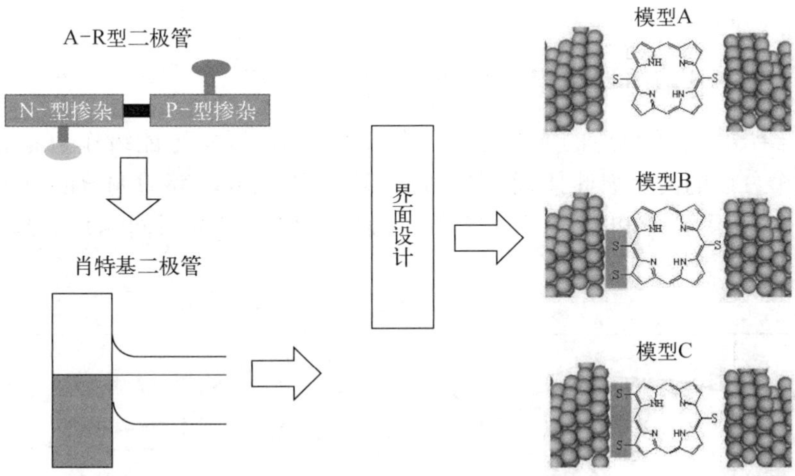

图 10.25　理论模型示意图和器件示意图(所有模型分子通过巯基与金电极相连)

金平面垂直的取向,且硫原子吸附在局部能量最低点,即金原子的 hollow 位。值得注意的是,原子簇内部金原子间的相对距离保持固定,而两端金原子簇之间的距离通过自由优化的方法进行调整,这一步优化过程中采用了 LANL2DZ 基组。

采用密度泛函理论(DFT)结合非平衡态格林函数(NEGF)方法,对电子传递性质进行模拟。动态电流的计算过程分为以下两个步骤。① 器件结构优化:为了准确模拟分子结,从上述几何优化结果中提取出-S-Molecule-S-的构型,将其转移到两个半无限 Au(111)电极之间。以 Au(111)面的(4×4)单包作为电极,左边两层,右边三层,每层 16 个原子。分子耦合在两个 Au(111)半无限电极之间,即两电极在 x 和 y 方向上周期性重复。初始分子-电极的连接距离设定为 2.0 Å,然后自由优化。对分子和电极分别采用带有极化函数的双 ζ 基组(DZP)和带有极化函数的单 ζ 基组(SZP)的局域密度泛函方法进行计算。所有原子优化至受力小于 0.1 eV/Å。② 电子传递:在第一步的基础上,在两电极间施加从-2.0 V 到 2.0 V 的偏压,用 NEGF 方法计算电流。

传统的 A-R 分子结在结构上与 p-n 半导体二极管有所类似,然而,在构建 A-R 模型的过程中,给电子基团往往难以完全将一个电子转移给吸电子基团,从而无法形成类似 p-n 结中的耗尽层。这个局限性已通过众多理论预测和实验方法得到了证实,表明 A-R 模型在整流性能方面难以达到理想状态。针对上述问题,当前研究提出了一种新颖的界面接触耦合机制,该机制类似于肖特基二极管的工作原理。具体而言,通过在分子结的两端连接数量不同的基团,从而赋予其不同的局域态密度。这种设计导致在正偏压和负偏压下,费米能级发生不对称的移动。此外,界面处形成的强化学键使得分子轨道能级与金属电极的费米能级之间保持相对固定的关系。这一机制为改善 A-R 分子结的整流性能提供了新的思路。

分子电子器件的理论研究主要集中于静态特征和动态行为上。静态性质主要是分子的几何结构和电子结构,间接预测了分子结的输运性质。动态行为则主要从 $I-V$ 曲线和分子结的透射谱来体现。因此,我们首先分析静态性质,包括HOMO和 LUMO 的分布,以及电势分布。

10.3.1 前线分子轨道的能级和空间分布特征

图 10.26 给出了分子轨道的能级随偏压的变化趋势,以费米能级作为零点。从图中可以看出,三个分子的能级彼此接近,它们的 HOMO 和 LUMO 都随偏压的升高而略有降低。在高偏压下,模型 B 和模型 C 在正负向偏压的移动略有不同,表现出轻微的不对称性。

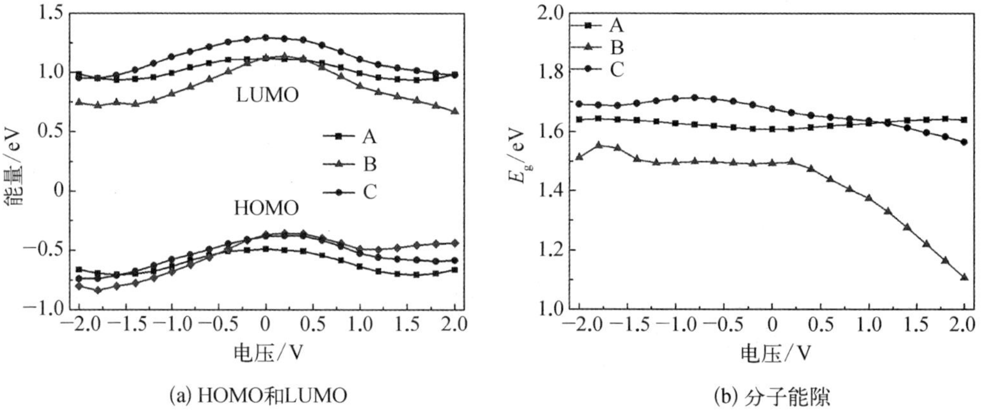

图 10.26 模型 A、B 和 C 的分子轨道能级随偏压的变化

图 10.26(b)展示了三个模型分子在不同偏压条件下的分子能隙(E_g)变化情况。在未施加偏压时,各模型分子的 E_g 呈现如下顺序:模型 C(1.68 eV)>模型 A(1.61 eV)>模型 B(1.49 eV)。当施加偏压后,由于模型 A 具有对称结构,其 E_g 随偏压的变化呈现对称性。无论是施加正偏压还是负偏压,模型 A 的 E_g 均略有增加。这一现象与其他线性共轭分子(如聚乙炔)的行为相反,后者在偏压增加时,E_g 通常呈现降低趋势。模型 C 的 E_g 变化则表现出轻微的不对称性。在负偏压下,其 E_g 变化较小;而在正偏压下,模型 C 的 E_g 单调下降。相比之下,模型 B 的 E_g 变化呈现出更为显著的不对称性。在-1.4~0 V 的偏压范围内,模型 B 的 E_g 基本保持不变;然而,在正偏压下,其 E_g 降低了约 0.4 eV。因此,模型 B 展现出潜在的整流能力。

前线分子轨道的空间分布能够在一定程度上反映分子的电子传递能力。它不仅揭示分子轨道能否形成有效的电子传递通道,还能体现分子与电极之间的耦合程度。通常,离域性较好的轨道在该能级上具有更高的透射系数。图 10.27 展示了 HOMO 和 LUMO 在不同偏压下的空间分布情况。对于模型 A,其 HOMO 和 LUMO 均离域于整个分子之上,且施加的偏压对它们的空间分布未产生显著影响。这一特性与线性分子有所不同。尽管模型 B 的 LUMO 不受偏压影响,但其 HOMO 在高偏压下趋向于定域化,并且不同方向的偏压会导致 HOMO 定域于不同的位置:正偏压下定域于右侧的单巯基,负偏压下则定域于左侧的双巯基。这种不对称性明显有利于分子的整流特性。模型 C 同样表现出显著的不对称分布特征。在−1.8～0.6 V 的偏压范围内,HOMO 虽保持离域特征,但略偏向双巯基一侧。在更高的正偏压下,HOMO 逐渐定域到单巯基的右侧。而大部分的 LUMO 定域于卟啉环靠近双巯基的左侧,受偏压影响较小。然而,由于 LUMO 距离费米能级较远,仅在极高偏压下才会进入偏压窗口,因此它不仅对分子的整流特性无贡献,而且对低偏压下的导电性也无显著影响。总之,模型 B 和 C 的 HOMO 靠近费米能级,且在不同方向的偏压下表现出不对称的移动,这暗示了它们具有潜在的整流能力。

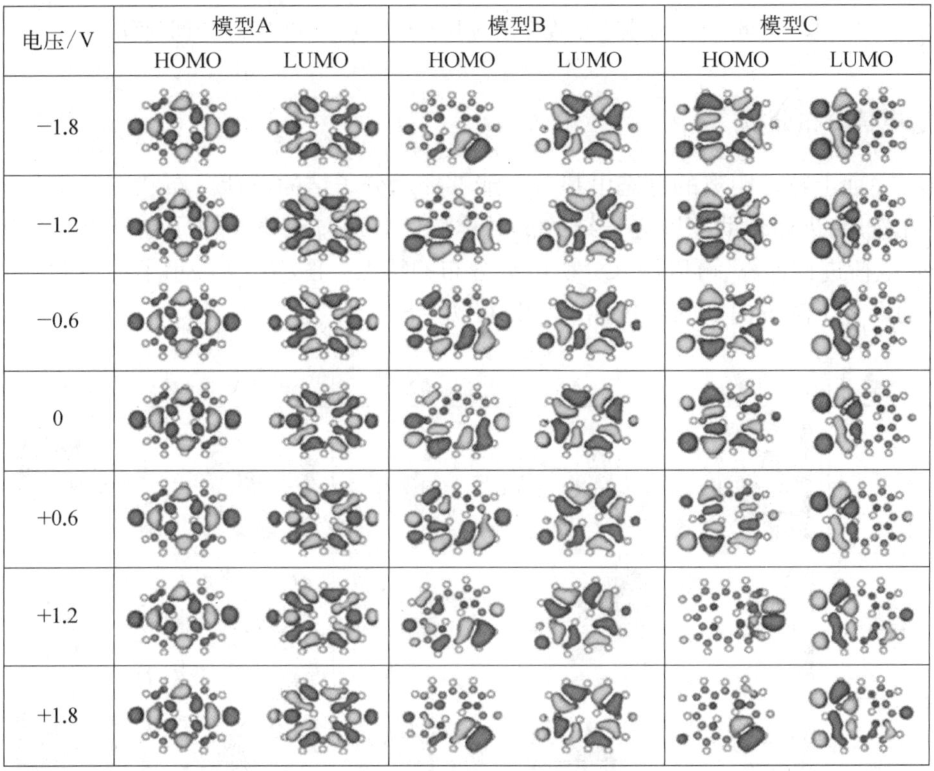

图 10.27　模型分子 A、B 和 C 在不同偏压下 HOMO 和 LUMO 的空间分布

HOMO 和 LUMO 的空间分布同样受界面耦合效应的影响。为此,图 10.28 进一步展示了包含电极作用下的金-分子-金分子结的轨道空间分布情况。作为对比,具有对称结构的模型 A,其 HOMO 和 LUMO 均呈现对称分布的特征。具体而言,HOMO 展现出良好的离域性,而 LUMO 主要定域于分子与电极的界面附近。由于 HOMO 靠近费米能级,其离域特性预示着该轨道在导电性方面可能有更大的贡献。相比之下,模型 B 和 C 的 HOMO 虽然也具备一定的离域特征,但显著偏向于单巯基一侧。这种不对称分布暗示了它们可能具备整流能力,但在导电性方面可能表现不佳。而这两个模型的 LUMO 主要定域在双巯基一端。因此,在分子结中,HOMO 更有可能参与形成主要的电子传递通道。此外,强界面耦合效应会带动分子轨道的移动,这种移动更有利于电子从分子中流出,而非注入分子中。

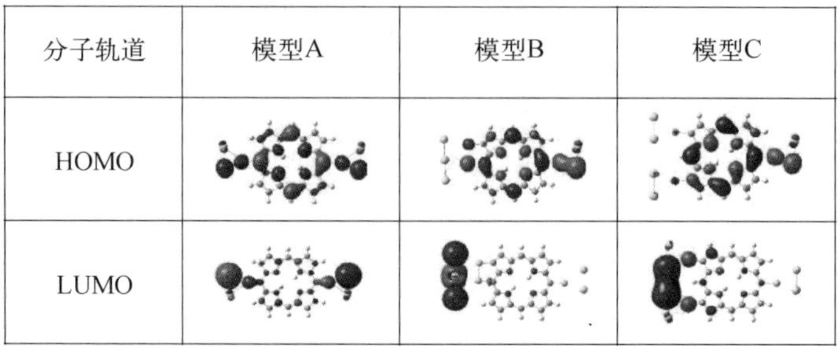

图 10.28 分子结包含电极作用的 HOMO 和 LUMO 的轨道空间分布

10.3.2 电势分布分析

分子平面上特定距离的静态电势分布能够揭示分子结的电荷分布状态及其与电场之间的相互作用,进而帮助理解分子结的不对称特性。通过对每个原子在外电场作用下的 Mulliken 电荷进行计算,可以深入分析电势分布的特点。图 10.29 展示了由不对称电极耦合引发的沿分子轴方向上的不对称电势分布现象。

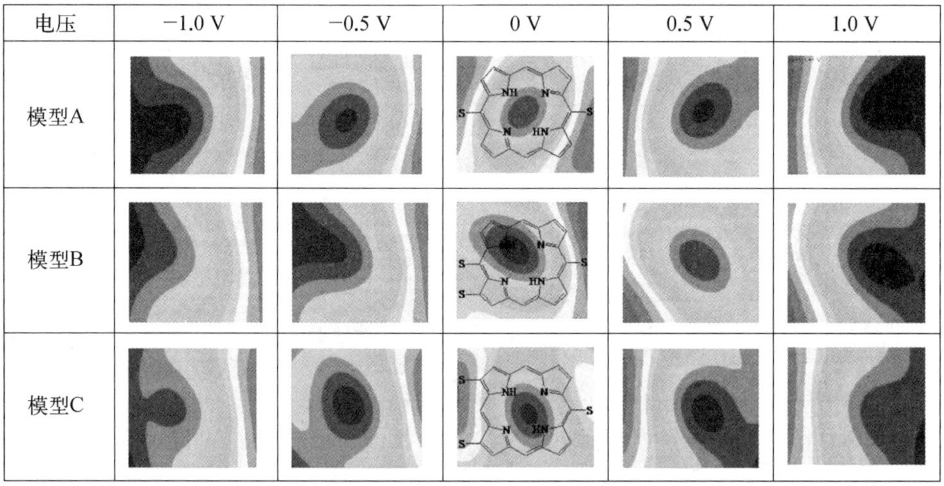

图 10.29 不同偏压下各模型分子的电势分布

在未施加电压的情况下,模型 A 中的四个 N 原子均带有负电荷(−0.147e、−0.147e、−0.338e 和−0.338e),而两个硫原子带有正电荷(0.138e 和 0.136e),这些原子在电势分布中起着重要的作用。对于具有对称结构的分子,其在正负偏压下的电势分布也呈现对称性。对于不对称的模型 B,相邻的两个硫原子带有负电荷(−0.02e 和 −0.01e),而右侧的单个硫原子带有正电荷(0.145e)。在±0.5 V 和±1.0 V 的偏压下,电势分布的不对称性已十分显著。对于不对称的模型 C,左侧的两个硫原子带有正电荷(0.125e 和 0.210e),而右侧的单原子硫带有正电荷(0.191e)。与±0.5 V 的低偏压相比,在±1.0 V 的偏压下,电势分布的不对称特征更为突出。这些结果表明,分子结的电势分布受电极耦合方式及偏压大小的显著影响，且不对称的电极耦合能够引发分子轴方向上电势分布的不对称性。

电势分布与分子中电子传递路径上的势垒高度紧密相关。具体而言，平均势垒高度较低且起伏相对平缓的路径，往往具有更高的电子传递效率，因此成为电子优先选择的通道。若该通道对不同方向的偏压表现出不同的响应，则预示着可能会产生不对称的电流-电压曲线。

10.3.3　电流-电压曲线

上述对静态性质的分析预示了模型 B 和 C 可能具备整流能力。因此，接下来我们讨论这些模型的动态电子输运性质。图 10.30(a)展示了三个模型的电流-电压(I-V)曲线。在低偏压范围内，电流随偏压的增加而线性增长，呈现欧姆特性。然而，当偏压超过±0.5 V时，电流-电压关系表现出非线性特征。值得注意的是，模型 A 的电流大于模型 B 和 C，这表明模型 A 的电子传递效率更高。图 10.30(b)给出了零偏压下的微分电导。在较大的偏压范围内，模型 A 的微分电导均保持最高水平。尽管模型 B 和 C 的左侧分别存在两条电子注入或流出的通道，但它们的电导均较小，这暗示着在通道数量和传递效率之

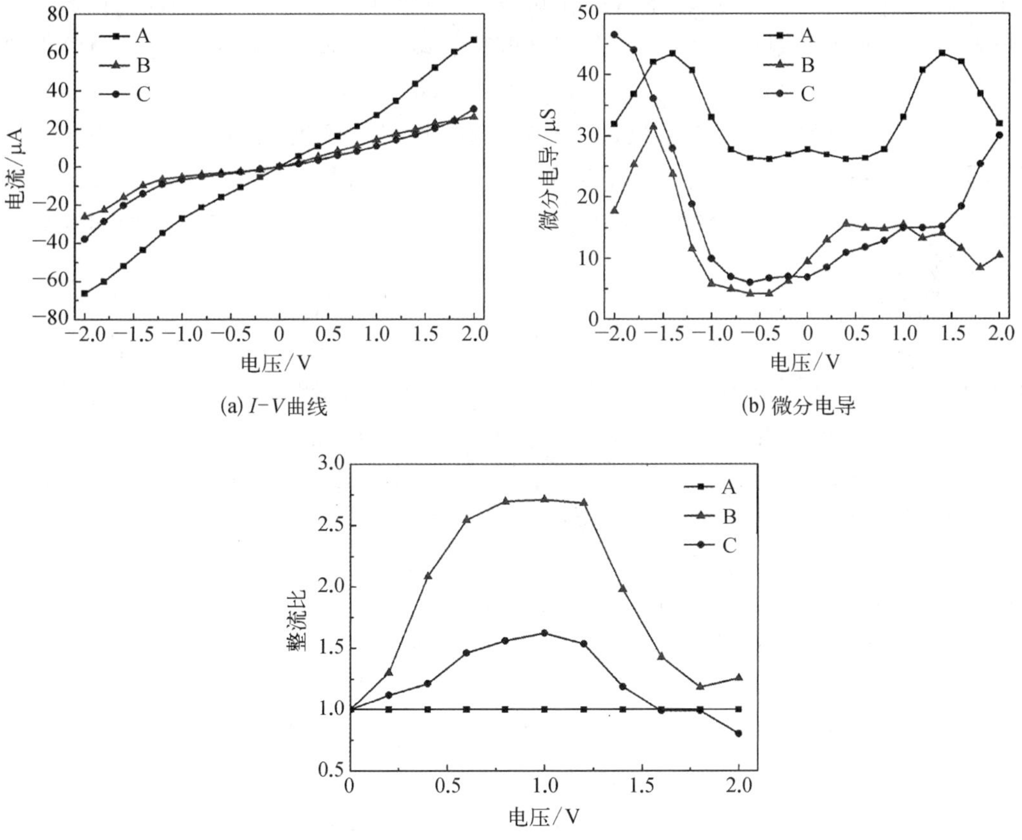

图 10.30　分子的导电性与整流能力

间,后者可能起着更为关键的作用。此外,需要指出的是,文献中广泛讨论的量子干涉模型并不能合理解释这三个分子的相对导电性。对于模型 B,左侧的两个巯基形成的两条通道并非沿分子轴呈上下对称,若按照量子干涉模型进行分析,预测可能会存在相消干涉,从而导致导电性降低。然而,对于模型 C,其两个巯基通道完全上下对称,理论上电子应具有相同的相位,应存在相长干涉,即产生更大的电流。但这一预测显然与实验结果不符。因此,在本系列分子中,不同的连接方式形成了不同的电子传递路径,且这些路径具有不同的传递效率。这是三个模型分子在导电性与整流行为上表现出差异的根本原因。

为了准确地分析分子的整流性质,在此定义整流比为

$$R = \frac{|I_+|}{|I_-|} \tag{10.4}$$

图 10.30(c)展示了各分子在不同偏压下的整流比。由于模型 A 的结构具有对称性,因此不具备整流特性,其整流比 $R(V)$ 恒等于 1。相比之下,模型 B 和 C 在较宽的偏压范围内均表现出整流比大于 1 的特性。特别是在 0.8~1.2 V 的偏压范围内,两者均出现了整流比的极大值,其中模型 B 的整流比达到 2.6,而模型 C 仅略高于 1.5,表明其整流效率相对不明显。进一步分析发现,模型 B 在正偏压下的电流更大,表明电子的优先传递方向是从单巯基端向双巯基端,即电子更倾向于从弱耦合端向强耦合端传递。这一现象也揭示了电子注入与流出的效率存在差异。因此,可以推断,在不同偏压下,模型 B 和 C 的整流特性与其电子传递路径及耦合强度的差异密切相关。对于其他的整流器,Stadler 等[19]利用 DFT 结合 NEGF 方法研究了取代作用产生的单分子整流器,其整流比小于 2。前文所讨论的 D-π-A 体系虽有整流效应,但是性能很弱。相比之下,此类肖特基型的分子二极管性能有所改善。

分子结的电流可以通过 Landauer-Büttiker 公式进行计算[20-23]。该公式表明,电流是偏压窗口内透射系数的积分,因此,对透射谱的深入分析有助于更全面地理解整流行为。图 10.31 展示了分子结在不同偏压下的透射谱。在费米能级附近,可以观察到两个主要的透射峰,但它们的高度和位置存在差异。其中,低于费米能级的透射峰对应于 HOMO 共振峰。对于模型 A,其 HOMO 共振峰基本位于偏压窗口之内,是电流的主要贡献者。随着正负偏压的变化,HOMO 共振峰保持着对称移动,因此未观察到整流效应。相比之下,在图 10.31(b)和(c)展示的模型 B 和模型 C 中,HOMO 共振峰同样是电流的主要贡献者。然而,随着正偏压的增加,HOMO 共振峰向费米能级移动并进入偏压窗口。在这种情况下,正偏压透射谱的积分大于负偏压下的积分,从而导致明显的整流现象出现。

基于前文所述的模拟结果,我们以更为直观的图示方式进一步探讨了卟啉分子结的整流机制,具体见图 10.32。在该图中,卟啉环的两端通过不同数量的巯基与电极相连,从而在两侧形成了电子耦合程度各异的界面。一般而言,连接的位点数量越多,耦合强度越高。当施加偏压时,分子轨道能级在电极边缘会呈现随电极费米能级同步移动的趋势。在模型 B 和 C 中,左侧界面的耦合强度高于右侧界面。在此情况下,强耦合的电极及其邻近的分子片段可以视为一个整体,它们的费米能级能够相互钉扎。在正向偏压下,这个

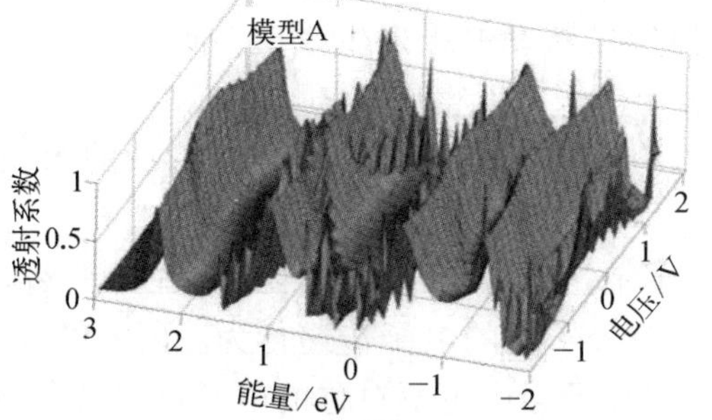

(a) 模型A

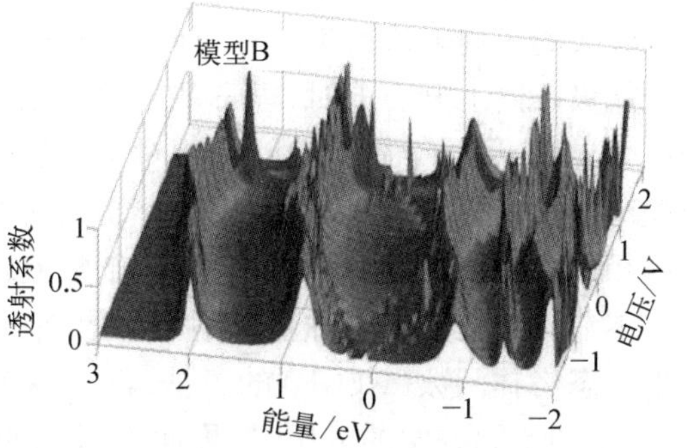

(b) 模型B

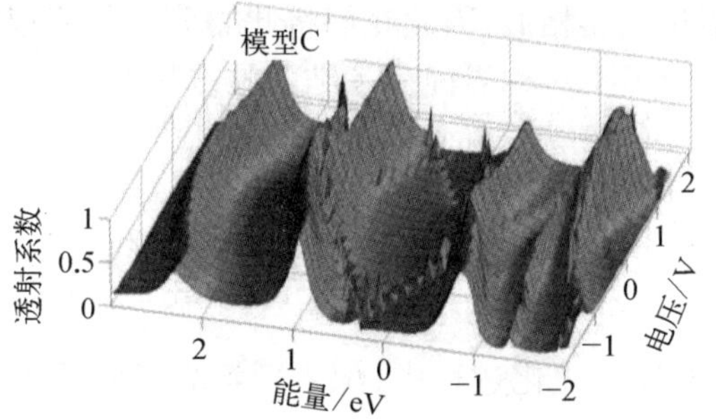

(c) 模型C

图 10.31　模型分子的透射谱

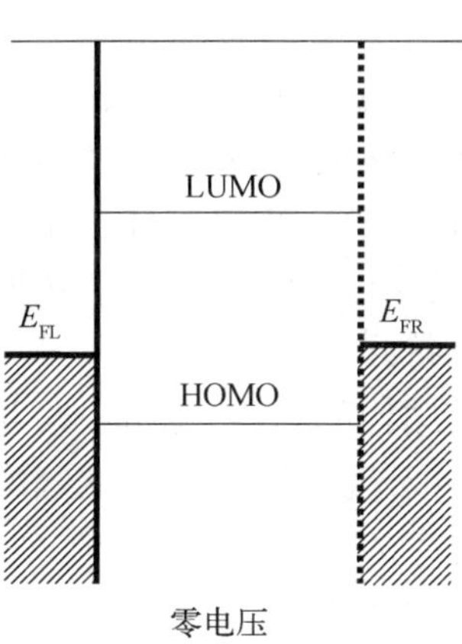

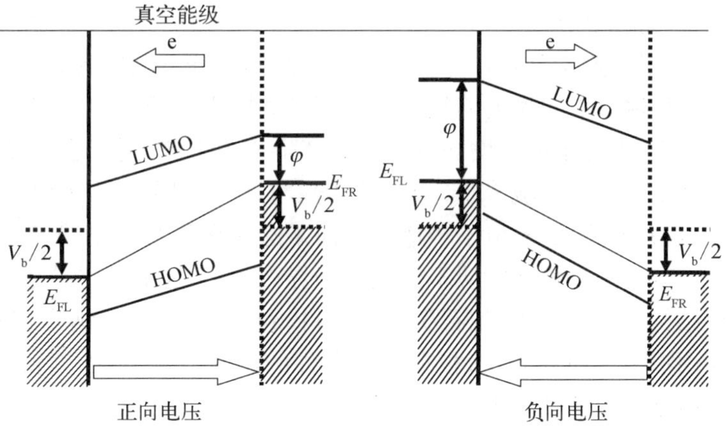

(a) 不施加偏压的能级图　(b) 正向偏压下的能级图　(c) 负向偏压下的能级图(E_{FL}和E_{FR}分别为左右金属电极的费米能级，φ为势垒，在正负电压下调节电极费米能级与LUMO能级的匹配)

图 10.32　模型 B 和 C 的能级移动示意图

整体会一同向下移动，如图 10.32(b)所示。而对于弱耦合的一侧，金属费米能级的向上移动并不能完全牵引分子能级同步变化，因此电子从右侧向左侧隧穿的势垒会降低，从而导致较大的正向电流产生。在负向偏压下，如图 10.32(c)所示，强耦合的左侧电极会带动分子能级一同上升。此时，电子从左侧向右侧隧穿的势垒并未发生改变。而对于右侧的弱耦合界面，尽管金属费米能级相对于邻近的分子能级降低得更多，但这并未对电子传递势垒产生影响。因此，负向电流要小于正向电流。这一特性与金属-半导体形成的 MS 结具有相似之处。因此，我们将这类分子整流现象称为肖特基型分子整流。

本节研究设计了一种基于不对称界面的分子结，并采用了密度泛函理论(DFT)结合非平衡态格林函数(NEGF)的方法，深入探究了该分子结的电子传递行为。研究结果显示，当施加不同方向的电压时，界面不对称的卟啉分子会产生不对称的电子传递现象，最大整流比接近 2.6。进一步的分析表明，电流在分子结中优先从强耦合端传递到弱耦合端，这一特性与肖特基型整流器相似，因此我们将此类分子整流现象称为肖特基型分子整流。综上所述，本研究揭示了不对称界面分子结的整流机制，为分子电子器件的设计与优化提供了新思路。

10.4 几何结构限流导致的分子整流

在分子电子器件的设计与优化过程中，深入理解分子水平上的电子输运性质具有至关重要的意义。决定分子结电导的关键因素涵盖金属-分子界面接触的质量以及分子骨架自身的电子结构特性。在实验层面，测量分子结电导通常采用多种连接基团来实现分子与金属电极的稳固连接。其中，硫醇因其具有能够化学吸附至金电极表面的能力，为构建可靠的界面耦合提供了有效途径。当分子通过多个硫醇基团与金属电极相连时，分子-电极界面的耦合作用得以增强，进而对分子结的电导特性产生显著影响，并可能诱发一定程度的整流效应。

此外，连接基团在分子上的位置同样对分子电导具有显著影响，它决定了电子在分子内部传输时所遵循的路径。对于环状共轭小分子，当存在两条传输路径时，若它们产生相长干涉，则分子电导增加；反之，若产生相消干涉，则分子电导降低。这一规律同样适用于非环状的交叉共轭分子，其电导特性与连接基团的位置紧密相关[24]。此外，如第 7 章所述，在并苯体系中，电子传递更倾向于沿着交替的碳-碳单双键进行。

分子结的输运性质不仅依赖于界面质量，还显著受分子几何结构的制约。具有 π-共轭结构的平面分子，如石墨烯基材料(包括石墨烯片、纳米带及纳米盘)，展现出了广阔的应用潜力。研究表明，根据电子器件的具体需求，可以制备出有序的石墨烯纳米盘阵列。锯齿型石墨烯纳米带(zigzag graphene nanoribbon，ZGNR)，以其无带隙、电子态半填充的特性，表现出独特的电子性质，引起了广泛关注[25-27]。通过紧束缚模型的计算，研究者在三角形 ZGNR 中发现了一个独特的内电流环现象[28]。为了在实验环境中测量三角形 ZGNR 的电学特性，构建具有良好金属-分子接触界面的纳米结成为必要步骤。鉴于石墨烯纳米带的边缘宽度可达几纳米量级，因此需要使用多个连接基团以确保有效的电子耦合。然而，在含有多个连接基团的分子结体系中，从不同连接位点注入的电子之间的相互作用机制目前尚不明晰。本节将深入探讨不对称结构以及不对称连接基团对三角形 ZGNR 电子传递性质的具体影响。模型分子的结构如图 10.33(a)所示。值得注意的是,当电子从不同方向注入时,其在散射空间内所受到的约束条件会有所不同。

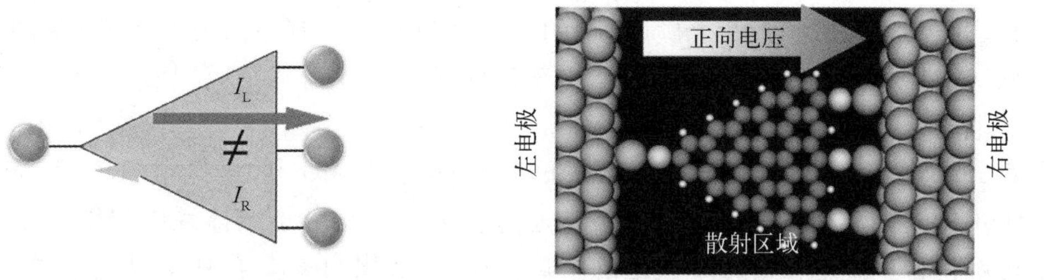

(a) 本节所研究的三角形的锯齿型石墨烯纳米带以及非对称电流的示意图 ($I_L \neq I_R$)

(b) Au-ZGNR-Au与金电极形成的纳米结(包含左电极、散射区、右电极,箭头表示正偏压的方向从左向右)

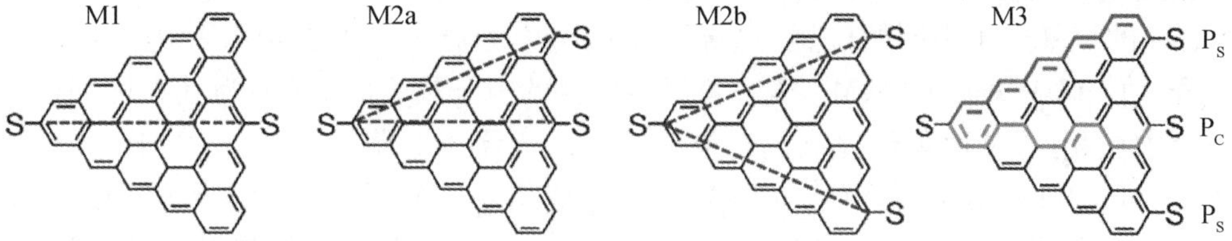

(c) 三角形石墨烯纳米带的几何结构图(虚线表示最可能的电子传递路径,P_C和P_S分别表示中心和边缘的电子传递路径,M3中加粗的化学键表示可能的P_C和P_S,从入射点到出射点都包含11个碳-碳键,即$L(P_C) = L(P_S) = 11R_{CC}$)

图 10.33 分子结构与分子结模型

图 10.33(b)展示了连接于两个金电极之间的三角形 ZGNR 模型。图 10.33(c)则详细描绘了三角形 ZGNR 的几何结构,其中四个模型共享相同的分子主体,并通过氢原子饱和边缘的悬挂键以确保结构稳定。在三角形 ZGNR 的顶点处,通过一个硫基与左侧的金电极相连。为了系统地研究界面耦合效应,右侧则分别通过 1、2 或 3 个巯基与金电极连接。根据巯基的数量及其连接位置,这四个模型分子分别命名为 M1、M2a、M2b 和 M3。在分子的几何结构优化过程中,采用了 B3LYP 杂化泛函,并配以 6-31G* 基组进行计算。巯基在脱氢后吸附至 Au 电极上,其中硫原子与金电极表面的 top 位金原子形成了稳定的硫-金化学键。通过势能面扫描,确定了当硫-金距离为 2.3 Å 时,体系达到了能量最低点,即最稳定状态。随后,为了进一步提升计算精度,再次利用 B3LYP 泛函进行了优化,但此次对分子部分采用了 6-31G* 基组,而对金原子簇使用了 LANL2DZ 基组。这一步骤旨在针对金原子簇与分子构成的体系进行更为详尽的二次结构优化,以确保计算结果的准确性和可靠性。

分子结的模型如图 10.33(b)所示。具有周期性结构的(3×6) Au(111)面作为电极,其中左边的表面层包含 37 个 Au 原子,右边的表面层由 55 个 Au 原子构成。为了保持分子结的周期性,左边的电极为两层 Au 原子,而右边电极为三层。对分子结进行全自洽场迭代计算,分子采用带有极化函数的双 ζ 基组(DZP),Au 电极采用带有极化函数的单 ζ 基组(SZP)。对分子结施加-1.0~1.0 V 的偏压,间隔 0.1 V,图 10.33(b)中箭头表示电场的正方向,利用 NEGF 方法计算分子结的电流。

10.4.1 三角形 ZGNR 的电子结构

作为有限尺寸的共轭碳纳米结构,石墨烯片(特别是本节所考察的边长为 1.2 nm 的正三角形石墨烯片,含有 45 个碳原子)的分子轨道能级及其空间分布对于理解其独特的电子输运行为具有重要的参考价值。由于该体系的尺寸尚不足以形成连续的能带结构,因此其电子结构性质呈现离散化的特征。图 10.34 展示了四个模型分子在费米能级附近的关键分子轨道,即最高占据轨道(HOMO)、相邻的 HOMO−1、最低空轨道(LUMO)以及 LUMO+1 的空间分布。这些分子轨道是通过投影方法从分子结体系中提取出来的,因此它们已经包含了金电极对分子轨道的影响。在 sp^2 杂化的碳原子中,p_z 轨道能够形成离域的大 π 键,这些大 π 键广泛分布在三角形 ZGNR 上。从图中可以看出,HOMO 主要分布在左侧苯环及其相邻的一条边上,而不同的连接方式对其分布的影响相对较小。然而,ZGNR 右侧的巯基处于不同的位置,这导致了四个模型分子与右侧电极的电子耦合强度存在差异。以 LUMO+1 为例,M3 模型表现出最强的电子耦合,这是因为其右侧通过三个巯基与金电极相连,从而可能提供了三条电子流入或流出的路径。另外,由于 Au 电极的引入以及 John-Teller 效应的影响,大多数分子轨道相对于分子对称轴呈现轻微的不对称性。孤立的三角形 ZGNR(不含硫醇基团)属于 D_{3h} 点群。然而,当在两侧引入硫基后,M1、M2b 和 M3 模型的对称性降低为 C_{2V} 点群,而 M2a 模型变为 C_s 点群。当分子与电极连接后,由于分子和电极之间的相互作用,其对称性进一步被破坏。

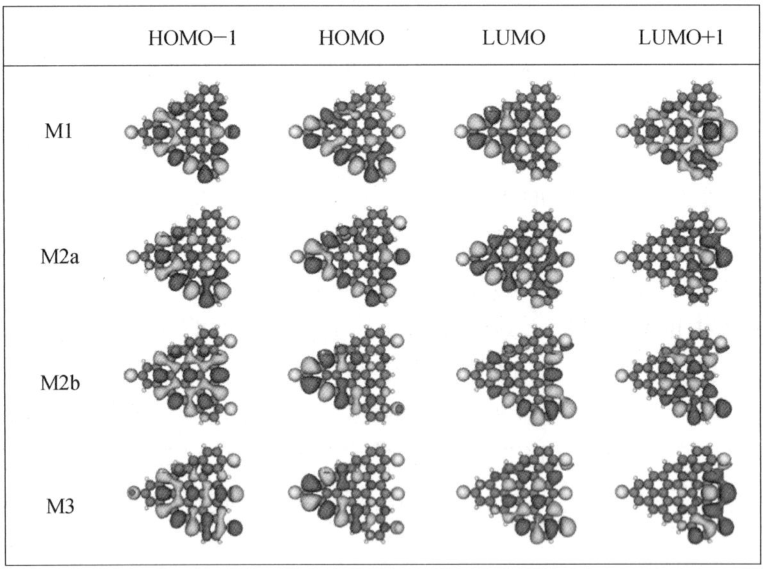

图 10.34 零偏压下三角形 ZGNR 在费米能级附近的前线分子轨道 MO 的空间分布(包括 HOMO−1、HOMO、LUMO 和 LUMO+1)

图 10.35(a)展示了在零偏压下,投影到分子上的轨道能级的比较结果。观察发现,四个模型分子的 HOMO 和 LUMO 能级均十分接近费米能级,这一特征符合以 sp^2 杂化为基

础的大共轭二维碳材料的普遍性质。一方面,这表明在此体系中,电子从 HOMO 到 LUMO 的跃迁过程极易发生。另一方面,鉴于 HOMO 和 LUMO 的能级均与金电极的费米能级相匹配,电子能够轻松地从电极注入 LUMO,或由 HOMO 跃迁至电极中。因此,在大共轭碳基材料中,电子输运的机理呈现更为复杂多样的特性。Ezawa 报道了不同尺寸的三角形 ZGNR(锯齿型石墨烯纳米带)展现出的金属性质,其根源在于零能级上存在简并的电子态[25,26]。然而,在本节所研究的模型分子中,由于受 Au 电极和巯基的共同影响,HOMO 和 LUMO 的简并特征显著破坏,这一现象在右侧含有多个巯基的 M2b 和 M3 模型中尤为明显。

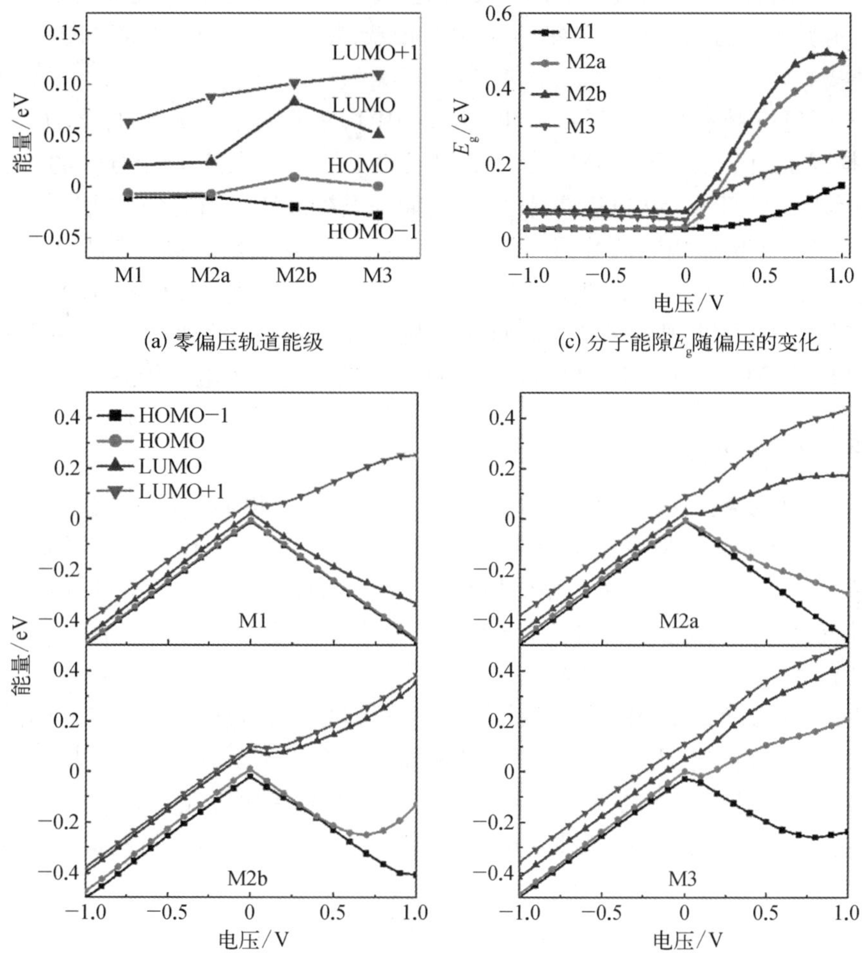

(a) 零偏压轨道能级　(c) 分子能隙E_g随偏压的变化

(b) 轨道能级随偏压的变化

图 10.35　M1、M2a、M2b 和 M3 分子轨道能级的特征

图 10.35(b)呈现了上述分子轨道能级随偏压变化的详细情况。与具有离散能级的典型有机分子相比,三角形 ZGNR 在零偏压及负偏压下展现出简并的电子态特征,例如,HOMO 与 HOMO−1 轨道即为例证。尤为重要的是,四个模型分子的能隙均接近零,呈现一定的金属性特征,这与先前的文献报道相吻合[25,26]。在施加负偏压时,我们观察到

HOMO 与 LUMO 能级均有所下降，导致四个模型分子的能隙在负偏压下几乎保持为常量。值得注意的是，所有分子的 LUMO 与 LUMO+1 能级均位于费米能级以下，这可能是石墨烯纳米带出色的 π 共轭性以及其与右侧金属电极之间良好的电子耦合作用，使得 LUMO 上易于注入电子。具体而言，在-1.0 V 的偏压下，约有 0.1e 的电子被注入石墨烯纳米带中。相反，正偏压则导致分子轨道能级上升。对于界面耦合相对较弱的 M1 模型，仅 LUMO+1 的能级随偏压的增加而向上移动。而对于增加了连接基团的 M2a 和 M2b 模型，LUMO+1 与 LUMO 均随电场的增大而升高。在 M3 模型中，由于三个巯基提供了更为优异的电子耦合，因此 HOMO 能级也随电场的增大而上升。四个模型分子连接基团数量的差异导致了三角形 ZGNR 右端电子耦合强度的不同。尽管分子轨道能级随偏压的变化而有所调整，但其空间分布对偏压的敏感性相对较低，特别是 LUMO 与 LUMO+1 能级的空间分布。

由于电子隧穿势垒的高度与 LUMO 和 HOMO 的能级差即分子能隙（E_g）有关，图 10.35(c) 描述了四个三角形 ZGNR 的 E_g 随偏压的变化，零偏压时四个分子的 E_g 在 0.03～0.08 eV 范围内。由于与 Au 电极连接，电子的简并态被破坏。当对分子结施加负偏压时，E_g 几乎保持了与零偏压相同的数值。而在正偏压下，E_g 均有所升高。正偏压打开了分子的能隙，尤其是右侧有两个巯基的 M2a 和 M2b。以 M2b 为例，E_g 在 1.0 V 时增加到 0.5 eV。文献也报道了无限长 ZGNR 的特定自旋态在外加电场作用下存在带隙打开的现象[29,30]。根据能隙随外加电场的变化，可以推测负偏压更利于电子传递。

10.4.2 碳分子片的整流特性

通过分析电流-电压（I-V）曲线，我们可以深入探究三角形 ZGNRs 的电子输运性质。在此，正偏压定义为电流从左侧顶点流向右侧的状态。观察图 10.36(a) 可知，在正偏压下，四个模型分子的 I-V 曲线呈现相似的特征。具体而言，在 0～1.0 V 的偏压范围内，正向电流保持在 0.7 μA 以下，并且随偏压的增加并未出现显著变化。然而，当对分子结施加负偏压时，各模型分子间的电流差异变得明显，其中 M3 在-0.9 V 时的电流达到了 3.6 μA。从 I-V 曲线的不对称性可以看出，四个模型分子在负偏压下均表现出较高的电流，这表明电子更倾向于从三角形 ZGNR 的左顶点向右侧流动，从而展现出显著的整流特性。此外，我们还对小尺寸的三角形 ZGNR 进行了 I-V 特性研究，同样观察到明显的整流效应。这一结果表明，三角形 ZGNR 的整流效应在一定范围内与其尺寸的关系相对较弱。

为了深入理解三角形 ZGNR 的不对称电子输运，图 10.36(b) 给出了不同偏压下的整流比，其中整流比定义为负偏压电流绝对值与相应正偏压电流的绝对值之比［式(10.1)］。总体上，四个三角形 ZGNR 的整流性能比前两章介绍的有机分子整流能力更高。

鉴于所研究的模型分子具备三角形结构以及非对称的连接基团，以下将对这两种因素分别进行详尽探讨。首先聚焦于不对称的分子结构，在 M1 模型两端界面耦合程度一致的前提下，通过 I-V 曲线的分析，可以明显观察到不对称的电子输运行为。特别地，在 0.5 V 偏压下，整流比高达 16，呈现最为显著的整流效果。尽管整流比随偏压的变化存在一定波动，但在所研究的偏压范围内，M1 的平均整流比仍然维持在 8.4 的高水平。进一

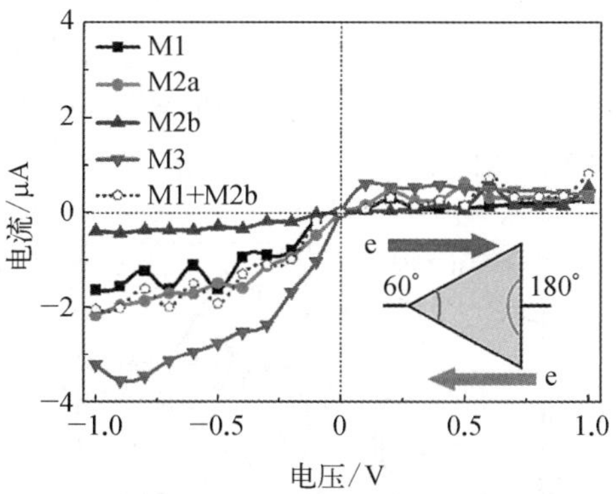

(a) M1、M2a、M2b、M3和（M1+M2b）的电流-电压曲线(插图显示了M1在两个方向的散射角，从左侧顶点注入的电子易于通过，而相反方向的电子传递受阻)

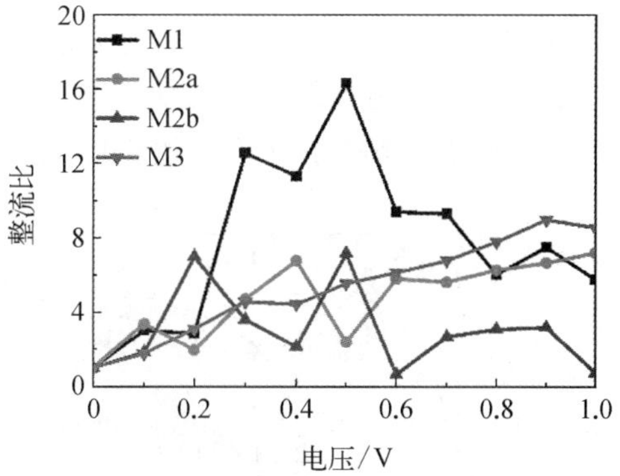

(b) 四个ZGNRs的整流比

图 10.36　共轭碳分子片的不对称输运与整流性能

步观察图 10.35(c)中展示的能隙(E_g)随偏压的变化关系,我们可以更好地理解这一性能特征。具体而言,M1 分子在负偏压作用下展现出较低的能隙(小于 0.03 eV),这一特性显著提升了电子的透射效率。相反,在正偏压下,分子能隙的增宽则对电子隧穿构成了阻碍。这一现象同样可以通过电子散射角的简化模型进行直观阐释,如图 10.36(a)中的插图所示。当施加负偏压时,电子从左侧顶点注入,并向右散射。边界具有约束作用,散射角相对较小,使得电子流能够集中到达另一侧的连接基团,从而产生了较高的负偏压电流。相反,在正偏压下,当电子从右侧注入时,散射角接近 180°,导致大部分电子流散射到两侧,并受到边界的阻挡。在这种情况下,仅有少部分电子流能够到达左侧连接基团,因此电流出现了大幅下降。

当在三角形 ZGNR 的右侧添加一个巯基时,M2a 与 M2b 的整流比相比于 M1 出现轻微下降。具体而言,M2a 在 1.0 V 时的整流比最大达到 7.2,而 M2b 在 0.5 V 时的最大整流比同样为 7.2,这一结果如图 10.36(b)所示。此外,M2a 与 M2b 的平均整流比分别测定为 5.1 和 3.2。值得注意的是,尽管这两个模型中巯基的位置有所不同,但其整流性能的差异相对较小。类似地,对于右侧包含三个连接基团的 M3 模型,在 0.9 V 偏压下,其整流比达到 9.0,平均整流比则为 5.8。上述实验结果表明,尽管三角形 ZGNR 的右侧与电极之间存在强烈的电子耦合作用,但增加连接基团的数量并未能有效提升三角形 ZGNR 的整流能力。因此,可以推断,三角形 ZGNR 的整流效应主要归因于其不对称结构,即几何因素导致的电子限流效应,而非单纯依赖于连接基团的数量或位置。

三角形 ZGNR 的整流现象可通过透射谱进行更深入的理解。图 10.37 展示了模型分子 M1 和 M3 在不同偏压条件下的透射谱及投影态密度(PDOS)。分子结的电流由偏压窗口内特定能量区域的电子透射系数积分所得,该积分过程遵循 Landauer-Büttiker 公式(10.2),从而计算出分子结的电流。对比图 10.37(a)与(c)中的透射谱及图 10.35 中展示的分子轨道能级,可以观察到,在零偏压下,M1 与 M3 的 HOMO 和 LUMO 的共振峰均位于费米能级附近。这些轨道所形成的透射通道均能够进入偏压窗口,从而对电流产生贡献。

图 10.37(b)与(d)则呈现了三角形 ZGNR 的 PDOS 谱。相比于线性有机共轭分子,三角形 ZGNR 的电子态密度更高,因此形成的透射通道数量也相应增多。结合透射谱分析可知,高效的透射通道数量同样较大。此外,从图 10.37(b)中还可以观察到,较宽的 LUMO 和 LUMO+1 电子态在电荷输运过程中也起着重要的作用。

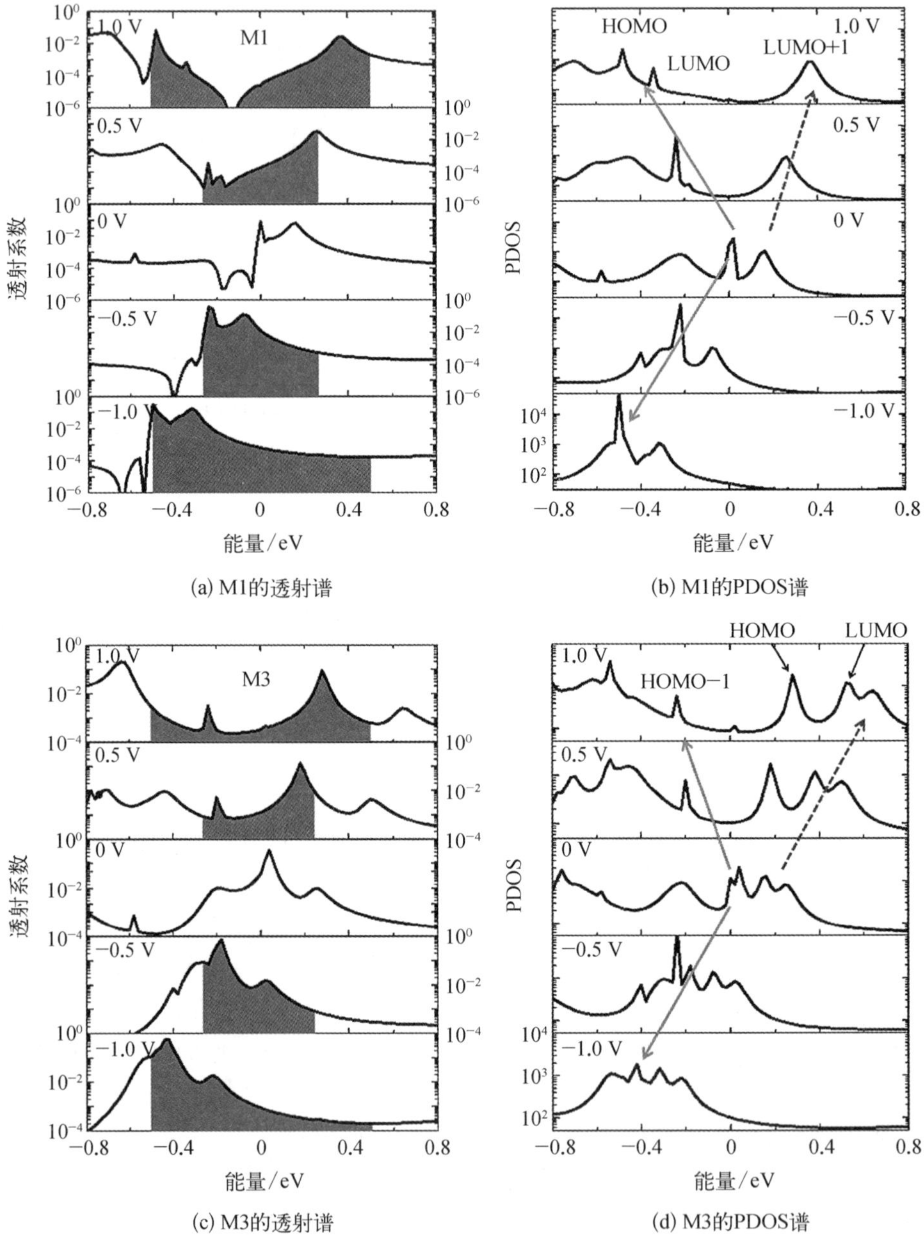

(a) M1的透射谱 (b) M1的PDOS谱

(c) M3的透射谱 (d) M3的PDOS谱

图 10.37 在不同偏压下分子结的输运特征

对于整流效率最高的模型分子 M1,当在分子结上施加负向偏压时,其 HOMO、LUMO 及 LUMO+1 的共振峰会向低能级方向移动,这一现象如图 10.37(b)中的 PDOS 所示(以实线箭头标记)。特别地,在-1.0 V 的负偏压下,LUMO 和 LUMO+1 的共振峰均能进入偏压窗口[-0.5 *eV*, 0.5 *eV*]。M1 在负偏压下的 PDOS 宽峰也表明,这些分子轨道与电极之间存在强烈的相互作用,所形成的透射通道在能量上更为接近。透射谱中-0.5~0.5 eV 范围内呈现极宽且均匀的透射带,进一步证实了上述通道保持了较高的透射效率。然而,当施加正向偏压时,M1 的 HOMO 和 LUMO 能级会降低,而 LUMO+1 会向高能级方向移动,这一变化如图 10.37(b)中的实线箭头和虚线箭头所示。PDOS 峰的移动与轨道能级的变化趋势一致。尽管在正偏压下,HOMO、LUMO 及 LUMO+1 的共振峰均能进入偏压窗口,但这三个峰的强度相对较弱,意味着正偏压并未开启更多的透射通道。特别地,在 1.0 V 的正偏压下,透射谱显示透射效率显著降低,在-0.16 eV 处的透射系数小于 0.03。这一结果与负偏压下的表现形成了鲜明对比。

尽管 M3 的整流性能相对较弱,但它同样展现出类似的特征。当对分子结施加负偏压时,如图 10.37(c)所示,偏压窗口内的透射峰不仅宽度较大,而且透射系数达到 0.74。此时,简并态的 HOMO 和 HOMO-1 均对负向电流有所贡献。然而,在正偏压下,HOMO 和 HOMO-1 发生去简并现象,且 HOMO 向高能级方向移动,这一变化如图中的虚线箭头所示。在 1.0 V 的正偏压下,HOMO-1、HOMO 和 LUMO 的峰高分别降低至 0.003、0.09 和 0.002。因此,可以推断出,邻近费米能级的几条分子轨道的不对称移动对整流效应具有本质的贡献。

10.4.3　电子传递路径分析

电子传递倾向于沿着分子结中平均势垒最低的路径进行。路径的选择还受连接基团位置的影响。在具有双键和单键交替结构的共轭链中,如聚乙炔,电子传递效率通常更高。Solomon 等也证实了相邻单键的路径会阻碍电子传递[24]。对于通过巯基连接的三角形 ZGNR,两侧连接位置的不同所形成的限流效应,本质上源于正负偏压下电子流经路径的差异。整流现象是表象,几何限流是原因,而电子传递路径的不同是其本质所在。当对分子结施加正偏压时,电子从三角形 ZGNR 的右侧注入,随后从左顶点流出。对于 M1、M2 和 M3 分子,它们分别具有一个、两个和三个注入点,电子从这些注入点通过三角形 ZGNR 的顶点传递给左电极。因此,在三角形 ZGNR 中可能存在多个电子传递路径。图 10.33(c)以虚线标出了四个模型分子中最可能的路径,其中 Pc 为中心路径,Ps 为侧边路径。若以图 10.33(c)中碳-碳键的数量(加粗表示)来计算路径长度,则每条路径从注入点到流出点均包含 11 个碳-碳键,即 $L(\mathrm{Pc}) = L(\mathrm{Ps}) = 11R_{\mathrm{CC}}$,其中 R_{CC}代表碳-碳键的长度。在这一体系中,我们提出的电子传递路径模型相比于量子干涉模型,显然提供了更为准确的描述。

如果考虑量子干涉效应,若两条路径的相位差为 $n\pi$($n = 1$、3、5),则电子会发生相消干涉;反之,若相位差为 $m\pi$($m = 0$、2、4),则电子会发生相长干涉,从而导致电导增加。由于 Pc 和 Ps 路径的长度相同,M3、M2a 和 M2b 分子中的电子可能会经历相长干涉,预期的正向电流大小顺序应为 M3 > M2a > M1。这一预期顺序与图 10.36(a)中 0.5 V 以下 I-V 曲线的高低顺序相吻合。值得注意的是,M2b 分子中的两条 Ps 路径具有相同的长度,因此其电导理论上应高于 M1。然而,结果却显示 M2b 的电流在四个模型分子中最低。此外,

M3 和 M1 之间的正向电流差异也未如预期般显著。这些现象难以仅凭量子干涉模型进行充分解释。

在施加负偏压的情况下，电子从三角形 ZGNR 的左侧顶点注入分子桥，随后通过 Pc 和 Ps 路径到达分子的右侧，并最终传递至右电极。在此情况下，由于电子的出射点是分离的，因此无须考虑量子干涉效应的影响。相比于 M1 分子，M2a 增加了一个 Ps 路径，而 M3 增加了两个 Ps 路径。理论上，电子出射通道的增加应当导致电流的增大。因此，预期负向电流的数值会遵循 M3 > M2a > M1 的顺序。在−0.9 V 的负偏压下，M3 的电流达到了 M1 的 2.3 倍，这一结果与预期相符。然而，出乎意料的是，在负偏压下 M2b 的电流却低于其他分子，这表明电子通过侧边路径 Ps 的传递效率远低于中心路径 Pc。

M3 具有三条可能的通道，为 M1(一条 Pc)与 M2b(2 条 Ps)之和。在传统的并联电路中，总电流是各支路电流的加和。在纳米尺度的分子结中，M1 和 M2b 的电流之和是否等于 M3 呢？图 10.36(a)中绘制了(M1 + M2b)的 I−V 曲线。在负偏压区域，我们可以观察到 M3 明显大于(M1 + M2b)的电流，说明 M3 的三条电子输运通道间存在协同效应，提高了分子结的电导。

本节探讨了非对称界面耦合的三角形的锯齿型石墨烯纳米带的电子输运行为，其中纳米带的两侧分别通过不同数量的巯基官能团与金电极相连。研究结果显示，具有结构不对称性的三角形 ZGNR 展现出显著的整流效应。对于两侧各仅含一个连接基团的构型(M1)，在−1.0~1.0 V 的偏压范围内，其平均整流比达到了 8.4，表明电子更易从左侧顶点向右侧传输。在负偏压下，该分子结的带隙近似闭合，且费米能级附近的透射峰在正负偏压下均呈现不对称的移动。此外，通过对比分析不对称结构与不对称连接基团对分子整流性能的影响，发现负偏压下，由于存在更多的电子传输通道，电流出现了显著增长。对于其他构型，即 M2a、M2b 和 M3，在相同偏压范围内(−1.0~1.0 V)的平均整流比分别为 5.1、3.2 和 5.8。这些发现共同揭示了三角形 ZGNR 凭借其独特的几何构型，能够有效地实现分子整流功能。

10.5 电子散射位置调控整流

分子整流器，又称为分子二极管，是分子电子学的基本功能单元之一。由于有机分子的多样性，整流机理的研究也增加了难度。早期的研究主要集中在 Aviram-Ratner 型分子二极管，它是由电子给体(Donor，D)和受体(Acceptor，A)组成的，由 σ 键形成的分子桥作为隧穿势垒(D−σ−A 型)将两部分隔开。在 D−σ−A 分子上施加偏压，受体部分的最低未占分子轨道(LUMO)与相邻金属电极的能级匹配，并且给体片段的最高占据分子轨道(HOMO)与另一个金属电极的能级匹配，则电子能够通过分子结。除了能级匹配，Ellenbogen 等指出给体和受体部分的 LUMO 能量差对于 D−σ−A 的整流性能也很重要[31]。然而，Stokbro 等用第一性原理研究了 D−σ−A 分子的电子输运行为，却没有发现明显的整流现象[9]。

除了 Aviram-Ratner 模型，其他类型的分子整流器也受到关注。例如，Ashwell 等在

$C_{16}H_{33}$-Q3CNQ 体系中观察到了显著的整流特性，这是一种夹在两个金属电极之间的给体-π桥-受体（D-π-A）结构的分子[32-34]。Yoshizawa 等使用非平衡格林函数方法结合密度泛函理论（NEGF-DFT）研究了 D-π-A 的电子输运行为，模拟结果给出的整流比约为 7[35]。此外，Yu 等报道了噻吩-噻唑低聚物自组装单分子层的整流行为，其中给体和受体直接耦合（D-A 型）[36]。Tsuji 等研究了 π-π 堆叠的给体-受体结构的整流特性，提出整流起源于分子和金属电极之间的不对称耦合[37,38]。此外，本书还讨论了其他类型的分子整流器，如共轭分子上具有不对称取代基、不对称分子结构、不对称电极材料、分子与电极之间的不对称界面耦合，分子和电极之间去耦合，以及基于分子内反应的整流器等。

在具有各种功能的分子中，具有离域 π 轨道的共轭芳香分子具有较小的分子能隙，在分子电子学中具有应用潜力。并苯分子作为典型的线性芳香分子，由一系列苯环稠合而成，由于其具有很高的载流子迁移率，常用来制备有机场效应晶体管。实验上利用导电探针原子力显微镜成功地测量了并苯分子的电导率。并苯分子还可以作为最窄的石墨烯纳米带或碳纳米管的基本模块。因此，理解并苯分子中的电子传递性质有助于分子电子器件的设计和优化。

以往的研究表明，金属-分子-金属结的电导取决于分子的性质和分子-电极的界面。如果分子和电极之间的界面接触非常可靠，则分子结的电导主要由共轭芳香分子的结构决定。在这种情况下，分子的共轭程度对分子结的电子输运行为至关重要。这是因为分子的共轭程度可以改变分子的能隙，而分子能隙与电子传递的势垒高度密切相关。在本节中，我们提出通过调节分子内的电子传递路径来实现分子整流。一系列通过 π 共轭桥（蒽分子）连接的并苯分子构成分子二极管，分子的共轭程度与 π 桥的位置和长度有关。

为了研究芳香分子内电子耦合引起的整流效应，我们构建了三个由并苯分子组成的模型。两个并苯分子（$n = 1 \sim 5$）通过 π 共轭桥（蒽分子）连接，其中 n 是苯环数目。图 10.38 给出了三个分子的结构，分别标记为 B1、B2 和 B3。在对称结构的 B3 模型中，π 桥位于中心，两侧各为 $n = 3$ 的并苯分子，而 B2 和 B1 模型具有不对称结构，π 桥向左侧移动。因此，模型 B2 中两侧分别为 $n = 2$ 和 4 的并苯分子，模型 B1 中两侧分别为 $n = 1$ 和 5 的并苯分子。为了在分子和电极之间提供可靠和对称的接触，硫醇基团用于连接分子与 Au(111) 表面。三个分子具有相同的长度和相似的芳香环结构，唯一的区别是 π 桥的位置。从几何结构上看，三个模型的分子内电子耦合看似是相同的。然而计算结果表明，π 桥的位置即电子散射点显著地影响分子轨道在碳链和接触硫原子上的空间分布，即分子内电子耦合和界面电子耦合。值得注意的是，通过调节分子中 π 桥的位置可以实现不对称的电子输运。这些结果表明，通过调节分子内传输电子的散射点，可以基于芳香分子设计出具有特殊功能的分子电子器件。

首先优化模型分子的几何结构，采用 B3LYP 杂化密度泛函理论对分子使用 6-31G* 基组。然后，将 S 原子置于金平面上方三个相邻 Au 原子的中心（hollow）位置，与金平面的初始距离设为 2.0 Å，形成金-分子-金的纳米结。巯基在与金电极耦合时脱去氢原子。图 10.38(a) 展示了分子结模型（B1 为示例），其中分子嵌入两个金电极间。

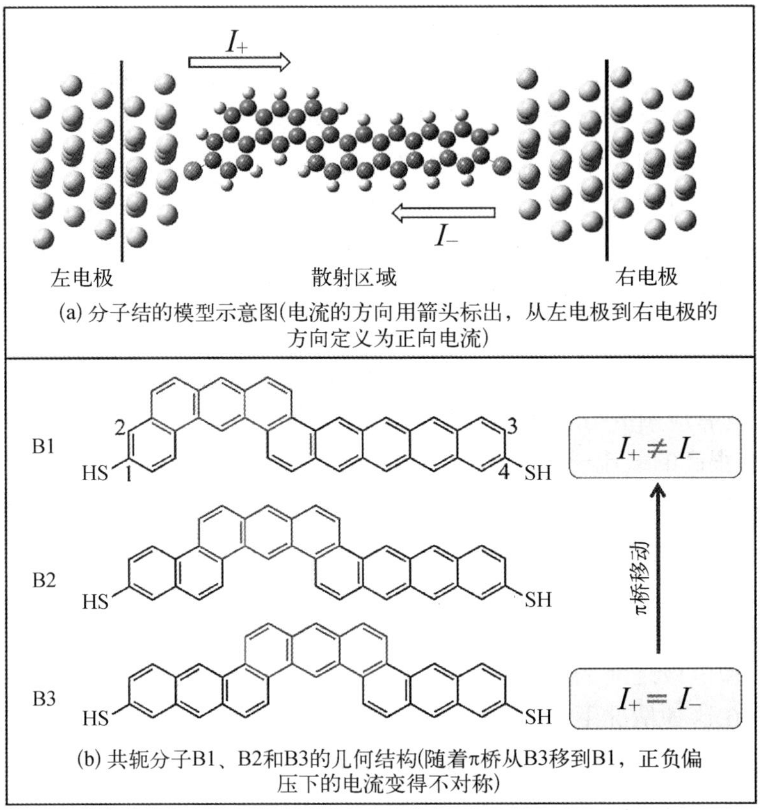

图 10.38　分子结构与分子结模型

在金-分子-金的模型中,分子结分为三个区域：左电极、中心散射区和右电极。分别计算左右两侧的半无限电极的体自能。散射区域包含部分电极,用以屏蔽电极对分子的影响。利用 DFT 结合 NEGF 方法进行电子输运计算,采用 Perdew-Zunger 参数化的局域密度近似泛函。

对分子结进行几何结构优化时,电极的金原子位置固定,分子中的所有原子自由弛豫,直到每个原子上的受力小于 0.1 eV/Å。优化后,S 原子与 Au 表面之间的距离在1.98~2.02 Å 范围内。分子和 Au 原子分别采用带有极化函数的双 ζ 基组(DZP)和带有极化函数的单 ζ 基组(SZP)。实空间网格的能量截止值为 150 Ry。对器件进行几何结构优化后,在两个电极之间施加 0~1.5 V 的电压,间隔为 0.1 V,正电压表示从左电极到右电极方向的电场。利用 Landauer-Büttiker 公式(10.2)得到分子结的电流。

10.5.1　π 桥定位诱导的分子整流

我们先从非平衡态的电子输运性质研究 π 桥位置的影响。图 10.39(a)显示了零偏压下三种分子的透射谱。可以看出分子的 HOMO 透射峰与体系的费米能级更接近,LUMO 峰则相距较远。这表明在零偏压时 HOMO 轨道对分子结的电子隧穿起主要作用。虽然所有的模型分子都具有相似的芳香结构和相同的长度,但透射谱明显不同,不仅共振峰的位置不同,而且强度也差别巨大。当 π 桥从分子的中心移动到一侧时,即从 B3 到 B1,距费米能级较远的 LUMO 峰向费米能级移动,同时峰高降低。而在费米能级以下的透射峰因其分布宽、强度大,成为分子结电流的主要贡献者。随着 π 桥移向左端,这一透射峰显著衰减,略有向费米能级移动的趋势。结合图 10.39(b)的投影分子轨道能级可以看出,这一透射峰对应着 HOMO 能级。

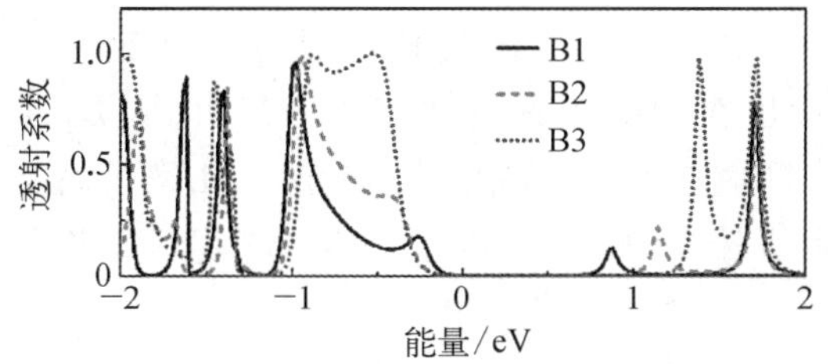

(a) 零偏压时的透射谱

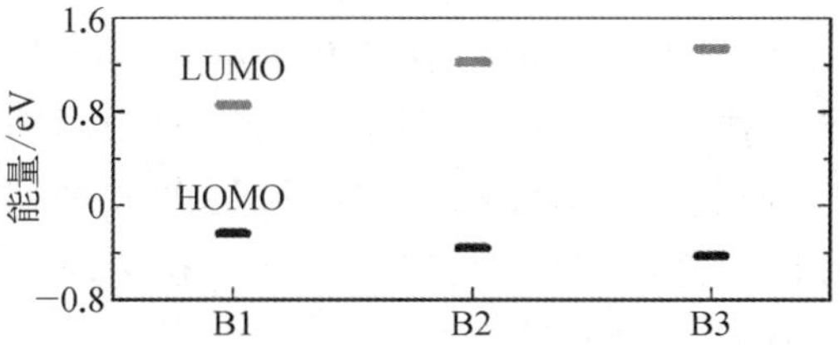

(b) 零偏压下三个分子的HOMO和LUMO能级

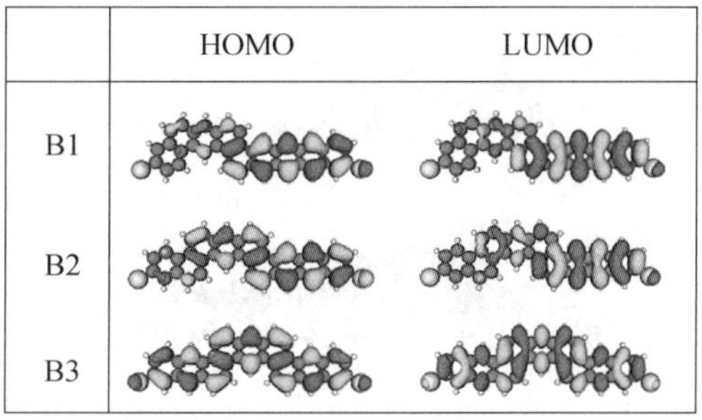

(c) HOMO和LUMO的空间分布(等值面设为0.02 e/a.u.^{3})

图 10.39　由 B1、B2 和 B3 形成的分子结的透射谱及分子轨道特征

图 10.39(c)展示了零偏压下分子的 HOMO 和 LUMO 的空间分布,可以直观地观察三个分子的共轭程度。对于 B3 分子,HOMO 和 LUMO 均离域分布在全部分子包括两端的硫原子上。HOMO 良好的离域性以及连接基团与金电极之间的强耦合使 B3 分子具有强而宽的 HOMO 透射峰。然而,B2 分子的 HOMO 和 LUMO 略显定域化,分布在分子的右侧包括 π 桥和较长的并苯片段($n = 4$)。这表明 π 桥的不对称移动减少了芳香环之间的轨道重叠,从而降低了分子共轭程度。B1 分子的 HOMO 和 LUMO 表现出更为明显的定域性。同时,在左侧硫原子上缺少轨道分布。由于 HOMO 的定域性以及硫原子与左电极之间的耦合减弱,B2 和 B1 分子的 HOMO 透射峰显著降低,而且变得更尖锐。如上所述,尽管三个分子都具有芳香结构,但 π 桥位置的改变,导致三个分子结呈现不同的透射谱特征,预示着它们具有不同的电流-电压性质。

为了进一步讨论 π 桥位置对电子传递效率的影响,我们计算了分子中原子对之间的隧穿分量(components of the transmission),称为局域隧穿(local transmission)[39,40]。透射函数 $T(E, V)$是能级 E 和偏压 V_b下所有可用通道的透射概率之和。将透射谱根据 Landauer-Büttiker 公式分解成若干条传输通道并投影到分子结构中即得到给定能级的电子传输通道。图 10.40 展示了在零偏压下,B1、B2 和 B3 分子在相同能级 −0.24 eV

(B1 的 HOMO 能级)下的局域隧穿图。这是因为低偏压下的电子输运性质主要取决于接近费米能级的透射峰,也就是这些分子的 HOMO 共振峰的峰尾。电子传输通道用分布在分子结构上的箭头表示,其阈值设置为 0.65。投影在每个分子结构上且与电流方向一致的最大箭头做归一化处理,因此每个通道的透射几率可从箭头直径体现。将表示与净电流方向一致的箭头设置为蓝色,与净电流方向相反的箭头颜色设置为红色(减小净电流)[39,40]。观察图 10.40 的电子传输通道,三个分子结都具有净电流方向(蓝色)的分量和反向(红色)分量。对于 B1 和 B2,净电流通过化学键在分子链中传输。对于 B3,一些通过非键合空间的额外隧穿也对净电流有贡献。另一方面,从 B1 到 B3,通过空间流动的反向电流逐渐增加,显著抑制了分子结中电子的隧穿几率。考虑到相互竞争的两个方向的局域隧穿,费米能级附近的总透射系数从 B1 到 B3 逐渐减小。

分子	局域隧穿	T
B1	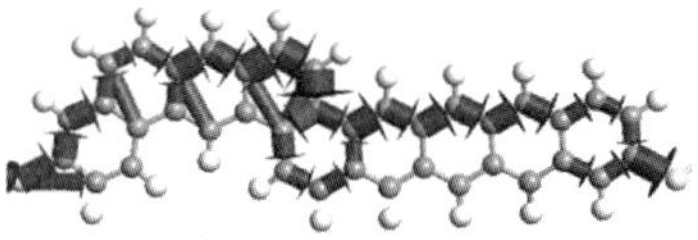	0.10
B2	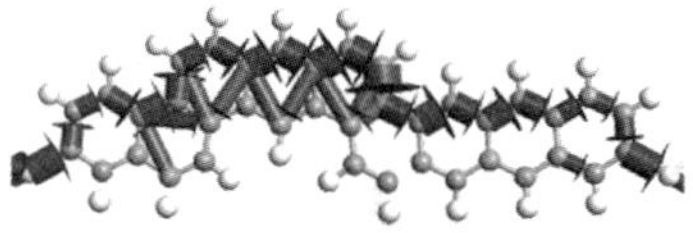	0.02
B3		0.01

图 10.40 零偏压下在−0.24 eV 能级(B1 的 HOMO 能级)处通过 B1、B2 和 B3 的(局域隧穿)电子透射图(T 是费米能级处的透射系数)

图 10.41(a)比较了三种模型的电流–电压(I–V)曲线。在正偏压下,电子由分子结的右端注入,流经较长的并苯分子链,再经 π 桥散射,最终由左端硫原子流出。因此三个分子结表现出相似的 I–V 特征。相同偏压下的电流值也遵循 B1 > B2 > B3 的顺序,与费米能级的透射系数一致。然而,在负偏压下的电子流向不同,先由左端硫原子注入,在 B1 分子中,经对位流经 π 桥,再散射至分子右侧的并苯链,最后流出。在 B2 分子中则需沿萘环,经两次散射,再流经 π 桥,所以费米能级的透射系数降低到只有 B1 的 1/5。而 π 桥再向右侧移动,左侧的并苯链继续增长,同时缩短了右侧部分,此外 B3 的散射次数也并不比 B2 更多,因此费米能级 B3 的透射系数也仅降低至 B2 的一半。在较低的偏压下,两分子的正向电流均大于负向,所以有大于 1 的整流比。但高偏压负向电流增长得更快,整流方向发生逆转。

图 10.41(d)给出了三个模型分子在不同偏压下的整流比,其中整流比定义为正偏压下的电流绝对值与相应负偏压下电流绝对值的比值,即 $R = |I_+|/|I_-|$。对于具有对称结构的 B3,在所研究的偏压区 R 约为 1。对于不对称的分子,B2 在 0.4 V 时的 R 值达到 3,

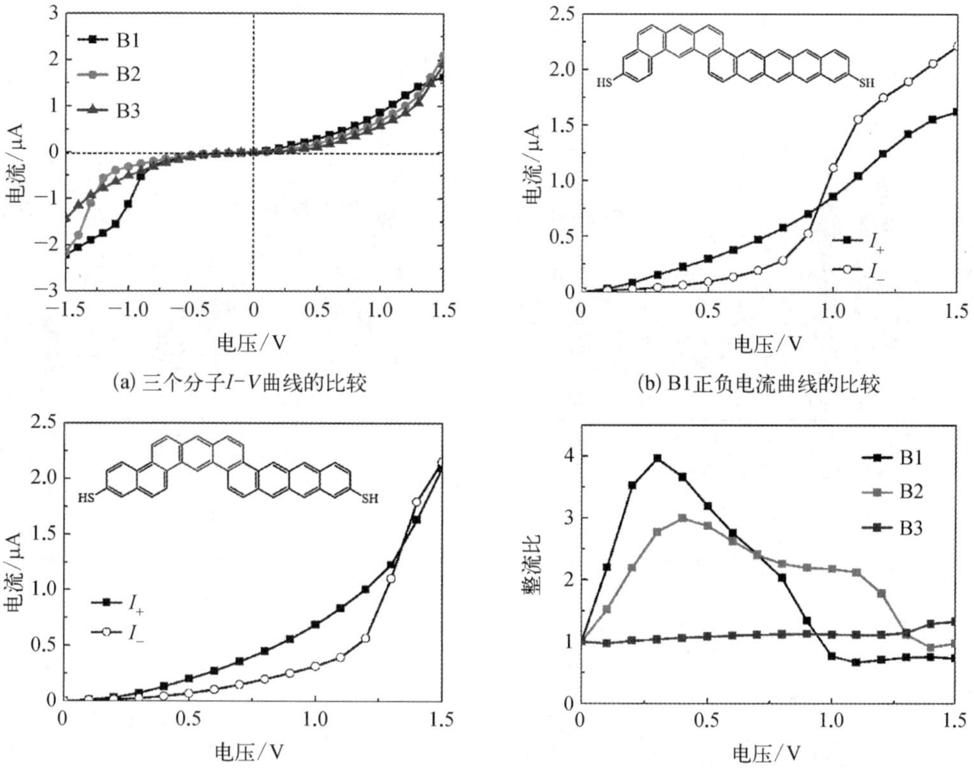

(a) 三个分子 $I-V$ 曲线的比较　(b) B1正负电流曲线的比较

(c) B2正负电流曲线的比较　(d) 不同偏压下的整流比

图 10.41　模型分子的 $I-V$ 曲线与整流特性

B1 在 0.3 V 时 R 达到 4。尽管随着偏压的增加，B2 和 B1 的整流方向反转，这些结果仍表明 π 桥位置的移动调控了分子结的电子传递行为，出现了整流现象。

由于电流是偏压窗口中透射系数的积分，分析透射谱可以使我们更清楚地理解整流行为。图 10.42(a)展示了 B1 在−1.5～1.5 V 系列偏压下的透射谱，偏压的间隔为 0.1 V。在正向偏压下，较弱的 HOMO 共振峰在较低偏压就进入偏压窗口内，对 I_+ 有主要贡献。但在 0 V 下，HOMO 的透射系数仅为 0.18，并且随着偏压的升高，HOMO 的峰值逐渐降低，1.5 V 时几乎降为零。当施加负向偏压时，HOMO 共振峰虽逐渐变高，但其能级逐渐负移，不在偏压窗口内，对 I_- 贡献较小。但 LUMO 的共振峰会在−1.0 V 以后进入偏压窗口，对负向电流起作用，因此整流比降低，直至整流方向逆转。图 10.42(c)给出了 B1 分子轨道能级随偏压的变化。

B2 分子在不同偏压下的隧穿谱表现出了相似的变化趋势，如图 10.42(b)所示。当施加正偏压时，HOMO 共振峰在偏压达到 1.0 V 后，于偏压窗口内变得显著；而此时 LUMO 共振峰几乎不可见。相反，在负偏压下，HOMO 共振峰几乎消失，即使在较大的负向偏压下，也未能观察到明显的 HOMO 共振峰；然而 LUMO 共振峰在−1.3 V 后进入偏压窗口，并且其峰高较强。总体来看，在较高的正偏压下，HOMO 的贡献占主导；而在较大的负偏压下，LUMO 的贡献更为显著，且两者的峰强相当，这导致了整流比的降低。但在低偏压范围内，如图 10.42(d)所示，HOMO 和 LUMO 随偏压的变化几乎一致，这暗示了在低偏压范围分子结可能具有一定的整流性能。根据以上分析,可以确定分子中 π 桥的位置对分子结的电子输运行为有着显著影响,从而导致了不对称的 *I*−*V* 特性。

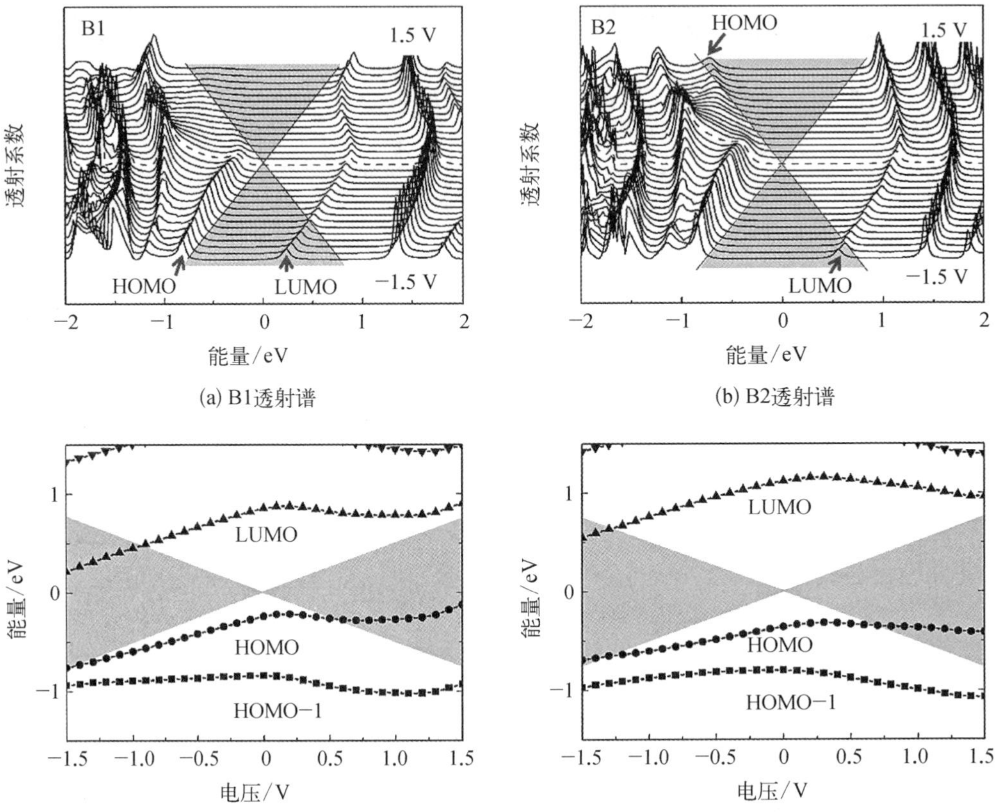

(a) B1透射谱　(b) B2透射谱

(c) B1分子轨道能级　(d) B2分子轨道能级

图 10.42　分子的轨道能级与透射谱

10.5.2　π 桥的长度对分子整流的影响

虽然上文中的三个分子都由类似的芳香环组成,但电子在分子内的散射点不同,即 π 桥的位置不同,因而出现了整流的效果。为了进一步验证分子内散射状态对分子整流的影响,我们考察了 π 桥长度的影响,即在 B1 分子结构的基础上,增加 π 桥中苯环的数目,π 桥由并三苯变为并四苯和并五苯,因此由 π 桥向分子右侧并苯链上的散射宽度依次增加。图 10.43 描述了 B1−D(D 表示两个苯环散射宽度)和 B1−T(T 表示三个苯环散射宽度)的结构。在 B1−T 中,π 桥和右侧并苯的连接增加到三个苯环,因此 π 桥和并苯之间的散射由点向面转变。

图 10.44(a)给出了三种不同 π 桥长度的分子在零偏压下的透射谱。随着 π 桥的增长,HOMO 和 LUMO 的共振峰均向费米能级移动,透射峰的强度明显提高,且峰形更尖锐。费米能级的透射系数也依次增大。从图 10.44(b)的分子轨道能级图中,我们可以看到 B1−T的 HOMO(−0.14 eV)和 LUMO(0.59 eV)轨道都更接近费米能级。同时,B1−T 的能

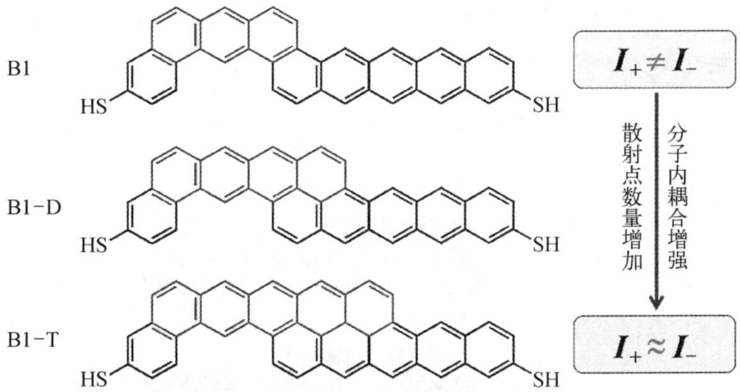

图 10.43　B1、B1-D 和 B1-T 的芳香分子的几何结构(随着 B1 到 B1-T 分子内耦合的增加,正负电流逐渐变得对称)

隙(0.73 eV)比 B1 的能隙(1.09 eV)更窄。这是因为共轭程度更高的分子通常具有更窄的能隙。同时,连接长度的增加也改善了分子共轭,图 10.44(c)给出了相应的轨道空间分布。B1-T 的 HOMO 和 LUMO 在分子主链上的离域性变得更好,但在末端硫原子上仍然存在一定的定域特征。随着分子内共轭程度的增加,电子透射几率增加,B1-T 的导电性应高于共轭程度较低的 B1 及 B1-D。

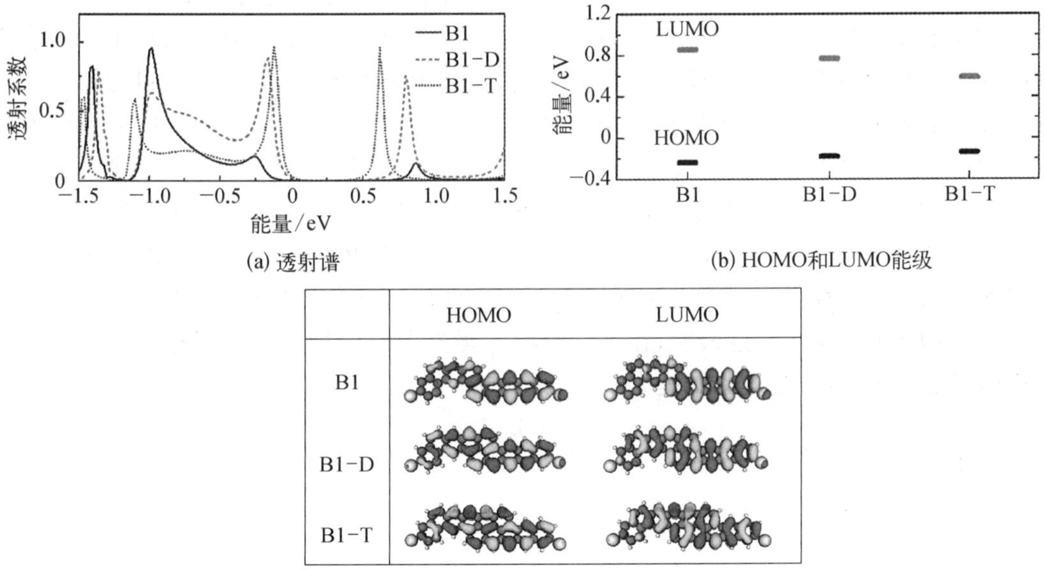

(a) 透射谱　(b) HOMO和LUMO能级

(c) 轨道的空间分布(等值面设为0.02 e/a.u.³)

图 10.44　B1、B1-D 和 B1-T 分子的透射谱、轨道能级及空间分布

图 10.45 描绘了零偏压 B1、B1-D 和 B1-T 三个模型分子在-0.14 eV(B1-T 的 HOMO 能级)的透射图。对于净电流方向的组分,随着 π 桥长度的增加,蓝色箭头变得更连续,箭头直径更宽,尤其是 B1-T 中硫-碳键之间的分量。这些局域透射图表明分子结的电子输运拥有更有效的通道。因此,在-0.14 eV 能级处 B1-T 的透射系数最高,为0.95。此外还

可以看到，随着 π 桥宽度的增加，透射通道主要集中在散射带的右侧，这也意味着 B1 分子中 π 桥与右侧并苯分子链的透射效率更低，是电子输运的主要限制因素。

分子	局域隧穿
B1	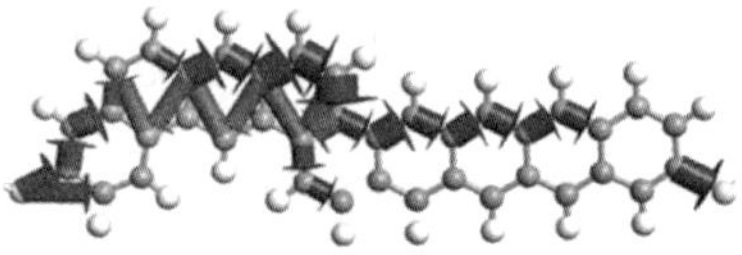
B1-D	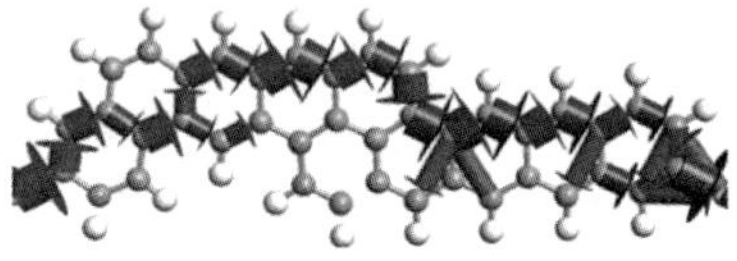
B1-T	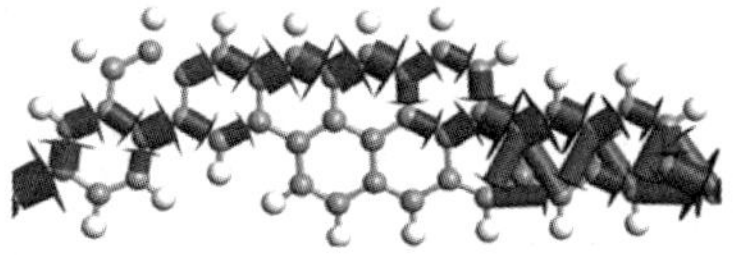

图 10.45　零偏压下 B1、B1-D 和 B1-T 模型分子在-0.14 eV 能级(B1-T 的 HOMO 能级)下的局域透射图

图 10.46(a)比较了 B1、B1-D 和 B1-T 的 *I*-*V* 曲线。符合预期的是，B1-D 和 B1-T 的电流相比于 B1 提升了大约一个数量级。这种导电性的增强归因于 B1-D 和 B1-T 具有更好的分子内共轭结构、更低的能隙以及更高效的电子传输路径。这表明，通过增加 π 桥与并苯分子中的苯环连接数，可以提升电子传递效率。此外，从图 10.46(b)中可以观察到 B1-D 呈现不对称的 *I*-*V* 特性，并且在 0.9 V 后整流方向发生了反转。然而，在所研究的偏压范围内，B1-D 的整流比低于 B1，特别是在 0.3 V 时，最高的整流比也仅为 1.8，如图 10.46(d)所示。对于含有三个苯环连接的 B1-T，从图 10.46(c)中可以看出，在低偏压下其整流特性几乎不存在。尽管在高偏压下正向电流略高于负向电流，但整流比也仅达到 1.3，如图 10.46(d)所示。这表明，在 B1 分子中，虽然狭窄的散射通道对电流形成了一定的阻碍，但同时促进了整流比的提升。

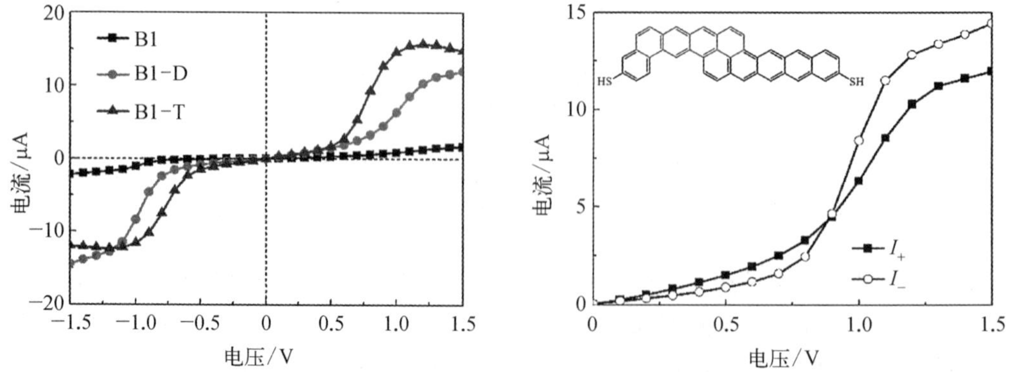

(a) *I*-*V*曲线的比较　　　　(b) B1-D正负电流比较

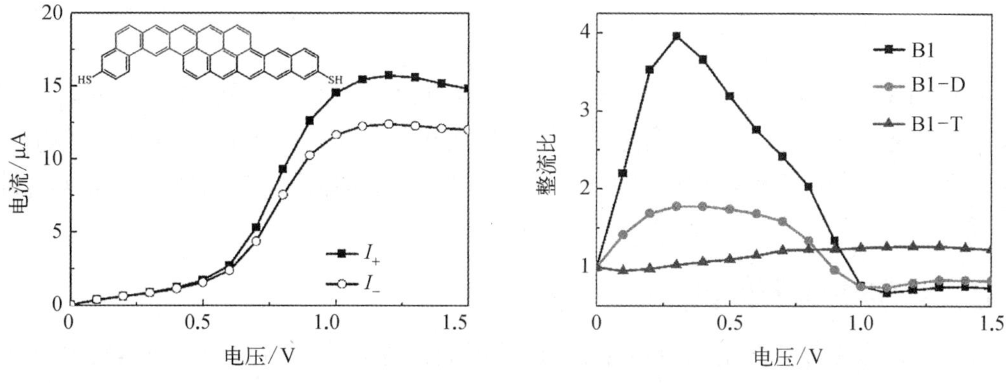

(c) B1-T正负电流比较

(d) 不同偏压下的整流比

图 10.46 B1、B1-D 和 B1-T 的输运行为

图 10.47 给出了不同偏压下 B1-D 和 B1-T 分子的透射谱以及分子轨道能级情况。对于 B1-D 分子[图 10.47(a)],在较低的正偏压(V_b< 0.5 V)条件下,HOMO 共振峰靠近费米能级,且仅其尾端位于偏压窗口内。随着偏压逐渐增大,HOMO 共振峰的峰高虽有所降低,但已进入偏压窗口。因此,正向电流 I_+ 主要源自 HOMO 共振峰的贡献。而在较低

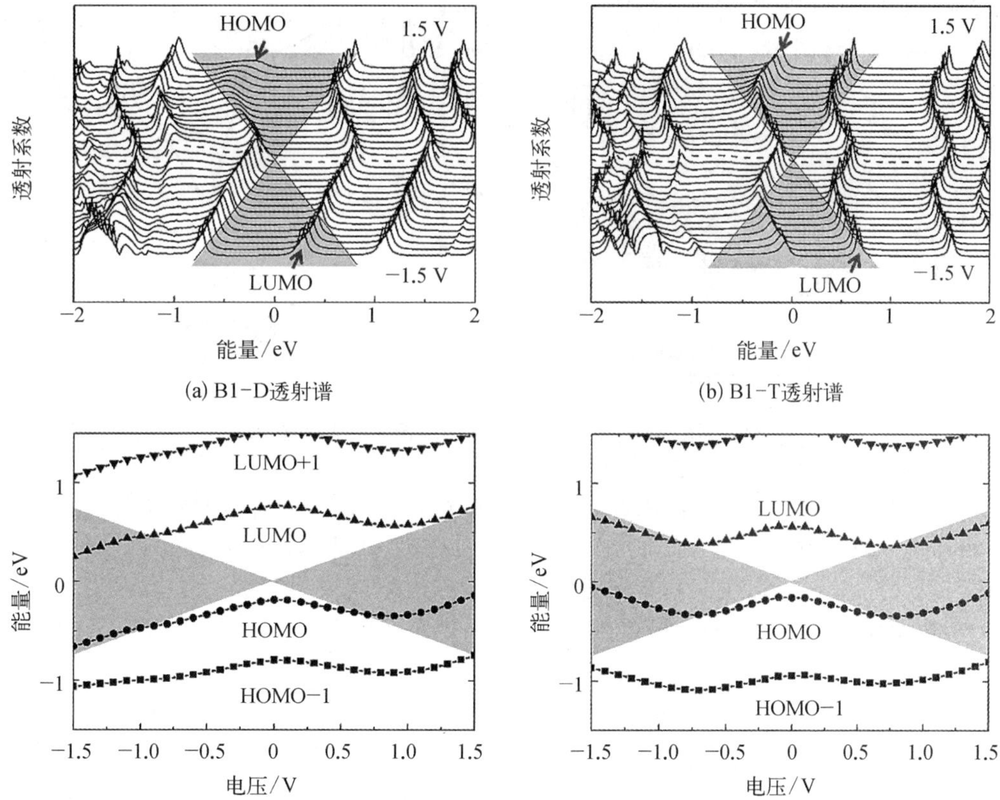

(a) B1-D透射谱

(b) B1-T透射谱

(c) B1-D轨道能级随偏压的变化

(d) B1-T轨道能级随偏压的变化

图 10.47 分子透射谱和轨道能级

的负偏压下，偏压窗口内并无透射峰出现，直至偏压增大到一定程度时，LUMO 的透射峰才进入窗口，这导致了 B1-D 分子呈现较弱的整流特性。对于含有三个苯环连接的B1-T分子［图 10.47(b)和图 10.47(d)］，可以观察到 HOMO 和 LUMO 共振峰在正负偏压下呈现对称移动的趋势。因此，在低偏压下，整流特征几乎不存在。然而，当 $V_b > 0.6$ V 时，在正偏压下 HOMO 和 LUMO 共振峰的强度略高于负偏压，这导致了在高偏压下出现较弱的整流现象。

10.5.3 巯基连接位置的影响

根据 7.1 节和 7.2 节的研究结果，连接基团的位置对分子结的电子输运特性有着显著的影响。在并苯体系中，采用反式连接的电导是顺式连接的十倍以上。因此，本节还探讨了巯基处于不同连接位置时整流特性的变化情况。B1 分子在所研究的几个模型分子中展现出最高的整流比，因此，基于 B1 分子构建了四个分子结模型，它们分别命名为1-4、2-3、1-3 和 2-4 连接，具体如图 10.48(a)所示（其中，1-4 连接即代表 B1 分子本身）。

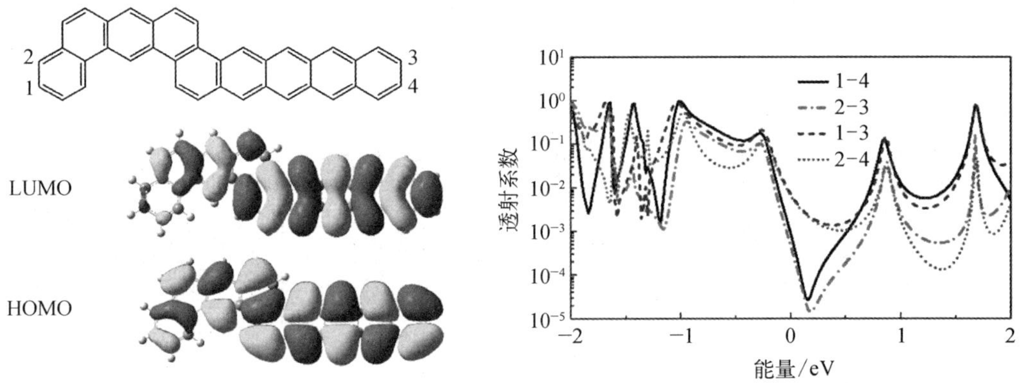

(a) 分子的几何结构和连接位置编号以及在 B3LYP/6-31G*水平上计算的HOMO和LUMO的空间分布

(b) 零偏压透射谱

图 10.48 不同连接位置的分子结模型与基本性质

图 10.48(b)展示了四个模型分子的半对数透射谱。其中，1-4 连接和 2-3 连接的分子结透射谱表现出相似性，包括共振峰的位置和强度。在费米能级处，这两个连接的透射系数均出现波谷，而 1-3 连接和 2-4 连接的分子在费米能级附近保持了相对较高的透射系数，其数值比前两者高出约一个数量级。这一现象可以从连接处两个碳原子的轨道相位角度进行定性解释。根据 Yoshizawa 等提出的轨道对称规则[41,42]，如果 HOMO 轨道中两个连接点的轨道系数乘积的符号（$C_{r\,\mathrm{HOMO}}C^*_{s\,\mathrm{HOMO}}$）不同于 LUMO 中两个连接点的轨道系数乘积的符号（$C_{r\,\mathrm{LUMO}}C^*_{s\,\mathrm{LUMO}}$），则电子传递是被允许的。这里，$C_{r(s)}$ 是连接点 $r(s)$ 处的分子轨道系数，轨道系数上的星号表示复共轭。反之，则电子传递被禁止。如图10.48(a) 所示，从 HOMO 和 LUMO 的轨道相位来看，1-3 连接和 2-4 连接满足对称性允许的条件。而 1-4 连接和 2-3 连接在对称性上被禁止，因此在费米能级附近出现了透射系数的波谷。

另外，对于这四种连接方式，HOMO 和 LUMO 对应的透射峰强度并未表现出显著差异。这可以从连接点轨道系数的大小进行理解[41]。HOMO 和 LUMO 主要分布在分子的右侧，左侧 C1 和 C2 原子的 HOMO 和 LUMO 轨道系数非常小，导致四种连接方式的轨道系数乘积都很小。因此，由于分子轨道的局域化特征，这四个连接方式的分子均表现出较低的透射峰强度。

尽管四个分子结的电流存在微小差异，但其 $I-V$ 曲线展现出相似的趋势，且数值处于同一数量级范围内，如图 10.49(a)～(c)所示。在较低的偏压条件下，正向电流高于负向电流，所有四个分子模型均呈现整流特性。图 10.49(d)展示了四个分子结的整流比，其中 2-3 连接的分子在 0.3 V 时展现出最高的整流比，$R = 6$，而 1-3 和 2-4 连接的分子在 0.3 V时的整流比略低，$R = 2$。随着偏压的增加，四个分子的整流方向均发生反转。特别是当偏压超过 1.0 V 时，1-3 和 2-4 连接的 $I-V$ 曲线的不对称性变得更为显著。通过观察图 10.50 中的透射谱，可以发现四个连接方式的分子具有相同的整流机制。HOMO 共振峰对正向电流(I_+)有贡献，是低偏压下整流的主要原因；而 LUMO 共振峰在高偏压时进入负偏压窗口，并导致整流方向的反转。上述结果表明，尽管巯基的连接位置对共轭分子的整流比有一定程度的影响，但所有分子均表现出整流特性。这进一步说明此类整流特性源自分子内部电子的散射模式，而非界面等其他因素。

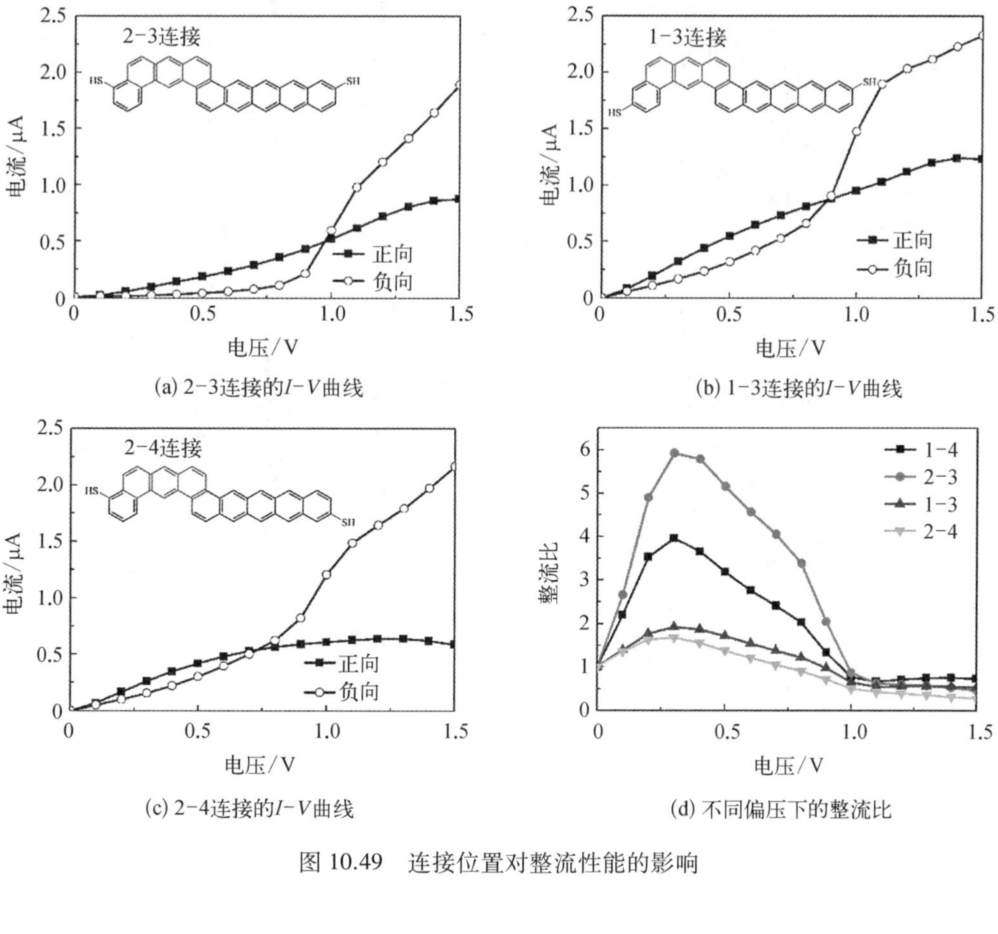

(a) 2-3连接的$I-V$曲线

(b) 1-3连接的$I-V$曲线

(c) 2-4连接的$I-V$曲线

(d) 不同偏压下的整流比

图 10.49　连接位置对整流性能的影响

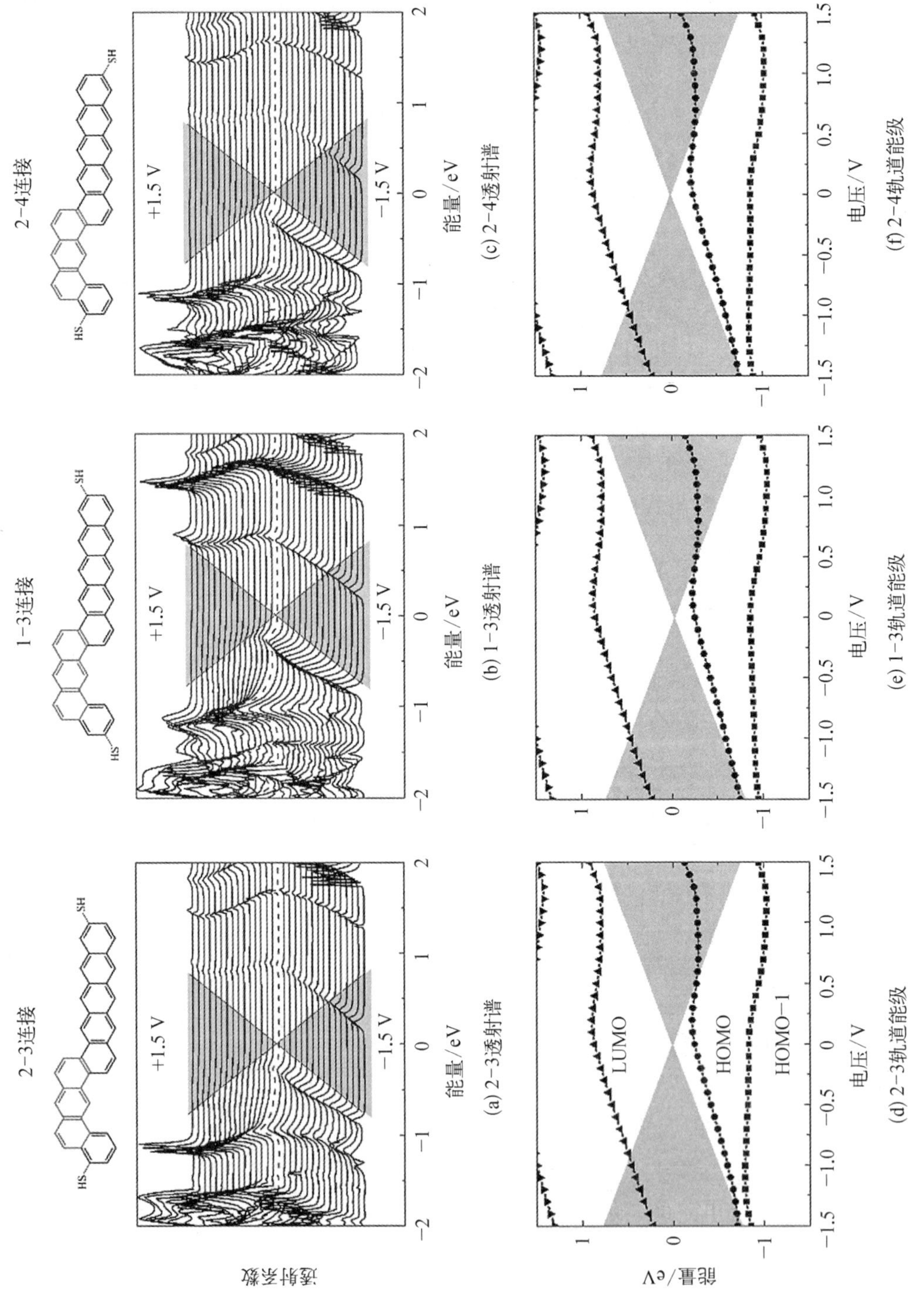

图 10.50 分子结在不同偏压下的透射谱与轨道能级

本节采用第一性原理方法，研究了一系列由共轭 π 桥连接的并苯分子的电子输运特性。这些模型分子具有相似的芳香结构和统一的长度，但 π 桥的位置有所不同，这能够改变分子内部电子的散射路径，进而影响分子结的电子输运特性。从静态特性分析，π 桥的连接位置导致左右通道间的耦合程度存在差异；从动态角度看，连接位置决定了电子的传递路径。因此，不对称的 π 桥位置会表现出整流效应。当偏压增加到一定水平时，更多的传输通道会进入偏压窗口，导致整流方向发生反转。分子整流及其方向的反转源自分子轨道空间分布的局域化，以及轨道能级在正、负偏压下的不对称移动。随着 π 桥长度的增加，散射方式也由点散射逐渐转变为面散射。这使得电导显著提升，但整流比有所降低。此外，巯基的连接位置对整流性能有轻微影响。这些研究结果表明，这些线性芳香分子中的整流效应取决于 π 电子的局域特性，而 π 桥的位置和长度均可对此产生影响。

10.6　串联分子二极管

1974 年，Aviram 和 Ratner 提出了分子二极管的设想。他们描述了由有机给体和受体串联而成的分子结构，能表现出类似 p-n 结的 I-V 整流特性。该分子的电子给体是四硫富瓦烯（TTF），电子受体是 7，7，8，8-四氰基对亚甲基苯醌（TCNQ），中间用三个亚乙基桥，目的是使分子有一定的刚性，不易变形，使给体和受体有一定的物理距离，避免发生分子内的电荷转移。受 A-R 模型的启发，人们设计了多种类型的分子整流器。然而，这些分子二极管的整流效率都远远低于传统的二极管。例如，Staykov 等设计的给体-π 桥-受体体系，其最大整流比仅为 7[35]。

众多理论研究工作已探讨了分子二极管效率低下的原因[43]。在理论框架下，有机共轭分子在几纳米尺度内的输运过程中，弹性散射机制占据主导地位[44,45]，这一机制可通过非平衡态格林函数（NEGF）方法进行处理[20,46]。Stokbro 等运用 NEGF 方法计算了 A-R 模型的整流效率，结果证实 A-R 模型分子不具备整流特征[9]。换言之，仅依靠给体-σ 桥-受体的不对称结构难以实现分子整流[47]。根据经典的半导体物理理论，两个串联的二极管的 I-V 特性与单个二极管相似，但阈值电压会略有增加，如图 10.51（a）所示。通常，两个二极管通过金属导线连接，且它们之间的距离足够大，以确保彼此之间无相互作用。

分子二极管的尺寸远小于传统二极管，那么两个分子二极管串联时会表现出何种特征？两个串联的 A-R 型分子是否能提高整流效率？串联的分子二极管之间是否会产生强耦合，从而改变电子的输运性质？为了解答这些问题，并更深入地理解分子二极管，本节构建了一个由两个 A-R 型分子串联而成的体系，并将其与宏观二极管以及单个 A-R 分子的输运性质进行了对比分析。

寡聚亚苯基乙炔撑（OPE）是一种极具价值的分子材料，因此，我们设计了基于 OPE 的单分子二极管及其串联体系，如图 10.51（b）所示。9.2 节已介绍了在 OPE 分子上修饰给电子基团和吸电子基团对电子输运的影响，但结果显示其整流能力并不强。

10.6.1 单分子二极管和串联分子二极管

图 10.51(b)给出了单分子二极管的结构,由 o-硝基甲苯和 o-氨基甲苯通过-C-C-连接,类似 p-n 结的结构。串联的(p-n)-(p-n)结构由两个单分子二极管通过一个—C≡C—连接,中间的 π 键为两个分子二极管提供了良好的电子耦合,类似于宏观串联二极管中的金属导线。通过在分子的两端添加硫醇实现分子在电极上的吸附。

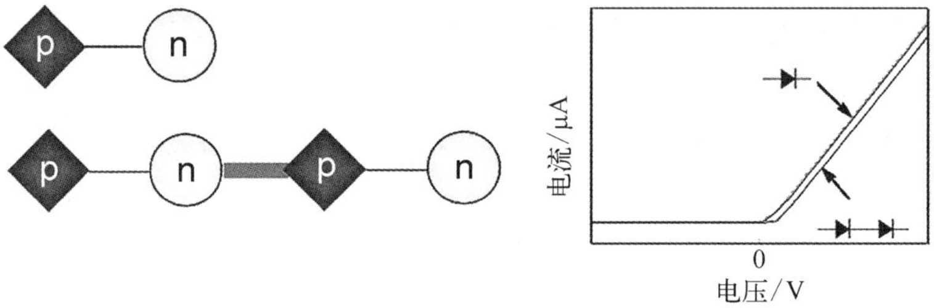

(a) 传统半导体p−n型二极管和(p−n)−(p−n)型串联二极管(右边是两个串联的半导体p−n型二极管的I−V特性)

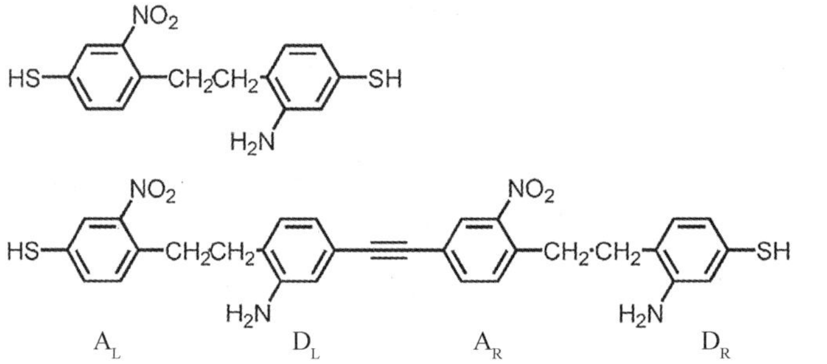

(b) 单分子二极管和串联分子二极管的几何结构(串联分子二极管的受体和给体部分分别为A_L、D_L、A_R和D_R)

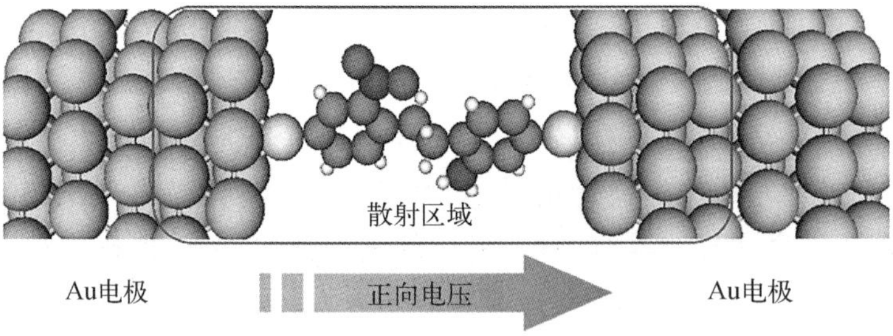

(c) 夹在两个Au电极中的单分子二极管的示意图

图 10.51 分子二极管串联模型

模型分子的几何结构优化采用了 B3LYP 杂化泛函和 LANL2DZ 基组。为了模拟电极与分子的接触,使用了金原子簇与硫原子的连接,其中金原子簇由金单晶(111)面上形成的等边三角形的三个原子构成,这三个原子间的距离设定为 2.88 Å,而硫原子的投影位于该等边三角形的中心。在计算过程中,两个金原子簇的相对距离以及分子的几何结构均可自由调整以达到最优状态。

经过优化后的单分子二极管和串联分子二极管，在移除两个 Au 团簇后，置于 Au(111) 电极之间。考虑到金电极对分子结构可能产生的影响，在器件模型中再次对分子结构进行优化。图 10.51(c) 展示了 Au-分子-Au 的模型结构，该结构由左电极、散射区和右电极三部分组成。散射区不仅包含分子本身，还包含部分起屏蔽作用的 Au 电极。在计算中，采用了局域密度近似(local density approximation，LDA)理论，其中有机分子使用了 DZP，而金电极使用了 SZP。优化的标准是确保每个原子上的受力小于 0.1 eV/Å。在两个金电极之间施加偏压时，规定电场从左向右为正偏压，并采用非平衡态格林函数(NEGF)方法来计算电流。

传统半导体二极管具备单向导电特性。在施加反向电压时，其电阻近乎无穷大，导致二极管不导电；而当正向电压超越阈值电压(即开关电压)后，电阻显著降低至极小值，此时二极管开始导电。将两枚半导体二极管串联，并不会提升整流效率，但会使阈值电压增高。然而，对于微观尺度的分子二极管，情况有所不同。第 9 章与第 10 章针对分子二极管的研究揭示，即使在反向偏压下，也能观测到相对较高的电流，这导致分子二极管的整流效率远低于传统二极管。如图 10.52(a)所示，单个分子二极管在较低偏压下呈现对称特性。直至偏压增至接近 2.0 V 时，整流特性才开始显现。相反，两枚分子二极管串联后，则展现出明显的整流特征，且阈值电压约为 1.8 V。依据式(10.4)定义的整流比，图 10.52(b) 展示了不同偏压下的整流比，从中可见，分子二极管串联后的整流效率有了显著提升，远高于文献[35]中报道的单分子二极管的整流效率。特别是在偏压为 2.2 V 时，整流比增至 100，而在以往研究中，报道的最高整流比通常低于 10[9]。串联后的整流比是单分子二极管的 20 倍以上。

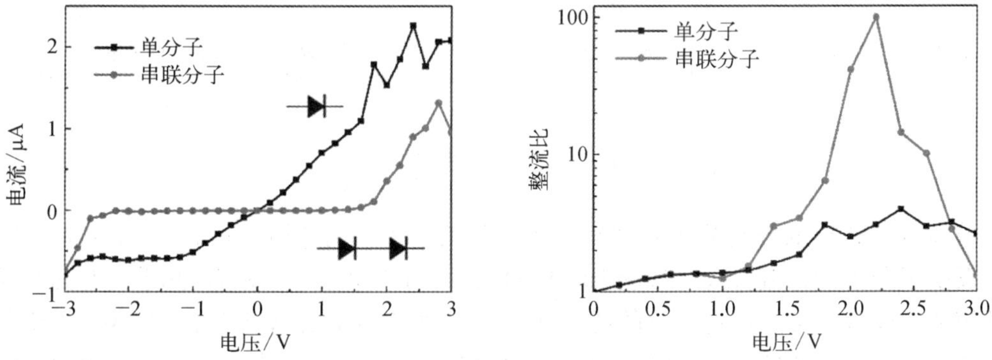

(a) I–V曲线　　(b) 不同偏压的整流比

图 10.52　单分子整流与串联分子整流

通常情况下，氨基会提升给体片段的最高占据分子轨道(HOMO)能级，而硝基会降低受体片段的最低未占据分子轨道(LUMO)能级[48]。图 10.53(a) 和10.53(b) 展示了单分子二极管与串联二极管中各分子片段的轨道能级投影情况。在单分子二极管中，给体(D)的 HOMO 能级为−0.87 eV，受体(A)的 LUMO 能级为 0.90 eV。与单独的两个分子片段相比，完整分子的 HOMO 和 LUMO 能级分别调整为−0.73 eV 和1.01 eV。根据 Ellenbogen 和 Love 的理论[31]，为了获得更高的整流比，给体的 HOMO 能级必须与受体的 LUMO 能级相匹配。然而,由于高能隙(E_g)的饱和 σ 桥将给体和受体分隔开,这种能级匹配在单分子二极管中难以实现,这也是单分子二极管整流效率普遍较低的原因。相比之下,在串联分子二极管中,两个分子通过较短的共轭碳-碳叁键连接,使得左侧给体(D_L)与右侧受体部分(A_R)之间存在较强的耦合作用。通过观察串联分子二极管前线分子轨道的空间分布,可以明显看出这种耦合作用。良好的耦合使得串联分子二极管的结构由(p-n)-(p-n)型转变为 p-(n-p)-n 型,从而在串联分子内部发生电子重排。在串联分子二极管中,D_L和 A_R通过共轭的碳-碳叁键连接,形成了离域的大 π 键,这有利于电子的传递。因此,串联分子二极管在零偏压下的电导远高于单分子二极管。对于半导体材料的 p-n 结,两种材料的界面处会形成空间电荷区,从而控制载流子的流动方向。而在分子二极管中,给体和受体片段之间的电子输运机理主要是直接隧穿,因为给体和受体被高势垒的"绝缘体"分隔开。由于串联分子二极管的工作机理与单分子二极管不同,其整流效率得到了显著的提高。

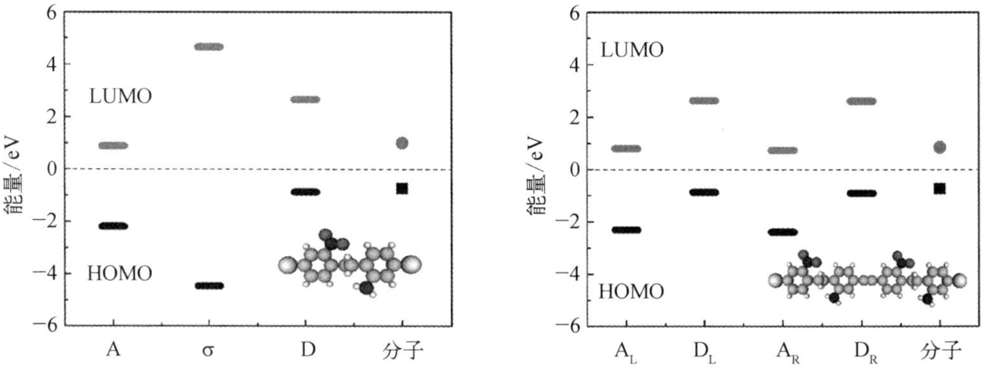

(a) 单分子二极管的给体(D)、σ桥、受体(A)部分以及投影分子轨道能级

(b) 串联分子二极管中给体(D_L、D_R)和受体(A_L、A_R)以及投影的分子轨道能级(图中也给出完整分子的轨道能级作比较)

图 10.53　分子结中的能级关系

前线分子轨道的空间分布直观地描述分子的电子结构,其在电场下的偏移在一定程度上反映了分子的整流特征。如图 10.54(a)所示,对于单分子二极管,几乎所有的前线分子轨道的空间分布都呈现定域化的特点;HOMO 主要分布在给体部分,而 LUMO 主要分布在受体部分。当施加偏压时,HOMO 和 LUMO 仍然保持定域的特点。分子轨道的局域化分布降低了电子的隧穿概率,导致分子的导电能力较低。而串联分子二极管在零偏压时,HOMO 主要分布在给体部分和 π 桥上,证实了 D_L和 A_R之间有良好的电子耦合。此外,串联分子二极管中的—C ≡ C—连接有利于 HOMO 和 LUMO 的在偏压下的移动。例如,当偏压由正变负时,LUMO 从 A_L转移到 A_R,而单分子二极管的 LUMO 在所有偏压下都分布在受体上。因此,串联分子二极管体系形成了 p-(n-p)-n 结构。

为了理解分子二极管串联可提高整流效率的内在机理,我们进一步分析单分子和串联分子二极管的透射谱。图 10.55 中的阴影区域表示偏压窗口[$-eV_b/2$, $eV_b/2$]。低于费米能级的第一个透射峰是 HOMO 贡献的共振峰,而 LUMO 共振峰是高于费米能级的第一

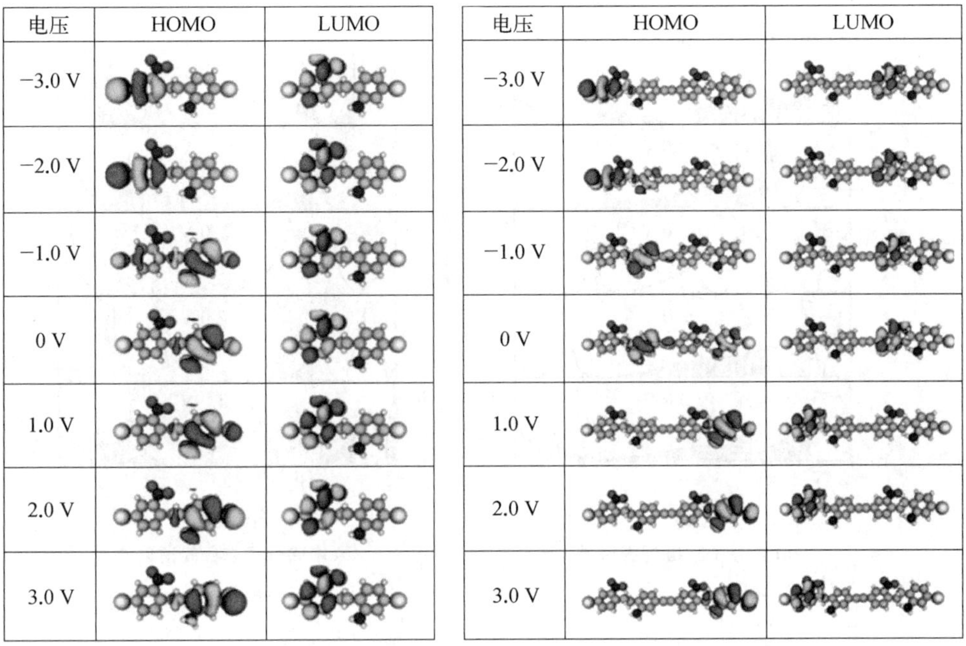

(a) 单分子二极管　　(b) 串联分子二极管

图 10.54　分子轨道的空间分布

个透射峰，在图 10.55 中用三角形标记轨道能级的位置以供参考。由于单分子和串联分子二极管中存在饱和 σ 桥，二者在偏压窗口内的透射谱都非常弱。单分子二极管在 2.0 V 时，HOMO 和 LUMO 共振峰都已进入偏压窗口，而在−2.0 V 只有 HOMO 进入，因此正偏压的电流高于负偏压。电子传递易于从右电极到左电极，也就是从给体到受体。虽然分子整流依赖于偏压窗口内透射系数的积分，但是单分子二极管的整流比并不显著。当两个分子二极管串联后，由于包含两个 σ 桥，其透射系数比单分子小得多。在图 10.55(b)中可观察到，在 2.0 V 时，偏压窗口内包含的共振峰比−2.0 V 更宽，这导致正向电流远高于负向电流，因而串联分子二极管表现出更显著的整流特征。

分子的投影自洽哈密顿量(MPSH)是分子在金电极作用下的轨道能量[49]。在图 10.55(c)和 10.55(d)中，偏压窗口标记为灰色区域。从图中可以清楚地观察到前线分子轨道能级的移动，而分子整流依赖于正负偏压下不对称的能级移动。对于单分子二极管，正偏压时 HOMO 和 LUMO 都在约 1.0 V 进入偏压窗口，而在−2.0 V 时也只包含 HOMO 能级。从这些结果可以看出 LUMO 的参与在单分子二极管的整流中起着关键的作用。然而，当两个单分子二极管串联后，分子内的电子耦合使轨道能级交错，费米能级附近的轨道比较密集。不仅 HOMO 和 LUMO 包含在偏压窗口内，其他分子轨道也会对积分区域有贡献。特别是在正偏压下，HOMO−1 和 LUMO+1 都进入偏压窗口，导致串联分子二极管的整流效应显著提升。

10.6.2　串联分子二极管中的远距离耦合

为了阐明两个单分子二极管之间耦合效应对整流的影响，我们设计了不同长度的 π

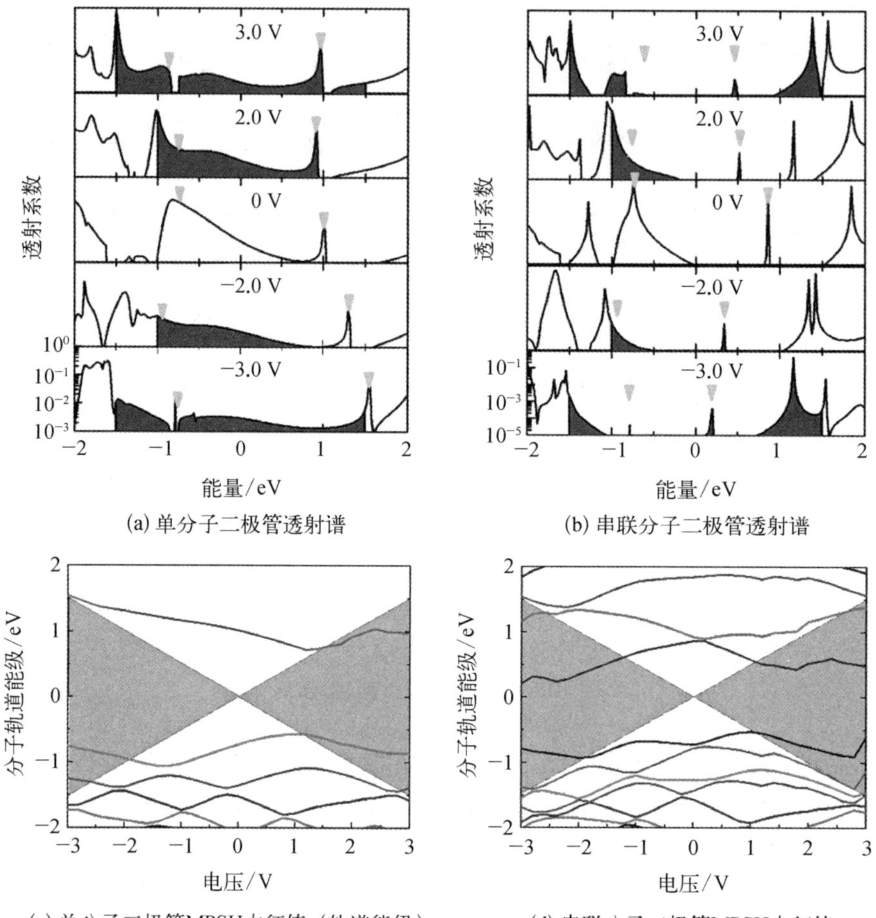

(a) 单分子二极管透射谱 (b) 串联分子二极管透射谱

(c) 单分子二极管MPSH本征值（轨道能级） (d) 串联分子二极管MPSH本征值

图 10.55 分子能级与透射谱

桥连接,如图 10.56 所示。π 桥越长,D_L和 A_R之间的电子耦合也越弱。图中给出了两个单分子二极管通过一个、两个和三个—C≡C—基团和苯环连接的四种模型。由于四个串联模型中的所有分子内都采用了 π 共轭分子导线的连接,因此两个单分子二极管具有较好的电子耦合。从图 10.57 中前线分子轨道的空间分布可以看出,零偏压下所有模型的 HOMO 分布在左侧给体的 D_L部分和 π 桥上。然而,随着 π 桥长度的增加,D_L和 A_R之间的电子耦合也出现逐渐减弱的趋势。

图 10.58(a)展示了四个模型的 I–V 曲线。我们发现四种连接方式在所研究的偏压范围内的行为相似,都具有非对称的 I–V 特性。虽然连接的 π 桥长度增加,但模型 4 的电流与模型 1 相似,表明—C≡C—具有良好的导电性。两个单分子二极管之间采用更长的 π 桥连接时,整流比有所降低,从模型 1 的 99 降低到模型 2 的 26,但是四个模型的整流比仍然高于单分子二极管。在 1.5~2.5 V 偏压内,整流比在 25~35。模型 2~4 的结果表明,串联分子二极管的整流特性不单纯来源于两个单分子二极管,更是取决于两个二极管相邻片段,即 D_L和 A_R之间的电子耦合。通过对耦合程度的研究,证实了串联分子二极管形成

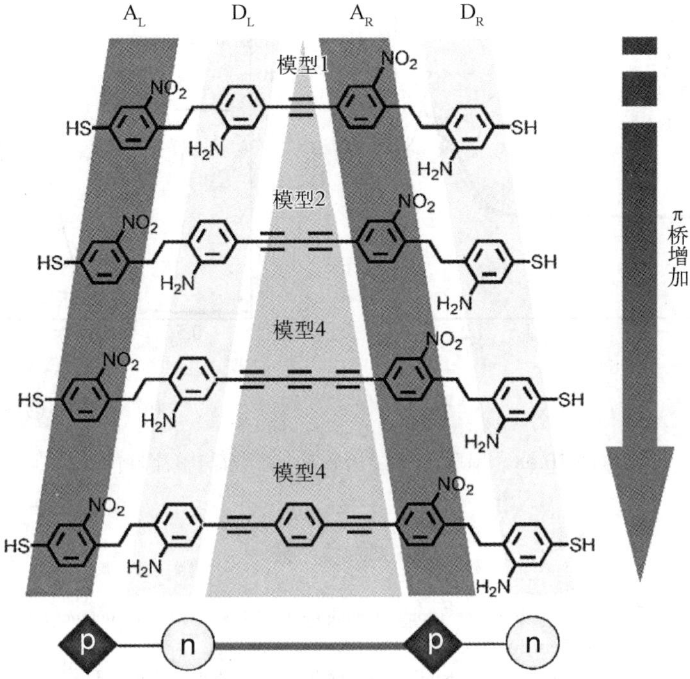

图 10.56　具有不同 π 桥连接的串联分子二极管

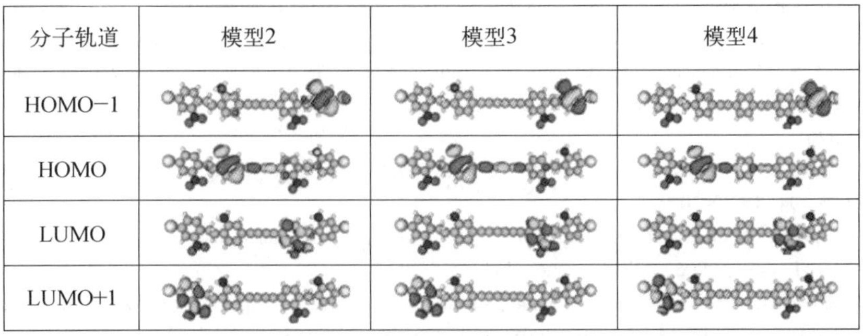

图 10.57　串联模型分子 2、3 和 4 在零偏压时的前线分子轨道空间分布

了 p−(n−p)−n 型的结构。与宏观半导体的 p−n 结不同，分子二极管的串联建立在由共轭 π 形成的分子内的电子耦合。因此，串联分子二极管的整流比高于单分子二极管，这是传统的半导体分子二极管无法实现的。

本节利用密度泛函理论结合非平衡态格林函数方法对串联分子二极管的电子输运性质进行了模拟研究。单分子二极管通过—C—C—（σ 桥）连接，类似于 p−n 结。两个单分子二极管通过—C ≡ C—（π 桥）串联，分子内的强耦合形成了 p−(n−p)−n 结构，显著提高了整流效率，整流比可以达到单分子二极管的 20 倍。串联分子二极管的整流效率与分子内耦合强度有关，随着 π 桥的增长，分子内耦合强度减弱，整流效率也有所降低。

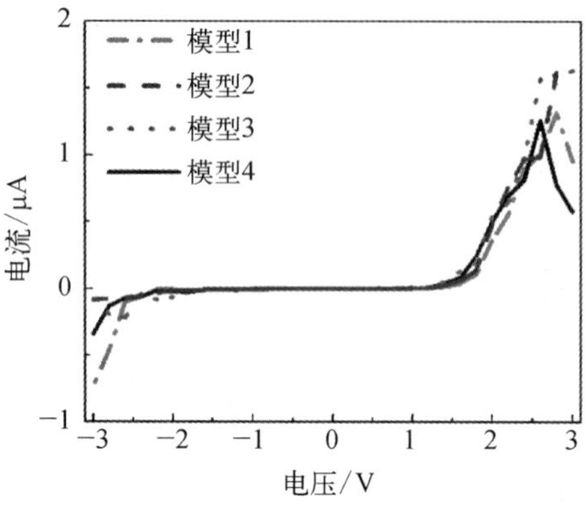

(a) $I-V$曲线

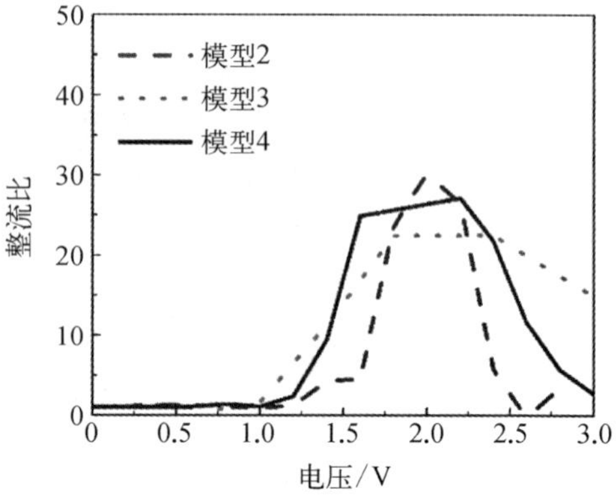

(b) 不同偏压的整流比

图 10.58　串联分子二极管输运行为与整流性能

参 考 文 献

[1] Basch H, Cohen R, Ratner M A. Interface geometry and molecular junction conductance: Geometric fluctuation and stochastic switching[J]. Nano Letters, 2005, 5(9): 1668 – 1675.

[2] Li Z Y, Kosov D S. Orbital interaction mechanisms of conductance enhancement and rectification by dithiocarboxylate anchoring group[J]. The Journal of Physical Chemistry B, 2006, 110(39): 19116 – 19120.

[3] Taylor J, Brandbyge M, Stokbro K. Theory of rectification in tour wires: The role of electrode coupling[J]. Physical Review Letters, 2002, 89(13): 138301.

[4] Livshits E, Baer R. A well-tempered density functional theory of electrons in molecules[J]. Physical Chemistry Chemical Physics, 2007, 9(23): 2932 – 2941.

[5] Van Gisbergen S J A, Pacheco J M, Baerends E J. Influence of the exchange-correlation potential in density-functional calculations on polarizabilities and absorption spectra of alkali-metal clusters[J]. Physical Review A, 2001, 63(6): 063201.

[6] Baer R, Neuhauser D. Density functional theory with correct long-range asymptotic behavior[J]. Physical Review Letters, 2005, 94(4): 043002.

[7] Baer R, Livshits E, Neuhauser D. Avoiding self-repulsion in density functional description of biased molecular junctions [J]. Chemical Physics, 2006, 329(1): 266 – 275.

[8] Sedghi G, Sawada K, Esdaile L J, et al. Single molecule conductance of porphyrin wires with ultralow attenuation[J]. Journal of the American Chemical Society, 2008, 130(27): 8582 – 8583.

[9] Stokbro K, Taylor J, Brandbyge M. Do aviram-ratner diodes rectify[J]. Journal of the American Chemical Society, 2003, 125(13): 3674 – 3675.

[10] Xu T, Peterson I R, Lakshmikantham M V, et al. Rectification by a monolayer of hexadecylquinolinium tricyanoquinodimethanide between gold electrodes[J]. Angewandte Chemie (International Ed), 2001, 40(9): 1749 – 1752.

[11] Mujica V, Ratner M A, Nitzan A. Molecular rectification: Why is it so rare[J]. Chemical Physics, 2002, 281(2): 147 – 150.

[12] Simmons J G. Generalized formula for the electric tunnel effect between similar electrodes separated by a thin insulating film[J]. Journal of Applied Physics, 1963, 34(6): 1793 – 1803.

[13] Kushmerick J G, Whitaker C M, Pollack S K, et al. Tuning current rectification across molecular junctions [J]. Nanotechnology, 2004, 15(7): S489 – S493.

[14] Martín S, Manrique D Z, García-Suárez V M, et al. Adverse effects of asymmetric contacts on single molecule conductances of $HS(CH_2)_nCOOH$ in nanoelectrical junctions[J]. Nanotechnology, 2009, 20(12): 125203.

[15] Lee Y, Carsten B, Yu L P. Understanding the anchoring group effect of molecular diodes on rectification[J]. Langmuir,

2009, 25(3): 1495 – 1499.

[16] Li Z Y, Kosov D S. Dithiocarbamate anchoring in molecular wire junctions: A first principles study[J]. The Journal of Physical Chemistry B, 2006, 110(20): 9893 – 9898.

[17] Kergueris C, Bourgoin J P, Palacin S, et al. Electron transport through a metal-molecule-metal junction[J]. Physical Review B, 1999, 59(19): 12505 – 12513.

[18] Reichert J, Ochs R, Beckmann D, et al. Driving current through single organic molecules[J]. Physical Review Letters, 2002, 88(17): 176804.

[19] Stadler R, Geskin V, Cornil J. A theoretical study of substitution effects in unimolecular rectifiers[J]. Advanced Functional Materials, 2008, 18(7): 1119 – 1130.

[20] Datta S. Electronic transport in mesoscopic systems[M]. Cambridge: Cambridge University Press, 1995.

[21] Meir Y, Wingreen N S. Landauer formula for the current through an interacting electron region[J]. Physical Review Letters, 1992, 68(16): 2512 – 2515.

[22] Landauer R. Spatial variation of currents and fields due to localized scatterers in metallic conduction[J]. IBM Journal of Research and Development, 1957, 1(3): 223 – 231.

[23] Büttiker M. Four-terminal phase-coherent conductance[J]. Physical Review Letters, 1986, 57(14): 1761 – 1764.

[24] Solomon G C, Andrews D Q, van Duyne R P, et al. When things are not as they seem: Quantum interference turns molecular electron transfer "rules" upside down[J]. Journal of the American Chemical Society, 2008, 130(25): 7788 – 7789.

[25] Ezawa M. Graphene nanoribbon and graphene nanodisk[J]. Physica E: Low-Dimensional Systems and Nanostructures, 2008, 40(5): 1421 – 1423.

[26] Ezawa M. Metallic graphene nanodisks: Electronic and magnetic properties[J]. Physical Review B, 2007, 76(24): 245415.

[27] Saffarzadeh A, Farghadan R. A spin-filter device based on armchair graphene nanoribbons[J]. Applied Physics Letters, 2011, 98(2): 023106.

[28] Tagami K, Tsukada M. A novel viewpoint for source-drain driven current inside triangular nanographene: Close relationship with magnetic current[J]. E-Journal of Surface Science and Nanotechnology, 2004, 2: 205 – 209.

[29] Son Y W, Cohen M L, Louie S G. Half-metallic graphene nanoribbons[J]. Nature, 2006, 444(7117): 347 – 349.

[30] Kan E J, Li Z, Yang J, et al. Will zigzag graphene nanoribbon turn to half metal under electric field? [J]. Applied Physics Letters, 2007, 91(24): 243116.

[31] Ellenbogen J C, Love J C. Architectures for molecular electronic computers. I. Logic structures and an adder designed from molecular electronic diodes[J]. Proceedings of the IEEE, 2000, 88(3): 386 – 426.

[32] Ashwell G J, Sambles J R, Martin A S, et al. Rectifying characteristics of Mg|($C_{16}H_{33}$-Q3CNQ LB film)|Pt structures [J]. Journal of the Chemical Society, Chemical Communications, 1990, 19(19): 1374 – 1376.

[33] Martin A S, Sambles J R, Ashwell G J. Molecular rectifier[J]. Physical Review Letters, 1993, 70(2): 218 – 221.

[34] Metzger R M, Chen B, Höpfner U, et al. Unimolecular electrical rectification in hexadecylquinolinium tricyanoquinodimethanide[J]. Journal of the American Chemical Society, 1997, 119(43): 10455 – 10466.

[35] Staykov A, Nozaki D, Yoshizawa K. Theoretical study of donor-π-bridge-acceptor unimolecular electric rectifier[J]. The Journal of Physical Chemistry C, 2007, 111(31): 11699 – 11705.

[36] Ng M K, Lee D C, Yu L. Molecular diodes based on conjugated diblock Co-oligomers[J]. Journal of the American Chemical Society, 2002, 124(40): 11862 – 11863.

[37] Tsuji Y, Staykov A, Yoshizawa K. Molecular rectifier based on π–π stacked charge transfer complex[J]. The Journal of Physical Chemistry C, 2012, 116(3): 2575 – 2580.

[38] Tsuji Y, Yoshizawa K. Current rectification through π–π stacking in multilayered donor-acceptor cyclophanes[J]. The Journal of Physical Chemistry C, 2012, 116(50): 26625 – 26635.

[39] Solomon G C, Herrmann C, Hansen T, et al. Exploring local currents in molecular junctions[J]. Nature Chemistry, 2010, 2(3): 223 – 228.

[40] Solomon G C, Herrmann C, Vura-Weis J, et al. The chameleonic nature of electron transport through π-stacked systems [J]. Journal of the American Chemical Society, 2010, 132(23): 7887 – 7889.

[41] Yoshizawa K, Tada T, Staykov A. Orbital views of the electron transport in molecular devices[J]. Journal of the American Chemical Society, 2008, 130(29): 9406 – 9413.

[42] Yoshizawa K. An orbital rule for electron transport in molecules[J]. Accounts of Chemical Research, 2012, 45(9):

1612 - 1621.
[43] Kostyrko T, García-Suárez V M, Lambert C J, et al. Current rectification in molecular junctions produced by local potential fields[J]. Physical Review B, 2010, 81(8): 085308.
[44] Hipps K W, Mazur U. An experimental study of the line shape of orbital mediated tunneling bands seen in inelastic electron tunneling spectroscopy[J]. The Journal of Physical Chemistry B, 2000, 104(19): 4707 - 4710.
[45] Mujica V, Nitzan A, Datta S, et al. Molecular wire junctions: Tuning the conductance[J]. The Journal of Physical Chemistry B, 2003, 107(1): 91 - 95.
[46] Xue Y Q, Datta S, Ratner M A. First-principles based matrix Green's function approach to molecular electronic devices: General formalism[J]. Chemical Physics, 2002, 281(2): 151 - 170.
[47] Choi S H, Kim B, Frisbie C D. Electrical resistance of long conjugated molecular wires[J]. Science, 2008, 320 (5882): 1482 - 1486.
[48] Majumder C, Mizuseki H, Kawazoe Y. Molecular scale rectifier: Theoretical study[J]. The Journal of Physical Chemistry A, 2001, 105(41): 9454 - 9459.
[49] Brandbyge M, Mozos J L, Ordejón P, et al. Density-functional method for nonequilibrium electron transport[J]. Physical Review B, 2002, 65(16): 165401.

第 11 章

环状共轭分子电子材料

11.1 金属卟啉分子材料

卟啉分子因其刚性的几何构型、优异的共轭结构以及稳定的化学特性，视为极具潜力的纳米电子学材料之一。当卟啉分子失去两个氢原子后，能够与多种过渡金属离子发生配位，而中心金属离子的存在可能会对卟啉分子的电子传递过程产生影响。过去三十年间，学术界对卟啉分子的几何结构和电子结构展开了广泛而深入的理论研究。从几何维度的视角审视，共轭长链分子可视为一维分子电子材料，片状石墨烯类物质则作为二维分子电子材料的代表。介于这两者之间的是碳纳米管和石墨烯纳米带，可以归类为准二维材料。对于尺寸更小的共轭分子，如苯环，其维度更低，可视为“点”状结构，即零维电子材料。然而，苯环因其结构过于简单且环的尺寸过小，难以在环内进行有效的化学修饰，尽管关于其电子输运行为的研究已相当广泛。相比之下，卟啉环同样可视为零维材料，但其尺寸更大，环内可进行的化学修饰更为复杂多样，因此成为分子电子器件和传感器件研究中的重要模型分子。以往对该类分子的理论研究多聚焦于其静态特性。本节将着重研究卟啉分子及金属卟啉分子的几何结构，并进一步深入探讨典型金属离子与卟啉分子配位后形成的金属卟啉的电子输运性质。

11.1.1 卟啉及金属卟啉分子的几何结构

原卟啉（Porphyrin，PH_2）和二价金属卟啉分子（MP，M = Mg、Mn、Fe、Co、Ni、Cu、Zn、Ru、Pd、Pt）的结构如图 11.1 所示。首先对卟啉和金属卟啉分子进行结构优化，考虑到系

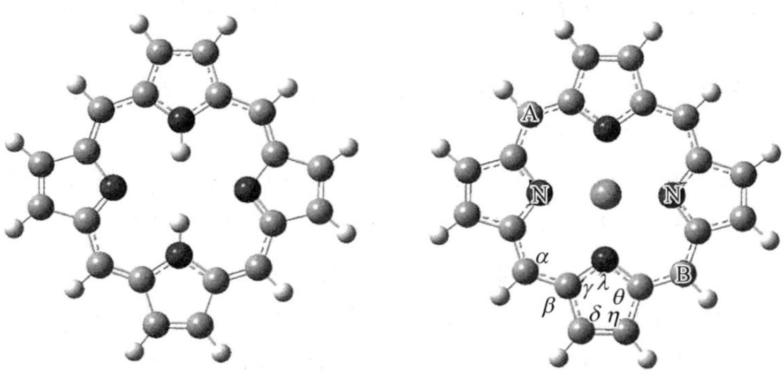

图 11.1 卟啉与金属卟啉分子的结构图

列金属离子以及电子相关能,我们选择第一性原理密度泛函理论。

由于过渡金属离子具有多种自旋多重度,表 11.1 给出了利用非限制性的 X3LYP 泛函计算的卟啉及金属卟啉的能量以及配位键的键长。

表 11.1　利用 PC GAMESS 软件计算得到的卟啉和系列金属卟啉的能量和配位键键长

金属	多重度/对称群	能　量/Hartree	对应金属离子能量/Hartree	结合能/Hartree	M-N 距离/Å
P^{2-a}	1/C2V	-981.919038	—	—	2.957/2.918
MgP[a]	1/D4H	-1188.112996	-199.194011	-6.999947	2.630
	2/D2H	-2138.807385	-1149.753151	-7.135196	2.010/1.999
MnP[a]	4/D4H	-2138.858820	-1149.832060	-7.107722	2.0140
	6/D2H	-2138.838344	-1149.953497	-6.965808	2.000/1.996
	1/D4H	-2251.483825	-1262.423175	-7.141612	1.990
FeP[a]	3/D4H	-2251.521686	-1262.475898	-7.126749	1.986
	5/D2H	-2251.477274	-1262.569781	-6.988455	1.998/1.967
CoP[a]	2/D2H	-2370.575995	-1381.464319	-7.192637	1.981/1.965
	4/D4H	-2370.554943	-1381.550001	-7.085903	2.036
NiP[a]	1/D4H	-2496.088875	-1506.917375	-7.252461	1.953
	3/D4H	-2496.078112	-1507.037602	-7.121471	2.016
CuP[a]	2/D4H	-2628.213866	-1639.125917	-7.168910	2.001
ZnP[a]	1/D4H	-2767.047938	-1778.015817	-7.113082	2.037
	1/D4H	-1081.879480	-92.788056	-7.172385	2.074
RuP[b]	3/D2H	-1081.887090	-92.858381	-7.109671	2.073/2.068
	5/D2H	-1081.833861	-92.934565	-6.980257	2.101/2.039
PdP[a]	1/D4H	-1115.314544	-126.140372	-7.255134	2.046
	3/D2H	-1115.244348	-126.229372	-7.095937	2.062
PtP[b]	1/D4H	-1107.769925	-118.542981	-7.307906	2.044
	3/D2H	-1107.696593	-118.620511	-7.157043	2.062/2.059

注:[a] 利用 UX3LYP/6-31G(d)方法优化几何结构。
[b] 利用 UX3LYP/6-31G(d,p)方法优化几何结构,其中金属原子采用 SBKJC 赝势基组。

为了描述卟啉与二价金属卟啉几何结构的差别,用 A、B 碳原子之间的距离(D_{A-B})来表征分子的大小,从表 11.2 中可知卟啉分子的 D_{A-B} 为 6.877 Å,而金属卟啉分子的 D_{A-B} 为 6.830~6.880 Å。与卟啉分子相比,FeP、CoP 和 NiP 中的配位阳离子引起了明显的结构收缩,D_{A-B} 为 6.830~6.846 Å;配位能力差的 MgP 和 ZnP 则略有膨胀。卟啉分子的 N 原子上存在两个 H 原子,导致了分子结构的不对称。而金属卟啉中二价金属离子取代了 N 上的 H 原子,并且金属原子与 4 个 N 原子的作用力可以是相同的,因此金属卟啉有严格对称的几何结构。并且每个金属卟啉分子的 4 个五元环中 $\angle\gamma = \angle\theta$、$\angle\delta = \angle\eta$。其中 NiP 分子的几何参数与文献[1]中的数据吻合较好,说明所选取的计算方法可靠。

表 11.2　卟啉和金属卟啉的结构参数*

结构参数	PH_2	MgP	ZnP	MnP	FeP	CoP	NiP	CuP	PdP
$\angle\alpha/(°)$	127.10/127.10	127.26	127.28	125.39	125.19	124.64	123.99	125.67	126.19
$\angle\beta/(°)$	127.92/123.39	125.59	125.65	124.47	124.38	124.17	123.66	124.68	125.15
$\angle\gamma/(°)$	106.54/111.12	109.46	109.29	110.19	110.41	110.53	110.84	109.95	109.28
$\angle\delta/(°)$	108.03/106.17	106.96	107.00	106.93	106.78	106.76	106.66	106.84	107.06
$\angle\eta/(°)$	108.03/106.17	106.96	107.00	106.93	106.78	106.76	106.66	106.84	107.06
$\angle\theta/(°)$	106.54/111.12	109.46	109.29	110.19	110.41	110.53	110.84	109.95	109.28
$\angle\lambda/(°)$	110.86/105.43	107.18	107.42	105.76	105.63	105.41	104.99	106.41	107.34
$D_{A-B}/Å$	6.877	6.879	6.880	6.857	6.846	6.840	6.830	6.856	6.866
$D_{N-N}/Å$	4.059/4.235	4.130	4.136	4.031	4.016	3.992	3.961	4.055	4.095

注：* 计算采用 B3LYP 泛函，对非金属原子采用 6-31G* 基组，对金属原子采用 LanL2DZ 基组。

11.1.2　卟啉分子与电极的连接方式对输运行为的影响

卟啉分子可在其两端引入巯基(—SH)，进而以两种方式与电极相接，即平行连接与对角连接，具体连接方式如图 11.2 所示。为模拟电极对分子的影响，采用由三个 Au 原子构成的原子簇进行模拟，该原子簇呈 2.88 Å 边长的等边三角形构型。在此三角形结构的 hollow 位上放置硫原子，并将 S 原子到 Au(111) 平面的初始距离设定为 2.0 Å。

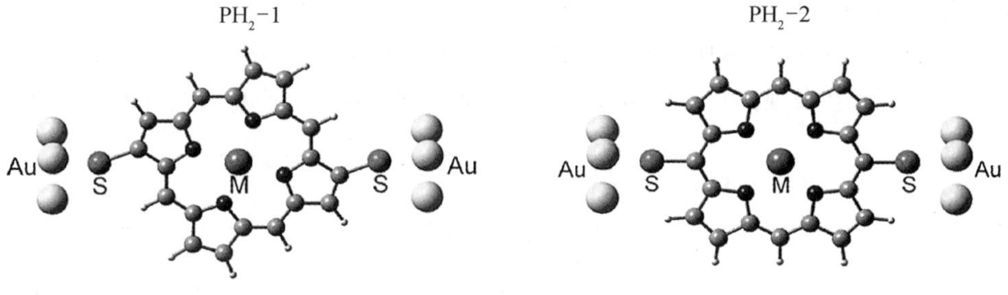

(a) 对角连接　　(b) 水平连接

图 11.2　卟啉分子与电极的两种连接方式

在进行整体结构优化时，Au 原子簇与卟啉分子均纳入考虑范围，但金原子的相对位置冻结不变，仅允许两个 Au 原子簇平面间的距离自由调整。经过构型优化步骤后，除金原子簇外，中间的 S-卟啉-S 部分嵌入两个半无限的 Au(111) 电极中。此时，S 原子位于三个 Au 原子的中心上方，且与 Au(111) 平面的距离仍保持在 2.0 Å。

为计算电子输运性质，采用非平衡态格林函数方法(NEGF)与密度泛函理论(DFT)相结合的方法。在计算过程中，选用局域密度近似(LDA)作为理论基础，并针对碳、氮、硫和氢原子使用 DZP，对金原子则采用 SZP。

图 11.3(a)展示了以两种方式连接的 PH_2分子的电流-电压(I-V)特性曲线。从图中可以清晰观察到,采用平行连接方式(即连接方式 2)的导电性能显著优于对角连接方式(即连接方式 1)。即使在 0.2 V 的低偏压下,平行连接方式也可达到 13.3 μA 的电流;而对角连接方式在 2.0 V 的高偏压下,电流仅为 11.2 μA。此外,在零偏压条件下,平行连接方式的电导是对角连接方式的 17.8 倍,这一结果与文献[2]中的报道相吻合。为了深入理解这两种连接方式如何导致截然不同的 I-V 曲线特征,图 11.3(b)呈现了零电压下两种连接方式的透射谱。透射谱反映了在给定能级下,电子从一侧电极散射至另一侧电极的概率。在费米能级(即能量为 0 eV)处,透射系数直接决定了体系在零偏压下的电导。而在给定偏压 V 的条件下,位于$[-eV/2,\ eV/2]$能量区间内的透射谱积分决定了该偏压下的电流;此区间以外的透射谱虽然具有一定的参考价值,但对电流的贡献较小,因此$[-eV/2,\ eV/2]$称为偏压窗口。在费米能级处,平行连接构型的透射系数为 0.89,而对角连接仅为 0.05,前者是后者的 17.8 倍,这与零偏压下的电导比例关系一致。此外,在[-1.5 eV, 1.5 eV]能量区间内,平行连接保持较高的透射系数,特别是在费米能级以下达到 100%的透射效率,这是其电流随偏压快速增长的关键因素。相比之下,对角连接的透射系数普遍较低,在-1.0~1.0 eV 范围内呈现较宽的低谷,导致 I-V 曲线上电流增长缓慢。图 11.3(b)中的正方形和圆形标记分别代表两种连接方式分子的轨道能级位置(对应横坐标的能量),其中位于费米能级左侧和右侧的第一个点分别对应分子的 HOMO 和 LUMO 能级。从图中可以看出,平行连接分子的能隙明显低于对角连接,这些趋势均表明平行连接具有更强的导电能力。值得注意的是,无论是平行连接还是对角连接,沿分子轴上下两条电子传递通道均完全相同。然而,根据分子电子传递中的量子干涉模型,两种连接方式理论上不应产生如此显著的差异。但从我们提出的电子传递路径模型来看,这一现象较为容易理解。具体而言,两种连接方式导致电子注入位置不同,进而使得从注入点到流出点的路径性质存在本质差异,主要体现在电子的传输效率上。平行连接路径的效率更高,在透射谱上表现出更高的透射系数,因此具有更高的零偏压电导和更优越的 I-V 曲线特性。

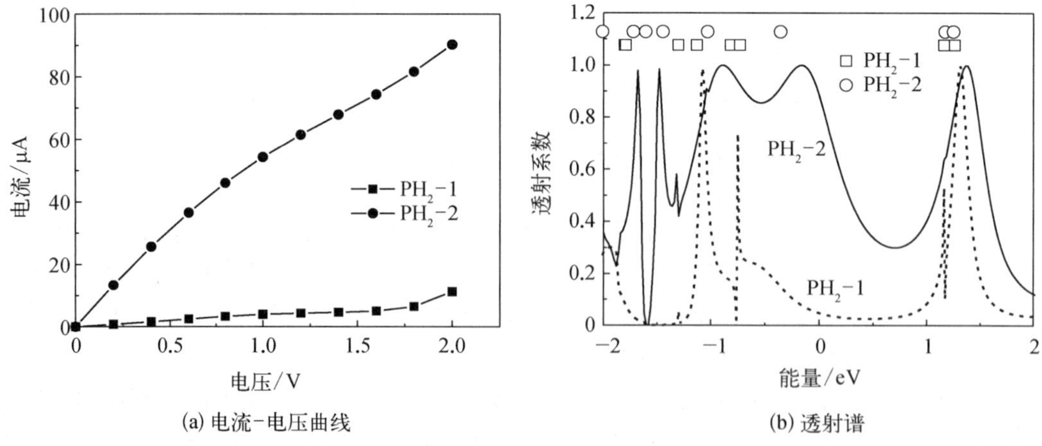

图 11.3　平行连接(PH_2-2)和对角连接(PH_2-1)对输运性质的影响

11.1.3 卟啉与金属卟啉电子输运性质的对比

深入了解卟啉类化合物的电子输运性质对设计新型分子电子器件具有重要意义。因此,我们选取了热力学稳定性好的 4 种金属卟啉分子(NiP、ZnP、PdP、PtP),以水平方式连接,详细研究了电子输运性质,并与卟啉分子做了比较。

在进行电子输运计算之前,有必要先对分子的若干静态特性进行考察。为简化分析,此处暂不考虑金属电极的影响。表 11.3 列出了五个代表性分子的 HOMO 和 LUMO 能级。对于配位作用较强的 NiP 分子,其 HOMO 能级显著向费米能级移动,而 LUMO 能级虽有向高能级移动的趋势,但变化并不明显。因此,NiP 分子的能隙比 PH_2分子减小了 0.22 eV。对于配位作用较弱的 ZnP 分子,其 HOMO 和 LUMO 能级均向远离费米能级的方向移动,导致能隙相较于 PH_2分子增加了 0.11 eV。另外两个贵金属离子不仅配位作用较弱,而且离子半径更大,因此它们的变化趋势与 ZnP 分子相同,且变化幅度更为显著。

表 11.3 五种分子的投影分子轨道能级和分子能隙

分子轨道	PH_2	NiP	ZnP	PdP	PtP
HOMO	−0.356	−0.087	−0.405	−0.441	−0.449
LUMO	1.169	1.218	1.228	1.230	1.411
E_g/eV	1.525	1.305	1.632	1.740	1.860

图 11.4 展示了系列分子在零电压条件下的 HOMO 和 LUMO 的空间分布。从图中可以观察到,PH_2分子的前线分子轨道均呈现离域分布在卟啉环上的特征,这反映了该分子具有良好的环共轭性质。与 PH_2分子极为相似的是,配位能力较弱的 ZnP 分子的前线分子轨道也表现出相似的分布特点。值得注意的是,Zn(Ⅱ)离子的原子轨道对前线分子轨道并未产生显著贡献。对于配位能力较弱且尺寸更大的贵金属卟啉 PdP 和 PtP,其 HOMO 保持了与 PH_2和 ZnP 相似的特征,但金属离子的 d_{z^2}轨道对 LUMO 有微弱的贡献。而在配位作用最强的 NiP 分子中,HOMO 虽然具有与其他金属卟啉一致的特征,但 LUMO 主要定域在金属离子及其邻近的配体上。由此可见,金属卟啉的 LUMO 因配位作用的不同而表现出较大的差异,而 HOMO 呈现彼此相似的特征。结合表 11.3 中的数据可知,LUMO 远离费米能级,而 HOMO 与费米能级的能量差不到 0.5 eV。因此,当电子沿卟啉环上下两条路径传递时,相似的 HOMO 分布决定了这一系列分子的输运行为也会彼此接近。

一般来说,在电场的作用下,长链共轭分子的 LUMO 会向高电势一端移动,而 HOMO 会向低电势一端移动,在第 3 章中已做了详细描述。但对于尺寸更小的共轭分子卟啉,暂且看作零维材料,这种轨道分布随偏压的移动不明显。图 11.4 中,PH_2、ZnP、PdP 和 PtP 分子的 HOMO 和 LUMO 在 2.4 V 的偏压下,几乎看不到明显变化。此时电场强度已超过 2.5×10^9 V/m,可见零维分子电子材料的特征与一维分子导线存在很大差异。

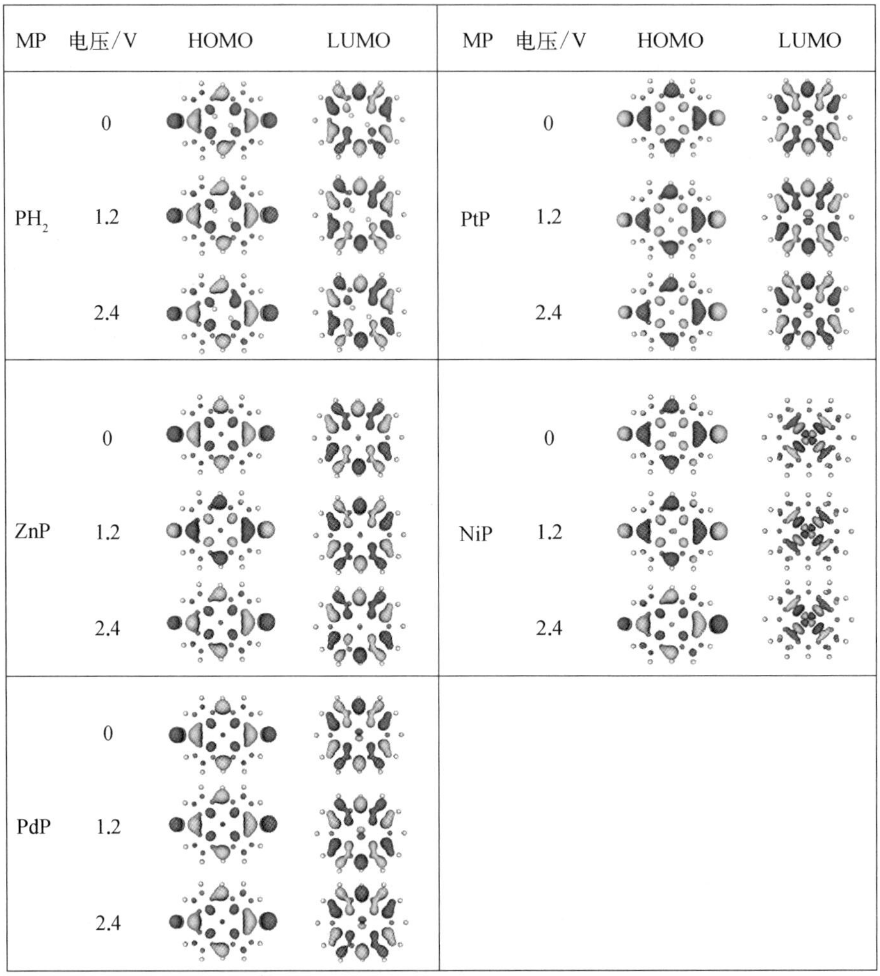

图 11.4　不同电压下 PH_2、ZnP、PdP、PtP 和 NiP 分子 HOMO 和 LUMO 的空间分布

图 11.5 展示了五种分子的电流-电压(I-V)和微分电导-电压(G-V)曲线。从该图的插图中可以观察到,在低偏压范围内(小于 0.2 V),电流随偏压的增加而呈现线性增长趋势。然而,当偏压超过 0.2 V 时,电流与偏压之间的关系表现出明显的非线性特征,偏离了经典的欧姆定律。在一系列模型分子中,卟啉的导电性略强。在偏压低于 1.8 V 的条件下,同一偏压下分子的电流大小顺序依次为 PH_2 > ZnP > PdP > PtP > NiP。这一顺序与配位作用由弱到强的趋势相吻合,表明金属离子在平行连接中削弱了卟啉环上的电子密度,进而降低了电子沿环传递的效率。然而,需要指出的是,这一系列分子的 I-V 曲线之间的差异并不显著,这与上文所描述的静态特征相一致。由此可见,通过静态特征仍然可以定性地分析和理解这些分子的输运行为。

该系列分子的微分电导如图 11.5(b)所示。从图中可以看出,随着偏压的增加,微分电导逐渐减小,在 1.5 V 达到最低点,而后有所增加,在 2.0 V 后再次降低。本节考察的卟啉分子结的长度约为 9.2 Å,电阻在 1.5×10^4 ~ 2.2×10^4 Ω。它的导电性比同等长度的烷基

链 $n-C_8H_{18}(2.5\times10^9\ \Omega)$ 高出数十万倍[3]。零偏压下电导的大小顺序为 PH_2(66.70 μS) > ZnP(57.94 μS) > PdP(55.54 μS) > PtP(50.15 μS) > NiP(43.75 μS)。卟啉分子的导电性最高,这是由于其具有良好的 π 共轭结构和沿环的高效电子传递路径。而金属离子与氮原子的孤对电子配位,减弱了卟啉的共轭性,所以金属卟啉的电导都减小,但是彼此之间的差别并不大。

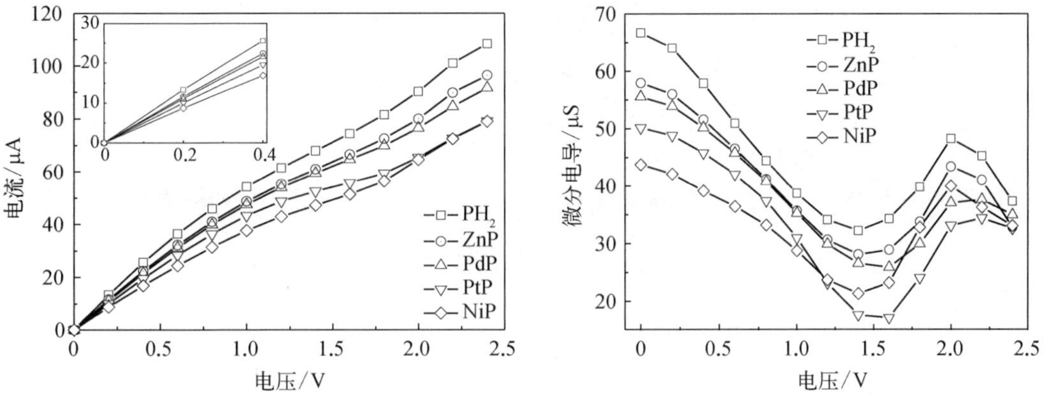

(a) 电流-电压曲线　　(b) 电导-电压曲线

图 11.5　PH_2、ZnP、PdP、PtP 和 NiP 的导电性

为了更深入地理解系列分子的 $I-V$ 曲线和 $G-V$ 曲线的特征,本研究提供了五个模型分子在零偏压下的透射谱,如图 11.6(a)所示。观察发现,这五条透射谱彼此之间极为相似且接近,表明卟啉分子在失去两个氢原子并与二价金属离子配位后,其透射谱并未发生明显变化,这进一步证实了在大偏压范围内,这些分子的电子输运效率相当。同时,这说明了金属离子的配位并未改变卟啉中电子的主要传递路径。在图中,已标出投影的分子轨道能级,其中位于费米能级左侧和右侧的第一个能级分别是 HOMO 和 LUMO 能级。值得注意的是,HOMO 与其以下的几条轨道相距较近,且它们都靠近费米能级,因此成为电子输运的主要贡献者。PH_2、ZnP、PdP、PtP 和 NiP 在费米能级的透射系数分别为 0.89、0.77、0.73、0.66 和 0.59。这一顺序与零偏压下的电导相一致,进一步验证了透射谱与电导之间的关联。

图 11.6(b)比较了卟啉分子在三个偏压下的透射谱。随着偏压的增大,透射峰向低能级一侧略有移动,这是由于电压的增大使分子轨道能级发生了移动。而不同偏压下的透射峰形状基本保持不变,说明 PH_2分子线的电子结构在电场的作用下具有较高的稳定性。

本节研究了卟啉及其金属衍生物(金属卟啉)的几何结构以及电子输运特性。研究结果显示,分子与电极之间的连接方式对于电子传递性质具有显著影响,具体而言,采用平行连接的卟啉分子展现出明显高于对角连接的导电能力。在零偏压条件下,卟啉分子的电导高于 ZnP、PdP、PtP 和 NiP 等金属卟啉,这一现象表明金属离子的配位作用在一定程度上减弱了卟啉分子的共轭性。然而,值得注意的是,尽管金属配位导致了电导的降低,但这种降低并不显著,这进一步暗示了在这些分子中,主要的电子传递路径仍然是卟啉环。

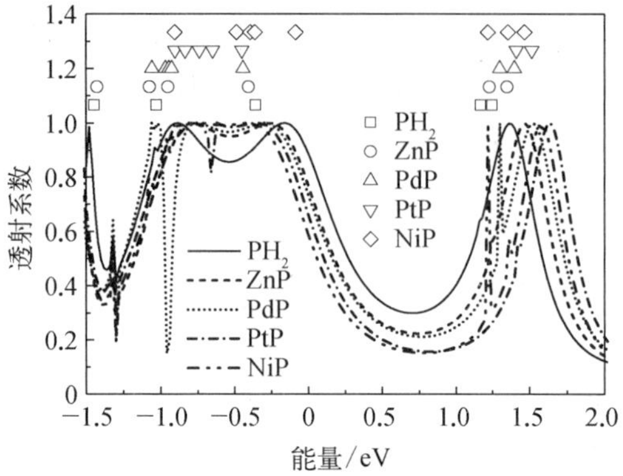

(a) PH_2、ZnP、PdP、PtP和NiP在零偏压的透射谱

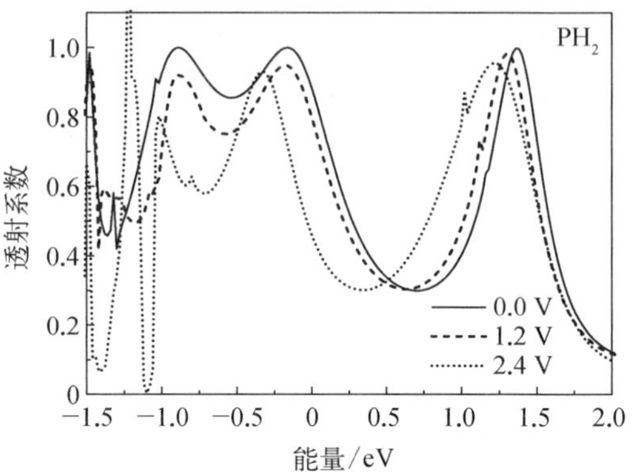

(b) PH_2在不同偏压的透射谱

图 11.6　分子透射谱

11.2　苯乙炔单元构成的环状分子材料

线性 π 共轭低聚物作为一类分子电子材料,长期以来一直备受关注。其中,苯乙炔低聚物作为典型的 π 共轭低聚物,不仅因其独特的电子输运特性而视为潜在的分子导线材料,而且通过适当的功能化修饰,可以进一步拓展其应用范围,成为分子二极管、分子开关/存储器等功能器件的重要组成部分。除了线性 π 共轭分子,共轭大环分子同样在实现多种功能方面展现出巨大潜力。这些分子的大 π 共轭骨架以及丰富的功能基团,赋予了它们在材料科学、分子识别以及电子器件等多个领域广泛的应用前景,从而促使大环分子的研究再次成为研究热点。经过修饰的大环分子空腔,能够具备分子识别、金属离子配位或原子团簇结合的能力。在形成复合物前后,这些大环分子的导电性会随之发生变化[4],这一特性为设计分子晶体管、分子开关或分子传感器等提供了可能。因此,大环分子材料的引入为电子器件的研究领域开辟了一个全新的、充满无限可能的空间。

大环分子的尺寸、几何结构和电子结构是决定其性质的重要因素。在以往的研究中,大环分子的性质参数主要是通过核磁共振谱、X 射线分析、扫描探针显微镜(scanning probe microscope,SPM)技术等方法得到。这些研究给出的分子环参数往往都是间接的,并且很多重要的性质(如环张力)往往无法直接给出。因此对大环分子的几何结构、电子结构、环张力等性质进行理论计算研究是必要的。本节的目的就是以苯乙炔大环分子为模型,使用两种计算化学工具,即分子构象分析和环张力分析来研究大环分子的几何结构、电子结构和环张力等性质。

苯乙炔大环分子(phenylacetylene macrocycles,PAM)是一类典型的 π 共轭大环分子,这类大环分子的性质可以通过改变尺寸或在分子骨架上修饰来调控,大环分子还可以与各种不同尺寸的金属、离子、原子团簇形成配合物,从而调制体系的电学性质。此外,这类大环分子可以用来设计分子电路、分子逻辑器件、分子机械结构等。本节以苯乙炔大环分子(3PAM~10PAM)为模型,通过量子化学计算研究其几何结构、电子结构、环张力等性质随分子尺寸的变化规律,如图 11.7 所示。图中 i、j 分别表示键角(sp^2–sp^2–sp)和(sp–sp–sp^2)。为了比较不同计算方法对计算结果的影响,分子构型优化采用了三种不同的计算方法,即半经验的 AM1 方法、分子轨道从头算 HF/3-21G* 和 HF/6-31G* 方法。环张力使得大环分子可能存在多种稳定构象,如全平面构象、船式构象、椅式构象等,因此在分子优化过程中考虑所有可能构象,并将它们作为初始结构采用严格的收敛标准进行优化。

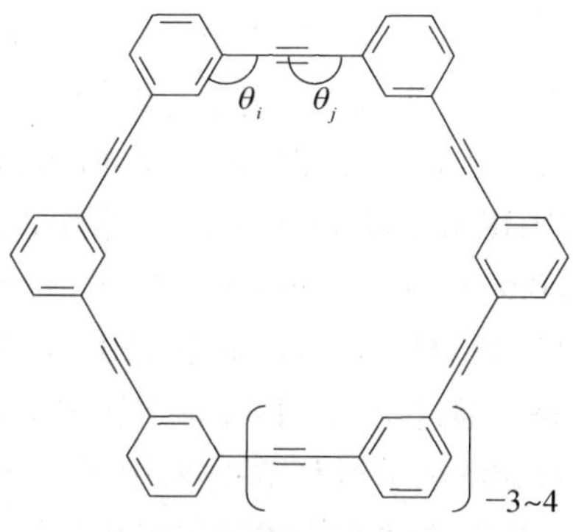

图 11.7 苯乙炔大环分子几何结构

在对大环分子进行环张力分析之前,首先对其结构单元二苯乙炔进行研究,考察分子的键角张力和环扭转张力,这对于理解大环分子的结构特征有重要的意义。分别使用 AM1 和 HF/6-31G* 方法对二苯乙炔分子进行构象分析。分子的二面角(C1–C2–C3–C4)从 0°变化到 180°,步长为 10°。除二面角固定外,其余参数都自由优化,见图 11.8,图中 ϕ 表示两苯环之间的扭转二面角,$\phi = 0°$ 表示平面构象。扭转势能面以平面构象的能量为零点,利用傅里叶级数展开式[5,6]来拟合势能曲线:

$$E(\phi) = \sum_{i=1}^{6} \frac{1}{2} V_i [1 - \cos(i\phi)] + V_0 \tag{11.1}$$

式中,$E(\phi)$ 和 V_0 分别是分子在扭转角为 ϕ 和 0°时的相对能量;V_i 是展开项的系数。

图 11.8 二苯乙炔分子结构图

分子键角弯曲势能面是通过改变键角 θ_i(sp^2–sp^2–sp)或 θ_j(sp–sp–sp^2)计算得到的,键角变化步长为 1°。对分子在不同构象下使用 HF/6-31G* 做单点能计算。整个势能面以能量最低的分子构象($\theta_i^0 = 120°$ 或 $\theta_j^0 = 180°$)为参考点。为了得到完整的势能面,利用式(11.2)和式(11.3)[7]来拟合:

$$E(\theta_i) = K_i(\theta_i - \theta_i^0)^2 \tag{11.2}$$

$$E(\theta_j) = K_j(\theta_j - \theta_j^0)^2 \tag{11.3}$$

式中,$E(\theta_i)$ 和 $E(\theta_j)$ 分别是分子键角为 θ_i 和 θ_j 时的相对能量。K_i 和 K_j 是与化学键性质有关的力学常数。

11.2.1 二苯乙炔分子的构象分析

二苯乙炔可视为苯乙炔大环分子的基本构成单元,因此,二苯乙炔分子中两苯环扭转势垒的研究对于深入理解共轭大环分子的结构特性具有重要意义。图 11.9 展示了采用半经验 AM1 方法和 HF/6-31G* 方法计算得到的二苯乙炔分子的扭转势能面。在此图中,0°和 180°对应于分子的全平面构象,而 90°对应于分子的垂直构象。由于分子自身的对称性,势能曲线相对于垂直构象呈现对称分布,分子在垂直构象时达到能量的最高点(即旋转过渡态),而在平面构象时能量最低。分子的扭转势垒与所选用的计算方法密切相关。采用HF/6-31G 方法计算得到的扭转势垒为 1.77 kJ/mol,这一数值大约是 AM1 方法所得结果(0.90 kJ/mol)的两倍。然而,与 Seminario 等[8]使用 B3PW91/6-311G 方法计算得到的扭转势垒(3.60 kJ/mol)相比,HF/6-31G* 方法的结果明显偏低。同时,该值也低于 Okuyama 等[9]通过单电子振动能级荧光光谱测量得到的扭转势垒(2.43 kJ/mol)。尽管文献中在利用杂化泛函进行计算时采用了较大的基组,甚至考虑了轨道的弥散作用,但密度泛函理论(DFT)方法在描述长程弱相互作用时的准确性相对较差,这可能是其过高估计扭转势垒的原因。尽管不同计算方法得到的扭转势垒数值存在较大差异,但这些值普遍较小。因此,可以合理推测,在室温条件下($RT \approx 2.48$ kJ/mol),二苯乙炔分子将很容易发生构象转变。

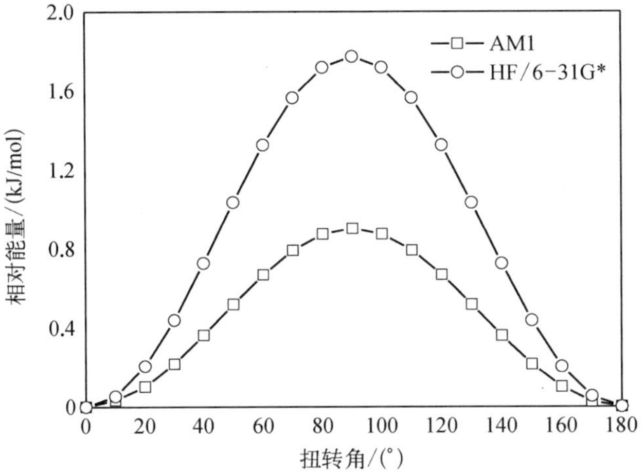

图 11.9　半经验 AM1 方法和 HF/6-31G* 方法计算得到的二苯乙炔的扭转势能面

二苯乙炔分子的特性显著区别于联苯、二噻吩、二吡咯等通过碳-碳单键连接的分子。这些二聚体因存在较强的空间位阻,在势能面上各自展现出一对稳定的扭转构象,其中,二噻吩与二吡咯的反式构象尤为稳定。采用 HF/6-31G* 方法计算得出,联苯、二噻吩、二吡咯分子由反式稳定构象转变为顺式稳定构象所需的扭转势垒分别为 6.25 kJ/mol、7.15 kJ/mol 和 8.49 kJ/mol,这些值相比于二苯乙炔较高。

二苯乙炔之所以具有稳定的平面构象及较低的扭转势垒,归因于其两个苯环通过较长的乙炔基(约 4.0 Å)相连,该长度远超碳-碳单键(1.4~1.5 Å),从而有效减小了两个苯环间的空间位阻,促使分子采取共轭性更强的平面构象。二苯乙炔分子较低的扭转势垒可预示苯乙炔大环分子的两个关键特性:首先,为降低环张力,大环分子很可能采取非平面的分子构象;其次,大环分子不同构象间的能量差异预计不会十分显著。

图 11.10 是 HF/6-31G* 方法计算得到的二苯乙炔分子的键弯曲势能面。整个势能面用式(11.2)和式(11.3)拟合得到,K_i 的拟合值为 0.165 kJ/(mol·(°)^2),这大约是

K_j[0.040 kJ/(mol·(°)^2)]的 4 倍，表明键角 θ_i(sp^2−sp^2−sp)的刚性比 θ_j(sp^2−sp−sp)强得多。因此大环分子在键角受到力作用时，θ_j将比 θ_i的变化更大。

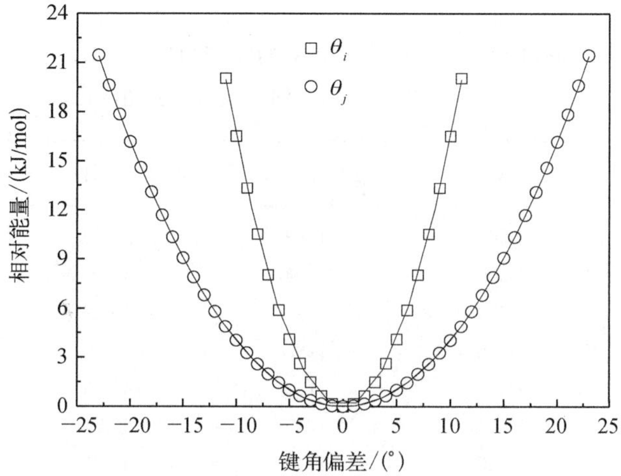

图 11.10　使用 HF/6-31G* 单点能计算得到的二苯乙炔分子键角 θ_i(sp^2−sp^2−sp)和 θ_j(sp^2−sp−sp)的弯曲势能面

11.2.2　苯乙炔大环分子的几何结构

大环分子的尺寸和分子构型是决定其宏观性质的两个关键因素。本节使用半经验 AM1 和分子轨道从头算 HF 方法来优化一系列苯乙炔大环分子(3PAM～9PAM)。对于 3PAM，HF/3-21G* 给出的是全平面稳定构象，而 AM1 和 HF/6-31G* 给出的是略有扭曲的非平面构象，如图 11.11 所示，这与 Kawase 等从单晶 X 射线晶体分析的结果一致[10]。3PAM 分子的扭曲主要源于环内侧相互靠近的 H 原子之间强烈的空间排斥作用(HF/6-31G* 优化得到的 H···H 距离约为 2.1 Å)。AM1 计算得到相邻苯环的扭转角约为 9.4°，HF/6-31G* 约为 8.8°，这些计算值都比单晶 X 射线晶体分析得到的值(3.5°)大得多，这是因为在晶体中分子间相互作用强，因此更趋近于平面构象。

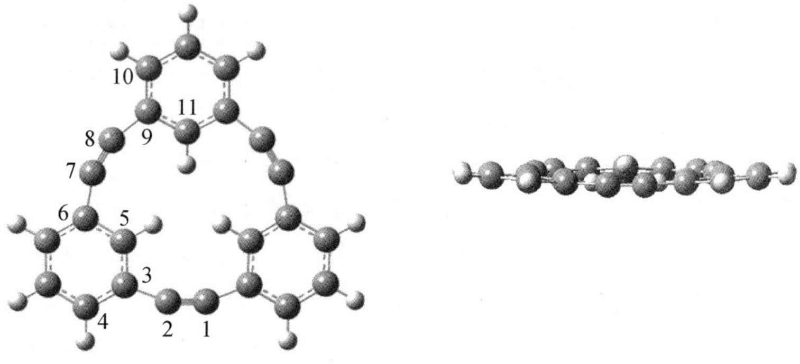

(a) 正视图　　(b) 侧视图

图 11.11　利用 HF/6-31G* 方法优化得到的 3PAM 几何结构

表 11.4 比较了 3PAM 分子键长、键角的理论计算值与文献报道的实验值。从表中可以看出，理论计算值与实验值基本一致。三种理论方法中，HF/6-31G* 的计算值与实验值吻合得最好。

表 11.4 利用 AM1、HF/3-21G* 和 HF/6-31G* 计算的 3PAM 几何参数与实验值的比较

结构参数	AM1	HF/3-21G*	HF/6-31G*	实验值[10]
C1≡C2/Å	1.206	1.196	1.195	1.193 ± 0.005
C7≡C8/Å	1.206	1.196	1.195	1.190 ± 0.003
C1-C2-C3/(°)	159.4	158.5	158.9	158.6 ± 0.1
C2-C3-C4/(°)	129.6	128.7	129.0	129.0 ± 0.3
C2-C3-C5/(°)	112.1	113.1	112.8	113.3 ± 0.2
C3-C5-C6/(°)	122.5	123.1	123.1	123.3 ± 0.3
C5-C6-C7/(°)	112.0	113.1	112.7	112.9 ± 0.2
C6-C7-C8/(°)	159.2	158.5	158.7	158.7 ± 0.3
C7-C8-C9/(°)	159.5	158.5	159.0	158.4 ± 0.3
C8-C9-C10/(°)	129.4	128.7	128.8	129.2 ± 0.3
C8-C9-C11/(°)	112.1	113.1	112.8	113.2 ± 0.2
C10-C9-C11/(°)	118.4	118.2	118.2	117.6 ± 0.3

对于其他大环分子（4PAM～10PAM），AM1 和 HF 方法都得了稳定的全平面构象，如图 11.12 所示。AM1、HF/3-21G* 和 HF/6-31G* 计算得到 6PAM 的内径（分子内侧两个正对的 C 碳原子之间的距离）分别为 10.8、10.9 和 10.9 Å，这与单晶 X 射线分析得到的值 10.9 Å 相同。此外，平面大环分子的内径（D_n）随单体数（n）的增加而呈线性增大。以 HF/6-31G* 的计算结果为例，两者的关系可用式(11.4)来表示：

$$D_n = -1.41 + 2.05n \tag{11.4}$$

AM1、HF/3-21G* 和 HF/6-31G* 方法优化的结果表明，4PAM、5PAM 和 6PAM 只具有全平面的稳定构象。而对于 7PAM 及以上的大环分子，计算表明它们具有多种稳定的构象。对 7PAM 而言，AM1 计算得到平面、船式和椅式三种稳定构象，而 HF 只得到平面和船式两种稳定构象。对于 8PAM 和 9PAM，所有方法都给出了三种构象。图 11.12 列出了 HF/6-31G* 方法优化得到的 4PAM～9PAM 的稳定构象。Shetty 等对 7PAM 分子使用 QUANTA CHARMm 力场进行了模拟，也得到了类似的非平面稳定构象[11]。

对于 10PAM 分子，AM1 与 HF 方法均预测存在一个全平面稳定构象以及一个更为稳定的非平面构象，如图 11.13 所示。通过 HF/6-31G* 计算，这两种构象间的能量差异约为 99.83 kJ/mol。相比之下，8PAM 与 9PAM 分子则通过采用船式和椅式这两种非平面构象来减小环张力。10PAM 则采取了一种独特的“双六元环”式非全平面构象来达到降低环张力的目的。在此“双六元环”结构中，分子内的两个正对苯环向环中心扭曲，形成了两个并列的六元环结构。正对的两个苯环之间存在较强的空间排斥作用，它们相互错开，

大环分子	平面构象	船式构象	椅式构象
4PAM		—	—
5PAM		—	—
6PAM		—	—
7PAM		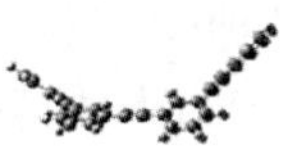	—
8PAM	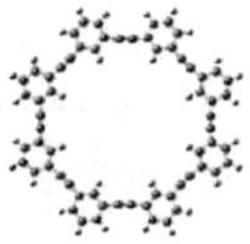		
9PAM		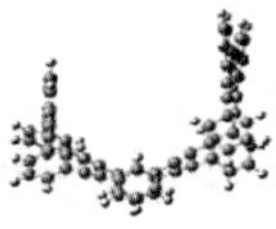	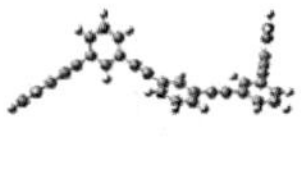

图 11.12　利用 HF/6-31G* 方法优化得到的 4PAM~9PAM 的几何构型

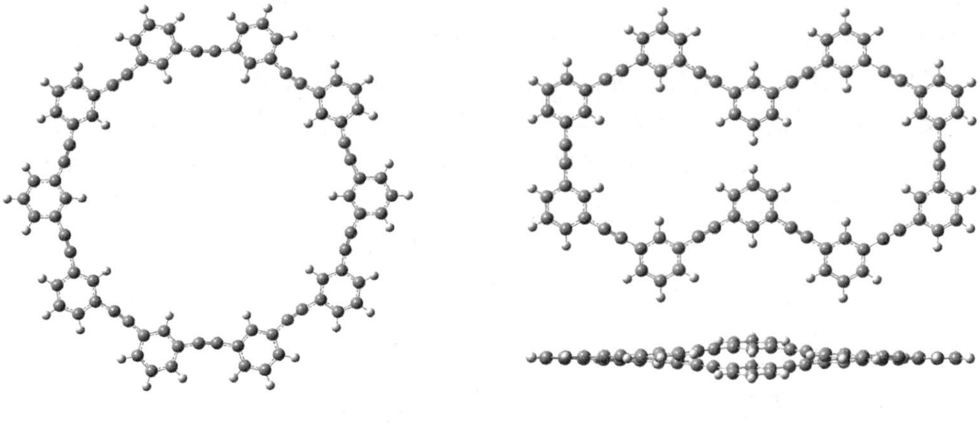

(a) 平面构象　　(b) 非平面构象

图 11.13　利用 HF/6-31G* 方法优化得到的 10PAM 的平面构象和非平面构象

导致整个分子呈现非全平面的构象。显然,这种构象最大化地降低了分子中的角张力和扭转张力。大环分子中这种特殊的稳定构象为合成反应初期能够形成分子量高达20PAM的大环分子提供了有力的理论支撑[12]。

深入理解大环分子的几何结构特征对于把握其宏观性质及探索分子材料的应用具有重要的意义。大环分子的众多特殊性能,如自组装行为、非线性光学特性、光电性能、磁学特性、主客体识别能力以及催化性能等,均与其几何结构紧密相关。例如,具有平面构象的大环分子展现出强烈的自组装能力,而柔性非平面构象的大环分子在这一方面表现较弱。此外,对大环分子几何结构的研究还能够为新型器件的设计提供设计灵感。例如,根据大环分子内径的尺寸,可以引入相应的离子、客体分子或原子簇,从而调控体系的电子结构。这种调控进而为实现分子开关、分子存储以及分子场效应管等功能提供了可能。

11.2.3 不同构象大环分子的相对能量

较大的环状分子可能具有多种稳定构象,如全平面构象、船式构象和椅式构象。表11.5比较了7PAM、8PAM和9PAM不同构象的相对能量,表中所有能量均以船式构象为参考。

表11.5 利用AM1、HF/3-21G* 和HF/6-31G* 方法计算的7PAM、8PAM和9PAM不同构象的相对能量(kJ/mol),以分子的船式构象为参考

计算方法	7PAM			8PAM			9PAM		
	船式	椅式	平面	船式	椅式	平面	船式	椅式	平面
AM1	0	1.00	6.95	0	1.63	30.00	0	1.30	61.95
HF/3-21G*	0	—	5.03	0	3.05	26.81	0	2.38	56.33
HF/6-31G*	0	—	4.51	0	2.73	25.51	0	2.46	54.30

从表中可以看出,3个大环分子的最稳定构象都是船式构象,而不是椅式构象,这一点与以往的经验性判断恰好相反。例如,环已烷有椅式和船式构象,其中最稳定的是椅式构象。这是因为在椅式构象中分子所有的键角都接近正四面体,相邻C原子上的H原子都处于交叉式构象,此时分子的环张力最小。当环已烷分子采取船式构象时,分子中存在着全重叠构象,H原子间斥力较大,能量提高。然而,苯乙炔大环分子的船式构象最稳定,这个特殊现象可以从分子中C原子的成键结构、分子的键角张力和扭转角张力分析来理解。

此外,表中还以看出船式和椅式构象的能量差很小(1.0~3.05 kJ/mol),而平面和船式构象之间的能量差却很大,这表明随着分子尺寸变大,其构象也更倾向于非平面,这一点在下文的张力分析部分将进一步阐述。

11.2.4 大环分子环张力分析

环的张力分析是理解环状分子结构特性、化学活性及稳定性的关键手段[13,14]。环张力能是一个相对值,它表示环分子相对于无张力状态时所具有的多余能量。通常,环张力主要由两种类型的张力构成：扭转张力和角张力。由于合成产率、分离提纯难度以及分子自身稳定性等因素的限制，许多大环分子的张力能难以通过实验直接测定。因此，对大环分子的环张力能进行理论计算显得尤为重要。此外，这类研究还有助于深入理解和分析环张力的具体成因，进而为新型大环分子的设计和合成提供有益的参考。

目前，环张力能的理论计算大多是基于分子轨道从头算的能量。例如，Lim 等基于分子轨道从头计算法提出了一种直接的环张力能计算方法[15]。根据该方法，一个含有 n 个结构单元的环分子相对于另一个含有 r 个结构单元的参考分子的环张力能可以用式(11.5)计算：

$$E_{RS}^{Lim} = E_n - E_r - (n - r)E_X \tag{11.5}$$

式中，E_n、E_r分别是环分子和参考分子的从头算能量；E_X是参考分子中的一个结构单元的能量，它是一个无张力量，因此参考原子也必须是无张力分子。对于苯乙炔大环分子(PAM)，可以定义苯乙炔结构单元的能量为 E_X，最合适的参考分子是无张力的 6PAM，因此 E_X可由 6PAM 的从头算能量除以分子中苯乙炔的单元数 n 得到。

尽管上述基于从头算的环张力计算方法能够给出许多有用的信息，但无法给出各种类型的张力对环张力能的贡献。因此，我们提出了一种新的环张力能分析方法，即基于对分子结构单元所进行的构象分析，将环分子中所有键角张力能[$E(\theta_i)$和 $E(\theta_j)$]和扭转张力能[$E(\phi_i)$]加和：

$$E_{RS}^{New} = \sum_{i=1}^{2n} E(\theta_i) + \sum_{i=1}^{2n} E(\theta_j) + \sum_{i=1}^{n} E(\phi_i) \tag{11.6}$$

式中，$E(\theta_i)$和 $E(\theta_j)$分别是因键角 θ_i(sp^2−sp^2−sp)和 θ_j(sp−sp−sp^2)偏离键角的理想值($\theta_i^0 = 120°$，$\theta_j^0 = 180°$)而引起的张力能[式(11.2)和(11.3)]；$E(\phi_i)$是分子中相邻苯环扭转而引起的扭转张力能[式(11.2)]。苯乙炔大环分子中相邻苯环由刚性的乙炔基桥相连，相距较远，分子中非键相互作用对环张力能的贡献可以忽略，因此上述理论计算方法中只考虑分子的角张力和扭转张力是合理的。

对于全平面构象的苯乙炔大环分子，分子中所有的二面角(ϕ_i)都是零。根据式(11.6)可知，分子的环张力能主要是由角张力能 $E(\theta_i)$和 $E(\theta_j)$引起的，故可以简化为

$$E_{RS}^{New} = \sum_{i=1}^{2n} E(\theta_i) + \sum_{i=1}^{2n} E(\theta_j) \tag{11.7}$$

表 11.6 列出了一系列平面构象苯乙炔大环分子(3PAM～10PAM)的张角($\Delta\theta_i = \theta_i - 120°$和 $\Delta\theta_j = 180° - \theta_j$)和环张力能($E_{RS}^{New}$)。从表中可以看出，$\theta_j$比 θ_i变化显著，$E(\theta_j)$大约是 $E(\theta_i)$的两倍。为了对比，表 11.6 还列出了使用 Lim 等提出的计算方法[式(11.5)]计算到的张力能(E_{RS}^{Lim})。可以看出，除 3PAM 分子外，两种计算方法计算得到的环张力能基本一致。3PAM 分子尺寸很小，分子变形较大，我们的方法忽略了分子内侧 H 原子之间较强的空间相互作用，所以低估了张力能。分子的张力越大，能量越高，分子越不稳定，因此环张力能较高的 3PAM 和 4PAM 不易合成。对于平面构象，随着分子的变大，环张力能也明显增加，因此分子的稳定性变差。以上讨论表明，苯乙炔大环分子具有更稳定的非平面构象主要是因为全平面构象有很高的键角张力能。

表 11.6 使用 HF/6-31G* 方法计算的平面大环分子 3PAM~10PAM 的环张力能(kJ/mol)和分子中的张角 $\Delta\theta_i$ 与 $\Delta\theta_j$(°)

PAM	$\Delta\theta_i$	$\sum_{i=1}^{2n} E(\theta_i)$	$\Delta\theta_j$	$\sum_{i=1}^{2n} E(\theta_j)$	E_{RS}^{New}	E_{RS}^{Lim}
3PAM	-7.2	51.3	21.2	108.4	159.7	190.6
4PAM	-3.7	18.1	10.6	36.1	54.2	59.4
5PAM	-1.4	3.2	4.2	7.1	10.3	11.5
6PAM	0	0	0	0	0	0
7PAM	1.3	4.0	3.1	5.4	9.4	9.0
8PAM	2.2	12.8	5.4	18.8	31.5	30.9
9PAM	2.8	23.3	7.8	44.0	67.3	61.6
10PAM	3.3	35.9	8.6	59.5	95.4	98.5

对于非平面构象的苯乙炔大环分子,分子中所有的张角($\Delta\theta_i$ 与 $\Delta\theta_j$)都是零,分子的环张力能主要是由分子扭转张力能 $E(\phi_i)$ 引起的,此时式(11.6)可简化为

$$E_{RS}^{New} = \sum_{i=1}^{n} E(\phi_i) \tag{11.8}$$

表 11.7 列出了一系列非平面构象大环分子(7PAM~10PAM)的扭转二面角(ϕ_i)和使用上述两种方法计算的环张力能(E_{RS}^{New} 和 E_{RS}^{Lim})。从表中可以看出两种方法的结果基本一致,随着分子尺寸的增大,张力能增加,但远不如全平面构象增加得明显。此外,同一大环分子的椅式构象要比船式构象的张力能略大。可见,环张力的差异导致了船式比椅式构象更稳定。这种张力的差异主要源于椅式构象有更大的扭转二面角(ϕ_i)。此外,因为苯环的扭转势垒很低,所以船式和椅式构象的环张力能相差很小。

表 11.7 使用 HF/6-31G* 方法计算的非平面大环分子 7PAM~10PAM 的环张力能(kJ/mol)和分子中的扭转角(°)

PAM	二面角(ϕ_i)										E_{RS}^{New}	E_{RS}^{Lim}
	1	2	3	4	5	6	7	8	9	10		
7PAM-船式	3.3	20.0	25.8	38.8	42.9	50.7	52.4	—	—	—	4.2	4.5
8PAM-船式	28.8	28.8	28.8	28.8	28.8	28.8	76.0	76.0	—	—	5.8	5.4
8PAM-椅式	33.0	33.0	33.0	33.0	77.8	77.8	77.8	77.8	—	—	8.8	8.2
9PAM-船式	4.2	12.8	13.5	21.0	24.5	76.2	76.4	89.0	89.4	—	7.6	7.3
9PAM-椅式	0.34	0.34	0.34	78.3	78.3	78.3	78.3	78.3	78.3	—	10.2	9.8
10PAM 非平面	2.2	2.2	5.6	5.6	5.6	5.6	7.9	7.9	7.9	7.9	0.2	-1.4

以上对比不难看出,我们提出的环张力能的分析方法有鲜明的特点,它建立在对单元结构的构象分析基础上,是各个张力部分的加和。而文献中的基于分子轨道能量计算的环张力分析需要对每一个构象都进行几何优化和能量计算,显然,这对于一些尺寸更大的

分子计算效率是很低的,甚至是不可行的。而我们所提出的方法不需要做庞大的从头算处理,只需对结构单元进行构象分析就可求得任意构象、任意尺寸的环张力能。更重要的是,这种方法还能够给出各种张力(环张力和角张力)对总能的贡献,有助于找到分子中最不稳定的部分,从而为分子设计和合成路线提供理论指导。需要说明的是,这种方法忽略了几个次要因素,例如,只考虑了角张力和扭转张力,没有考虑非键作用的贡献,也没考虑芳香环微弱变形引起的共轭能变化等。

11.2.5　大环分子的电子结构分析

分子轨道的能级,尤其是最高占据轨道(HOMO)和最低未占轨道(LUMO),以及它们的空间分布是决定分子许多性质的因素,如分子的化学活性、光谱学性质和电子传递性质等。图 11.14 给出了使用 HF/6-31G* 方法计算得到的平面构象苯乙炔大环分子(3PAM~10PAM)的 HOMO 和 LUMO 能级以及分子能隙(E_g)。从图中可以看出,平面构象的电子结构有明显的奇偶特性。随着尺寸的增大,LUMO 单调升高;而 HOMO 波动升高。当单独考察含奇数(如 3PAM、5PAM、7PAM、9PAM)或偶数(如 4PAM、6PAM、8PAM、10PAM)个单体的大环分子时,它们的能隙随尺寸增大而单调减小;然而,当考察所有分子时,可以观察到明显的奇偶差异,即 E_g 随着分子尺寸增大呈波动减小,且波动的幅度也不断减小。大环分子的这种奇偶特征不同于线性的 π 共轭分子。另外一个有趣的现象是含有奇数个单体的大环分子(3PAM、5PAM、7PAM、9PAM)的 HOMO 是二重简并的。为了进行比较,我们在 HF/6-3G* 水平上对线性的苯乙炔低聚物分子也进行了电子结构的计算,结果表明,线性分子不具有这种奇偶特征。

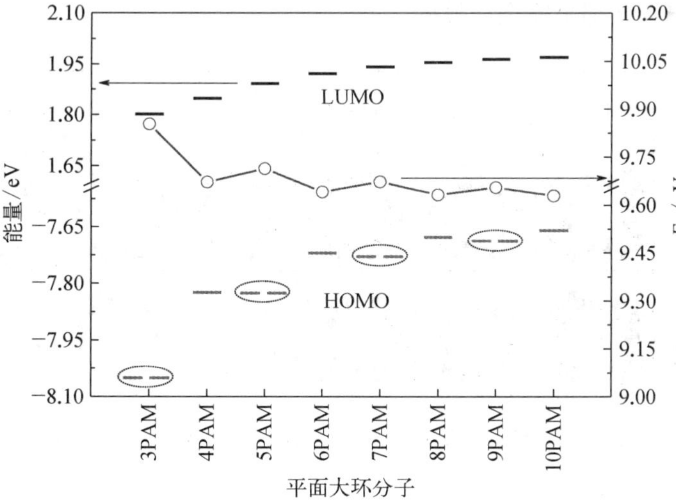

图 11.14　全平面苯乙炔大环分子的 HOMO、LUMO 以及分子能隙随分子尺寸的变化

图 11.15 给出了 7PAM、8PAM、9PAM 不同构象的 HOMO 和 LUMO 能级以及它们的分子能隙 E_g。从图中可以看出,大环分子的所有构象中,平面构象的能隙最小,这是因为它的共轭作用最强。对于 8PAM、9PAM,三种构象能隙的顺序为平面构象 < 船式构象 < 椅式

构象，且随着环增大，这种差异是增加的。E_g的这种差异显然与其共轭程度是一致的。

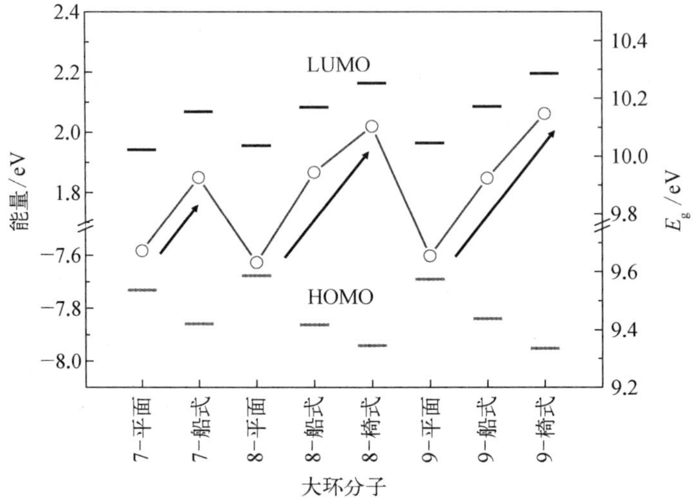

图 11.15 苯乙炔大环分子 7PAM、8PAM、9PAM 不同构象的 HOMO 和 LUMO 以及分子能隙的变化

图 11.16 给出全平面苯乙炔大环分子（3PAM～10PAM）的 HOMO 和 LUMO 的空间分布。可以看出，随着分子尺寸的增大，HOMO 也表现出明显的奇偶差异，含有偶数个单元（4PAM、6PAM、8PAM、10PAM）的 HOMO 完全离域在分子骨架上，而含有奇数个单元（3PAM、5PAM、7PAM、9PAM）时则部分离域，恰是这种部分离域性使 HOMO 出现了二重简并。而所有的 LUMO 都是完全离域的。

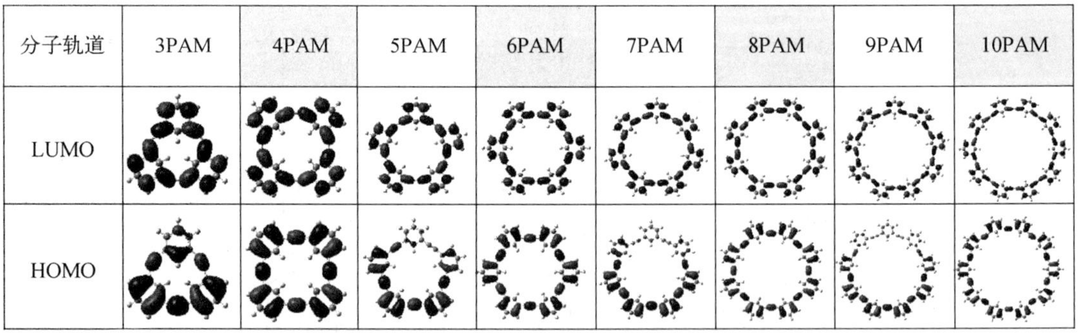

图 11.16 平面构型大环分子的 HOMO 和 LUMO 的空间分布

图 11.17 给出了非平面构象大环分子（7PAM、8PAM、9PAM、10PAM）的 HOMO 和 LUMO 的空间分布。可以看出，除 10PAM 外，所有分子的 HOMO、LUMO 都是部分离域的，并且船式的离域程度略大于椅式，这与它们的分子能隙是一致的（图 11.15），即分子 HOMO 和 LUMO 的离域程度越大，对应的 E_g越小。对于 10PAM，因为分子采取"双六元环"构象，除中间的两个苯环错开外，其他部分几乎都在同一平面，因此分子共轭作用很强，HOMO 和 LUMO 也几乎完全地离域在分子骨架上。

分子轨道	7PAM-船式	8PAM-船式	8PAM-椅式	9PAM-船式	9PAM-椅式	10PAM
LUMO					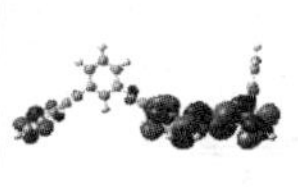	
HOMO						

图 11.17　非平面大环分子 7PAM、8PAM、9PAM、10PAM 的 HOMO 和 LUMO 空间分布

本节以苯乙炔大环分子为研究对象，采用 AM1 和 HF 方法对其几何结构与电子结构进行了深入探讨。基于二苯乙炔分子的构象分析，我们提出了一种新的环张力分析方法，并系统地研究了环张力与分子几何构型及尺寸之间的关系。构象分析结果显示，苯乙炔大环分子中相邻苯环间的扭转势垒相对较低。AM1 方法和 HF/6-31G* 方法分别测得扭转势垒为 0.9 kJ/mol 和 1.77 kJ/mol。为了减小分子的内部张力，大环分子往往展现出多种非平面构象，包括船式构象和椅式构象等。较小的 3PAM～6PAM 更倾向于采取全平面构象；中等尺寸的 7PAM～9PAM 则更偏向于非平面构象，且在这些非平面构象中，船式构象相较于椅式构象更为稳定；而尺寸更大的 10PAM 更可能形成“双六元环”构象，其共轭效应最强、环张力最小。电子结构分析进一步揭示，全平面构象的苯乙炔大环分子在分子能隙方面表现出明显的奇偶差异。随着大环分子尺寸的增大，其分子能隙呈现波动下降的趋势。对于同一苯乙炔大环分子，全平面构象的能隙最小，船式构象的能隙稍高，而椅式构象的能隙最高。此外，这些分子的轨道特征也呈现出与线性共轭体系不同的特点。奇数体系的 HOMO 呈现出二重简并状态，且仅表现出部分离域性。

11.3　二乙炔基苯构成的环状分子材料

共轭碳氢骨架的大环化合物展现出众多新颖性质，是一类极具潜力的功能材料。其中，由苯基和亚乙炔基单元构成的大环分子，如苯乙炔大环分子(phenylacetylene macrocyces, PAM)和二乙炔基苯大环分子(diethynylbenzene macrocycles, DBM)，因其能够保持稳定的骨架形状而极具代表性。这些分子中的碳-碳叁键作为连接单元，具有线性结构、不存在顺反异构体以及空间位阻小的特点。目前，实验上已经开发出了多种合成这类大环分子的方法。

由于 π 电子沿着碳-碳叁键呈轴对称分布，乙炔键能够有效地传输电子，这对于构建分子电子器件具有重要意义。大环分子内部存在空隙，通过调整环的尺寸并引入功能配位基团，可以容纳从几埃到几纳米大小的离子或原子团簇，进而调控共轭大环的电子结构。结合分子识别技术，大环分子能够用于构建新型的分子电子器件。此外，刚性的大环分子还可以作为构建分子电路的基础材料，如惠斯通电桥和其他复杂的逻辑电路，从而为分子电子学开辟了新的发展方向。

大环分子的性质受到环的尺寸、骨架的电子结构等多种因素的影响。因此，研究尺寸对大环化合物性质的影响，不仅有助于理解大环化合物在固体中的堆积模式，而且对于设

计高性能的分子器件也具有重要意义。

11.3.1　DBM 系列分子的结构

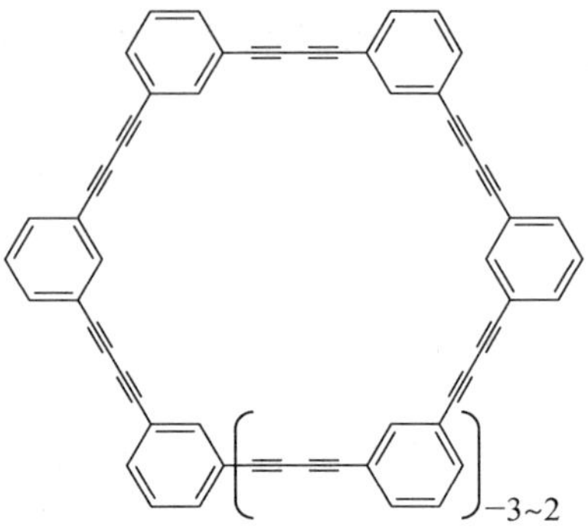

3DBM~8DBM

图 11.18　DBM 的分子结构

图 11.18 给出了模型分子的结构，分子骨架由丁二炔间位连接苯构成。n 从 −3 ~ 2 对应了 3DBM ~ 8DBM。根据上节对环状分子的认识，它们可能具有多种稳定的构象，如平面构象、船式构象和椅式构象。所有可能的构象都作为不同初始结构进行全优化。6-31G* 基组平衡了计算精度和效率，因此本节在 B3LYP/6-31G* 水平上对中性和阳离子态 DBM 的几何结构进行了优化。对于阴离子态，由于电子离原子核相对较远，所以添加了弥散函数，即 B3LYP/6-31+G*。

图 11.19 给出了利用 B3LYP/6-31G* 方法优化的系列 DBM 的结构。对于 3DBM~6DBM，计算预测其只存在稳定的平面构象。3DBM 的完美平面构象不同于上一节的 3PAM，这种差异源于 DBM 中较长的丁二炔桥(—C≡C—C≡C—)，它显著降低了环内相邻氢原子的排斥作用，有利于形成更好的平面共轭。4DBM 和 8DBM 的空腔直径(环内对角 H⋯H 距离)分别为 8.2 Å 和 13.9 Å，略大于 Tobe 等利用半经验 AM1 的计算值(8.0 Å 和 13.7 Å)[16]。对于较大的环，如 7DBM 和 8DBM，B3LYP/6-31G* 计算得到了更多的稳定构象，即船式和椅式构象。7DBM 只具有平面和船式构象，8DBM 则存在平面、船式和椅式三种构象。Tobe 等对 8DBM 进行 AM1 计算，也证明了非平面构象的存在[16]。通过比较能量，可以发现船式构象最稳定。7DBM 的船式构象比平面构象的能量低 0.972 kJ/mol。8DBM 的船式构象比平面构象的能量低 9.087 kJ/mol，但它的船式与椅式构象的能量差较小，只有 1.302 kJ/mol。通过上述能量的比较可知，大环分子的结构稳定性不足，室温下容易发生构象转变。较大的 DBM 存在更稳定的非平面构象是由于平面构象中的角张力更大，以及丁二炔连接的两个苯环间的扭转势垒较低。

构象	3DBM	4DBM	5DBM	6DBM	7DBM	8DBM
平面	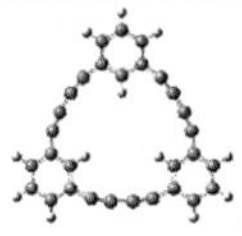	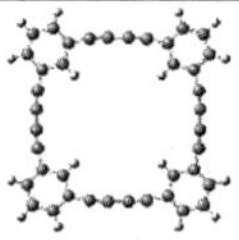	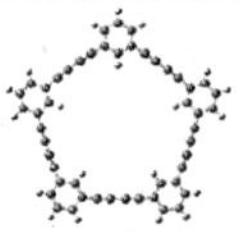		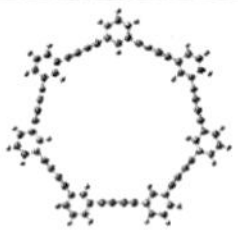 0.972	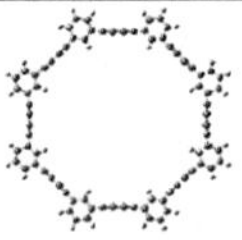 9.087
船式	—	—	—	—	 0	 0
椅式	—	—	—	—	—	 1.302

图 11.19　B3LYP/6-31G* 方法计算的中性 DBM 的几何结构

较大的共轭体系中的 HOMO 和 LUMO 更接近,因而容易得到或失去一个电子呈离子态。在电子器件中载流子的注入也容易使大共轭分子在一定时间内稳定在离子态。图 11.20 给出了 B3LYP/6-31G* 方法计算得到的 DBM 阳离子的几何结构。其中 3DBM~6DBM 的阳离子呈完全平面构象。7DBM 的阳离子除全平面构象外并没有船式构象,这与中性分子不同。8DBM 的阳离子同样具有平面、船式和椅式构象,但这两种非平面构象与中性情况略有不同。对比 8DBM 阳离子的三种构象的能量可知,船式构象最稳定。平面与船式构象的能量差(1.130 kJ/mol)远小于椅式与船式构象的能量差(5.771 kJ/mol),表明 8DBM 阳离子更倾向于采取船式和平面构象。

构象	3DBM	4DBM	5DBM	6DBM	7DBM	8DBM
平面				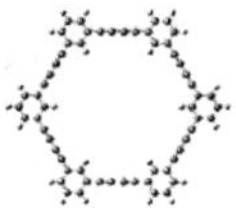	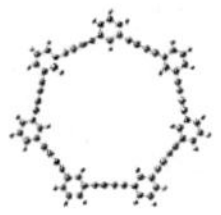	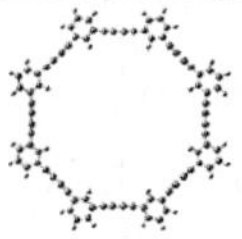 1.130
船式	—	—	—	—	—	 0
椅式	—	—	—	—	—	 5.771

图 11.20　B3LYP/6-31G* 方法计算的 DBM 阳离子的几何构型

图 11.21 汇总了 B3LYP/6-31+G* 方法计算的 DBM 系列阴离子的几何构型。与阳离子类似,3DBM~7DBM 阴离子都是全平面构象。8DBM 阴离子具有全部三种构象。不同的是,它的平面构象最稳定。船式和椅式构象的能量分别高 0.752 kJ/mol 和 5.207 kJ/mol。可以看出荷负电使平面构象更稳定,而荷正电使船式构象更稳定。

构象	3DBM	4DBM	5DBM	6DBM	7DBM	8DBM
平面	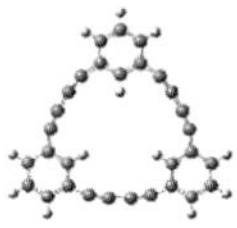	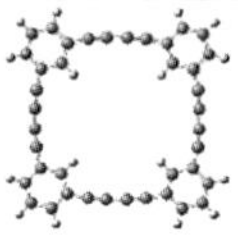	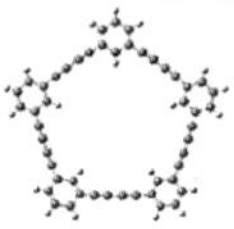	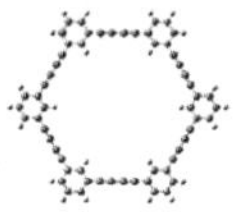	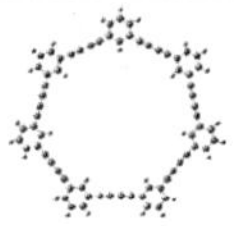	 0
船式	—	—	—	—	—	 0.752
椅式	—	—	—	—	—	 5.207

图 11.21　B3LYP/6-31+G* 方法计算的 DBM 阴离子的几何构型

11.3.2 电子结构分析

图 11.22(a)展示了采用 B3LYP/6-31G* 方法计算的平面构象 DBM 的 HOMO 和 LUMO 能级及其分子能隙(E_g)。随着分子尺寸的增大,HOMO 能级升高,LUMO 波动降低。此外,分子中的苯环数目为奇数时,即 3DBM、5DBM 和 7DBM 的 LUMO 是双简并的。分子能隙随尺寸增加也波动减小,这与 PAM 的特点相似(见 11.2 节)。大环分子的这种奇偶特性与长链分子不同,长链分子的能隙随长度增加一般只有单调减小。7DBM 和 8DBM 的不同构象也导致了不同的 HOMO 和 LUMO 能级,如图 11.22(b)所示。在所有构象中,平面构象的共轭性最好,分子能隙也最窄。

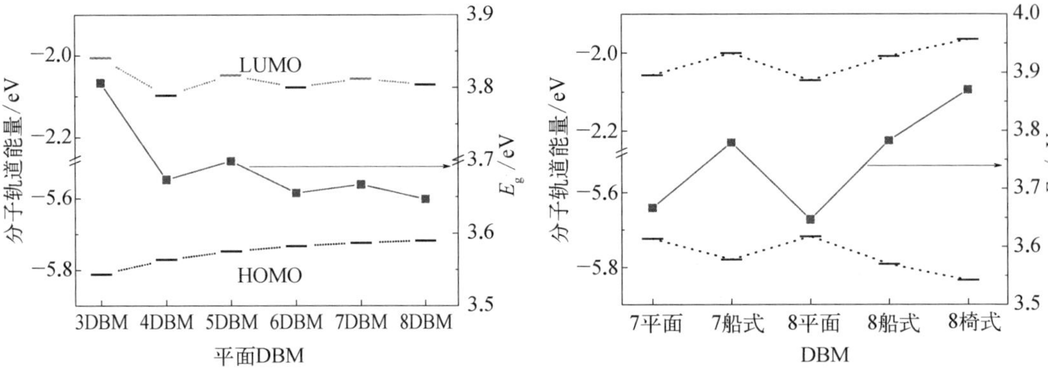

(a) 平面构象的HOMO和LUMO以及分子能隙E_g (b) 不同构象的7DBM和8DBM的HOMO和LUMO以及分子能隙E_g

图 11.22 DBM 分子轨道能级及能隙

图 11.23(a)给出采用 B3LYP/6-31G* 方法计算的阳离子态平面构象 DBM 的 HOMO 和 LUMO 能级。随着分子尺寸的增大,HOMO 和 LUMO 能级均单调升高,与中性分子表现出了极大的差异。具有奇数个单元的 DBM(即 3DBM、5DBM 和 7DBM)的 HOMO 是双

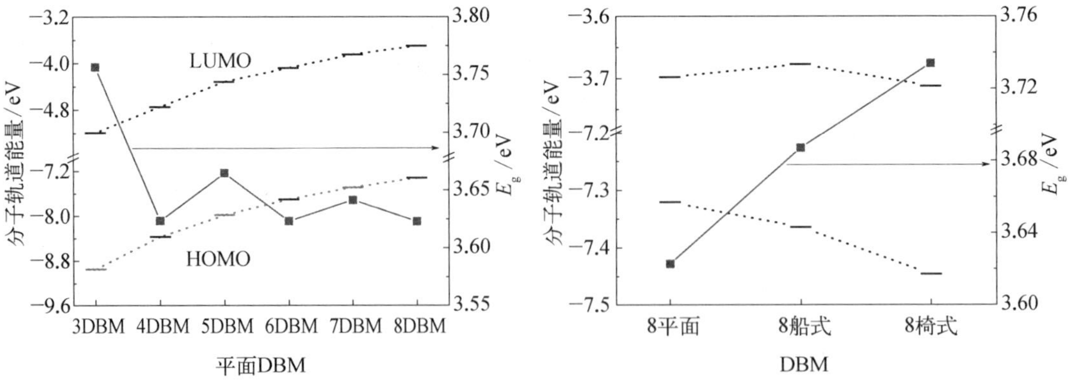

(a) 平面构象的HOMO和LUMO能级及能隙 (b) 8DBM阳离子不同构象的HOMO和LUMO能级及能隙

图 11.23 DBM 阳离子的分子轨道能级与能隙

简并的。随着分子尺寸的增大,分子能隙波动减小。图 11.23(b)比较了 8DBM 阳离子的三种构象的 HOMO 和 LUMO 能级。从图中可以看出,分子能隙的顺序为平面构象<船式构象<椅式构象。

图 11.24(a)给出了 B3LYP/6-31+G* 方法计算的 DBM 阴离子平面构象的 HOMO 和 LUMO 及分子能隙。与阳离子态相反,HOMO 和 LUMO 都随着分子尺寸的增大而降低,但分子能隙随分子尺寸的增大呈波动减小。此外,具有偶数个单元的 DBM,即 4DBM、6DBM 和 8DBM 的 LUMO 双简并。图 11.24(b)比较了 8DBM 阴离子的三种构象的 HOMO 和 LUMO。分子能隙的顺序为椅式构象<船式构象<平面构象,这与图 11.22(b)和图 11.23(b)所展示的中性和阳离子的特性相反。

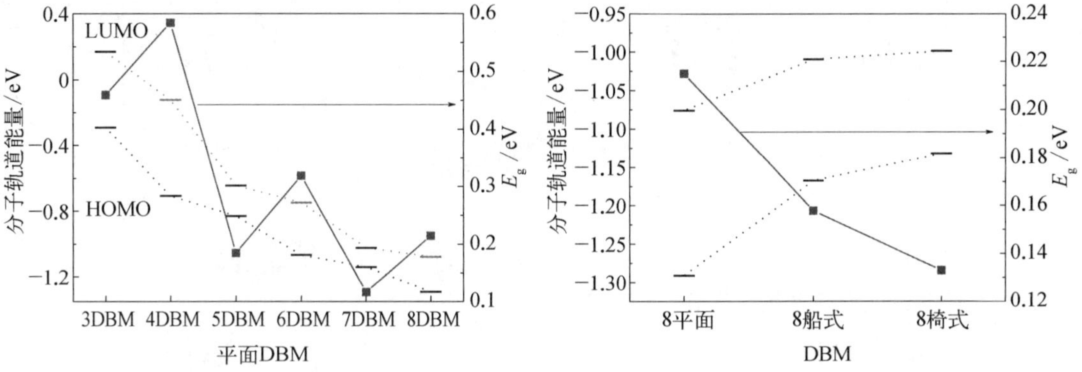

(a) 平面构象的HOMO和LUMO及能隙　(b) 8DBM阴离子不同构象的HOMO和LUMO及能隙E_g

图 11.24　DBM 阴离子的分子轨道能级与能隙

11.3.3　大环分子的前线分子轨道空间分布

除了前线分子轨道的能级,分析它们的空间分布也是了解分子性质的途径之一。图 11.25 展示了 B3LYP/6-31G* 方法计算的中性 DBM 的 HOMO 和 LUMO 的空间分布。可以看出,所有平面结构的 DBM 的 HOMO 都离域分布在分子骨架上。而 LUMO 具有明显的奇偶特性。含有偶数个单元的 DBM(4DBM、6DBM 和 8DBM)的 LUMO 离域分布在分子上,而含有奇数个单元的 DBM(3DBM、5DBM 和 7DBM)的 LUMO 是不完全离域的,并且具有双重简并的特征。对于船式构象的 7DBM,HOMO 离域分布在分子骨架上,LUMO 则表现出轻微的定域化。对于船式和椅式构象的 8DBM,HOMO 和 LUMO 都不是完全离域的。

图 11.26 展示了阳离子 DBM 的前线分子轨道的空间分布。对于平面结构的阳离子 DBM,含有偶数单元的 DBM(4DBM、6DBM 和 8DBM)的 HOMO 和 LUMO 在分子上都是完全离域的;含有奇数单元的 DBM(3DBM、5DBM 和 7DBM)存在两个简并的 HOMO,其中一个不完全离域,另一个则完全离域,而所有 LUMO 都不完全离域。对于 8DBM 阳离子,船式构象的 HOMO 和 LUMO 都表现出一定的定域化特征;椅式构象的 HOMO 完全离域,而 LUMO 部分定域。

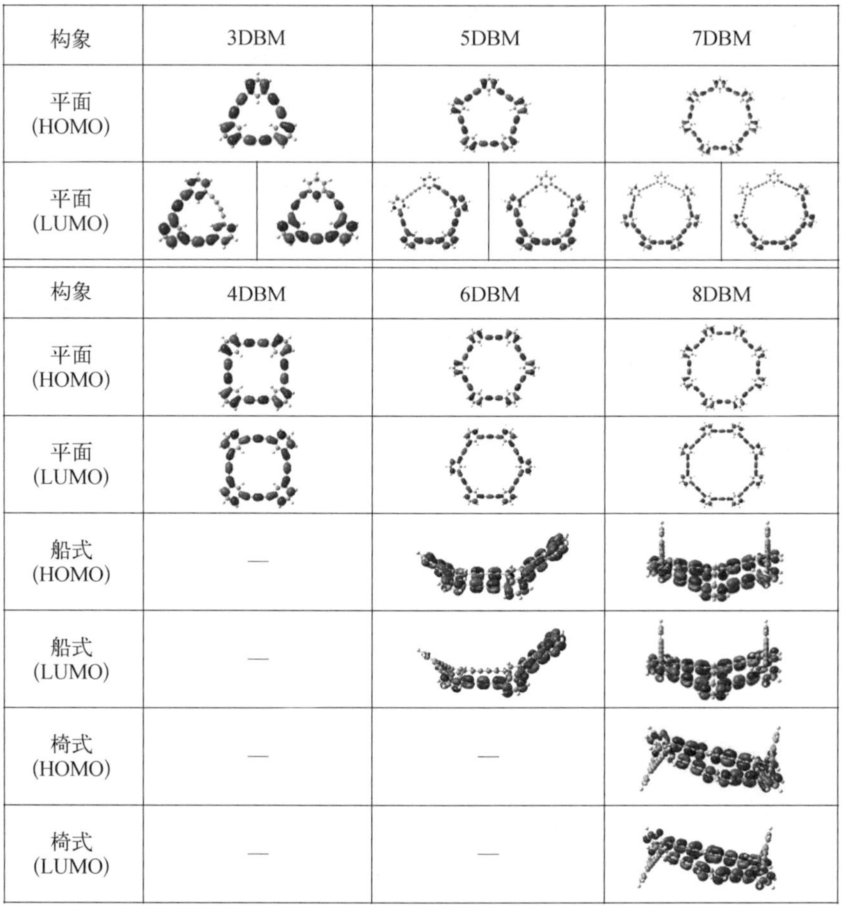

图 11.25　中性 DBM 的 HOMO 和 LUMO 轨道的空间分布(3DBM、5DBM 和 7DBM 具有两个简并的 LUMO 轨道)

图 11.27 给出了阴离子 DBM 的分子轨道的空间分布。与中性分子的情况相反,含偶数个单元的阴离子 DBM 的 LUMO 呈现双重简并态,且所有平面结构的阴离子的 LUMO 均表现出一定的局域化特征。阴离子 8DBM 的船式和椅式构象的 HOMO 和 LUMO 都具有完全离域的特征。

本节采用第一性原理方法,对典型的共轭大环分子,即二乙炔基苯大环分子(DBM)在不同荷电状态(包括中性、阳离子和阴离子)下的几何结构与电子结构进行了系统研究。计算结果显示,当 DBM 的尺寸小于 7 个单元时,无论处于何种荷电状态,分子均仅展现出平面的最稳定构象。然而,当尺寸达到或超过 7 个单元时,可观察到更多种稳定构象,具体包括平面构象、船式构象以及椅式构象,且最稳定构象的选择依赖于 DBM 的荷电状态。进一步的电子结构分析揭示,在不同荷电状态下,平面结构的 DBM 分子能隙呈现出显著的奇偶差异。此外,本节还对比分析了 DBM 在三种不同电荷态下,其最高占据分子轨道(HOMO)和最低未占据分子轨道(LUMO)的空间分布特征。这些研究结果不仅深化了对单个共轭大环分子性质的认知,也为理解超分子组织的结构与功能关系提供了参考。

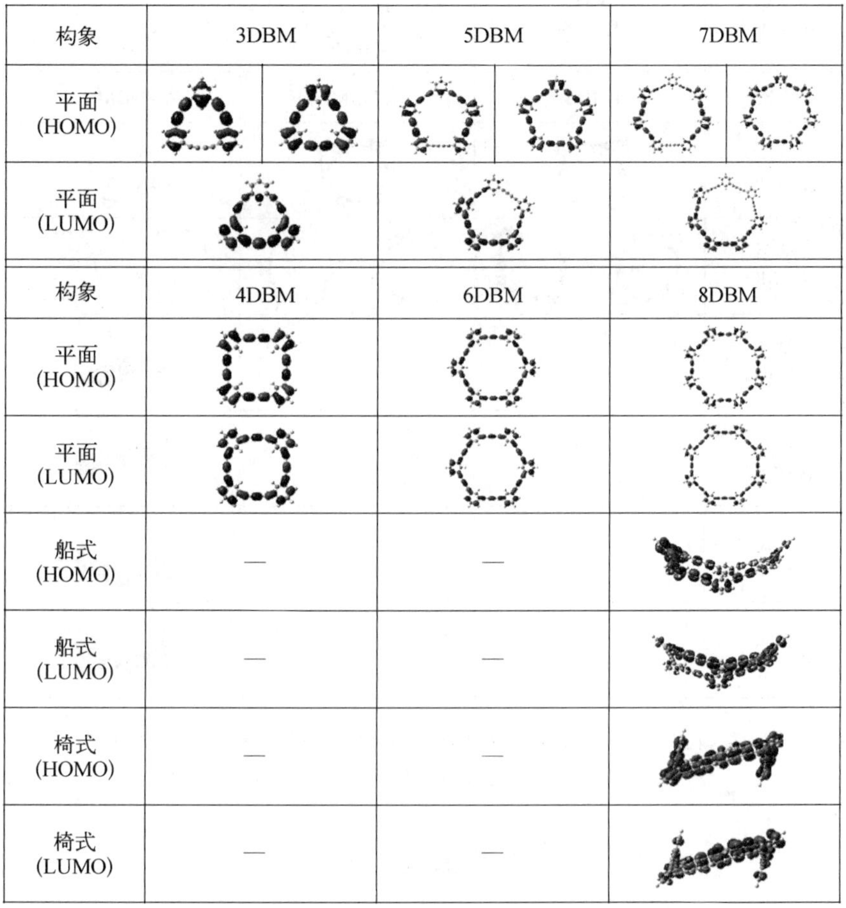

图 11.26　DBM 阳离子(从 3DBM 到 8DBM)的 HOMO 和 LUMO 的轨道空间分布(3DBM、5DBM 和 7DBM 具有两个简并的 HOMO 轨道)

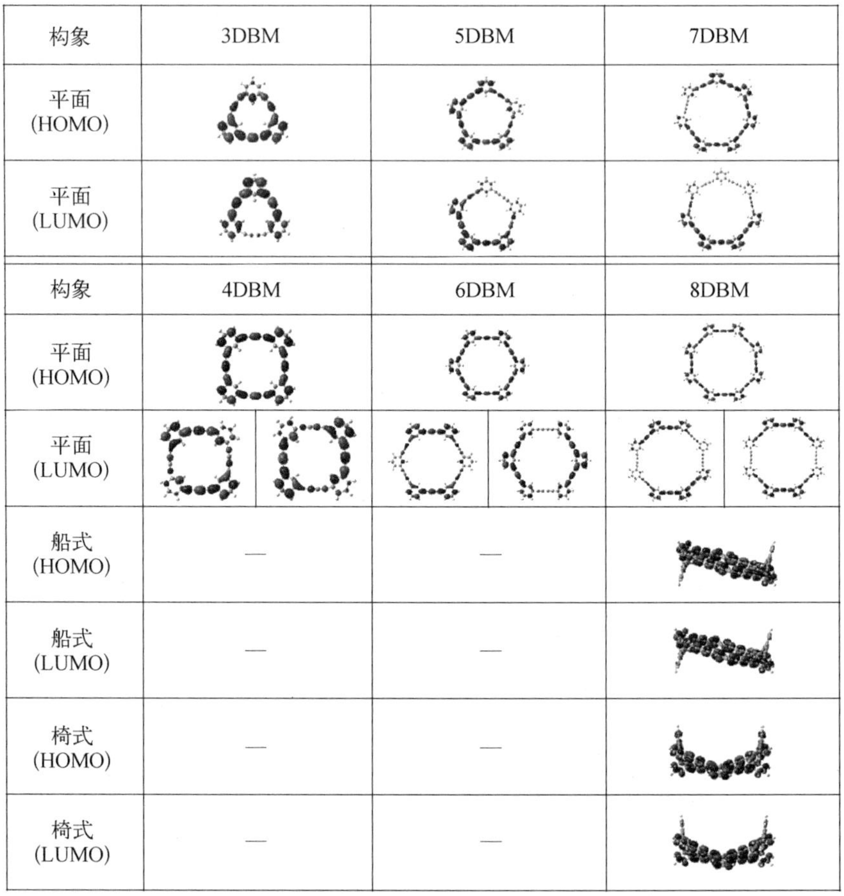

图 11.27　DBM 阴离子的 HOMO 和 LUMO 的空间分布(4DBM、6DBM 和 8DBM 具有两个简并的 LUMO 轨道)

参 考 文 献

[1] Lamoen D, Parrinello M. Geometry and electronic structure of porphyrins and porphyrazines[J]. Chemical Physics Letters, 1996, 248(5): 309 - 315.

[2] Tagami K, Tsukada M. Electronic transport through tape-porphyrin molecular bridges[J]. Thin Solid Films, 2004, 464 - 465(10): 429 - 432.

[3] Zhao J W, Uosaki K. Formation of nanopatterns of a self-assembled monolayers (SAM) within a SAM of different molecules using a current sensing atomic force microscope[J]. Nano Letters, 2002, 2(2): 137 - 140.

[4] Liu C, Walter D, Neuhauser D, et al. Molecular recognition and conductance in crown ethers[J]. Journal of the American Chemical Society, 2003, 125(46): 13936 - 13937.

[5] Orville-Thomas W J, Redshaw M. Internal rotation in molecules[M]. Hoboken: Wiley, 1974.

[6] Radom L, Pople J A. Molecular orbital theory of the electronic structure of organic compounds. IV. Internal rotation in hydrocarbons using a minimal slater-type basis[J]. Journal of the American Chemical Society, 1970, 92(16): 4786 - 4795.

[7] Lee O S, Saven J G. Simulation studies of a helical *m*-Phenylene ethynylene foldamer[J]. The Journal of Physical Chemistry B, 2004, 108(32): 11988 - 11994.

[8] Seminario J M, Zacarias A G, Tour J M. Theoretical interpretation of conductivity measurements of a thiotolane sandwich.

A molecular scale electronic controller[J]. Journal of the American Chemical Society, 1998, 120(16): 3970 – 3974.
[9] Okuyama K, Hasegawa T, Ito M, et al. Electronic spectra of tolan in a supersonic free jet: Large-amplitude torsional motion[J]. The Journal of Physical Chemistry, 1984, 88(9): 1711 – 1716.
[10] Kawase T, Ueda N, Oda M. [2.2.2]metacyclophane-1, 9, 17-triyne[J]. Tetrahedron Letters, 1997, 38(38): 6681 – 6684.
[11] Shetty A S, Zhang J S, Moore J S. Aromatic π-stacking in solution as revealed through the aggregation of phenylacetylene macrocycles[J]. Journal of the American Chemical Society, 1996, 118(5): 1019 – 1027.
[12] Zhang W, Moore J S. Reaction pathways leading to arylene ethynylene macrocycles via alkyne metathesis[J]. Journal of the American Chemical Society, 2005, 127(33): 11863 – 11870.
[13] Haake P C, Westheimer F H. Hydrolysis and exchange in esters of phosphoric acid[1a, b][J]. Journal of the American Chemical Society, 1961, 83(5): 1102 – 1109.
[14] Liebman J F, Greenberg A. A survey of strained organic molecules[J]. Chemical Reviews, 1976, 76(3): 311 – 365.
[15] Dudev T, Lim C. Ring strain energies from *ab initio* calculations[J]. Journal of the American Chemical Society, 1998, 120(18): 4450 – 4458.
[16] Tobe Y, Utsumi N, Nagano A, et al. Synthesis of butadiyne-bridged [4n] metacyclophanes having exo-annular t-butyl groups[J]. Tetrahedron, 2001, 57(38): 8075 – 8083.

第12章

分子传感器件

12.1 金属卟啉传感的分子机理

除了利用有机分子来构建分子二极管,制备其他类型的分子电子器件同样受到广泛关注。环状共轭分子因其更大的离域性和可修饰性,展现出了巨大的应用潜力。

原卟啉(protoporphyrin,PH_2)及其衍生物,因其刚性的几何构型、高度的共轭性和化学稳定性,视为具有广阔应用前景的分子材料。尤为重要的是,原卟啉能够与简单金属离子进行配位,而这些金属离子可能会对卟啉分子内的电子输运产生影响。近年来,人们对卟啉的几何结构和电子结构进行了广泛深入的理论探讨。然而,关于金属离子如何影响电子输运行为的研究仍然相对匮乏。当原卟啉与金属离子配位后,电子输运可能会经由金属离子进行,这使得金属卟啉的电子传递行为相较于原卟啉更为复杂。在电子器件和分子传感器的设计过程中,明确电子传递的路径是至关重要的。

本节针对原卟啉以及 10 种典型的金属卟啉(MgP、MnP、FeP、CoP、NiP、CuP、ZnP、RuP、PdP 和 PtP)的电子输运行为进行第一性原理研究。研究中探讨了卟啉环上不同连接位点对输运性质的影响,通过在卟啉环上键合巯基并与金电极形成金-硫键,模拟了两种不同的连接方式:① 9,11-取代(P-连接),如图 12.1(a)所示;② 1,5-取代(D-连接),如图 12.1(b)所示。这两种连接方式所导致的电子输运行为的显著差异,进一步凸显了在适当的连接中金属中心在电子传递过程中的重要性。

本节的计算包含两个步骤。首先对金属卟啉进行结构优化。利用三个金原子组成的团簇模拟金电极,它们形成一个等边三角形,边长为 2.88 Å。硫原子位于金三角形中心空位(即 hollow 空位)。金原子的相对位置被冻结,但在几何优化过程中,两个团簇之间的距离可以自由弛豫。对于封闭壳层体系,对 C、N、H 元素采取 B3LYP 泛函和 6-31G* 基组,对 Au 采取 LanL2DZ 基组。对于开壳体系,采用非限制性的 UB3LYP 方法进行计算。根据计算得到的金属卟啉的最低能量确定体系的自旋多重度,MgP 为 2,MnP 为 4,FeP 为 3,CoP 为 2,NiP 为 1,CuP 为 2,ZnP 为 1,RuP 为 3,PdP 为 1,PtP 为 1。对于开壳体系,HOMO 为单占据分子轨道。

利用基于非平衡态格林函数(NEGF)结合密度泛函理论(DFT)计算程序进行分子结的几何结构优化和输运计算,采用局域密度近似(LDA)和 Perdew-Zunger 参数化的相关泛函。经过第一步结构优化的模型分子,除两个金簇外,其余部分(-S-M-S-)转移到两个

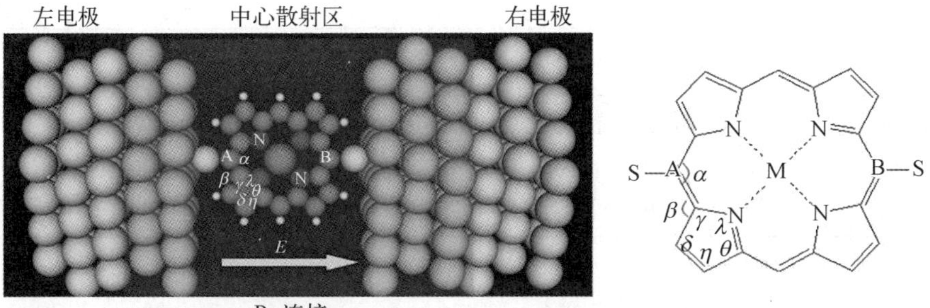

(a) 9,11-取代的金属卟啉分子结（P-连接）

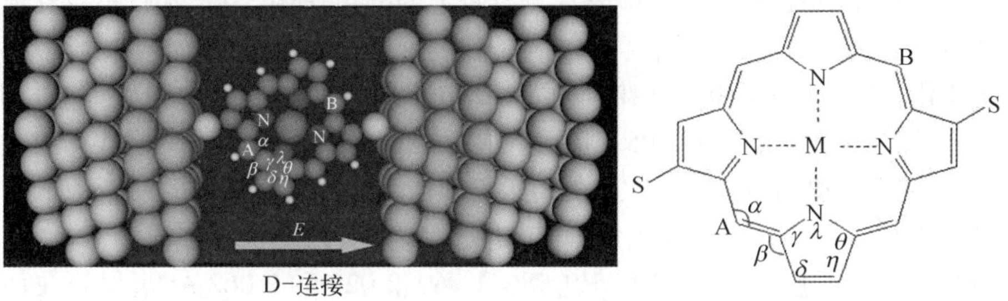

(b) 1,5-取代的金属卟啉分子结（D-连接）

图 12.1　分子结模型与分子结构

Au(111)面之间，其中硫原子与金平面的距离设置为 2 Å。除金电极采用 SZP 外，所有原子均采用 DZP。每个原子的受力小于 0.05 eV/Å 设为收敛标准。由于分子结的对称性，只施加一个方向的电压，为 0~2 V。

12.1.1　金属卟啉的几何特征

以往的研究对原卟啉和金属卟啉的几何结构已经进行了细致的表征。大多数金属卟啉都表现出完美的 D_{4h} 对称性，但是 CoP 和 RuP 由于 Jahn-Teller 效应，分子的对称性降低到 D_{2h}。当卟啉分子夹在金属电极中间时，产生了一定的扭曲变形。P-连接中卟啉分子对称性降低到 D_{2h}，分子沿着电场方向拉长。表 12.1 给出了模型分子的一些代表性的几何参数。

表 12.1　P-连接中卟啉和金属卟啉的部分几何参数

参数	PH_2	MgP	MnP	FeP	CoP	NiP	CuP	ZnP	RuP	PdP	PtP	SD*
∠α/(°)	121.41	124.12	120.84	120.30	120.00	120.02	121.82	124.03	123.79	123.80	122.42	122.1 ± 1.7
∠β/(°)	124.92	125.33	123.45	123.12	122.93	122.82	124.04	125.18	125.37	125.30	124.42	124.2 ± 1.1
∠γ/(°)	112.26	100.52	111.84	112.01	112.09	111.95	110.23	110.21	110.16	109.53	110.47	110.4 ± 1.0
∠δ/(°)	105.18	106.18	106.14	106.09	106.06	106.13	106.13	106.38	106.55	106.60	106.47	106.3 ± 0.2
∠η/(°)	106.72	106.99	106.92	106.73	106.55	106.65	106.92	106.90	107.32	107.16	107.04	106.9 ± 0.2
∠θ/(°)	110.89	100.07	111.70	110.34	112.05	111.95	110.38	110.05	109.90	109.29	110.35	110.5 ± 1.0

续表

参数	PH_2	MgP	MnP	FeP	CoP	NiP	CuP	ZnP	RuP	PdP	PtP	SD*
∠λ/(°)	104.95	107.19	103.39	103.21	103.25	103.33	105.46	106.47	106.08	107.42	105.68	105.1±1.7
D_{A-B}/(°)	7.323	7.035	6.993	6.987	6.980	6.961	7.011	7.021	7.029	7.033	7.000	7.01±0.02
D_{N-N}/(°)	4.253	4.113	3.921	3.902	3.895	3.891	4.019	4.110	4.083	4.130	4.030	4.01±0.10

注：* 为金属卟啉数据的平均值。

角度 α 的变化反映了金属卟啉环与金属阳离子之间的成键作用。第 4 周期副族金属二价阳离子具有较小的半径,且与卟啉环具有较强的配位作用,因此 α 较小。其他阳离子的配位作用较弱,故 α 较大。D_{A-B}和 D_{N-N}的长度表示了金属卟啉配位空间的尺寸,也观察到相似的变化。第 4 周期副族金属卟啉的 M−N 键长在 1.95~2.00 Å,明显短于 RuP、PdP、PtP 和 MgP 的 M−N 键长(约为 2.05 Å)。这与 X 射线衍射数据一致,X 射线衍射数据给出 M−N 键长分别为 FeP(1.972 Å)[1]、CoP(1.949 Å)[2]、NiP(1.957 Å)[3]、CuP(1.981 Å)[3]和 ZnP(2.042 Å)[3]。Scheiner 等利用 DFT 方法的 VWNBP 泛函计算得到 FeP、CoP、NiP、CuP 和 ZnP 的 M−N 键长分别为 1.975、1.980、1.969、2.029 和 2.062 Å[4],尽管在他们的计算中未包含金属电极的影响。

当分子与电极采取 D−连接时,由于金−硫键的弯曲,分子的对称性降为 C_{2h}。表12.2 给出了优化后代表性的几何参数。比较表 12.1 和表 12.2,我们发现两种连接类型的 α 和 D_{N-N}变化趋势相似。对于原卟啉(PH_2),或配位作用较弱的金属卟啉(MgP),α 和 D_{N-N}的数值都较大。对于半径较大的金属离子(RuP、PdP 和 PtP),α 和 D_{N-N}的数值也较高。相反,第 4 周期副族金属离子[Mn(Ⅱ)、Fe(Ⅱ)、Co(Ⅱ)、Ni(Ⅱ)、Cu(Ⅱ)和 Zn(Ⅱ)]的半径小,与卟啉环的配位能力强,因此 α 和 D_{N-N}均较小。

表 12.2　D−连接中卟啉和金属卟啉分子的部分几何参数

参 数	PH_2	MgP	MnP	FeP	CoP	NiP	CuP	ZnP	RuP	PdP	PtP	SD*
∠α/(°)	125.73	126.33	122.78	122.32	122.38	122.06	123.88	125.90	125.60	125.89	124.78	124.2±1.7
∠β/(°)	121.61	124.41	122.98	122.44	122.31	122.02	123.01	123.95	125.06	124.91	124.14	123.5±1.1
∠γ/(°)	111.73	109.91	111.20	111.50	111.53	111.47	110.23	109.70	109.51	108.86	109.96	110.4±1.0
∠δ/(°)	105.95	106.69	106.76	106.61	106.52	106.51	106.74	106.79	107.13	107.10	106.87	106.8±0.2
∠η/(°)	105.98	106.85	106.62	106.60	106.52	106.44	106.68	109.93	107.16	106.96	106.77	107.1±1.0
∠θ/(°)	111.73	109.81	111.42	111.49	111.56	111.63	110.38	109.62	109.46	109.02	110.12	110.5±1.0
∠λ/(°)	104.61	106.75	103.99	103.79	103.86	103.95	105.97	106.95	106.75	108.07	106.29	105.6±1.6
D_{A-B}/(°)	6.877	6.875	6.859	6.852	6.839	6.832	6.868	6.879	6.901	6.889	6.858	6.87±0.02
D_{N-N}/(°)	4.312	4.168	3.948	3.940	3.942	3.939	4.091	4.191	4.103	4.157	4.049	4.05±0.10

注：* 为金属卟啉数据的平均值。

12.1.2　金属卟啉的 MPSH

分子结的投影自洽哈密顿量又称为 MPSH[5,6],是分子本身在 Au 电极影响下的自洽能量,即从散射区域的自洽哈密顿量中提取的分子部分,可以看作在电极作用下的分子轨道能级。图 12.2 展示了 P-连接中所有模型分子的几条重要轨道能级。在周期表中从 Mn 到 Cu,d 轨道的能量有下降趋势,$d_{x^2-y^2}$最为明显,这也与 HOMO 的变化趋势一致。根据图 12.2 的特征,金属卟啉可大致分为四组。第一组为 MgP、ZnP、NiP、PdP 和 PtP,它们的前线分子轨道及邻近轨道的能级彼此分离,其中 HOMO 更靠近费米能级。FeP、CoP 和 RuP 属于第二组,它们的 HOMO 和 HOMO-1 简并,而且靠近费米能级。第三组是 MnP,四条分子轨道的能级非常接近,且靠近费米能级。从 MnP 轨道的空间分布(见下文)可以看出,Mn 原子的 d_{z^2}、d_{xy}、d_{xz}和 d_{yz}轨道对费米能级附近的这四条分子轨道有很大贡献,而且这四条轨道的能级非常接近,几乎处于简并态。然而对于其他的金属卟啉分子,共轭环的作用非常显著。因此,除了 MnP,其他分子的轨道不简并。第四组是 CuP,四条分子轨道彼此分散,其中 HOMO 位于费米能级附近。由图 12.2 可知,在 P-连接中金属中心显著影响了分子的电子结构。

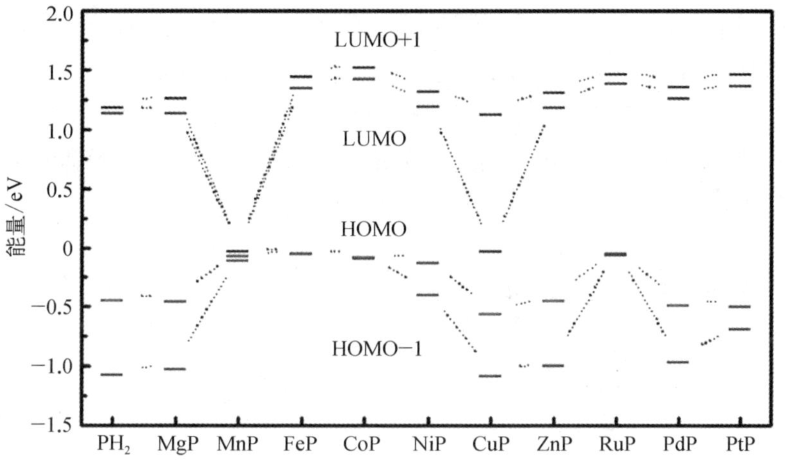

图 12.2 P-连接卟啉系列分子的 MPSH 轨道能级

图 12.3 展示了 D-连接分子的 MPSH 的比较结果。从整体上看,两种连接方式的特点表现出高度的相似性,这表明侧边巯基取代对金属卟啉分子整体的电子结构产生的影响相对较小。尽管如此,两者之间仍然存在着一些细微的差异。具体而言,在 D-连接中,PtP 的 HOMO 和 HOMO-1 之间的能量差有所减小,而 NiP 的 LUMO 和 LUMO+1 之间的能量差也有所减小。这些变化反映了金属电极通过金-硫键对分子轨道产生的细微影响。此外,两种连接方式的几何特征也进一步印证了这些差异(具体数据参见表 12.1 和表 12.2)。

图 12.4 展示了 MPSH 轨道能级随偏压变化的情况,图中包含了从上述四个分类中各选取的至少一个代表性样本。对于无金属离子的 PH_2 和弱配位的 MgP,随着偏压的逐渐增大,其轨道能级几乎保持不变。相比之下,由于其他金属离子具有较强的配位作用,这些金属离子的轨道能级均随着偏压的增大而呈现降低的趋势。有几个显著特点值得关注。首先,对于第二组中的 FeP、CoP 和 RuP,它们的 HOMO 和 HOMO-1 在几乎所有的偏

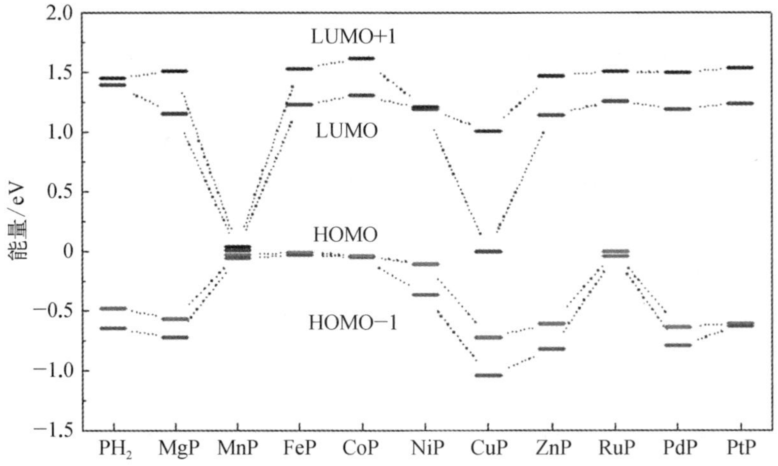

图 12.3 D−连接卟啉系列分子的 MPSH 轨道能级

压下表现出简并的特征。例如，当 FeP 的偏压小于 1.6 V 时，其 HOMO 和 HOMO−1 就呈现简并状态。其次，对于 MnP，在 0 V 时，其四个分子轨道的能级非常接近；然而，当施加较小的偏压后，这四个分子轨道的能级就迅速分离开来。此外，对于 CuP，其四个能级在初始状态下就彼此分散；随着偏压的增大，这四个能级均不同程度地降低，其中 HOMO 的降低程度尤为明显。

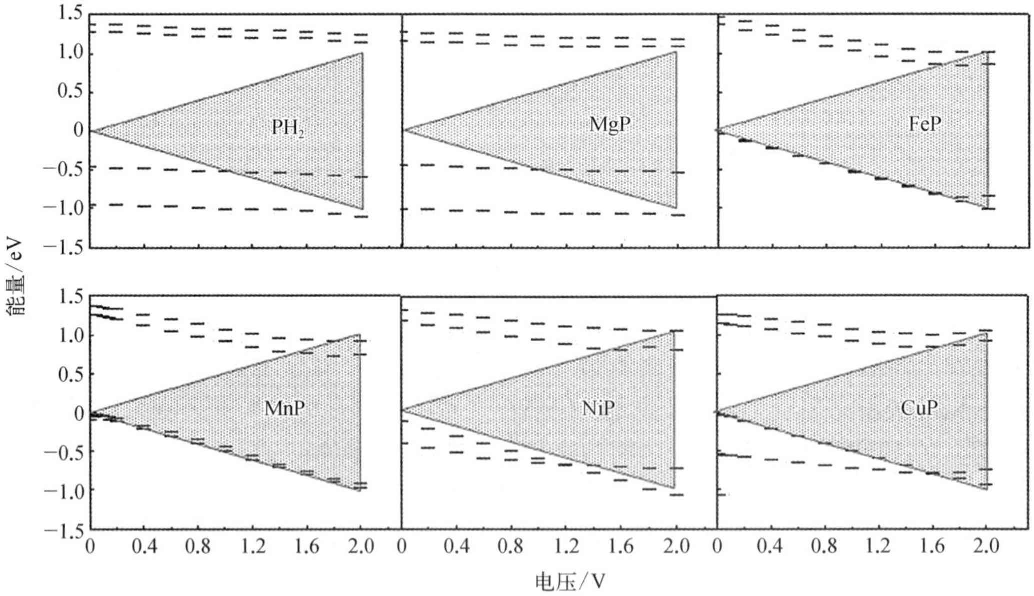

图 12.4 P−连接中代表性金属卟啉的轨道能量随偏压的变化

图 12.4 中的阴影区域对应了偏压窗口[$-eV_b/2$, $eV_b/2$]，其中 V_b是偏压。对偏压窗口内透射系数积分，可以得到相应的电流[7, 8]。由于 HOMO 和 LUMO 通常是费米能级附近的主要透射峰，因此在偏压下，HOMO 和 LUMO 向偏压窗口的移动可能会增加分子

结的电导。在四组模型中,第一组仅在较高的偏压下 HOMO 才进入偏压窗口,说明此类分子导电性较低。第二组的 HOMO 和 HOMO−1 一直位于偏压窗口的边缘,说明在较宽的偏压范围此类分子均有较高的导电能力。而第三和第四组分子在这一点上与第二组类似。

分子轨道的空间分布是描述共轭分子静态特征的另一个重要方面,它能够直观地解释卟啉环与金属离子之间的相互作用。图 12.5 展示了费米能级附近的四条分子轨道(LUMO+1、LUMO、HOMO 和 HOMO−1)的空间分布情况。对于弱配位的金属离子,如 MgP,其四条分子轨道主要由卟啉环贡献,因此其空间分布与无金属离子的 PH_2 极为相似。然而对于其他的二价金属离子,当配位作用增强时,金属离子会对这四条轨道产生不同程度的贡献。在某些极端情况下,如 MnP 和 NiP 的 HOMO,轨道分布几乎完全局域在金属离子上。这些观察结果为卟啉环与金属离子之间相互作用的多样性提供了直接的证据。

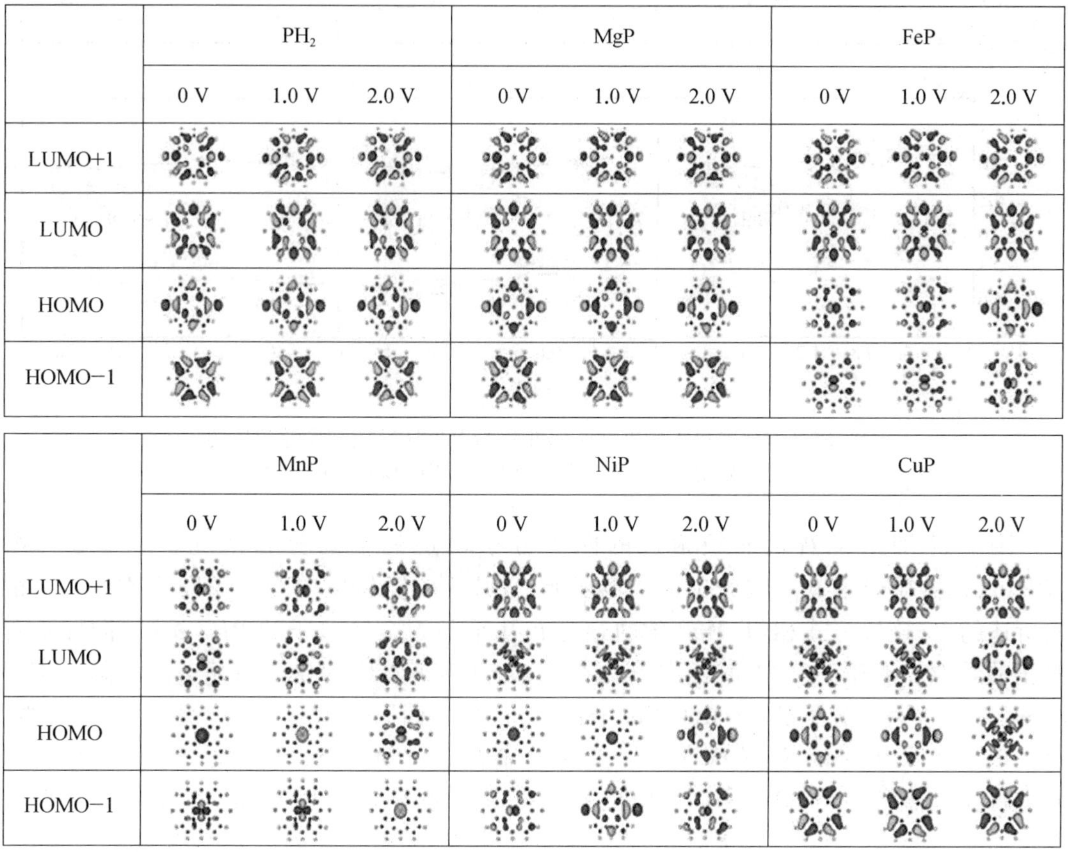

图 12.5 P−连接代表性金属卟啉分子在不同偏压下的分子轨道的空间分布

图 12.6 展示了 D−连接卟啉的 MPSH 轨道能级随偏压的变化。与图 12.4 比较可以看出,两种连接方式存在一些差异。对于 PH_2 和 MgP,D−连接的 HOMO−1 更接近 HOMO。四条轨道能级随偏压下降的幅度也更大,因此在较高偏压时,HOMO 才进入偏压窗口,同

时 LUMO 到达窗口的边缘。在 FeP 和 MnP 中,HOMO 和 HOMO-1 相距更大,且在几乎所有的偏压下都位于偏压窗口内。这会极大提高该系列分子结的相对电导。另外,CuP 表现了独特的变化特征,LUMO 在 1.0 V 之前随着偏压增加,但在 1.0 V 之后减小。而且 CuP 的 LUMO 总是位于偏压窗口内,这表明它可能形成主要的电子输运通道。通过对两种连接方式的对比,可以看出电极借助巯基的中介对电子传递的主要通道(即共轭环)产生作用。连接位置不同,配位金属离子不同,作用的效果也表现了极大的复杂性和多样性。这也为探索共轭环状配合物中的电子传递行为提供了理想的模型。

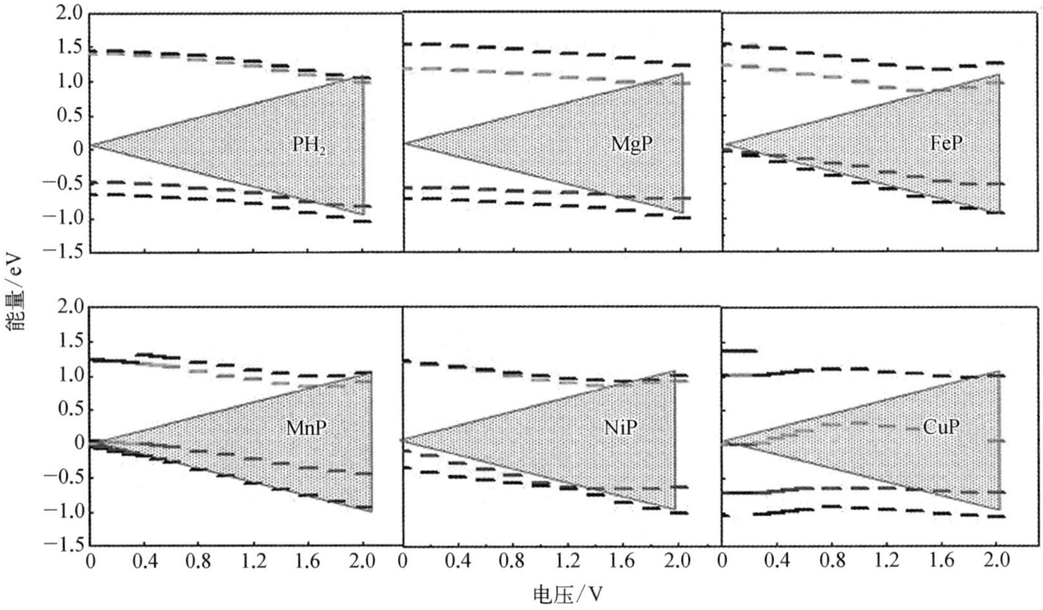

图 12.6 D-连接中代表性金属卟啉的 MPSH 轨道能量随偏压的变化,包括 LUMO+1、LUMO、HOMO 和 HOMO-1 轨道

图 12.7 展示了费米能级附近的四个分子轨道的空间分布情况。对于原卟啉(PH_2),这四条轨道都离域分布在共轭环上,且几乎不随偏压的变化而发生改变。与前文所述的 P-连接方式相似,MgP 的轨道分布几乎与无金属离子的 PH_2 相同,同样不受偏压的影响。对于 FeP 和 MnP,其金属中心对 HOMO 和 HOMO-1 有显著的贡献。值得注意的是,这两个分子的 HOMO 都位于偏压窗口内,而 HOMO-1 位于偏压窗口的边缘。这一现象表明,HOMO 和 HOMO-1 可能对电流有很大的贡献,而金属离子所产生的影响也将在电流特性中得以体现。此外,这两个分子的 HOMO 与 LUMO 的分布随偏压的变化而有所改变,这说明其透射系数也对偏压敏感,进而意味着电导会有较大的变化。CuP 的 D-连接方式与 P-连接方式在轨道分布上具有一定的相似性,但 D-连接方式的稳定性更大。具体而言,D-连接 CuP 的 HOMO 和 LUMO 的分布即使在 2.0 V 的偏压下也未发生明显的改变,这一点与 P-连接方式略有不同。从轨道的空间分布来看,D-连接方式所表现的变化更为复杂,这预示着这种连接方式所带来的电子输运行为也将更加多样。

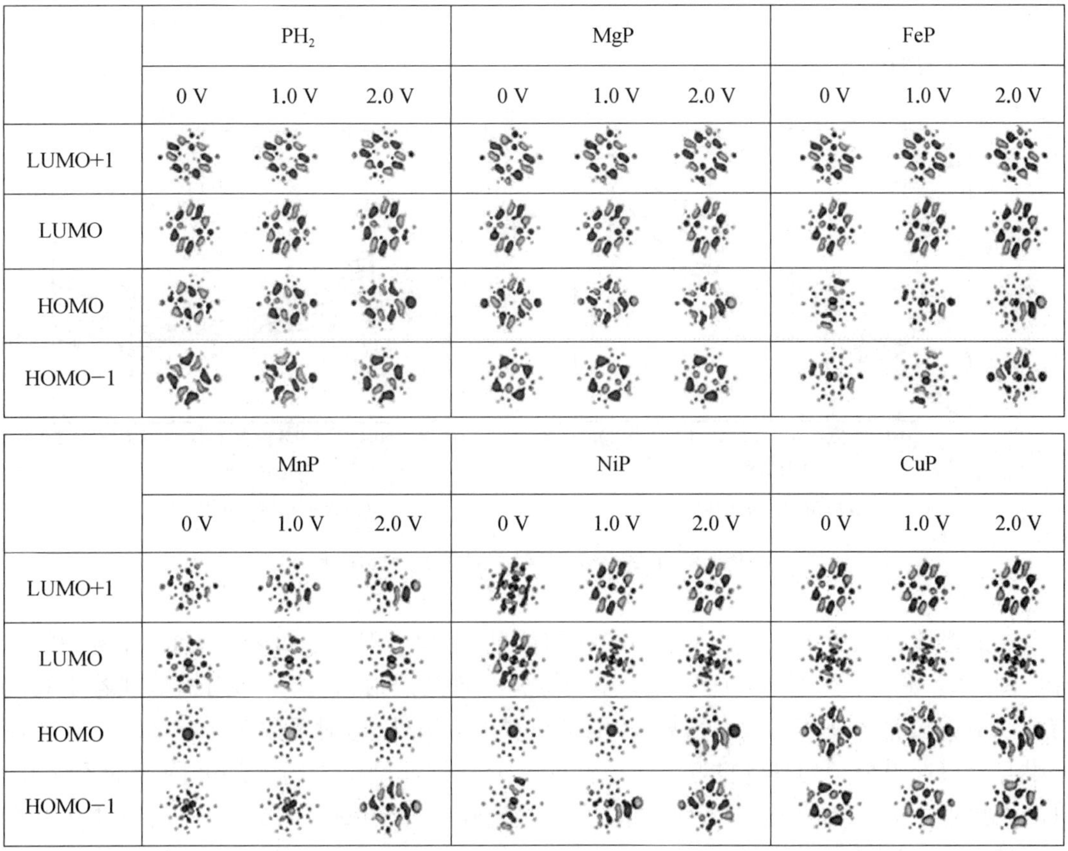

图 12.7　D−连接代表性金属卟啉在不同偏压的分子轨道的空间分布

12.1.3　金属卟啉的输运行为

本研究选取了十种具有不同性质的二价金属离子，这些金属离子涵盖主族金属、副族金属，也涵盖 d 金属和 f 金属，旨在探究它们对卟啉环电子传递调控的本质。图 12.8(a) 展示了 P−连接下电流随偏压的变化情况。从电流−电压(I−V)曲线来看，所有金属卟啉和原卟啉均表现出相似的特征。具体而言，对于某些金属卟啉，如 CoP 和 NiP，其 I−V 曲线几乎重合，这可能是由于它们的离子半径相近，与卟啉环的络合能力相当。总体而言，在研究的偏压范围内，原卟啉展现出最大的电流。对于配位作用较弱的 MgP 和 ZnP，也表现出相对较大的电流。相反，当金属离子与卟啉环的络合作用较强时，电流反而较低。例如，MnP 的电流曲线最小，显然其络合作用更强。金属卟啉在 P−连接下所表现的导电性随络合能力的增强而略有降低，这一现象直接说明了配体与金属离子的作用会轻微地削弱共轭环的导电性。同时，这也预示着在电子输运过程中，电子并不流经中心离子。

图 12.8(b) 展示了微分电导−电压(G−V)曲线。由于卟啉环良好的 π 共轭环境，零偏压的微分电导远大于其他线性分子。例如，苯二硫醇在零偏压下的电导为 28.5 μS，平面二苯乙炔为 8.8 μS，低聚物苯乙炔撑为 2.1 μS。这应是环状分子中至少存在两条高效的电子传递路径。所有的 G−V 曲线都显示出相似的特征，即电导在小于 1.4 V 时随偏压先

降低，随后升高。其中，MnP、FeP 和 RuP 在偏压小于 1.2 V 时电导降低的幅度很小，而大于 1.2 V 时增加明显。

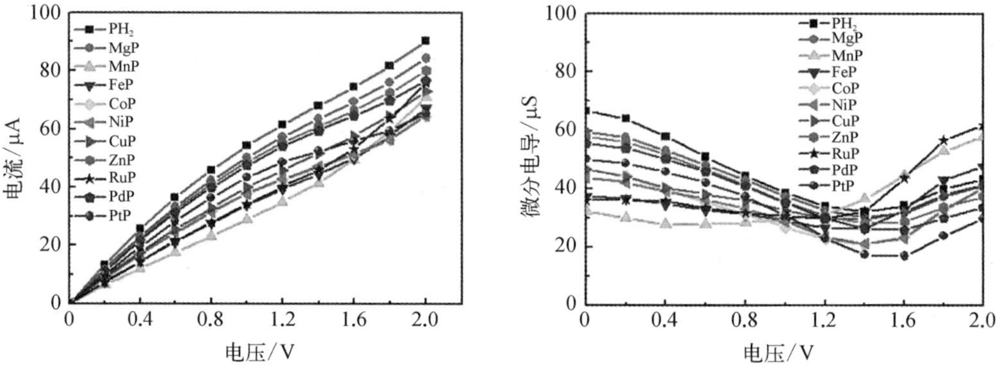

(a) 电流-电压曲线　　(b) 微分电导-电压曲线

图 12.8　P-连接中系列金属卟啉的导电性

透射谱能提供更多关于电子输运的详细信息，有助于理解金属离子在 P-连接中的功能。图 12.9 展示了在不同偏压下的一系列金属卟啉的透射谱，这些透射谱呈现若干共同特征。最为显著的是其高透射系数，特别是在费米能级处，透射系数在 0.2~0.3，这表明原卟啉与金属卟啉分子均具备良好的导电性能。另一特征是位于约 1.5 eV 附近的透射峰，其峰高接近 1.0，主要归因于 LUMO 的贡献。此透射峰的半峰宽约为 0.5 eV，因此在低偏压条件下，该峰不处于偏压窗口内，对电流无直接贡献。然而，当偏压超过 1.5 V 时，部分 LUMO 共振峰会进入或接近偏压窗口，从而引起电流的增加。相比之下，费米能级以下的透射峰更宽，且距离费米能级较近，这些峰主要由 HOMO 及其他几条邻近轨道共同贡献，

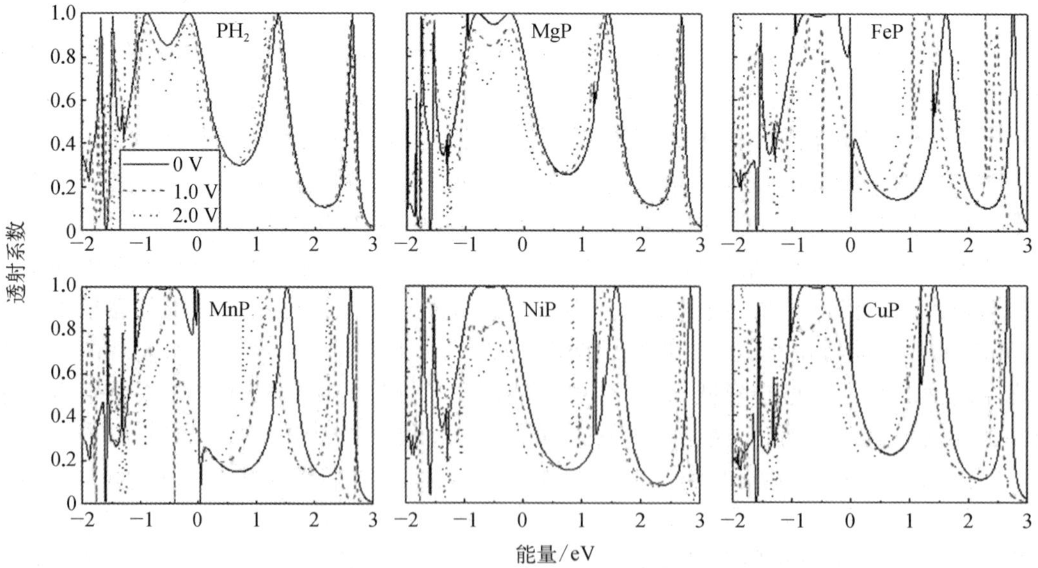

图 12.9　P-连接原卟啉和金属卟啉在不同偏压下的透射谱

其峰高接近 1.0,峰宽超过 1.0 eV。因此,这些峰的尾部能够延伸至费米能级附近,低偏压下的电流主要源自这些峰的贡献。这些峰在偏压下的变化情况直接影响分子结的电导特性。随着偏压的增加,所有分子的 HOMO 峰均呈现下降趋势,表明电导先随偏压的升高而降低。但当偏压足够大时,由于 LUMO 共振峰的参与,电导会再次上升。

如上所述,尽管不同的金属离子会改变金属卟啉的静态电子特性,如 HOMO 和 LUMO 的能级及其空间分布,但它们在电子输运过程中所起的作用相对较小。特别是金属离子的引入,导致 *I*–*V* 曲线相较于原卟啉呈现降低趋势,这些观察结果均表明,在 P–连接中,电子传递主要经由共轭的卟啉环进行,而非通过中心的金属离子。

图 12.10(a)展示了 D–连接系列模型分子的 *I*–*V* 曲线。与 P–连接相比,D–连接的金属卟啉展现出多样化的 *I*–*V* 特性。在相同的偏压下,D–连接的电流普遍低于 P–连接一半以上,且原卟啉并非表现出最大电流。配位作用较强的分子(如 MnP、RuP、FeP、CuP)拥有较大的电流,尤其在低偏压下更为明显。相反,配位作用较弱或无配位能力的分子,如 MgP 和 ZnP,其电流与 PH_2 相近或略低。此外,其他几种金属卟啉(包括 CoP、NiP、PdP 和 PtP)的 *I*–*V* 曲线明显小于 PH_2 的曲线。图 12.10(a)中的另一个显著特征是电流随偏压的非线性变化。与图 12.8(a)中展示的 P–连接相比,D–连接的 *I*–*V* 曲线呈现非线性关系。在部分金属卟啉的 *I*–*V* 曲线中,可以观察到一个圆弧状特征,其电流高于原卟啉。这些模拟结果表明,在 D–连接中,金属中心在电子传递路径中起到重要的作用。

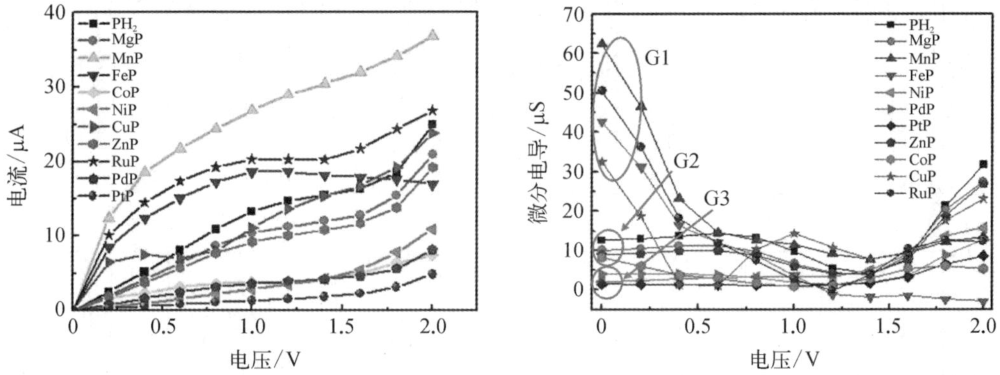

(a) 电流–电压曲线　　(b) 微分电导–电压曲线

图 12.10　D–连接系列卟啉分子的输运特征

图 12.10(b)展示了不同偏压下 D–连接分子的微分电导情况。D–连接的 MnP 在零偏压下的电导(62.4 μS)几乎是 P–连接(32.3 μS)的两倍,而 D–连接的 PH_2 的电导(3.77 μS)仅为 P–连接(66.7 μS)的 5.6%。此外,各分子电导随偏压的变化幅度存在显著差异。MnP 的电导从 62.4 μS 降至 7.7 μS,FeP 的电导从 42.6 μS 降至–2.9 μS;相反,零偏压下电导较小的几个分子(如 PdP、PtP、ZnP 等)的电导变化则相对较小。这一结果进一步证实了连接方式不仅影响电导,还改变电导对偏压的响应特性。通过对图 12.10 数据的深入分析,我们可以将金属卟啉的输运行为划分为三组。第一组包括 MnP、FeP、CuP 和 RuP,这些分子在研究的偏压范围内普遍表现出较高的电流,且其零偏压电导也远高于其他体系,特别是原卟啉。这表明电子流经金属中心的通道不仅存在,而且效率较高,甚至

远高于通过卟啉环上共轭路径的电子传递效率。第二组由 MgP 和 ZnP 组成，与第一组金属离子相比，该组离子与卟啉的络合能力相对较弱。因此，尽管流经金属中心的通道可能存在，但其效率不会太高。与 PH_2 分子相比，即使新增了一条通道，但由于其效率较低且可能对原通道产生负面影响，这些分子的电流仍会略低于 PH_2。第三组则包括ⅦB 和ⅧB 族的四个元素，即 CoP、NiP、PdP 和 PtP。这些元素的存在不仅无法形成有效的电子传递路径，而且通过与卟啉环上的 π 共轭作用，降低了共轭链上的电子密度。因此，两条共轭通道的电子传递能力被严重削弱，导致电流减小和零偏压电导降低。

从透射谱中可以更深入地分析金属中心对电子传递的影响，如图 12.11 所示。对于第一组分子，包括 MnP 和 CuP，费米能级处的透射系数相对较高，甚至接近 1.0，这导致该组分子具有较大的零偏压电导。费米能级附近的透射谱对偏压变化尤为敏感，随着偏压的增加，透射峰不仅略有负向移动，而且宽度急剧变窄。这一变化将严重影响偏压窗口内透射谱的积分值，从而导致电导随偏压的迅速降低。第二组的代表性分子 MgP 与 PH_2 的特征相似，即费米能级处的透射系数较小，且 HOMO 共振峰随偏压的增加而明显降低，但负向移动并不明显。与前两组不同的是，第三组分子在费米能级处的透射系数非常低。这些分子对偏压的响应同样敏感。总体而言，与 P-连接的透射谱（图 12.9）相比，D-连接中金属离子对电子传递的影响表现出更大的差异性。

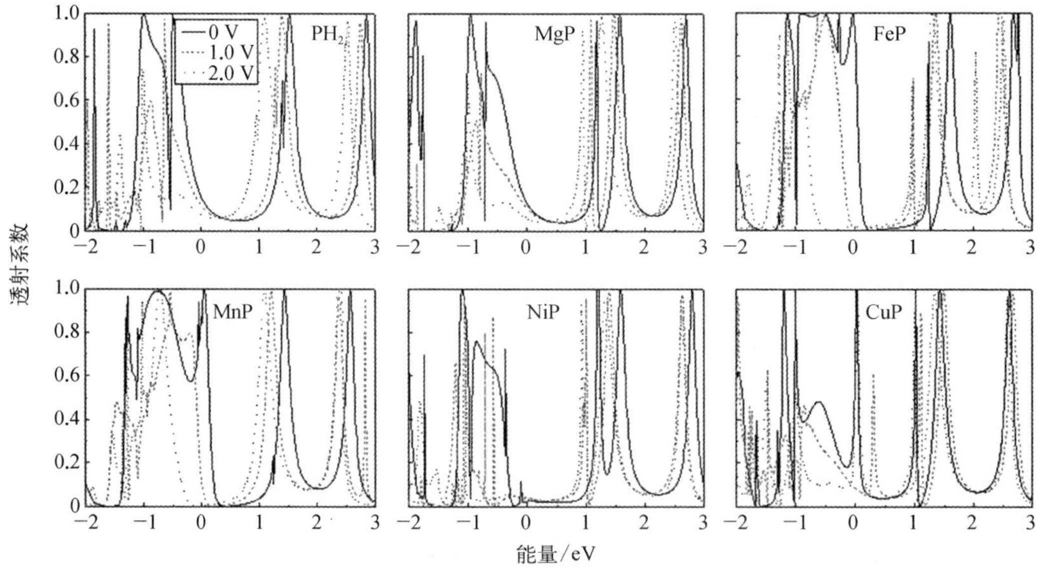

图 12.11　D-连接中原卟啉和代表性金属卟啉在不同偏压下的透射谱

通过分析分子轨道能级、空间分布、$I-V$ 曲线和透射谱，我们获得了卟啉分子导线的电子输运行为的信息。可以得出两种连接方式存在不同的电子传递路径。

12.1.4 电子传递路径模型

当分子置于两个金属电极之间时，电子隧穿概率最大的连续区域构成了电子传递的有效途径，这是量子电子输运的一种宏观理解。在 P-连接中，存在三种可能的电子传递路径。第一种是通过共轭卟啉环的两条平行路径。第二种是直接通过金属中心的电子隧穿路径，这也是最短的路径。第三种路径较为复杂，电子首先通过共轭环的一侧，在顶点处反射后通过金属中心，再经由共轭环的另一侧传出。这三条路径的电子势垒分布如图 12.12(a)所示。尽管第二条路径最短，但由于在卟啉环和金属中心之间存在一个约5.0 eV 的真空势垒，这极大地降低了电子的隧穿概率。相比之下，路径 1 和路径 3 的势垒分布更为平滑。然而，路径 3 涉及两个小于 90°的散射步骤，即电子在到达卟啉环的一角时会遇到真空势垒，并需要反射到金属中心。与路径 1 相比，路径 3 的电子反射效率较低，因此不是优势路径。在 P−连接中，最可能的电子传递路径是通过卟啉环的 π 共轭散射，与金属中心的关系相对较小。电子运输的计算结果也与此分析相符。当金属卟啉采用 D−连接时，仅存在两种可能的电子传递路径：一条是通过卟啉环的 π 共轭，另一条是通过金属中心。D−连接的 PH_2 是一个特例，也是一个分水岭，因为它仅涉及 π 共轭路径。从 $I-V$ 曲线的结果可以看出，尽管 PH_2、NiP、PdP 和 PtP 具有完全相同的电子传递路径（在 D−连接下），但 PH_2 的电导高于后三者。这表明，当电子通过 π 共轭的卟啉环或金属中心这两条竞争路径时，总电流将取决于哪条路径更高效。两条路径的势垒分布如图 12.12(b)所示。尽管路径 2（通过金属中心）存在由金属离子形成的势阱，但一些金属离子［如 Pd(Ⅱ)、Pt(Ⅱ)、Co(Ⅱ)和 Ni(Ⅱ)］与 π 电子的相互作用会降低输运效率，从而导致更低的电流。

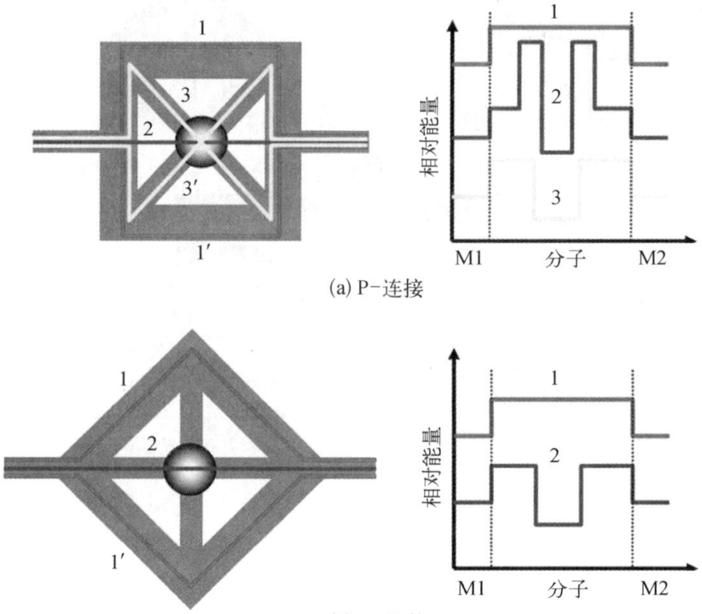

图 12.12　金属卟啉分子中的电子传递路径和势垒模型示意图

12.1.5　基于电子传递路径的分子传感

电子传递路径模型不仅在理论上具有重要意义，而且对实际器件的设计具有重要的参考价值。在气体分子的化学传感器中，其灵敏度高度依赖于电子传递路径。本节提出了一个基于金属卟啉的化学传感器理论原型,如图 12.13(a)所示。对于 P-连接的分子结,由于电子不流经金属中心,因此无法表现出传感性质。而在 D-连接中,电子会流经某些金属卟啉的金属中心。当金属中心与不同的小分子相互吸引并发生吸附时,其电子传递的效率可能会发生显著变化,从而实现对小分子的检测。以 FeP 对 CO 的吸附为例,我们可以介绍气体传感的原理。CO 分子可以与金属卟啉环的 Fe 中心结合。优化后的结构表明,在 P-连接中,Fe-C 键长为 1.681 Å,C-O 键长为 1.161 Å;而在 D-连接中,Fe-C 和 C-O 键长与 P-连接的参数相同,且两种结构的∠FeCO 均为 180°。当 FeP 采用 P-连接时,电子不经过金属中心,因此无论 FeP 是否吸附了 CO 分子,电流信号都不会有太大变化。然而,当 FeP 采用 D-连接时,金属中心在电子输运中起着重要作用,电流对其状态非常敏感。图 12.13(b)给出了 P-连接的 FeP 在吸附 CO 分子前后的 *I-V* 曲线。如上所述,两条 *I-V* 曲线之间没有明显差异,这证实了电子传递路径是通过卟啉环,也说明P-连接的金属卟啉不能用于化学传感。然而,在图 12.13(c)中,当 D-连接的 FeP 吸附 CO 分子后,电流显著降低。纯净的 FeP 在零偏压下的电导为 42.6 μS,但吸附 CO 后降低到 0.74 μS,仅为吸附前的 1.7%。导电性的显著降低表明,金属卟啉分子在分子传感领域具有潜在的应用价值。

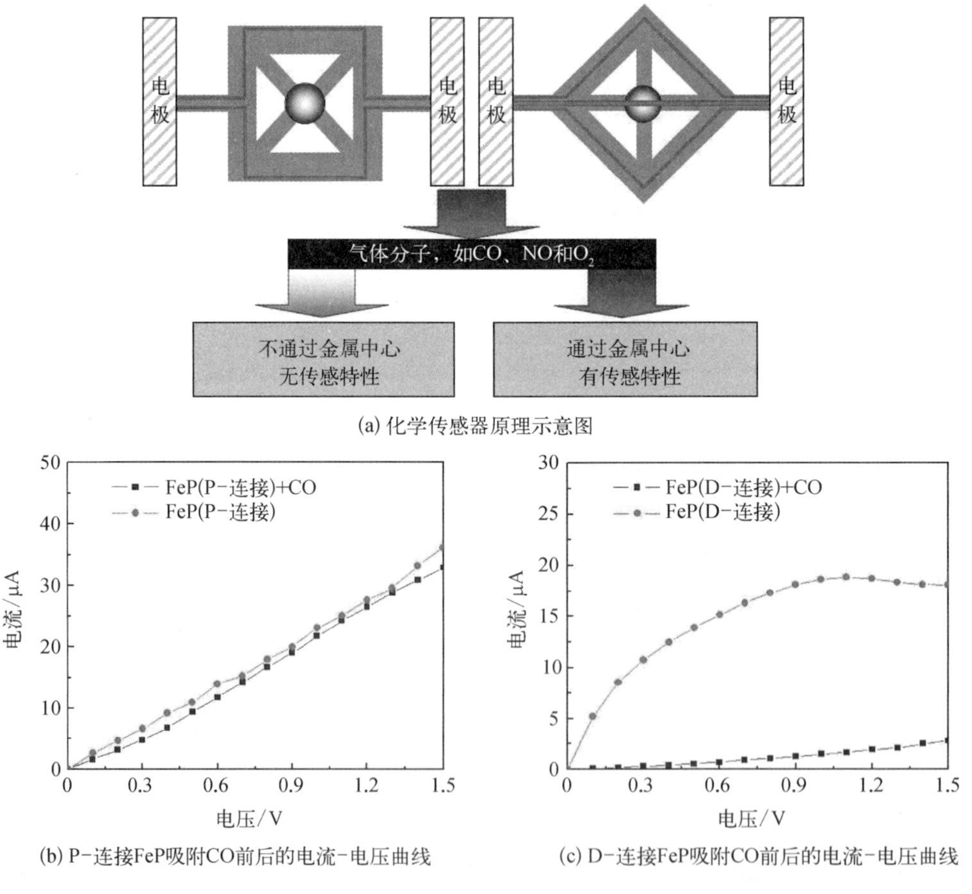

图 12.13 基于电子传递路径模型的分子传感器设计

本节详细研究了一系列金属卟啉分子在不同连接方式下的电子输运性质。由于存在多条电子传递路径，金属离子中心的作用与具体的连接方式密切相关。在平行连接（P-连接）方式中，金属卟啉环的两条边平行于电场强度的方向，电子并不会通过金属中心。这导致难以通过改变金属中心的电子结构来调节分子结的导电性质。然而，当采用对角连接（D-连接）方式时，金属卟啉的两个对角通过巯基与电极相连，电子传递能够经过金属离子，此时金属离子的电子状态会对分子结的导电性质产生影响。因此，当金属卟啉吸附 CO 分子后，其 I-V 曲线会发生显著变化，从而实现复杂的传感功能。以上研究结果为环状共轭分子在分子水平上的电路设计提供了有价值的参考。值得进一步强调的是，分子电路与宏观电路不同，其性能与电子传递路径密切相关。

12.2　基于电子传递路径的金属卟啉传感器

研究单分子中电子传递的机理对于电子器件的开发具有重要意义[9,10]。在有机分子领域，共轭分子因其高导电性而备受关注，特别是线性和环状的共轭分子。前一节我们通过电子传递路径模型理解了卟啉分子连接方式对其输运行为的影响，并指出在 D-连接时电子会流经金属离子，同时验证了其在传感方面的可行性。本节将进一步拓展研究，探讨金属卟啉对不同气体分子的识别与传感检测能力。

铁卟啉中的二价铁离子能够吸附气体分子，如氧气、一氧化碳和一氧化氮等，从而改变分子中心的结构[11-13]。当金属中心位于电子传递路径上时，金属中心电子密度的变化将影响分子结的电导。通过监测卟啉分子结电导的变化，我们可以探测到不同的气体分子。

本节将深入研究三种双原子分子，CO、NO 和 O_2 对金属卟啉电子传递的影响，包括铁卟啉（FeP）和锰卟啉（MnP），以进一步阐述电子传递路径的思想和应用。图 12.14 展示了相关分子的结构。对于不同连接的金属卟啉分子结，我们简称为 P-MP-XO（平行连接）和 D-MP-XO（对角连接），其中 M 代表 Fe 或 Mn，X 代表 C、N 或 O。当目标分子吸附在金属离子上并影响电子传递路径时，I-V 曲线将发生变化，因此我们可以通过电流信号来检测目标分子。

模拟包括三个步骤。首先，对金属卟啉吸附分子的复合结构进行几何结构的优化，采用 B3LYP 杂化密度泛函，对所有原子使用 6-31G* 基组。依据分子的最低能量，确定其自旋多重度。对开壳层体系，我们在计算中使用非限制性方法。由于自旋耦合对分子的电导非常重要，我们计算了不同自旋多重度的能量，如表 12.3 所示，选择能量最低的构型，确定各模型的自旋多重度分别为 3（FeP）、1（FeP-CO）、2（FeP-NO）、1（FeP-O_2）、4（MnP）、2（MnP-CO）、1（MnP-NO）和 2（MnP-O_2）。

其次，在优化的分子结构之上，分子的两端引入巯基（—SH），分别形成平行连接和对角连接，巯基脱氢后可以通过化学吸附作用与 Au 电极形成 S-Au 键。Au 电极的（111）面用原子簇表示，3 个 Au 原子组成边长为 2.88 Å 的等边三角形。S 原子则位于三角形的中心空位（hollow 位），Au-S-Molecule-S-Au 的长轴定义为 z 轴方向。对其进行结构优化，Au 原子的相对位置固定，但在 z 方向上可以自由移动。使用 B3LYP 杂化

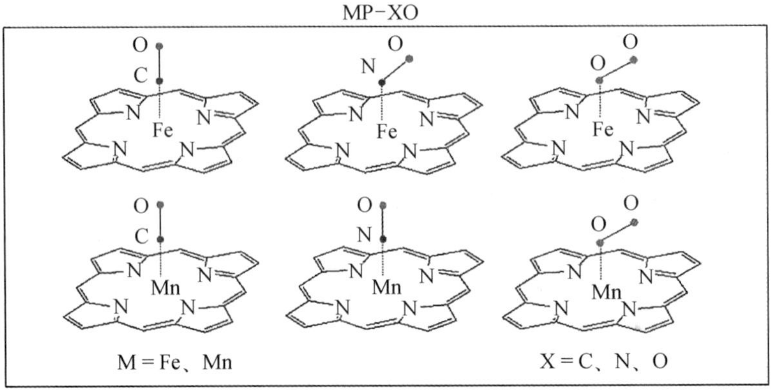

(a) FeP和MnP吸附CO、NO和O_2分子的结构图

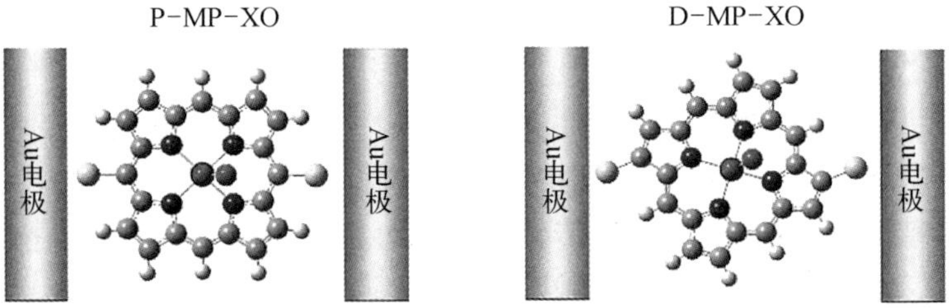

(b) 卟啉分子与金属电极平行连接（9,11-连接，即P-连接）和对角连接（1,5-连接，即D-连接），即P-MP-XO和D-MP-XO分子结模型（M=Fe和Mn，X=C、N和O）

图 12.14 分子结构与计算模型

泛函，对分子采用6-31G*基组，Au电极采用LANL2DZ赝势基组。

最后构筑器件模型，并对其做进一步优化。采用密度泛函理论结合非平衡态格林函数方法模拟耦合在电极中的纳米体系的电子结构。计算中使用局域密度近似和均匀电子气相关能计算中的Perdew-Zunger参数。从上述优化结果中提取出-S-Molecule-S-坐标，将其转移到两个半无限Au(111)电极之间。S原子和Au平面的距离初始值设置为2.0 Å。器件体系分为三部分，左电极、中心散射区和右电极。Au(111)面的(4×4)单包作为电极，左电极的表面层包括32个Au原子，右电极的表面层包括48个Au原子。对分子和电极分别采用带有极化函数的双ζ基组(DZP)和带有极化函数的单ζ基组(SZP)进行结构优化，收敛标准为每个原子上的受力小于0.1 eV/Å。构型优化之后，对分子结施加偏压到1.0 V，每隔0.1 V计算分子结的电流。

表 12.3 各种自旋多重态的 FeP-XO 和 MnP-XO 分子的能量

分 子	自旋多重态	能量/Hartree	分 子	自旋多重态	能量/Hartree
Fe(Ⅱ)P	$S=1$	−2251.484	Mn(Ⅱ)P	$S=2$	−2138.807
	$S=3$	−2251.522		$S=4$	−2138.859
	$S=5$	−2251.477		$S=6$	−2138.838

续表

分　子	自旋多重态	能量/Hartree	分　子	自旋多重态	能量/Hartree
FeP−CO	$S=1$	−2364.832	MnP−CO	$S=2$	−2252.136
	$S=3$	−2364.817		$S=4$	−2252.135
	$S=5$	−2364.758		$S=6$	—
FeP−NO	$S=2$	−2381.413	MnP−NO	$S=1$	−2268.730
	$S=4$	−2381.391		$S=3$	−2268.690
	$S=6$	−2831.391		$S=5$	−2268.614
FeP−O_2	$S=1$	−2401.795	MnP−O_2	$S=2$	−2289.123
	$S=3$	−2401.794		$S=4$	—
	$S=5$	—		$S=6$	—

注：计算利用 PC Gamess 软件，UX3LYP 方法和 6−31G * 基组完成；“—”表示无稳定化学吸附的自旋态；1 Hartree＝27.2114 eV。

12.2.1　FeP−XO 的几何构型和电子结构

FeP($S=3$)和 MnP($S=4$)具有 D_{4h} 对称性的平面构型。然而，吸附分子降低了 FeP−XO 和 MnP−XO 的对称性。Fe 原子偏离卟啉环的平面，提升约 0.2 Å。表 11.4 给出了优化的 FeP−XO 复合物几何结构的一些重要参数。对比高自旋的 FeP($S=3$)，吸附 CO、NO 和 O_2 后变为低自旋态($S=1$)。对于 FeP−CO，∠Fe−C−O = 180°。但是 FeP−NO 和 FeP−O_2 形成弯曲构型，N−O 键和 O−O 键投影在 N_p−Fe−N_p 角的中间，N_p 表示卟啉环上的 N 原子(图 12.14)。Rovira 等详细论述了 FeP 吸附双原子分子形成弯曲构型的成因[14]。

吸附的 NO 和 O_2 分子与 Fe 中心呈弯曲构型，导致四个 Fe−N_p 键长不同。较短的两个键在 NO 和 O_2 弯曲的同侧，与 Ghosh 等通过 DFT 对 FeP−NO 的计算结果一致[15]。Fe−N 和 Fe−O 键的偏离导致了 Fe−N_p 的不对称结构。其中，在 FeP−NO 中，∠Fe−N−O = 124°；在 FeP−O_2 中 ∠Fe−O−O = 121.9°。计算得到的几何结构参数与试验值吻合，如表 12.4 所示。

表 12.4　FeP−XO 分子的几何结构参数

	分　子	Fe−N_p/Å	Fe−X/Å	X−O/Å	∠Fe−X−O	Δd/Å
本节的结果	FeP−CO	2.00	1.72	1.15	180°	0.197
	FeP−NO	2.00/2.01	1.89	1.18	124°	0.184
	FeP−O_2	1.99/2.01	1.69	1.27	121.9°	0.234
其他计算的结果[14,16]	FeP−CO	1.99	1.69	1.17	180°	
	FeP−NO	2.01/2.03	1.69	1.19	150°	
	FeP−O_2	1.99/2.02	1.74	1.28	123°	

续表

	分 子	Fe−N_p/Å	Fe−X/Å	X−O/Å	∠Fe−X−O	Δd/Å
试验测量的结果	FeP−CO[17]	2.02(3)	1.77 (2)	1.12 (2)	179 (2)°	
	FeP−NO[18]	2.001(3)	1.717 (7)	1.122 (12)	149.2 (6)°	
	FeP−O_2[19]	1.97(1)/1.99(1)	1.75 (2)	1.17 (4)	129 (2)°	

注：* 其中，X = C、N 和 O；N_p表示卟啉环中的 N 原子；Δd 表示金属离子偏离卟啉环平面的平均距离。

只有当气体分子吸附在金属卟啉上并改变其电子结构时，电流信号才有可能发生变化。分子结的静态性质可以在一定程度上反映出吸附分子对电子结构的影响。图 12.15 给出了 FeP−XO 在费米能级附近的几条分子轨道的空间分布，形象描绘了 Fe 中心和气体分子之间的相互作用。从图 12.15(a)可以看出，在 P−连接的分子结中，卟啉环和 Fe 离子都参与了分子的 HOMO 和 LUMO。吸附气体分子后，分子轨道发生显著变化。对于 FeP−CO，LUMO 移动到卟啉环上，而 HOMO 定域在 Fe 中心附近。FeP−NO 的表现则相反，LUMO 定域在 Fe 中心附近，但是 HOMO 变得更加离域。FeP 吸附 NO 和 O_2后，由于 Fe−N−O 和 Fe−O−O 呈折角状，形成非对称的空间分布。Fe 的不同轨道与分子配体成键[14,20]，导致分子轨道的空间分布呈现多样化。例如，在 FeP 中 Fe 原子的 d_{xz}和 d_{yz}轨道对 HOMO 和 HOMO−1 轨道有贡献。而 d_{xz}和 d_{yz}轨道的能级又相同，所以 HOMO 和 HOMO−1 是简并态。对于 FeP−CO，Fe 的 d_{z^2}与 CO 的 σ 轨道作用，而且 Fe 的孤电子对贡献给 CO 的 π^*轨道，形成反馈 π 键[21]，CO 垂直吸附在 FeP 表面，∠Fe−N−O = 180°。而 FeP−NO 具有弯角构型，其中∠Fe−N−O = 124°，是由于 NO 的 π^*轨道与 Fe 原子的 d_{z^2}相互作用[15,22-24]。对于 FeP−O_2，本节的计算结果和文献[14,20,25]都证明 O_2以端基形式与 Fe 配位[20]，Fe 原子的 d_{z^2}和 O_2的 π^*相互作用导致∠Fe−O−O = 121.9°。我们优化得到的 FeP−XO 结构与理论研究[16,26]和实验结果[14,20,27]一致。

图 12.15(b)给出 D−连接时气体分子吸附前后的分子轨道空间分布。可以观察到对角连接也存在相似的多样性。对比图 12.15(a)和(b)，可以发现两种连接方式的轨道空间分布差别很小，说明分子与电极的连接并不影响金属中心与配体的相互作用。

这里有一点需要说明，DFT 计算得到的分子轨道空间分布是 Kohn-Sham(KS)轨道，我们还利用 HF 从头算方法和 6−311+G(d,p)基组做了相应的轨道计算。图 12.16 给出了从头算方法得到的分子轨道空间分布。HF 和 DFT 得到一致的结果。

图 12.17 给出了分子结的另外两个静态性质，即分子结的投影态密度(PDOS)和分子自洽投影哈密顿量(MPSH)的本征值。MPSH 是对散射区域的分子片段进行自洽哈密顿量的投影，表示电极作用下的分子轨道能级。与分子轨道的空间分布相对应，FeP 和 FeP−XO 之间差别显著，三个吸附分子之间也有明显差异。但是对于相同的吸附分子，平行连接和对角连接相似度却较高。产生这种现象的原因是两种连接的 FeP 分子具有相似的分子轨道能级和在电极作用下较为相似的能级密度。吸附气体分子以后，分子轨道能级有明显变化，例如，FeP−NO 的 HOMO 能级降低了 0.85 eV，而 LUMO 能级降低了 1.32 eV，但两种连接同样没有显著的差别。

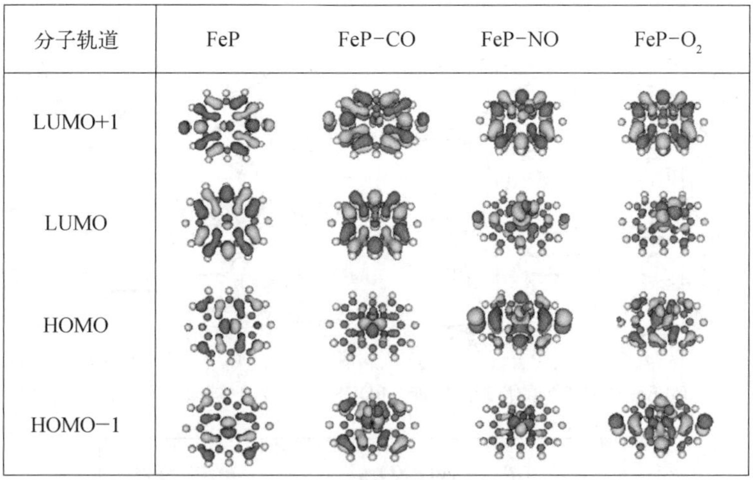

(a) 平行连接

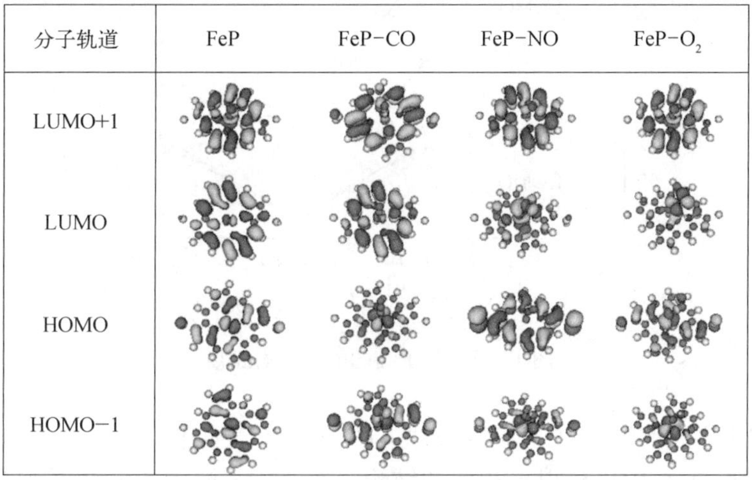

(b) 对角连接

图 12.15 FeP 系列分子在零偏压下的 HOMO−1、HOMO、LUMO 和 LUMO+1 的空间分布

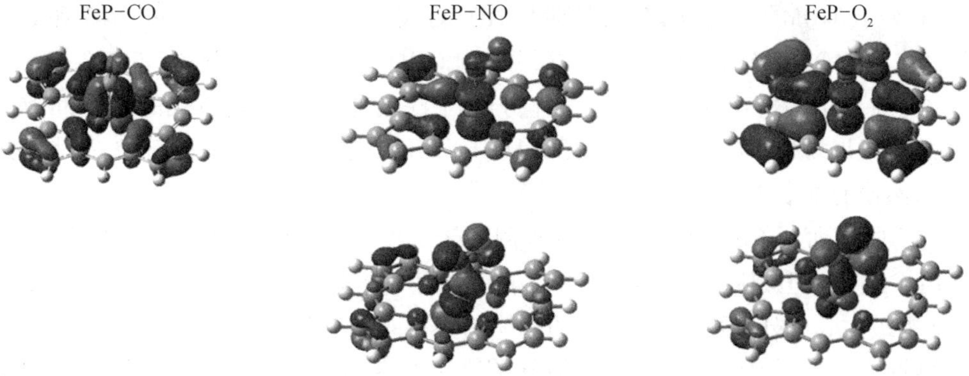

图 12.16 利用 HF/6-311+G (d,p)计算的 FeP-XO 的分子轨道

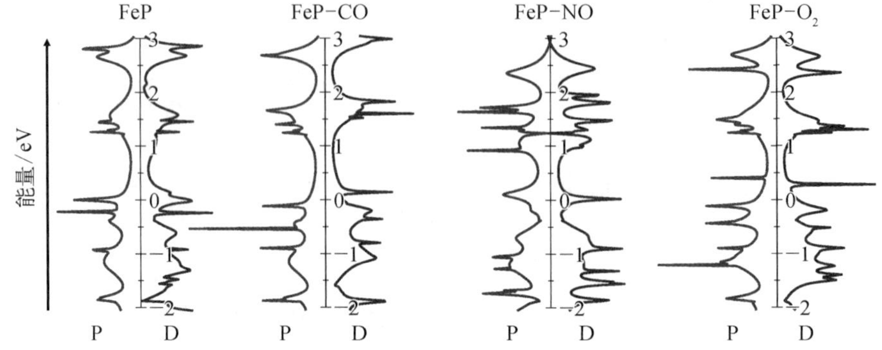

(a) FeP−XO系列的投影态密度（PDOS)(左侧为P−连接，右侧为D−连接)

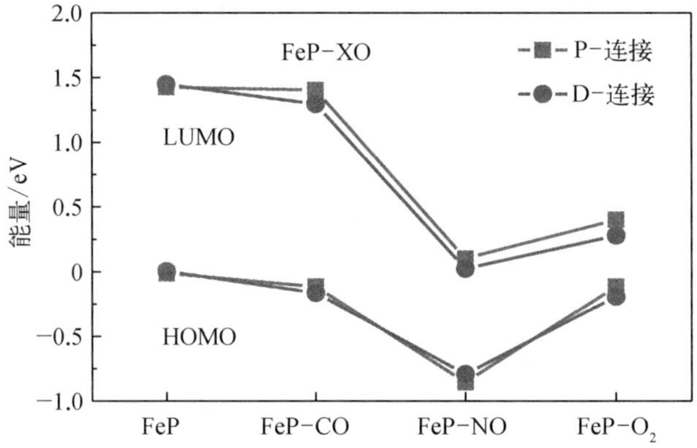

(b) FeP−XO的HOMO和LUMO分子轨道能级

图 12.17　分子结的能级与态密度

上文所述内容均为分子在零偏压条件下的静态特征描述。当对分子结施加偏压后，尽管特性会有所变化，但仍可得出相似的结论。图 12.18 展示了 FeP 系列分子在平行连接和对角连接配置下，其 MPSH 能级随偏压变化的趋势。不同的吸附分子会导致轨道能级的差异，并且这种差异会随着偏压的变化而有所不同。具体而言，P−FeP 的 HOMO 和 HOMO−1，以及 LUMO 和 LUMO+1 能级，在低偏压区域呈现能级简并现象。然而，对于 P−FeP−CO，其 HOMO−1 能级降低，从而与 HOMO 发生分离。至于 P−FeP−NO 和 P−FeP−O_2，它们的 LUMO 能级向费米能级靠近，并与 LUMO+1 轨道发生分离，不再保持简并状态，同时能隙减小。这种现象归因于气体分子与 Fe 原子之间成键方式的差异，从而导致分子轨道能级展现出多样性。观察图 12.18(b)，可以发现存在类似的现象，但是两种连接之间依然没有显著差别。

FeP−XO 系列分子的能隙(E_g)也受吸附分子的影响，如图 12.19 所示。零偏压下，吸附 CO 使 E_g变大，但吸附 NO 和 O_2使其变小。吸附气体分子后，E_g随偏压略有升高，FeP−CO 的增幅最大。此外，两种连接方式的整体趋势相同。

通常而言，分子结的静态特性，包括分子轨道的空间分布、分子能级以及投影态密度等，能够在一定程度上预示其动态的输运性质。基于前述讨论，可以推断出吸附分子对分

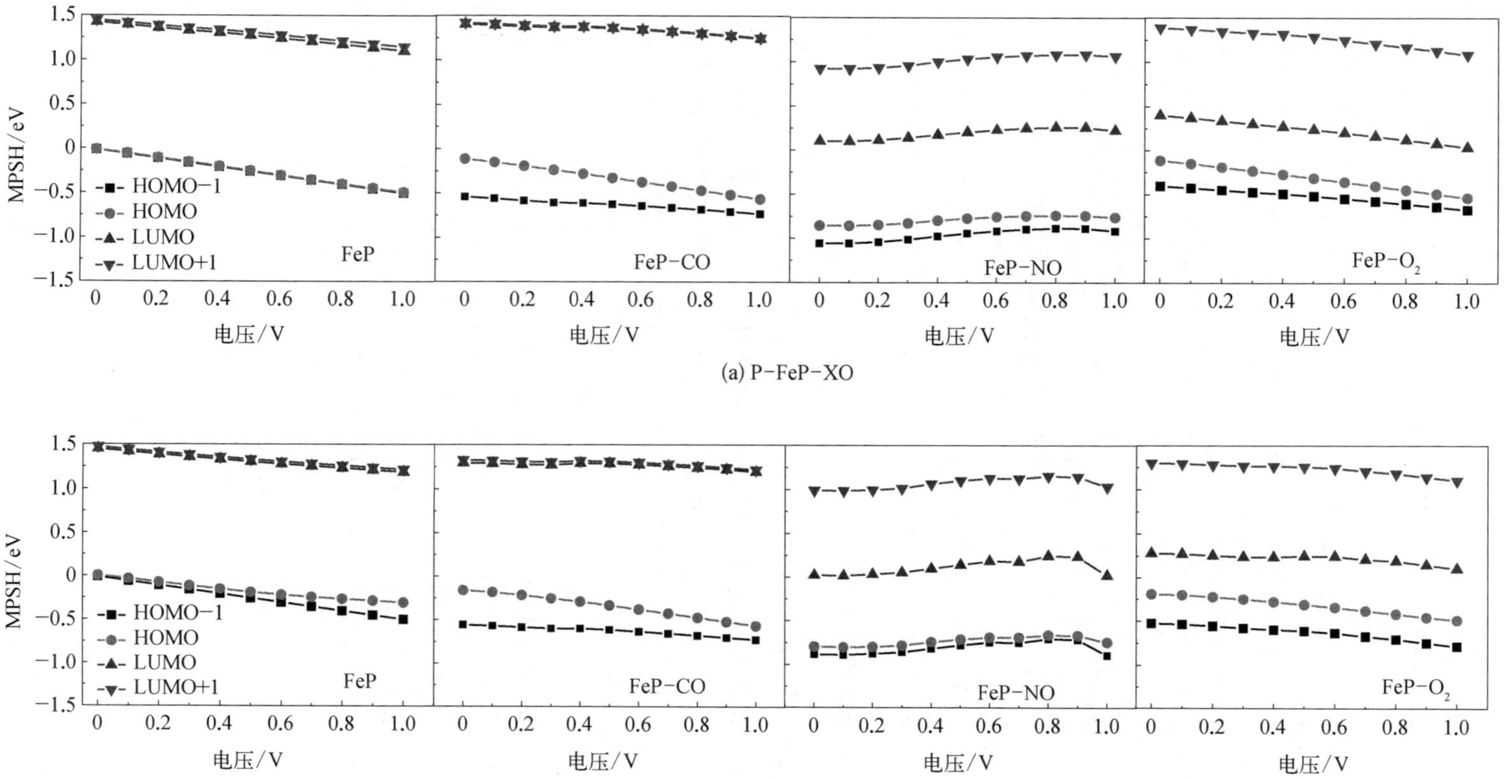

(a) P−FeP−XO

(b) D−FeP−XO

图 12.18　分子轨道能级在吸附前后的变化以及随偏压的变化

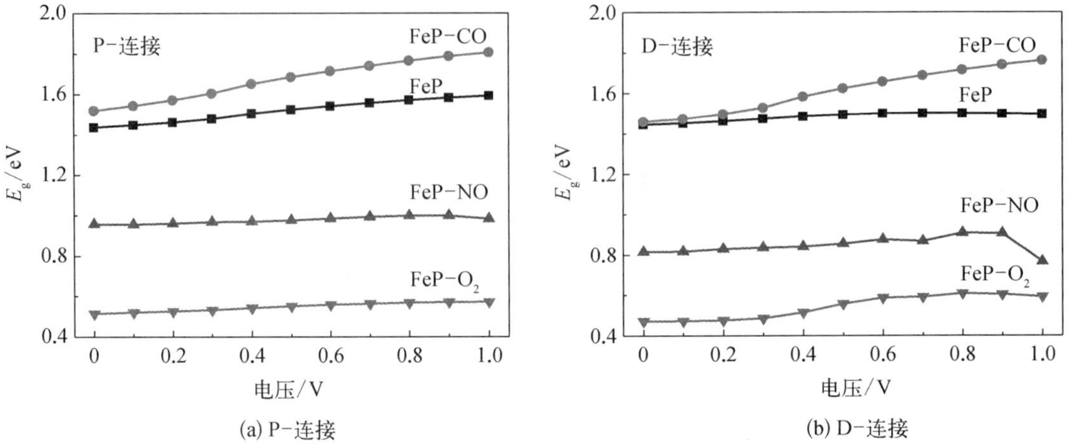

(a) P-连接　(b) D-连接

图 12.19　FeP-XO 系列分子的 E_g 随偏压的变化

子结的静态特性具有显著影响。因此,有理由推测吸附分子可能会对 FeP 的电子传递过程产生影响。然而,这种影响的具体表现还需结合实际的电子传递路径来综合分析。

12.2.2　FeP-XO 分子结的电子输运

为了进一步探索吸附分子对 FeP 分子结电导的影响,理解分子传感行为,我们计算了两种连接方式的分子结的电子输运性质。图 12.20 给出了系列分子结的 *I-V* 曲线。对于平行连接的 P-FeP-XO,电流随偏压呈近似线性增加。虽然上文指出吸附不同气体分子后分子轨道能级、能隙、能级对偏压的响应、轨道空间分布等彼此差异很大,但四个模型的 *I-V* 曲线均表现出极大的相似性,说明吸附分子对 FeP 电子传递的影响非常微弱。P-FeP-XO 系列的分子在零偏压下的电导在 11.3~18.6 μS,差别并不显著,说明没有传感性能。然而,对角连接的输运特征则完全不同。从图 12.20(b)中可以看出吸附分子之后,分子结的电导急剧降低,尤其是 D-FeP-CO 降低得最显著。D-FeP 在零偏压下的电导为 34.7 μS,大于所有 P-连接的吸附体系。这也说明金属中心对零偏压电导有积极贡献。吸附分子之后,分子结的电导分别降低到 0.5 μS(D-FeP-CO)、12.1 μS(D-FeP-NO)和 0.7 μS(D-FeP-O_2)。因此,对角连接对 CO、NO 和 O_2的吸附非常敏感。通过对 FeP-XO 的 *I-V* 曲线分析可以看出分子结的静态性质不能完全决定其动态的电子输运行为。

对于理论计算得到的分子结电导,其绝对值与实验测量不能完全一致。相关-交换泛函中采取了一定近似,导致理论值与实验值之间的差异[28]。Li 和 Kosov[29]通过 DFT 结合 NEGF 方法计算得到的 1,4-苯二胺的电导为实验测量结果的 6 倍[30]。但是对理论结果进行相对比较,则完全具有合理性。例如,DFT 和 NEGF 方法[31]计算得到的烷基硫醇的衰减系数为 0.74 $Å^{-1}$,而导电原子力显微镜(C-AFM)技术[32]测量值为 0.88 $Å^{-1}$,两者基本一致。我们对系列共轭分子的电导研究也与文献报道吻合[33]。因此,通过对比系列理论计算的结果,探索其演变的规律对设计单分子传感有重要参考价值。

对于展现 D-连接 FeP 分子结优异的传感性能,尚需从微观理论层面进行更深入的理

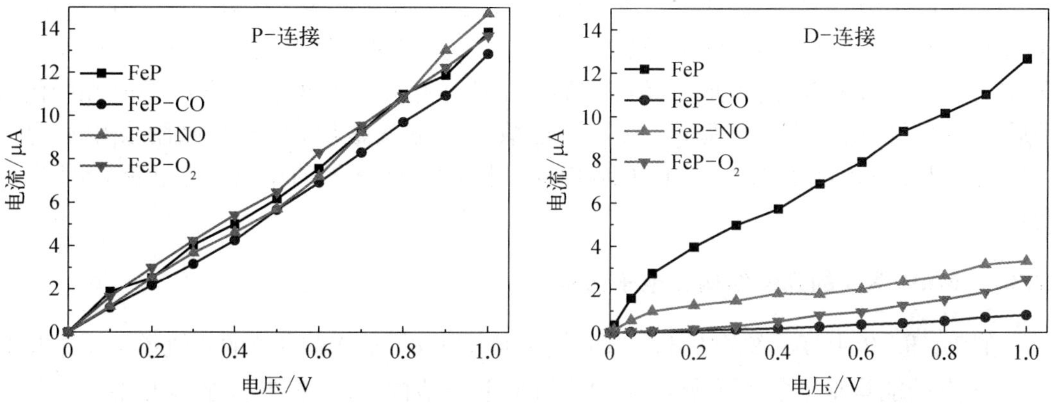

(a) P-连接　(b) D-连接

图 12.20　FeP-XO 系列分子的电流-电压曲线

解。依据 Landauer-Büttiker 理论,分子结的电流可视为特定能级透射系数在对应偏压窗口内的积分结果,透射谱则能够揭示不同连接方式下电子输运特性的差异。图 12.21 展示了 FeP 系列分子在零偏压条件下的透射谱。图中,空心圆标记了 HOMO 和 LUMO 共振峰位。对于 P-连接,若忽略因积分误差导致的透射系数轻微波动,可观察到吸附 CO 和 O_2 后,透射谱并未发生本质变化。然而,在吸附 NO 后,LUMO 能级向费米能级靠近,形成了较强的透射峰,这一特征与另两种分子显著不同。尽管如此,费米能级对应的透射系数在吸附前后仍保持在相近水平[分别为 0.032(P-FeP)、0.15(P-FeP-CO)、0.092(P-FeP-NO)和 0.22(P-FeP-O_2)],因此它们的零偏压电导相近。相比之下,对角连接(D-连接)的透射谱变化更为显著。在未吸附气体分子(D-FeP)时,费米能级附近存在由 HOMO 贡献的透射峰,透射系数高达 0.67。但当吸附三种气体分子后,费米能级附近,特别是高能级一侧,透射水平急剧降低。因此费米能级的透射系数分别降为 0.0061(D-FeP-CO)、0.11(D-FeP-NO)和 0.0025(D-FeP-O_2),这一变化导致了零偏压电导的巨大差异。

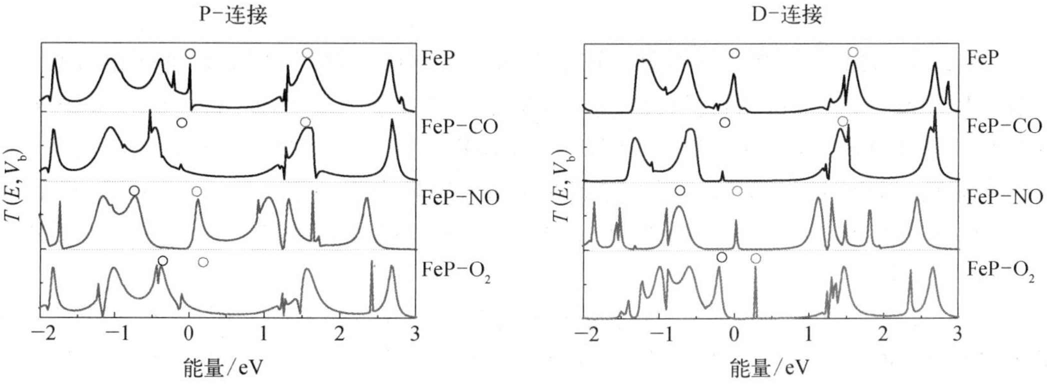

(a) P-连接　(b) D-连接

图 12.21　FeP-XO 系列分子在零偏压下的透射谱

根据12.1节中提出的环状卟啉分子的电子传递路径模型,对于平行连接的P-FeP,电子传递经过卟啉环,而不经过中心Fe原子。在对角连接的D-FeP中,由于经过Fe中心的平均势垒较低,形成一条高效的电子传递路径。对角连接的D-FeP在吸附分子后,Fe原子的电子密度降低,导致导电性减弱。也就是说,只有当吸附发生在电子传递路径上,并且能够改变其电子结构时,才能影响分子的电导,使电流信号发生变化。

12.2.3 MnP-XO的几何结构和电子结构

在Fe(Ⅱ)P中,Fe离子中d轨道的电子结构为d^6,而Mn(Ⅱ)的d轨道电子结构是d^5,五重态的能量最低。而金属离子的d轨道电子结构不同,将导致金属卟啉与气体分子采用不同的配位方式,也会影响到导电性。因此我们进一步研究锰卟啉吸附气体分子后电导的变化。MnP ($S = 4$)具有D_{4h}对称性的平面结构,由于吸附小分子降低了MnP-XO的对称性,Mn原子偏离卟啉环平面0.2~0.3 Å。表12.5给出了优化的MnP-XO复合物结构的重要参数。吸附CO、NO和O_2后,低自旋态能量最低。对于MnP-CO和MnP-NO,Mn-C键和Mn-N键都垂直于卟啉环平面,因此∠Mn-C-O = 180°,∠Mn-N-O = 180°。但是MnP-O_2形成弯曲构型,与FeP-O_2的结构类似,O-O键的投影位于角N_p-Mn-N_p中间。吸附的O_2分子呈弯曲构型,导致四个Fe-N_p键长不同。较短的两个键在O_2弯曲的同侧,Mn-O键的偏离导致了Mn-N_p的不对称。在MnP-O_2中,∠Mn-O-O = 118.5°。

表12.5 MnP-XO复合物的结构参数

分　子	Mn-N_p/Å	Mn-X/Å	X-O/Å	∠Mn-X-O/(°)	Δd/Å
MnP-CO	2.02	1.74	1.16	180°	0.213
MnP-NO	2.02	1.59	1.18	180°	0.319
MnP-O_2	2.01/2.02	1.90	1.27	118.5°	0.189

注: * X = C、N和O;N_p表示卟啉环中的N原子;Δd表示金属偏离卟啉环的平均平面距离。

图12.22给出了MnP-XO的分子轨道空间分布,可以观察到与FeP系列相似的一些特征。P-MnP和D-MnP的离域性较强,分布在全部分子上。Mn原子的d_{xz}或d_{yz}轨道对HOMO-1和HOMO有贡献,导致HOMO-1和HOMO简并。连接方式对轨道的空间分布有微弱影响,这也体现了金属电极通过硫原子对共轭环中不同位点的作用强度略有差异。在三种吸附复合物中,Mn对HOMO和LUMO的贡献不同,因而吸附气体分子改变了MnP-XO的电子结构。

然而,Mn原子与三种双原子气体分子的成键方式与FeP不同。例如,在MnP-CO和MnP-NO中,Mn原子的d_{xz}/d_{yz}轨道与CO和NO的π^*成键。对比FeP-NO和MnP-NO,可以发现FeP-NO是弯曲构型,而MnP-NO中∠Mn-N-O为180°。MnP-O_2中,Mn原子的d_z^2轨道与O_2的π^*成键,形成弯曲构型,其中∠Mn-O-O = 118.5°。Mn原子以不同的d

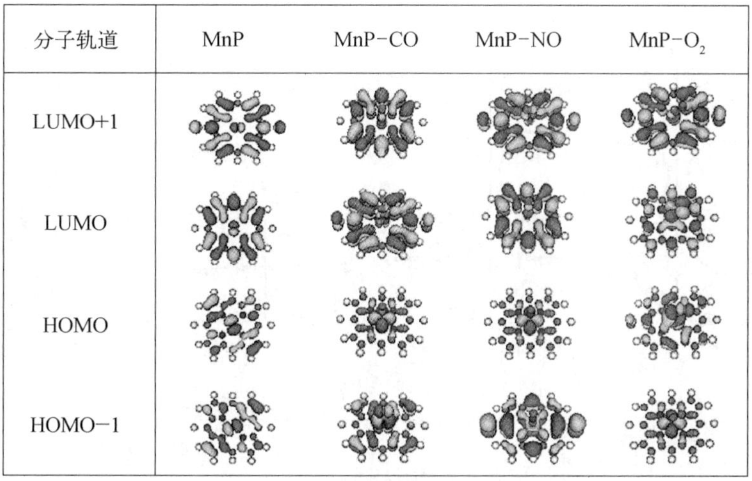

(a) 平行连接

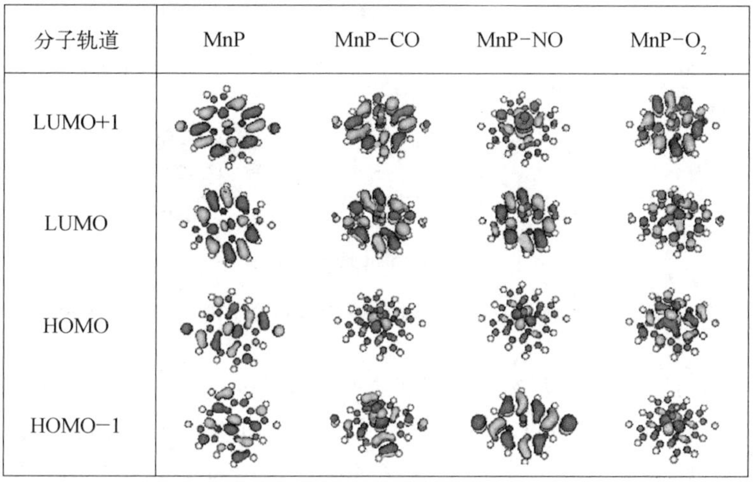

(b) 对角连接

图 12.22　在零偏压下 MnP-XO 的分子轨道空间分布

轨道与三个配体成键，所以中心金属离子的电子云密度不同。因此，可以预测它能够根据电流信号的响应来识别相应的分子。

图 12.23 给出了 MnP-XO 系列的 PDOS 谱和分子轨道能级。从图中可以观察到两种不同的连接方式（P-MnP-XO 和 D-MnP-XO）具有相似的共振峰。例如，P-MnP-CO 和 D-MnP-CO，LUMO 共振峰的位置仅差 0.05 eV。但是 MnP 吸附前后（MnP 和 MnP-XO）以及不同气体吸附分子之间的 PDOS 谱区别明显。例如，从 P-MnP-CO 到 P-MnP-O_2，LUMO 能级从 1.55 eV 移动到 0.72 eV。

对分子结施加偏压后，分子的轨道能级变化明显。图 12.24 给出了 MnP-XO 系列分子结的 MPSH 随偏压的变化。对于平行连接的 P-MnP，HOMO−1 和 HOMO，及 LUMO 和 LUMO+1 都处于简并态。但是，当双原子分子吸附到 P-MnP 分子上时，部分轨道能级的

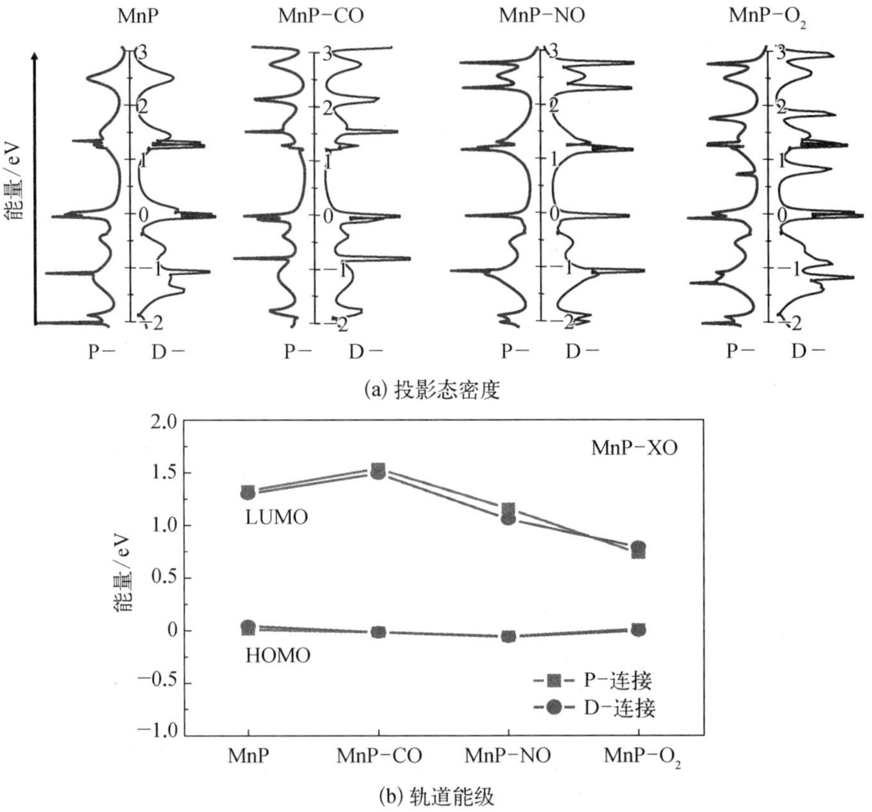

图 12.23 MnP−XO 系列分子在零偏压下的分子能级和投影态密度

简并态被破坏。而且,轨道能级的变化规律也与上文 FeP 系列不同,预示了对气体分子的电流响应信号不同于 FeP。例如,吸附 CO 后 LUMO 和 LUMO+1 能级升高,而吸附 NO 后 HOMO−1 能级降低,并与 HOMO 分离。这些特征也预示着不同卟啉分子结的组合使用,不仅可以检测到小分子的吸附与否,还能判定小分子的种类。此外,对比 P−连接和D−连接可知,无论是吸附前后,两者差别并不显著。

图 12.25 给出了 MnP 系列分子的 E_g 随偏压的变化。三个气体分子对分子结的 E_g 影响各不相同,吸附 CO 后分子的 E_g 升高,而吸附 NO 后 E_g 略有降低,但随偏压增加更快。吸附 O_2 后 E_g 降低 0.6 eV 以上。平行连接和对角连接的变化相似。因此,根据对 MnP 系列分子轨道空间分布、分子轨道能级、E_g 和 PDOS 的分析,可以明确不同的连接方式对分子结的静态性质影响微弱,而吸附不同的分子可对这些静态性质产生显著的作用。

12.2.4 MnP−XO 分子结的电子输运

图 12.26 展示了 MnP 系列分子结的 I−V 曲线,这些曲线能够直观地反映出气体小分子对分子结中电子传递过程的影响。针对 P−MnP−XO 结构,观察到四个分子的 I−V 曲线具有较高的相似性。具体而言,P−MnP 在零偏压条件下的微分电导为 21.5 μS。当吸附了

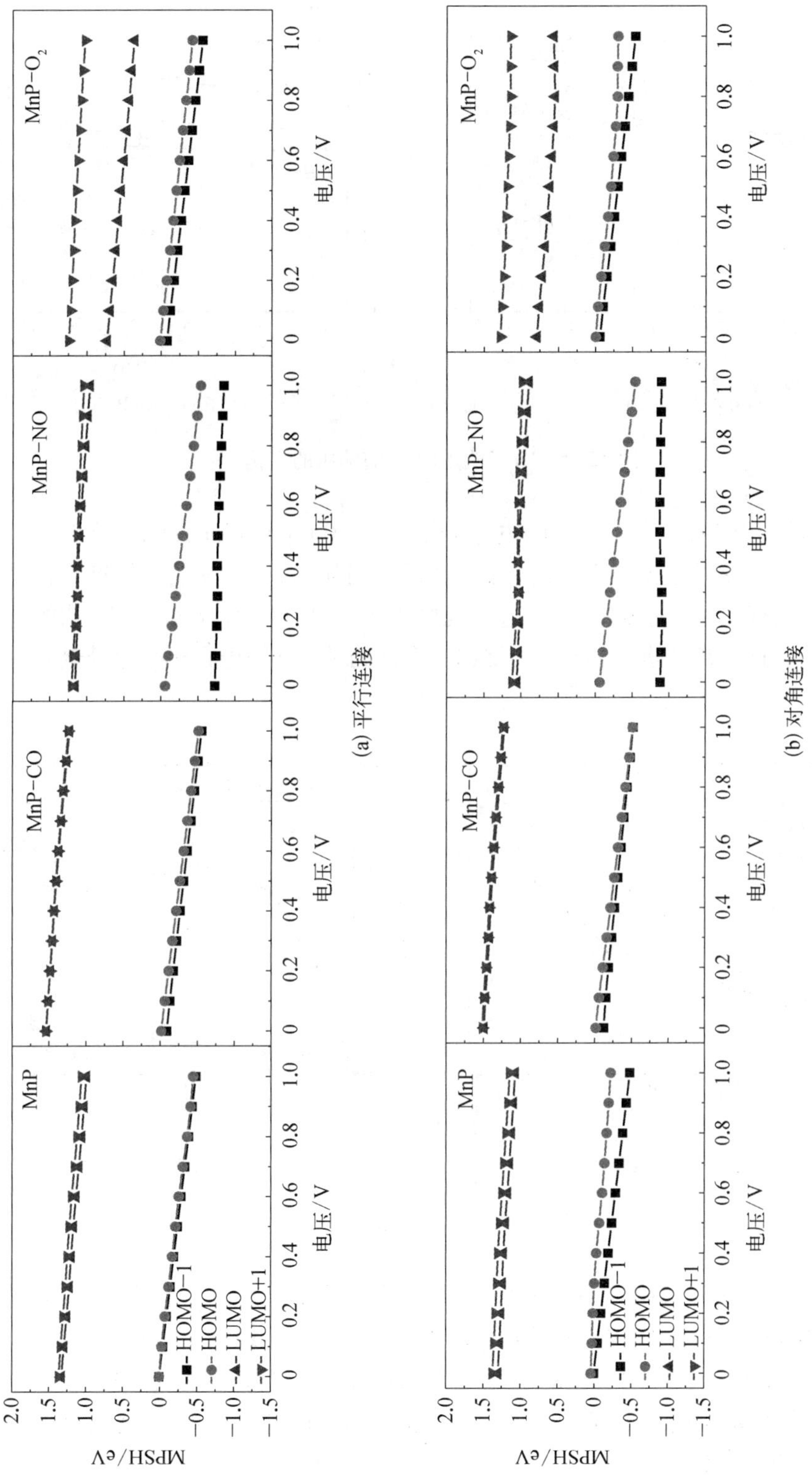

图 12.24　MnP 系列的分子轨道能级随偏压的变化

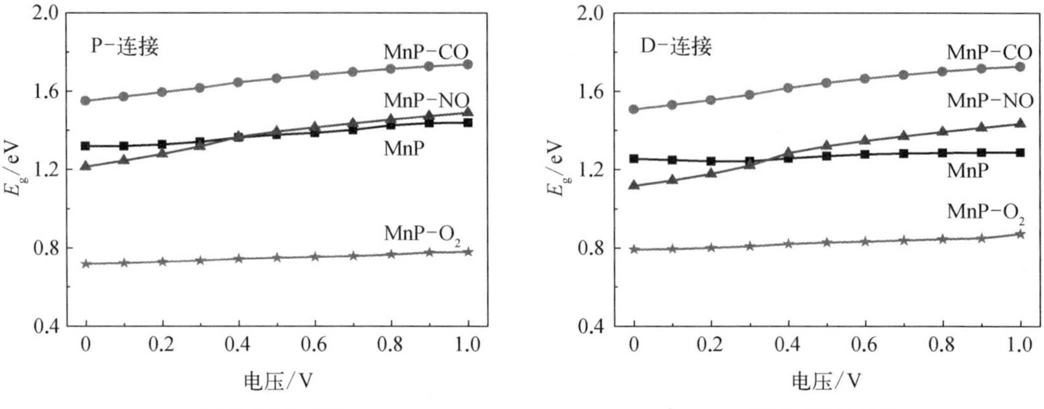

(a) P-MnP-XO　　(b) D-MnP-XO

图 12.25　分子轨道的 E_g 随偏压的变化

CO、NO 和 O_2后，相应的三个分子结的电导分别变为 20.6 μS、10.1 μS 和 20.4 μS。尽管这些 *I-V* 曲线之间的差异相比于 P-连接的 FeP 系列略显增大，但其线性特征以及电导的相对变化量并未呈现出本质上的区别。这一现象表明，CO、NO 和 O_2对 P-MnP 的电子传递过程影响较小。这一结果进一步验证了在 P-连接的情况下，电子并不通过金属中心进行传递。

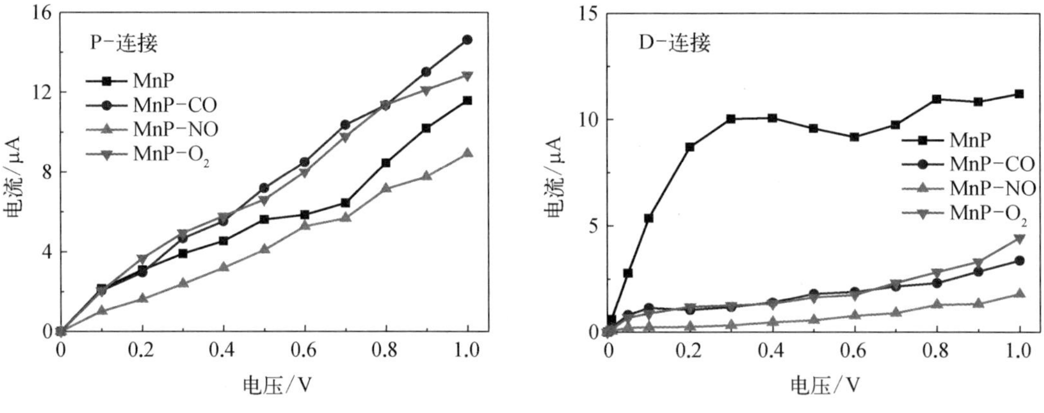

(a) P-MnP-XO　　(b) D-MnP-XO

图 12.26　电流-电压曲线

然而，CO、NO 和 O_2吸附到 D-MnP 上，显著降低了分子结的导电性。例如，零偏压下的电导分别为 53.5 μS(D-MnP)、11.3 μS(D-MnP-CO)、2.2 μS(D-MnP-NO)和8.7 μS(D-MnP-O_2)。D-MnP 分子结对 NO 的吸附响应最明显，电导降低最大。对比可知，D-FeP 分子结对 CO 的吸附响应最明显。因此，可以选用不同的金属卟啉通过电流信号的相对变化来分析检测气体分子。

通过对透射谱的分析，可以进一步揭示 MnP-XO 系列分子在电子传递方面的特点。

图 12.27 展示了 MnP-XO 在零偏压条件下，透射系数 $T(E, V_b)$ 与能级 E 之间的关系。观察该图可以发现，当气体分子吸附到 MnP 上时，HOMO 共振峰的位置均保持一致。然而，MnP-NO 和 MnP-O_2的 LUMO 共振峰向费米能级方向移动，而 MnP-CO 的 LUMO 向高能级方向移动。值得注意的是，连接方式对共振峰位置的移动影响并不显著。但两种不同的连接方式（P-连接和 D-连接）对费米能级处的透射系数产生了显著影响。具体而言，P-MnP-XO 在费米能级处的透射系数介于 0.22~0.32，彼此之间的差异相对较小。相比之下，D-MnP-XO 在费米能级处的透射系数则呈现出明显的差异。其中，D-MnP 的透射系数为 0.67，而吸附了 CO、NO 和 O_2后，其透射系数分别降低至 0.0061、0.11 和0.0025。综合 FeP 和 MnP 与气体小分子相互作用的结果，我们可以得出结论：在环状共轭分子中，电子传递路径对分子结的导电性起着至关重要的作用，不同的金属卟啉对吸附分子的传感表现出选择性。

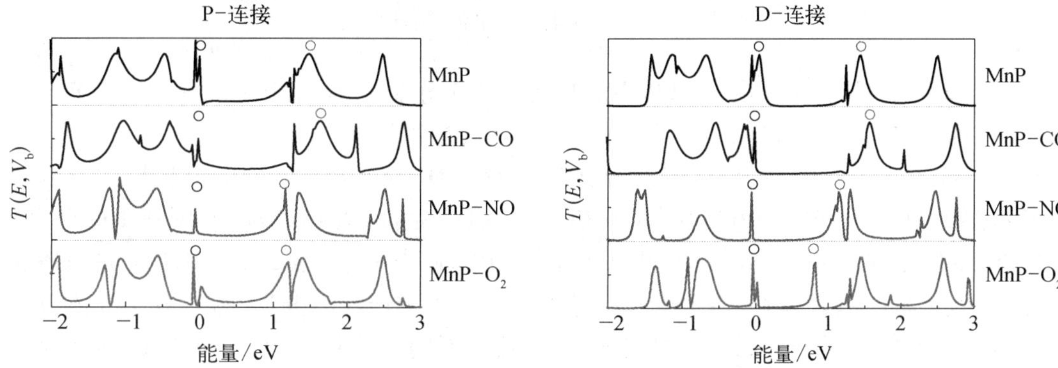

(a) P-MnP-XO　(b) D-MnP-XO

图 12.27　零偏压透射谱

12.2.5　D-FeP 和 D-MnP 的选择性

综上所述，CO、NO 和 O_2能够影响 D-FeP 和 D-MnP 分子结的电导，但影响的程度存在差异。图 12.28 展示了 D-FeP-XO 和 D-MnP-XO 在半对数坐标系下的 I-V 曲线。从图中可以明显看出，吸附不同气体分子后，电流信号存在显著差异。D-FeP 对 CO 的吸附表现出最强的响应，电流降低最为显著。而 D-MnP 对 NO 的吸附响应最为强烈，其电流的降低幅度远大于吸附 CO 和 O_2分子时的情况。

为了更清晰地对比响应程度，图 12.29 给出了 D-FeP 和 D-MnP 吸附气体分子前后的电流比（R），其中 $R_{\mathrm{Fe}} = \dfrac{I_{\text{D-FeP}}}{I_{\text{D-FeP-XO}}}$，$R_{\mathrm{Mn}} = \dfrac{I_{\text{D-MnP}}}{I_{\text{D-MnP-XO}}}$。

对于 D-FeP，三种气体分子（CO、NO、O_2）在低偏压下的响应具有可区分性。例如，在零偏压下，D-FeP 的电导是 D-FeP-CO 的 69 倍。然而，当偏压超过 0.5 V 后，D-FeP 对 NO 和 O_2的响应变得相似，难以区分。相比之下，D-MnP 对 NO 分子的响应显著大于对 CO 和 O_2的响应。在 0.2 V 偏压下，D-MnP 的电流是 D-MnP-NO 的 36 倍。因此，

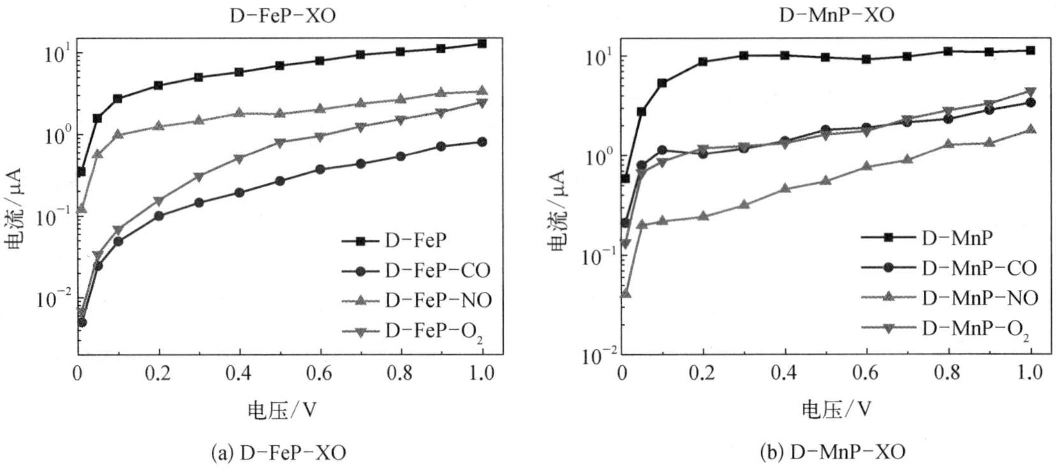

(a) D-FeP-XO　　(b) D-MnP-XO

图 12.28　半对数坐标的电流-电压曲线

在 0.1~0.5 V 的偏压范围内,可以明确识别出 NO 分子。但当偏压高于 0.5 V 时,D-MnP 对 NO 的响应与对 CO 和 O_2的响应变得相似,难以区分。对比相同气体分子在 D-FeP 和D-MnP 上的吸附情况,可以发现,CO 吸附在 D-FeP 上产生的电流比[R_{Fe}(CO)]大于其在D-MnP 上产生的电流比[R_{Mn}(CO)]。具体而言,R_{Fe}(CO)的范围在 16~69,而 R_{Mn}(CO)的范围在 3~9。NO 在两种分子结上的响应则呈现相反趋势,在所研究的偏压范围内,R_{Mn}(NO)的范围在 6~36,而 R_{Fe}(NO)约为 3。D-FeP 和 D-MnP 对于气体分子响应的差异可以归因于它们与气体分子间形成的不同配位键。CO 分子通过其孤对电子和反馈 π 键与 Fe 离子的 d 轨道成键,从而降低了 Fe 离子的电荷密度。而在 D-MnP-NO 中,NO 分子通过 π^* 键与 Mn 离子的 d_{xz}和 d_{yz}轨道作用,导致 Mn 离子的电荷密度降低。

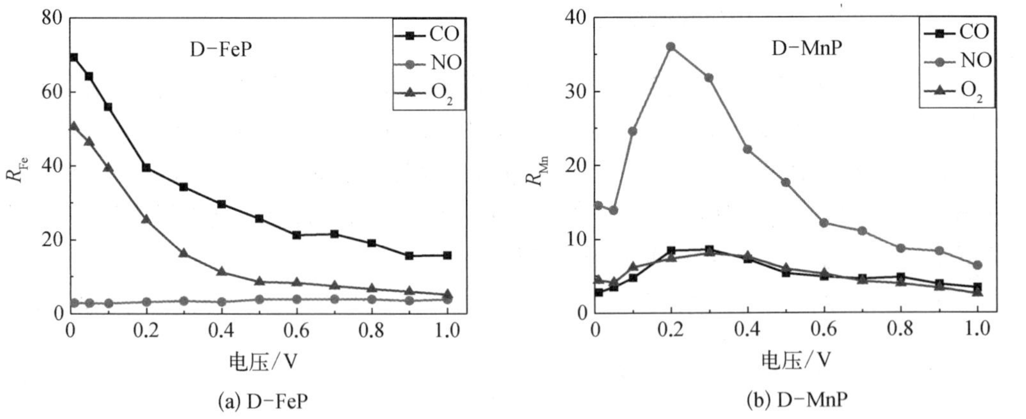

(a) D-FeP　　(b) D-MnP

图 12.29　不同金属卟啉对气体分子的响应效率

本节采用密度泛函理论结合非平衡态格林函数方法,深入研究了环状共轭分子中的电子传递路径,以及双原子气体分子(CO、NO 和 O_2)对铁卟啉和锰卟啉电子传递特性的影响。研究结果显示,在平行连接的金属卟啉分子中,电子传递主要经由卟啉环进行,而不经过中心金属离子。然而,在对角连接的情况下,电子通过金属中心路径的平均势垒更低,形成了一条更为高效的电子传递路径。当气体分子与平行连接的金属卟啉发生相互作用时,由于金属中心并不位于电子传递路径上,因此电流信号基本保持不变。但是,当气体分子吸附到对角连接的金属卟啉上时,金属离子的电荷密度会发生变化,进而导致电流信号减弱。特别是 D-FeP,在零偏压下的电导是 D-FeP-CO 的 69 倍,这表明 D-FeP 对 CO 分子的响应最为强烈。而 D-MnP 与 D-MnP-NO 在 0.2 V 时的电流比达到了 36,说明 D-MnP 对 NO 分子的响应最为显著。因此,通过监测电流信号的变化,可以有效地检测出吸附在金属卟啉上的气体分子。

12.3　碳纳米管构筑的分子结传感器

探究大共轭碳体系与有机功能分子在电子输运方面的特性,对于推动分子器件的发展具有关键作用。前文介绍了功能分子的电子输运性质,提出了电子传递路径模型,设计构建了分子传感器,并开展了系统的模拟。除了分子固有的属性,大共轭碳体系与功能分子间的连接模式同样会对器件的性能产生影响。因此,可以从电子传递路径的调整以及电极-界面调控这两个角度出发,对大共轭碳体系为基础的分子器件进行设计和研究。功能分子的传递路径还与其在电极上的连接方式有关,同时,大共轭碳体系的手性特征也会影响电极的能带结构。本节将针对这两个方面进行深入探讨。

金属卟啉是一种由四个吡咯类亚基的 α 碳原子经由次甲基桥(═C—)连接而成的中等规模杂环化合物,其电子输运特性在很大程度上取决于传递路径。在金属卟啉分子结构中,若为平行连接方式,电子不会经过金属中心;而在对角连接方式下,金属中心成为电子传递的必经之路。金属卟啉因其结构刚性、高共轭程度以及化学稳定性等特点,有望成为纳米传感器的敏感组件。12.2 节介绍了将金属卟啉两端连接至金电极上构建的气体传感器,其中铁卟啉在吸附 CO 后的电流开关比可达到 69。CO 是一种无色、无味且毒性极高的气体,在城市环境中主要源自机动车尾气排放。当生物体内血液中的碳氧血红蛋白(HbCO)含量超过 2%时,会对动物的神经系统产生毒害作用。流行病学研究指出,心血管疾病的发病率和死亡率与短期内接触高浓度 CO 有密切联系。因此,开发一种能够检测大气中 CO 且精度达到 ppb(10^{-9})级的高性能传感器显得尤为迫切。

然而,金属电极化学传感器的研究目前仍处于理论探索阶段。分子器件的性能不仅受到分子结特性的影响,还需考虑电极与界面因素的作用。尽管众多理论研究聚焦于金属电极材料,但在实验层面,分子与金属电极之间的连接稳定性欠佳,分子结的构型往往未能处于能量最低状态,导致实验结果的重复性较低。此外,实验中制备出与分子尺寸精确匹配且结晶状态完美的金属电极也面临较大困难。

碳纳米管作为一种一维材料,展现出轻质、结构完整及导电性能多样的特点。随着研究的不断推进,其应用价值日益凸显。在实验过程中,采用单壁碳纳米管(single-walled carbon nanotube,SWCNT)能够有效规避由金属电极和硫醇键引发的一系列问题。SWCNT

中碳原子主要以 sp^2 杂化形式存在，这使得其结构尤为稳定。通过电弧放电、化学气相沉积或激光蒸发等常规合成方法，可以制备出近乎完美的纳米管结构。随后，利用成熟的化学手段，可以促使 SWCNT 与分子间形成稳定的共价连接。2006 年，Guo 等成功解决了在 SWCNT 与单个分子间构建共价键的难题，他们采用精确的氧化切割技术，在 SWCNT 的端面上修饰羧基，进而将分子的功能基团以共价键方式连接到这些羧基上[34]。此后，其他研究团队也开发出更为简便的方法来调控 SWCNT 的螺旋角和手性[35]。这些实验技术的进展为 SWCNT 纳米器件的制备与应用搭建了新的技术框架。因此，SWCNT 在场发射器、化学传感器等领域展现出了巨大的应用潜力。

碳纳米管根据其手性特征可分为三类：扶手椅型纳米管（armchair form）、锯齿型纳米管（zigzag form）和螺旋型纳米管（chiral form）。碳纳米管的电学特性与其手性指数（n, m），即螺旋度，存在直接关联，通常约定 $n \geqslant m$。当 $n = m$ 时，形成扶手椅型纳米管，其手性角（或螺旋角）为 30°，表现出半导体性质；而当 $n>m$ 且 $m = 0$ 时，为锯齿型纳米管，手性角（或螺旋角）为 0°，展现出金属性质。Qian 等的研究表明，SWCNT 电极的手性会影响其与分子的耦合程度，进而对器件的导电性产生影响[36]。同时，对比研究还发现，SWCNT 的直径和扭曲角对器件电导的影响相对较小。

本节将设计一种通过酰胺键将卟啉铁（Ⅱ）分子与 SWCNT 连接起来的 CO 传感器。采用密度泛函理论（DFT）结合非平衡态格林函数（NEGF）的方法，研究分子与电极间的连接方式以及 SWCNT 手性对器件电子输运特性的影响，并深入探讨其在 CO 传感器方面的应用潜力。

12.3.1 PP-Fe 与 SWCNT 的连接及 CO 传感器模型

我们使用 SWCNT 作为电极材料，以酰胺共价键将卟啉铁（Ⅱ）和 SWCNT 相连，得到如图 12.30 所示的器件结构。这种器件可以通过现有的实验方法制成。

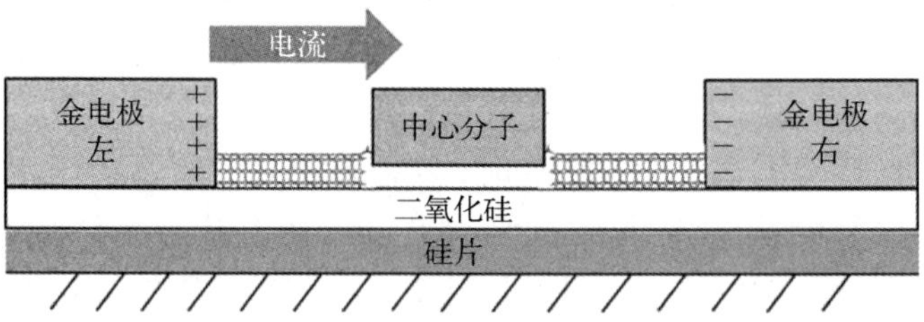

图 12.30 SWCNT 以酰胺键与中间分子相连构建的传感器件示意图

上述模型的计算分三个步骤。首先，对吸附 CO 分子前后的卟啉铁（Ⅱ）（PP-Fe）进行结构优化，包括平行连接（P-连接）的 P-PP-Fe 和对角连接（D-连接）的 D-PP-Fe。吸附分子前后共 4 种几何结构。使用 UB3LYP 杂化泛函，对非金属原子使用 6-31(d) 基组，对 Fe 离子使用 LanL2DZ 基组。由于 Fe 是磁性原子，自旋耦合对 PP-Fe 的电导影响很大，因此我们计算了不同自旋多重度的能量，如表 12.6 所示。选择能量最低的自旋多重度构型，吸附 CO 之前两种连接的自旋多重度均为 3，吸附后变为 1。

表 12.6　不同连接方式的 PP–Fe 吸附 CO 前后的自旋多重度

分　子	自旋多重度	能量/Hartree
D–PP–Fe	$S=1$	−1222.394966
	$S=3$	−1222.444873
	$S=5$	−1222.424295
D–PP–Fe–CO	$S=1$	−1335.74446
	$S=3$	−1335.682359
	$S=5$	−1335.608599
P–PP–Fe	$S=1$	−1222.384183
	$S=3$	−1222.434679
	$S=5$	−1222.396041
P–PP–Fe–CO	$S=1$	−1335.735552
	$S=3$	−1335.709218
	$S=5$	−1335.669194

初步优化的分子上的氨基脱氢后通过共价键与 SWCNT 电极上的 C 原子形成碳–氮键，SWCNT 断口所有的悬挂键都用 H 原子饱和。如图 12.31 给出了 PP–Fe–CO 分子以对角方式分别与扶手椅型和锯齿型 SWCNT 电极连接的结构图。每个锯齿型 SWCNT 电极由 10 层 C 原子，扶手椅型 SWCNT 电极由 8 层 C 原子作为表面层和中间分子一起构成扩展分子(区域 B)。Bruque 等发现 10 层/8 层 C 原子的表面层已经足够长，能够阻隔来自电极端面碳–氢偶极矩的电荷震荡，屏蔽来自中间散射区域的微扰[37]。在同样的计算水平上进一步优化分子结的结构，优化过程中 SWCNT 电极除与分子直接相连的两层 C 原子外，其他 C 原子的相对位置固定。分子与电极间的碳–氢键长为 1.405 Å。

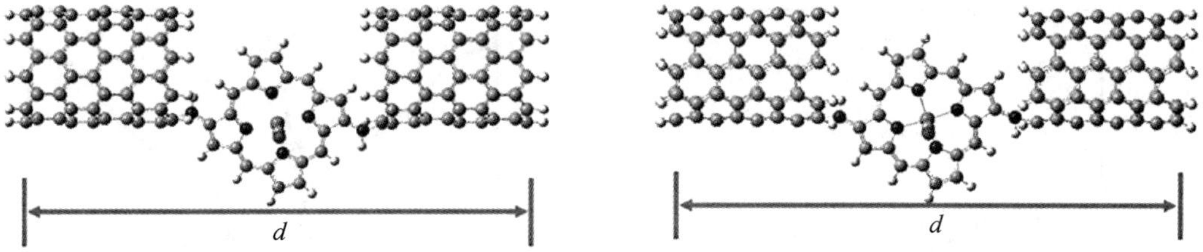

(a) (9, 0)锯齿型SWCNT　　(b) (5, 5)扶手椅型SWCNT

图 12.31　连接在 SWCNT 电极上形成的分子结(D–PP–Fe)的计算模型

电子输运计算是基于 DFT 结合 NEGF 方法。图 12.32 是 D–PP–Fe–CO、P–PP–Fe–CO 分别与锯齿型 SWCNT 连接形成的传感器模型，以及 D–PP–Fe 与扶手椅型 SWCNT 形成的器件模型。区域 A 包含中心分子和部分电极原子优化到每个原子受力小于 0.05 eV/Å。区域 A 以外的电极上的相邻 C 原子都以 1.420 Å 的碳–碳键长彼此相连。在输运计算中，电子交换相关能采用 LDA 泛函及 Perdew-Zunger 参数。为了在计算效率和精度之间达到平衡，除了 Fe 离子采用单 ζ 基组，其他所有原子采用双 ζ 基组进行结构优化。在 SWCNT 电极两端施加的偏压范围是 0~0.5 V。为避免镜像分子间的相互作用，在垂直于输运方向上设置边长为 18 Å 的超晶胞。

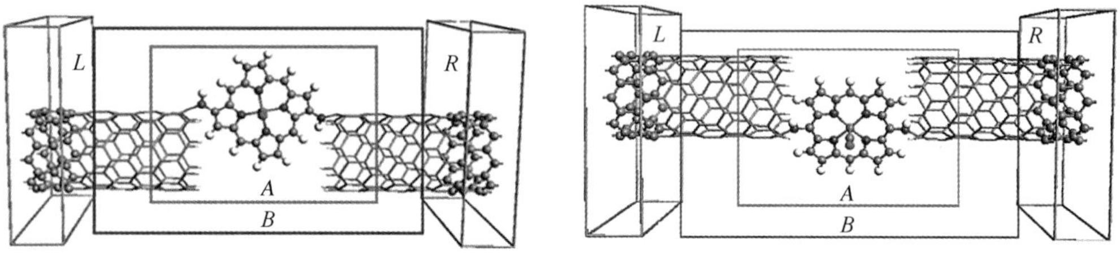

(a) D-PP-Fe-CO/(9,0)锯齿型 SWCNT　　(b) P-PP-Fe-CO/(9,0)锯齿型 SWCNT

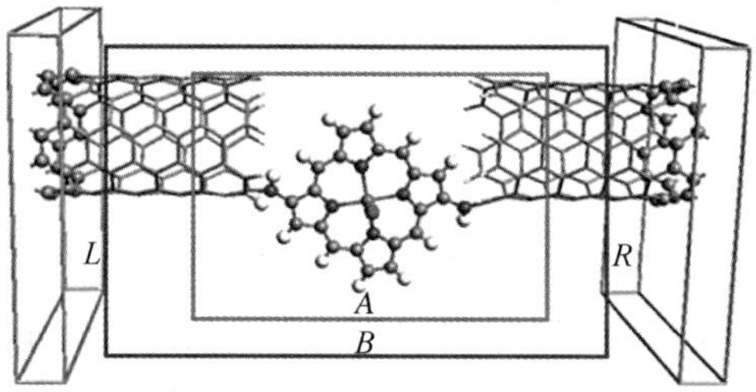

(c) D-PP-Fe-CO/(5,5)扶手椅型 SWCNT

图 12.32　PP-Fe/SWCNT 分子结吸附 CO 后的结构模型

12.3.2　电子输运性质

卟啉铁分子中存在多条电子传输通道。上节研究表明 P-连接与 D-连接中电子流经不同的路径。基于同样的考虑，我们首先考察这种现象是否会出现在 SWCNT 电极体系中。图 12.33 给出了对角连接和平行连接的 PP-Fe 分子吸附 CO 前后的电流-电压曲线。

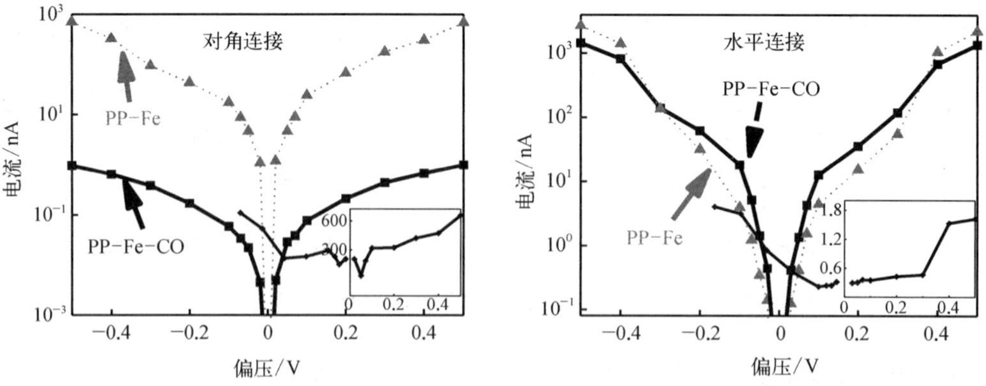

(a) 对角连接　　(b) 平行连接

图 12.33　不同连接方式的 PP-Fe 分子结吸附 CO 分子前后的电流-电压曲线（插图是 PP-Fe 分子结在不同偏压下的电流开关比）

如图 12.33(a)所示,对于对角连接的 D-PP-Fe,在较宽的电压范围内电流近似呈指数增加,吸附 CO 分子后导电性下降近三个数量级。D-PP-Fe 传感器对 CO 的灵敏度,即吸附 CO 前后的电流开关比 $R = I_{on}/ I_{off}$,随偏压升高而急剧增大,在 0.5 V 时达到 690,表明对角连接的 D-PP-Fe 分子结对 CO 分子非常敏感。

然而平行连接的 P-PP-Fe 的电流-电压曲线则完全不同。从图 12.33(b)可以看出,在偏压范围内分子结的电流也呈指数性增加。虽然通过 P-PP-Fe 的电流比 D-连接的高出近 2 倍,但是吸附 CO 分子后的电流变化不明显。上述比较可以明确连接方式对以 SWCNT 为电极的 PP-Fe 的电子输运及其对 CO 分子的响应均有显著的影响。

图 12.34 展示了这两种连接方式分子结在吸附 CO 前后的电导变化情况。对比结果显示,这两种连接方式的电导变化规律与电流相似。其中,D-PP-Fe 吸附 CO 后,其导电性的变化更为显著,因此更适合用于制备分子传感器。

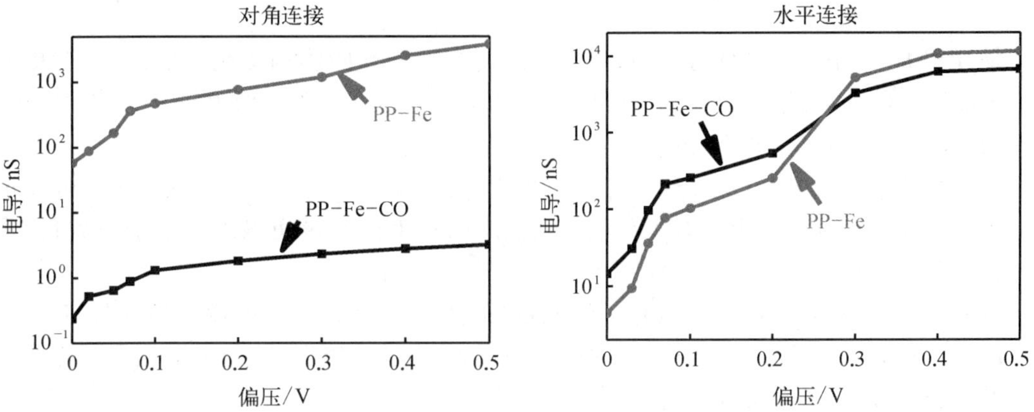

(a) 对角连接　　(b) 平行连接

图 12.34　不同连接方式的 PP-Fe 分子结吸附 CO 分子前后的电导曲线

图 12.35 展示了在零偏压下,对角连接和平行连接的 PP-Fe 分子在吸附 CO 分子前后的透射谱和 PDOS。分子的电子结构决定了透射谱与 PDOS 谱之间存在一定的相似性。由于电子输运计算中采用了周期性处理,分子轨道能级附近的状态数量增多,态密度增大,从而在 PDOS 谱中形成峰。这些峰也对应了潜在的电子传输通道,其中部分通道具有较高的传输效率,成为有效通道。透射系数是相同能级上所有通道透射效率的总和。因此,透射谱中的峰也受到分子轨道能级的影响。通常,费米能级两侧的峰分别对应 HOMO 和 LUMO 能级。

观察图 12.35(a)中的透射谱,可以发现 D-PP-Fe 在吸附 CO 后,费米能级附近的透射峰明显向两侧偏移,且峰高显著降低。在对应的 PDOS 图中,也观察到了类似的现象,这表明 CO 的吸附显著减少了电子传递的通道数量,并可能同时降低传输效率,总体表现为透射几率大幅下降。因此,对角连接对 CO 的吸附表现出很高的灵敏度。

对于平行连接(P-PP-Fe),在吸附 CO 前后,费米能级附近的透射峰均比 D-PP-Fe 高出许多,即透射系数更大,因此其电流的绝对值也远大于 D-PP-Fe。然而,值得注意的

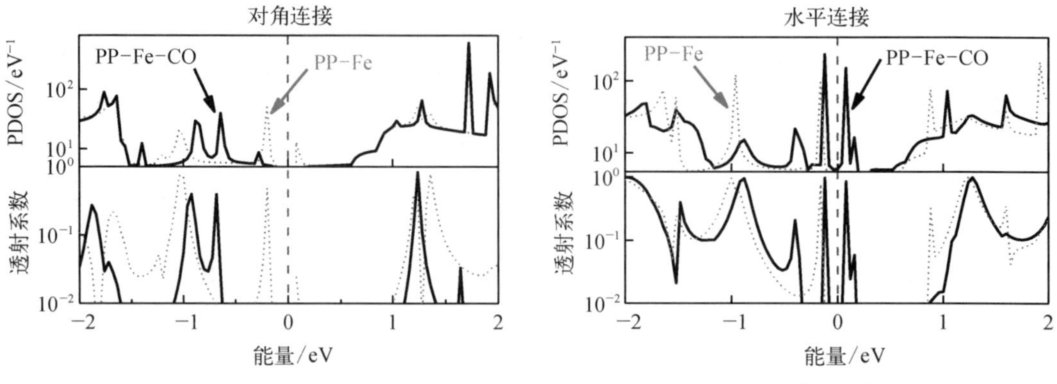

(a) D-连接

(b) P-连接

图 12.35 在零偏压 PP-Fe 吸附 CO 分子前后的透射谱和 PDOS 谱

是,P-PP-Fe 在吸附 CO 分子后,透射峰的峰高反而比吸附前更高,且峰的位置更靠近费米能级。此外,费米能级右侧还出现了 LUMO 峰。这些变化导致 P-PP-Fe 在吸附 CO 后的电流增大,与 D-PP-Fe 的行为截然相反。

连接方式对 PP-Fe 的电子输运特性产生的影响,可通过局域态密度(local density of state,LDOS)来加以阐释。LDOS 代表单位体积和单位能量间隔内的电子态数目,通常以其在分子结构上的空间投影分布来呈现。图 12.36 展示了在零偏压条件下 HOMO 能级和费米能级时,不同连接方式的 PP-Fe 在吸附 CO 前后的局域态密度空间分布,其中等值面设定为 0.3 个态/($Å^3$·eV)。从图中可以观察到,在费米能级处,分子上几乎不存在电子态的分布,这凸显了有机分子与半导体或导体之间的本质差异。相比之下,在 HOMO 能级,电子态的分布则十分显著,因为 HOMO 更接近于费米能级,因此也是电流的主要贡献来源。

通过对比水平连接和对角连接的态密度分布,可以发现对角连接的 D-PP-Fe 中存在两种传输路径。一种是通过卟啉环上的 π 共轭链,另一种则是通过卟啉中心的 Fe 离子。从 LDOS 图上可以明显看出,D-PP-Fe 中的 Fe 离子态密度更大,这表明第二种传输路径占据优势。当 D-PP-Fe 吸附 CO 后,CO 的 C 原子与 Fe 离子形成了键长为1.673 Å的配位键,∠FeCO 角度为 180°。CO 具有较强的吸电子能力,导致 Fe 离子的态密度被削弱,从而使得这条传输路径被阻断。在零偏压下,D-PP-Fe 的电导为 140 nS,而吸附 CO 分子后,其电导降至 0.09 nS,降低了超过三个数量级。这表明,当使用 SWCNT 作为电极材料时,对角连接的 D-PP-Fe 对 CO 具有极高的敏感性。

平行连接的 P-PP-Fe 的 LDOS 分布展现出较大的差异。当电子试图直接穿越 Fe 离子时,必须克服卟啉环与金属离子间存在的真空势垒,这极大地阻碍了电子的传输效率。因此,在平行连接中,电子主要通过卟啉环上的共轭链进行传输。在吸附 CO 前后,尽管 Fe 离子上的电子态密度有所变化,但卟啉环及碳管边缘的电子态密度显著增加。尽管态密度的增加并不能直接证明所形成的通道具有高效率,但至少表明其导电性能不会显著恶化。

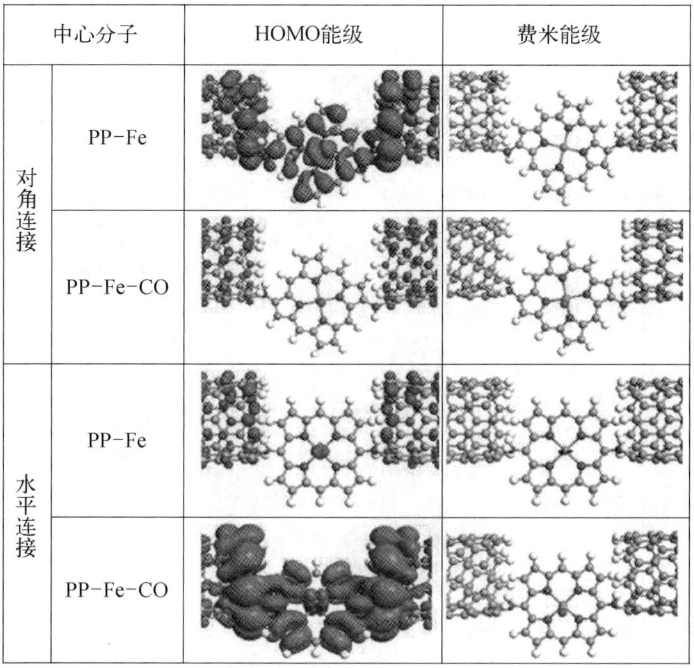

图 12.36　零偏压下，分别在 HOMO 轨道能级处和费米能级处不同连接方式 PP-Fe 吸附 CO 前后局域电子态密度的空间分布图，等值面设置为 0.3 个态/(Å^3·eV)

分子结在外加偏压 V 下，能量 E 处的透射系数 $T(E, V)$ 是所有电子传输通道上透射概率的总和。通过计算分子中电子在原子间的传输概率和方向，可以绘制出透射概率的空间分布图[38]。图 12.37 展示了在零偏压下，不同连接方式的 PP-Fe 在吸附 CO 前后 HOMO 能级的透射图。透射通道由覆盖在分子上的箭头标示，其阈值设定为 0.3。其中，蓝色箭头代表与净电流方向一致的通道，红色箭头则代表相反的通道，所有箭头均经过归一化处理。每条通道上箭头的直径能够直观地反映出该通道上电子透射的相对概率，这有助于深入理解上文所述的连接方式如何决定电子的传递路径。

在 D-PP-Fe 分子中，穿越 Fe 离子的碳链构成了电子传递的主要透射通道。当吸附 CO 后，这些通道受到阻碍，导致电子传输的透射系数降低了 4 个数量级。由于零偏压下的电导可以通过零偏压费米能级的透射系数进行定性比较，因此电子透射图能够定性地反映体系的导电性变化，这也验证了我们提出的更为宏观的电子传递路径模型。相比之下，在 P-PP-Fe 中，电子的传输通道并不经过 Fe 离子，而是仅通过卟啉环的 π 共轭链进行传输，吸附 CO 后，这一透射通道略有改善。

本节探讨了平行连接和对角连接的 PP-Fe/SWCNT 具有不同的电子传递路径，这导致分子结电导对 CO 的响应存在显著差异。在平行连接的分子结中，P-PP-Fe 吸附 CO 前后的电流变化较小，且呈现出略有增长的趋势。然而，在对角连接中，由于电子传递必须通过分子中心的 Fe 离子，CO 与 Fe 离子的配位作用显著降低了 Fe 离子上的电子密度，从而阻碍了电子在 D-PP-Fe 上的传递，导致电导急剧下降。对角连接的 PP-Fe/SWCNT

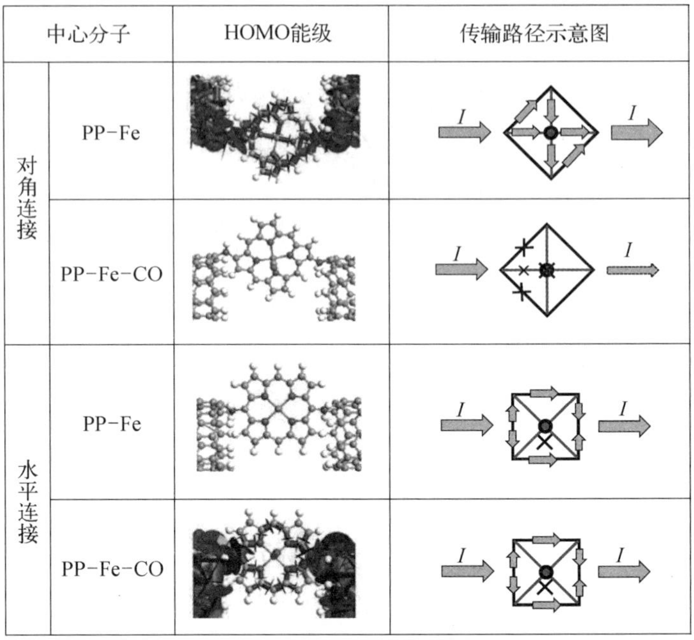

图 12.37　零偏压下，在 HOMO 能级不同连接方式的 PP-Fe 吸附 CO 前后的电子透射图

传感器对 CO 检测的电流开关比可达到 690。因此，可以得出结论，PP-Fe/SWCNT 以对角方式连接更适合用于 CO 传感。

12.3.3　SWCNT 电极的手性对 CO 检测灵敏度的影响

在本节研究的卟啉-碳管传感器中，胺基的氮-氢键与碳管端口的碳-氢键的空间排斥作用，使分子平面几乎与电极截面垂直。这将导致 SWCNT 电极的大离域 π 键与分子 π 键不能耦合，无法形成更完整的共轭体系。但是在不同手性的 SWCNT 电极中，大共轭结构被阻断的程度不同，也会对电子传递产生不同的影响。因此在这一部分我们将讨论 SWCNT 的手性对 D-PP-Fe/SWCNT 传感器性能的影响。在此仅以(5, 5)扶手椅型和(9,0)锯齿型的 SWCNT 电极为例。

图 12.38 展示了两个不同手性电极的传感器在-0.5~0.5 V 偏压范围内的电流-电压曲线对比。在偏压范围内，两种手性电极的分子结在吸附 CO 后，电流均显著减小，即从电流的开状态(低电阻态)转变为关状态(高电阻态)。无论是在吸附 CO 分子之前还是之后，扶手椅型电极的电流均远高于锯齿型电极，这表明 PP-Fe 传感器的性能与 SWCNT 电极的手性有很大关系。

值得注意的是，扶手椅型 SWCNT 传感器还呈现出轻微的负微分电阻(negative differential resistance，NDR)特性，而这一现象在锯齿型电极中并未出现。类似地，Zhao 等也报道了以 SWCNT 为电极的环戊二烯分子开关中出现的负微分电阻现象[39]。正是这种负微分电阻效应，使得扶手椅型传感器的电流开关比随偏压的降低而减小，这与锯齿型传

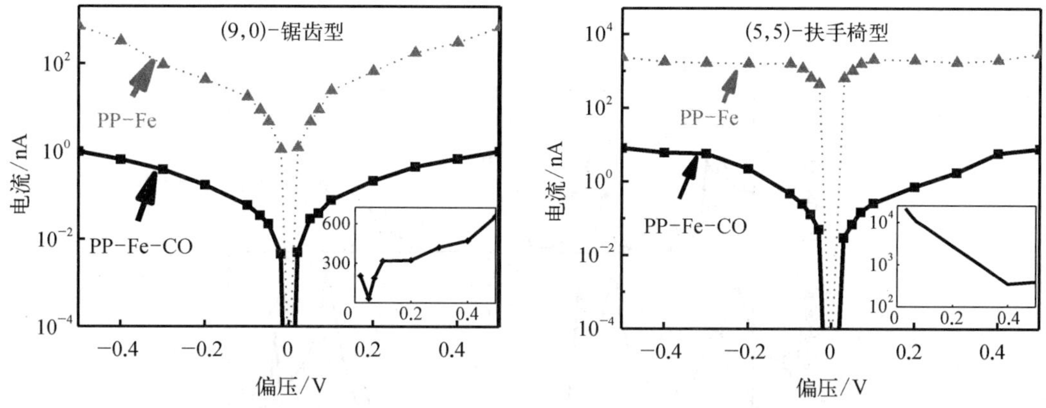

(a) (9,0)锯齿型　　(b) (5,5)扶手椅型

图 12.38　手性 SWCNT 电极的 D-PP-Fe 化学传感器的电流-电压曲线和电流开关比曲线

感器的表现不同。在低偏压范围内,扶手椅型传感器的开关比可达 2.1×10^4,几乎是锯齿型传感器的 30 倍,也是上一节中提到的金电极体系的 310 倍。这表明扶手椅型 SWCNT 传感器更适合作为 CO 分子的传感检测材料。

低偏压下的电流通常取决于费米能级附近的透射系数。对于所研究的两个手性 SWCNT 电极,在吸附 CO 之前,费米能级附近的透射系数较大,意味着分子结的电导较高。图 12.39 展示了在[−2.0 eV, 2.0 eV]能量范围内,锯齿型和扶手椅型 PP-Fe/SWCNT 分子结在吸附 CO 前后的 PDOS 谱和透射谱。透射谱上的峰展宽明显且连续性好,这是由于分子与 SWCNT 电极之间通过较强的 π 键相互作用,因此它们之间的耦合较强。然而,扶手椅型和锯齿型 PP-Fe 分子结在透射谱上存在几处显著差异。在零偏压费米能级处,扶手椅型的透射谱中有一个尖锐的 HOMO 峰,且峰值很大;而锯齿型的 HOMO 峰位于费米能级的低能级一侧,其透射系数明显较小。这直接导致扶手椅型传感器在零偏压下的电导高于锯齿型传感器。当吸附 CO 后,扶手椅型的 HOMO 峰明显向低能量方向移动(即负移),且峰的高度也迅速降低。虽然这一变化趋势与锯齿型相似,但扶手椅型的变化幅度更大。因此,其电导的衰减也更为显著,即电流开关比更大。

在图 12.39(c)中,虚线之间标记了偏压窗口的范围。当施加偏压后,扶手椅型的透射峰会向低能量方向移动,并且峰的高度会降低。在大共轭体系中,HOMO 的峰高与分子和电极之间的耦合强度有直接关联。随着偏压从 0 V 增加到 0.5 V,偏压窗口的宽度会变大,进入偏压窗口的透射峰的积分面积会逐渐增大,在偏压为 0.1 V 时达到最大值。然而,随着偏压的进一步升高,尽管有更多的能级进入偏压窗口,但这并不足以弥补透射系数的衰减,因此电流会减小。这就是在扶手椅型 PP-Fe/SWCNT 分子结中出现负微分电阻现象的原因。

扶手椅型 PP-Fe 传感器的透射系数相较于锯齿型更大,这归因于其具有更长的有效 π 共轭长度。这一点可以通过图 12.40 中展示的分子结上电子态的分布得到进一步验证。该图描绘了零偏压 HOMO 能级处,扶手椅型和锯齿型分子结在吸附 CO 前后的局域态密度(LDOS)的空间分布,等值面设定为 0.3 个态/(Å$^3\cdot$eV)。如前所述,D-PP-Fe

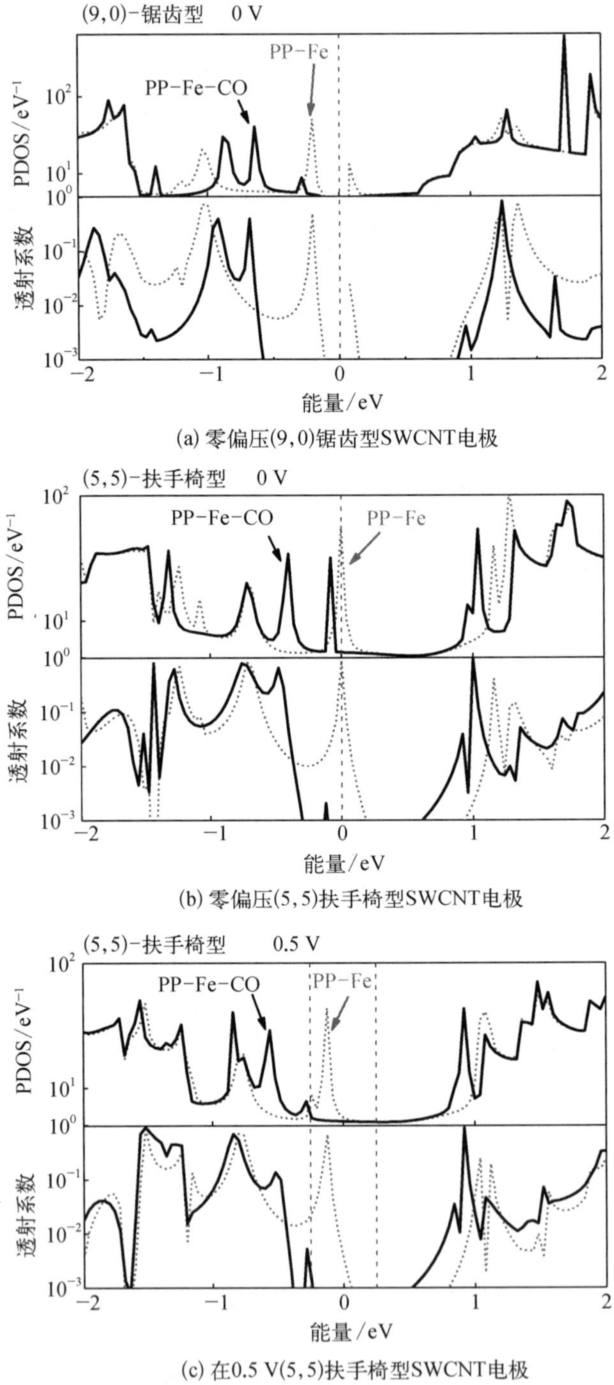

图 12.39 D-PP-Fe 吸附 CO 前后的透射谱和 PDOS 谱

的电子输运主要通过卟啉中间的 Fe 离子进行,但 SWCNT 的手性对传输行为同样产生显著影响。与锯齿型分子结的 LDOS 相比,扶手椅型不仅未减少电子态在 Fe 离子上的分布,反而增加了在 π 共轭环上的分布,同时碳管的电子态在连接分子的一侧更为集中。这可以归因于扶手椅型 SWCNT 电极的大共轭 π 键与 PP-Fe 分子的 π 共轭之间存在较强的耦合作用。因此,在扶手椅型分子结中,除了通过中心 Fe 离子的通道,卟啉共轭环也成为了电子传递的有效通道。这两条通道对电导的贡献几乎相等,这可以从其透射系数几乎是锯齿型的两倍这一事实得到证实。然而,当吸附 CO 后,锯齿型和扶手椅型的电子态均急剧降低到相似的水平。因此,扶手椅型传感器对 CO 分子检测的灵敏度远高于锯齿型。

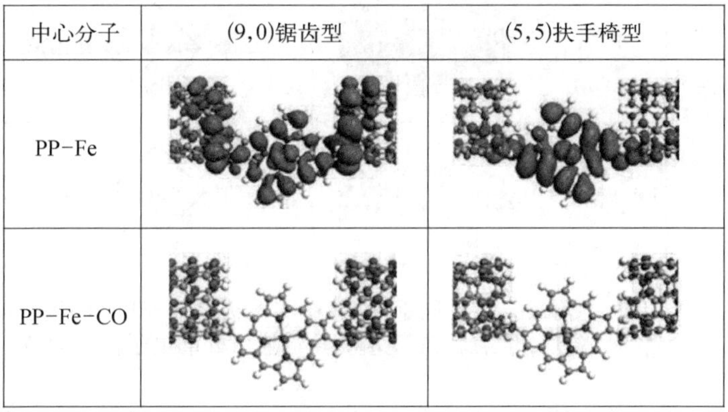

图 12.40 在零偏压下,不同手性 SWCNT 电极的 D-PP-Fe 吸附 CO 前后在 HOMO 轨道能级处的局域态密度的空间分布图,等值面设置为 0.3 个态/(Å^3·eV)

图 12.41 展示了零偏压下,不同手性电极的 D-PP-Fe 在吸附 CO 前后的 HOMO 能级电子透射图。当电极的手性由锯齿型转变为扶手椅型时,由于电极与卟啉环之间的耦合作用,反向电流分量显著减少。与此同时,正向电流分量急剧增加,这表明通过扶手椅型分子结的电子透射效率高于锯齿型。在扶手椅型分子结中,蓝色箭头连续分布在由碳-碳单键和碳-碳双键交替构成的共轭链上,形成了最为高效的电子传递路径。这个观察结果进一步支持了本书中提出的观点,即交替的单双键结构能够构成高效的电子传递路径。正是由于吸附 CO 前后扶手椅型分子结表现出如此显著的差异,因此从理论上讲,扶手椅型 SWCNT 更适合作为制备 PP-Fe 传感器的电极材料。

为了探究功能分子的连接方式以及大共轭碳体系的手性对电子输运行为的影响,本节设计了一系列以 PP-Fe 与 SWCNT 连接为基础的 CO 传感器。采用 NEGF-DFT 方法对这些器件的电子输运行为进行了模拟。研究发现,当 Fe 离子以对角方式连接在电子传输通道中时,其在传输过程中起到了关键作用。因此,吸附 CO 气体分子后,这种连接方式的电流变化更为显著,更适合作为传感器材料。此外,由于扶手椅型 SWCNT 与 PP-Fe 之间的耦合程度更高,因此使用扶手椅型 SWCNT 作为电极材料制备的传感器表现出更高的灵敏度。模拟结果表明,当以扶手椅型 SWCNT 为电极,且 PP-Fe 分子

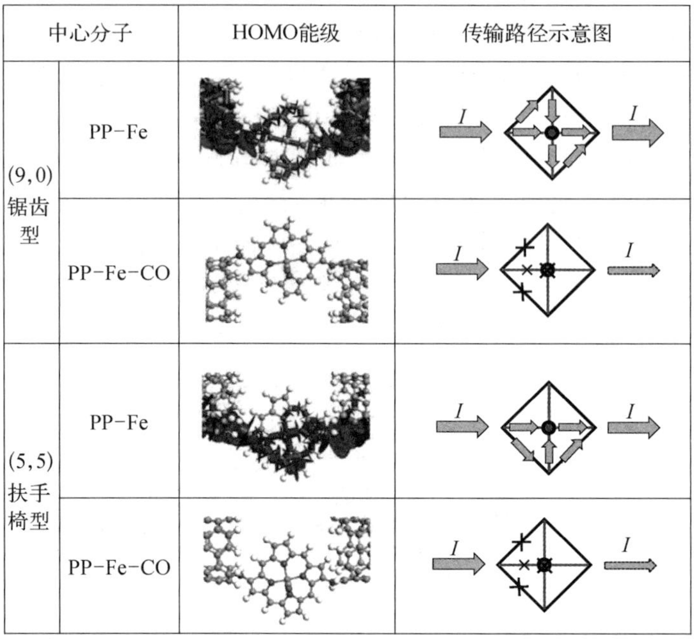

图 11.41 零偏压下,不同手性 SWCNT 电极的 D-PP-Fe 吸附 CO 分子前后在 HOMO 轨道能级处的电子传输通道

以对角方式连接时,该传感器对 CO 具有很高的开关响应,开关比可达到2.1×10^4。因此,通过合理选择功能分子的连接方式以及大共轭碳电极的手性,可以显著提升分子器件的性能。

12.4 二维金属有机框架材料的气体传感

金属有机框架材料(metal-organic framework,MOF)是一类由无机金属离子或团簇与有机配体通过配位键连接形成的多孔纳米材料,兼有无机材料的刚性和有机材料的柔性。实验上通过替换过渡金属离子或有机配体,能够实现对 MOF 的结构和性质的调控,目前已广泛应用于气体储存、气体分离、催化和传感等领域。

2013 年,Nishihara 等制备了具有六角形笼目(kagome)晶格的二维 MOF,即镍离子与六巯基苯形成的镍双二巯基化合物(NiDT)[40],为二维 MOF 的合成与应用拓展了新的途径。通过替换不同的有机配体和过渡金属离子,可以调控二维 MOF 的几何结构和电子性质。例如,以六巯基苯、2,3,6,7,10,11-六巯基三亚苯、2,3,6,7,10,11-六氨基三亚苯(HITP)[41]、2,3,5,6,10,11-六羟基三亚苯(HHTP)[42]、六亚氨基苯(HIB)[43,44]等作为有机配体,利用 Co(Ⅱ)离子[45]、Ni(Ⅱ)离子[46]、Pd(Ⅱ)离子[47]、Pt(Ⅱ)离子[48]和 Cu(Ⅱ)离子[49]等作为金属中心制备二维 MOF。由于这些二维材料具有平面共轭结构和特殊的晶格,其具有优异的物理化学性质,有望在有机拓扑绝缘体[50]、分子传感器[51]、超级电容器[52]和场效应晶体管等器件中得到应用[53]。

理论研究也预测了一些二维 MOF 的功能，如单层的 NiDT 和 Ni_3(HITP)$_2$薄膜，可以作为有机拓扑绝缘体[50,54]。它们的二维薄膜具有半导体性质，而一维的纳米带具有金属性质，在自旋电子学和量子计算等领域具有潜在的应用。随后发现单层 X_3(HITP)$_2$($X=$ Ta,Re 和 Ir)[55]存在量子反常霍尔态，而 Pt 与六硫醇苯的配合物通过电子掺杂能够实现量子自旋霍尔态与量子反常霍尔态之间的转变[56]。

另外，二维共轭 MOF 由于具有共轭结构，通常具有较高的电导率或电荷迁移率，可应用于电导类型的分子传感器。Campbell 等证明，导电的 Ni_3(HITP)$_2$和 Cu_3(HITP)$_2$薄膜对某些挥发性有机物(如醇类、芳香族化合物和胺类)具有选择性的电导响应[57,58]。基于 Cu_3(HITP)$_2$和 Cu_3(HHTP)$_2$薄膜制备的器件对 NH_3表现出良好的传感性能[42,57]。Sarkar 等报道，CO 分子在钴双二巯基(CoDT)薄膜表面的吸附引起了明显的电流响应，电流的改变量可作为检测 CO 气体的信号[59]。利用第一性原理计算，我们发现 NiDT 在吸附 CO 和 NO 气体后电子结构发生变化，是一种有潜力的 CO 和 NO 气体化学传感器[60]。尽管研究结果表明基于 MOF 材料的气敏传感器具有高选择性，但二维导电 MOF 的传感机制仍然需要进一步研究。尤其需要系统地研究吸附物质和 MOF 金属离子之间的相互作用，以及二维 MOF 作为气体传感器时，电子结构和输运性质的改变。

本节研究了气体分子(CO、NO 和 O_2)在具有不同 d 电子态的金属离子组成的二维 MOF 上的吸附机理，以及气体分子的吸附对薄膜的电子结构和输运性质的影响。我们选择金属双二巯基化合物(MDT，M = Fe、Co、Ni、Pd 和 Pt)为模型。实验上利用六巯基苯与金属离子配位，已合成了 CoDT、NiDT 和 PdDT 薄膜[40,45,47]。结果表明，MDT 薄膜对不同的分子具有选择性。铁磁性的 FeDT 和 CoDT 薄膜能够化学吸附三种气体分子，而非磁性的 PdDT 和 PtDT 薄膜仅对 NO 分子敏感，NO 的吸附显著提高了两种薄膜的导电性。

分子结构的优化和电子结构的计算基于第一性原理的密度泛函方法。交换相关泛函 GGA/PBE 方法[61]。利用 Grimme 方法(零阻尼 DFT-D3)校正吸附体系内的范德华弱相互作用[62]。采用投影缀加波方法计算材料的电子性质，其中平面波截断能为 500 eV。在几何优化、自洽计算和能带结构的计算中，k 点网格设为 $7\times7\times1$。计算电子态密度(DOS)时，使用更密集的 k 点网格($16\times16\times1$)来获得精确的 DOS。对所有原子自由弛豫，直到总能量变化小于 10^{-5} eV，并且每个原子上的受力小于 0.02 eV/Å。真空区域约为 15 Å，以避免相邻层之间的相互作用。计算时考虑了电子的自旋极化。

12.4.1　分子吸附结构与吸附机理

图 12.42(a)展示了具有 kagome 晶格结构的二维 MDT 薄膜的几何结构。每个金属原子采用 dsp^2杂化，与四个硫原子形成正方形配位结构，具有良好的平面 π 共轭。几种 MDT 薄膜的晶格常数分别为 14.81 Å(FeDT)、14.68 Å(CoDT)、14.69 Å(NiDT)、15.08 Å(PdDT)和 15.07 Å(PtDT)，与文献报道的理论计算值[50,59,63]以及实验测量结果一致，例如，实验测量 NiDT 的晶格常数为 14.1 Å[40]、PdDT 的晶格常数为(15 ± 1) Å[47]，其他参数见表 12.7。

图 12.42(b)以 PtDT 为例给出了 CO、NO、O_2分子在二维材料表面的吸附结构。气体分子倾向于吸附在金属原子的上方形成五配位结构。CO 分子以竖直方式吸附在金属原

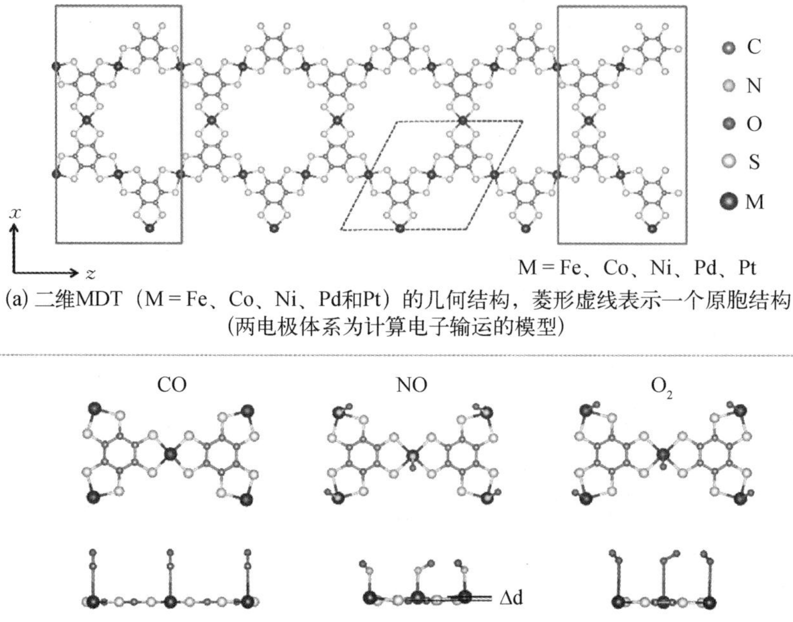

(a) 二维MDT（M = Fe、Co、Ni、Pd和Pt）的几何结构，菱形虚线表示一个原胞结构（两电极体系为计算电子输运的模型）

(b) MDT吸附CO、NO和O_2分子后的几何结构（以PtDT为例），包括俯视图和侧视图

图 12.42　分子簇结构与输运计算模型

子上方，轨道相互作用方式为 $d_z^2(M)-\sigma(CO)$。对于 NO 和 O_2分子，除 FeDT（NO）外，均以弯曲方式与金属原子配位，形成 $d_z^2(M)-\pi^*$（NO 或 O_2）轨道相互作用，∠M−N−O 和∠M−O−O 为 119.0°~144.3°（表 12.6）。而 Fe 原子的 d_{xz}和 d_{yz}轨道与 NO 的 π^*轨道作用强烈，形成垂直的线形构型。

表 12.7　MDT 的金属原子与吸附分子中 X（X = C、N、O）的间距、气体分子 X−O 键长、金属原子被拉伸出平面的距离 Δd、M−X−O 的键角和吸附能（E_{ads}）

吸附体系	d_{M-X}/Å	d_{X-O}/Å	Δd/Å	∠M−X−O/(°)	E_{ads}/eV
FeDT(CO)	1.734	1.163	0.266	180.0	1.51
CoDT(CO)	1.718	1.159	0.320	180.0	1.31
NiDT(CO)	1.823	1.152	0.404	180.0	0.09
PdDT(CO)	3.684	1.143	0.000	180.0	0.06
PtDT(CO)	3.806	1.143	0.000	180.0	0.05
FeDT(NO)	1.622	1.174	0.505	180.0	2.09
CoDT(NO)	1.715	1.176	0.488	144.3	1.33
NiDT(NO)	1.911	1.169	0.349	125.6	0.47
PdDT(NO)	2.268	1.166	0.171	119.0	0.35
PtDT(NO)	2.144	1.170	0.250	119.2	0.37

续表

吸附体系	d_{M-X}/Å	d_{X-O}/Å	Δd/Å	∠M-X-O/(°)	E_{ads}/eV
FeDT(O_2)	1.849	1.270	0.446	126.9	0.43
CoDT(O_2)	1.924	1.266	0.305	121.4	0.24
NiDT(O_2)	3.197	1.239	0	119.9	0.07
PdDT(O_2)	3.329	1.234	0	119.9	0.07
PtDT(O_2)	3.479	1.234	0	119.4	0.07

每个气体分子在 MDT 表面上的吸附能(E_{ads})定义为

$$E_{ads}=(E_{MDT}+3E_{XO}-E_{MDT(XO)})/3 \tag{11.8}$$

式中,X 表示 C、N 或 O 原子。E_{MDT}、E_{XO}和 $E_{MDT(XO)}$分别是二维 MDT 薄膜、一个 XO 分子和吸附体系的能量。E_{ads}为 0.05~2.09 eV。根据结合强度,三种气体分子的吸附可分为两类:① CO 分子与 PdDT 和 PtDT 的相互作用较弱,O_2分子在 NiDT、PdDT 和 PtDT 表面的吸附也较弱,E_{ads}较低,在 0.05~0.07 eV,对应较长的 M−X 距离,d_{M-X}大于 3 Å,应属于物理吸附。② 其他吸附分子的 E_{ads}在 0.24~2.09 eV 范围,且 M−X 距离较短,小于 2.27 Å,可以归属于化学吸附。例如,CO 吸附在 CoDT 表面,Co−C 距离为 1.718 Å,与文献利用第一性原理得到的结果(1.72 Å)一致[59]。总体而言,三种气体分子都可以化学吸附在 FeDT 和 CoDT 薄膜表面,CO 和 NO 分子在 NiDT 表面也属于化学吸附,而 PdDT 和 PtDT 薄膜仅能化学吸附 NO 分子。虽然 NiDT(CO)的 E_{ads}仅有 0.09 eV,略小于文献结果(0.12 eV)[60],但也可以认为是化学吸附。这是因为 d_{Ni-C} = 1.823 Å,比其他物理吸附短得多,并且 CO 分子的吸附导致 NiDT 薄膜的电子结构发生显著的变化。吸附分子和金属离子之间的强烈相互作用导致金属原子被拉伸到平面外,Δd 在 0.170~0.505 Å。NO 化学吸附到 PtDT 表面后,平面结构出现轻微扭曲,如图 12.42(b)所示。相反,PtDT 物理吸附 CO 或 O_2分子后,由于相互作用弱,薄膜依然保持全平面构型。

NO 可以化学吸附在本节所研究的所有 MOF 表面,而 CO 与几种金属离子表现出不同的相互作用。对于五种 MOF 材料,吸附 CO 的 E_{ads}差别很大。为了更清楚地观察吸附过程中能量的变化,我们在图 12.43 中绘制了 CO 和 NO 吸附的势能曲线。从图中可以看到 FeDT 和 CoDT 薄膜吸附 CO 和 NO 时,曲线出现深而窄的谷,对应局域能量极小值,即最稳定的吸附距离。而 NiDT、PdDT 和 PtDT 吸附 NO 时,局域能量极小值对应了较浅的波谷。FeDT 和 CoDT 吸附 CO 和 NO 的深势阱,与其较大的 E_{ads}(大于 1.3 eV)相对应,表明金属离子与吸附分子之间存在强烈的相互作用。相反,当 CO 分子从远处逐渐向 NiDT、PdDT 和 PtDT 靠近时,在 2.3~2.4 Å 存在一个势垒。其中 NiDT 在 1.823 Å 处出现了能量最小值。对于 PdDT 和 PtDT,虽然它们 d_{M-N}在 1.9~2.0 Å 时也有一个能量极小值,但不是全局最小值。这些特征表明,对于 NiDT、PdDT 和 PtDT,CO 的吸附需要分别克服 0.17、0.32 和 0.56 eV 的势垒。由于 PdDT 和 PtDT 的吸附势垒较高,阻碍了 CO 的吸附。

不同金属离子对 CO 和 NO 分子的吸附存在差异,可以进一步从分子轨道的能级匹配性来理解,如图 12.44 所示。金属原子与 CO 或 NO 之间的轨道相互作用遵循对称性允许

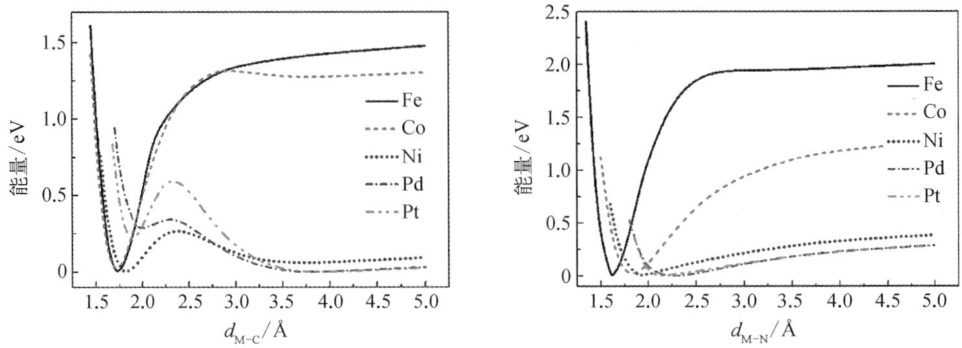

(a) CO (b) NO

图 12.43 二维 MDT 薄膜的吸附势能曲线

和能级匹配的规则。由于金属原子的 d_{xz}、d_{yz} 和 d_{z^2} 轨道参与轨道相互作用，因此图 12.44(b) 绘制了五种 MOF 材料中金属原子的 d_{xz}、d_{yz} 和 d_{z^2} 的投影态密度(PDOS)。五种 MOF 材料中，简并的 d_{xz} 和 d_{yz} 轨道在费米能级附近都存在占据态，而 d_{z^2} 轨道可以分为两种类型。Fe 和 Co 的 d_{z^2} 占据态的顶端位于−0.1 eV，而 Ni、Pd 和 Pt 的 d_{z^2} 占据态远离费米能级，分别位于−0.8、−1.1 和−1.4 eV。

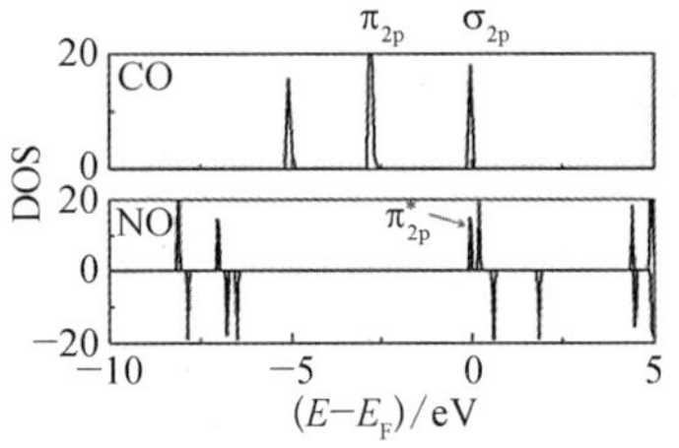

(a) 孤立CO和NO分子的电子态密度

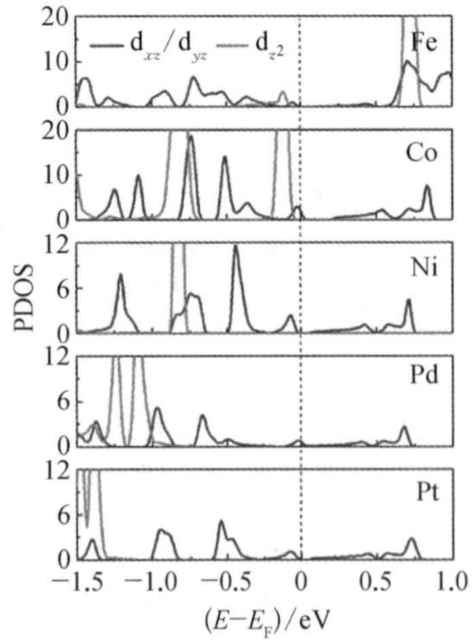

(b) 二维MDT薄膜中金属原子的d_{xz}、d_{yz}和d_{z^2}轨道的投影态密度（PDOS）

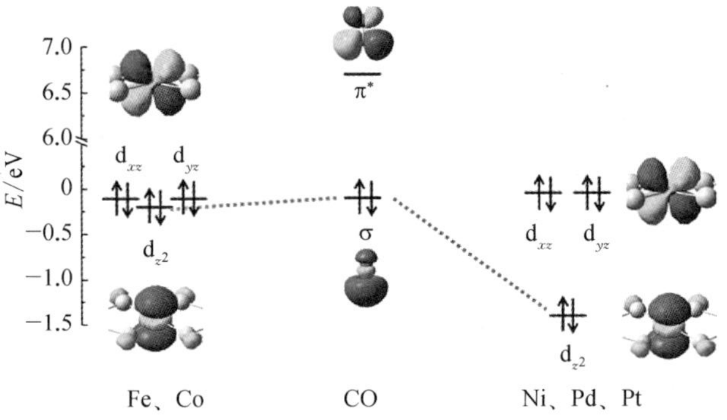

(c) 金属原子的d轨道与CO分子轨道匹配关系

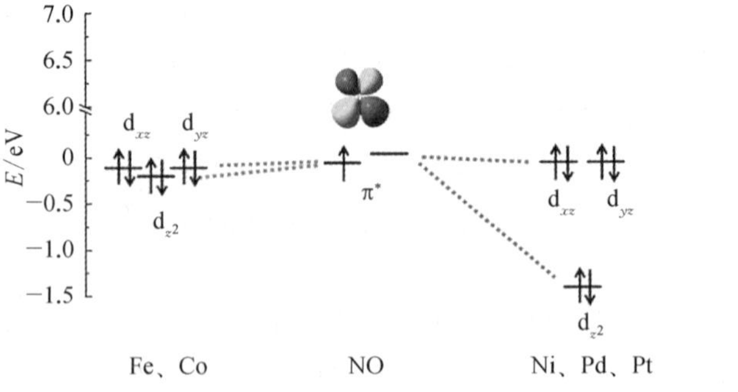

(d) 金属原子的d轨道与NO分子轨道匹配关系(利用了d_{xz}、d_{yz}和d_{z^2}轨道的占据态顶端位置)

图 12.44 轨道相互作用分析

图 12.44(c)和(d)展示了金属原子的 d_{xz}、d_{yz}和 d_{z^2}轨道的占据态顶端与 CO 和 NO 的前线分子轨道的能级匹配状况。吸附 CO 分子时,Fe 和 Co 的 d_{z^2}轨道(−0.1 eV)与 CO 分子的 σ 轨道(−0.1 eV)能够很好地匹配,而 Ni、Pd 和 Pt 的 d_{z^2}轨道的能量远低于 CO 分子的 σ 轨道。因此,CO 在 FeDT 和 CoDT 表面的吸附形成了 d_{z^2}−σ 型轨道相互作用,而 NiDT、PdDT 和 PtDT 与 CO 分子难以形成这种作用。Ni 的 d_{z^2}与 CO 的 σ 轨道的能级差为 0.7 eV,对于 Pd 和 Pt,能级差分别增加到 1.0 eV 和 1.3 eV。CO 分子轨道与 Pd 或 Pt 的 d_{z^2}轨道的能级差导致了分子吸附时出现较高的势垒。

另外,对于 NO 的吸附,五种金属原子的 d_{xz}和 d_{yz}轨道都能很好地与 NO 的 π^* 轨道能级匹配,都能形成 d_{xz}/d_{yz}−π^* 轨道相互作用。因此,NO 分子可以化学吸附到五种 MOF 表面,具有较大的吸附能(0.35~2.09 eV)。此外,Fe 和 Co 的 d_{z^2}轨道(−0.1 eV)的能级也靠近 NO 的 π^* 轨道,导致 FeDT(NO)和 CoDT(NO)形成了 d_{z^2}−π^* 型轨道相互作用。但是对于 NiDT、PdDT 和 PtDT,金属原子的 d_{z^2}和 NO 的 π^* 的能级不匹配。与 NO 分子的吸附类似,O_2在 FeDT 和 CoDT 上的吸附也涉及 d_{xz}/d_{yz}−π^* 和 d_{z^2}−π^* 类型的轨道相互作用。

12.4.2　分子吸附对磁结构的影响

气体分子在二维 MOF 表面的吸附引起了磁性结构的明显变化。表 12.8 列出了纯净的 MOF 薄膜气体吸附前后磁矩的变化。纯净的 FeDT 和 CoDT 薄膜是铁磁性,每个原胞的磁矩分别为 6.0 和 3.0 μ_B,与 Sarkar 等计算的结果一致[59]。图 12.45 描绘了几种吸附体系自旋极化的电荷密度,由上自旋和下自旋之间的电荷密度差计算得出,既 $\Delta\rho = \rho_\uparrow - \rho_\downarrow$。结果表明,FeDT 和 CoDT 薄膜的磁矩主要集中在 Fe 或 Co 原子上,来源于 Fe 或 Co 原子 d 轨道中的未配对电子。相比之下,纯净的 NiDT、PdDT 和 PtDT 薄膜是非磁性的,这是由于金属原子采用 dsp^2杂化,d 轨道中无未配对电子。

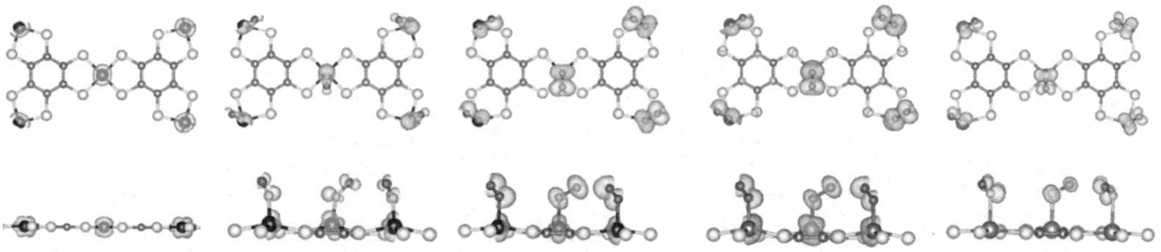

(a) CoDT　(b) CoDT(NO)　(c) CoDT(O_2)　(d) FeDT(O_2)　(e) PdDT(NO)

图 12.45　二维 MDT 薄膜吸附气体分子前后的自旋电荷密度图
(电荷密度的等值面设为 7×10^{-3} Å^{-3})

表 12.8　2D MDT 薄膜吸附分子前后的磁矩(μ_B)

吸附分子	FeDT	CoDT	NiDT	PdDT	PtDT
未吸附	6.0	3.0	0.0	0.0	0.0
CO	0.0	0.0	0.0	0.0	0.0
NO	0.0	2.1	0.0	1.0	1.0
O_2	0.0	3.0	6.0	6.0	6.0

由于气体分子的吸附，MDT 薄膜的磁性结构表现出不同变化。一方面，铁磁性的 FeDT 和 CoDT 薄膜吸附 CO 或 NO 后，磁矩显著减小，甚至可变为零。例如，FeDT(CO)、CoDT(CO)和 FeDT(NO)变为非磁性，而 CoDT(NO)仍然是铁磁性，但磁矩减小为 2.1 μ_B。磁矩的变化是吸附分子与 Fe 或 Co 原子之间发生强烈的相互作用，导致金属原子被拉出平面。吸附 CO 或 NO 分子后，金属原子的配位结构由平面正方形变为金字塔型。配位数的变化和界面电荷转移导致金属原子的 d 电子重排。另一方面，NO 分子还诱导 PdDT 和 PtDT 产生了自旋极化，PdDT(NO)和 PtDT(NO)的磁矩均为 1.0 μ_B。对于 O_2吸附，除了 FeDT(O_2)，其他都表现为铁磁性。FeDT(O_2)的反铁磁态的能量比铁磁态低 0.53 eV，并且 Fe 原子和 O_2显示出相反自旋极化，如图 12.45(d)所示。总体而言，对于非磁性的 NiDT、PdDT 和 PtDT 薄膜，吸附诱导的磁矩主要来自 NO 或 O_2分子中的未配对电子，如图 12.45(e)所示。而对于铁磁性的 FeDT 和 CoDT 薄膜，磁矩来源于 NO 或 O_2分子中的未配对电子，以及 Fe 或 Co 原子 d 轨道的未配对电子，如图 12.45(c)和(d)所示。

12.4.3 分子吸附对电子结构的影响

图 12.46 展示了二维 MDT 薄膜的能带结构。除了 PdDT，其他四种 MDT 薄膜都表现出半导体特性，间接带隙在 0.07~0.21 eV 范围内。PdDT 虽然没有间接带隙，但 Γ 点的直接带隙为 0.15 eV。PdDT 的带隙比 NiDT 和 PtDT 更窄，与采用 Gaussian-Perdue-Burke-Ernzerhof(Gau-PBE)泛函的理论预测一致[64]。FeDT 和 CoDT 的能带具有自旋极化的特点，上下自旋具有不同的带隙宽度。这五个体系都具有典型的 kagome 能带，包括由金属原子 d_{xz}、d_{yz}轨道和 C、S 原子 p_z轨道贡献的平带，以及位于费米能级之上的两个狄拉克(Dirac)能带。

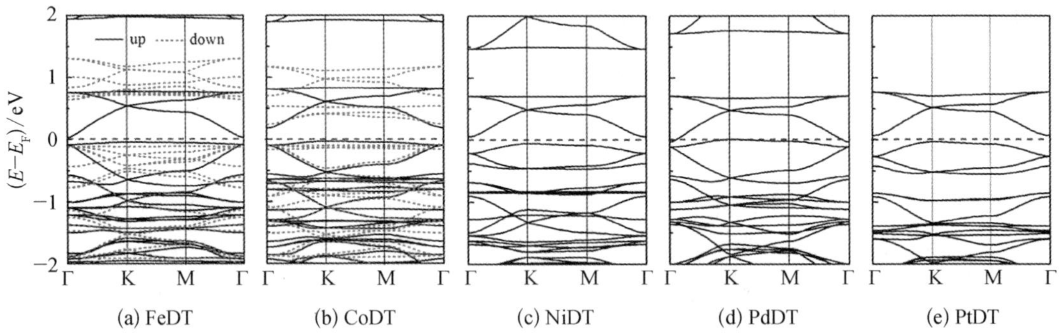

图 12.46 二维 MDT 的能带结构

吸附气体分子后 MDT 薄膜的电子结构发生了显著变化，图 12.47 给出了 FeDT、CoDT 和 NiDT 薄膜吸附 CO 分子后的能带结构和 PDOS 图。FeDT 吸附 CO 分子后仍保持半导体特征，禁带宽度略增至 0.28 eV，如图 12.47(a)所示。CoDT 和 NiDT 薄膜由半导体转变为金属特征[图 12.48(b)和(c)]。但是，对于 CO 在 PdDT 和 PtDT 上的弱吸附，薄膜的电子结构几乎没有变化。电子结构的显著变化源于 CO 与 MDT 薄膜之间的电荷转移和强烈的轨道杂化。一方面，由于 CO 中的孤对电子提供给金属原子，CoDT 上(下)自旋0.61(0.97) eV的 Dirac 锥下移至 CoDT(CO)的−0.14 eV，而 NiDT 上(下)自旋 0.49 eV 处的 Dirac 锥下移至 NiDT(CO)

的-0.46 eV。另外，在 1.75 eV（FeDT（CO））、0.75 eV（CoDT（CO））和 0.15 eV（NiDT（CO））附近，产生了更多的 kagome 能带，这些能带主要来源于金属原子和 CO 分子的相互作用。

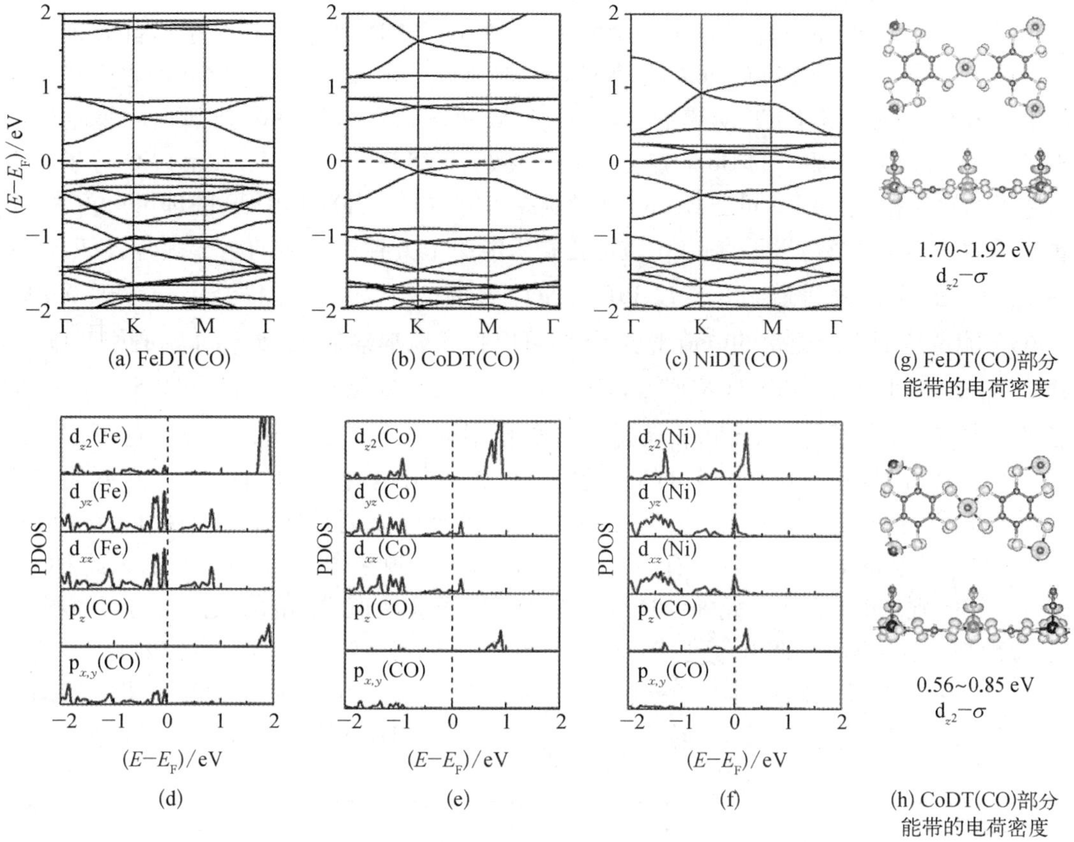

图 12.47　二维 MDT 吸附 CO 分子后的能带结构和 PDOS：（d）~（f）PDOS 描述了金属原子的 d_{xz}、d_{yz} 和 d_{z^2} 轨道，以及 CO 的 p_z 和 $p_{x,y}$（p_x 和 p_y 的和）

这些特征可以从图 12.47（d）~（f）的 PDOS 来理解，图中绘制了金属原子的 d_{xz}、d_{yz} 和 d_{z^2} 轨道，以及 CO 中 C、O 原子的 p_z 和 $p_{x,y}$（p_x 和 p_y 的总和）轨道的态密度。对于 CoDT（CO）和 NiDT（CO），原来的 Dirac 能带（来源于六巯基苯的 C、S 原子的 p_z 和金属 d_{xz}、d_{yz} 轨道）向下移动到费米能级下方，表明吸附后分子和薄膜之间存在较多电荷转移。此外，对于 CoDT（CO）和 NiDT（CO），分别在 0.56~0.85 eV 和 0~0.25 eV 的能量范围内，观察到金属 d_{z^2} 轨道和 C、O 原子的 p_z 轨道的 PDOS 峰，表明金属 d_{z^2} 与 CO 的 σ 分子轨道强烈杂化。类似地，FeDT（CO）在 1.70~1.92 eV 也存在 $d_{z^2}-\sigma$ 相互作用。图 12.47（g）和（h）展示的部分能带的电荷密度更直观地说明了这些轨道的相互作用，分别是 FeDT（CO）在 1.70~1.92 eV 的 kagome 能带的电荷密度，以及 CoDT（CO）在 0.56~0.85 eV 的 kagome 能带的电荷密度，可以清晰地看出金属原子 d_{z^2} 轨道和 CO 的 σ 分子轨道之间的强烈耦合。此外，在费米能级以下可以观察到金属原子对 CO 分子的反馈 π 键作用，FeDT（CO）中在-2.0~0 eV 存在金属原子 d_{xz}、d_{yz} 和 CO 的 p_x、p_y 轨道的相互作用。CoDT（CO）和 NiDT（CO）在

-2.0~-1.0 eV 也有类似的特征。由于电荷转移和强烈的电子耦合,CO 分子的吸附使 FeDT、CoDT 和 NiDT 薄膜的能带结构发生了显著变化。

图 12.48 给出了 NO 吸附对 MDT 薄膜电子性质的影响。从图 12.48(a)~(e)可以观察到每个体系都有 Dirac 能带穿过费米能级,说明五种 MDT 吸附 NO 分子后都表现为金属性质。与 CO 分子在薄膜表面的化学吸附类似,NO 分子和金属原子之间的强烈相互作用也会导致从 NO 到 MDT 薄膜的电荷转移,从而导致费米能级向上移动。非磁性的 FeDT(NO)和 NiDT(NO)的 Dirac 点分别向下移到-0.15 和-0.11 eV。然而,NO 分子与金属原子的轨道相互作用不同于 CO,这可以从图 12.48(f)~(j)的 PDOS 图理解。首先,金属原子的 d_{xz}、d_{yz}轨道与 NO 的 p_x、p_y轨道在费米能级上方存在明显的电子耦合,说明形成了 $d_{xz}/d_{yz}-\pi^*$形式的轨道杂化。以 PtDT(NO)为例,图 12.48(k)描绘了分解到 0.19~0.56 eV 能量范围内的能带的电荷密度,从中可以直观地观察到 $d_{xz}/d_{yz}-\pi^*$轨道相互作用。其次,对于 NiDT(NO)、PdDT(NO)和 PtDT(NO)体系,金属原子的 d_z^2轨道在 0.5~1.0 eV 的能量区域与 NO 分子的 p_x、p_y和 p_z轨道形成混合型的 $d_{z^2}-\pi^*$轨道相互作用,这可以从图 12.48(k)中 PtDT(NO)在 0.8~1.0 eV 能量范围内的部分电荷密度中看出。对于吸附作用较强的 FeDT(NO)和 CoDT(NO),轨道杂化的混合特征更加明显。从图 12.48(f)中 FeDT(NO)体系的 PDOS 中可以看出,$d_{xz}/d_{yz}-\pi^*$型的轨道耦合比 $d_{z^2}-\pi^*$更强,因此 NO 分子竖直吸附到 FeDT 表面。此外,NO 分子与金属原子 d 轨道之间的杂化产生了更多电子态。例如,FeDT(NO)中产生了更多 kagome 能带,但是其他体系不具有类似的特点,这是由于 NO 的弯曲吸附破坏了体系的对称性。对于 NO 吸附后的 MDT 薄膜,费米能级周围的 Dirac 带有利于薄膜中的电子输运,导致 NO 吸附后 MDT 薄膜的导电性显著增强。

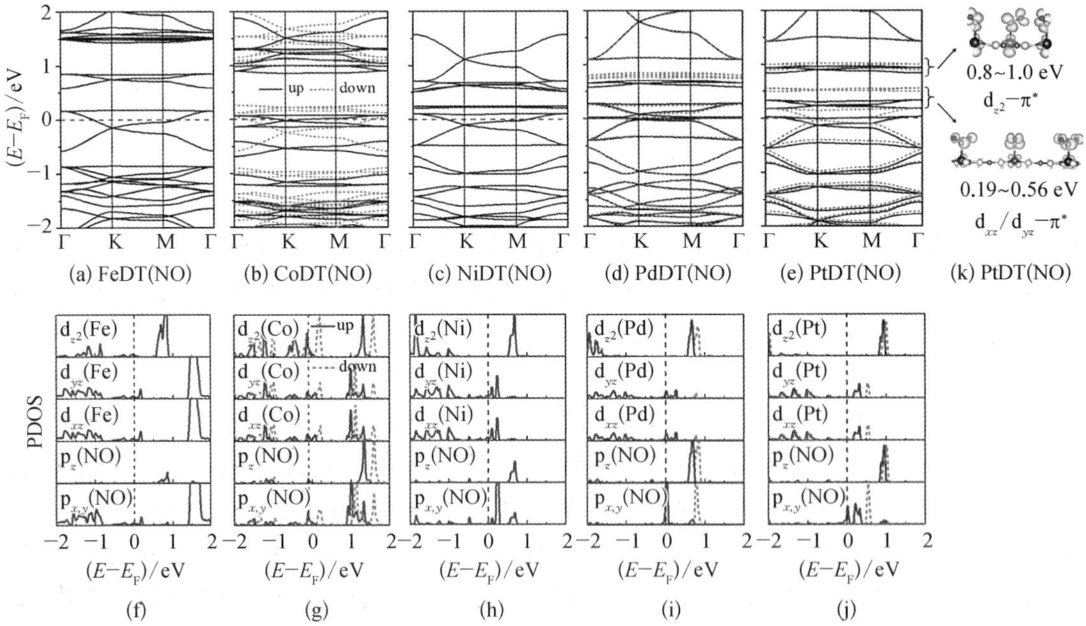

图 12.48 二维 MDT 吸附 NO 分子的能带结构和投影态密度:(f)~(j)的 PDOS 描述了金属原子的 d_{xz}、d_{yz}和 d_{z^2}轨道,以及 NO 的 p_z和 $p_{x,y}$(p_x和 p_y的和);(k) PtDT(NO)部分能带的电荷密度

当 O_2分子化学吸附在 FeDT 和 CoDT 薄膜上时，薄膜从半导体性质转变为半金属性质，上自旋(up)仍然是半导体性质，如图 12.49(a)和(c)所示。FeDT(O_2)和 CoDT(O_2)的带隙分别为 0.49 和 0.22 eV，而下自旋(down)通道是金属性质。由于 O_2分子与 Fe 或 Co 原子的距离较短，因此图 12.49(b)和(d)的 PDOS 图也表现出明显的轨道杂化特性，可以观察到 $d_{xz}/d_{yz}-\pi^*$ 和 $d_{z^2}-\pi^*$ 类型的轨道相互作用。这些结果表明，O_2分子在 FeDT 和 CoDT 薄膜表面的吸附成键机理与 NO 相似。

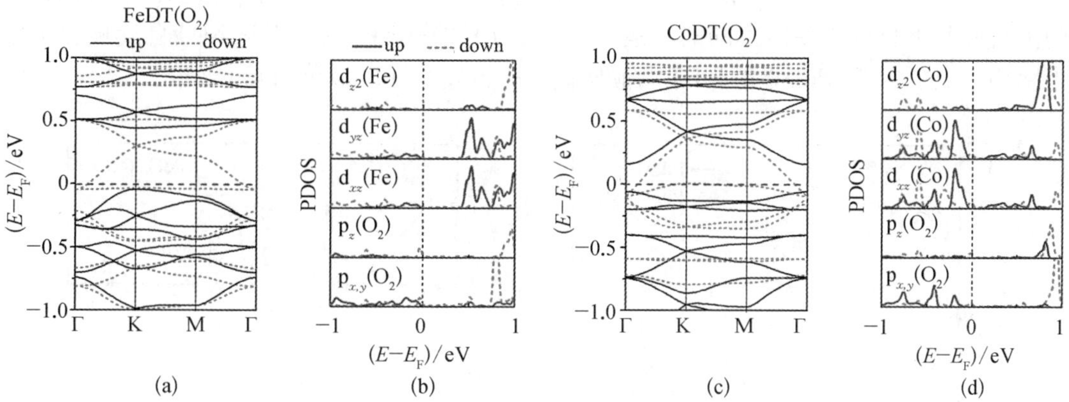

图 12.49　二维 FeDT 和 CODT 吸 O_2分子的能带结构和投影态密度：(a)和(b) FeDT(O_2)；(c)和(d) CoDT(O_2)；(b)和(d)中的 PDOS 描述了金属原子的 d_{xz}、d_{yz}和 d_{z^2}轨道，以及 O_2的 p_z和 $p_{x,y}$(p_x和 p_y之和)

综合分析气体分子在五种二维 MDT 薄膜表面的吸附行为，可以发现 PdDT 和 PtDT 薄膜展现出对分子的选择性吸附特性，具体表现为能够吸附 NO 分子，而对 CO 和 O_2气体不表现出显著的吸附倾向。此外，PtDT 薄膜吸附 NO 分子后，其性质由半导体型转变为金属型，导致导电性能显著提升。相比之下，FeDT 和 CoDT 薄膜能够化学吸附 CO、NO 及 O_2分子，显示出较广泛的吸附能力。而 NiDT 薄膜对 CO 和 NO 气体均具有较强的吸附性能，因此这三种 MDT 薄膜在区分有毒气体方面缺乏足够的选择性。

12.4.4　分子吸附对电子输运性质的影响

为了进一步探索这些 MDT 薄膜作为气体传感器的性能，我们研究了 MDT 薄膜吸附气体前后的电子输运性质，利用密度泛函理论结合非平衡格林函数方法。交换相关泛函采用广义梯度近似，采用原子轨道线性拟合的 DZP，实空间的网格截断能为 3000 eV。图 12.42(a)给出了计算电子输运性质的模型，分子结在 x 方向周期性重复，电子输运沿着 z 方向，在 y 方向设置真空层。在自洽计算或透射系数的计算中，沿 x 和 z 方向的 k 点网格分别为(4×1)或(20×1)。自洽计算的收敛标准是迭代步之间的总能量、哈密顿矩阵和密度矩阵差小于 5×10^{-5}(a.u.)。每个自旋的透射系数由公式 $T_\sigma(E)=\int dk_x T_\sigma(E,k_x)$ 计算获得，电导为 $G_\sigma(E)=\frac{e^2}{h}T_\sigma(E)$，其中 σ 表示自旋，包括上自旋和下自旋；e 是电子电量，h 是普朗克常量,T 是分子结在能级 E 处的透射系数。

从图 12.50(a)中的透射谱中可以明显看出,NO 分子的吸附使 PdDT 在费米能级处的透射系数由 0.35 增加到 3.46,相应地电导也增加了一个数量级,由 13.6 μS 增加到 134 μS。PtDT 具有半导体性质,在费米能级附近出现零透射系数的能量区间,为 0.09 eV,如图 12.50(c)所示,因此 PtDT 的电导接近零。吸附 NO 分子后,费米能级处的透射系数升高到 1.73,因此零偏压下 PtDT(NO)的电导大幅提高至 67 μS。图 12.50(b)和(d)展示了 PdDT(NO)和 PtDT(NO)体系两个自旋的透射谱。由于 NO 分子的自旋极化,吸附体系的上自旋和下自旋表现出不同的输运性质,这与 PdDT(NO)和 PtDT(NO)自旋极化的能带结构一致。因此,PdDT 和 PtDT 薄膜吸附 NO 后导电性质显著增强。

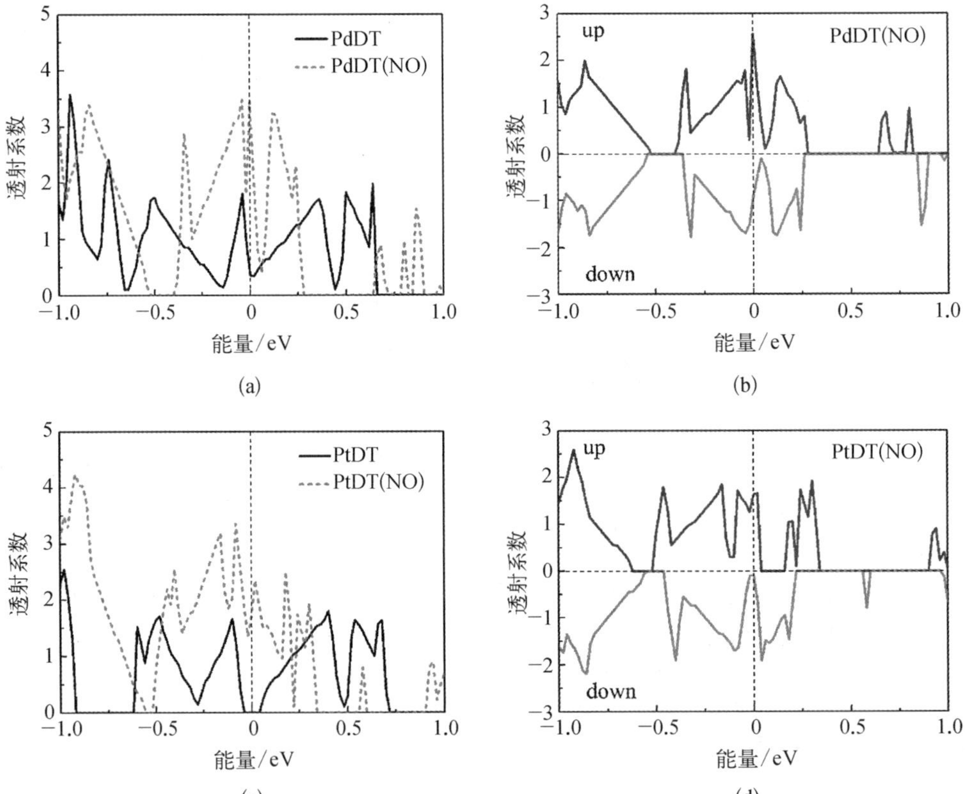

(a)　(b)　(c)　(d)

图 12.50　MDT 吸附前后的透射谱:(a)和(b) PdDT 薄膜吸附 NO 分子前后的透射谱;(c)和(d) PtDT(NO)薄膜吸附 NO 分子前后的透射谱

本节利用第一性原理研究了气体分子对二维 π-共轭的金属双二巯基配合物(MDT,M = Fe、Co、Ni、Pd 和 Pt)的电子性质和输运行为的影响。可以发现 MDT 薄膜对不同的气体分子(如 CO、NO 和 O_2)具有选择性吸附。三种气体分子都可以化学吸附在铁磁性的 FeDT 和 CoDT 薄膜表面,而 NiDT 薄膜只能化学吸附 CO 和 NO 分子。除 FeDT(CO)外,以上分子的吸附使 MDT 薄膜从半导体性质转变为金属性质,特别是 FeDT(O_2)和CoDT(O_2)表现出半金属性质。此外,非磁性的 PdDT 和 PtDT 仅对 NO 敏感。NO 在 PdDT 和 PtDT

薄膜的吸附不仅使非磁性薄膜产生了 1.0μ_B 的磁矩，而且大幅提高了导电性，表明 PdDT 和 PtDT 薄膜可作为检测 NO 的传感器材料。分子吸附引起的电子结构的显著变化可以从界面电荷转移和金属原子 d 轨道与 CO 的 σ 轨道或 NO 的 π^* 轨道之间的强烈轨道杂化来理解。CO 分子的吸附主要为 d_z^2–σ 型轨道相互作用，而 NO 和 O_2 为 d_{xz}/d_{yz}–π^* 和 d_z^2–π^* 型的轨道杂化。

参考文献

[1] Collman J P, Hoard J L, Kim N, et al. Synthesis, stereochemistry, and structure-related properties of alpha, beta, gamma, delta-tetraphenylporphinatoiron(Ⅱ)[J]. Journal of the American Chemical Society, 1975, 97(10): 2676-2681.

[2] Madura P, Scheidt W R. Stereochemistry of low-spin cobalt porphyrins. 8.α, β, γ, δ-tetraphenylporphinatocobalt(Ⅱ)[J]. Inorganic Chemistry, 1976, 15(12): 3182-3184.

[3] Fleischer E B, Miller C K, Webb L E. Crystal and molecular structures of some metal tetraphenylporphines[J]. Journal of the American Chemical Society, 1964, 86(12): 2342-2347.

[4] Liao M S, Scheiner S. Electronic structure and bonding in metal porphyrins, metal = Fe, Co, Ni, Cu, Zn[J]. The Journal of Chemical Physics, 2002, 117(1): 205-219.

[5] Stokbro K, Taylor J, Brandbyge M, et al. Theoretical study of the nonlinear conductance of Di-thiol benzene coupled to Au(111) surfaces *via* thiol and thiolate bonds[J]. Computational Materials Science, 2003, 27(1): 151-160.

[6] Lee Y J, Brandbyge M, Puska M J, et al. Electron transport through monovalent atomic wires[J]. Physical Review B, 2004, 69(12): 125409.

[7] Taylor J, Brandbyge M, Stokbro K. Theory of rectification in tour wires: The role of electrode coupling[J]. Physical Review Letters, 2002, 89(13): 138301.

[8] Datta S, Tian W D, Hong S, et al. Current-voltage characteristics of self-assembled monolayers by scanning tunneling microscopy[J]. Physical Review Letters, 1997, 79(13): 2530-2533.

[9] Baer R, Neuhauser D. Phase coherent electronics: A molecular switch based on quantum interference[J]. Journal of the American Chemical Society, 2002, 124(16): 4200-4201.

[10] Walter D, Neuhauser D, Baer R. Quantum interference in polycyclic hydrocarbon molecular wires[J]. Chemical Physics, 2004, 299(1): 139-145.

[11] Silvernail N J, Barabanschikov A, Timothy Sage J, et al. Mapping NO movements in crystalline [Fe(porph)(NO)(1-MeIm)][J]. Journal of the American Chemical Society, 2009, 131(6): 2131-2140.

[12] Praneeth V K, Haupt E, Lehnert N. Thiolate coordination to Fe(Ⅱ)-porphyrin NO centers[J]. Journal of Inorganic Biochemistry, 2005, 99(4): 940-948.

[13] Blomberg L M, Blomberg M R A, Siegbahn P E M. A theoretical study on the binding of O_2, NO and CO to heme proteins[J]. Journal of Inorganic Biochemistry, 2005, 99(4): 949-958.

[14] Rovira C, Alfonso-Prieto M, Biarnés X, et al. A first principles study of the binding of formic acid in catalase complementing high resolution X-ray structures[J]. Chemical Physics, 2006, 323(1): 129-137.

[15] Ghosh A, Wondimagegn T. A theoretical study of axial tilting and equatorial asymmetry in metalloporphyrin-nitrosyl complexes[J]. Journal of the American Chemical Society, 2000, 122(33): 8101-8102.

[16] Rovira C, Kunc K, Hutter J, et al. Equilibrium geometries and electronic structure of iron-porphyrin complexes: A density functional study[J]. The Journal of Physical Chemistry A, 1997, 101(47): 8914-8925.

[17] Peng S M, Ibers J A. Stereochemistry of carbonylmetalloporphyrins. The structure of (pyridine)(carbonyl)(5, 10, 15, 20-tetraphenylporphinato)iron(Ⅱ)[J]. Journal of the American Chemical Society, 1976, 98(25): 8032-8036.

[18] Scheidt W R, Frisse M E. Nitrosylmetalloporphyrins. Ⅱ. Synthesis and molecular stereochemistry of nitrosyl-.α, β, γ, δ-tetraphenylporphinatoiron(Ⅱ)[J]. Journal of the American Chemical Society, 1975, 97(1): 17-21.

[19] Jameson G B, Rodley G A, Robinson W T, et al. Structure of a dioxygen adduct of (1-methylimidazole)-meso-tetrakis(α, α, α, α-o-pivalamidophenyl)porphinatoiron(Ⅱ). An iron dioxygen model for the heme component of oxymyoglobin[J]. Inorganic Chemistry, 1978, 17(4): 850-857.

[20] Radoń M, Pierloot K. Binding of CO, NO, and O_2 to heme by density functional and multireference *ab initio* calculations [J]. The Journal of Physical Chemistry A, 2008, 112(46): 11824-11832.

[21] Nguyen T Q, Escaño M C S, Shimoji N, et al. Adsorption of diatomic molecules on iron tape-porphyrin: A comparative study[J]. Physical Review B, 2008, 77(19): 195307.

[22] Quang Nguyen T, Clare Sison Escaño M, Tanaka R, et al. The adsorption of NO on various metal tape-porphyrins: A first-principles study[J]. Journal of the Physical Society of Japan, 2009, 78(1): 014706.

[23] Conradie J, Quarless D A, Hsu H F, et al. Electronic structure and FeNO conformation of nonheme iron-thiolate-NO complexes: An experimental and DFT study[J]. Journal of the American Chemical Society, 2007, 129(34): 10446-10456.

[24] Nguyen T Q, Escaño M C S, Shimoji N, et al. DFT study on the adsorption of NO on iron tape-porphyrin[J]. Surface and Interface Analysis, 2008, 40(6-7): 1082-1084.

[25] Hoffmann R, Chen M M L, Thorn D L. Qualitative discussion of alternative coordination modes of diatomic ligands in transition metal complexes[J]. Inorganic Chemistry, 1977, 16(3): 503-511.

[26] Rovira C, Ballone P, Parrinello M. A density functional study of iron-porphyrin complexes [J]. Chemical Physics Letters, 1997, 271(4): 247-250.

[27] Wyllie G R A, Scheidt W R. NO orientation and tilting in (nitrosyl) iron(Ⅱ) deuteroporphyrin Ⅸ [J]. Inorganic Chemistry, 2003, 42(14): 4259-4261.

[28] Evers F, Weigend F, Koentopp M. Conductance of molecular wires and transport calculations based on density-functional theory[J]. Physical Review B, 2004, 69(23): 235411.

[29] Li Z Y, Kosov D S. Nature of well-defined conductance of amine-anchored molecular junctions: Density functional calculations[J]. Physical Review B, 2007, 76: 035415.

[30] Venkataraman L, Klare J E, Tam I W, et al. Single-molecule circuits with well-defined molecular conductance[J]. Nano Letters, 2006, 6(3): 458-462.

[31] Kaun C C, Guo H. Resistance of alkanethiol molecular wires[J]. Nano Letters, 2003, 3(11): 1521-1525.

[32] Engelkes V B, Beebe J M, Frisbie C D. Length-dependent transport in molecular junctions based on SAMs of alkanethiols and alkanedithiols: Effect of metal work function and applied bias on tunneling efficiency and contact resistance[J]. Journal of the American Chemical Society, 2004, 126(43): 14287-14296.

[33] Liu H M, Wang N, Zhao J W, et al. Length-dependent conductance of molecular wires and contact resistance in metal-molecule-metal junctions[J]. ChemPhysChem, 2008, 9(10): 1416-1424.

[34] Guo X F, Small J P, Klare J E, et al. Covalently bridging gaps in single-walled carbon nanotubes with conducting molecules[J]. Science, 2006, 311(5759): 356-359.

[35] Chen Y B, Shen Z Y, Xu Z W, et al. Helicity-dependent single-walled carbon nanotube alignment on graphite for helical angle and handedness recognition[J]. Nature Communications, 2013, 4(1): 2205.

[36] Qian Z K, Hou S M, Ning J, et al. First-principles calculation on the conductance of a single 1, 4-diisocyanatobenzene molecule with single-walled carbon nanotubes as the electrodes [J]. The Journal of Chemical Physics, 2007, 126 (8): 084705.

[37] Bruque N A, Pandey R R, Lake R K. Electron transport through a conjugated molecule with carbon nanotube leads[J]. Physical Review B, 2007, 76(20): 205322.

[38] Solomon G C, Herrmann C, Vura-Weis J, et al. The chameleonic nature of electron transport through π-stacked systems [J]. Journal of the American Chemical Society, 2010, 132(23): 7887-7889.

[39] Zhao P, Wang P J, Zhang Z, et al. Electronic transport properties of a molecular switch with carbon nanotube electrodes: A first-principles study[J]. Physica B: Condensed Matter, 2010, 405(1): 446-450.

[40] Kambe T, Sakamoto R, Hoshiko K, et al. π-conjugated nickel bis(dithiolene) complex nanosheet[J]. Journal of the American Chemical Society, 2013, 135(7): 2462-2465.

[41] Sheberla D, Sun L, Blood-Forsythe M A, et al. High electrical conductivity in Ni_3 (2,3,6,7,10,11-hexaiminotriphenylene$)_2$, a semiconducting metal-organic graphene analogue [J]. Journal of the American Chemical Society, 2014, 136(25): 8859-8862.

[42] Smith M K, Jensen K E, Pivak P A, et al. Direct self-assembly of conductive nanorods of metal-organic frameworks into chemiresistive devices on shrinkable polymer films[J]. Chemistry of Materials, 2016, 28(15): 5264-5268.

[43] Lahiri N, Lotfizadeh N, Tsuchikawa R, et al. Hexaaminobenzene as a building block for a family of 2D coordination polymers[J]. Journal of the American Chemical Society, 2017, 139(1): 19-22.

[44] Dou J H, Sun L, Ge Y C, et al. Signature of metallic behavior in the metal-organic frameworks M_3(hexaiminobenzene)$_2$ (M=Ni, Cu)[J]. Journal of the American Chemical Society, 2017, 139(39): 13608 - 13611.

[45] Clough A J, Yoo J W, Mecklenburg M H, et al. Two-dimensional metal-organic surfaces for efficient hydrogen evolution from water[J]. Journal of the American Chemical Society, 2015, 137(1): 118 - 121.

[46] Kambe T, Sakamoto R, Kusamoto T, et al. Redox control and high conductivity of nickel bis(dithiolene) complex π-nanosheet: A potential organic two-dimensional topological insulator[J]. Journal of the American Chemical Society, 2014, 136(41): 14357 - 14360.

[47] Pal T, Kambe T, Kusamoto T, et al. Interfacial synthesis of electrically conducting palladium bis(dithiolene) complex nanosheet[J]. ChemPlusChem, 2015, 80(8): 1255 - 1258.

[48] Cui J S, Xu Z T. An electroactive porous network from covalent metal-dithiolene links[J]. Chemical Communications, 2014, 50(30): 3986 - 3988.

[49] Huang X, Sheng P, Tu Z Y, et al. A two-dimensional π-d conjugated coordination polymer with extremely high electrical conductivity and ambipolar transport behaviour[J]. Nature Communications, 2015, 6(1): 7408.

[50] Wang Z F, Su N H, Liu F. Prediction of a two-dimensional organic topological insulator[J]. Nano Letters, 2013, 13(6): 2842 - 2845.

[51] Campbell M G, Dincă M. Metal-organic frameworks as active materials in electronic sensor devices[J]. Sensors, 2017, 17(5): 1108.

[52] Sheberla D, Bachman J C, Elias J S, et al. Conductive MOF electrodes for stable supercapacitors with high areal capacitance[J]. Nature Materials, 2017, 16(2): 220 - 224.

[53] Wu G D, Huang J H, Zang Y, et al. Porous field-effect transistors based on a semiconductive metal-organic framework [J]. Journal of the American Chemical Society, 2017, 139(4): 1360 - 1363.

[54] Zhao B, Zhang J Y, Feng W X, et al. Quantum spin Hall and Z_2 metallic states in an organic material[J]. Physical Review B, 2014, 90(20): 201403.

[55] Dong L, Kim Y, Er D Q, et al. Two-dimensional π-conjugated covalent-organic frameworks as quantum anomalous hall topological insulators[J]. Physical Review Letters, 2016, 116(9): 096601.

[56] Zhang X M, Wang Z H, Zhao M W, et al. Tunable topological states in electron-doped HTT-Pt[J]. Physical Review B, 2016, 93(16): 165401.

[57] Campbell M G, Liu S F, Swager T M, et al. Chemiresistive sensor arrays from conductive 2D metal-organic frameworks [J]. Journal of the American Chemical Society, 2015, 137(43): 13780 - 13783.

[58] Campbell M G, Sheberla D, Liu S F, et al. Cu_3(hexaiminotriphenylene)$_2$: An electrically conductive 2D metal-organic framework for chemiresistive sensing[J]. Angewandte Chemie (International Ed), 2015, 54(14): 4349 - 4352.

[59] Chakravarty C, Mandal B, Sarkar P. Bis(dithioline)-based metal-organic frameworks with superior electronic and magnetic properties: Spin frustration to spintronics and gas sensing[J]. The Journal of Physical Chemistry C, 2016, 120(49): 28307 - 28319.

[60] Liu H M, Li X L, Chen L, et al. Gas adsorption effects on the electronic properties of two-dimensional nickel bis (dithiolene) complex[J]. The Journal of Physical Chemistry C, 2016, 120(7): 3846 - 3852.

[61] Perdew J P, Burke K, Ernzerhof M. Generalized gradient approximation made simple[J]. Physical Review Letters, 1996, 77(18): 3865 - 3868.

[62] Grimme S, Antony J, Ehrlich S, et al. A consistent and accurate *ab initio* parametrization of density functional dispersion correction (DFT-D) for the 94 elements H-Pu[J]. Journal of Chemical Physics, 2010, 132(15): 154104.

[63] Zhang P, Hou X L, Liu L, et al. Two-dimensional π-conjugated metal bis(dithiolene) complex nanosheets as selective catalysts for oxygen reduction reaction[J]. The Journal of Physical Chemistry C, 2015, 119(50): 28028 - 28037.

[64] Lü T Y, Feng H, Yang S W, et al. Electronic structures, mechanical properties and carrier mobilities of π-conjugated X (X=Ni, Pd, Pt) bis(dithiolene) nanosheets: Theoretical predictions[J]. Computational Materials Science, 2017, 126: 170 - 175.

第13章

其他分子电子器件

13.1 分子开关

13.1.1 构型转变与光控分子开关

鉴于有机化合物结构的多样性,采用化学修饰方法将功能性有机分子精确锚定在大共轭碳体系的边缘或表面,已成为实现该体系功能化的主要策略。在此策略下,大共轭碳基分子器件的电荷传输性能不仅受有机功能分子自身几何构型与电子结构的影响,还显著依赖于功能分子与碳体系界面间的电子传递。因此,深入理解这些界面电子过程,对于提升大共轭碳体系分子器件的性能,具有重要的科学意义。

特定构型的有机功能分子与大共轭碳体系的结合,为制备多种类型的分子器件提供了可能,包括分子开关、整流器、传感器及存储元件等。其中,光控分子开关作为一种研究对象,其工作机制在图 13.1 中得到基本阐述。光分子开关的核心在于光致变色化合物,这类有机功能分子通过结构变化调控电流。光致变色现象是化合物分子在紫外光(ultraviolet light,UV)或可见光(visible light,Vis)照射下,颜色发生可逆变化的现象。这一特性赋予了光致变色化合物在新型信息存储、光转换及光控开关等领域广泛的应用潜力。光开关的机理基于光诱导的分子构型转换,包括顺/反异构化、分子桥键的开闭环反应、酞菁类化合物的开闭环转变,以及分子内电荷或基团的迁移反应等。

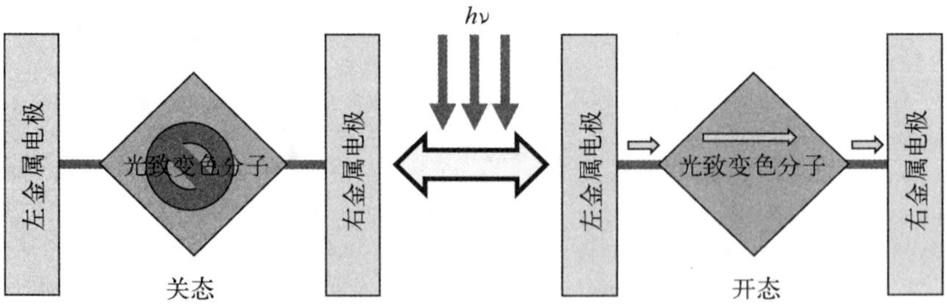

图 13.1 基于光致变色反应的光控分子开关示意图
(分子构型在电流开/关状态之间可逆变化)

随着实验技术的进步,光致变色分子在多个关键特性上,如电流-电压响应、光化学稳定性、激发光波长选择性及光转换效率等,均得到了深入的研究。Coelho 等成功合成了一系列含吡啶亚胺及芳香/萘基团的化合物,并利用紫外-可见光谱系统地研究了其光致变色特性。研究揭示,该类化合物卓越的光开关性能主要归因于分子中氮-氮双键的顺/反异构化转变机制[1]。Dulic 等设计并合成了基于 1,2-双[5′-(5″-乙酰硫烷基-2′-噻吩基)-2′-甲基噻吩]环戊烯的光开关分子,采用机械可控断裂结(MCBJ)技术对其电子输运性能进行精确测量,探讨了分子开闭环反应在光开关领域中的潜在应用价值[2]。Schenderlein 等将硝基吡喃基团引入至亲水性的聚 N,N'-二甲基丙烯酰胺中,在硅及玻璃基底上构建了高分子网络结构,研究了其光开关行为,揭示了其独特的光控开关机理[3]。Zhao 等将水杨酸席夫碱及 N-3,5-二氯亚水杨酸-(S)-R-苯乙胺这两种具有多响应的分子封装于含氨基官能团的中孔分子筛内。随后,利用 X 射线衍射、傅里叶变换红外光谱、透射电子显微镜等技术手段,系统地探究了其光控特性。该研究为分子内迁移机制提供了有力证据[4]。

研究者还广泛运用了多种理论计算方法,探究基于顺反异构化、分子的开闭环反应、份菁的开闭环反应以及分子内迁移反应等构型转变的光致变色机制,从而证实了这些化合物在光控分子开关中的应用价值。Plaquet 等借助二级 Moller-Plesset 微扰理论(MP2),结合含时 Hatree-Fock(TD-HF)方法及耦合微扰法(CPHF),系统分析了螺吡喃系列衍生物的光开关行为[5]。Maurer 等则进一步采用了 Delta 自洽场(Delta-SCF)密度泛函理论(DFT)、含时密度泛函理论(TD-DFT)以及单、双迭代近似耦合簇(RI-CC2)等多种高级计算方法,对典型光致变色化合物偶氮苯的 S0、S1($n \rightarrow \pi^*$)及 S2($\pi \rightarrow \pi^*$)势能面进行了详尽的比较分析。这些方法在预测势能面拓扑结构时展现出了高度的一致性,且与实验数据吻合[6,7]。

在本节中,我们采用第一性原理计算,以金作为电极材料,系统地研究了一系列涵盖前述四种光致构型转变机制的光致变色分子的电子输运特性。目标在于剖析大共轭碳体系与有机功能分子界面间电子输运行为的内在机制。

图 13.2 给出了上述几个代表性的光控分子开关模型以及对应的光致异构化反应。它们分别是: ① 份菁的开闭环(螺吡喃和螺恶嗪),如图 13.2(a)和(b)所示;② 分子内迁移(水杨醛席夫碱和菲醌),如图 13.2(c)和(d)所示;③ 氮-氮双键的 E/Z 异构化(偶氮苯和二苯骈氮)如图 13.2(e)和(f)所示;④ 己三烯环封闭形成环己二烯(俘精酰亚胺和二芳基乙烯),如图 13.2(g)和(h)所示。这几种化合物基本涵盖了迄今合成并广泛研究的光致变色化合物。各分子与电极的连接方式和构型转变方式见图 13.2,图中分子结构按照光控开关器件从电流"开"到"关"的顺序给出,分子以巯基连接在两个半无限的金电极。

基于密度泛函理论对所有的分子结构进行优化。泛函采用含 Becke 三参数的交换泛函(B3)与 Lee、Yang 和 Parr(LYP)梯度修正的相关泛函的混合方法(B3LYP)。使用 LANL2DZ 基组,其为重金属原子(Au 原子)有效核心势(effective core potential,ECP)提供的双 ζ 基组,D95V 用作价基函数。核心电子使用 ECP 方法可以简化计算核心电子的基函数,从而既缩短了计算时间,又保证了结果的精度。

图 13.2 同时展示了优化后分子开关的几何结构。选用 3 × 3 的 Au(111)面周期性变化模拟半无限电极。调整分子的空间位置,使两端 3 × 3 的金电极晶胞包住中心分子,以避免相邻重复单元间的相互影响。该分子体系可以分成三个部分,即左电极区域、中心散

射区和右电极区域。中心散射区是一个扩展分子,包括中间的光致变色分子和左右两侧(111)面的金原子层。引入金原子层的目的是屏蔽分子和电极的相互影响,使外围电极可以作为理想晶体来处理。中心区域的结构优化至原子间的受力小于 0.05 eV/Å。结构优化和后续的电子输运计算都利用基于实空间的全自洽非平衡态格林函数(NEGF)方法和密度泛函理论。分子和电极分别采用 DZP 和 SZP,电极与分子的初始键长设为2.0 Å。采用广义梯度近似的 PBE 交换泛函。

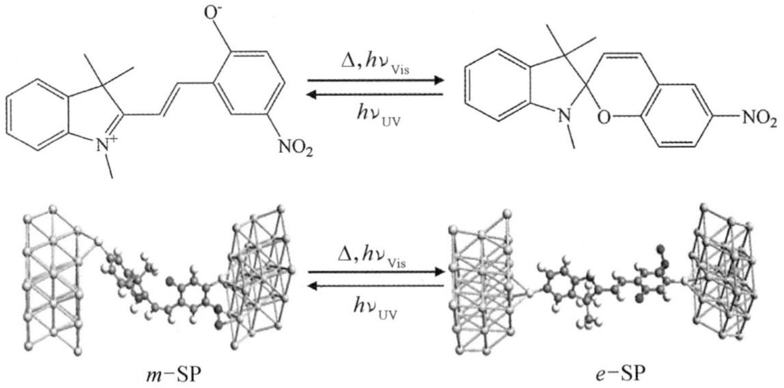

(a) 螺吡喃 (spiropyrane, SP)

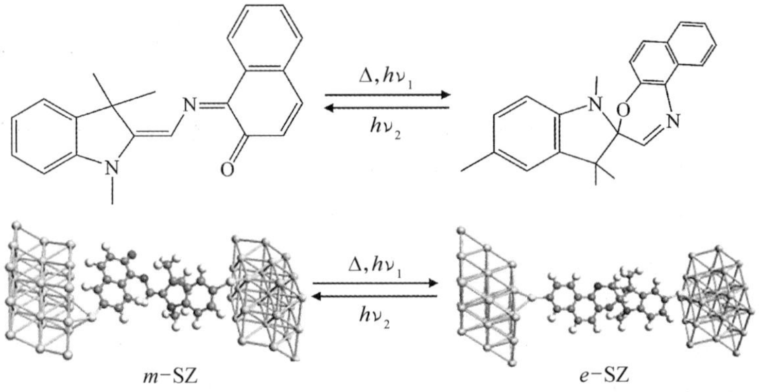

(b) 螺恶嗪 (spirooxazine, SZ)

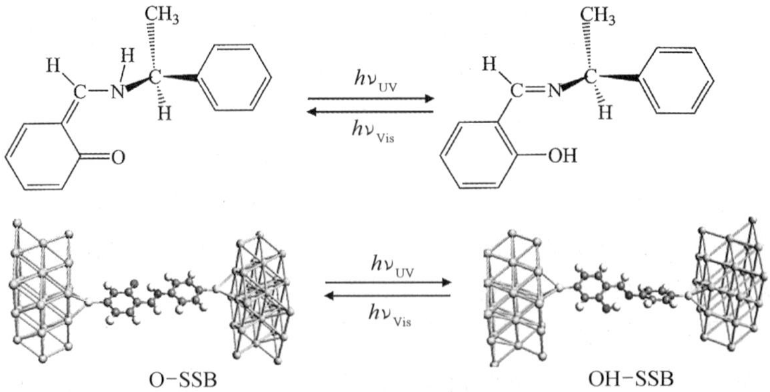

(c) 水杨醛席夫碱 (salicylidene schiff base, SSB)

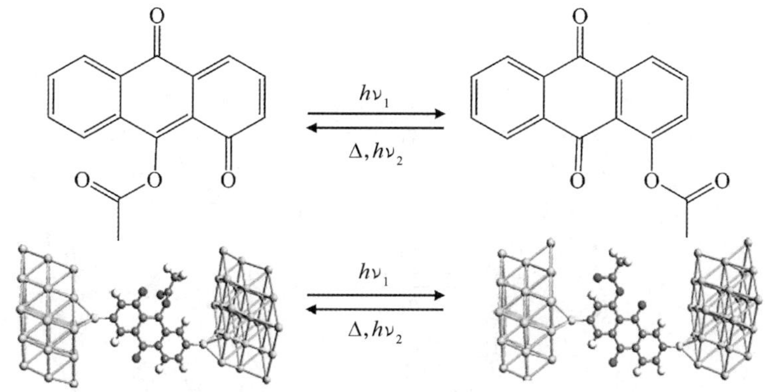

m−PQ　　*r*−PQ

(d) 菲醌（phenanthrenequinone，PQ）

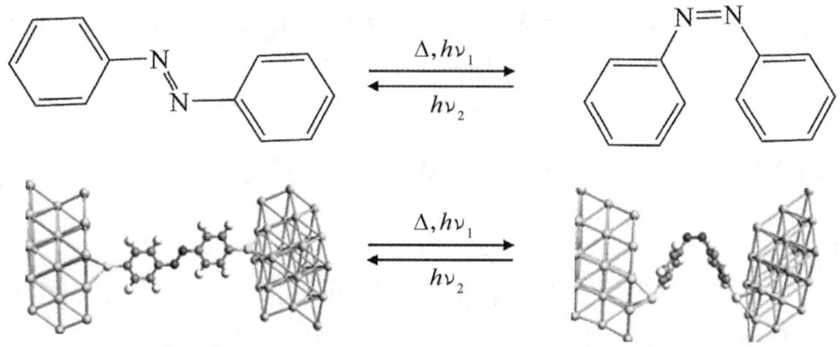

E−AB　　*Z*−AB

(e) 偶氮苯（azobenzene，AB）

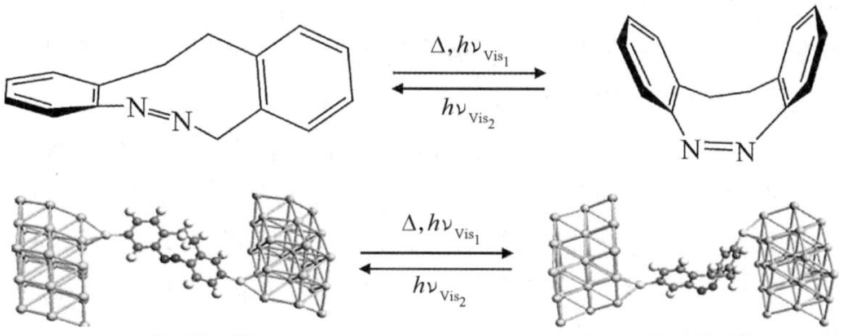

E−AB−C2　　*Z*−AB−C2

(f) 二苯骈氮（dihydrodibenzodiazocine，AB−C2）

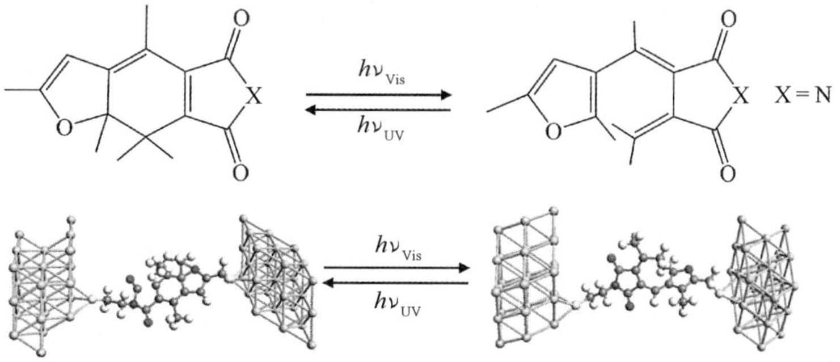

闭环FM　　开环FM

(g) 俘精酰亚胺（fulgimide，FM）

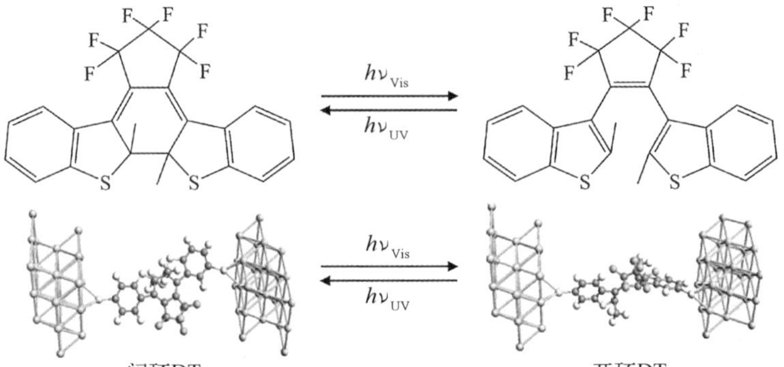

(h) 二芳基乙烯（diarylethene，DT）

图 13.2 光控分子开关单元在光激发下电流从“开”到“关”的构型转变[电子输运计算采用两电极模型，即光致变色分子夹在两个金电极的(111)面之间]

13.1.2 螺吡喃与螺恶嗪——份菁类的开闭环型的分子开关

螺吡喃(SP)和螺恶嗪(SZ)是典型的光致变色分子，在光的激发下分子中的份菁结构发生开闭环反应。SP 的光致变色特性体现在紫外光的激发下，无色的闭环 SP(e-SP)发生构型转变，成为有色的开环 SP(m-SP)。m-SP 受热可以再次转变成 e-SP；在紫外光的照射下，m-SZ 也可以很容易地转变为 e-SZ。这种分子对光有优异的循环稳定性[8]，所以 SP 和 SZ 看作制备光学存储器的合适材料。

对电极两端施加 0~1.0 V 的偏压，电流的变化趋势如图 13.3(a)和(b)所示。在所考察的偏压范围内，通过 e-SP 的电流都远小于 m-SP，即在光激发下螺吡喃从闭环构型转变为开环构型时分子是从低导电(电流关状态)转变到高导电(电流开状态)。SZ 的行为与 SP 相似，也是 m-SZ 为电流开的状态，e-SZ 为电流关的状态。通过 m-SZ 的电流几乎是 m-SP 的两倍。SP 分子的电流开关比，即 $R = I_{on}/I_{off}$，显著高于 SZ。SP 的开关比在 0.2 V 时达到最大值 10，但 SZ 的最大开关比只有 4。两者的电流开关比差异较大，但它们随偏压的变化趋势十分相似，即随偏压的增加而减小。

SP 和 SZ 的两种构型的电导变化规律如图 13.3(c)和(d)所示。闭环构型的 e-SP 和 e-SZ 基本随偏压升高而增大，但在 0.9 V 达到最大值后略有降低。m-SZ 的电导随偏压增加而减小，m-SP 先减小后增加。这些现象可以通过分子轨道能级进一步得到理解。

通过两个金属电极之间分子结的电流可以用 Landauer-Büttiker 公式来表示[9,10]：

$$I = \frac{2e}{h}\int_{-\infty}^{\infty} T(E, V_b)[f_L(E-\mu_L) - f_R(E-\mu_R)]dE \tag{13.1}$$

式中，e 是电子电量；h 是普朗克常量；$T(E, V_b)$为透射系数，是特定偏压 V_b 下能级 E 的函数；f_L 和 f_R 分别是左、右电极的费米-狄拉克分布函数；μ_L 和 μ_R 是左右电极的化学势，$[\mu_L(V_b), \mu_R(V_b)]$表示对电流积分有贡献的能量区域，称为偏压窗口，$\mu_L = E_F - eV_b/2$，

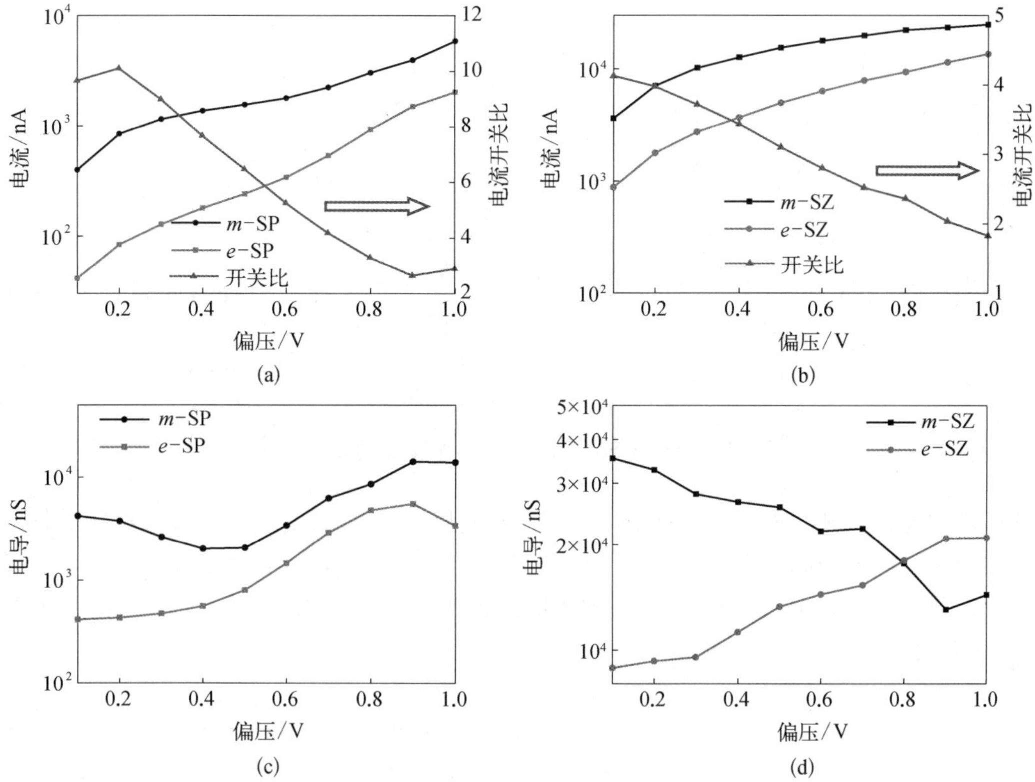

图 13.3　(a) SP 和(b) SZ 分子开关的电流-电压曲线和开关比；
(c) SP 和(d) SZ 的电导随偏压的变化

$\mu_R = E_F + eV_b/2$，E_F是电极的费米能级。由于电流与透射系数在偏压窗口内的积分成正比，因此对透射谱的分析可以使我们对分子开关的电子输运行为有更深的理解。图 13.4 展示了 SP 和 SZ 在 1.0 V 偏压的透射谱和投影电子态密度(PDOS)。PDOS 反映了在给定的能级下，有能力传输电子的通道数量。从该谱图可以看出，偏压窗口内 *m*-SP 的积分通道数量明显高于 *e*-SP。SZ 分子也有类似特点。这些通道不仅数量多，而且可能具有更高的效率，它们乘积的效果反映在透射谱上。*e*-SP 分子只有 HOMO 在偏压窗口内，*m*-SP 分子的 HOMO 和 LUMO 都进入偏压窗口。而且，*m*-SP 在偏压窗口内的透射峰面积也更大，这意味着通过 *m*-SP 的电流更大。而对于 SZ 分子，*m*-SZ 的 HOMO 在偏压窗口内表现为一个高而宽的透射峰，*e*-SZ 的 HOMO 峰位于偏压窗口之外，因此 *m*-SZ 处于电流开的状态，而 *e*-SZ 处于关的状态。

由于 HOMO 和 LUMO 能级是影响分子结电子输运的重要因素，图 13.5 给出了 SP 和 SZ 的前线分子轨道的能级随偏压的变化。在零偏压下，只有在费米能级附近的电子才对零偏压电导有贡献。以 SP 分子为例，由于在低偏压范围内 *e*-SP 的 HOMO 和 *m*-SP 的 LUMO 与它们的其他轨道相比更接近费米能级，因此对电流的贡献也更大。在所考察的偏压范围内 *e*-SP 的 LUMO 均远离偏压窗口，对电流没有贡献。而 *m*-SP 的 LUMO 在偏压范围内都在偏压窗口内，但 HOMO 也靠近费米能级且在 0.7 V 后进入偏

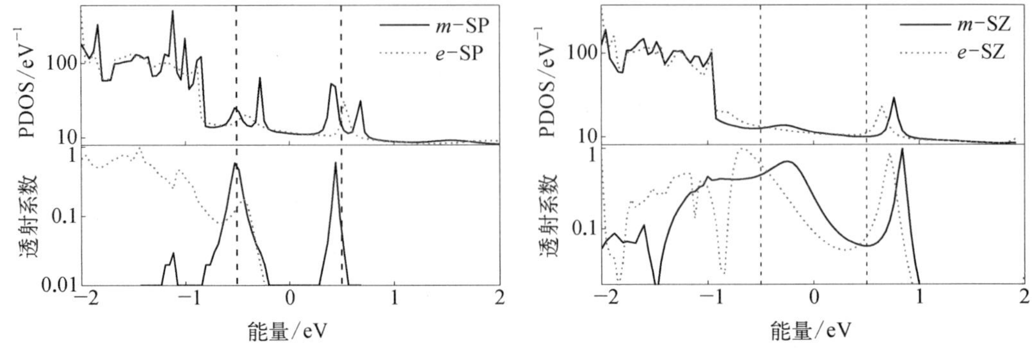

(a) 透射谱　　(b) PDOS

图 13.4　SP 和 SZ 分子结在 1.0 V 偏压的输运特征

压窗口,因此m −SP 的电导中 HOMO 的贡献也随偏压增加而变大。对于 SZ 分子,随着偏压的升高,e−SZ 和 m−SZ 的 HOMO 和 LUMO 能级都下降。当偏压大于 0.7 V 时,m−SZ 分子的 LUMO 进入偏压窗口,其对电导的贡献也加大,但从透射谱来看,低偏压时 HOMO 的贡献也较大。

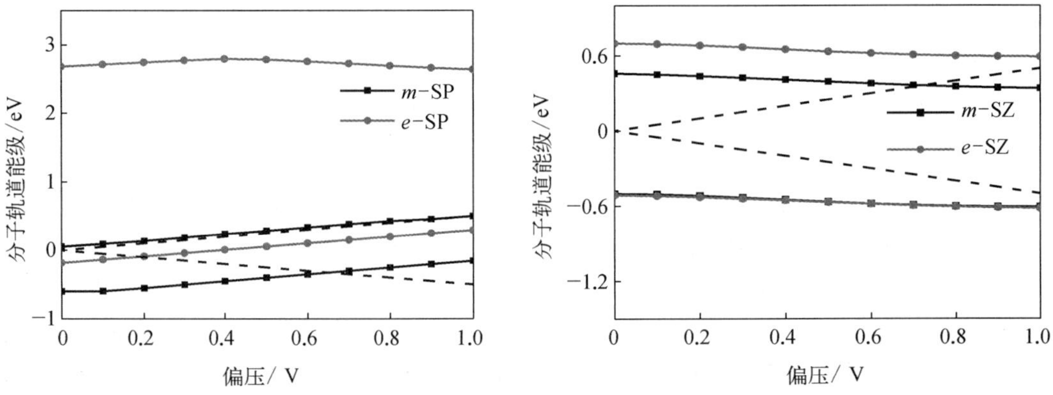

(a) SP　　(b) SZ

图 13.5　各种构型的 SP 和 SZ 分子结的 HOMO 和 LUMO 轨道能级随偏压的变化(虚线区域表示偏压窗口)

前线分子轨道的空间分布能直观地展示该能级 π 电子的离域性,借以理解分子的导电能力。π 电子的离域性越强,电子输运效率越高,反之亦然。图 13.6 给出了在 1.0 V 偏压,SP 和 SZ 分子前线轨道的空间分布。HOMO 和 LUMO 轨道在 m−SP 分子上的离域性比 e−SP 略低,说明在高偏压下开关比也降低。但 m−SZ 的 HOMO 和 LUMO 离域性要好于 e−SZ,说明在高偏压下其开关比得到一定程度的保留。此外,SP 和 SZ 分子的 HOMO−1 和 LUMO+1 轨道也有明显的分布,说明在高偏压下它们也有可能成为电子传递的通道。前线分子轨道在开环分子上的离域性归因于其内有一条单双键交替分布的碳链，该碳链上的 π 电子共轭程度较高，利于电子传递。但是在闭环结构中，单双键交替分布的共轭结构被打破，电子传递的效率降低。

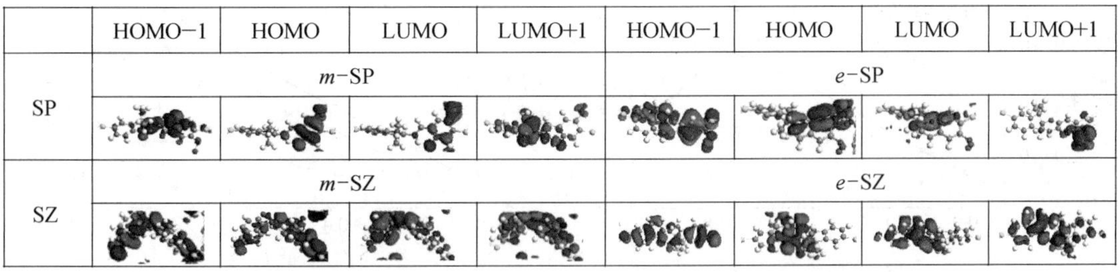

图 13.6　在 1.0 V 偏压下 SP 和 SZ 分子中 HOMO−1、HOMO、LUMO 和 LUMO+1 的轨道空间分布

13.1.3　水杨醛席夫碱与菲醌——分子内迁移型分子开关

水杨醛席夫碱（salicylidence schiff base，SSB）和菲醌（phenanthrenequinone，PQ）是典型的光控开关功能分子，在光的激发下它们都发生分子内迁移，SSB 分子中一个 H 原子从亚胺基迁移到苯氧基团上，PQ 的甲酰基则从中间的苯氧基迁移到右侧的苯氧基上[11,12]。图 13.7（a）和（b）给出这两种分子在不同状态下的电流−电压曲线，偏压范围为 0～1.0 V。当 SSB 分子中的氢原子在亚甲胺基上时（O−SSB）电流线性增加。外界光激励下，SSB 的氢原子迁移到苯氧基团（OH−SSB），在偏压低于 0.9 V 时电流也呈线性增加，而后趋势放缓。通过 OH−SSB 的电流大体上是 O−SSB 的两倍（小于 0.8 V），因此在光的激发下从 O−SSB 转变为 OH−SSB 时，分子从高阻态转变为低阻态。发生分子内迁移的 PQ 分子的电流有不完全相同的变化趋势，它们在偏压范围内近似呈指数上升［图 13.7（b）］。通过 *r*−PQ 的电流显著低于 *m*−PQ 的电流。SSB 和 PQ 的开关比也表现出不同的变化趋势。当偏压低于 0.4 V 时 SSB 的开关比几乎不变，偏压继续升高时呈线性减小；而 PQ 的开关比则先略减小，再增加。SSB 分子在 0.4 V 时达到 2.25 的最大电流开关比，PQ 的开关比更大，在 1.0 V 时达到 8.0。

图 13.7（c）和（d）给出了不同结构的 SSB 和 PQ 的电导随偏压的变化曲线。O−SSB 的电导随偏压升高而增加，OH−SSB 的电导先微弱增加，然后在大于 0.5 V 时开始减小。PQ 分子在低偏压下的电导低于 SSB，但在高偏压时超过后者数倍。*m*−PQ 保留与 *r*−PQ 相似的“S”形上升趋势。尽管 SSB 和 PQ 分子在光激发下发生了分子内迁移，但由于结构的差异，它们呈现出略有不同的开关性能。PQ 的电流开关比更大，其在光控分子开关上的应用价值可能更大。

分子内迁移型分子开关的行为可以从图 13.8 的透射谱进一步理解。由于 SSB 和 PQ 的结构不同，其透射谱也表现了明显的差异。O−SSB 和 OH−SSB 在低于费米能级处都各有一个宽而低的透射峰，这主要是由分子的 HOMO 贡献的。在偏压窗口内，OH−SSB 的透射谱高于 O−SSB，且延展更宽，表明 OH−SSB 的电子传递的效率更高。尽管 PQ 在光激发下发生了与 SSB 相似的分子内迁移，但是透射谱的形状与 SSB 的有很大区别。其中 *m*−

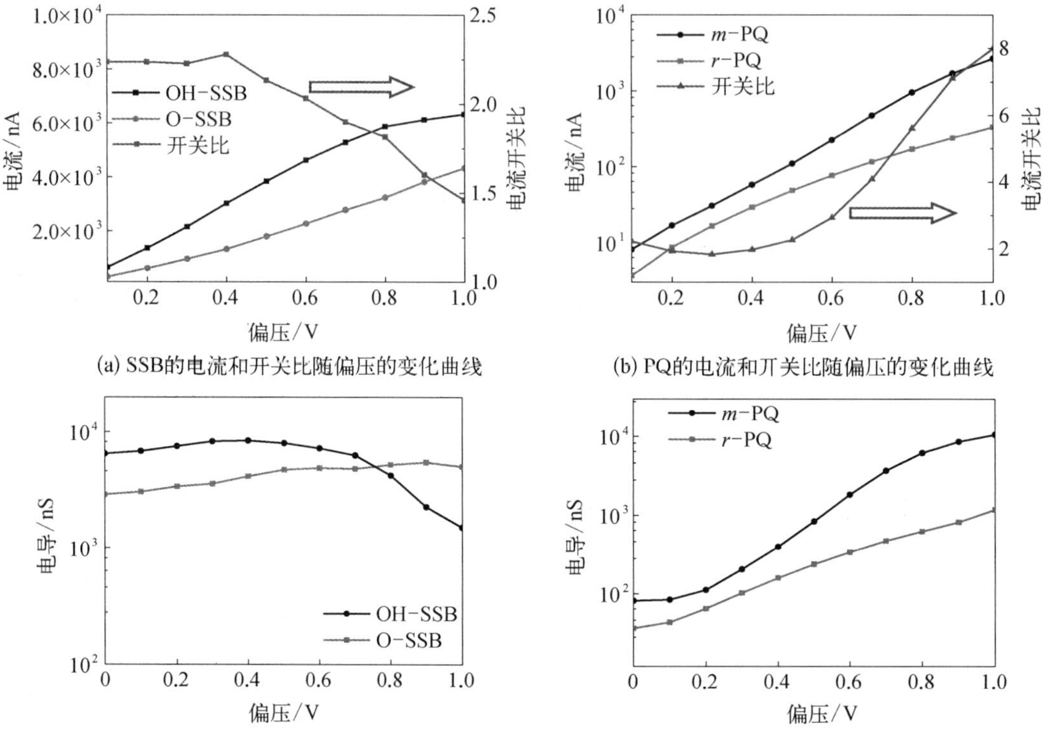

(a) SSB的电流和开关比随偏压的变化曲线

(b) PQ的电流和开关比随偏压的变化曲线

(c) SSB的电导随偏压的变化曲线

(d) PQ的电导随偏压的变化曲线

图 13.7 不同构型 SSB 和 PQ 的电流和开关比随偏压的变化曲线及 SSB 和 PQ 电导随偏压的变化曲线

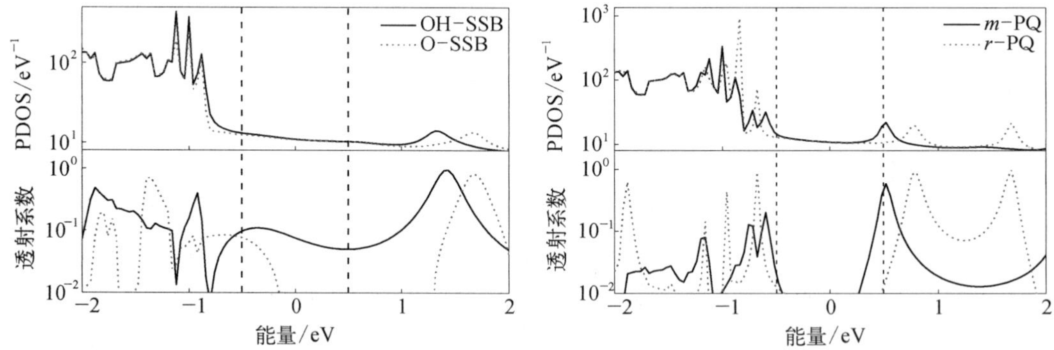

(a) 透射谱

(b) PDOS

图 13.8 SSB 和 PQ 分子开关在 1.0 V 偏压的输运特征

PQ 的 LUMO 共振峰更强且延伸至偏压窗口内，表明 *m*-PQ 的电导主要由 LUMO 贡献。*r*-PQ 的 HOMO 峰和 LUMO 峰都位于偏压窗口外，因此它的电导更低。图 13.8 还给出了器件投影在中心分子上的态密度(PDOS)。在偏压窗口内，同一分子不同结构的积分相似，说明电子传递的通道数量相差不大。

图 13.9 给出了 SSB 和 PQ 的 HOMO 和 LUMO 能级随偏压的变化。在所考察的偏压范围内,SSB 两种结构的 HOMO 和 LUMO 能级都位于偏压窗口外。虽然 O-SSB 的 HOMO 更接近费米能级,但从透射谱及电流-电压曲线可以看出,它的电子传递的效率更低。对于 PQ 分子,当偏压达到 0.7 V 时 m-PQ 的 HOMO 进入偏压窗口,表明该轨道对电子传递的贡献变大,这一特征有助于 PQ 分子的开关比随偏压增大。

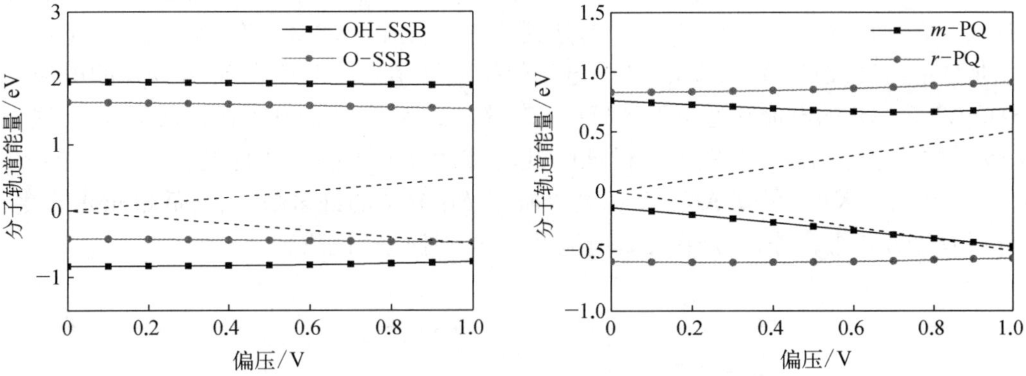

(a) SSB (b) PQ

图 13.9 SSB 和 PQ 的分子轨道能级随偏压的变化

图 13.10 给出了这两种分子在 1.0 V 偏压下 HOMO-1、HOMO、LUMO 和 LUMO+1 轨道的空间分布。OH-SSB 的 HOMO 和 LUMO 在分子上离域性强,为电子传递提供了高效率的通道。而 O-SSB 轨道的离域性明显弱于 OH-SSB。对于 PQ 分子,m-PQ 的离域性(特别是其 LUMO)明显好于 r-PQ,这使得偏压窗口内 m-PQ 的透射峰高于 r-PQ。

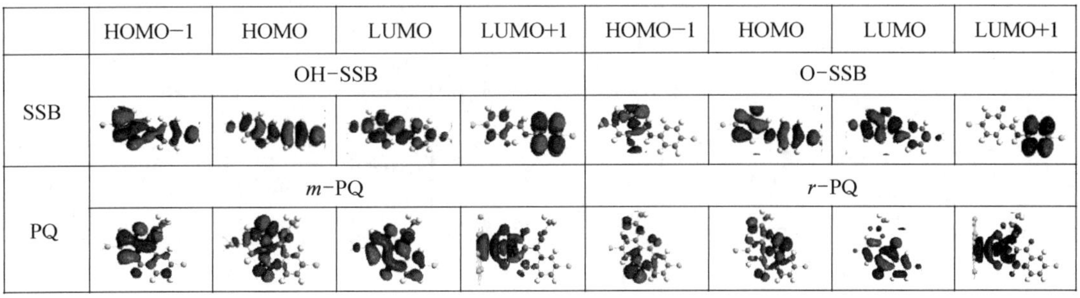

图 13.10 在 1.0 V 偏压下不同结构的 SSB 和 PQ 分子的 HOMO-1、HOMO、LUMO 和 LUMO+1 的轨道空间分布

13.1.4 偶氮苯与二苯骈氮——氮-氮双键的 E/Z 异构化型分子开关

偶氮苯(AB)和二苯骈氮(AB-C2)是另一类典型的光致变色分子。在光激发下分子内的氮-氮双键发生 E(反)/Z(顺)异构化反应。由于在紫外光和可见光的激发下,偶氮苯在热力学稳定的 E 构型和更高能的 Z 构型之间会发生可逆反应,分子的尺寸、形状和

偶极矩也随之发生变化，因此偶氮苯及其衍生物在光控分子开关领域占有重要的地位。AB 抗光化学疲劳性能优异，具有更多的开关循环次数。但是在许多实际应用中还有很多具体的问题需要解决。一种最近合成的 AB 衍生物——二苯骈氮（AB-C2），大大提高了 AB 光致变色的效率[13]。

顺/反异构的 AB 和 AB-C2 分子在 1.0 V 偏压内的电流-电压曲线如图 13.11(a)和(b)所示。顺/反异构的 AB 在 1.0 V 的偏压范围内电流都随偏压平稳地增加，*E*-AB 的电流远大于 *Z*-AB，最大电流比在 0.9 V 时达到 270 最大值。*Z*-AB-C2 的电流先是随偏压缓慢增加然后增速加快，而 *E*-AB-C2 的电流保持线性增长。对比发现，*E*-AB 的电流大于 *E*-AB-C2，*Z*-AB 的电流则远小于 *Z*-AB-C2，这导致 AB-C2 的开关比远低于 AB。偶氮苯顺/反异构体电导的巨大差别也同样证明其具有优异的光控开关性能，见图 13.11(c)和(d)。计算结果表明，尽管 AB-C2 已经克服了 AB 分子的许多缺陷，如低耐光疲劳性、异构体吸收光波长重合等，但是在提升电流开关比上还面临挑战。

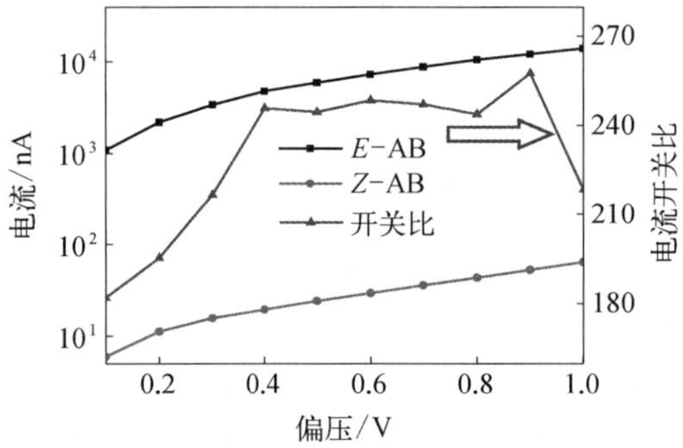

(a) AB顺/反异构体的电流和开关比随偏压的变化

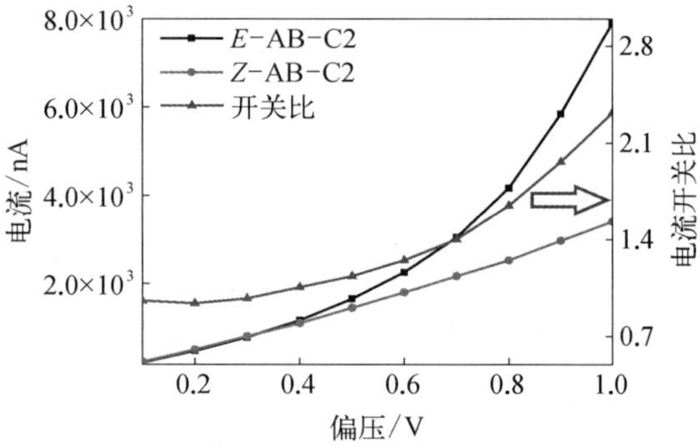

(b) AB-C2顺/反异构体的电流和开关比随偏压的变化

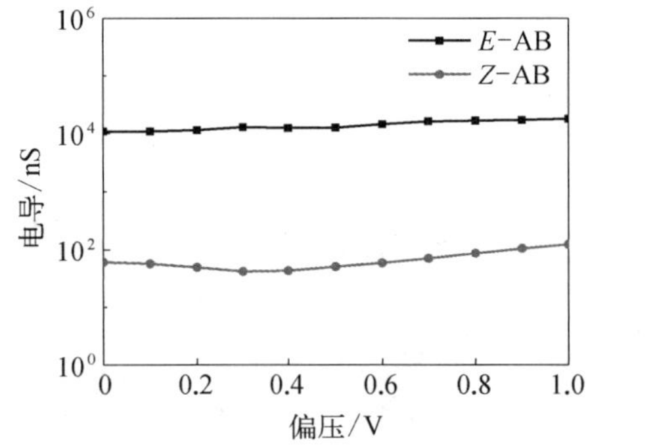

(c) AB顺/反异构体的电导随偏压的变化

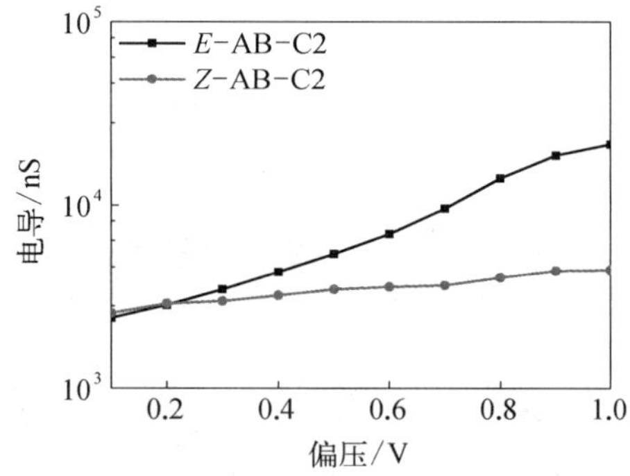

(d) AB-C2顺/反异构体的电导随偏压的变化

图 13.11 AB 和 AB-C2 顺/反异构体的电流和开关比随偏压的变化以及 AB 和 AB-C2 顺/反异构体的电导随偏压的变化

图 13.12 给出了在 1.0 V 时 AB 和 AB-C2 顺/反异构体的透射谱。在 AB 体系的射谱中，*E*-AB 的透射谱积分面积远大于相应的 *Z*-AB，这表明前者的电流远大于后者。在 AB-C2 体系中，离费米能级最近的透射峰归属于 HOMO 轨道的贡献。*E*-AB-C2 分子的透射谱在偏压窗口内的积分面积比 *Z*-AB-C2 略大，因此 *E*-AB-C2 为低阻态。由

于 AB 顺/反异构体的透射谱积分面积的差异远大于 AB-C2 异构体,因此 AB 分子的开关比远大于 AB-C2。图 13.12 还展示了 AB 和 AB-C2 顺/反异构体的 PDOS。在图 13.12(a)中,偏压窗口内有一个尖锐的 PDOS 峰,这个峰归属于 E-AB 的 HOMO 贡献(态密度为 13.78 eV^{-1}),表明其有更多的电子传递通道。在图 13.12(b)中,AB-C2 顺/反异构体的 HOMO 峰都很弱,且都在偏压窗口的边缘。偏压窗口的积分面积相当,说明异构化并没有显著改变电子输运的通道数量。由于 AB 和 AB-C2 分子都存在氮-氮双键的顺/反异构,它们的光控开关性能呈现相似的特性,即反式结构的分子处于低阻态。但是由于在 AB-C2 分子中,苯环间的碳链会限制氮-氮双键顺/反异构时的自由度,因此它发生异构化时共轭程度的变化远比 AB 小,导致 AB-C2 的开关比远小于 AB。

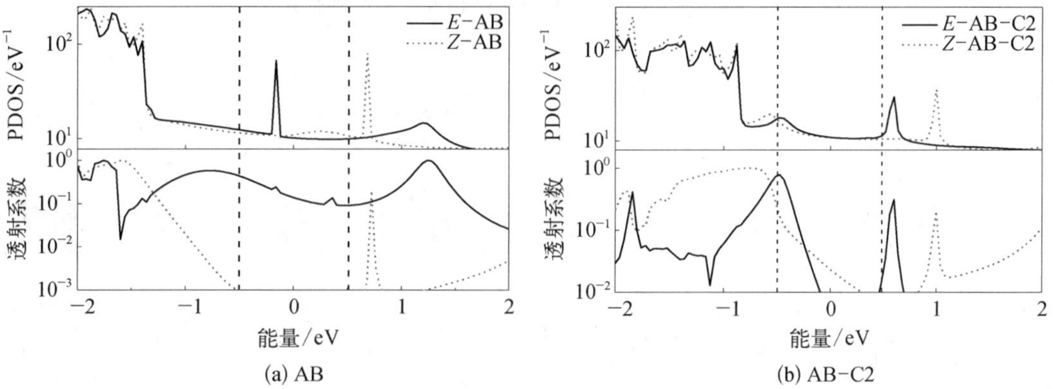

图 13.12　AB 和 AB-C2 的顺/反异构体在 1.0 V 偏压的透射谱和 PDOS

图 13.13 给出了不同偏压下 AB 和 AB-C2 分子的 HOMO 和 LUMO 能级。E-AB 的 HOMO 和 LUMO 都随偏压而降低;当偏压大于 0.1 V 时,E-AB 的 HOMO 进入偏压窗口,对电流有直接的贡献。而 Z-AB 的 HOMO 和 LUMO 都远离费米能级,即使在 1.0 V 的偏压,它们也远离偏压窗口。因此 AB 的顺/反异构体之间的电导差异显著。而 AB-C2 顺/反异构体的 HOMO 均依次进入偏压窗口,且两者 HOMO 能级接近,因此它们的顺/反异构体之间的电导差异较小。

图 13.14 分析了 AB 和 AB-C2 的顺/反异构体在 1.0 V 偏压下,HOMO-1、HOMO、LUMO 和 LUMO+1 的轨道空间分布。该器件的分子轨道是投影到连接基团(硫原子)和功能分子上的,因此金电极与分子的耦合作用也考虑在内。当反式的 AB 和 AB-C2 转变为顺式构型时,作用减弱。与 AB 分子相比,AB-C2 的顺/反差异不明显,因此具有更低的开关比。

13.1.5　俘精酰亚胺和二芳基乙烯——己三烯环封闭反应型分子开关

由于二芳基乙烯(diaryle thene,DT)和俘精酰亚胺(fulgimide,FM)能满足许多分子开关的要求,因此得到广泛研究。在光激发下,它们发生了从链式己三烯到环己二烯的电环

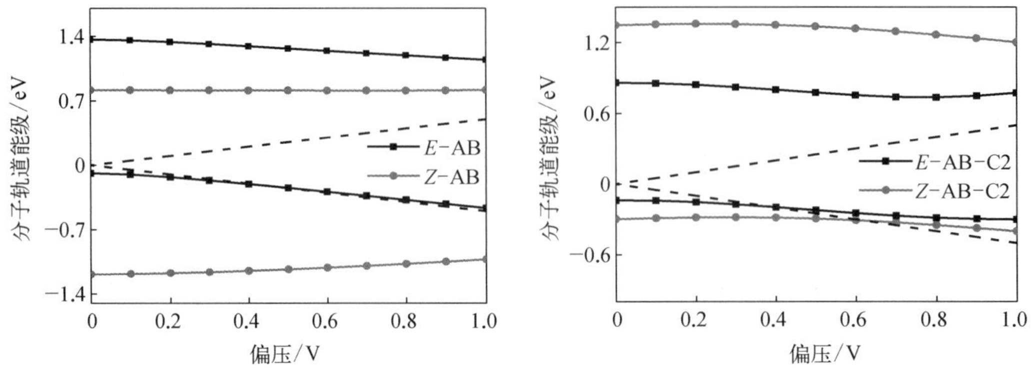

(a) AB　　(b) AB-C2

图 13.13　顺/反异构体的 HOMO 和 LUMO 能级随偏压的变化

	HOMO−1	HOMO	LUMO	LUMO+1	HOMO−1	HOMO	LUMO	LUMO+1
AB	*E*-AB				*Z*-AB			
	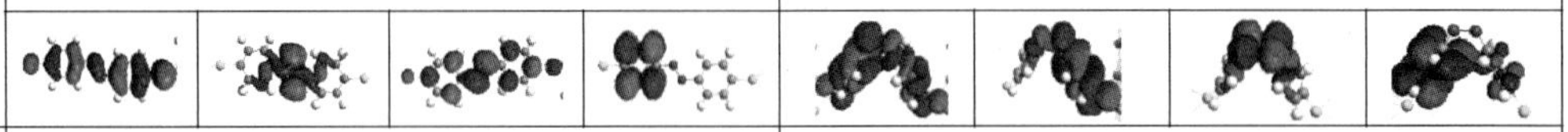							
AB-C2	*E*-AB-C2				*Z*-AB-C2			
	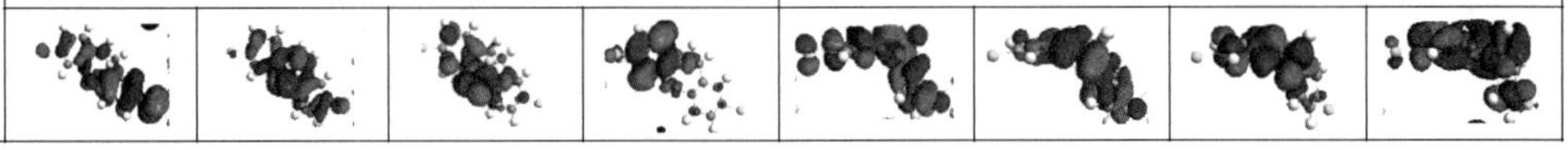							

图 13.14　AB 和 AB-C2 的顺/反异构体在 1.0 V 偏压时 HOMO−1、HOMO、LUMO 和 LUMO+1 的轨道空间分布

化反应。俘精酸酐的酸酐基团被酰亚胺基团取代形成俘精酰亚胺，与俘精酸酐相比，它在溶剂中更稳定。由于俘精酰亚胺衍生物表现出优越的开关可逆性，不同异构体都有良好的热稳定性，在溶液中具有耐疲劳性，故看作良好的开关材料。而含有芳香杂环基团的二芳基乙烯热力学稳定性好、对光敏感和耐疲劳，也是一种很有前途的分子开关材料。在紫外光的激发下，开环的 DT(*opened*-DT)发生环封闭反应，转变为闭环的 DT(*closed*-DT)，在可见光激发下发生逆向反应，但可逆转变只发生在溶液中。当 DT 连接到金电极上，*closed*-DT 可以转变为 *opened*-DT，但是由于金电极与 DT 之间的强耦合作用会阻碍 DT 的电环化反应，其逆向反应难以实现。人们设法将不同功能基团修饰到 DT 分子上以削弱金电极与 DT 间的耦合作用，从而使 DT 的可逆反应能够进行，研究中发现用 F 原子取代 DT 分子己三烯链上的 H 原子即可实现双向的可逆反应[14-16]。

FM 和 DT 的电流-电压曲线汇总于图 13.15(a)和(b)中。两者的电流曲线略有不同，通过 *closed*-FM 的电流在 0.5 V 时达到最大值，而后略有降低，而通过 *opened*-FM 的电流保持单调地增加。对于 DT 分子，开环和闭环形式的电流都单调增加，并在低偏压下变化更剧烈。在偏压范围内，FM 的电流开关比在 0.5 V 达到最大值 100，几乎是 DT 的 10 倍。FM 和 DT 电导的变化趋势也略有不同，如图 13.15(c)和(d)所示。*closed*-FM 的电导在

0.4 V 时达到最大值后迅速减小，*opened*-FM 的电导在整个偏压范围内都极缓慢增加，在图中近似一条水平直线，这与它的电流变化曲线很相似。*closed*-DT 的电导随偏压升高而减小，而 *opened*-DT 的电导在 0.5 V 时有一个电导的最高点。

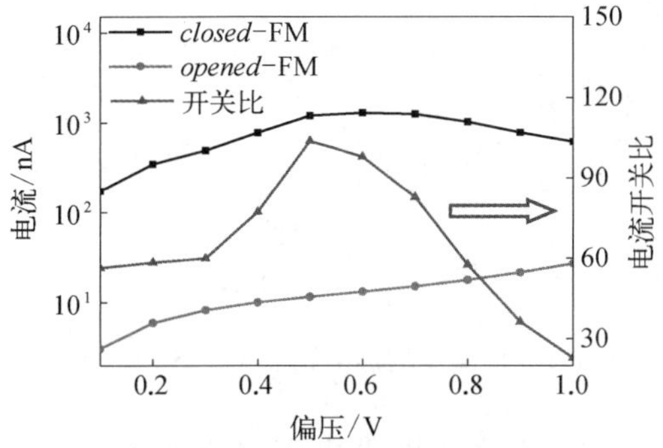

(a) FM分子开闭环结构的电流和开关比随偏压的变化曲线

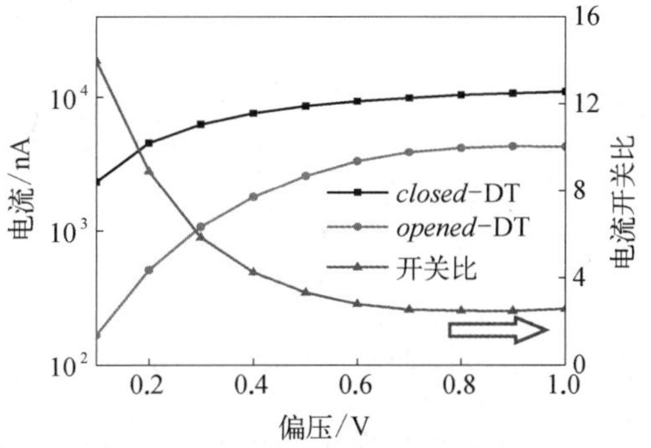

(b) DT分子开闭环结构的电流和开关比随偏压的变化曲线

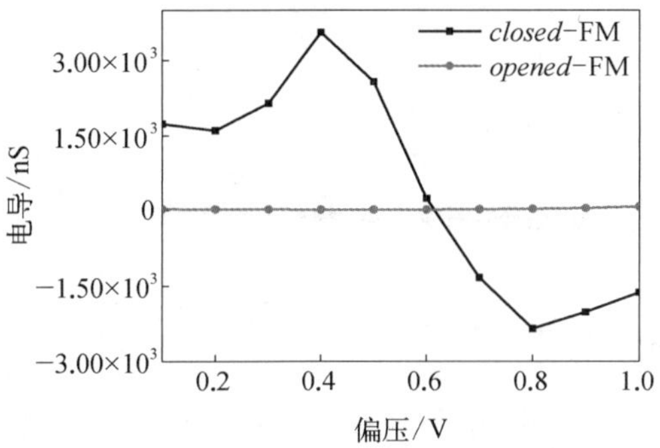

(c) FM的电导随偏压的变化曲线

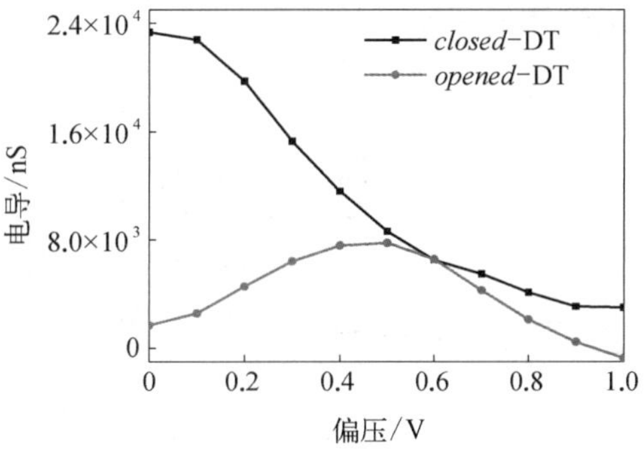

(d) DT的电导随偏压的变化曲线

图 13.15 FM 和 DT 分子开闭环结构的电流和开关比随偏压的变化曲线以及 FM 和 DT 的电导随偏压的变化曲线

图 13.16 给出了这两类体系在 1.0 V 偏压的透射谱和 PDOS 谱。在 *closed*-FM 的 PDOS 谱中，在 0.4 eV 有一个峰，它处于偏压窗口内，形成一定数量的电子传递通道。该峰是由 HOMO 贡献的[图 13.67(a)]，进一步从其透射谱对应能量的透射峰可知，这些通道具有较高的电子传递效率。当环己二烯发生开环反应时，分子的共轭程度降低导致 *opened*-FM 在偏压窗口内没有出现明显的轨道共振峰，其电导相对闭环有显著的降低。DT 体系的最大特征是开环和闭环结构在费米能级附近都有一个高而宽的峰，说明它们在费米能级的电子输运通道数量多，且效率较高。因此无论是开环还是闭环的 DT 分子，导电性都较强。但比较而言，*opened*-DT 峰的透射系数低于 *closed*-DT，因此 *closed*-DT 的电流更大。

前线分子轨道能级随偏压的变化可以协助分析透射谱中分子共振峰。图 13.17 给出了 FM 和 DT 的 HOMO 和 LUMO 能级随偏压的变化。在 FM 体系内，闭环结构的 HOMO 和 LUMO 能级更接近费米能级。偏压高于 0.2 V 时，HOMO 进入偏压窗口，且随偏压升高逐渐移动到费米能级之上。在偏压范围内，*closed*-FM 分子的 HOMO 与 LUMO 轨道间的

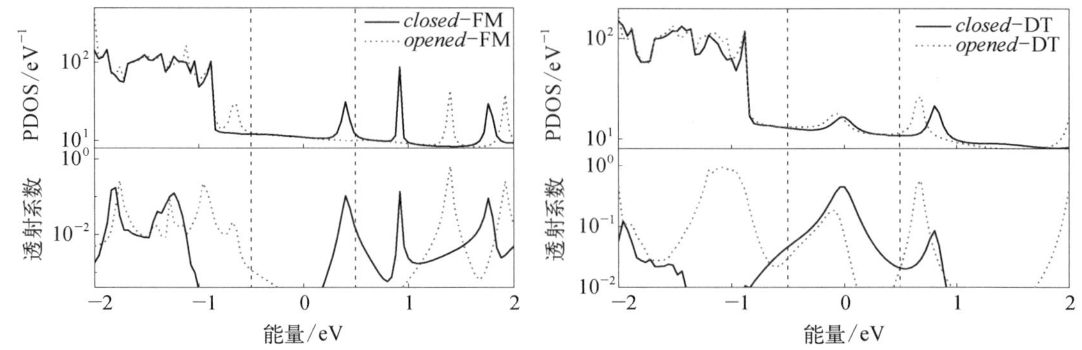

(a) FM (b) DT

图 13.16 FM 和 DT 分子的开闭环结构在 1.0 V 偏压的透射谱和 PDOS

能隙(E_g)基本保持不变,闭环分子高度的共轭结构有利于降低电子传递的势垒。此外,*closed*-FM 的 E_g 明显小于 *opened*-FM,这说明在此偏压范围内电子通过 *closed*-FM 分子的效率要远高于 *opened*-FM。

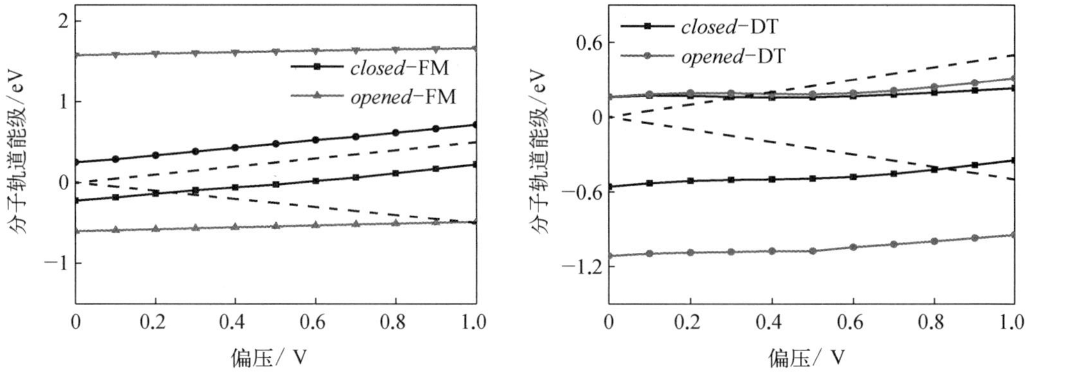

(a) FM (b) DT

图 13.17 分子开闭环结构的 HOMO 和 LUMO 能级随偏压的变化曲线

在 DT 体系中,开环和闭环分子的 LUMO 接近,在高于 0.3 V 时,两者都位于偏压窗口内,并且靠近费米能级,这表明 LUMO 的共振峰对分子导电性有显著贡献。但开闭环分子的 HOMO 差异显著。其中 *closed*-DT 的 HOMO 更接近费米能级,且在 0.8 V 后进入偏压窗口。

分子结的另一个静态性质是分子轨道的空间分布,如图 13.18 所示。该性质能直观反映 π 电子在分子开关中分布的均匀性,代表电子传递势垒的平滑程度。在闭环 FM 和 DT 的分子上,LUMO 和 LUMO+1 的离域性都很强,表明闭环分子结构的高度共轭特征,这有助于降低电子传递的能垒。在闭环结构中,有一条碳-碳单双键交替分布形成的碳链,它上面的电子流动性很好,形成高效的电子输运通道。因此闭环结构的分子处于低阻态。开环反应会降低这条碳链的共轭程度,阻碍电子流动。*opened*-FM 和 *opened*-DT 的 HOMO 和 HOMO-1 都表现出一定程度的定域特征,因此开环结构处于高阻态。

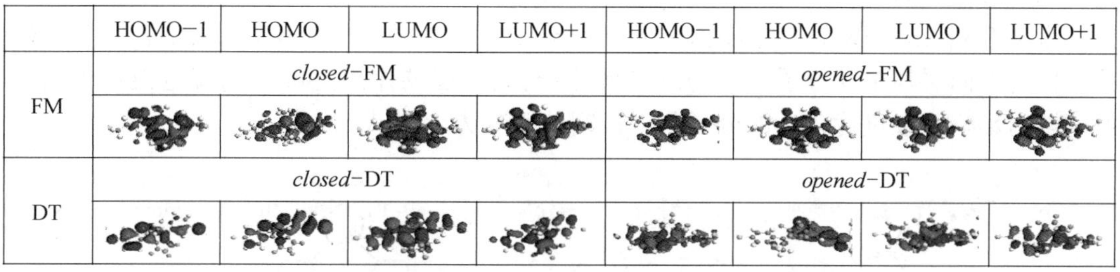

图 13.18 开闭环结构的 FM 和 DT 在 1.0 V 偏压下 HOMO−1、HOMO、LUMO 和 LUMO+1 的轨道空间分布

在上述工作中,我们设计了一系列基于光激发构型转变的光控分子开关,并利用 DFT 和 NEGF 相结合的方法研究了它们的电子输运性质。结果表明,分子结构的共轭程度是影响分子电子传递效率的根本原因。当分子内存在高度共轭的交替单双键碳链时,电子能高效地传递,因而分子呈高导电态。与之相反,在特定波长的光激发下分子发生结构转变,共轭程度降低,导致电子传递的效率降低,分子处于低导电态。

13.1.6 电极材料对全氟环戊二芳基乙烯光控分子开关性能的影响

大共轭的碳体系有利于电子输运。将其作为电极时,与有机功能分子的界面结构是影响器件性能的重要因素。近年来,石墨烯片(GN)、单壁碳纳米管(single-walled carbon nanotube,SWCNT)等大共轭碳体系作为分子电极材料成为人们研究的热点。众所周知,大共轭碳材料的端口可以很容易地进行化学修饰。Guo 等于 2006 年和 2013 年报道了将酰胺基团分别修饰到 SWCNT 和 GN 的端口,从而在实验上实现了大共轭碳材料的器件化[17,18]。在相同的理论水平上比较石墨烯、碳纳米管和金属三种电极材料对功能分子电子输运行为影响的研究尚较少。SWCNT 可以看作由 GN 卷曲而成的无缝圆筒。当 GN 卷曲成管后,锯齿型 GN(ZGN)和扶椅型 GN(AGN)表现出完全不同的性质,ZGN 保持金属性质或准金属性质,但 AGN 的电子特性有较大的变化,在不同带隙的半导体、准金属之间转变。为了避免 AGN 卷曲成碳纳米管后,管口周长方向上的周期性边界条件及量子禁锢对界面电子输运的干扰,我们分别选用锯齿型的石墨烯纳米带和单壁碳纳米管为电极材料,将电极以氨基连接到全氟环戊二芳基乙烯(DT)分子上,形成基于大共轭碳体系的 DT 光控分子开关。利用 DFT 与 NEGF 相结合的计算方法研究了它们的电子输运性质,并与金电极-DT 分子开关做比较,分析大共轭碳体系的卷曲程度对有机功能分子电子输运行为的影响。

分别以巯基和氨基作为端基连接到 DT 分子上,分别对开闭环的 DT 分子(图 13.19)利用 B3LYP 杂化密度泛函以及 6-31(d)基组进行结构优化。然后将分子两端的巯基或氨基脱氢,置于两电极之间进一步优化结构。而后进行电子输运的计算。分子结分为三部分:左电极、中心散射区和右电极。当与金电极相连时,中心散射区包括 DT 分子及左右各三层电极原子[图 13.20(a)],中心散射区的原子及电极表面原子进行全自洽场迭代计算。选取 4×4 的金(111)面作为电极,能够避免分子与其镜像分子间的相互干扰。末端硫原子与电极面的距离设为 2.0 Å,然后自由优化。图 13.20(b)和(c)是 DT 分子分别与锯齿型 GN 电极、SWCNT 电极相连形成分子结的示意图。左右 GN 电极中各有 8 个碳原子作为表面层与中间分子一起构成扩展分子,表面层的作用是屏蔽两端电极对中间散射区域的影响。经过优化后的分子与电极间的距离为 1.45 Å。

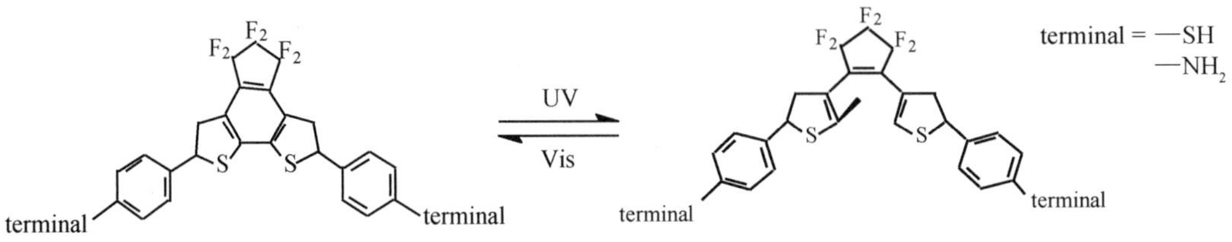

图 13.19　闭环 DT 与开环 DT 的构型转变[DT 上的端基(terminal)分别为巯基和氨基,将 DT 分子与金电极、GN 电极和 SWCNT 电极相连]

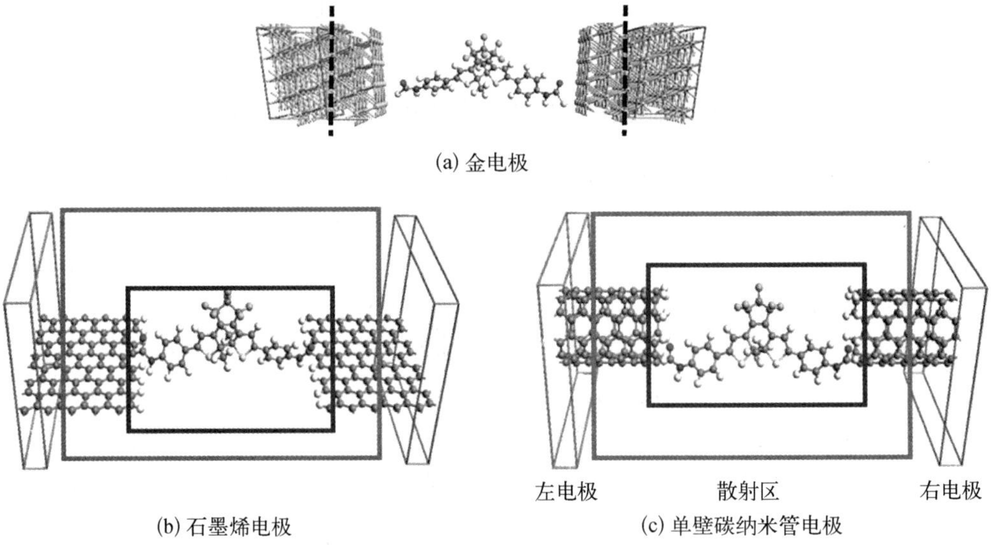

图 13.20　DT 分子结的模型

为了保证在相同条件下比较各电极材料对电子输运的影响并节省计算工作量,在输运计算中电子交换关联势采用 Perdew-Zunger 局域密度近似(LDA.PZ),对内核电子使用 Troulier-Martins 赝势。对金原子采用单 ζ 基组,其他原子采用双 ζ 基组,收敛标准为每个原子上的受力小于 0.05 eV/Å。构型优化后对分子结施加−0.5~0.5 V 偏压,每隔 0.1 V 计算分子结的电流。对于分子结体系,布里渊区取样用 Monkhorst-Pack 方案,设置 k 网格点为 $1\times1\times100$。为避免镜像分子间的相互作用,在 GN 和 SWCNT 电极体系中垂直于输运方向上设置了 18 Å 的超晶胞。

图 13.21 给出了 DT 分子在金电极、GN 和 SWCNT 电极体系中的电流-电压曲线和电导-电压曲线。对于三种电极材料,通过闭环 DT(*closed*-DT)的电流都明显高于开环的 DT(*opened*-DT),呈现明显的开关行为。施加偏压后,电流都近似呈指数上升,其微分电导也

表现出相似的变化趋势。*closed*-DT 的电流和电导都比 *opened*-DT 高 2～3 个数量级。对比三种电极材料，可以发现它们之间有明显的数值差异，其电流值按下列次序排列：金电极 > GN 电极 > SWCNT 电极，这一现象与电极材料的态密度直接相关。由于在低偏压下 GN 电极的 *opened*-DT 的电流远小于其他两种电极，因此 GN 体系的开关行为也最显著，在 0.2 V 时开关比 $R = I_{on}/I_{off}$ 达到约 270。

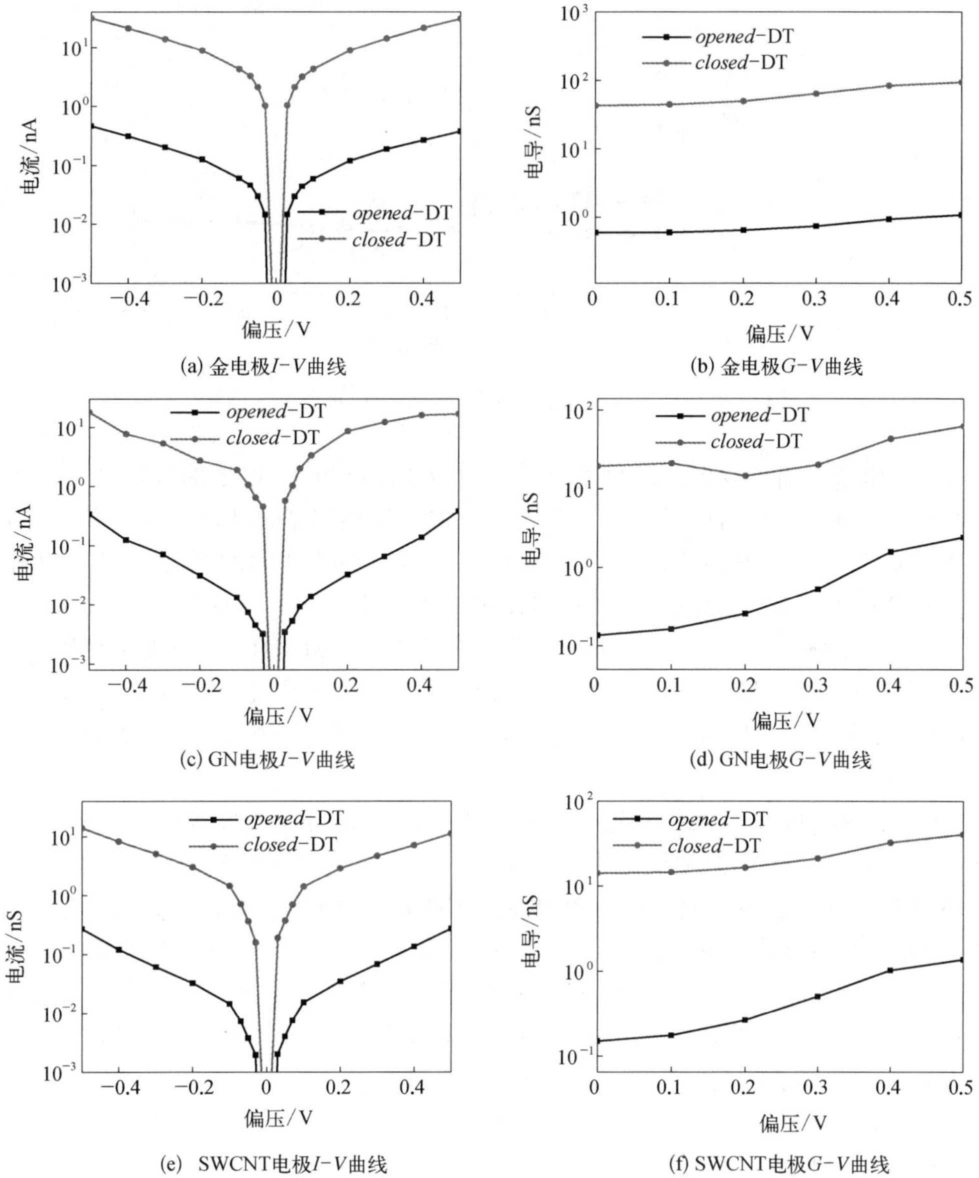

(a) 金电极$I-V$曲线　(b) 金电极$G-V$曲线

(c) GN电极$I-V$曲线　(d) GN电极$G-V$曲线

(e) SWCNT电极$I-V$曲线　(f) SWCNT电极$G-V$曲线

图 13.21　闭环和开环 DT 分子的导电性：电流-电压曲线和微分电导曲线

图 13.22 比较了 DT 分子在三种电极中的电流开关比。对于金电极，开关比时呈单调增加的。与之不同的是，大共轭碳电极在较高偏压下通过 *closed*-DT 的电流增势放缓，而

opened-DT 的电流增速不变,甚至加快,这导致它们的电流开关比在较高偏压时下降。因此大共轭碳材料在高偏压时对分子开关行为有一定的抑制作用。然而,在较低的偏压下,共轭碳基材料电极的开关比要大于金电极。

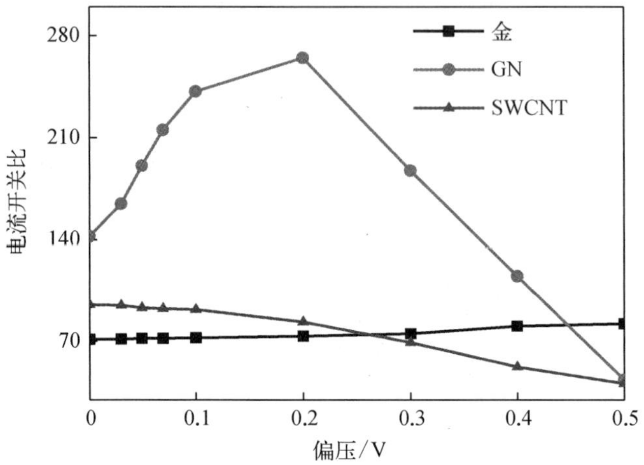

图 13.22　不同电极材料下 DT 分子结的电流开关比曲线

从零偏压透射谱可以更好地理解低偏压时分子结的电流-电压曲线特性。图 13.23 给出了连接三种电极材料的开闭环 DT 分子的零偏压透射谱和 PDOS 谱。将电极的费米能级定义作为参考,其附近的两个峰分别是由 HOMO 和 LUMO 主要贡献的共振峰。在透射谱和 PDOS 谱上,无论是开环还是闭环状态的 DT 分子,HOMO 峰都更接近费米能级,表明在低偏压下 HOMO 的贡献占主导。此外,*closed*-DT 的 HOMO 峰比 *opened*-DT 更靠近费米能级,显示其具有更强的导电性。比较不同电极材料下的透射谱和 PDOS 谱可发现,金电极/*closed*-DT 分子结的 HOMO 峰透射系数最大,因此体系的零偏压电导也最大。

在 6.3 节,我们研究了线性共轭分子体系,HOMO 离域分布会导致透射谱上的 HOMO 峰随链长发生位移;而在饱和烷烃中,HOMO 定域分布,导致 HOMO 峰的强度随链长降低。GN 电极体系的透射谱兼具这两者的特点,HOMO 峰的强度和位置随着分子内环己二烯的打开都发生了变化。DT 分子由闭环转为开环时,长度会变长,HOMO 峰明显负移,说明 π 电子的离域性随着开环而削弱,降低了电子传递效率。在 SWCNT 体系中,*opened*-DT 的 HOMO 峰移动小于 GN 体系,其强度也未发生明显的变化,表明在 SWCNT 体系中,电极与分子间碳-氮键耦合削弱的程度没有在 GN 体系中严重。

电子态密度在分子上的投影分布图也为理解分子开关性能提供了参考。图 13.24 给出了零偏压下,不同体系 HOMO 和 LUMO 的投影局域态密度(LDOS)的空间分布,等值面设置为 0.2 个态/($Å^3$ · eV)。在 *closed*-DT 分子中存在一条单双键交替分布的碳链,电子态离域分布在这条通道上,电子能通过这条路径高效率地通过分子,因此它的导电性能好,这种现象在金电极体系中表现得最明显。但是在 *opened*-DT 中,由于六元环的断开,分子的共轭结构被打破,电子态只能定域分布在分子的某一片段,不能为电子传递提供

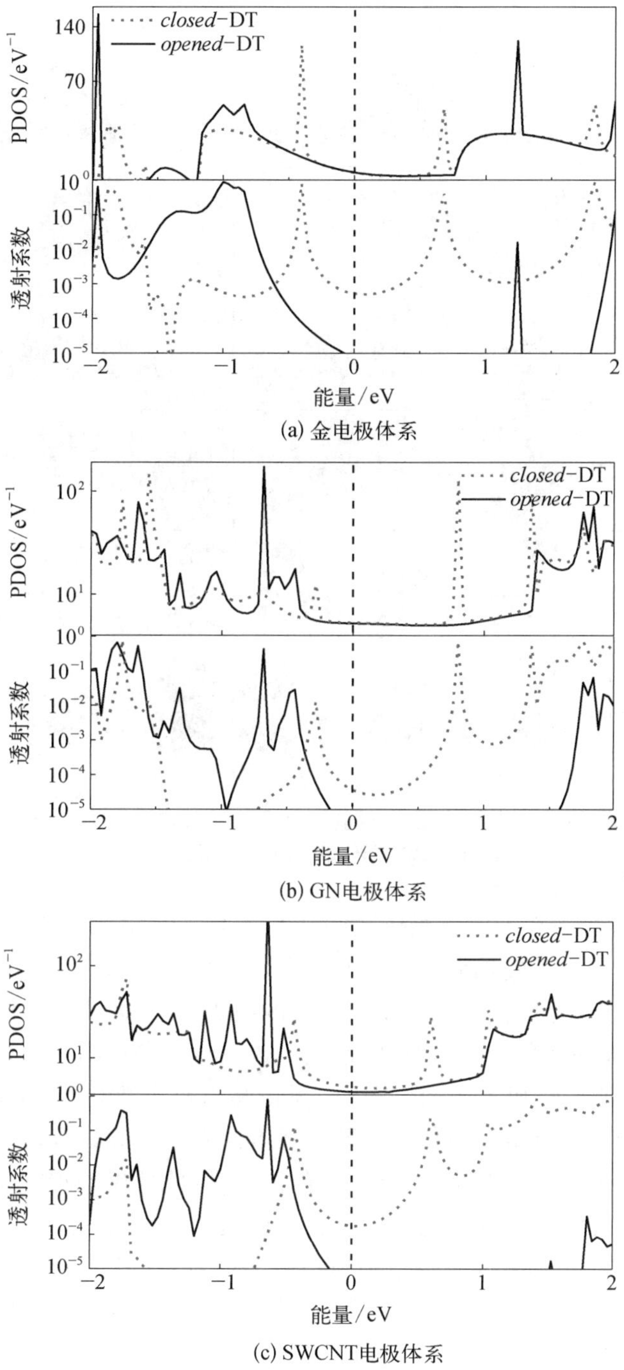

图 13.23　开环和闭环 DT 分子在零偏压的透射谱和 PDOS

贯穿分子的通道，因此导电性变弱。*closed*-DT 在 GN 电极的 LUMO 分布广，其 HOMO 也有部分定域特征。但是 *opened*-DT 完全不同。这种巨大的反差导致 GN 体系的电流开关比最大。

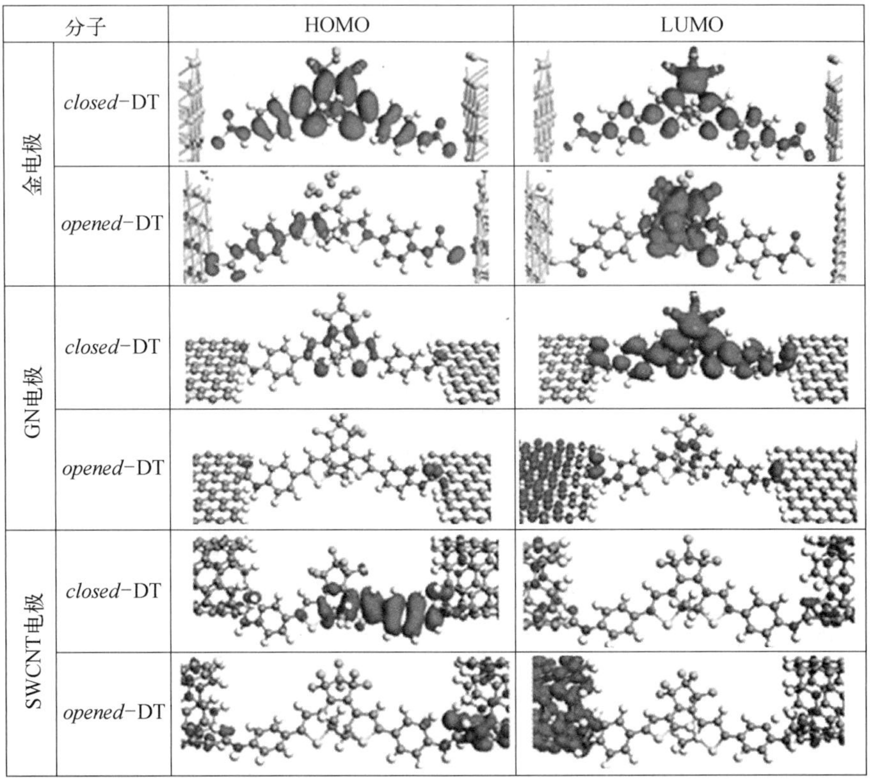

图 13.24 在零偏压下不同电极体系闭环和开环 DT 分子的 HOMO 和 LUMO 的 LDOS 分布图

图 13.25 是零偏压下在不同电极体系中，DT 分子结在 HOMO 和 LUMO 能级的电子传输通道图，该图展示了电子传输概率的空间分布，能直观反映哪些原子形成的通道更利于电子输运。电子传输通道以覆盖在分子结构上的箭头表示，箭头的阈值设为 0.3。与净电流方向一致的通道设为蓝色，与其相反的箭头设为红色。利用归一化处理，即箭头半径的相对大小表明相对的传输概率。由图可见，无论是哪种电极体系，电子都是通过 *closed*-DT 的单双键交替形成的碳链通道传递。环戊烯上的氟取代基具有很强的吸电子能力，它能增强与之连接的环戊环上双键的传递电子的能力，因此环戊烷碳链上的蓝色箭头最大。当电极换成 SWCNT 后，在 HOMO 能级通过这条通道的蓝色箭头急剧减小，表明电子在该通道上的传输效率锐减，其主要原因是碳材料的态密度低，其与分子的耦合远比金属-分子之间的耦合作用弱。GN 电极中通过 *closed*-DT 的蓝色箭头也比 SWCNT 电极的大，可能是因为 GN 的平面二维结构更利于电子运动[19]。

当 *closed*-DT 在光激发下发生六元环断裂，在原来环己烷位置上出现了很多与净电流方向相反的红色箭头，降低了电子通过 DT 分子的传输效率，而且蓝色箭头的连续性也不如 *closed*-DT，以金电极和 SWCNT 电极最为明显。对于 GN 电极，*opened*-DT 在 HOMO 能级上的红色和蓝色箭头都减少到几乎消失，其净电流也衰减到接近于零。由此可知，这条通道的共轭程度直接影响电子的传递效率。在金电极体系中金-硫键强耦

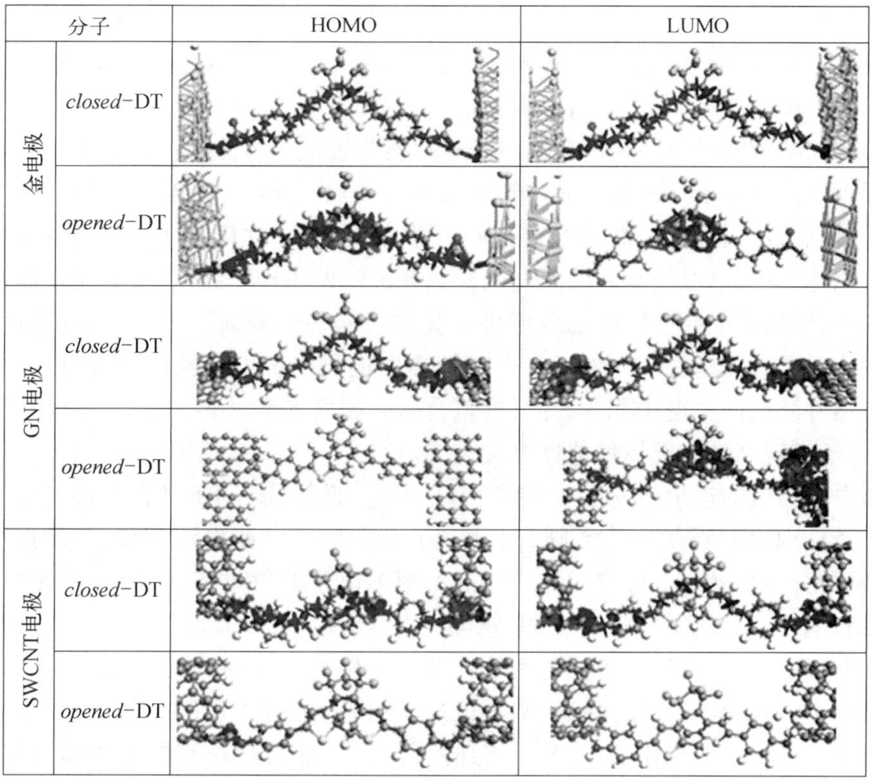

图 13.25 在不同电极体系中，开环和闭环状态下 DT 分子在 HOMO 和 LUMO 轨道能级位置上的电子传输通道

合作用使 *closed*-DT 的电流最大，但 GN 体系中界面耦合受分子构型转变的影响更大，开关特征更显著，因此 GN 电极更适用于作为分子开关的电极材料。

13.2 基于石墨烯纳米带的分子场效应管

场效应晶体管（field-effect transistor，FET），简称场效应管，是计算机中最关键的元器件。它不仅具备开关的功能，还必须具备增益的功能，以维护电路中电信号正常的电平。由于场效应晶体管需要三个终端，因此要将器件做到分子水平很难。但是通过发展新的材料和方法来构建器件，便可最终得到单分子器件。碳纳米管和石墨烯因其独特的低维结构和优异的光电性能，可以用于电极材料来构建微型化的分子电子器件。人们首先在碳纳米管方面实现突破，成功制备了由单个纳米管构成的 FET，随着电极制备技术的提高，人们又制成了由单个 C_{60} 分子构成的 FET。

采用精密的电子束刻蚀技术，将剪裁后的石墨烯与有机分子通过化学键进行连接，从而形成良好的接触界面，进而降低肖特基接触势垒，实现性能优异的有机 FET。在实验上，通过机械剥离石墨获得了单层石墨烯，推动了相关基础研究和应用的发展。超薄石墨烯具备独特的能带结构以及高效的电子传递效率，预示着其在未来纳米电子器件中的应用潜力。石墨烯纳米带有锯齿型和扶手椅型两种构型，其中锯齿型纳米带呈现金属特性，而扶手椅型纳米带可展现金属性或半导体性,其带隙与宽度成反比关系。石墨烯的能带结构与其电子传递通道的宽度紧密相关,当扶手椅型纳米带连接于金属电极之间时,电导随着纳米带宽度的增大而增强。这一特性显著区别于传统的一维电子器件,如金属导线等。石墨烯独特的能带结构为调控其电子输运行为提供了可能性。高电子迁移率及载流子的可调控性使得基于石墨烯的晶体管展现出高场效应迁移率。当前的研究多聚焦于电流-电压特性曲线,而对于栅极漏电流的研究则相对匮乏。在以 SiO_2 为栅极绝缘层的石墨烯场效应晶体管中,当源极与漏极间电压达到 3.5 V 时,栅极会出现漏电流现象。此类实验表明,石墨烯场效应晶体管面临着栅极氧化物可靠性问题,且随着氧化物厚度的减小,栅极漏电流呈指数级增长。在探索具有可控栅极的石墨烯电子器件时,栅极漏电流成为评估电子器件质量的关键指标。因此,寻找合适的栅极绝缘材料,以最大限度地降低栅极漏电流,对于实现高性能石墨烯器件至关重要。

纳米电子输运的理论研究主要依赖于 Landauer 近似,用 DFT 理论处理电子间的相互作用。为了从理论上研究石墨烯 FET 中栅极介质材料上的漏电流现象,我们设计了如图 13.26 所示的分子场效应晶体管。与常见的石墨烯电子器件类似,单层石墨烯的 FET 中,电极连接石墨烯带形成源极和漏极,阻塞截断共轭结构的石墨烯作为栅极。为了考察纳米带尺寸的影响,本节设计了不同宽度的并苯分子模型(DA 和 TA)和截断并苯分子模型(BA),见图 13.27。巯基是连接分子与电极最常用的功能团,每个模型均有巯基在不同的位点连接左右电极。对于位点 1,电子传递路径最短,而其他位点的电子传递路径更长,有些路径甚至接近垂直电场方向,因此称为折转路径。分子与电极的顶位(top 位)金原子连接。

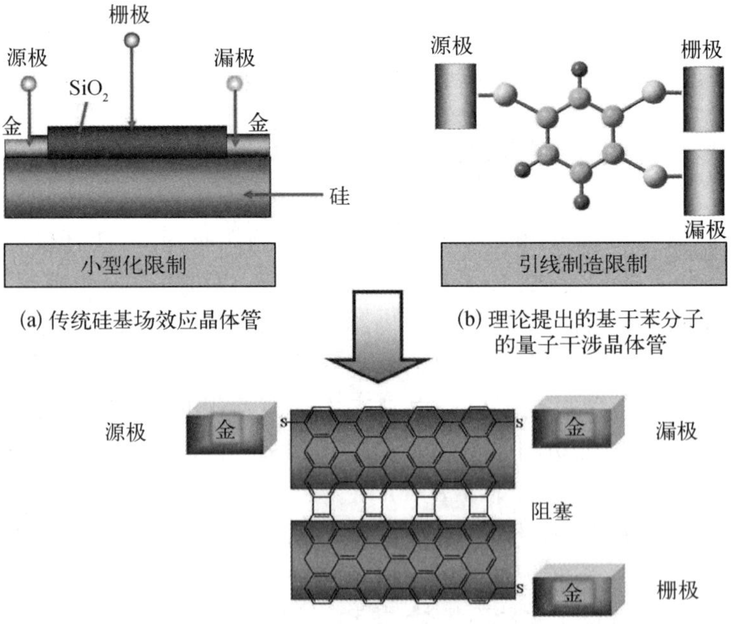

(a) 传统硅基场效应晶体管

(b) 理论提出的基于苯分子的量子干涉晶体管

(c) 本节设计的以截断石墨烯为栅极介质材料的石墨烯场效应晶体管

图 13.26 模型建立

本节分子几何结构的优化先采用 B3LYP 杂化密度泛函理论，6-31G* 基组。然后在分子的两端引入巯基(—SH)，分子上的巯基脱氢以后通过化学吸附金与电极的顶位形成 Au-S。其中 Au(111)面用 3 个金原子形成的原子簇表示，3 个金原子组成边长为 0.288 nm 的等边三角形。优化过程中所有原子的相对位置以及 Au-S 之间的距离固定，对分子中所有原子使用赝势 LANL2DZ 基组。

分子结的电子输运计算利用 DFT 结合 NEGF 方法。分子与连接电极之间的距离固定为 2.35 Å。整个体系分为三部分：左电极、中心散射区和右电极。散射区包括部分电极，其中左电极部分有 36 个金原子(两层 3×6 的电极平面)，右电极有 54 个金原子(三层 3×6 的电极平面)。金电极的计算使用 6×3×500 的 k 点网格。在最小重复单元中，左右电极的不同金原子层能够保证体系的周期性重复。利用局域密度近似(LDA)，对分子和电极原子分别采用 DZP 和 SZP。对分子结施加-1.0～1.0 V 的偏压，利用 NEGF 方法，每隔 0.1 V 计算相应的电流。

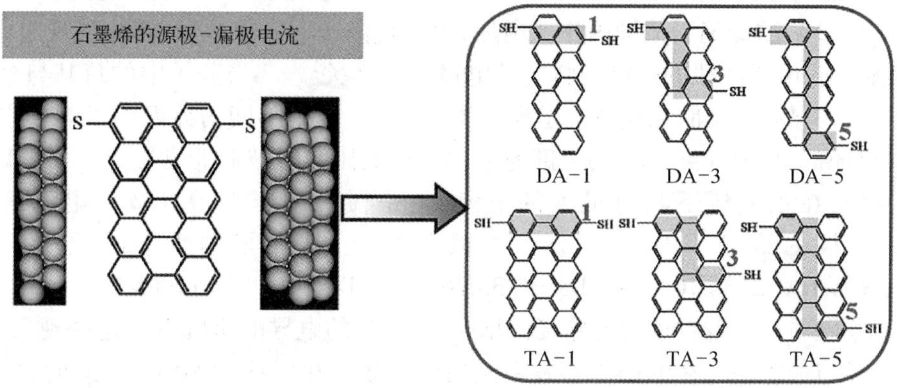

(a) DA-N和TA-N系列分子结构(以1、3和5为例。当连接位点1时，电子传递路径最短。位点2到5，定义为折转路径)

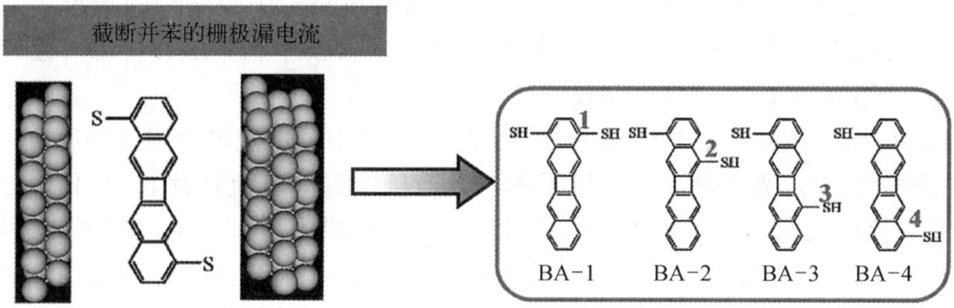

(b) BA-N系列分子结构

图 13.27　金电极与分子连接的模型示意图

13.2.1　并苯分子中单通道源极-漏极的电子传递

DA-N 系列分子的左侧电极界面是相同的，而右侧的连接点依次降低，这一设计逐渐增加了电子隧穿的距离。从图 13.27(a)中可以观察到，电子的散射角也随之逐渐增大，特别是 DA-5 的电子传递路径已接近垂直折线形态。在这样的电子输运环境中，DA-N 系列分子将展现出怎样的传输行为,成为一个关键问题。为了解答这一疑问,我们首先分析分子结的静态性质,具体涉及分子轨道的空间分布以及分子的轨道能级,包括 HOMO、LUMO 和能隙(LUMO-HOMO,E_g)。图 13.28(a)展示了这一系列分子的前线分子轨道空间分布,它们在一定程度上揭示了分子中 π 电子的迁移能力。各分子的前线分子轨道表现出相似性,HOMO 和 LUMO 均分布在分子的上半部分,且在本节所研究的偏压范围内,它们的位置基本保持不变。不同位置的端基取代对分子轨道空间分布的影响微乎其微。图 13.28(b)则给出了 DA-N 模型在零偏压条件下的 HOMO、LUMO 能级以及能隙 E_g,其中金电极的费米能级设定为零点。对于所有模型分子,HOMO(约 -0.10 eV)和 LUMO(约 0.65 eV)在零偏压下的能级几乎一致。能隙 E_g 的变化范围也很小,介于 0.70 eV(DA-2)和 0.74 eV(DA-1)之间,这表明两侧端基的取代并不会显著改变共轭分子主体的电子结构特性。

分子的系列静态性质揭示了 DA-N 模型分子的电子传递存在一定的相似性。因此,我们讨论动态的电流-电压特征。图 13.28(c)给出了电流随偏压的变化趋势。总体上,电流在-0.2~0.2 V 的低偏压范围内快速增加,而在高偏压下变化缓慢,整体呈现"S"形。文献有报道电流-电压曲线的形状与特定的电极界面有关[20]。当分子中的巯基与金电极的空位连接时,电流-电压曲线整体上呈现倒置"S"形。但是不同的界面不影响相应偏压下电流的相对值。对于 $N = 1 \sim 5$ 的全部通道,电流-电压曲线彼此非常接近。DA-1 因具有最短的路径,在正偏压下具有最大的电流,但是在负偏压下 DA-2 的电流最大。图 13.28(c)的插图给出了 DA-N 分子的微分电导,其在零偏压下的顺序为 DA-1(40.71 μS) > DA-2(38.10 μS) > DA-3(35.26 μS) > DA-4(34.04 μS) > DA-5(32.35 μS),但彼此相差微弱。随着电子传递路径的增长,DA-N 的电导略有降低。这些现象表明,所有折转路径与最短路径在电子传递效率上同样高效。在以往的实验中,以金属电极连接石墨烯的分子结中,两电极之间形成多条电子传递通道,随着石墨烯宽度的增加,电流逐渐增加[21,22]。本节中各通道高效的电子传递可以解释实验中观察到的现象。由于电极连接位置不影响电子传递的性质,因而利用 STM 等实验技术将单层石墨烯片连接到金属电极上可以形成高效的电子传递路径[23]。

由 Landauer-Büttiker 公式可知,金属-分子-金属结中的电流可以通过偏压窗口内的透射系数的积分求得。为了进一步分析不同电极连接位置的电流特性起因,我们分析了透射谱。图 13.28(d)给出了零偏压时的透射谱。费米能级附近有一个比较强的透射峰,而且不受偏压的影响,由图 13.28(b)可知,此透射峰主要来源于 HOMO 共振峰。而高于费米能级的第一个透射峰主要由 LUMO 贡献。DA-1 的透射系数接近于 1,从而具有极高的电子传递效率。为了更深入地分析电子传递的原因,图 13.28(e)给出了 DA-N 系列在零偏压下的投影态密度(PDOS)。PDOS 能提供在给定能级下可传输电子的通道数量,也决定了分子的电子传递性质。从图中可以看出,费米能级及上方的两个峰分别来自 HOMO 和 LUMO 的贡献,这与透射谱的特征吻合。

TA-N 系列分子具有和 DA-N 相似的特征和行为。图 13.29(a)描绘了 TA-N 系列的前线分子轨道空间分布,HOMO 和 LUMO 的离域性强,分布在全部分子上。HOMO 与 LUMO 受连接位置的影响也较小,这与 DA-N 系列分子一致。图 13.29(b)给出了零偏压

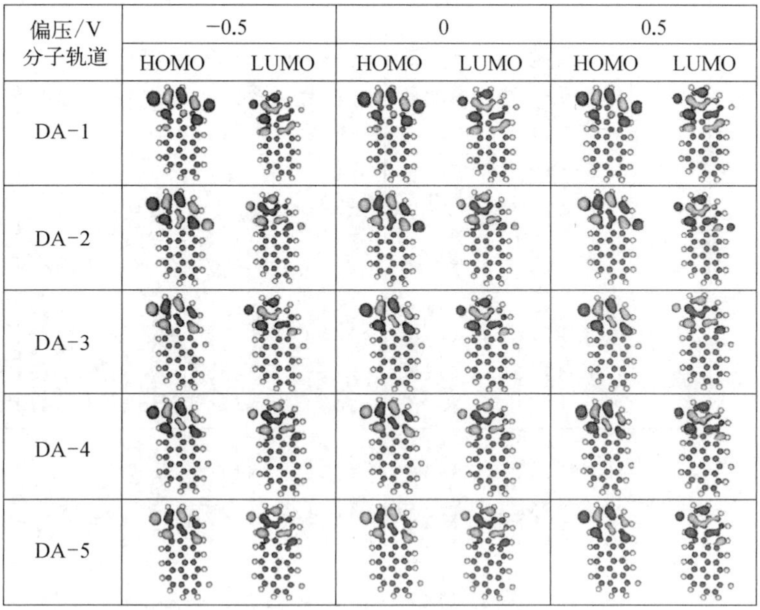

(a) 不同偏压HOMO和LUMO的轨道空间分布

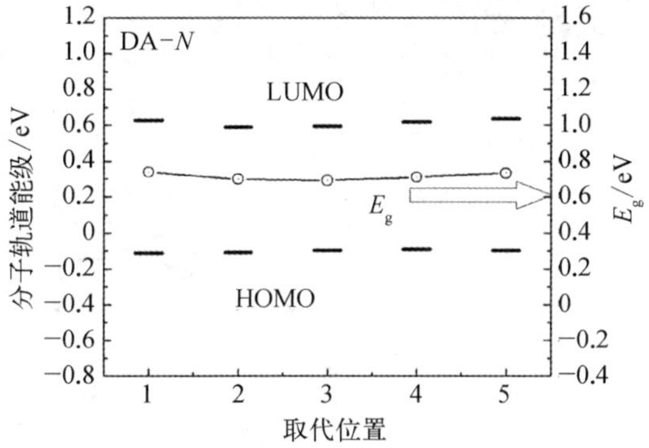

(b) 零偏压时HOMO、LUMO和分子能隙E_g

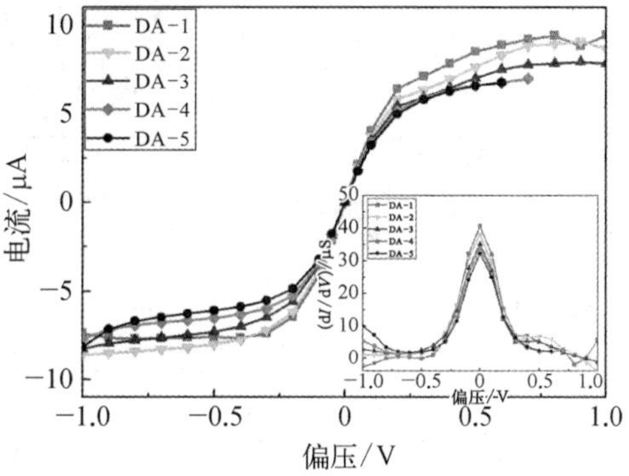

(c) 电流-电压曲线

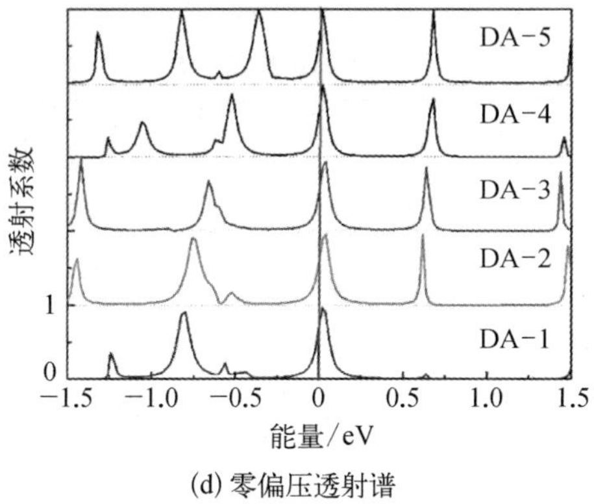

(d) 零偏压透射谱

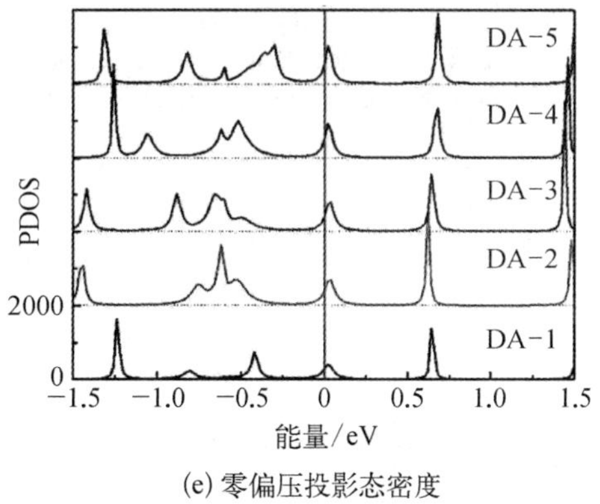

(e) 零偏压投影态密度

图 13.28　DA−N 系列模型分子的特征

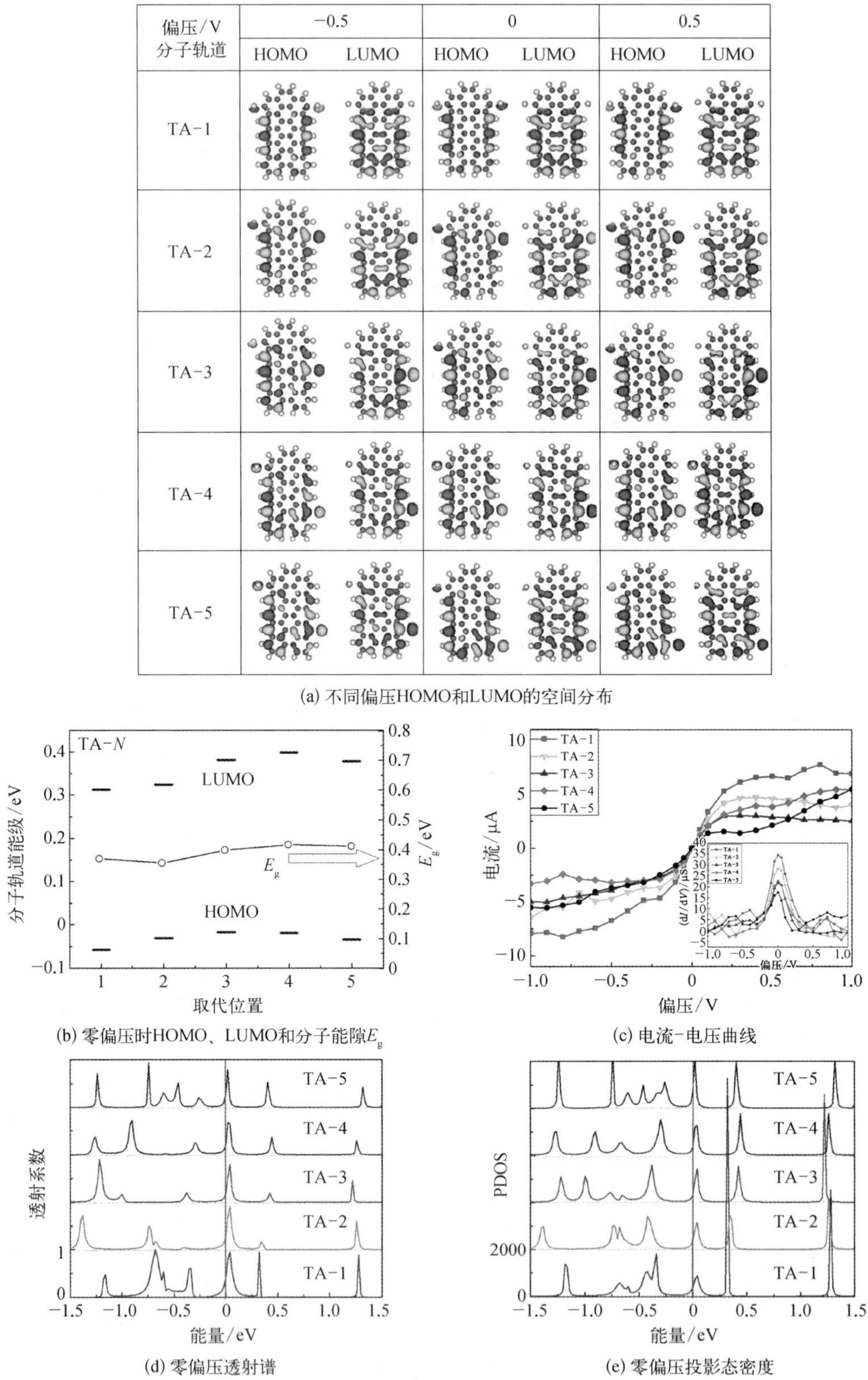

(a) 不同偏压HOMO和LUMO的空间分布

(b) 零偏压时HOMO、LUMO和分子能隙E_g

(c) 电流-电压曲线

(d) 零偏压透射谱

(e) 零偏压投影态密度

图 13.29 TA-N 系列模型分子的特征

下 TA-N 系列的 HOMO 和 LUMO 能级及 E_g。从 TA-1 到 TA-5,HOMO 和 LUMO 先略有增加,然后再缓慢降低。E_g 在 0.36~0.42 eV 范围内,不同连接位点的影响仍然较小。由于 TA-N 比 DA-N 系列更宽,其 E_g 也更窄。

图 13.29(c)展示了电流-电压曲线。TA-N 系列分子的电流-电压曲线总体趋势与 DA-N 系列相似。在偏压范围内,具有最短路径的 TA-1 展现出最大的电流,但与其他长度的电子传递路径相比,其优势并不显著。插图部分呈现了 TA-N 系列分子的微分电导。在零偏压下,电导的顺序依次为 TA-1 (34.57 μS) > TA-2 (28.34 μS) > TA-4 (22.77 μS) > TA-3 (22.00 μS) > TA-5 (17.43 μS)。尽管 TA-5 在垂直电场上的路径长度是 TA-1 的 5 倍,但两者展现出相似的电子传递效率,其电导差异不足一倍。因此,随着并苯分子宽度的增加,电子传递效率并未发生实质性变化。图 13.29(d)和(e)分别给出了 TA-N 系列分子在零偏压下的透射谱和投影态密度(PDOS)谱,这些特征与 DA-N 系列无本质区别。然而,通过细致对比,仍可观察到随着并苯宽度的增加,输运特征呈现细微差异。对于更宽的石墨烯片,其 HOMO 位于费米能级附近,而 LUMO 也更趋近于费米能级,从而 LUMO 对输运的贡献变得更为显著。LUMO 提供了更多的电子传输通道,从透射谱上也可清晰看出,TA-1 的 LUMO 通道具有比 DA-1 更高的传输效率。然而,TA-2 至 TA-5 的传输效率似乎并未达到 DA-2 至 DA-5 的水平。这可能是 TA-N 系列分子电流-电压曲线彼此分散更为显著的一个重要因素。

TA-N 分子与 TD-N 分子在垂直于电场的方向上具备相同的长度,但在平行于电场的方向上,TA-N 分子展现出更宽的形态。从静态特性与输运行为两方面考察,两者均表现出高度的相似性,这揭示了石墨烯纳米带在垂直电场与平行电场中具有相近的电子传递效率。模拟结果阐释了石墨烯材料中的电子传递机制,指出电流主要由一条高效传输的通道主导。不同的连接方式并未显著影响电子传递效率,均展现出高效性,这为利用电极修饰技术连接石墨烯与金属电极提供了可能。在介观尺度体系中,通过修饰电极技术,石墨烯能够有效地作为场效应晶体管的通道材料。

13.2.2　并苯分子中的共轭阻断——栅极控制与漏电流

由于共轭阻断可减弱石墨烯中电子传递的效率,我们设计了阻断共轭的并苯分子,见图 13.27(b)。相比于 DA-N 和 TA-N 系列模型,BA-N 的芳香性被两条碳-碳单键截断,故只具有局部的共轭性。图 13.30(a)给出了零偏压下 BA-N 系列的 HOMO、LUMO 和 E_g。各模型分子的 HOMO 能级相似,基本维持在-0.25 eV,而 LUMO 在 1.82 eV (BA-1) 到 2.06 eV(BA-3)范围内变化。由于共轭被截断,BA-N 模型的 E_g 是 DA-N 和 TA-N 的 3~5 倍,从 2.09 eV(BA-1)变化到 2.32 eV(BA-3),E_g 的差异也比 DA-N 和 TA-N 大。

图 13.30(b)给出了 BA-N 模型分子的轨道空间分布。BA-1 的 HOMO 轨道分布在两个硫原子中间的部分,而 LUMO 离域分布在全部分子上。随着连接位点的变化,从BA-2 到 BA-4,HOMO 离域性增强,而 LUMO 的完全离域特征不变。当施加偏压时,HOMO 和 LUMO 分布基本保持不变。在 BA-N 模型中,由于共轭整体被截断,空间分布呈现一些差异,可以推断其电子传递行为也会有所不同。图 13.30(c)中描述了 BA-N 的电流-电压特征。BA-1 在偏压范围内具有最大的电流,BA-2 略有降低,但仍可以认为与 BA-1 同属一

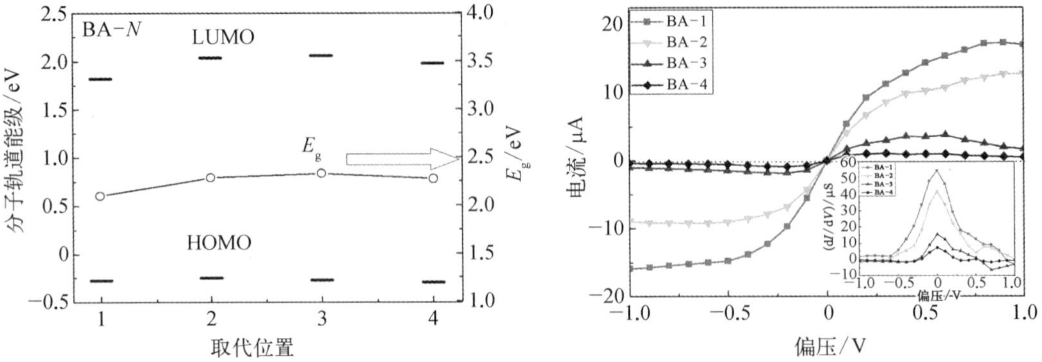

(a) 零偏压HOMO、LUMO和分子能隙E_g　　(c) 电流-电压曲线

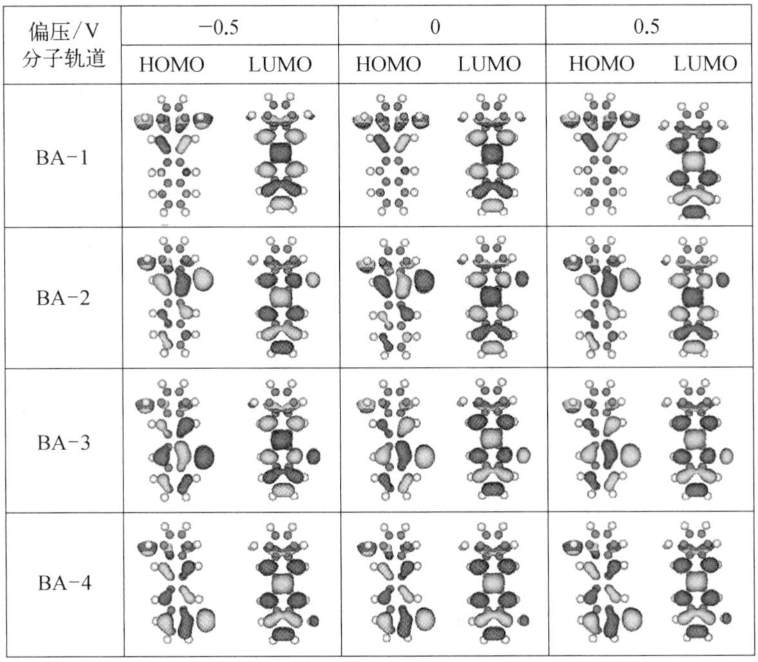

(b) 不同偏压下HOMO和LUMO的轨道空间分布

图 13.30　BA-N 模型分子的特征

个系列。然而 BA-3 和 BA-4 电流明显降低,尤其是 BA-4,当源极-栅极的电压为 1.0 V 时,电流为 5.4×10^{-7} A。实验中,当栅极氧化层为 50 nm,栅极-源极电压为 3.5 V 时,石墨烯场效应晶体管的漏电流为 10^{-9} A。而随着氧化层厚度的降低,漏电流也会增加。图 13.30(c) 中的插图给出了 BA-N 系列的微分电导。零偏压下,BA-1 的微分电导是 BA-4 的 7 倍。总之,利用截断石墨烯作为栅极绝缘材料的 FET 具有低栅极漏电流,是研究石墨烯 FET 的一个潜在的途径。

本节设计了具有不同长度的并苯分子模型,并利用了 DFT 结合 NEGF 的方法,对石墨烯的源极-漏极电子输运性质以及栅极的漏电流特征进行了模拟研究。研究结果表明,并苯分子中的电子传递效率不受路径长度的影响,即便是在折转路径下,也展现出高效的电子传递能力。当折转通道截断时，分子结的电流会显著下降，导致栅极仅产生较低的漏电流。这一发现为以单层石墨烯作为通道、截断石墨烯作为栅极介质材料来制备石墨烯基场效应晶体管提供了新的思路，为解决新一代晶体管小型化的问题提供了启示。

13.3　基于单层黑磷的分子场效应管

近年来，石墨烯作为二维材料的代表，凭借其独特的几何构型、电子特性及光学属性，在纳米电子学领域内引发了广泛的关注。然而，石墨烯的零带隙特性限制了其在场效应晶体管（FET）方面的应用。为了克服这一缺点，科研人员致力于探索其他二维材料以替代石墨烯。其中，硅烯与锗烯虽具备特定优势，但它们在空气中不稳定。过渡金属二硫化物因具有直接带隙而成为下一代纳米电子器件的候选材料之一，但其电子有效质量较高、迁移率较低，也不适用于高性能 FET。黑磷作为一种热力学稳定的磷同素异形体，其结构类似石墨，由垂直堆叠的磷烯层构成，层间通过微弱的范德瓦耳斯力相互连接[24]。与石墨烯不同，磷烯展现出独特的六方结构，其中每个磷原子与三个相邻磷原子形成共价键，形成类似陡峭搓衣板的结构[25]。有限层磷烯展现出直接带隙特性，带隙宽度从单层的 1.51 eV 可调至五层的 0.5 eV，通过控制层数即可实现带隙的调控[26]。在空穴主导下，磷烯展现出高迁移率[约 10^4 $cm^2/(V \cdot s)$]，且具备各向异性特征。尽管黑磷早在 20 世纪初即被发现，但直至 2014 年，磷烯在纳米电子学与光电子学领域的应用才得以实现。Zhang 等通过机械剥离块状黑磷，成功制备了厚度仅为几纳米的少层磷烯晶体，并构建了 FET，该器件在室温下展现出优异的性能[27]。

尽管已有少层磷烯实验研究的报道，但在剥离过程中获得大尺寸单层磷烯仍面临巨大挑战，这导致制备单层磷烯器件极具难度。鉴于磷烯的性质与其层数紧密相关，对单层磷烯器件进行深入探究显得尤为重要。密度泛函理论（DFT）的研究已展示了单层磷烯的静态电学特性[28,29]。当对单层磷烯施加轴向应变时，其带隙会经历从直接带隙到间接带隙再回到直接带隙的转变。这些静态电学特性充分展示了单层磷烯在纳米电子学领域的应用潜力。

单层磷烯是一种 p 型半导体，空穴迁移率优于 MoS_2 和 WSe_2 等层状材料[30,31]。单层磷烯纳米器件的性能依赖于对其电学性质的调控。传统的掺杂是在半导体晶格中引入杂原子，但晶格结构的改变以及有限的掺杂浓度限制了该方法在二维磷烯中的应用。二维磷烯具有较高的比表面积，基于表面电荷转移/注入机制的表面电荷转移掺杂，可以作为一种无损的调节其电子性质的方法。以往的研究表明，亲电分子的吸附可以调节二维半导体纳米材料的电导，包括无机分子[32]、气体分子[33]、有机分子[34]等。例如，Wang 等通过吸附有机分子，如 2, 3, 5, 6-四氟-7, 7, 8, 8-四氰基喹二甲烷（F4TCNQ）和钒基酞菁（VOPc），得到了 n 型和 p 型掺杂的石墨烯片[35]。通过 DFT 计算，他们还发现 F4TCNQ 与石墨烯之间的电荷转移可以打开石墨烯的带隙[36]。此外，通过表面电荷转移掺杂，能够使 CdS 纳米带的导电类型由 n 型转变为 p 型[37,38]。Kulish 等利用理论计算得到，磷烯与吸附原子形成化学键的同时，能够保持其结构的完整性[39]。Du 等发现，在磷烯表面修饰

MoO_3能够提高其光探测性能[40]。

本节利用密度泛函理论和非平衡态格林函数方法(NEGF),研究有机分子F4TCNQ、无机分子 MoO_3、气体分子 NO_2等亲电分子的吸附对单层磷烯体系的静态性质和动态输运行为的影响。研究发现,F4TCNQ 与磷烯层之间存在电荷转移,表现出明显的 p 型掺杂效应。透射谱的研究表明,吸附分子为器件的空穴传输提供了有效通道。模拟器件的转移特性曲线进一步证实了分子吸附增强了单层磷烯的 p 型输运。

计算分两步。首先,采用 DFT 方法研究单层磷烯(BP)吸附亲电分子前后的结构。因为 F4TCNQ、NO_2和 MoO_3在以往的报道中都具有优良的 p 型掺杂作用,本研究选取了这三种亲电分子[41-43]。采用超软赝势平面波,广义梯度近似(GGA)下的Perdew-Burke-Ernzerhof(PBE)泛函来描述电子的交换和相关效应。分别考虑范德瓦耳斯力修正前后的 F4TCNQ/BP 体系的几何构型,结果表明范德瓦耳斯力修正对分子/BP 体系的几何构型及吸附能的影响很小。单层磷烯在 x、z 方向是周期性的,沿 y 方向的间隔大于 15 Å,以避免相邻层之间的相互作用。结构优化和能量计算的收敛标准分别为 2.0×10^{-5} eV/原子和0.02 eV/Å。计算时采用 3×3 的超晶胞,布里渊区积分采用 $10\times8\times1$ 的 k 点网格进行采样,平面波的截止能为400 eV。因 NO_2具有顺磁性,计算时考虑自旋极化。

而后,利用基于 DFT 结合 NEGF 的方法计算电子输运。采用双电极系统,中心散射区夹在半无限源极(左电极)和漏极(右电极)之间。左、右电极各采用无分子吸附的 2×4 超胞,中心散射区采用 4×9 超胞,其长度足以阻挡电场作用下磷原子与吸附分子之间的电偶极子引起的电荷振荡。采用 Troullier-Martins 模守恒赝势,SZP 描述体系的价电子轨道。利用 Monkhorst-Pack 方法,选取 $4\times1\times100$ 的 k 点描述布里渊区,截断能设为200 Ry。对中心区域(包括磷原子和吸附分子的几何构型)进行自由弛豫,直至原子上的受力小于0.10 eV/Å。由于器件的对称性,只施加了 0~2.0 V 的单向偏压。

13.3.1 吸附结构及电子性质

为了了解分子吸附与单层磷烯静态性质之间的关系,我们首先基于第一性原理研究了不同吸附分子的单层磷烯的几何构型、电子结构和能量。采用 3×3 的超晶胞模拟磷烯层,其晶格尺寸为 9.898 Å × 13.854 Å,与已有报道一致[44],z 轴沿扶手椅方向。在磷烯层附近放置吸附分子,复合体自由弛豫,如图 13.31(a)所示。由于 F4TCNQ 的高度对称结构,其最稳定的吸附构型是顶位,其长轴沿原胞的 z 方向。F4TCNQ 与磷烯的平衡距离为2.29 Å。而 NO_2和 MoO_3位于皱褶蜂窝的中心位置。由于 NO_2没有悬挂键,无法与磷原子键合,因此位于磷烯层的上方,距离为 1.79 Å。

以往的研究表明,分子吸附在 2D 半导体上可影响其电子性质,并进一步实现掺杂效应。为了研究这些吸附分子对单层磷烯之间的作用,我们计算了电场作用下沿 z 轴的吸附分子与单层磷烯之间的电荷转移,定义为

$$\Delta\rho=\rho_{\text{molecule/BP}}-\rho_{\text{molecule}}-\rho_{\text{BP}} \tag{13.2}$$

式中，$\rho_{\text{molecule/BP}}$、$\rho_{\text{molecule}}$ 和 ρ_{BP} 分别表示吸附磷烯、孤立分子和无吸附磷烯的电荷密度。图 13.31(a)也用图形方式给出了 F4TCNQ/BP、MoO_3/BP 和 NO_2/BP 体系在零偏压下的电荷转移。电荷富集和减少的区域分别以红色和蓝色表示。可以看出，F4TCNQ 分子中氮原子周围有较强的电子富集，而磷原子周围出现电子密度减少。这一现象说明吸附的 F4TCNQ 分子获得电子。对比不同吸附分子，发现 F4TCNQ/BP 体系的电荷转移量最大。

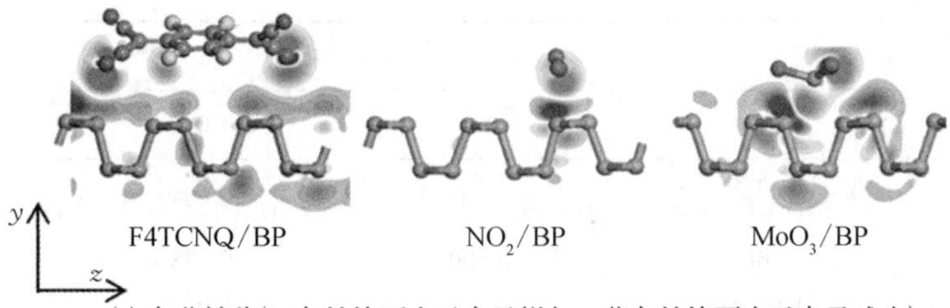

(a) 电荷转移(红色等值面表示电子增加，蓝色等值面表示电子减少)

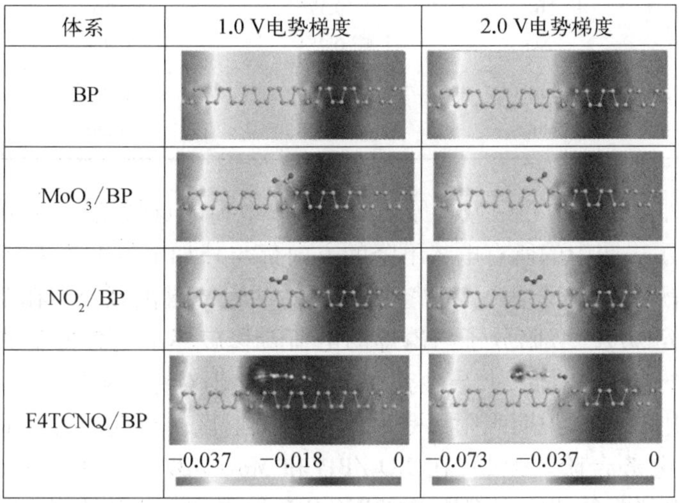

(b) 1.0和2.0 V下的电势梯度

图 13.31　单层磷烯与吸附的 F4TCNQ、MoO_3 和 NO_2 分子之间的相互作用

单层磷烯与吸附分子的结合能(E_a)定义为

$$E_a = E_{\text{molecule/BP}} - E_{\text{molecule}} - E_{\text{BP}} \tag{13.3}$$

式中，$E_{\text{molecule/BP}}$、E_{molecule} 和 E_{BP} 分别代表吸附磷烯、孤立分子和无吸附单层磷烯的总能量。F4TCNQ 的结合能最大，为 4.04 eV/原胞。

单层磷烯器件在不同偏压下吸附分子前后的电荷变化见表 13.1。在不施加偏压时，吸附的 F4TCNQ 分子带负电荷($-0.911e$)，单层磷烯带正电荷($0.800e$)，表明电子从单层磷烯转移到吸附的 F4TCNQ 分子，从而在磷烯层中注入空穴。而吸附的 MoO_3 和 NO_2 荷负电较少(分别为$-0.268e$ 和$-0.251e$)，相应地，单层磷烯荷正电也较少(分别为

0.263*e* 和 0.176*e*)，说明 F4TCNQ 比 NO_2和 MoO_3具有更强的吸纳电子的能力。当偏压从 1.0 V 增加到 2.0 V 时，F4TCNQ 所带的负电荷更多(从-0.933*e* 上升到-0.940*e*)。但 MoO_3和 NO_2荷负电仍然较少(MoO_3从-0.265*e* 变化到-0.259*e*；NO_2从-0.256*e* 变化到-0.248*e*)。结果表明，F4TCNQ 向单层磷烯注入空穴，是良好的 p 型掺杂剂，施加偏压可提高其吸电子能力。

表 13.1　吸附分子前后单层磷烯器件的电荷转移

体　系		电荷分布/*e*		
		0 V	1.0 V	2.0 V
BP		0	0.004	-0.004
F4TCNQ/BP	BP	0.800	0.778	0.834
	F4TCNQ	-0.911	-0.933	-0.940
NO_2/BP	BP	0.176	0.164	0.228
	NO_2	-0.251	-0.256	-0.248
MoO_3/BP	BP	0.263	0.239	0.252
	MoO_3	-0.268	-0.265	-0.259

通过计算外电场下中心区域各原子 Mulliken 电荷的贡献，进一步分析其电势梯度，如图 13.31(b)所示。图中的所有电势下降的方向都与外加电场的方向相反，这表明分子吸附前后，单层磷烯中的电子输运都以空穴为主。共轭 π 键离域分布在单层磷烯上，导致其具有对称的电势梯度。吸附分子与磷烯的电荷转移破坏了电势梯度的对称性。F4TCNQ 分子与磷烯层的电荷转移最强，导致其在 1.0 V 时的不对称性最明显。电势降主要存在于 F4TCNQ 的吸附区之外，说明吸附区是载流子的散射区。当偏压升高到 2.0 V 时，吸附区分布着较高的电势台阶。但是，在 NO_2/BP 和 MoO_3/BP 体系中，无论是在 1.0 V 还是 2.0 V，吸附区电势降低的速率都比 F4TCNQ/BP 快得多。由于电势梯度可以在一定程度上反映电子输运势垒的信息，在电势降较缓的器件中，两电极之间空穴传输更有效。因此，F4TCNQ/BP 体系中相对平坦的电势梯度表明，F4TCNQ 的吸附可以显著提高单层磷烯器件的输运效率。

13.3.2　吸附前后的电子输运性质

分子吸附不仅影响单层磷烯的静态性质，而且改变其动态的电子输运行为。为了模拟单层磷烯器件，我们采用 NEGF 方法计算了吸附前后的透射谱及相应的电流-电压曲线。

图 13.32(a)给出了单层磷烯吸附分子前后的电流-电压曲线。单层磷烯的电流随偏压表现出指数升高的趋势。当 F4TCNQ 或 NO_2吸附在单层磷烯层表面时，电流提升显著，在偏压高于 1.0 V 时，F4TCNQ/BP 的电流均高于其他体系。在 2.0 V 时，F4TCNQ/BP 的电流达到了 25 μA，比吸附前增加了近一倍，而 NO_2/BP 的电流仅增加了 40%。吸附 MoO_3

的情况相反，其电流略有下降。通过对比磷烯吸附分子前后的电流-电压曲线可知，F4TCNQ 的吸附对输运能力的改善最为显著。

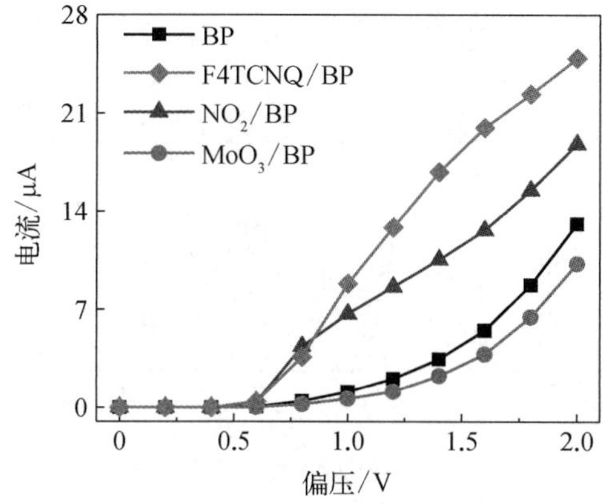

(a) 电流-电压曲线

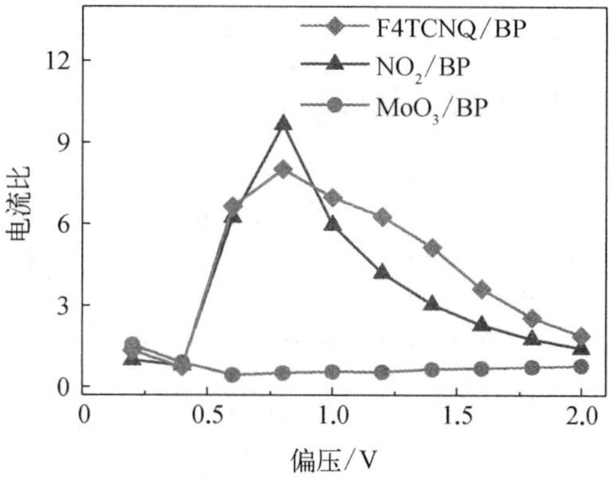

(b) 不同偏压下的电流比
（吸附后的电流/吸附前的电流）

图 13.32　单层磷烯吸附 F4TCNQ、NO_2和 MoO_3前后的输运行为

图 13.32(b)展示了单层磷烯器件对分子吸附的信号响应能力，即磷烯吸附分子后的电流与之前的电流比值 $R=I_{后}/I_{前}$，该值在 0~2.0 V 先增大后减小。特别是在 0.8 V 时，对 NO_2和 F4TCN 最敏感。然而，MoO_3的吸附使电流略有下降，因此电流比小于 1。这一结果表明，吸附分子的种类对单层磷烯器件的性能起着重要的作用。单层磷烯的电子输运基于共轭的磷-磷键。然而，单层磷烯吸附分子后，情况更为复杂，因此对吸附分子的响应表现了明显选择性。

透射系数曲线反映了分子/BP 体系的动态输运特征，因为根据 Landauer-Büttiker 理论，电流是一定能量窗口内透射系数的积分。单层磷烯的透射系数 $T(E, V)$ 是在外加偏压 V 下，能级 E 处所有通道的隧穿几率之和[10]：

$$T(E,V)=\mathrm{tr}[\boldsymbol{\Gamma}_{\mathrm{L}}(V)G^{\mathrm{R}}(E,V)\boldsymbol{\Gamma}_{\mathrm{R}}(V)G^{\mathrm{A}}(E,V)] \tag{13.4}$$

式中，G^{R}和 G^{A}分别是延时和超前格林函数(retarded and advanced Green's functions)；耦合函数 $\boldsymbol{\Gamma}_{\mathrm{L}}$和 $\boldsymbol{\Gamma}_{\mathrm{R}}$是左右电极与分子之间的耦合矩阵。自能取决于电极区域的表面格林函数，来源于电极区域与相邻扩展中心的相互作用。图 13.33(a)给出了不同吸附分子单层磷烯体系在2.0 V 下的透射谱。我们观察到单层磷烯在费米能级附近具有非零的透射系数，透射峰的宽度接近 1.5 eV。费米能级以下和以上的第一个透射峰分别由价带顶(VBM)和导带底(CBM)引起。由于分子吸附前后单层磷烯的 VBM 的透射峰比 CBM 的透射峰更接近费米能级，因此成为电流的主要贡献者，也表明单层磷烯是 p 型导电。当 F4TCNQ 和 NO_2吸附在磷烯层上时，VBM 的透射峰变得更高更尖锐。在 F4TCNQ/BP 体系中，偏压窗口内透射峰的积分面积远大于其他体系。因此，其电流更大，电流比更高。

投影态密度(PDOS)反映了单层磷烯在给定能级电子输运通道的数量。根据式

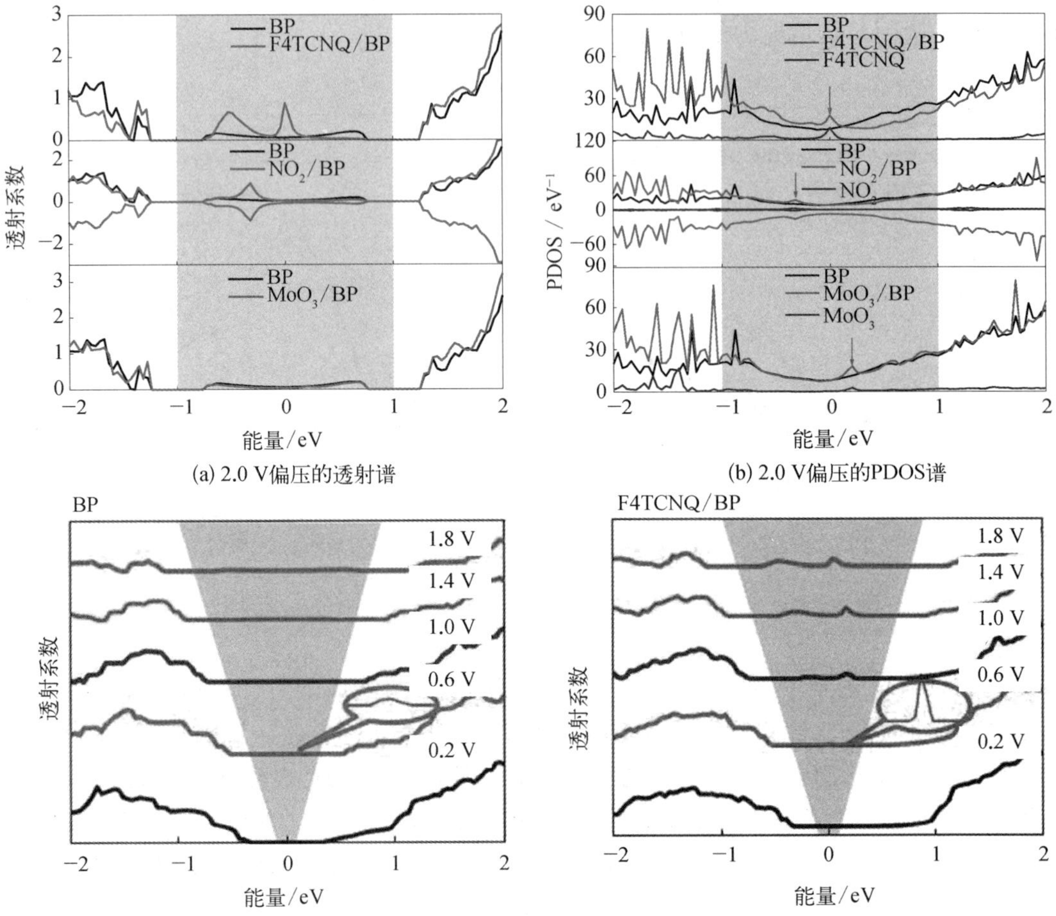

(a) 2.0 V偏压的透射谱 (b) 2.0 V偏压的PDOS谱

(c) 吸附前不同偏压的透射谱 (d) 吸附F4TCNQ后不同偏压的透射谱

图 13.33 吸附分子前后单层磷烯体系的特征

(13.5) 可计算吸附体系投影到单层磷烯上的 PDOS[45]：

$$P(E) = \langle \varphi^m(E) \mid \Psi(E) \rangle = \langle \sum_i^{\mathrm{mol}} c_i(E)\phi_i(\boldsymbol{r}) \mid \sum_j^{\mathrm{all}} c_j(E)\phi_j(\boldsymbol{r}) \rangle \qquad (13.5)$$

式中，$\Psi(E)$ 为整个体系的本征态；$\varphi^m(E)$ 为中心区域基轨道对 $\Psi(E)$ 的贡献；$\{\phi\}$ 为体系的非正交基组；c_i 和 c_j 分别为展开系数，i 为中心区域的电子态，j 则是整个体系的所有电子态。图 13.33(b) 描述了偏压为 2.0 V 时单层磷烯吸附不同分子后的投影态密度。通过对比透射谱和 PDOS，发现 F4TCNQ、NO_2 或 MoO_3 分子的吸附显著影响偏压窗口[−1.0 eV，1.0 eV]内单层磷烯 VBM 和 CBM 的 DOS 峰[图 13.33(b) 中的红线]的位置和高度，与它们的透射谱对应。这三种分子的吸附在费米能级附近产生几个不同的态，孤立分子 PDOS 峰的位置和高度与分子/BP 体系的 DOS 一致。这表明吸附分子上较高的态密度能够为电子输运提供额外的通道。图 13.33(c) 和 (d) 给出了单层磷烯吸附 F4TCNQ 前后的透射谱随偏压的变化。对于单层磷烯和 F4TCNQ/BP 体系，当偏压小于 0.6 V 时，偏压窗口内的透射系数都接近零。在 0.6 V 时，偏压窗口为 0.6 eV，也大致对应了单层磷烯的带隙值。

右电极的 VBM 向上移动,逐渐靠近左电极的 CBM,直到两者接近,电流才能流过单层磷烯体系。此外,当偏压从 0.2 V 增加到 1.8 V 时,单层磷烯的 VBM 峰高从 0 增加到 0.12,说明在较高偏压下电子的隧穿几率变高。当吸附 F4TCNQ 时,其 VBM 的透射峰高在 1.8 V 上升到 0.64,是单层磷烯的 5 倍多。与其他体系的透射谱相比,F4TCNQ/BP 的 VBM 透射峰更高,偏压窗口内的积分面积更大。

图 13.34 给出了 2.0 V 下单层磷烯吸附不同分子的电子传输路径。箭头表示传输方向,对它们进行归一化处理。蓝色箭头代表了净电流方向一致的透射分量;而红色箭头给出了与净电流方向相反的透射分量。在单层磷烯中,电子沿着磷-磷共轭结构传输。然而,在垂直于净电流方向有许多紫色的箭头,代表了其他方向电子的散射。吸附分子与磷烯的结合使电荷从磷烯偏移到吸附分子上,分子上的许多箭头表明其为电子传输提供了更多的额外通道。同时,两者的结合减弱了单层磷烯的共轭程度。因此,紫色箭头的数量减少,说明散射的电流得到了抑制。在分子/BP 体系中存在两类有效的电子传递路径。一个是通过磷-磷共价键,另一个是通过吸附分子。当吸附分子由 F4TCNQ 变为 MoO_3时,由于吸附分子上的路径减少或效率降低(透射系数从 0.68 降低到 0.10),导电性也随之降低。

体系	侧视图	俯视图	T
BP		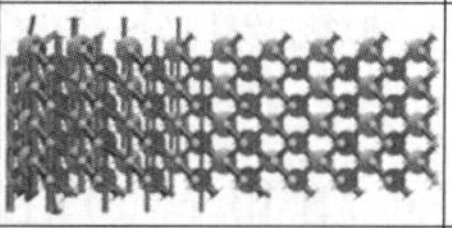	0.14
F4TCNQ/BP		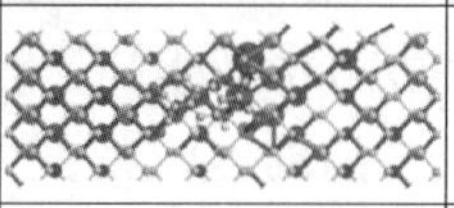	0.68
NO_2/BP		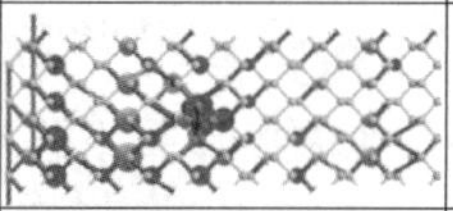	0.20
MoO_3/BP		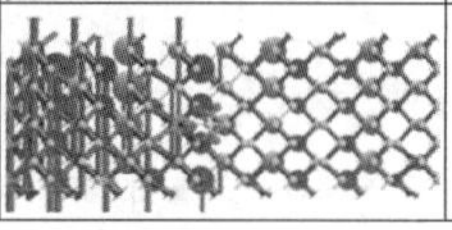	0.10

图 13.34　偏压为 2.0 V 时吸附不同分子的单层磷烯体系在能级-0.52 eV 处的电子透射概率的空间分布(T 为相应的透射系数)

局域态密度(LDOS)的空间分布是单位体积、单位能量间隔的电子态的数量,并将其关联到分子结构上。从 LDOS 可以进一步理解吸附分子与单层磷烯之间电荷转移对电子传递路径的影响。图 13.35 展示了吸附亲电分子前后在 2.0 V 偏压费米能级处的 LDOS 空间分布,其等值面设为 0.01 个态/(Å^3·eV),颜色表示相位。在单层磷烯体系中,电子态投影在磷-磷共价键上,这说明离域分布在六原子环上的 π 电子是单层磷烯电子输运的主要贡献者。当吸附 F4TCNQ 后,分子和磷烯上均有广泛的分布,说明电子输运更依赖于 F4TCNQ 分子提供的路径。因此,作为表面电荷转移掺杂的方法,吸附 F4TCNQ 分子可以提高单层磷烯的器件性能。

体系	侧视图	俯视图
BP		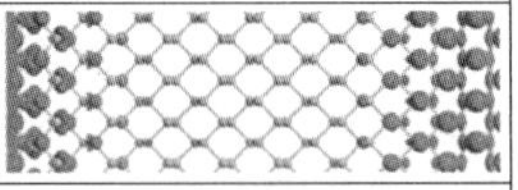
F4TCNQ/BP		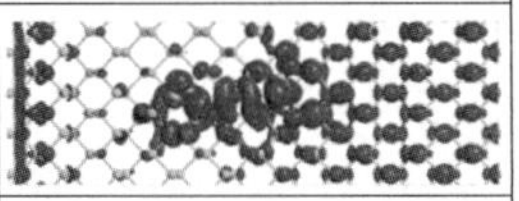
NO_2/BP	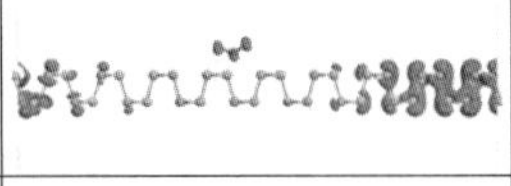	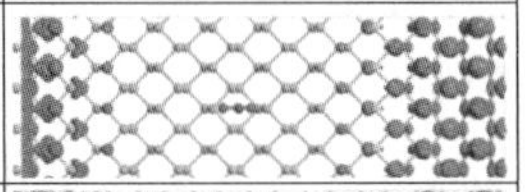
MoO_3/BP		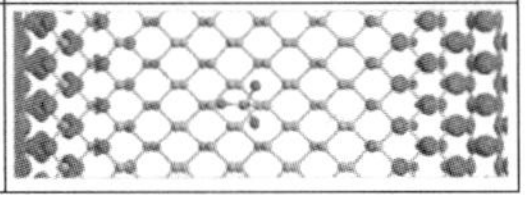

图 13.35 在 2.0 V 偏压费米能级上吸附不同分子的单层磷烯体系 LDOS 的空间分布，等值面为 0.01 态/(Å^3·eV)

13.3.3 FET 分子器件的构建与模拟

为考察不同吸附分子的单层磷烯 FET 的输运行为，我们构建了底栅 FET 结构，如图 13.36(a)所示。该结构将吸附分子的单层磷烯纳米带作为沟道材料，两端电极分别为源极和漏极。整个沟道在厚度为 3.5 Å 的 HfO_2($k=29$)介质层上，在介质层下附加厚度为0.5 Å的金属栅电极。图 13.36(b)和(c)分别给出了门电压(V_G)为 0 和−1.0 V 时，沟道长度为 38.8 Å 的单层磷烯吸附不同分子的 FET 的输出特性曲线。在 $V_G=0$ V 时，单层磷烯的源极和漏极之间的电流密度可达 4.8×10^3 μA/μm，比未放置 HfO_2介电层的单层磷烯提高了 44.3%，说明介电常数较大的 HfO_2层有助于提高器件性能。吸附 F4TCNQ 后，FET 器件的开态电流显著提高，达到 7.7×10^3 μA/μm，比单层磷烯 FET 提高了 58.7%。此外，在 $V_G=-1.0$ V 时，单层磷烯 FET 吸附分子前后的电流均高于 $V_G=$ 0 V时的电流，表明单层磷烯 FET 具有 p 型导电特征。高性能 FET 最重要的指标之一是开态电流必须高于 1.5×10^3 μA/μm。在单层磷烯 FET 中，该电流密度远远超过了所要求的数值。此外，F4TCNQ 分子的吸附显著提高了该电流密度。因此，利用 F4TCNQ 分子吸附对单层磷烯进行表面电荷转移掺杂，能够保证其作为沟道材料应用于高性能的 FET 器件。图 13.36(d)给出了源漏电压 $V_{DS}=2.0$ V 时，吸附不同分子的单层磷烯 p 型 FET 的转移特性曲线。单层磷烯 FET 的源漏电流(I_{DS})随门电压的降低而线性增大。当门电压降低到 $V_G=-1.0$ V 时，单层磷烯 FET 的源漏电流已达到 $V_G=1.0$ V 时的 3 倍。

图 13.37 和图 13.38 分别给出了在 $V_{DS}=2.0$ V 和不同栅极电压(门电压)下吸附不同分子磷烯 FET 的透射谱，以进一步理解产生 p 型转移特性曲线的原因。随着门电压降低，VBM 透射峰增强，并向费米能级移动，因此提高了电子的隧穿几率，这意味着门电压的降低导致吸附分子与磷烯层之间的耦合增强。通过比较 $V_G=-1.0$ V 和未施加栅压(图13.34 和图 13.35)时单层磷烯 FET 的 LDOS 空间分布和电子透射几率的空间分布，可以进一步

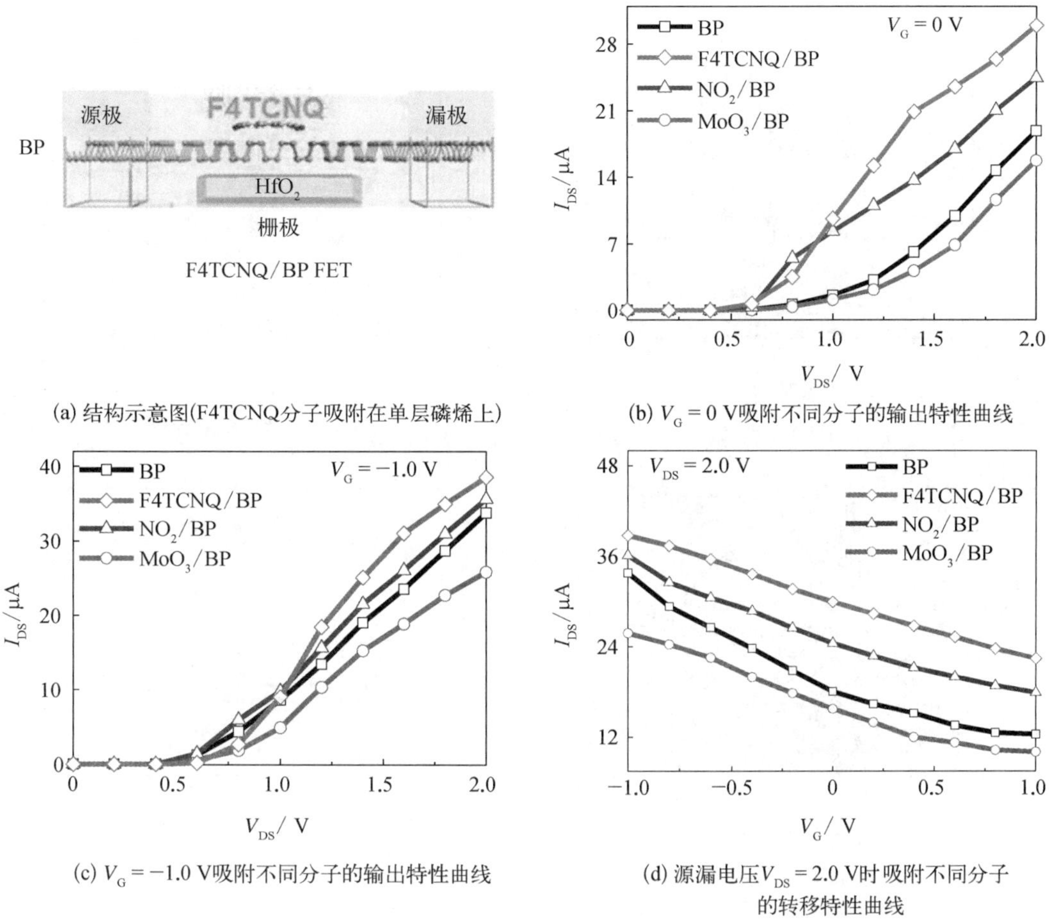

(a) 结构示意图(F4TCNQ分子吸附在单层磷烯上)

(b) V_G = 0 V吸附不同分子的输出特性曲线

(c) V_G = −1.0 V吸附不同分子的输出特性曲线

(d) 源漏电压V_{DS} = 2.0 V时吸附不同分子的转移特性曲线

图 13.36　基于单层磷烯的 FET 的结构和性能

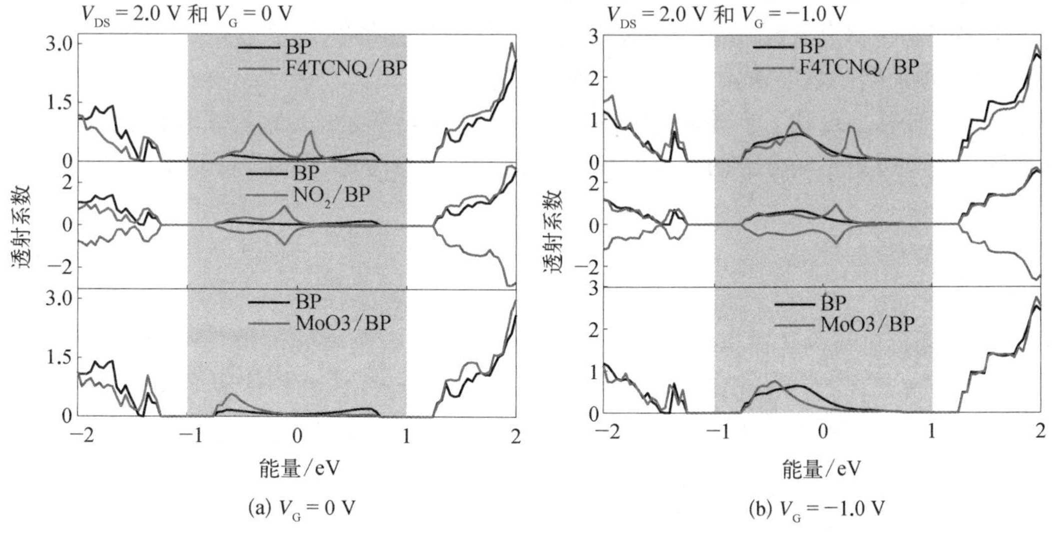

(a) V_G = 0 V

(b) V_G = −1.0 V

图 13.37　在 V_{DS} = 2.0 V 不同栅压下吸附磷烯 FET 的透射谱(阴影区域表示偏压窗口)

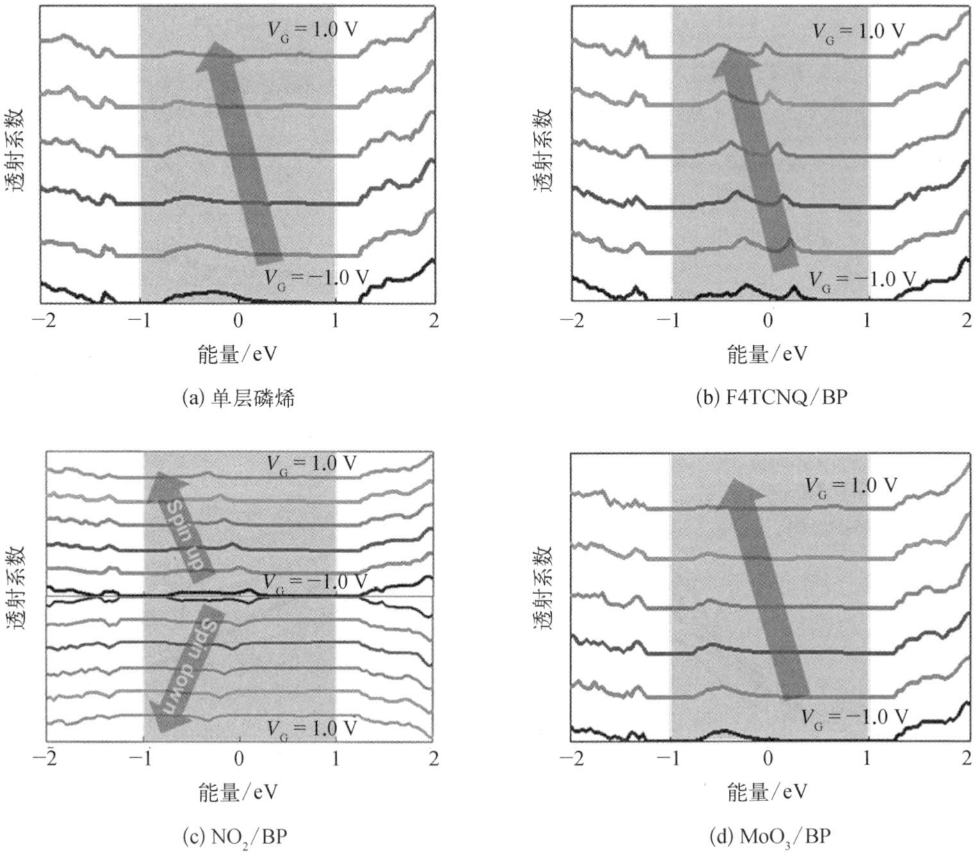

图 13.38　V_{DS} = 2.0 V 时吸附磷烯 FET 的透射谱随 V_G的变化趋势(阴影区域表示偏压窗口)

明确上述原因。通过比较单层磷烯 FET 在 V_G = −1.0 V 和未施加栅压(图 13.31 和表13.1)时的电势降和转移电荷数,可以发现,通过控制门电压能够逆转单层磷烯 FET 的电势降方向,进一步证明了单层磷烯 FET 的 p 型掺杂特征。

载流子迁移率反映了半导体材料中空穴或电子的迁移能力,是 FET 器件性能最重要的参数之一。吸附不同分子的单层磷烯 FET 的空穴迁移率(μ)可由式(13.6)求出:

$$\mu = \frac{g_m L}{W C_0 V_{DS}} \tag{13.6}$$

式中,g_m为线性区域内传输特性曲线的斜率;L = 38.84 Å,为有效沟道长度;W = 13.28 Å,为有效沟道宽度;C_0为单位面积电容,由 $C_0 = \varepsilon_0 \varepsilon S/h$ 给出,其中 ε = 29 为 HfO_2的介电常数,$\varepsilon_0 = 8.854 \times 10^{-12}$ F/m 为真空介电常数,h = 3.5 Å 为 HfO_2层的厚度,S = 515.80 $Å^2$ 为 HfO_2层的面积。相应地,吸附不同分子的单层磷烯 FET 的空穴载流子迁移率(μ)与其转移特性曲线的斜率呈现线性关系。结果表明,在 V_{DS} = 2.0 V 和 V_G = −1.0 V 时,F4TCNQ/BP FET 的空穴浓度几乎是 NO_2/BP FET 的 1.4 倍,是单层磷烯 FET 的 6 倍,说明 F4TCNQ

吸附对单层磷烯的 p 型掺杂效应最强。需要指出的是，NO_2吸附引起的 p 型掺杂是可逆的，这是由于在大气环境中的 NO_2分子会逐渐从磷烯层脱附，这将限制其在磷烯 FET 中的应用。

本节采用 DFT 结合 NEGF 方法，系统研究了单层磷烯在吸附亲电分子 F4TCNQ、MoO_3及 NO_2后的静态特性与动态行为。具体而言，F4TCNQ 的吸附能够显著增强单层磷烯的 p 型导电特性，这一发现揭示了表面电荷转移掺杂在提升磷烯场效应晶体管（FET）性能方面的潜在应用。通过分析电荷分布与透射谱，我们发现吸附分子与磷烯之间的电荷转移促进了磷烯中空穴传输的效率。输出特性与转移特性曲线揭示了亲电分子，特别是 F4TCNQ 的吸附，能大幅提高 p 型单层磷烯的空穴浓度，同时保持空穴迁移率的稳定。

13.4　分子存储

研究单分子中的电子输运现象构成了分子电子学的一个核心议题。单分子器件范畴涵盖分子导线、分子整流器以及分子开关等，针对这些器件已有相应的实验与理论研究报道。分子存储机制依赖于两个或更多稳定状态在特定条件下的可逆转换，这些特定条件涵盖光照、氧化还原反应等。在醌-低聚苯乙炔[quinone-oligo(phenylene vinylene)]的实验研究中，观察到两种导电状态：氧化态呈现低电导特性，而还原态具有高电导特性。此类由氧化还原反应调控的体系展现了典型的二进制电导行为，适宜用于构建具有大开关比的分子存储元件。醌（Q）/氢醌（HQ）体系对电压及质子浓度敏感。Markussen 等针对另一种基于蒽醌的开关行为进行了理论研究，揭示了该体系在分子开关应用的潜力[46]。

通过质子转移反应，分子链的电荷分布得以有效调整，进而显著影响分子的电导特性。利用氨基与羧基间的质子转移机制，可以增强分子整流器的整流效率（见 9.4 节）。在本节中，我们设计了一系列含有一个或多个醌基（还原态氢醌）的分子导线，这些分子导线对质子敏感，是研究分子存储的重要模型化合物。我们着重对氧化态醌系列与还原态对苯二酚系列的电子输运行为进行基于第一性原理的模拟研究，其中两个稳定态之间的可逆转变涉及一对质子和电子的转移。本节的主要目标是探究醌分子链与对苯二酚分子链的静态与动态特性，包括分子投影自洽哈密顿（MPSH）轨道、电势分布以及透射谱等，并解析其电子输运机制，从而为设计高性能分子存储器件提供参考。

分子连接方式如图 13.39 所示，包括 Q 和 HQ 系列，其中醌系列分子包括 QⅠ、QⅡ和 QⅢ，氢醌系列分子包括 HQⅠ、HQⅡ和 HQⅢ。QⅠ有 1 个对苯醌单元，而 QⅡ和 QⅢ分别有 2 个和 3 个单元，每个单元通过碳-碳叁键相连，以削弱单元间的轨道耦合作用。每个模型分子的两端各通过一个硫基附着在金电极上。所有模型分子均在 B3LYP 水平上用 LANL1MB 基组进行初步优化，然后将优化结构的分子夹在两个 Au(111)间（Au-Au 键长为 2.88 Å）进一步优化。

电子输运的理论计算采用基于密度泛函理论结合非平衡态格林函数方法。计算包

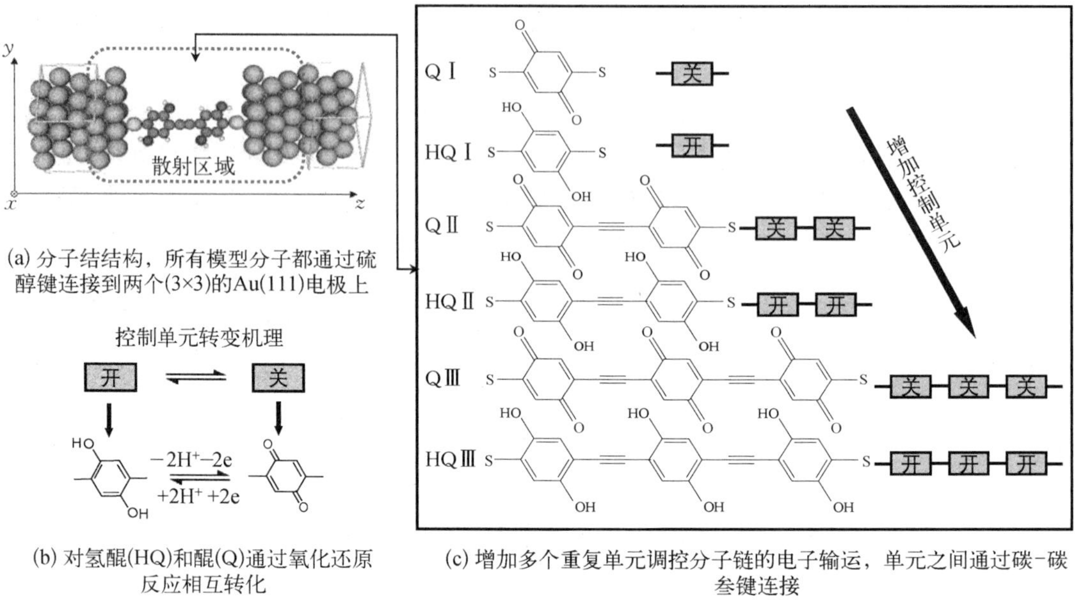

图 13.39　分子模型的示意图

括两步。首先,将预先结构优化的分子夹在两个金电极之间,采用周期性结构的 3×3 Au(111)电极,左边包含 2 层金原子,右边包含 3 层金原子,每层包含 9 个金原子,设定 S 与 Au 平面的初始距离为 2.0 Å,并对其进行优化。在计算中,对有机分子中的所有原子采用 DZP,对所有金原子采用 SZP,并采用局域密度近似(LDA)。所有原子都自由弛豫,直至每个原子上的受力小于 0.1 eV/Å。然后在两个金电极之间施加 0~1.5 V 的偏压,利用 NEGF 方法计算电流。

13.4.1　电子输运性质

所有模型分子的电流-电压曲线如图 13.40(a)所示。在小于 0.3 V 的低偏压,所有曲线都展现了线性的变化趋势。但高于 0.3 V 时,非线性特征变得明显。氧化态的 Q 系列电流显著小于还原态的 HQ 系列。同一系列中,电流随长度增加而降低。计算得到的电流开关比在图 13.40(b)给出,开关比定义为 I_{HQ}/I_Q,其为偏压的函数,其中 I_{HQ}和 I_Q分别为通过 HQ 和 Q 的电流。该值随着偏压的增大近似呈指数衰减。在 0.1 V 低偏压下,三条曲线区分明显,但在高偏压区分变弱,甚至在 1.0 V 以后 HQⅡ/QⅡ与 HQⅢ/QⅢ出现交叉。

为了比较所研究的 HQⅡ、QⅡ与无官能团的聚苯乙炔(OPE)的输运性质,我们在图 13.40(c)中给出了 QⅡ、HQⅡ以及相应的 OPE 的电流。对于还原态的 HQⅡ,在外加偏压下电流有较大的提升。相反地,氧化态 QⅡ的电流远远低于 OPE 和 HQⅡ。所有模型分子的电导-偏压曲线如图 13.40(d)所示,与电流-电压曲线一致,随着外加偏压的升高,对苯二酚结构的电导趋于下降,醌式分子的电导增大。

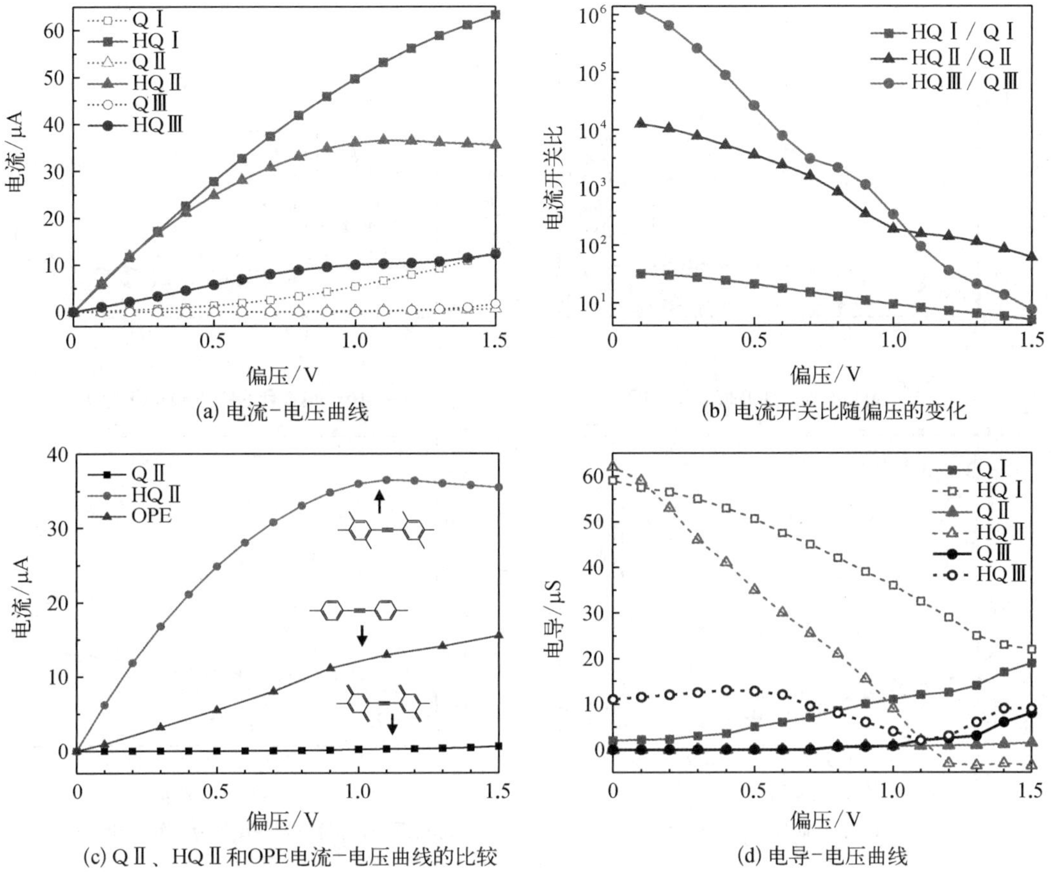

(a) 电流-电压曲线　(b) 电流开关比随偏压的变化

(c) Q Ⅱ、HQ Ⅱ和OPE电流-电压曲线的比较　(d) 电导-电压曲线

图 13.40　分子结的电子输运行为

13.4.2　前线分子轨道能级和分子能隙

前线分子轨道的能级如图 13.41 所示,金电极的费米能级设为零。HOMO 和 LUMO 一般是影响电子输运的重要因素。图 13.41(a)给出了醌式形态的三个分子的 HOMO 和 LUMO 随偏压的变化。零偏压条件下,LUMO 更靠近费米能级,并且随单元数增加向费米能级移动。LUMO 总体上随偏压增高而降低,单元数多的 Q Ⅲ 降低得更显著,这是由于 Q Ⅲ 的共轭性强,受电场作用后电子结构变化得更明显。HOMO 离费米能级略远,且随偏压变化不规则,Q Ⅰ 基本不变,但 Q Ⅱ 和 Q Ⅲ 先升高后降低。对苯二酚形态的三个分子的 HOMO 和 LUMO 随偏压变化略有不同,如图 13.41(b)所示。HOMO 紧邻费米能级,LUMO 则远离。HOMO 随偏压的变化不明显,并且在较大的偏压范围内都处于偏压窗口内,对电子传递贡献大。这也与对苯二酚式结构的导电性高一致。

HOMO 与 LUMO 之间的能隙(E_g)以及这些轨道的空间分布特征,均是决定分子电子输运特性的关键参数[47]。E_g随偏压变化的趋势如图 13.41(c)所示。尽管醌式分子的 E_g 相比于对苯二酚(HQ)更低,但前线轨道所展现的离域分布特性有利于提升 HQ 的导电

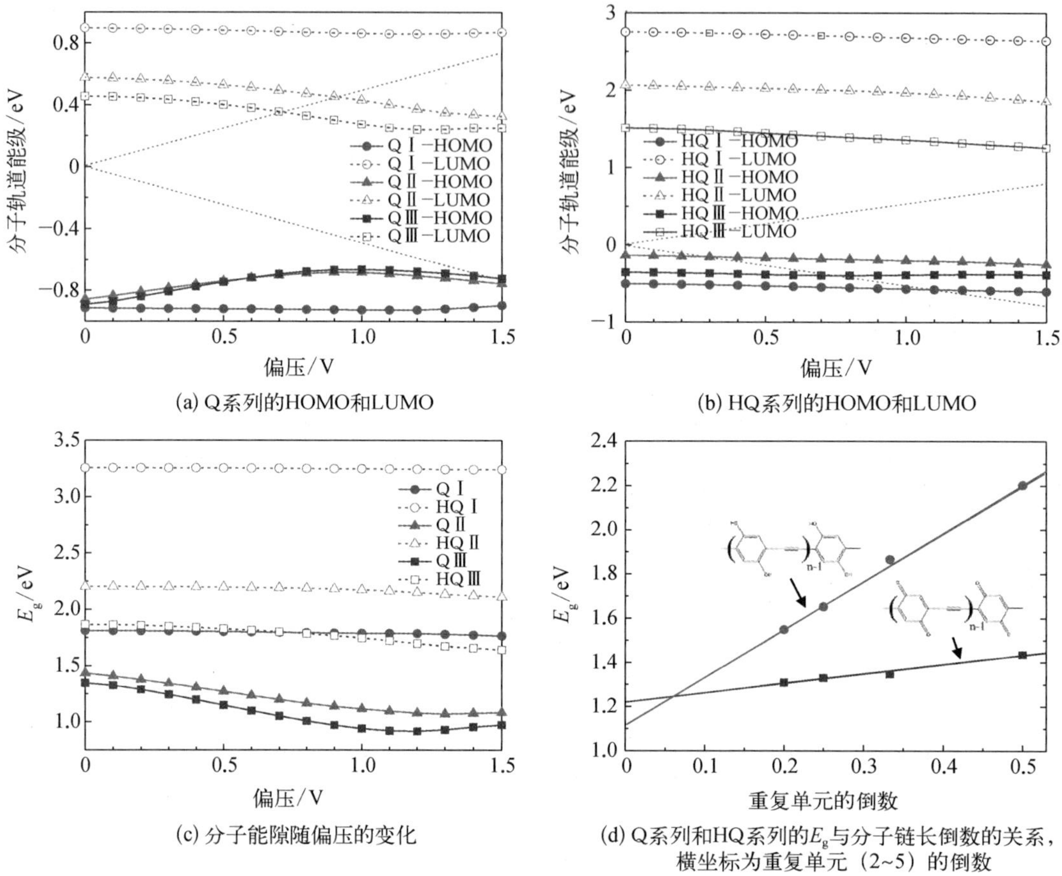

(a) Q系列的HOMO和LUMO　(b) HQ系列的HOMO和LUMO

(c) 分子能隙随偏压的变化　(d) Q系列和HQ系列的E_g与分子链长倒数的关系，横坐标为重复单元（2~5）的倒数

图 13.41　分子轨道的能级特征

性，所以仅凭简单的能隙对比，无法全面阐释这两个系列分子在电导上的差异。图 13.42 展示了在不同偏压下，QⅡ（醌式衍生物）与 HQⅡ（对苯二酚衍生物）的前线分子轨道空间分布。该中心对称分子在零偏压条件下，其 HOMO 的分布呈现轻微的不对称性，这主要归因于两侧电极结构不对称的影响。随着偏压的增大，QⅡ的 LUMO 空间分布变得更加离域，并呈现出向高电势端迁移的趋势。而对于 HQⅡ，其 HOMO 与 LUMO 的离域程度高，并且随偏压的增加，这些分布的变化相对较小。

其他模型分子的 HOMO 和 LUMO 的空间分布及对偏压的依赖关系也与 QⅡ和 HQⅡ类似。分子链的长度对前线轨道能级也有影响。一般来说，随着共轭长度的增加，HOMO 和 LUMO 能级更接近费米能级，且 E_g减小。

为了进一步研究导电性对分子长度的依赖性，我们研究了电导随链长的变化。一般而言，单电子传递路径的分子其电导随链长的变化趋势遵循指数规律，即

$$G = G_c \exp(-\beta d) \tag{13.7}$$

式中，G_c是接触电导；电导（G）随链长（d）呈指数衰减，衰减的速率用衰减系数 β 量化。衰

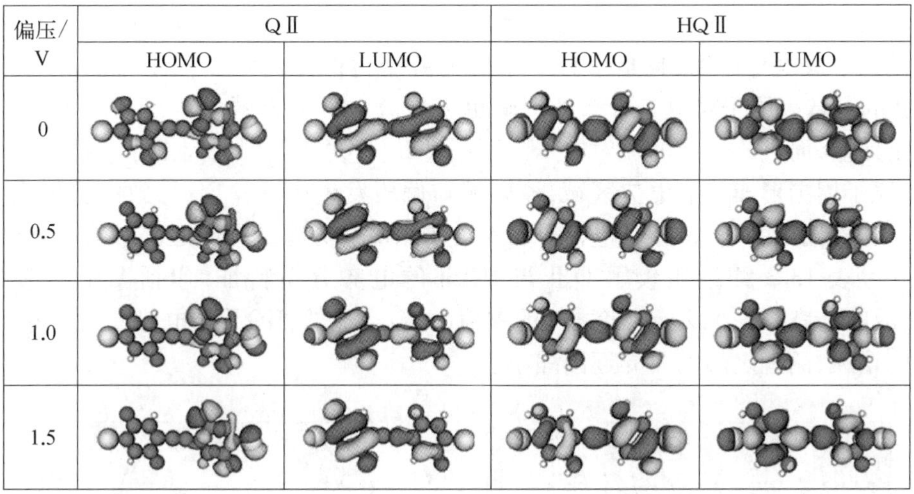

图 13.42 HQⅡ和 QⅡ在不同偏压下 HOMO 和 LUMO 的空间分布

减系数 β 越大,分子电导的下降速率越大。根据 6.3 节的介绍,衰减系数 β 可以通过一个定量关系与无限长链的能隙$(E_g)_\infty$相关联:

$$\beta = -0.19 + 0.12(E_g)_\infty^{1/2} \tag{13.8}$$

这种线性关系提供了一种只需知道$(E_g)_\infty$即可计算衰减系数 β 的简便方法。通过改变模型的链长,我们拟合了 E_g 与链长倒数的线性关系,外推得到$(E_g)_\infty$。

为了将体系扩展到无限长,我们通过在醌和对苯二酚系列分子上连接更多相同的重复单元来扩展分子线,计算出这些分子线的 E_g。在零偏压下计算得到了由 2~5 个重复单元组成的分子线的 E_g,线性外推结果如图 13.41(d)和表 13.2 所示,OPE 结果也在表 13.2 中给出。根据$(E_g)_\infty$可以计算出衰减系数 β,结果显示,对苯二酚形态分子的 β 低于对苯二醌式。因此,过长的分子链会使它们的电导快速降低,所以一个适当长度的模型才可以用于制备分子开关。

表 13.2 E_g 与链长倒数的线性拟合结果

系 列	Q	HQ	OPE
$(E_g)_\infty$/eV	1.224	1.109	1.56
β/Å^{-1}	0.164	0.147	0.19

13.4.3 电势分布

图 13.43 对比了分子上的电势分布特性,该特性揭示了不同外加偏压下分子结电荷分布的变化情况,并可提供关于电子输运势垒的部分信息。通过计算分子中各原子

Mulliken 电荷并叠加外电场作用，我们分析了分子平面距离 0.30 nm 处的电势分布情况。在无偏压状态下，QⅡ与 HQⅡ的电势均呈现中心对称分布特征。施加偏压后，QⅡ分子逐渐沿其结构形成电势梯度，且整个分子中的电势变化保持均匀。相比之下，在相同条件下，HQⅡ的羟基氧原子对电势分布的影响更为显著。由于氧原子自身的电负性，其展现出吸电子效应，而氧原子上的孤对电子则可通过 p-π 共轭作用向周围原子提供电子。因此，在氧原子周围形成了正电势区域，该区域与偏压发生相互作用，导致电势梯度发生显著变化。随着偏压的增大，原子电荷分布对分子结电势分布的影响逐渐减弱，电势梯度趋于均匀化。表 13.3 详细比较了 QⅡ与 HQⅡ的电势分布特征，包括图中的最高电势（U_{max}）、最低电势（U_{min}）以及二者之间的差值（ΔU）。显然，HQⅡ的电势差大于 QⅡ，但随着偏压的增大，两者之间的差异逐渐缩小。

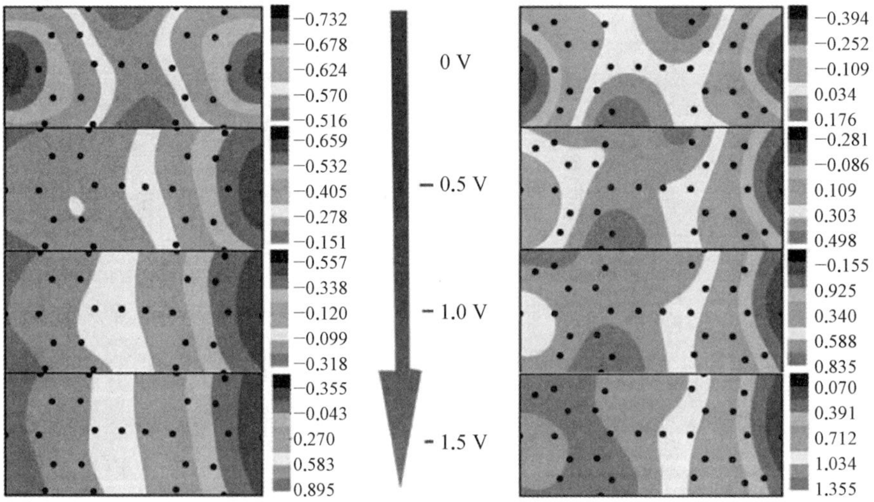

(a) QⅡ　　　　(b) HQⅡ

图 13.43　不同外加偏压下电势的空间分布（黑点表示原子的位置）

表 13.3　电势空间分布图中特征值的比较　　（单位：V）

偏压	QⅡ			HQⅡ		
	U_{min}	U_{max}	ΔU	U_{min}	U_{max}	ΔU
0.00	-0.7315	-0.5160	0.2155	-0.3940	0.1760	0.5700
0.50	-0.6590	-0.1510	0.5080	-0.2810	0.4980	0.7790
1.00	-0.5570	0.3180	0.8750	-0.1550	0.8350	0.9900
1.50	-0.3550	0.8950	1.205	0.070	1.355	1.285

13.4.4　透射谱

QⅡ和 HQⅡ在 0、0.5、1.0 和 1.5 V 偏压下的透射谱比较于图 13.44。对于 QⅡ，在低偏压的偏压窗口中难以观察到透射峰。只有在 1.5 V 偏压下，LUMO 共振峰的峰尾才延展到偏压窗口的一端,对电子输运产生微弱的贡献。但 HQⅡ 的 HOMO 透射峰包含在偏压窗口内,该峰强度高,从而产生较大的电流。随着偏压升高,透射峰略有衰减,但在偏压窗口内的有效面积仍远大于 QⅡ,因此它的导电性更好。

本节设计了一系列基于醌/对苯二酚氧化还原反应的分子结,并利用 DFT 结合 NEGF 方法研究了分子结的电子输运行为。研究结果显示,所研究的分子呈现两种截然不同的导电状态:对苯二酚式结构对应于高导电态,而醌式分子对应于低导电态,这一结果为设计分子存储器件提供了参考。系列研究表明,属于同一系列的但含有不同数量重复单元的分子,展现出了相似的电流-电压响应特性。特别地,分子中重复单元数量的增加能够显著提升开关比。然而,随着偏压的增大,电流开关比出现了明显的衰减现象。

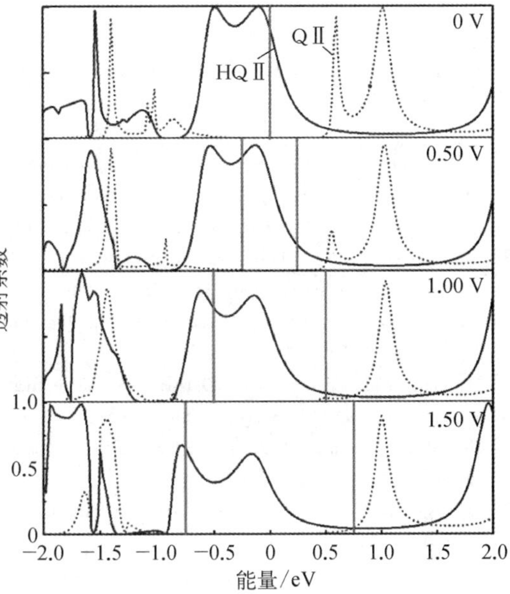

图 13.44　在不同偏压下,QⅡ和 HQⅡ的透射谱(图中竖线之间的区域表示偏压窗口)

参 考 文 献

[1] Coelho P J, Castro M C R, Raposo M M M. Reversible *trans-cis* photoisomerization of new pyrrolidene heterocyclic imines [J]. Journal of Photochemistry and Photobiology A: Chemistry, 2013, 259: 59 − 65.

[2] Dulić D A, van der Molen S J, Kudernac T, et al. One-way optoelectronic switching of photochromic molecules on gold [J]. Physical Review Letters, 2003, 91(20): 207402.

[3] Schenderlein H, Voss A, Stark R W, et al. Preparation and characterization of light-switchable polymer networks attached to solid substrates[J]. Langmuir, 2013, 29(14): 4525 − 4534.

[4] Zhao L Y, Hou Q F, Sui D, et al. Multistate/multifunctional switches based on photochromic Schiff base [J]. Spectrochimica Acta Part A: Molecular and Biomolecular Spectroscopy, 2007, 67(3): 1120 − 1125.

[5] Plaquet A, Guillaume M, Champagne B, et al. In silico optimization of merocyanine − spiropyran compounds as second-order nonlinear optical molecular switches[J]. Physical Chemistry Chemical Physics, 2008, 10(41): 6223 − 6232.

[6] Maurer R J, Reuter K. Assessing computationally efficient isomerization dynamics: ΔSCF density-functional theory study of azobenzene molecular switching[J]. The Journal of Chemical Physics, 2011, 135(22): 224303.

[7] Satzger H, Root C, Braun M. Excited-state dynamics of trans − and cis-azobenzene after UV excitation in the $\pi\pi^*$ band [J]. The Journal of Physical Chemistry A, 2004, 108(30): 6265 − 6271.

[8] Castro P J, Gómez I, Cossi M, et al. Computational study of the mechanism of the photochemical and thermal ring-opening/closure reactions and solvent dependence in spirooxazines[J]. The Journal of Physical Chemistry A, 2012, 116 (31): 8148 − 8158.

[9] Büttiker M. Four-terminal phase-coherent conductance[J]. Physical Review Letters, 1986, 57(14): 1761 − 1764.

[10] Meir Y, Wingreen N S. Landauer formula for the current through an interacting electron region[J]. Physical Review Letters, 1992, 68(16): 2512 − 2515.

[11] Hanif M, Lu P, Li M, et al. Synthesis, characterization, electrochemistry and optical properties of a novel phenanthrenequinone- alt-dialkylfluorene conjugated copolymer[J]. Polymer International, 2007, 56(12): 1507 − 1513.

[12] Knyazhansky M I, Metelitsa A V, Kletskii M E, et al. The structural transformations and photo-induced processes in salicylidene alkylimines[J]. Journal of Molecular Structure, 2000, 526(1): 65 − 79.

[13] Zhou Y H, Yuan L Z, Zheng X H. *Ab initio* study of the transport properties of a light-driven switching molecule azobenzene substituent[J]. Computational Materials Science, 2012, 61: 145 – 149.

[14] Xia C J, Liu D S, Liu H C. Phenylazoimidazole as a possible optical molecular switch: An *ab initio* study[J]. Optik, 2012, 123(14): 1307 – 1310.

[15] Wolak M A, Thomas C J, Gillespie N B, et al. Tuning the optical properties of fluorinated indolylfulgimides[J]. Journal of Organic Chemistry, 2003, 68(2): 319 – 326.

[16] Zhao P, Wang P J, Zhang Z, et al. Electronic transport properties of a diarylethene-based molecular switch with single-walled carbon nanotube electrodes: The effect of chirality[J]. Solid State Communications, 2009, 149(23): 928 – 931.

[17] Cao Y, Dong S, Liu S, et al. Toward functional molecular devices based on graphene-molecule junctions [J]. Angewandte Chemie (International Ed), 2013, 52(14): 3906 – 3910.

[18] Guo X, Small J P, Klare J E, et al. Covalently bridging gaps in single-walled carbon nanotubes with conducting molecules[J]. Science, 2006, 311(5759): 356 – 359.

[19] Novoselov K S, Geim A K, Morozov S V, et al. Two-dimensional gas of massless Dirac fermions in graphene[J]. Nature, 2005, 438(7065): 197 – 200.

[20] Seminario J M, Zacarias A G, Derosa P A. Theoretical analysis of complementary molecular memory devices[J]. The Journal of Physical Chemistry A, 2001, 105(5): 791 – 795.

[21] Han M Y, Özyilmaz B, Zhang Y B, et al. Energy band-gap engineering of graphene nanoribbons[J]. Physical Review Letters, 2007, 98(20): 206805.

[22] Li X, Wang X, Zhang L, et al. Chemically derived, ultrasmooth graphene nanoribbon semiconductors[J]. Science, 2008, 319(5867): 1229 – 1232.

[23] Long M Q, Wang L L, Chen K Q, et al. Coupling effect on the electronic transport through dimolecular junctions[J]. Physics Letters A, 2007, 365(5): 489 – 494.

[24] Liu X L, Wood J D, Chen K S, et al. *In situ* thermal decomposition of exfoliated two-dimensional black phosphorus[J]. The Journal of Physical Chemistry Letters, 2015, 6(5): 773 – 778.

[25] Balendhran S, Walia S, Nili H, et al. Elemental analogues of graphene: Silicene, germanene, stanene, and phosphorene[J]. Small, 2015, 11(6): 640 – 652.

[26] Qiao J S, Kong X, Hu Z X, et al. High-mobility transport anisotropy and linear dichroism in few-layer black phosphorus [J]. Nature Communications, 2014, 5(1): 4475.

[27] Li L K, Yu Y J, Ye G J, et al. Black phosphorus field-effect transistors[J]. Nature Nanotechnology, 2014, 9(5): 372 – 377.

[28] Peng X H, Wei Q, Copple A. Strain-engineered direct-indirect band gap transition and its mechanism in two-dimensional phosphorene[J]. Physical Review B, 2014, 90(8): 085402.

[29] Srivastava P, Hembram K P S S, Mizuseki H, et al. Tuning the electronic and magnetic properties of phosphorene by vacancies and adatoms[J]. The Journal of Physical Chemistry C, 2015, 119(12): 6530 – 6538.

[30] Du Y C, Liu H, Deng Y X, et al. Device perspective for black phosphorus field-effect transistors: Contact resistance, ambipolar behavior, and scaling[J]. ACS Nano, 2014, 8(10): 10035 – 10042.

[31] Zhang R Q, Li B, Yang J L. A first-principles study on electron donor and acceptor molecules adsorbed on phosphorene [J]. The Journal of Physical Chemistry C, 2015, 119(5): 2871 – 2878.

[32] Nakayama Y, Morii K, Suzuki Y, et al. Origins of improved hole-injection efficiency by the deposition of MoO_3 on the polymeric semiconductor poly(dioctylfluorene-alt-benzothiadiazole)[J]. Advanced Functional Materials, 2009, 19(23): 3746 – 3752.

[33] Crowther A C, Ghassaei A, Jung N, et al. Strong charge-transfer doping of 1 to 10 layer graphene by NO_2[J]. ACS Nano, 2012, 6(2): 1865 – 1875.

[34] Jing Y, Tang Q, He P, et al. Small molecules make big differences: Molecular doping effects on electronic and optical properties of phosphorene[J]. Nanotechnology, 2015, 26(9): 095201.

[35] Wang X M, Xu J B, Xie W G, et al. Quantitative analysis of graphene doping by organic molecular charge transfer[J]. The Journal of Physical Chemistry C, 2011, 115(15): 7596 – 7602.

[36] Tian X Q, Xu J B, Wang X M. Band gap opening of bilayer graphene by F4-TCNQ molecular doping and externally applied electric field[J]. The Journal of Physical Chemistry B, 2010, 114(35): 11377 – 11381.

[37] Shao Z B, Jie J S, Sun Z, et al. MoO_3 nanodots decorated CdS nanoribbons for high-performance, homojunction photovoltaic devices on flexible substrates[J]. Nano Letters, 2015, 15(5): 3590 – 3596.

[38] Xie C, Li F Z, Zeng L H, et al. Surface charge transfer induced p-CdS nanoribbon/n-Si heterojunctions as fast-speed self-driven photodetectors[J]. Journal of Materials Chemistry C, 2015, 3(24): 6307-6313.

[39] Kulish V V, Malyi O I, Persson C, et al. Adsorption of metal adatoms on single-layer phosphorene[J]. Physical Chemistry Chemical Physics, 2015, 17(2): 992-1000.

[40] Xiang D, Han C, Wu J, et al. Surface transfer doping induced effective modulation on ambipolar characteristics of few-layer black phosphorus[J]. Nature Communications, 2015, 6(1): 6485.

[41] Chen D Y, Tseng W H, Liang S P, et al. Application of F4TCNQ doped spiro-MeOTAD in high performance solid state dye sensitized solar cells[J]. Physical Chemistry Chemical Physics, 2012, 14(33): 11689-11694.

[42] Zhao P D, Kiriya D, Azcatl A, et al. Air stable p-doping of WSe_2 by covalent functionalization[J]. ACS Nano, 2014, 8(10): 10808-10814.

[43] Luo L B, Ng T W, Tang H, et al. Surface charge transfer doping of germanium nanowires by MoO_3 deposition[J]. RSC Advances, 2012, 2(8): 3361-3366.

[44] Rodin A S, Carvalho A, Castro Neto A H. Strain-induced gap modification in black phosphorus[J]. Physical Review Letters, 2014, 112(17): 176801.

[45] Zhou Y H, Zeng J, Tang L M, et al. Giant magnetoresistance effect and spin filters in phthalocyanine-based molecular devices[J]. Organic Electronics, 2013, 14(11): 2940-2947.

[46] Markussen T, Schiötz J, Thygesen K S. Electrochemical control of quantum interference in anthraquinone-based molecular switches[J]. The Journal of Chemical Physics, 2010, 132(22): 224104.

[47] Seminario J M, Zacarias A G, Tour J M. Theoretical study of a molecular resonant tunneling diode[J]. Journal of the American Chemical Society, 2000, 122(13): 3015-3020.

第14章

分子电子材料的界面电子传递

14.1 金电极与巯基的接触电阻

在分子层次上研究电子传递的可靠实验技术有扫描探针显微镜术和机械可控断裂结(MCBJ)技术。这两种方法均利用了特定的末端基团,将有机分子可靠地连接在金属电极或金属针尖之上。巯基、异腈基、胺基、羧基、吡啶基以及二硫代氨基甲酸等广泛用于分子与金电极的连接。金属-分子-金属结的电阻不仅来源于有机分子本身,还包括分子与左右电极的接触电阻。在分子导线、分子整流器、分子场效应晶体管及其他单分子电子器件的研究中,有机分子与电极间的耦合作用,即界面的接触电阻,在电子传递过程中起到重要作用。只有当界面接触电阻相对于分子电阻可以忽略时,分子结所表现的输运行为才能与分子本身相一致。因此,阐明分子与电极间的电子耦合是理解分子电子传递的基本问题之一。

界面的电子耦合直接由连接基团决定。例如,对位取代的苯分子结,Xiao 等利用 MCBJ 技术测得苯二硫醇的电导为 $1.1\times10^{-2}G_0$[1](量子电导 $G_0=2e^2/h=77.5\ \mu S$,e 是电子电荷,h 是普朗克常量),Venkataraman 等利用扫描隧道显微镜(STM)测量得到苯二胺的电导为 $6.4\times10^{-3}G_0$[2,3]。而 Li 等利用密度泛函理论(DFT)结合非平衡态格林函数(NEGF)方法模拟得到苯二硫醇的电导在 $0.1\sim0.7G_0$,苯二胺的电导为 $0.038G_0$[4]。

巯基作为一种常用的连接基团,能够使分子通过化学吸附固定于金电极表面。本节以巯基为连接桥梁,设计了一系列具有不同链长的金硫原子链和金原子线,探究其电子输运性质,并深入分析硫基与金电极界面处的电子耦合信息。有机分子两端的巯基通过化学键牢固地锚定于金表面,形成S—Au 键。S 原子的吸附构型通常包括三种:位于 Au(111) 面上由相邻三个金原子构成的等边三角形中心空位(hollow 位)、直接位于金原子的正上方(top 位),以及处于两个金原子之间的位置(bridge 位)。基于这些吸附构型,本节设计了两种 S—Au 连接方式,如图 14.1(a)所示,分别为 hollow 位连接(称为 H—S—Au 链)和 top 位连接(称为 T—S—Au 链)。为了进行对比分析,还设计了金原子线。当金电极与分子连接时,原本半无限周期性的结构将收缩至单个金原子,而金原子与分子间的界面电阻性质也在相同条件下进行比较。

界面的研究相当具有复杂性和挑战性。界面电阻往往受到两侧物质,尤其是分子结中半无限延伸的贵金属电极的显著影响。准确评估界面电阻极具难度,因此在本研究中,

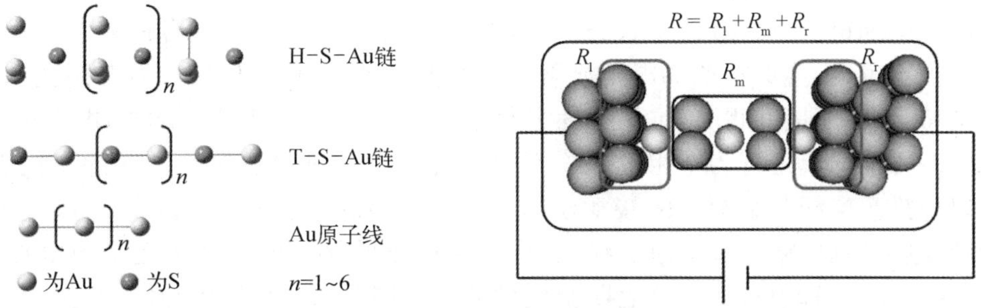

(a) 两种连接方式的S-Au原子线和Au原子线示意图 (b) 金属-原子线-金属结的简化模型（以H-S-Au链为例）

图 14.1 界面输运模拟的模型

我们尝试将待研究的界面视为一个基本单元,通过串联多个这样的单元,并测量不同数量(n)原子链的总电阻 R,来探索其性质。若总电阻 R 与串联单元数 n 之间存在线性关系,则可通过斜率计算出每个单元的电阻。这种方法能够有效地隔离金属电极和分子对界面电阻的干扰,从而揭示出纯粹的界面性质。

为了获取稳定的分子结构,我们首先对硫金原子链和金原子线的几何构型进行优化,该过程在 B3LYP 理论水平下进行,对所有原子均采用了 LANL2DZ 基组。在优化过程中,H-S-Au 链中的金原子簇设定为等边三角形且彼此平行,同时确保 S 原子始终投影于三个 Au 原子的 hollow 位上。基于这些约束条件,优化 S-Au 键以及等边三角形中 Au-Au 键的距离。对于 T-S-Au 链和金原子线,则限制所有原子位于同一直线上,并分别优化 S-Au 和 Au-Au 键的键长。

利用 DFT 结合 NEGF 方法对电子的输运行为进行模拟。首先提取初步优化后在零电场下的分子结构,然后通过巯基的化学吸附作用,将这些原子链连接到金(111)表面上,从而构建器件模型。在此模型中,末端硫原子与金电极之间的距离设定为 0.2 nm,这一距离对应于体系能量的最小值。为了计算电导,采用全自洽的 NEGF 方法,并使用局域密度近似(LDA)泛函。在计算过程中,硫原子和金电极分别采用 DZP 和 SZP。

14.1.1 电阻和电导分析

金属-分子-金属结的电阻(R)包括三部分：如图 14.1(b)所示,即分子自身的电阻 R_m、左右接触电阻 R_L 和 R_R,$R = R_L + R_m + R_R$。接触电阻的存在不仅影响了电子透射系数的计算,甚至可以改变电子传递的机理。只有当界面是欧姆接触,且电阻相对于分子可以忽略时,分子结所表现的输运行为才与分子自身性质一致。而界面产生其他形式的导电接触,如肖特基接触,电学测量则不能直接反映分子的性质。通常有机分子的电阻随分子链的增长呈指数增加,可以用如下公式表示：

$$R = R_c \exp(\beta d) \tag{14.1}$$

式中,R_c 是接触电阻,即链长外推到零时的电阻;β 是衰减系数;d 是分子链长。饱和烷烃的接触电阻为 7.3 kΩ,β 在 0.8~1.1 Å(见 6.3 节)。

图 14.2 展示了金硫原子链与金原子线的电阻随链长变化的关系。值得注意的是，其电阻并未随链长呈指数式增长，这与大多数有机分子导线的行为相异。在我们所研究的长度范围内，金原子线的电阻显著大于其他两者，并且呈现较大的奇偶波动性。从其波动特点，尚不能获得 β，即无法确定每增加一个金原子所带来的电阻增量。因此，金原子线不能简单地视为电阻的串联模型。然而，通过观察偶数金原子的变化规律，我们可以外推金电极与金原子的接触电阻大约在 10 kΩ。相比之下，H-S-Au 链和 T-S-Au 链的电阻接近，略小于金原子线，它们与金原子的接触电阻都接近量子电导的倒数（$1/G_0 = h/2e^2 = 12.9$ kΩ）。这表明金硫键的电子耦合强度高于单纯的金-金原子连接，因此具有更小的接触电阻。这一点可以从原子的成键特性上得到解释：对于金属，通常需要大量的原子团簇才能提供足够的 d 电子以形成导带，而单个或少量金原子的电子耦合能力相对较弱，不及具有共价键特征的硫原子。此外，只有那些更有利于电子输运的分子线，才可能提供更佳的界面耦合效果。鉴于 top 位和 hollow 位的连接均具有小于金原子线的接触电阻，因此这两种连接方式均可作为研究分子电导的有效连接模型。

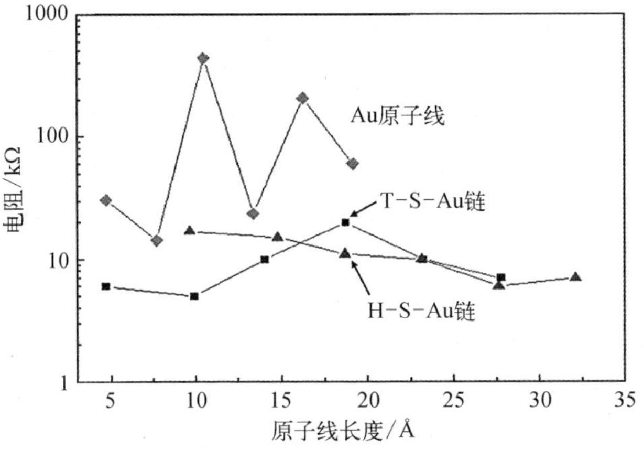

图 14.2　一系列不同长度的 S-Au 链和 Au 原子线的电阻

另外，我们观察到 H-S-Au 链的电阻具有单调下降的特征，此外，T-S-Au 链的电阻在 2 nm 以内略有升高，而大于该值时降低，这些特点都与传统的认识不同。作为电子传递的载体，无论是宏观的金属导线，还是微观的分子导线，电子输运能力均随着距离的增加而降低。因此，T-S-Au 和 H-S-Au 链的输运行为不能简单地利用宏观的概念来理解。

依据 Landauer 发展的理论[5]，分子导线的电导可表示为

$$G = \left(\frac{2e^2}{h}\right) T \tag{14.2}$$

式中，T 为透射几率。对于完美导线，假设只有一个电子透射通道，且透射概率为 100%，则该导线的电导为 $1G_0$(77.5 μS)。然而，参与电子输运的不仅仅是一个可能的透射通道，当存在其他次要的透射通道时，其电导将偏离量子电导。

此外，分子结的电阻表现为分子电阻和界面电阻之和，即 $R = R_m + R_L + R_R$，即使分子电阻 R_m 等于零，$R_L + R_R$ 的存在也会使总电阻不为零。因此，当我们测量小电阻的分子导线时，接触电阻[约为 12.9 kΩ ($1/G_0$)]是必须要考虑的因素。例如，金硫接触的电导比辛烷分子的电导($1.4\times10^{-5}G_0$)高约 5 个数量级，接触电阻可以忽略；但是在研究 π 共轭的体系时，如苯分子($1.1\times10^{-2}\ G_0$)[6]，接触电阻的影响将变得显著。在进行相关理论研究时，为了确保结果的可靠性，我们应采用具有连续长度序列的分子链模型，以便通过分析电阻-长度曲线的斜率来精确测定单个苯单元的电阻。然而，值得注意的是，过去几十年的研究工作大多局限于对单个单元的考察，这种做法固有地受限于两侧界面及其相邻电极的干扰。这种局限性导致了两个关键问题：首先，电极可能对中间有机分子的电子结构产生不可忽视的影响；其次，界面电阻由于界面两侧电极与分子间电子耦合的复杂性而变得难以准确预测，从而给中间分子电阻的评估带来了挑战。因此，为了获得可靠的苯环单元电阻数据，必须采用线性化处理策略，即通过分析不同单元数量电阻的变化趋势，利用斜率来推算单个单元的电阻。

通过对电阻与电导的深入分析，我们可以得出以下结论：巯基通过化学吸附形成的硫-金键能够构建出良好的电接触。无论是 top 位连接还是 hollow 位连接，电极与分子之间的耦合均较强，产生的接触电阻相对较小，相较于大多数有机分子可忽略不计。因此，分子结的电阻主要源自有机分子本身。此外，巯基与金电极之间形成的是欧姆接触，这意味着分子结所展现的输运行为仅反映了分子的固有特性。

14.1.2　透射谱的分析

图 14.3 展示了在零偏压下不同链长的金硫原子链与金原子线的透射谱，其中两电极的费米能级设定为能量参考点。金硫原子链透射谱的一个显著特征是，在费米能级附近存在一个宽广的透射峰，这揭示了该能量区域内电子输运通道的高效性。当 $n = 1$ 时，H-S-Au 与 T-S-Au 的透射系数分别为 0.74 和 2.06，显然，top 位的 S-Au 链展现出更强的电子耦合，相应地，其界面电阻也更低。值得注意的是，T-S-Au 的透射系数超过 2，表明在费米能级附近至少存在两条高效的电子输运通道。随着链长的增加，费米能级附近的透射峰位置与强度基本保持不变，因此，通过透射系数积分获得的电导也变化不大，这进一步证实了金硫原子链的接触电阻较小，且不随链长的增加而衰减。对于 H-S-Au 链，随着链长的增长，费米能级处的透射系数从 $n = 1$ 时的 0.74 增加至 $n = 5$ 时的2.33，但在 $n = 6$ 时又降低至 1.80。这种透射系数的变化与电导的变化趋势相吻合。此外，随着链长的增加，H-S-Au 链在费米能级以上的透射峰发生分裂，而 T-S-Au 链在费米能级以下的透射峰发生分裂，这归因于硫原子位置的变化影响了参与成键的原子轨道。相比之下，金原子线的透射峰高度较低，透射系数也较小，且透射峰的位置在费米能级附近呈现波动，这导致金原子线的电导小于金硫原子链。透射谱的分析进一步证实了金硫原子链具有较强的耦合作用，通过巯基化学吸附到金电极所产生的接触电阻非常小，因此，分子结的电阻主要来源于有机分子本身。

本节探讨了零电场条件下，hollow 位连接与 top 位连接的金硫原子链以及金原子线的电子输运特性。随着链长的增加，金硫原子链的电导展现出几乎无衰减的特性，这个观测

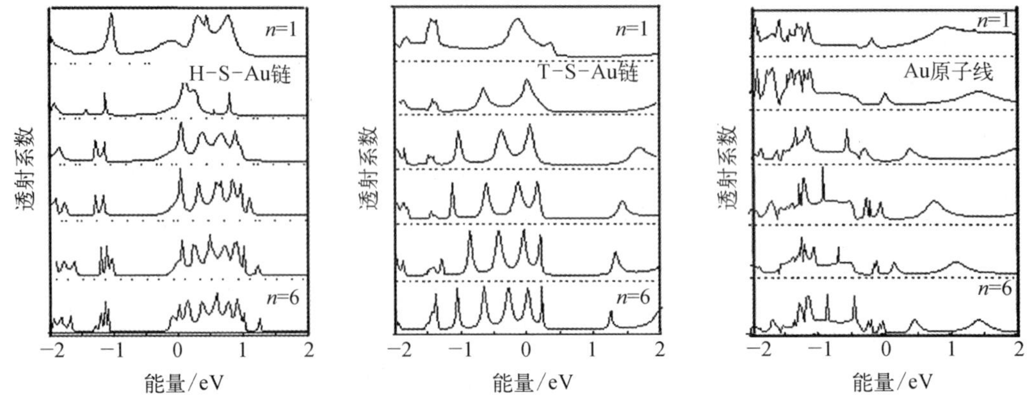

(a) H-S-Au链　(b) T-S-Au链　(c) Au原子线

图 14.3　不同长度原子线的透射谱

结果有力地证明了金-硫之间具有强烈的电子耦合，其强度甚至超越了金属单原子线。这种强金硫耦合效应直接揭示了当分子通过巯基组装至金电极时，所形成的接触电阻相对较小。这一结果为分子导线、单分子整流器件、场效应晶体管以及其他单分子电子器件的研究提供了重要参考：当分子结通过巯基与电极形成强耦合，且界面电阻可忽略不计时，分子结所展现的输运行为能够真实地反映分子本身的特性。

14.2　分子与电极的接触电阻

二维石墨烯是一种应用广泛的 π 共轭体系，具有蜂窝状晶格，其中所有碳原子均以 sp^2 杂化，形成 120°的共价键，余下一个 p 轨道电子形成离域大 π 键。它具有许多优异的物理和化学性质。近年来，基于石墨烯的纳米器件得到了广泛的研究。除二维石墨烯外，苯衍生物还具有多种共轭 π 结构。为了提高器件性能，需要用杂原子和缺陷掺杂的方法对上述共轭体系的电学性质进行调控。例如，掺硼多孔石墨烯柔性超级电容器的最高面电容已达到 16.5 mF/cm^2，是未掺杂器件的 3 倍[7]。在以光致变色二芳基乙烯衍生物为关键材料的石墨烯分子结，开关比从 60 显著提高到 300[8]。

尽管实验取得了很多进展，但掺杂技术的进一步提升依赖于对 π 共轭体系电子输运行为的深入研究。实验和理论研究表明，影响 π 共轭体系电子输运的因素很多，如分子长度、构象、轨道能级、连接基团、连接位点等。作为碳基共轭材料的基本单元，苯分子的电导的研究有助于阐明其他 π 共轭体系的电子输运行为。然而，实验中复杂的成键环境成为苯电导测量的最大障碍之一。如图 14.4(a)所示，苯环在测量的过程中受到来自不同相邻化学环境的影响，当苯环与饱和碳原子相连时(σ 相连)，电学测量体现了电子通过 σ-π 的特征；当苯环通过一个单键与另一苯环相连形成联苯结构时，则有 π-π 作用；当苯环与其他苯环共享一侧的两个碳原子形成并苯时，则两个苯环的 π 共轭互融为一体。因此，在不同的化学环境下，苯环单元的电阻会有不同表现，因此测量数据的比较需要在相同的条件下进行。

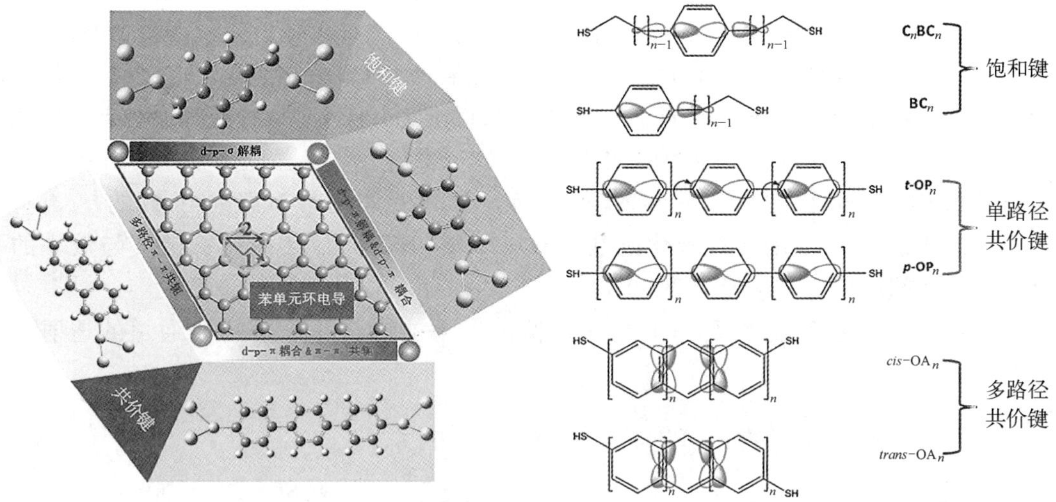

(a) 基于苯分子构建的不同模型(包括苯、聚苯和并苯分子，分别通过饱和键或共轭键与金电极连接)

(b) 分子线的化学结构式

图 14.4　苯环所处化学环境与分子模拟模型

本节将 DFT 与 NEGF 方法相结合,研究成键环境对苯分子电导的影响。如图14.4(b)所示,分别设计苯环连接在饱和的和共轭的化学环境中。为了阐明在饱和成键环境中分子间 d-p-σ(金属提供 d 带,硫原子提供 p 轨道,饱和碳链形成 σ 桥)和分子内 π-σ(苯环的 π 结构)的影响,在 sp^3杂化的碳链中间插入苯环形成 C_nBC_n系列。为了研究分子间 d-p-σ 与 d-p-π 耦合的区别,在 BC_n系列中,苯连接到 sp^3杂化碳链的左端,另一端通过硫原子与金电极相连。

为了研究分子内的 π-π 共轭效应的影响,我们对比了扭曲低聚苯(t-OP_n)和平面低聚苯(p-OP_n),分别模拟具有弱 π-π 共轭和强 π-π 共轭的分子线在共轭键环境中的电子输运。与此对应,基于低聚并苯考察具有多通道的共轭分子线中的电子输运特性,其中末端巯基连接在顺式位置(cis-OA_n)和反式位置($trans$-OA_n)。C_nBC_n中重复单元是两端碳链上的亚甲基(—CH_2—)对,BC_n中重复单元是右端烷基链上的亚甲基,t-OP_n、p-OP_n、cis-OA_n和 $trans$-OA_n体系中的低聚苯和低聚并苯的苯环重复单元的数量 n 从 1 增加到 10。比较系列模型分子时,除了利用重复单元数,也可以用分子长度来表示。

首先在 B3LYP/6-31G* 水平上对每个分子的几何结构进行优化。然后每个末端巯基失去氢原子,分子的其余部分夹在两个金原子簇之间,金原子簇是三个金原子构成的等边三角形,边长为 2.88 Å。硫原子化学吸附到金三角形的中空位置,达到局部能量最小值,以此来模拟分子吸附在 Au(111)表面的结构。利用 B3LYP 泛函以及 LANL2DZ 基组,优化金属-分子-金属结的几何结构,在此过程中冻结金原子簇中金原子的相对位置。

利用基于第一性原理密度泛函理论(DFT)和非平衡态格林函数(NEGF)方法进行进一步的几何优化和输运计算。利用两个(111)面的金电极代替两个金原子簇。分子结分为三个区域：左电极、散射区和右电极。金电极(111)面采用具有周期性边界条件的3×3排布，共由4层36个金原子组成的电极，位于散射区的左右两端。分子垂直于电极表面，硫原子位于金三角形的中心上方，与电极表面的距离为2.0 Å，这可以在分子与电极之间提供良好的电接触。进一步优化分子结构，收敛标准为0.05 eV/Å。与其他全自由优化的分子结不同，p-OP_n固定为平面构型，以保证强π−π共轭。交换关联势采用Perdew-Burke-Ernzerh(PBE)参数化的广义梯度密度泛函。金电极采用带有极化函数的单ζ基组(SZP)，其他原子均采用带有极化函数的双ζ基组(DZP)，以实现计算精度与效率的平衡。实际空间网格的截止能为300 Ry。

分子结的透射系数$T(E, V)$是在外偏压V下能量E下所有可用通道的透射概率之和[9]：

$$T(E, V) = \mathrm{tr}[\boldsymbol{\Gamma}_L G^R(E, V)\boldsymbol{\Gamma}_R G^A(E, V)] \tag{14.3}$$

式中，G^R和G^A分别是延迟格林函数和超前格林函数；tr是对后面的矩阵求迹；$\boldsymbol{\Gamma}_L$和$\boldsymbol{\Gamma}_R$分别是左右电极与分子之间的耦合矩阵。

零偏压电导由零偏压下的透射系数得出：

$$G = G_0 T(E, V = 0) \tag{14.4}$$

式中，$G_0 = 2e^2/h$是量子电导，h是普朗克常量，e是电子电荷。

14.2.1 成键特性

前线分子轨道的空间分布能够揭示各原子在不同类型键(如σ−π键和π−π键)形成中的参与程度及贡献，是分子导线的一个关键静态电子特性。图14.5展示了在零偏压下，HOMO与LUMO的空间分布状况。前线分子轨道是投影至中心分子及其邻近金原子部分的结果，因此包含了金电极与中心分子间的相互作用信息。观察图14.5(a)可知，对于饱和分子模型C_1BC_1与BC1，HOMO与LUMO呈现离域分布特征，基本覆盖了从金电极至中心分子的区域，这暗示了在C_1BC_1中存在较强的d−p−σ耦合，而在BC_1中同时混有d−p−π耦合和d−p−σ耦合。d−p−σ耦合主要由金电极的d电子、硫原子的p电子以及烷基链的σ电子共同贡献，而d−p−π耦合源自金电极的d电子、硫原子的p电子与苯环的π电子的相互作用。在本研究的分子结构中，中心分子通过巯基以垂直方式连接至金平面，因此硫原子更可能采取sp杂化形式，而非自由巯基化合物中的sp^3杂化。对S与Au的态密度进行进一步分析，仅可观察到S原子的3p轨道电子与金原子的d电子之间存在相互作用，而S原子的3s电子位于更低的能级上。

C_1BC_1中的苯与金电极的距离较近，因此金电极与烷基链之间的d−p−σ耦合尚存，不能阻碍电子通过分子结的传递。当两端的烷基链增加时，中间苯环的HOMO和LUMO的定域特征增强。这说明随着金电极与苯环距离的增加，二者之间的d−p−π相互作用逐渐阻断。主要原因是d−p−σ的强解耦作用为电子传递增加了势垒，导致前线分子轨道在n值较大的C_nBC_n上的离域特征减弱。然而，在BC_n中，左电极通过牢固的金−硫键与苯环

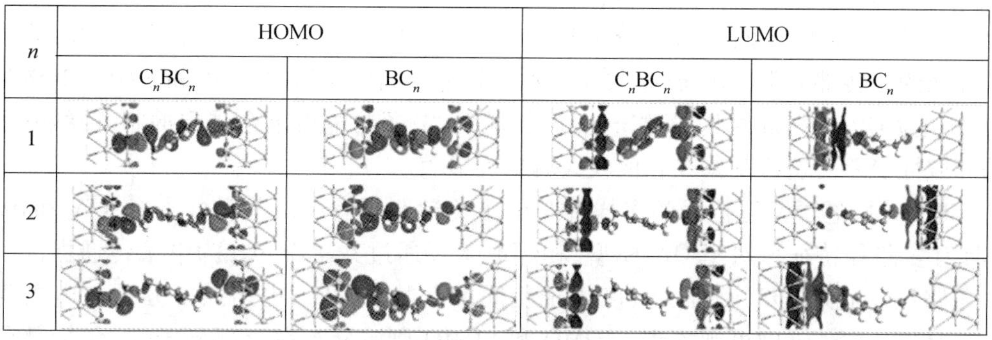

(a) 饱和分子C_nBC_n和BC_n

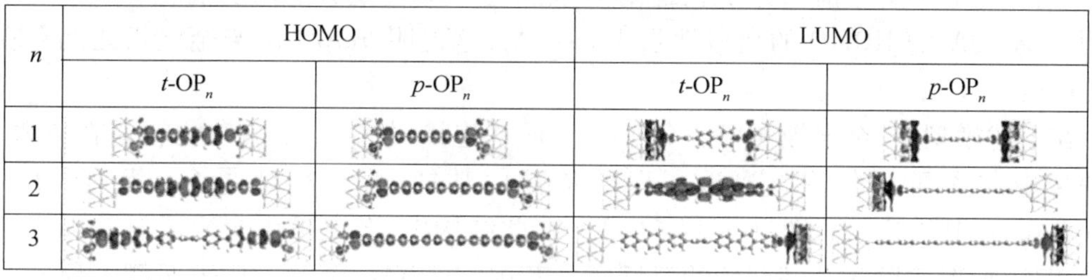

(b) 单路径共轭分子t-OP_n和p-OP_n

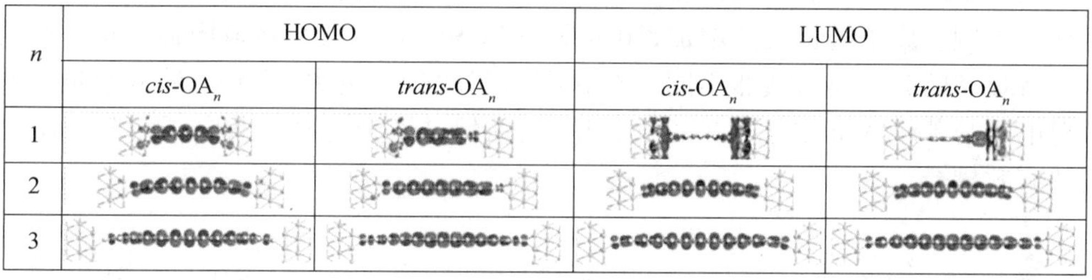

(c) 多路径共轭分子cis-OA_n和$trans$-OA_n

图 14.5　零偏压时分子轨道的空间分布

上的 π 共轭作用，硫原子中的孤对电子所在轨道与苯的共轭重叠，导致左电极上的金属 d 带与苯环的 π 轨道之间发生强烈的 d−p−π 耦合。在 BC_n模型中，苯与右电极之间插入烷基链来阻断耦合，右端硫原子和烷基链的轨道波函数重叠作用弱。因此，BC_n模型可视为两侧具有不同势垒的非对称耦合−解耦体系。

对于共轭分子 t-OP_n和 p-OP_n，其相邻苯环通过碳−碳单键相连，构成了电子传递的唯一路径。如图 14.5(b)所示，对于 t-OP_1与 p-OP_1，由于金电极与分子间的 d−p−π 耦合效应，以及相邻苯环间存在的分子内 π−π 共轭作用，HOMO 呈现离域分布，覆盖金电极、硫原子及中心分子的主链，为分子内的电子传递构建了一条高效的通道。通过对比饱和分子 BC_3与共轭分子 p-OP_3，尽管 p-OP_3的链长(32.57 Å)远超 BC_3(9.16 Å)，但p-OP_3分子的 HOMO 展现出更佳的离域性，且 HOMO 能够延伸至金电极，这表明 π−π 共轭对电子输运具有促进作用，而 π−σ 键起到阻碍作用。另外，在 p-OP_3中，尽管 π−π 共轭效应得到增强，但金电极与中间苯环间的耦合也因分子链的延长而减弱。与平面结构有所不同的是，

t-OP_n分子中相邻苯环因空间排斥效应而产生扭转角，该扭转角从t-OP_1的45.9°递减至t-OP_{10}的35.7°，随着长度的增加，分子趋于平面化，共轭性得到增强。然而，t-OP_n分子线中苯环间的扭转部分阻断了π-π共轭。对于具有相同单元数的t-OP_n和p-OP_n，其链长几乎一致，但t-OP_n的扭曲结构导致π-π共轭减弱，分子与电极耦合受到抑制，前线分子轨道的离域性变差。这些现象在n值较大时更为显著。

一般来说，电子输运行为的多样性与电子传递路径有关。共轭分子*cis*-OA_n和*trans*-OA_n具有多路径特征。对于OA_n模型，相邻的苯环通过共享C═C，为电子传递提供了不只一条路径。此外，OA_n的分子长度小于相同单元数的OP_n，也加强了分子与电极间的耦合。从图14.5(c)中可观察到，HOMO和LUMO离域分布在全部分子结，包括部分金电极、硫原子和OA_n。前线分子轨道的离域性还与OA_n分子上巯基位置有关。以OA_3为例，*trans*-OA_3的HOMO的离域性强于*cis*-OA_3，这说明*trans*-OA_3与金电极之间存在较强的耦合。

在上述模型中，金电极与中心分子均由巯基连接，故硫原子的杂化轨道在电极-分子耦合中起着重要作用。为深入理解巯基的功能，我们构建了金-苯-金分子结(Au_nBAu_n)，其结构示意图见图14.6(a)。在此结构中，金电极由金原子链与孤立的苯分子相连，同时去除了苯环两侧的氢原子。其中，Au_nBAu_n中的n代表两侧金原子的数量。通过观察图14.6(b)中展示的Au_nBAu_n(n = 1~3)的前线分子轨道空间分布，我们发现随着两侧金原子链长度的增加，HOMO和LUMO的离域性逐渐增强。这一变化趋势与含有巯基的分子模型截然不同。在含有巯基的分子结中，硫原子的p轨道上存在的孤对电子与苯环的π电子发生相互作用，进而促进了金电极的d电子与苯的π电子之间的有效耦合。

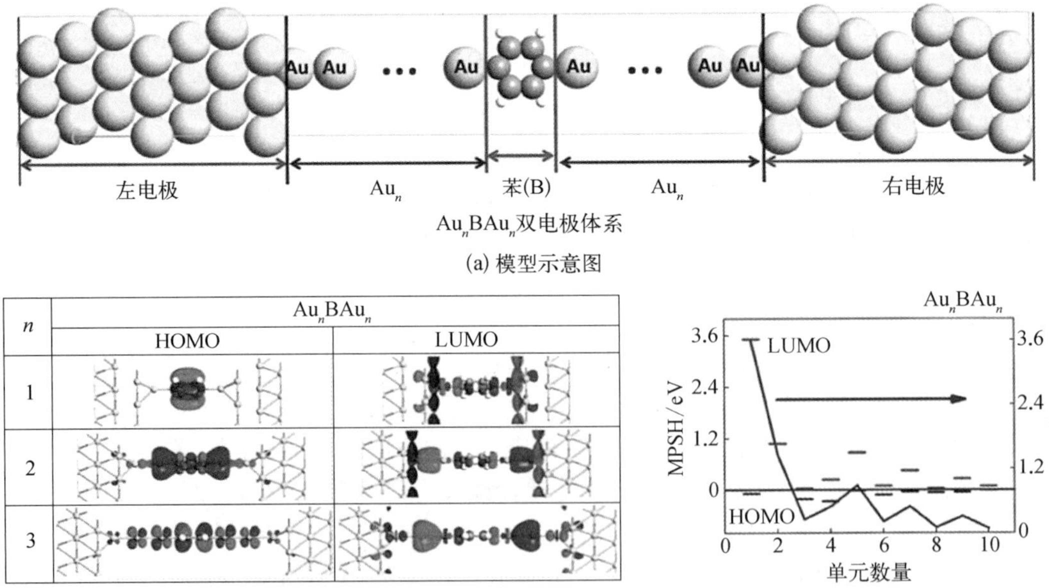

(a) 模型示意图

(b) 零偏压下的轨道空间分布

(c) 零偏压下的轨道能级和能隙(E_g)

图14.6 孤立苯分子夹在两个Au_n原子链(Au_nBAu_n结)之间的分子结

14.2.2　前线分子轨道能级以及分子能隙

图 14.7 给出了不同模型分子在零偏压下分子投影自洽哈密顿(MPSH)量,相当于分子的轨道能级,电极的费米能级设为零。经投影处理后的能级与电子输运性质具有更强的关联性。从图 14.7 可以看出三个系列模型分子的 HOMO 比 LUMO 更接近费米能级。BC_n分子的 HOMO 能级稍高于 C_nBC_n,这与 BC_n分子结中的一侧存在较强的 d-p-π 耦合有关。对于共轭体系 t-OP_n和 p-OP_n,如图 14.7(b)所示,部分链长(n = 2、3、9 和 10)的 HOMO 和 LUMO 能级相似,其余差别明显。尽管 t-OP_n中的扭转角降低了相邻苯环之间的 π-π 共轭,但它不足以影响包含金电极内层的整个扩展区域的分子轨道能级。比较图 14.7(b)和(c)可知,cis-OA_1的 HOMO 和 LUMO 能级均高于 OP_1,而 $trans$-OA_1的 HOMO 高于 OP_1,LUMO 则低于 OP_1。另外,多路径 OA_n的 HOMO 和 LUMO 能级随长度的变化出现振荡。总体来说,分子间 d-p-π 耦合和分子内 π-π 耦合能够提高 HOMO 能级,有利于分子结的电子输运。

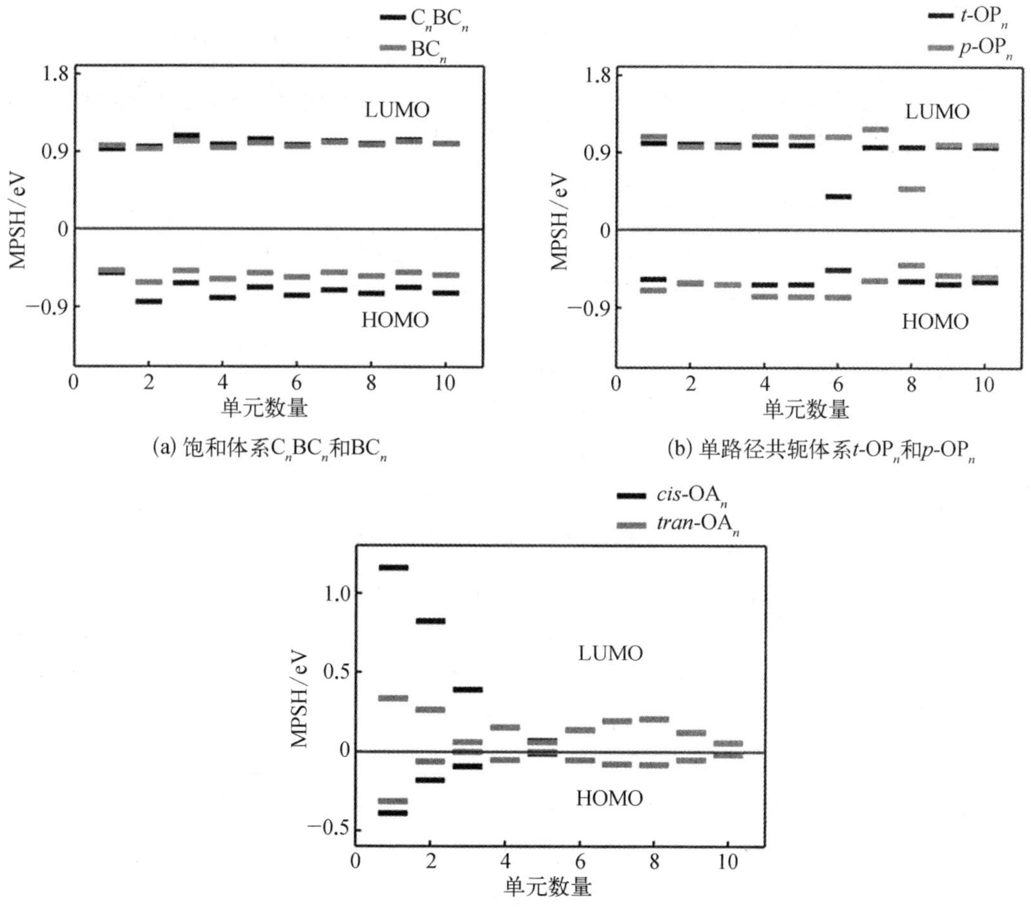

(a) 饱和体系C_nBC_n和BC_n

(b) 单路径共轭体系t-OP_n和p-OP_n

(c) 多路径共轭体系cis-OA_n和$trans$-OA_n

图 14.7　分子的 HOMO 和 LUMO 能级

在经典隧穿模型中,分子能隙(E_g),即 HOMO-LUMO 的能级差与势垒高度密切相关。通常势垒高度较低时,分子结的电导较高。图 14.8 给出了 E_g 与重复单元(n)的倒数的关系。总体来说,饱和分子中的 E_g 随分子长度的增加而增大。在具有 d-p-σ 解耦的 C_nBC_n 体系中,E_g 随两端亚甲基的增加呈锯齿形上升,如图 14.8(a)所示。当两端亚甲基对的数量为偶数时,即 C_2BC_2、C_4BC_4、C_6BC_6、C_8BC_8 和 $C_{10}BC_{10}$,分子能隙随长度的增加而降低;为奇数时,能隙略有升高。在 BC_n 体系中也能观察到类似的振荡趋势,但是 BC_n 的 E_g 低于对应的 C_nBC_n,这是由强 d-p-π 耦合导致的[10]。

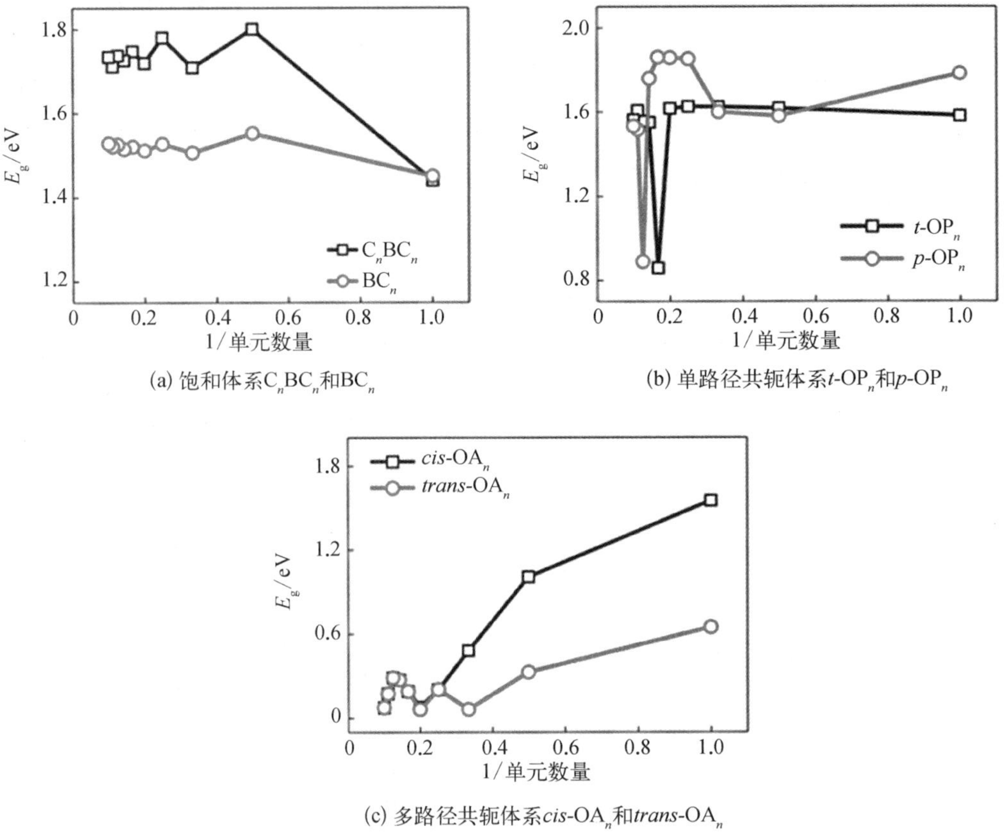

(a) 饱和体系 C_nBC_n 和 BC_n

(b) 单路径共轭体系 t-OP_n 和 p-OP_n

(c) 多路径共轭体系 cis-OA_n 和 $trans$-OA_n

图 14.8　分子能隙与重复单元数的倒数的关系

图 14.8(b)给出低聚苯的 E_g 随长度的变化特征。当 n 小于 5 时,t-OP_n 的 E_g 随着苯环数的增加而极缓慢地增加,n 为 6 时,E_g 突然降低,而后又增加。p-OP_n 的 E_g 也呈现相似的振荡变化,当 n 小于 3 时,E_g 随长度的增加而降低,而后又升高。当 n 大于 6 时,E_g 又突然降低,这说明电子传递的势垒高度也呈现振荡变化。当 n 增加 1 时,分子增加两个苯环的长度(约 7.9 Å),因此势垒宽度增加,不利于电子输运;而苯环增加时,分子内的 π-π 共轭增强,有利于电子输运,这两个竞争因素导致分子能隙的振荡变化。相比之下,在多路径共轭体系 OA_n 中,苯环之间的 π-π 共轭比 OP_n 更强,有利于降低势垒高度。从图14.8(c)可以观察到随着单元数量的增加,E_g 迅速下降。当 n 大于 4 时,E_g 随长度的增加也出现小

幅振荡。通过以上分析，在具有不同成键特性的苯衍生物中，影响电子输运势垒高度的因素不同。在饱和键环境中，分子间 d-p-σ 解耦占主导，分子能隙增加；而在多路径共轭体系中，分子内 π-π 共轭占主导，分子能隙降低。

14.2.3　苯分子的电导

成键环境不仅影响苯环的静态电子结构，而且导致其动态传输行为发生改变。图 14.9 给出了各模型分子在零偏压下的电导与单元数的半对数关系。在单路径的低聚苯分子中，电导随单元数的增加呈指数下降，如式(14.5)所示[11]：

$$G = G_0 \exp(-n\beta_n) \tag{14.5}$$

式中，G_0是单个苯分子的电导，零偏压下的电导(G)随单元数(n)呈指数下降，衰减因子为β_n。通常，较小的β_n意味着电导随单元数或分子长度的增加而衰减较慢，因此具有较小衰减因子的分子线是理想的分子导线。为了便于不同系列之间的对比，β_n可以根据分子长度换算为β_d(Å^{-1})。

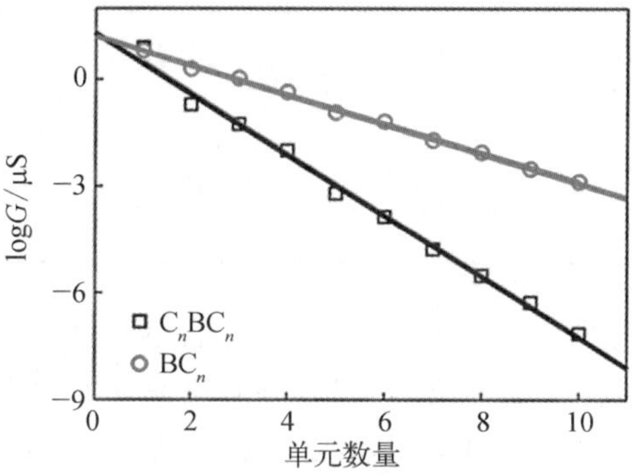

(a) 饱和体系C_nBC_n和BC_n

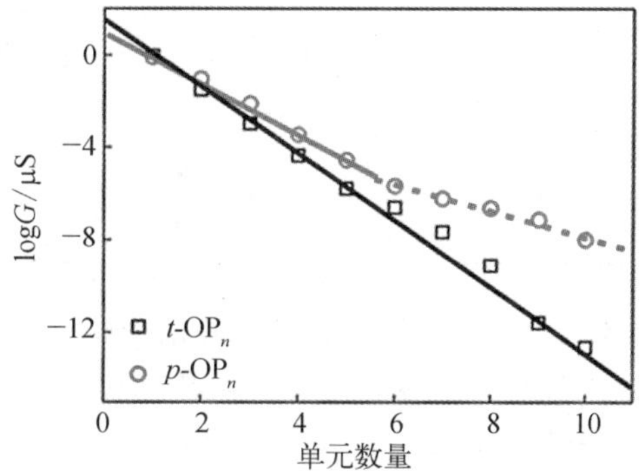

(b) 单路径共轭体系t-OP_n和p-OP_n

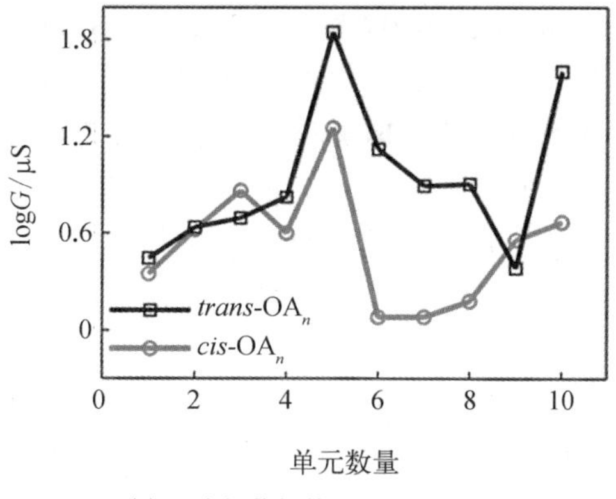

(c) 多路径共轭体系cis-OA_n和$trans$-OA_n

图 14.9　电导与单元数量的半对数关系[其中(a)和(b)中的直线为线性拟合结果，线性拟合直线的截距为一个苯环的电导值($\log G_0$)]

图 14.9 描述了不同模型分子的零偏压电导与分子中重复单元数的半对数关系。饱和分子的电导随单元数的增加而指数降低,图 14.9(a)中的直线为线性拟合结果,当外推至单元数为零时,直线的截距 $\log G_0$,对应不同成键环境下孤立苯分子的电导,并且消除了链接片段长度的影响。由 C_nBC_n系列得到的 G_0为 21.79 μS,它反映出孤立苯分子在 σ 成键环境下的电导。由 BC_n系列分子得到的 G_0为 16.06 μS,由于在右端 σ 键的环境中电极与分子的耦合作用弱,可以将其视为半平板金属耦合中苯的电导。显然,较弱的电极与分子耦合降低了分子结的共轭性,导致苯单元电导降低。

表 14.1 列出了系列体系的衰减因子和 G_0数值,在具有 d-p-σ 成键特性的 C_nBC_n中,β_n值为 0.86/—CH_2—对(换算为分子长度后 β_d为 0.33 $Å^{-1}$),低于烷烃的衰减因子范围(0.7~1.3 $Å^{-1}$)[12,13]。此外,在具有混合 d-p-σ 和 d-p-π 键特征的 BC_n中,β_n为(0.41/—CH_2—),比 C_nBC_n降低了一半。这说明 BC_n体系中 d-p-π 键的存在显著提高了电子传递效率。

表 14.1 苯在几种具有不同化学环境的电导(G_0)及分子结的衰减因子(β)

	C_nBC_n	BC_n	t-OP_n	p-OP_n
G_0/μS	21.79	16.06	19.43	13.23
β_n/每单元	0.86	0.41	1.37	1.13 (n = 1~5) 0.55 (n = 6~10)
β_d/$Å^{-1}$	0.33	0.32	0.16	0.13 (n = 1~5) 0.06 (n = 6~10)

针对含有离域 π 电子的苯衍生物,需对单路径与多路径体系展开综合性分析。在单路径低聚苯分子体系中,π-π 共轭较弱的 t-OP_n展现的 β_n为 1.37/苯环,略高于平面构型的 p-OP_n(当 $n \leqslant 5$ 时,β_n为 1.13/苯环),此现象归因于 t-OP_n中苯环的扭转结构对电子输运的阻碍作用。然而,通过外推法获得的单个苯环在弱 π-π 共轭条件下的电导为 19.43 μS(表 14.1),高于单个苯环在较强 π-π 共轭下的电导(13.23 μS)。此外,当单元数增至 6 以上时,p-OP_n的 β_n急剧下降至 0.55/苯环对数,即 β_d为 0.06 $Å^{-1}$。这一极低的衰减因子揭示了分子内部电子输运机制转变为跳跃机理[14]。因此,相较于 t-OP_n,$n \geqslant 6$ 的 p-OP_n仍展现出良好的导电性能,是一种极具潜力的分子导线材料。p-OP_n的电导与单元数对数之间的关系进一步表明,在平面结构的低聚苯分子中,电子隧穿与跳跃机制均可能对电子输运有所贡献。在短链 p-OP_n中,隧穿机制占据主导地位;而在长链中,跳跃机制成为影响电导的主要因素。据此,我们采用了短链 p-OP_n的数据,通过外推法得出了上述孤立苯分子的电导。

多路径低聚并苯分子的电导并未随单元数的增加而呈现出指数关系。如图 14.9(c)所示,*cis*-OA_n与 *trans*-OA_n的电导均随其长度的增加呈现振荡性变化。此外,这两类分子的电导还与接触位置密切相关:在分子长度相同的情况下,*trans*-OA_n的电导普遍高于*cis*-OA_n。图 14.10 展示了三个系列模型分子的电导与长度之间的半对数关系,所得结论与图 14.9 中的观察结果一致。图 14.11 给出了 Au_nBAu_n模型中,在零偏压下电导随金原子链单元数变化的趋势。与巯基连接的分子结不同，Au_nBAu_n的电导随金原子链长度的增加先呈现上升趋势，当两端金原子对数超过 4 时，电导近乎达到一个稳定的平台值，约为 42 μS。由此可以推断，苯分子两端采用 4 对金原子可以有效地屏蔽金电极对苯分子电导的影响。

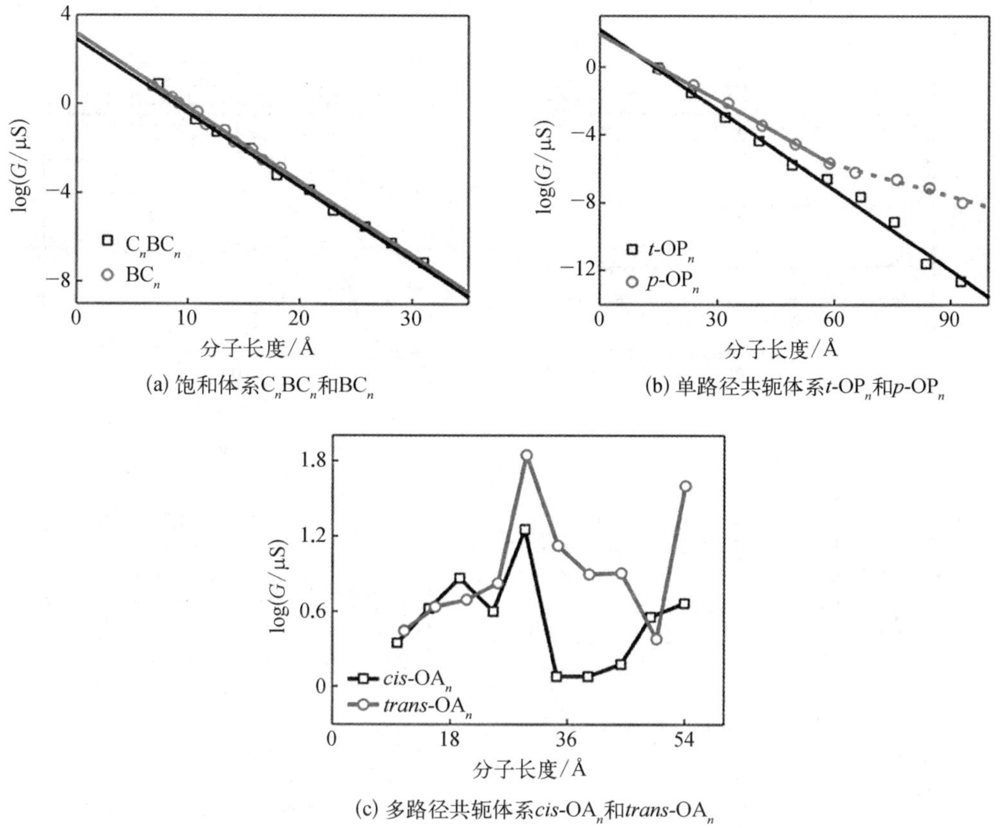

图 14.10　零偏压电导与分子长度的半对数关系
[（a）和（b）中的直线为线性拟合结果]

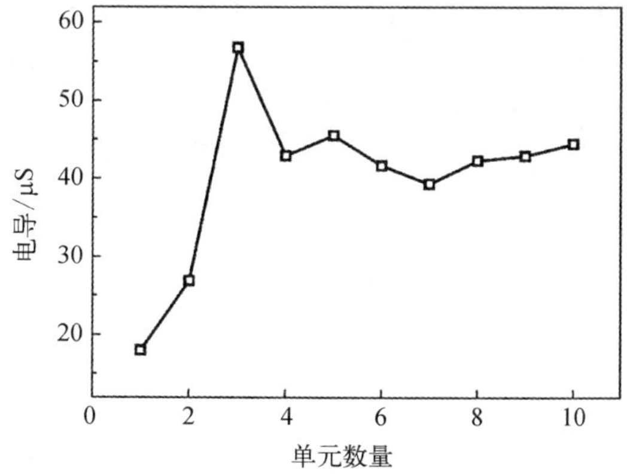

图 14.11　Au_nBAu_n模型中零偏压下电导随金原子对数的变化

14.2.4 透射谱和态密度分析

为了进一步理解苯在不同成键环境下电导特性的起源，我们分析了透射谱。图 14.12 给出了三个体系的透射系数 $T(E,\ V)$ 与能量 E 的关系。费米能级以下和以上的第一个峰分别由体系的 HOMO 和 LUMO 贡献。对于饱和分子 C_nBC_n 和 BC_n，HOMO 更靠近费米能

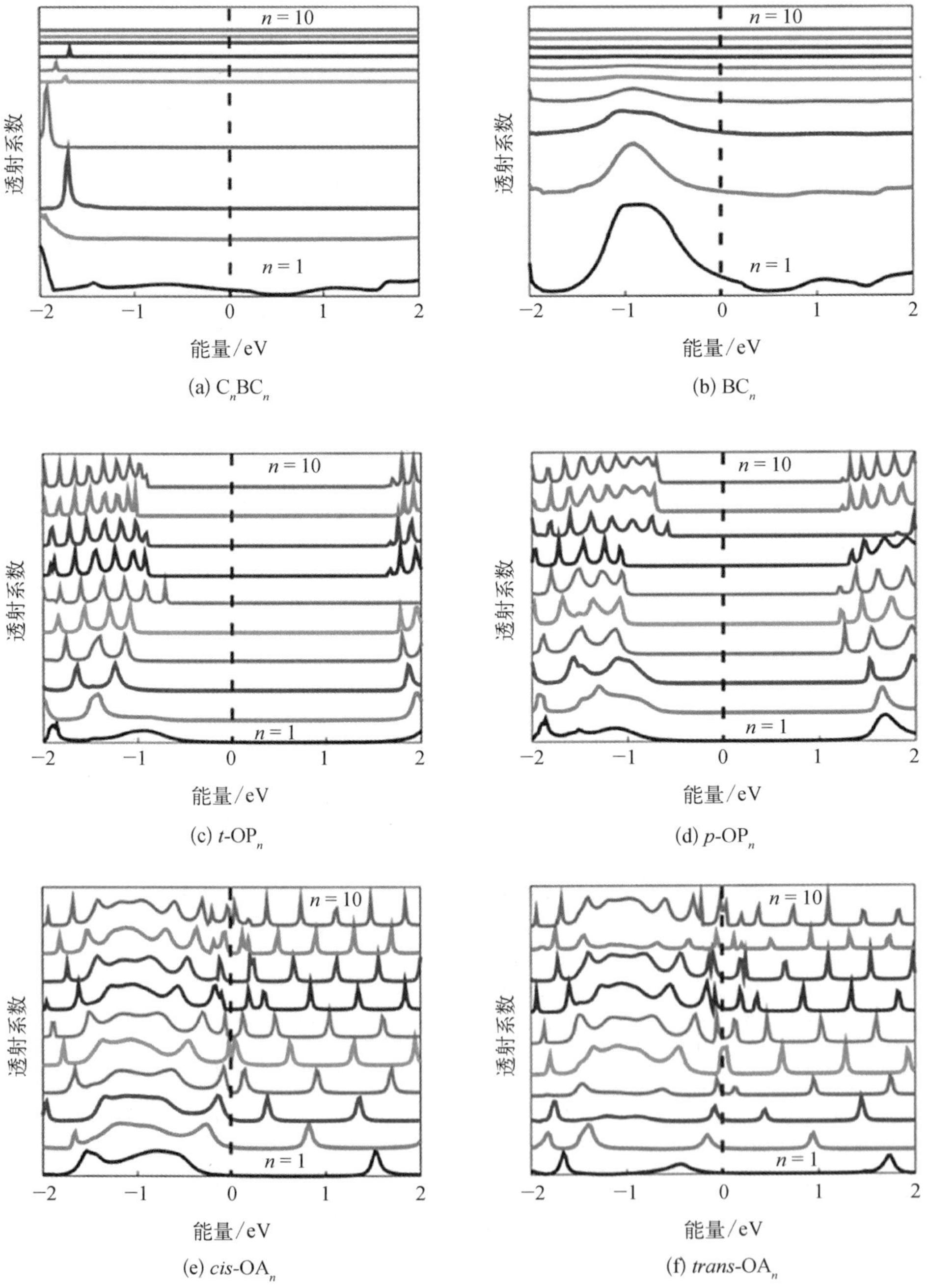

图 14.12　零偏压下的透射谱

级，对电子输运的贡献更大。对于 C_1BC_1，HOMO 和 LUMO 峰分别位于 -0.66 eV 和 1.14 eV。随着两端亚甲基数量的增加，HOMO 和 LUMO 定域特征显著增强，导致长链分子透射谱中的 HOMO 和 LUMO 峰消失。这些结果说明在饱和分子 C_nBC_n 中，d-p-σ 解耦作用显著，阻碍了分子内的电子传递，使 C_nBC_n 的电导降低。与之不同，BC_n 分子结中左侧电极通过巯基与苯环直接相连，其透射峰明显增强，而且更靠近费米能级，这是由于 d-p-π 耦合提高了 HOMO 能级，也提高了电子输运的效率。此外还可以观察到，随着右端亚甲基数量的增加，BC_n 的透射峰位不变，说明 HOMO 能级更依赖于左端的 d-p-π 耦合，而右端 d-p-σ 解耦的影响可以忽略。这两个原因导致 BC_n 的电导高于 C_nBC_n。

图 14.12(c) 和(d) 给出了单路径共轭体系 OP_n 的透射谱。当苯环增加时，HOMO 和 LUMO 透射峰发生劈裂，透射峰变得尖锐，反映了分子内周期性 π 结构的相互作用。苯环的增加使电子传递距离增大，这是影响导电能力的不利因素。另外，OP_n 中增加的苯环可以有效地增强分子的 π-π 共轭，其特征是 t-OP_n 和 p-OP_n 的透射谱中透射峰增高，这又是积极因素。多路径共轭体系 OA_n 分子的情况类似于 OP_n 体系，在图 14.12(e) 和(f) 中也观察到类似的特征。OP_n 与 OA_n 的区别是透射峰到费米能级的距离，OA_n 体系的透射峰距费米能级更近。随着单元数的增加，HOMO 和 LUMO 共振峰更容易进入偏压窗口。此外，具有相同 n 的 OA_n 分子更短，无法有效地阻挡 d-p-π 耦合。因此 OA_n 的 HOMO 和 HOMO-1 透射峰更宽，这是 OA_n 高导电性的原因。通过分析透射谱，可以对苯分子在不同成键环境下的电子输运行为实现更本质的了解。

器件态密度(device density of state，DDOS) 在不同成键环境下的移动和展宽可以提供中心分子的轨道对体系本征态的贡献，以及分子在一定能级下与电极耦合强度的信息。图 14.13 给出了三个系列分子的总 DDOS 和投影 DDOS。通过比较透射谱和 DDOS，可以发现两者有很好的一致性，尤其是 HOMO 和 LUMO 共振峰的特征。在饱和体系中，总态密度几乎来源于金电极的 d 电子态。在饱和的 C_nBC_n 分子中，由于 d-p-σ 解耦作用的增强，苯环的 π 轨道对总态密度的贡献随着亚甲基对的增加而迅速减小，如图 14.13(a) 所示。对于 BC_n 分子，左端良好的 d-p-π 耦合使苯环 π 电子对总态密度的贡献较大。同时，随单元数的增加，苯环 π 电子对总态密度的贡献仍然较高。因此，电子在 BC_n 苯环中的透射率更高。与 C_nBC_n 中 d-p-σ 解耦相比，BC_n 分子结中的 d-p-π 耦合能够提供更高的态密度。

从图 14.13(c) 和(d) 可以看出，在费米能级左侧存在很宽的 HOMO 峰，而 OP_1 的 HOMO 离域在苯环上。随着链长的增加，金电极的 d 电子对总态密度的贡献降低，这是由于 OP_n 分子链的增长显著削弱分子结的 d-p-π 耦合。因此，与饱和体系 C_nBC_n 和 BC_n 中的 π-σ 键相比，低聚苯分子中的 π-π 共轭对分子结的电子输运更有利。在低聚并苯体系中，随着苯环数的增加，费米能级附近的电子态密度变大，这主要来自 HOMO 峰的贡献。如图 14.13(e) 和(f) 所示，OA_n 的总 DDOS 峰位与苯环 π 电子的能级一致，而且随着链长增加，苯环 π 电子的贡献高于金电极的 d 电子。这进一步证实了共轭苯环对电子输运的贡献。因此，多路径共轭体系 OA_n 的电子传递效率要明显高于单路径的 OP_n 共轭体系。

分析 Au_nBAu_n 的透射谱和态密度可以区分 d-p-π 和 d-π 的差异，即比较有无末端巯

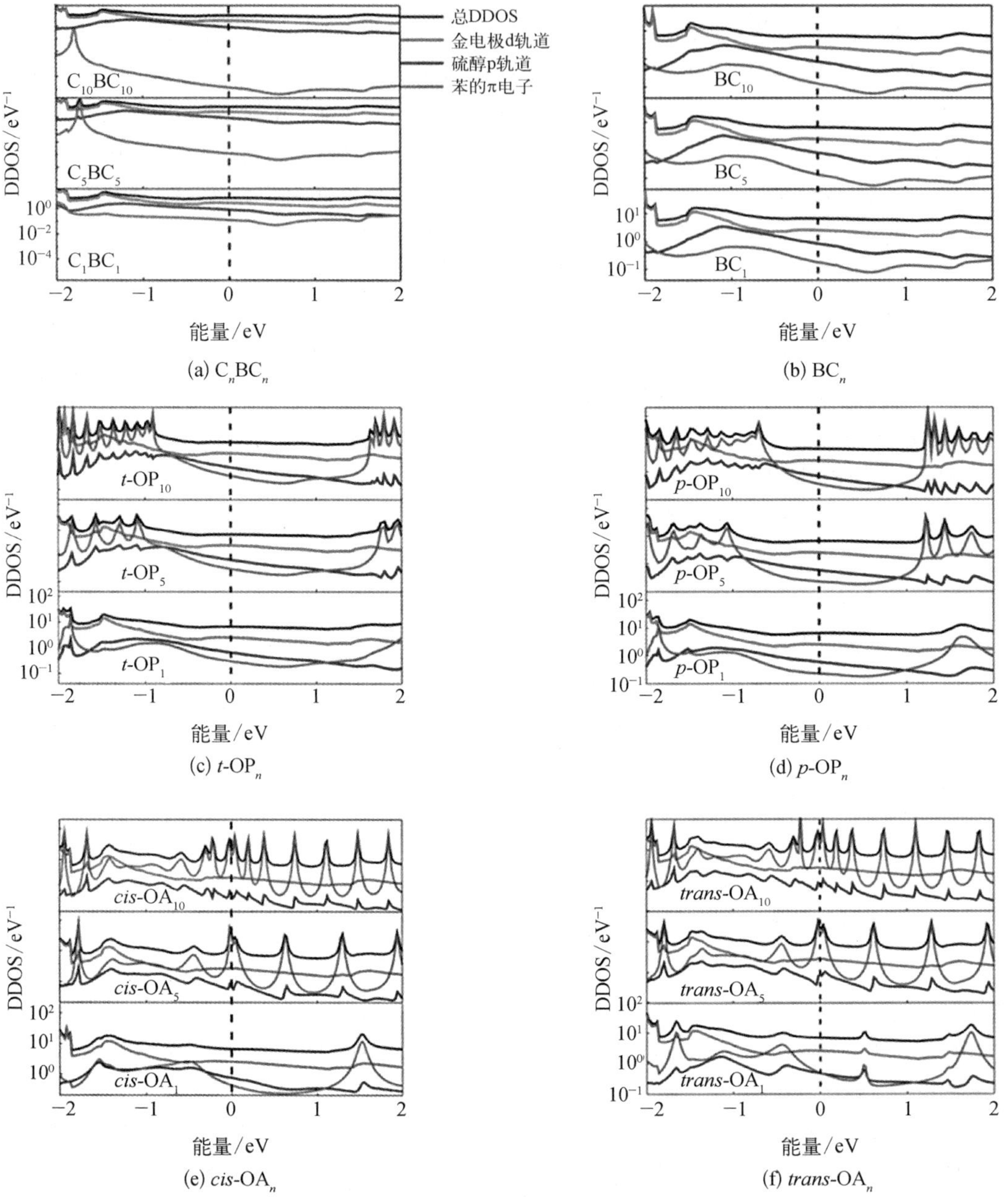

图 14.13　零偏压下，投影到中心分子和扩展区域上的 DDOS 谱

基的作用。如图 14.14 所示，随着两端金原子数的增加，Au_nBAu_n的透射系数主要由两端金原子的 d 电子贡献，而且 HOMO 峰更靠近费米能级。当两端金原子数达到 4 时，HOMO 峰已经移动到费米能级。并且随着金原子数的进一步增加，HOMO 峰不再明显移动。这说明随着金原子链长度的增加，金电极与苯分子间的 d−π 耦合增强。苯环和金电极之间的距离太近时，这种 d−π 耦合受到金电极电荷振荡的影响[15]。而分子两端的巯基可以有效地抑制这种电荷振荡，并且可以牢固地连接分子与电极。因此，与金电极−苯环的直接

连接相比,利用巯基将苯环与电极连接是一种更有效的方式,可以确保分子结导电测量的稳定性。

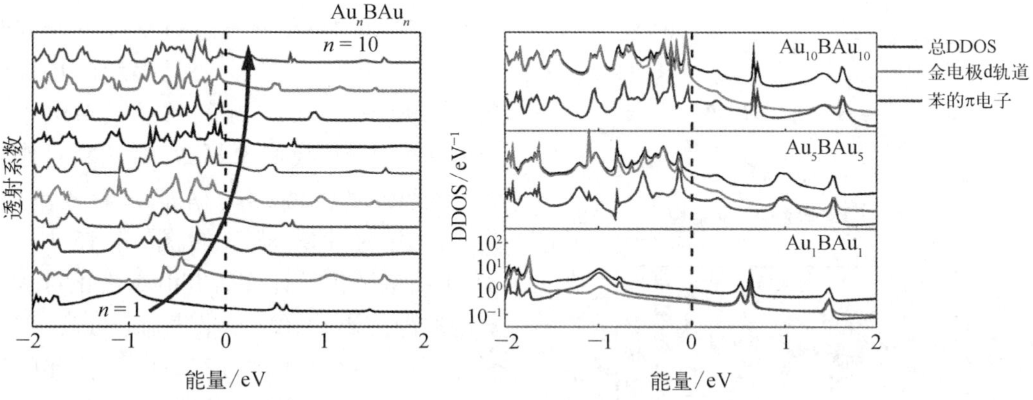

(a) 零偏压透射谱　(b) 器件态密度(DDOS),分别投影到金原子链的d轨道和苯的π电子上

图 14.14　金原子链连接的苯分子结(Au_nBAu_n)的输运特征

本节设计了一系列苯衍生结构来研究成键环境对苯分子电子输运的影响。利用 DFT 结合 NEGF 方法,通过分析一系列长度的分子电导与重复单元数的关系,得到不同成键环境时单个苯环的电导。对于饱和体系C_nBC_n和 BC_n,以及共轭体系 t-OP_n和 p-OP_n分子,分子电导随单元数的增加而指数下降。苯环单元在共轭成键环境下(p-OP_n)的电导低于饱和环境(C_nBC_n)。然而,低聚并苯体系存在多个电子传递路径,其分子电导与单元数不存在指数变化关系。此外,金电极与苯环之间通过巯基的 d-p-π 耦合有利于提高电子输运效率,而金电极与亚甲基基团之间的 d-p-σ 解耦降低分子结电导。同时,低聚苯和低聚并苯中苯环之间的 π-π 共轭随着单元数的增加而增强,导致长链共轭分子的电导相对较高。

14.3　氢键界面的电子传递

核酸是生物的遗传物质,它的单体核苷酸是由磷酸分子、糖分子和碱基组成。其中 DNA 分子中碱基是腺嘌呤(A)、鸟嘌呤(G)、胞嘧啶(C)和胸腺嘧啶(T)。在 DNA 的双螺旋结构中,A-T 和 C-G 配对是通过氢键实现。受不同环境的影响,碱基对结合能会发生变化,不仅影响一系列理化性质,而且可能影响基因突变发生的概率。生物体内含有大量的离子,瞬时产生的微极化环境,可能会对碱基结合能有影响。另外,当糖分子或磷酸分子受到光激发或化学激发时,电子可能会沿氢键从链的一侧传递到另一侧。这些问题的阐述不仅对理解 DNA 的损伤和修复有意义,而且对研究基于 DNA 的分子电子器件有指导作用。迄今,实验方面的研究主要是沿 DNA 分子链的电子传递[16-19]。大量的理论研究也没有涉及微极化环境的影响[20,21]。氢键的作用强度,即键能是介于化学键和分子间相互作用之间。在特定条件下,沿氢键 X-H…Y 的电子传递可以遵循弹性散射机理。为了了解极化环境对氢键的作用和通过碱基对电子横向传递的细节,我们选择 A-T 为研究对象,从分子水平模拟研究电场作用下碱基对间的质子转移和通过碱基对的电子传递。

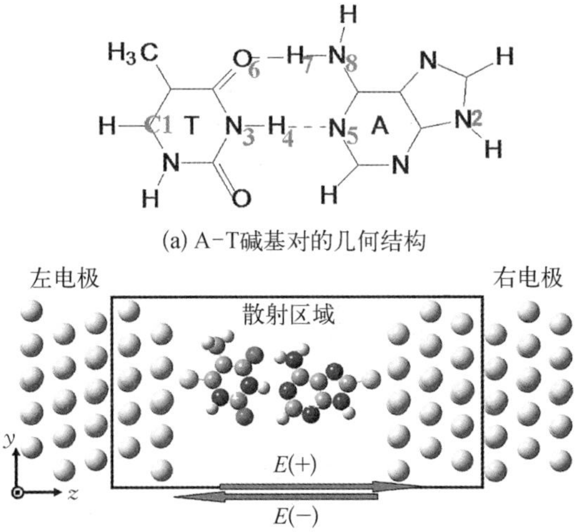

(a) A-T碱基对的几何结构

(b) A-T碱基对与金属电极形成的分子结

图 14.15 计算模型

DNA 是大量核苷酸线性连接而成的大分子,直接对 DNA 分子进行从头算研究难以实现。鉴于本工作主要是揭示电场极化条件下碱基对间的质子转移及其对电子横向传递的影响,我们选择 A-T 碱基对作为研究对象,略去两侧的糖基和磷酸基团。A-T 片段的计算模型如图 14.15 所示:① 利用量子化学计算研究电场极化对 A-T 氢键的静态影响;② 非平衡态(动态)方法研究电场极化对通过碱基对电子传递的影响。动态的电子输运研究模型包括三部分:左电极区域、散射区域和右电极区域,采用 3×3 的 Au(111)面模拟 Au 电极,并且利用周期性边界条件在 x 与 y 方向无限周期性重复。

在零电场的静态研究中,鉴于 HF 方法可以较好地处理氢键相互作用,碱基片段和碱基对均在 HF/6-31+G** 水平上自由优化。为了考虑电子相关能,几何构型优化后在 B3LYP/6-31+G** 水平上做单点算。在外加电场的静态研究中,由 C1 指向 N2 的方向定义为电场强度($\boldsymbol{E}$)的正方向。

动态的电流计算包含两个步骤:① 电场作用下电极间分子模型的构型优化。以静态优化的结构为基础,先在碱基对的两端引入 S 原子,再分别与 Au 原子簇(各包含三个 Au 原子)形成共价键相连,以此来模拟真实的分子与电极连接。优化过程中,两个金原子簇限制为平行正对,同时 S 原子在 Au(111)平面的投影始终保持在由 3 个 Au 原子形成的正三角形的中心空位(即 hollow 位)。按照上述约束条件优化 Au-S 的距离,同时对碱基对做全空间的自由优化。优化在 B3LYP 水平,Au 采用 LanL2DZ 赝势基组,其他原子采用6-31+G** 基组,电场沿两个电极方向从-2.0 V 施加到 2.0 V,0.2 V 为增量。② 电极间的电子传递。基于步骤① 的优化结果,除两端的金原子簇外,提取—S—碱基对—S—部分,按照一般操作建立 NEGF 电子输运计算的模型,S 原子与 Au(111)面的距离设为 0.2 nm。施加-2.0~2.0 V 偏压,计算通过碱基对的电流。其中 Au 采用 SZP,其他原子采用 DZP。

14.3.1 电场对氢键的影响

氢键是一种介于范德瓦耳斯力和共价键的分子间的作用力,键能在 8.4~84 kJ/mol。用于氢键相互作用的势函数有两个参数,如式(14.7)所示:前者为斥力项,体现于分子间距小于平衡位置;后者为引力项,当分子间距大于平衡位置时对势能起主导作用。F 和 G 为拟合参数。我们利用半经验的 PM3 方法和 HF/3-21G* 的方法考察了改变 C1-N2 之间的距离和体系总能的变化关系。结果发现，势能面用该公式拟合要优于 Morse 势或 Lennard-Jones 势，这也说明氢键在长程的吸引作用强于范德瓦耳斯相互作用。

$$\varepsilon_{\text{氢键}} = \frac{F}{d^{12}} \frac{G}{d^{10}} \tag{14.6}$$

A–T 碱基对存在两个氢键，定义 N_3–H_4…N_5为氢键 1，N_8–H_7…O_6为氢键 2。氢原子带有正电荷，氮原子和氧原子带有负电荷，因此电场与化学键偶极的作用直接影响键长的大小。在 HF/6–31+G** 水平上对 A–T 分子对优化的氢键键长如图 14.16 所示。由图 14.16(a)可知，在电场由 -4.11×10^9 V/m 增长到 4.11×10^9 V/m 时，N_3–H_4距离由 0.1003 nm增加到 0.1028 nm；而 H_4–N_5的距离由 0.2167 nm 减小到 0.1891 nm。键长的变化与电场强度之间没有确定的函数关系，由式(14.7)可知，这是由复杂的氢键键能与键长的关系所致的。氢键 2 的方向与氢键 1 相反，它所表现出来的对电场极化的响应也不同。在电场变化范围内，N_7–H_8 距离由 0.1008 nm 减小到 0.0994 nm；而 O_6–H_7 的距离由 0.1930 nm 增加到 0.2240 nm。图 14.16(c)给出了氢键 1 的 N_3–H_4/H_4–N_5的距离比和氢键 2 的 N_7–H_8/O_6–H_7的距离比随外电场的变化关系。由于这两组氢键的方向相反，氢键 1 的距离比增大，而氢键 2 的减小。在一般的氢键 X–H…Y 中，H 总是离 X 近，而离 Y 远，当 X–H/H…Y 的比值增大时，氢键强度也增加。所以氢键 1 的变化说明施加右向电场可以使氢键增强；而左向电场下使氢键强度减弱。氢键 2 的变化则与之相反。

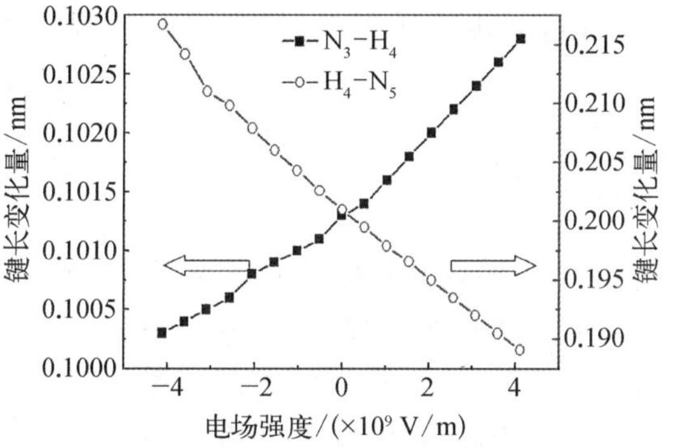

(a) N_3–H_4和H_4–N_5键长相对于零电场的变化

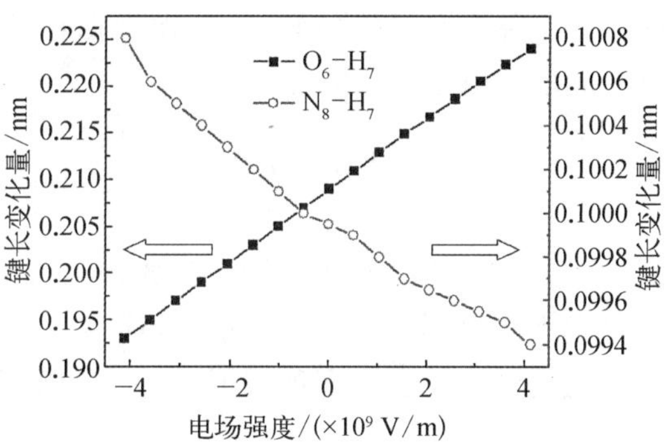

(b) O_6–H_7和N_8–H_7键长相对于零电场的变化

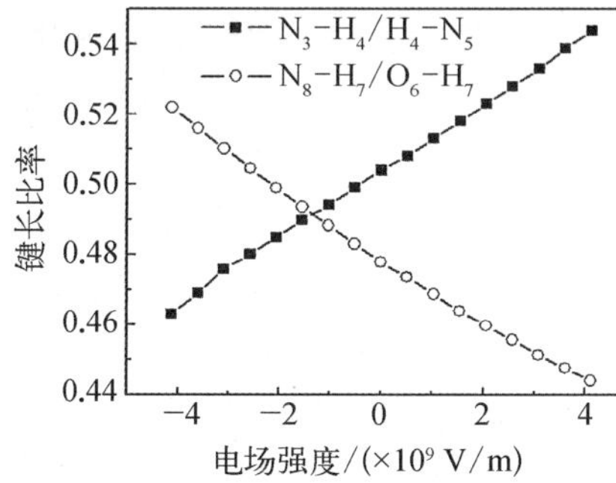

(c) N_3–H_4/H_4–N_5和N_8–H_7/O_6–H_7键长的比值随场强的变化

图 14.16　电场对分子间氢键键长的影响

14.3.2 SCF 能量和碱基对结合能

A-T 的结合能可由式(14.7)给出。严格的结合能计算需要考虑基组重叠误差带来的影响[22],通常的处理是利用 CP 校正(counterpoise procedure)[23]。由于计算规模的限制,该方法一般不适用做较大的体系和系列体系的比较[20],因此非 CP 校正在目前的研究中也广泛采用[20]。本研究中,我们使用 B3LYP/6-31+G**//HF/6-31+G** 方法,考虑到了电子相关能。但是优化的基组和单点算的基组都不足够大,所以计算的系统误差会掩盖 CP 校正对计算结果的改善。同时,本研究包含了大量的电场作用下碱基对结合能的比较,因此采用了非 CP 校正的结合能计算方法。

$$\Delta\varepsilon = \varepsilon_{\text{A-T}} - (\varepsilon_{\text{A}} + \varepsilon_{\text{T}}) \tag{14.7}$$

图 14.17 中给出了 A-T 碱基对的 SCF 能量和结合能随外加电场的变化关系。由图可以看出,A-T 碱基对的 SCF 能量与电场强度呈现二次曲线关系,其顶点在 1.36×10^9 V/m。在电场的作用下,电场与分子的相互作用主要通过电场-偶极来降低能量,而键长的伸缩会升高能量。他们的作用相反,电场-偶极作用可以由式(14.8)给出:

$$\varepsilon(E) = \varepsilon_0 - \frac{1}{2!}\alpha E^2 - \frac{1}{3!}\beta E^3 - \frac{1}{4!}\gamma E^4 - \cdots \tag{14.8}$$

式中,ε_0是零电场体系的 SCF 能量;α, β 和 γ 近似看作极化率、一阶超极化率和二阶超极化率。键能变化见式(14.7),其在平衡位置的一级近似由简谐振动的形式给出,因此总 SCF 能量可以写为

$$\varepsilon(E) = \varepsilon_0 - \frac{1}{2!}\alpha E^2 - \sum_i \frac{1}{2}k_i(x_i - x_{i,0})^2 \tag{14.9}$$

式中,k_i是第 i 个振动坐标的力常数;x_i和 $x_{i,0}$是第 i 个振动坐标在电场强度 E 下的坐标和零电场下的坐标。由 4.1 节可知,$\Delta x_i = x_i - x_{i,0}$与电场强度的平方成正比,因此 SCF 能量可以由电场强度的二次多项式拟合,如图 14.17 所示。此外,由计算得到模型体系的永久偶极方向向右,当以零电场下 SCF 能量作为参考点时,负向电压的作用使电场-偶极的稳定化作用足以克服键变形的张力,体系的 SCF 能量单调下降。当施加向右的正向电场时,诱导偶极逐渐抵消永久偶极,键变形的张力将大于电场-偶极的稳定化作用,使体系能量升高,并在 1.36×10^9 V/m 时达到最大值。超过这个值后,反向的诱导偶极-负向电场之间的稳定化作用又变得显著,使体系能量再次降低。

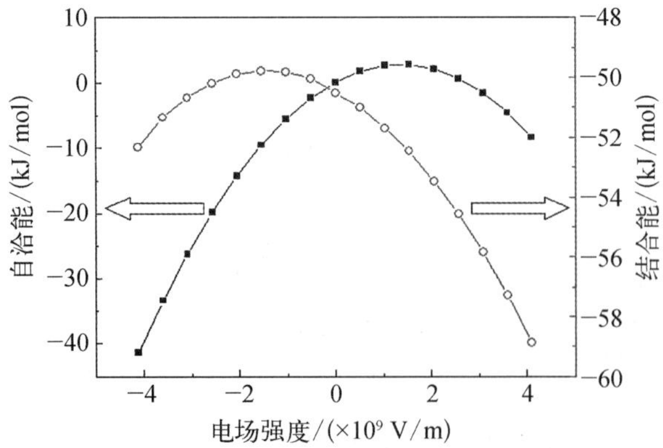

图 14.17 系列电场强度下 A-T 的自洽能和结合能(在零电场时 A-T 的自洽能设为零)

由式(14.8)给出的结合能表现了

在正向电压下单调增大的趋势（数值越负结合能越大），但是在负向电压下，结合能在 -1.37×10^9 V/m 表现了一个极值。我们知道，在 A–T 碱基对中有两个氢键，并且方向相反。对于氢键 1，增加正向电场可以使氢键结合更好，降低能量，如图 14.16 所示。但对于氢键 2，增加正向电场使能量升高。由在正向电场结合能单调降低的事实可以推知，氢键 1 的作用大于氢键 2。但在负向电场的极化作用下，氢键 1 的作用逐渐减弱，氢键 2 的作用增强，从而出现结合能先减小后增大的现象。在我们所研究的电场变化区间，结合能降低得并不显著，如果以零电压的结合能做参考，在 -1.37×10^9 V/m 能量降低了0.70 kJ/mol，即降低了 1.4%。由此可见，极化作用对结合能变化的贡献并不显著。

14.3.3　A–T 分子对的前线分子轨道

在电场极化条件下，碱基对的轨道能量如图 14.18 所示。由此图可以看出 A–T 的 HOMO 和 LUMO 的能量随正向电场强度增加而升高。HOMO–LUMO（E_g）也随着电场有一个先上升，然后单调下降的过程。分子的 E_g 可以反映体系的某些物理和化学的性质。例如，分子电子传递的势垒近似正比于分子的 E_g。此外，对于结构相似的分子，E_g 越小，分子越活泼，越易发生化学反应。

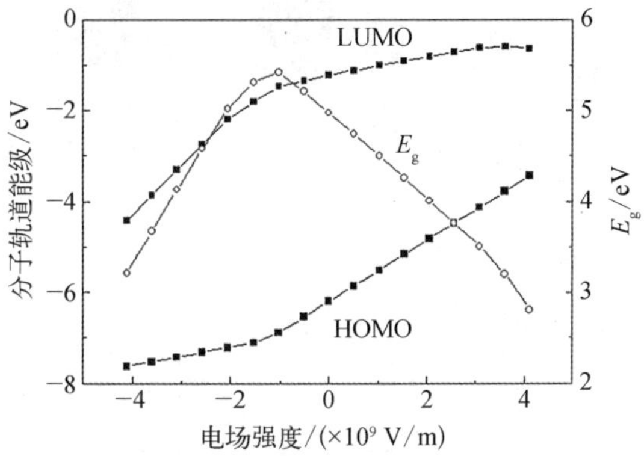

图 14.18　不同电场强度下 HOMO、LUMO 能级和分子能隙 E_g 的变化

为了更加直观地分析电场对前线分子轨道的影响，图 14.19 给出了不同电场强度下 A–T 碱基对的 HOMO 和 LUMO 的空间分布。由图中可以看出，当施加正向电场，分子轨道在低电场强度下变化并不显著，HOMO 主要定域在 A 上，LUMO 则主要定域在 T 上，直到电场强度达到 4.11×10^9 V/m。而在负向电场作用下，HOMO 和 LUMO 随电场的变化比较明显。LUMO 在电场强度为 1.03×10^9 V/m 时即由 T 向高电势端 A 移动；而 HOMO 在电场强度为 1.54×10^9 V/m 时，也由 A 转移到低电势端的 T 上。尽管 A–T 碱基对的 HOMO 和 LUMO 的空间分布对电场的依赖表现了和共轭分子导线的一致性，即 HOMO 顺着电场方向移动，而 LUMO 逆着电场方向移动，但是氢键的存在切断了具有共轭特征的碱基之间的联系。空间分布的变化表现了不连续性，这种特征对于利用碱基对实现非 Aviram-Ratner 形式[24]的分子整流具有意义。

14.3.4　A–T 分子对的电子输运性质

由以上分析可以看出，当 A–T 碱基对处于方向相反的电场时，其氢键和电子结构均发生变化，并表现出非对称性，因此我们进一步考察通过碱基对的电子传递行为。图 14.20（a）给出了 A–T 碱基对的电流–电压曲线，由图中可以看出，A–T 碱基对的电流–电压曲线在所研究的偏压范围内（–2.0~2.0 V）表现出轻微的不对称性。

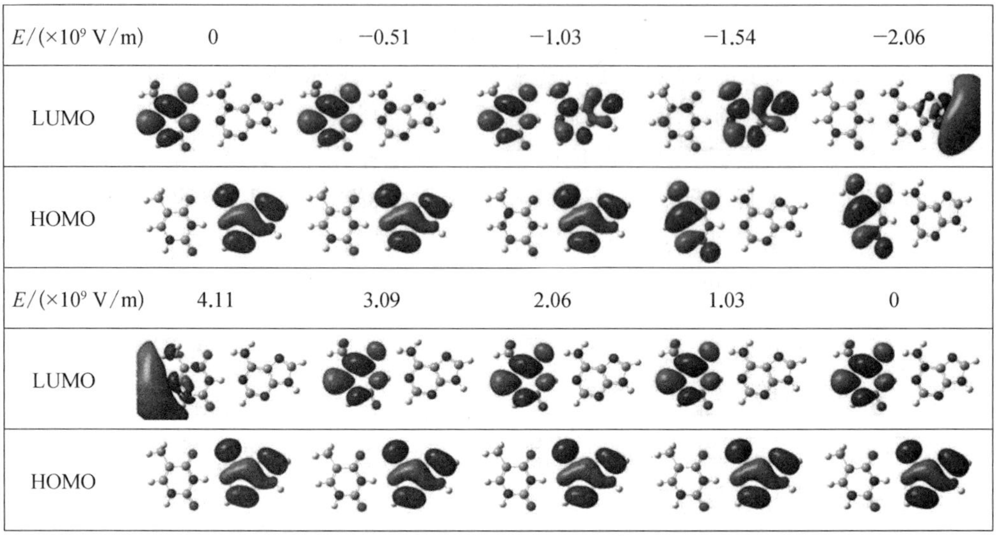

图 14.19 不同电场强度下 A-T 的 HOMO 和 LUMO 的空间分布

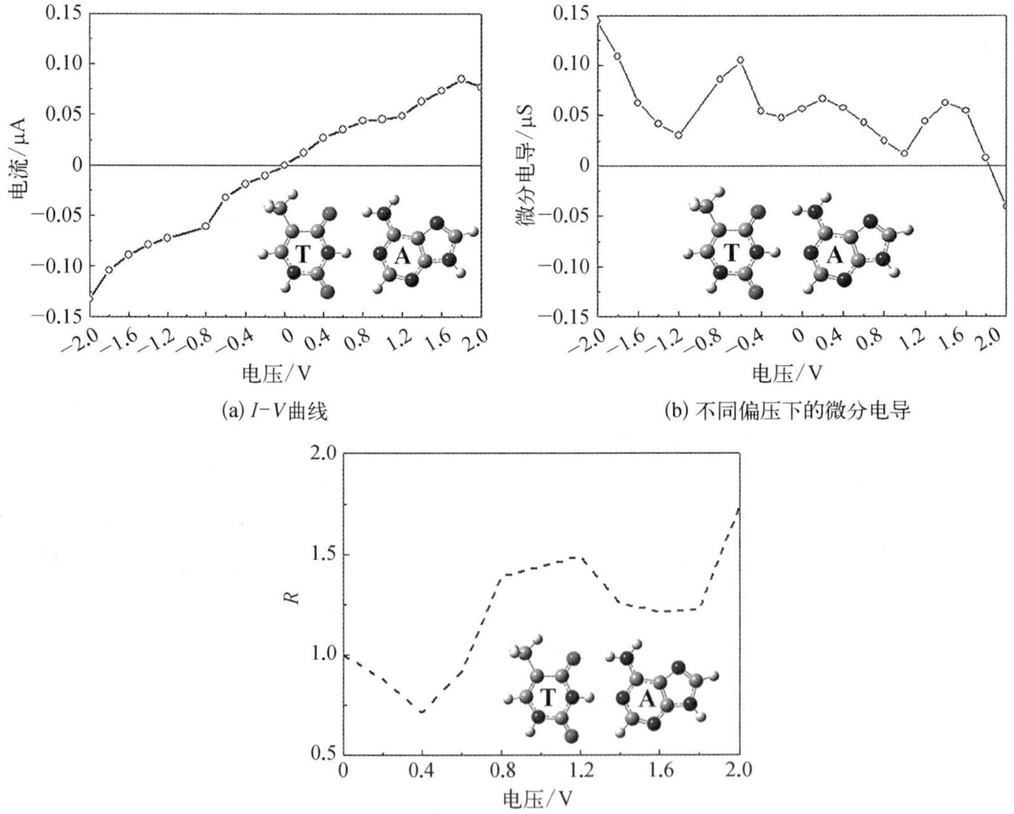

(a) I-V曲线

(b) 不同偏压下的微分电导

(c) 不同偏压下的整流比

图 14.20 A-T 碱基对的输运行为

图 14.20(b)给出了 A−T 碱基对的微分电导随外加偏压的变化曲线。总体而言,负偏压的微分电导略大于正偏压。我们知道,当施加负向电场时,氢键 1 中的 H_4向 N_3移动,氢键 2 中的 H_7向 O_6移动,此时,氢键 2 由于 $O_6 \cdots H_7$键长缩短,键能增强,氢键性质倾向于共价键,利于电子传递。但是氢键 1 变化的结果与其相反,随着电场强度的增大,氢键 1 中的 $N_5 \cdots H_4$变长,不利于电子传递。这说明氢键 2 这条电子传递的路径起到更重要的作用。

为了表征 A−T 碱基对在正负偏压下电子传递的不对称性,我们定义整流系数为

$$R = \frac{|I_-|}{|I_+|} \tag{14.10}$$

$R = 1$ 对应无整流行为。图 14.20(c)给出 A−T 碱基对在不同偏压下的整流系数。从图中可以看出,当电压小于 0.6 V 时,$R < 1$;当电压在 0.6~2.0 V 时,$R > 1$。这说明 A−T 碱基对在低偏压下(小于 0.6 V),电子更容易从 A 向 T 传递;当电压高于 0.6 V 时,电子更容易从 T 向 A 传递。

本节利用量子化学计算,研究了电场极化环境下碱基对间氢键的变化和碱基对的结合能,并探讨了碱基对间的质子转移对电子输运行为的影响。发现在电场极化作用下碱基对结合能有微小变化。碱基对结构的不对称,导致通过碱基对的电子输运表现了微弱的整流行为。

14.4　离子键和配位键构筑的界面电子传递

理解单分子电子输运机理是在电子电路中采用分子作为电子元件的关键一步。分子电子器件可通过自组装技术进行制备,在此过程中,单个分子由共价键稳固地锚定于金属电极之上。另外,尽管面临诸多挑战,科研人员仍在积极探索利用非共价键相互作用,以期在分子间建立有效的电接触。

非共价键相互作用的体系,包括氢键、π−π 堆积和静电相互作用,它们具有较为独特的电子结构和输运行为。由于氢键在生物和自组装材料中无处不在,氢键介导体系的电子输运受到了极大的关注。Nishino 等实验研究了两个羧基化的烷基硫醇分子($SC_nCOOH /\!/ HOOCC_nS$)间的电子输运行为,发现它在短程范围内比共价键具有更好的导电性;然而,电导随着分子长度的增加而迅速衰减[25,26]。Hou 等通过第一性原理计算研究了羧基化的烷基硫醇分子的电导,他们将氢键体系的高电导归因于在费米能级附近的传输中存在共振隧穿[27]。可见,电子输运与界面电子耦合之间存在很强的相关性。与氢键相比,分子结中的金属离子可能通过配位作用形成更可靠的电接触[26,28,29]。多元羧酸配位广泛应用于金属-有机框架材料中[30−32]。Li 等报道了表面吸附对一系列金属双(二硫烯)薄膜电子性质的影响[33,34]。第一性原理计算表明,气体分子与金属中心之间的强电子耦合对电子输运有重要影响。Nishio 等利用分子探针对比研究了配位体系($CH_2COO^- /\!/ Zn^{2+} /\!/ {}^-OOCC_2H_4$)和氢键体系($CH_2COOH /\!/ HOOCC_2H_4$)的电导。结果表明,配位键进一步促进了电子的输运能力。因此,在分子电子器件和分子传感器件中,设计具有金属配位的特定界面有较高的价值。

为了阐明金属离子配合体系的电子结构及对输运的影响，本节考察了 9 种典型的二价金属离子 M（M = Mg、Ca、Mn、Fe、Ni、Cu、Zn、Pd 和 Pt）夹在两个羧基苯硫酚（carboxyl thiophenol，CTP）之间。输运计算表明，分子结电导对金属性质敏感。与氢键相比，过渡金属离子（Mn、Fe、Ni、Cu、Zn、Pd 和 Pt）与两个 CTP 形成的配位键可大大增强分子结的导电性，而包括二价碱土金属离子（Mg 和 Ca）在内的金属配位降低了导电性。这些结果为设计高性能电子器件提供参考。

本节基于密度泛函理论和非平衡态格林函数方法，对二价金属离子（M）与两种羧基硫酚形成的九种羧基硫酚-金属（CTP-M）的电子传递行为进行了理论研究。图14.21（a）显示了周期表中选择的二价金属离子。将 7 种过渡金属连同 2 种碱土金属与无金属离子的氢键体系进行比较。

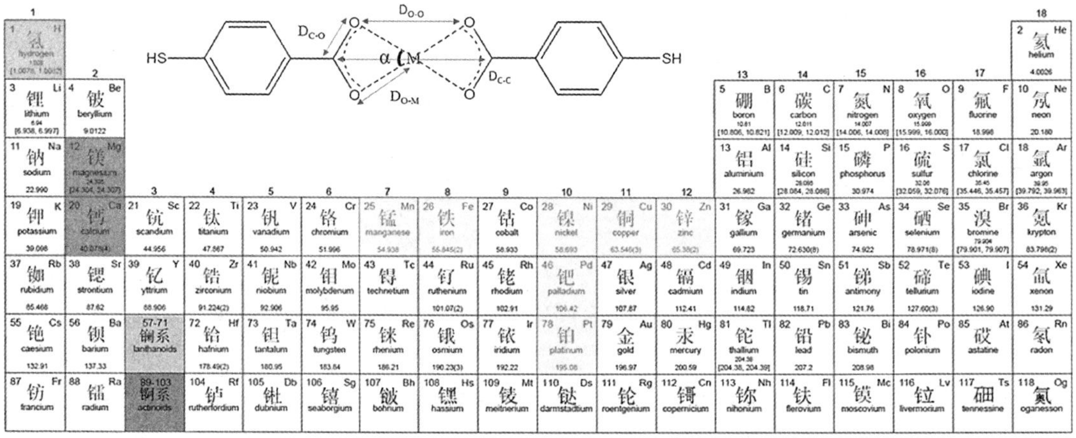

(a) 羧基苯硫酚-金属（CTP-M）的结构

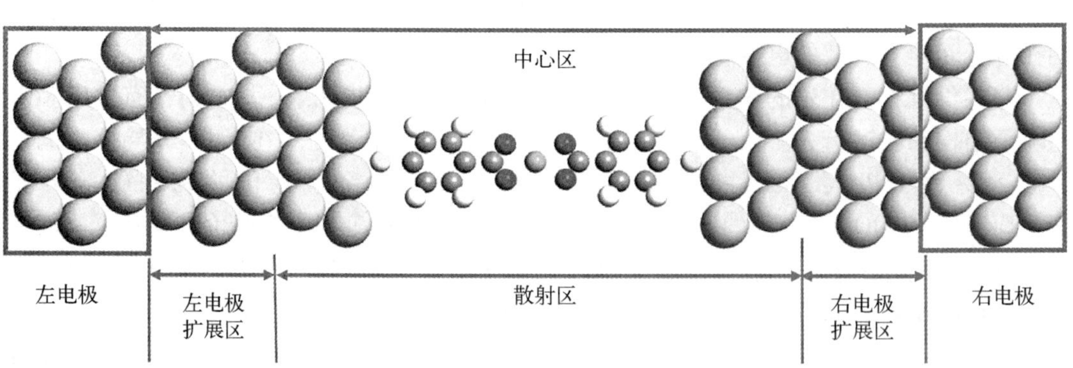

(b) 分子结的示意图(使用4×4的金原子层模拟两侧电极)

图 14.21 计算模型与金属离子的选择

计算包含两个主要步骤。首先利用 B3LYP 泛函对所有 CTP-H 和 CTP-M 模型分子进行初步的几何优化，其中碳、氢、氧和硫使用 6-311G（d，p）基组，金属离子使用 LanL2DZ 基组。然后，采用 DFT 结合 NEGF 方法对分子结进行进一步的构型优化和输运计算，相关泛函采用 PBE 参数化的广义梯度近似（generalized gradient approximation，

GGA)。图 14.21(b)展示了基于 CTP−M 分子结的模型。其中初步优化的分子嵌入两个具有(111)表面的金电极之间。分子结由两个金电极和中心分子区组成。中心区域包括五层金原子和连接在金表面的有机分子。在优化过程中,中心区域的四层金原子被冻结,分子以及与之相邻的金原子层自由优化,直到每个原子受力小于 0.05 eV/Å。对 C、H、O、S 和 M(M = Mg、Ca、Mn、Fe、Ni、Cu、Zn、Pd 和 Pt)原子使用 DZP,对金原子使用 SZP。根据上述优化结果进一步计算分子结的输运性质,包括电流−电压曲线、态密度(DOS)和透射谱。由于 CTP−H 和 CTP−M 分子结的对称性,偏置电压仅在 0~1.5 V 一个方向上施加。

14.4.1　CTP−M 的几何特征

配位型的分子结可由有机配体和金属离子在一定条件下形成。配位体的电子结构对电导有重要的影响。表 14.2 给出了所有模型优化结构的一些代表性的参数。从表中可以看出,与其他参数相比,二面角和 Mulliken 电荷有明显的变化。对于不含金属离子的 CTP−H,二面角 $\angle C_1-O-O-C_2(\phi)$ 是 179.8°,显示了共面结构。然而,当用二价金属离子取代两个质子时,配位结构依金属离子的性质而表现了不同的结构特征。由于静电排斥作用,两种碱土金属(即钙和镁)均采用四面体构型。因此,二面角几乎为 90°。由于该扭曲结构,可以推测这两个分子结不应具备良好的导电性。相反,所有过渡金属离子,即 CTP−Mn、CTP−Fe、CTP−Ni、CTP−Cu、CTP−Zn、CTP−Pd 和 CTP−Pt,均显示出共面结构。这是由于过渡金属中存在 d 轨道,过渡金属离子采用 dsp^2 杂化形成平面正方形配位结构,形成稳定可靠的配位键,这与金属−双(二硫烯)配合物的结果一致[33,35−39]。此外,我们可以看到过渡金属离子的 Mulliken 电荷都在 0.57~0.79e,低于碱土金属离子(镁和钙分别为 1.17e 和 1.57e)。这些结果还表明,CTP 与过渡金属配位结构中形成了较强的界面电子耦合,这种结构能够提供有效的导电接触和高电导率。

表 14.2　计算得到的分子结的代表性参数

参数	H	Mg	Ca	Mn	Fe	Ni	Cu	Zn	Pd	Pt
α/(°)	—	65.7	55.9	66.4	68.0	68.4	65.7	63.8	62.8	62.2
ϕ/(°)	179.8	90.0	89.8	180.0	180.0	180.0	180.0	179.9	180.0	180.0
$D_{O-O'}$/Å	2.68	3.74	4.47	3.31	3.20	3.18	3.38	3.53	3.56	3.58
D_{C-O}/Å	1.28	1.28	1.27	1.28	1.28	1.28	1.28	1.27	1.28	1.28
D_{O-M}/Å	—	2.03	2.37	1.98	1.93	1.92	2.01	2.08	2.09	2.09
D_{C1-C2}/Å	3.82	4.71	5.43	4.67	4.58	4.55	4.71	4.82	4.91	4.95
Mulliken 电荷/e	0.92*	1.17	1.57	0.78	0.61	0.64	0.79	1.08	0.57	0.60

* 两个氢原子的 Mulliken 电荷。

14.4.2　CTP−M 的分子轨道

分子投影自洽哈密顿(MPSH)是有机分子在金电极存在下的自洽能级,即从散射区域的自洽哈密顿中提取的分子部分。图 14.22 给出了所有分子的 MPSH。在周期表中从

Mn 到 Zn，d 轨道的能量逐渐下降，这种特征在 $d_{x^2-y^2}$ 轨道上表现最为明显。由于 CTP-H 分子结不包括任何金属离子，我们以 CTP-H 作为参考。在零偏压下，CTP-H 的分子能隙 (E_g) 约为 3.49 eV，该值相对较高，表明该分子结可能具有非常弱的导电能力。它的 HOMO-1 非常接近 HOMO，但是二者并非简并。含有碱土金属离子的 CPT-Mg 和 CPT-Ca 与 CPT-H 相似，但是 HOMO 和 HOMO-1 处于简并态，而且 LUMO 和 LUMO+1 同样处于简并态。在零偏压下，CTP-Mg 和 CTP-Ca 的 E_g 分别为 3.58 和 3.59 eV，略高于CTP-H。由于电子隧穿势垒与 E_g 近似成正比，CTP-Mg 和 CTP-Ca 分子能隙增加，可能会降低其电子输运效率。此外，它们的非平面构型也会阻碍电子输运。因此，CTP-Mg 和 CTP-Ca 会有较弱的导电能力。

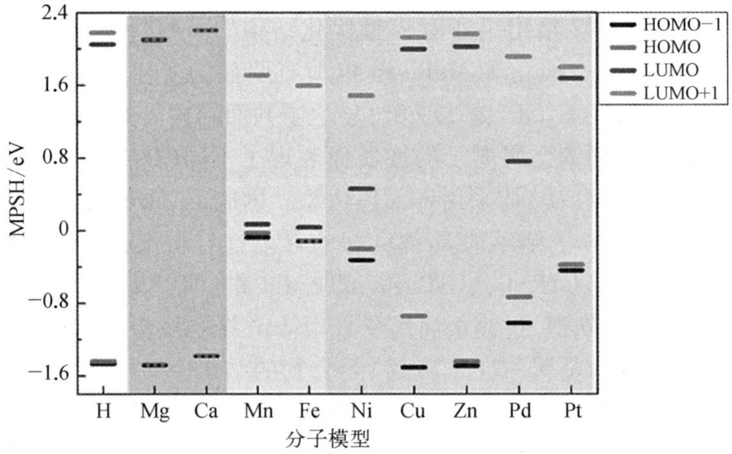

图 14.22　金属离子配位对分子结 MPSH 轨道能级的影响

CTP-Ni、CTP-Cu、CTP-Zn、CTP-Pd 和 CTP-Pt 展示出另一类过渡金属离子的配位结构。它们的前线分子轨道彼此分离，HOMO 和 LUMO 远离体系的费米能级，但 E_g 小于碱土金属分子结。这一结果表明，该分子结的电子输运能力可能比碱土金属好。CTP-Mn 和 CTP-Fe 可以看作第三类过渡金属分子结，它们的 HOMO-1、HOMO 和 LUMO 非常接近费米能级，在零偏压下的 E_g 分别为 0.10 eV（CTP-Mn）和 0.15 eV（CTP-Fe）。因此推测 CTP-Mn 和 CTP-Fe 在所有模型分子中导电性最好。

如果施加一定的偏压会使占据分子轨道向费米能级移动，这些轨道将成为电子输运的主要通道。通常 HOMO 和 LUMO 轨道距离费米能级较近，对分子结的电子输运非常重要。图 14.23 给出了四种代表性模型分子的 HOMO 和 LUMO 能级对外加偏压的响应。阴影区域表示偏压窗口 $[-eV_b/2,\ eV_b/2]$，其中 V_b 为外加偏压。由于对偏压窗口内透射系数的积分可以得到电流，因此分析 HOMO 和 LUMO 的移动有利于理解其电子输运性质。在没有金属离子时，CTP-H 的 HOMO 和 LUMO 对施加的偏压较敏感，如图 14.23(a) 所示。HOMO 随偏压的增加而升高，LUMO 随偏压而降低，都逐渐靠近费米能级。因此，E_g 随偏压逐渐减小。当偏压为 1.5 V 时，CTP-H 的 E_g 减小到 2.5 eV。但是在本节研究的偏压范围内，HOMO 和 LUMO 都没有进入偏压窗口，因此 CTP-H 的电导会比较低。

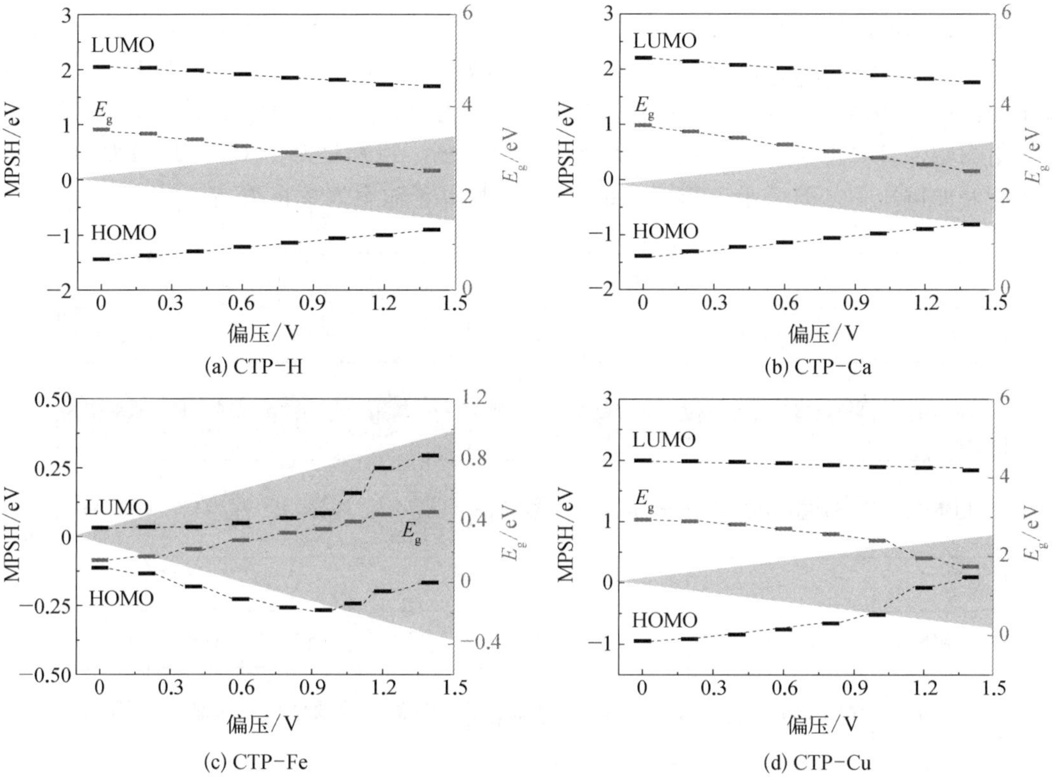

图 14.23　分子的 HOMO、LUMO 能级和分子能隙(E_g)随偏压的变化(阴影区域表示偏压窗口)

碱土金属离子取代后,MPSH 的变化与 CTP−H 相似,如图 14.23(b)所示,说明 CTP−Mg 和 CTP−Ca 可能具有与 CTP−H 相似的电子输运行为。当然它们之间也存在略微差异,可能是由羧基与碱土金属离子配位的弱界面电子耦合所致的,几何特征即扭曲的构型,也证明了这一点(见表 14.2)。对于过渡金属分子结,图 14.23(c)给出了以 CTP−Fe 为代表的分子轨道能级随偏压的变化。CTP−Fe 的 E_g较小,而且随着偏压的增大,LUMO 单调增加,而 HOMO 先降低后升高,HOMO 随偏压呈“V”字形变化,分子的 E_g随偏压增大。然而 CTP−Fe 的 LUMO 在较低的偏压下即进入偏压窗口,而 HOMO 在 1.1 V 以后也进入偏压窗口,从而极大地提高了该分子结的导电性。图 14.23(d)给出了以 CTP−Cu 为代表的一类过渡金属分子结,这类分子结的 E_g较大,其轨道能级随偏压的变化特点与碱土金属分子结以及 CTP−H 类似。随偏压的增加,LUMO 轻微降低,HOMO 逐渐靠近费米能级,并且 HOMO 在 1.0 V 的偏压时进入偏压窗口。上述分析表明金属离子可以调制分子结的前线分子轨道能级,分子结电导也会有不同的特征。

前线分子轨道的空间分布是分子结的另一个重要特征。分析前线分子轨道的空间分布有助于将配位模型的电子输运性质与分子轨道联系起来。图 14.24 比较了 HOMO 和 LUMO 空间分布对偏压的响应。CTP−H 的 HOMO 和 LUMO 对偏压敏感,在零偏压下,HOMO 和 LUMO 离域分布在 CTP−H 分子上。当施加偏压时,HOMO 向低电位移动,而

LUMO 向相反方向移动。在 0.5 V 时，HOMO 已基本定域在低电势一端，而 LUMO 在高电势一端。更高的偏压基本不再改变分布特征。这说明在 CTP-H 结构中，氢键的作用还是较弱，使电子态分布不具有完整的连续性。对于碱土金属分子结，HOMO 和 LUMO 对外加偏压变得不敏感，它们局域分布在分子结的羧基苯硫酚上。对于过渡金属分子结，随着配位作用的增强，HOMO 和 LUMO 扩展到配位键及两侧。特别是对于 CTP-Fe，HOMO 能级在所有外加偏压下都离域于全部分子结上，因此其电子输运效率将很高。

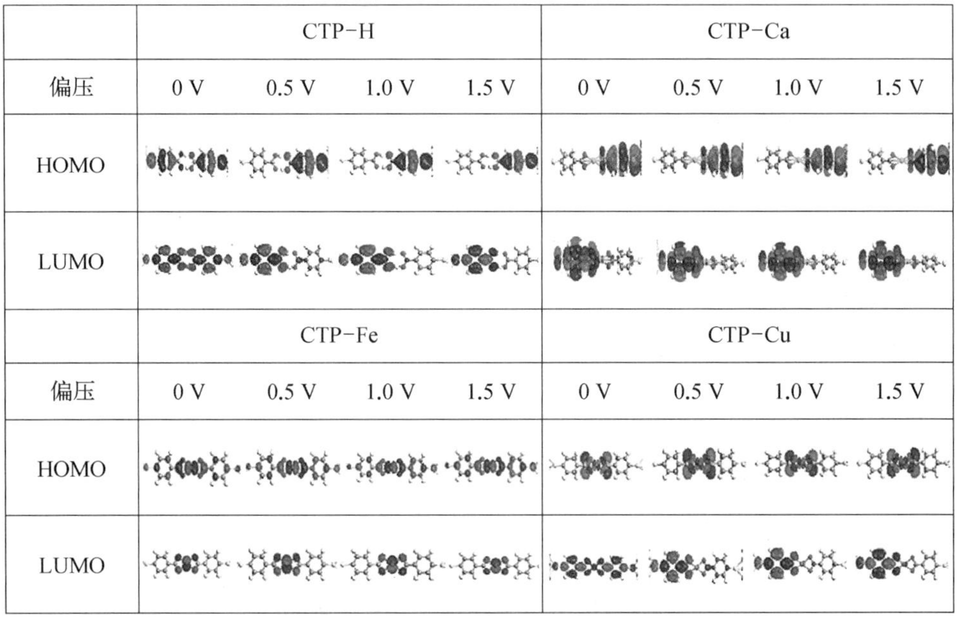

图 14.24 代表性分子模型的 HOMO-1、HOMO、LUMO 和 LUMO+1 轨道空间分布对偏压的依赖性

为了深入了解以配位键连接两个 CTP 的金属离子的中介作用，我们研究了 CTP-M 和 CTP-H 模型中区域 A、B 和 A' 三部分的投影轨道能级，其中区域 B 代表金属离子（M）或分子中心的两个氢原子，区域 A 和 A' 分别是分子结左侧和右侧的羧基。图 14.25 展示了上述 CTP-H、CTP-Ca、CTP-Fe 和 CTP-Cu 分子结的区域 A、B 和 A' 的 HOMO 和 LUMO 能级位置。对于 CTP-H 分子结，区域 B 的 LUMO 位于 2.98 eV，其 HOMO 远低于两侧，说明氢键在两个羧基硫酚之间提供了更高的隧穿势垒，阻断区域 A 和 A' 之间电子态的联系。当金属离子插入两个羧基硫酚中时，区域 B 的隧穿势垒变成势阱，如图14.25（b）~（d）所示。这是由于二价金属离子比羧基硫酚有更大的电子亲和能。对于碱土金属离子，CTP-Ca 中区域 B 的 HOMO 接近费米能级。但是，由于 CTP-Ca 分子结具有扭曲结构，其电导不会很高。对于过渡金属离子，尤其是 CTP-Fe，B 区的 HOMO 和 LUMO 都接近费米能级，表明 CTP-Fe 会有很高的电子输运效率。

14.4.3 CTP-M 的电子输运行为

上述研究表明，金属离子的加入可以改变电子输运路径的局域电子态，并有望调节

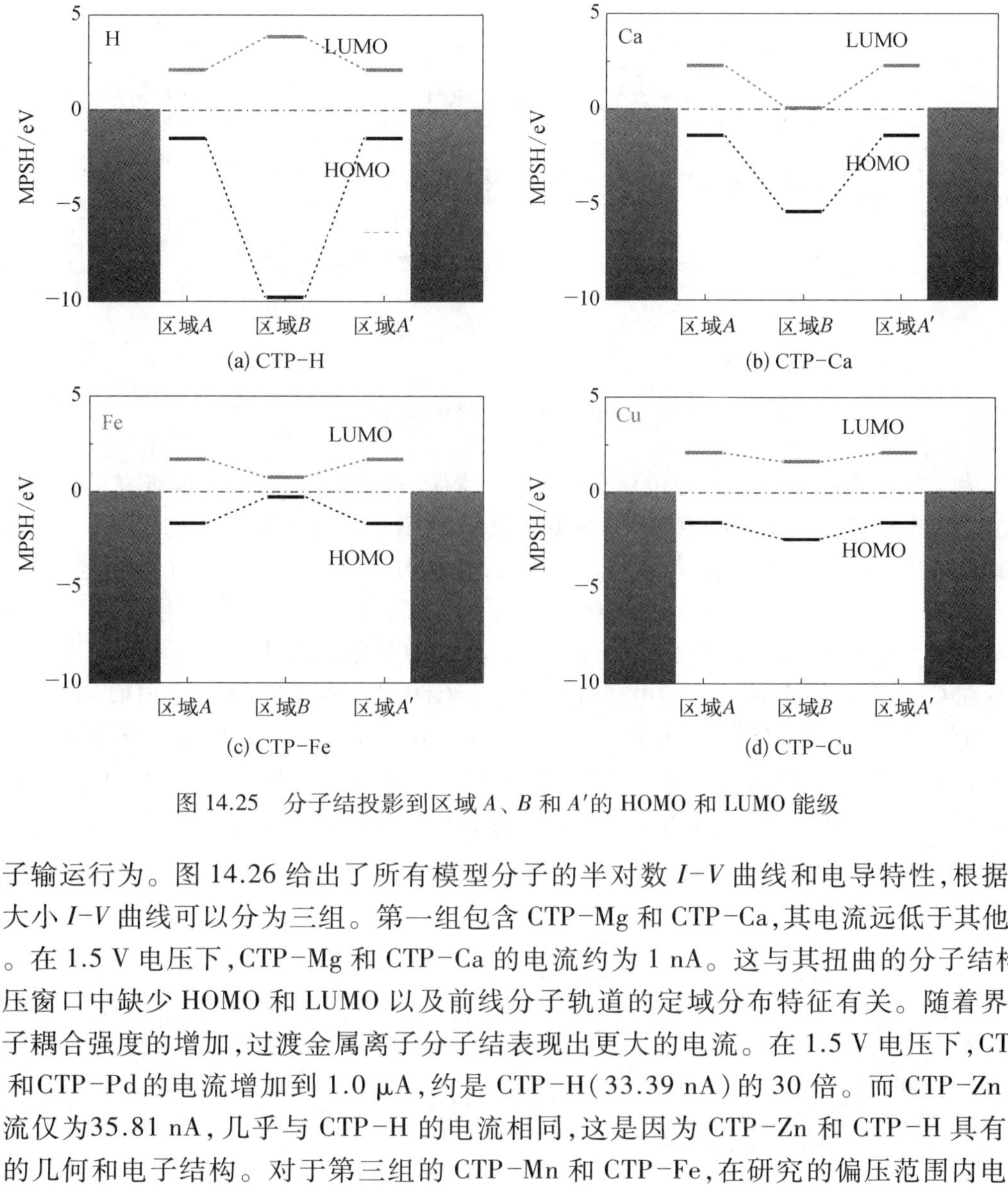

(a) CTP−H　(b) CTP−Ca　(c) CTP−Fe　(d) CTP−Cu

图 14.25　分子结投影到区域 A、B 和 A′的 HOMO 和 LUMO 能级

电子输运行为。图 14.26 给出了所有模型分子的半对数 I−V 曲线和电导特性,根据电流大小 I−V 曲线可以分为三组。第一组包含 CTP−Mg 和 CTP−Ca,其电流远低于其他体系。在 1.5 V 电压下,CTP−Mg 和 CTP−Ca 的电流约为 1 nA。这与其扭曲的分子结构、偏压窗口中缺少 HOMO 和 LUMO 以及前线分子轨道的定域分布特征有关。随着界面电子耦合强度的增加,过渡金属离子分子结表现出更大的电流。在 1.5 V 电压下,CTP−Ni 和CTP−Pd的电流增加到 1.0 μA,约是 CTP−H(33.39 nA)的 30 倍。而 CTP−Zn 的电流仅为35.81 nA,几乎与 CTP−H 的电流相同,这是因为 CTP−Zn 和 CTP−H 具有相似的几何和电子结构。对于第三组的 CTP−Mn 和 CTP−Fe,在研究的偏压范围内电流最大。这是由于 CTP−Mn 和 CTP−Fe 具有最小的分子能隙,以及 HOMO 和 LUMO 处于偏压窗口中。这些结果表明,过渡金属离子的加入可以显著改变配位分子结的电子输运行为。

图 14.26(b)给出了分子结的微分电导随偏压的变化。CTP−H 的零偏压电导为 10.80 nS。对于第二组中过渡金属离子配位的分子结,零偏压电导也都在 10～300 nS。然而对于第一组的 CTP−Mg 和 CTP−Ca,要低两个数量级,零偏压电导仅为 0.12 nS 和 0.23 nS;而第三组的 CTP−Mn 和 CTP−Fe 则高两个数量级,零偏压下的电导分别可达 31.8 μS和 16.1 μS。第三组分子结表现出良好的导电能力,可以将其设计成优良的导电连接界面。

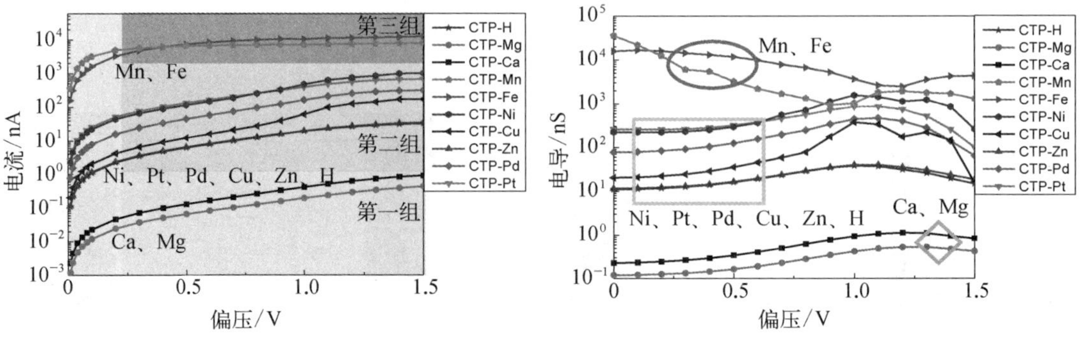

(a) 电流-电压曲线　　(b) 微分电导-电压曲线

图 14.26　系列分子结的输运行为

为了深入理解金属离子配位对分子结电子输运的影响,我们进一步研究了分子区域上的投影态密度(PDOS)和透射谱。图 14.27(a)展示了所有模型分子的 PDOS。费米能级附近的 PDOS 峰与电子输运行为最为相关,直接对应于零偏压时电子输运通道密度。对于 CTP-H,0~1.5 eV 范围内的 PDOS 宽而平,其值较低。在费米能级附近有一个小峰,但不突出。在费米能级以下的 PDOS 峰变高,在-1.0 V 附近形成一个宽峰。上述特征意味着在 CTP-H 中不存在更多的电子输运通道。CTP-Mg 和 CTP-Ca 的 PDOS 峰特征与 CTP-H 相似。当过渡金属离子,特别是 Fe 和 Mn 引入分子结时,费米能级附近的 PDOS 峰显著增加,峰值分别达到 11.0 eV^{-1}和 12.7 eV^{-1}。这些峰主要是由分子结的 HOMO 轨道贡献的。但与之对比,第一组和第二组金属离子的引入似乎没有打开更多有效的电子输运通道。

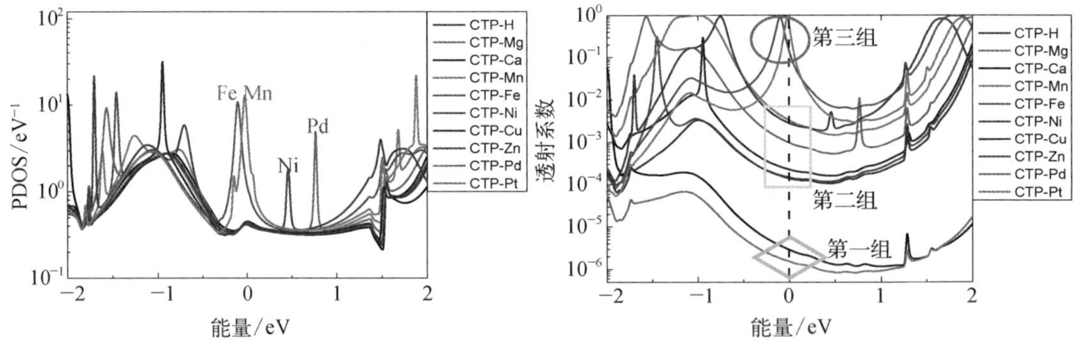

(a) 投影态密度（PDOS）　　(b) 透射谱

图 14.27　所有研究模型分子在零偏压时的性质

透射谱可以提供更多关于电子输运行为的细节,尤其是分析偏压窗口内的透射谱对于理解金属离子在配位分子结中的作用非常重要。图 14.27(b)绘制了零偏压下分子结的透射谱,可以观察到费米能级附近来源于 HOMO 和 LUMO 轨道的贡献大小。在零偏压下,费米能级处的透射系数遵循以下顺序:第一组 < CTP-H < 第二组 < 第三组。费米能级

处的透射系数越高，意味着分子结内总的电子输运效率也越高，因此零偏压时的电导也越高。

本节中，我们使用密度泛函理论结合非平衡态格林函数方法（DFT-NEGF）研究了一系列金属羧基硫酚分子结 CTP-M（M = Mg、Ca、Mn、Fe、Ni、Cu、Zn、Pd 和 Pt）中的电子输运。根据电子结构和电流-电压特性，所有配位模型分子可以分为三组，第一组是利用碱土金属离子连接的分子结，包括 CTP-Mg 和 CTP-Ca，具有扭曲的分子结构，羧基与碱土金属离子的耦合较弱，分子结的电导最低；第二组是过渡金属离子配位的分子结，包括 CTP-Ni、CTP-Cu、CTP-Zn、CTP-Pd 和 CTP-Pt，羧基与过渡金属离子的耦合较强，分子结的电导稍微高于 CTP-H；第三组的 CTP-Mn 和 CTP-Fe，电导最高。这些结果表明，与氢键体系和碱土金属离子配位体系相比，配位结构中的强界面电子耦合更有利于电子输运。通过对分子结中隧穿势垒的分析，能够更深入地理解电导与配位结构的关系。氢键导致隧穿势垒升高，阻碍电子传递。当过渡金属离子，特别是锰和铁离子引入分子结中时，分子结的隧穿势垒变成势阱，有利于电子输运。本研究为调控功能电子器件的界面电子输运行为提供了一种有效方法。

参 考 文 献

[1] Xiao X Y, Xu B Q, Tao N J. Measurement of single molecule conductance: Benzenedithiol and benzenedimethanethiol [J]. Nano Letters, 2004, 4(2): 267 - 271.

[2] Venkataraman L, Klare J E, Nuckolls C, et al. Dependence of single-molecule junction conductance on molecular conformation[J]. Nature, 2006, 442(7105): 904 - 907.

[3] Venkataraman L, Klare J E, Tam I W, et al. Single-molecule circuits with well-defined molecular conductance[J]. Nano Letters, 2006, 6(3): 458 - 462.

[4] Li Z Y, Kosov D S. Nature of well-defined conductance of amine-anchored molecular junctions: Density functional calculations[J]. Physical Review B, 2007, 76(3): 035415.

[5] Datta S. Electronic transport in mesoscopic systems[M]. Cambridge: Cambridge University Press, 1995.

[6] Xu B Q, Tao N J. Measurement of single-molecule resistance by repeated formation of molecular junctions[J]. Science, 2003, 301(5637): 1221 - 1223.

[7] Jia C C, Wang J Y, Yao C J, et al. Conductance switching and mechanisms in single-molecule junctions [J]. Angewandte Chemie (International Ed), 2013, 52(33): 8666 - 8670.

[8] Ji Y J, Xiao C Y, Wang Q, et al. Asymmetric diketopyrrolopyrrole conjugated polymers for field-effect transistors and polymer solar cells processed from a nonchlorinated solvent[J]. Advanced Materials, 2016, 28(5): 943 - 950.

[9] Meir Y, Wingreen N S. Landauer formula for the current through an interacting electron region[J]. Physical Review Letters, 1992, 68(16): 2512 - 2515.

[10] Li J L, Zhao Z Z, Yu C, et al. Theoretical investigation on the transportation behavior of molecular wires with redox reaction[J]. Journal of Computational Chemistry, 2012, 33(6): 666 - 672.

[11] Magoga M, Joachim C. Conductance and transparence of long molecular wires[J]. Physical Review B, 1997, 56(8): 4722 - 4729.

[12] Li X L, He J, Hihath J, et al. Conductance of single alkanedithiols: Conduction mechanism and effect of molecule-electrode contacts[J]. Journal of the American Chemical Society, 2006, 128(6): 2135 - 2141.

[13] Li C, Pobelov I, Wandlowski T, et al. Charge transport in single Au/alkanedithiol/Au junctions: Coordination geometries and conformational degrees of freedom[J]. Journal of the American Chemical Society, 2008, 130(1): 318 - 326.

[14] Hines T, Diez-Perez I, Hihath J, et al. Transition from tunneling to hopping in single molecular junctions by measuring length and temperature dependence[J]. Journal of the American Chemical Society, 2010, 132(33): 11658 - 11664.

[15] Kaur R P, Sawhney R S, Engles D. Effect of gold electrode crystallographic orientations on charge transport through

aromatic molecular junctions[J]. Molecular Physics, 2016, 114(15): 2289－2298.

[16] Dandliker P J, Holmlin R E, Barton J K. Oxidative thymine dimer repair in the DNA helix[J]. Science, 1997, 275(5305): 1465－1468.

[17] Debije M G, Milano M T, Bernhard W A. DNA responds to ionizing radiation as an insulator, not as a "molecular wire"[J]. Angewandte Chemie (International Ed), 1999, 38(18): 2752－2756.

[18] Kasumov A Y, Kociak M, Guéron S, et al. Proximity-induced superconductivity in DNA[J]. Science, 2001, 291(5502): 280－282.

[19] Joy A, Guler G, Ahmed S, et al. Polaronic semiconductor behavior of long-range charge transfer in DNA oligomers in solution: Controlling barriers to long-distance radical cation migration in DNA with thymine analogs[J]. Faraday Discussions, 2006, 131: 357－365.

[20] Hadži D. Theoretical treatments of hydrogen bonding[M]. New York: John Wiley & Sons, 1997.

[21] Mallajosyula S S, Pati S K. Structure and transport characteristics of modified DNA with magnetic ions[J]. Physical Review Letters, 2007, 98(13): 136601.

[22] Van Lenthe J H, Duijneveldt-van Devan Rijdt J G C M, van Duijneveldt F B. Weakly bonded systems[M]. New York: John Wiley & Sons, 1987: 521－566.

[23] Boys S F, Bernardi F. The calculation of small molecular interactions by the differences of separate total energies. Some procedures with reduced errors[J]. Molecular Physics, 1970, 19(4): 553－566.

[24] Aviram A, Ratner M A. Molecular rectifiers[J]. Chemical Physics Letters, 1974, 29(2): 277－283.

[25] Nishino T, Hayashi N, Bui P T. Direct measurement of electron transfer through a hydrogen bond between single molecules[J]. Journal of the American Chemical Society, 2013, 135(12): 4592－4595.

[26] Bui P T, Nishino T. Electron transfer through coordination bond interaction between single molecules: Conductance switching by a metal ion[J]. Physical Chemistry Chemical Physics, 2014, 16(12): 5490－5494.

[27] Li Y, Tu X C, Wang M L, et al. Microscopic mechanism of electron transfer through the hydrogen bonds between carboxylated alkanethiol molecules connected to gold electrodes[J]. The Journal of Chemical Physics, 2014, 141(17): 174702.

[28] Clever G H, Kaul C, Carell T. DNA–metal base pairs[J]. Angewandte Chemie (International Ed), 2007, 46(33): 6226－6236.

[29] Liu H Y, Li G Q, Ai H Q, et al. Electronic enhancement effect of copper modification of base pairs on the conductivity of DNA[J]. The Journal of Physical Chemistry C, 2011, 115(45): 22547－22556.

[30] Rulíšek L, Havlas Z. Theoretical Studies of Metal Ion Selectivity. 1. DFT calculations of interaction energies of amino acid side chains with selected transition metal ions (Co^{2+}, Ni^{2+}, Cu^{2+}, Zn^{2+}, Cd^{2+}, and Hg^{2+})[J]. Journal of the American Chemical Society, 2000, 122(42): 10428－10439.

[31] Wang N, Liu H M, Zhao J W, et al. Theoretical investigation on the electron transport path through the porphyrin molecules and chemisorption of CO[J]. The Journal of Physical Chemistry C, 2009, 113(17): 7416－7423.

[32] Thaomola S, Sompech S. Theoretical studies of structure and selectivity of 5-methyl-4-(2-thiazolylazo) resorcinol as a sensor for metal ions: DFT calculation[J]. Materials Research Express, 2018, 5(5): 056205.

[33] Liu H M, Li X L, Shi C M, et al. First-principles prediction of two-dimensional metal bis(dithiolene) complexes as promising gas sensors[J]. Physical Chemistry Chemical Physics, 2018, 20(25): 16939－16948.

[34] Biswal D, Kusalik P G. Molecular simulations of self-assembly processes in metal-organic frameworks: Model dependence[J]. The Journal of Chemical Physics, 2017, 147(4): 044702.

[35] Campbell M G, Sheberla D, Liu S F, et al. Cu_3(hexaiminotriphenylene)$_2$: An electrically conductive 2D metal-organic framework for chemiresistive sensing[J]. Angewandte Chemie International Edition, 2015, 54(14): 4349－4352.

[36] Campbell M G, Liu S F, Swager T M, et al. Chemiresistive sensor arrays from conductive 2D metal-organic frameworks[J]. Journal of the American Chemical Society, 2015, 137(43): 13780－13783.

[37] Smith M K, Jensen K E, Pivak P A, et al. Direct self-assembly of conductive nanorods of metal-organic frameworks into chemiresistive devices on shrinkable polymer films[J]. Chemistry of Materials, 2016, 28(15): 5264－5268.

[38] Chakravarty C, Mandal B, Sarkar P. Bis(dithioline)-based metal-organic frameworks with superior electronic and magnetic properties: Spin frustration to spintronics and gas sensing[J]. The Journal of Physical Chemistry C, 2016, 120(49): 28307－28319.

[39] Liu H M, Li X L, Chen L, et al. Gas adsorption effects on the electronic properties of two-dimensional nickel bis(dithiolene) complex[J]. The Journal of Physical Chemistry C, 2016, 120(7): 3846－3852.

第15章

二维碳基材料的电子输运

15.1 石墨烯纳米带宽度对电子输运的影响

随着半导体制造技术的不断进步,特征线宽正逐渐逼近其物理极限,精心剪裁的石墨烯二维材料有望取代传统的硅基材料。鉴于其独特的平面结构与显著的边缘效应,石墨烯内部的电子输运特性有别于金属及半导体材料。具体而言,碳原子通过 sp^2 杂化与邻近碳原子构建 σ 键,而垂直于该平面的 p 轨道内的单电子形成了共轭 π 键。从碳原子的局部空间构型审视,电子沿 σ 键方向的传递展现出明确的方向性。因此,局部环境涵盖局域化学环境、成键状况、电子密度分布、亲疏水特性、电负性以及拓扑结构等因素,均会对石墨烯的电子传递特性产生影响。

石墨烯可以通过化学或物理方法进行剪裁或者通过刻蚀技术形成准一维材料,称为石墨烯纳米带(graphene nanoribbon,GNR)。它显示出许多独特的性质,如量子霍尔效应和弹道输运。根据不同的剪裁方向,可以在拓扑结构中获得两个重要的构型,分别称为扶手椅型石墨烯纳米带(armchair graphene nanoribbon,AGNR)和锯齿型石墨烯纳米带(zigzag graphene nanoribbon,ZGNR)。石墨烯纳米带的边缘结构对其电子输运性质有很大的影响。例如,AGNR 既可以表现出金属性也可以表现出半导体特性,这一特征在很大程度上受其宽度的影响[1-3],而 ZGNR 因为其特殊的边缘结构只表现出金属性[4-6]。同样地,由于边界条件的不同,其他手性和尺寸的石墨烯纳米带也表现出不同的电子特性,特别是较窄的石墨烯纳米带。研究发现,不同宽度的 AGNR 展现出独特的电子结构和输运行为。其电流随电压的增加,先增加后减小,导致了负微分电阻现象[6]。ZGNR 则表现出截然不同的输运行为。具体来说,无论宽度如何,非对称 ZGNR 均有相同斜率的线性电流-电压曲线,而对称 ZGNR 有非常小的电流,显示出明显的奇偶特征[7]。与此对照,多环芳烃连接到窄的 ZGNR 电极时,电子输运行为也显示出交替的奇偶效应[8]。

石墨烯纳米带宽度对其电学性能的影响在实验和理论上已经进行了大量的研究。例如,Son 等[9]和 Barone 等[10]利用第一性原理研究了不饱和或用氢饱和的石墨烯纳米带的能带结构及对带宽度的依赖关系。此外,研究还发现了一系列特殊的性能,并探索了在电子和光电器件中的应用[11]。Ren 等[6]发现在特定情况下石墨烯纳米带出现了负微分电阻现象。尽管近年来不断研究了不同宽度的碳纳米带的结构、电学和磁学性质,但仍有一些重要问题需要澄清。

为了澄清石墨烯纳米带中电流密度的纵向分布,以及了解该分布特征与纳米带宽度的关系,本节建立了系列宽度的边缘为氢原子饱和的碳纳米带输运体系并利用第一性原理结合非格林函数的方法,对其输运行为做了理论模拟。此研究对于理解边缘缺陷(如边缘粗糙度和边缘掺杂)对石墨烯纳米带输运行为的影响也有一定的帮助。简而言之,这项研究为全面了解石墨烯纳米带的电子输运行为,并为边缘剪裁和边缘修饰提供了基础,从而进一步为制造基于石墨烯的纳米器件提供参考。

我们通过第一性原理研究了不同宽度的 ZGNR 的电子结构和输运特性。以不同宽度的锯齿型石墨烯纳米带作为研究对象,其外边缘用氢原子进行饱和以消除悬挂键。图 15.1 为分子结的几何结构,主要由三部分组成:左电极、右电极和中心区域。两端电极结构是半无限长的石墨烯纳米带,中心区域由散射区和电极延展区组成。

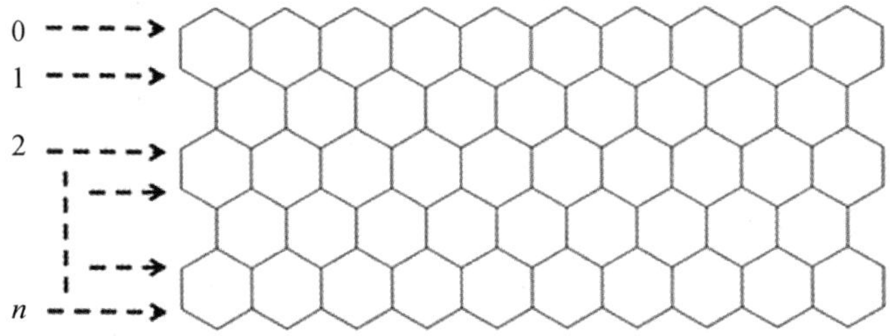

(a) 几何结构

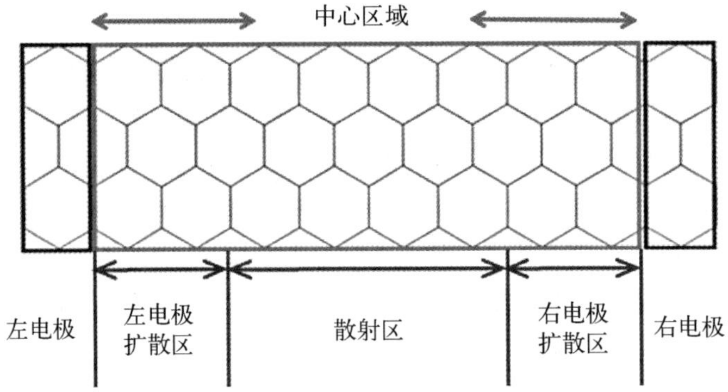

(b) 分子结

图 15.1 n-ZGNR 的分子模型

一系列不同宽度的模型命名为 n-ZGNR,其中 n 代表之字形碳链的数量,即纳米带的宽度。当 $n=0$ 时,模型对应于聚乙炔,这一结构在第 3 章已有详细描述。当 n 为奇数时模型表现为对称结构,而 n 为偶数表现出不对称结构。石墨烯纳米带的宽度(W,单位为 Å)与 n 具有以下关系:

$$W = 5 + (n-1) \times 2.2 \tag{15.1}$$

几何结构的优化和电子结构计算基于密度泛函理论。利用 PBE 参数化的广义梯度近似处理交换相关势,利用 Troullier-Martins 模守恒赝势处理核、芯电子与价电子的相互作用,对碳和氢原子使用 DZP。用氢原子饱和石墨烯纳米带的边缘以消除悬挂键。几何结构优化时使用共轭梯度法，直到每个原子上的作用力小于 0.02 eV/Å。结构优化使用的 k 点为 1×1×200，截断能设置为 150 Ry。

基于 Landauer-Büttiker 理论，结合非平衡态格林函数方法（NEGF）研究石墨烯纳米带电子输运行为。透射系数 $T(E, V)$ 是一个重要参数，它描述了在给定的外部偏压下，能量 E 处电子通过分子结的几率。总透射系数 $\bar{T}(E, V)$ 是所有通道的输运几率之和：

$$\bar{T}(E, V) = M(E, V)T(E, V) \tag{15.2}$$

式中，$M(E, V)$ 表示在外偏压 V 下能量 E 处的电子传递通道数目，对应于态密度（DOS）。因此，总电流可使用以下积分计算：

$$I = \frac{2e}{h}\int \bar{T}(E,V)[f_L(E,V) - f_R(E,V)]\mathrm{d}E \tag{15.3}$$

式中，e 和 h 分别是电子电荷和普朗克常量；f_L 和 f_R 分别是左、右电极的费米-狄拉克分布函数。

15.1.1　电流-电压曲线与宽度的关系

图 15.2(a) 给出了系列体系的电流-电压（$I-V$）曲线。理论模拟中电压仅施加到 0.5 V，对应的电场强度为 2.5×10^8 V/m，该值与石墨烯纳米带的实际应用中的大部分电场强度相当。更高的电场强度会使分子结构变形严重，甚至在实际应用中导致介电击穿。在该电压范围内，所有模型的 $I-V$ 曲线表现了明显的奇偶特征。对于除 1-ZGNR 外的所有奇数 ZGNR，电流在非常小的偏压范围内快速增加，而后随着偏压的增加几乎保持恒定。相反，除 2-ZGNR 外的所有偶数 ZGNR 电流随电压线性增加，表现出理想的欧姆特性。

讨论较窄的 ZGNR（即 1-ZGNR 和 2-ZGNR）也有意义，因为它们可以在器件上桥接某些功能化单元，从而控制运输行为。显然，1-ZGNR 与所有其他模型的 $I-V$ 曲线都不相同，它的输运行为似乎是介于偶数 ZGNR 和奇数 ZGNR 之间。在低于 0.25 V 的偏压下，1-ZGNR 电流几乎呈线性增加，这一特性与其他偶数 ZGNR（$n \geq 4$）相同。然而，在 0.3 V 之后，电流不再增加，而像其他奇数 ZGNR 那样增加保持恒定，甚至略有降低。另外，1-ZGNR 的导电性要远高于其他模型，这一特征和实验测得的共轭分子相似。与其他偶数 ZGNR 相比，2-ZGNR 只有在电压低于 0.2 V 时才在 $I-V$ 曲线上有差异，可见窄 ZGNR 在低偏压更易表现出特殊性，在高偏压下表现出共性。图 15.2(b) 给出了零偏压下电导与碳纳米带宽度的关系。与图 15.2(a) 不同的是，图 15.2(b) 没有明显的奇偶现象。其中较窄的碳纳米带（1-ZGNR、2-ZGNR、3-ZGNR）的电导要明显大于其他碳纳米带。但是当 ZGNR 宽于 4 时，尽管宽度不断增加，但所有模型的电导都相似。该事实表明碳纳米带上的电流分布不均匀。虽然纳米带为电流提供了足够的空间，但进一步增加其宽度不再增加总电流，这和宏观导体的导电性与截面的关系不同。有趣的是，在 0.5 V 偏压下，模型的电导表现出明显的奇偶特性。如图 15.2(c) 所示，除 1-ZGNR 外，奇数模型的电导几乎为零，偶数模型的电导约为 77 μS。

值得一提的是，窄的 ZGNR 表现出独特的电子输运行为。特别是 1-ZGNR，是由几

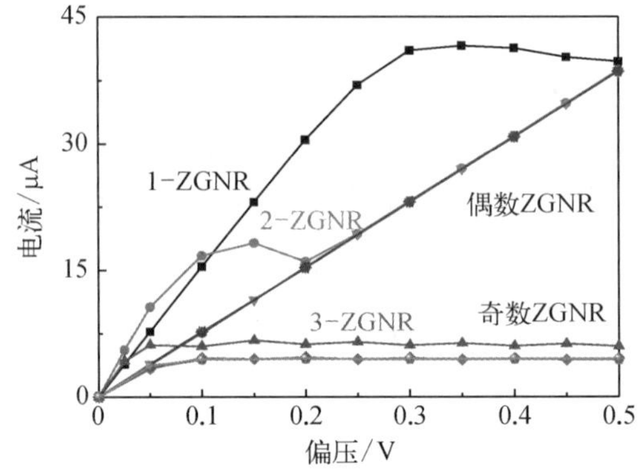

(a) *n*-ZGNR的电流随偏压变化关系(其中黑色的曲线为1-ZGNR，红色的为2-ZGNR，蓝色为3-ZGNR；与粉色曲线重合的为偶数模型，与绿色重合为奇数模型)

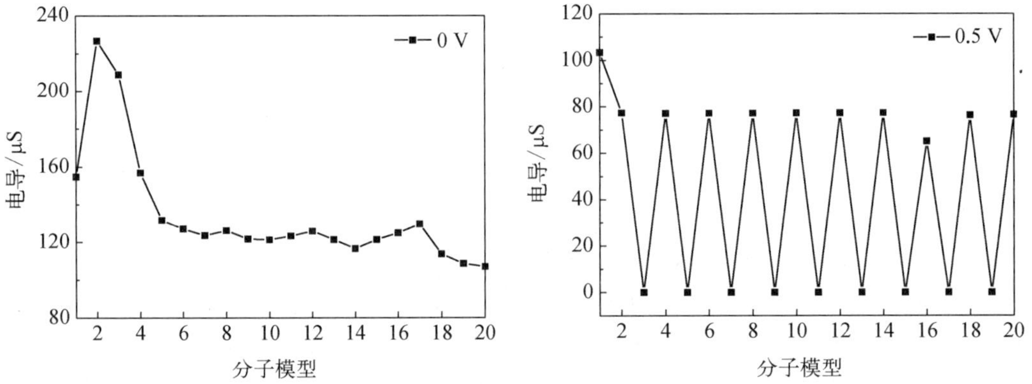

(b) 在零偏压下的碳纳米带电导

(c) 0.5 V偏压下的电导

图 15.2 石墨烯纳米带的输运特征

个线性稠合的苯环组成的,因此,它比其他 ZGNR 的导电性更好。1-ZGNR 的电导性甚至高于具有相同长度的共轭聚乙炔。此外,在大于 0.3 V 的偏压下,其电流略有下降。这个特点看起来和其他奇数模型类似。2-ZGNR 在较低偏压下具有与 1-ZGNR 相似的输运行为,但在较高偏压下,电流线性增加。这一点与其他偶数模型的输运特征非常相似。

15.1.2 宽度对 ZGNR 电子结构的影响

为了明确碳纳米带输运行为对其宽度的依赖关系,我们分析了投影到散射区的碳片部分的轨道空间分布,这是决定分子电导的另一个重要因素,如图 15.3 所示。尽管所有分子的 LUMO 在碳纳米带上都具有良好的分布特征,但其能量远离非费米能级,因此对电流的贡献较小。所以关于 HOMO 空间分布的讨论更为重要。如图 15.3(a)所示,对于全部奇数层的碳纳米带,由于其纵向的对称性,轨道的空间分布也具有对称性。同时,HOMO 的分布始终位于分子的边缘。在大多数分子结中,HOMO 比 LUMO 更接近费米能级,形成主要的电子输运路径。这也预示了电子输运路径靠近碳纳米带的边缘,中间部分的轨道分布占比低也预示了电流密度在碳纳米带中间较小。这和前面分析的碳纳米带电导与宽度的讨论一致。另外,偶数 ZGNR 相对于分子轴不对称,因此图 15.3(b)的空间分布也显示了不对称的特征。LUMO 的分布与奇数 ZGNR 类似,近乎均匀地分布在纳米带上。然而偶数 ZGNR 的 HOMO 沿碳纳米带的边缘分布,不过只是沿着其中的一侧边缘分布。根据以上分析可以推断,电子更有可能通过碳纳米带的边缘进行输运;换句话说,碳纳米带的宽度对输运行为可能没有影响。

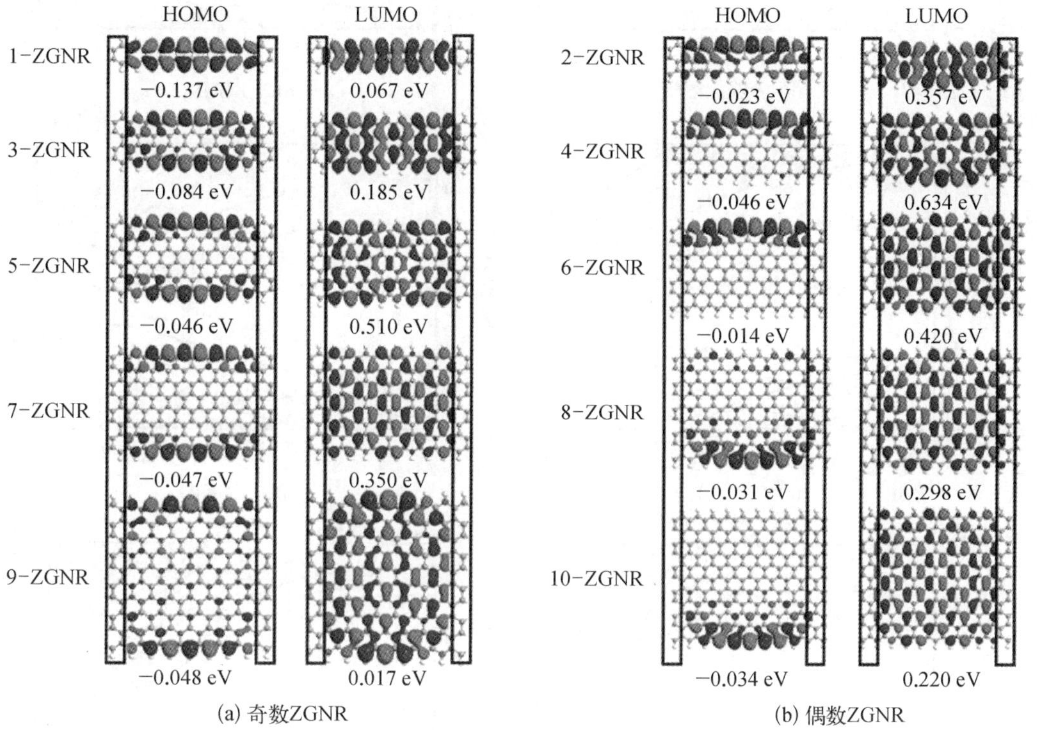

图 15.3　碳纳米带的 HOMO 和 LUMO 的空间分布

图 15.4 显示了几个代表性模型的能带结构。最大带隙由 Γ 点的最高价带和最低导带形成,计算得到的带隙值在 4.2~8.3 eV,与碳纳米带宽度密切相关。进一步分析,带隙(G)和带宽度(W)之间有如下关系:

$$G = 21.2 \times \frac{1}{W} + 3.8 \tag{15.4}$$

该结果与以前的研究相符[12]。该经验公式还表明,在 GNR 中苯中心的势能非常高,因此,它对电子具有很强的散射能力,即使对于几纳米的纳米带也是如此。同时,最低导带和最高价带从 Γ 点向 K 点移动,最终在布里渊区的 K 点处简并(除 1-ZGNR 和 2-ZGNR 外),表明电子传递路径中沿碳链的能量极低[13,14]。因此,碳主链形成紧密结合的运输通道。能带结构分析将纳米带作为一个整体来处理;它不能提供细分空间的细节,如碳纳米带上电流的空间分布。因此,在能带结构中没有显示奇偶效应的迹象。

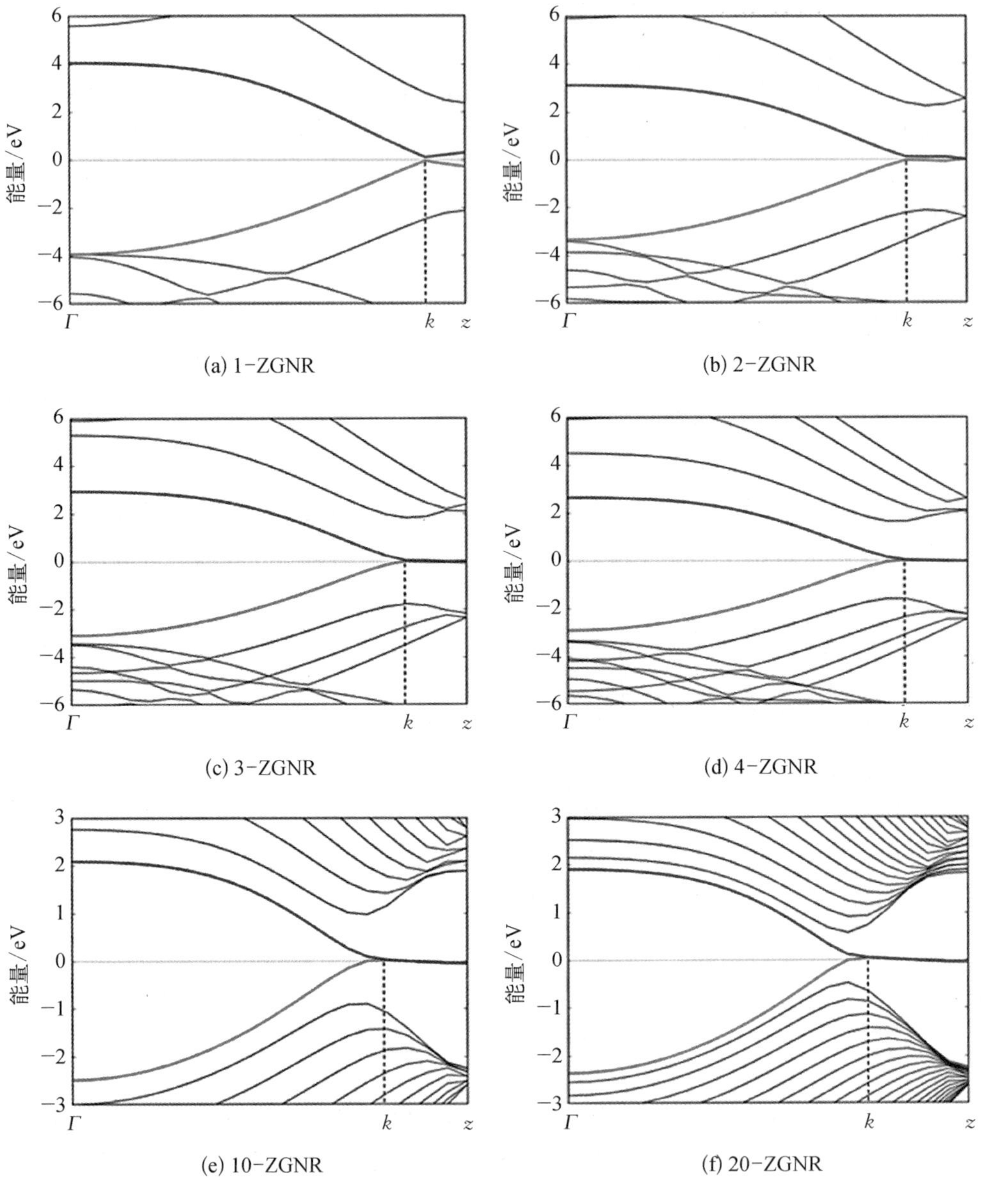

图 15.4　石墨烯纳米带的能带结构

ZGNR 的投影态密度(PDOS)可以给出在给定能量下电子输运通道数量的信息,从这个参数的比较中可以了解更多关于碳纳米带输运通道分布的性质。图 15.5 给出了在有限能量范围内零偏压下的 PDOS 曲线。对于较窄的碳纳米带($1 \leqslant n \leqslant 3$),PDOS 曲线相对于费米能级略显对称分布,并呈现两个峰值,如图 15.5(a)所示。需要注意的是,1-ZGNR、2-ZGNR 和 3-ZGNR 的 PDOS 峰分别位于−0.28 eV、−0.12 eV 和−0.03 eV,即随宽度增加,两个峰也逐渐靠近,直至重合。通过分析分子轨道,我们发现这些峰主要是由 HOMO 或者 HOMO 与 LUMO 贡献的。然而在费米能级处,那些较窄的碳纳米带的态密度并不高,其中 1-ZGNR 仅为 1,2-ZGNR 约为 3,3-ZGNR 增至 6~7。如图 15.5(b)和

15.5(c)所示,给出更宽碳纳米带的 PDOS,奇数 ZGNR 和偶数 ZGNR 都在费米能级处只有一个重叠峰,这主要是由 HOMO 贡献的。这些峰的态密度在 10~40 eV^{-1}范围内,但没有明显的奇偶变化。根据上述特征,除 1-ZGNR、2-ZGNR 和 3-ZGNR 外,所有模型的态密度在费米能级附近都有一个态密度峰,这也在图 15.4 中有相应的表现,即在费米能级上对应的能带几乎平坦延展[14]。PDOS 是静态特征之一,它近似地给出了散射区域中电子传递通道的数量。不同宽度($n>3$)的 ZGNR 具有相似的 PDOS,表明它们具有几乎相同数量的电子传递通道。这一特征与图 15.2(a)和 15.2(b)所示的结果一致。这些结果也预示了在碳纳米带中间,加宽的部分无法提供更多的通道,也间接表明了有效通道只是位于纳米带的边缘。此外,施加外部偏压会改变 PDOS 谱,因此,在较高的偏压下,碳纳米带的电导表现出奇偶效应,这意味着电子传递通道数量的内在变化。

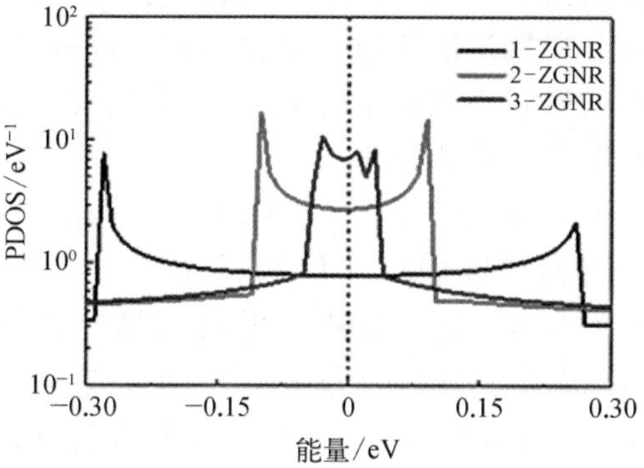

(a) 窄碳纳米带

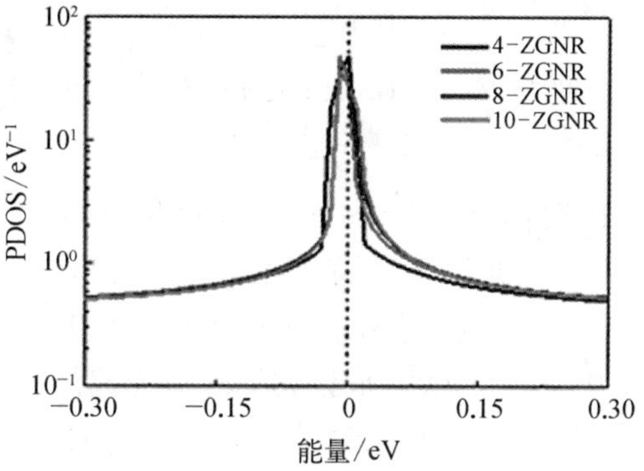

(b) 偶数碳纳米带

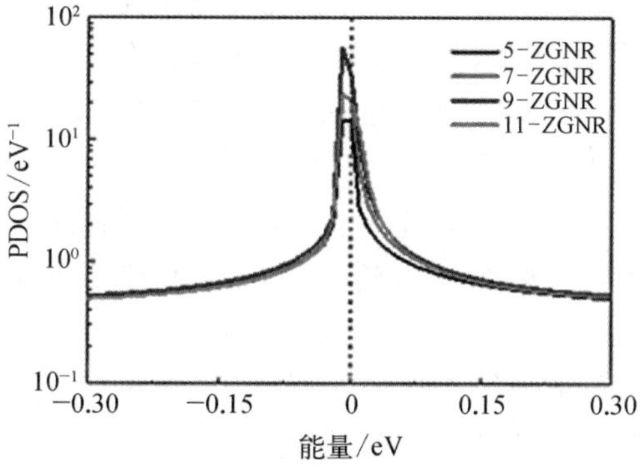

(c) 奇数碳纳米带

图 15.5　碳纳米带的投影态密度

15.1.3　宽度对 ZGNR 透射谱和电子传递路径的影响

透射谱比其他的计算参数更能够直接表现电子输运的效率。如图 15.6 所示,在零偏压下,各模型的透射谱之间存在很大差异。但总体而言,在费米能级附近,各个模型均有一个矩形、在纳米带较宽时变窄的隧穿峰。对于较窄的碳纳米带,透射谱表现为基线为单位 1,并在 Fermi 能级附近陡然升高形成一个矩形的隧穿峰。在费米能级,

1-ZGNR的透射系数为2,意味着它有两个高效的电子输运通道。这一结果与图15.3(a)中1-ZGNR的轨道分布在碳纳米带的两侧相吻合。随着碳纳米带变宽,该隧穿峰不断变窄,直至形成一个尖锐的隧穿峰,且这些隧穿峰在高度上没有明显的变化规律。例如,2-ZGNR为3,这意味着在费米能级附近有三条可能的电子隧穿通道;3-ZGNR和4-ZGNR的隧穿峰值分别为4和4.8,意味它们有4或5条通道;然而,5-ZGNR呈现出不同的特征,使得透射系数减少到2.9,对应3个有效通道。随着纳米带宽度的增加($n>5$),所有其他n-ZGNR的透射系数均与5-ZGNR相当。在费米能级以外更宽的能量范围,所有模型的透射系数都下降到1,说明只有一条有效的电子输运通道。

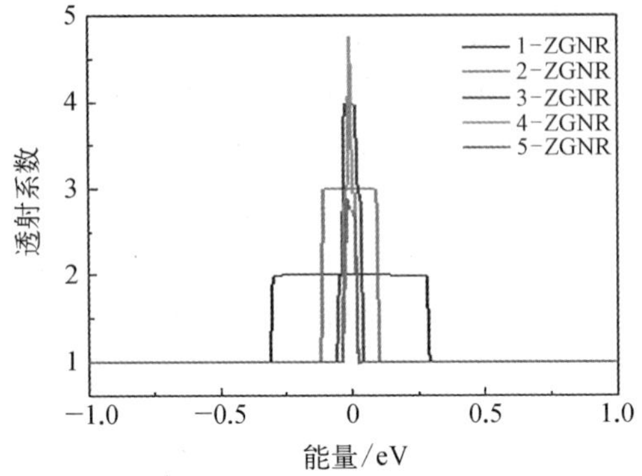

图 15.6 n-ZGNR($1\leqslant n\leqslant5$)在零偏压下的透射谱

透射谱随所施加的偏压变化很大。图15.7(a)给出了1-ZGNR在0、0.2 V和0.4 V三个偏压下的透射谱。显然,呈矩形的透射谱随着偏压的增加而逐渐缩小,即高度降低、宽度变窄。应该注意,在0.4 V的偏压下,矩形边缘处的透射谱略微下降到1.0以下。总体来说,透射谱的偏压依赖性揭示了至少一条有效的电子输运通道保持在±1.0 V的能量范围内,且施加有限偏压,费米能级附近都会形成两条有效的电子输运通道。

除1-ZGNR外的其他奇数碳纳米带则表现出完全不同的特征。在施加偏压后,费米能级附近的隧穿峰迅速降低至0,形成一个电子传递的阻塞区,且该阻塞区的能量范围随偏压的增加而加宽。以3-ZGNR为例,在0.2 V偏压下能量从−0.05~0.05 eV的范围内隧穿概率为0,而在0.4 V偏压下,从−0.17~0.17 eV能量范围内隧穿概率降至0。由于费米能级附近阻塞区的存在,奇数碳纳米带的电流显著小于偶数碳纳米带。而且,由于阻塞区宽度随偏压而加大,奇数碳纳米带的电流在高偏压下甚至出现了略有降低的现象,如图15.2(a)所示。

对于偶数碳纳米带,费米能级附近的隧穿峰随偏压明显降低,但没有像奇数纳米带那样降至1以下。以图15.7(b)中2-ZGNR为例,当偏压为0.2 V时,由初始0 V偏压下的矩形透射峰变为一个小而尖锐的透射峰,当偏压增至0.4 V时该峰完全消失,但在所考察的能量范围内仍保留了1条有效的电子传递通道。其余的偶数碳纳米带都有类似的特性。当施加偏压时,费米能级附近的透射峰迅速下降。以4-ZGNR为例,零偏压时透射系数约为4。随着偏压的增加,其值迅速下降到1。尽管偶数碳纳米带的透射曲线对所施加的偏压也很敏感,但在所施加的偏压范围内,至少还留有一个有效的电子输运通道。因此,在偶数ZGNR的电流-电压曲线中观察到线性特征。

为了更直观地比较不同宽度碳纳米带中电子输运的微观形式。图15.8(a)给出了在零偏压下系列模型的电子传递路径。该路径是由隧穿概率较大的碳原子连接构成的。在零偏压下,1-ZGNR至4-ZGNR具备了与宽度相当的多条电子传递通道,也与透射谱的特

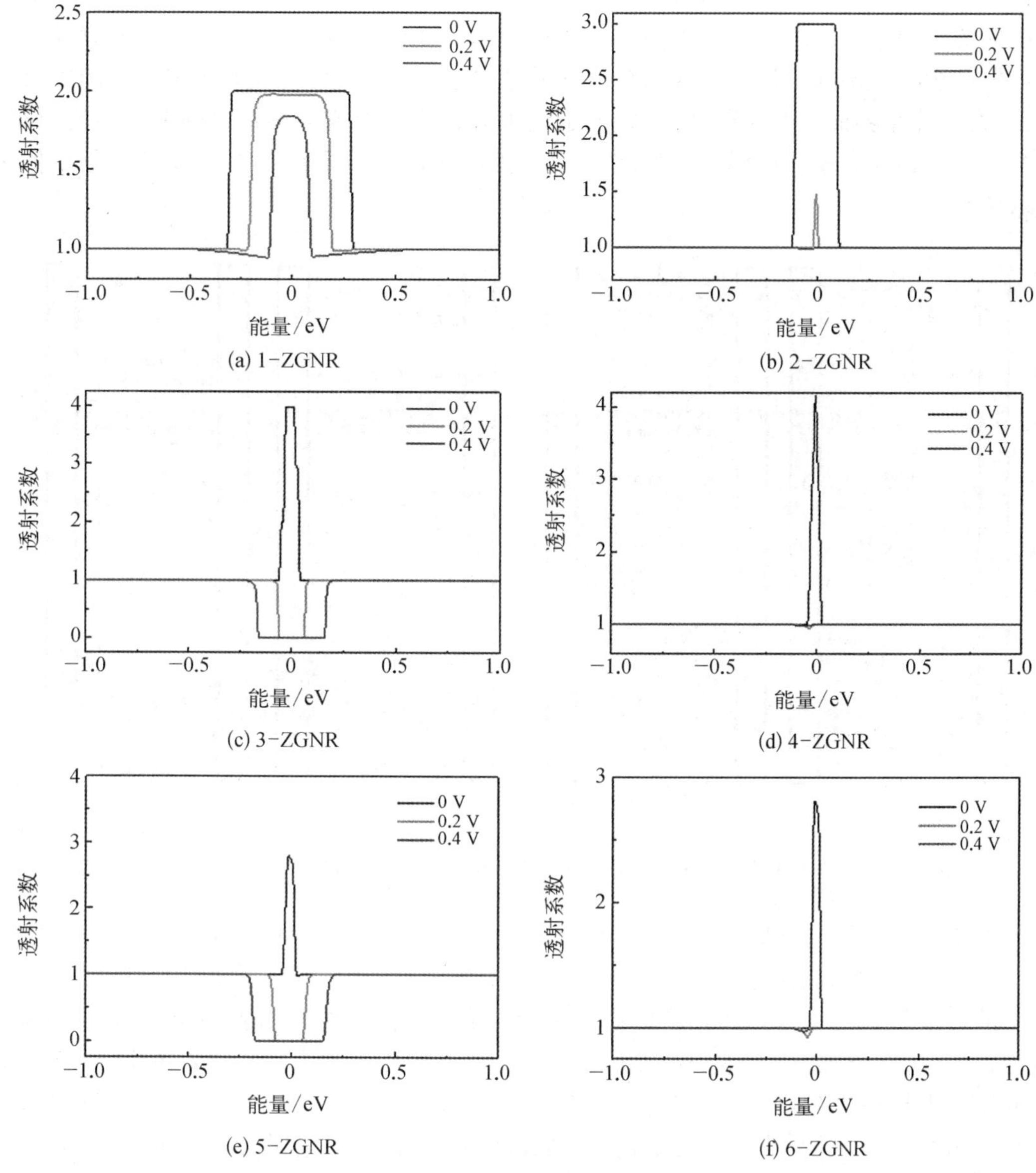

图 15.7　在不同偏压下的透射谱

征一致。更宽的碳纳米带(即 5-ZGNR)及以后,电子隧穿通道趋向于碳纳米带的两侧,从而不再受宽度的影响。可见对于碳纳米带,更大的宽度并不能对导电性有进一步的改善。同时碳纳米带中电子以沿两侧边缘传递为主,边缘的结构修饰(包括缺陷等)可能对器件的电子输运行为有较大的影响。根据最近的一些研究,边缘修饰的 ZGNR 可以表现出自旋过滤[15,16]、负微分电阻[17]等现象。

图 15.8(b)为在 0.3 V 偏压下系列模型的电子传递路径。其中 1-ZGNR 较为特殊,它在此偏压下也存在 2 条电子传递通道,这与零偏压的特征相同。这一现象与图 15.7(a)的结果保持一致,即在 0.3 V 时 1-ZGNR 的透射系数接近 2。其余的模型我们大致可以分为

奇偶两类,通过对 $I-V$ 曲线的分析,我们知道在较高的偏压下各模型的输运行为也表现出了明显的奇偶差别。从整体上看,无论是偶数体系还是奇数体系电子,主要是沿着碳纳米带的两侧边缘传递的。最大的区别在于电子通过电极和散射区界面的概率。从图中可以看出,奇数体系界面处有路径裂隙,即电子较难通过界面形成连续稳定的电子传输路径。偶数体系的路径完整,可见其传输效率更高。因此在较高偏压下,奇数体系的电导率低于偶数体系。

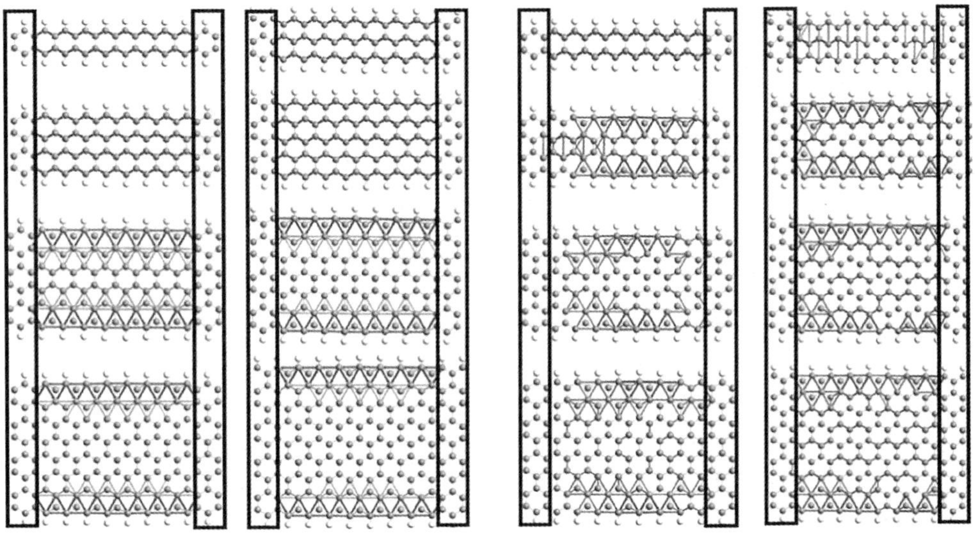

(a) 0 V　　(b) 0.3 V

图 15.8　n-ZGNR($1 \leqslant n \leqslant 8$)的电子传递路径分析

本节探讨了具有不同宽度的 ZGNR 的电子传输特性。具体而言,较窄的 1-ZGNR 与 2-ZGNR 展现出高于其他宽度 ZGNR 的零偏压电导,揭示了狭窄的 ZGNR 更有利于电子的传输过程。当 ZGNR 的宽度超过 4 个单位时,所有模型均表现出相近的零偏压电导。然而,在施加 0.5 V 偏压时,电导呈现出显著的奇偶振荡,除 1-ZGNR 外,奇数宽度的模型电导近乎归零,偶数宽度的模型的电导约为 77 μS。这一观察结果与透射谱分析高度吻合,揭示了在费米能级附近,外加偏压有效阻断了电子传输通道。通过系统的研究,包括轨道空间分布分析、透射谱、投影态密度谱以及透射路径图等,均一致表明电子在石墨烯纳米带中的传输主要沿两侧边缘进行,而纳米带中央区域的电流密度可忽略不计。因此,边缘修饰等手段有望对石墨烯纳米带的电子传输特性产生显著影响。

15.2　剪裁石墨烯纳米片的电子输运

裁剪是获取石墨烯特殊性能的一种重要手段,通过化学或物理途径可将二维石墨烯裁剪成一维石墨烯纳米片(graphene nanoflake,GNF)。经裁剪后的 GNF 展现出各异的电流-电压($I-V$)特性。不同宽度的扶手椅型 GNF 的电流随电压的增加先呈现上升趋势,随后下降,这一现象可能导致负微分电阻效应[6]。相比之下,锯齿形边缘的 GNF 在电子输运性质上则表现出显著的奇偶效应[7,18]。对于不对称结构的 GNF,其 $I-V$ 曲线呈现线性关系,且无论纳米带长度如何变化,该曲线的斜率均保持一致;而对称结构的 GNF 表现出极低的电流水平。Kvashnin 等研究发现,扶手椅型 GNF 中 Stone-Wales 缺陷的形成能够诱发整流效应,并且缺陷的取向能够调节整流的范围[19]。此外,Kvashnin 等还系统地探究了不同类型 GNF 的 $I-V$ 特性,发现 GNF 的形状以及与之相连的电极界面结构均会对 $I-V$ 曲线产生影响[20]。因此,作为实际应用中的一个核心环节,如何通过裁剪来调控 GNF 的电子结构已成为广泛研究的课题。

化学修饰是调控 GNF 电子结构的有效方法。Wang 等发现在 GNF 的边缘上进行化学修饰可以调节扶手椅型 GNF 的能带结构,甚至导致其从金属性向绝缘体的转变[21]。Lee 等研究了边界氢化和边界氧化的锯齿型 GNF 的能带结构[22],发现边界氧化的锯齿型 GNF 更易形成。边界氧化的锯齿型 GNF 具有金属性质的能带结构,这是由于氧比碳的电负性更大。Zeng 等发现在锯齿型 GNF 异质结中边缘的碳原子用氢饱和,可以诱导自旋过滤效应和整流行为[23]。Marconcini 等[24]和 Biel 等[25]发现硼掺杂的锯齿型 GNF 表现出不对称的电子-空穴传输,可用于改善基于石墨烯的晶体管的性能。

有意义的是,修饰石墨烯的边缘结构也能够调控其电子输运行为。Dubois 等[26]发现单氢化的五边形/七边形突起会导致受体/供体特性,同时使 GNF 产生很强的非对称电子-空穴电导。An 等[27]研究了具有一个或两个三角形突起的锯齿形 GNF 的电子输运,发现可以通过突起的相对位置调节其电导和负微分电阻特性。Dou 等[28]报道了包含一个或两个六边形突起的 GNF 结的电子输运性质,当电极较宽时,两个突起的分子结表现出绝缘体性质;而电极宽度较小时,表现出半导体特性。研究表明,小的边缘突起可以显著地调节分子结的输运行为。然而,目前很少有研究报道不同宽度的突起对分子结输运行为的影响。

为了研究突起的宽度和结构对称性对含有两个突起的 GNF 电子输运的影响,本节构造了一系列对称和非对称分布突起的 n-GNF,并讨论了分子结的电子输运性质。图 15.9 给出了分子结的几何结构,包括左电极、中心区和右电极三部分。电极采用半无限的锯齿型石墨烯纳米带。

具有 n 个并苯的石墨烯纳米片称为 n-GNF。当 $n=1$ 时,为并苯分子链。而后分别在其上和下方扩展一条并苯链。如图 15.9 所示,根据镜像平面 σ 是否存在,n-GNF 可分为两组:奇数 n 对应于对称的石墨烯纳米片,而偶数对应不对称纳米片。表 15.1 给出了 n-GNF 的几何参数。纳米带的长度(用 L 表示,单位为 Å)几乎保持

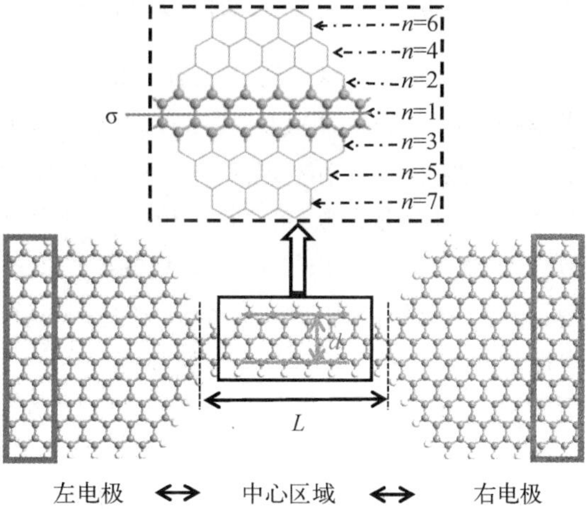

图 15.9　基于石墨烯纳米片的分子结的示意图[虚线框内是石墨烯纳米片(n-GNF)的几何结构,对称的几何结构中存在 σ 镜像对称性,上图的蓝色线表示 σ 对称轴]

在相同值。但是 n-GNF 的宽度(用 D 表示,单位为 Å)与 n 有如下的关系:

$$D = 2.82 + (n - 1) \times 2.13 \quad (15.5)$$

突起的宽度(用 d 表示,单位为 Å)与 n 有以下关系:

$$d = (n - 1) \times 2.13 \quad (15.6)$$

基于密度泛函理论和非平衡格林函数对 n-GNF 进行几何结构的优化和电子输运计算。采用 Perdew-Zunger(PZ)参数化的 LDA 处理交换-相关作用。对碳原子和氢原子采用 DZP,采用 Troullier-Martins 赝势处理内层电子和价电子的相互作用。在结构优化中 k 点使用 Monkhorst-pack 方法,设为 1×1×200,截断能为 150 Ry。所有纳米片的边缘都利用氢原子饱和,以消除悬挂键。结构弛豫采用共轭梯度法,直至每个原子上的应力小于 0.02 eV/Å。基于优化的几何结构,进一步计算 GNF 结的电子输运性质,如电流、投影态密度(PDOS)和透射谱。广义梯度近似和局域密度近似是研究纳米材料电子和输运性质的两种常用的近似方法。我们对比由 GGA-PBE/DZP 和 LDA-PZ/DZP 计算的 6-GNF 模型的 I-V 曲线,这两种方法得到的 I-V 曲线基本一致。

表 15.1 计算模型的几何参数

参数	1-GNF	2-GNF	3-GNF	4-GNF	5-GNF	6-GNF	7-GNF
L/Å	19.39	19.43	19.47	19.51	19.50	19.52	19.54
D/Å	2.82	4.95	7.09	9.21	11.34	13.46	15.57
d/Å	0	2.13	4.27	6.39	8.52	10.64	12.75

15.2.1 宽度对石墨烯纳米片导电性质的影响

在 15.1 节中,我们研究了锯齿形石墨烯纳米带的电子输运性质,发现它们的 I-V 曲线表现出明显的奇偶效应。具有偶数个链的纳米带表现出线性的电流-电压关系。相比之下,奇数纳米带的电流很小。它们的电流在低偏压(<0.1 V)下快速增加,然后几乎保持不变。与锯齿形石墨烯纳米带相比,n-GNF 表现出较小的电流和明显不同的电子输运行为。图 15.10(a)给出了 0~0.8 V 偏压区间内所有 n-GNF 模型的 I-V 曲线。值得注意的是,非对称模型的电流远大于对称模型。具体来说,在相同偏压下,所有分子结电流几乎遵循这个顺序:2-GNF > 4-GNF > 6-GNF > 1-GNF > 3-GNF > 5-GNF > 7-GNF。在对称模型中,1-GNR 和 3-GNR 表现出不同的特征,它们的电流接近不对称模型,并且比其他对称模型(5-GNF 和 7-GNF)大得多。这是由于 1-GNR 是由线性的并苯组成的,具有良好的导电性。前文分子导线的研究也证明了这一点。

图 15.10(b)展示了几个模型分子在零偏压下的微分电导。随着 GNF 宽度的增加,对称模型的电导从 1-GNF 到 3-GNF 略有下降,但此后保持不变。因此,对称模型中突起的宽度对电导的影响很小。另外,非对称模型的电导远大于对称模型。随着突起宽度的增加,其电导显著降低。当施加偏压时,所有模型的电导保留了与零偏压电导相同的排列顺

序。上述讨论也提供了器件设计中一个重要的设计原则，即对称模型的电导可以通过增加或裁剪使其变为不对称，从而显著增强导电性。

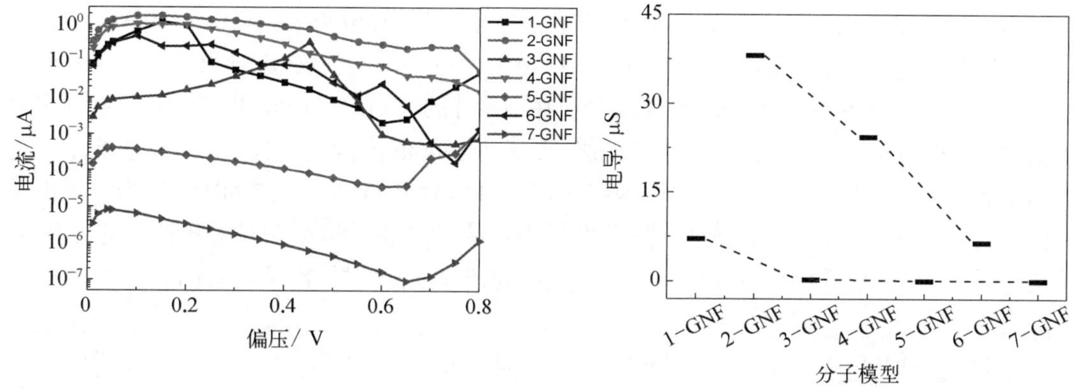

(a) I-V曲线　　(b) 零偏压时的微分电导

图 15.10　n-GNF 模型的 I-V 曲线及零偏压时的微分电导

15.2.2　宽度对石墨烯纳米片电子结构的影响

最高占据分子轨道（HOMO）、最低未占据分子轨道（LUMO），以及能隙（E_g）通常用于预测分子结的电子输运行为。E_g与电子的隧穿效率有关，通常认为电子传递势垒的高度约为能隙高度的一半。如图 15.11 所示，不对称模型（n 为偶数）几乎具有相同的 HOMO 能级，并且紧靠费米能级；三个模型的 LUMO 能级也相似。因此，电子可以很容易地通过不对称体系。而对称模型中，HOMO 和 LUMO 位于费米能级两侧。随着宽度的增加，HOMO 和 LUMO 的能级均远离费米能级，导致能隙增加，但宽度到达 5-GNF 后，则基本保持不变，这与图 15.10（b）中零偏压电导具有相同的规律。

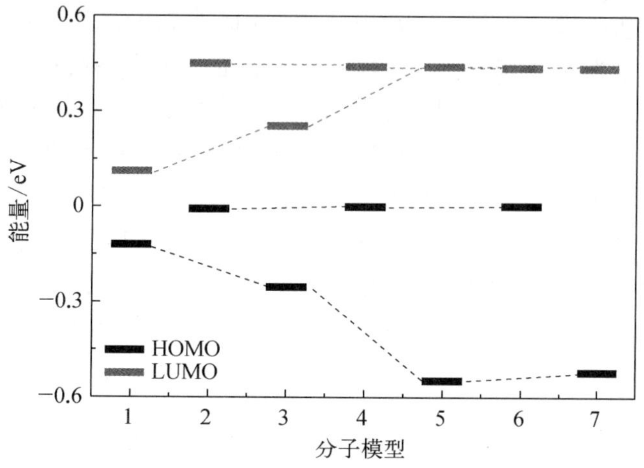

图 15.11　系列分子的 HOMO 和 LUMO 的能级

为了深入了解 n-CNF 的电子输运性质和结构对称性之间的关系，我们进一步分析了投影前线分子轨道的空间分布，这是决定分子结电导的另一个重要因素，如图 15.12 所示。对于对称模型(n 为奇数)，HOMO 完全离域在整个分子上，但因其远离费米能级，所以对电流的贡献也较小。对于 LUMO，1-NGF 和 3-NGF 分布在分子上，但是其他两个模型的 LUMO 在中心区几乎无分布。这一特征可能是图 15.10(b) 中 1-NGF 和 3-NGF 的微分电导大于其他对称模型的原因。另外，不对称模型的 HOMO 主要分布在纳米片的一侧，如图 15.12(b) 所示。在许多分子结中，HOMO 都比 LUMO 更靠近费米能级，形成主要的电子传递路径。因此，电子传递更倾向于经过不对称模型的一侧。此外，不对称模型的 HOMO 非常接近费米能级，为电子传递提供了良好的通道。根据以上分析，我们发现不对称模型和对称模型具有不同的电子输运通道。具体来说，电子通过不对称模型的一侧传输，但是通过对称模型的两侧。

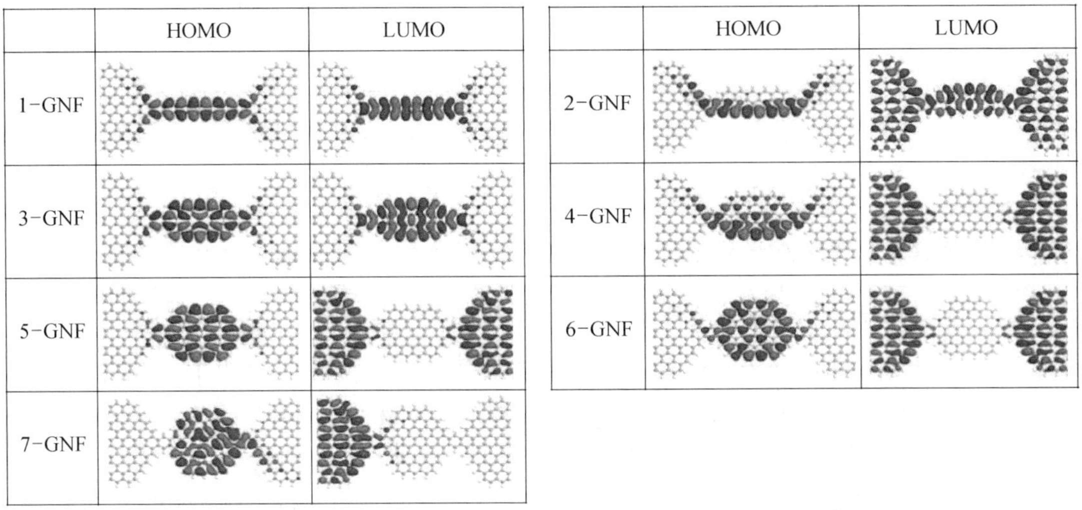

(a) 对称模型　　　　(b) 非对称模型

图 15.12　对称模型和非对称模型的 HOMO 和 LUMO 空间分布

我们进一步分析了投影态密度(PDOS)。在图 15.13(a)中，可以明显观察到 PDOS 呈现两种不同的特征。对称模型(n 为奇数)在费米能级两侧各有一个 PDOS 峰，这两个 PDOS 峰主要来源于 HOMO 和 LUMO 的贡献。随宽度增加，这两个峰彼此远离，所有对称模型在费米能级都有小窄峰，1-GNF、3-GNF、5-GNF 和 7-GNF 在费米能级处的 PDOS 分别为 1.37 eV^{-1}、0.18 eV^{-1}、0.07 eV^{-1}和 0.06 eV^{-1}。5-GNF 和 7-GNF 之间已没有明显差异，这与其零偏压下的微分电导以及 HOMO 和 LUMO 的空间分布特征一致。另外，所有的不对称模型(n 为偶数)，都在费米能级附近有一个 PDOS 峰，主要是 HOMO 的贡献。这些 PDOS 峰的高度相似，接近 20 eV^{-1}，表明不对称模型具有更多的通道，有相似的电子输运行为。此外，由于不对称模型在费米能级的 PDOS 峰较高，它们的电流也要高于对称模型。

15.2.3　宽度对石墨烯纳米片透射谱和电子传递路径的影响

根据 Landauer-Büttiker 公式[式(15.3)]，电流可以利用偏压窗口中透射系数的积分来计算。为了探讨突起结构的对称性对输运性质的影响,我们进一步研究了所有模型的零偏压透射谱,如图 15.13(b)所示。总体而言,透射谱表现出与 PDOS 谱相似的特征。对称模型的透射谱在费米能级的两侧各有一个显著的透射峰,而非对称模型只在费米能级处有一个更高的峰。虽然在零偏压下,对称模型和非对称模型在费米能级附近都有一个透射峰,但对称模型的峰值小而且窄。2-GNF、4-GNF 和 6-GNF 的透射系数分别为 0.998、0.873 和 0.502;非对称模型的透射系数接近 1,表明电子的隧穿效率更高,即不对称模型具有更高的电流和电导。

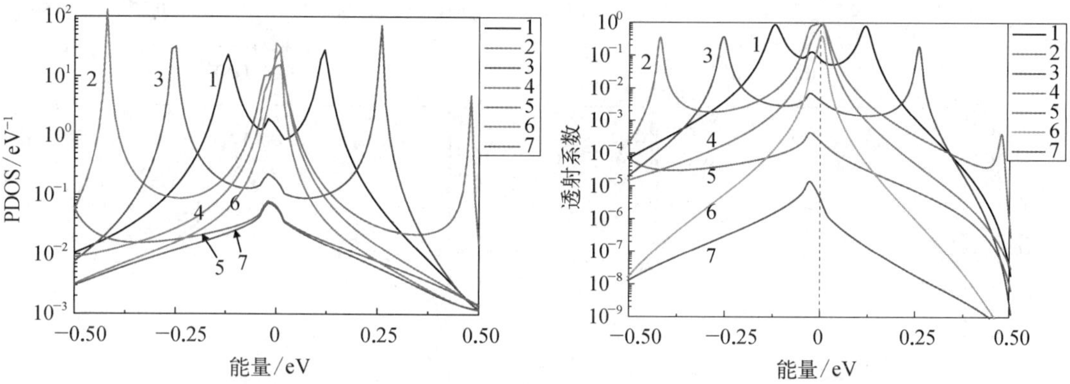

(a) 投影态密度 (PDOS)　　(b) 透射谱

图 15.13　系列模型的输运特征

透射谱随偏压的移动可以为理解电流-电压曲线的细节提供有价值的信息。图 15.14(a)给出了不同偏压下 1-GNF 的透射谱。随着偏压的增加,HOMO 和 LUMO 所贡献的透射峰都远离费米能级,相应的透射系数也逐渐减小。此外,应该强调的是,当施加偏压时,费米能级处的透射系数显著降低。这个特征表明,随着偏压的增加,电子隧穿的效率也降低,这也与图 15.10(a)中在 0.1 V 以上时电流不增反降一致。其他对称模型的透射谱与 1-GNF 模型的特征差别不大。在零偏压下,费米能级附近有一个透射峰。但是随着偏压的增加,相应的透射系数急剧下降,几乎接近于 0。以 5-GNF 为例[图15.14(c)],在零偏压时,透射系数为 2.4×10^{-4},但在 0.2 V 偏压时突然下降到 1.5×10^{-10}。费米能级处的电子隧穿系数随着偏压的增加而急剧降低,导致所有对称模型的电流随着偏压的增加而降低,如图 15.10(a)所示。

对于非对称模型,在零偏压费米能级附近有一个尖峰,其透射系数接近 1,如图 15.14(b)和(d)所示。与对称模型相比,非对称模型的高透射系数与其大的电流一致。随着偏压的增加,该峰向高能级方向移动,峰值减小,并不断变窄。这些特征表明,随着偏压的增加,其电流逐渐减小。以图 15.14(d)中的 6-GNF 为例,费米能级的透射系数接近 0.5。随着偏压的增加,透射系数下降到 6.9×10^{-4}。由此可见,不对称模型的透射谱对偏压也很敏感。

为了深入了解石墨烯纳米片的电子输运行为,我们进一步研究了电子传输路径。图 15.15 给出了四个代表性模型在零偏下的电子传输路径。一般来说,对称和不对称模型具

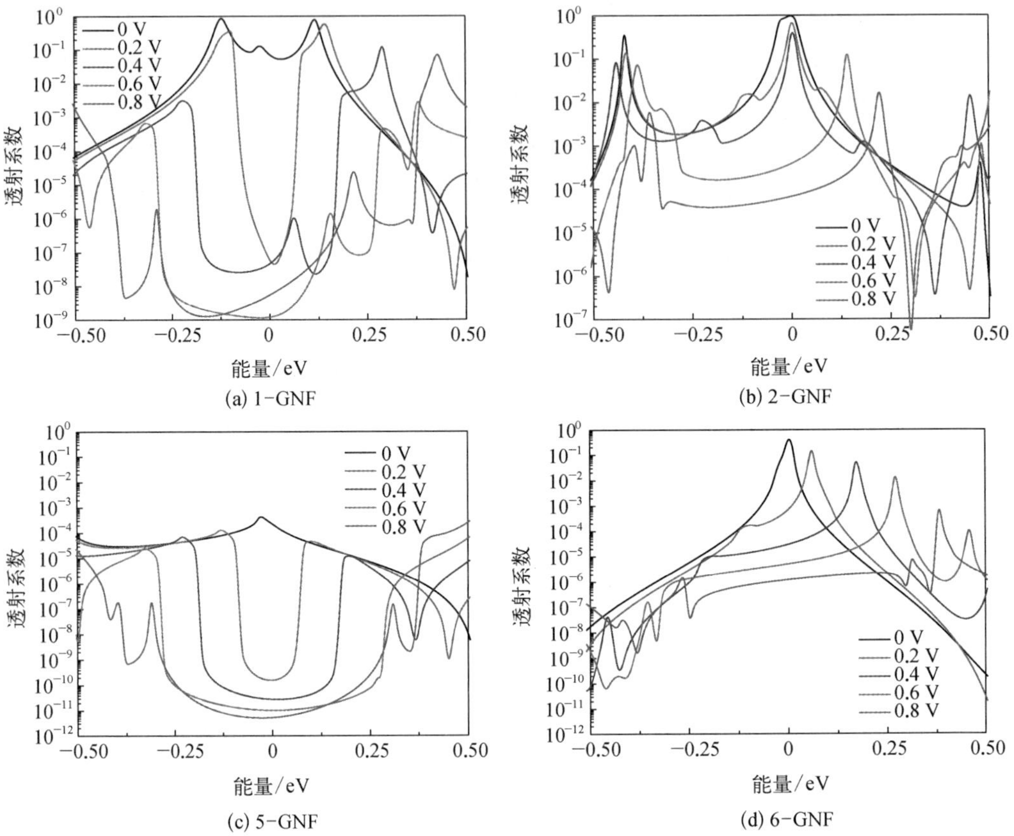

(a) 1-GNF　(b) 2-GNF

(c) 5-GNF　(d) 6-GNF

图 15.14　在不同偏压下的透射谱

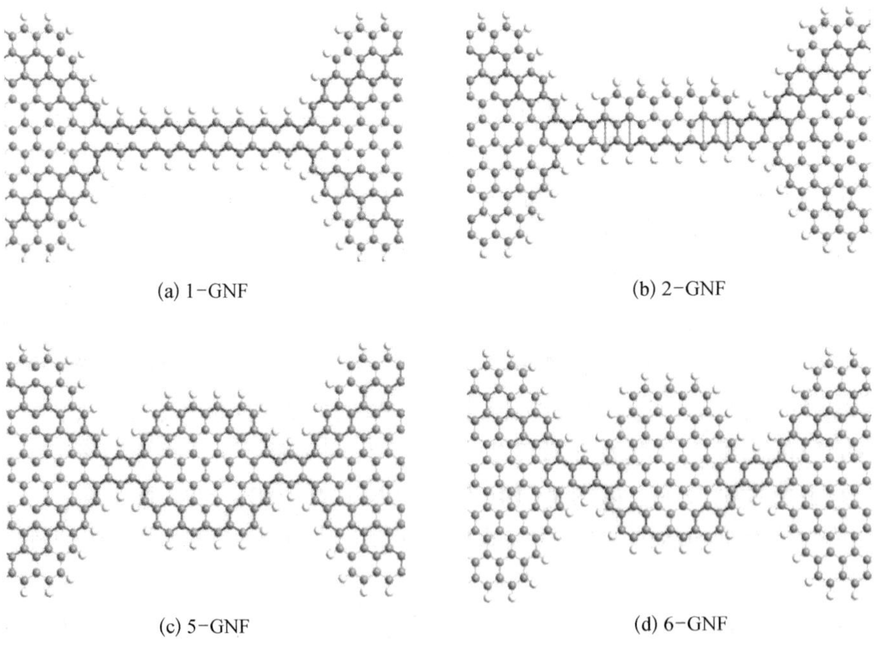

(a) 1-GNF　(b) 2-GNF

(c) 5-GNF　(d) 6-GNF

图 15.15　1-GNF、2-GNF、5-GNF 和 6-GNF 模型在零偏压下的传输路径

有完全不同的传输路径。对于对称模型,电子传输路径往往位于纳米片的边缘,与突起的宽度无关,如图 15.15(a)和 15.15(c)所示。相反,在非对称模型中,电子主要沿突起的一侧传递。基于图 15.13 中透射谱的分析,不对称模型的透射系数几乎是对称模型的数百倍,这意味着电子在不对称模型中的输运是高效的。即使对称模型比非对称模型多一条电子传递路径,但后者的导电性更高。

在本节中,我们主要讨论了结构对称性在含有不同宽度突起的石墨烯纳米片电子输运中的作用。对于对称的石墨烯纳米片,零偏压时的电导随着突起宽度的增加开始略有下降,但随后保持不变。对于不对称模型,随着突起宽度的增加,分子结的电导显著降低。与对称模型相比,非对称模型具有更高的电导,其随宽度的变化也更灵敏。此外,与其他对称模型相比,1-GNF 和 3-GNF 模型具有更特殊的电子输运行为。

15.3 石墨烯剪裁精度对输运行为的影响

石墨烯纳米带(GNR)的合成,激发了对这种新型二维材料电子特性的深入探究。鉴于 GNR 在室温条件下展现出卓越的电子迁移率、高载流子浓度、低电阻以及低能耗等特性,其在纳米电子学、光电子学、力学等许多领域展现出广阔的应用潜力,视为硅基微电子材料的潜在替代者。然而,为了达成特定的高性能功能,往往需要在纳米尺度上对石墨烯进行进一步的裁剪。

裁剪是将二维材料加工成特定几何形状以获得功能性的重要方法。剪裁的锯齿形石墨烯纳米带(tailored graphene nanoribbons, t-GNR)是 GNR 的一种重要结构。Kvashnin 等系统地研究了 Y 型和 T 型 t-GNR 分子结的输运性质[20],发现 t-GNR 的几何结构和电极的排列可以改变其电流-电压特性。Dou 等报道了 t-GNR 分子结中的界面输运的选择性,并发现电极到 t-GNR 边缘的距离可能影响电子输运行为[29]。An 等利用第一性原理研究了三角形突起的 t-GNR 中的电子输运性质,发现 t-GNR 的电导和负微分电阻特性可以通过改变突起的相对位置来调节[27]。Dou 等还提出,电极和散射区之间的宽度差可以调节体系的透射谱,并发现 t-GNR 分子结在较大的电极宽度下表现出低电导特征,而在较小的电极宽度下表现出半导体性质[28]。

GNR 的裁剪方法有电子束刻蚀、离子束刻蚀技术、基于扫描隧道显微镜(STM)的加工技术等。2007 年,Han 等通过光刻图形制作了三个不同宽度(24 ± 4 nm、49 ± 5 nm 和 71 ± 6 nm)的具有代表性的 GNR[30]。2008 年,使用基于 STM 的刻蚀技术,GNR 的宽度进一步减小到 10 nm[31]。2009 年,Lemme 和 Bell[32] 提出了一种利用氦离子束刻蚀制备 GNR 器件的新技术。2010 年,Dobrik 等[33] 使用 STM 刻蚀技术获得最窄纳米带的宽度为 2.5 nm。2014 年,Abdurakhmanova 等[34] 报道了利用低聚苯乙烯前驱体自下而上合成 GNR 的方法,可更为精确可控地制备 GNR。

然而,尽管在石墨烯纳米结构的剪裁方面已取得进展,但仍面临若干技术挑战。自上而下的光刻技术往往在精确控制剪裁位点方面存在难度,这极易导致边缘结构及接触界面的不确定性。举例来说,若旨在构建宽度为数纳米的石墨烯纳米带器件,则意味着该纳米带仅包含几十个呈锯齿状排列的碳原子链,如图 15.16(a)所示。光刻精度引发的边缘结构或接触界面波动可能导致与预期不符的结构产生。此外,GNR 的电学性质对边缘结构、吸附作用及杂原子掺杂等局部结构极为敏感。因此,探究剪裁误差对锯齿形石墨烯纳米带(t-GNR)电子输运性质的影响,对于实现 GNR 器件的小型化及维持其稳定性能具有重要意义。

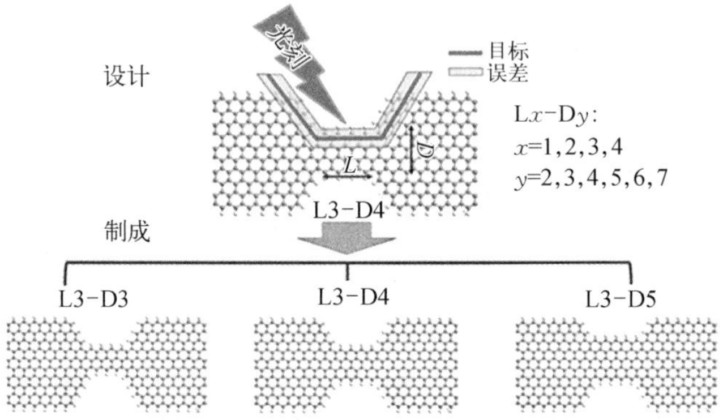

(a) 由裁剪误差而产生的三种可能的分子结几何结构的示意图

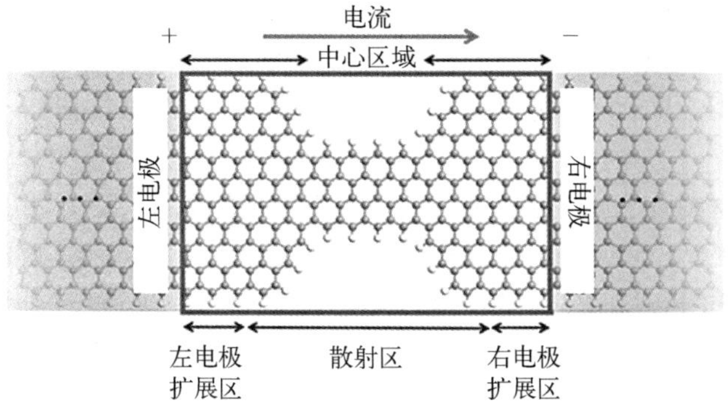

(b) t−GNR分子结的计算模型示意图(两个电极都是半无限的锯齿形GNR,边缘的所有碳原子都利用氢原子饱和)

图 15.16 模拟背景与建模(两个电极都是半无限的锯齿形 GNR,边缘的所有碳原子都利用氢原子饱和)

由于制造过程中不可避免的误差,器件的最终尺寸会偏离其设计值,且在平均值附近呈现一定的尺寸分布,这一现象对器件的性能具有显著影响。本节致力于探讨尺寸效应对 t-GNR 电子输运性质的具体影响,这与以往主要聚焦于杂原子掺杂、边缘裁剪及缺陷影响的研究有所不同。在我们的模拟工作中,裁剪误差引入 t-GNR 的 x 轴与 y 轴方向,致使其尺寸发生显著变动。为了深入分析尺寸变化所带来的影响,我们构建了一系列具有不同长度和宽度的 t-GNR 模型,并针对其电子输运行为及其内在机理进行了详细讨论。

为了开发具有实用价值的分子电子器件,其实际尺寸需与设计尺寸保持高度一致。然而,受制造误差的影响,器件的实际尺寸可能会偏离设计值,偏大或偏小,如图 15.16(a)所示。例如,在采用刻蚀技术构建由三个苯环长度和四条锯齿状碳链宽度构成的分子结(即 L3-D4)时,电子束刻蚀或离子束刻蚀过程中的偏移可能导致最终结构变为 L3-D3 或

L3-D5。唯有当这些结构展现出相似的电学性能时,它们才具备实际应用的前景。

为了研究制造误差对器件性能的影响,在本节中,我们对一系列经剪裁不同尺寸的石墨烯纳米带分子结进行了第一性原理计算。图 15.16(b)给出了单分子结计算模型的几何结构。与实验制备的 GNR 相比,本节研究的模型除尺寸略有减小外,其他方面均具有代表性。分子结由三部分组成,包括左电极、中心区和右电极。两个电极都是半无限的锯齿形纳米带,边缘的碳原子全部被氢原子饱和。将设计的一系列不同长度和宽度的模型命名为 Lx-Dy(x = 1、2、3 和 4;y = 2、3、4、5、6 和 7),其中 x、y 分别代表沿电子传递方向上苯环的个数以及垂直电子传递方向上锯齿状碳链数。当 y = 2 时,体系对应一个并苯链。分子结长度(用 L 表示,单位为 Å)与 x 具有以下关系:

$$L = 2.41 + (x - 1) \times 2.42 \tag{15.7}$$

分子结宽度(用 D 表示,单位为 Å)与 y 的关系如下:

$$D = 5.01 + (y - 2) \times 2.13 \tag{15.8}$$

基于 DFT-NEGF 方法对模型进行了结构优化以及电子输运计算。采用自旋极化的广义梯度近似和 PBE 泛函处理电子交换-相关势,采用模守恒的 Troullier-Martins 赝势处理核电子和价电子相互作用。对碳和氢原子采用 DZP。所有边缘碳原子都利用氢原子饱和,以消除悬挂键。结构弛豫时采用共轭梯度法,直到每个原子上的残余应力小于 0.02 eV/Å。在结构优化中 k 点使用 Monkhorst-pack 方法,设为 1 × 1 × 200,截止值能为 150 Ry。基于 Landauer-Büttiker 公式[式(15.3)]计算 t-GNR 分子结中的电子输运行为。

15.3.1　电流-电压曲线与长度的关系

在裁剪到极限的情况下,沿着电子传输方向至少有一条分子链,即连接到两个电极的并苯分子链。图 15.17 汇总了通过第一性原理结合非平衡格林函数方法模拟的不同长度并苯分子结的电流-电压(I-V)曲线。与其他分子线不同,这些体系的电流不随电压单调增加。它在低偏压区内近乎线性上升,但在 0.4 V 左右达到峰值后,再经历缓慢下降,这意味着从这一点起,系统表现出负微分电阻特征。这一点与连接到金属电极的并苯分子链的输运行为有本质的不同(见 7.1 节)。还值得注意的是,改变分子结的长度对其零偏压电导没有显著影响。例如,L2-D2、L3-D2 和 L4-D2 的零偏压电导分别为 73.24 nS、49.38 nS 和 46.91 nS,仅略有下降(小于 36%)。由于 L1-D2 只有一个苯单元,两个石墨烯电极之间的电子耦合无法有效地阻断。因此,L1-D2 的电导达到 128.07 nS,远高于其他模型。另外,虽然从 L1-D2 到 L2-D2 电导下降得很快,但 L3-D2 和 L4-D2 已相差不大,表明沿电子

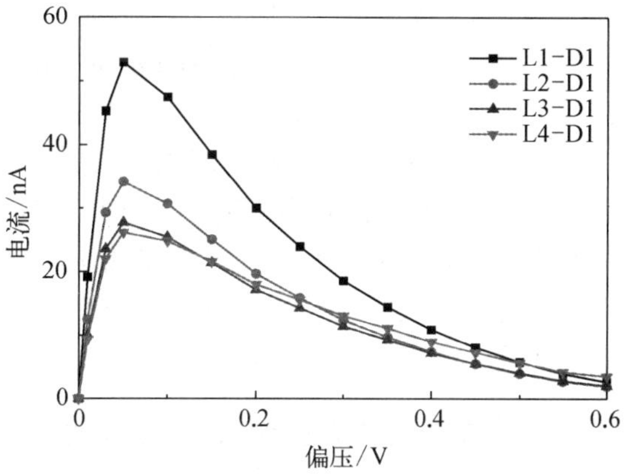

图 15.17　不同长度系列分子结的电流-电压(I-V)曲线

传输方向的长度变化对锯齿形 t-GNR 的电子输运影响有限。因此，可以推测，由制造误差导致的分子结长度的不确定性不会对器件性能产生显著的影响。

15.3.2 透射谱与长度和偏压的相关性

图 15.18 比较了上述四个体系在几个代表性偏压下的透射谱。在零偏压下，透射谱在费米能级附近呈现 U 形分布，在费米能级处的透射系数分别为 0.0032、0.0018、0.0012 和 0.0012，分别对应于上述不同长度的四个体系。这些值远低于单位 1，表明并苯链分子结的电子传输效率较低。此外，虽然数值随长度呈明显下降趋势，但后三者之间的差异并不明显。这同样说明一定长度后，再增加长度不会对零偏压电导产生较大影响。

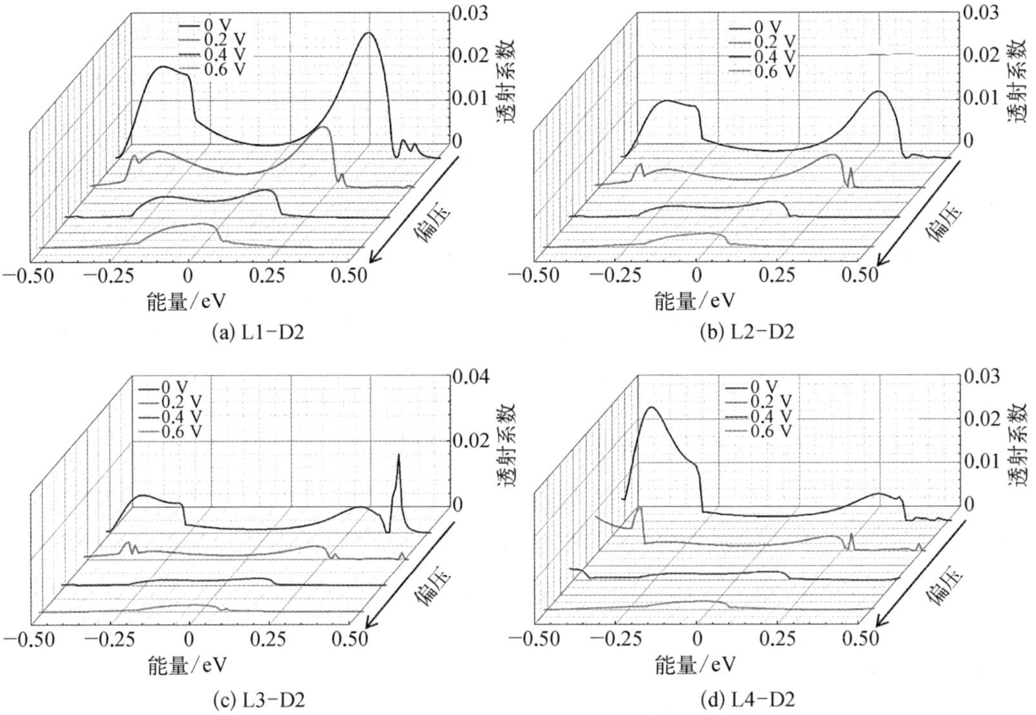

图 15.18 几个代表性偏压下的透射谱

当施加偏压时，所有四个体系的透射谱均发生相似的变化。随着偏压的增加，U 形开始消失，最终在费米能级附近形成一个小的平缓的透射峰。远离费米能级的透射系数随偏压迅速降低的事实表明，在较高的偏压下，费米能级附近的电子传输通道对分子结电流的贡献更大。该特性与图 15.17 的电流变化一致。特别是电流在 0.4 V 之后开始下降，导致了负微分电阻。

15.3.3 投影态密度对长度和偏压的依赖性

透射谱反映了分子结内在的输运属性，因此它有助于理解 $I-V$ 曲线的重要特征。然而，t-GNR 的总透射系数考虑了给定能级下电子传递通道数 $M(E, V)$ 和该通道的透射系

数 $T(E, V)$ 的共同贡献,如式(15.2)所示。因此,分析 $M(E, V)$ 对输运行为的贡献同样具有重要意义。在给定的能级下,$M(E, V)$ 的信息可以从态密度(DOS)中获得,特别是投射到相邻石墨烯电极间的信息,以反映分子结的局部特性。图 15.19 给出了在一系列偏压下的投影态密度(PDOS)。从图中可以看出四个体系之间的相似性。当不施加偏压时,在-0.5~-0.3 V PDOS 谱中有一个宽峰,在费米能级附近没有出现其他峰出现。四个体系在 Fermi 能级处的值分别为 3.0、2.9、3.0 和 2.9,表明在不施加偏压时,可用于传输电子的通道不超过三条。这四个体系在所考察的能量范围内表现出很大的相似性,尤其是在-0.5~0.5 eV 的能量区间,覆盖了偏压窗口[$-V/2$, $V/2$]。在这个范围之外,虽然各体系间的差异变得突出,但是那些电子传递通道不再对分子结的净电流有贡献。随着偏压的增加,PDOS 峰逐渐向费米能级移动,峰的高度也缓慢降低。同样,四个体系之间没有显著差异。PDOS 谱的这些特征表明,随着分子结长度的增加,电子输运通道的数量略有减少,这也与图 15.17 中 I-V 曲线的特征一致。

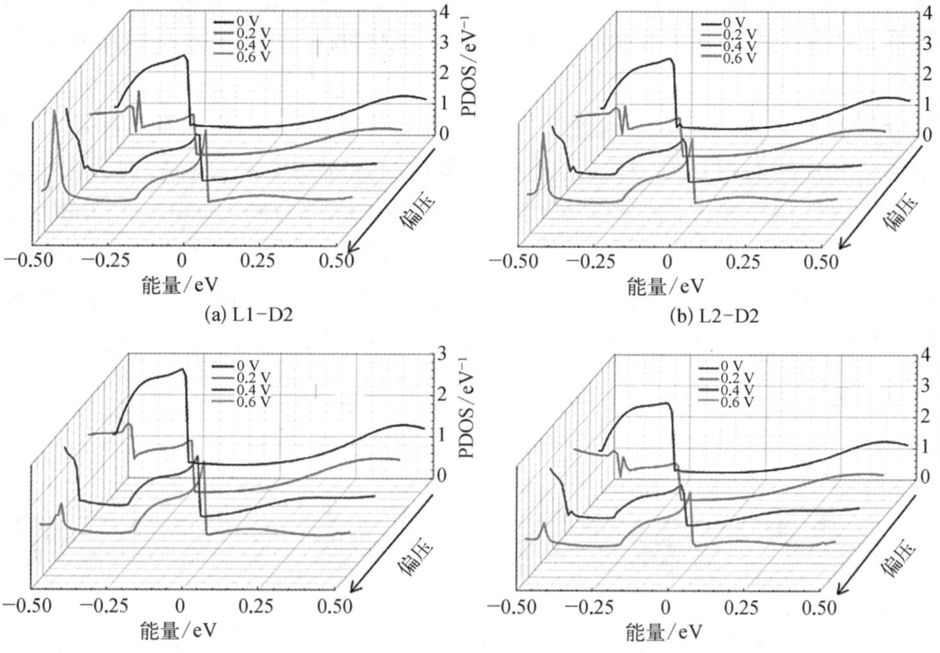

(a) L1-D2　(b) L2-D2　(c) L3-D2　(d) L4-D2

图 15.19　不同偏压下的投影态密度(PDOS)

分析在零偏压下费米能级的透射系数和 PDOS 对于理解电子输运通道的性质是有指导意义的。L1-D2 的 PDOS 几乎与 L3-D2 相等,这也意味着两个体系具有相同数量的电子传输通道。但 L1-D2(0.0032)的总透射系数几乎是 L3-D2(0.0012)的三倍,这一事实证实了 L1-D2 的电子传输通道比 L3-D2 效率高得多。

15.3.4　HOMO 和 LUMO 的空间分布

上述分子结构由一个裁剪后的石墨烯带(即并苯分子链)与两个石墨烯纳米片连接

而成，其中所有碳原子均呈现相同的 sp^2 杂化状态。从形貌特征上观察，左侧的石墨烯纳米片在连接至分子链前呈现逐渐收缩变窄的趋势。此结构中的电子传输展现出特定的空间限制效应：在左电极处，电子拥有较为充裕的传输空间，而当电子到达更狭窄的并苯链时，该链对电流产生强烈的限制或阻断作用。从分子结构的角度来看，除电子传递距离（L）逐渐增加外，所有四个体系均保持相同的结构特征，这可能引发两种不同效应。首先，电子移动距离的增减直接影响电子传递速率，进而决定分子结电流的大小。例如，依据电子隧穿机制，电子传输速率随距离增加而呈指数级下降；若遵循跳跃机制，则传输速率随距离增加而呈线性递减。其次，由于分子链嵌入两个半无限石墨烯电极之间，它们之间的电子耦合受到分子结的空间阻断影响，然而并苯分子链在此起到桥梁作用，且分子链越短，耦合作用越强，即更强的耦合效应导致更高的分子结电流。因此，较短的分子链无法有效阻断左右电极间的电子耦合。如上所述，L1–D2 体系的电流和传输系数约为其他三个模型的两倍至三倍，而后三者之间无明显差异。这表明 L1–D2 的传导主要由强烈的电子耦合主导，而在其他三个体系中，此效应可忽略。此外，这也意味着当链长超过 L2–D2 时，石墨烯基分子结展现出相似的电子传递行为，0.5 nm 即可视为石墨烯基器件适用的最短沟道长度。

通过分析费米能级附近分子轨道投影的空间分布，我们可以深入探讨中心分子链与两个石墨烯纳米片间的相互作用机理，进而理解它们之间的电子耦合特性。图 15.20 展示了在三个代表性偏压条件（含零偏压）下，四个体系中间部分的 HOMO 和 LUMO 的空间分布对比。在零偏压下，所有四个体系中的 HOMO 和 LUMO 均呈现垂直对称分布。特别地，HOMO 主要集中于并苯链上，这一特征在较长体系中（如 L4–D2）尤为显著，表明较短的连接链（如 L1–D2）无法有效阻断两个石墨烯纳米片间的电子耦合。相反，LUMO 则主

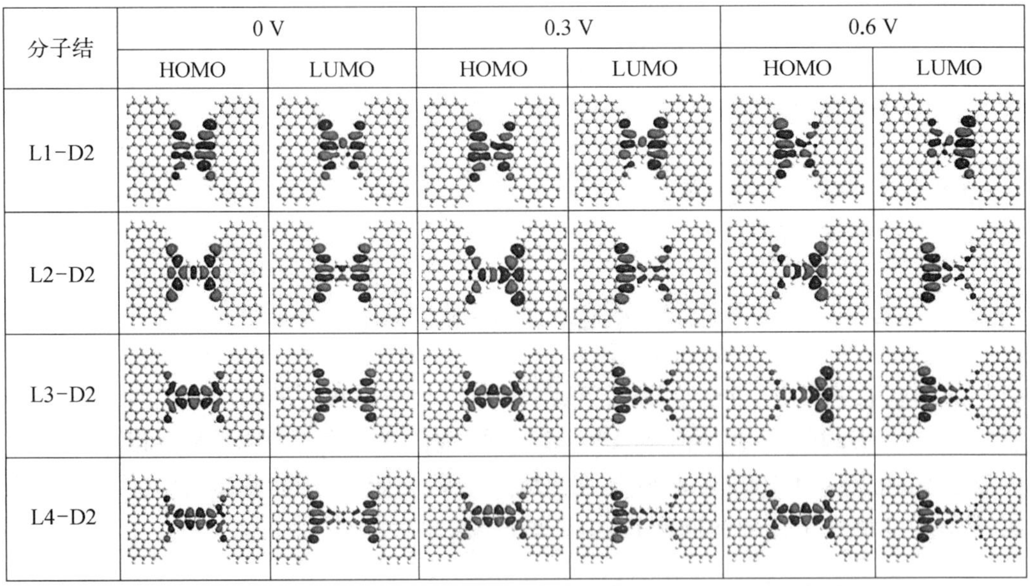

图 15.20 四个体系的 HOMO（自旋向上，↑）和 LUMO 在几种典型偏压下的空间分布（对于所有等值面图，等值线固定为 0.03）

要分布于两个扩展区域,且随着链长的增加,LUMO 的分离现象变得更为明显。值得注意的是,L3-D2 与 L4-D2 体系在 LUMO 分布上无明显差异,这些观察结果指出,数个苯环足以有效隔离两个石墨烯纳米片间的电子耦合。为了有效阻断左右石墨烯电极间的电子耦合,体系分子结上的能级与电极之间的能级匹配度显得尤为重要。若两个电极由具有大能隙的饱和烷基链分隔,则电极间的电子耦合可因大能隙单元的阻断作用而得到更好的分离。

所有体系均展现出强烈的偏压依赖性,这一特性与其他共轭分子体系一致。在此类体系中,LUMO 向高电位方向偏移,而 HOMO 向低电位方向移动。此类移动在一定程度上削弱了整个体系的共轭性,进而致使在较高偏压下电子传递效率降低,这一点从 $I-V$ 曲线和透射谱中均可明显观察到。

15.3.5　电子传递路径的长度相关性

比较四个体系,我们可得出以下结论:所有特征(包括 $I-V$ 曲线的形状、透射谱以及投影态密度)均展现出相似性,这表明四个体系中的电子传递路径具有一致性。为了深入探究分子结长度变化对传输行为的具体影响,我们进一步分析了电子传递路径。该路径直观展示传输几率高于设定阈值的连续空间区域,揭示了电子传递最可能的轨迹,如图 15.21 所示。显然,这四个体系的电子传递路径相同,唯一的变化在于连接左右石墨烯电极的通道长度。图中显示,沿并苯链边缘存在两条通道。在电子注入的左电极与流出的右电极上,四个体系的电子传递路径一致,这进一步证实了当两侧电极充分分离后,更大的距离变化不会带来显著影响。因此,我们可以得出结论,在基于 t-GNR 的器件中,电子传输方向的制造误差可忽略或可接受,因为通常分子结的宽度都会大于 L2-D2。

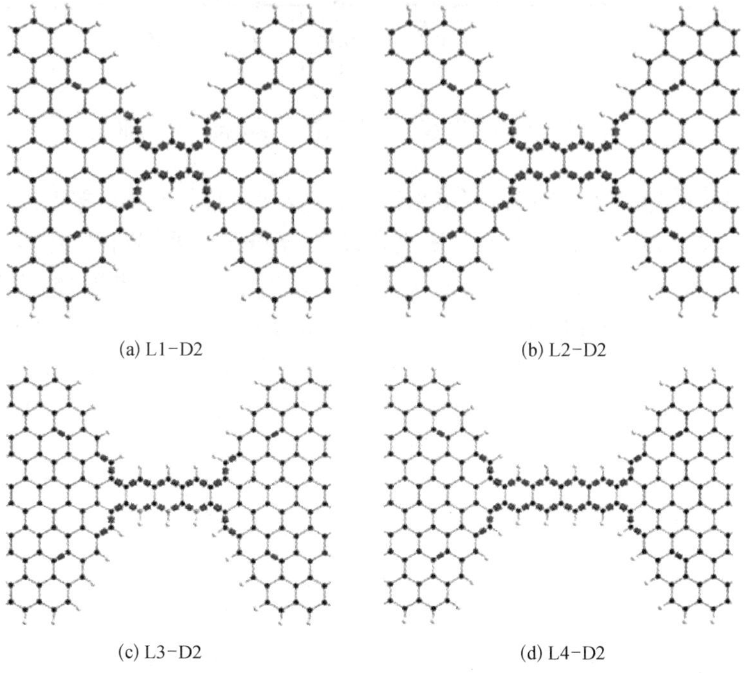

(a) L1-D2　(b) L2-D2

(c) L3-D2　(d) L4-D2

图 15.21　L1-D2、L2-D2、L3-D2 以及 L4-D2 在零偏压下的电子传递路径

15.3.6 电流-电压特征与宽度的相关性

为了探究制造误差在垂直方向上的影响,我们构建了一系列 L3-Dy(y = 2、3、4、5、6 和 7)模型,以进一步分析分子结宽度对电子输运特性的影响。图 15.22 展示了不同分子结宽度对应的 I-V 曲线,模型间呈现显著的奇偶差异。显而易见,最窄的 L3-D2 分子结展现出最低的电导。然而,当在其上方增加一层聚乙炔形成稍宽的 L3-D3 分子结时,导电性显著提升。有趣的是,当在 L3-D3 下方再增加一条聚乙炔链,形成对称的 L3-D4 结构时,分子结的电导再次下降,但在每个相应的偏压下,其电流仍高于 L3-D2。类似地,在 L3-D4 上方继续添加一层,即 L3-D5,电流再次增加,但在 0.5 V 之前,其电流小于 L3-D3。因此,随着宽度的逐渐增加,I-V 曲线呈现明显的奇偶振荡现象,且振荡幅度逐渐减小,预示着电流曲线最终将趋于某一平衡状态。

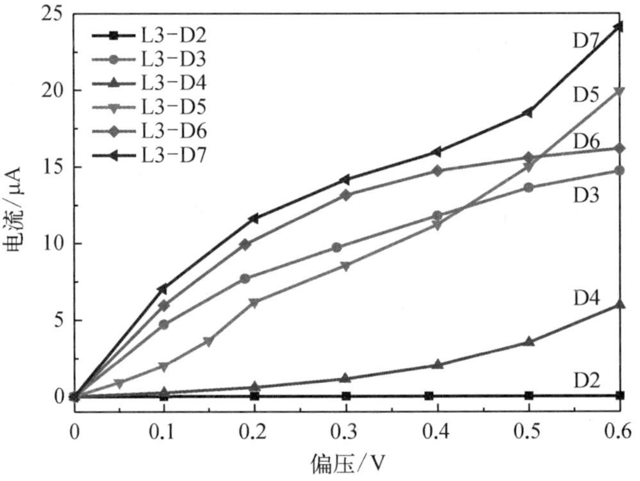

图 15.22 不同宽度系列分子结的计算电流-电压曲线

另外,零偏压电导的比较对于评估宽度变化的效果同样至关重要。最窄的 L3-D2 分子结的零偏压电导为 0.05 μS,远低于其他宽度的分子结。当分子结宽度增加至 L3-D3 时,其电导急剧上升至 67.90 μS。然而,随着分子结宽度的进一步增加,电导呈现下降趋势,即 L3-D4 的电导为 2.19 μS,L3-D5 的电导为 16.52 μS。按照上述规律不难看出,L3-D6(53.39 μS)与 L3-D7(71.03 μS)之间的电导差异进一步缩小。基于这些结果,我们可以合理地推断,分子结的最小宽度应至少为 1.35 nm(对应于 L3-D6),以最大程度地减小制造误差对基于 t-GNR 电子器件性能的影响。

15.3.7 不同宽度和偏压条件下的透射谱

从透射谱可以深入分析 I-V 曲线的奇偶变化特征,如图 15.23 所示。在最窄的 L3-D2 分子结中,未施加偏压时,费米能级附近呈现宽 U 形透射谱。随着偏压的增加,U 形透射谱逐渐变窄,预示着分子结电导的提升。在 L3-D4 中也可观察到类似特征。然而,随着宽度的进一步增加,偶数模型系列逐渐展现出奇数体系的特性。以 L3-D6 为例,在低偏压区呈现出一个宽的 U 形透射谷，这是偶数模型的典型特征。但值得注意的是，在费米能级附近也观察到一个透射峰，类似于奇数模型中的情况。因此，可以观察到奇偶振荡的振幅随宽度增加而逐渐减小，直至达到最终的平衡状态。另一个重要特征是费米能级处透射系数的宽度依赖性。以零偏压为例，L3-D2 在费米能级处的透射系数为 0.0012，而 L3-D4 的系数为 0.0552，高出一个数量级；L3-D6 的系数则高达 1.7404，已非常接近奇数模型 L3-D7 的值（1.8170）。显然，L3-D6 是一个重要的转折点，超过此界限，体系在透射系数上表现出更大的相似性。

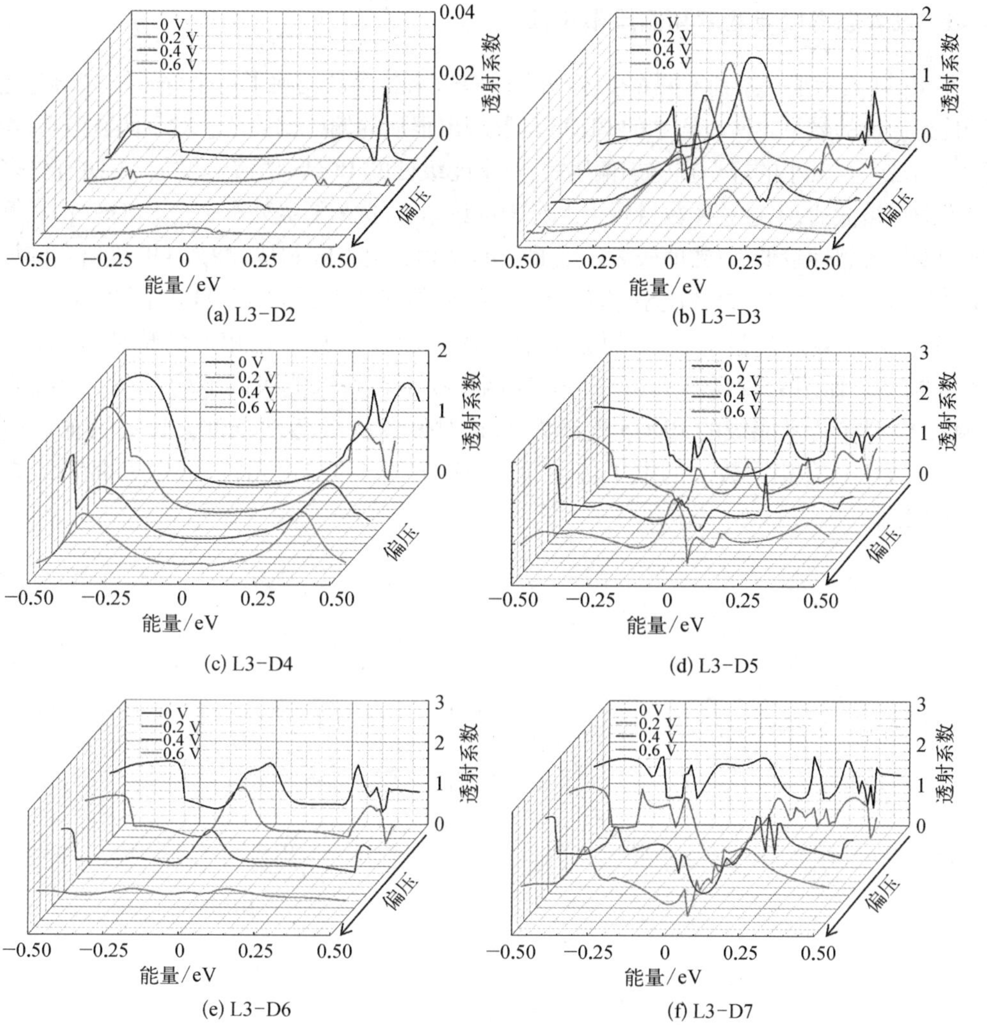

图 15.23　模型分子在几种典型偏压下的透射谱

相反，具有奇数宽度的体系在其透射谱中展现出不同的特征。具体而言，这些体系在费米能级附近呈现透射峰，且该透射峰对施加的偏压依赖性较弱。因此，它们展现出比偶数宽度体系强得多的零偏压导电性。然而，随着宽度的增加，费米能级附近的透射峰对偏压的敏感性增强。以 L3-D3 为例，随着偏压的增加，透射峰变得更加尖锐，尽管其峰值仍保持在 1 左右。

几种电子传递机理,包括量子干涉和我们提出的电子传递路径,用于阐释分子尺度电子输运的现象。在此我们也尝试用它们来分析奇偶变化的现象。偶数体系因具有对称的结构,通常有利于形成相长干涉,利于更好的导电性。然而,根据计算得出的电流结果(图 15.23),偶数体系的电导相对较弱,这再次说明量子干涉模型的局限性。同时,奇数体系的透射谱表明,在这些体系中量子干涉机制并不占据主导地位。因此,电子传递路径的变化是奇偶差异的主要原因。具体而言,奇数体系中存在有效的电子传递路径,而偶数体系中缺乏这样的路径。

15.3.8 投影态密度与宽度和偏压相关性

图 15.24 展示了一系列不同宽度模型的 PDOS 图,这些图反映了每个分子结在给定能量下电子传递通道的数量。所有样本的 PDOS 均展现出很强的偏压相关性。对于偶数体系,费米能级附近出现一个较小的峰。在施加偏压后,费米能级处的 PDOS 值缓慢增加,表明有更多的电子传递通道被激活,不过总体数量较少。对于奇数体系,费米能级处有一个 PDOS 峰,尽管其对施加的偏压敏感性较低,但数值较大。以 L3-D3 为例,零偏压时其峰高为 4.9,该值在施加偏压后基本保持不变。因此,奇数模型相较于偶数模型,具有显著更大的零偏电导和电流。

另外,对于宽度超过 L3-D6 的分子结,PDOS 曲线通常呈现相似的特征,即奇偶振荡的幅度减小。如图 15.24(e)和(f)所示,这两个模型在费米能级以下均存在一个尖峰。然而,两个模型在费米能级的 PDOS 均约为 4,且对偏压的敏感性较低。这一特征表明,L3-D6 和 L3-D7 具有相同数量的电子传递通道,这与之前的结论相符,即电流曲线最终趋向于平衡状态。

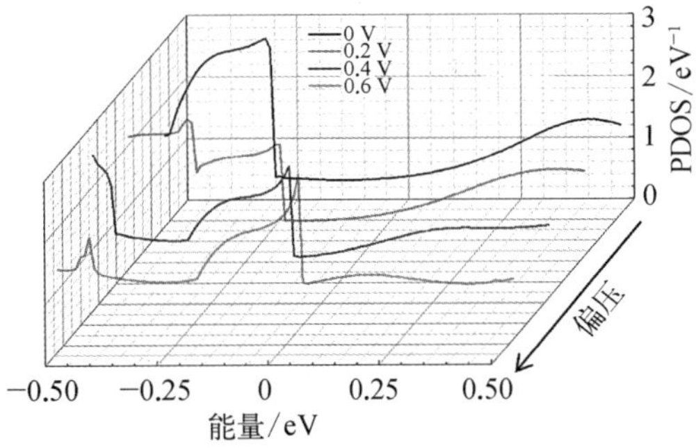

(a) L3-D2

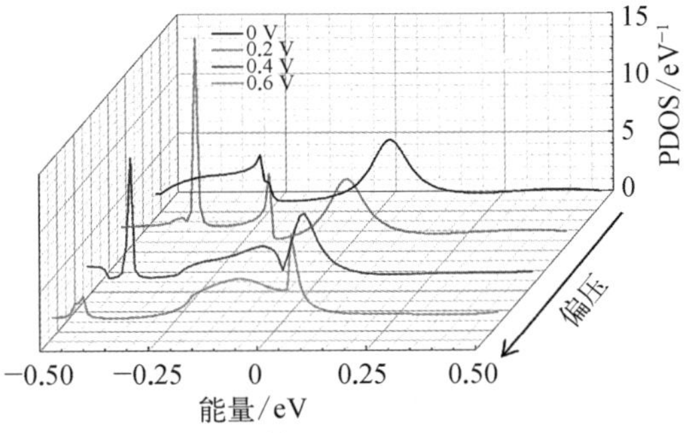

(b) L3-D3

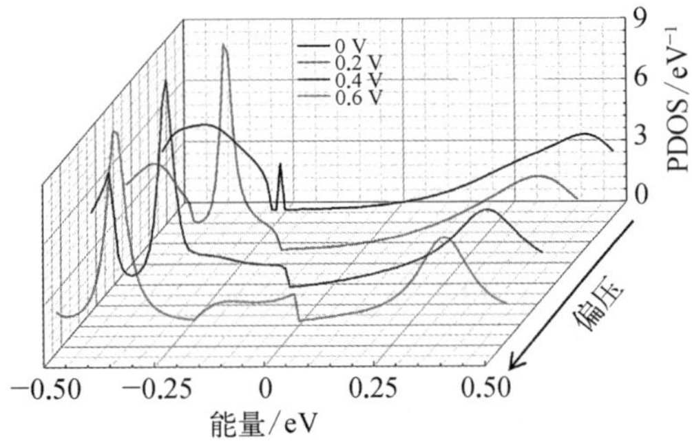

(c) L3-D4

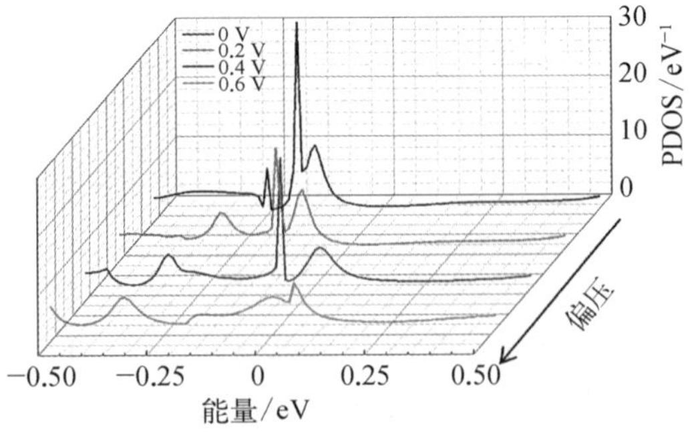

(d) L3-D5

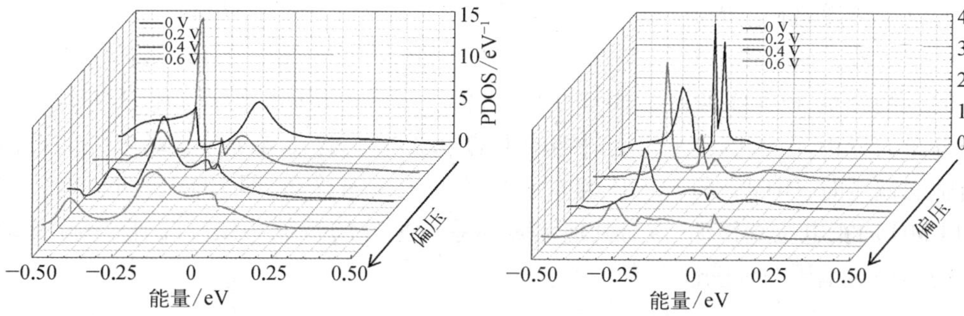

(e) L3-D6　　(f) L3-D7

图 15.24　不同宽度模型系列在几种典型偏压下的投影态密度(PDOS)

15.3.9　HOMO 和 LUMO 的空间分布及与宽度和偏压的相关性

为了深入考察输运行为与宽度之间的关联,我们分析了投影的前线分子轨道(HOMO 和 LUMO)的空间分布,这是决定分子电导的另一个关键因素,结果如图 15.25 所示。由于偶数模型的几何结构关于纳米带的长轴对称,因此 HOMO 和 LUMO 的空间分布展现出相同的对称性。此外,HOMO 更倾向于分布在纳米带的边缘,这一特征在更宽的体系(如 L3-D6)中尤为显著。在多数分子结中,HOMO 相比于 LUMO 更接近费米能级,从而构成

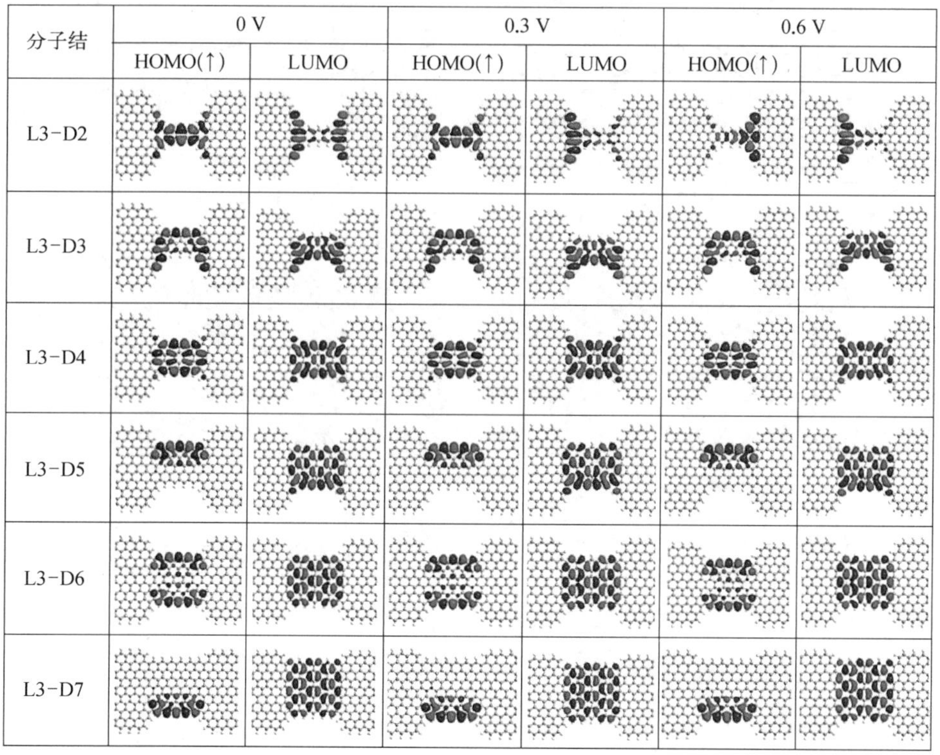

图 15.25　所有计算模型的 HOMO(自旋向上,↑)和 LUMO 在不同偏压下的空间分布(所有等值面图的等值面固定为 0.03)

了主要的电子传递路径。因此,电子传递路径主要集中于纳米带的边缘。另外,奇数体系相对于电子传输方向呈现不对称性,其空间分布也证实了这一点。具体而言,HOMO 仅沿纳米带的一侧分布,LUMO 虽不如 HOMO 显著,但也表现出相同的特点。根据零偏压下轨道空间分布的分析,电子传递主要通过纳米带的边缘进行,这主导了分子结电导的奇偶波动。当施加偏压时,HOMO 和 LUMO 的空间分布发生反向移动,即 HOMO 向负电位端移动,而 LUMO 向正电位端移动,这与其他共轭体系所呈现的特征一致。此外,窄分子结轨道分布的移动对偏压的敏感性更高。

15.3.10　宽度对电子传递路径的影响

为了深入了解不同宽度分子结的传输行为,我们进一步分析了施加偏压前后的电子传递路径,结果如图 15.26 所示。该图清晰地表明,在中间纳米带的边缘存在两条路径,且这两条路径的强度呈现微弱的奇偶变化。在 L3−D2 中,两条路径彼此最为接近,相互干扰导致其具有最小的导电性。随着通道宽度的增加,这两条路径逐渐分离。在奇数模型中,其中一条路径逐渐占据主导地位,而另一条逐渐减弱至趋于消失。此外,在施加偏压后,传输路径呈现几个新的特征。对于 L3−D2,电子传递路径被阻断。而当纳米带的宽度增加时,偏压的影响减弱,这表明在更宽的偶数系统中,电子输运效率得到了提升。

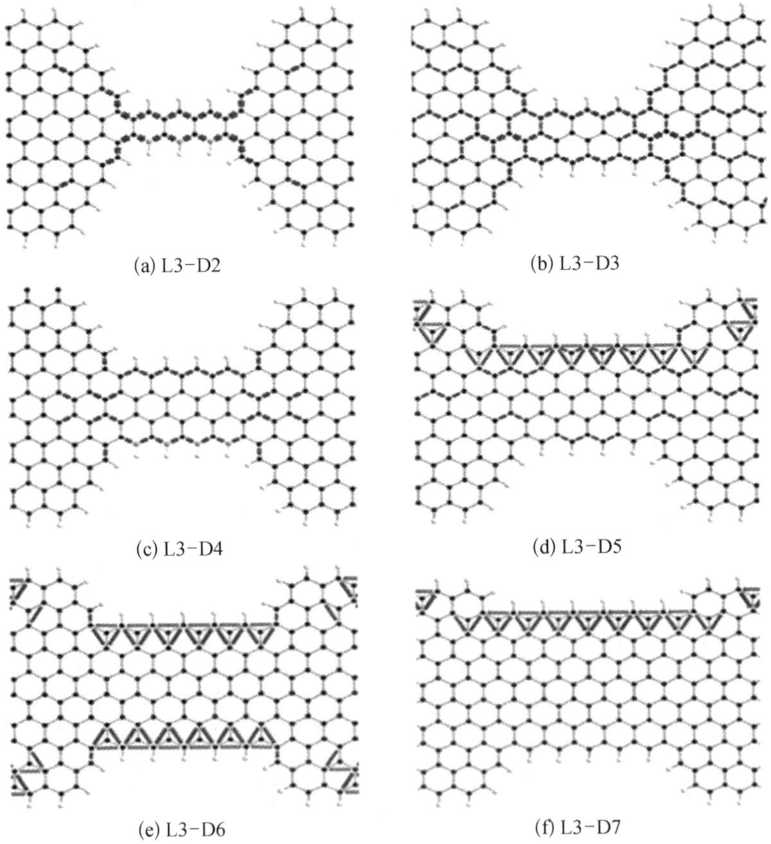

(a) L3−D2　(b) L3−D3　(c) L3−D4　(d) L3−D5　(e) L3−D6　(f) L3−D7

图 15.26　计算模型在零偏压下的电子传递路径

本节旨在比较几种 t-GNR 分子结，以评估制造误差对分子结导电性质的影响。我们设计了两个系列的分子结，分别具有不同的宽度和长度，并采用第一性原理结合非平衡态格林函数的方法，模拟了这些分子结的电流-电压特性及其他相关的性质。由于t-GNR具备优异的共轭结构，其电子传递行为与传输方向上的距离相关性较弱。因此，在实际应用中，横向的制造误差对电子输运的影响相对较小。相反，分子结的宽度对电子输运行为的影响较为显著，并呈现明显的奇偶变化特征。然而，随着宽度的增加，这种变化的幅度迅速减小。研究结果表明，当分子结的宽度超过 1.35 nm（如 L3-D6）时，电导的不确定性将降低至可接受的范围。因此，在分子结的设计过程中，需要确保足够的电子传递通道宽度。

15.4　石墨烯纳米带的连接点对自旋电子输运的影响

基于石墨烯的自旋电子器件是非常有潜力的下一代信息器件。完美的石墨烯在布里渊区的 K 点处具有自旋简并的狄拉克点。当石墨烯切割成具有锯齿边缘的一维纳米带时，会出现自旋极化的边缘态，可以利用这些边缘态来提高锯齿型石墨烯纳米带（zigzag graphene nanoribbon，ZGNR）器件的性能。Son 等的研究表明，横向电场可以使 ZGNR 具有半金属性质[4]。随后的研究发现，化学修饰和掺杂也能够将 ZGNR 变成半金属性质[35,36]。因此，许多 ZGNR 可用于自旋过滤器、自旋阀和自旋热电器件。一般来说，器件设计有四个关键因素，分别是边缘修饰、中心散射区设计、外部场布局和能带对称匹配[7]。

Kang 等提出了对 ZGNR 进行非对称的边界加氢[16]，其上自旋的价态低于费米能级（E_F），而下自旋的导态仅高于费米能级。通过 p 型或 n 型掺杂，该 ZGNR 可以产生 100% 的自旋过滤效应。Zeng 等将碳原子链作为器件的中心散射区，发现单个器件中同时出现自旋过滤和自旋阀效应[37]。Sahin 和 Senger 设计了磁性原子掺杂的石墨烯纳米带，发现磁性原子引起自旋极化的电流[38]。Zeng 等研究了两个不同磁性的电极对纳米结电子输运的影响，包括两电极自旋平行[1,1]、自旋反平行[-1, 1]以及一个电极为磁性而另一个非磁性[1, 0]，发现对自旋输运性质具有显著影响[23]。本节主要研究影响自旋极化电流的另一个重要因素，即能带的对称性。

以上研究都具有一个共同的目标：设法诱导 ZGNR 的能带发生自旋极化。由于 ZGNR 的基态是反铁磁性质，总磁矩为零，除非在 ZGNR 中进行掺杂或引入外电场、拓扑线缺陷及应变，否则 ZGNR 不会转变成半金属性质。值得注意的是，沿着 ZGNR 的两个边界的自旋极化电子态是铁磁有序的，但是在石墨烯骨架上表现为反铁磁耦合[39]，并且在低偏压下，电流主要沿着 GNR 的边缘流动[40]。基于这些特征，本节提出将上自旋和下自旋的电流沿边缘局域化并相互分离。如果我们保持一条边完整，切断另一条边，那么只有一种自旋流存在。因此，本节利用空间分离的 ZGNR 边缘态设计了一种新型的纳米结，能够简单而有效地获得自旋极化的电流。

由 ZGNR 构成的模型如图 15.27 所示。我们将两个 ZGNR 的上边界和下边界对齐（沿 ZGNR 电子输运方向的两个重复单元作为左/右电极），将其命名为 A1。为了与 A1 比较，我们同时计算了对称的 ZGNR 结，命名为 A2。采用密度泛函理论（DFT）和模守恒赝势，利用非平衡态格林函数（NEGF）方法计算自旋电子输运。采用 Perdew-Zunger 参数化的局域自旋密度近似作为交换关联泛函，基组为 SZP，截断能为 150 Ry。

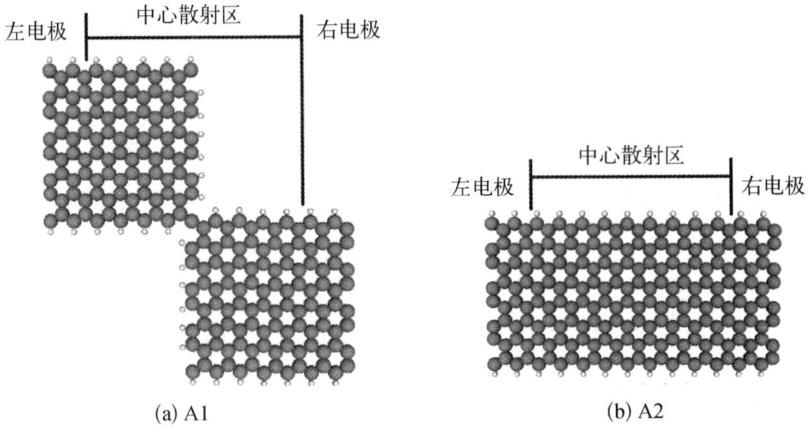

图 15.27 ZGNR 结的示意图（其中沿电子输运方向的两个重复单元作为左/右电极）

15.4.1 ZGNR 耦合位置对自旋电子输运的影响

图 15.28 描述了两个模型的自旋极化电流–电压（$I-V$）曲线。A1 结的 $I-V$ 曲线与 A2 结的 $I-V$ 曲线明显不同。在 0.6 V 偏压以下即可观察到 A1 结的电流出现明显的自旋极化，如图 15.28(a)所示。与 A1 结相比，图 15.28(b)中 A2 结的电流没有自旋极化。自旋过滤效率（spin filtering efficiency，SFE）定义为 $\mathrm{SFE}=\frac{I_{\mathrm{up}}-I_{\mathrm{down}}}{I_{\mathrm{up}}+I_{\mathrm{down}}}\times 100\%$，图 15.28(c)展示了所研究的偏压范围 A1 结的 SFE 特征。当偏压从−0.7 V 变化到 0.7 V 时，SFE 普遍较高，多数偏压下的 SFE 大于 90%，特别是在 0.5~0.6 V 时，SFE 大于 95%。当进一步增大偏压时，SFE 逐渐减小。尽管在−0.3~0.3 V 的偏压范围内也可能有较大的 SFE，但因电流太小（约 10^{-11} A），难以评估，如图 15.28(d)所示。因此，0.4~0.6 V 是实验研究的合适偏压范围。此外，SFE 在 0.3 V 时有一个急剧的下降点，这是由于下自旋的电流（从 0.2 V 时的 3.06×10^{-13} A 增加到 0.3 V 时的 1.18×10^{-11} A）比向上自旋的电流（从 0.2 V 时的 9.01×10^{-12} A 增加到 0.3 V 时的 2.39×10^{-11} A）变化得更快。图 15.28(d)给出了上自旋和下自旋对数刻度的 $I-V$ 曲线，能够更清楚地观察电流的变化趋势。

我们进一步讨论电流的自旋极化对 ZGNR 之间的耦合位置敏感的原因。首先考察平衡态下 ZGNR 的能带结构和透射谱。图 15.29(a)的左侧给出了含有 8 个锯齿结构的 ZGNR 的能带结构。单纯的 ZGNR 为反铁磁态，呈现自旋简并的能带结构，ZGNR 的价带和导带靠近费米能级时都较为平坦，这将产生较高的局域态密度（LDOS），导致这个能量区域内产生较高的透射峰。图 15.29(a)的右侧为 A1 结的透射谱，透射谱中两个自旋通道中的峰恰好出现在费米能级的两侧。需要注意的是，单纯的 ZGNR 为反铁磁态，两个自旋的 LDOS 相同，但是两个 ZGNR 在边缘连接构成的 A1 结的透射谱出现自旋极化的特点。该图也展示了 ZGNR 的价带和导带在 K 点处的布洛赫态。价带和导带靠近费米能级

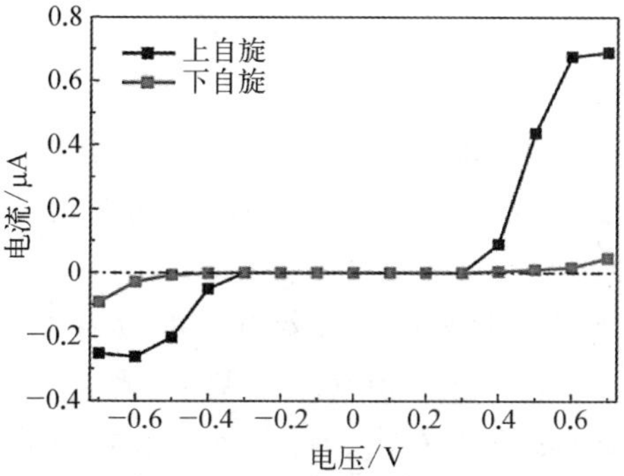

(a) A1的$I-V$曲线

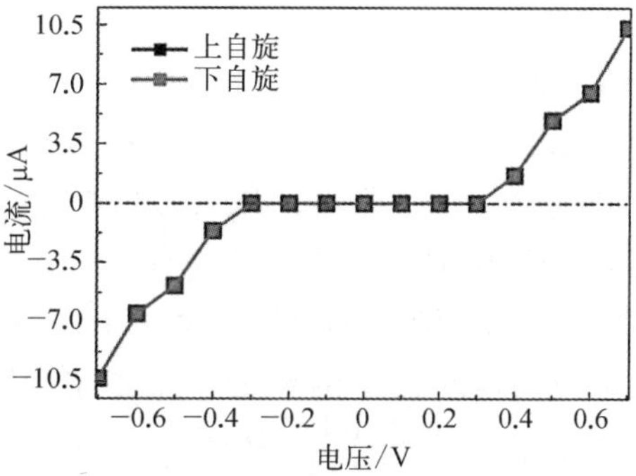

(b) A2的$I-V$曲线

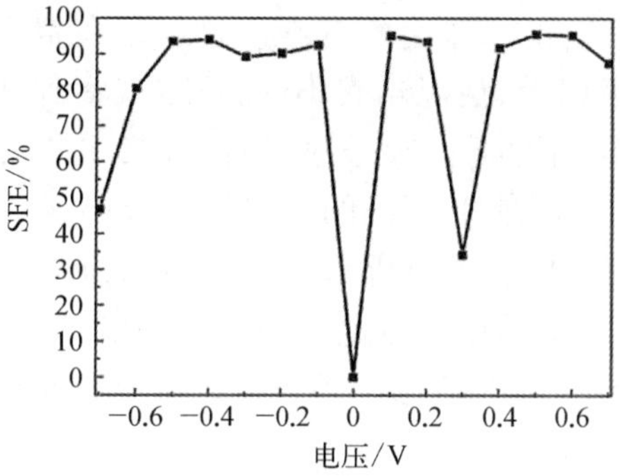

(c) A1结的自旋过滤效率

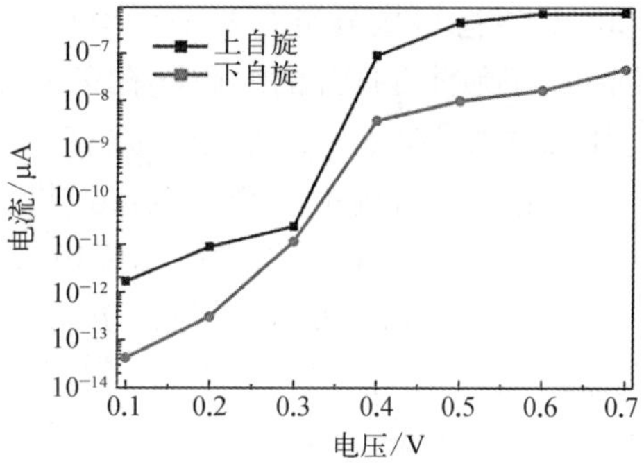

(d) 对数坐标下A1结在正偏压的$I-V$曲线

图 15.28　自旋极化特征

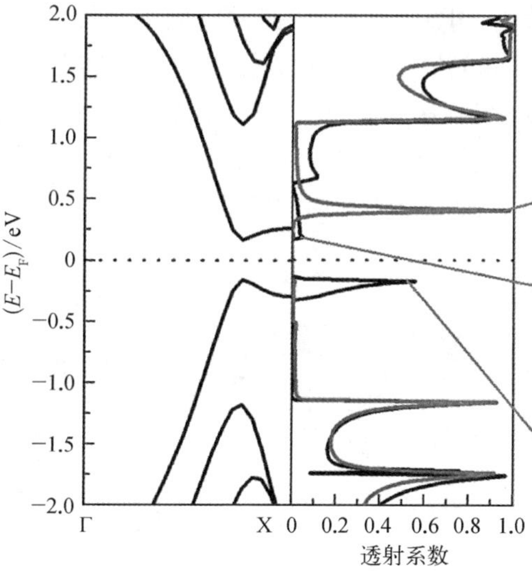

(a) 反铁磁态的ZGNR能带结构（左）和平衡状态下A1结的透射曲线（右）

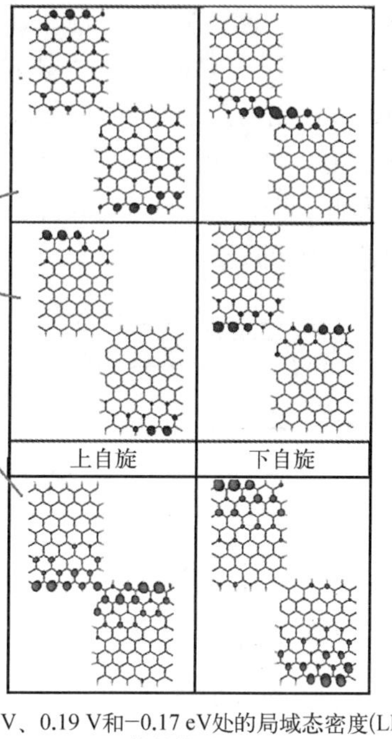

(b) 0.41 V、0.19 V和−0.17 eV处的局域态密度(LDOS)的等值面图

图 15.29　分子结的电子结构(黑色为上自旋,红色为下自旋)

处平坦部分的布洛赫态沿 ZGNR 的边缘分布。对于同一条能带,上自旋的边缘态分布在一条边上,而下自旋的边缘态沿着另一条边。而对于同一条边,不同自旋的价带和导带边缘态可以交替占据。当 K 点的布洛赫态超出较为平坦能带的范围时,它们很快就会扩散到整个纳米带上,与 Zheng 等的报道相一致[41]。因此,改变两个 ZGNR 之间的边界连接,会导致不同自旋通道中的 ZGNR 有不同的耦合。

对于 A1 结,两个 ZGNR 之间只有一条边连接,且该边上的碳原子都具有相同的自旋方向(我们也对比了两个 ZGNR 在连接边上的原子自旋相反的模型,发现它比自旋相同的能量高约 100 meV)。从图 15.29(b)的 LDOS 可以看出,在靠近费米能级的下方,两个 ZGNR 的价电子态分布在中间的连接边界上,有良好的耦合。而下自旋通道在相同能级时,边缘态局域分布在两个相隔较远的边界上,耦合不存在。这就是在费米能级以下只有上自旋通道打开的原因。在费米能级以上,情况略有不同,可以观察到两个自旋的透射峰。在导带的平坦部分上方有一个较高的下自旋透射峰,而导带平坦部分处仅有一个较低的上自旋透射峰。该透射峰说明,即使上自旋的导带边缘态分隔在两个边界上,仍然可能发生电子隧穿,如图 15.29(b)的中间图所示。尽管下自旋导带的电子态分布在中间的耦合边界上,但是更高能级处仍然出现了高透射峰,这意味着下自旋的导带电子态之间的强耦合被推后到下自旋的导带电子态在 ZGNR 截面上分布的能量范围内。

从图 15.30(a)所示的分子投影自洽哈密顿(MPSH),我们发现上自旋在费米能级上方的低透射峰起源于 0.23 eV 的 LUMO。即使上自旋边缘态分布在 ZGNR 两个分离的边界上,在 0.23 eV 左右的上自旋 LUMO 分布中,左右两个石墨烯片之间仍然存在电子耦合。值得注意的是,在费米能级下方只有上自旋的 MPSH 具有这种特征,而下自旋的 MPSH 未出现两石墨烯片之间的轨道耦合。图 15.30(b)进一步给出了位于边界连接处碳原子的马利肯(Mulliken)电荷布居分析。我们发现在石墨烯的子晶格中,碳原子的上自旋具有较高的电荷数值。即使较高的正偏压导致左电极下自旋的导带边缘态向高能级移动并占据耦合边的左侧,每个原子两个自旋的 Mulliken 布居数几乎没有变化。这种电荷布局将有利于上自旋通道的开放。

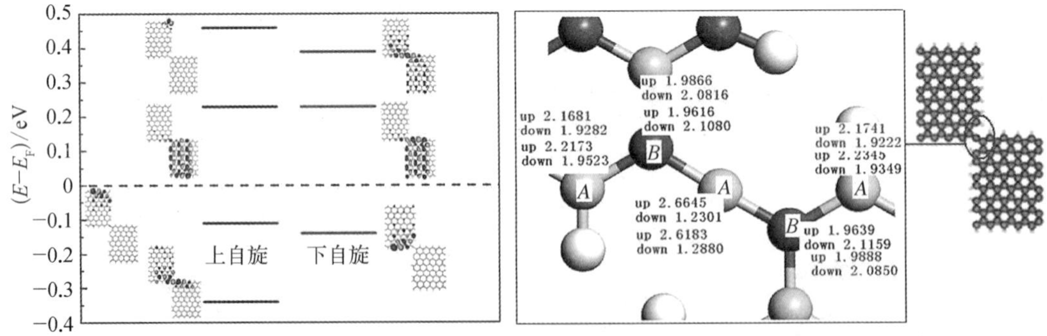

(a) 平衡状态的MPSH

(b) 局域电荷布居(其中粉色圈是A位,蓝色圈是B位,up和down分表上自旋和下自旋,黑色与红色数值分别是平衡态和0.6 V偏压下的Mulliken布居数)

图 15.30 A1 结的电子结构

右电极和左电极的能带随施加偏压移动，最终在一定的能量区域内重叠。以 A1 结为例，在平衡态下，价带顶约为 −0.16 eV，导带底最小值约为 0.16 eV。只有当偏压大于 0.32 V 时，左电极的导带电子态和右电极的价带电子态间才会发生重叠。如图 15.31(a) 所示，当偏压逐渐增加到 0.4 V 时上自旋的透射峰正好出现在费米能级处，并且随着偏压的增加向高能级方向移动。这是由于在 0.4 V 偏压下，左电极能带向下移动 0.2 eV，右电极能带向上移动 0.2 eV，首先引起两电极电子态的重叠。而在图 15.31(b) 中，A1 结的下自旋在偏压窗口中没有透射峰出现。观察图 15.31(c)，导带电子态和价带电子态之间的带重叠使上自旋通道打开，于是 0.6 V 偏压时在费米能级处出现透射峰。费米能级附近没有下自旋透射峰，表示下自旋通道在此能量区间关闭。在高的正向偏压下，对于下自旋，左电极的导带边缘态分布在连接边上，而右电极的价带边缘态位于另一个边上，与上自旋 LDOS 的分布相反，如图 15.31(d) 所示。如上所述，MPSH 和中心散射区的碳原子电荷有利于上自旋通道的打开。

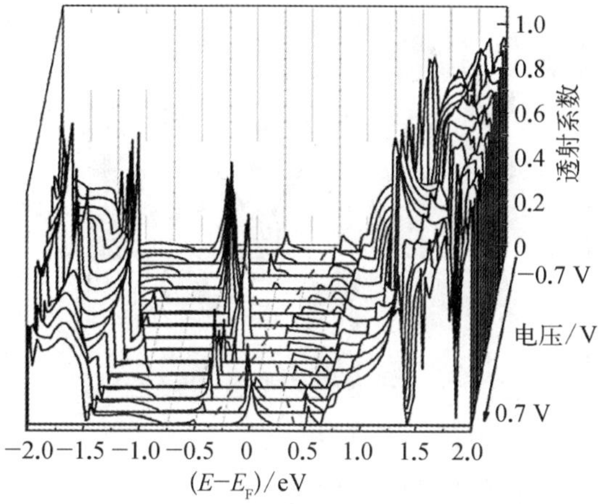

(a) 上自旋透射谱

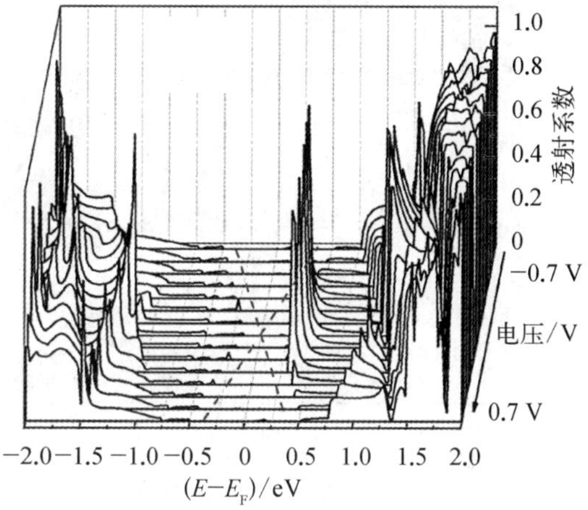

(b) 下自旋透射谱

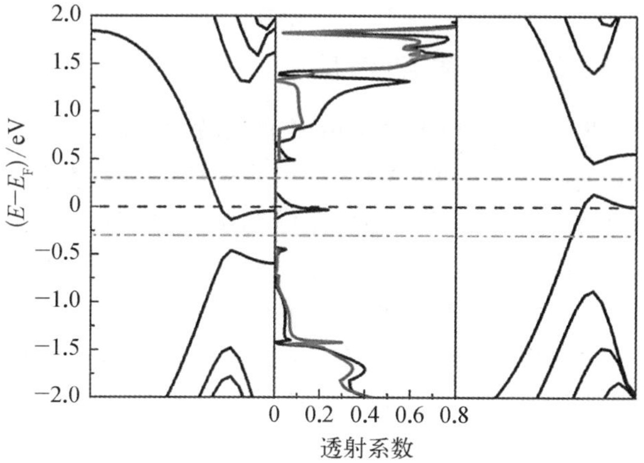

(c) 0.6 V时的能带结构和透射谱(左侧是反铁磁态的ZGNR左电极的能带结构，右侧是反铁磁态ZGNR右电极的能带结构，中间是透射谱)

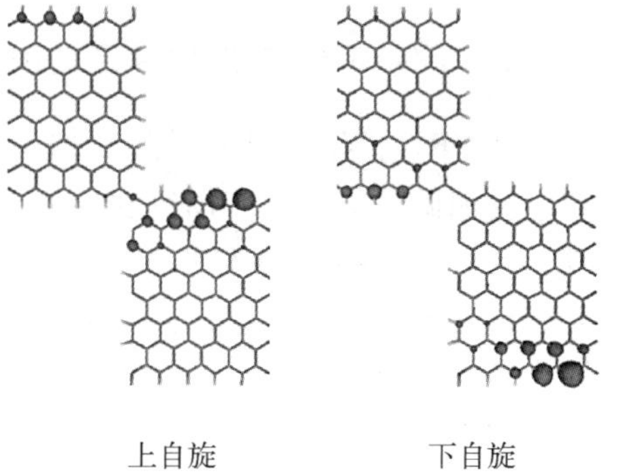

(d) −0.032 eV能级处的LDOS等值面图

图 15.31　A1 结的透射特征

图 15.32 展示了 0.6 V 偏压下 A1 结在费米能级处的电子传输路径,图中给出的原子位于耦合边界附近。在图中可以观察到两种类型的电子传输:一种是通过非键原子间电子耦合的环电流,另一种是通过化学键的电流。上自旋的环电流将从一个 A 位碳原子流向另一个 A 位碳原子,这显然比下自旋环电流更容易流动,因为中心散射区碳原子的上自旋电荷布居数较高,有利于两个石墨烯片之间接触位置的电子耦合。在相同的阈值下,下自旋没有明显的通过化学键的电流,如图 15.32(b)所示。这意味着即使下自旋 LUMO 与上自旋 LUMO 具有相似特征,近似简并,下自旋的电流仍然受到阻碍。这也是在外电场作用下 A1 结产生高自旋极化的原因。当负偏压增加时,左电极导带边缘态和右电极价带边缘态将控制连接边界,但负偏压下的布局与正偏压相反,因此在图 15.28(a)中仍观察到与正偏压下类似的 I-V 特性。A2 结中两个自旋的电流相同,这是由于 ZGNR 具有对称结构,而且基态为反铁磁态。

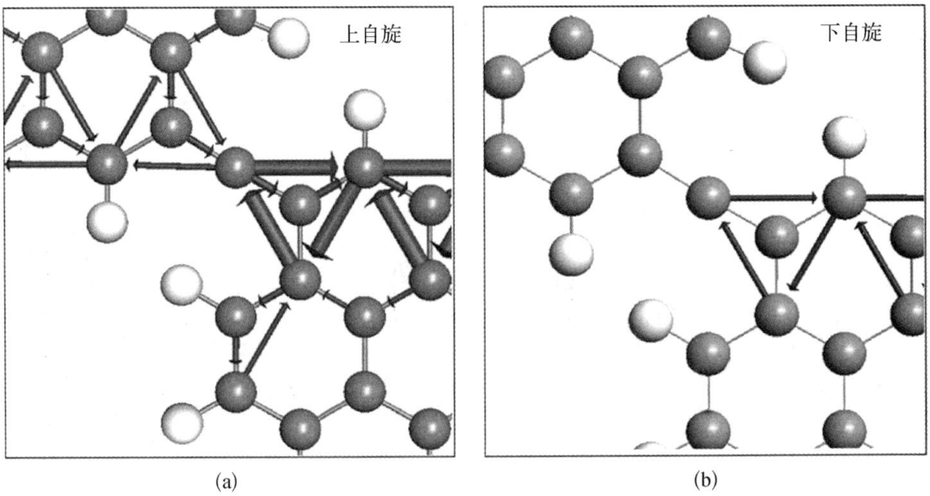

图 15.32　A1 结在 0.6 V 偏压下费米能级处的电子传输路径
(电子传输路径的大小由箭头的体积来表示)

15.4.2　ZGNR 的宽度、缺陷及结构形变对自旋电子输运的影响

ZGNR 宽度的增加,对共轭结构有促进作用,有利于自旋电子的弥散,起到稳定化的作用。因此我们进一步研究宽度对自旋极化的影响。将 A1 结的一个电极改为在截面上具有 6 个锯齿结构的 ZNGR,并命名为 A3 结。计算结果表明,在低偏压下仍能观察到电流的自旋极化。A3 结中的窄 ZGNR 比 A1 结具有更宽的带隙。在相同的偏压下,由于 A3 结的能带重叠范围小,通过它的电流也更小。图 15.33(a)给出了电流的对比。

此外,我们还研究了边缘形貌对电子输运性质的影响。在中心散射区的 ZGNR 的一侧边缘分别形成一个点缺陷,命名为 A4 和 A5 结。对于 A4 结,除了上自旋电流稍低,下自旋几乎没有变化,如图 15.33(b)所示。对于 A5 结,虽然两个自旋的电流都高于 A1,但是仍然具有自旋极化的性质。A5 在费米能级处的 LDOS 表明,位于耦合边界的点缺陷会增强两电极下自旋之间的耦合,而 A4 中位于另一边的点缺陷对电极之间的耦合没有明显影响。这些结果表明点缺陷对电流自旋极化的影响较小。

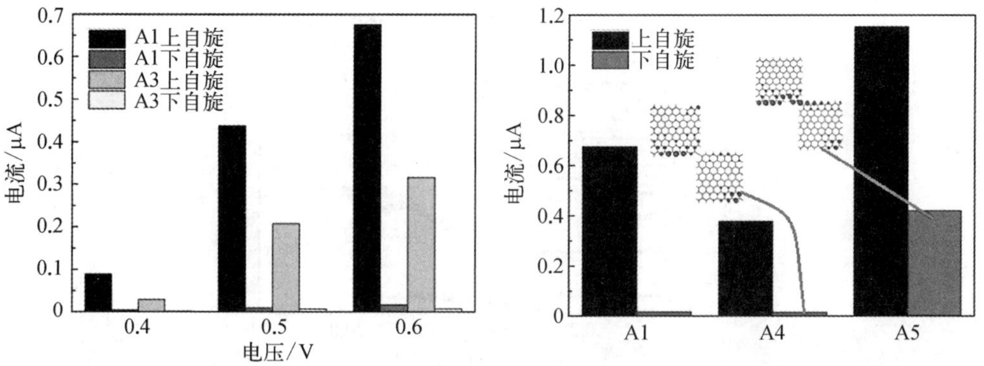

(a) A1和A3在不同偏压下的自旋极化电流　(b) 不同边界结构的A4和A5在0.6 V偏压下的自旋极化电流(插图是A4和A5在费米能级处的LDOS的等值面图)

图 15.33　结构因素对自旋极化的影响

我们还考虑了结构形变对 A1 自旋输运性质的影响。分别设计了三个 A1 类型的结构，其中右侧 GNR 可以通过中间连接的碳原子沿 z 轴弯折，并计算了它们的输运性质。图 15.34 给出了这三个结构在平衡态下的透射谱。与 A1 相比，当两个 ZGNR 之间的二面角从 5°增加到 15°时，透射谱只发生了微小的变化。二面角为 15°时，最大的变化是上自旋在费米能级以下增加了较小的透射峰。然而，二面角增加到 30°，上自旋在费米能级以下出现更多的小透射峰。我们进一步计算了这些结构在 0.6 V 偏压下的电流，发现二面角为 5°、15°和 30°时，上自旋电流分别为 0.5415 μA、0.5099 μA 和 0.3498 μA，下自旋电流分别为 0.0190 μA、0.0182 μA 和 0.0157 μA，意味着小于 30°对两个 ZGNR 之间的自旋输运性质没有显著影响。

本节研究了 ZGNR 纳米结的自旋电子输运性质，阐述了 ZGNR 耦合位置对自旋过滤效率的影响。当两个 ZGNR 只通过一条边耦合连接时，会产生较高的自旋极化。这是由于两个 ZGNR 的边缘态出现空间分离，而且中心散射区碳原子的上、下自旋的 Mulliken 电荷布居在偏压下几乎不变，这有利于打开上自旋的电子传输通道。ZGNR 纳米结的自旋极化电流具有很强的稳定性，边缘缺陷和两个 ZGNR 之间的弯折形变对自旋输运的影响均较小。

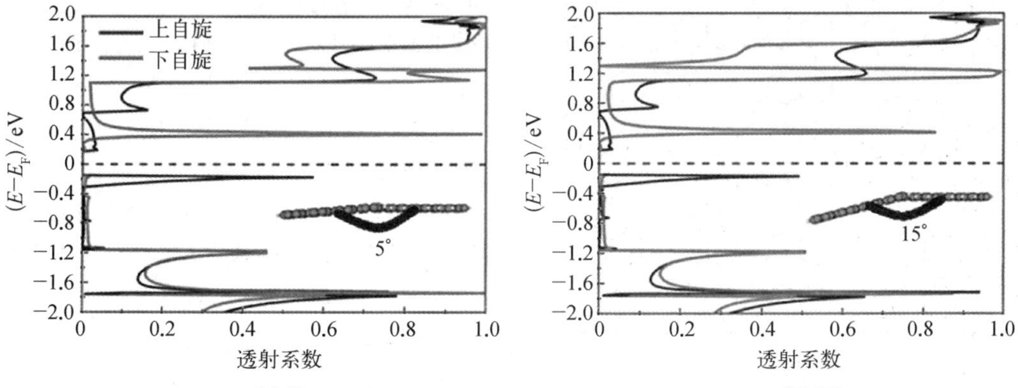

(a) 5°　(b) 15°

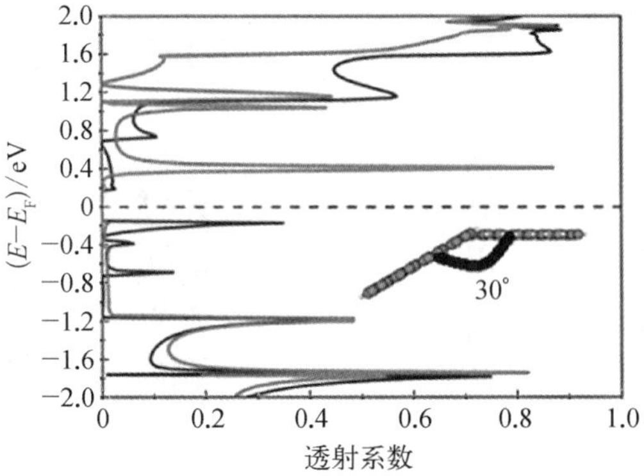

(c) 30°

图 15.34 三个具有不同二面角的 A1 型结的透射谱
（两个 ZGNR 的二面角分别为 5°、15°和 30°）

15.5 碳纳米管分子结

苯分子在二维方向的聚合可以形成各向异性的六角网格的石墨层状结构，层内碳原子通过 sp^2杂化与相邻的碳原子形成三个相同的 σ 键，而碳原子的 p_z轨道则相互交叠形成离域的 π 键，层间通过弱的范德瓦耳斯力结合在一起。石墨碳原子中的四个价电子只有三个成键，因而在石墨层的边缘，每个碳原子都有一个悬挂键，当石墨微晶的尺寸很小（介观层次），为 1~100 nm 时，石墨层边缘具有悬挂键的碳原子相对密度较大，这些碳原子将会重排，高能量的活性边界开始卷曲。由片层的石墨弯曲封闭就形成了闭合的碳纳米管结构。

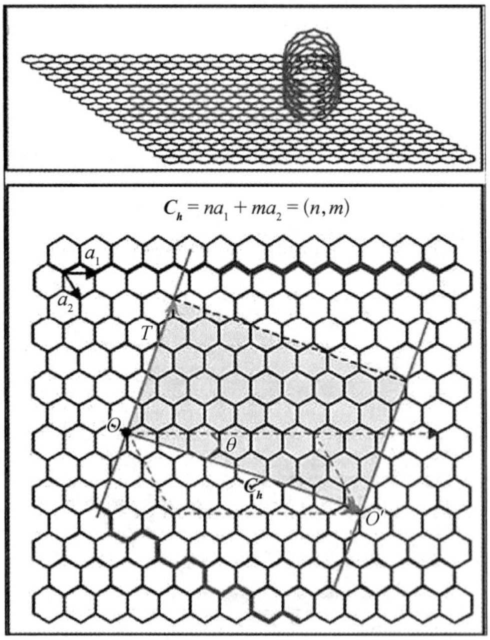

图 15.35 由二维碳六角网格平面构建碳纳米管的示意图

自 1991 年日本电气股份有限公司（NEC Corporation）的 Iijima 教授首次利用高分辨透射电镜发现了具有纳米尺寸的碳的多层管状物-碳纳米管以来[42]，碳纳米管因为其独特的电学和力学性能成为纳米电子学、纳米化学和纳米材料学研究的重点。

碳纳米管可以分为单壁碳纳米管和多壁碳纳米管。单壁碳纳米管（single-walled carbon nanotube，SWCNT 或 SCNT）由单层石墨卷成柱状无缝管而形成，多壁碳纳米管（multi-walled carbon nanotube，MWCNT）可看作由多个不同直径的单壁碳纳米管同轴套构而成。层与层之间距离在 0.34~0.40 nm，略大于石墨的层间距（0.335 nm）。将一根单壁碳纳米管沿轴向展开，得到一层石墨片层，如图 15.35 所示。以平面上任意原子为原

点 O,沿 OO'方向卷曲石墨片,可以形成碳纳米管(n, m)。从 O 到 O'的矢量称为手性矢量 $\boldsymbol{C}_h$,根据卷曲方向的不同,单壁碳纳米管可以分为以下三种类型:① 扶手椅型(armchair)管,$n=m$,螺旋角为 30°;② 锯齿型(zigzag)管,$m=0$,螺旋角为 0°;③ 螺旋型(chiral)管,螺旋角在 0°~30°。碳纳米管的两端碳原子没有悬键才能稳定存在,也就是形成类似富勒烯笼状物的封闭结构。

碳纳米管的尺寸、结构和拓扑性质相结合赋予其极为独特和具有广泛应用前景的性能。它的突出特征可归纳为以下三点:① 纳米尺寸形成的细微结构,一般单壁碳纳米管的直径在 0.4~2.0 nm,多壁碳纳米管的直径不超过 50 nm,长度可达数微米至数毫米,具有很大的长径比。碳管中碳原子在径向限制在纳米尺度内,其 π 电子将形成量子化能级和束缚态波函数,因此产生量子物理效应。② 纳米结构造成的特殊电学性质,碳纳米管有几个特殊的电学性质,包括管的能隙(禁带宽度)随螺旋结构或直径变化,电子在管中形成无散射的弹道输运,电阻振幅随磁场变化的 Aharonov-Bohm 效应,低温下具有库仑阻塞效应,吸附气体对能带结构的影响等。③ 超高力学性能,碳纳米管的基本网格和石墨片层一样,是由自然界最强的价键之一构成的。张力负荷下碳纳米管表面的六边形网格伸长变形,直至在大应变下某些键断裂,局部的缺陷分配到整个表面,逐渐形成新的缩口,最终在局部减小成完全由碳原子双键连接的卡宾线型链。这是因为在 sp^2 碳系统中,称为 Stone-Wales 缺陷的一对五边形/七边形缺陷,在应力影响下容易在碳纳米管的网格中变化,使碳纳米管的直径逐渐减小,螺旋度发生变化。利用螺旋度的变化影响导电性变化的特性,可以将碳纳米管作为传感器,通过测定其电学特征来表征应力的大小。目前,对碳纳米管的应用研究主要集中在纳米电子器件、场发射管、化学探针和传感器、复合材料、氢存储等方面。

15.5.1　单壁碳纳米管结的概述

单根的半导体管可以在室温条件下用作场效应管,而金属性管可以在低温下用作单电子发射器。当把一个金属性管和一根半金属性管相连时,就形成了一个分子结,可以用作分子整流器。因为单壁碳纳米管最有希望用作某种功能元件,所以它所形成的分子结的电子性质是研究的一个热点。

两个不同管径的 SWCNT 的连接可以通过在完美的六角晶格中引入五元环/七元环缺陷对来实现。由于五元环/七元环缺陷对数量或位置的不同,形成的结也不同,从而相应的性质也不同。在锯齿型(n, 0) SWCNT 中,五元环和七元环是尾对尾彼此相连的;而扶手椅型(n, n) SWCNT 采取的是一种头对头的方式,两者中间通过碳–碳键相连。当所连的两个管的直径差别较大时,需要一对以上的五元环/七元环。如此出现了一系列科学问题,例如,这些缺陷对是如何分布的,它们的分布对分子结的性质有着怎样的影响。Garau 等对锯齿型(n, 0) SWCNT 中的两个缺陷对的分布做了研究[43]。他们比较了几个不同的分布和连接方式形成的分子结能量,并得出了一个比较稳定的结构。然而,这个结论对扶手椅型(n, n) SWCNT 是否适用呢?

15.5.2　计算模型和方法

在当前的研究中,我们利用量子化学从头算的方法对扶手椅型(n, n) SWCNT 中的五元环/七元环缺陷对效应进行较全面的研究，主要关注分子中缺陷对的分布导致的能量、几何结构和电子结构的差异。我们以一对(6, 6)和一个(4, 4)扶手椅型碳纳米管相连构造一个分子结，考虑到多种可能的连接方式而构建了四种简化模型(图15.36)，然后用等键反应(homodesmotic reactions)分析它们的能量[43]。除了分子结的化学性质以，我们还进一步讨论了其作为分子电子器件的可能性。

首先将所有SWCNT在限制性Hartree-Fock(HF)理论水平下，采用STO-3G基组进行全优化。利用这些优化后的结构，再通过五元环/七元环缺陷对连接形成分子结。对这些连接后的结构在HF/3-21G* 水平上进行进一步的全优化。此方法的精度尚可满足定量描述体系的性质，且计算耗时适中。为了更深入地考虑电子相关效应，提升能量计算的精确度，我们在全优化的结构基础上，采用B3LYP/6-31G* 方法进行单点能计算。

15.5.3 分子结的几何结构

采用HF/3-21G* 方法优化得到的四个分子结的结构如图15.37所示。在分子结Ⅰ中，两个5/7缺陷对等距且对称地分布在管的圆周上，形成了一个锥形结构。在分子结Ⅱ中，两个5/7缺陷对则沿着圆柱轴方向依次排列。分子结Ⅲ中的5/7缺陷对分布与Ⅰ类似，但并未处于同一排。分子结Ⅳ中，通过在五元环和七元环之间插入一个六元环，仅使用一个缺陷对就将一个(6, 6)和一个(4, 4)扶手椅型管连接起来。5/7缺陷对的不同分布会导致环张力的差异，进而影响分子结的几何结构。从当前结果来看，五元环呈现平面构型，而七元环呈船形构型，这与锯齿型碳纳米管中的情况一致。Garau等的研究表明，不同分子结的稳定性差异主要源于缺陷对的扭曲程度[43]。因此，键角在SWCNT的稳定性中起着至关重要的作用。表15.2和表15.3总结了计算所得的5/7和5/6/7缺陷的键长和键角数据。为确保结果的精确性，以下几何结构的研究均以由Hartree-Fock方法所得的数据为基础。值得注意的是，四个模型中键角的平均值非常相似，这与锯齿型SWCNT模型中的相关结论不同。那么，是何种因素导致了这种稳定性差异？在11.2节关于芳环

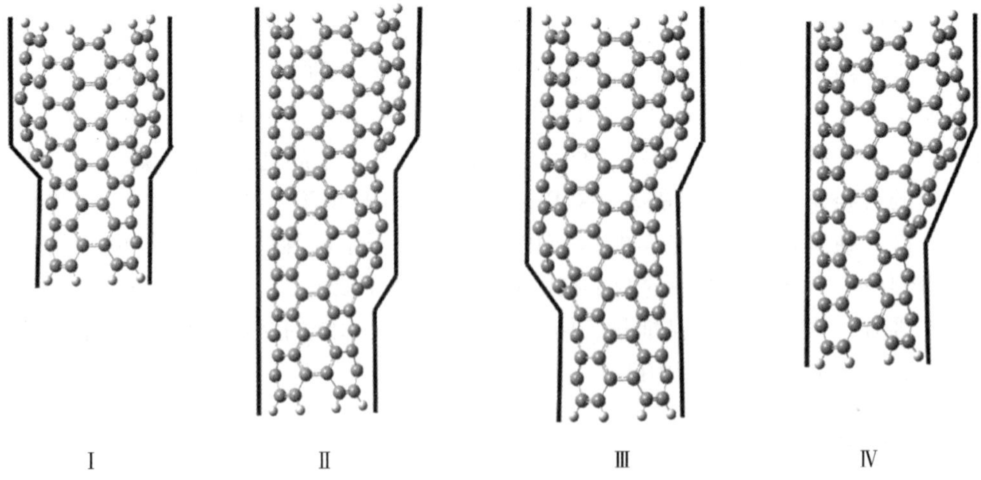

图15.36 HF/3-21G* 全优化的四个扶手椅型SWCNT分子结的结构模型

类化合物化学性质的研究中，提出了一种新的分析环张力的方法，该方法能有效衡量体系的稳定性。借鉴该方法中提出的键长、键角和二面角三个参数，我们推测在当前模型中，键长和二面角将对体系的稳定性起到决定性作用。扶手椅型 SWCNT 和锯齿型 SWCNT 稳定性的差异可用其缺陷对中五元环和七元环的不同连接方式来解释。在扶手椅型 SWCNT 中，五元环和七元环之间的化学键增加了整个 5/7 对的灵活性。该化学键的碳-碳键长为 1.36 Å，表现出双键的性质。而五元环和七元环的隔离改变了缺陷对的共轭位置，从而导致四个不同分子结稳定性的差异。因此可以得出结论，无论是在扶手椅型还是在锯齿型的 SWCNT 中，5/7 缺陷对的不同分布和位置均使分子结具有不同的稳定性。

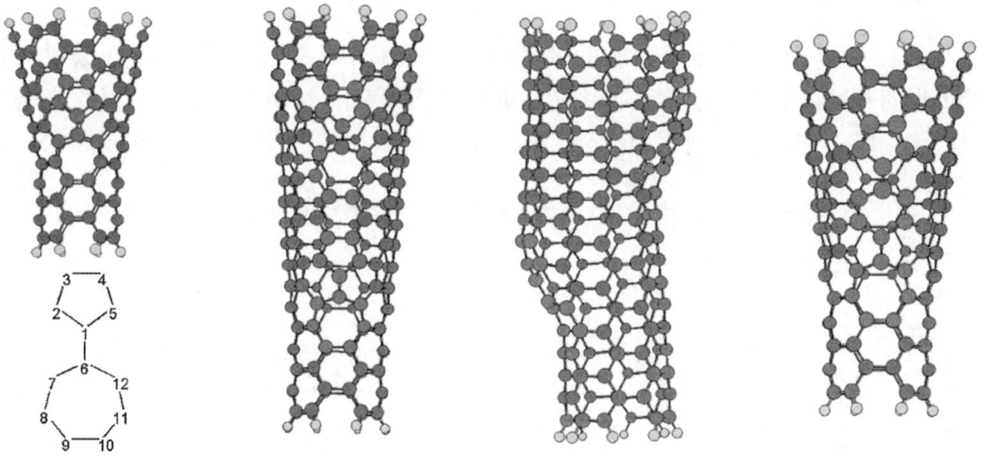

Ⅰ　Ⅱ　Ⅲ　Ⅳ

图 15.37　分子结中缺陷结构的示意图（左下角为 5/7 缺陷对的原子位置与编号）

表 15.2　四种分子结中 5/7 或 5/6/7 缺陷的键长值（单位为 Å，原子编号见图 15.37）

模型	B1-2	B2-3	B3-4	B6-7	B7-8	B8-9	B9-10	5 元环平均值	7 元环平均值
Ⅰ	1.436	1.431	1.403	1.462	1.426	1.486	1.391	1.423	1.441
Ⅱ（上）	1.435	1.431	1.401	1.463	1.423	1.477	1.391	1.422	1.438
Ⅱ（下）	1.441	1.433	1.419	1.465	1.423	1.481	1.401	1.431	1.442
Ⅲ（上）	1.431	1.431	1.397	1.455	1.437	1.463	1.444	1.420	1.450
Ⅲ（下）	1.447	1.417	1.44	1.473	1.413	1.483	1.391	1.435	1.440
Ⅳ	1.425	1.431	1.40	1.466	1.429	1.482	1.396	1.419	1.443

表 15.3　四种分子结中 5/7 或 5/6/7 缺陷的键角值［单位为（°），原子编号见图 15.37］

模型	∠5-1-2	∠1-2-3	∠2-3-4	∠12-6-7	∠6-7-8	∠7-8-9	∠8-9-10	5 元环平均值	7 元环平均值
Ⅰ	105.3	108.6	107.9	118.4	123.8	126.2	121.6	107.3	122.5
Ⅱ（上）	105.6	108.7	108.0	121.1	124.1	124.2	124.0	107.4	123.4

续表

模型	∠5-1-2	∠1-2-3	∠2-3-4	∠12-6-7	∠6-7-8	∠7-8-9	∠8-9-10	5元环平均值	7元环平均值
Ⅱ(下)	104.9	108.9	107.6	117.7	123.9	125.2	121.5	107.1	122.1
Ⅲ(上)	105.8	108.5	108.0	120.5	124.0	124.6	122.6	107.4	122.9
Ⅲ(下)	104.8	109.0	107.5	117.9	124.0	125.5	122.0	107.1	122.4
Ⅳ	107.3	107.5	108.2	117.2	125.7	126.1	121.3	107.7	122.6

15.5.4 能量特征

等键反应用来计算芳环类物质的环共轭能[44]。Garau 等[43]也曾用此方法对锯齿型 SWCNT 做过研究。因此,我们也应用该方法计算四个分子结的反应能,并用此来判断其稳定性。表 15.4 列出了分别用 HF/3-21G* 和 DFT/6-31G* 方法计算得到的能量结果。

表 15.4 等键反应得到的四个分子结模型的反应能(单位: a.u.)

碳纳米管	E(66+44)	E(66)	E(44)	ΔE(HF/3-21G*)
Ⅰ	-4530.2332	-5436.834	-3623.9616	0.3292
Ⅱ	-7166.336	-8600.4041	-5732.6105	0.3426
Ⅲ	-6789.7595	-8148.4524	-5431.3831	0.3165
Ⅳ	-5660.0404	-6792.6434	-4527.6729	0.2355
碳纳米管	E(66+44)	E(66)	E(44)	ΔE(B3LYP/6-31G*)
Ⅰ	-4584.8762	-5502.363	-3667.6844	0.2950
Ⅱ	-7252.6107	-8703.9217	-5801.65235	0.3526
Ⅲ	-6871.5124	-8246.4926	-5496.8121	0.2799
Ⅳ	-5728.2032	-6874.4157	-4582.2478	0.2571

$$(6,6)_5(C_{144}H_{24})+(4,4)_5(C_{96}H_{16})\longrightarrow 2\times \text{Ⅰ}(C_{120}H_{20}) \tag{15.9}$$

$$(6,6)_9(C_{228}H_{24})+(4,4)_9(C_{152}H_{16})\longrightarrow 2\times \text{Ⅱ}(C_{190}H_{20}) \tag{15.10}$$

$$(6,6)_8(C_{216}H_{24})+(4,4)_8(C_{144}H_{16})\longrightarrow 2\times \text{Ⅲ}(C_{180}H_{20}) \tag{15.11}$$

$$(6,6)_7(C_{180}H_{24})+(4,4)_7(C_{120}H_{16})\longrightarrow 2\times \text{Ⅳ}(C_{150}H_{20}) \tag{15.12}$$

在方程中,下标是每个模型中苯环的排数,计算得到的能量越小,意味着该分子结越稳定。HF/3-21G* 和 DFT/6-31G* 两种方法的结果均表明四种分子结的反应能大小依次为Ⅳ < Ⅲ < Ⅰ < Ⅱ。模型Ⅳ的反应能要比其余三者小得多,说明这种连接方式从能量角度讲是较稳定的。这一点与锯齿型 SWCNT 中是不同的[43],后者遵循这样的次序:Ⅳ > Ⅱ > Ⅲ > Ⅰ。总体来说,两者都更可能采取如模型Ⅳ那样的缺陷分布,即通过在五元环和七元环中插入一个六元环把两者连接起来。然而对于其他模型,缺陷的稳定性还取决于碳管本身的性质。这一点还可以通过五元环和七元环不同的连接方式来解释：在锯齿型 SWCNT 中，五元环和七元环彼此相邻连接，相当于形成了一个新的单元；而在扶手椅型 SWCNT 中，两者之间有一条碳-碳键，起到了把两者分离的作用。事实上，该碳-碳键的作用相当于在五元环和七元环两者之间插入一个六元环，可以通过它的扭转来释放环的张力。

15.5.5　电子性质

前线分子轨道的分析有助于提高对分子化学反应的理解，与分子化学活性相关的电子结构可以从密度泛函理论得到。需要指出的是，从 Kohn-Sham(KS)方程的基本方法可以知道，KS 本征值和 KS 轨道都只是一个辅助量，本身没有直接的物理意义。唯一例外的是最高占据 KS 轨道的本征值。另外，从实用角度来说，KS 本征值和 KS 轨道已经是真实单分子能级和波函数的很好的近似[45]。对于某些合适的交换相关近似，如杂化密度泛函，基于 KS 本征值的能带结构或分子能隙都可以和实验符合得很好。

我们知道，分子的轨道分布，尤其是 HOMO 与 LUMO，能够精准地反映分子的某些特征。在本研究中，我们聚焦于四个具有不同连接方式的分子结，并对比由缺陷对不同分布所引发的前线轨道空间分布差异。如图 15.38 所示，所有模型的 HOMO 轨道近乎遍布整个碳管骨架，且在存在缺陷对的位置表现出更为集中的特征。相比之下，LUMO 的分布更具规律性，主要集中于分子结较粗的一端，并沿圆周均匀分布。同时，我们观察到缺陷位

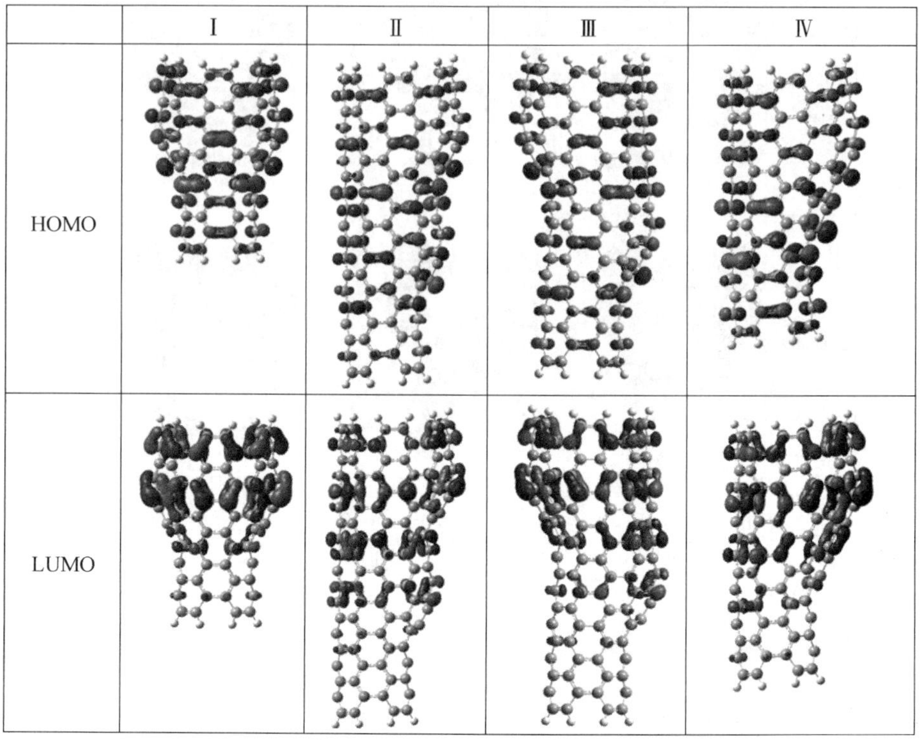

图 15.38　零电场下四个分子结模型的前线分子轨道的空间分布

置对 LUMO 分布也有影响：越接近缺陷处，轨道分布越为集中。基于上述观察，我们得出结论，模型中缺陷的不同分布导致前线轨道空间延展性的差异，进而可能显著影响甚至决定分子的某些性质。因此，在实验中控制这些缺陷的分布显得极为重要。此外，需指出的是，这些前线轨道主要由碳管中碳原子的轨道构成，而用于饱和碳管两端悬挂键的氢原子对此贡献甚微。这归因于模型中绝大多数原子处于极强的拉伸状态，从而增大了分子能隙(E_g)。

为了分析不同的分子结的整流效应，我们沿着管轴分别施加了两个相反方向的电场。电场的强度为 1.54×10^9 V/m，这个电场强度和实验中的真实电压是相匹配的。对四个模型的研究表明，电场对它们的 HOMO 与 LUMO 的空间分布的影响是相似的。图 15.39 给出了一个具有代表性的例子——模型 Ⅰ 的 HOMO 与 LUMO 在电场作用下的空间分布情况。我们可以看到无论电场方向如何，HOMO 总是向低电势移动。但是 LUMO 的移动比较有趣：当电场的方向从(4, 4)到(6, 6)时，它们向高电势移动；而当电场方向相反时，它们几乎没有变化。很明显，这和零电场下 LUMO 的分布有关，因为 LUMO 主要分布在较粗的(6, 6)管壁上。一般而言，如果分子轨道沿着整个分子离域分布，那么具有相应能量的电子就更容易传输。在本研究中，两个不同方向的电场改变了分子结的 HOMO 与 LUMO 的空间分布。一个方向的电场使它们更加离域，而相反方向的电场使其更加定域，这种非对称性的变化会对分子结的 I–V 曲线带来影响。

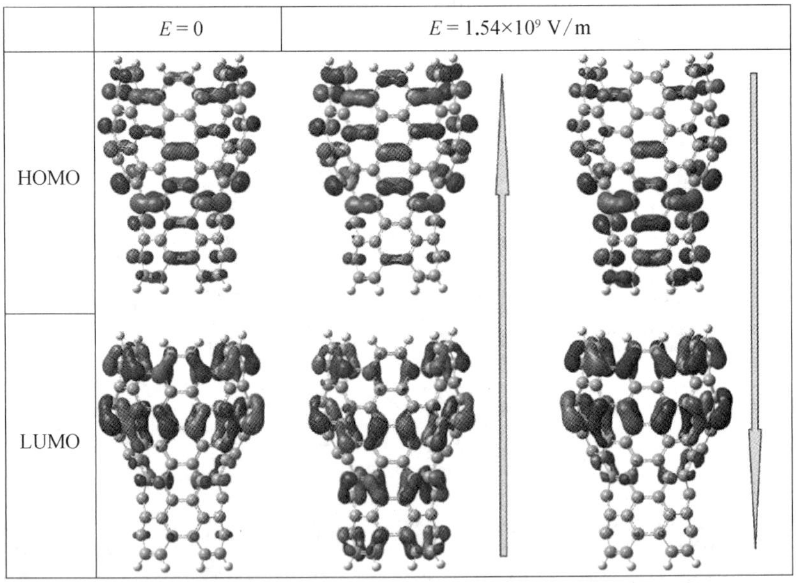

图 15.39　在零点场和电场强度为 1.54×10^9 V/m 时，模型 Ⅰ 的前线分子轨道的空间分布(箭头为电场强度的方向)

15.5.6　分子结的态密度

显然，存在缺陷的碳管与完美的碳管在电导上存在差异[46]。我们关注的是，不同的缺陷分布是否同样会导致电导的不同，以及这种差异的具体表现形式。为此，我们分析了所有模型的电子态密度(DOS)，并对它们之间的差异进行了比较。作为电子材料的关键属性之一,态密度反映了材料在不同能级上允许存在的电子态数量,尽管这是一个宏观且静态的性质,但对于评估材料中的电子输运能力具有重要意义。态密度值较高意味着允许存在更多的电子态,因此在该能级上可能有更多的电子参与传输。一般而言,靠近费米能级附近的态密度对电子输运的贡献更为显著,而费米能级上下 5 eV 以外的态密度对电子输运的贡献可忽略不计。在图 15.40 中,四个模型的态密度展示了它们各自的共振态,这与五元环和七元环的不同位置相关联。在态密度图中,我们观察到的靠近费米能级的

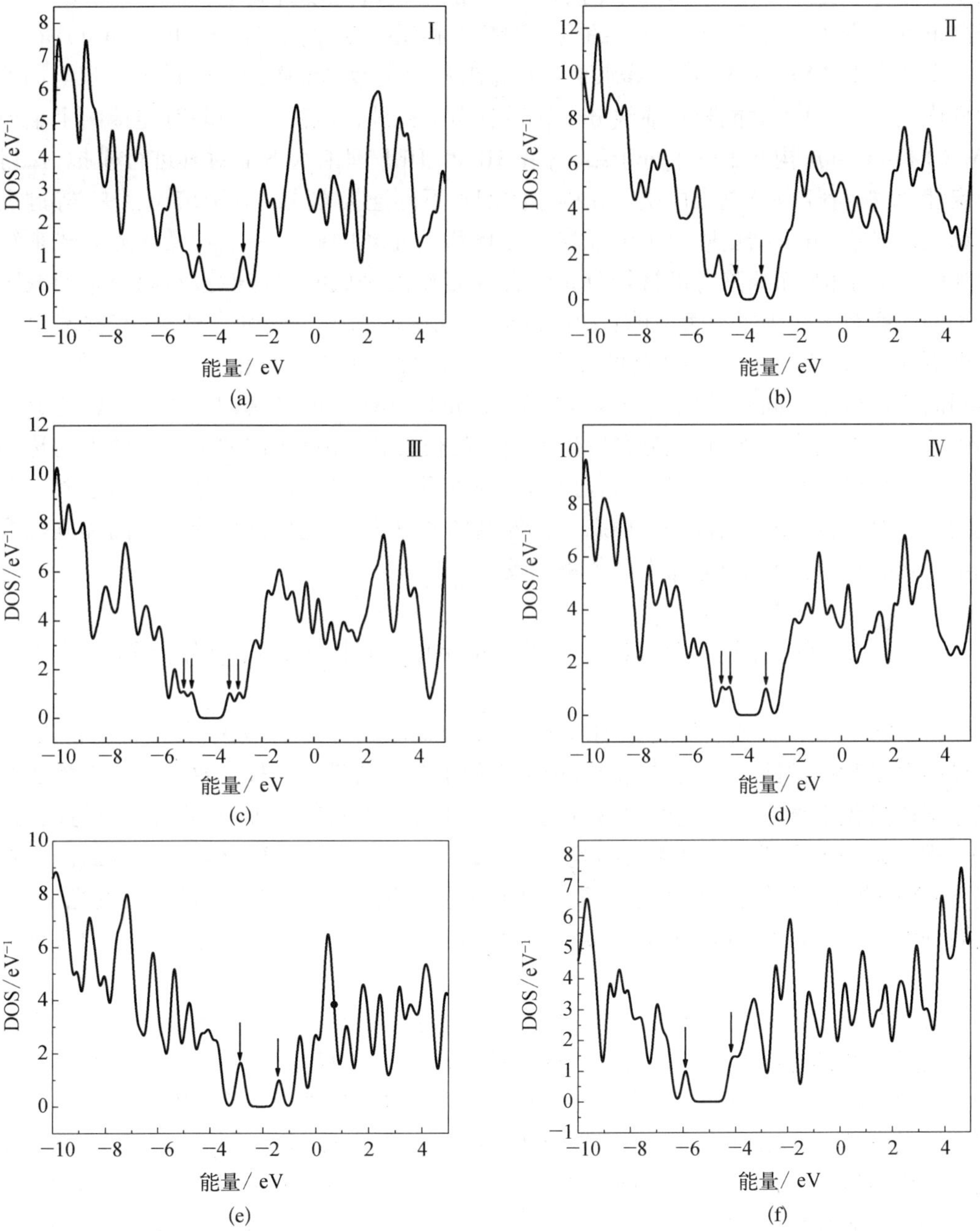

图 15.40　(a)~(d)四个分子结在零电场和(e)~(f)模型 I 在电场为 1.64×10^9 V/m 时的电子态密度

共振态(尖峰)是五元环和七元环存在的直接证据。几乎每个模型结构中,都能清晰地看到这种源于五元环和七元环原子位置的共振态。位于带隙两侧的尖峰分别对应于五元环和七元环。特别地,在模型Ⅰ中仅观察到两个峰,这是因为在该模型中,两个5/7缺陷对对称分布在管壁上,因此它们相应的峰发生重叠。模型Ⅱ中也仅观察到两个峰,这是由于在特定情况下,两对缺陷沿管壁直线分布,仅第一个缺陷对产生峰,第二对缺陷几乎无贡献。Charlier等的研究也发现了类似现象[46]。模型Ⅲ和Ⅳ分别有四个峰和三个峰,尽管位于费米能级上下方的两个峰彼此接近。然而,随着外电场的施加,峰的位置发生移动,峰高也发生变化。而且,相反方向的电场引起了相反的变化,如图15.40(e)和(f)所示。

本节在B3LYP/6-31G*计算水平上对有限长锯齿型单壁碳纳米管进行了零电场下的构型优化,并计算了其能隙及前线分子轨道分布。此外,通过5/7缺陷对连接两个金属管(6, 6)和(4, 4),构造了一个分子结,并在HF和DFT理论水平上对其进行模拟,探讨其稳定性、结构特征以及电子性质。在构建的四种不同连接方式的分子结模型中,等键反应计算结果显示,分子结更倾向于采取在五元环和七元环中插入一个六元环的方式来维持较为稳定的结构,而缺陷对沿管轴分布的方式表现出最低的稳定性。不同分布的缺陷对分子的前线轨道产生了显著影响:HOMO轨道几乎遍布整个碳管骨架,在有缺陷对的位置则更为集中;相比之下,LUMO的分布更具有规律性,主要分布在分子结较粗的一端,且沿圆周均匀分布。同时,缺陷位置对LUMO的分布也有影响,越靠近缺陷处,轨道分布越集中。在外电场作用下,轨道分布发生了相应的位移,且相反方向的电场导致不对称的位移,显示出其作为分子整流器的潜在应用。对四种不同连接方式的分子结的态密度研究表明,它们各自展现出独特的共振态。在外电场的影响下,这些共振峰的峰高和峰位置均发生变化,且这种变化与电场方向紧密相关。

15.6 碳纳米管与石墨烯界面对电子输运的影响

自1991年Iijima成功制备碳纳米管(carbon nanotube, CNT)以来,其独特的管状结构、优异的电学和机械性质以及广泛的应用潜力便引起了科学界的极大兴趣。CNT能够与有机分子通过化学键形成稳定的电接触,这为探索分子结的应用提供了切实可行的方案。CNT视为未来纳米器件极具潜力的候选材料之一。迄今为止,科研人员已制造出一系列基于CNT的电子器件,并从理论上深入研究了包括纳米线、场效应晶体管、发光二极管、负微分电阻(negative differential resistance, NDR)器件以及气体传感器等在内的多种器件类型。

对于CNT-分子-CNT器件,界面处的局域电子态扮演着至关重要的角色,对CNT器件的输运特性具有显著影响。以往针对CNT-分子-CNT模型的研究揭示,多种因素均可影响其导电性,如器件的长度、尺寸、接触点的具体结构与耦合强度,以及CNT边界的端基原子类型等。杂原子的掺杂能够有效改变分子与电极界面处的局域电子态,进而调控电子的输运行为。硼原子和氮原子因其能够引入额外的载流子及新的散射位点,且对CNT结构的破坏较小,常用作CNT的掺杂元素。特别是氮原子掺杂,大量研究表明,氮掺杂会在CNT中引入缺陷,这不仅增强了表面的化学修饰能力,便于引入多样化的官能团,更重要的是,还显著提升了 CNT 的导电性。例如,掺氮碳纳米管的导电性能明显优于纯净碳纳米管[47]。此外,实验与理论研究均证实,在碳纳米管中掺杂氮原子能够调节其电子结构,这是由于在费米能级附近引入了施主态(donor states)和孤对电子的局域非键态,从而提高了 CNT 在低温条件下的导电性。因此,深入探究硼和氮的掺杂效应对于理解异质结的电子输运行为同样具有重要意义。

通过调整 CNT-分子-CNT 结中分子与电极的连接位置,可以显著地调控其电子输运特性。为了明确分子与电极界面局域电子态对单壁碳纳米管(SWCNT 或 SCNT)异质结电子输运性质的影响,本节设计了一系列由 PA 分子与 SCNT 构成的分子结,并在图15.41(a)中标明了特定的连接位点。研究结果显示,SCNT 中非垂直边缘的特定位点(如 SCNT-CH 结)对电子输运构成了显著阻碍,降低了电导。当删除或替换这些特定位点的碳原子后,分子结的电导得到显著提升。特别地,硼和氮掺杂的 SCNT 分子结展现出显著的非线性特征。通过对透射谱和态密度进行相应分析,我们可以更深入地理解分子结中的电子输运行为。

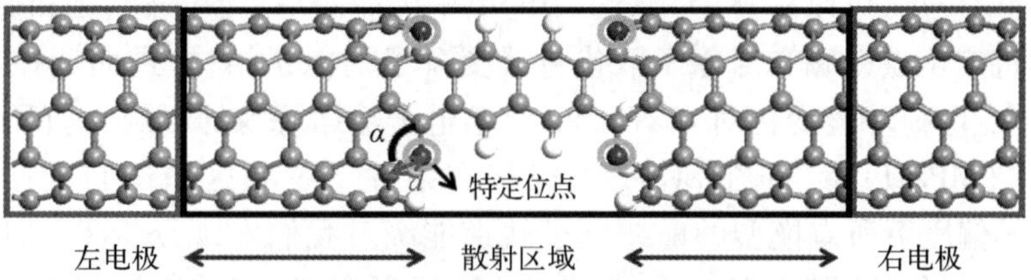

(a) 碳纳米管与PA分子形成的分子结

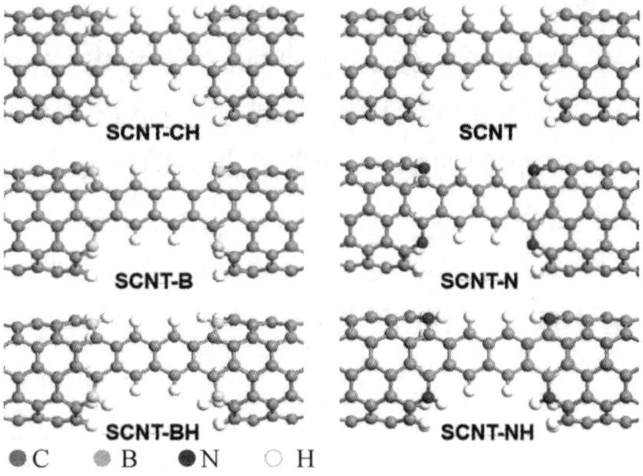

(b) SCNT-CH、SCNT、SCNT-BH和SCNT-NH的分子结构

图 15.41　计算模型与分子结构

图 15.41(a)展示了 PA 分子耦合于 CNT 电极中间的分子结模型,该模型由三部分构成:中心区域以及两个半无限长的电极。在此,我们选用了具有金属性质的扶手椅型 CNT(5, 5)作为半无限电极。中心区域内,PA 分子连接在两个 CNT 电极之间。为消除 CNT 管口末端的悬挂键,我们使用氢原子进行饱和处理。通过对特定位点进行不同方式的处理,我们构建了一系列模型分子,如图 15.41(b)所示。其中,SCNT-CH 模型作为初始结构,表示删除了特定位点的四个碳原子并采用氢原子进行饱和;而在 SCNT-BH 和 SCNT-NH 模型中,硼原子和氮原子分别取代这四个特定位点的碳原子。

利用密度泛函理论(DFT)结合非平衡态格林函数(NEGF)进行几何结构优化和电子输运计算。交换关联泛函采用 Perdew-Burke-Ernzerhof(PBE)参数化的广义梯度近似(GGA),采用 DZP。在 x、y 和 z 方向上的 k 点采样分别为 $3\times3\times150$。在实空间计算电荷密度和电势,网格截断能为 150 Ry。在垂直于输运方向的平面上使用尺寸为 16.8 Å 的晶胞(其中真空层大于 10 Å),以避相邻晶胞内分子之间的相互作用。几何结构优化时,充分弛豫中心的 PA 分子、连接 PA 分子的两个碳原子层以及氢原子的结构,直到每个原子上的受力小于 0.02 eV/Å。碳纳米管的其他部分保持不变。

15.6.1 连接位置对电子输运的影响

Kaun 等探究了具有垂直边界与非垂直边界的 SCNT(5, 5)的电子输运特性,发现非垂直边界的 SCNT(5, 5)电导约为垂直边界 SCNT(5, 5)的九分之一[48]。这个结果表明,SCNT(5, 5)中非垂直边界的特定位点对电子输运构成了强烈阻碍,降低了分子电导。通过删除这些特定位点,可以显著提升分子中的电子传递效率。鉴于碳、硼和氮元素电荷数目的差异,在特定位点以硼和氮原子取代将改变分子的电子结构,进而调控其输运性质。为探究特定位点电荷环境变化对 SCNT(5, 5)结电子输运行为的影响,我们比较了分子投影自洽哈密顿(MPSH)量,即在 SCNT 电极存在条件下中心区域的自洽哈密顿量。图 15.42 展示了零偏压下所有模型的前线分子轨道能级。我们发现,SCNT-CH 模型的前线分子轨道远离费米能级,其中 HOMO-1 与 HOMO 几乎简并,LUMO 与 LUMO+1 也呈现简并状态。当特定位点的碳原子移除后,SCNT 的 HOMO-1、HOMO、LUMO 及 LUMO+1 能级发生分离,HOMO 和 LUMO 向费米能级靠近,意味着无特定位点的 SCNT 电子输运比 SCNT-CH 模型更为有效。当特定位点的碳原子被硼(SCNT-BH)或氮(SCNT-NH)原子取代时,MPSH 展现出与 SCNT 相似的特点,如非简并的前线分子轨道以及更小的分子能隙(E_g),这表明硼和氮原子在特定位点的取代更有利于分子的电子转运。与 SCNT 不同,SCNT-BH 和 SCNT-NH 模型的 LUMO 更接近费米能级。因此,可以推断 SCNT-BH、SCNT-NH 与 SCNT 结具有不同的电子输运机制。

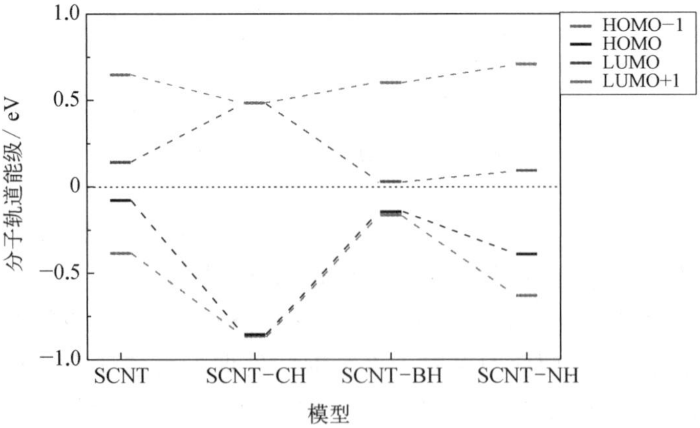

图 15.42 SCNT、SCNT-CH、SCNT-BH 和 SCNT-NH 分子结模型在零偏压下的前线分子轨道能级

为了探究分子与电极之间特定界面位置对电子结构和输运特性的影响,图 15.43 展示了在0~1.5 V偏压区间内,SCNT-CH、SCNT、SCNT-BH 和 SCNT-NH 的电流-电压(*I-V*)曲线。如图 15.43(a)所示,SCNT-CH 与 SCNT 的电流呈现非线性特征。相较于 SCNT-CH,无特定位点的 SCNT 展现出更为显著的半导体性质。例如,在 1.5 V 偏压下,通过 SCNT 结的电流为 35.28 μA,是 SCNT-CH(1.68 μA)的 20 倍,这与 Dou 等的实验观察结果相吻合[48]。这表明分子与电极间的界面局域电子态显著改变了 SCNT-CH 分子结的输运性质。当特定位点的碳原子被硼或氮杂原子取代时,SCNT-BH 和 SCNT-NH 的电流相较于 SCNT-CH 有所提升。具体而言,在 1.0 V 时,SCNT-BH 和 SCNT-NH 的电流分别增至 26.35 μA 和 19.00 μA,几乎是 SCNT-CH(0.30 μA)的 90 倍。电流的增加证实了特定位点上电子局域态的变化对电子输运行为产生了显著影响。如图 15.43(b)所示,含有掺杂原子的 SCNT-BH 和 SCNT-NH 分子结展现出独特的非线性 *I-V* 行为,表现为电流先随外加电压的增加而增大,随后趋于平缓。

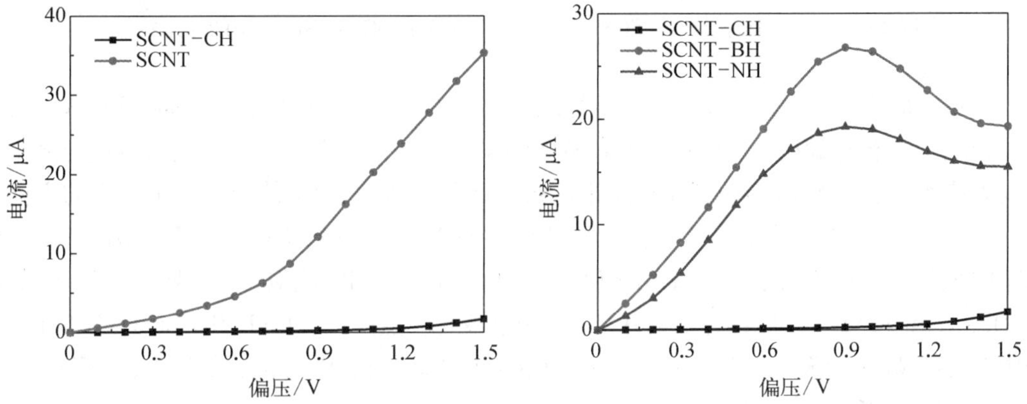

(a) SCNT-CH和SCNT　　(b) SCNT-BH、SCNT-NH与SCNT-CH

图 15.43　分子结的 *I-V* 曲线

为了理解 SCNT-CH、SCNT、SCNT-BH 和 SCNT-NH 模型在输运特性上的差异,我们进一步分析了透射谱。图 15.44 展示了这四个模型在零偏压下的透射谱。透射谱中费米能级附近的高透射系数是决定电子输运能力的关键因素。如图 15.44(a)所示,SCNT-CH 分子结在费米能级周围未见透射峰,且在[-0.75 eV, 0.75 eV]区间内的透射系数值接近 0,表现出绝缘性质。当特定位点的碳原子被硼或氮原子取代时,费米能级附近的两个峰向费米能级移动。值得注意的是,在[-0.25 eV, 0.25 eV]区域内,SCNT-BH 和 SCNT-NH 分子结的透射峰值明显高于 SCNT,意味着在低偏压下,这两个分子结具有更高的电导。然而,在高偏压下情况则相反。对于 SCNT 分子结,费米能级附近的两个峰距离费米能级稍远,因此 SCNT 的 *I-V* 曲线斜率小于 SCNT-BH 和 SCNT-NH 结。与 SCNT 分子结不同,SCNT-BH 和 SCNT-NH 模型在费米能级附近呈现一个尖峰,同时在 0.5 eV 和-0.5 eV处分别出现一个较宽的透射峰,其中费米能级附近的透射峰对分子结的电流起主要贡献。图 15.44(b)展示了四个分子结的投影态密度(PDOS)。以 SCNT 为例,在-0.70 eV 和 0.45 eV 处观察到 HOMO-1 和 LUMO+1 的 PDOS 宽峰,与透射谱的特征一致。而 SCNT-BH 和

SCNT−NH 尖锐的 PDOS 峰分别位于−0.30 eV 和 0.20 eV。可以看出，四个模型的 PDOS 与各自透射谱的特征保持一致。

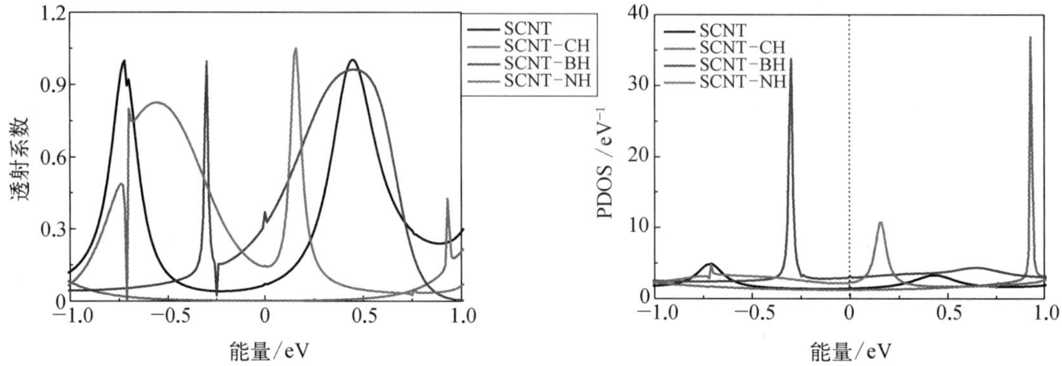

(a) 透射谱　(b) 投影态密度（PDOS）

图 15.44　零偏压下 SCNT、SCNT−CH、SCNT−BH 和 SCNT−NH 模型的输运特征

分析外加电压下的透射谱有助于更好地理解 $I-V$ 特性，因为根据 Landauer-Büttiker 公式［式(15.3)］，电流是偏压窗口内透射谱积分的结果。施加偏压会导致占据或未占据的分子轨道发生移动，当这些轨道移动到靠近费米能级的区域时，它们便可能成为电子传递的主要通道。图 15.45 中的透射谱展示了与这些轨道相关的透射峰，这些峰均位于费米能级附近。图中垂直虚线表示偏压窗口的边界。四个模型对偏压表现出不同的响应特性。随着偏压的增加，SCNT−CH 和 SCNT 分子结的透射谱并未发生显著变化。然而，在 SCNT−BH 和 SCNT−NH 分子结中，宽透射峰逐渐移向费米能级，但其峰值逐渐减小。因此，随着偏压的增大，SCNT−CH 和 SCNT 结的电流逐渐增大，而 SCNT−BH 和 SCNT−NH 分子结的电流先增加后减小。

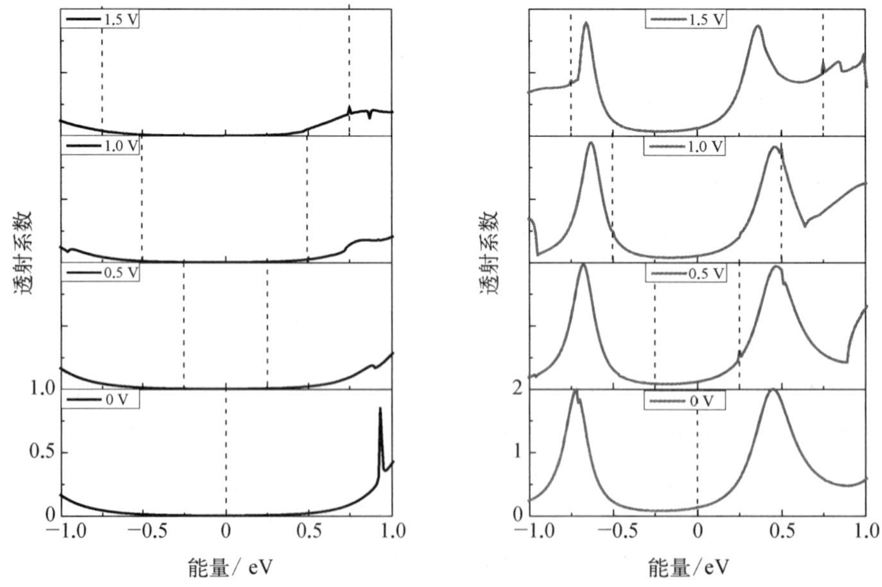

(a) SCNT−CH　(b) SCNT

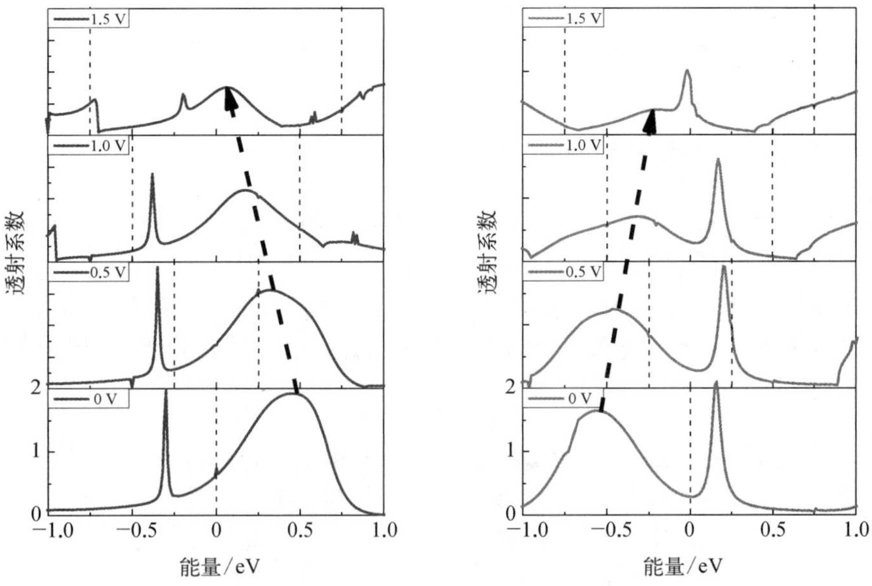

(c) SCNT−BH　　(d) SCNT−NH

图 15.45　SCNT−CH、SCNT、SCNT−BH 和 SCNT−NH 模型在不同偏压下的透射谱(电极的费米能级设置为零)

电子传输路径的分析可通过将透射系数分解为局部化学键的贡献来实现,具有较大隧穿概率的空间分布能够提供电子传输路径的直观描述。图 15.46 展示了四个模型在费米能级处的电子传输路径。图中红色箭头表示对净电流的正贡献,蓝色箭头表示负贡献,箭头的直径与每对原子间局部透射系数的大小成正比。显然,四个模型分子的传输路径相似,均存在两条平行的电子传输路径。然而,流向特定位点的电流表现出不同的特征,这导致分子结电子输运效率的显著差异。值得注意的是,对于 SCNT−CH 分子结,电流主要通过两条传输路径中的特定位点进行传输。相比之下,从左电极流入其他分子结的电

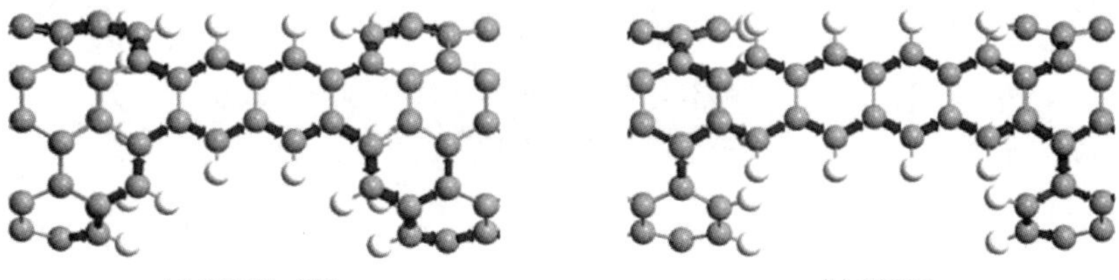

(a) SCNT−CH　　(b) SCNT

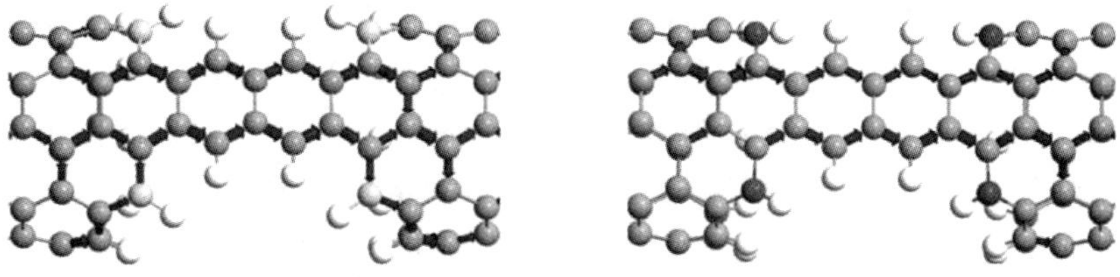

(c) SCNT−BH　　(d) SCNT−NH

图 15.46　模型在零偏压下的电子传输路径

流则主要通过碳-碳单键和碳-碳双键进行传输，如图 15.46(b)~(d)所示。此外，在 SCNT-BH 和 SCNT-NH 中，电流同样通过特定位点进行传输，这在低偏压下产生了较高的电流，如图 15.43 所示。

15.6.2 三种不对称 SCNT 结的整流特性

前面的研究结果表明，对特定位点的处理能够显著改变分子结的电子输运行为。具体而言，在碳纳米管边界的特定位点掺杂硼和氮原子会改变其几何结构和电子结构，从而导致 *I*-*V* 曲线与 SCNT-CH 存在显著差异。为了进一步研究分子结的整流特性，我们还对特定位点的两侧进行了不对称处理，即仅在碳纳米管一侧的特定位点掺杂硼原子和氮原子，如图 15.47 所示。

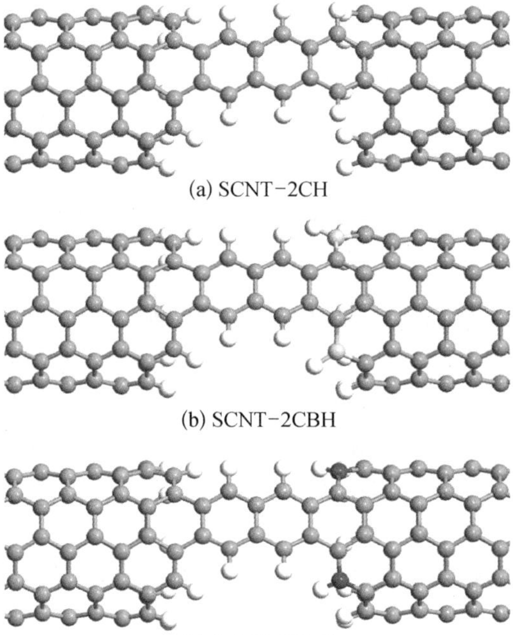

(a) SCNT-2CH

(b) SCNT-2CBH

(c) SCNT-2CNH

图 15.47 三种不对称模型 SCNT-2CH、SCNT-2CBH 和 SCNT-2CNH 分子结的结构

图 15.48(a)展示了三个不对称分子结在-1.0~1.0 V 偏压范围内的 *I*-*V* 曲线。所有分子结均表现出整流特性，即在负偏压下电流较高，而在正偏压下电流受到抑制。对于 SCNT-2CBH，正偏压下的电流较低，而当负偏压绝对值超过 0.2 V 时，电流开始急剧增加。SCNT-2CH 的 *I*-*V* 特性与 SCNT-2CBH 相似，但其在负偏压下的电流受到一定抑制，约为 SCNT-2CBH 的 50%。此外，SCNT-2CH 在正偏压下的电流几乎与 SCNT-2CBH 相同，特别是在偏压高于 0.5 V 时。当 SCNT-2CH 一侧的特定位点掺杂两个氮原子成为 SCNT-2CNH 时，正向电流显著增加，约为 SCNT-2CBH 的 7 倍，同时其负向电流的大小与正向电流相当。因此，SCNT-2CNH 的 *I*-*V* 曲线不对称性明显减弱。为了定量描述 *I*-*V* 曲线的不对称特性，图 15.48(b)给出了整流比随偏压的变化情况，其中整流比定义为负向偏

压下电流的绝对值与相应正向偏压下电流的绝对值的比值，即 $R = |I_-|/|I_+|$。从图 15.48(b)可以看出，在所研究的偏压范围内，SCNT-2CH 和 SCNT-2CBH 的 R 高于 1，而 SCNT-2CNH 的 R 接近 1。这些结果表明，利用富电子的氮原子在特定位点进行取代时，分子整流效应并不显著。对于 SCNT-2CH 和 SCNT-2CBH，在研究的偏压范围内，SCNT-2CBH 在 0.7 V 时的 R 达到最高，约为 8.5，而SCNT-2CH 的 R 最高出现在 1.0 V 时，仅为 3.0。因此，通过删除特定位点的碳原子可以调控不对称 CNT(5, 5)分子结的整流特性，且当特定位点的碳原子被缺电子的硼原子取代时，整流比将显著提高。

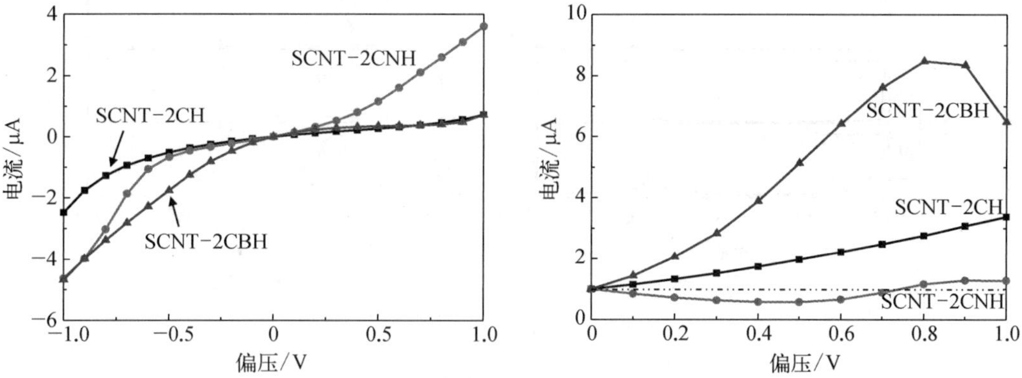

(a) $I-V$曲线　　(b) 整流比随偏压的变化

图 15.48　三种不对称模型 SCNT-2CH、SCNT-2CBH 和 SCNT-2CNH 的输运特征

通过分析 SCNT(5, 5)不对称分子结的透射谱，可以深入揭示其整流机制。图 15.49(a)~(c)分别展示了 SCNT-2CH、SCNT-2CNH 和 SCNT-2CBH 的透射谱。对于 SCNT-2CH[图 15.49(a)]，在零偏压时，透射谱在 1.5 eV 处存在一个透射峰，该峰起源于 LUMO。随着偏压的增加，LUMO 透射峰逐渐接近费米能级，且其峰高随偏压绝对值的增大而提高。当偏压达到-1.0 V 时，LUMO 透射峰进入偏压窗口。因此，在负向偏压下观察到的电流高于正偏压时的电流。对于 SCNT-2CNH[图 15.49(b)]，在所研究的偏压范围内，没有透射峰进入偏压窗口，导致其在正偏压和负偏压下均产生较弱的电流。而对于 SCNT-2CBH[图 15.49(c)]，在零偏压时，LUMO 透射峰值位于 0.4 eV 处。随着正向偏压的增加，LUMO 透射峰逐渐远离费米能级；而随着负向偏压的增加，LUMO 透射峰向费米能级方向移动。特别是当偏压增加到-1.0 V 时，LUMO 峰完全位于偏压窗口内。因此，负向电流高于正向电流，导致明显的整流效应。

本节采用密度泛函理论结合非平衡态格林函数(DFT-NEGF)，研究了一系列分子与电极界面不同的 SCNT(5, 5)基电子器件的电子输运性质。研究结果表明，SCNT 非垂直边界的特定位点能够显著阻碍 SCNT-CH 分子结的电子输运，导致其电导降低。当分子和电极界面处的特定位点删除后，分子结的电导显著提升。例如，在 1.5 V 电压下，SCNT 的电流为 35.28 μA，比 SCNT-CH 的电流(1.68 μA)高出约 20 倍。这一变化表明，改变分子与电极界面的电子局域状态能够影响电子传递路径的位置和效率，进而改变体系的输运行为。此外，通过在特定位点掺杂硼和氮原子，不仅可以引入额外的载流子和新的散射

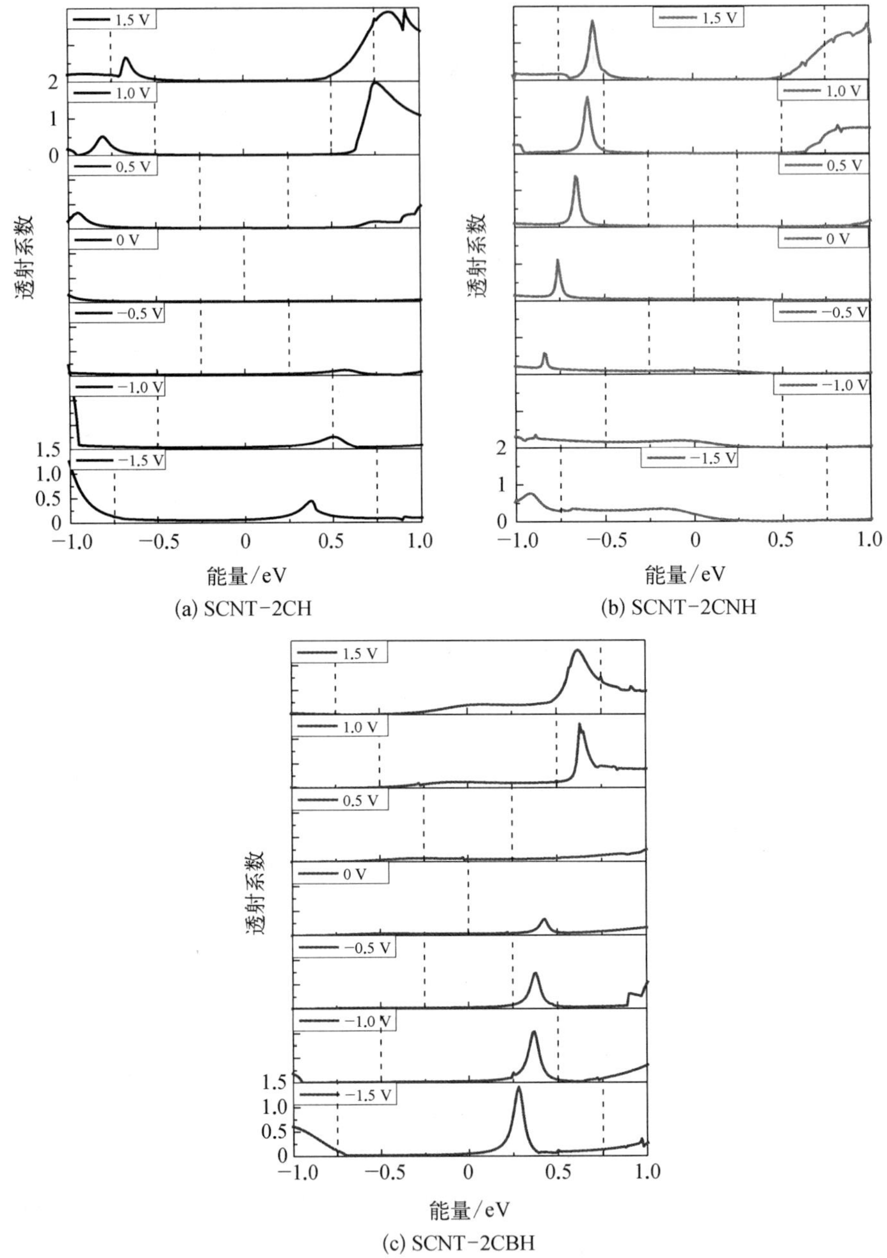

图 15.49　透射谱随外加偏压的变化(图中垂直虚线表示偏压窗口的边界)

位点,而且对 CNT 骨架结构的破坏较小。当特定位点的碳原子被硼和氮杂原子取代时,在 1.0 V 电压下,SCNT−BH 和 SCNT−NH 的电流分别增加至 26.35 μA 和 19.00 μA。基于上述研究结果,我们对特定位点在分子结两侧进行了不对称处理,以探讨其整流特性。在 SCNT−2CBH 分子结中观察到了显著的整流效应,而 SCNT−2CH 和 SCNT−2CNH 的整流效应相对较弱。本研究结果有助于我们更深入地了解分子与 CNT 电极之间界面对碳基电子器件性能的影响。

参 考 文 献

[1] Klein D J. Graphitic polymer strips with edge states[J]. Chemical Physics Letters, 1994, 217(3): 261-265.

[2] Fujita M, Wakabayashi K, Nakada K, et al. Peculiar localized state at zigzag graphite edge[J]. Journal of the Physical Society of Japan, 1996, 65(7): 1920-1923.

[3] Ezawa M. Peculiar width dependence of the electronic properties of carbon nanoribbons[J]. Physical Review B, 2006, 73(4): 045432.

[4] Son Y-W, Cohen M L, Louie S G. Half-metallic graphene nanoribbons[J]. Nature, 2006, 444(7117): 347-349.

[5] Yang L, Park C H, Son Y W, et al. Quasiparticle energies and band gaps in graphene nanoribbons[J]. Physical Review Letters, 2007, 99(18): 186801.

[6] Ren H, Li Q X, Luo Y, et al. Graphene nanoribbon as a negative differential resistance device[J]. Applied Physics Letters, 2009, 94(17): 173110.

[7] Li Z Y, Qian H Y, Wu J, et al. Role of symmetry in the transport properties of graphene nanoribbons under bias[J]. Physical Review Letters, 2008, 100(20): 206802.

[8] Xia Y J, Li T, Yuan C, et al. Odd-even effects on transport properties of polycyclic arene molecular devices with decreasing numbers of benzene rings[J]. ChemPhysChem, 2020, 21(6): 568-574.

[9] Son Y W, Cohen M L, Louie S G. Energy gaps in graphene nanoribbons[J]. Physical Review Letters, 2006, 97(21): 216803.

[10] Barone V, Hod O, Scuseria G E. Electronic structure and stability of semiconducting graphene nanoribbons[J]. Nano Letters, 2006, 6(12): 2748-2754.

[11] Cheraghchi H. Nonlinear transport through ultra-narrow zigzag graphene nanoribbons: Non-equilibrium charge and bond currents[J]. Physica Scripta, 2011, 84(1): 015702.

[12] Miyamoto Y, Nakada K, Fujita M. First-principles study of edge states of H-terminated graphitic ribbons[J]. Physical Review B, 1999, 59(15): 9858-9861.

[13] Wassmann T, Seitsonen A P, Saitta A M, et al. Structure, stability, edge states, and aromaticity of graphene ribbons[J]. Physical Review Letters, 2008, 101(9): 096402.

[14] Nakada K, Fujita M, Dresselhaus G, et al. Edge state in graphene ribbons: Nanometer size effect and edge shape dependence[J]. Physical Review B, 1996, 54(24): 17954-17961.

[15] Ozaki T, Nishio K, Weng H M, et al. Dual spin filter effect in a zigzag graphene nanoribbon[J]. Physical Review B, 2010, 81(7): 075422.

[16] Kang J, Wu F M, Li J B. Doping induced spin filtering effect in zigzag graphene nanoribbons with asymmetric edge hydrogenation[J]. Applied Physics Letters, 2011, 98(8): 083109.

[17] Ren Y, Chen K Q. Effects of symmetry and Stone-Wales defect on spin-dependent electronic transport in zigzag graphene nanoribbons[J]. Journal of Applied Physics, 2010, 107(4): 044514.

[18] Zhang L Y, Zhao J W, Cheng N, et al. Intrinsic electronic and transport properties of graphene nanoribbons with different widths[J]. Physical Chemistry Chemical Physics, 2020, 22(6): 3584-3591.

[19] Kvashnin D G, Chernozatonskii L A. Impact of symmetry in transport properties of graphene nanoribbons with defects[J]. Applied Physics Letters, 2014, 105(8): 083115.

[20] Kvashnin A G, Kvashnin D G, Kvashnina O P, et al. Transport investigation of branched graphene nanoflakes[J]. Nanotechnology, 2015, 26(38): 385705.

[21] Wang Z F, Li Q X, Zheng H X, et al. Tuning the electronic structure of graphene nanoribbons through chemical edge modification: A theoretical study[J]. Physical Review B, 2007, 75(11): 113406.

[22] Lee G, Cho K. Electronic structures of zigzag graphene nanoribbons with edge hydrogenation and oxidation[J]. Physical Review B, 2009, 79(16): 165440.

[23] Zeng J, Chen K Q, He J, et al. Edge hydrogenation-induced spin-filtering and rectifying behaviors in the graphene nanoribbon heterojunctions[J]. The Journal of Physical Chemistry C, 2011, 115(50): 25072-25076.

[24] Marconcini P, Cresti A, Triozon F, et al. Atomistic boron-doped graphene field-effect transistors: A route toward unipolar characteristics[J]. ACS Nano, 2012, 6(9): 7942-7947.

[25] Biel B, Triozon F, Blase X, et al. Chemically induced mobility gaps in graphene nanoribbons: A route for upscaling device performances[J]. Nano Letters, 2009, 9(7): 2725-2729.

[26] Dubois S M, Lopez-Bezanilla A, Cresti A, et al. Quantum transport in graphene nanoribbons: Effects of edge reconstruction and chemical reactivity[J]. ACS Nano, 2010, 4(4): 1971 - 1976.

[27] An Y P, Ji W, Yang Z Q. Z-like conducting pathways in zigzag graphene nanoribbons with edge protrusions[J]. The Journal of Physical Chemistry C, 2012, 116(9): 5915 - 5919.

[28] Dou K P, Fu X X, De Sarkar A, et al. Tailoring the transmission lineshape spectrum of zigzag graphene nanoribbon based heterojunctions via controlling their width and edge protrusions[J]. Nanoscale, 2015, 7(47): 20003 - 20008.

[29] Dou K P, Kaun C C, Zhang R Q. Selective interface transparency in graphene nanoribbon based molecular junctions[J]. Nanoscale, 2018, 10(10): 4861 - 4864.

[30] Han M Y, Özyilmaz B, Zhang Y B, et al. Energy band-gap engineering of graphene nanoribbons[J]. Physical Review Letters, 2007, 98(20): 206805.

[31] Tapasztó L, Dobrik G, Lambin P, et al. Tailoring the atomic structure of graphene nanoribbons by scanning tunnelling microscope lithography[J]. Nature Nanotechnology, 2008, 3(7): 397 - 401.

[32] Lemme M C, Bell D C, Williams J R, et al. Etching of graphene devices with a helium ion beam[J]. ACS Nano, 2009, 3(9): 2674 - 2676.

[33] Dobrik G, Tapasztó L, Nemes-Incze P, et al. Crystallographically oriented high resolution lithography of graphene nanoribbons by STM lithography[J]. Physica Status Solidi, 2010, 247(4): 896 - 902.

[34] Abdurakhmanova N, Amsharov N, Stepanow S, et al. Synthesis of wide atomically precise graphene nanoribbons from Para-oligophenylene based molecular precursor[J]. Carbon, 2014, 77: 1187 - 1190.

[35] Kan E J, Li Z Y, Yang J L, et al. Half-metallicity in edge-modified zigzag graphene nanoribbons[J]. Journal of the American Chemical Society, 2008, 130(13): 4224 - 4225.

[36] Martins T B, da Silva A J R, Miwa R H, et al. Σ- and π-defects at graphene nanoribbon edges: Building spin filters[J]. Nano Letters, 2008, 8(8): 2293 - 2298.

[37] Zeng M G, Shen L, Cai Y Q, et al. Perfect spin-filter and spin-valve in carbon atomic chains[J]. Applied Physics Letters, 2010, 96(4): 042104.

[38] Şahin H, Senger R T. First-principles calculations of spin-dependent conductance of graphene flakes[J]. Physical Review B, 2008, 78(20): 205423.

[39] Lee H, Son Y W, Park N, et al. Magnetic ordering at the edges of graphitic fragments: Magnetic tail interactions between the edge-localized states[J]. Physical Review B, 2005, 72(17): 174431.

[40] Shen L, Zeng M G, Li S C, et al. Electron transmission modes in electrically biased graphene nanoribbons and their effects on device performance[J]. Physical Review B, 2012, 86(11): 115419.

[41] Zheng X H, Wang X L, Huang L F, et al. Stabilizing the ground state in zigzag-edged graphene nanoribbons by dihydrogenation[J]. Physical Review B, 2012, 86(8): 081408.

[42] Iijima S. Helical microtubules of graphitic carbon[J]. Nature, 1991, 354(6348): 56 - 58.

[43] Garau C, Frontera A, Quiñonero D, et al. Structural and energetic features of single-walled carbon nanotube junctions: A theoretical ab initio study[J]. Chemical Physics, 2004, 303(3): 265 - 270.

[44] Chesnut D B, Davis K M. Resonance revisited: A consideration of the calculation of cyclic conjugation energies[J]. Journal of Computational Chemistry, 1997, 18(4): 584 - 593.

[45] Lüders M, Ernst A, Temmerman W M, et al. Ab initio angle-resolved photoemission in multiple-scattering formulation[J]. Journal of Physics: Condensed Matter, 2001, 13(38): 8587 - 8606.

[46] Charlier J C, Ebbesen T W, Lambin P. Structural and electronic properties of pentagon-heptagon pair defects in carbon nanotubes[J]. Physical Review B, 1996, 53(16): 11108 - 11113.

[47] Panchakarla L S, Govindaraj A, Rao C N R. Boron- and nitrogen-doped carbon nanotubes and graphene[J]. Inorganica Chimica Acta, 2010, 363(15): 4163 - 4174.

[48] Dou K P, Kaun C C. Conductance superposition rule in carbon nanowire junctions with parallel paths[J]. The Journal of Physical Chemistry C, 2016, 120(33): 18939 - 18944.

附　录

缩 略 语

A

A（acceptor）电子受体

AB（azobenzene）偶氮苯

AB-C2（dihydrodibenzodiazocine）二苯骈氮

Ab-initio　从头算

AFM（atomic force microscope）原子力显微镜

AGNR（armchair graphene nanoribbon）扶手椅型石墨烯纳米带

B

BLA（bond length alternation）相邻单双键键长之差

BT（2,2′-bithiophene）2,2′-二噻吩

C

C-AFM（conductive atomic force microscope）导电原子力显微镜

Cc-PA（*cis*-cisoid polyacetylene）顺-顺式聚乙炔

CTP（carboxyl thiophenol）羧基苯硫酚

Ct-PA（*cis*-transoid polyacetylene）顺-反式聚乙炔

D

D（donor）电子给体

DBM（diethynylbenzene macrocycles）二乙炔基苯大环分子

DDOS（device density of states）器件态密度

deb（Debye）德拜

DFT（density functional theory）密度泛函理论

DOS（density of states）态密度

DPA（dithiapentacene）并五苯

DT（diphenylacetylene）二苯乙炔

DZP（double-zeta with polarization）带有极化函数的双 ζ 基组

E

e　元电荷

$\boldsymbol{E}$　电场强度矢量

E　电场强度

E_{ads}　吸附能

E_F　费米能级

E_g　能隙

ECP（effective core potential）有效核心势

F

FET（field-effect transistor）场效应晶体管

FM（fulgimide）俘精酰亚胺

G

G　电导

G_c　接触电导

G_0　量子电导

GGA（generalized gradient approximation）广义梯度近似

GNF（graphene nanoflake）石墨烯纳米片

GNR（graphene nanoribbon）石墨烯纳米带

H

h 普朗克常量

HOMO（highest occupied molecular orbital）最高占据分子轨道

HF（Hartree-Fock）哈特里-福克

I

IMPS（intensity modulated photocurrent spectroscopy）光电流谱

L

LCAO（linear combination of atomic orbitals）原子轨道线性组合

LDA（local density approximation）局域密度近似

LDOS（local density of states）局域态密度

LED（light emitting diode）发光二极管

LUMO（lowest unoccupied molecular orbital）最低未占分子轨道

M

m 质量

MCBJ（mechanically controllable break junction）机械可控断裂结

MIM（metal-insulator-metal）金属-绝缘体-金属结

MIS（metal-insulator-semiconductor）金属-绝缘体-半导体结

MMM（metal-molecule-metal）金属-有机分子-金属结

MO（molecular orbital）分子轨道

MOF（metal-organic framework）金属有机框架材料

MRTD（molecular resonant tunneling diode）分子共振隧穿二极管

MPSH（molecular projected self-consistent Hamiltonian）分子投影自洽哈密顿

MWCNT（multi-walled carbon nanotube）多壁碳纳米管

N

NBO（natural bond orbital）自然键轨道

NDR（negative differential resistance）负微分电阻

NEGF（non-equilibrium Green's function）非平衡态格林函数

NDDO（neglect of diatomic differential overlap）忽略双原子微分重叠

NP（nanopore）纳米微孔法

O

Oc（bicyclo[2.2.2]octane）双环[2.2.2]辛烷

OLED（organic light emitting diode）有机发光二极管

OPE（oligo(phenylene ethynylene)）寡聚亚苯基乙炔撑

OPI（oligophenyleneimine）寡聚亚苯基亚胺撑

OPV（oligo(phenylene vinylene)）寡聚亚苯基乙烯撑

P

PA（polyacetylene）聚乙炔

PAM（phenylacetylene macrocyces）苯乙炔大环分子

PDOS（projected density of states）投影态密度

PES（potential energy surface）势能面

PH_2(protoporphyrin）原卟啉

Por（porphine）卟吩

PP（polyphenylene）聚苯

PQ（phenanthrenequinone）菲醌

PTP（polythiophene）聚噻吩

Q

QI（quantum interference）量子干涉

R

RR（rectification ratio）整流系数

S

SAM（self-assembled monolayer）自组装单层膜

SCF（self-consistent field）自洽场

SFE（spin filtering efficiency）自旋过滤效率

SP（spiropyrane）螺吡喃

SPM（scanning probe microscope）扫描探针显微镜

SSB（salicylidene schiff base）水杨醛席夫碱

STM（scanning tunneling microscope）扫描隧道显微镜

STM-BJ（scanning tunneling microscope break junction）扫描隧道显微镜裂结

SWCNT（single-walled carbon nanotube）单壁碳纳米管

SZ（spirooxazine）螺恶嗪

SZP（single-zeta with polarization）带有极化函数的单 ζ 基组

T

TC（tetracene）并四苯

Tc-PA（trans-cisoid polyacetylene）反-顺式聚乙炔

Tt-PA（trans-transoid polyacetylene）反-反式聚乙炔

U

UV（ultraviolet light）紫外光

V

V 偏压/电压

Vis（visible light）可见光

Z

ZGNR（zigzag graphene nanoribbon）锯齿型石墨烯纳米带

β 衰减系数

μ 偶极矩

ε 能量

ε 介电常数

ε_0 真空介电常数